T0143360

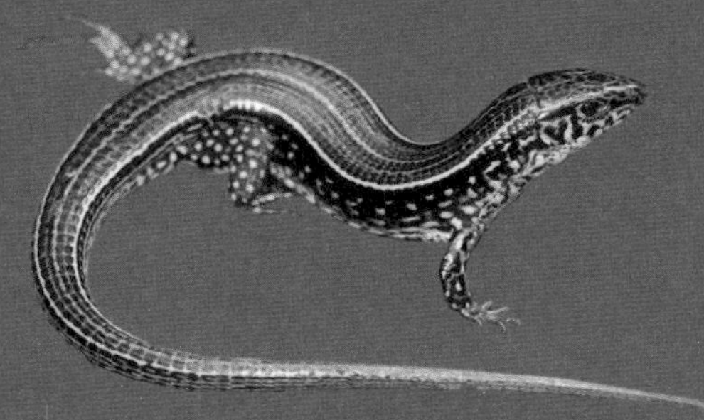

ATLAS

D'UNE SELECTION DE VERTEBRES TERRESTRES DE MADAGASCAR

OF SELECTED LAND VERTEBRATES OF MADAGASCAR

Edité par/Edited by Steven M. Goodman & Marie Jeanne Raherilalao
Cartes & analyses par/Maps & analyses by Herivololona M. Rakotondratsimba
Conception & mise en page par/Design & typesetting by Malalarisoa Razafimpahanana

Association Vahatra
Antananarivo, Madagascar

2013

Images de la couverture (à partir du côté droit en haut et en suivant le sens de l'horloge) : Olivier Langrand (des trois premières photos de paysage), Achille P. Raselimanana (reptile), Harald Schütz (oiseau), Merlin Tuttle/Bat Conservation International (chauve-souris), Harald Schütz (tenrec et carnivoran)./**Cover images** (from upper right-hand side and in clockwise order): Olivier Langrand (first three landscape photos), Achille P. Raselimanana (reptile), Harald Schütz (bird), Merlin Tuttle/Bat Conservation International (bat), Harald Schütz (tenrec and carnivoran).

Publié par l'Association Vahatra/Published by Association Vahatra
BP 3972
Antananarivo (101)
Madagascar
edition@vahatra.mg

ISBN 978-2-9538923-5-2

Citations suggérées/Suggested citations

Pour l'atlas/For the atlas
Goodman, S. M. & Raherilalao, M. J. (eds.). 2013. *Atlas d'une sélection de vertébrés terrestres de Madagascar/Atlas of selected land vertebrates of Madagascar*. Association Vahatra, Antananarivo.

Exemple pour chaque chapitre/Example of individual chapter
Raselimanana, A. P. & Goodman, S. M. 2013. Lézards ou classe des reptilia/Lizards or the class Reptilia. In *Atlas d'une sélection de vertébrés terrestres de Madagascar/Atlas of selected land vertebrates of Madagascar*, eds. S. M. Goodman & M. J. Raherilalao, pp. 35-62. Association Vahatra, Antananarivo.

La publication de ce livre a été généreusement financée par/The publication of this book was generously funded by John D. and Catherine T. MacArthur Foundation, The Field Museum of Natural History, Biodiversity Conservation Madagascar, WWF-Madagascar, Joyce & Bruce Chelberg & Gail & Jack Klapper.

Imprimé par/Printed by Précigraph
Avenue Saint-Vincent-de-Paul
Pailles Ouest, Ile Maurice
Tirage 2500 ex.

Ce livre est dédié à l'avenir de l'environnement naturel de Madagascar, avec l'espoir que la connaissance et la compréhension de la biodiversité conduiront vers des actions positives et logiques.

This book is dedicated to the future of the natural environments of Madagascar, with the hope that knowledge and understanding of biodiversity can give rise to logical and positive actions.

TABLE DES MATIERES

CONTENTS

Avant-propos

Les scientifiques spécialistes de la biodiversité insulaire et plus particulièrement ceux qui ont un intérêt pour Madagascar, vont accueillir avec enthousiasme la publication par l'Association Vahatra de l'ouvrage intitulé « *Atlas d'une sélection de vertébrés terrestres de Madagascar* ».

Cet atlas est le résultat d'une collaboration de plus de 25 années entre des scientifiques de Madagascar et ceux du reste du monde. Les données prises en compte ont été collectées au cours de travaux d'inventaire de terrain conduits sur l'ensemble du territoire malgache par des chercheurs et des étudiants associés au Programme de Formation en Ecologie du WWF et plus récemment liés à l'Association Vahatra. Cet atlas intègre également une quantité considérable de données obtenues suite à l'étude de spécimens conservés dans de nombreux musées distribués de par le monde, ainsi qu'à des informations extraites d'une revue détaillée de la littérature scientifique. Les collaborateurs de ce projet ont constitué une base de données considérable, riche de près de 150,000 références (toutes ne sont cependant pas exploitées dans ce projet) et ont utilisé ces informations pour cartographier et modéliser la distribution géographique d'une sélection de taxons et présenter le tout au travers d'un texte bilingue français-anglais. Ces efforts on été appuyés d'une part par Herivololona Mbola Rakotondratsimba qui, en qualité de gestionnaire de la base de données, a procédé à des analyses de modélisation basées sur le principe d'entropie maximale (Maxent) afin de générer des représentations cartographiques et d'autre part par Malalarisoa Razafimpahanana qui s'est chargée avec beaucoup de talent de la maquette et du suivi de l'impression de l'ouvrage.

L'atlas présente la cartographie de 26 espèces de reptiles (Iguanidae et Gerrhosauridae), de 101 espèces d'oiseaux forestiers, de 40 espèces de chauve-souris, de 58 espèces de micromammifères et enfin de 11 espèces de carnivores. Pour chaque espèce, une carte a été établie ainsi qu'un tableau présentant une sélection de paramètres écologiques pris en compte et les résultats d'une analyse stipulant les variables qui influencent la distribution du taxon considéré.

Ce qui à mon avis mérite d'être mentionné ici est le fait que ce livre s'appuie sur une connaissance scientifique relative à l'histoire naturelle de Madagascar qui a commencé à être systématiquement acquise à la fin du 19ème siècle par des hommes de science comme Alfred Grandidier et Alphonse Milne-Edwards. Cet effort s'est poursuivi tout au long du 20ème siècle grâce à des contributions exceptionnelles de scientifiques de terrain et de taxonomistes tels que Raymond Decary, Austin R. Rand ou encore Renaud Paulian. Les efforts consentis au cours des deux derniers siècles pour décrire la diversité biologique de Madagascar ont ainsi donné lieu à la publication de milliers d'articles scientifiques et de centaines de livres et de monographies. Même si les travaux initiaux de description de la biodiversité ont été fondamentaux, ce n'est qu'au cours des trente dernières années qu'une réelle base d'informations pluri-taxonomiques a été constituée. Le présent atlas constitue une étape importante de cet effort de systématisation de la collecte et de la présentation de l'information scientifique environnementale.

L'émergence, au cours du dernier quart de siècle, de scientifiques malgaches impliqués dans des travaux de recherche portant sur la biodiversité de leur propre pays, a directement contribué à l'établissement de cette solide fondation scientifique. Dès sa première visite à Madagascar à la fin des années 1980, Steve Goodman s'est attaché à identifier, à former et à promouvoir sur le plan professionnel des scientifiques malgaches, dans des domaines comme la zoologie ou la conservation de la biodiversité. Cet objectif, Steve l'a réalisé tout d'abord grâce à une collaboration de 15 années avec le WWF, puis plus récemment au travers de l'Association Vahatra, organisation non-gouvernementale dédiée à la promotion de la recherche sur la biodiversité de Madagascar, structure qu'il a créée en partenariat avec des collaborateurs malgaches. Il a, au travers de ces deux organisations, initié un programme de recherche pluridisciplinaire, focalisé sur les vertébrés de Madagascar, à la fois ambitieux, complet et pratique. Steve et ses collègues ont fait de la recherche scientifique sur la biodiversité de Madagascar un centre d'intérêt aisément accessible au peuple malgache au sein duquel les travaux de terrain et ceux menés dans les laboratoires sont valorisés de façon équilibrée, réhabilitant de ce fait l'image du scientifique de terrain, non seulement aux yeux du public de Madagascar, mais aussi sur le plan international.

Foreword

Scientists focusing on island biodiversity, particularly those with a special interest in Madagascar, are going to applaud the publication of the *Atlas of Selected Land Vertebrates of Madagascar* by Association Vahatra.

This atlas is the culmination of a major 25-year cooperative effort by Malagasy and international scientists. It makes use of data collected during field inventories conducted across Madagascar by researchers and students associated with the former Ecology Training Program of WWF and, more recently, by Association Vahatra. It also incorporates a considerable amount of data obtained from the study of museum specimens housed in institutions around the world, and information extracted from a thorough review of published literature. The collaborators in this project constructed a monumental database, with close to 150,000 records (not all employed in the current project), used this information to map and model the distribution of a variety of taxa, and molded this altogether into a bilingual French-English text. These efforts were reinforced by Herivololona Mbola Rakotondratsimba who managed the database, conducted the Maximum Entropy Modeling (Maxent) analyses, and created the maps and Malalarisoa Razafimpahanana who beautifully designed the book, being responsible for the layout and the camera-ready copy.

The atlas maps a total of 26 reptile species (Iguanidae and Gerrhosauridae), 101 forest-dwelling bird species, 40 bat species, 58 small mammal species, and finally 11 carnivorans. For each species, a distribution map is produced as well as a table presenting selected ecological parameters, and, in most cases, a Maxent analysis indicating the variables that best explain the geographical range of the taxon concerned.

What I believe is important to stress is that this book builds on the scientific knowledge of the natural history of Madagascar, which commenced to be systematically assembled at the end of the 19th-century by scientists such as Alfred Grandidier and Alphonse Milne-Edwards and continued throughout the 20th-century with major contributions from field workers and taxonomists such as Raymond Decary, Austin R. Rand, and Renaud Paulian. Efforts to record the biological diversity of Madagascar have progressed during the past two centuries, with the publication of thousands of scientific papers and hundreds of books and monographs. While early work to document the biota of the island was important, it is only in the past few decades that the real foundation of information has been laid and the current volume represents an important landmark in these advancements.

Directly related to the solidification of this foundation is the emergence in the past 25 years of Malagasy scientists profoundly engaged in research concerning the biological diversity of their country. Since his first engagement with Madagascar in the late 1980s, Steve Goodman has been committed to identify and train Malagasy scientists in various scientific disciplines related to zoology and conservation biology. First working for nearly 15 years with WWF and thereafter helping to establish with several Malagasy colleagues a non-profit organization called Association Vahatra dedicated to the advancement of science on Madagascar, he has initiated the most complete, ambitious, and practical multidisciplinary land vertebrate research program to date on Madagascar. Steve and his colleagues have made scientific research a domain accessible and relevant to the Malagasy people, where field and laboratory work were equally important, rehabilitating the image of field biology, not only in Madagascar, but also internationally.

Today, as compared to a quarter of a century ago, Malagasy scientists are actively involved in biodiversity research through academic institutions, such as the Universities of Antananarivo, Mahajanga, Toamasina, and Toliara. These advancements have been reinforced through international scientific programs initiated by laboratories and universities in France, Germany, South Africa, Switzerland, United Kingdom, and United States. Conservation organizations such as WWF, Conservation International, Wildlife Conservation Society, Durrell Wildlife Conservation Trust, and Peregrine Fund have also greatly contributed to the promotion and emergence of Malagasy biodiversity experts helping to build strong, ambitious, and critically needed conservation programs.

As a direct result of these different actions, Malagasy field scientists and conservation biologists have taken up a broad range of positions in the governmental, non-governmental, and private sectors, to advance a wide spectrum of research and preservation programs. Some of the leaders such as Marie Jeanne Raherilalao, Achille Raselimanana, Voahangy Soarimalala, Daniel Rakotondravony,

Aujourd'hui, contrairement à la situation qui prévalait il y a 25 ans, de nombreux scientifiques malgaches s'impliquent de manière active dans la recherche scientifique axée sur la biodiversité de Madagascar et ce au travers d'institutions académiques comme les Universités d'Antananarivo, de Mahajanga, de Toamasina ou encore de Toliara. Ces progrès ont été encore renforcés par des programmes internationaux de collaboration scientifique développés à l'initiative de laboratoires universitaires de pays comme l'Afrique du sud, l'Allemagne, la France, la Grande-Bretagne, la Suisse ou les Etats Unis d'Amérique. Les organisations de conservation de la biodiversité comme le WWF, Conservation International, Wildlife Conservation Society, Durrell Wildlife Conservation Trust et Peregrine Fund ont également grandement contribué à l'émergence et à la promotion d'experts malgaches en biodiversité, au travers de la formulation et de la mise en œuvre de programmes de conservation dont l'ambition n'a d'égale que leur urgence.

Cette politique a eu pour effet la création de nombreux postes de scientifiques de terrain, de biologistes de la conservation, positions occupées par des scientifiques malgaches au sein d'institutions gouvernementales et non-gouvernementales ainsi que dans le secteur privé, promouvant l'exécution de travaux de recherche et de conservation et couvrant divers domaines de la diversité biologique de Madagascar. Des chefs de file d'aujourd'hui on peut citer les noms de Marie Jeanne Raherilalao, Achille Raselimanana, Voahangy Soarimalala, Daniel Rakotondravony et Beza Ramasindrazana qui comptent parmi les coauteurs de chapitres de cet atlas et qui sont reconnus sur le plan international pour leurs compétences dans leurs domaines respectifs. Il est aussi important de souligner que parmi les personnes mentionnées ci-dessus, les trois premières ont conduit leurs travaux de recherche pour la validation de leur diplôme de troisième cycle à l'Université d'Antananarivo avec l'appui du Programme de Formation en Ecologie du WWF et qu'elles font partie des membres scientifiques fondateurs de l'Association Vahatra.

L'*Atlas d'une sélection de vertébrés terrestres de Madagascar* constitue une preuve tangible et irréfutable de la compétence nationale qui a été bâtie au sein de cette nation afin d'assurer la documentation et la compréhension des différents aspects de sa biodiversité et pour en assurer *in fine* sa conservation. Enfin ce travail souligne deux autres aspects cruciaux : tout d'abord celui de l'importance de l'investissement financier à long-terme et enfin celui de la valeur scientifique des inventaires biologiques de terrain. Cet ouvrage constitue une preuve que les efforts financiers, consentis au cours des dernières décennies pour soutenir la réalisation des inventaires biologiques, ont constitué un investissement essentiel au regard de l'extraordinaire diversité et de la valeur des formes de vie rencontrées à Madagascar.

Il est sans doute important de rappeler ici certains éléments qui témoignent de la valeur globale de Madagascar en tant que pays de diversité exceptionnelle dans le contexte mondial. Du fait de son isolement géographique très ancien qui l'a tenu éloigné des sources de colonisation potentielles, Madagascar présente pour une superficie modeste (587,041 km²), une diversité spécifique élevée associée à un endémisme spectaculaire. A titre d'exemple, on notera que plus de 3% de la flore du monde entier se trouve à Madagascar et qu'environ 85% des plantes qui s'y rencontrent sont endémiques. La faune vertébrée présente une diversité et une unicité équivalentes, avec par exemple une estimation de 300 espèces d'amphibiens, dont 240 ont déjà fait l'objet d'une description scientifique, et qui présentent un taux d'endémisme proche de 100%. La même tendance s'applique aux autres groupes taxonomiques traités dans cet atlas.

Au cours des 25 dernières années, Steve Goodman et ses collègues ont conduit systémiquement des inventaires biologiques dans tout le pays en appliquant des méthodes standardisées reconnues internationalement, y compris pour la collecte de spécimens. L'information générée par la collecte de spécimens a apporté des informations essentielles sur l'histoire de l'évolution d'un nombre important d'organismes et a permis l'identification formelle d'espèces. Ceci constitue un élément primordial dans le cadre de la mise en œuvre de programmes de conservation, compte tenu du fait que les espèces constituent l'unité de base qui permet aux acteurs de la conservation de mesurer l'impact de leurs actions. A ce jour, plus de 450 sites ont été inventoriés et dans la plupart des cas les résultats ont été publiés dans de brefs délais au travers de la publication d'articles scientifiques ou de monographies, afin de rendre l'information rapidement disponible aux institutions académiques, aux

and Beza Ramasindrazana, who are co-authors of chapters in this atlas, are experts in their particular fields of study and internationally recognized. It is also important to point out that the first three individuals mentioned above conducted their graduate studies at the University of Antananarivo in collaboration with the Ecology Training Program of WWF and are among the founding scientific members of Association Vahatra.

The *Atlas of Selected Land Vertebrates of Madagascar* is a clear expression of the competence that has been built on this extraordinary island-nation to document and understand different aspects of biodiversity and ultimately to advance its conservation. Further, this work demonstrates, once again, the importance of long-term research investment and the tremendous scientific value of biological inventories. It justifies the considerable amount of time, efforts, and funds that have been invested in the past decades to document systematically the unique and incredibly diverse forms of life on Madagascar.

It is important to recall the global importance of Madagascar, which is one of the world's 18 mega-diversity countries. The island holds an idiosyncratic range of animal groups, related to its geographical isolation in deep geological time and differential dispersal capacity of potential colonizers, which in turn has produced for an island of its size (587,041 km²) high levels of species richness and endemism. For example, more than 3% of the world's flora is found on the island, and about 85% of Madagascar's plant species are endemic. The vertebrate fauna is also very diverse and unique; for instance, at least 300 species of amphibians are estimate to occur and of the approximately 240 described taxa something approaching 100% are endemic. The same trend applies to the other taxonomic groups covered in this atlas.

In the past 25 years Steve Goodman and his collaborators have conducted systematic biological inventories across the country, using internationally recognized standardized methods, including the collection of specimens. The latter source of information has provided critical information on the evolutionary history of a variety of organisms and the means to identify species, which is the currency of conservation prioritization and direct action. More than 450 sites have been inventoried and in most cases, the scientific results published in due haste as scientific papers or in monograph form, making the information readily available to academic institutions, conservation organizations, and decision makers from Madagascar and the rest of the world.

Comprehensive and reliable data is a key asset for biodiversity conservation and the effective management of ecosystems and species. The reference material collected during these inventories comprise biological libraries and archives that have important direct relations to the past, present, and future in a vast range of scientific disciplines. The Malagasy governmental authorities and collaborators in this long-term project, such as faculty members of The Department of Animal Biology at the University of Antananarivo, need to be congratulated for their understanding of the importance of this work and making it possible.

The *Atlas of Selected Land Vertebrates of Madagascar* will be an important reference work for scientists and conservationist biologists previously or currently involved in research and conservation on the island. It ought to inspire governments, foundations, private sector partners, and individual donors, who have been generously supporting research and conservation of Madagascar biodiversity to sustain this important natural patrimony in the long-term. Finally, it should build a strong sense of pride among the people of Madagascar, who are the caretakers of this unique biodiversity, which forms a portion of their heritage, and able to protect it for the benefit of humanity.

Olivier Langrand
Director Global Affairs
Island Conservation
USA

organisations de conservation de la nature et aux décisionnaires de Madagascar et du reste du monde.

La disponibilité de données scientifiques complètes et vérifiées est un élément indispensable à la communauté de la conservation de la biodiversité pour mener à bien des programmes visant à la préservation des écosystèmes et des espèces. Le matériel de référence collecté au cours des inventaires peut être comparé à une bibliothèque de références biologiques dont les archives permettent de retracer les relations entre le passé et le présent et de préfigurer de ce que pourrait être l'avenir et ce, pour une diversité importante de disciplines scientifiques. Les autorités gouvernementales malgaches et les chefs de file du secteur académique, parmi lesquels les membres du Département de Biologie Animale de l'Université d'Antananarivo, doivent être félicités pour avoir su comprendre l'importance de ce travail et pour avoir rendu possible sa réalisation.

Il va sans dire que *Atlas d'une sélection de vertébrés terrestres de Madagascar* va devenir un travail de référence pour les scientifiques et pour les acteurs du monde de la conservation déjà impliqués, ou qui souhaitent s'engager à l'avenir dans la recherche et la conservation de la biodiversité de Madagascar. Cet ouvrage devrait également constituer une source d'inspiration pour les gouvernements, les fondations, les partenaires du secteur privé et les philanthropes qui ont généreusement apporté leur soutien financier à la recherche et à la conservation de la biodiversité de Madagascar, dans le but d'en assurer durablement la conservation. Enfin l'atlas devrait générer ou encore continuer d'alimenter un fort sentiment de fierté nationale de la part du peuple malgache, garant de la conservation de cette biodiversité unique qui constitue une partie de son patrimoine et lui donner la volonté et les moyens de la protéger, pour le bénéfice de l'humanité entière.

Olivier Langrand
Directeur des affaires globales
Island Conservation
USA

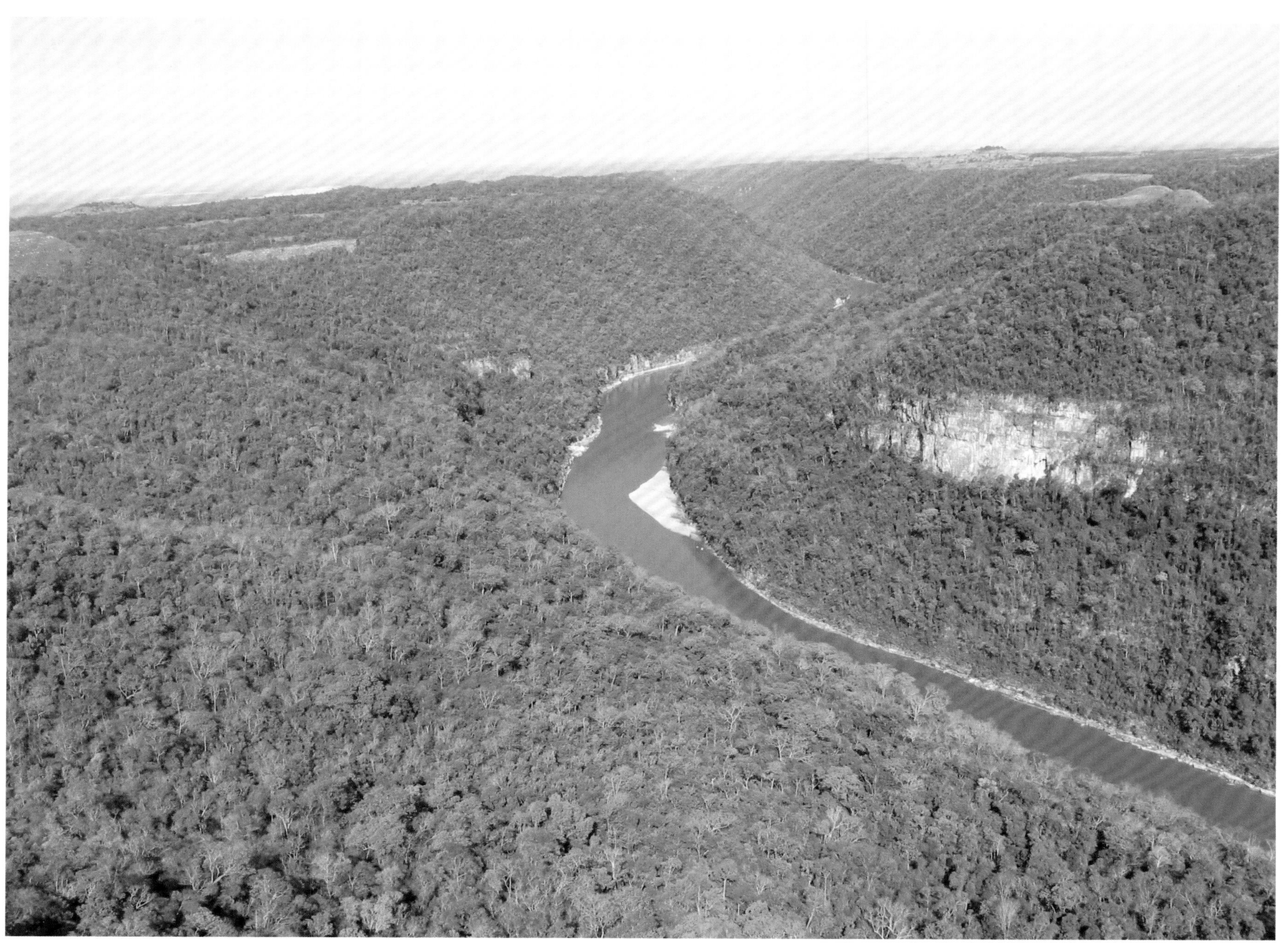

Des zones uniques et biologiquement importantes de forêt sont toujours présentes à Madagascar, comme cette forêt sèche caducifoliée des *tsingy* du massif de Bemaraha. Ici, à l'extrémité Sud du massif, le fleuve Manambolo forme un canyon profond avec des zones nues de calcaire, ainsi que des zones débroussaillées par l'homme. La conservation de sites tels que Bemaraha revêt une importance énorme pour la sauvegarde du patrimoine naturel extraordinaire de Madagascar et de notre planète. (Cliché par Olivier Langrand.)/Unique and biologically important areas of forest remain on Madagascar, such as this dry deciduous *tsingy* forest of the Bemaraha Massif. Here towards the southern end of the massif, the Manambolo River forms a deep canyon with exposed areas of limestone, as well as human cleared areas. The conservation of sites such as Bemaraha have enormous importance for safeguarding the extraordinary natural patrimony of Madagascar and for that matter our planet. (Photograph by Olivier Langrand.)

PREFACE

L'*Atlas des vertébrés terrestres sélectionnés de Madagascar* est un ouvrage richement illustré, avec différentes cartes et des analyses d'un assortiment de la faune de vertébrés uniques de l'île. L'ouvrage décrit la diversité et le degré d'endémisme de ces espèces, dont beaucoup sont menacées d'extinction, en plus des aspects qui expliquent leurs distributions. Ces dernières ont été façonnées dans les temps géologiques par des forces naturelles et au cours des millénaires passés par les activités humaines. L'un des objectifs de cet ouvrage est de fournir une documentation scientifique bien fondée, base fondamentale pour rehausser la sensibilisation et la compréhension de la riche biodiversité de Madagascar et de l'importance de sa protection.

Cet atlas est une première tentative pour pouvoir fournir une vue d'ensemble des aires géographiques des différents vertébrés terrestres malgaches. Les nombreuses données utilisées pour produire les cartes de répartition des espèces ont été recueillies auprès d'un large éventail de sources. Pour chaque taxon, une information sommaire est présentée, y compris la distribution, l'utilisation de l'habitat, la taxonomie et l'état de conservation, afin de fournir un meilleur aperçu des facteurs qui expliquent leur répartition géographique actuelle. Ces idées constituent une référence essentielle pour mieux comprendre la distribution et l'état de la biodiversité unique de Madagascar, information cruciale pour les actions et pour les priorités à définir pour sa protection avec les communautés écologiques qui la représentent.

Les auteurs de cet atlas ont concentré leurs efforts sur cinq groupes différents de vertébrés, presque tous endémiques, qui comprennent deux familles de reptiles, des oiseaux forestiers, des chauves-souris, des petits mammifères (rongeurs et tenrecs) et des carnivores endémiques. Les données et les analyses présentées aideront les scientifiques, les gestionnaires de la conservation et les praticiens à prendre des décisions de management, et de répondre aux préoccupations nationales et internationales sur l'avenir de l'écosystème unique de l'île. Est inhérente à cette vision holistique une appréciation des liens entre la santé et l'avenir de ces écosystèmes avec celle de l'humanité. Cette liaison offre une vue complète et accessible des principaux enjeux de la biodiversité des vertébrés à Madagascar.

L'atlas est un résultat de collaboration pendant des décennies entre de nombreux experts, préoccupés par la compréhension des schémas zoogéographiques de la faune malgache et de l'application de ces données, pour faire progresser la conservation. Les acteurs de ce projet sont des scientifiques de l'Association Vahatra à Antananarivo avec leurs collaborateurs et partenaires, qui ont utilisé les informations obtenues lors des inventaires sur le terrain menés principalement par l'ancien « Ecology Training Program » du WWF, et plus récemment par Association Vahatra, ainsi que des informations venant de spécimens disponibles dans des musées du monde entier, et une vaste littérature publiée. Cet atlas bilingue bien illustré, présenté en français et en anglais, contient les premières cartes détaillées de distribution pour de nombreuses espèces de vertébrés terrestres, avec des informations à jour sur les questions clés concernant ces animaux «phares».

Avec plus de deux cents cartes descriptives, des analyses et des textes d'accompagnement, *l'Atlas des vertébrés terrestres sélectionnés de Madagascar* ouvre une fenêtre sur les espèces de vertébrés uniques au monde et diversifiées de Madagascar et les écosystèmes dans lesquels ils vivent. Le but de l'atlas est de servir une évaluation scientifique complète de la biodiversité des vertébrés malgaches.

Bien qu'il existe actuellement une variété d'outils et de mesures de conservation pour préserver la biodiversité de l'île, cet ouvrage apporte des informations scientifiques détaillées à l'histoire de la vie, avec une gamme de sources de données différentes pour des cartes claires et simples qui illustrent la répartition géographique de ces animaux endémiques. Ces informations relèvent aussi les menaces liées principalement aux activités humaines. Ces aspects constituent des outils de gestion essentiels pour la gestion efficiente de l'unique biome de Madagascar. Le livre et son contenu seront d'une importance cruciale dans le contexte de la détermination des priorités et actions futures pour la conservation de la biodiversité. Il est fortement recommandé aux étudiants, aux chercheurs, aux facultés, ainsi qu'aux praticiens et aux décideurs.

JOELISOA RATSIRARSON
Professeur & Chef de UFR Ecologie et Biodiversité
Département Forêts, ESSA et
Vice Président de l'Université d'Antananarivo

PREFACE

The *Atlas of selected land vertebrates of Madagascar* is a richly illustrated book with different maps and analyses of an assortment of the island's unique vertebrate fauna. It describes the diversity and degree of endemism of these species, many of which are endangered with extinction, as well as aspects that explain their distributions, which have been shaped in geological time by natural forces and over the past millennia by human activities. One of the goals of this book is to provide scientifically well-founded documentation, a fundamental basis to increase awareness of the rich biodiversity of Madagascar and the precious importance for protecting it.

This atlas is the first significant attempt to provide an overview of the geographical ranges of different Malagasy land vertebrates. The extensive data used herein to produce the species maps were collected from a wide range of sources. For each taxon, summary information is given, including distribution, habitat use, taxonomy, and conservation status, which in turn provide greater understanding of the factors explaining their current geographical range. Of considerable importance is that these insights provide a critical reference to understand better the distribution and status of Madagascar's unique biodiversity and crucial information for conservation actions and priorities to protect these organisms and the ecological communities they represent. The authors of this atlas have concentrated their efforts on five different vertebrate groups, virtually all endemic, which include two families of reptiles, forest-dwelling birds, bats, native small mammals (rodents and tenrecs), and native carnivorans. The data and analyses presented will assist scientists, conservation managers, and practitioners to make informed management decisions, and address national and international concerns about the future of the island's unique ecosystem. Inherent within this holistic view is an appreciation of the links between the health and future of these ecosystems and equally that of humankind. This liaison provides a comprehensive and accessible view of key issues in vertebrate biodiversity on Madagascar.

The atlas is the result of decades of collaborative work between numerous experts, dedicated to the understanding of zoogeographical patterns of Malagasy fauna and the application of these data to advance conservation. The actors in this project include scientists from Association Vahatra in Antananarivo with their collaborators and partners, who have used information obtained during field inventories conducted mainly by the former Ecology Training Program of WWF, and more recently Association Vahatra, as well as a considerable amount of specimen-based research in museums around the world, and a vast published literature.

With more than two hundred descriptive maps, analyses, and accompanying text, the *Atlas of selected land vertebrates of Madagascar* provides a window into Madagascar's globally unique and diverse vertebrate species and the ecosystems in which they live. The intent of the atlas is to serve as a comprehensive scientific assessment of Malagasy vertebrate biodiversity. Although there are currently a wide variety of conservation tools and measures in place to safeguard the island's biodiversity, this document brings detailed scientific information to life, distilling down a range of different data sources to clear and simple maps that illustrate the geographical distribution of these endemic animals and, in turn, related threats mainly from human activities. These aspects provide critical management tools for effective maintenance of Madagascar's unique biota. The book and its contents will be of crucial importance in the context of determining future priorities and actions for biodiversity conservation. It is highly recommended for students, researchers, faculties, practitioners, and decision makers.

JOELISOA RATSIRARSON
Professor & Head of Ecology and Biodiversity Unit
Forestry Department, School of Agronomy and
Vice President of the University of Antananarivo

REMERCIEMENTS

La réalisation de ce projet n'aurait vu le jour sans la grande volonté de nombreux collègues malgaches et des collaborateurs. Il est logique de commencer nos remerciements par un hommage à ces personnes et par une marque de reconnaissance à ces institutions. Au cours de plusieurs décennies, avec l'aide de nombreux collaborateurs, nous avons bénéficié des autorisations délivrées par Parcs Nationaux de Madagascar (MNP, ex-ANGAP), la Direction du Système des Aires Protégées et la Direction Générale de l'Environnement et des Forêts (ex-DEF). Nous sommes aussi reconnaissants envers nos collègues au Département de Biologie Animale, Université d'Antananarivo, pour leur soutien tout au long de ces années. L'administration nous a beaucoup aidés, notamment les différents chefs successifs du Département : Sylvère Rakotofiringa, Daniel Rakotondravony, Feue Olga Ramilijaona, Hanta Razafindraibe, et le chef actuel Félix Rakotondraparany. En outre, dans de nombreuses localités visitées et inventoriées au cours de ces différentes années, les biologistes ont bénéficié du soutien des gestionnaires travaillant dans les forêts locales pour y avoir accès. Aussi, nous exprimons nos vifs remerciements à toutes les organisations gouvernementales et non-gouvernementales malgaches.

Les travaux sur le terrain à Madagascar conduits par l'Association Vahatra et l'ancien programme, l'Ecology Training Program du WWF-Madagascar, ont été généreusement financés par de nombreux donateurs, présentés ici par ordre alphabétique : Critical Ecosystem Partnership Fund, Conservation International (incluant Center for Biodiversity Conservation), John D. and Catherine T. MacArthur Foundation, National Geographic Society (6637-99 et 7402-03), National Science Foundation (DEB 05-16313), Volkswagen Foundation, Vontobel Foundation et World Wide Fund for Nature. Nous sommes également reconnaissants aux collègues et aux gestionnaires des programmes impliqués dans ces subventions ; ils ont facilité l'accès aux moyens pour réaliser des tâches variées : Richard Carroll, Elizabeth Chadri, Jörg Ganzhorn, Detlef Hanne, Olivier Langrand, Cathi Lehn, Nina Marshall, Jean-Paul Paddack, Steven Strohmeier et John Watkins. Le Fonds de partenariat pour les écosystèmes critiques est une initiative conjointe de l'Agence Française de Développement, de Conservation International, du Fonds pour l'Environnement Mondial, du gouvernement du Japon, de la Fondation MacArthur et de la Banque Mondiale, et son objectif principal est de garantir l'engagement de la société civile dans la conservation de la biodiversité. Pour la production de cet atlas en particulier, nous avons reçu un support financier de John D. and Catherine T. MacArthur Foundation, avec le soutien de Biodiversity Conservation Madagascar, Field Museum of Natural History, Joyce et Bruce Chelberg, Gail et Jack Klapper et WWF-Madagascar pour subventionner l'impression.

Ce projet a commencé ou a été au moins mis sur les rails il y a plusieurs années en collaboration avec Lucienne Wilmé et Olivier Langrand. La première a fait preuve d'un grand effort pour commencer la création de la base de données à partir d'une quantité considérable d'informations disponibles sur les vertébrés terrestres de Madagascar, nous lui en sommes très reconnaissants. De nombreuses personnes et institutions ont contribué à l'élaboration de la base de données associée à ce projet, à travers leurs publications, leurs observations et leurs spécimens, notamment (par ordre alphabétique) : Roland Albignac, R. Alison, Franco Andreone, Daudet Andriafidison, Jean Andriamanantena, Rado Andriamasimanana, Tony Andrianaivo, Radosoa A. Andrianaivoarivelo, Aristide Andrianarimisa, Rado M. Andrianasolo, Vonjy Andrianjakarivelo, Fitia Lofotsiriniaina Andrianoelina, C. Andriarileva, Raphali R. Andriatsimanarilafy, Mirana Anjeriniaina, Otto Appert, Gennaro Aprea, Richard Archbold, Association Mbarakaly, Tanya Barden, Kevin Barnes, Benitoto Bejoma, E. M. S. Belle, Conrad W. Benson, Jon Benstead, Jim Berkelman, Charles P. Blanc, Nick L. Block, An Bollen, Parfait Bora, P. H. Bray, Adam Britt, Edouard R. Brygoo, J. C. Caldwell, Scott G. Cardiff, Jacques Cauvin, P. R. J. Chapman, Philippe Chouteau, J. F. R. Colebrook-Robjent, Arnaud Collin, Valérie Collin, Peter Colston, G. Ken Creighton, Ron I. Crombie, Raoul Davion, J. S. Dawson, Neil C. D'Cruze, Ron Demey, J. Deramond, Rainer Dolch, Luke Dollar, Charles A. Domergue, Will Duckworth, Jean-Bernard Duchemin, Amy Dunham, Jean-Marc Duplantier, C. Ebenau, Kazuhiro Eguchi, Rayonne Elys Emahalala, Rigobert Jean Emady, L. Emanueli, Louise H. Emmons, Hildegard Enting, Michael I. Evans, M. Fajardo, Eloi Fanameha, Brian Finch, Anton Fischer, Brian Fisher, G. Flemming,

ACKNOWLEDGEMENTS

As the success of this project has been based on the good will of numerous Malagasy colleagues and collaborators, it is only appropriate that we start the acknowledgements with a tribute to these individuals and organizations. Over the course of several decades, we and numerous associates have benefitted from authorizations issued by Madagascar National Parks (MNP, ex-ANGAP) and the Direction du Système des Aires Protégées, and the Direction Générale de l'Environnement et des Forêts (ex-DEF). Further, we are grateful to our colleagues at the Département de Biologie Animale, Université d'Antananarivo, for their help over the years and administrative aid, this includes five successive department heads – Sylvère Rakotofiringa, Daniel Rakotondravony, the late Olga Ramilijaona, Hanta Razafindraibe, and the current Félix Rakotondraparany. Further, at numerous localities visited and surveyed by biologists over the years, they have benefitted from the good will of the local forest management groups for access. Therefore, our first level of appreciation and thanks is for all of these Malagasy governmental and non-governmental organizations.

The fieldwork on Madagascar of Association Vahatra and its earlier form, The Ecology Training Program of WWF-Madagascar, has been supported by numerous granting agencies, here presented in alphabetical order: Critical Ecosystem Partnership Fund, Conservation International (including Center for Biodiversity Conservation), John D. and Catherine T. MacArthur Foundation, National Geographic Society (6637-99 and 7402-03), National Science Foundation (DEB 05-16313), Volkswagen Foundation, Vontobel Foundation, and World Wide Fund for Nature. We are also grateful to colleagues and program managers involved in these grants, who have facilitated the means to accomplish a variety of tasks: Richard Carroll, Elizabeth Chadri, Jörg Ganzhorn, Detlef Hanne, Olivier Langrand, Cathi Lehn, Nina Marshall, Jean-Paul Paddack, Steven Strohmeier, and John Watkins. The Critical Ecosystem Partnership Fund is a joint initiative of the Agence Française de Développement, Conservation International, the Global Environment Facility, the Government of Japan, the MacArthur Foundation, and the World Bank. A fundamental goal is to ensure civil society is engaged in biodiversity conservation. Specifically for the production of this atlas, we received funding from the John D. and Catherine T. MacArthur Foundation, with additional support from Biodiversity Conservation Madagascar, Field Museum of Natural History, Joyce and Bruce Chelberg, Gail and Jack Klapper, and WWF-Madagascar to subsidize its printing.

This project commenced or was at least put on track many years ago in collaboration with Lucienne Wilmé and Olivier Langrand and the former made a major effort to start databasing the vast amount of information available on the land vertebrates of Madagascar -- we are grateful to her for these efforts. A considerable number of individuals and institutions have contributed to the database associated with this project via their publications, observations, and specimens and these individuals include (in alphabetic order): Roland Albignac, R. Alison, Franco Andreone, Daudet Andriafidison, Jean Andriamanantena, Rado Andriamasimanana, Tony Andrianaivo, Radosoa A. Andrianaivoarivelo, Aristide Andrianarimisa, Rado M. Andrianasolo, Vonjy Andrianjakarivelo, Fitia Lofotsiriniaina Andrianoelina, C. Andriarileva, Raphali R. Andriatsimanarilafy, Mirana Anjeriniaina, Otto Appert, Gennaro Aprea, Richard Archbold, Association Mbarakaly, Tanya Barden, Kevin Barnes, Benitoto Bejoma, E. M. S. Belle, Conrad W. Benson, Jon Benstead, Jim Berkelman, Charles P. Blanc, Nick L. Block, An Bollen, Parfait Bora, P. H. Bray, Adam Britt, Edouard R. Brygoo, J. C. Caldwell, Scott G. Cardiff, Jacques Cauvin, P. R. J. Chapman, Philippe Chouteau, J. F. R. Colebrook-Robjent, Arnaud Collin, Valérie Collin, Peter Colston, G. Ken Creighton, Ron I. Crombie, Raoul Davion, J. S. Dawson, Neil C. D'Cruze, Ron Demey, J. Deramond, Rainer Dolch, Luke Dollar, Charles A. Domergue, Will Duckworth, Jean-Bernard Duchemin, Amy Dunham, Jean-Marc Duplantier, C. Ebenau, Kazuhiro Eguchi, Rayonne Elys Emahalala, Rigobert Jean Emady, L. Emanueli, Louise H. Emmons, Hildegard Enting, Michael I. Evans, M. Fajardo, Eloi Fanameha, Brian Finch, Anton Fischer, Brian Fisher, G. Flemming, I. Francis, Michael Franzen, Karl Fritsche, Frontier Madagascar, Jörg Ganzhorn, Charlie. J. Gardner, B. H. Gaskell, Lear N. W. Gaskell, Claude Anne Gauthier, François Gautier, Philip-S. Gehring, Brian D. Gerber, M. Gilbert, Frank Glaw, Robert Glen, Thomas P. Gnoske, Chris Golden, Salimo Golo, Paul Goodman, Martin Göpfert, Edwin Gould, Richard Rex Graber, E. K. Green, Owen Griffiths, Paul Griveaud, Dominique Halleux,

I. Francis, Michael Franzen, Karl Fritsche, Frontier Madagascar, Jörg Ganzhorn, Charlie. J. Gardner, B. H. Gaskell, Lear N. W. Gaskell, Claude Anne Gauthier, François Gautier, Philip-S. Gehring, Brian D. Gerber, M. Gilbert, Frank Glaw, Robert Glen, Thomas P. Gnoske, Chris Golden, Salimo Golo, Paul Goodman, Martin Göpfert, Edwin Gould, Richard Rex Graber, E. K. Green, Owen Griffiths, Paul Griveaud, Dominique Halleux, Elisoa F. Hantalalaina, A. Harkabus, Frank Hawkins, Teruaki Hino, Harry Hoogstraal, Aljosja Hooijer, Jim M. Hutcheon, Edina Ifticene, Mitchell T. Irwin, Cyril Jacquet, Makawa Jali, Sharon Jansa, Louise D. Jasper, Richard B. Jenkins, Riccardo Jésu, S. A. Johnson, Carl G. Jones, Peter Kappeler, Sarah M. Karpanty, Marcella J. Kelly, Frankie Kerridge, J. M. Klein, Amyot Kofoky, Jörn Köhler, Paul Koenig, R. Kyongo, Lamin'Asa Fiarovana Ramanavy, D. Lamm, Kenneth L. Lange, Olivier Langrand, Anne Laudisoit, C. Ludwig, B. Ludwar, Mia-Lana Lührs, Madagasikara Voakajy, Sando Mahaviasy, Sylvain Mahazotahy, Pierre Malzy, Claudette P. Maminirina, Jean Jimmy Manesy, P. Martin, Fabio Mattioli, P. Maxim, John S. Mcllhenny, Peter B. McIntyre, Andrew McWilliam, Harald Meier, Greg Middleton, Philippe Milon, D. Morris, Raoul Mulder, Joachim Müller-Jung, Tobias Münchenberg, Hisashi Nagata, Martin Nicoll, Jeanne A. Norosoanaivo, Louis Nusbaumer, Ronald A. Nussbaum, Link Olson, Bruce D. Patterson, James L. Patton, Renaud Paulian, Laurent Paverne, H. Peake, Miguel Pedrono, N. Penford, R. J. Y. Perryman, Randolph L. Peterson, Georges Petit, Francis Petter, Jean-Jacques Petter, André Peyrieras, Mark S. Pidgeon, Julie Pomerantz, Michael S. Putnam, Rivo Rabarisoa, Falitiana C. Rabemananjara, Marc N. Rabenandrasana, Zarine Rabeony, Nirhy Rabibisoa, Paul Racey, H. Todisoa Radovimiandrinifarany, Samuel Rafanomezana, Jeannot Rafanomezantsoa, Gabriella Raharimanana, Ny Ony Raharinjatovo, Jean-Luc Raharison, Ernest Raharizonina, Ernestine Raholimavo, Robel Rajaonarison, Emile Rajeriarison, Theophilus Rajoafiarison, A. Rakotoarisolo, Andolalao Rakotoarison, Mamisoa Rakotoarivelo, Mialy Rakotoarivelo, Jese Nambinintsoa Rakotoarivony, Domoina Rakotomalala, Zafimahery Rakotomalala, Hajanirina Rakotomanana, Barson Rakotomanga, Julie Rakotomavo, Victor Rakotomboavonjy, Lantosoa Rakotomianina, Eddy N. Rakotonandrasana, Fabienne Rakotondramanana, Félix Rakotondraparany, Marius P. H. Rakotondratsimba, Hery R. Rakotondravony, Jean-Claude Rakotoniaina, Rakotonirina, Odon Rakotonomenjanahary, Andry Rakotozafy, Luris Rakotozafy, Fidimalala Bruno Ralainasolo, Rosalie Ralaivao, José Ralison, Julio Ramamonjisoa, Jean-Baptiste Ramanamanjato, Julien R. Ramanampamonjy, Landryh Ramanana, Andrianina Ramandimbison, Narisoa A. Ramanitra, Ramanonjy, Haingotiana Ramiarinjanahary, Liva Ramilison, Olivier Ramilison, Robert Ramirarson, Jacobin Ranaivo, Nicolas Ranaivoson, Isidore Ranaritsito, Austin L. Rand, Herilala Randriamahazo, Sanjy Randriamaherijaona, Hary N. Randriamanantsoa, Jean-Jacques Randriamanindry, F. Randriamasinarivo, Jean Elie Randriamasy, Miora O. Randriambahiniarime, Toky M. Randriamoria, Félicien Randrianandrianina, Christian J. Randrianantoandro, Jérôme Randrianarimanana, Mihajamanana Randrianarisoa, Pierre Manganirina Randrianarisoa, Georges Randrianasolo, Gilbert Randrianasolo, Harison Randrianasolo, S. Randrianasolo, Roma Randrianavelona, Roger Daniel Randrianiaina, Jasmin E. Randrianirina, Donatien Réné Randrianjafiniasa, Volomboahangy Randrianjafy, Julie C. Ranivo, Fanomezantsoa A. Ranjanaharisoa, Ericka Ranoarivony, Loret Rasabo, Aimé Rasamison, Solohery Rasamison, Volatiana Rasataharilala, Rasoloarisoa, Rodin M. Rasoloarison, Bernardin Rasolonandrasana, Ihary N. Rasolozaka, Fanja H. Ratrimomanarivo, Joelisoa Ratsirarson, Fanomezana M. Ratsoavina, Andriamandranto Ravoahangy, Mamy Ravokatra, Andry Ravoninjatovo, Christopher J. Raxworthy, Jean-Claude Razafimahaimodison, Emilienne Razafimahatratra, Julie Hanta Razafimanahaka, Achille Razafimanantsoa, Angelin Razafimanantsoa, Angeluc Razafimanantsoa, Gilbert Razafimanjato, Malalarisoa Razafimpahanana, Félix Razafindrajao, Yvette Razafindrakoto, Rosalie Razafindrasoa, Richter Razafindratsimandresy, Vololontiana R. Razafindratsita, Ledada Razafindravao, H. Vola Razakarivony, Georges Razamany, Lacy Reimer, Guillaume C. Rembert, Lily Arison Rene de Roland, Leigh Richards, Vincent Robert, J. Roberts, Peter Robertson, Andria Robinson, J. E. Robinson, Guy Rondeau, Fabrice Roux, Manuel Ruedi, Jim M. Ryan, Roger Safford, The Seing Sam, Zefania Sama, Karen E. Samonds, Peter Schachmann, Jutta Schmid, M. Corrie Schoeman, Thomas S. Schulenberg, Harald Schütz, Christoph Schwitzer, Dawn Scott, R. Seipp, Roland Seitre, James H. Shaw, Ian Sinclair, Nestorine Soa, Pierre Soga, Matthieu Sola, Elisoa F. Hantalalaina, A. Harkabus, Frank Hawkins, Teruaki Hino, Harry Hoogstraal, Aljosja Hooijer, Jim M. Hutcheon, Edina Ifticene, Mitchell T. Irwin, Cyril Jacquet, Makawa Jali, Sharon Jansa, Louise D. Jasper, Richard B. Jenkins, Riccardo Jésu, S. A. Johnson, Carl G. Jones, Peter Kappeler, Sarah M. Karpanty, Marcella J. Kelly, Frankie Kerridge, J. M. Klein, Amyot Kofoky, Jörn Köhler, Paul Koenig, R. Kyongo, Lamin'Asa Fiarovana Ramanavy, D. Lamm, Kenneth L. Lange, Olivier Langrand, Anne Laudisoit, C. Ludwig, B. Ludwar, Mia-Lana Lührs, Madagasikara Voakajy, Sando Mahaviasy, Sylvain Mahazotahy, Pierre Malzy, Claudette P. Maminirina, Jean Jimmy Manesy, P. Martin, Fabio Mattioli, P. Maxim, John S. Mcllhenny, Peter B. McIntyre, Andrew McWilliam, Harald Meier, Greg Middleton, Philippe Milon, D. Morris, Raoul Mulder, Joachim Müller-Jung, Tobias Münchenberg, Hisashi Nagata, Martin Nicoll, Jeanne A. Norosoanaivo, Louis Nusbaumer, Ronald A. Nussbaum, Link Olson, Bruce D. Patterson, James L. Patton, Renaud Paulian, Laurent Paverne, H. Peake, Miguel Pedrono, N. Penford, R. J. Y. Perryman, Randolph L. Peterson, Georges Petit, Francis Petter, Jean-Jacques Petter, André Peyrieras, Mark S. Pidgeon, Julie Pomerantz, Michael S. Putnam, Rivo Rabarisoa, Falitiana C. Rabemananjara, Marc N. Rabenandrasana, Zarine Rabeony, Nirhy Rabibisoa, Paul Racey, H. Todisoa Radovimiandrinifarany, Samuel Rafanomezana, Jeannot Rafanomezantsoa, Gabriella Raharimanana, Ny Ony Raharinjatovo, Jean-Luc Raharison, Ernest Raharizonina, Ernestine Raholimavo, Robel Rajaonarison, Emile Rajeriarison, Theophilus Rajoafiarison, A. Rakotoarisolo, Andolalao Rakotoarison, Mamisoa Rakotoarivelo, Mialy Rakotoarivelo, Jese Nambinintsoa Rakotoarivony, Domoina Rakotomalala, Zafimahery Rakotomalala, Hajanirina Rakotomanana, Barson Rakotomanga, Julie Rakotomavo, Victor Rakotomboavonjy, Lantosoa Rakotomianina, Eddy N. Rakotonandrasana, Fabienne Rakotondramanana, Félix Rakotondraparany, Marius P. H. Rakotondratsimba, Hery R. Rakotondravony, Jean-Claude Rakotoniaina, Rakotonirina, Odon Rakotonomenjanahary, Andry Rakotozafy, Luris Rakotozafy, Fidimalala Bruno Ralainasolo, Rosalie Ralaivao, José Ralison, Julio Ramamonjisoa, Jean-Baptiste Ramanamanjato, Julien R. Ramanampamonjy, Landryh Ramanana, Andrianina Ramandimbison, Narisoa A. Ramanitra, Ramanonjy, Haingotiana Ramiarinjanahary, Liva Ramilison, Olivier Ramilison, Robert Ramirarson, Jacobin Ranaivo, Nicolas Ranaivoson, Isidore Ranaritsito, Austin L. Rand, Herilala Randriamahazo, Sanjy Randriamaherijaona, Hary N. Randriamanantsoa, Jean-Jacques Randriamanindry, F. Randriamasinarivo, Jean Elie Randriamasy, Miora O. Randriambahiniarime, Toky M. Randriamoria, Félicien Randrianandrianina, Christian J. Randrianantoandro, Jérôme Randrianarimanana, Mihajamanana Randrianarisoa, Pierre Manganirina Randrianarisoa, Georges Randrianasolo, Gilbert Randrianasolo, Harison Randrianasolo, S. Randrianasolo, Roma Randrianavelona, Roger Daniel Randrianiaina, Jasmin E. Randrianirina, Donatien Réné Randrianjafiniasa, Volomboahangy Randrianjafy, Julie C. Ranivo, Fanomezantsoa A. Ranjanaharisoa, Ericka Ranoarivony, Loret Rasabo, Aimé Rasamison, Solohery Rasamison, Volatiana Rasataharilala, Vonjisoa Rasoloarisoa, Rodin M. Rasoloarison, Bernardin Rasolonandrasana, Ihary N. Rasolozaka, Fanja H. Ratrimomanarivo, Joelisoa Ratsirarson, Fanomezana M. Ratsoavina, Andriamandranto Ravoahangy, Mamy Ravokatra, Andry Ravoninjatovo, Christopher J. Raxworthy, Jean-Claude Razafimahaimodison, Emilienne Razafimahatratra, Julie Hanta Razafimanahaka, Achille Razafimanantsoa, Angelin Razafimanantsoa, Angeluc Razafimanantsoa, Gilbert Razafimanjato, Malalarisoa Razafimpahanana, Félix Razafindrajao, Yvette Razafindrakoto, Rosalie Razafindrasoa, Richter Razafindratsimandresy, Vololontiana R. Razafindratsita, Ledada Razafindravao, H. Vola Razakarivony, Georges Razamany, Lacy Reimer, Guillaume C. Rembert, Lily Arison Rene de Roland, Leigh Richards, Vincent Robert, J. Roberts, Peter Robertson, Andria Robinson, J. E. Robinson, Guy Rondeau, Fabrice Roux, Manuel Ruedi, Jim M. Ryan, Roger Safford, The Seing Sam, Zefania Sama, Karen E. Samonds, Peter Schachmann, Jutta Schmid, M. Corrie Schoeman, Thomas S. Schulenberg, Harald Schütz, Christoph Schwitzer, Dawn Scott, R. Seipp, Roland Seitre, James H. Shaw, Ian Sinclair, Nestorine Soa, Pierre Soga, Matthieu Sola, Jüngen Spannring, H. Steiner, Leonhard H. Stejneger, Robert W. Storer, Jim Strand, Antonio Stumpff, François Sueur, B. H. Swales, Kirsty J. Swinnerton, Peter J. Taylor, Tetik'Asa Fikajiana Fanihy, Jean-Marc Thiollay, Paul M. Thompson, Russell Thorstrom, Angelos Josso Tianarifidy, Ruth Tingay, V. J. Tipton, François Tron, Tsimahory, Howard Uible, Denis Vallan, V. D. Van Someren, Miguel Vences, David Vieites,

Jüngen Spannring, H. Steiner, Leonhard H. Stejneger, Robert W. Storer, Jim Strand, Antonio Stumpff, François Sueur, B. H. Swales, Kirsty J. Swinnerton, Peter J. Taylor, Tetik'Asa Fikajiana Fanihy, Jean-Marc Thiollay, Paul M. Thompson, Russell Thorstrom, Angelos Josso Tianarifidy, Ruth Tingay, V. J. Tipton, François Tron, Tsimahory, Howard Uible, Denis Vallan, V. D. Van Someren, Miguel Vences, David Vieites, Pierre Viette, Marie-Clémentine Virginie, Matthias Von Bechtolsheim, James E. M. Watson, Nicole Weyeneth, David E. Willard, Andrew Williams, John G. Williams, Lucienne Wilmé, A. Wilson, Jane M. Wilson, R. Winkler, Chris Wozencraft, Satoshi Yamagishi, Haridas Harimpitia Zafindranoro, Sama Zefania, Wolfram Zehrer et Zicoma.

Les échantillons ont été examinés dans plusieurs musées d'histoire naturelle, et nous sommes reconnaissants envers ces institutions et leurs curateurs : **AMNH** – American Museum of Natural History, New York, Mary LeCroy, Nancy Simons et Robert Voss ; **BMNH** – The Natural History Museum, London (ex-British Museum [Natural History]), Paulina Jenkins et Robert Prŷs-Jones ; **FMNH** – Field Museum of Natural History, Chicago ; **LSUMZ** – Louisiana State University Museum of Zoology, Baton Rouge, Louisiana, J. Van Remsen ; **MCZ** – Museum of Comparative Zoology, Cambridge, Massachusetts, Scott Edwards et Judith Chupasko ; **MNHN** – Muséum national d'Histoire naturelle, Paris, Christian Erard, Christiane Denys, Jean-Marc Pons et Géraldine Veron ; **MRSN** – Museo Regionale di Scienze Naturali, Torino, Franco Andreone ; **MVZ** – Museum of Vertebrate Zoology, The University of California, Berkeley, Ned Johnson et James Patton ; **PBZT** – Parc Botanique et Zoologique de Tsimbazaza, Antananarivo, Gilbert Rakotoarisoa ; **RMNH** – Naturalis, Leiden, The Netherlands [ex-Rijksmuseum van Natuurlijke Histoire], Chris Smeenk ; **ROM** – Royal Ontario Museum, Toronto, Judith Eger ; **NMB** – Naturhistorisches Museum Basel, Denis Vallen; **NMW** – Naturhistorisches Museum, Vienna; **SMF** – Senckenberg Museum, Frankfurt, Dieter Kock et Dieter S. Peters ; **SMNS** – Staatlichen Museums für Naturkunde, Stuttgart, Claus König ; **UADBA** – Département de Biologie Animale, Université d'Antananarivo, Antananarivo ; **UMMZ** – The University of Michigan Museum of Zoology, Ann Arbor, Michigan, Phil Myers, Ronald Nussbaum et feu Robert W. Storer ; **USNM** – The National Museum of Natural History (ex-The United States National Museum), Washington, D.C., Michael Carleton et Storrs Olson ; **UWZM** – University of Wisconsin Zoological Museum, Madison, Wisconsin, Paula M. Holahan ; **WFVZ** – Western Foundation of Vertebrate Zoology, Camarillo, California, Lloyd Kiff ; **ZFMK** – Zoologisches Forschungsmuseum Alexander Koenig, Bonn, Wolfgang Böhme et Karl-Ludwig Schuchmann ; **ZMB** – Museum für Naturkunde der Humboldt-Universität zu Berlin, Berlin (ex-Zoologisches Museum Berlin), Burkhard Stephan, Robert Asher et Frieder Mayer et **ZSM** – Zoologische Staatssammlung München, Frank Glaw.

Des collègues de chez REBIOMA à Antananarivo ont donné de précieux conseils sur les différents aspects des analyses présentées ici. Nous sommes particulièrement reconnaissants à Dimby Razafimpahanana à cet égard. Notre gratitude va aussi à Vola Fanantenana Raharinirina pour avoir entré dans la base de données une quantité considérable d'informations. Nous remercions sincèrement tous ceux qui ont commenté les chapitres de cet ouvrage, en particulier Rasamy Martial. Comme pour les cas de nombreux projets déjà réalisés, Malalarisoa Razafimpahanana a persévéré dans l'effort pour résoudre les difficultés dans l'assemblage des éléments nécessaires à la production de ce livre ; aussi, nous lui adressons nos chaleureux remerciements. Enfin, Herivololona Mbola Rakotondratsimba a fait un travail considérable pour faire avancer et gérer la base de données associées, la production des cartes et la réalisation de la modélisation. Olivier Langrand a gentiment accepté d'écrire l'avant-propos et Joelisoa Ratsirarson la préface. Nous leur sommes reconnaissants pour ces textes, qui sont importants pour présenter ce projet dans une perspective internationale plus large, et qui témoignent de son utilité pour les programmes de conservation nationale et pour les aspects de la biogéographie.

Il est clair qu'une publication de cette nature est non seulement le résultat du travail des auteurs et des éditeurs, mais elle représente aussi l'aboutissement d'un travail ayant pris une longue période, et où se sont associés l'intérêt et la bonne volonté de nombreuses personnes et organisations. Pour ceux qui sont dispersés à l'intérieur et à l'extérieur de Madagascar, les communautés rurales incluses, nous exprimons notre gratitude.

Pierre Viette, Marie-Clémentine Virginie, Matthias Von Bechtolsheim, James E. M. Watson, Nicole Weyeneth, David E. Willard, Andrew Williams, John G. Williams, Lucienne Wilmé, A. Wilson, Jane M. Wilson, R. Winkler, Chris Wozencraft, Satoshi Yamagishi, Haridas Harimpitia Zafindranoro, Sama Zefania, Wolfram Zehrer, and Zicoma.

Specimens were examined from several different natural history museums, and we are grateful to these institutions and their curators: **AMNH** – American Museum of Natural History, New York, Mary LeCroy, Nancy Simons and Robert Voss; **BMNH** – The Natural History Museum, London (formerly British Museum [Natural History]), Paulina Jenkins and Robert Prŷs-Jones; **FMNH** – Field Museum of Natural History, Chicago; **LSUMZ** – Louisiana State University Museum of Zoology, Baton Rouge, Louisiana, J. Van Remsen; **MCZ** – Museum of Comparative Zoology, Cambridge, Massachusetts, Scott Edwards and Judith Chupasko; **MNHN** – Muséum national d'Histoire naturelle, Paris, Christian Erard, Christiane Denys, Jean-Marc Pons, and Géraldine Veron; **MRSN** – Museo Regionale di Scienze Naturali, Torino, Franco Andreone; **MVZ** – Museum of Vertebrate Zoology, The University of California, Berkeley, Ned Johnson and James Patton; **PBZT** – Parc Botanique et Zoologique de Tsimbazaza, Antananarivo, Gilbert Rakotoarisoa; **RMNH** – Naturalis, Leiden, The Netherlands [formerly Rijksmuseum van Natuurlijke Histoire], Chris Smeenk; **ROM** – Royal Ontario Museum, Toronto, Judith Eger; **NMB** – Naturhistorisches Museum Basel, Denis Vallen; **NMW** – Naturhistorisches Museum, Vienna; **SMF** – Senckenberg Museum, Frankfurt, Dieter Kock and Dieter S. Peters; **SMNS** – Staatlichen Museums für Naturkunde, Stuttgart, Claus König; **UADBA** – Département de Biologie Animale, Université d'Antananarivo, Antananarivo; **UMMZ** – The University of Michigan Museum of Zoology, Ann Arbor, Michigan, Phil Myers, Ronald Nussbaum, and the late Robert W. Storer; **USNM** – The National Museum of Natural History (formerly The United States National Museum), Washington, D.C., Michael Carleton and Storrs Olson; **UWZM** – University of Wisconsin Zoological Museum, Madison, Wisconsin, Paula M. Holahan; **WFVZ** – Western Foundation of Vertebrate Zoology, Camarillo, California, Lloyd Kiff; **ZFMK** – Zoologisches Forschungsmuseum Alexander Koenig, Bonn, Wolfgang Böhme and Karl-Ludwig Schuchmann; **ZMB** – Museum für Naturkunde der Humboldt-Universität zu Berlin, Berlin (formerly Zoologisches Museum Berlin), Burkhard Stephan, Robert Asher, and Frieder Mayer; and **ZSM** – Zoologische Staatssammlung München, Frank Glaw.

Colleagues at Rebioma in Antananarivo provided advice on different aspects of the analyses presented here in and we are particularly grateful to Dimby Razafimpahanana in this regard. We extend or gratitude to Vola Fanantenana Raharinirina for entering into the database a considerable amount of information. We are grateful to a number of individuals that have commented on chapters herein, which include Martial Rasamy. As is the case for numerous other completed projects, Malalarisoa Razafimpahanana, has persevered with the difficulties of assembling all of the elements needed to produce this book and we extend our warm thanks for her efforts. Finally, Herivololona Mbola Rakotondratsimba took on the considerable task of advancing and managing the associated dataset, producing the maps, and conducting the modeling exercises. Olivier Langrand kindly agreed to write the Foreword and Joelisoa Ratsirarson the Preface. We are grateful for these texts, which are important to introduce this project from a larger international perspective and its utility concerning national conservation programs and aspects of biogeography.

A publication of this nature is clearly not only the work of the authors and editors, but has depended during a considerable period on the interest and good will of numerous individuals and organizations. To those scattered around the world, as well as in Madagascar, including rural communities, we extend our gratitude.

INTRODUCTION GENERALE

Steven M. Goodman & Marie Jeanne Raherilalao

L'objectif de cet atlas est d'illustrer les aires de répartition géographique connues de certains vertébrés terrestres endémiques de Madagascar, en s'appuyant sur les données des points de présence, avec l'utilisation d'outils de modélisation afin de comprendre certains aspects de leur distribution. Au cours des dernières décennies, d'importants progrès ont été réalisés pour connaître et comprendre les limites de l'espèce, ainsi que la biogéographie d'une gamme considérable de plantes et d'animaux sur l'île. Un nombre remarquable d'espèces nouvelles pour la science ont été décrites, ainsi que quelques genres et même des familles, améliorant significativement les informations sur le biote malgache.

Bien que l'exercice pour élaborer les cartes présentées dans cet atlas paraisse relativement simple, il s'avère en fait complexe, en grande partie en raison de l'explosion considérable d'informations. Ces informations ont été obtenues à partir de la vérification des spécimens dans les musées dans le monde d'une part, ainsi que de nouvelles données récoltées au cours de travaux sur le terrain et des inventaires dans les régions peu connues ou inconnues de l'île d'autre part ; s'y rajoute, la synthèse des références publiées sans cesse croissantes. En outre, des aperçus sur la génétique moléculaire ont fourni une nouvelle fenêtre permettant aux systématiciens de faire la distinction entre la convergence et l'histoire évolutive commune aux organismes similaires, de découvrir des espèces cryptiques qui ne peuvent pas être facilement discernées par des caractères morphologiques classiques, et de comprendre le rôle des paramètres physiques (montagnes, rivières, etc.) comme obstacles, ou celui des corridors dans la dispersion et les niveaux de différenciation de la population.

D'après notre estimation, afin d'élaborer des cartes précises et mises à jour pour un ensemble donné d'organismes, il était important pour les chercheurs d'avoir des informations détaillées sur le groupe, en particulier sur les critères utilisés pour identifier les espèces, l'accès à des spécimens provenant des musées du monde entier et la connaissance des littératures anciennes et récentes correspondantes. Autrement dit, pour les générer correctement, les chercheurs doivent « être au fait de toutes les informations disponibles » pour créer une base de données active et dynamique, révisée et modifiée. Ils doivent tenir compte des changements taxonomiques relevés dans la littérature et au moins en partie, associés à leurs programmes de recherche. Deux exemples sont utiles pour expliquer la gamme des extrêmes dans l'augmentation de nouvelles informations : celle qui peut être pratiquement cartographiée et modélisée dans ce genre d'exercice et celle qui ne peut pas l'être.

En 1987, il a été estimé que près de 144 espèces d'amphibiens ont existé à Madagascar (4). Par la suite, il y a eu une vague considérable et continue de recherches effectuées par les herpétologues, qui ont utilisé de nouvelles techniques sur le terrain, tels que l'enregistrement des chants de grenouilles, et surtout les techniques de laboratoire associées à la génétique moléculaire. En 1994, ce chiffre a grimpé à 170 espèces (2) et en 2009, le nombre réel d'espèces nommées a

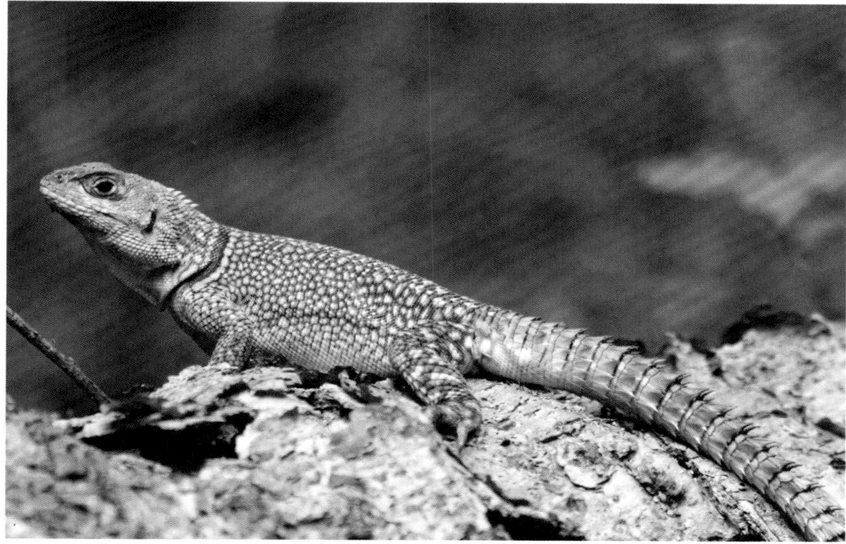

Voici un *Oplurus cuvieri* (famille des Opluridae), une des espèces traitées dans cet atlas. (Cliché par Achille P. Raselimanana.)/Here is shown an *Oplurus cuvieri* (family Opluridae), one of the species covered in this atlas. (Photograph by Achille P. Raselimanana.)

GENERAL INTRODUCTION

Steven M. Goodman & Marie Jeanne Raherilalao

The purpose of this atlas is to illustrate the known geographical range of certain endemic land vertebrates of Madagascar based on point locality data and, with the use of modeling tools, to understand aspects of their distribution. Over the course of the last decades, major advancements have been made to document and understand the species limits and biogeography of a considerable array of plants and animals on the island. A remarkable number of new species to science have been described and to a lesser extent genera and even families, advancing significantly information on the Malagasy biota.

While the mapping exercise presented here may seem relatively simple, in fact it is complex, largely because of the absolute explosion of information, ranging from the verification of specimens in museums around the world, new data obtain during fieldwork and inventories to unknown or poorly known regions of the island, and synthesizing ever-increasing published references. Further, insights from molecular genetics have provided a completely new window that allows systemacists to distinguish between convergence and shared evolution history for similar looking organisms, uncovering cryptic species that cannot easily be discerned by classical morphological characters, and understanding the role of physical features (mountains, rivers, etc.) as barriers or corridors to dispersal and associated levels of population differentiation.

Une quantité considérable de données utilisées dans cet atlas provient des spécimens de musée, qui fournissent des informations primordiales sur le biote de Madagascar. (Cliché par Achille P. Raselimanana.)/A considerable amount of data used in this atlas comes from museum specimens, which provide critical archival information on the biota of Madagascar. (Photograph by Achille P. Raselimanana.)

In our estimation, in order to produce accurate and up-to-date maps for a given set of organisms, it was important for the associated researchers to have detailed information on the group, particularly the criteria used to identify species, access to specimens from museums around the world, and know forwards and backwards the associated literature. In other words, to do this correctly the research team needs to "have their finger on the pulse", creating a living and dynamic database that was amended and modified as taxonomic changes unfolded in the literature and at least in part associated with their research programs. A couple of examples are useful to explain the gamut of extremes in the growth of new information, and what can practically be mapped and modeled in this sort of exercise and what cannot.

In 1987, it was estimated that about 144 species of amphibians occur on Madagascar (4). Subsequently, there was a considerable and continuous wave of research by herpetologists, who employed new field techniques such as recording frog vocalizations and most importantly laboratory techniques in the form of molecular genetics. In 1994, this figure climbed to 170 species (2). By 2009, the actual number of named species swelled to 244 and based on different lines of genetic inference, it was estimated that perhaps over 450 species of amphibians occur on Madagascar (10). Hence, using this latter figure, something approaching a three-fold increase in recognized

atteint 244. Mais sur la base des différentes approches génétiques, plus de 450 espèces d'amphibiens semblent exister à Madagascar (10). Ainsi, en se référant à ce dernier chiffre, la diversité des espèces d'amphibiens reconnues a été multipliée par trois en 26 ans. Comme plusieurs groupes de chercheurs travaillent sur la taxonomie des batraciens malgaches, souvent indépendamment les uns des autres, aucune équipe n'a accès à toutes les nouvelles informations avant qu'elles soient publiées. Pour ces raisons, les amphibiens représentent un groupe difficile à inclure dans ce projet atlas.

Pour le côté relativement stable, nous pouvons choisir un groupe tel que celui des iguanidés malgaches de la sous-famille des Oplurinae, dont deux genres, *Chalarodon* (une espèce) et *Oplurus* (six espèces), sont actuellement décrits. Comme mesure de la stabilité de leur taxonomie, la dernière espèce d'*Oplurus* a été nommée en 1900 (*O. grandidieri*). Ceci est quelque peu faussé ; sur la base des études moléculaires récentes, certains clades ont révélé des espèces non décrites (1, 7) et le nombre de taxons reconnus va certainement augmenter dans un proche avenir. En tout cas, l'exemple des Oplurinae et celui des oiseaux endémiques, dont seulement un petit nombre de nouvelles espèces ont été décrites au cours des dernières décennies, représentent des groupes pour lesquels les progrès sur la connaissance de leur diversité en espèces est à un stade où un nombre bien réduit de chercheurs peuvent suivre dans les moindres détails les informations, et ainsi fournir des résultats assez complets et synthétiques.

Afin de mener à bien ce projet atlas de manière appropriée, les groupes cibles sont limités à ceux qui font l'objet principal de la recherche effectuée par des membres scientifiques de l'Association Vahatra et de leurs collègues : Lézards Oplurinae et Gerrhosauridae : Achille P. Raselimanana & Steven M. Goodman ; Oiseaux : Steven M. Goodman & Marie Jeanne Raherilalao ; Chauves-souris : Steven M. Goodman & Beza Ramasindrazana ; Petits mammifères : Steven M. Goodman, Voahangy Soarimalala, Martin Raheriarisena & Daniel Rakotondravony, et Carnivora : Steven M. Goodman.

En dernier lieu, les distributions de certains groupes de vertébrés terrestres malgaches sont relativement bien connues. Le meilleur exemple est probablement celui des lémuriens, même si les opinions sur le nombre d'espèces qui devraient être reconnues sont très divergentes (8). Pour ce cas, les cartes des aires de répartition estimées de ces animaux sont publiées, c'est-à-dire que des parties de cartes sont remplies avec leur distribution présumée (5). Compte tenu de telles publications, combinées avec le fait qu'aucun chercheur de l'Association Vahatra ne travaille pas particulièrement sur les lémuriens, ce groupe et plusieurs autres ne figurent pas dans cet atlas.

Sources et aspects de données utilisées pour la production de l'atlas

Différentes sources d'information concernant les groupes présentés dans cet atlas ont été insérées dans la base de données. Cet aspect est abordé en détail au début de chaque chapitre. Mais pour tous les

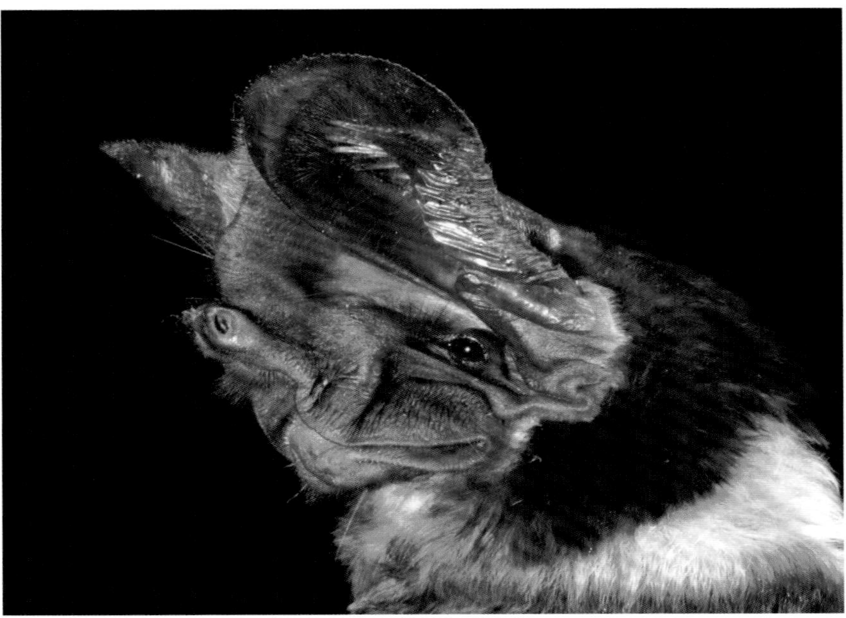

Ci-dessus, un *Otomops madagascariensis* (famille des Molossidae), une des espèces traitées dans cet atlas. (Cliché par Merlin Tuttle/Bat Conservation International.)/Here is shown an *Otomops madagascariensis* (family Molossidae), one of the species covered in this atlas. (Photograph by Merlin Tuttle/Bat Conservation International.)

frog species diversity occurred over 26 years. As several different researcher groups are working on the taxonomy of Malagasy frogs, often independently of one another, there is not single team that has access to all new developments before they are published. For these reasons, Malagasy frogs would be a difficult group to include in this current atlas project.

Now on the side of relative stability, we can pick a group such as the Malagasy iguanids of the Subfamily Oplurinae, for which two genera, *Chalarodon* (one species) and *Oplurus* (six species), are currently recognized. As a measure of their taxonomic steadiness, the last species of *Oplurus* to be named was in 1900 (*O. grandidieri*). This is a bit misleading -- based on recent molecular studies certain clades represent undescribed species (1, 7) and the number of recognized taxa will almost certainly increase in the near future. In any case, the example of the Oplurinae, as well as endemic birds, for which only a handful of new species have been described over the past decades, represent groups for which advancements in knowledge of their species representation is at a stage that a small assembly of researchers can maintain their "finger on the pulse" and produce comprehensive and synthetic results.

Voici un *Upupa marginata* (famille des Upupidae), une des espèces traitées dans cet atlas. (Cliché par Marie Jeanne Raherilalao.)/Here is shown an *Upupa marginata* (family Upupidae), one of the species covered in this atlas. (Photograph by Marie Jeanne Raherilalao.)

In order to accomplish this atlas project in the manner we deem appropriate, the covered groups are restricted to those that are the primary research focus of scientific members of Association Vahatra and colleagues: Oplurinae and Gerrhosauridae lizards – Achille P. Raselimanana & Steven M. Goodman, birds – Steven M. Goodman & Marie Jeanne Raherilalao, bats – Steven M. Goodman & Beza Ramasindrazana, small mammals – Steven M. Goodman, Voahangy Soarimalala, Martin Raheriarisena & Daniel Rakotondravony, and Carnivora – Steven M. Goodman.

As a final point, the distributions of certain groups of Malagasy land vertebrates are relatively well known. Perhaps the best example of that of lemurs, even though there are widely differing views on the number of species that should be recognized (8). In any case, maps of the projected ranges of these animals have been published, that is to say portions of a map filled in with their presumed distributions (5). Given such publications, combined with the fact no researcher at Association Vahatra works specifically on lemurs, this group as well as others are not covered herein.

Sources and other aspects of data used in the production of the atlas

Different sources of information were included in the database associated with the groups presented in this atlas. This aspect is discussed in some detail at the beginning of each respective taxonomic chapter, but across all groups, the primary origin of information was verified museum specimens. Published and non-published reports were also incorporated, particularly those citing geographical coordinates for the inventoried sites. In a few cases, such as with certain lizards, spiny tenrecs, and the majority of birds, field identifications are certainly viable based on color and external

groupes taxonomiques, l'origine primaire des informations provient des spécimens de musées vérifiés. Les rapports publiés et non publiés ont également été intégrés, en particulier les données avec des coordonnées géographiques des sites inventoriés. Dans quelques cas, comme celui de certains lézards, des tenrecs à épines et de celui de la majorité des oiseaux, des identifications sur le terrain sont certainement valides en s'appuyant sur la couleur et la morphologie externe, ainsi que sur les chants. Ainsi, il n'est pas nécessaire d'avoir l'animal dans la main ni d'avoir un spécimen pour être certain de son identité correcte. Pour ces organismes, les relevés à partir des observations visuelles ou des chants ont été pris en compte. Dans le Tableau 1, nous présentons le nombre de données de présence de chaque groupe taxonomique qui constitue la base de données de cet atlas.

Voici un petit tenrec (famille des Tenrecidae), une des espèces traitées dans cet atlas. (Cliché par Marie Jeanne Raherilalao.)/Here is shown a shrew-tenrec (family Tenrecidae), one of the species covered in this atlas. (Photograph by Marie Jeanne Raherilalao.)

Identifications des espèces

Les auteurs de chaque chapitre ont été responsables de la vérification de tous les relevés dans la base de données (spécimens, des observations ou des informations publiées) utilisées pour élaborer les cartes et la modélisation associées, ainsi que la mise à jour de la taxonomie.

Sources bibliographiques

L'utilisation de références bibliographiques nécessaires a été limitée au minimum pour documenter les points importants mentionnés dans le texte, références associées, à chaque espèce cartographiée. Afin de rendre le livre plus facile à lire, les citations ont été converties en un système numérique et les références mentionnées dans un chapitre sont présentées à la fin de celui-ci.

Coordonnées géographiques

Depuis l'apparition des dispositifs sur le système de positionnement géographique (GPS) au cours des dernières décennies, il est possible d'enregistrer avec une grande précision les coordonnées de latitude et de longitude de l'endroit où un spécimen a été capturé ou de l'endroit où un individu a été observé ou entendu chanter. Pour les données remontant à plus de quelques décennies, lorsque les coordonnées GPS du site ne sont pas associées à l'échantillon ou aux relevés publiés, dans la plupart des cas, il était nécessaire de déduire leurs coordonnées géographiques à partir des cartes. Dans le cas de noms de lieux ambigus, comme « l'Est de Madagascar » ou « Pays Betsileo », les coordonnées n'ont pas été extrapolées et ces localités ne figurent pas dans la base de données de l'atlas ; de tels exemples ont été également exclus des chiffres présentés dans le Tableau 1. Dans de nombreux cas, les coordonnées des localités connues ont été extraites à partir de différentes nomenclatures (par exemple, 6, 11, de Google Earth, et de nombreuses autres sources bibliographiques). Nous avons fréquemment utilisé aussi le répertoire toponymique en ligne de Missouri Botanical Garden (www.mobot.org/mobot/research/madagascar/gazetteer/).

morphology, as well as calls, and it is not necessary to have the animal in the hand or a specimen to be certain of its correct naming. For these organisms, sight or vocal records are included. In Table 1, we list the number of records for each taxonomic group used in the atlas database.

Table 1. Nombre de relevés vérifiés dans la base de données de chaque groupe, utilisée pour la cartographie et la modélisation associées à l'atlas. Pour tous ces taxa, une quantité importante de données n'a pas été utilisée à cause du doute sur les localités, des coordonnées et des identifications ; celles-ci ne figurent pas dans les chiffres présentés ici./Number of verified database records employed for each group in the mapping and modeling exercises associated with this atlas. For all of these groups, an important number of records were not used because of dubious localities, coordinates, and identifications; these do not appear in the figures presented here.

Groupe taxonomique/ Taxonomic group	**Nombre de relevés/** Number of records
Reptiles (lézards Oplurinae et Gerrhosauridae)/Reptiles (Oplurinae and Gerrosauridae lizards) (n = 26)	2045
Oiseaux forestiers/Forest-dwelling birds (n = 101)	20971
Chauves-souris/Bats (n = 40)	7864
Petits mammifères endémiques/Endemic small mammals (n = 58)	11238
Carnivora endémiques/Endemic Carnivora (n = 11)	577
Total (n = 236)	42695

Species identifications

The authors of each section were responsible for the verification of all database records (specimens, observations, or published information) used to produce the maps and associated with the modeling exercises, as well as employing up-to-date taxonomy.

Bibliographic sources

We have limited the use of bibliographic citations to the minimum needed to document important points mentioned in the text associated with each mapped species. To render the book easier to read, citations have been converted to a numerical system and the references are presented at the end of each chapter.

Geographical coordinates

Since the advent of Geographical Positioning System (GPS) devices over the past few decades, it has been possible to record with considerable precision latitudinal and longitudinal coordinates

Les informations sur la localisation précise des observations et des spécimens sont l'un des aspects indispensables pour la documentation. La position GPS est enregistrée ici. (Cliché par Vahatra.)/Precise locality information associated with observations and specimens is a critical aspect for documentation. Here a GPS position is being taken. (Photograph by Vahatra.)

Couvertures temporelle et spatiale des données collectées

La base de données utilisée dans cet atlas est partiellement issue de spécimens et d'observations directes dans la nature, couvrant la période de 1860 à 2012. Comme la plupart des animaux inclus dans cet atlas sont forestiers, avec la superficie de leur habitat naturel considérablement réduite au cours du dernier siècle et demi, plusieurs problèmes se posent pour certaines comparaisons. Dans de nombreux cas, l'utilisation d'une carte de la végétation actuelle pourrait placer un animal forestier loin des forêts existantes et par conséquent, fausser certains aspects critiques de la modélisation. Aussi, il était nécessaire de créer une nouvelle carte de végétation présumée de l'île à l'époque où les humains ont commencé à coloniser l'île, il y a 2 500 ans (voir p. 26 pour plus de détails).

Dans les chapitres consacrés aux groupes taxonomiques spécifiques suivants, une carte est présentée pour montrer les localités couvertes par les données utilisées dans l'atlas. Cela ouvre une fenêtre sur la couverture géographique de chaque groupe taxonomique respectif, et identifie les zones de l'île où des recherches sur le terrain restent encore à faire ; dans certains cas, des groupes n'ont pas de spécimens de référence.

La logistique pour arriver dans certaines localités de l'île peuvent être compliquées, particulièrement pendant la saison des pluies. (Cliché par Achille P. Raselimanana.)/Logistics to arrive at certain localities on the island can be complicated, particularly during the rainy season. (Photograph by Achille P. Raselimanana.)

Vérification de l'ensemble des données

Les auteurs de chaque chapitre taxonomique étaient responsables de la validation de l'ensemble des données respectives. La première étape consiste à examiner la base de données pour trouver les relevés clairement irrecevables et pour vérifier la systématique utilisée. L'étape suivante concerne la cartographie de tous les points de présence d'une espèce afin de confirmer qu'aucun point ne tombe en dehors de la zone de distribution probable. Pour ces points, les coordonnées géographiques ou les localités ont été vérifiées, et corrigées au besoin.

Texte associé aux cartes des espèces

Dans les chapitres suivants, consacrés à des groupes taxonomiques spécifiques, au bas de chaque page figure un court texte pour expliquer certains détails concernant les espèces concernées. Une littérature abondante existe sur les vertébrés terrestres malgaches pris en compte dans cet atlas, et notre objectif n'est pas de reprendre les informations déjà publiées, mais dans un style télescopique, l'atlas se propose de souligner les points importants pour l'interprétation des cartes de répartition et des modèles de Maxent. Le texte qui accompagne chaque espèce cartographiée est divisé en plusieurs sections dont les détails sont abordés ci-dessous.

Maxent : Nous présentons ici la valeur calculée de « l'aire sous la courbe » (ASC), générée par le modèle de Maxent (voir p. 28 pour plus les détails).

Distribution & habitat : Bien que nous ayons tenté de l'approfondir davantage, la base de données ne devrait pas être considérée comme étant déjà complète ; des écarts artificiels existent dans les distributions

of where a specimen was collected or an individual observed or heard calling. For records older than a few decades, when GPS site coordinates were not associated with the specimen or published records, in most cases presumed to have been derived from a map, it was necessary to infer the geographical coordinates. In cases of ambiguous place names, such as "eastern Madagascar" or "Betsileo country", coordinates were not extrapolated and these localities are not represented in the atlas database; such examples are excluded from the figures presented in Table 1. In numerous cases, coordinates for discernable localities were extrapolated from different gazetteers (e.g., 6, 11, Google Earth, and numerous other bibliographic sources). We also frequently used the online gazetteer of the Missouri Botanical Garden (www.mobot.org/mobot/research/madagascar/gazetteer/).

Temporal span of the data set and coverage

The database used in this atlas is partially derived from specimens and direct observations in nature spanning the period from 1860 to 2012. As many of the animals covered in this atlas are forest-dwelling and their natural habitats have been greatly reduced in area during the last century and a half, this imposes several problems for certain comparisons. In numerous cases, the use of a modern vegetation map might place a forest-dwelling animal a long way from existing forests, and hence, falsify critical aspects of the modeling exercises. Hence, it was necessary to create a new map of the inferred vegetation of the island approximately at the period that humans originally colonized the island about 2,500 years ago (see p. 22 for further details).

In the following chapters devoted to specific taxonomic groups, a map is presented to show the island-wide locality coverage of data used in the atlas. This provides a window into the geographical coverage for each respective taxonomic group and the zones of the island in need of further field research and, in some cases, voucher specimens.

Verification of data set

The authors of each taxonomic chapter were responsible for the authentication of the respective dataset. At the first stage, this was done by examination of the database records for anything clearly out of order and to verify the taxonomy employed. The subsequent stage was the mapping of all data points for a given species to confirm that no records fell outside of the probable zone of distribution. For such records, the geographical coordinates or localities were verified and corrected as needed.

Text associated with map species

In the following chapters devoted to specific taxonomic groups, at the bottom of each page there is a short text to explain certain details concerning the species in question. A considerable literature exists on the Malagasy land vertebrates covered in this atlas, and our intent with this text is not to repeat published aspects, but in a telescopic style highlight points that are important for the interpretation of the distributional maps and Maxent models. The text accompanying each

Pour explorer correctement les différentes zones reculées de Madagascar, une gamme de moyens logistiques est nécessaire (Cliché par Achille P. Raselimanana.)/To explore different zones of Madagascar, a variety of logistic means are necessary. (Photograph by Achille P. Raselimanana.)

cartographiées pour certains taxons. L'information sur le statut de l'espèce en question est d'abord présentée (**en gras**), en particulier si l'espèce est endémique ou non endémique de Madagascar et si possible, quelle est sa distribution en dehors de la région malgache. Cette dernière se réfère à Madagascar et aux îles voisines (archipel des Comores, Mascareignes et Seychelles). Ensuite, les détails sur les aspects de l'environnement général que l'espèce utilise, ainsi que les types d'habitat précis basés sur la carte simplifiée de la végétation (voir p. 19 pour de plus amples informations) sont fournis. Les types d'habitat comprennent les forêts : humide, sèche, humide/subhumide et sèche épineuse.

Lors des inventaires biologiques réalisés au cours des dernières décennies, de nouvelles données importantes ont été recueillies sur le biote de Madagascar. (Cliché par Achille P. Raselimanana.)/During biological inventories conducted over the past decades, considerable new data has been gathered on the biota of Madagascar. (Photograph by Achille P. Raselimanana.)

Altitude : Les informations sont présentées lorsque les données publiées sur l'espèce sont différentes de celles du tableau associé à chaque espèce cartographiée.

Systématique : Nous passons en revue les aspects pertinents de la taxonomie et de la systématique des espèces concernées, qui incluent les modèles de variation géographiques et les sous-espèces, les nouveaux apports provenant des études génétiques moléculaires sur les relations entre les espèces concernées, les facettes importantes de la répartition géographique, etc. Au sein d'une famille, les différentes formes sont chronologiquement listées par ordre alphabétique, par genre et par espèce.

Autres commentaires : Il couvre divers points qui méritent d'être abordés, tels que les différences entre les nomenclatures employées par les auteurs, l'apparition allopatrique-sympatrique des taxons sœurs, l'état des connaissances sur l'espèce en question et les problèmes potentiels sur certaines identifications sur le terrain.

Statut de conservation : L'Union Internationale pour la Conservation de la Nature (UICN) a créé un système complexe des critères pour désigner les statuts de conservation de différents organismes dans le monde, incluant Madagascar (3). Ce système se réfère à la « liste rouge ». Pour chaque taxon présenté dans cet atlas, la catégorie de la liste rouge est donnée, et dans certains cas, avec de brèves informations sur d'autres facteurs pouvant affecter la survie de l'espèce en question, comme la chasse. Les définitions suivantes sont utilisées dans cet ouvrage :

En danger (En)

Un taxon est dit En danger lorsque les meilleures données disponibles indiquent qu'il remplit l'un des critères A à E correspondant à la catégorie En danger (voir section V, 9) et, en conséquence, qu'il est confronté à un risque très élevé d'extinction à l'état sauvage.

Vulnérable (Vu)

Un taxon est dit Vulnérable lorsque les meilleures données disponibles indiquent qu'il remplit l'un des critères A à E correspondant à la

mapped species is divided into several sections and details on each header are presented below.

Maxent: Here we present the calculated value of the "area under the curve" (AUC), which was generated by the Maxent model (see p. 26 for further details).

Distribution & habitat: While we have strived to be thorough, our database is not complete and artificial gaps exist in the mapped distributions of certain taxa. Information is first presented (in **bold**) on the status of the species in question, specifically if it is endemic or non-endemic to Madagascar and when appropriate its extralimital distribution. The Malagasy region refers to Madagascar and neighboring islands (the archipelagos of the Comoros, Mascarene, and Seychelles). We subsequently elaborate on aspects of the generalized environment the species uses, and then numerate the precise habitat types based on a simplified vegetation map (see p. 19 for further information on this point), which include humid, dry, humid-subhumid, and dry spiny forest types. The precise details on the vegetation classification used herein and critical definitions are presented in the next chapter.

Elevation: Here we only present information when published data on the species is different from that given in the table associated with each mapped species.

Systematics: Here we review relevant aspects of the taxonomy and systematics of the species concerned, which can include patterns of geographical variation and subspecies, insights from molecular genetic studies concerning the relationships of the species concerned, important aspects of geographical distribution, etc. Within a family, the different forms are listed alphabetically by genus and then species.

Other comments: This covers miscellaneous points, when relevant, such as nomenclatural differences between authors, allopatric-sympatric occurrence of sister taxa, state of knowledge of the species in question, and potential problems with certain field identifications.

Conservation Status: The International Union for Conservation of Nature (IUCN) has devised an intricate system for criteria associated with the designation of conservation statutes for organisms around the world, including Madagascar (3). This system is referred to as the "red-list". For each taxon covered in this atlas, the red list category is presented and in some cases with brief comments on other factors potentially impacting the future of the species in question, such as hunting. The following definitions are for those conservation statutes that we utilize herein:

Endangered (En)

A taxon is Endangered when the best available evidence indicates that it meets any of the criteria A to E for Endangered (see Section V, 3), and it is therefore considered to be facing a very high risk of extinction in the wild.

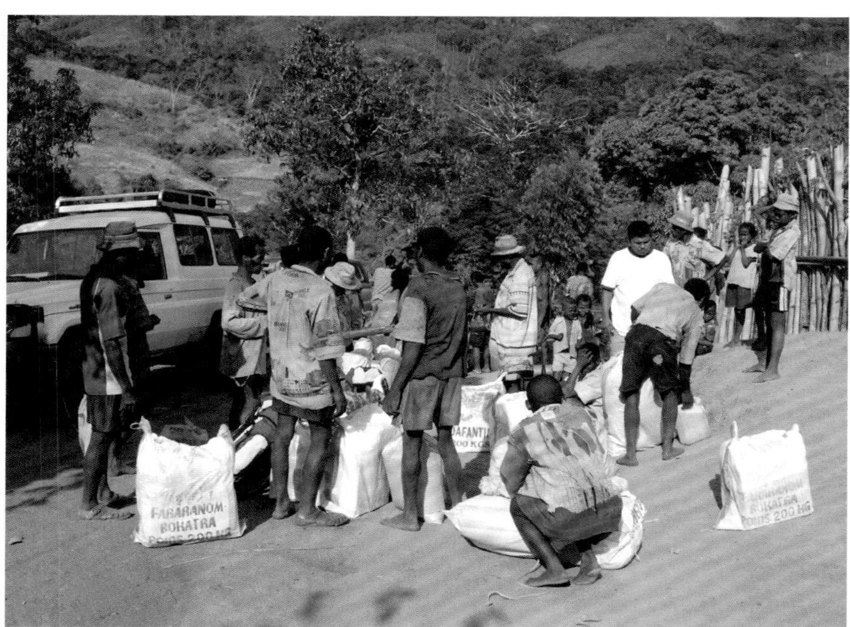

La possibilité pour l'équipe d'inventaire pour arriver dans les sites forestiers qui se trouvent à l'écart des routes, dépend souvent sur la collaboration de la population locale travaillant comme guides et porteurs. (Cliché par Marie Jeanne Raherilalao.)/The ability for inventory teams to reach forested sites considerable distances from roads often depends on the cooperation of local people working as guides and porters. (Photograph by Marie Jeanne Raherilalao.)

catégorie Vulnérable (voir section V, 9) et, en conséquence, et qu'il est confronté à un risque élevé d'extinction à l'état sauvage.

Quasi menacé (Nt)

Un taxon est dit Quasi menacé lorsqu'il a été évalué d'après les critères et ne remplit pas, pour l'instant, les critères des catégories En danger critique d'extinction, En danger ou Vulnérable mais qu'il est près de remplir les critères correspondant aux catégories du groupe Menacé ou qu'il les remplira probablement dans un proche avenir.

Préoccupation mineure (Lc)

Un taxon est dit de Préoccupation mineure lorsqu'il a été évalué d'après les critères et ne remplit pas les critères des catégories En danger critique d'extinction, En danger, Vulnérable ou Quasi menacé. Dans cette catégorie sont inclus les taxons largement répandus et abondants.

Données insuffisantes (Dd)

Un taxon entre dans la catégorie Données insuffisantes lorsqu'on ne dispose pas d'assez de données pour évaluer directement ou indirectement le risque d'extinction en fonction de sa distribution et/ou de l'état de sa population. Un taxon inscrit dans cette catégorie peut avoir fait l'objet d'études approfondies et sa biologie peut être bien connue, sans que l'on dispose pour autant de données pertinentes sur l'abondance et/ou la distribution. Il ne s'agit donc pas d'une catégorie Menacée. L'inscription d'un taxon dans cette catégorie indique qu'il est nécessaire de rassembler davantage de données et n'exclut pas la possibilité de démontrer, grâce à de futures recherches, que le taxon aurait pu être classé dans une catégorie Menacée. Il est impératif d'utiliser pleinement toutes les données disponibles. Dans de nombreux cas, le choix entre Données insuffisantes et une catégorie Menacée doit faire l'objet d'un examen très attentif. Si l'on soupçonne que l'aire de répartition d'un taxon est relativement circonscrite, s'il s'est écoulé un laps de temps considérable depuis la dernière observation du taxon, le choix d'une catégorie Menacée peut parfaitement se justifier.

Non évalué (Ne)

Un taxon est dit Non évalué lorsqu'il n'a pas encore été confronté aux critères.

Quelques points concernant ces statuts devraient être mentionnés. Dans un pays comme Madagascar, de nombreuses zones sont encore biologiquement inexplorées. Aussi, il est problématique de délimiter la distribution de la plupart des organismes forestiers, d'une manière assez définitive, et il est encore plus difficile de calculer leur densité. Cela crée ainsi un niveau d'inégalité dans l'évaluation de la liste rouge. Une autre complication concerne la façon dont les experts ont évalué les taxa. Les problèmes se posent au niveau du degré d'informations

Les inventaires dans les zones de haute montagne de Madagascar ont permis d'avoir un aperçu sur l'écologie des organismes vivant sous des conditions climatiques extrêmes. (Cliché par Voahangy Soarimalala.)/Inventories in the high mountain areas of Madagascar have provided insight into the ecology of organisms living under some rather extreme temperature regimes. (Photograph by Voahangy Soarimalala.)

Vulnerable (Vu)

A taxon is Vulnerable when the best available evidence indicates that it meets any of the criteria A to E for Vulnerable (see Section V, 3), and it is therefore considered to be facing a high risk of extinction in the wild.

Near Threatened (Nt)

A taxon is Near Threatened when it has been evaluated against the criteria but does not qualify for Critically Endangered, Endangered or Vulnerable now, but is close to qualifying for or is likely to qualify for a threatened category in the near future.

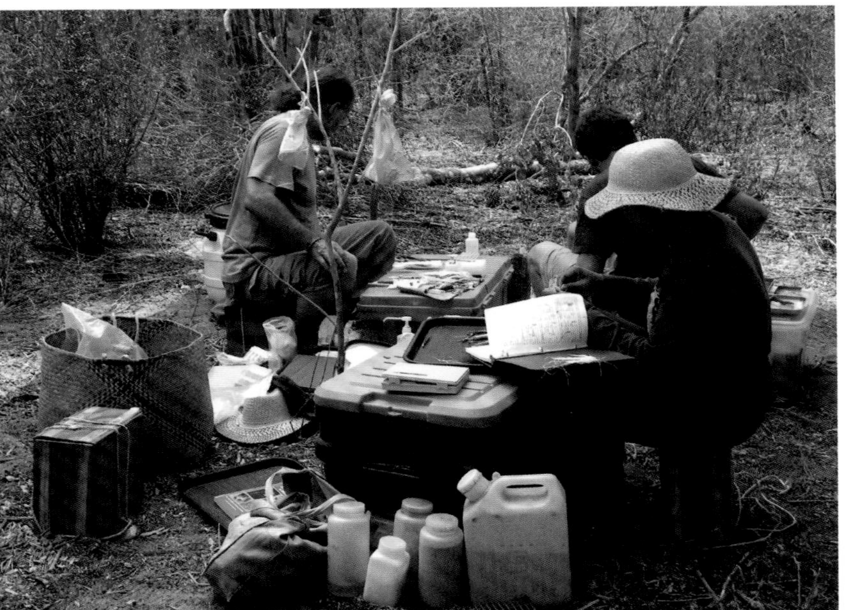

La collecte de spécimens de référence pour certains taxons est une étape essentielle pour documenter correctement le biote lors des inventaires. (Cliché par Louise Jasper.)/The collection of reference specimens for certain taxa is a critical step to document correctly the biota during inventories. (Photograph by Louise Jasper.)

Least Concern (Lc)

A taxon is Least Concern when it has been evaluated against the criteria and does not qualify for Critically Endangered, Endangered, Vulnerable or Near Threatened. Widespread and abundant taxa are included in this category.

Data Deficient (Dd)

A taxon is Data Deficient when there is inadequate information to make a direct, or indirect, assessment of its risk of extinction based on its distribution and/or population status. A taxon in this category may be well studied, and its biology well known, but appropriate data on abundance and/or distribution are lacking. Data Deficient is therefore not a category of threat. Listing of taxa in this category indicates that more information is required and acknowledges the possibility that future research will show that threatened classification is appropriate. It is important to make positive use of whatever data are available. In many cases, great care should be exercised in choosing between DD and a threatened status. If the range of a taxon is suspected to be relatively circumscribed, and a considerable period of time has elapsed since the last record of the taxon, threatened status may well be justified.

Not Evaluated (Ne)

A taxon is Not Evaluated when it has not yet been evaluated against the criteria.

A few points need mention concerning these statutes. In a country such as Madagascar, numerous areas remain biologically unexplored. Hence, it can be problematic in a semi-definitive manner to delineate the distribution of most forest-dwelling organisms and even more difficult to calculate density. Hence, this creates a level of unevenness in the red-list assessments. Another complicating aspect is how different panels of experts assess various taxonomic groups. The problems here range from different levels of information and precision of the individual species within the group to aspects concerning conservation politics. In any case, these different red-list categories

et de précision portant sur chaque espèce au sein du groupe ainsi qu'aux aspects relatifs à la politique de conservation. Dans tous les cas, ces catégories de la liste rouge sont utiles ; elles fournissent un point de référence pour comprendre les degrés de pression qui pèsent sur l'organisme, mais elles ne devraient pas être interprétées comme étant des mesures définitives de menace.

Pour les espèces endémiques à répartitions géographiques limitées, dans de nombreux cas, leurs « Zones d'Occurrence », telles que définies par l'UICN (9) ont été calculées. Les distributions cartographiées de certaines espèces ne sont pas nécessairement continues et pour celles des populations apparemment disjointes, des polygones distincts ont été délimités. Par conséquent, dans de tels cas, les estimations de la superficie occupée par un taxon donné sont certainement conservatrices.

are useful, as they provide a benchmark to understand aspects of the threats facing the organism in question, but should not be construed as definitive measures of threat.

For endemic species with limited geographical ranges, we calculate in numerous cases their Extent of Occurrence, as defined by the IUCN (3). The mapped geographical distributions for certain species are not necessarily continuous and for those with seemingly disjunct populations, separate polygons have been delineated. Hence, in such cases, our estimates of the surface area occupied by a given taxon are certainly conservative.

Pour réaliser correctement des inventaires, des observations sont nécessaires et fournissent une fenêtre sur l'histoire naturelle des différents animaux. (Cliché par Vahatra.)/ In order to conduct correctly inventories, observations are a critical aspect and provide windows into the natural history of different animals. (Photograph by Vahatra.)

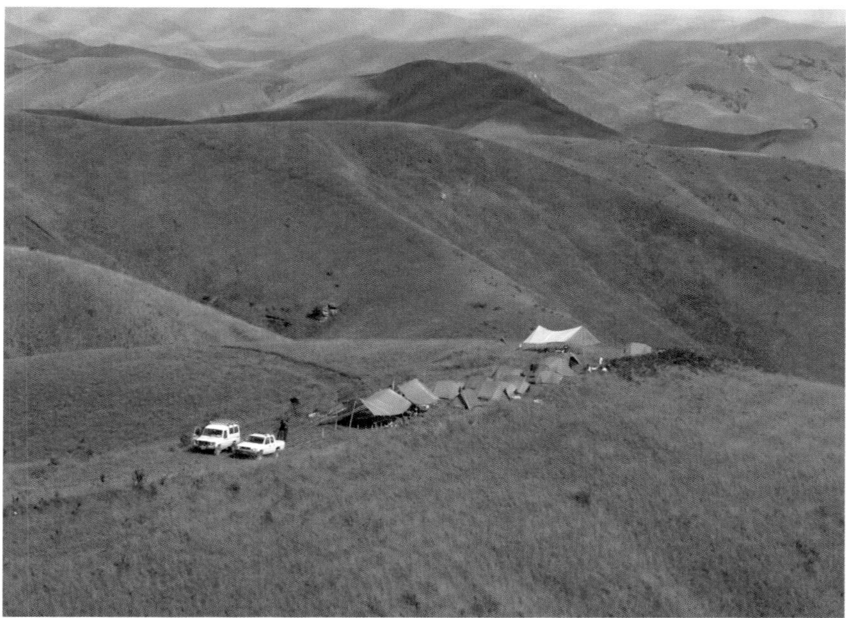

Les inventaires dans des zones très modifiées comme le cas d'un site sur les Hautes Terres centrales avec des vestiges forestiers dans les profondes vallées, ont fourni des données sur les impacts de la fragmentation. (Cliché par Marie Jeanne Raherilalao.)/ Inventories in highly modified areas, such as this site in the Central Highlands with remnant forests in deep valleys, have provided data on the impact of fragmentation. (Photograph by Marie Jeanne Raherilalao.)

REFERENCES/REFERENCES

1. **Chan, L. M., Choi, D., Raselimanana, A. P., Rakotondravony, H. A. & Yoder, A. D. 2012.** Defining spatial and temporal patterns of phylogeographic structure in Madagascar's iguanid lizards (genus *Oplurus*). *Molecular Ecology*, 21: 3839-3851.
2. **Glaw, F. & Vences, M. 1994.** *A fieldguide to the amphibians and reptiles of Madagascar*, 2nd edition. Vences & Glaw Verlag, Köln.
3. **IUCN. 2012.** *IUCN Red List categories and criteria: Version 3.1.*, 2nd edition. IUCN, Gland.
4. **Jenkins, M. D. (ed.) 1987.** *Madagascar: An environmental profile*. IUCN, Gland.
5. **Mittermeier, R. A., Louis, E. E., Richardson, M., Schwitzer, C., Langrand, O., Rylands, A. B., Hawkins, F., Rajaobelina, S., Ratsimbazafy, J., Rasoloarison, R., Roos, C., Kappeler, P. M. & MacKinnon, J. 2010.** *Lemurs of Madagascar*, 3rd edition. Conservation International, Washington, D.C.
6. **Moat, J. & Smith, P. 2007.** *Atlas de la végétation de Madagascar*. Royal Botanic Garden, Kew.
7. **Münchenberg, T., Wollenberg, K. C., Glaw, F. & Vences, M. 2008.** Molecular phylogeny and geographic variation of Malagasy iguanas (*Oplurus* and *Chalarodon*). *Amphibia-Reptilia*, 29: 319-327.
8. **Tattersall, I. 2007.** Madagascar's lemurs: Cryptic diversity of taxonomic inflation. *Evolutionary Anthropology*, 16: 12-23.
9. **UICN. 2001.** *Catégories et critères de l'UICN pour la Liste Rouge : Version 3.1.* UICN, Gland.
10. **Vieites, D. R., Wollenberg, K. C., Andreone, F., Köhler, J., Glaw, F. & Vences, M. 2009.** Vast underestimation of Madagascar's biodiversity evidenced by an integrative amphibian inventory. *Proceedings of the National Academy of Sciences, USA,* 106: 8267-8272.

Aspects techniques relatifs a la realisation de cet atlas

Herivololona M. Rakotondratsimba

Contexte

Les objectifs principaux du présent atlas sont de synthétiser une quantité considérable de données sur les vertébrés terrestres de Madagascar et d'utiliser les informations qui en découlent pour comprendre les informations relatives à leur habitat potentiel. Ce dernier aspect a été réalisé avec un outil de modélisation de la distribution des espèces, en particulier le « maximum d'entropie » (Maxent), utilisant des données d'occurrence géoréférencées et différentes variables environnementales. Ce type de modélisation a été largement appliqué pour différents types d'analyse écologique d'un organisme donné dans une zone géographique (1, 10, 18, 29). Afin de réaliser les analyses pour les différents organismes visés dans cet atlas, différentes étapes ont été entreprises et chacune d'elles est expliquée en détail dans ce chapitre :

1) Affinage de la base de données ;
2) Reclassification de la carte de végétation de Kew ;
3) Création de la carte de végétation suivant les modèles présumés avant la colonisation humaine ;
4) Procédures de la cartographie ;
5) Sélection des couches environnementales et modélisation de l'habitat des espèces.

Affinage de la base de données

La base de données utilisée englobe les informations sur les différents groupes des vertébrés visés dans cet atlas : 26 espèces de reptiles, 101 espèces d'oiseaux, 58 espèces de petits mammifères non-volants, 40 espèces de chauves-souris et 11 espèces de carnivorans (voir p. 13). Elle a été élaborée à partir des données provenant des inventaires biologiques, incluant les observations pour certains groupes, des spécimens muséologiques, de différentes littératures et des données non-publiées. De celles-ci, les plus anciennes furent collectées en 1829 et les plus récentes correspondent à la date de la dernière mise à jour de la base de données. Les informations relatives à ces dates limites sont présentées dans le Tableau 1. Les détails spécifiques sur les types de données utilisées sont mentionnés dans chaque chapitre respectif aux différents groupes de vertébrés terrestres.

Pour fournir une base de données précise pour la représentation de la distribution spatiale des vertébrés, les indications préconisées par Arthur Chapman (7) ont été suivies :

- Saisie des données provenant de diverses sources ;
- Standardisation des champs de la base de données provenant de sources différentes pour faciliter leur fusion ;
- Correction des erreurs typographiques et standardisation du format des différents champs ;
- Suppression des doublons survenus lors d'une double saisie ou à partir de spécimens catalogués à la fois dans le muséum d'origine et dans le muséum de transfert ;
- Mise à jour de la taxonomie des groupes ciblés ;
- Géoréférencement des localités connues mais sans coordonnées géographiques dans la source originale à partir de la consultation des données dans l'*Atlas de la végétation de Madagascar* (25) ou d'autres sources, comme gazetteer de Madagascar disponible au (www.mobot.org/mobot/research/madagascar/gazetteer/) et le géoréférencement en ligne disponible sur (http://manisnet.org/gci2.html) ;
- Projection et visualisation des données d'occurrence par espèce sur fond cartographique en guise de vérification des points en dehors des zones probables de distribution.

Reclassification de la carte de végétation de Kew

Carte de la végétation de Kew

Dans une perspective d'appuyer les efforts pour le développement scientifique en vue de la conservation de la biodiversité, un consortium composé de « Royal Botanic Gardens » (Kew), de « Missouri Botanical Gardens » (St. Louis) et du « Center for Applied Biodiversity Science » de « Conservation International » (Washington, D.C.) ont réalisé une mise à jour de la carte de la végétation de Madagascar avec une haute résolution (25). La carte a été obtenue à partir du traitement simultané des images MODIS et LANDSAT, enregistrées entre octobre 2000

Technical aspects associated with the realization of this atlas

Herivololona M. Rakotondratsimba

Context

The principal intents of this atlas are to summarize a considerable amount of data on different terrestrial vertebrates of Madagascar and to use this information to understand aspects of their potential suitable habitat. This latter aspect was accomplished with a species habitat, modeling tool, specifically one known as "maximum entropy" (Maxent) using georeferenced occurrence records and different environmental layers. This style of modeling procedure is widely used for different types of ecological analyses of a given organism in a geographical area (1, 10, 18, 29). In order to accomplish these tasks for the different organisms covered in this atlas, several different steps were taken and each are explained in detail in this chapter:

1) Refinement of the database,
2) Reclassification of the Kew vegetational map,
3) Creation of a vegetational map with projected patterns before human colonization,
4) Mapping procedures,
5) Selection of environmental layers and species habitat modeling.

Refinement of the database

The database used in this atlas assembles information from different vertebrate groups, which include: 26 species of reptiles, 101 species of birds, 58 species of small non-volant mammals, 40 species of bats, and 11 species of Carnivora (see p. 13). The database has been constructed based on data obtained during biological inventories (including sight records for certain groups), museum specimens, different types of published literature, and non-published records. The oldest record in our database dates from 1829 and the final recent cut-off dates of information included herein are presented in Table 1. The specific details on the types of data used for a specific vertebrate group are presented in each of the following chapters.

In order to provide an accurate database with respect to geographical information for the spatial distribution of vertebrates, we have followed the recommendations of Arthur Chapman (7):

- An effort was made to enter data from different sources,
- The standardization of database fields based on information from different sources to facilitate their merger,
- Filling in certain missing data,
- Correction of typographical errors or standardization of field worker names or site localities,
- Removal of duplicate information associated with double entries of records or catalogued specimens,
- Taxonomic updates for groups covered,
- Georeferencing localities without geographical coordinates in the original source through consultation of the *Atlas of the vegetation of Madagascar* (25) or other Madagascar gazetteers such as those available online (www.mobot.org/mobot/research/ Madagascar/ gazetteer/) and or other georeferenced sources (http://manisnet.org/gci2.html), and
- Projection and visualization of occurrence data per species on a base map to check if certain points fell outside of likely distribution areas.

Reclassification of the Kew vegetational map

Kew vegetational map

With a view to support the efforts of scientific development and biodiversity conservation, a consortium composed of the Royal Botanic Gardens (Kew), the Missouri Botanical Gardens (St. Louis), and the Center for Applied Biodiversity Science associated with Conservation International (Washington, D.C.) produced a new high resolution map of the vegetation of Madagascar (25). Data used therein were based on the simultaneous processing of MODIS and LANDSAT images taken between October 2000 and November 2001. MODIS images are low resolution (precision to 1 km on the ground), not voluminous, and with little cloud perturbation. These images were used to identify vegetation classes. In contrast, high-resolution (precision to 30 m on the ground) LANDSAT images were necessary to obtain views of specific areas to discern the different local vegetation types. The resulting map had a 90 m resolution on the ground after the application of a 3 x 3 filter

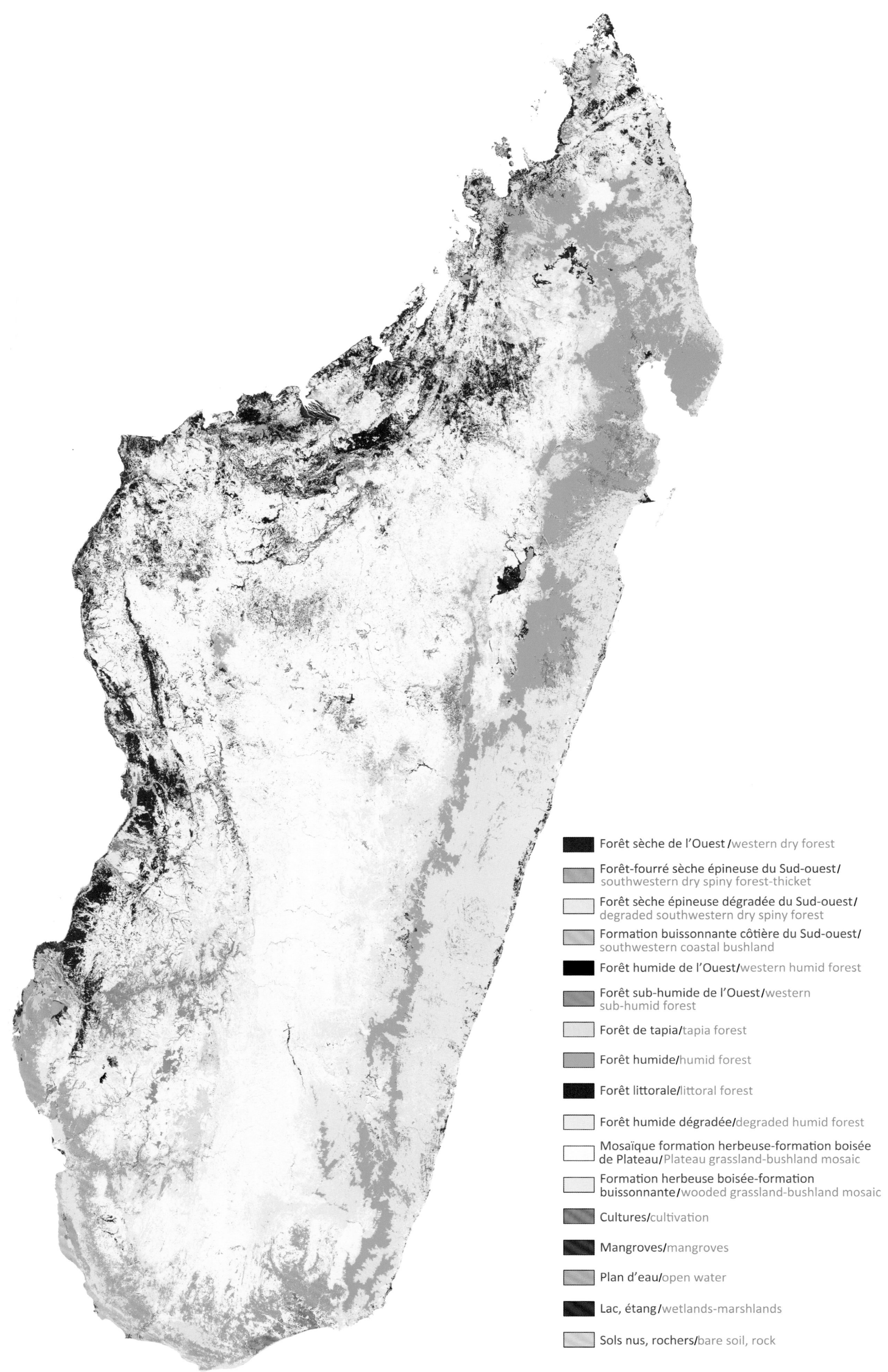
Forêt sèche de l'Ouest /western dry forest
Forêt-fourré sèche épineuse du Sud-ouest/ southwestern dry spiny forest-thicket
Forêt sèche épineuse dégradée du Sud-ouest/ degraded southwestern dry spiny forest
Formation buissonnante côtière du Sud-ouest/ southwestern coastal bushland
Forêt humide de l'Ouest/western humid forest
Forêt sub-humide de l'Ouest/western sub-humid forest
Forêt de tapia/tapia forest
Forêt humide/humid forest
Forêt littorale/littoral forest
Forêt humide dégradée/degraded humid forest
Mosaïque formation herbeuse-formation boisée de Plateau/Plateau grassland-bushland mosaic
Formation herbeuse boisée-formation buissonnante/wooded grassland-bushland mosaic
Cultures/cultivation
Mangroves/mangroves
Plan d'eau/open water
Lac, étang/wetlands-marshlands
Sols nus, rochers/bare soil, rock

Figure 1. Carte de la végétation de Kew (25)./Kew vegetation map (25).

et novembre 2001. Les images MODIS sont de faible résolution (1 km au sol), peu volumineuses, avec peu de perturbations nuageuses. Par conséquent, elles ont été exploitées pour identifier les classes de végétation. En revanche, les images LANDSAT de haute résolution (30 m au sol) ont été indispensables pour différencier la végétation de certains endroits. La carte résultante a ainsi une résolution de 90 m sur le terrain après l'application de filtre de 3 x 3 pour l'affiner, dont le format raster (29 x 29 m de résolution) est disponible au www.vegmad.org.

La nomenclature de la carte de la végétation de Kew (25) est basée sur la caractéristique physionomique, la composition floristique, la phytogéographie, le climat dominant et la nature du substrat. Elle comporte quatorze unités de végétation avec des sols nus et des cours d'eau, représentées dans la Figure 1.

Tableau 1. Informations sur les dernières dates de relevés utilisés, tirées à partir de la base de données des différents groupes traités dans cet atlas./ Information on the cut-off date of information used from the database for different groups treated in this atlas.

Groupes/groups	Dernière date de relevés/final date records
Reptiles/reptiles	13 juin 2013/13 June 2013
Oiseaux forestiers/forest-dwelling birds	23 mai 2013/23 May 2013
Chauves-souris/bats	8 juin 2013/8 June 2013
Petits mammifères endémiques/endemic small mammals	29 mai 2013/29 May 2013
Carnivora endémiques/endemic Carnivora	6 septembre 2013/ 6 September 2013

Modèle numérique d'élévation (MNE)

Le modèle numérique d'élévation (MNE) est un ensemble de grilles informant sur la distribution spatiale des altitudes sur le terrain. A partir des images satellites acquises lors de la mission de « Shuttle Radar Topographic Mission » (SRTM) en 2000, la « National Aeronautics and Space Administration » (NASA) et le « National Imagery and Mapping Agency » (NIMA) ont réalisé un MNE de haute précision (environ 16 m de précision altimétrique et 60 m de précision planimétrique), de haute résolution et de couverture mondiale. A l'égard de la résolution, il existe trois principaux types de SRTM : le SRTM1 (une seconde d'arc de résolution, soit environ 30 m à l'équateur, destiné seulement pour les Etats-Unis d'Amérique), le SRTM3 (trois secondes d'arc de résolution, soit environ 90 m à l'équateur) et le SRTM30 (30 secondes d'arc de résolution, soit environ 1 km à l'équateur).

Le « Consortium for Spatial Information of the Consultative Group for International Agricultural Research » (CGIAR-CSI) a procédé à une amélioration (remplissage des vides) du SRTM3 et SRTM30 puis les ont mis à la disposition du public (http://srtm.csi.cgiar.org) (voir 22 pour plus de détails). La valeur des pixels de ces MNE est exprimée en m. Pour Madagascar, elle varie de 0 m (correspondant au niveau de la mer et des zones côtières) à 2875 m (correspondant à Mont Maromokotra, Massif de Tsaratanana, le point culminant de l'île) (Figure 2). La précision de SRTM3 a été utile pour la conception de la cartographie reclassifiée de la végétation de Madagascar en fonction de l'altitude et sert de référence, pour les relevés non accompagnés d'altitudes. A l'inverse, la taille du format SRTM30 est un atout pour la modélisation des habitats favorables avec Maxent.

Réseau hydrographique

Compte tenu de l'échelle de 1 : 6 000 000, il n'est pas possible de faire figurer sur la carte de la végétation reclassifiée (Veg 2) tous les réseaux hydrographiques de l'île à cause de leur abondance. Aussi, seules les principales rivières ont été considérées (Figure 2).

Reclassification de la carte de la végétation de Madagascar

Variation altitudinale de la végétation : Sur la partie orientale de Madagascar, historiquement recouverte de forêts humides, le passage entre les formations de basse-moyenne altitudes et la forêt de montagne est progressif. Par conséquent, sur la base des aspects topographiques et orographiques, la délimitation de ces deux zones altitudinales manque de précision (12, 21). Différentes propositions sont déjà avancées dans les littératures pour définir les limites entre ces zones.

Dans la cartographie de la végétation de Madagascar, surtout pour la forêt humide, Miadana Faramalala (11) a utilisé quatre ceintures altitudinales qui se situent à 300, 800, 1800 et 2000 m d'altitude pour

to refine the raster format (29 x 29 m resolution) available at www.vegmad.org.

The nomenclature of the Kew vegetation map (25) is based on physiognomy characteristics, floristic composition, phytogeography, and the dominant aspects of soil and climate. It has 14 vegetation units, including bare soils and watercourses (Figure 1).

Digital elevation model (DEM)

The digital elevation model (DEM) is a set grid that provides spatial information on land elevation. On the basis of images acquired during the Shuttle Radar Topographic Mission (SRTM) in 2000, the National Aeronautics and Space Administration (NASA) and the National Imagery and Mapping Agency (NIMA) produced a DEM with high precision (approximately 16 m in altitude and 60 m vertical planimetric), high resolution, and global coverage. With reference to resolution, there are three main types of SRTM: SRTM1 (one arc second resolution or about 30 m at the equator, which is intended only for the United States of America), SRTM3 (three arc seconds resolution or about 90 m at the equator), and SRTM30 (30 arc seconds resolution or about 1 km at the equator).

The Consortium for Spatial Information of the Consultative Group for International Agricultural Research (CGIAR-CSI) conducted an improvement (hole filling) of SRTM3 and SRTM30, which were subsequently made public (http://srtm. csi.cgiar.org) (see 22 for further details). The pixel value of the MNE is expressed in m. For Madagascar, these values span the range from 0 m (corresponding to sea level and coastal areas) to 2875 m (the highest point of the island, Mont Maromokotra, Tsaratanana Massif) (Figure 2). The accuracy of SRTM3 was important for the reclassification of the Kew vegetation map based on altitude, as well inferring elevation for records originally lacking this information. Further, given the SRTM30 resolution, these images were useful for Maxent modeling.

Hydrographic network

Given the scale of 1: 6,000,000, it was not possible to figure all of the island's river systems, because of their density, on the reclassified vegetation cover (Veg 2) map. Hence, only the main rivers have been illustrated (Figure 2).

Reclassification of the vegetation map of Madagascar

Elevational variation of the vegetation: Along the eastern part of Madagascar, historically covered with humid forest, the transition between lowland+mid-elevation forest and montane forest is progressive. On the basis of topographic and orographic aspects, the elevational definitions of these two zones lack precision (12, 21). Various proposals have been advanced in the literature concerning the elevation delimitations of these zones.

In her mapping of the vegetation of Madagascar, specifically the humid forest, Miadana Faramalala (11) used four elevational bands (300, 800, 1800, and 2000 m) to separate the different vegetational stages. However, this classification is difficult to superimpose on the Kew system (25), as the elevational units are not in parallel, and the boundary between lowland+mid-elevation forests in comparison to higher formations falls around 800 m. On the basis of ferns, the transition zone separating lowland+mid-elevation forest from montane forest is between 700 to 900 m (27). From the perspective of floristic composition, for example, members of the genera *Symphonia* and *Garcinia* (family Clusiaceae) become more abundant at about 1000 m (23). On the basis of different information cited above associated with the zone of transition between lowland+mid-elevation forest and montane forest, we have chosen 900 m as the mean figure to separate these two vegetational stages.

In the western part of the island, especially in dry forest formations to the west of the Central+Southern Highlands (see next section), elevational variation in the separation of different vegetation formations is less important than in the humid forests of the east. Hence, general patterns of elevational variation in floristic structure and taxonomic representation are less pronounced than in montane humid forest (as defined herein) formations. Some exceptions exist, most notably in the western subhumid forest formations and specifically Analavelona.

Zoning of vegetation types and plant geography: After choosing the altitudinal zones, the digital elevation model was divided into two different groups: less than and greater than 900 m. Using the Kew map (25), this separation was easily incorporated into our classification.

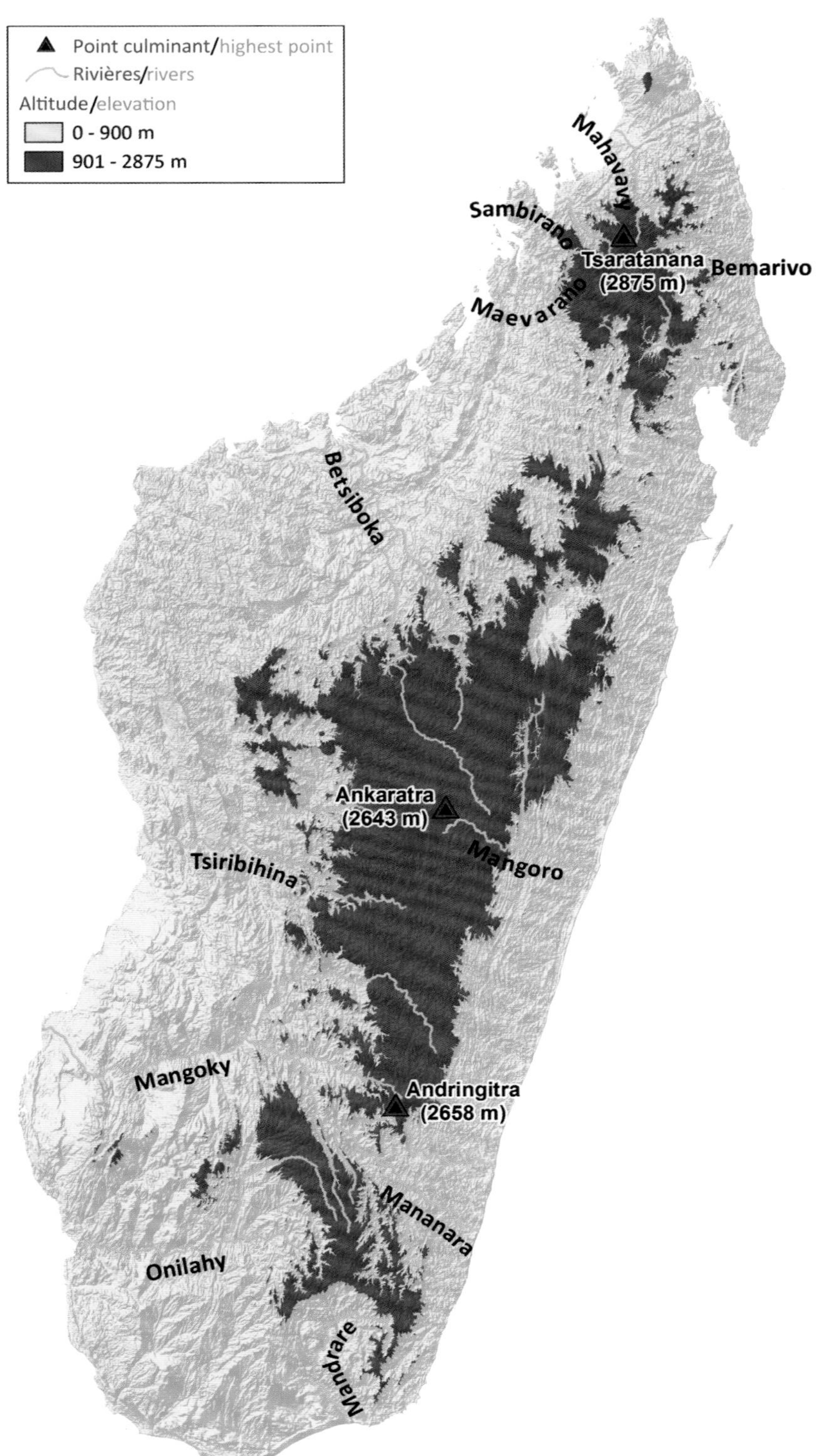

Point culminant/highest point
Rivières/rivers
Altitude/elevation
0 - 900 m
901 - 2875 m
Mahavavy
Sambirano
Tsaratanana (2875 m)
Bemarivo
Maevarano
Betsiboka
Ankaratra (2643 m)
Mangoro
Tsiribihina
Mangoky
Andringitra (2658 m)
Mananara
Onilahy
Mandrare

Figure 2. Carte montrant les tranches altitudinales inférieures et supérieures à 900 m, et les principales rivières./Map showing elevational zones below and above 900 m, as well as principal rivers. Sources : http://srtm.csi.cgiar.org & Foiben-Taotsaritanin'i Madagasikara (FTM).

séparer les différents étages de la végétation. Toutefois, il est difficile de superposer ce système de classification avec celui de Kew (25), puisque les étages d'altitude ne sont pas en parallèle, et la limite entre la basse-moyenne altitude par rapport à la forêt de montagne est d'environ de 800 m d'altitude. Une étude sur les ptéridophytes suggère que la zone de transition entre ces deux formations se situe entre 700 et 900 m d'altitude (27). Mais du point de vue composition floristique, l'abondance des genres *Symphonia* et *Garcinia* (famille des Clusiaceae) devient plus importante à partir de 1000 m d'altitude, marquant ainsi une zone de transition à ce niveau (23). Sur la base des différentes informations précitées, associées à la zone de transition entre la forêt de basse-moyenne altitude et la forêt de montagne, nous avons choisi 900 m comme valeur moyenne pour séparer ces deux étages de végétation.

Dans la partie occidentale de l'île, en particulier dans les forêts sèches à l'ouest des Hautes Terres centrales et du sud (voir prochaine section), l'importance de la variation d'altitude dans la séparation de différentes formations végétales est nettement moins importante que celle de la forêt humide de l'Est. Par conséquent, l'influence globale de la variation altitudinale sur la structure floristique et la représentation taxinomique est moins prononcée par rapport à celle des forêts humides de montagne (comme définie ici), mises à part quelques exceptions, relatives notamment à la forêt subhumide de l'Ouest, et spécifiquement à Analavelona.

The first area includes the lower elevational portions of the island, which for convenience are designated as the eastern and western regions. The natural vegetation of the lowland eastern region consists of humid forest, while the western region has western dry forest, the southwestern dry spiny forest, and western humid/subhumid forest. The Mangoky River largely separates the western dry forest (to the north) from the southwestern dry spiny forest (to the south). The western humid/subhumid forest occurs from the north bank of the upper Onilahy River and extends to the upper portions of the Mangoky River.

The area above 900 m encompasses the highland regions. On the basis of different lines of evidence, the Central Highlands groups with the Southern Highlands (17, 26). Further, on the basis of botanical and zoological data, the Northern Highlands forms a separate biogeographical unit from the Central+Southern Highlands (e.g. 3, 6, 12).

Reclassification of vegetation mapping: Our intention was to simplify the number of vegetation types used in the Kew classification (25) and to adapt the new classification for different mapping procedures in this atlas. The details of the reclassification are given in Table 2. This was done by assigning new values to pixels associated with different vegetation types using the tool "Reclassify" within "Spatial Analyst" of ArcGIS (version 10.0). This approach resulted in a new vegetation map, which we refer herein as the "current vegetation map" or "Veg 2" (Figure 3).

Notes on the map of the current vegetation (Veg 2): To a large extent the classification system adopted by Kew (25) has been maintained, with some changes associated with elevational parameters and, for the remaining forests, greater precision associated with their level of degradation. In Table 3, we present a summary of the different vegetation types used in this atlas, taking into account aspects associated with elevation and geography.

Creation of a vegetational map with projected patterns before human colonization

The extent of forest cover on Madagascar in recent geological time shows dynamic changes (13), and the human element has played an important role associated with significant vicissitudes since the island was colonized, an estimated 4000 years ago (8). For example, between 1985 and 1990, the rate of deforestation was on average 111,000 ha per year (14). This clearly indicates that forested habitats have been affected and reduced in surface area since original human settlement.

In the context of this atlas, we have employed a database of Malagasy terrestrial vertebrates collected over time, with the oldest record dating to 1829 and the most recent from 2013 (Table 1). Accordingly, the status and distribution of certain habitats used by different species has changed over this nearly 200 year period. In a considerable number of cases, the site where an observation was made or a specimen collected of a forest dependent animal, the natural forested habitat no longer exists. The Kew vegetation map was based on satellite images taken between 2000 and 2001 (25). Critical to this aspect, to correctly model habitat preferences for forest-dwelling species, the temporal correlation between its occurrence and environmental variables, such as vegetational cover, is one of the required parameters (30).

Hence, it would be in many cases incorrect to superimpose the former distribution of forest-dwelling species on current forest cover. In the context of the historical delimitation of natural forest cover, it was necessary to reconstruct what we refer to herein as the "original vegetation" ("Veg 1") cover during the approximate period people colonized Madagascar or perhaps more appropriately stated before large-scale anthropogenic modification (Figure 4). In a theoretical sense, the data could have been subdivided into different periods following the evolution of the island's natural vegetational cover. However, this is impractical for two principal reasons: 1) precise or relatively precise delineation of forest cover is only available for a few periods of time, particularly in the latter half of the 19th-century, and 2) division of our current data into different periods would greatly reduce sample sizes and render the analyses impractical.

The principal step for the realization of the original vegetation map was to reclassify the degraded forms for each formation associated with the current vegetation map (Veg 2), corresponding to an intact state. To achieve this, the tool "Reclassify" in "Spatial Analyst" of

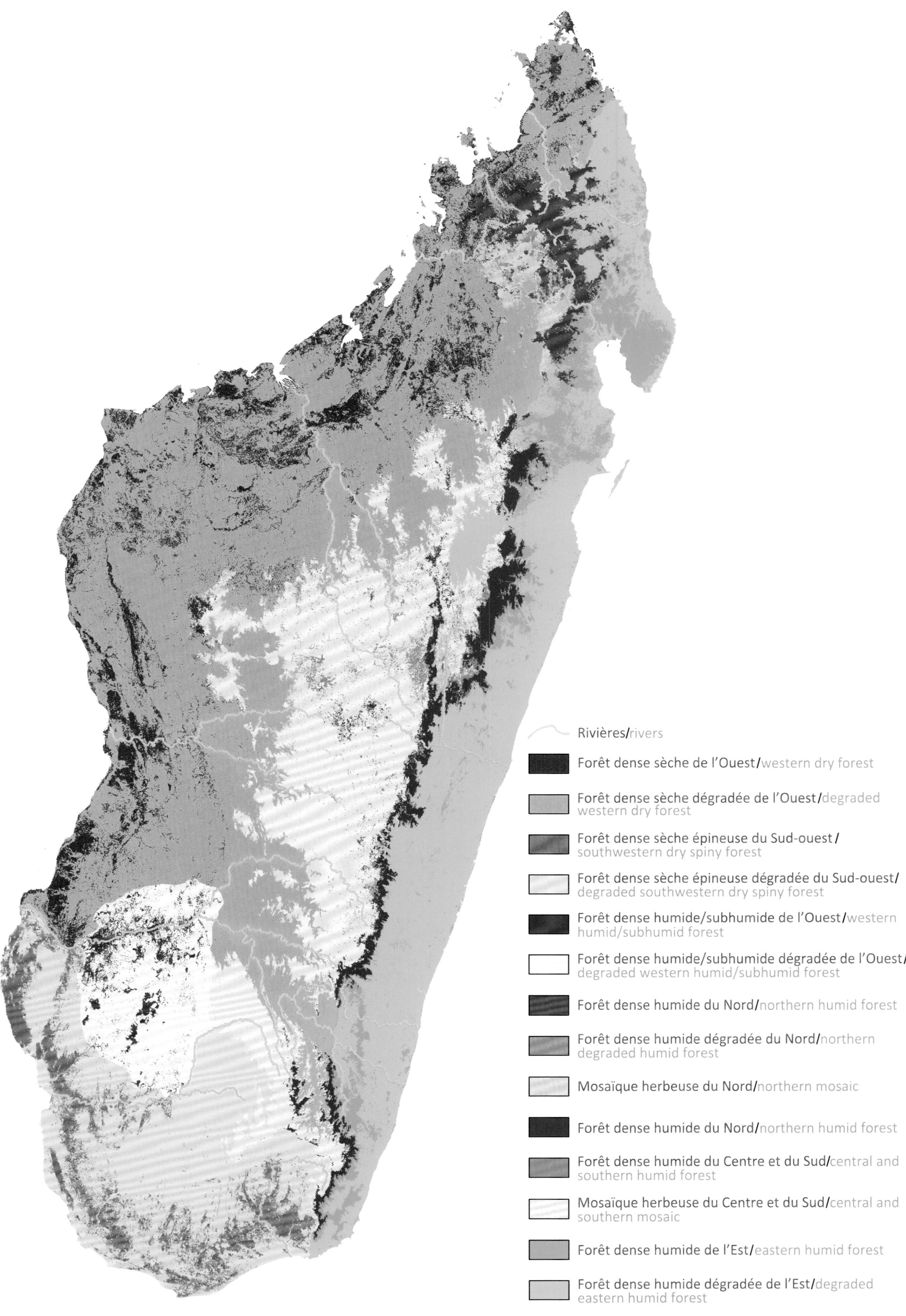
Rivières/rivers
Forêt dense sèche de l'Ouest/western dry forest
Forêt dense sèche dégradée de l'Ouest/degraded western dry forest
Forêt dense sèche épineuse du Sud-ouest/southwestern dry spiny forest
Forêt dense sèche épineuse dégradée du Sud-ouest/degraded southwestern dry spiny forest
Forêt dense humide/subhumide de l'Ouest/western humid/subhumid forest
Forêt dense humide/subhumide dégradée de l'Ouest/degraded western humid/subhumid forest
Forêt dense humide du Nord/northern humid forest
Forêt dense humide dégradée du Nord/northern degraded humid forest
Mosaïque herbeuse du Nord/northern mosaic
Forêt dense humide du Nord/northern humid forest
Forêt dense humide du Centre et du Sud/central and southern humid forest
Mosaïque herbeuse du Centre et du Sud/central and southern mosaic
Forêt dense humide de l'Est/eastern humid forest
Forêt dense humide dégradée de l'Est/degraded eastern humid forest

Figure 3. Carte de la végétation actuelle de Madagascar (Veg 2)./Map of the current vegetation of Madagascar (Veg 2).

Tableau 2. Récapitulatif de la reclassification de la carte de végétation (25, disponible au www.vegmad.org) pour créer une carte simplifiée pour l'atlas (« végétation actuelle » ou « Veg 2 »). Les types de végétation reclassés sont codés en chiffre sur la partie centrale du tableau et qui sont définis en dessous du tableau./Recapitulation of our reclassification of the vegetation map (25, available at www.vegmad.org) to create a simplified map for the atlas ("current vegetation" or "Veg 2"). The reclassified vegetation types are coded by number in the central portion of the table and defined below.

	Reclassification/reclassification														
Types de végétation de Kew (25)	1	2	3	4	5	6	7	8	9	10	11	12	13	14	**Kew vegetational types (25)**
Forêt sèche de l'Ouest	x	-	-	-	-	-	-	-	-	-	-	-	-	-	Western dry forest
Forêt sèche épineuse du Sud-ouest	-	-	x	-	-	-	-	-	-	-	-	-	-	-	Southwestern dry spiny forest
Forêt sèche épineuse dégradée du Sud-ouest	-	-	-	x	-	-	-	-	-	-	-	-	-	-	Degraded southwestern dry spiny forest
Formation buissonnante côtière du Sud-ouest	-	-	-	x	-	-	-	-	-	-	-	-	-	-	Southwestern coastal bushland
Forêt humide de l'Ouest	-	-	-	-	x	-	-	-	-	-	-	-	-	-	Western humid forest
Forêt subhumide de l'Ouest	-	-	-	-	x	-	-	-	-	-	-	-	-	-	Western subhumid forest
Forêt de tapia	-	-	-	-	-	x	-	-	-	-	-	-	-	-	Tapia forest
Forêt humide	-	-	-	-	-	-	x	-	x	-	-	x	-	-	Humid forest
Forêt littorale	-	-	-	-	-	-	x	-	-	-	-	-	-	-	Littoral forest
Forêt humide dégradée	-	-	-	-	-	-	-	x	-	x	-	x	-	-	Degraded humid forest
Mosaïque formation herbeuse boisée	-	x	-	x	-	x	-	x	-	-	x	-	-	x	Plateau wooded grassland-bushland mosaic
Mosaïque formation herbeuse	-	x	-	x	-	x	-	x	-	-	x	-	-	x	Wooded grassland-bushland mosaic
Cultures	-	x	-	x	-	x	-	x	-	x	-	-	x	-	Cultivations
Mangroves	x	-	x	-	-	-	-	-	-	-	-	-	-	-	Mangroves
Plan d'eau	-	x	-	-	-	-	-	x	-	x	-	x	-	-	Open water
Lac, étang	-	x	-	x	-	-	-	-	-	-	-	-	-	-	Wetlands-marshlands
Sols nus, rochers	-	x	-	x	-	-	-	-	-	-	-	-	-	-	Bare soils/rocks

(x) : Inclus dans la catégorie de la végétation reclassifiée/included in the reclassified vegetation category.
(-) : Exclus dans la catégorie de la végétation reclassifiée/excluded from the reclassified vegetation category.

1) Forêt dense sèche de l'Ouest/western dry forest ; **2)** Forêt dense sèche dégradée de l'Ouest/degraded western dry forest ; **3)** Forêt dense sèche épineuse du Sud-ouest/southwestern dry spiny forest ; **4)** Forêt dense sèche épineuse dégradée du Sud-ouest/degraded southwestern dry spiny forest ; **5)** Forêt dense humide/subhumide de l'Ouest/western humid/subhumid forest ; **6)** Forêt dense humide/subhumide dégradée de l'Ouest/degraded western humid/subhumid forest ; **7)** Forêt dense humide de l'Est/eastern humid forest ; **8)** Forêt dense humide dégradée de l'Est/degraded eastern humid forest ; **9)** Forêt dense humide du Nord/northern humid forest ; **10)** Forêt dense humide dégradée du Nord/degraded northern humid forest ; **11)** Mosaïque herbeuse du Nord/northern mosaic ; **12)** Forêt dense humide du Centre et du Sud/central and southern humid forest ; **13)** Forêt dense humide dégradée du Centre et du Sud/degraded central and southern humid forest ; **14)** Mosaïque herbeuse du Centre et du Sud/central and southern mosaic.

Zonage des types de végétation et phytogéographie : Après le choix de la ceinture altitudinale, le modèle numérique d'élévation a été décomposé en deux tranches, inférieure et supérieure à 900 m. Ces subdivisions s'adaptent parfaitement à la carte de Kew et à notre classification de manière effective. La première partie inclut les zones de basse altitude de l'île qui par commodité, sont désignées la Région de l'Est et la Région de l'Ouest. La végétation naturelle de la Région orientale est constituée uniquement par la forêt dense humide de l'Est, tandis que la Région occidentale comporte la forêt dense sèche de l'Ouest, la forêt dense humide/subhumide de l'Ouest et la forêt dense sèche épineuse du Sud-ouest. Le fleuve Mangoky sépare en grande partie la forêt dense sèche de l'Ouest (au nord) de la forêt dense sèche épineuse du Sud-ouest (au sud). La forêt humide/subhumide de l'Ouest se situe à partir de la rive nord du cours supérieur du fleuve Onilahy et s'étend sur les parties supérieures du fleuve Mangoky.

D'autre part, la zone située au dessus de 900 m englobe les régions de Hautes Terres. Les Hautes Terres centrales ont été regroupées avec les Hautes Terres du sud, mais elles sont détachées des Hautes Terres du nord. Des preuves botaniques (17, 26) confirment la connexion entre les Hautes Terres centrales et du sud. Ensuite, leur disjonction avec les Hautes Terres du nord a été confirmée par des données botaniques et zoologiques (3, 6, 12).

Reclassification de la cartographie de la végétation : Notre objectif était de réduire le nombre de types de végétation utilisés dans la classification de Kew (25) et de l'adapter pour les différentes procédures de cartographie dans cet atlas. Les détails de la reclassification sont donnés dans le Tableau 2. La reclassification repose sur le principe d'attribution de nouvelles valeurs aux pixels (équivalent à l'unité de végétation) associés à un type de végétation avec l'outil « Reclassify » dans « Spatial Analyst » sous ArcGIS (version 10.0). Ces différentes démarches ont permis d'aboutir à une nouvelle carte de la végétation qui se réfère à la carte de la « végétation actuelle » ou « Veg 2 » dans cet atlas (Figure 3).

Notes sur la carte de la végétation actuelle (Veg 2) : Dans une large mesure, le système de classification adopté par Kew (25) a été largement maintenu, avec quelques modifications associées aux paramètres altitudinaux et avec plus de précision sur le niveau de la dégradation des forêts restantes. Dans le Tableau 3, nous présentons un résumé des différents types de végétation utilisés dans cet atlas, en tenant compte de l'altitude et de la géographie.

ArcGIS (version 10.0) was used, to configure the original vegetation (Veg 1) map.

The original vegetation map contains six vegetation formations: western dry forest, southwestern dry spiny forest, western humid/subhumid forest, eastern humid forest, northern humid forest, and central and southern humid forest (Figure 4). In this regard, the original vegetation map is of considerable importance as an environmental variable for predicting the potential suitable habitat of different forest-dwelling species.

It is certain that the use of these six vegetational types in the original vegetation configuration of the island is an over simplification. In recent years there has been discussion in the literature of some of the original (pre-human) vegetational types on the island, which included formations ranging from open grasslands to wooded savanna probably showing parallels to Miombo open forests of southern Africa. These aspects are beyond the scope of the discussion here, but readers might be interested in the literature associated with this subject (e.g. 4, 5, 13).

Mapping procedures

Projection system and georeferencing

The ArcGIS (version 10.0) software developed by "Environmental Systems Research Institute" (ESRI) was used in the treatment of geographic data and cartographic representations, including three packages: 1) Arcatalog for the creation and management of data, 2) ArcToolbox for the utilization of the different information layers, and 3) Arcmap for layering and visualizing of information layers, as well as the map layout.

The first step towards the creation of maps was georeferencing, which involves projection across the same spatial references: the Kew vegetation map (25), the digital elevation model, the hydrographic network, and the shapefile of the geographical distribution of the species concerned. The Laborde projection was employed, which is available at www.rebioma.net, and the associated parameters are presented in Table 4.

Measuring the area of distribution

IUCN emphasizes the importance of the area of distribution for assessing the conservation status of a species. In the list of criteria, it distinguishes between different measures, "Extent of Occurrence" and "Area of Occupancy" (32); herein we do not use this later measure. The extent of occurrence is the area enclosing all known records for a species – for terrestrial taxa, the potential overlaying surface of the sea

Tableau 3. Résumé des différents types de végétation utilisés dans cet atlas, en tenant compte de l'altitude et de la géographie. Des références ont été utilisées pour de brèves descriptions des formations géologiques (9) et des formations végétales (9, 11, 12, 15, 16, 21, 25, 28). La formation géologique des habitats dégradés correspond à celles des formations intactes équivalentes./A summary of the different vegetation types used in this atlas, taking into account elevation and geography. Different references have been used for the brief descriptions of geological (9) and vegetation formations (9, 11, 12, 15, 16, 21, 25, 28). The geological formation of degraded habitats follows those of the same intact formation.

Zone d'altitude/elevational zone	Région/region	Type de formation/type of formation	Caractéristiques floristiques/floristic characteristics
Inférieure à 900 m (0-900 m)/less than 900 m (0-900 m)	Ouest/west	Forêt dense sèche de l'Ouest/western dry forest	- Sur un substrat : roches ignées, grès, calcaires, laves, sables non consolidés et alluvions./Resting on: igneous rock, sandstone, limestone, lava, unconsolidated sand, and alluvial deposits. - Forêt dense sèche caducifoliée./Dry deciduous forest. - Strate supérieure de 10 à 15 m de hauteur ; strate herbacée presque inexistante./Upper strata 10-15 m in height; herbaceous understory largely absent.
Inférieure à 900 m (0-900 m)/less than 900 m (0-900 m)	Ouest/west	Forêt dense sèche dégradée de l'Ouest/degraded western dry forest	- Sous forme de savane boisée qui est constituée principalement par des Poaceae et est parsemée de certains arbres résistants contre le feu ou prairies ouvertes./Wooded savanna or open grassland, dominated by Poaceae and scattered trees resistant against fire.
Inférieure à 900 m (0-900 m)/less than 900 m (0-900 m)	Ouest/west	Forêt dense sèche épineuse du Sud-ouest/southwestern dry spiny forest	- Sur un substrat : roches ignées, roches ultrabasiques, calcaires, sables non consolidés, laves et alluvions./Resting on: igneous rock, ultrabasic rock, limestone, unconsolidated sand, lava, and alluvial deposits. - Forme d'adaptation à la sécheresse très développée./Highly adapted against desiccation. - Dominée par des Didiereaceae et des Euphorbiaceae./Dominated by Didiereaceae and Euphorbiaceae.
Inférieure à 900 m (0-900 m)/less than 900 m (0-900 m)	Ouest/west	Forêt dense sèche épineuse dégradée du Sud-ouest/degraded southwestern dry spiny forest	- Sous forme de forêt-fourré buissonnante impénétrable./Impenetrable forest-bush thicket.
Inférieure à 900 m (0-900 m)/less than 900 m (0-900 m)	Ouest/west	Forêt dense humide/subhumide de l'Ouest/western humid/subhumid forest	- Sur un substrat : grès, calcaires, sables non consolidés et laves./Resting on: sandstone, limestone, unconsolidated sand, and lava. - Abondance des arbres à feuilles sempervirentes et des espèces caducifoliées./Largely dominated by evergreen trees and deciduous species. - Strate supérieure jusqu'à 25 m de hauteur ; strate herbacée clairsemée./Upper strata up to 25 m in height; open herbaceous understory.
Inférieure à 900 m (0-900 m)/less than 900 m (0-900 m)	Ouest/west	Forêt dense humide/subhumide dégradée de l'Ouest/degraded western humid/subhumid forest	- Sous forme de forêt de tapia et de savane boisée./Tapia forest and wooded savanna. - Strate supérieure de 10 m de hauteur constituée principalement par *Uapaca bojeri* ; strate herbacée clairsemée./Upper strata up to 10 m in height dominated by *Uapaca bojeri*; open herbaceous understory.
Inférieure à 900 m (0-900 m)/less than 900 m (0-900 m)	Est/east	Forêt dense humide de l'Est/eastern humid forest	- Sur un substrat : roches ignées, laves, alluvions et quartzites./Resting on: igneous rock, lava, alluvial deposits, and quartzite. - Forêt sempervirente riche en diversité spécifique avec de lianes, de palmiers et d'épiphytes./Evergreen forest with high species diversity and lianas, palms, and epiphytes. - Strate supérieure constituée par des arbres de grande taille souvent avec contrefort à la base, cime jusqu'à 35 m de hauteur ; strate herbacée presque absente./Upper strata includes large trees often with buttressed bases and reaching 35 m in height; open understory.
Inférieure à 900 m (0-900 m)/less than 900 m (0-900 m)	Est/east	Forêt dense humide dégradée de l'Est/degraded eastern humid forest	- Englobant des formations quasi-intactes, des *savoka* boisés et des prairies herbeuses./Includes quasi-intact formations, wooded *savoka*, and grasslands. - Caractérisée principalement par la présence de *Ravenala* et de bambous./Characterized by *Ravenala* and bamboo.
Supérieure à 900 m (901-2875 m)/greater than 900 m (901-2875 m)	Hautes Terres du Nord/Northern Highlands	Forêt dense humide du Nord/northern humid forest	- Sur un substrat : roches ignées, laves, grès, alluvions, quartzites et marbres./Resting on: igneous rock, lava, sandstone, alluvial deposits, quartzite, and marble. - Strate supérieure formée par des arbres à troncs contournés de 6 à 15 m de hauteur avec un fort développement de mousses, de lichens et d'épiphytes ; strate herbacée bien développée./Upper strata includes trees with contorted trunks reaching 6 to 15 m in height, with notable development of moss, lichen, and epiphytic plants; well developed herbaceous understory.
Supérieure à 900 m (901-2875 m)/greater than 900 m (901-2875 m)	Hautes Terres du Nord/Northern Highlands	Forêt dense humide dégradée du Nord/degraded northern humid forest	- Englobant la forêt dense sclérophylle de montagne ; strate supérieure constituée par des arbres tortueux de 6 à 10 m de hauteur et entremêlée par des bambous et le fourré montagnard formé par des arbustes à tronc tortueux de 5 à 6 m de hauteur./Includes dense sclerophyllous montane forest with contorted trees reaching 6 to 10 m in height interspersed with bamboo, as well as montane thicket with convoluted trees reaching 5 to 6 m in height.
Supérieure à 900 m (901-2875 m)/greater than 900 m (901-2875 m)	Hautes Terres du Nord/Northern Highlands	Mosaïque herbeuse du Nord/northern mosaic	- Regroupe les végétations rupicoles et les formations herbeuses composées principalement par des Poaceae./Includes rupicolous vegetation and grasslands composed mostly of Poaceae.
Supérieure à 900 m (901-2875 m)/greater than 900 m (901-2875 m)	Hautes Terres du Centre et du Sud/Central and Southern Highlands	Forêt dense humide du Centre et du Sud/central and southern humid forest	- Sur un substrat : roches ignées, laves, quartzites, alluvions et marbres./Resting on: igneous rock, lava, quartzite, alluvial deposits, and marble. - Réduite sous forme de reliquat des forêts intactes et des forêts galeries avec strate supérieure composée par des arbres tortueux aux feuilles réduites, couverte d'épiphytes et en haute montagne dominée par un tapis de mousse./Relicts of former widespread natural forests and gallery forests with upper layer composed of contorted trees with reduced leaves, epiphytic plants, and in the higher elevations dense moss.
Supérieure à 900 m (901-2875 m)/greater than 900 m (901-2875 m)	Hautes Terres du Centre et du Sud/Central and Southern Highlands	Forêt dense humide dégradée du Centre et du Sud/degraded central and southern humid forest	- Représentée essentiellement par la forêt de tapia (*Uapaca bojeri*) et de plantation d'arbres introduits (d'*Eucalyptus* et de *Pinus*)./Largely represented by tapia forest (*Uapaca bojeri*) and plantations of introduced trees (*Eucalyptus* and *Pinus*).
Supérieure à 900 m (901-2875 m)/greater than 900 m (901-2875 m)	Hautes Terres du Centre et du Sud/Central and Southern Highlands	Mosaïque herbeuse du Centre et du Sud/central and southern mosaic	- Rassemble les végétations rupicoles et les formations herbeuses./Includes rupicolous vegetation and grasslands.

Création de la carte de végétation suivant les modèles présumés avant la colonisation humaine

L'étendue de la couverture forestière de Madagascar au cours des derniers temps géologiques est en perpétuel dynamisme (13) ; l'homme est en partie responsable de ces changements considérables depuis la colonisation de l'île, il y a environ 4000 années (8). A titre d'exemple, entre 1985 à 1990, le taux de déforestation est en moyenne de 111 000 ha par an (14). Cela indique clairement que certains des habitats ont été affectés par ces changements et ont vu leur taille réduite depuis la période de la colonisation humaine.

Pour la conception de cet atlas, nous avons travaillé sur la base de données des vertébrés terrestres de Madagascar collectées au fil du temps, incluant les relevés les plus anciens qui remontent à 1829 environ, et les plus récents datent de 2013 (Tableau 1). Parallèlement, l'état et la distribution des habitats de ces espèces ont évolué au cours de ces 200 années. Dans de nombreux cas, dans les sites où une observation a été faite et où un spécimen d'un taxon forestier a été collecté, l'habitat forestier naturel n'existe plus. Cependant, la carte de végétation de Kew disponible résulte des images satellites prises entre 2000 et 2001 (25). Afin de modéliser correctement l'habitat potentiel des espèces forestières, la corrélation temporelle entre les données d'occurrence et les variables environnementales, telle que la couverture forestière, constitue un des paramètres essentiels (30).

Par conséquent, il serait dans de nombreux cas incorrect, de superposer la distribution ancienne des espèces forestières sur la carte de végétation actuelle. C'est dans ce contexte de distribution historique de la couverture forestière naturelle qu'il était nécessaire de reconstruire ce que nous référons ici par « végétation originelle » ou « Veg 1 » durant les périodes approximatives où les hommes ont colonisé Madagascar ou plus précisément, avant la modification anthropogénique à grande échelle (Figure 4). Théoriquement, les données auraient pu être subdivisées en différentes périodes en fonction de l'évolution de la couverture végétale naturelle de l'île. Cependant, ceci ne serait pas pratique pour deux raisons principales : 1) la délimitation précise ou relativement précise de la couverture forestière n'est disponible que pour quelques périodes de temps, en particulier dans la seconde moitié du 19ème siècle, et 2) la division de nos données actuelles en différentes périodes diminuerait considérablement la taille des échantillons et rendrait les analyses impraticables.

La principale étape de réalisation de la carte de la végétation originelle consiste à reclassifier les formes dégradées pour chaque type de végétation actuelle (Veg 2) sous la forme intacte correspondante. Pour y parvenir, l'outil « Reclassify » dans « Spatial Analyst » sous ArcGis (version 10.0) a été utilisé pour reconstruire la végétation originelle ou « Veg 1 ».

En effet, la végétation originelle comporte six types de formation végétale : la forêt dense sèche de l'Ouest, la forêt dense sèche épineuse du Sud-ouest, la forêt dense humide/subhumide de l'Ouest, la forêt dense humide de l'Est, la forêt dense humide du Nord et la forêt dense humide du Centre et du Sud (Figure 4). A cet égard, l'élaboration de la végétation originelle revêt une grande importance en tant que variables environnementales pour la prédiction de l'habitat potentiel des espèces forestières.

Il est certain que l'utilisation de ces six types de végétation en tant que végétation originelle de l'île est plus simplifiée. Au cours des dernières années, il y a eu des discussions concernant certains types de végétation originelle (pré-humaine) de l'île dans des littératures, qui inclut des formations allant des prairies ouvertes à la savane boisée comme les forêts claires de Miombo d'Afrique australe. Ces aspects sortent du cadre de cet atlas, mais certains lecteurs seraient intéressés par les littératures associées à ce sujet (e.g. 4, 5, 13).

Procédures de la cartographie

Système de projection et géoréférencement

Le logiciel ArcGis (version 10.0) développé par « Environmental Systems Research Institute » (ESRI) a été utilisé dans tous les traitements des données géographiques et des représentations cartographiques. Il comprend trois options : 1) Arcatalog pour la création et la gestion de données, 2) Arctoolbox pour la consultation des outils de traitement des couches d'informations et 3) Arcmap pour la superposition et la visualisation des couches d'informations et la conception proprement dite de la carte.

La première étape avant la réalisation des cartes est le géoréférencement, qui consiste à projeter sous le même référentiel

is excluded from these calculations. The program "minimum convex polygon" of ArcGIS (version 10.0) is frequently used for calculating the area.

Certain species mapped in this atlas, have notably limited geographical distributions and for these we have calculated their extent of occurrence. We have used the technique mentioned above for these calculations. However, in some cases, this system has been modified. For example, for a species of bird, *Monticola imerinus*, which frequents coastal areas of the southwest of the island, the utilization of minimum convex polygon produced an overestimation of the extent of occurrence. Hence, in such cases we delineated the polygon in a manner to overlap with the habitat specifications of the taxon in question, deviating from the standard manner to calculate the extent of occurrence.

Tableau 4. Différents paramètres de la projection Laborde utilisée dans cet atlas./Different Laborde projection parameters used in this atlas.

Dénomination	Laborde	Designation
Projection	Hotine Oblique Mercator Azimuth Center	Projection
Faux est	400 000,000000	False easting
Faux nord	800 000,000000	False northing
Facteur échelle	0,999500	Scale factor
Latitude du centre	-18,900000	Latitude of center
Longitude du centre	46,437229	Longitude of center
Système de coordonnées géographiques	Tananarive 1925 (Paris)	Geographic coordinates system
Unité d'angle	Degré/degree	Angle unit
Unité linéaire	Mètre/meter	Linear unit
Méridien d'origine	Greenwich	Meridian of origin
Datum	Tananarive 1925 (Paris)	Datum

Mapping and adapted scale

The information provided by the mapping procedures varies depending on the scale of presentation. In the context of this atlas, we focus on habitat and it was critical to employ a simplified vegetation map as one of the overlays to explain the presence of taxon at a given locality. The scale chosen was 1: 6,000,000, suitable for the printed format of this atlas, and maintaining a sufficient level of precision associated with the different vegetation types.

Selection of environmental layers and species habitat modeling

In order to provide further insight into the spatial distribution of different Malagasy terrestrial vertebrates, we conducted modeling exercises. The principal questions we seek to answer associated with these analyses include: is it possible to understand the different factors influencing the distribution of a given species? What are the different contributions of these factors in explaining its geographical range? To address these aspects, we have used the "Maximum Entropy" modeling technique with "Maxent" software (version 3.3.3k) for modeling suitable potential habitat for each taxon.

Principal of Maxent modeling

Maxent was developed by Steven Philips and his colleagues (30). The name is derived from "Maximum Entropy" and the software provides predictions of potential suitable habitat of a taxon based on its occurrence overlaid on different types of environmental variables. The modeling procedure utilizes the principle of maximum entropy, which overcomes the constraints of incomplete information to determine the probability distribution in an objective manner, in contrast to an arbitrary manner. To calculate the probability distribution, Maxent uses a deterministic algorithm, that is to say, all comparisons are conducted in the same manner.

Model construction

In practice, how does this program and associated principals predict potential suitable habitat for a given taxon? First, it is necessary to remember that the data used in Maxent modeling include presence-only records and environmental variables; absence data are derived from the predictive variable layers. In some cases, insufficient data were available to accurately model the distribution of a given species and only those taxa with at least ten occurrence records were analyzed (19, 31). For a given organism, the occurrence data were partitioned,

Rivières/rivers
Forêt dense sèche de l'Ouest/western dry forest
Forêt dense sèche épineuse du Sud-ouest/ southwestern dry spiny forest
Forêt dense humide/subhumide de l'Ouest/ western humid/subhumid forest
Forêt dense humide du Nord/northern humid forest
Forêt dense humide du Centre et du Sud/ central and southern humid forest
Forêt dense humide de l'Est/eastern humid forest

Figure 4. Carte de la végétation originelle de Madagascar (Veg 1)./Map of the original vegetation of Madagascar (Veg 1).

spatial : la carte de végétation de Kew (25), le modèle numérique d'élévation, le réseau hydrographique et les couches de distribution géographique des espèces cibles. La projection Laborde disponible sur www.rebioma.net a été utilisée, dont les paramétrages sont indiqués dans le Tableau 4.

Mesure de l'aire de distribution

L'UICN met en relief l'importance de la taille de l'aire de distribution pour l'évaluation du statut de conservation d'une espèce. Dans la liste des critères, elle distingue la mesure de la « Zone d'Occurrence » et la « Zone d'Occupation » (32) ; cette dernière mesure n'a pas été prise en compte dans cet atlas. La « Zone d'Occurrence » est la superficie délimitée par la jonction de tous les sites d'occurrence d'une espèce dans laquelle la superficie de la mer est exclue pour les espèces terrestres. L'approche par « Polygone convexe minimum » de l'ArcGIS (version 10.0) a été fréquemment utilisée pour le calcul.

La « Zone d'Occurrence » des espèces cartographiées dans cet atlas, ayant une distribution géographique limitée a été calculée. La technique de mesure mentionnée précédemment a été généralement adoptée, mais dans quelques cas, cette technique a été modifiée. Par exemple, l'oiseau *Monticola imerinus* fréquente particulièrement les zones côtières du Sud-ouest de l'île, et l'application de la démarche par polygone convexe minimum pour le calcul de sa « Zone d'Occurrence » occasionne une surestimation, la zone délimitée comprenant des habitats qui ne lui conviennent pas. Par conséquent, dans de tels cas, le polygone est délimité de manière à ce qu'il ne couvre que l'habitat spécifique du taxon en question, déviant le mode de calcul standard de la « Zone d'Occurrence ».

Visualisation cartographique et échelle adaptée

L'information fournie par la cartographie varie suivant l'échelle de présentation. Dans le cadre de cet atlas, nous nous intéressons à l'aspect de l'habitat, et il était essentiel d'utiliser comme fond cartographique la carte de la végétation simplifiée afin d'expliquer la présence d'un taxon dans une localité donnée. L'échelle choisie est de 1 : 6 000 000, convenable à la version imprimée de cet atlas, et aussi adéquate pour distinguer les différents types de végétation.

Sélection des couches environnementales et modélisation de l'habitat des espèces

Afin de fournir d'autres renseignements sur la distribution spatiale des différents vertébrés terrestres de Madagascar, des exercices de modélisation sont effectués. Les principales questions associées à ces analyses auxquelles nous tentons de répondre sont : est-il possible de comprendre les différents facteurs influençant la répartition d'une espèce donnée ? Quelles sont les différentes contributions de ces facteurs pour expliquer sa gamme géographique ? Afin d'apporter des réponses à ces points évoqués, la technique de « modélisation par maximum d'entropie » avec le logiciel « Maxent » (version 3.3.3k) a été utilisée pour la modélisation des habitats potentiels de chaque taxon.

Principe de la modélisation avec Maxent

Maxent a été développé par Steven Philips et ces collègues (30) ; cette dénomination vient de la condensation du terme « Maximum Entropy ». Ce logiciel permet de prédire l'habitat potentiel d'un taxon à partir des données d'occurrence et de différents types de variables environnementales. La modélisation est basée sur le principe de maximum d'entropie, qui permet de surmonter les contraintes de données incomplètes en déterminant la probabilité de distribution suivant un choix objectif à l'inverse d'un choix arbitraire. Pour le calcul de la probabilité de distribution, Maxent utilise l'algorithme déterministe c'est-à-dire que pour chaque choix qui se présente, il l'exécute de la même manière.

Construction du modèle

En pratique, comment le principe de maximum d'entropie s'applique t-il à la prédiction des habitats potentiels pour un taxon donné ? En premier lieu, il est à rappeler que les données nécessaires pour la modélisation avec Maxent sont les données de présence et les variables environnementales ; les données d'absence sont déduites à partir des couches de variables prédictives. En raison du nombre d'occurrences réduit de certains taxa et pour fournir des résultats cohérents, seuls with 70% used in model building and 30% were randomly selected for model calibration.

A given environmental variable is constituted by a set of several pixels, each covering a surface area of (1 x 1 km) and containing information on the respective variable. For example, a pixel for the "Veg 2" overlay (Figure 3) stores information about the vegetation type of that precise locality. The modeling process consists of matching presence points to pixels based on the different variable layers and calculating the degree of concentration of presence points, also known as "gain". The gain reflects how closely the model fits the occurrence records.

Recapitulation of the parameters utilized

The default parameters of the Maxent program were used and the principal aspects are summarized in Table 5.

Tableau 5. Détails sur les paramètres pris en compte pour l'analyse avec Maxent./Details on the parameters used in the Maxent analyses.

Paramètres	Options choisies/ selected options	Parameters
Itération maximale	500	Maximum iteration
Seuil de convergence	10^{-5}	Convergence threshold
Valeur de régularisation β	10^{-4}	β regularization value
Types de fonction	Autofeatures	Feature types
Format de sortie	Logistique/logistic	Output format
Seuil appliqué	10 % des données de présence (24)/10% of presence data (24)	Threshold rule
Données utilisées pour la construction du modèle	70 % des données de présence (30)/70% of presence data (30)	Data used for model construction
Données utilisées pour le calibrage du modèle	30% des données de présence (30)/30% of presence data (30)	Data used for model calibration
Supprimer les duplicatas des données de présence	Oui/yes	Remove repeated presence records
Utiliser les points de présence avec des données manquantes	Non/no	Use samples with some missing data
Utiliser les variables environnementales pour générer les données d'absence	Oui/yes	Use environmental variables to generate absence data
Exécuter jackknife pour mesurer l'importance des variables	Oui/yes	Use jackknife to measure variable importance

Description of variables

To provide greater biological extrapolation associated with the predictions of potential suitable habitats for the different species treated herein, we selected a range of environmental and bioclimatic variables for the Maxent analyses. Autocorrelation tests were not conducted between the different variables and our models may suffer from "overfitting."

Environmental variables: Environmental variables used herein include those associated with elevation, geology, and original (Veg 1) and current (Veg 2) vegetation cover; information for these latter two variables was detailed in previous sections.

Veg 1: Original vegetation (Figure 4),

Veg 2: Current vegetation (Figure 3),

Elev: Elevation in m (Figure 2), and

Geol: Simplified geology of Madagascar. The geological classification used herein is a simplified geological map of Madagascar. After digitizing the geological map of the island at a scale of 1: 1,000,000 (2), David Du Puy and Justin Moat (9) grouped different formations with the intended purpose of interpretation vegetation cover. The simplified geological map of Madagascar has 11 categories (Figure 5).

For forest-dwelling species, the original vegetation map (Veg 1) was used as one of the environmental overlays and for non-forest-dependent species, the current vegetation map (Veg 2) was employed.

Bioclimatic variables: The bioclimatic data used in this atlas were derived from WorldClim (20), which is available at www.worldclim.org. This information comes from the compilation of data from numerous weather station around the world and collected between 1950 and 2000 (GHCN version 2: CLINO; FAOCLIM 2.0; CIAT; R-Hydronet;

les taxa ayant au moins dix occurrences sans les duplicatas sont retenus pour l'analyse (19, 31). Ces données d'occurrence ont été ensuite subdivisées en deux : 70 % pour la construction du modèle et 30 % sont choisies au hasard pour le calibrage du modèle.

Notons qu'une variable environnementale donnée est constituée par l'assemblage de plusieurs pixels et chaque pixel (1 x 1 km) contient une information sur cette variable. Par exemple, pour la variable « Veg 2 » (Figure 3), un pixel stocke une information sur le type de végétation pour une localité précise. Le processus de la modélisation consiste à associer les points d'occurrence à ces pixels sur la base de différentes couches de variables ; puis à calculer le degré de concentration du modèle (« gain ») par rapport à ces points d'occurrence. Le gain reflète à quel point le modèle s'ajuste aux données d'occurrence.

Récapitulatif des paramètres utilisés

Les paramètres par défaut du programme Maxent ont été maintenus, et les principaux détails sont résumés dans le Tableau 5.

Description des variables

Pour donner une signification biologique à la prédiction des habitats potentiels pour les différentes espèces traitées ici, les variables environnementales proprement dites et les variables bioclimatiques sont choisies pour les analyses de Maxent. Les tests d'autocorrélation entre les différentes variables n'ont pas été menés ; de ce fait nos modèles peuvent présenter des risques de « surajustement ».

Variables environnementales : Elles comprennent spécialement des données altitudinales, géologiques et les couvertures végétales originelle (Veg 1) et actuelle (Veg 2) ; les informations sur ces deux dernières variables sont détaillées dans la section précédente.

Veg 1 : Végétation originelle (Figure 4),

Veg 2 : Végétation actuelle (Figure 3),

Elev : Altitude en m (Figure 2) et

Geol : Géologie simplifiée de Madagascar. La classification géologique référencée dans cet atlas est la carte géologique simplifiée de Madagascar. Après avoir fait la digitalisation de la carte géologique de l'île de 1 : 1 000 000 (2), David Du Puy et Justin Moat (9) ont regroupé différentes formations dans le but d'avoir une meilleure interprétation de la couverture végétale. En effet, la carte géologique simplifiée de Madagascar ne comporte que 11 catégories, représentées sur la Figure 5.

Pour les espèces forestières, la carte de la végétation originelle (Veg 1) a été utilisée comme étant une des couches environnementales, et pour les espèces qui ne dépendent pas de la forêt, la carte de végétation actuelle (Veg 2) a été prise en considération.

Variables bioclimatiques : Les données bioclimatiques utilisées dans cet atlas ont été tirées de WorldClim (20) accessible au www.worldclim.org. Elles proviennent de la compilation des relevés provenant de nombreuses stations météorologiques à travers le monde (GHCN version 2 : CLINO ; FAOCLIM 2.0 ; CIAT ; R-Hydronet ; INTECSA ; Bureau of Meteorology, Commonwealth Australia ; Nordklim ; www.metservice.co.nz) collectées entre 1950 et 2000.

Les données sur Madagascar ont résulté de la compilation des températures moyennes provenant de 35 stations météorologiques, des températures minimales et maximales provenant de 88 stations météorologiques, récoltées entre 1931 et 1960. Ces données ont été complétées avec la base de données sur la caractérisation agroclimatique effectuée par Oldeman (20). Toutefois, la comparaison de la série de données climatiques sur Madagascar enregistrées entre 1930 et 1990 provenant des mêmes stations ne présente pas un changement significatif. Les données assemblées à partir de ces différentes sources ont été interpolées selon l'algorithme de splines de lissage « plaque mince » implémenté dans ANUSPLIN, et rendues sur une même résolution spatiale de 30 secondes d'arc équivalent à 1 km à l'équateur.

Les données fournies par WorldClim sont à l'échelle mondiale ; ce qui nécessite particulièrement une extraction de la zone focalisée. Dans le but de faciliter l'accès aux informations sur la biodiversité malgache, le projet REBIOMA a mis en ligne sur www.rebioma.net les données bioclimatiques de WorldClim découpées et centrées spécialement pour l'île :

Etptotal : Evapotranspiration totale annuelle (mm) (Figure 6),

Maxprec : Précipitation maximale du mois le plus humide (mm) (Figure 7),

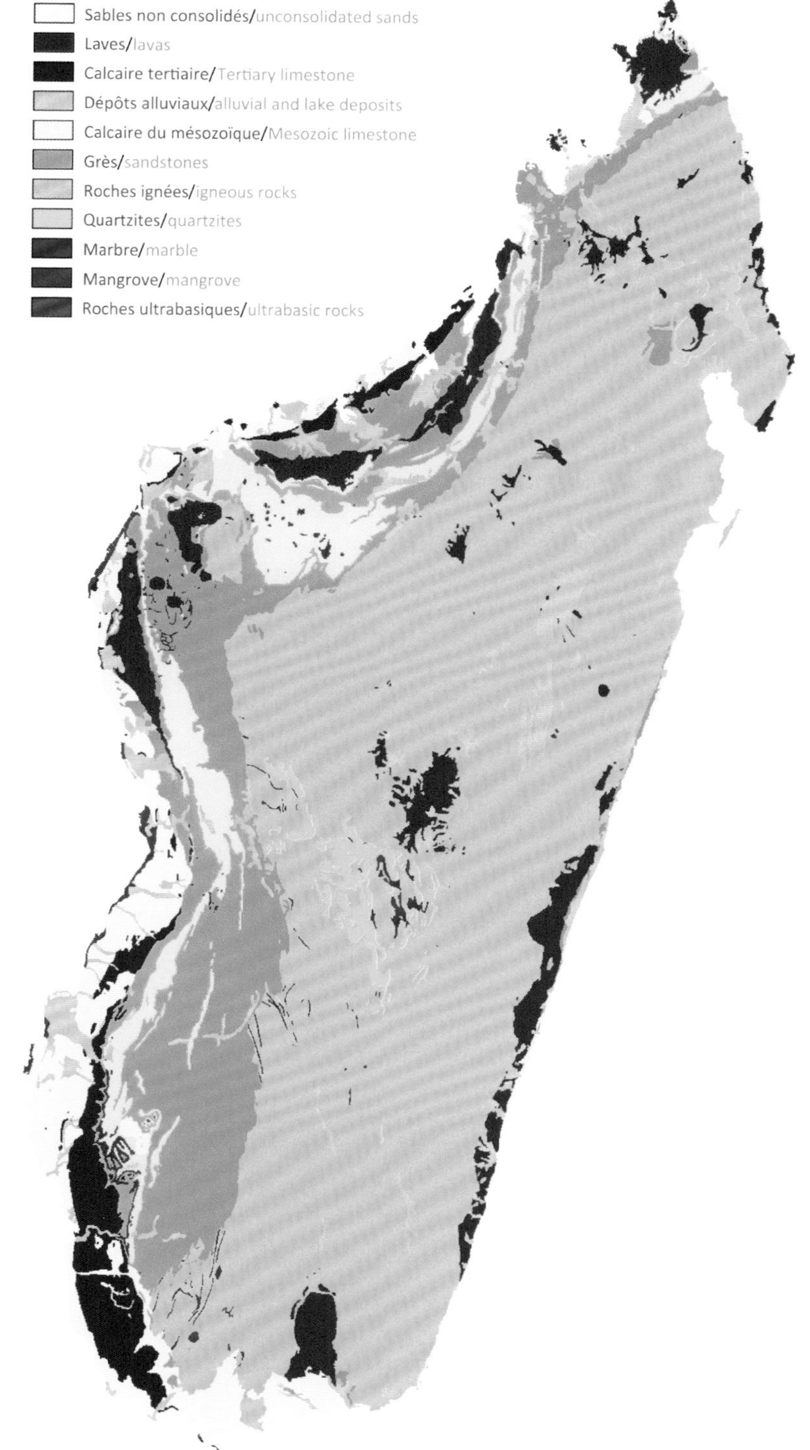

Sables non consolidés/unconsolidated sands
Laves/lavas
Calcaire tertiaire/Tertiary limestone
Dépôts alluviaux/alluvial and lake deposits
Calcaire du mésozoïque/Mesozoic limestone
Grès/sandstones
Roches ignées/igneous rocks
Quartzites/quartzites
Marbre/marble
Mangrove/mangrove
Roches ultrabasiques/ultrabasic rocks

Figure 5. Carte de la géologie simplifiée de Madagascar (9)./Map of simplified geology of Madagascar (9).

INTECSA, Bureau of Meteorology, Australia Commonwealth; Nordklim; www.metservice.co.nz).

Information from Madagascar was based on the compilation of average temperature data collected between 1931 and 1960 from 35 meteorological stations, as well as minimum and maximum temperature data from 88 meteorological stations; this information was subsequently filled in based on an agroclimatic characterization conducted by Oldeman (20). A comparison of climatic data recorded on Madagascar between 1930 and 1990 from the same stations did not show any significant change. Hence, the data assembled from these various sources were interpolated using the algorithm of smoothing splines or "thin plate" implemented in ANUSPLIN, and calculated to the spatial resolution of 30 arc seconds or equivalent to 1 km at the equator.

Data provided by WorldClim are at a global scale, which requires a focused extraction for the area concerned, in this case, Madagascar. In order to facilitate access to information on the biodiversity of the island, the REBIOMA project posted on www.rebioma.net trimmed and focused bioclimatic data derived from WorldClim:

Etptotal: Annual total evapotranspiration (mm) (Figure 6),

Maxprec: Maximum precipitation of the wettest month (mm) (Figure 7),

Minprec: Minimum precipitation of the driest month (mm) (Figure 8),

Maxtemp: Maximum temperature of the warmest month (°C) (Figure 9),

Mintemp: Minimum temperature of the coldest month (°C) (Figure 10),

Minprec : Précipitation minimale du mois le plus sec (mm) (Figure 8),
Maxtemp : Température maximale du mois le plus chaud (° C) (Figure 9),
Mintemp : Température minimale du mois le plus froid (° C) (Figure 10),
Realmar : Précipitation moyenne annuelle (mm) (Figure 11),
Realmat : Température moyenne annuelle (° C) (Figure 12),
Wbpos : Nombre de mois avec un bilan hydrique positif (Figure 13) et
Wbyear : Bilan hydrique annuel (mm) (Figure 14).

Evaluation du modèle

Etant donné que Maxent n'exige pas de données d'absence réelle pour la prédiction des habitats potentiels, les points d'absence sont relatifs ; ce qui permet d'évaluer la performance du modèle dans la discrimination des vraies présences des fausses présences d'une part, et des vraies absences des fausses absences d'autre part ; en d'autres termes, des zones présumées et des zones omises. L'analyse de la courbe « Receiving Operator Characteristic » (ROC) ou courbe de sensibilité/spécificité permet de résoudre ce souci. La courbe ROC est un graphique qui représente la variation du seuil de probabilité de présence de 0 à 1, dont l'axe de l'abscisse affiche la spécificité (ou le rapport entre la vraie absence de toutes les absences) et l'axe de l'ordonnée exprime la sensibilité (ou le rapport de la vraie présence de toutes les présences). Ainsi, l'aire délimitée sous la courbe (ASC) de ROC est proportionnelle à la performance du modèle. Elle est interprétée comme suit :

Si la valeur de l'ASC est égale à 0,5, la qualité de la discrimination est nulle.
Si la valeur de l'ASC est entre 0,5 à 0,7, la qualité de la discrimination est faible.
Si la valeur de l'ASC est entre 0,7 à 0,8, la qualité de la discrimination est moyenne.
Si la valeur de l'ASC est entre 0,8 à 0,9, la qualité de la discrimination est excellente.
Si la valeur de l'ASC est supérieure à 0,9, la qualité de la discrimination est exceptionnelle.

Détermination de l'importance des variables

La connaissance de la contribution des variables prédictives dans la construction du modèle est utile pour pouvoir identifier les facteurs environnementaux qui affectent la distribution d'une espèce. Les deux types d'analyse possibles avec Maxent sont développés ci-après.

1) L'analyse univariée permet de connaître le poids d'une variable sans tenir compte des autres paramètres. La méthode de « Jackknife » incorporée dans Maxent a été utilisée. Elle consiste à isoler une variable parmi les 12 paramètres utilisés, puis d'estimer l'importance de cette variable isolée et des 11 variables restantes et d'itérer la procédure 12 fois pour les 12 variables.
2) L'analyse multivariée a pour but d'identifier la contribution de chaque variable parmi l'ensemble des 12 variables utilisées. Elle consiste à analyser à la fois toutes les variables utilisées et de représenter le gain apporté par chaque variable sous forme de pourcentage de contribution relative, suivi par un test de permutation pour réévaluer l'importance de chaque variable.

Description des classes d'habitat

L'un des produits de la modélisation avec Maxent est une carte des habitats potentiels, classée suivant la probabilité d'occurrence et mise à l'échelle en utilisant un gradient de couleurs. Le gradient de couleur bleue indique les habitats non favorables et peu favorables avec une probabilité de présence comprise entre 0 et 0,37 ; la gamme de couleur verte illustre les habitats moyennement favorables avec une probabilité de présence comprise entre 0,38 et 0,68 ; les zonages de couleur jaune au rouge représentent les habitats favorables avec une probabilité de présence variant de 0,69 à 1.

Toutefois, l'interprétation de la carte des habitats potentiels devrait être faite avec précaution. Elle est sujette à d'autres éventualités suivant le nombre de données d'occurrence analysées, le seuil utilisé (Table 5), la résolution, le nombre et le type de variables environnementales prises en considération. L'interprétation est effectuée par les spécialistes travaillant dans les domaines de la biogéographie et de l'écologie des espèces cibles. En cette occasion, la carte de l'habitat potentiel est considérée comme une source importante d'informations.

Realmar: Mean annual precipitation (mm) (Figure 11),
Realmat: Mean annual temperature (°C) (Figure 12),
Wbpos: Numbers of months with a positive water balance (Figure 13), and
Wbyear: Annual water balance (mm) (Figure 14).

Model evaluation

Maxent does not require absence data to predict aspects of potential suitable habitat preferences. Consequently, absence data are relative, which allows for the model performance to be judged based on the real presence of false presences and true absences of false absences, in other words predicted and omitted areas. The analysis of the "Receiving Operator Characteristic" (ROC) curve or sensitivity/specificity curve allows resolution of these aspects. The ROC curve is a graph that shows threshold variation presence probability of 0 to 1, with the x-axis showing the specificity (the ratio between the true absence of all of the absences) and the y-axis expressing the sensitivity (the ratio of the real presence of all of the presences). Thus, the defined "area under the curve (AUC) of ROC is proportional to the performance of the model. These values can be interpreted as follows:

If the AUC value is equal to 0.5, discrimination quality is zero.
If the AUC value is between 0.5 and 0.7, discrimination quality is weak.
If the AUC value is between 0.7 and 0.8, discrimination quality is average.
If the AUC value is between 0.8 and 0.9, discrimination quality is excellent.
If the AUC value is greater than 0.9, discrimination quality is high.

Determination of variable importance

Information on the contribution of the predictor variables in the model construction is useful to identify the environmental factors that influence the distribution of a species. Two different types of analyses were employed herein.

1) Univariate analysis provides insight into the importance of a variable without taking into account the other variables. The jackknife method, implemented in the Maxent program, involves the isolation of a single variable among the 12 used, and then estimates the importance of the isolated variable with respect to the other 11; this procedure was reiterated independently for each of the 12 variables.
2) Multivariate analysis was used to identify the contribution of each variable from the set of 12 variables. This technique consists of analyzing all variables simultaneously and representing the gain for each variable as a percentage of relative contribution, then followed by a permutation test to re-evaluate the importance of each variable.

Description of habitat classes

One of the outputs of the Maxent modeling is a map of potential suitable habitat classified according to the probability of occurrence and scaled using a color gradient. The blue color range indicates less favorable and unfavorable habitats with a presence probability of 0 to 0.37, the green color range shows moderately favorable habitats with a presence probability of 0.38 to 0.68, and the range from yellow to red represent suitable habitats with a presence probability of 0.69 to 1.

However, interpreting the map with regards to potential suitable habitat should be done with caution, as it is subject to other contingencies based on, such as, the number of occurrence data analyzed, the threshold used (Table 5), and the resolution, number, and type of environmental variables considered. The final interpretation is best left to specialists working in the domains of biogeography and ecology of the target species. In any case, the map of potential suitable habitat is considered as an important source of information.

Comments on maps of potential distribution of species

In some cases, not all of the occurrence points on the distribution map appear on the map associated with the Maxent model and the reasons for this are as follows:

1) The option "delete duplicate points of presence" in the Maxent option setting, automatically removes duplicated sites for a given species; these include, for example, two specimens of the same taxon collected at the same locality. Further, redundant point

Valeur maximale/
minimum value : 1655 mm
Valeur maximale/
minimum value : 621 mm

Figure 6. Carte de répartition de l'évapotranspiration totale annuelle (20)./ Map showing the distribution of annual total evapotranspiration (20).

Valeur maximale/
minimum value : 516 mm
Valeur maximale/
minimum value : 75 mm

Figure 7. Carte de répartition de la précipitation maximale du mois le plus humide (20)./Map showing the distribution of maximum precipitation of the wettest month (20).

Valeur maximale/
minimum value : 108 mm
Valeur maximale/
minimum value : 0 mm

Figure 8. Carte de répartition de la précipitation minimale du mois le plus sec (20)./Map showing the distribution of minimum precipitation of the driest month (20).

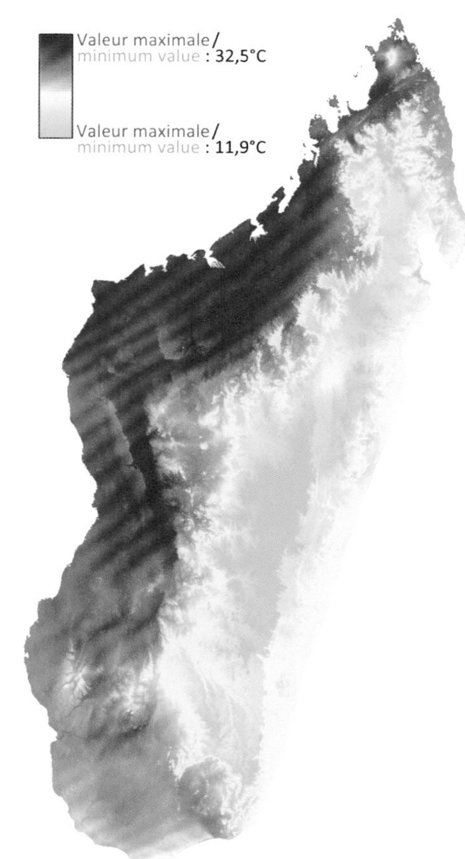
Valeur maximale/
minimum value : 32,5°C
Valeur maximale/
minimum value : 11,9°C

Figure 9. Carte de répartition de la température maximale du mois le plus chaud (20)./Map showing the distribution of maximum temperature of the warmest month (20).

Commentaires sur la carte de distribution potentielle des espèces

Dans certains cas, tous les points d'occurrence sur la carte de distribution n'apparaissent pas intégralement sur le modèle prédit avec Maxent pour les raisons suivantes :

1) En choisissant l'option « Supprimer les duplicatas des points de présence » dans le paramétrage de Maxent, les duplicatas proprement dits de la même espèce sont automatiquement éliminés, comme a été le cas par exemple de deux spécimens de la même espèce collectés dans une même localité. En outre, les points d'occurrence redondants d'une espèce donnée à une distance de moins de 1 km et projetés dans la même grille de 1 x 1 km de dimension sont également supprimés.

occurrences for a given species within a distance of less than 1 km and projected in the same grid of 1 x 1 km dimension were also removed.

2) Based on the option within the Maxent program "Do not include the occurrence points corresponding to missing data", occurrence points projected in areas with missing pixels are excluded from the analyses. This aspect is associated with some different problems. Firstly, during acquisition or processing of satellite data, certain zones can have missing data and assigned to pixels with no information. Thus, during the Maxent analysis, the occurrence points that fall into these pixels are considered as missing data. Secondly, the sources of predictive variables analyzed with Maxent

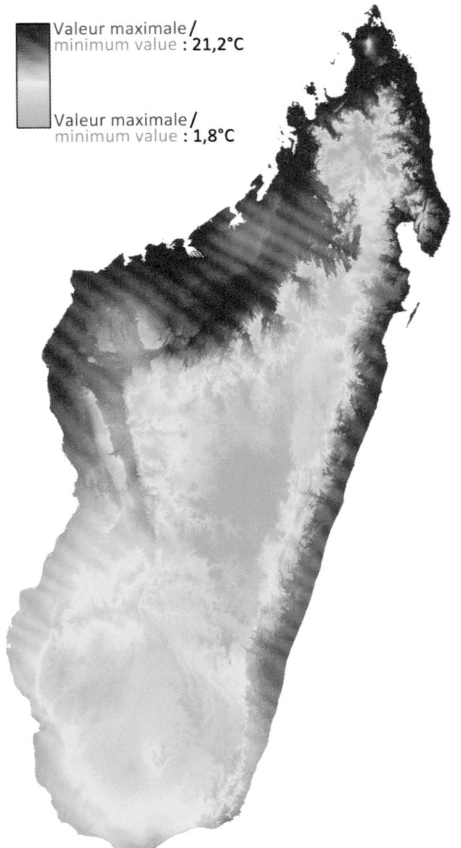
Valeur maximale/
minimum value : 21,2°C
Valeur maximale/
minimum value : 1,8°C

Figure 10. Carte de répartition de la température minimale du mois le plus froid (20)./Map showing the distribution of minimum temperature of the coldest month (20).

Valeur maximale/
minimum value : 3373 mm
Valeur maximale/
minimum value : 331 mm

Figure 11. Carte de répartition de la précipitation moyenne annuelle (20)./Map showing the distribution of mean annual precipitation (20).

Valeur maximale/
minimum value : 27,6°C
Valeur maximale/
minimum value : 11,0°C

Figure 12. Carte de répartition de la température moyenne annuelle (20)./Map showing the distribution of mean annual temperature (20).

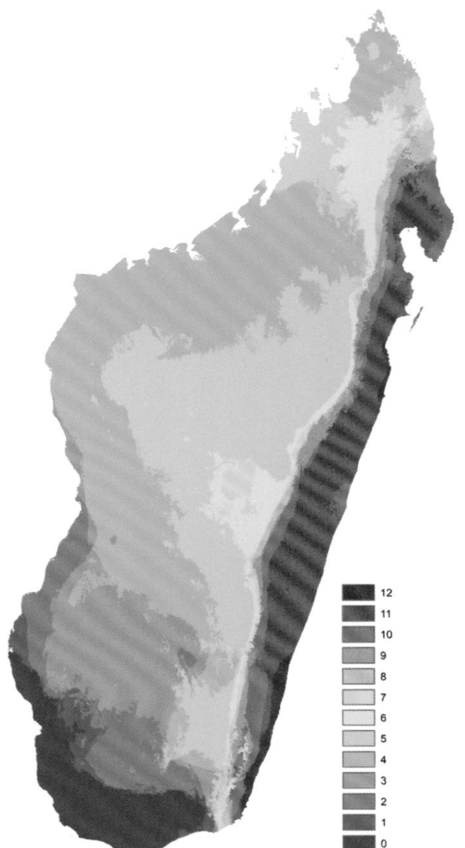
12
11
10
9
8
7
6
5
4
3
2
1
0

Figure 13. Carte de répartition du nombre de mois avec un bilan hydrique positif (20)./Map showing the distribution of the number of months with a positive water balance (20).

Valeur maximale/
minimum value : 2127 mm
Valeur maximale/
minimum value : -926 mm

Figure 14. Carte de répartition du bilan hydrique annuel (20)./Map of the distribution of annual water balance (20).

2) En choisissant l'option « Ne pas figurer les points d'occurrence correspondant à des données manquantes », ceux projetés dans des pixels à données manquantes sont exclus, dont les causes plausibles peuvent être les suivantes. Premièrement, lors de l'acquisition ou du traitement des données satellitaires, des données manquantes ou sans valeurs sont attribuées aux pixels qui n'ont reçu aucune information. Ainsi, lors de l'analyse avec Maxent, les points d'occurrence qui tombent dans ces pixels sont considérés comme des données manquantes. Deuxièmement, les sources des variables prédictives analysées avec Maxent et celles de la carte de distribution sont différentes, induisant un impact sur leur niveau de résolution.

and those associated with the distribution map are different; this has an impact on their associated level of resolution.

As mentioned above, the bioclimatic variable layers were derived from WorldClim (20) with a resolution of 1 x 1 km, while the variable vegetation used to reclassify the Kew vegetation map (25) has a resolution of 29 x 29 m. This difference in resolution requires the aggregation of pixels of the vegetation map, each 1 x 1 km, to be compatible with those of the bioclimatic layers. Hence, certain small coastal islands, for example, appeared on the high resolution vegetation map, but are absent after being overlaid on the bioclimatic variables.

Les couches de variables bioclimatiques ont été dérivées de WorldClim (20) sous une résolution de 1 x 1 km, alors que la variable végétation utilisée pour la reclassification de la carte de la végétation de Kew (25) a une résolution de 29 x 29 m. Cette différence dans la résolution requiert l'agrégation des pixels de la carte de la végétation de 29 x 29 m en des grilles de 1 x 1 km chacune, pour être compatibles avec celles de couches bioclimatiques. Par la suite de ce procédé, certaines petites îles côtières apparues sur la carte de la végétation à haute résolution, sont devenues invisibles après une superposition avec les données bioclimatiques.

Lecture et interprétation des tableaux

Des informations importantes pour la compréhension des cartes de répartition et des analyses de Maxent, quand elles ont été faites, sont présentées dans une série de tableaux, associée avec les espèces cartographiées. Comme mentionné précédemment, les analyses avec Maxent ont été effectuées pour les espèces ayant au moins 10 points d'occurrence. Jusqu'à trois tableaux sont fournis pour chaque espèce dont les détails sont présentés ci-dessous.

Informations quantitatives sur les données analysées : Le premier tableau rapporte les données prises en compte dans l'analyse de Maxent, lorsqu'elle a été réalisée. Il comporte quatre lignes :

1) « Total des points analysés » représente l'ensemble des données utilisées dans l'analyse ;
2) « Points de présence » est l'équivalent de la proportion de 70 % des données considérées pour la construction du modèle ;
3) « Points de présence choisis au hasard » représente les 30 % des données utilisées pour le calibrage du modèle ; et
4) « Points analysés combinés » est la valeur obtenue en soustrayant la somme des points de présence et des points de présence choisis au hasard du total des points analysés.

Contribution des variables environnementales : Les résultats des analyses univariée et multivariée sont présentés dans un même tableau. Différents points doivent être mentionnés sur ces analyses :

1) Analyses univariées – La variable environnementale ayant le gain le plus élevé est présentée en caractères **gras** et celle qui, lorsqu'elle est omise, diminue beaucoup le gain est en caractères soulignés. Lorsque la ou les variable (s) n'est (sont) pas l'une de celles indiquées dans les analyses multivariées (voir ci-dessous), le nom de la variable apparaît sur une autre ligne. Dans les cas où ces variables sont les mêmes que celles figurant dans les analyses multivariées, le même système de textes en **gras** et soulignés est adopté et les résultats des analyses sont mis entre parenthèses après les noms de variables.
2) Analyses multivariées – Les quatre variables sur les 12 utilisées dans les analyses qui expliquent la répartition de l'espèce en question, sont répertoriées. Elles sont données suivant l'ordre d'importance, avec les valeurs de pourcentages de leur contribution (PC) et de celles de l'importance de la permutation (PI).

Paramètres altitudes et habitats : Les paramètres topographiques influencent la distribution d'une espèce. Aussi, la gamme d'altitudes occupées par chaque taxon est présentée. Dans quelques cas, des problèmes relatifs aux informations sur l'altitude dans la base de données ont été rencontrés : soit ce paramètre n'est pas figuré, soit l'altitude attribuée à une localité est présumée erronée. Pour pallier ces imperfections, une extraction des données altitudinales à partir du MNE a été faite, grâce à l'outil « Extract value to points » dans « Spatial Analyst » sous ArcGIS (version 10.0). Les données altitudinales de MNE sont généralement moins précises que celles recueillies directement sur le terrain à l'aide d'un GPS (« Global Positioning System ») ou d'un altimètre, qui permet d'enregistrer particulièrement la variation topographique brusque comme les escarpements. En plus, une liste généralisée des types d'habitat où l'espèce en question a été rencontrée, est aussi présentée dans ce tableau.

Interpretation of the tables

Important information for understanding the distributional maps and the Maxent analyses, when conducted, are presented in a series of tables under each mapped species. As mentioned earlier, Maxent analyses were performed for species with at least 10 occurrence points. Up to three tables are presented per species and details are presented below.

Quantitative information on the analyzed data: The first table presents aspects of the data used in the Maxent analysis. It has four lines:

1) "Total points analyzed", indicates all of the data used in the analysis,
2) "Training points", is the 70% proportion of the data used to build the model,
3) "Testing points", is the 30% proportion of the data used to calibrate the model, and
4) "Combined test points", is the value obtained by subtracting the sum of training points+testing points from the total points analyzed.

Contribution of environmental variables: The results of the univariate and multivariate analysis are presented in the same table. Different aspects need to be mentioned:

1) Single variable comparisons – The environmental variable with the highest gain is presented in **bold** script and the environmental variable when omitted that most pronouncedly decreases the gain is presented in underline script. When the variable or variables is (are) not one of those listed for the multivariate analysis, the variable name appears on a separate line. In cases when these variables are the same as those listed for the multivariate comparisons, the same system of **bold** and underlined text is used and the figures for the single variable comparison are presented in parentheses after the variable name.
2) Multivariable comparisons – The four of the 12 variables used in the analysis that best explain the distribution of the species in question are listed in table format. These are given in the order of importance, with the values of the percent contribution (PC) and permutation importance (PI).

Altitudes and habitat parameters: Topographic parameters influence the distribution of a species. Hence, we present information on the elevational range of each analyzed taxon. For a limited number of records, problems were encountered for the elevation in the database: either this parameter is missing or the assigned value is assumed to be wrong. To overcome these shortcomings, we extracted the elevational data in DEM through the tool "Extract value to points" within "Spatial Analyst" of ArcGIS (version 10.0). The DEM elevational data is generally less accurate than those collected directly in the field using a GPS ("Global Positioning System") or altimeter, particularly in areas with abrupt topographic variation, such as escarpments. In addition, a list of generalize habitat types used by the species in question is also presented in this table.

REFERENCES/REFERENCES

1. **Baldwin, R. A. 2009.** Use of maximum entropy modeling in wildlife research. *Entropy*, 11: 854-866.
2. **Besairie, H. 1964.** *Madagascar carte géologique 1 : 1 000 000.* Service Géologique, Antananarivo.
3. **Betsch, J.-M. 2000.** Types de spéciation chez quelques collemboles Symphypleones Sminthuridae (Apterygotes) de Madagascar. Dans *Diversité et endémisme à Madagascar*, eds. W. R. Lourenço & S. M. Goodman, pp. 295-306. Mémoires de la Société de Biogéographie, Paris.
4. **Bond, W. J. & Silander, J. A. 2007.** Springs and wire plants: Anachronistic defences against Madagascar's extinct elephant birds. *Proceedings of the Royal Society B*, 274: 1985-1992.
5. **Bond, W. J., Silander, J. A., Ranaivonasy, J. & Ratsirarson, J. 2008.** The antiquity of Madagascar's grasslands and the rise of C_4 grassy biomes. *Journal of Biogeography*, 35: 1743-1758.
6. **Carleton, M. D. & Goodman, S. M. 1998.** New taxa of nesomyine rodents (Muroidea: Muridae) from Madagascar's northern highlands, with taxonomic comments on previously described forms. In A floral and faunal inventory of the Réserve Spéciale d'Anjanaharibe-Sud, Madagascar: With reference to elevational variation, ed. S. M. Goodman. *Fieldiana: Zoology*, new series, 90: 163-200.
7. **Chapman, A. D. 2005.** *Principes et méthodes de nettoyage de données*, version 1.0. Global Biodiversity Information Facility, Copenhague (http://links.gbif.org/gbif_nettoyage_donnees_manual_fr_v1.pdf).
8. **Dewar, R. E., Wright, H. T., Radimilahy, C., Jacobs, Z., Berna, F. & Kelly, G. 2013.** Stone tools and foraging in northern Madagascar challenge Holocene extinction models. *Proceedings of the National Academy of Sciences*, USA, 110: 12583-12588.
9. **Du Puy, D. J. & Moat, J. 1996.** A refined classification of the primary vegetation of Madagascar based on the underlying geology: Using GIS to maps its distribution and to assess its conservation status. In *Biogéographie de Madagascar*, ed. W. R. Lourenço, pp. 205-218. Editions ORSTOM, Paris.
10. **Elith, J., Graham, C. H., Anderson, R. P., Dudik, M., Ferrier, S., Guisan, A., Hijmans, R. J., Huettmann, F., Leathwick, J. R., Lehmann, A., Li, J., Lohmann, L. G., Loiselle, B. A., Manion, G., Moritz, C., Nakamura, M., Nakazawa, Y., Overton, J. M., Peterson, A. T., Phillips, S. J., Richardson, K., Scachetti-Pereira, R., Schapire, R. E., Soberon, J., Williams, S., Wisz, M. S. & Zimmermann, N. E. 2006.** Novel methods improve prediction of species' distributions from occurrence data. *Ecography*, 29: 129-151.
11. **Faramalala, M. H., 1995.** *Formation végétale et domaine forestier de Madagascar*. Carte 1 : 1 000 000. Conservation International, Washington, D. C.
12. **Gautier, L. & Goodman, S. M. 2003.** Introduction of the flora of Madagascar. In *The natural history of Madagascar*, eds. S. M. Goodman & J. P. Benstead, pp. 229-250. The University of Chicago Press, Chicago.
13. **Goodman, S. M. & Jungers, W. L. sous presse.** *Windows into the extraordinary recent land animals and ecosystems of Madagascar*. The University of Chicago Press, Chicago.
14. **Green, G. M. & Sussman, R. W. 1990.** Deforestation history of the eastern rain forests of Madagascar from satellites images. *Science*, 248: 212-215.
15. **Guillaumet, J.-L. 1983.** Forêts et fourrés de montagne à Madagascar. *Candollea*, 38: 481-502.
16. **Guillaumet, J.-L. & Koechlin, J. 1971.** Contribution à la définition des types de végétation dans les régions tropicales (exemple de Madagascar). *Candollea*, 26: 263-277.
17. **Guillaumet, J.-L., Betsch, J.-M. & Callmander, M. W. 2008.** Renaud Paulian et le programme du CNRS sur les hautes montagnes à Madagascar : Etage *vs* domaine. *Zoosystema*, 30: 723-748.
18. **Guisan, A. & Zimmermann, N. E. 2000.** Predictive habitat distribution models in ecology. *Ecological Modelling*, 135: 146-186.
19. **Hernandez, P. A., Graham, C. H., Master, L. L. & Albert, D. L. 2006.** The effect of sample size and species characteristics on performance of different species distribution modeling methods. *Ecogeography*, 29: 773-785.
20. **Hijmans, R. J., Cameron, S. E., Parra, J. L., Jones, P. G. & Jarvis, A. 2005.** Very high resolution interpolated climate surfaces for global land areas. *International Journal of Climatology*, 25: 1965-1978.
21. **Humbert, H. & Cours Darne, G. 1965.** Carte internationale du tapis végétal et des conditions écologiques à 1 : 1 000 000e. Notice de la carte Madagascar. *Travaux de la Section Scientifique et Technique de l'Institut Français de Pondichéry*, hors série, numéro 6.
22. **Jarvis, A., Reuter, H. I., Nelson A. & Guevara, E. 2008.** Hole-filled SRTM for the globe Version 4, available from the CGIAR-CSI SRTM 90 m Database (www.cgiar-csi.org/data/srtm-90m-digital-elevation-database-v4-1).
23. **Lewis, B. A., Phillipson P. B., Andrianarisata, M., Rahajasoa, G., Rakotomalaza, P. J., Randriambolona, M. & McDonagh J. F. 1996.** A study of the botanical structure, composition and diversity of the eastern slopes of the Réserve Naturelle Intégrale d'Andringitra, Madagascar. In A faunal and floral inventory of the eastern slopes of the Réserve Naturelle Intégrale d'Andringitra, Madagascar: With reference to elevational variation, ed. S. M. Goodman. *Fieldiana: Zoology*, news series, 85: 24-75.
24. **Liu, C., Berry, P. M., Dawson, T. P. & Pearson, R. G. 2005.** Selecting thresholds of occurrence in the prediction of species distributions. *Ecography*, 28: 385-393.
25. **Moat, J. & Smith, P. 2007.** *Atlas de la végétation de Madagascar*. Royal Botanic Gardens, Kew.
26. **Morat, P. 1973.** Les savanes du Sud-ouest de Madagascar. *Mémoire de l'ORSTOM*, 68: 1-234.
27. **Rakotondrainibe, F. & Raharimalala, F. 1996.** The pteridophytes of the eastern slopes of the Réserve Naturelle Intégrale d'Andringitra, Madagascar. In a faunal and floral inventory of the eastern slopes of the Réserve Naturelle Intégrale d'Andringitra, Madagascar: With reference to elevational variation, ed. S. M. Goodman. *Fieldiana: Zoology*, news series, 85: 76-82.
28. **Rakotondrasoa, O. L., Malaisse, F., Rajoelison, G. L., Razafimanantsoa, T. M., Rabearisoa, M. R., Ramamonjisoa, B. S., Raminosoa, N., Verheggen, F. J., Poncelet, M., Haubruge, E. & Bogaert, J. 2012.** La forêt de tapia, écosystème endémique de Madagascar : Ecologie, fonctions, causes de dégradation et de transformation (synthèse bibliographique). *Biotechnology, Agronomy, Society and Environment*, 16: 541-552.
29. **Peterson, A.T., Sánchez-Cordero, V., Martínez-Meyer, E. & Navarro-Sigüenza, A. G. 2006.** Tracking population extirpations via melding ecological niche modeling with land-cover information. *Ecological Modelling*, 195: 229-236.
30. **Philips, S. J., Anderson, R. P. & Schapire, R. E. 2006.** Maximum entropy modeling of species geographic distributions. *Ecological Modelling*, 190: 231-259.
31. **Stockwell, D. R. B. & Peterson, A. T. 2002.** Effects of sample size on accuracy of species distribution models. *Ecological Modelling*, 148: 1-13.
32. **UICN. 2012.** *Catégories et critères de la Liste rouge de l'UICN*. Version 3.1. Deuxième édition. UICN, Gland.

LEZARDS OU CLASSE DES REPTILIA

Achille P. Raselimanana & Steven M. Goodman

Madagascar est remarquablement riche en faune reptilienne, incluant les lézards, les caméléons et les serpents ; cette faune est estimée à 363 espèces environ (13). Régulièrement, des espèces de reptiles malgaches nouvelles pour la science sont décrites. Par exemple, aux cours des cinq dernières années, environ 25 nouvelles espèces ont été nommées. En effet, avec de tels progrès, il est difficile de se tenir informé, en particulier pour les groupes les plus spécieux et d'interpréter convenablement leurs modèles biogéographiques, plus spécialement au niveau du genre et de l'espèce. Plutôt qu'une cartographie et une modélisation des familles et des genres d'animaux qui connaissent un état de fluctuation taxinomique, nous examinerons ici deux groupes qui ont déjà fait l'objet de nombreuses recherches en systématique comprenant des études moléculaires détaillées. Ces études ont fourni un moyen de séparer la convergence morphologique de l'histoire évolutive des espèces composant ces deux groupes.

Le premier groupe est celui des iguanidés, de la famille des Iguanidae, représentée à Madagascar par la sous-famille Oplurinae (8). Ce présumé groupe ancien est souvent cité comme étant un exemple d'origine gondwanienne (vicariance). Mais il se peut aussi qu'ils aient atteint Madagascar durant le Crétacé, bien après la grande dislocation du Gondwana, à travers une connexion continentale à partir de l'Amérique du Sud via l'Antarctique (21). Une hypothèse alternative aux deux hypothèses susmentionnées est qu'ils se soient récemment dispersés à travers le canal de Mozambique (16). Pendant plusieurs décades, les iguanidés malgaches avaient fait l'objet d'études écologiques et taxinomiques (3, 4). Deux genres, *Chalarodon* (une espèce) et *Oplurus* (six espèces), sont actuellement connus et sont confinés à Madagascar et aux Comores. Comme mesure de leur stabilité taxinomique, la dernière espèce d'*Oplurus* à être nommée, remonte à 1900 (*O. grandidieri*). Néanmoins, basée sur des études moléculaires, certains clades représentent des espèces non décrites (9, 20), et des observations dans la nature ont suggéré des formes apparemment inconnues (11), et le nombre des taxa reconnus seront vraisemblablement en augmentation dans un futur proche. Parmi les sept espèces connues, la majorité est distribuée dans les formations sèches de la partie ouest et sud de l'île. Ces lézards sont très visibles et sont relativement faciles à identifier lorsqu'on les a en main ou à proximité.

Le second groupe inclut les membres de la région malgache de la famille des Gerrhosauridae, connus également sous le nom de lézards à plaques, qui ont été étudiés en détail pour ce qui relève de leur écologie, de leur biogéographie et de leur systématique moléculaire et morphologique (6, 17, 24, 25, 26). Les gerrhosaurides sont partagés entre l'Afrique, largement sub-saharienne et la région malgache (Madagascar et Seychelles). Ils constituent un groupe monophylétique et forment un groupe sœur des Cordylidae africains, suggérant ainsi une origine africaine (10, 17, 22). Deux genres de la sous-famille endémique Gerrhosaurinae, *Tracheloptychus* (deux espèces) et *Zonosaurus* (17 espèces), sont connus à Madagascar. Ils sont présents dans de nombreux habitats et de types de végétation sur l'île. Bien qu'il y ait une tendance des lézards à plaques à fréquenter les zones occidentale et méridionale sèches de l'île, un nombre considérable de taxa se rencontrent aussi dans les endroits humides de l'Est. Contrairement aux iguanidés malgaches, six parmi les 17 espèces (35 %) de *Zonosaurus* discutées ici ont été nommées depuis 1985 (7, 18, 25, 26). Par conséquent, les chercheurs ont beaucoup travaillé sur ce groupe, afin de définir la radiation de ces différentes espèces. De nombreux taxa existent en sympatrie, pouvant aller jusqu'à quatre dans le même bloc forestier (1). En raison de leur taille relativement grande et de leurs activités diurnes, la plupart des lézards à plaques ont tendance à être plus visibles et en général, ils sont faciles à identifier à courte distance ou une fois en main.

Plusieurs aspects relatifs à l'histoire naturelle de ces deux groupes de lézards ont des implications importantes sur la base de données que nous avons compilée. D'abord, ils sont tous diurnes et tout au moins, partiellement terrestres. Compte-tenu de la facilité relative dans l'identification des espèces, basée sur des caractères morphologiques externes et de la coloration, et de par leurs distributions bien définies, il y a très peu d'ambigüité pour les travailleurs sur le terrain à identifier les animaux au niveau de l'espèce. Ainsi, dans la base de données utilisée pour produire des cartes et des modèles de Maxent y afférents,

LIZARDS OR THE CLASS REPTILIA

Achille P. Raselimanana & Steven M. Goodman

Madagascar has a remarkably rich reptile fauna, comprising lizards, chameleons, and snakes, and estimated to be about 363 species (13). With considerable regularity, new species to science of Malagasy reptiles are described. For example, over the past five years, about 25 new species have been named. Hence, given these advancements, it is notably difficult to stay abreast, particularly for speciose groups, and correctly interpret their biogeographical patterns, specifically at the level of genus and species. Rather than mapping and modeling families and genera of animals that are in a state of taxonomic flux, we examine here two groups that have been the subject of considerable systematic research. This includes detailed molecular studies that provide the means to separate morphological convergence from the evolutionary history of the species making up these two groups.

The first group is the iguanids of the family Iguanidae, represented on Madagascar by the endemic subfamily Oplurinae (8). This presumably ancient group is often cited as an example of Gondwana origin (vicariance), but they may have reached Madagascar during the Cretaceous, well after the principal breakup of Gondwana, across a land connection from South America via Antarctica (21). An alternative hypothesis to the two mentioned above is that they have more recently dispersed across the Mozambique Channel (16). For several decades, Malagasy iguanids have been the subject of ecological and taxonomical studies (3, 4). Two genera, *Chalarodon* (one species) and *Oplurus* (six species), are currently recognized and restricted to Madagascar and the Comoros. As a measure of their taxonomic stability, the last species of *Oplurus* to be named was in 1900 (*O. grandidieri*). However, based on molecular studies, certain clades represent undescribed species (9, 20), as well as observations in nature of apparently unknown taxa (11). The number of recognized taxa will most likely increase in the near future. Amongst the seven recognized species, most are distributed in the drier formations of western and southern portions of the island. These lizards are generally conspicuous and relatively easy to identify in the hand or at close distance.

The second group includes the Malagasy region members of the family Gerrhosauridae, also known as plated lizards, which have been studied in considerable detail with respect to their ecology, biogeography, and morphological and molecular systematics (6, 17, 24, 25, 26). Gerrhosaurids are shared between Africa, largely sub-Saharan, and the Madagascar region (Madagascar and the Seychelles). They form a monophyletic group, sister to the African Cordylidae lizards, suggesting an African origin (10, 17, 22). Two genera are recognized from Madagascar in the endemic subfamily Gerroshaurinae, *Tracheloptychus* (two species) and *Zonosaurus* (17 species). They occur in numerous habitats and vegetational types on the island. While there is a tendency for plated lizards to live in the drier western and southern areas of the island, a considerable number of taxa are found in the moister areas of the east. Contrary to the Malagasy iguanids, six of the 17 species (35%) of *Zonosaurus* discussed herein have been named since 1985 (7, 18, 25, 26). Hence, researchers have been notably active with this group, particularly the delimitation of the different species of this radiation. Numerous taxa occur in sympatry, including up to four in the same forest block (1). Because of their relatively large size and diurnal activities, most plated lizards tend to be conspicuous and, in general, they can be identified at close distance and in the hand.

There are several aspects associated with the life history of these two groups of lizards that have important implications for the database we have assembled. First, all are diurnal and at least partially terrestrial. Given their relative ease in species identification, based on external morphological characteristics and coloration, as well as most having well delineated distributions, little ambiguity exists for field workers to identify animals to species level. Hence, in the database used herein to produce the maps and associated Maxent models, we have employed museum specimens, records of released animals, and sight observations.

As compared to most other groups of land vertebrates treated in this atlas, Malagasy iguanids and plated lizards are not overwhelmingly forest-dependent and many species occur in zones lacking intact native forest cover. Many are distinctly more common in areas with exposed rocks and, in some cases, lacking vegetation. We reproduce herein distributional maps of all of the 26 species belonging to these

nous avons employé des spécimens muséologiques, des relevés des animaux relâchés et des observations visuelles.

Par rapport à la plupart des autres groupes de vertébrés terrestres traités dans cet atlas, les iguanidés et les lézards à plaques malgaches ne sont pas majoritairement forestiers et plusieurs espèces fréquentent des aires qui n'ont plus de couverture forestière intacte originelle. Nombre de ces iguanidés sont nettement plus fréquents dans des zones avec des affleurements rochers et certains se trouvent dans des sites sans végétation. Nous reproduisons ici des cartes de distribution des 26 espèces appartenant à ces deux groupes à Madagascar, grâce à une importante base de données et en complétant des cartes publiées précédemment (13). Le schéma général de la taxinomie des iguanidés et des lézards à plaques malgaches suit les révisions systématiques récentes (13, 17, 22) ainsi que les autres articles scientifiques.

Cartes de distribution

Comme mentionné ci-dessus, les cartes sont élaborées à partir d'une base de données issue des enregistrements des spécimens muséologiques, des documents publiés et des informations inédites de terrain. Les différents sites représentés dans la base de données sont illustrés sur la Figure 1. La carte de fond utilisée pour produire la carte individuelle de distribution est celle de la couverture végétale actuelle (Veg 2). Dans quelques cas, en particulier pour les taxa représentés par peu d'enregistrements et pour lesquels des analyses Maxent ne sont pas présentées, les aires de distribution de plusieurs espèces sont compilées sur une même carte.

Un tableau généré à partir de la base de données, combinée et associée à la distribution cartographique de chaque taxon est présenté pour chaque espèce. Il comprend les altitudes minimale et maximale de son aire de répartition, ainsi qu'un modèle numérique d'élévation (MNE). Ce dernier aspect est abordé dans la partie introduction (voir p. 21). En outre, une brève liste des habitats utilisés par le taxon en question est donnée ; elle est développée dans le texte associé à chaque espèce dans la rubrique Distribution & habitat (voir ci-dessous).

Modélisation par Maximum d'Entropie (Maxent) – cartes et analyses

Les détails concernant la manière dont l'analyse a été effectuée sont développés dans la partie introduction (voir p. 28), mais quelques points méritent d'être soulignés. Comme déjà mentionné, nous n'avons pas procédé aux analyses Maxent pour les espèces ayant moins de 10 relevés d'occurrence (14, 30). Pour chaque espèce cartographiée, les données utilisées comme étant des « points de présence » et des « points de présence choisis au hasard » sont différenciés.

Pour les espèces incluses dans ce type d'analyse, deux différents tableaux d'informations associées sont présentés en dessous de la carte de modèle de distribution. Le premier comprend une liste du nombre de points analysés, avec une référence particulière aux points de présence, aux points de présence choisis au hasard et aux points analysés combinés. Le deuxième tableau est relatif aux 12 variables environnementales qui expliquent davantage la répartition de chaque espèce. Dans le Tableau 1, nous présentons la définition de chaque variable et les acronymes utilisés dans le texte. Les analyses ont été effectuées avec Maxent de deux manières différentes :

1) Analyses univariées - La variable environnementale ayant le gain le plus élevé est présenté en caractère **gras** et celle qui, lorsqu'elle est omise, diminue beaucoup le gain est en caractères <u>soulignés</u>. Lorsque la ou les variable (s) n'est (sont) pas l'une de celles indiquées dans les analyses multivariées (voir ci-dessous), le nom de la variable apparaît sur une autre ligne (voir par exemple, *Oplurus cyclurus*, p. 41). Dans le cas où ces variables sont les mêmes que celles figurant dans les analyses multivariées, le même système des textes en **gras** et <u>soulignés</u> est adopté et les résultats des analyses sont mis entre parenthèses (voir par exemple, *Chalarodon madagascariensis*, p. 39).
2) Analyses multivariées - Les quatre variables sur les 12 utilisées dans les analyses (Tableau 1) qui expliquent la répartition de l'espèce en question sont répertoriées. Elles sont données suivant l'ordre d'importance, avec les valeurs du pourcentage de leur contribution (PC) et celles de l'importance de la permutation (PI). Pour les espèces forestières, la carte de la végétation originale (Veg 1) a été utilisée parmi les couches d'informations environnementales

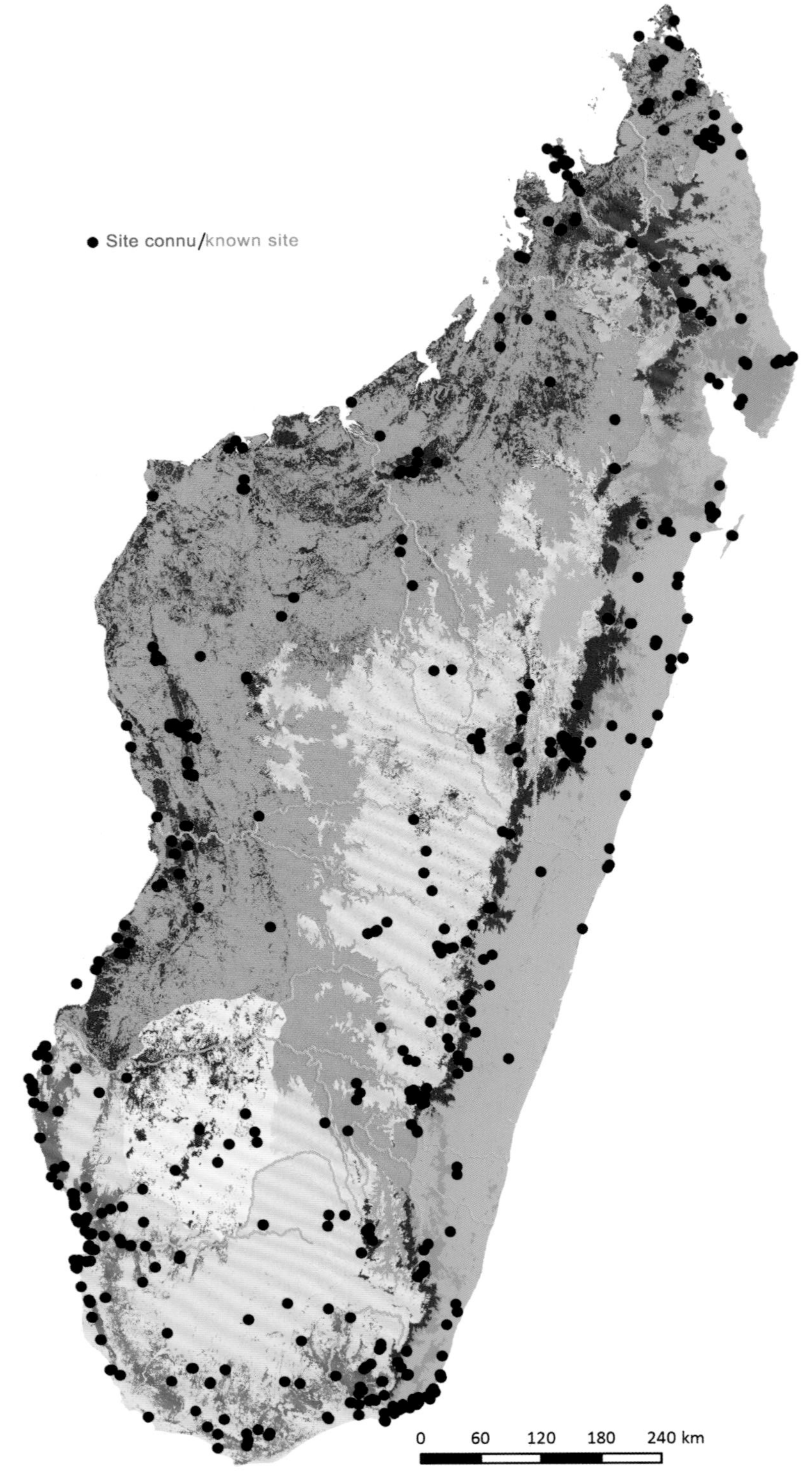
Site connu/known site
0 60 120 180 240 km

Figure 1. Représentation des différents sites de la base de données utilisée pour générer les cartes de répartition et pour les analyses de Maxent./ Representation of the different sites represented in the database used to formulate the distributional maps and the Maxent analyses.

two groups on Madagascar based on a considerable database and supplementing previously published maps (13). The general taxonomic scheme for Malagasy iguanids and plated lizards follows recent systematic reviews (13, 17, 22), as well as scientific articles.

Distributional maps

As mentioned above, the maps are derived from a database derived from museum specimens, published records, and unpublished field information. The different sites represented in the database are illustrated in Figure 1. The base map used to produce the individual distributional maps is that of current vegetational cover (Veg 2). In a few cases, specifically for taxa that are represented by few records and for which Maxent analyses are not presented, the distributional ranges of several species are presented on the same map.

A table is presented for each species using the database and associated with the mapped distribution of each taxon, which includes their minimum and maximum elevational ranges, as well as these parameters derived from a digital elevation model (DEM); this latter aspect is discussed in the introductory section (see p. 21). Further, a brief list is presented of the habitat(s) used by the taxon in question, which is elaborated upon in the text associated with each species under the heading Distribution & habitat (see below).

Maximum Entropy Modeling (Maxent) – maps and analysis

The details on how these analyses were conducted is presented in the introductory section (see p. 26), but a few points are worthwhile to

superposées et pour les espèces non forestières strictes, la carte de la végétation actuelle (Veg 2) a été employée.

Texte associé à chaque espèce cartographiée

Un grand nombre de littératures sur les iguanidés et sur les lézards à plaques de Madagascar existe, dont des documents synthétiques relativement récents sur les iguanidés (4) et sur les lézards à plaques (6), un guide récent sur les amphibiens et sur les reptiles de l'île (13), et de nombreux articles scientifiques nouveaux (exemples 9, 20, 27). Au lieu de reprendre ici les différents aspects contenus dans ces masses d'informations publiées, nous présentons seulement les détails importants pour l'interprétation des cartes de distribution et des modèles Maxent. Le texte qui accompagne la carte de chaque espèce est divisé en plusieurs sections et les détails sur chaque sous-titre sont présentés ci-dessous. Dans le cas où l'information supplémentaire n'est pas nécessaire ou non disponible pour un sous-titre donné, celui-ci est exclu du texte.

Maxent : La valeur calculée de « l'aire sous la courbe » (ASC) générée par le modèle de Maxent est donnée ici.

Distribution & habitat : La première information (en **gras**) parle du statut si l'espèce en question est endémique ou non de Madagascar et si possible, sa distribution en dehors de la région malgache. La région malgache se réfère à Madagascar et aux îles voisines, comprenant Comores, Seychelles et les Mascareignes (Maurice et La Réunion). Ensuite, les détails concernant l'ensemble des habitats utilisés par chaque espèce sont abordés et les types d'habitat précis, basés sur la carte de la végétation (voir p. 21 pour de plus amples informations) sont fournis. Les types d'habitat spécifiques comprenant les forêts utilisées sont ensuite énumérés ; ils sont basés sur la carte moderne de la végétation de Madagascar : humide, humide/subhumide, sèche et sèche épineuse. Bien que nous ayons tenté de l'approfondir davantage, la base de données ne devrait pas encore être considérée comme étant complète, et les écarts artificiels existent dans les distributions cartographiées pour certains taxons.

Altitude : Les informations sont présentées lorsque les données publiées sur l'espèce sont différentes de celles contenues dans le tableau associé.

Systématique : Comme mentionné plus haut, un certain nombre de *Zonosaurus* spp. ont été identifiés comme nouveaux pour la science au cours de ces dernières années. Les deux familles traitées ici ont déjà fait l'objet d'études moléculaires (9, 20, 27, 29), et cette information fournit un aperçu du schéma de distribution géographique lié à l'habitat, à l'altitude, à l'allopatrie-sympatrie des espèces sœurs, et à d'autres aspects importants pour interpréter les analyses de Maxent présentées. Nous n'avons pas examiné les relations nouvellement proposées au dessus du genre. Pour chacun des deux groupes traités, les différentes formes sont citées par ordre alphabétique et par genre, puis par espèce, sauf dans quelques cas lorsque les deux espèces sont présentées sur la même carte. Lorsque l'espace le permet, les relations entre espèces sœurs basées sur les analyses morphologiques et moléculaires sont mises en contraste.

Autres commentaires : Ceci couvre divers aspects jugés pertinents tels que les différences entre les nomenclatures utilisées par les auteurs et l'apparition en allopatrie-sympatrie des taxa sœurs.

Conservation : Les catégories du statut de conservation suivant la « liste rouge » de l'UICN des espèces prises en compte, sont présentées ici. Ces catégories sont définies dans la partie introduction (voir p. 15). Les taxons qui composent les iguanidés et les lézards à plaques de l'île n'ont pas toujours des informations équivalentes sur leur distribution, sur les densités de populations et sur les menaces ; donc ils ne sont pas nécessairement comparables en ce qui concerne l'évaluation des statuts de conservation. Comme une grande proportion des espèces impliquées ici n'est pas strictement dépendante de la forêt, la dégradation à grande échelle de ce type d'habitats a moins d'impact sur ces animaux par rapport à ce qu'elle peut l'être sur la plupart des autres vertébrés terrestres malgaches. Cependant, certains taxons sont dépendants des forêts et la dégradation continue de l'habitat aura un impact direct sur leur survie. Dans tous les cas, ces différentes catégories de la liste rouge constituent une référence pour comprendre certains aspects, mais elles ne devraient pas être considérées comme étant des mesures définitives du niveau de menace. Pour quelques espèces qui font mention here. As already mentioned, we have not conducted Maxent analyses for species represented by less than 10 occurrence records (14, 30). On each distributional map, points used as training localities and testing localities are differentiated.

For species included in this type of analysis, two different tables of associated information are presented below the mapped model. The first table includes a listing of the number of points analyzed, with special reference to training points, testing points, and combined test points. The second table is associated with which of the 12 environmental variables employed in the analysis that best explain the distribution of each species. In Table 1, we present the definition of each variable and the acronyms used in the text. The Maxent analyses were conducted in two different manners:

1) Single variable comparisons – The environmental variable with the highest gain is presented in **bold** script and the environmental variable when omitted that most pronouncedly decreases the gain in underline script. When the variable or variables is (are) not one of those listed for the multivariate analyses (see below), the variable name appears on a separate line (see for example, *Oplurus cyclurus*, p. 41). In cases when these variables are the same as those listed for the multivariate comparisons, the same system of bold and underlined text is used and the single variable comparison figures are presented in parentheses (see for example, *Chalarodon madagascariensis*, p. 39).
2) Multivariable comparisons – The four variables of the 12 used in the analysis (Table 1) that best explain the distribution of the species in question are listed in table format. These are given in the order of importance, with the values of the percent contribution (PC) and permutation importance (PI) presented. For forest-dwelling species, the original vegetation map (Veg 1) was used as one of the environmental overlays and for non-forest-dependent species, the current vegetation map (Veg 2) was employed.

Associated text for each mapped species

A considerable literature exists for Madagascar iguanids and plated lizards, including some relatively early synthetic documents on iguanids (4) and plated lizards (6), a recent guide on the island's amphibian and reptiles (13), and numerous recent scientific papers (e.g. 9, 20, 27). Rather than repeating aspects herein from this body of published information, we only present details that are important for the interpretation of the distributional maps and Maxent models. The text accompanying each species is divided into several sections and details on each header are presented below. In cases, when additional information is not necessary or unavailable for a given header, it is excluded from the text.

Maxent: Here we present the calculated value of the "area under the curve" (AUC), which was generated by the Maxent model.

Distribution & habitat: Information is first present (in **bold**) if the species in question is endemic or non-endemic to Madagascar and, when appropriate, its extralimital distribution. The Malagasy region refers to Madagascar and neighboring islands, including the Comoros, the Seychelles, and the Mascarenes (Mauritius and La Réunion). We subsequently elaborate on aspects of the generalized habitats used by each species. We then enumerate the specific habitat types it utilizes based on the modern vegetational map of Madagascar, which include humid, humid-subhumid, dry, and dry spiny (see p. 21 for further information on these aspects). While we have strived to be thorough, our database should not be considered complete, and artificial gaps exist in the mapped distributions for certain taxa.

Elevation: Here we only present information when published data on the species is different from that given in the associated table.

Systematics: As mentioned above, in recent years a number of *Zonosaurus* spp. have been named as new to science. The two families treated herein have been the subject of molecular studies (9, 20, 27, 29), and this information provides insight into patterns of geographical distribution related to habitat, elevation, allopatry-sympatry of sister species, and other aspects important to interpret the Maxent analyses presented herein. We do not review newly proposed relationships above the genus level. For each of the two groups treated herein, the different forms are listed alphabetically by genus and then species, except in a few cases when certain species are presented on the same map. When space permits, we contrast sister-species relationships based on morphological and molecular analyses.

l'objet de commerce international d'animaux, des commentaires liés à une telle exploitation sont présentés.

Tableau 1. Liste des variables environnementales utilisées dans les analyses de Maxent et les différents acronymes./List of different environmental variables used in the Maxent analyses, as well as different acronyms.

Variables environnementales/environmental variables
Etptotal : Evapotranspiration totale annuelle (mm)/annual evapotranspiration total (mm)
Maxprec : Précipitation maximale du mois le plus humide (mm)/maximum precipitation of the wettest month (mm)
Minprec : Précipitation minimale du mois le plus sec (mm)/minimum precipitation of the driest month (mm)
Maxtemp : Température maximale du mois le plus chaud (°C)/maximum temperature of the warmest month (°C)
Mintemp : Température minimale du mois le plus froid (°C)/minimum temperature of the coldest month (°C)
Realmar : Précipitation moyenne annuelle (mm)/mean annual precipitation (mm)
Realmat : Température moyenne annuelle (°C)/mean annual temperature (°C)
Wbpos : Nombre de mois avec un bilan hydrique positif/number of months with a positive water balance
Wbyear : Bilan hydrique annuel (mm)/water balance for the year (mm)
Elev : Altitude (m)/elevation (m)
Geol : Géologie/geology
Veg 1 : Végétation originelle/original vegetation
Veg 2 : Végétation actuelle/current vegetation

Abréviations/acronyms
ASC/AUC : Aire sous la courbe/area under the curve
MNE/DEM : Modèle numérique d'élévation/digital elevation model
PI/PI : Importance de la permutation/permutation importance
PC/PC : Pourcentage de contribution/percent contribution

Other comments: This covers miscellaneous points, when relevant, such as nomenclatural differences between authors and allopatric-sympatric occurrence of sister taxa.

Conservation: We present IUCN "red-list" categories of the conservation status of each treated species. These categories are defined in the introductory section (see p. 15). The taxa making up the island's iguanid and plated lizard fauna do not always have equivalent information on their distribution, population densities, and threats; hence, not necessarily comparable with regards to conservation status assessments. As a good proportion of the species treated herein are not forest dependent, the large-scale degradation of such habitats has less impact on these animals as compared to most other Malagasy land vertebrates. However, some taxa treated herein are forest dependent and continued habitat degradation has a direct impact on their future. In any case, these different red-list categories provide a benchmark to understand certain aspects of the conservation status of the species concerned, but should not be construed as definitive measures of the level of threat. For a few species that are the subject of international pet trade, some comments associated with such exploitation are presented.

Chalarodon madagascariensis

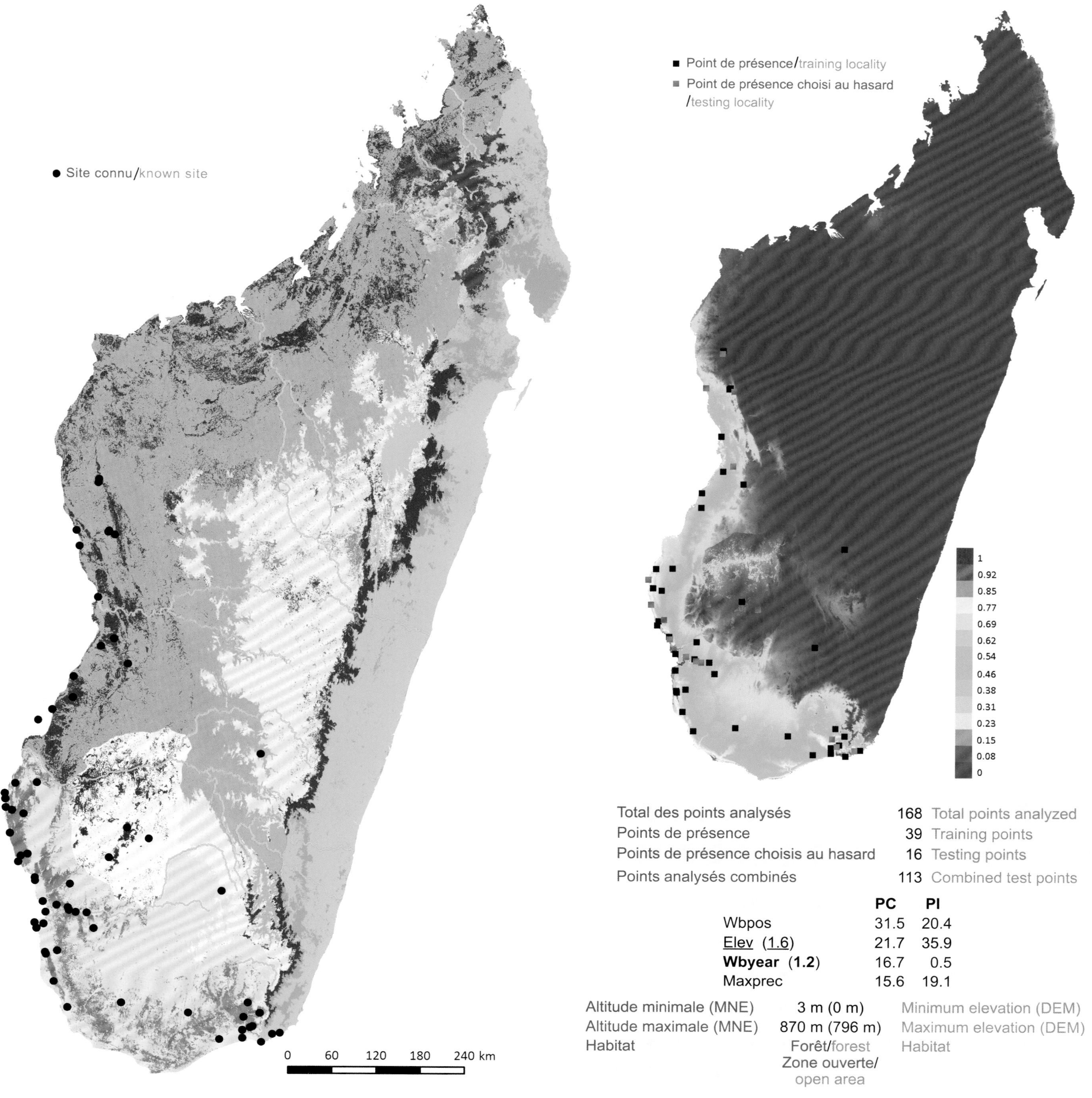
Site connu/known site
0 60 120 180 240 km
Point de présence/training locality
Point de présence choisi au hasard /testing locality
1
0.92
0.85
0.77
0.69
0.62
0.54
0.46
0.38
0.31
0.23
0.15
0.08
0
Total des points analysés 168 Total points analyzed
Points de présence 39 Training points
Points de présence choisis au hasard 16 Testing points
Points analysés combinés 113 Combined test points
PC PI
Wbpos 31.5 20.4
Elev (1.6) 21.7 35.9
Wbyear (1.2) 16.7 0.5
Maxprec 15.6 19.1
Altitude minimale (MNE) 3 m (0 m) Minimum elevation (DEM)
Altitude maximale (MNE) 870 m (796 m) Maximum elevation (DEM)
Habitat Forêt/forest Zone ouverte/ open area Habitat

Maxent : ASC = 0,928
Distribution & habitat : Endémique. Partiellement forestière, mais peut se rencontrer dans les formations boisées ouvertes, en particulier sur sol sableux. Types d'habitat : humide, sec humide/subhumide, et sec épineux. Présente dans la zone de transition entre habitat humide et sèche épineuse du Sud-est ; connue aussi sur les îlots au large de la côte Sud-ouest.
Systématique : Différence moléculaire remarquable entre la population du Sud-est (Parcelle 1 d'Andohahela) et celles du Sud-ouest et de l'Ouest (20).
Autres commentaires : Terrestre et fréquentant une large gamme d'habitats depuis la zone côtière aux Hautes Terres centrales, avec comme limite nord connue, Ambalamanakana (13).
Conservation : Préoccupation mineure avec des populations stables (15).

Maxent: AUC = 0.928
Distribution & habitat: Endemic. Partially forest-dwelling, but also found in open wooded areas, particularly on sandy soils. Habitat types: humid, dry, humid-subhumid, and dry spiny. In the southeast, occurs in transitional humid-dry spiny habitat. Known from offshore islets in the southwest.
Systematics: Notable molecular divergence between the population from the southeast (Andohahela, parcel 1) and those from the southwest and west (20).
Other comments: Terrestrial and occurring in a wide range of habitats from coastal to the Central Highlands, where it is known as far north as Ambalamanakana (13).
Conservation: Least Concerned with stable population trend (15).

Oplurus cuvieri

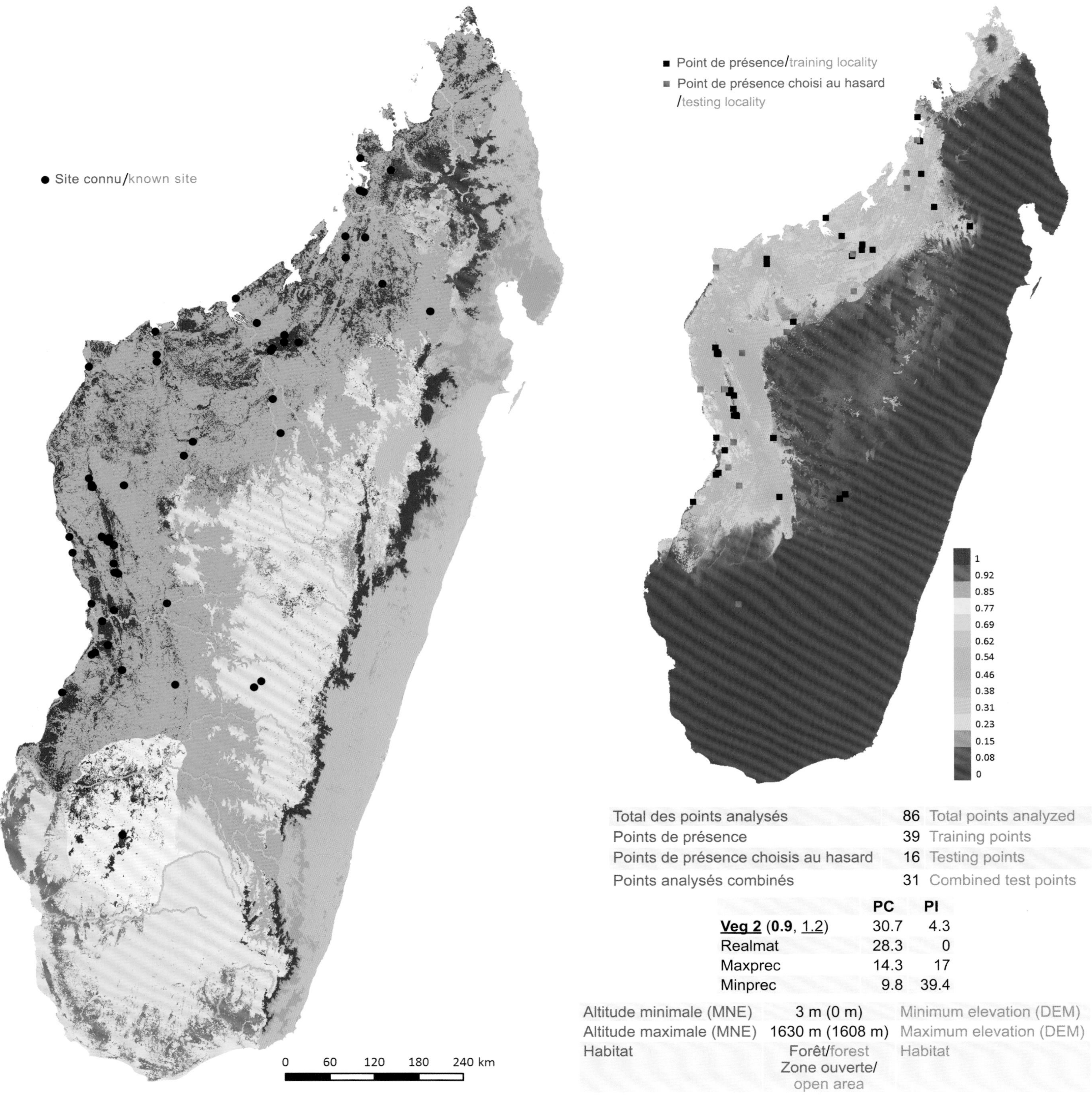
Site connu/known site
0 60 120 180 240 km
Point de présence/training locality
Point de présence choisi au hasard /testing locality
1
0.92
0.85
0.77
0.69
0.62
0.54
0.46
0.38
0.31
0.23
0.15
0.08
0

Total des points analysés	86	Total points analyzed
Points de présence	39	Training points
Points de présence choisis au hasard	16	Testing points
Points analysés combinés	31	Combined test points

	PC	PI
Veg 2 (**0.9**, 1.2)	30.7	4.3
Realmat	28.3	0
Maxprec	14.3	17
Minprec	9.8	39.4

Altitude minimale (MNE)	3 m (0 m)	Minimum elevation (DEM)
Altitude maximale (MNE)	1630 m (1608 m)	Maximum elevation (DEM)
Habitat	Forêt/forest Zone ouverte/ open area	Habitat

Maxent : ASC = 0,921
Distribution & habitat : **Endémique** de la région malgache (Madagascar et Comores). Partiellement forestière, souvent rencontrée dans les formations boisées ouvertes et dans de plantation d'arbres. Types d'habitat : humide, sec et humide/subhumide.
Altitude : Signalée depuis le niveau de la mer jusqu'à 1100 m d'altitude (4), récemment trouvée à des altitudes plus élevées.
Systématique : Espèce sœur d'*O. cyclurus* (20). Sous-espèce comorienne, *O. c. comorensis* proposée à être reclassée en espèce (19). Données génétiques révélant ces populations imbriquées parmi la forme malgache (20). Divergence notable entre les populations des différents endroits de Madagascar (9).
Autres commentaires : Espèce plus arboricole, tendant à occuper la partie nord et *O. cyclurus*, largement rupestre, vers le Sud, mais les deux sont sympatriques au nord du fleuve Tsiribihina (13) et plus au nord, à Ankarafantsika (20).
Conservation : Préoccupation mineure avec des populations stables (15).

Maxent: AUC = 0.921
Distribution & habitat: **Endemic** to the Malagasy region (Madagascar, Comoros). Partially forest-dwelling, often found in open wooded areas and tree plantations. Habitat types: humid, dry, and humid-subhumid.
Elevation: Cited from near sea level-1100 m (4), but recently documented at higher elevations.
Systematics: Sister species to *O. cyclurus* (20). It has been suggested that the Comorian subspecies, *O. c. comorensis*, be elevated to full species (19). Genetic data indicate that these populations are nested within Malagasy *O. c. cuvieri* (20). Notable divergence between populations from different areas of Madagascar (9).
Other comments: This largely arboreal species tends to be found in more northerly areas of the west and the largely rock-dwelling *O. cyclurus* in more southerly areas, but both occur in sympatry north of the Tsiribihina River (13) and further north at Ankarafantsika (20).
Conservation: Least Concerned with stable population trend (15).

Oplurus cyclurus

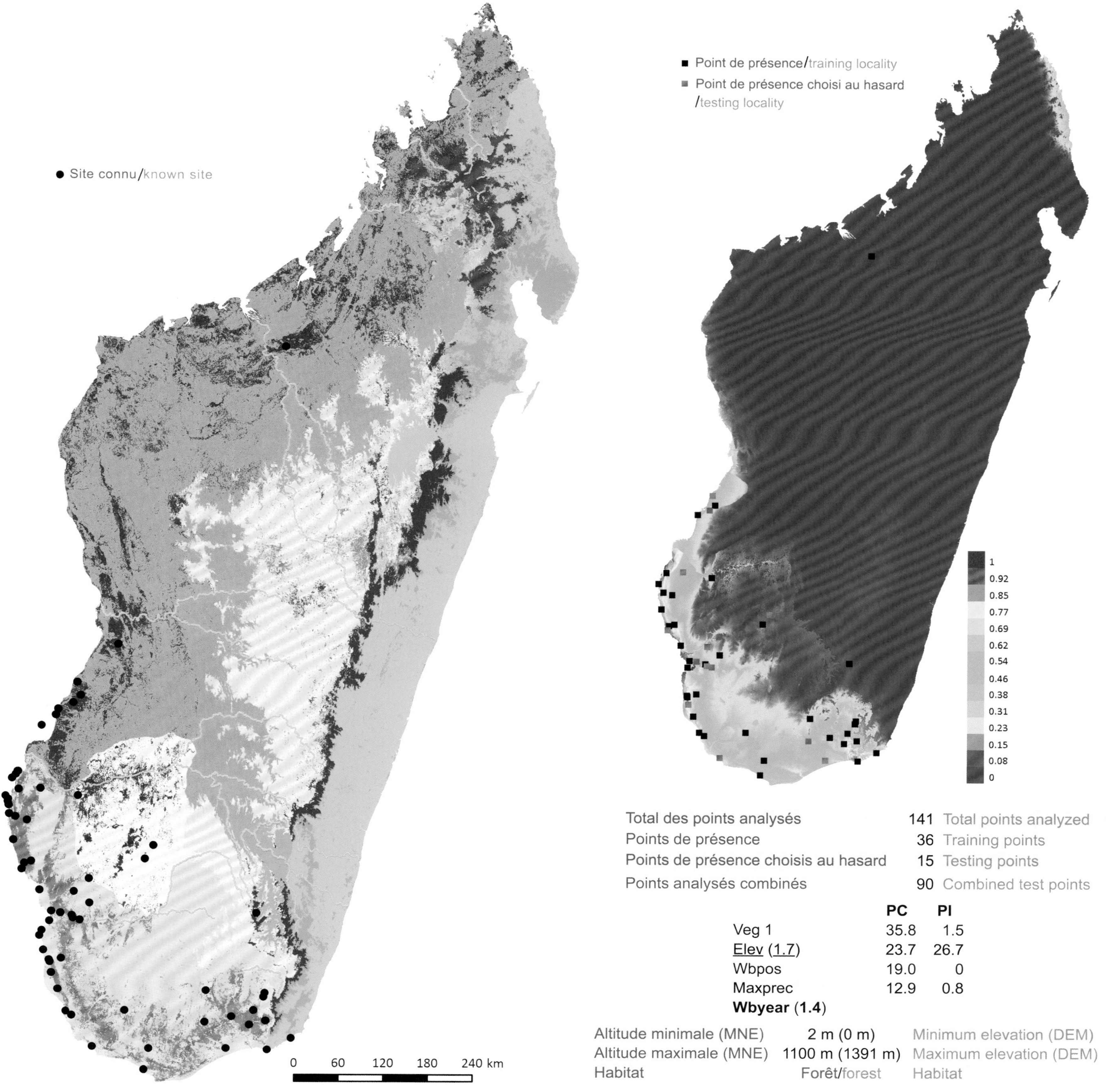
Site connu/known site
Point de présence/training locality
Point de présence choisi au hasard /testing locality
1
0.92
0.85
0.77
0.69
0.62
0.54
0.46
0.38
0.31
0.23
0.15
0.08
0
0 60 120 180 240 km

Total des points analysés	141	Total points analyzed
Points de présence	36	Training points
Points de présence choisis au hasard	15	Testing points
Points analysés combinés	90	Combined test points

	PC	PI
Veg 1	35.8	1.5
Elev (1.7)	23.7	26.7
Wbpos	19.0	0
Maxprec	12.9	0.8
Wbyear (1.4)		

Altitude minimale (MNE)	2 m (0 m)	Minimum elevation (DEM)
Altitude maximale (MNE)	1100 m (1391 m)	Maximum elevation (DEM)
Habitat	Forêt/forest	Habitat

Maxent : ASC = 0,947
Distribution & habitat : **Endémique**. Principalement forestière, rencontrée aussi dans les formations boisées ouvertes avec affleurements calcaires. Types d'habitat : humide, sec, humide/subhumide et sec épineux. Présente dans la zone de transition entre habitat humide et sèche épineuse du Sud-est. Connue sur les îlots au large de la côte Sud-ouest et dans des sites isolés sur la limite sud des Hautes Terres centrales (Kalambatritra).
Altitude : Signalée depuis le niveau de la mer jusqu'à 650 m d'altitude (4), récemment trouvée à des altitudes plus élevées.
Systématique : Espèce sœur d'*O. cuvieri* (9, 20). Divergence remarquable entre les populations des différents endroits de Madagascar (9).
Autres commentaires : Espèce largement rupestre, tendant à occuper la partie sud et *O. cuvieri* plus arboricole vers le nord, mais les deux sont sympatriques, au nord du fleuve Tsiribihina (13) et plus au nord, à Ankarafantsika (20).
Conservation : Préoccupation mineure avec des populations en déclin (15).

Maxent: AUC = 0.947
Distribution & habitat: **Endemic**. Largely forest-dwelling, found also in open wooded areas with exposed limestone. Habitat types: humid, dry, humid-subhumid, and dry spiny. In the southeast, it occurs in transitional humid-dry spiny habitat. Known from the southwest offshore islets and isolated sites at the southern limit of the Central Highlands (Kalambatritra).
Elevation: Cited to occur from near sea level-650 m (4), but recently documented at higher elevations.
Systematics: Sister species to *O. cuvieri* (9, 20). Notable divergence between populations from different areas of Madagascar (9).
Other comments: This largely rock-dwelling species tends to be found in more southerly areas of the west and the largely arboreal *O. cuvieri* in more northerly areas, but occur in sympatry north of the Tsiribihina River (13) and further north at Ankarafantsika (20).
Conservation: Least Concerned with decreasing population trend (15).

Oplurus fierinensis & *O. grandidieri*

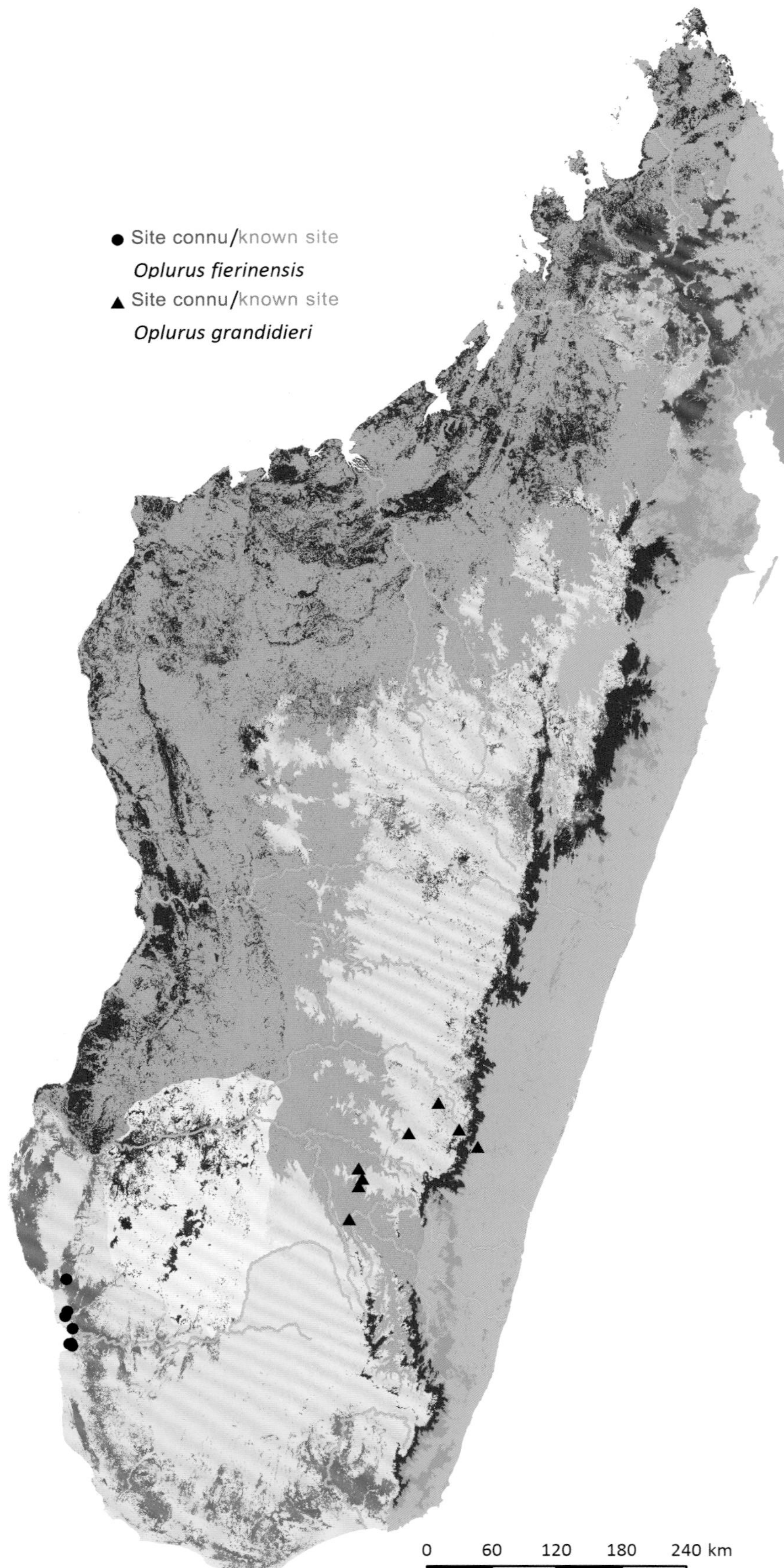

● Site connu/known site
Oplurus fierinensis
▲ Site connu/known site
Oplurus grandidieri
0 60 120 180 240 km

Legend
Western dry forest
Degraded western dry forest
Southwestern dry spiny forest
Degraded southwestern dry spiny forest
Western humid/subhumid forest
Degraded western humid/subhumid forest
Northern humid forest
Northern degraded humid forest
Northern mosaic
Central and southern humid forest
Central and southern degraded humid forest
Central and southern mosaic
Eastern humid forest
Degraded eastern humid forest

Oplurus fierinensis

Altitude minimale	15 m	Minimum elevation
Altitude maximale	200 m	Maximum elevation
Habitat	Forêt/forest	Habitat

Oplurus grandidieri

Altitude minimale	400 m	Minimum elevation
Altitude maximale	1120 m	Maximum elevation
Habitat	Zone ouverte/ open area	Habitat

Oplurus fierinensis

Distribution & habitat : Endémique. Espèce forestière, en particulier dans des zones aux affleurements calcaires pourvus de fissures horizontales. Type d'habitat : sec épineux.

Systématique : Espèce sœur d'*O. grandidieri* (20).

Autres commentaires : Espèce largement rupestre (calcaire) et occasionnellement terrestre, à distribution localisée ; allopatrique avec *O. grandidieri*.

Conservation : Préoccupation mineure avec des populations stables (15).

Oplurus grandidieri

Distribution & habitat : Endémique. Milieux ouverts, pas nécessairement en forêt, en particulier sur des affleurements rocheux avec des crevasses horizontales. Type d'habitat : humide.

Altitude : Signalée entre 200-1200 m d'altitude (4).

Autres commentaires : Espèce rupestre à aire de distribution localisée. Certains sites de la partie sud des Hautes Terres centrales présentent des habitats de transition humides-secs.

Conservation : Préoccupation mineure avec des populations stables (15).

Oplurus fierinensis

Distribution & habitat: Endemic. Forest-dwelling, particularly in zones with exposed limestone and horizontal crevasses. Habitat type: dry spiny.

Systematics: Sister species to *O. grandidieri* (20).

Other comments: This largely terrestrial-rock-dwelling (limestone) and locally distributed taxon has an allopatric range with *O. grandidieri*.

Conservation: Least Concerned with stable population trend (15).

Oplurus grandidieri

Distribution & habitat: Endemic. Occurs in open areas, not necessarily associated with forest, particularly in zones with exposed rock and horizontal crevasses. Habitat type: humid.

Elevation: Cited to occur from 200-1200 m (4).

Other comments: This rock-dwelling taxon is locally distributed. Some of southern Central Highland sites have transitional humid-dry habitats.

Conservation: Least Concerned with stable population trend (15).

Oplurus quadrimaculatus

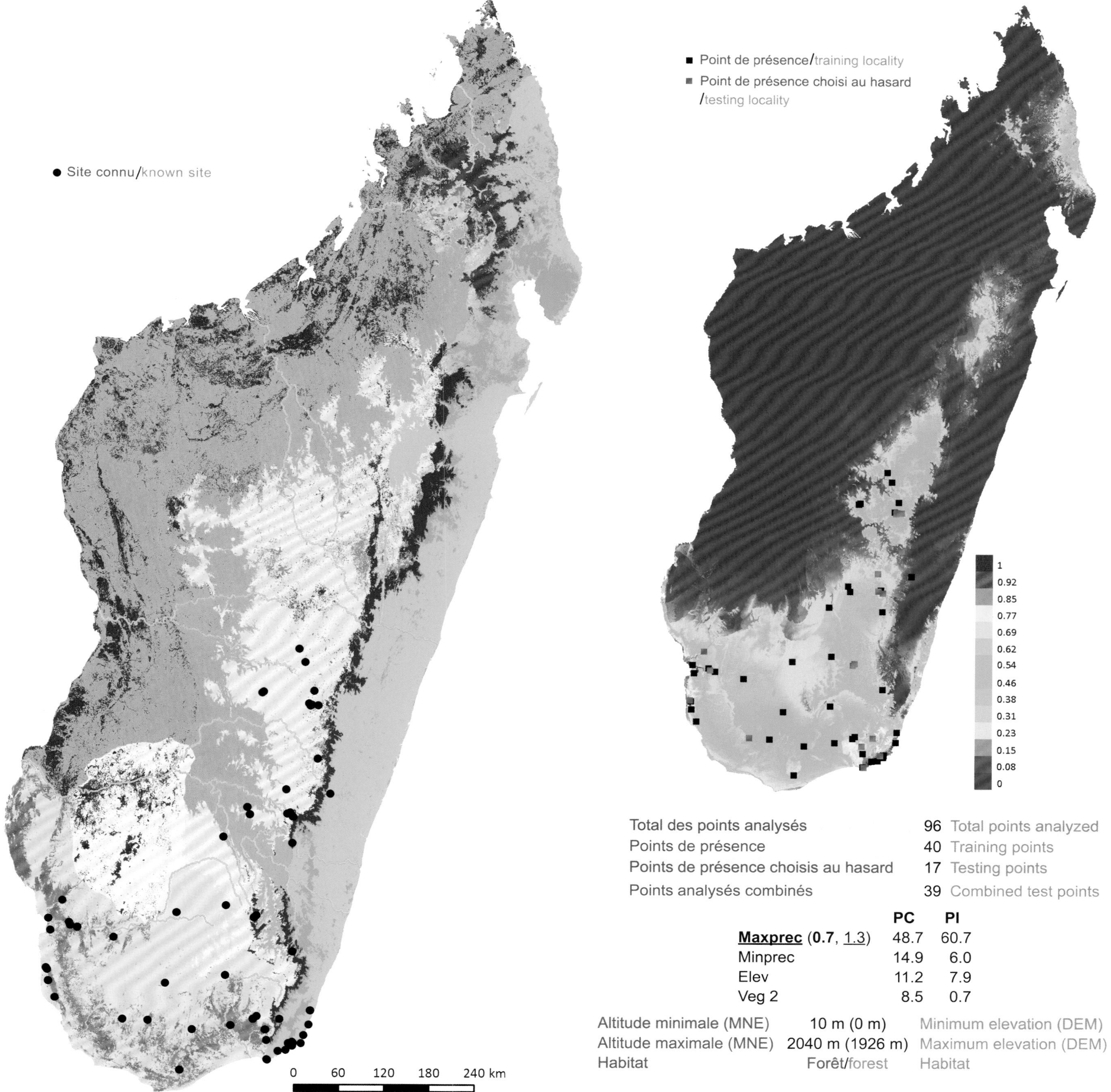

● Site connu/known site
0 60 120 180 240 km
■ Point de présence/training locality
■ Point de présence choisi au hasard /testing locality
1
0.92
0.85
0.77
0.69
0.62
0.54
0.46
0.38
0.31
0.23
0.15
0.08
0

Total des points analysés	96	Total points analyzed
Points de présence	40	Training points
Points de présence choisis au hasard	17	Testing points
Points analysés combinés	39	Combined test points

	PC	PI
Maxprec (**0.7**, 1.3)	48.7	60.7
Minprec	14.9	6.0
Elev	11.2	7.9
Veg 2	8.5	0.7

Altitude minimale (MNE)	10 m (0 m)	Minimum elevation (DEM)
Altitude maximale (MNE)	2040 m (1926 m)	Maximum elevation (DEM)
Habitat	Forêt/forest	Habitat

Maxent : ASC = 0,921

Distribution & habitat : **Endémique**. Partiellement forestière, en particulier sur des rochers pourvus de crevasses, dans les formations boisées ouvertes et la forêt galerie. Types d'habitat : humide, humide/subhumide et sec épineux. Extension de la limite sud vers la forêt littorale humide au sud de Tolagnaro. Tendance vers l'occupation des zones de montagne (Ibity) sur les Hautes Terres centrales.

Systématique : Espèce sœur d'*O. saxicola* (20). Variation géographique de la coloration probablement liée au type de substrat fréquenté (4).

Autres commentaires : Espèce rupestre, largement sympatrique avec *O. saxicola*, en particulier au sud du fleuve Onilahy et à l'ouest de la chaîne anosyenne, les deux en syntopie, surtout sur les parois des talus rocailleux. Certains sites de la partie sud des Hautes Terres centrales présentent des habitats de transition humides-secs.

Conservation : Préoccupation mineure avec des populations à tendance mal connue (15).

Maxent: AUC = 0.921

Distribution & habitat: **Endemic**. Partially forest-dwelling, particularly in areas with exposed rock and crevasses, including open wooded areas and gallery forest. Habitat types: humid, humid-subhumid, and dry spiny. Extension of southern range into humid (littoral) forest north of Tolagnaro. At Central Highland sites, tends to occur in mountainous zones (Ibity).

Systematics: Sister species to *O. saxicola* (20). Geographic variation in external color patterns is probably influenced by substrate type (4).

Other comments: This rock-dwelling species is broadly sympatric with *O. saxicola*, particularly in the zone south of the Onilahy River and west of the Anosyenne Mountains, where, particularly on rock slopes, they can occur in syntopy. Some of southern Central Highland sites have transitional humid-dry habitats.

Conservation: Least Concerned with unknown population trend (15).

Oplurus saxicola

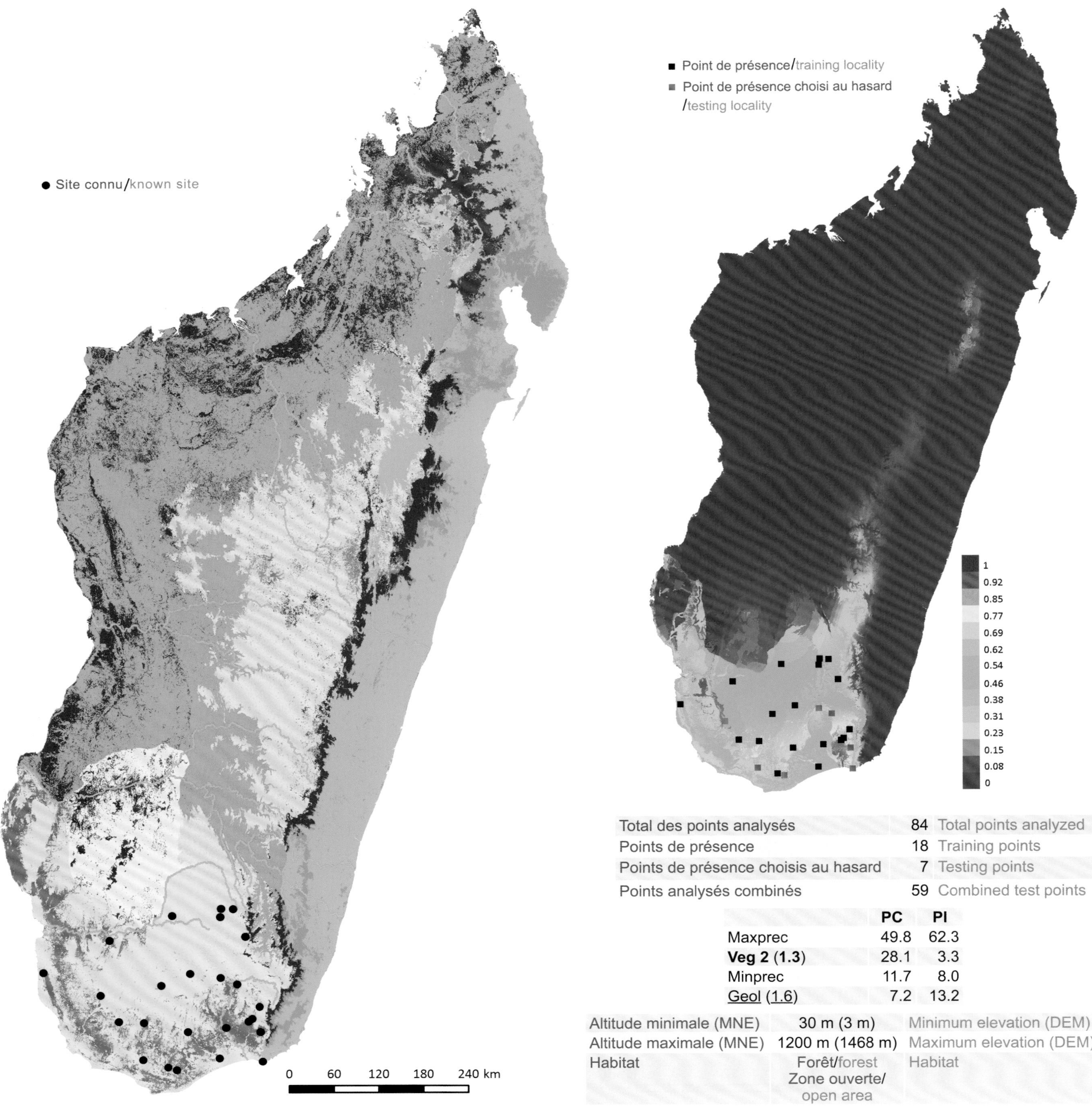

Site connu/known site
0 60 120 180 240 km
Point de présence/training locality
Point de présence choisi au hasard /testing locality
1
0.92
0.85
0.77
0.69
0.62
0.54
0.46
0.38
0.31
0.23
0.15
0.08
0

Total des points analysés	84	Total points analyzed
Points de présence	18	Training points
Points de présence choisis au hasard	7	Testing points
Points analysés combinés	59	Combined test points

	PC	PI
Maxprec	49.8	62.3
Veg 2 (1.3)	28.1	3.3
Minprec	11.7	8.0
Geol (1.6)	7.2	13.2

Altitude minimale (MNE)	30 m (3 m)	Minimum elevation (DEM)
Altitude maximale (MNE)	1200 m (1468 m)	Maximum elevation (DEM)
Habitat	Forêt/forest Zone ouverte/ open area	Habitat

Maxent : ASC = 0,966
Distribution & habitat : **Endémique**. Partiellement forestière, en particulier dans des endroits avec des rochers à fissurations horizontales, dans des formations boisées ouvertes ou de forêt galerie associée à des talus rocheux. Type d'habitat : sec épineux. Présente dans des habitats de transition humides-secs ou humides-secs épineux, dans la zone périphérique du Sud-est et du Sud des Hautes Terres centrales.
Altitude : Signalée entre 70-1800 m d'altitude (4).
Systématique : Espèce sœur d'*O. quadrimaculatus* (20).
Autres commentaires : Espèce rupestre, largement en sympatrie avec *O. quadrimaculatus*, en particulier dans les zones au sud du fleuve Onilahy et à l'ouest de la chaîne anosyenne, les deux se trouvent en syntopie, en particulier sur les parois des talus rocailleux.
Conservation : Préoccupation mineure avec des populations stables (15).

Maxent: AUC = 0.966
Distribution & habitat: **Endemic**. Partially forest-dwelling, particularly in areas with exposed rock and horizontal crevasses, in open wooded areas or gallery forest with boulders. Habitat type: dry spiny. In the southeast and southern edge of the Central Highlands, occurs in transitional humid-dry or humid-dry spiny habitats.
Elevation: Cited from 70-1800 m (4).
Systematics: Sister species to *O. quadrimaculatus* (20).
Other comments: This rock-dwelling species is broadly sympatric with *O. quadrimaculatus*, particularly in the zone south of the Onilahy River and west of the Anosyenne Mountains, specifically on rock slopes, where they can occur in syntopy.
Conservation: Least Concerned with stable population trend (15).

Tracheloptychus madagascariensis

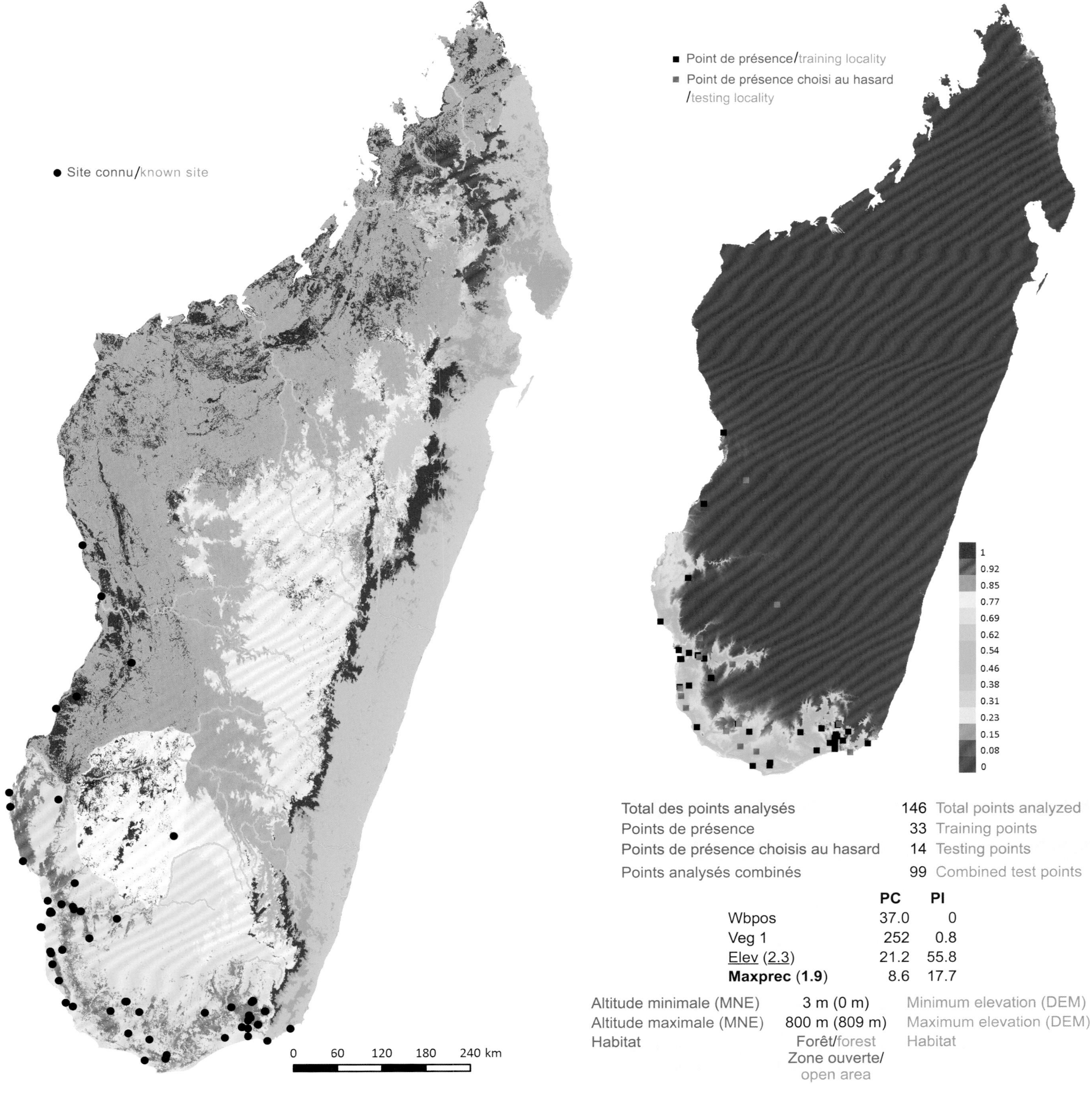
Site connu/known site
0 60 120 180 240 km
Point de présence/training locality
Point de présence choisi au hasard /testing locality
1
0.92
0.85
0.77
0.69
0.62
0.54
0.46
0.38
0.31
0.23
0.15
0.08
0
Total des points analysés 146 Total points analyzed
Points de présence 33 Training points
Points de présence choisis au hasard 14 Testing points
Points analysés combinés 99 Combined test points
PC PI
Wbpos 37.0 0
Veg 1 252 0.8
Elev (2.3) 21.2 55.8
Maxprec (1.9) 8.6 17.7
Altitude minimale (MNE) 3 m (0 m) Minimum elevation (DEM)
Altitude maximale (MNE) 800 m (809 m) Maximum elevation (DEM)
Habitat Forêt/forest Zone ouverte/ open area Habitat

Maxent : ASC = 0,972
Distribution & habitat : **Endémique**. Partiellement forestière, mais aussi rencontrée dans des formations boisées ouvertes et à la lisière des forêts. Types d'habitat : sec, humide/subhumide et sec épineux. Présente dans la zone de transition entre habitat humide-sec épineux dans le Sud-est.
Altitude : Signalée prés du niveau de la mer à 260 m d'altitude (24), récemment rapportée à des altitudes plus élevées.
Systématique : Espèce sœur de *T. petersi* (24, 27). *Tracheloptychus*, placé comme groupe sœur de *Zonosaurus* d'après de récentes analyses moléculaires (27).
Autres commentaires : Cette espèce et *T. petersi*, sont généralement allopatriques, mais les deux se trouvent en sympatrie dans certaines zones entre les fleuves Mangoky et Onilahy (13).
Conservation : Préoccupation mineure avec des populations en déclin (15).

Maxent: AUC = 0.972
Distribution & habitat: **Endemic**. Partially forest-dwelling, but also found in open wooded areas and at the forest edge. Habitat types: dry, humid-subhumid, and dry spiny. In the southeast, occurs in transitional humid-dry spiny habitat.
Elevation: Cited to occur from near sea level-260 m (24), but recently documented at higher elevations.
Systematics: Sister species to *T. madagascariensis* (24, 27). Recent molecular analyses placed *Tracheloptychus* as the sister group to *Zonosaurus* (27).
Other comments: This species and *T. petersi* are generally allopatric, but occur in sympatry in the zone between the Mangoky and Onilahy Rivers (13).
Conservation: Least Concerned with decreasing population trend (15).

Tracheloptychus petersi

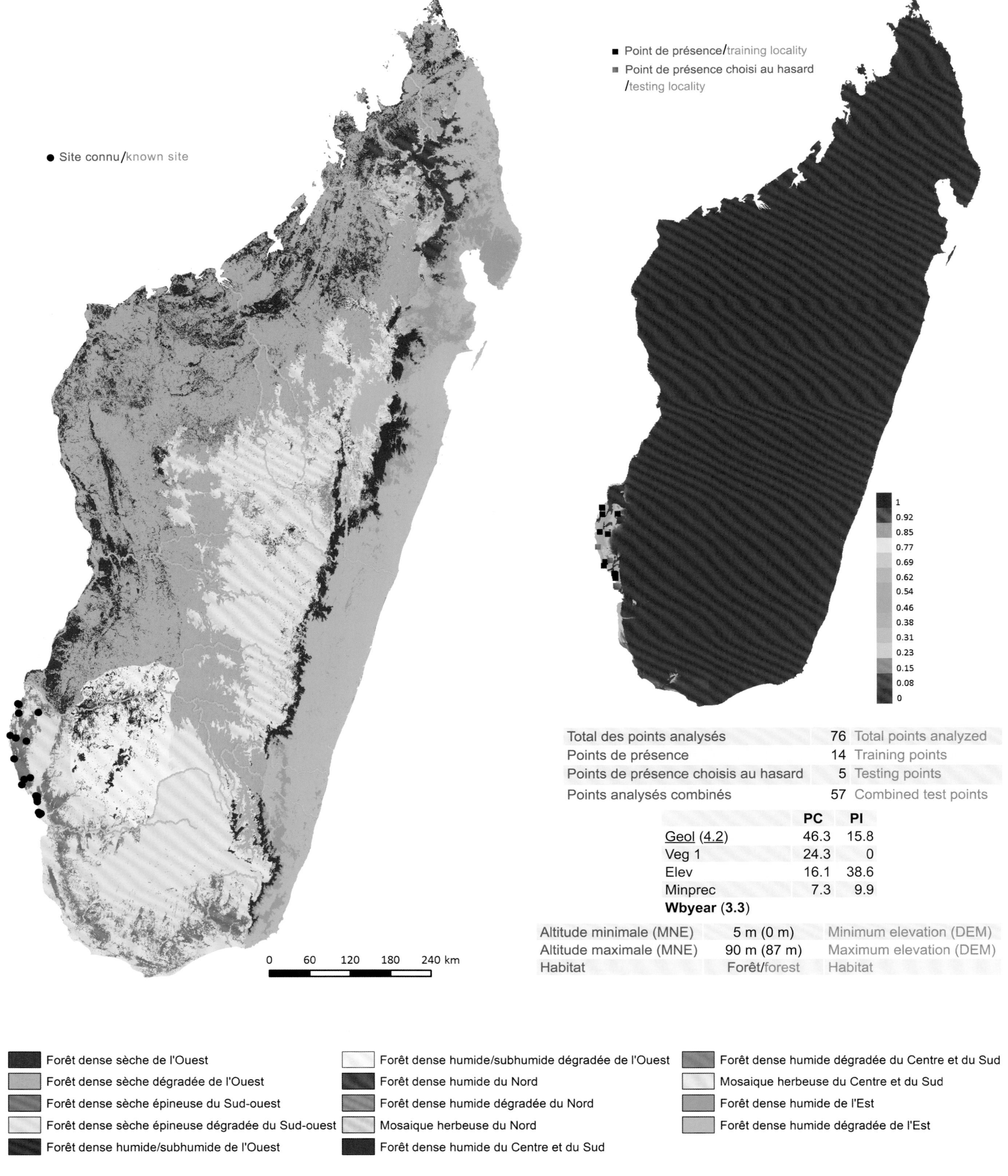

Site connu/known site
0 60 120 180 240 km
Point de présence/training locality
Point de présence choisi au hasard /testing locality
1
0.92
0.85
0.77
0.69
0.62
0.54
0.46
0.38
0.31
0.23
0.15
0.08
0
Forêt dense sèche de l'Ouest
Forêt dense sèche dégradée de l'Ouest
Forêt dense sèche épineuse du Sud-ouest
Forêt dense sèche épineuse dégradée du Sud-ouest
Forêt dense humide/subhumide de l'Ouest
Forêt dense humide/subhumide dégradée de l'Ouest
Forêt dense humide du Nord
Forêt dense humide dégradée du Nord
Mosaique herbeuse du Nord
Forêt dense humide du Centre et du Sud
Forêt dense humide dégradée du Centre et du Sud
Mosaique herbeuse du Centre et du Sud
Forêt dense humide de l'Est
Forêt dense humide dégradée de l'Est

Total des points analysés	76	Total points analyzed
Points de présence	14	Training points
Points de présence choisis au hasard	5	Testing points
Points analysés combinés	57	Combined test points

	PC	PI
Geol (4.2)	46.3	15.8
Veg 1	24.3	0
Elev	16.1	38.6
Minprec	7.3	9.9
Wbyear (3.3)		

Altitude minimale (MNE)	5 m (0 m)	Minimum elevation (DEM)
Altitude maximale (MNE)	90 m (87 m)	Maximum elevation (DEM)
Habitat	Forêt/forest	Habitat

Maxent : ASC = 0,997
Distribution & habitat : **Endémique**. Fondamentalement forestière, en particulier sur sol sableux. Type d'habitat : sec épineux.
Altitude : Signalée du niveau de la mer à 50 m d'altitude (24).
Systématique : Espèce sœur de *T. madagascariensis* (24, 27).
Autres commentaires : Localisée dans une étroite bande côtière entre les fleuves Mangoky et Manombo. S'est plutôt spécialisée en termes d'habitat par rapport à *T. madagascariensis* et apparemment sensible à la dégradation et à la fragmentation forestière. Deux espèces généralement allopatriques, mais sont en sympatrie dans la zone entre les fleuves Mangoky et Onilahy (13).
Conservation : Vulnérable avec des populations en déclin (15).

Maxent: AUC = 0.997
Distribution & habitat: **Endemic**. Largely forest-dwelling, particularly on sandy soils. Habitat type: dry spiny.
Elevation: Cited from sea level-50 m (24).
Systematics: Sister species to *T. madagascariensis* (24, 27).
Other comments: Restricted to a narrow coastal band between the Mangoky and Manombo Rivers. It is more of a habitat specialist as compared to *T. madagascariensis* and apparently sensitive to deforestation and forest fragmentation. These two species are generally allopatric, but occur in sympatry in the zone between the Mangoky and Onilahy Rivers (13).
Conservation: Vulnerable with decreasing population trend (15).

Zonosaurus aeneus

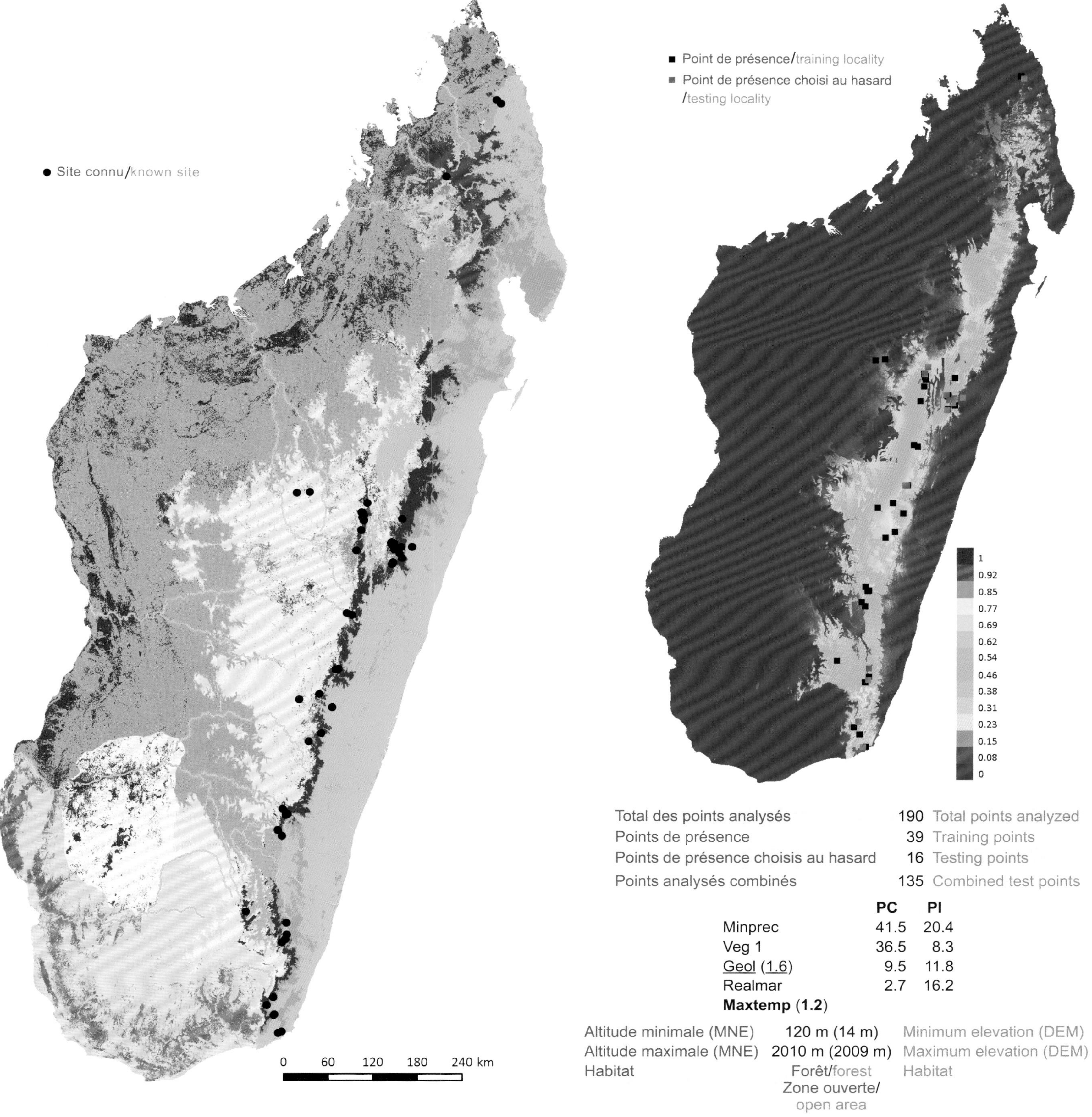
Site connu/known site
0 60 120 180 240 km
Point de présence/training locality
Point de présence choisi au hasard /testing locality
1
0.92
0.85
0.77
0.69
0.62
0.54
0.46
0.38
0.31
0.23
0.15
0.08
0

Total des points analysés	190	Total points analyzed
Points de présence	39	Training points
Points de présence choisis au hasard	16	Testing points
Points analysés combinés	135	Combined test points

	PC	PI
Minprec	41.5	20.4
Veg 1	36.5	8.3
Geol (1.6)	9.5	11.8
Realmar	2.7	16.2
Maxtemp (1.2)		

Altitude minimale (MNE)	120 m (14 m)	Minimum elevation (DEM)
Altitude maximale (MNE)	2010 m (2009 m)	Maximum elevation (DEM)
Habitat	Forêt/forest Zone ouverte/ open area	Habitat

Maxent : ASC = 0,953
Distribution & habitat : **Endémique**. Partiellement forestière, fréquente la zone écotonale à la lisière forestière, les formations boisées ouvertes et les clairières au milieu des forêts intactes ou dégradées, en particulier sur des affleurements rocheux. Type d'habitat : humide. Connue sur les Hautes Terres centrales (Ambohitantely, Anjozorobe, Ivohibe, Ankazomivady) et à l'extrême Sud-est.
Altitude : Signalée depuis 100-1580 m d'altitude (25), récemment rapportée à des altitudes plus élevées.
Systématique : Espèce sœur de *Z. karsteni* (27). Une population isolée dans la forêt de Daraina représente une nouvelle forme pour la science selon une analyse moléculaire.
Autres commentaires : Allopatrique avec *Z. karsteni* dans l'ensemble de distribution et quasi-parapatrique aux environs de Tolagnaro où *Z. karsteni* fréquente les zones ouvertes de basse altitude et les forêts littorales humides ; *Z. aeneus* vit dans les milieux montagnards de la chaîne anosyenne.
Conservation : Préoccupation mineure avec des populations en déclin (15).

Maxent: AUC = 0.953
Distribution & habitat: **Endemic**. Partially forest-dwelling, occurs in ecotonal areas towards the forest edge, open wooded zones, and openings in intact and degraded forests, particularly with exposed rock. Habitat type: humid. Known from the Central Highlands (Ambohitantely, Anjozorobe, Ivohibe, Ankazomivady) to the extreme southeast of Madagascar.
Elevation: Cited to occur from 100-1580 m (25), but recently documented at higher elevations.
Systematics: Sister species to *Z. karsteni* (27). A molecular analysis has demonstrated that an isolated population found near Daraina represents a new species to science.
Other comments: This species and *Z. karsteni* are allopatric across their ranges, with a zone of near parapatry close to Tolagnaro, where *Z. karsteni* occurs in open lowland areas and humid (littoral) forest and *Z. aeneus* in more montane areas within the Anosyenne Mountains.
Conservation: Least Concerned with decreasing population trend (15).

Zonosaurus anelanelany, Z. bemaraha & Z. tsingy

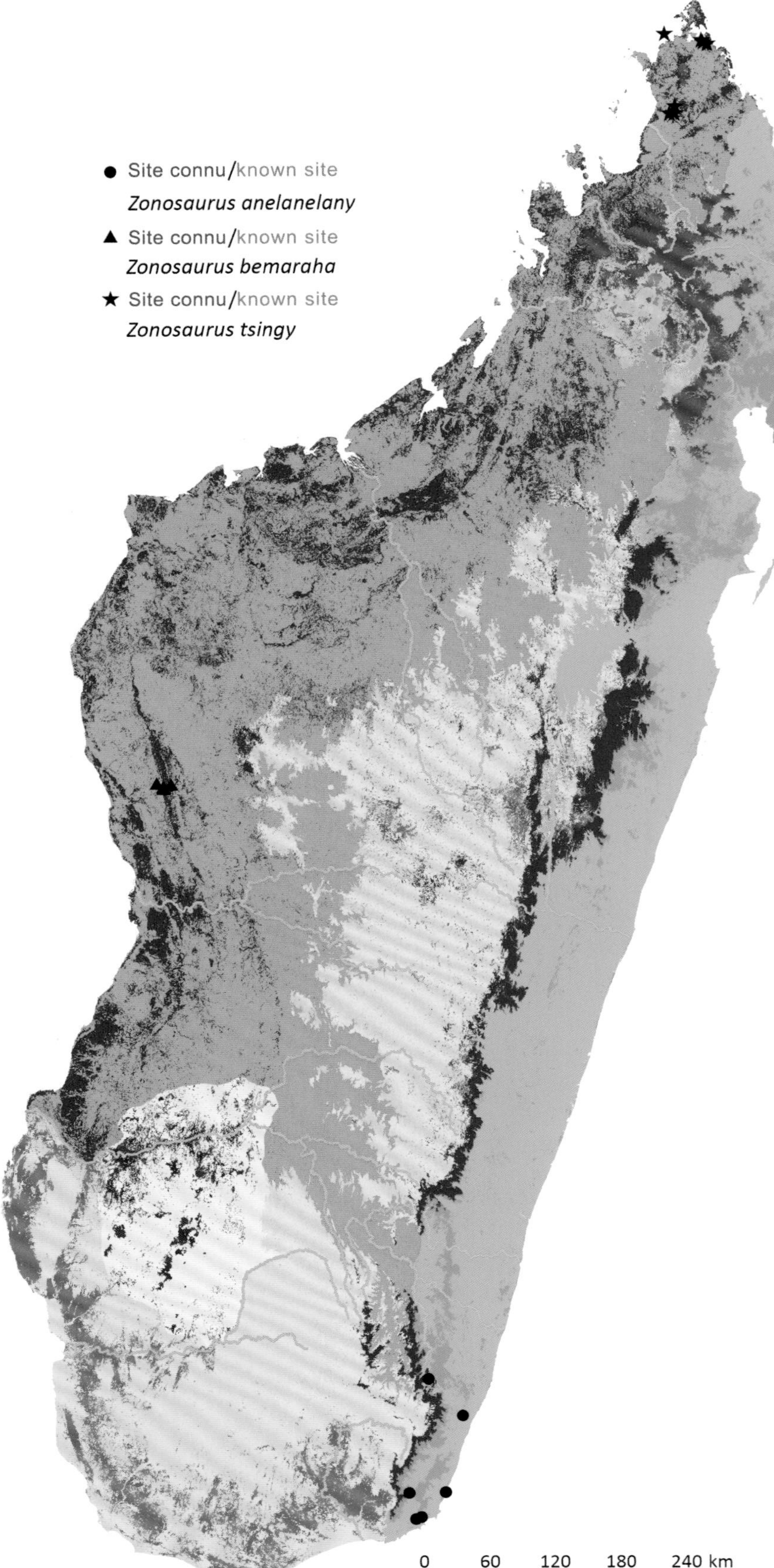
● Site connu/known site
Zonosaurus anelanelany
▲ Site connu/known site
Zonosaurus bemaraha
★ Site connu/known site
Zonosaurus tsingy
0 60 120 180 240 km
Western dry forest
Degraded western dry forest
Southwestern dry spiny forest
Degraded southwestern dry spiny forest
Western humid/subhumid forest
Degraded western humid/subhumid forest
Northern humid forest
Northern degraded humid forest
Northern mosaic
Central and southern humid forest
Central and southern degraded humid forest
Central and southern mosaic
Eastern humid forest
Degraded eastern humid forest

Zonosaurus anelanelany

Altitude minimale	20 m	Minimum elevation
Altitude maximale	815 m	Maximum elevation
Habitat	Forêt/forest	Habitat

Zonosaurus bemaraha

Altitude minimale	100 m	Minimum elevation
Altitude maximale	403 m	Maximum elevation
Habitat	Forêt/forest	Habitat

Zonosaurus tsingy

Altitude minimale	10 m	Minimum elevation
Altitude maximale	334 m	Maximum elevation
Habitat	Forêt/forest Roche exposée/ exposed rock	Habitat

Zonosaurus anelanelany
Distribution & habitat : Endémique. Forestière. Type d'habitat : humide.
Altitude : Signalée depuis 20-450 m d'altitude (25).
Systématique : Espèce sœur de *Z. laticaudatus* (27).
Conservation : Vulnérable avec des populations en déclin (15).

Zonosaurus bemaraha
Distribution & habitat : Endémique. Forestière, en particulier dans les zones avec des roches calcaires. Type d'habitat : sec.
Systématique : Espèce sœur de *Z. brygooi* (27).
Conservation : Préoccupation mineure avec des populations stables (15).

Zonosaurus tsingy
Distribution & habitat : Endémique. Forestière, en particulier sur roches calcaires. Type d'habitat : sec.
Altitude : Signalée entre 50-200 m d'altitude (25).
Systématique : Forme un complexe d'espèces incluant *Z. brygooi* selon l'analyse moléculaire (27).
Conservation : Préoccupation mineure avec des populations stables (15).

Zonosaurus anelanelany
Distribution & habitat: Endemic. Forest-dwelling. Habitat type: humid.
Elevation: Cited to occur from 20-450 m (25).
Systematics: Sister species to *Z. laticaudatus* (27).
Conservation: Vulnerable with decreasing population trend (15).

Zonosaurus bemaraha
Distribution & habitat: Endemic. Forest-dwelling, particularly on limestone. Habitat type: dry.
Systematics: Sister species to *Z. brygooi* (27).
Conservation: Least Concerned with stable population trend (15).

Zonosaurus tsingy
Distribution & habitat: Endemic. Forest-dwelling, particularly in zones with exposed limestone. Habitat type: dry.
Elevation: Cited from 50-200 m (25).
Systematics: Based on molecular data, this taxon forms a species complex including *Z. brygooi* (27).
Conservation: Least Concerned with stable population trend (15).

Zonosaurus boettgeri

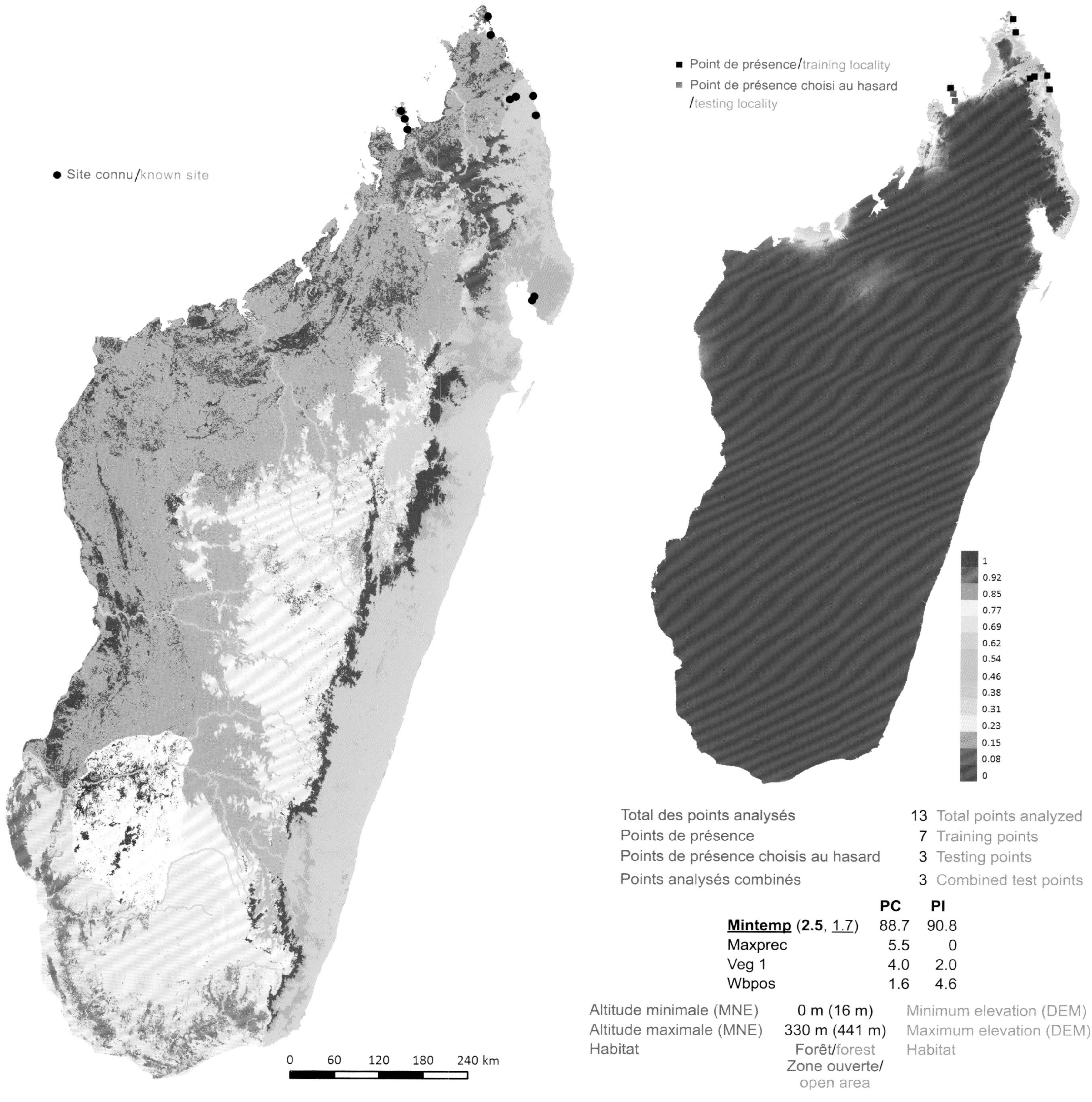

Site connu/known site
0 60 120 180 240 km
Point de présence/training locality
Point de présence choisi au hasard /testing locality
1
0.92
0.85
0.77
0.69
0.62
0.54
0.46
0.38
0.31
0.23
0.15
0.08
0
Total des points analysés 13 Total points analyzed
Points de présence 7 Training points
Points de présence choisis au hasard 3 Testing points
Points analysés combinés 3 Combined test points
PC PI
Mintemp (2.5, 1.7) 88.7 90.8
Maxprec 5.5 0
Veg 1 4.0 2.0
Wbpos 1.6 4.6
Altitude minimale (MNE) 0 m (16 m) Minimum elevation (DEM)
Altitude maximale (MNE) 330 m (441 m) Maximum elevation (DEM)
Habitat Forêt/forest Zone ouverte/open area Habitat

Maxent : ASC = 0,994
Distribution & habitat : **Endémique**. Forestière, mais se rencontre aussi dans des formations boisées ouvertes, des forêts dégradées et en lisière forestière. Types d'habitat : humide et sec. Connue sur les îles dans le Nord-ouest et le Nord-est.
Altitude : Signalée à 80 m d'altitude du niveau de la mer (24), récemment rapportée à des altitudes supérieures (23).
Systématique : Espèce sœur de *Z. maramaintso* (26) selon des données morphologiques (24) et un groupe sœur au complexe *Zonosaurus* spp., basée sur des données moléculaires (27).
Autres commentaires : C'est la seule espèce de *Zonosaurus* strictement arboricole. Se trouve en sympatrie avec *Z. madagascariensis*, *Z. rufipes* et *Z. subunicolor* dans la forêt de Lokobe à Nosy Be (1).
Conservation : Vulnérable avec des populations en déclin (15).

Maxent: AUC = 0.994
Distribution & habitat: **Endemic**. Forest-dwelling, but also found in open wooded zones of degraded forest and at the forest edge. Habitat types: humid and dry. Known from islands in the northwest and northeast.
Elevation: Cited to occur from near sea level-80 m (24), but recently documented at higher elevations (23).
Systematics: Sister species to *Z. maramaintso* (26) based on morphological data (24) and is the sister group to a complex of *Zonosaurus* spp. based on molecular data (27).
Other comments: This is the only strict arboreal species of *Zonosaurus*. It occurs in sympatry with *Z. madagascariensis*, *Z. rufipes*, and *Z. subunicolor* in the Lokobe Forest of Nosy Be (1).
Conservation: Vulnerable with decreasing population trend (15).

Zonosaurus brygooi

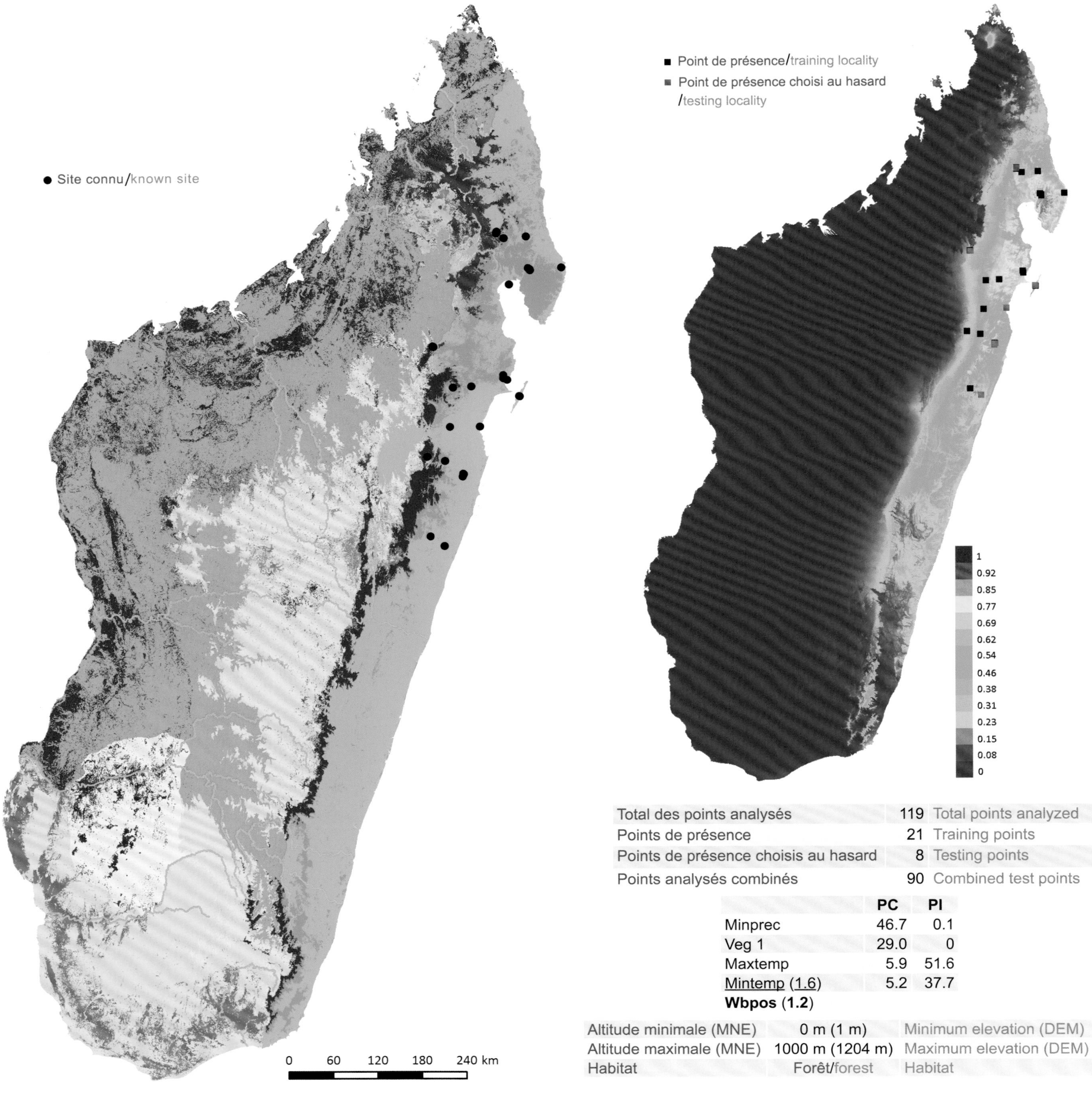
Site connu/known site
Point de présence/training locality
Point de présence choisi au hasard /testing locality
1
0.92
0.85
0.77
0.69
0.62
0.54
0.46
0.38
0.31
0.23
0.15
0.08
0
0 60 120 180 240 km

Total des points analysés	119	Total points analyzed
Points de présence	21	Training points
Points de présence choisis au hasard	8	Testing points
Points analysés combinés	90	Combined test points

	PC	PI
Minprec	46.7	0.1
Veg 1	29.0	0
Maxtemp	5.9	51.6
Mintemp (1.6)	5.2	37.7
Wbpos (1.2)		

Altitude minimale (MNE)	0 m (1 m)	Minimum elevation (DEM)
Altitude maximale (MNE)	1000 m (1204 m)	Maximum elevation (DEM)
Habitat	Forêt/forest	Habitat

Maxent : ASC = 0,966
Distribution & habitat : **Endémique**. Principalement forestière, mais se rencontre aussi dans des formations boisées ouvertes, en forêt dégradée et en forêt littorale. Types d'habitat : humide et sec. Connue sur les îles dans le Nord-est.
Altitude : Signalée presque au niveau de la mer à 750 m d'altitude (24), récemment rapportée à des altitudes plus élevées.
Systématique : Espèce sœur de *Z. rufipes*, basée sur des données morphologiques (24). Forme un groupe paraphylétique selon une étude moléculaire récente et elle est incorporée dans différents assemblages complexes de *Zonosaurus* spp. (27).
Autres commentaires : Une partie des topotypes provient de Lokobe (Nosy Be) (18), mais qui n'y a jamais été retrouvée ; donc localité erronée probablement (24).
Conservation : Préoccupation mineure avec des populations en déclin (15).

Maxent: AUC = 0.966
Distribution & habitat: **Endemic**. Largely forest-dwelling, but also found in open wooded zones of degraded and littoral forest. Habitat types: humid and dry. Known from islands in the northwest.
Elevation: Cited to occur from near sea level-750 m (24), but recently documented at higher elevations.
Systematics: Sister species to *Z. rufipes* based on morphological data (24). A recent molecular study showed that animals referred to this taxon are paraphyletic and falling within different complexes of *Zonosaurus* spp. (27).
Others comments: A portion of the topotypic material is from Lokobe (Nosy Be) (18), where it has not been subsequently found, and this locality is probably erroneous (24).
Conservation: Least Concerned with decreasing population trend (15).

Zonosaurus haraldmeieri

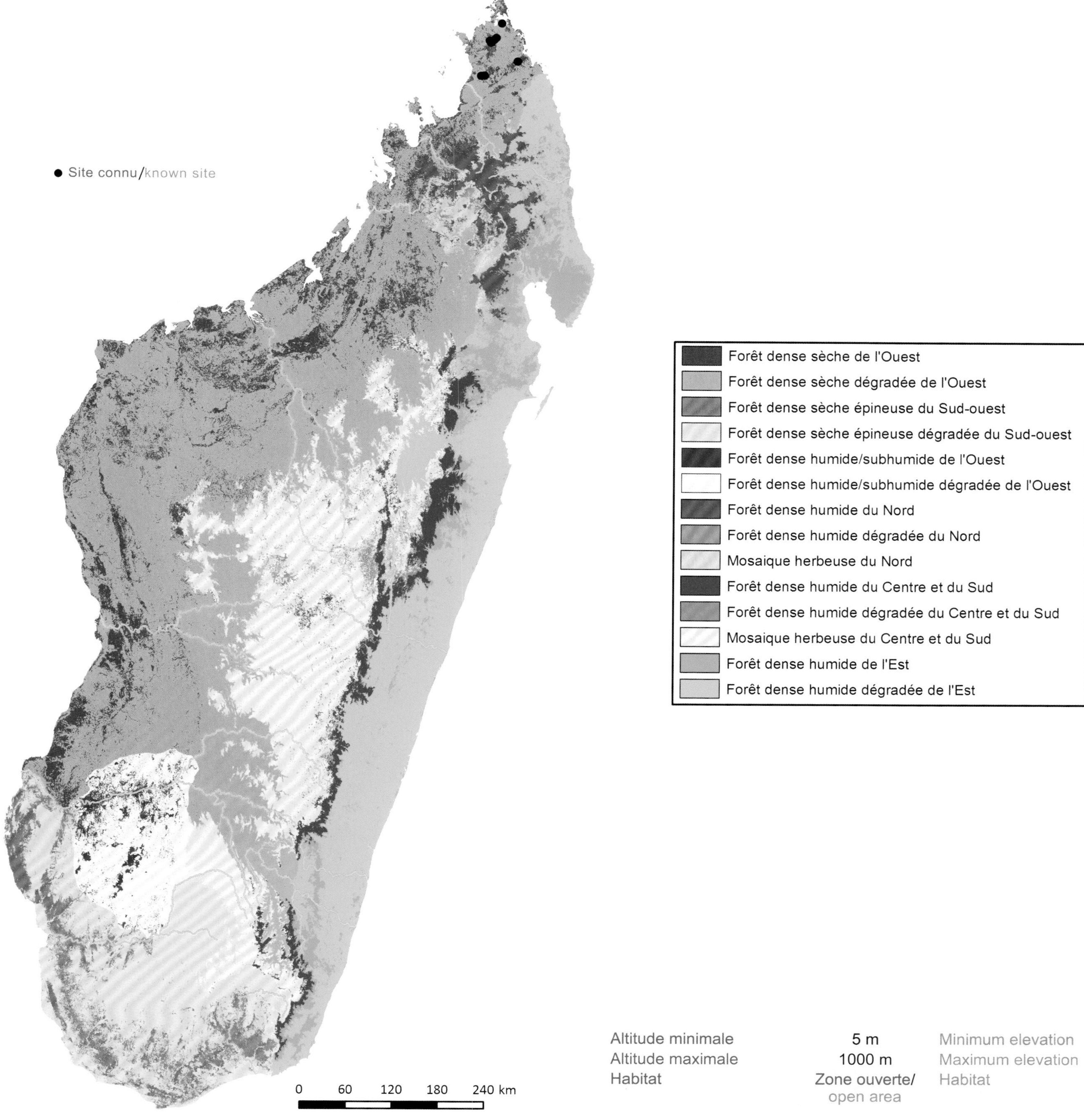
● Site connu/known site
Forêt dense sèche de l'Ouest
Forêt dense sèche dégradée de l'Ouest
Forêt dense sèche épineuse du Sud-ouest
Forêt dense sèche épineuse dégradée du Sud-ouest
Forêt dense humide/subhumide de l'Ouest
Forêt dense humide/subhumide dégradée de l'Ouest
Forêt dense humide du Nord
Forêt dense humide dégradée du Nord
Mosaique herbeuse du Nord
Forêt dense humide du Centre et du Sud
Forêt dense humide dégradée du Centre et du Sud
Mosaique herbeuse du Centre et du Sud
Forêt dense humide de l'Est
Forêt dense humide dégradée de l'Est
0 60 120 180 240 km

Altitude minimale	5 m	Minimum elevation
Altitude maximale	1000 m	Maximum elevation
Habitat	Zone ouverte/ open area	Habitat

Distribution & habitat : Endémique. Partiellement forestière, mais se rencontre aussi en lisière des forêts et dans des formations boisées ouvertes de forêt dégradée. Type d'habitat : sec.
Systématique : Espèce sœur de *Z. madagascariensis* selon les données morphologiques (24), mais emboîtée dans le groupe de *Z. madagascariensis*, basée sur des données moléculaires (27), donc représente probablement une espèce non valide.
Autres commentaires : Considérée originalement comme une sous-espèce de *Z. madagascariensis* (7), élevée ultérieurement au rang d'espèce (12).
Conservation : Quasi menacée avec des populations à tendance mal connue (15).

Distribution & habitat: **Endemic**. Partially forest-dwelling, but also found at the forest edge and in open wooded zones of degraded forest. Habitat type: dry.
Systematics: Sister species to *Z. madagascariensis* based on morphological data (24) and nested within *Z. madagascariensis* based on molecular data (27). Probably not a valid species.
Other comments: In the original description, considered a subspecies of *Z. madagascariensis* (7), but subsequently elevated to full species (12).
Conservation: Near Threatened with unknown population trend (15).

Zonosaurus karsteni

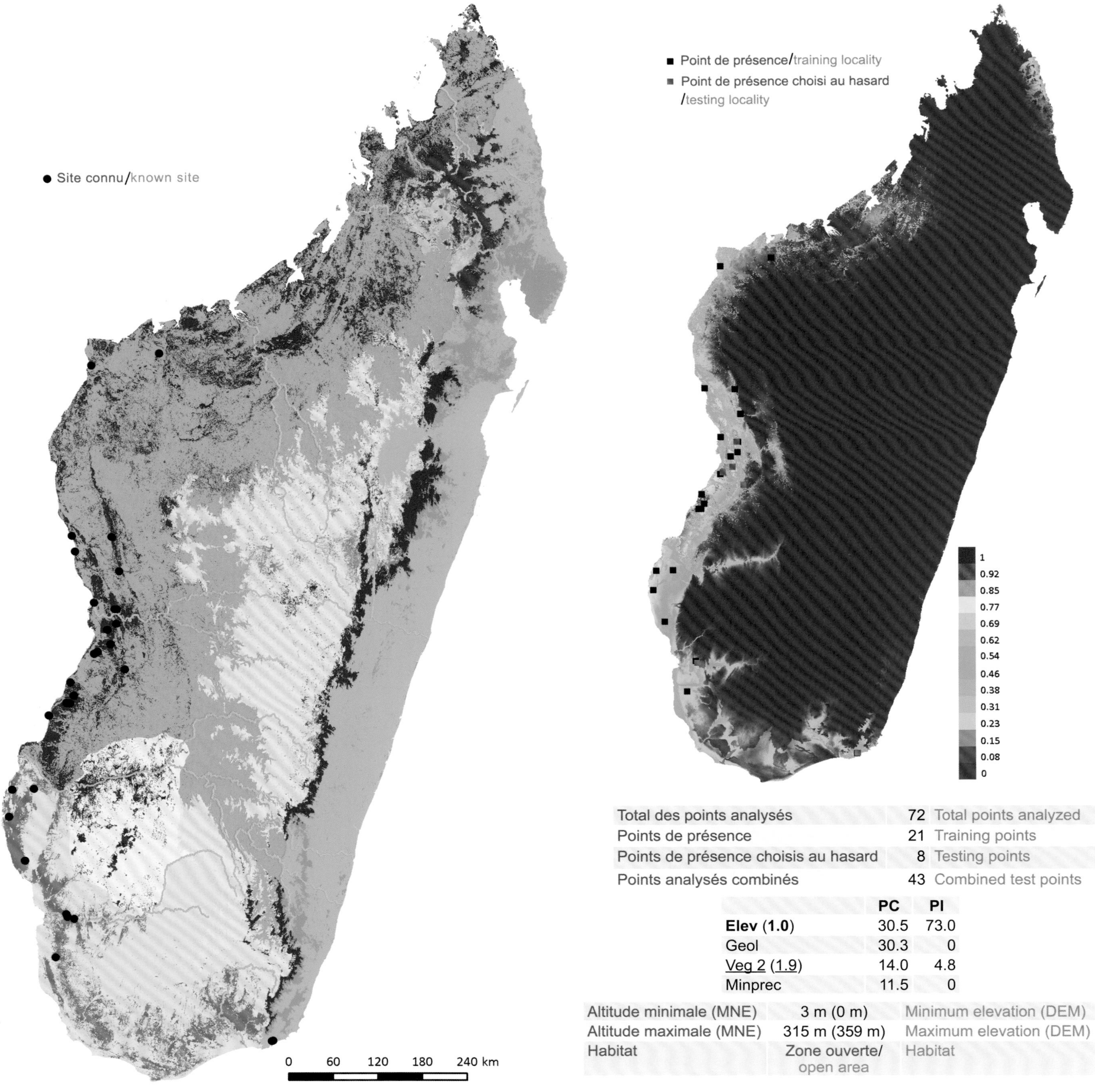

Site connu/known site
0 60 120 180 240 km
Point de présence/training locality
Point de présence choisi au hasard /testing locality
1
0.92
0.85
0.77
0.69
0.62
0.54
0.46
0.38
0.31
0.23
0.15
0.08
0

Total des points analysés	72	Total points analyzed
Points de présence	21	Training points
Points de présence choisi au hasard	8	Testing points
Points analysés combinés	43	Combined test points

	PC	PI
Elev (**1.0**)	30.5	73.0
Geol	30.3	0
Veg 2 (1.9)	14.0	4.8
Minprec	11.5	0

Altitude minimale (MNE)	3 m (0 m)	Minimum elevation (DEM)
Altitude maximale (MNE)	315 m (359 m)	Maximum elevation (DEM)
Habitat	Zone ouverte/ open area	Habitat

Maxent : ASC = 0,965
Distribution & habitat : Endémique. Partiellement forestière, mais présente dans des formations boisées ouvertes de forêt dégradée, en particulier sur sol sableux. Types d'habitat : sec et sec épineux. Connue dans la zone de transition d'habitat humide-sec épineux, dans le Sud-est à Ambatotsirongorongo (2).
Altitude : Rapportée depuis le niveau de la mer à 120 m (13), récemment signalée à des altitudes supérieures, mais les données jusqu'à 1200 m d'altitude (24) sont erronées.
Systématique : Espèce sœur de *Z. aeneus* (27).
Autres commentaires : Allopatrique avec *Z. aeneus* dans l'ensemble de distribution et quasi-parapatrique aux environs de Tolagnaro, où *Z. aeneus* exploite les milieux montagnards de la chaîne anosyenne et *Z. karsteni* les zones ouvertes de basse altitude, ainsi que les forêts littorales humides.
Conservation : Préoccupation mineure avec des populations à tendance mal connue (15).

Maxent: AUC = 0.965
Distribution & habitat: Endemic. Partially forest-dwelling, but also found in open wooded zones of degraded forest, particularly on sandy soils. Habitat types: dry and dry spiny. In the southeast, known from transitional humid-dry spiny habitat at Ambatotsirongorongo (2).
Elevation: Cited from sea level-120 m (13), but recently documented at higher elevations, although records up to 1200 m (24) are erroneous.
Systematics: Sister species to *Z. aeneus* (27).
Other comments: This species and *Z. aeneus* are allopatric across their ranges, with a zone of near parapatry close to Tolagnaro, where *Z. aeneus* occurs in more montane areas within the Anosyenne Mountains and *Z. karsteni* in open lowland areas and humid (littoral) forest.
Conservation: Least Concerned with unknown population trend (15).

Zonosaurus laticaudatus

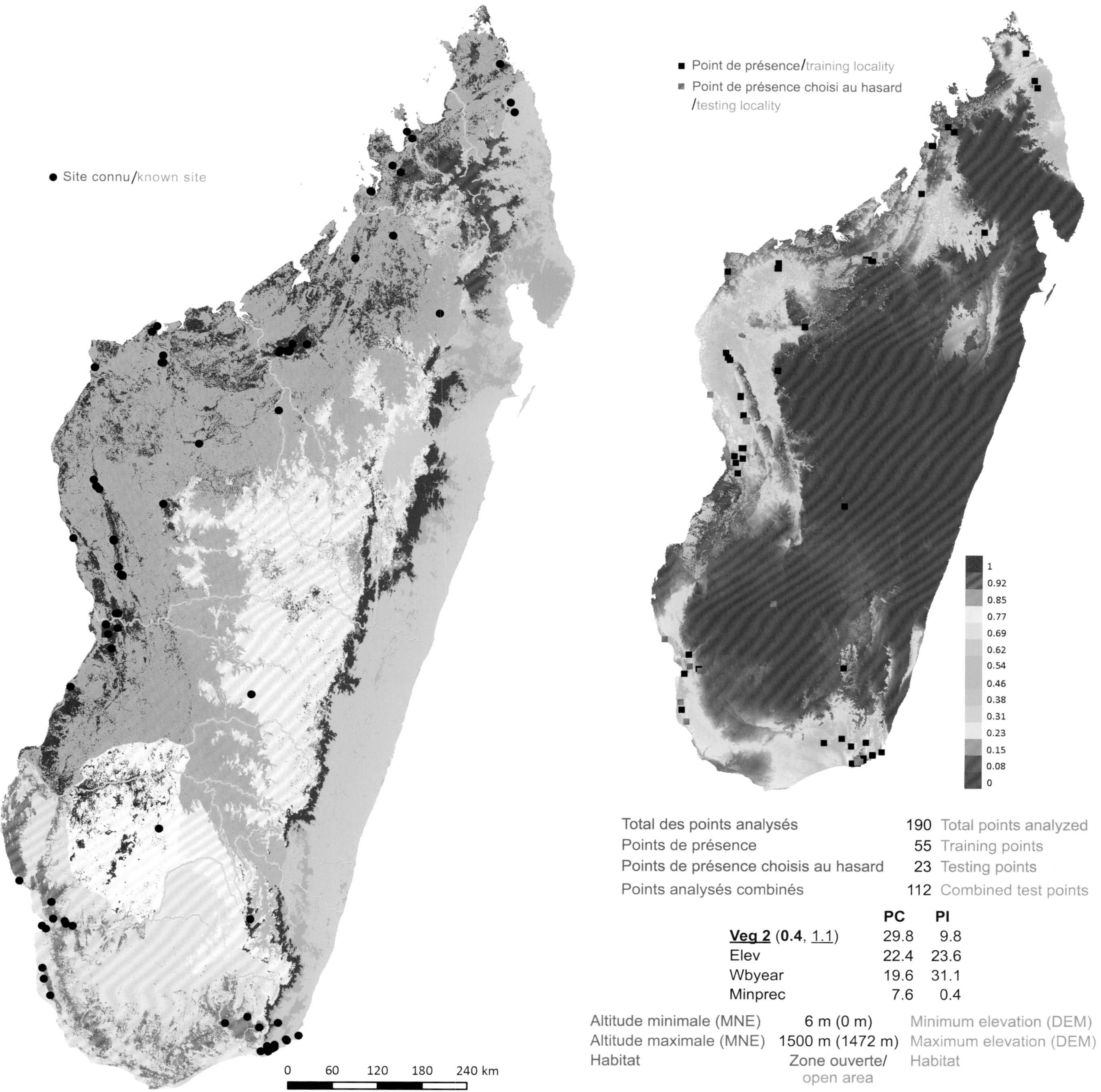

Site connu/known site
Point de présence/training locality
Point de présence choisi au hasard /testing locality
0 60 120 180 240 km
1
0.92
0.85
0.77
0.69
0.62
0.54
0.46
0.38
0.31
0.23
0.15
0.08
0

Total des points analysés	190	Total points analyzed
Points de présence	55	Training points
Points de présence choisis au hasard	23	Testing points
Points analysés combinés	112	Combined test points

	PC	PI
Veg 2 (**0.4**, 1.1)	29.8	9.8
Elev	22.4	23.6
Wbyear	19.6	31.1
Minprec	7.6	0.4

Altitude minimale (MNE)	6 m (0 m)	Minimum elevation (DEM)
Altitude maximale (MNE)	1500 m (1472 m)	Maximum elevation (DEM)
Habitat	Zone ouverte/ open area	Habitat

Maxent : ASC = 0,904
Distribution & habitat : **Endémique**. Partiellement forestière, mais se trouve aussi dans des formations boisées ouvertes de forêt dégradée et dans des plantations exotiques comme les cacaoyers. Elle est parfois présente dans des forêts galeries associées à des formations rocheuses. Types d'habitat : humide, sec, humide/subhumide et sec épineux. Présente dans des habitats de transition humides-secs épineux et humides-secs, respectivement dans le Sud-est et le Nord-ouest.
Altitude : Signalée presque au niveau de la mer jusqu'à 300 m d'altitude (24), récemment rapportée à un niveau remarquablement élevé jusqu'à 1500 m (Itremo).
Systématique : Espèce sœur de *Z. anelanelany* (27).
Autres commentaires : Espèce généraliste quasi-sympatrique avec *Z. anelanelany* dans la région de Tolagnaro, préfère le substrat rocheux alors que la dernière est plutôt forestière terrestre.
Conservation : Préoccupation mineure avec des populations à tendance mal connue (15).

Maxent: AUC = 0.904
Distribution & habitat: **Endemic**. Partially forest-dwelling, but also found in open wooded areas of degraded and introduced vegetation, such as cacao plantations. Sometimes associated with rocky areas in gallery habitat. Habitat types: humid, dry, humid-subhumid, and dry spiny. In the southeast and northwest, occurs in transitional humid-dry spiny and humid-dry habitat (respectively).
Elevation: Cited to occur from near sea level-300 m (24), but recently documented at notably higher elevations up to 1500 m (Itremo).
Systematics: Sister species to *Z. anelanelany* (27).
Other comments: In the Tolagnaro area, this generalist species occurs in near sympatry with *Z. anelanelany*, with the former preferring rock substratum and the latter being a terrestrial forest-dwelling species.
Conservation: Least Concerned with unknown population trend (15).

Zonosaurus madagascariensis

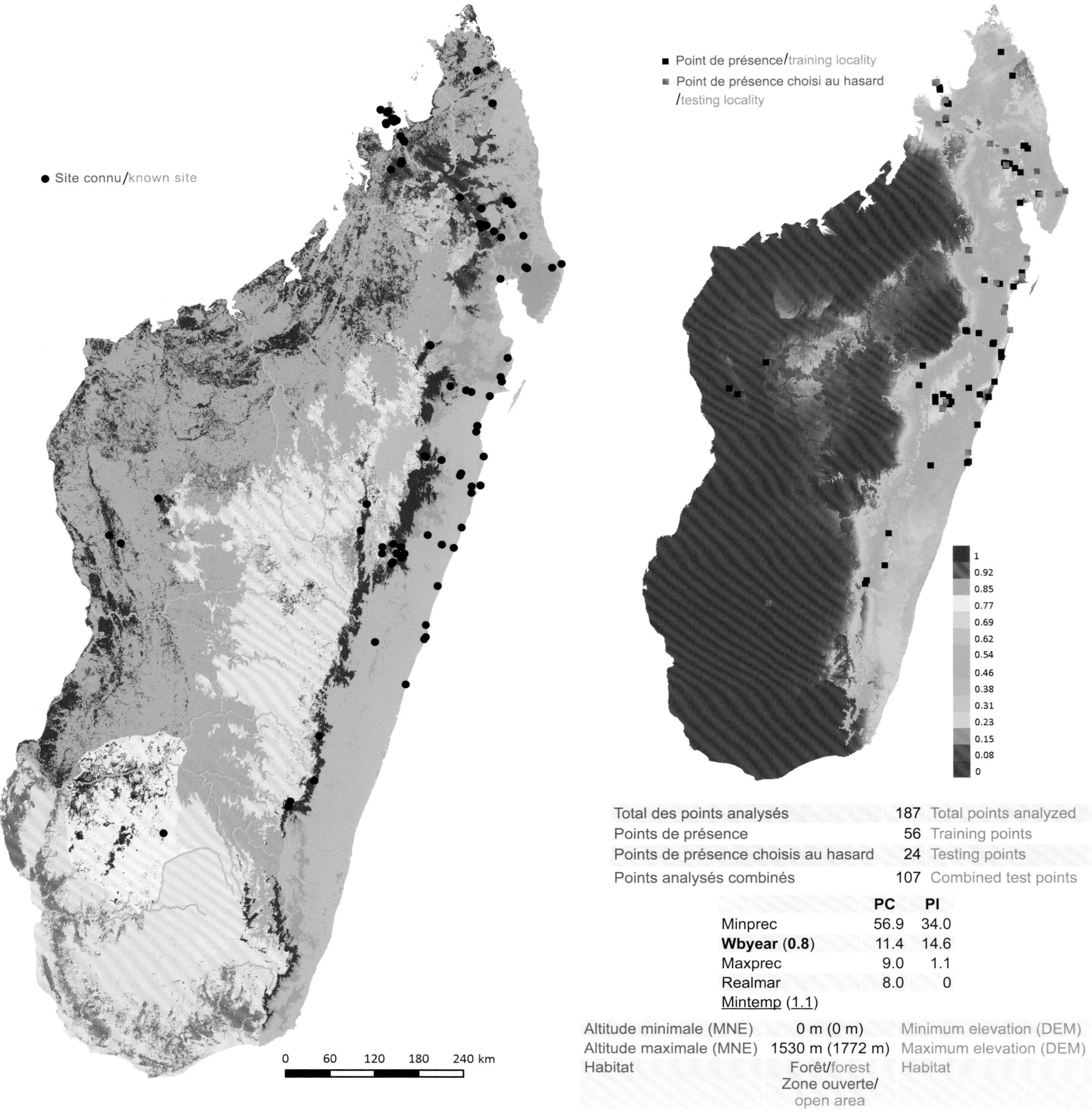
Site connu/known site
Point de présence/training locality
Point de présence choisi au hasard /testing locality
1
0.92
0.85
0.77
0.69
0.62
0.54
0.46
0.38
0.31
0.23
0.15
0.08
0
0 60 120 180 240 km

Total des points analysés	187	Total points analyzed
Points de présence	56	Training points
Points de présence choisis au hasard	24	Testing points
Points analysés combinés	107	Combined test points

	PC	PI
Minprec	56.9	34.0
Wbyear (0.8)	11.4	14.6
Maxprec	9.0	1.1
Realmar	8.0	0
Mintemp (1.1)		

Altitude minimale (MNE)	0 m (0 m)	Minimum elevation (DEM)
Altitude maximale (MNE)	1530 m (1772 m)	Maximum elevation (DEM)
Habitat	Forêt/forest Zone ouverte/ open area	Habitat

Maxent : ASC = 0,912
Distribution & habitat : **Endémique** à la région malgache (Madagascar et Seychelles). Partiellement forestière, mais se trouve aussi dans la forêt galerie, les formations boisées ouvertes de forêt dégradée et des plantations comme les cacaoyers. Types d'habitat : humide, sec et humide/subhumide. Présente dans des habitats de transition humides-secs. Répandue sur la Côte est, mais aussi sur les îles au large de la Côte ouest (1), sur les Hautes Terres centrales (Anjozorobe, Ambohijanahary) et le Sud-ouest (Analavelona).
Altitude : Signalée depuis le niveau de la mer jusqu'à 1200 m d'altitude (24), récemment rapportée à des altitudes supérieures.
Systématique : Considérablement paraphylétique selon les données moléculaires (27). Deux sous-espèces : *Z. m. insularis* de Seychelles, emboîtée dans *Z. m. madagascariensis* de Madagascar.
Autres commentaires : Sympatrique avec *Z. boettgeri*, *Z. rufipes* et *Z. subunicolor* dans la forêt de Lokobe à Nosy Be (1).
Conservation : Préoccupation mineure avec des populations stables (15).

Maxent: AUC = 0.912
Distribution & habitat: **Endemic** to Madagascar region (Madagascar, Seychelles). Partially forest-dwelling, but also found in gallery forest, open wooded areas of degraded and introduced vegetation, such as cacao plantations. Habitat types: humid, dry, and humid-subhumid. In the northeast, occurs in transitional humid-dry habitat. Widespread species in the east, but known from offshore islands in the northwest (1) and sites in the Central Highlands (Anjozorobe, Ambohijanahary), and the southwest (Analavelona).
Elevation: Cited to occur from near sea level-1200 m (24), but recently documented at higher elevations.
Systematics: Based on molecular data, *Z. madagascariensis* shows considerable paraphyly (27). Two subspecies recognized: *Z. m. insularis* from Seychelles, which based on molecular data is nested within *Z. m. madagascariensis* from Madagascar.
Other comments: In sympatry with *Z. boettgeri*, *Z. rufipes*, and *Z. subunicolor* in the Lokobe Forest of Nosy Be (1).
Conservation: Least Concerned with stable population trend (15).

Zonosaurus maramaintso

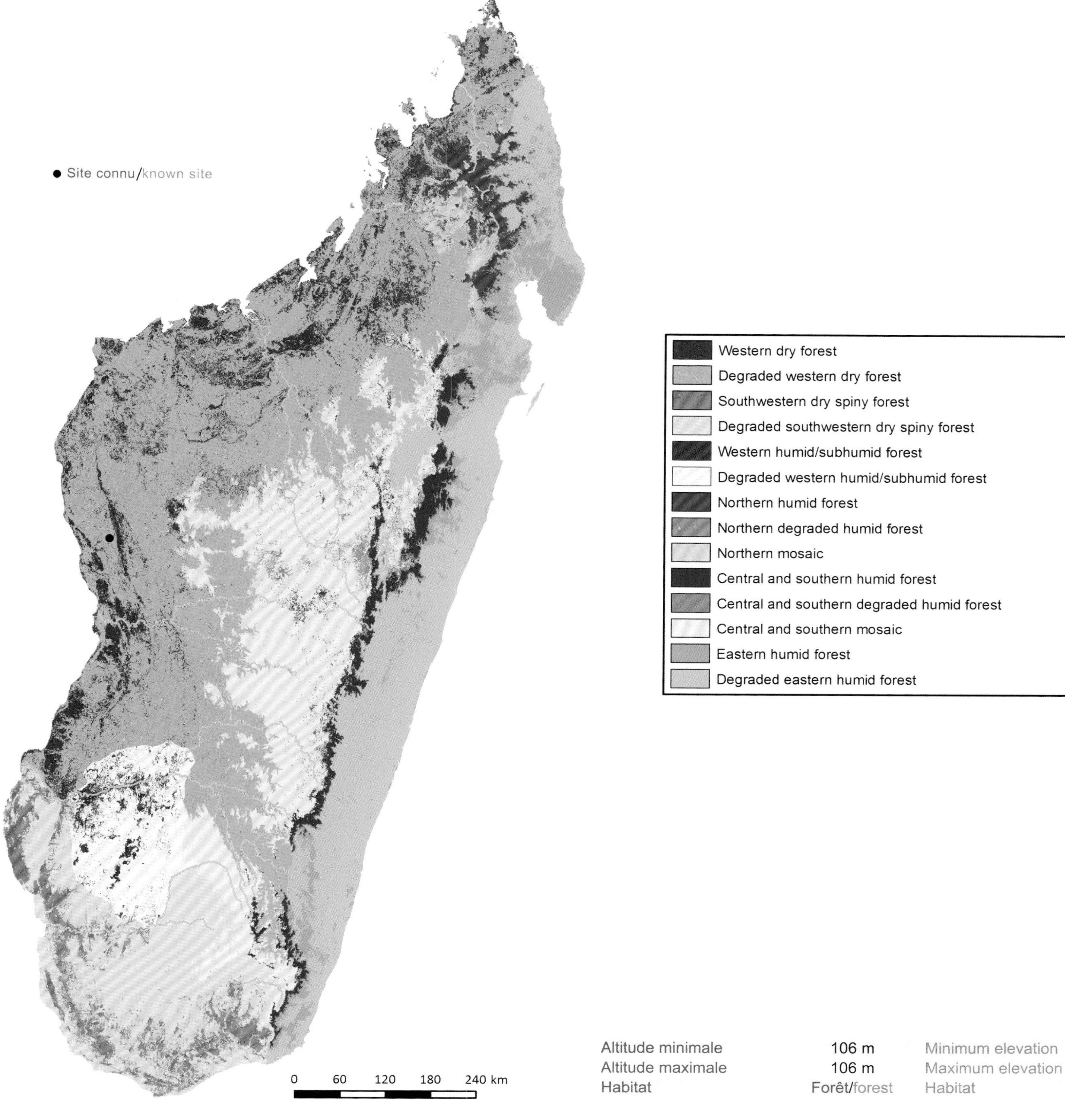

Site connu/known site
Western dry forest
Degraded western dry forest
Southwestern dry spiny forest
Degraded southwestern dry spiny forest
Western humid/subhumid forest
Degraded western humid/subhumid forest
Northern humid forest
Northern degraded humid forest
Northern mosaic
Central and southern humid forest
Central and southern degraded humid forest
Central and southern mosaic
Eastern humid forest
Degraded eastern humid forest
0 60 120 180 240 km

Altitude minimale	106 m	Minimum elevation
Altitude maximale	106 m	Maximum elevation
Habitat	Forêt/forest	Habitat

Distribution & habitat : **Endémique**. Vraisemblablement forestière. Type d'habitat : sec.
Systématique : Validité controversée, considérée comme une variante de *Z. boettgeri* (13).
Autres commentaires : Connue seulement par l'holotype provenant des environs d'Antsalova, sans précision de localité (26).
Conservation : Données insuffisantes avec des populations à tendance mal connue (15).

Distribution & habitat: **Endemic**. Presumably at least partially forest-dwelling. Habitat type: dry.
Systematics: Its validity in question and suggested to be a variant of *Z. boettgeri* (13).
Other comments: Only known from the holotype taken near Antsalova (26), without precise locality information.
Conservation: Data Deficient with unknown population trend (15).

Zonosaurus maximus

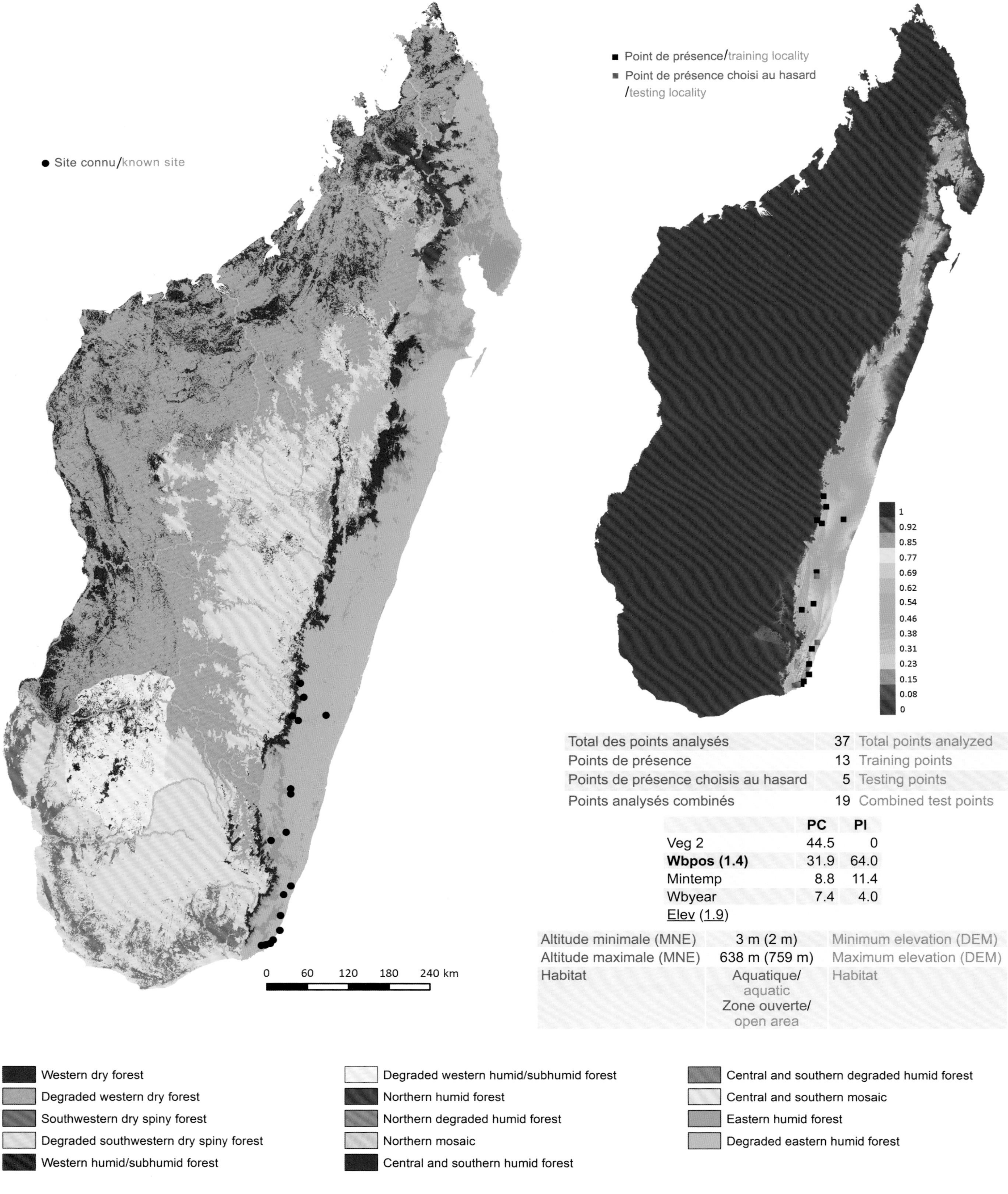

● Site connu/known site
0 60 120 180 240 km
■ Point de présence/training locality
■ Point de présence choisi au hasard /testing locality
1
0.92
0.85
0.77
0.69
0.62
0.54
0.46
0.38
0.31
0.23
0.15
0.08
0
Western dry forest
Degraded western dry forest
Southwestern dry spiny forest
Degraded southwestern dry spiny forest
Western humid/subhumid forest
Degraded western humid/subhumid forest
Northern humid forest
Northern degraded humid forest
Northern mosaic
Central and southern humid forest
Central and southern degraded humid forest
Central and southern mosaic
Eastern humid forest
Degraded eastern humid forest

Total des points analysés	37	Total points analyzed
Points de présence	13	Training points
Points de présence choisis au hasard	5	Testing points
Points analysés combinés	19	Combined test points

	PC	PI
Veg 2	44.5	0
Wbpos (1.4)	31.9	64.0
Mintemp	8.8	11.4
Wbyear	7.4	4.0
Elev (1.9)		

Altitude minimale (MNE)	3 m (2 m)	Minimum elevation (DEM)
Altitude maximale (MNE)	638 m (759 m)	Maximum elevation (DEM)
Habitat	Aquatique/ aquatic Zone ouverte/ open area	Habitat

Maxent : ASC = 0,978
Distribution & habitat : **Endémique**. Aquatique, vit dans les ruisseaux et les petites rivières, souvent associés à des *Pandanus* et *Typhonodorum*, pas nécessairement en forêt. Type d'habitat : humide.
Altitude : Signalée entre 10-80 m d'altitude (24), récemment répertoriée à des niveaux plus élevés.
Systématique : Espèce sœur de *Z. laticaudatus* selon les données morphologiques (24).
Conservation : Vulnérable avec des populations en déclin (15).

Maxent: AUC = 0.978
Distribution & habitat: **Endemic**. Aquatic and lives in streams and small rivers, often associated with *Pandanus* and *Typhonodorum*, and not necessarily in forest. Habitat type: humid.
Elevation: Cited to occur from 10-80 m (24), but recently documented at notably higher elevations.
Systematics: Sister species to *Z. laticaudatus* based on morphological data (24).
Conservation: Vulnerable with decreasing population trend (15).

Zonosaurus ornatus

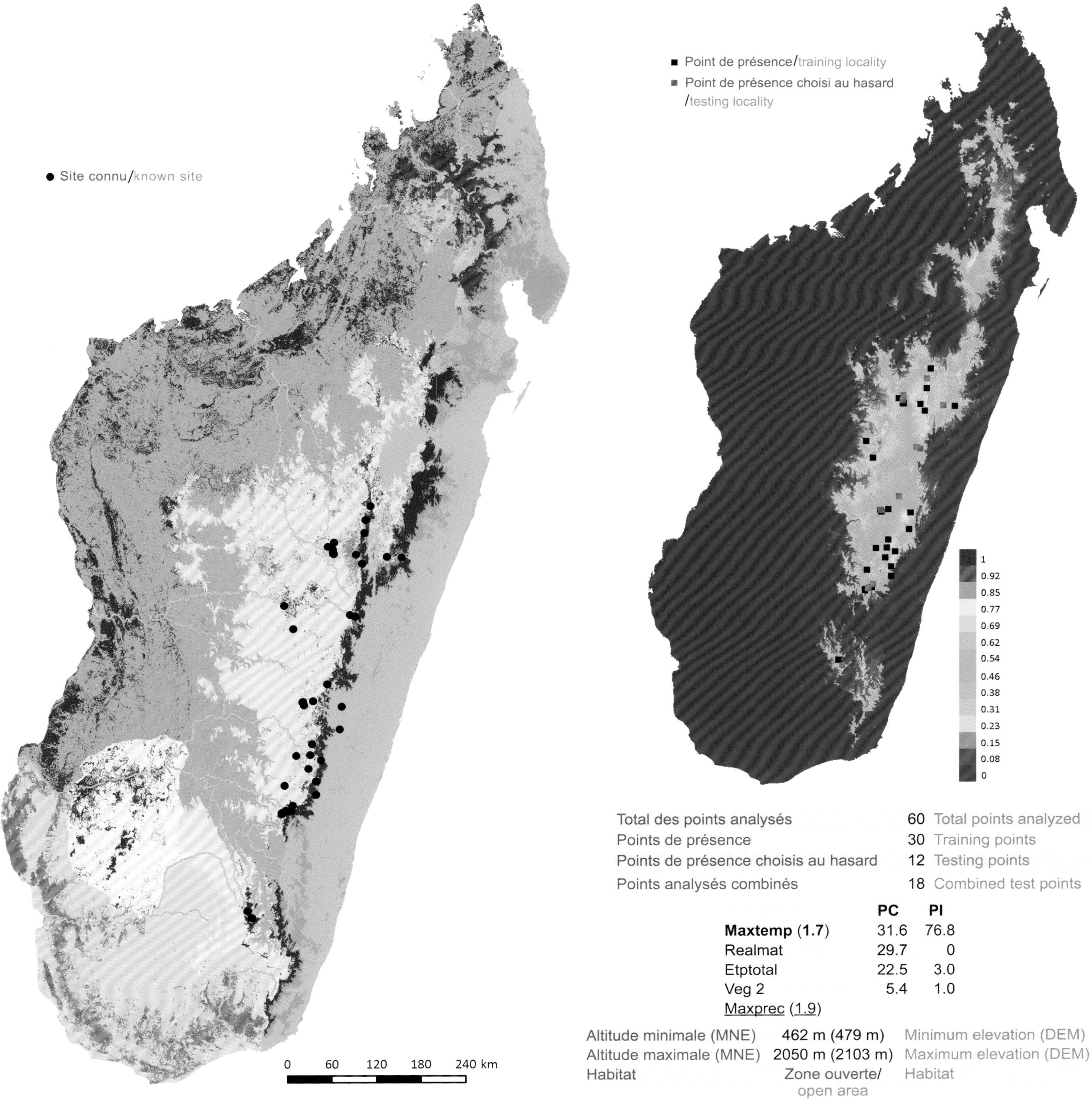
Site connu/known site
0 60 120 180 240 km
Point de présence/training locality
Point de présence choisi au hasard /testing locality
1
0.92
0.85
0.77
0.69
0.62
0.54
0.46
0.38
0.31
0.23
0.15
0.08
0
Total des points analysés 60 Total points analyzed
Points de présence 30 Training points
Points de présence choisis au hasard 12 Testing points
Points analysés combinés 18 Combined test points
PC PI
Maxtemp (1.7) 31.6 76.8
Realmat 29.7 0
Etptotal 22.5 3.0
Veg 2 5.4 1.0
Maxprec (1.9)
Altitude minimale (MNE) 462 m (479 m) Minimum elevation (DEM)
Altitude maximale (MNE) 2050 m (2103 m) Maximum elevation (DEM)
Habitat Zone ouverte/ open area Habitat

Maxent : ASC = 0,964
Distribution & habitat : Endémique. Partiellement forestière, fréquente généralement la zone écotonale, à la lisière des forêts et dans les milieux ouverts dégradés avec des formations buissonnantes et éricoïdes. Type d'habitat : humide. Connue dans les vestiges des forêts des Hautes Terres centrales depuis Anjozorobe au nord jusqu'à Kalambatritra au sud.
Altitude : Signalée entre 1000-1800 m d'altitude (24), récemment rapportée à une gamme altitudinale plus vaste.
Systématique : Espèce sœur de *Z. karsteni* selon les données morphologiques (24) et associée au clade formé par le complexe *Z. karsteni/aeneus* selon les données moléculaires (27).
Autres commentaires : Espèce tolérante à la dégradation de l'habitat et à la perturbation ; peut se rencontrer dans les champs et les villages à proximité de la forêt et même à Antananarivo.
Conservation : Préoccupation mineure avec des populations à tendance mal connue (15).

Maxent: AUC = 0.964
Distribution & habitat: Endemic. Partially forest-dwelling, but generally in ecotonal areas towards the forest edge, and open degraded areas with shrubby and ericoid vegetation. Habitat type: humid. Known from most remaining Central Highland forests from Anjozorobe in the north to Kalambatritra in the south.
Elevation: Cited to occur from 1000-1800 m (24), but recently documented across a greater elevational range.
Systematics: Sister species to *Z. karsteni* based on morphological data (24) and associated with the *Z. karsteni/aeneus* complex based on molecular data (27).
Other comments: Tolerant of habitat degradation, disturbance, and can be found in agricultural zones and villages near natural forest or even in Antananarivo.
Conservation: Least Concerned with unknown population trend (15).

Zonosaurus quadrilineatus

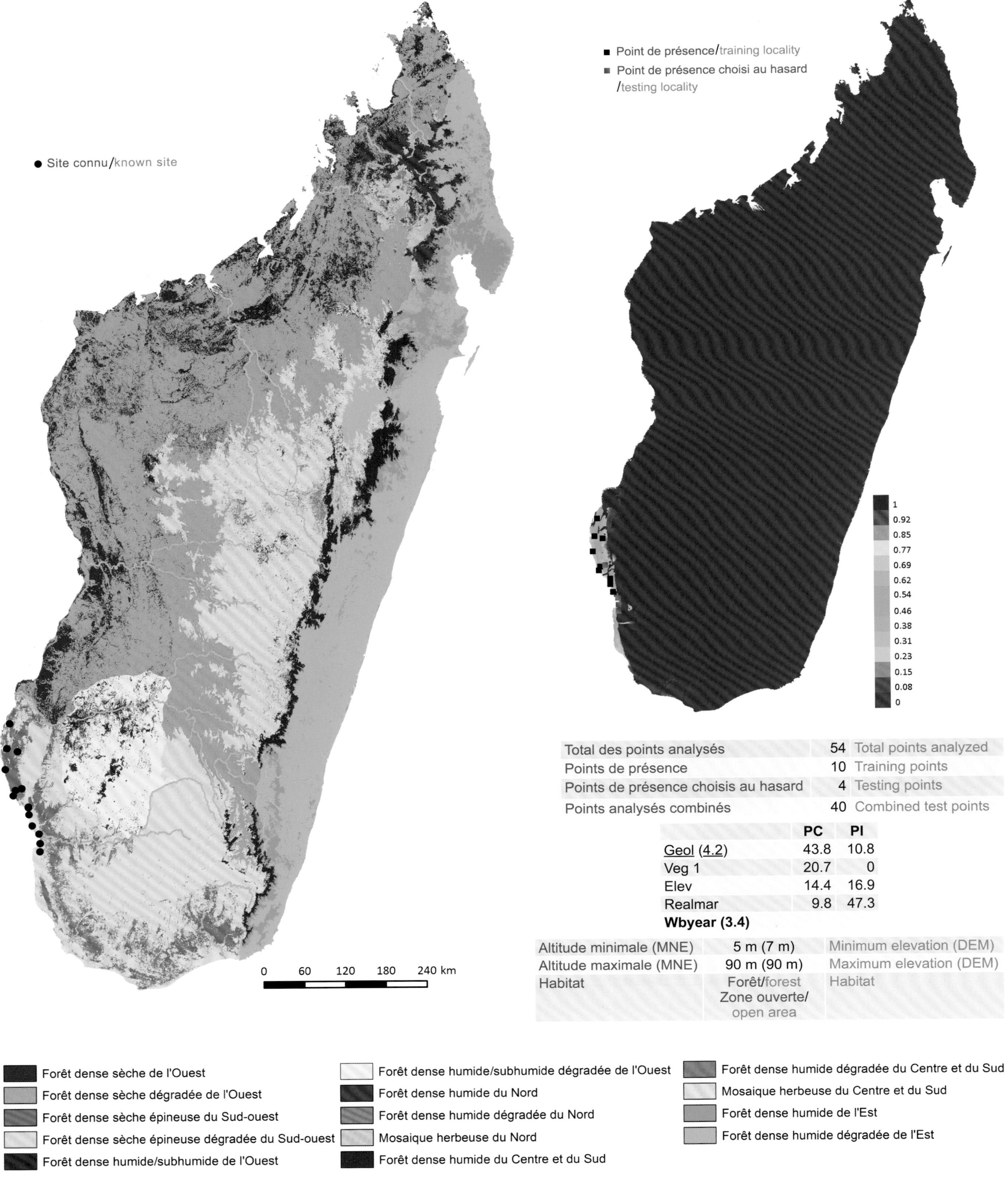

Site connu/known site
0 60 120 180 240 km
Point de présence/training locality
Point de présence choisi au hasard /testing locality
1
0.92
0.85
0.77
0.69
0.62
0.54
0.46
0.38
0.31
0.23
0.15
0.08
0
Forêt dense sèche de l'Ouest
Forêt dense sèche dégradée de l'Ouest
Forêt dense sèche épineuse du Sud-ouest
Forêt dense sèche épineuse dégradée du Sud-ouest
Forêt dense humide/subhumide de l'Ouest
Forêt dense humide/subhumide dégradée de l'Ouest
Forêt dense humide du Nord
Forêt dense humide dégradée du Nord
Mosaique herbeuse du Nord
Forêt dense humide du Centre et du Sud
Forêt dense humide dégradée du Centre et du Sud
Mosaique herbeuse du Centre et du Sud
Forêt dense humide de l'Est
Forêt dense humide dégradée de l'Est

Total des points analysés	54	Total points analyzed
Points de présence	10	Training points
Points de présence choisis au hasard	4	Testing points
Points analysés combinés	40	Combined test points

	PC	PI
Geol (4.2)	43.8	10.8
Veg 1	20.7	0
Elev	14.4	16.9
Realmar	9.8	47.3
Wbyear (3.4)		

Altitude minimale (MNE)	5 m (7 m)	Minimum elevation (DEM)
Altitude maximale (MNE)	90 m (90 m)	Maximum elevation (DEM)
Habitat	Forêt/forest Zone ouverte/ open area	Habitat

Maxent : ASC = 0,997
Distribution & habitat : **Endémique**. Partiellement forestière, fréquente généralement la zone écotonale à la lisière forestière et les formations buissonnantes ouvertes. Type d'habitat : sec épineux.
Systématique : Espèce sœur de *Z. trilineatus* (24, 27).
Autres commentaires : Allopatrique avec *Z. trilineatus*. Leurs aires de distribution largement séparées par le fleuve Onilahy.
Conservation : Vulnérable avec des populations à tendance mal connue (15).

Maxent: AUC = 0.997
Distribution & habitat: **Endemic**. Partially forest-dwelling, but generally in ecotonal areas towards the forest edge, and open scrubby vegetation. Habitat type: dry spiny.
Systematics: Sister species to *Z. trilineatus* (24, 27).
Other comments: This species is allopatric with *Z. trilineatus* and their distributions are largely separated by the Onilahy River.
Conservation: Vulnerable with unknown population trend (15).

Zonosaurus rufipes

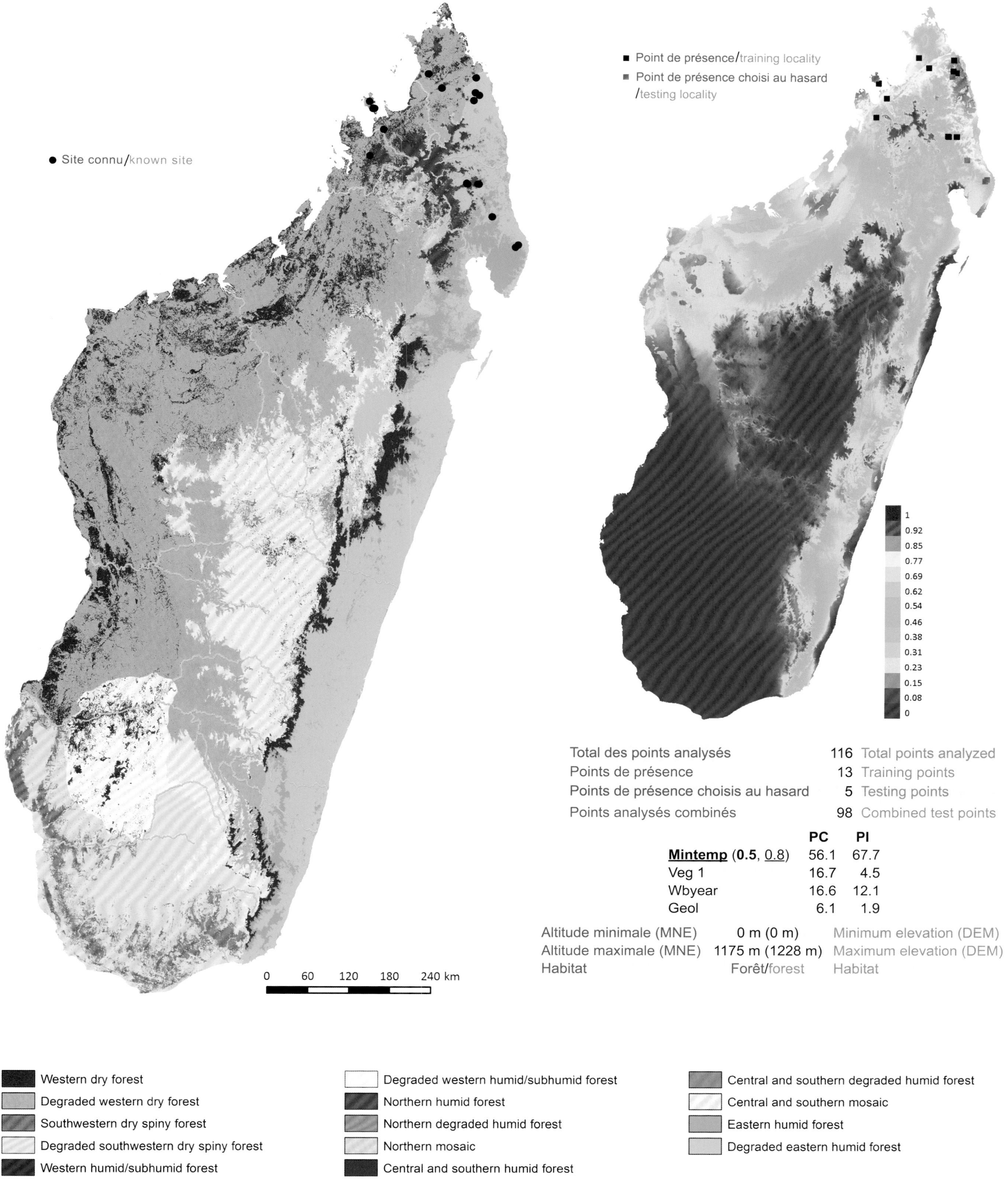
Site connu/known site
Point de présence/training locality
Point de présence choisi au hasard /testing locality
1
0.92
0.85
0.77
0.69
0.62
0.54
0.46
0.38
0.31
0.23
0.15
0.08
0
0 60 120 180 240 km
Total des points analysés 116 Total points analyzed
Points de présence 13 Training points
Points de présence choisis au hasard 5 Testing points
Points analysés combinés 98 Combined test points
PC PI
Mintemp (0.5, 0.8) 56.1 67.7
Veg 1 16.7 4.5
Wbyear 16.6 12.1
Geol 6.1 1.9
Altitude minimale (MNE) 0 m (0 m) Minimum elevation (DEM)
Altitude maximale (MNE) 1175 m (1228 m) Maximum elevation (DEM)
Habitat Forêt/forest Habitat
Western dry forest
Degraded western dry forest
Southwestern dry spiny forest
Degraded southwestern dry spiny forest
Western humid/subhumid forest
Degraded western humid/subhumid forest
Northern humid forest
Northern degraded humid forest
Northern mosaic
Central and southern humid forest
Central and southern degraded humid forest
Central and southern mosaic
Eastern humid forest
Degraded eastern humid forest

Maxent : ASC = 0,957
Distribution & habitat : **Endémique**. Forestière et terrestre. Types d'habitat : humide et sec. Présente dans les habitats de transition humides-secs dans le Nord-est. Connue sur les îles du Nord-ouest.
Altitude : Signalée, presque au niveau de la mer jusqu'à 800 m d'altitude (24), récemment répertoriée à des altitudes plus élevées.
Systématiques : Espèce sœur de *Z. brygooi* (24, 27).
Autres commentaires : Sympatrique avec *Z. boettgeri*, *Z. madagascariensis* et *Z. subunicolor* dans la forêt de Lokobe à Nosy Be (1).
Conservation : Quasi menacée avec des populations en déclin (15).

Maxent: AUC = 0.957
Distribution & habitat: **Endemic**. Terrestrial forest-dwelling species. Habitat types: humid and dry. In the northeast, occurs in transitional humid-dry habitat. Known from islands in the northwest.
Elevation: Cited to occur from near sea level-800 m (24), but recently documented at higher elevations.
Systematics: Sister species to *Z. brygooi* (24, 27).
Other comments: This species, *Z. boettgeri*, *Z. madagascariensis*, and *Z. subunicolor* occur in sympatry in the Lokobe Forest of Nosy Be (1).
Conservation: Near Threatened with decreasing population trend (15).

Zonosaurus subunicolor

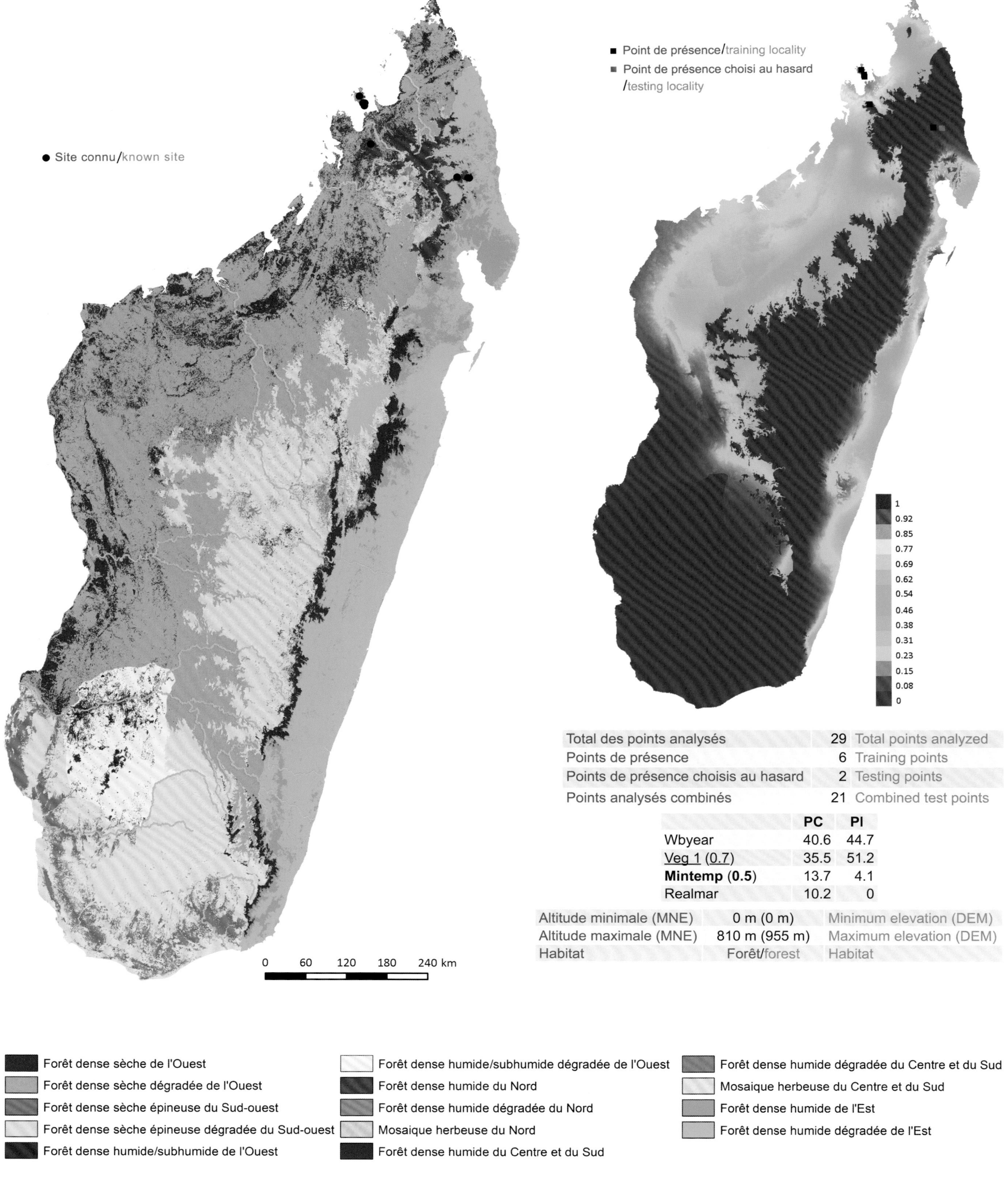
● Site connu/known site
0 60 120 180 240 km
■ Point de présence/training locality
■ Point de présence choisi au hasard /testing locality
1
0.92
0.85
0.77
0.69
0.62
0.54
0.46
0.38
0.31
0.23
0.15
0.08
0
Forêt dense sèche de l'Ouest
Forêt dense sèche dégradée de l'Ouest
Forêt dense sèche épineuse du Sud-ouest
Forêt dense sèche épineuse dégradée du Sud-ouest
Forêt dense humide/subhumide de l'Ouest
Forêt dense humide/subhumide dégradée de l'Ouest
Forêt dense humide du Nord
Forêt dense humide dégradée du Nord
Mosaique herbeuse du Nord
Forêt dense humide du Centre et du Sud
Forêt dense humide dégradée du Centre et du Sud
Mosaique herbeuse du Centre et du Sud
Forêt dense humide de l'Est
Forêt dense humide dégradée de l'Est

Total des points analysés	29	Total points analyzed
Points de présence	6	Training points
Points de présence choisis au hasard	2	Testing points
Points analysés combinés	21	Combined test points

	PC	PI
Wbyear	40.6	44.7
Veg 1 (0.7)	35.5	51.2
Mintemp (0.5)	13.7	4.1
Realmar	10.2	0

Altitude minimale (MNE)	0 m (0 m)	Minimum elevation (DEM)
Altitude maximale (MNE)	810 m (955 m)	Maximum elevation (DEM)
Habitat	Forêt/forest	Habitat

Maxent : ASC = 0,909
Distribution & habitat : Endémique. Forestière et terrestre, en particulier dans des endroits avec une litière épaisse. Types d'habitat : humide et sec. Connue sur les petites îles au large de la côte Nord-ouest.
Altitude : Signalée entre 250-700 m d'altitude (24), récemment rapportée dans une gamme d'altitudes plus vastes.
Systématique : Espèce sœur de *Z. aeneus* (27).
Autres commentaires : Sympatrique avec *Z. boettgeri*, *Z. madagascariensis* et *Z. rufipes* dans la forêt de Lokobe à Nosy Be (1).
Conservation : En danger avec des populations en déclin (15).

Maxent: AUC = 0.909
Distribution & habitat: Endemic. Terrestrial forest-dwelling species, particularly in areas with thick leaf litter. Habitat types: humid and dry. Known from islands and offshore islets in the northwest.
Elevation: Cited to occur from 250-700 m (24), but recently documented across a broader elevational range.
Systematics: Sister species to *Z. aeneus* (27).
Other comments: This species, *Z. boettgeri*, *Z. madagascariensis*, and *Z. rufipes* occur in sympatry in the Lokobe Forest of Nosy Be (1).
Conservation: Endangered with decreasing population trend (15).

Zonosaurus trilineatus

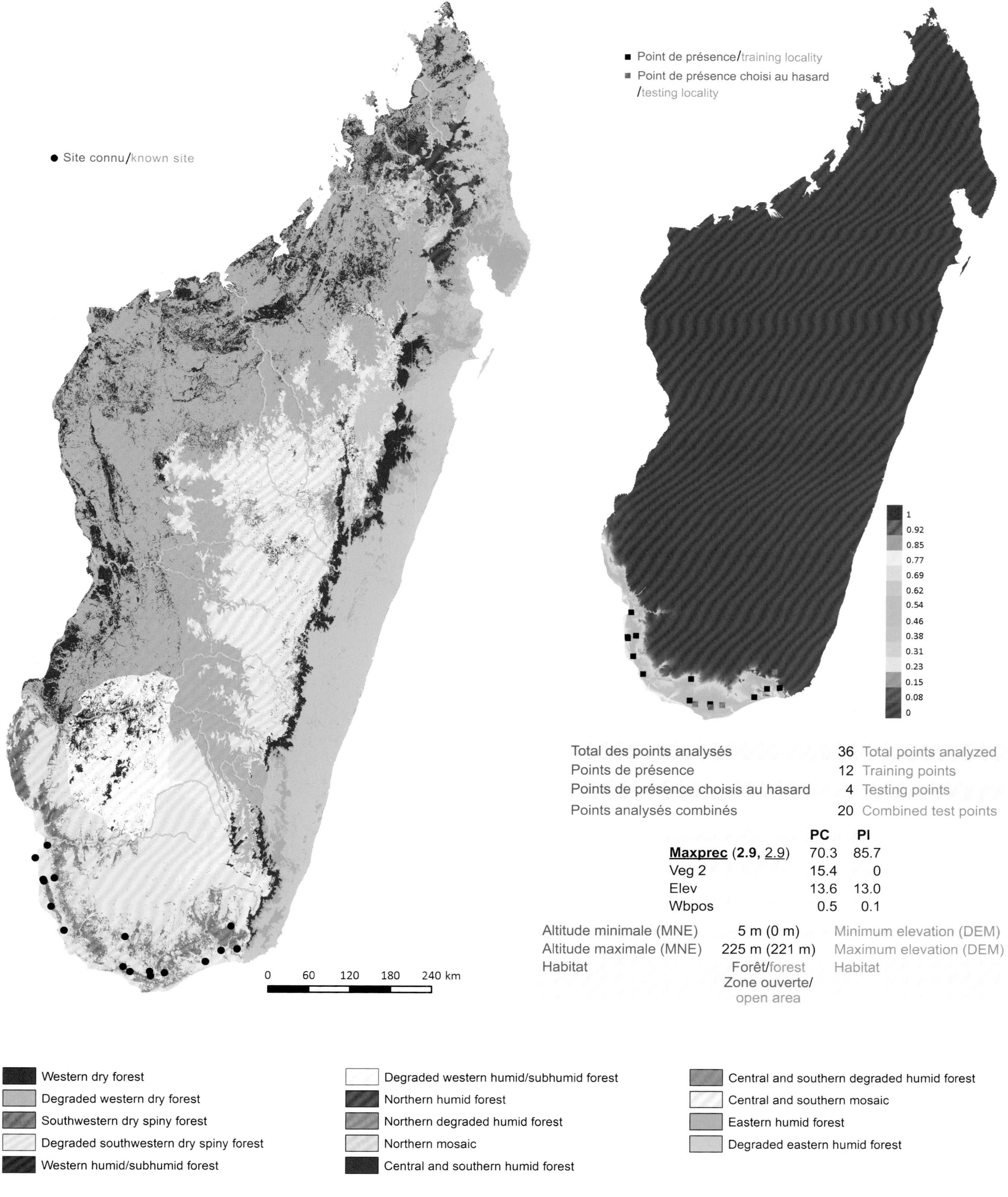

● Site connu/known site
0 60 120 180 240 km
■ Point de présence/training locality
■ Point de présence choisi au hasard /testing locality
1
0.92
0.85
0.77
0.69
0.62
0.54
0.46
0.38
0.31
0.23
0.15
0.08
0
Western dry forest
Degraded western dry forest
Southwestern dry spiny forest
Degraded southwestern dry spiny forest
Western humid/subhumid forest
Degraded western humid/subhumid forest
Northern humid forest
Northern degraded humid forest
Northern mosaic
Central and southern humid forest
Central and southern degraded humid forest
Central and southern mosaic
Eastern humid forest
Degraded eastern humid forest

Total des points analysés	36	Total points analyzed
Points de présence	12	Training points
Points de présence choisis au hasard	4	Testing points
Points analysés combinés	20	Combined test points

	PC	PI
Maxprec (**2.9**, 2.9)	70.3	85.7
Veg 2	15.4	0
Elev	13.6	13.0
Wbpos	0.5	0.1

Altitude minimale (MNE)	5 m (0 m)	Minimum elevation (DEM)
Altitude maximale (MNE)	225 m (221 m)	Maximum elevation (DEM)
Habitat	Forêt/forest Zone ouverte/ open area	Habitat

Maxent : ASC = 0,989
Distribution & habitat : **Endémique**. Forestière et terrestre, mais fréquente aussi la forêt galerie. Type d'habitat : sec épineux.
Altitude : Signalée entre 10-30 m d'altitude (24), récemment rapportée à des altitudes beaucoup plus élevées.
Systématique : Espèce sœur de *Z. quadrilineatus* (24, 27).
Autres commentaires : Allopatrique avec *Z. quadrilineatus*. Leurs aires de distribution sont largement séparées par le fleuve Onilahy.
Conservation : Préoccupation mineure avec des populations stables (15).

Maxent: AUC = 0.989
Distribution & habitat: **Endemic**. Terrestrial forest-dwelling species, that also occurs in gallery forest. Habitat type: dry spiny.
Elevation: Cited to occur from 10-30 m (24), but recently documented at much higher elevations.
Systematics: Sister species to *Z. quadrilineatus* (24, 27).
Other comments: This species is allopatric with *Z. quadrilineatus* and their distributions are largely separated by the Mangoky River.
Conservation: Least Concerned with stable population trend (15).

REFERENCES/REFERENCES

1. **Andreone, F., Glaw, F., Nussbaum, R. A., Raxworthy, C. J., Vences, M. & Randrianirina, J. E. 2003.** The amphibians and reptiles of Nosy Be (NW Madagascar) and nearby islands: A case study of diversity and conservation of an insular fauna. *Journal of Natural History*, 37: 2119-2149.
2. **Andrianarimisa, A., Andrianjakarivelo, V., Rakotomalala, Z. & Anjeriniaina, M. 2009.** Vertébrés terrestres des fragments forestiers de la Montagne d'Ambatotsirongorongo, site dans le Système des Aires Protégées de Madagascar de la Région Anosy, Tolagnaro. *Malagasy Nature*, 2: 30-51.
3. **Blanc, C. P. 1967.** Notes sur les Gerrhosaurinae de Madagascar. I. Observations sur *Zonosaurus maximus* Boulenger, 1896. *Annales de Facultés de Sciences de l'Université de Madagascar*, 5: 107-116.
4. **Blanc, C. P. 1977.** Reptiles Sauriens Iguanidae. *Faune de Madagascar*, 45: 1-195.
5. **Bora, P., Randrianantoandro, J. C., Randrianavelona, R., Hantalalaina, E. F., Andriatsimanarilafy, R. R., Rakotondravony, D., Ramilijaona, O. R., Vences, M., Jenkins, R. K. B., Glaw, F. & Köhler, J. 2009.** Amphibians and reptiles of the Tsingy de Bemaraha Plateau, western Madagascar: Checklist, biogeography and conservation. *Herpetological Conservation and Biology*, 5 (1): 111-125.
6. **Brygoo, E. R. 1985.** Les Gerrhosaurinae de Madagascar. Sauria (Cordylidae). *Mémoires du Muséum national d'Histoire naturelle*, série A (Zoologie), 134: 1-65.
7. **Brygoo, E. R. & Böhme, W. 1985.** Un *Zonosaurus* nouveau de la région d'Antseranana [sic] (Diégo-Suarez, Madagascar) (Reptilia: Cordylidae). *Revue Française d'Aquariologie et Herpétologie*, 12: 31-32.
8. **Cadle, J. E. 2003.** Iguanidae (oplurines), oplurine lizards. In *The natural history of Madagascar*, eds. S. M. Goodman & J. P. Benstead, pp. 983-986. The University of Chicago Press, Chicago.
9. **Chan L. M., Choi, D., Raselimanana, A. P., Rakotondravony, H. A. & Yoder, A. D. 2012.** Defining spatial and temporal patterns of phylogeographic structure in Madagascar's iguanid lizards (genus *Oplurus*). *Molecular Ecology*, 21: 3839-3851.
10. **Frost, D., Janies, D., Mouton, P. L. N. & Titus, T. 2001.** A molecular perspective on the phylogeny of the girdled lizards (Cordyliformes, Squamata). *American Museum Novitates*, 3310: 1-10.
11. **Gardner, C., Jasper, L. & Razafinarivo, N. 2011.** A new isolated population of *Oplurus* (Iguanidae) from Tsingy de Bemaraha National Park, western Madagascar. *Herpetology Notes*, 4: 253-254.
12. **Glaw, F. & Vences, M. 1994.** *A fieldguide to the amphibians and reptiles of Madagascar*, second edition. Vences & Glaw Verlag, Köln.
13. **Glaw, F. & Vences, M. 2007.** *A fieldguide to the amphibians and reptiles of Madagascar*, third edition. Vences & Glaw Verlag, Köln.
14. **Hernandez, P. A., Graham, C. H., Master, L. L. & Albert, D. L. 2006.** The effect of sample size and species characteristics on performance of different species distribution modeling methods. *Ecography*, 29: 773-785.
15. **IUCN 2012.** *The IUCN red list of threatened species. Version 2012.2.* <http://www.iucnredlit.org>.
16. **Krause, D. W., Hartman, J. H. & Wells, N. A. 1997.** Late Cretaceous vertebrates from Madagascar: Implications for biotic change in deep time. In *Natural change and human impact in Madagascar*, eds. S. M. Goodman & B. D. Patterson, pp. 3-43. Smithsonian Institution Press, Washington, D.C.
17. **Lang, M. 1991.** Generic relationships within Cordyliformes (Reptilia: Squamata). *Bulletin de l'Institut Royal des Sciences Naturelles de Belgique, Biologie*, 61: 121-188.
18. **Lang, M. & Böhme, W. 1989.** A new species of the *Zonosaurus rufipes* complex (Reptilia: Squamata: Gerrhosauridae) from northern Madagascar. *Bulletin de l'Institut Royal des Sciences Naturelles de Belgique, Biologie*, 59: 163-168.
19. **Meirte, D. 2004.** Reptiles. Dans La faune terrestre de l'archipel des Comores, eds. M. Louette, D. Meirte & R. Jocque. *Studies in Afrotropical Zoology*, 293: 199-220.
20. **Münchenberg, T., Wollenberg, K. C., Glaw, F. & Vences, M. 2008.** Molecular phylogeny and geographic variation of Malagasy iguanas (*Oplurus* and *Chalarodon*). *Amphibia-Reptilia*, 29: 319-327.
21. **Noonan, B. P. & Chippindale, P. T. 2006.** Vicariant origin of Malagasy reptiles supports late Cretaceous Antarctic land bridge. *American Naturalist*, 168: 730-741.
22. **Odierna, G., Canapa, A., Andreone, F., Aprea, G., Barucca, M., Capriglione, T. & Olmo, E. 2002.** A phylogenetic analysis of Cordyliformes (Reptilia: Squamata): Comparison of molecular and karyological data. *Molecular Phylogenetics and Evolution*, 23: 37-42.
23. **Rakotondravony, H. A. 2006.** Patterns de la diversité des reptiles et amphibiens de la région de Loky-Manambato. Dans Inventaires de la faune et de la flore du nord de Madagascar dans la région Loky-Manambato, Analamerana et Andavakoera, eds. S. M. Goodman & L. Wilmé. *Recherches pour le Développement, Série Sciences Biologiques*, 23: 101-148.
24. **Raselimanana, A. P. 2000.** Contribution à la systématique, à l'analyse phylogénétique et biogéographique des Gerrhosauridés malgaches. Ph.D. thesis, Université d'Antananarivo, Antananarivo.
25. **Raselimanana, A. P., Raxworthy, C. J. & Nussbaum, R. A. 2000.** A revision of the dwarf *Zonosaurus* Boulenger (Reptilia: Squamata: Cordylidae) from Madagascar, including description of three new species. *Scientific Papers, Natural History Museum, The University of Kansas*, 18: 1-16.
26. **Raselimanana, A. P., Nussbaum, R. A. & Raxworthy, C. J. 2006.** Observations and re-description of *Zonosaurus boettgeri* Steindachner 1891 and description of a second new species of long-tailed *Zonosaurus* from western Madagascar. *Occasional Papers of the Museum of Zoology, University of Michigan*, 739: 1-16.
27. **Raselimanana, A. P., Noonan, B., Karanth, K. P., Gauthier, J. & Yoder, A. D. 2009.** Phylogeny and evolution of Malagasy plated lizards. *Molecular Phylogenetics and Evolution*, 50: 336-344.
28. **Raxworthy, C. J., Ramanamanjato, J.-B. & Raselimanana, A. P. 1994.** Les reptiles et les amphibiens. Dans Inventaire biologique de forêt de Zombitse, eds. S. M. Goodman & O. Langrand. *Recherches pour le Développement, Série Sciences Biologiques*, n° spécial: 41-57.
29. **Recknagel, H., Elmer, K. R., Noonan, B. P., Raselimanana, A. P., Meyer, A. & Vences, M. in press.** Multi-gene phylogeny of Madagascar's plated lizards, *Zonosaurus* and *Tracheloptychus* (Squamata: Gerrhosauridae). *Molecular Phylogenetics and Evolution*.
30. **Stockwell, D. R. B. & Peterson, A. T. 2002.** Effects of sample size on accuracy of species distribution models. *Ecological Modelling*, 148: 1-13.

Oiseaux ou classe des Aves

Steven M. Goodman & Marie Jeanne Raherilalao

L'avifaune de Madagascar n'est pas principalement riche pour une grande île tropicale de sa taille (près de 595 000 km²), avec 282 espèces recensées. Toutefois, sur les 208 formes qui nichent sur l'île, 104, représentant 50 %, sont endémiques. Chez les espèces forestières, le pourcentage est encore plus élevé. Ce niveau d'endémisme s'étend au niveau des taxons supérieurs, tels que le genre, la sous-famille et la famille. Cela fait partie des caractéristiques particulières de l'avifaune de l'île. Par rapport aux autres groupes de vertébrés présentés dans cet atlas, les oiseaux de Madagascar sont probablement les taxons les plus connus et quelques espèces ont été décrites comme étant nouvelles pour la science au cours des 40 dernières années. Il s'agit notamment de *Xanthomixis apperti*, initialement nommée *Phyllastrephus apperti* (5), *Cryptosylvicola randrianasoloi*, représentant un nouveau genre et une nouvelle espèce (12), *Calicalicus rufocarpalis* (13) et *Mentocrex beankaensis* (15).

La dernière décennie a vu de nombreuses améliorations de la systématique des oiseaux malgaches, basées sur des analyses génétiques moléculaires, notamment celles de groupes endémiques de l'île. Ces informations ont apporté une nouvelle lumière sur leur origine et sur leur évolution. Un exemple pouvant être mentionné est l'identification d'une famille endémique auparavant inconnue, les Bernieridae, et qui comprennent les espèces préalablement placées dans trois différentes familles de passereaux (3, 4). En outre, la famille des Vangidae, endémique de Madagascar et des Comores, renferme un certain nombre de taxons autrefois inclus dans plusieurs familles (21, 36, 50), élargissant considérablement l'éventail des morphologies observées chez cette famille d'oiseaux.

Une différence importante entre les oiseaux et les autres animaux inclus dans cet atlas, est à souligner : la plupart des oiseaux sont actifs pendant le jour et sont reconnaissables par leur morphologie externe, la coloration de leur plumage, l'observation directe ou leurs chants. Par conséquent, l'utilisation des échantillons ou le fait d'avoir l'oiseau dans les mains n'est pas nécessaire dans la majorité des cas pour une identification définitive ; ce qui n'est pas le cas pour la plupart des espèces de petits mammifères. Ainsi, pour la base de données utilisée pour produire les cartes et pour faire les différentes analyses, les espèces identifiées à partir des observations des ornithologues compétents et des amateurs d'oiseaux ont été considérées.

Parmi les 208 espèces d'oiseaux nicheurs à Madagascar, plusieurs taxons fréquentent les zones humides ou les habitats ouverts. Différentes classifications ont été proposées pour l'avifaune de l'île suivant l'utilisation des habitats (par exemple, 33, 47, 48). Nous présentons ici des cartes et des analyses des modèles de distribution des espèces **forestières**. Ces dernières sont définies comme étant des taxons qui utilisent un habitat forestier ou boisé pendant au moins une partie de leur cycle de développement. Certaines sont des espèces entièrement dépendantes de forêts intactes et d'autres utilisent les forêts dégradées ou les habitats plus ouverts. Les cartes pour 101 espèces entrant dans cette définition sont présentées dans cet atlas.

Cartes de distribution

Les cartes de distribution sont produites à partir d'une base de données des espèces issues des observations visuelles, des captures aux filets, des recensements basés sur la vocalisation et des spécimens muséologiques. Les différents sites de la base de données sont représentés sur la Figure 1. Le fond de carte utilisée est celui de la couverture végétale actuelle (Veg 2). Dans quelques cas, pour les taxons n'ayant seulement que quelques données, les analyses de Maxent n'ont pas été effectuées.

Un tableau généré à partir de la base de données, combiné et associé à la distribution cartographique de chaque taxon est présenté pour chaque espèce. Il comprend les altitudes minimale et maximale de son aire de répartition, ainsi qu'un modèle d'élévation numérique (DEM). Ce dernier aspect est abordé dans la partie introduction (voir p. 21). En outre, une brève liste des habitats exploités par le taxon en question est donnée et développée dans le texte associé à chaque espèce, dans la rubrique Distribution & habitat (voir ci-dessous).

Birds or the Class Aves

Steven M. Goodman & Marie Jeanne Raherilalao

The bird fauna of Madagascar is not particularly rich for a large tropical island of its size (nearly 595,000 km²), with 282 recorded species. However, of the 208 forms that nest on the island, 104, an even 50%, are endemic and amongst forest-dwelling species, the percentage is even higher. This level of endemism extends to higher taxonomic levels: genus, subfamily, and family – this one of the special aspects of the island's avifauna. As compared to the other vertebrate groups presented in this atlas, the birds of Madagascar are probably the best known and few taxa have been described as new to science over the past 40 years. These include *Xanthomixis apperti*, originally named as *Phyllastrephus apperti* (5), *Cryptosylvicola randrianasoloi*, representing a new genus and species (12), *Calicalicus rufocarpalis* (13), and *Mentocrex beankaensis* (15).

The past decade has seen numerous refinements to the systematics of Malagasy birds based on molecular genetic analyses, particularly groups endemic to the island, which brings new light into their origin and evolution. For example, the identification of an unrecognized endemic family, the Bernieridae, which includes birds previously placed in three different families of songbirds (3, 4). In addition, the Vangidae, endemic to Madagascar and the Comoros, contains a number of taxa formerly placed in an assortment of other families (21, 36, 50), considerably enlarging the morphological breadth displayed by this family of birds.

An important difference of birds, as compared to the majority of other animals included in this atlas, is that most species are active during the day, recognizable by their external morphology and feather coloration patterns, and readily identifiable based on direct observation or their distinctive songs. Hence, specimen documentation or physically having the bird in the hand is not necessary in the vast majority of cases for definitive identification, as is needed, for example, for most small mammal species. Accordingly, for the database used to produce the maps and different analyses, sight observations by competent ornithologists and bird-watchers have been accepted.

Of the 208 bird species nesting on Madagascar, several occur in wetland or non-forested habitats. Different classifications have been proposed for the habitat use of the island's avifauna (e.g., 33, 47, 48). Here we present maps and analyses for **forest-dwelling** species. This is defined as taxa that utilize forested or wooded habitat for at least a portion of their life cycle. In some cases, these represent species that are truly dependent on intact forest and, in other cases, those using degraded forest or more open habitats. We present maps for 101 species that fall under this definition.

Distributional maps

The distributional maps are derived from a database that includes sight observations, mist-netted birds, records based on identification of vocalizing individuals, and museum specimens. The different sites represented in the database are illustrated in Figure 1. The base map used to produce the distributional map is that of current vegetational cover (Veg 2). In a few cases, for taxa represented by a limited number of records, Maxent analyses are not given.

A table is presented for each species using the combined database and associated with the mapped distribution of each taxon, which includes their minimum and maximum elevational ranges, as well as a digital elevation model (DEM); this latter aspect is discussed in the introductory section (see p. 21). Further, a brief list is given of the habitats used by the taxon in question, which is elaborated upon in the text associated with each species under the heading Distribution & habitat (see below).

Maximum Entropy Modeling (Maxent) – maps and analysis

The manner these analyses were conducted is presented in the introductory section (see p. 26), but a few points are worthwhile to mention here. We have not conducted Maxent analyses for species represented by less than 10 occurrence records (18, 40). For each mapped species, points used as training localities and testing localities are differentiated.

For species included in this type of analysis, two different tables of associated information are presented below the mapped model. The first table includes a listing of the number of points analyzed,

Modélisation par Maximum d'Entropie – cartes et analyses

La manière dont ces analyses ont été effectuées est développée dans l'introduction (voir p. 28), mais quelques remarques méritent d'être mentionnées ici. Les analyses de Maxent n'ont pas été présentées pour les espèces dont le nombre de relevés d'occurrence est inférieur à 10 (18, 40). Pour chaque espèce cartographiée, les données utilisées comme étant des « points de présence » et des « points de présence choisis au hasard » sont différenciées.

Pour les espèces incluses dans ce type d'analyse, deux différents tableaux d'informations associées sont présentés en dessous de la carte de modèle de distribution. Le premier comprend une liste du nombre de points analysés, avec une référence particulière sur des points de présence, des points de présence choisis au hasard et des points analysés combinés. Le deuxième est relatif aux 12 variables environnementales qui expliquent davantage la répartition de chaque espèce. Comme tous les oiseaux traités ici sont classés en tant qu'espèces forestières, la carte de la végétation originale (Veg 1) a été utilisée comme étant l'une des couches de données sur l'environnement (voir p. 26 pour plus d'informations). Dans le Tableau 1, nous présentons la définition de chaque variable et les acronymes utilisés dans le texte. Les analyses ont été effectuées avec Maxent de deux manières différentes :

1) Analyses univariées - La variable environnementale ayant le gain le plus élevé est présenté en caractères **gras** et celle qui, lorsqu'elle est omise, diminue beaucoup le gain est en caractères <u>soulignés</u>. Lorsque la ou les variable (s) n'est (sont) pas l'une de celles indiquées dans les analyses multivariées (voir ci-dessous), le nom de la variable apparaît sur une autre ligne (voir, par exemple, *Centropus toulou*, p. 86). Dans les cas où ces variables sont les mêmes que celles figurant dans les analyses multivariées, le même système des textes en **gras** et <u>soulignés</u> est adopté et les résultats des analyses sont mis entre parenthèses.
2) Analyses multivariées - Les quatre variables sur les 12 utilisées dans les analyses (Tableau 1) qui expliquent la répartition de l'espèce en question, sont répertoriées. Ils sont donnés suivant l'ordre d'importance, avec les valeurs de pourcentages de leur contribution (PC) et celles de l'importance de la permutation (PI).

Texte associé pour chaque espèce cartographiée

De nombreuses littératures sur les oiseaux de Madagascar existent et les lecteurs sont invités à se référer au livre sur l'avifaune régionale (37), et à la synthèse sur la faune endémique malgache (33) et aux différents guides sur le terrain (23, 24, 30, 39). Au lieu de reprendre ici les nombreux aspects de ces informations massives, les points importants pour l'interprétation des cartes de répartition et de modèles de Maxent sont présentés dans un style télescopique. Le texte qui accompagne la carte de chaque espèce est divisé en plusieurs sections et les détails sur chaque sous-titre sont abordés ci-dessous. Dans certains cas, lorsqu'aucune information supplémentaire n'est pas nécessaire ou n'est pas disponible pour un sous-titre donné, il est exclu du texte.

Maxent : La valeur calculée de « l'aire sous la courbe » (ASC), générée par le modèle de Maxent est donnée ici.

Distribution & habitat : L'information sur le statut de l'espèce en question est d'abord présentée (**en gras**), en particulier si elle est endémique ou non endémique de Madagascar et si possible, sa distribution en dehors de la région malgache. La région malgache se réfère à Madagascar et aux îles voisines (archipel des Comores, Mascareignes et Seychelles). Ensuite, les détails sur les aspects de l'environnement général que l'espèce utilise, ainsi que sur les types d'habitat précis basés sur la carte de la végétation (voir p. 21 pour de plus amples informations) sont fournis. Les types d'habitat comprennent les forêts : humide, sèche, humide/subhumide et sèche épineuse. Bien que nous ayons tenté de l'approfondir davantage, la base de données ne devrait pas encore être considérée comme étant complète, et les écarts artificiels existent dans les distributions cartographiées pour certains taxons.

Altitude : Les informations sont présentées lorsque les données publiées sur l'espèce sont différentes de celles contenues dans le tableau associé.

Systématique : Les aspects pertinents sur la taxonomie et sur la systématique de l'espèce concernée sont passés en revue dans

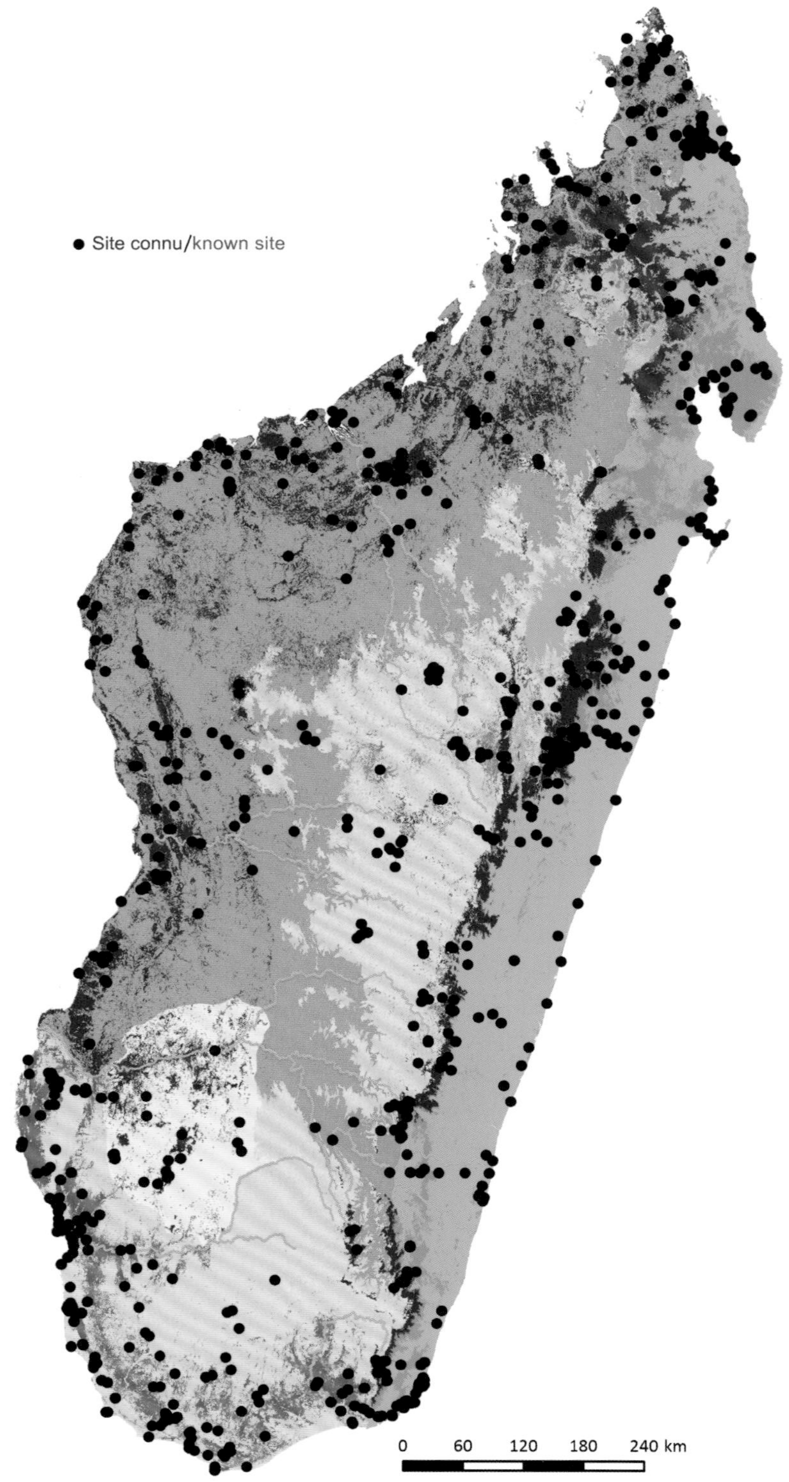
● Site connu/known site
0 60 120 180 240 km

Figure 1. Représentation des différents sites de la base de données utilisée pour générer les cartes de répartition et faire les analyses de Maxent./ Representation of the different sites represented in the database used to formulate the distributional maps and the Maxent analyses.

with special reference to training points, testing points, and combined test points. The second table is associated with the 12 environmental variables best explaining the distribution of each species. As all of the birds treated herein are classified as forest-dwelling, the original vegetation map (Veg 1) was used as one of the environmental overlays (see p. 22 for further information). In Table 1, we present the definition of each variable and the acronyms used in the associated text. The Maxent analyses were conducted in two different manners:

1) Single variable comparisons – The environmental variable with the highest gain is presented in **bold** script and the environmental variable when omitted that decreases the gain to the greatest degree in <u>underline</u> script. When this or these variable(s) is (are) not one of those listed for the multivariate analyses (see below), the variable name appears on a separate line (see for example, *Centropus toulou*, p. 86). In cases when these variables are the same as those listed for the multivariate comparisons, the same system of bold and underlined text is used and the single variable comparison figures are presented in parentheses.
2) Multivariable comparisons – The four variables of the 12 used in the analysis (Table 1) that best explain the distribution of the species in question are listed. These are given in the order of importance, with the values of the percent contribution (PC) and permutation importance (PI) presented.

cette section. Dans de nombreux cas, les sous-espèces d'un taxon donné ont été ressuscitées au rang des espèces et les références à celles-ci sont également fournies. Au cours des dernières années, des études moléculaires ont été réalisées sur l'avifaune de l'océan Indien occidental, incluant Madagascar. Cette information a donné un aperçu des modèles de répartition géographique associée à l'habitat, à l'altitude et aux aspects des analyses de Maxent. Les relations nouvellement proposées au-dessus du niveau genre n'ont pas été approfondies. Dans une famille, les différentes formes sont arrangées alphabétiquement par genre et par espèce.

Autres commentaires : Cette section couvre divers points qui méritent d'être abordés, tels que les différences entre les nomenclatures employées par les auteurs, l'apparition allopatrique-sympatrique des taxons sœurs, l'état des connaissances sur l'espèce en question, et les problèmes potentiels sur certaines identifications sur le terrain.

Conservation : Les catégories du statut de conservation suivant la « liste rouge » de l'UICN des espèces prises en compte sont présentées ici. Ces catégories sont définies dans l'introduction (p. 15). Les taxons qui composent l'avifaune n'ont pas nécessairement des informations équivalentes sur leur répartition, la densité de population et les menaces. Il en résulte que les évaluations de leur statut de conservation ne soient pas nécessairement comparables. Compte tenu des déclins dans le passé récent et actuel des habitats forestiers naturels de Madagascar, tous les organismes vivants dans les écosystèmes forestiers sont en péril, certains nettement plus que d'autres. Dans tous les cas, ces différentes catégories de la liste rouge constituent une référence pour comprendre certains aspects, mais elles ne devraient pas être considérées comme étant des mesures définitives du niveau de menace.

Tableau 1. Liste des différentes variables environnementales utilisées dans les analyses de Maxent, ainsi que les différents acronymes./List of different environmental variables used in the Maxent analyses, as well as different acronyms.

Variables environnementales/environmental variables

Etptotal : Evapotranspiration totale annuelle (mm)/annual evapotranspiration total (mm)
Maxprec : Précipitation maximale du mois le plus humide (mm)/maximum precipitation of the wettest month (mm)
Minprec : Précipitation minimale du mois le plus sec (mm)/minimum precipitation of the driest month (mm)
Maxtemp : Température maximale du mois le plus chaud (°C)/maximum temperature of the warmest month (°C)
Mintemp : Température minimale du mois le plus froid (°C)/minimum temperature of the coldest month (°C)
Realmar : Précipitation moyenne annuelle (mm)/mean annual precipitation (mm)
Realmat : Température moyenne annuelle (°C)/mean annual temperature (°C)
Wbpos : Nombre de mois avec un bilan hydrique positif/numbers of months with a positive water balance
Wbyear : Bilan hydrique annuel (mm)/water balance for the year (mm)
Elev : Altitude (m)/elevation (m)
Geol : Géologie/geology
Veg 1 : Végétation originelle/original vegetation
Veg 2 : Végétation actuelle/current vegetation

Abréviations/acronyms

ASC/AUC : Aire sous la courbe/area under the curve
MNE/DEM : Modèle numérique d'élévation/digital elevation model
PI/PI : Importance de la permutation/permutation importance
PC/PC : Pourcentage de contribution/percent contribution

Pour les espèces endémiques à répartitions géographiques limitées, dans de nombreux cas, leurs « Zones d'Occurrence », telles que définies par l'UICN (42) ont été calculées. Lorsque les polygones passent au-dessus de la mer, ces zones ne sont pas incluses dans ces estimations. Les distributions cartographiées de certaines espèces ne sont pas nécessairement continues et pour celles concernant des populations apparemment disjointes, des polygones distincts ont été délimités. Par conséquent, dans de tels cas, les estimations de la superficie occupée par un taxon donné sont certainement conservatrices.

Associated text for each mapped species

A considerable literature exists on Madagascar birds and readers are referred to a major handbook on the regional avifauna (37), a synthesis on the endemic Malagasy fauna (33), and different field guides (23, 24, 30, 39). Rather than repeating numerous aspects herein from this body of information, we present details in a telescopic style that are important for the interpretation of the distributional maps and Maxent models. The text accompanying each mapped species is divided into several sections and details on each header are presented below. In cases, when no additional information is needed or available for a given header, it is excluded from the text.

Maxent: Here we present the calculated value of the "area under the curve" (AUC), which was generated by the Maxent model.

Distribution & habitat: Information is first presented (in **bold**) on the status of the species in question, specifically if it is endemic or non-endemic to Madagascar and when appropriate its extralimital distribution. The Malagasy region refers to Madagascar and neighboring islands (the archipelagos of the Comoros, Mascarene, and Seychelles). We subsequently elaborate on aspects of the generalized environment the species uses, and then numerate the precise habitat types based on our vegetation map (see p. 21 for further information on this point), which include humid, dry, humid-subhumid, and dry spiny. While we have strived to be thorough, our database should not be considered complete, and artificial gaps exist in the mapped distributions for certain taxa.

Elevation: Here we only present information when published data on the species is different from that given in the associated table.

Systematics: Here we review relevant aspects of the taxonomy and systematics of the species concerned. In many cases, subspecies of a given taxon have been named and reference to these is presented. In recent years, molecular studies have been conducted on the western Indian Ocean avifauna, including Madagascar, and this information provides insight into patterns of geographical distribution related to habitat, elevation, and aspects of the Maxent analyses presented herein. We do not review newly proposed relationships above the genus level. Within a family, the different forms are listed alphabetically by genus and then by species.

Other comments: This covers miscellaneous points, when relevant, such as nomenclatural differences between authors, allopatric-sympatric occurrence of sister taxa, state of knowledge of the species in question, and potential problems with certain field identifications.

Conservation: We present IUCN "red-list" categories of the conservation status of treated species. These categories are defined in the introductory section (p. 15). The taxa making up the avifauna do not necessarily have equivalent information on their distribution, population densities, and threats. This results in not necessarily comparable conservation status assessments. Given the recent and on going decline of native forest habitats on Madagascar, all organisms living in forest ecosystems are in peril, some distinctly more so than others. In any case, these different red-list categories provide a benchmark to understand certain aspects, but should not be construed as definitive measures of the level of threat.

For endemic species with limited geographical ranges, we calculate in some cases their Extent of Occurrence, as defined by the IUCN (42). When polygons pass over the sea, these areas are not included in the estimates. The mapped geographical distributions for certain species are not necessarily continuous and for those with seemingly disjunct populations, separate polygons have been delineated. Hence, in such cases, our estimates of the surface area occupied by a given taxon are certainly conservative.

Lophotibis cristata

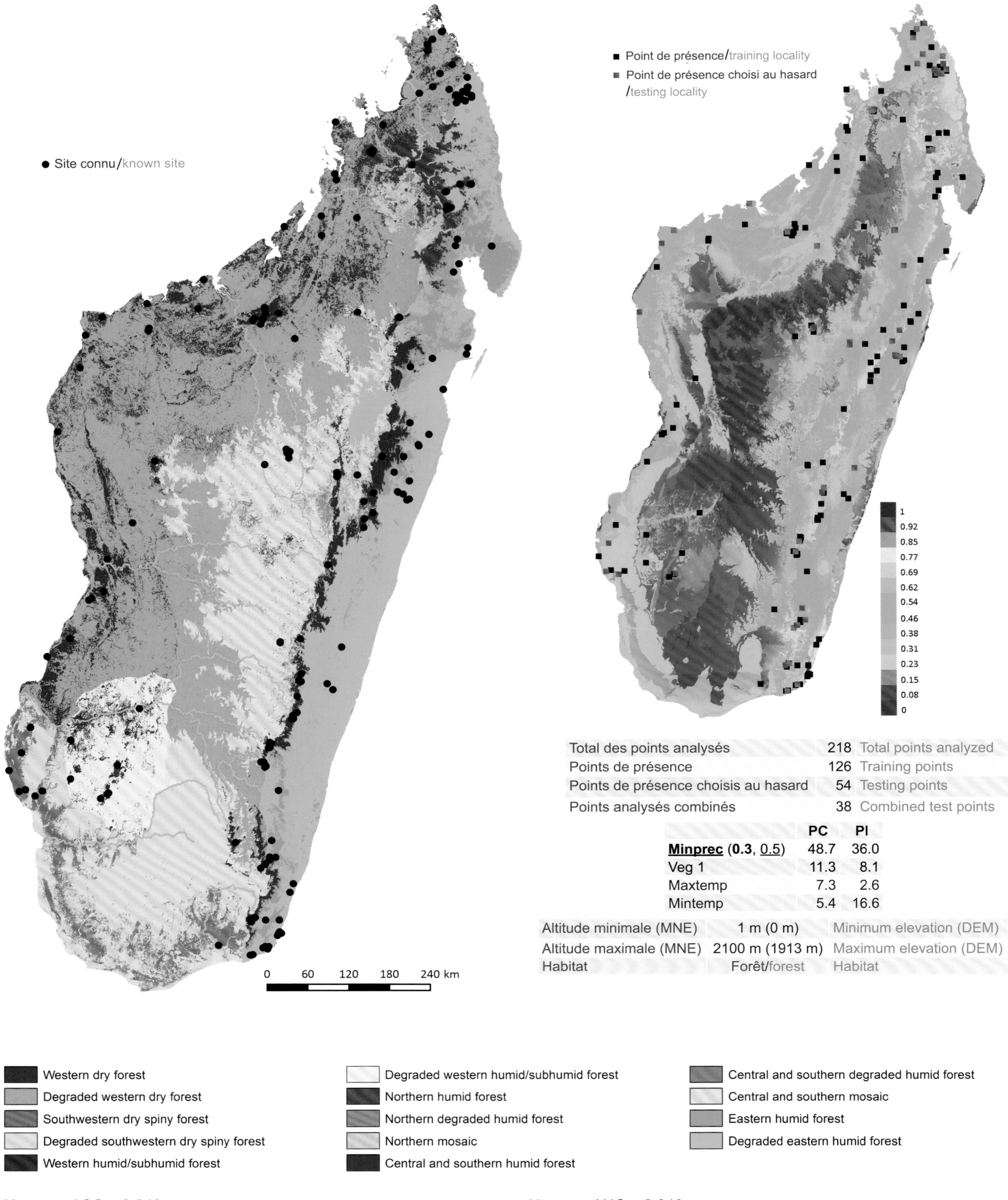

Site connu/known site
0 60 120 180 240 km
Point de présence/training locality
Point de présence choisi au hasard /testing locality
1
0.92
0.85
0.77
0.69
0.62
0.54
0.46
0.38
0.31
0.23
0.15
0.08
0
Western dry forest
Degraded western dry forest
Southwestern dry spiny forest
Degraded southwestern dry spiny forest
Western humid/subhumid forest
Degraded western humid/subhumid forest
Northern humid forest
Northern degraded humid forest
Northern mosaic
Central and southern humid forest
Central and southern degraded humid forest
Central and southern mosaic
Eastern humid forest
Degraded eastern humid forest

Total des points analysés	218	Total points analyzed
Points de présence	126	Training points
Points de présence choisis au hasard	54	Testing points
Points analysés combinés	38	Combined test points

	PC	PI
Minprec (**0.3**, 0.5)	48.7	36.0
Veg 1	11.3	8.1
Maxtemp	7.3	2.6
Mintemp	5.4	16.6

Altitude minimale (MNE)	1 m (0 m)	Minimum elevation (DEM)
Altitude maximale (MNE)	2100 m (1913 m)	Maximum elevation (DEM)
Habitat	Forêt/forest	Habitat

Maxent : ASC = 0,840
Distribution & habitat : Endémique. Largement forestière, mais également trouvée dans l'écotone entre la forêt et la savane adjacente, comme le long des rivières et dans les zones humides. Types d'habitat : humide, sec, humide/subhumide et sec épineux.
Systématique : La divergence moléculaire entre les deux sous-espèces reconnues, *L. c. cristata* des forêts humides et *L. c. urschi* des forêts sèches de l'Ouest, serait à étudier afin de mieux comprendre les modèles de variation géographique.
Conservation : Quasi menacée avec des populations en déclin (19). Fortement menacée par la chasse dans les différentes parties de son aire de répartition et déclin des populations constaté au cours de la dernière décennie.

Maxent: AUC = 0.840
Distribution & habitat: Endemic. Largely forest-dwelling, but also found in forest ecotonal areas, such as along rivers and in wetlands. Habitat types: humid, dry, humid-subhumid, and dry spiny.
Systematics: Molecular divergence between the two recognized subspecies, *L. c. cristata* of humid forest formations and *L. c. urschi* of dry western forests, need to be examined to better understand patterns of geographical variation.
Conservation: Near Threatened with population trend decreasing (19). Under considerable hunting pressure across portions of its range and noted population declines in the past decade.

Accipiter francesii

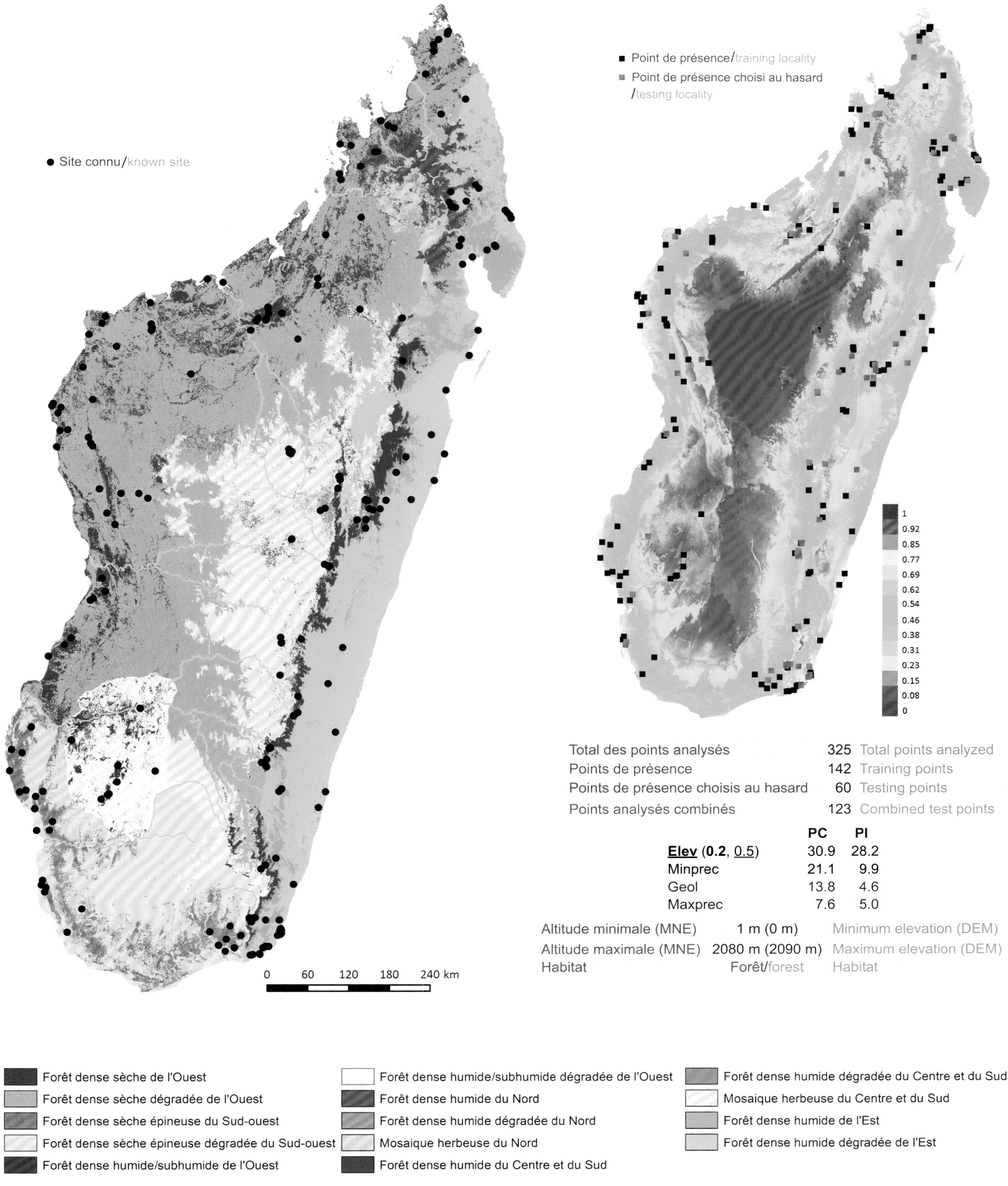

Site connu/known site
0 60 120 180 240 km
Point de présence/training locality
Point de présence choisi au hasard /testing locality
1
0.92
0.85
0.77
0.69
0.62
0.54
0.46
0.38
0.31
0.23
0.15
0.08
0
Total des points analysés 325 Total points analyzed
Points de présence 142 Training points
Points de présence choisis au hasard 60 Testing points
Points analysés combinés 123 Combined test points
PC PI
Elev (0.2, 0.5) 30.9 28.2
Minprec 21.1 9.9
Geol 13.8 4.6
Maxprec 7.6 5.0
Altitude minimale (MNE) 1 m (0 m) Minimum elevation (DEM)
Altitude maximale (MNE) 2080 m (2090 m) Maximum elevation (DEM)
Habitat Forêt/forest Habitat
Forêt dense sèche de l'Ouest
Forêt dense sèche dégradée de l'Ouest
Forêt dense sèche épineuse du Sud-ouest
Forêt dense sèche épineuse dégradée du Sud-ouest
Forêt dense humide/subhumide de l'Ouest
Forêt dense humide/subhumide dégradée de l'Ouest
Forêt dense humide du Nord
Forêt dense humide dégradée du Nord
Mosaique herbeuse du Nord
Forêt dense humide du Centre et du Sud
Forêt dense humide dégradée du Centre et du Sud
Mosaique herbeuse du Centre et du Sud
Forêt dense humide de l'Est
Forêt dense humide dégradée de l'Est

Maxent : ASC = 0,814
Distribution & habitat : **Endémique** de la région malgache (Madagascar et Comores). Largement forestière, mais également trouvée dans les formations boisées ouvertes et les zones de plantation d'arbres exotiques (Madagascar). Types d'habitat : humide, sec, humide/subhumide et sec épineux. Absente dans certaines parties de Hautes Terres centrales, probablement liée à la raréfaction des formations boisées et aussi au faible nombre d'observations.
Autres commentaires : Les trois *Accipiter* spp. malgaches peuvent se trouver en sympatrie.
Conservation : Préoccupation mineure avec des populations stables (19).

Maxent: AUC = 0.814
Distribution & habitat: **Endemic** to Malagasy region (Madagascar, Comoros). Largely forest-dwelling, but also found in open wooded areas, as well as zones of introduced vegetation, such as tree plantations (Madagascar). Habitat types: humid, dry, humid-subhumid, and dry spiny. Absence across portions of the Central Highlands probably associated with lack of woodlands and perhaps reduced number of observers.
Other comments: The three Malagasy *Accipiter* spp. can occur in sympatry.
Conservation: Least Concerned with population trend stable (19).

Accipiter henstii

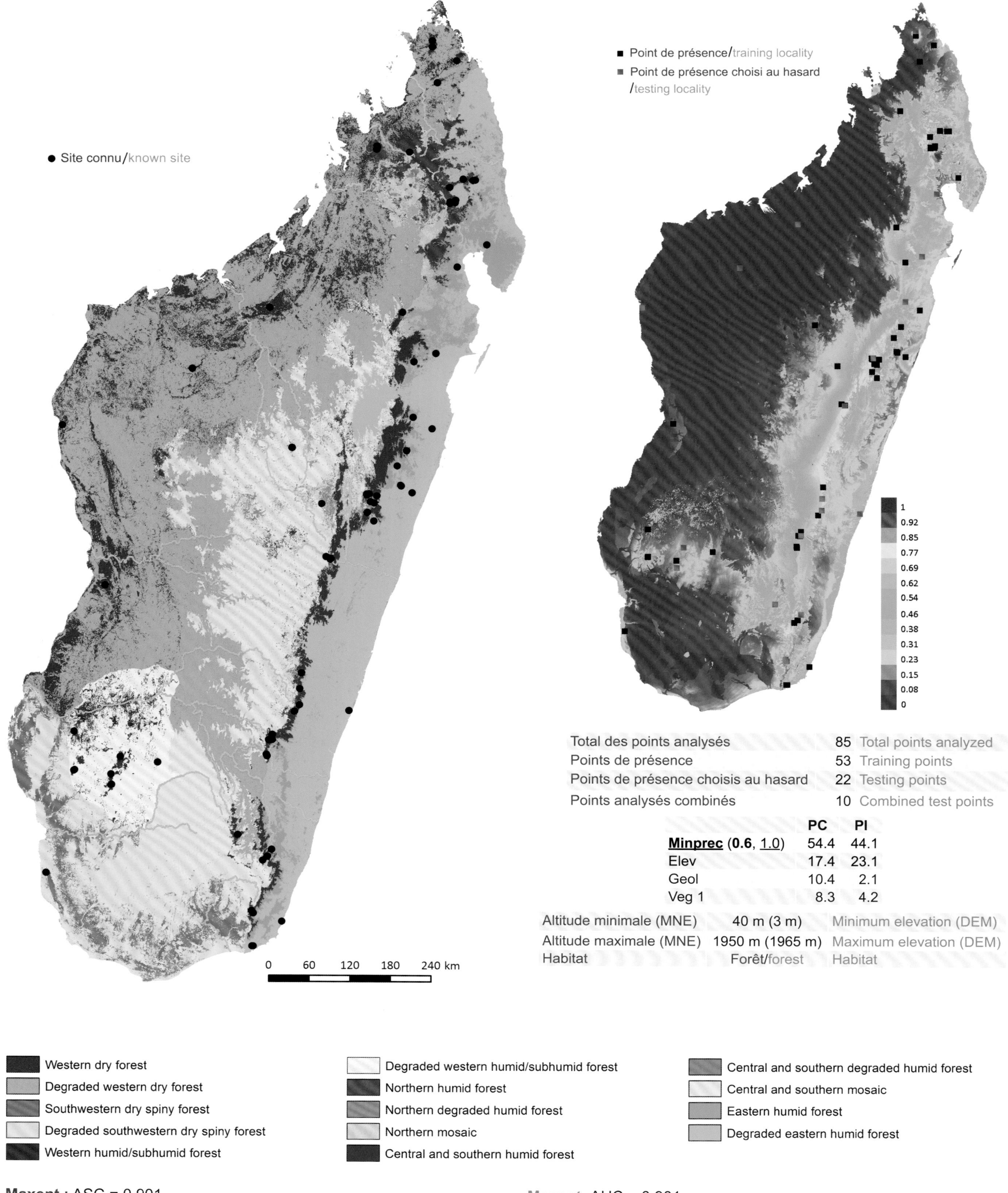

Site connu/known site
0 60 120 180 240 km
Point de présence/training locality
Point de présence choisi au hasard /testing locality
1
0.92
0.85
0.77
0.69
0.62
0.54
0.46
0.38
0.31
0.23
0.15
0.08
0
Western dry forest
Degraded western dry forest
Southwestern dry spiny forest
Degraded southwestern dry spiny forest
Western humid/subhumid forest
Degraded western humid/subhumid forest
Northern humid forest
Northern degraded humid forest
Northern mosaic
Central and southern humid forest
Central and southern degraded humid forest
Central and southern mosaic
Eastern humid forest
Degraded eastern humid forest

Total des points analysés	85	Total points analyzed
Points de présence	53	Training points
Points de présence choisis au hasard	22	Testing points
Points analysés combinés	10	Combined test points

	PC	PI
Minprec (**0.6**, 1.0)	54.4	44.1
Elev	17.4	23.1
Geol	10.4	2.1
Veg 1	8.3	4.2

Altitude minimale (MNE)	40 m (3 m)	Minimum elevation (DEM)
Altitude maximale (MNE)	1950 m (1965 m)	Maximum elevation (DEM)
Habitat	Forêt/forest	Habitat

Maxent : ASC = 0,901
Distribution & habitat : Endémique. Largement forestière, mais également trouvée dans les formations boisées ouvertes et les zones de plantation d'arbres exotiques. Types d'habitat : humide, sec, humide/subhumide et sec épineux. Absente dans certaines parties de Hautes Terres centrales, probablement liée à la raréfaction des formations boisées et aussi au faible nombre d'observations.
Autres commentaires : Peu de relevés sur cette espèce solitaire. Les trois *Accipiter* spp. malgaches peuvent se trouver en sympatrie.
Conservation : Quasi menacée avec des populations en déclin (19).

Maxent: AUC = 0.901
Distribution & habitat: Endemic. Largely forest-dwelling, but also found in open wooded areas, as well as zones of introduced vegetation, such as tree plantations. Habitat types: humid, dry, humid-subhumid, and dry spiny. Absence across portions of the Central Highlands probably associated with lack of woodlands and perhaps reduced number of observers.
Other comments: Few records of this reclusive species. The three Malagasy *Accipiter* spp. can occur in sympatry.
Conservation: Near Threatened with population trend decreasing (19).

Accipiter madagascariensis

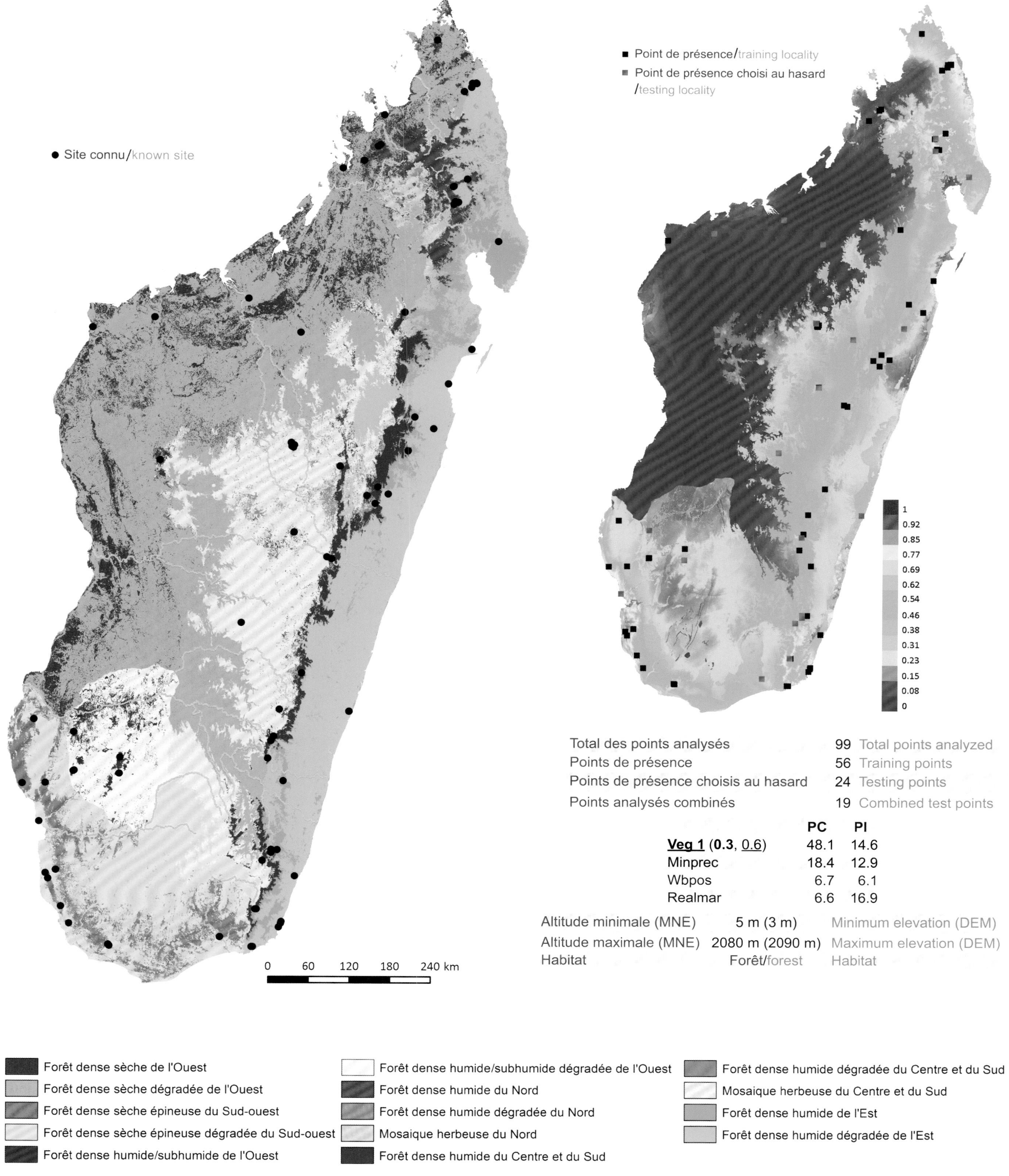

● Site connu/known site
0 60 120 180 240 km
■ Point de présence/training locality
■ Point de présence choisi au hasard /testing locality
1
0.92
0.85
0.77
0.69
0.62
0.54
0.46
0.38
0.31
0.23
0.15
0.08
0
Total des points analysés 99 Total points analyzed
Points de présence 56 Training points
Points de présence choisis au hasard 24 Testing points
Points analysés combinés 19 Combined test points
PC PI
Veg 1 (0.3, 0.6) 48.1 14.6
Minprec 18.4 12.9
Wbpos 6.7 6.1
Realmar 6.6 16.9
Altitude minimale (MNE) 5 m (3 m) Minimum elevation (DEM)
Altitude maximale (MNE) 2080 m (2090 m) Maximum elevation (DEM)
Habitat Forêt/forest Habitat
Forêt dense sèche de l'Ouest
Forêt dense sèche dégradée de l'Ouest
Forêt dense sèche épineuse du Sud-ouest
Forêt dense sèche épineuse dégradée du Sud-ouest
Forêt dense humide/subhumide de l'Ouest
Forêt dense humide/subhumide dégradée de l'Ouest
Forêt dense humide du Nord
Forêt dense humide dégradée du Nord
Mosaique herbeuse du Nord
Forêt dense humide du Centre et du Sud
Forêt dense humide dégradée du Centre et du Sud
Mosaique herbeuse du Centre et du Sud
Forêt dense humide de l'Est
Forêt dense humide dégradée de l'Est

Maxent : ASC = 0,855
Distribution & habitat : **Endémique**. Largement forestière, mais également trouvée dans les formations boisées ouvertes, ainsi que dans les zones de plantation d'arbres exotiques. Types d'habitat : humide, sec, humide/subhumide et sec épineux. Absente dans certaines parties de Hautes Terres centrales, probablement liée à la raréfaction des formations boisées et aussi au faible nombre d'observations.
Autres commentaires : Les trois *Accipiter* spp. malgaches peuvent se trouver en sympatrie.
Conservation : Quasi menacée avec des populations en déclin (19).

Maxent: AUC = 0.855
Distribution & habitat: **Endemic**. Largely forest-dwelling, but also found in open wooded areas, as well as areas of introduced vegetation, such as tree plantations. Habitat types: humid, dry, humid-subhumid, and dry spiny. Absence across portions of the Central Highlands probably associated with lack of woodlands and perhaps reduced number of observers.
Other comments: The three Malagasy *Accipiter* spp. can occur in sympatry.
Conservation: Near Threatened with population trend decreasing (19).

Aviceda madagascariensis

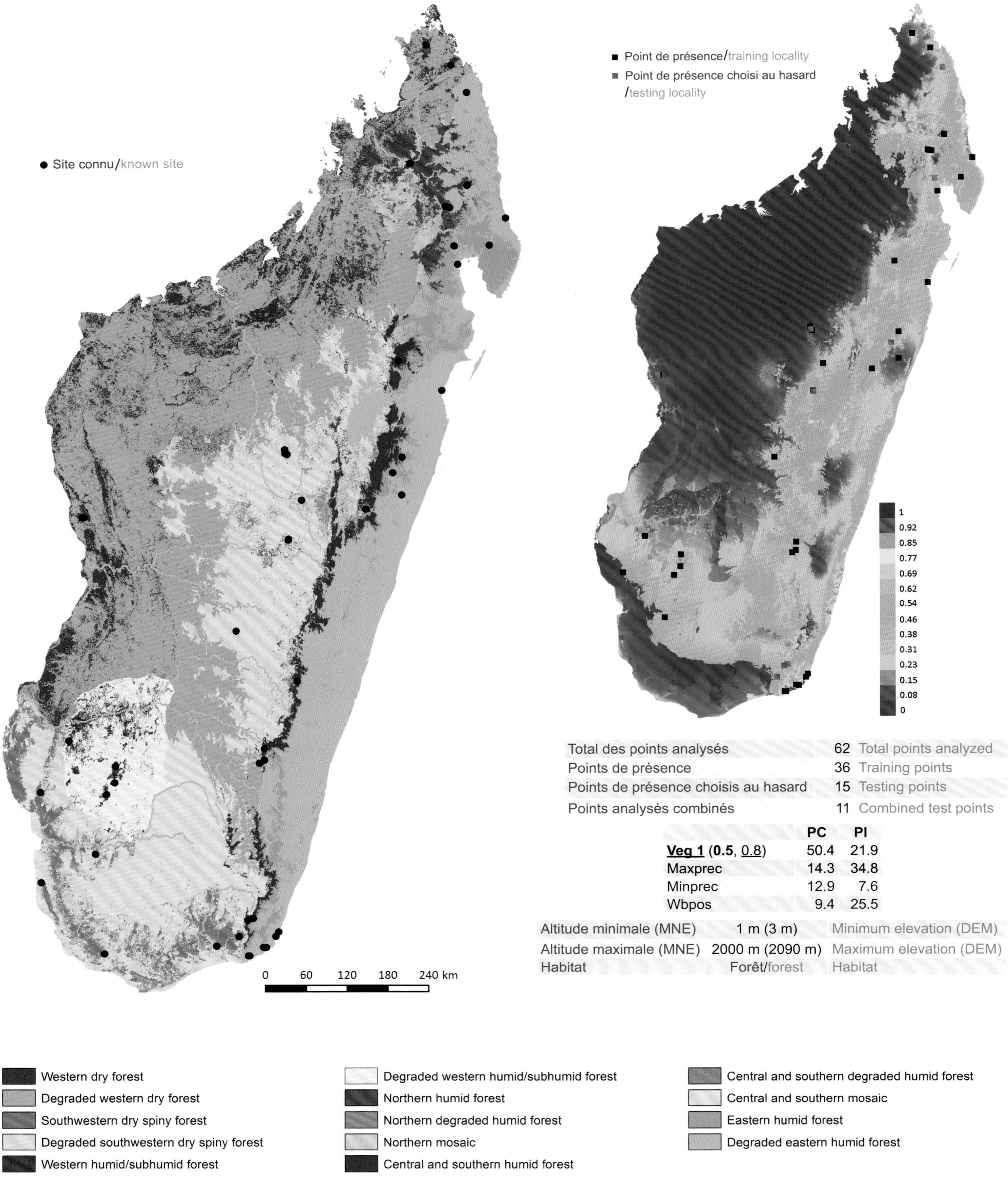

Site connu/known site
Point de présence/training locality
Point de présence choisi au hasard /testing locality
1
0.92
0.85
0.77
0.69
0.62
0.54
0.46
0.38
0.31
0.23
0.15
0.08
0
0 60 120 180 240 km

Total des points analysés	62	Total points analyzed
Points de présence	36	Training points
Points de présence choisis au hasard	15	Testing points
Points analysés combinés	11	Combined test points

	PC	PI
Veg 1 (**0.5**, 0.8)	50.4	21.9
Maxprec	14.3	34.8
Minprec	12.9	7.6
Wbpos	9.4	25.5

Altitude minimale (MNE)	1 m (3 m)	Minimum elevation (DEM)
Altitude maximale (MNE)	2000 m (2090 m)	Maximum elevation (DEM)
Habitat	Forêt/forest	Habitat

Western dry forest
Degraded western dry forest
Southwestern dry spiny forest
Degraded southwestern dry spiny forest
Western humid/subhumid forest
Degraded western humid/subhumid forest
Northern humid forest
Northern degraded humid forest
Northern mosaic
Central and southern humid forest
Central and southern degraded humid forest
Central and southern mosaic
Eastern humid forest
Degraded eastern humid forest

Maxent : ASC = 0,852
Distribution & habitat : Endémique. Largement forestière, mais également trouvée dans les formations boisées ouvertes, ainsi que dans les zones de plantation d'arbres exotiques. Types d'habitat : humide, sec, humide/subhumide et sec épineux.
Autres commentaires : Peu de relevés sur cette espèce solitaire.
Conservation : Préoccupation mineure avec des populations en déclin (19).

Maxent: AUC = 0.852
Distribution & habitat: Endemic. Largely forest-dwelling, but also found in open wooded areas, as well as areas of introduced vegetation, such as tree plantations. Habitat types: humid, dry, humid-subhumid, and dry spiny.
Other comments: Notably few records of this reclusive species.
Conservation: Least Concerned with population trend decreasing (19).

Buteo brachypterus

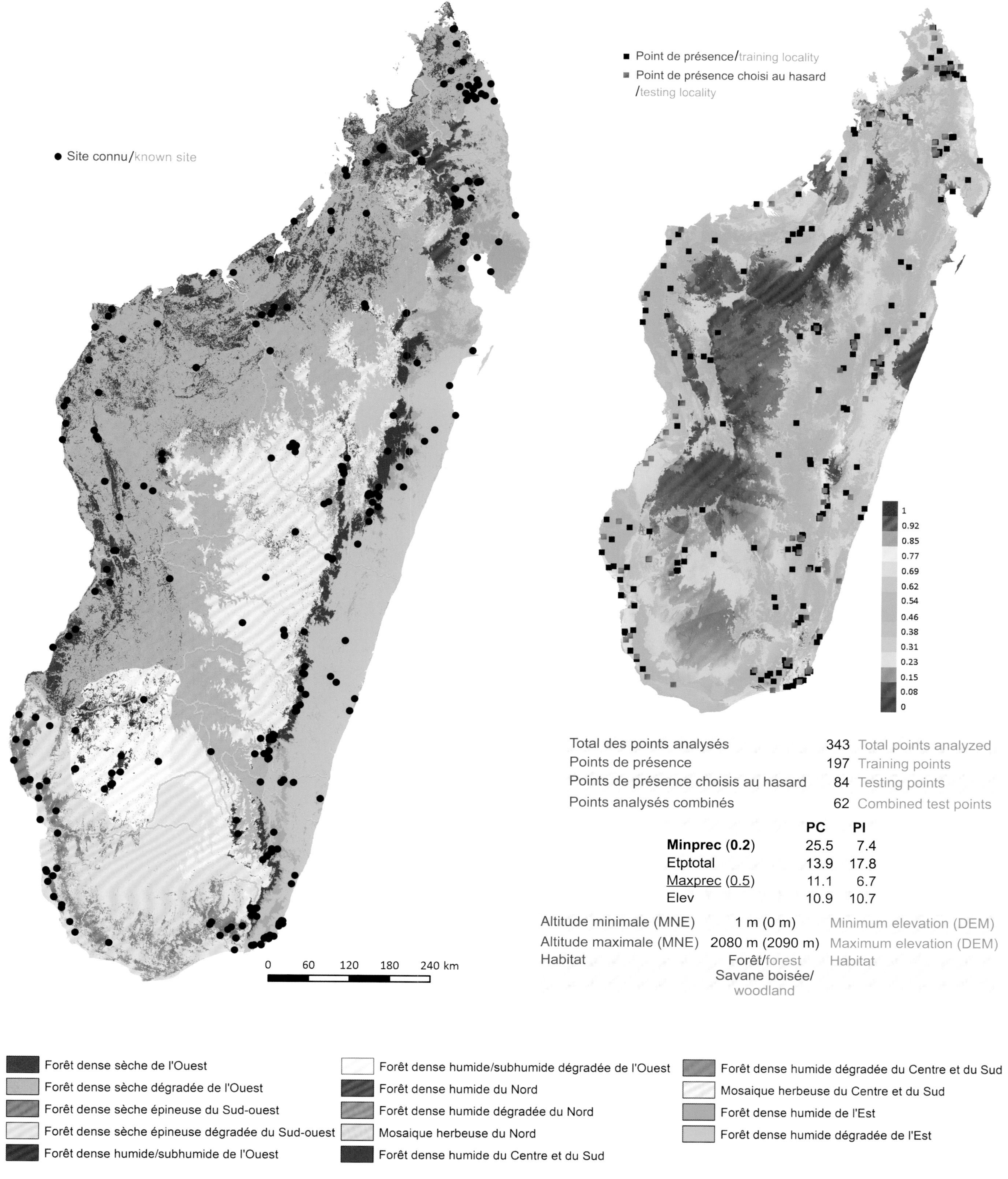

Site connu/known site
0 60 120 180 240 km
Point de présence/training locality
Point de présence choisi au hasard /testing locality
1
0.92
0.85
0.77
0.69
0.62
0.54
0.46
0.38
0.31
0.23
0.15
0.08
0
Total des points analysés 343 Total points analyzed
Points de présence 197 Training points
Points de présence choisis au hasard 84 Testing points
Points analysés combinés 62 Combined test points
PC PI
Minprec (0.2) 25.5 7.4
Etptotal 13.9 17.8
Maxprec (0.5) 11.1 6.7
Elev 10.9 10.7
Altitude minimale (MNE) 1 m (0 m) Minimum elevation (DEM)
Altitude maximale (MNE) 2080 m (2090 m) Maximum elevation (DEM)
Habitat Forêt/forest Savane boisée/ woodland Habitat
Forêt dense sèche de l'Ouest
Forêt dense sèche dégradée de l'Ouest
Forêt dense sèche épineuse du Sud-ouest
Forêt dense sèche épineuse dégradée du Sud-ouest
Forêt dense humide/subhumide de l'Ouest
Forêt dense humide/subhumide dégradée de l'Ouest
Forêt dense humide du Nord
Forêt dense humide dégradée du Nord
Mosaique herbeuse du Nord
Forêt dense humide du Centre et du Sud
Forêt dense humide dégradée du Centre et du Sud
Mosaique herbeuse du Centre et du Sud
Forêt dense humide de l'Est
Forêt dense humide dégradée de l'Est

Maxent : ASC = 0,852
Distribution & habitat : **Endémique**. Largement forestière, mais également trouvée dans les formations boisées ouvertes et les zones de plantation d'arbres exotiques. Types d'habitat : humide, sec, humide/subhumide et sec épineux.
Autres commentaires : Grand rapace le plus commun de l'île, particulièrement adapté à un certain niveau de dégradation de l'habitat et de fragmentation.
Conservation : Préoccupation mineure avec des populations stables (19).

Maxent: AUC = 0.852
Distribution & habitat: **Endemic**. Largely forest-dwelling, but also found in open wooded areas, as well as areas of introduced vegetation, such as tree plantations. Habitat types: humid, dry, humid-subhumid, and dry spiny.
Other comments: The most common large raptor on the island and notably adapted to certain levels of habitat degradation and fragmentation.
Conservation: Least Concerned with population trend stable (19).

Eutriorchis astur

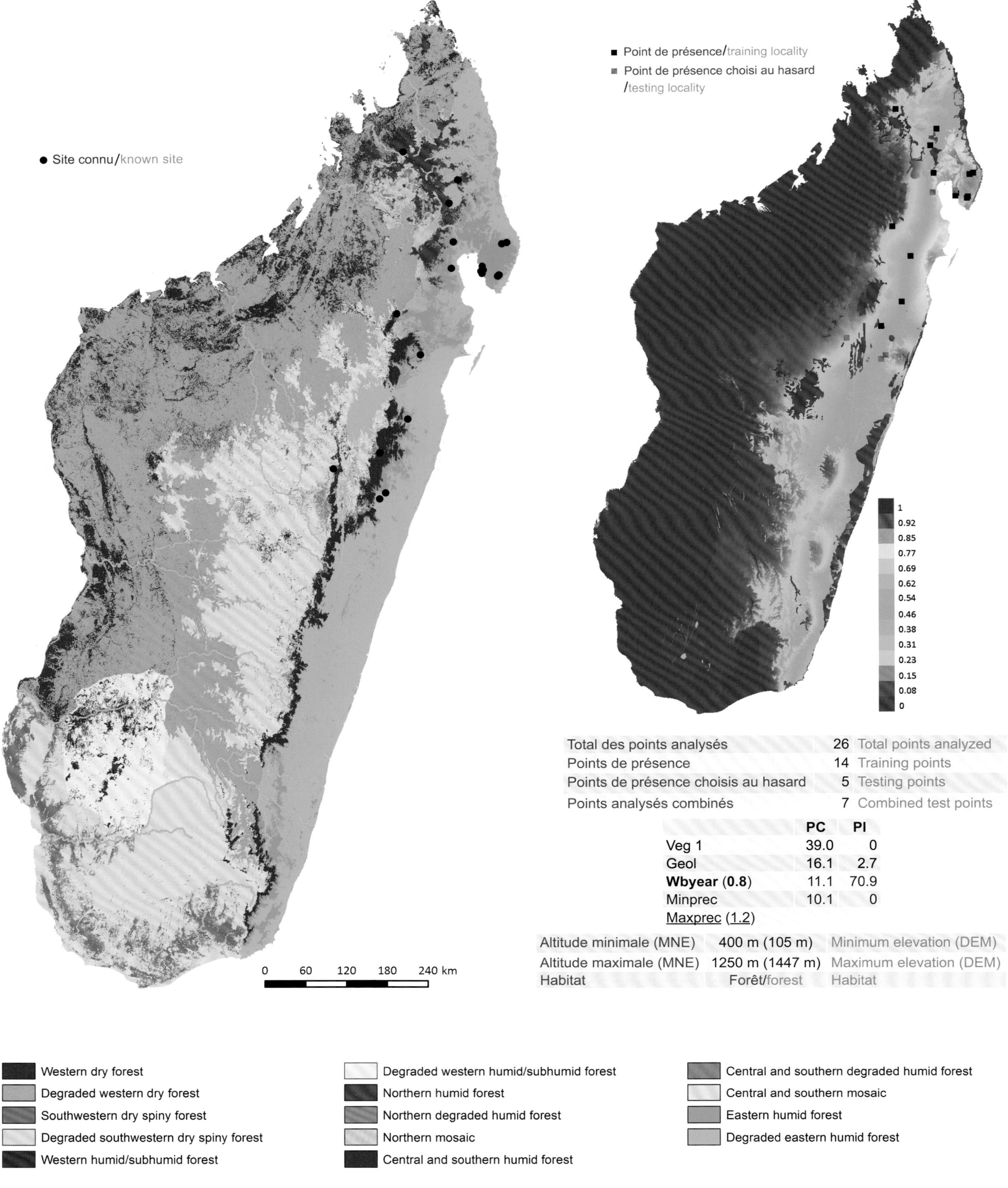
● Site connu/known site
0 60 120 180 240 km
■ Point de présence/training locality
■ Point de présence choisi au hasard /testing locality
1
0.92
0.85
0.77
0.69
0.62
0.54
0.46
0.38
0.31
0.23
0.15
0.08
0
Western dry forest
Degraded western dry forest
Southwestern dry spiny forest
Degraded southwestern dry spiny forest
Western humid/subhumid forest
Degraded western humid/subhumid forest
Northern humid forest
Northern degraded humid forest
Northern mosaic
Central and southern humid forest
Central and southern degraded humid forest
Central and southern mosaic
Eastern humid forest
Degraded eastern humid forest

Total des points analysés	26	Total points analyzed
Points de présence	14	Training points
Points de présence choisis au hasard	5	Testing points
Points analysés combinés	7	Combined test points

	PC	PI
Veg 1	39.0	0
Geol	16.1	2.7
Wbyear (0.8)	11.1	70.9
Minprec	10.1	0
Maxprec (1.2)		

Altitude minimale (MNE)	400 m (105 m)	Minimum elevation (DEM)
Altitude maximale (MNE)	1250 m (1447 m)	Maximum elevation (DEM)
Habitat	Forêt/forest	Habitat

Maxent : ASC = 0,931
Distribution & habitat : **Endémique**. Strictement forestière. Type d'habitat : humide.
Altitude : Différence notable entre les niveaux altitudinaux de la distribution d'après la base de données et ceux du modèle numérique d'élévation, probablement liée au relief souvent escarpé, comme sur la Presqu'île de Masoala.
Autres commentaires : Auparavant considérée comme rare, mais des études sur le terrain récentes indiquent qu'elle a une distribution plus étendue et se rencontre dans une plus large gamme d'habitats de la forêt humide que précédemment connue.
Conservation : En danger avec des populations en déclin (19).

Maxent: AUC = 0.931
Distribution & habitat: **Endemic**. Strictly forest-dwelling. Habitat type: humid.
Elevation: The notable differences in the altitudinal range of this species between the database information and those calculated with the digital elevation model is probably associated with the steep terrain it can be found, such as on the Masoala Peninsula.
Other comments: This species was previously considered rare, but recent field studies indicate that it has a broader distribution and occurs in a wider range of humid forest habitats than previously recognized.
Conservation: Endangered with population trend decreasing (19).

Polyboroides radiatus

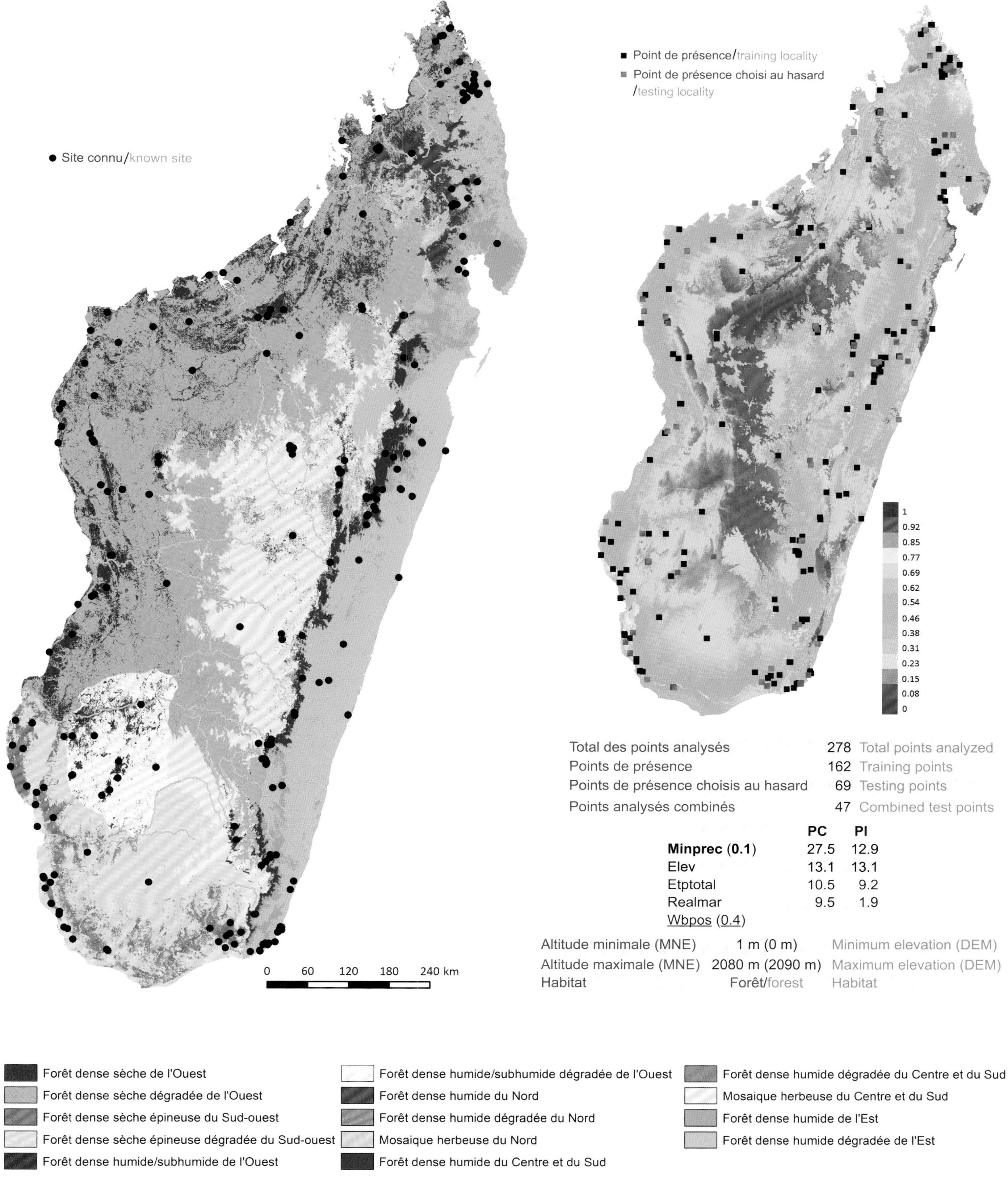

● Site connu/known site
0 60 120 180 240 km
■ Point de présence/training locality
■ Point de présence choisi au hasard /testing locality
1
0.92
0.85
0.77
0.69
0.62
0.54
0.46
0.38
0.31
0.23
0.15
0.08
0
Total des points analysés 278 Total points analyzed
Points de présence 162 Training points
Points de présence choisis au hasard 69 Testing points
Points analysés combinés 47 Combined test points
PC PI
Minprec (0.1) 27.5 12.9
Elev 13.1 13.1
Etptotal 10.5 9.2
Realmar 9.5 1.9
Wbpos (0.4)
Altitude minimale (MNE) 1 m (0 m) Minimum elevation (DEM)
Altitude maximale (MNE) 2080 m (2090 m) Maximum elevation (DEM)
Habitat Forêt/forest Habitat
Forêt dense sèche de l'Ouest
Forêt dense sèche dégradée de l'Ouest
Forêt dense sèche épineuse du Sud-ouest
Forêt dense sèche épineuse dégradée du Sud-ouest
Forêt dense humide/subhumide de l'Ouest
Forêt dense humide/subhumide dégradée de l'Ouest
Forêt dense humide du Nord
Forêt dense humide dégradée du Nord
Mosaique herbeuse du Nord
Forêt dense humide du Centre et du Sud
Forêt dense humide dégradée du Centre et du Sud
Mosaique herbeuse du Centre et du Sud
Forêt dense humide de l'Est
Forêt dense humide dégradée de l'Est

Maxent : ASC = 0,812
Distribution & habitat : **Endémique**. Largement forestière, mais également trouvée dans les formations boisées ouvertes et les zones de plantation d'arbres exotiques. Types d'habitat : humide, sec, humide/subhumide et sec épineux.
Autres commentaires : Un grand rapace relativement commun, apparemment adapté à un certain niveau de dégradation de l'habitat et de fragmentation.
Conservation : Préoccupation mineure avec des populations stables (19).

Maxent: AUC = 0.812
Distribution & habitat: **Endemic**. Largely forest-dwelling, but also found in open wooded areas, as well as areas of introduced vegetation, such as tree plantations. Habitat types: humid, dry, humid-subhumid, and dry spiny.
Other comments: Relatively common large bird of prey that appears adaptable to certain levels of habitat degradation and fragmentation.
Conservation: Least Concerned with population trend stable (19).

Falco zoniventris

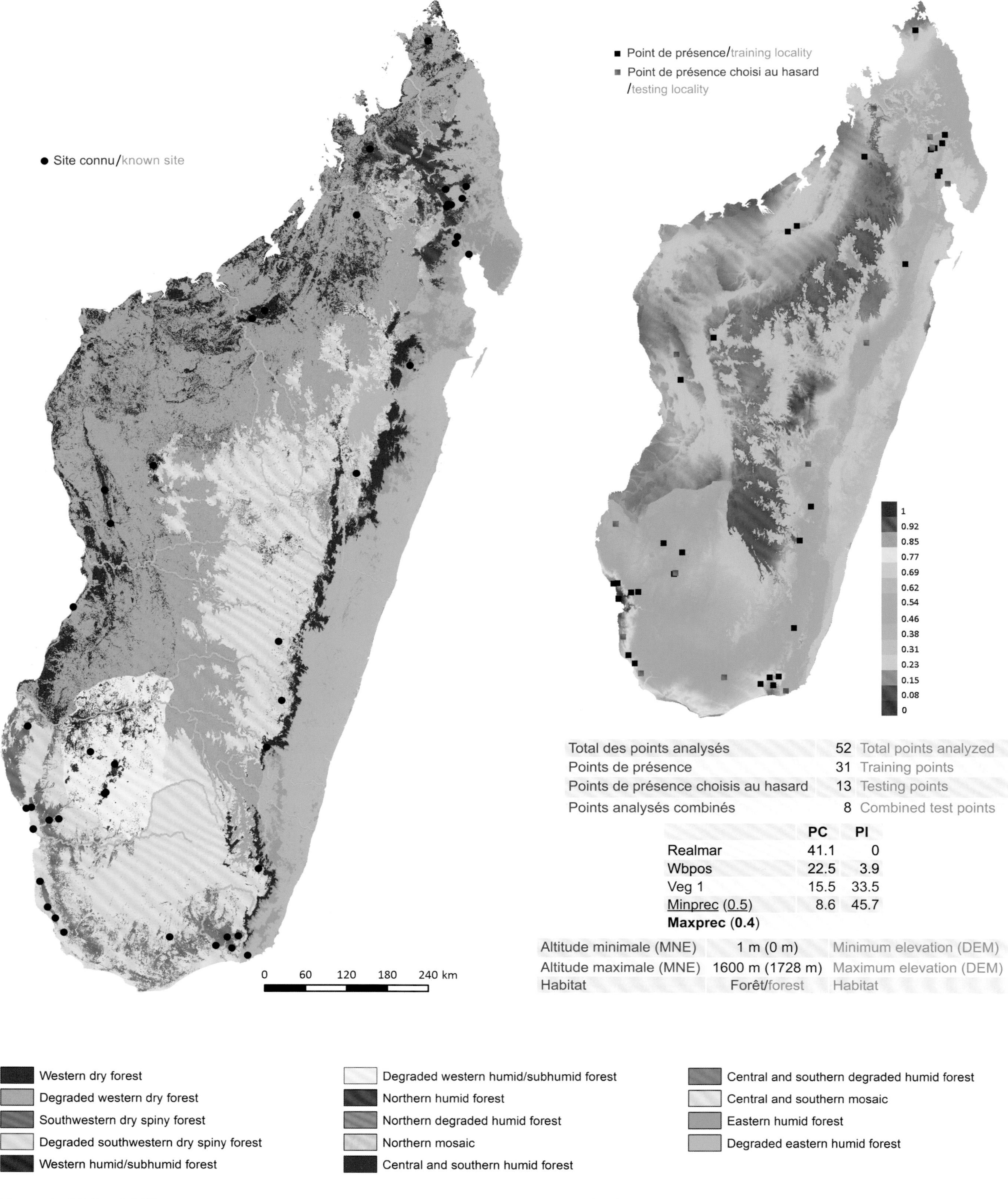

Site connu/known site
0 60 120 180 240 km
Point de présence/training locality
Point de présence choisi au hasard /testing locality
1
0.92
0.85
0.77
0.69
0.62
0.54
0.46
0.38
0.31
0.23
0.15
0.08
0
Western dry forest
Degraded western dry forest
Southwestern dry spiny forest
Degraded southwestern dry spiny forest
Western humid/subhumid forest
Degraded western humid/subhumid forest
Northern humid forest
Northern degraded humid forest
Northern mosaic
Central and southern humid forest
Central and southern degraded humid forest
Central and southern mosaic
Eastern humid forest
Degraded eastern humid forest

Total des points analysés	52	Total points analyzed
Points de présence	31	Training points
Points de présence choisis au hasard	13	Testing points
Points analysés combinés	8	Combined test points

	PC	PI
Realmar	41.1	0
Wbpos	22.5	3.9
Veg 1	15.5	33.5
Minprec (0.5)	8.6	45.7
Maxprec (0.4)		

Altitude minimale (MNE)	1 m (0 m)	Minimum elevation (DEM)
Altitude maximale (MNE)	1600 m (1728 m)	Maximum elevation (DEM)
Habitat	Forêt/forest	Habitat

Maxent : ASC = 0,820
Distribution & habitat : Endémique. Largement forestière, mais également trouvée dans les formations boisées ouvertes et les forêts dégradées, ainsi que dans l'écotone entre la forêt et la savane adjacente. Types d'habitat : humide, sec, humide/subhumide et sec épineux.
Autres commentaires : Peu de relevés sur cette espèce solitaire qui est largement distribuée et apparemment adaptée à un certain niveau de dégradation de l'habitat et de fragmentation.
Conservation : Préoccupation mineure avec des populations stables (19).

Maxent: AUC = 0.820
Distribution & habitat: Endemic. Largely forest-dwelling, but also found in open wooded areas of degraded forest and at the forest-edge ecotone. Habitat types: humid, dry, humid-subhumid, and dry spiny.
Other comments: Few records of this reclusive species. Broadly distributed and seemingly adaptable to certain levels of habitat degradation and fragmentation.
Conservation: Least Concerned with population trend stable (19).

Mesitornis unicolor

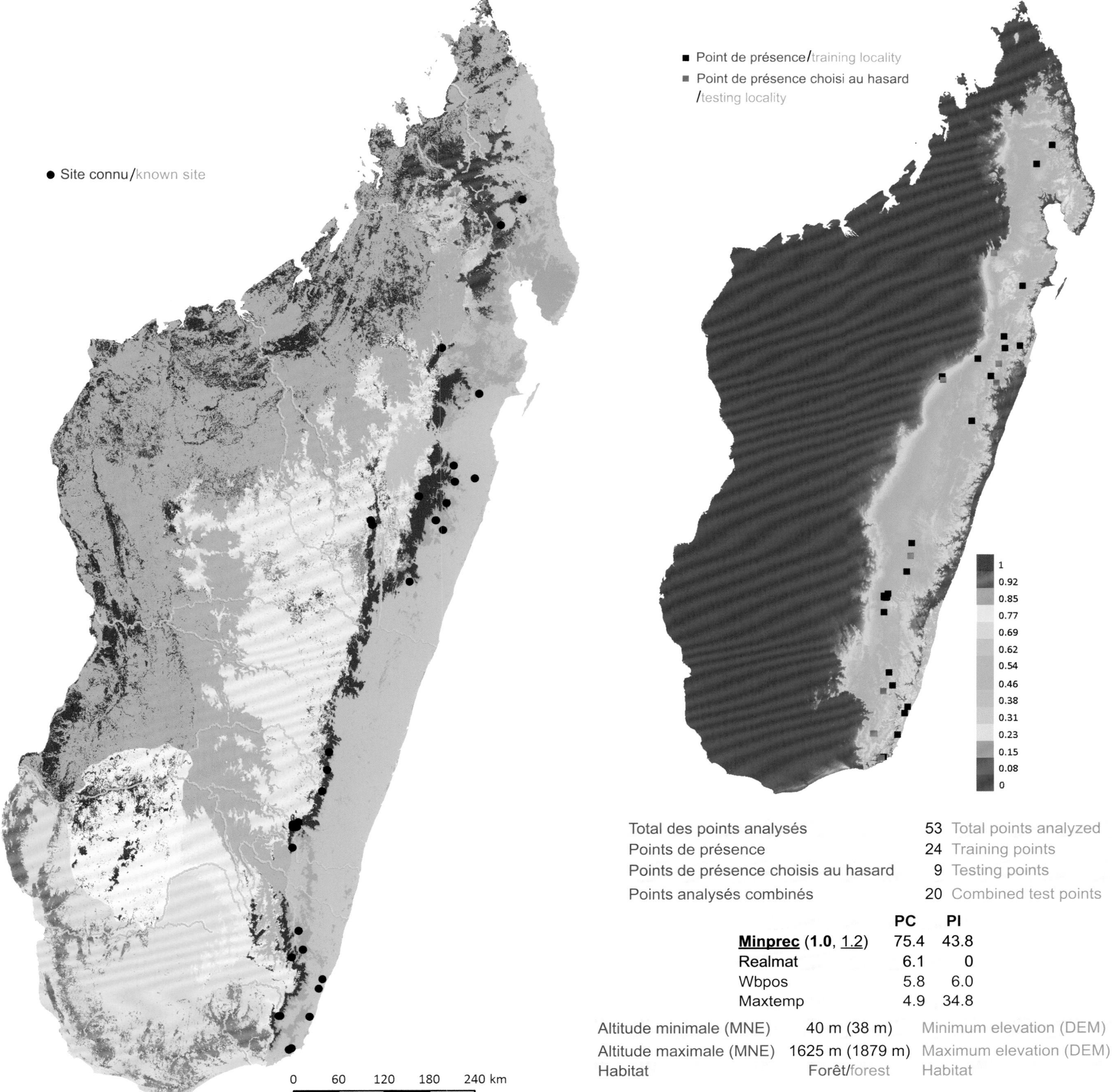
Site connu/known site
0 60 120 180 240 km
Point de présence/training locality
Point de présence choisi au hasard /testing locality
1
0.92
0.85
0.77
0.69
0.62
0.54
0.46
0.38
0.31
0.23
0.15
0.08
0

Total des points analysés	53	Total points analyzed
Points de présence	24	Training points
Points de présence choisis au hasard	9	Testing points
Points analysés combinés	20	Combined test points

	PC	PI
Minprec (**1.0**, 1.2)	75.4	43.8
Realmat	6.1	0
Wbpos	5.8	6.0
Maxtemp	4.9	34.8

Altitude minimale (MNE)	40 m (38 m)	Minimum elevation (DEM)
Altitude maximale (MNE)	1625 m (1879 m)	Maximum elevation (DEM)
Habitat	Forêt/forest	Habitat

Maxent : AUC = 0,933
Distribution & habitat : **Endémique**. Strictement forestière. Type d'habitat : humide.
Altitude : Différence notable entre le niveau supérieur de la distribution altitudinale d'après la base de données et celui du modèle numérique d'élévation, probablement liée au relief souvent escarpé. Rapportée depuis le niveau de la mer jusqu'à 900 m d'altitude (24), mais récemment recensée à des altitudes plus élevées.
Autres commentaires : Peu de données sur cette espèce solitaire appartenant à une famille endémique. Les deux *Mesitornis* spp. sont généralement allopatriques mais dans certaines localités, telle qu'Ambatovaky, elles sont sympatriques (41).
Conservation : Vulnérable avec des populations en déclin (19). Présence d'une pression de chasse dans différentes parties de son aire de répartition.

Maxent: AUC = 0.933
Distribution & habitat: **Endemic**. Strictly forest-dwelling. Habitat type: humid.
Elevation: The notable differences in the maximum altitudinal range of this species between the database information and that calculated with the digital elevation model is probably associated with the steep terrain of its habitat. Cited as occurring from sea level-900 m (24), but more recently documented at higher elevations.
Other comments: Few records of this reclusive species, which belongs to an endemic family. The two *Mesitornis* spp. are generally allopatric but at certain sites, such as Ambatovaky, sympatric (41).
Conservation: Vulnerable with decreasing population trend (19). Presumed to be under hunting pressure across portions of its range.

Mesitornis variegata

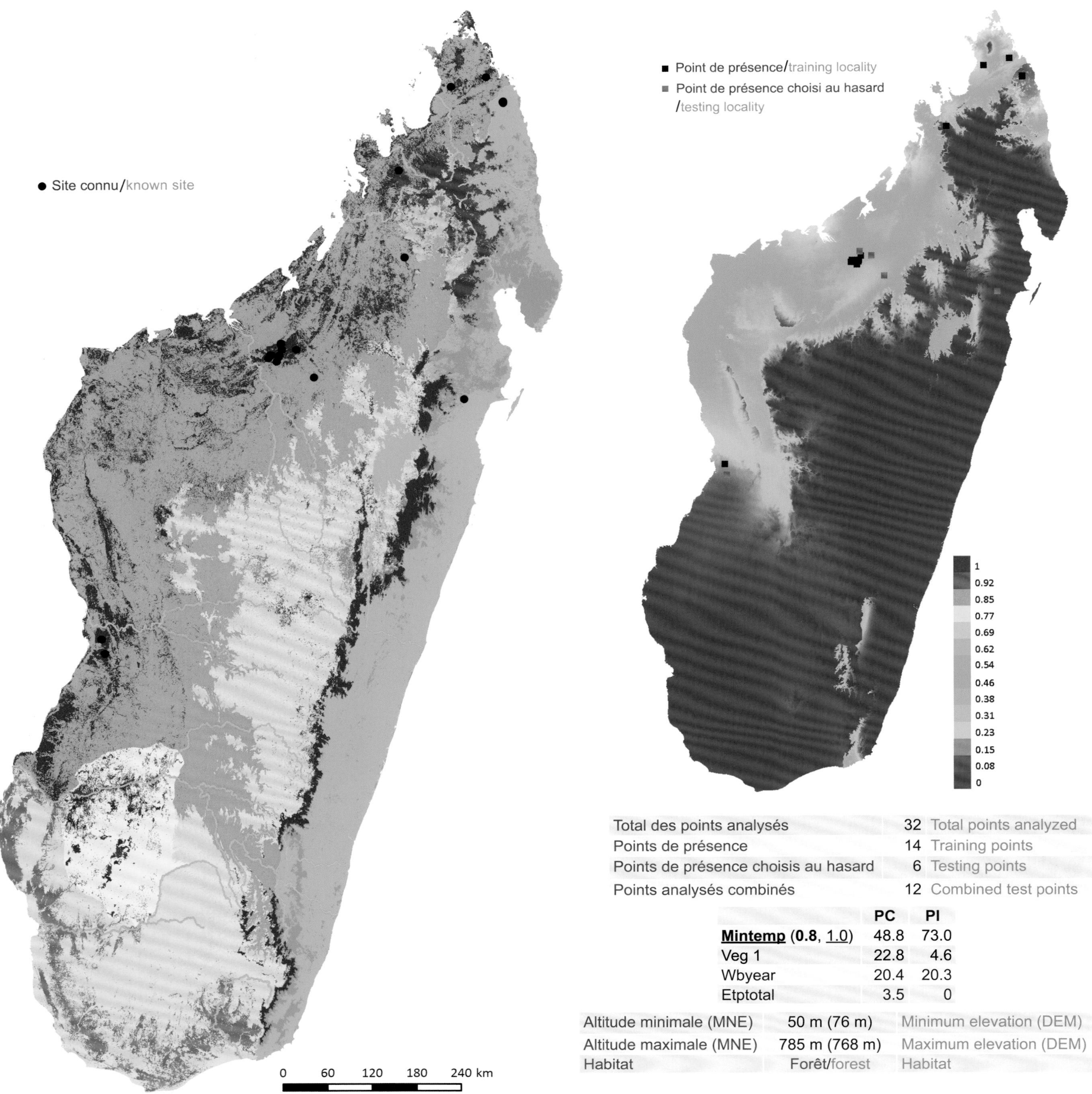

● Site connu/known site
0 60 120 180 240 km
■ Point de présence/training locality
■ Point de présence choisi au hasard /testing locality
1
0.92
0.85
0.77
0.69
0.62
0.54
0.46
0.38
0.31
0.23
0.15
0.08
0

Total des points analysés	32	Total points analyzed
Points de présence	14	Training points
Points de présence choisi au hasard	6	Testing points
Points analysés combinés	12	Combined test points

	PC	PI
Mintemp (**0.8**, 1.0)	48.8	73.0
Veg 1	22.8	4.6
Wbyear	20.4	20.3
Etptotal	3.5	0

Altitude minimale (MNE)	50 m (76 m)	Minimum elevation (DEM)
Altitude maximale (MNE)	785 m (768 m)	Maximum elevation (DEM)
Habitat	Forêt/forest	Habitat

Maxent: ASC = 0,912
Distribution & habitat : **Endémique**. Strictement forestière. Types d'habitat : humide et sec.
Altitude : Différence notable entre le niveau supérieur de la distribution altitudinale d'après la base de données et celui du modèle numérique d'élévation, probablement liée au relief souvent escarpé.
Systématique : Compte tenu des localités très isolées les unes des autres où cette espèce a été recensée, une analyse phylogéographique des populations potentielles serait nécessaire.
Autres commentaires : Peu de données sur cette espèce solitaire appartenant à une famille endémique. Les deux *Mesitornis* spp. sont généralement allopatriques mais dans certaines localités, telle qu'Ambatovaky, elles sont sympatriques (41).
Conservation : Vulnérable avec des populations en déclin (19). Présence d'une pression de chasse dans les différentes parties de son aire de répartition.

Maxent: AUC = 0.912
Distribution & habitat: **Endemic**. Strictly forest-dwelling. Habitat types: dry and humid.
Elevation: The notable differences in the maximum altitudinal range of this species between the database information and that calculated with the digital elevation model probably has to do with some slightly imprecise localities surrounded by steep terrain.
Systematics: Given the widely disjunct localities where this species has been recorded, phylogeographic analyses of potential population differences would be useful.
Other comments: Few records of this reclusive species, which belongs to an endemic family. The two *Mesitornis* spp. are generally allopatric but at certain sites, such as Ambatovaky, sympatric (41).
Conservation: Vulnerable with decreasing population trend (19). Under hunting pressure across portions of its range.

Monias benschi

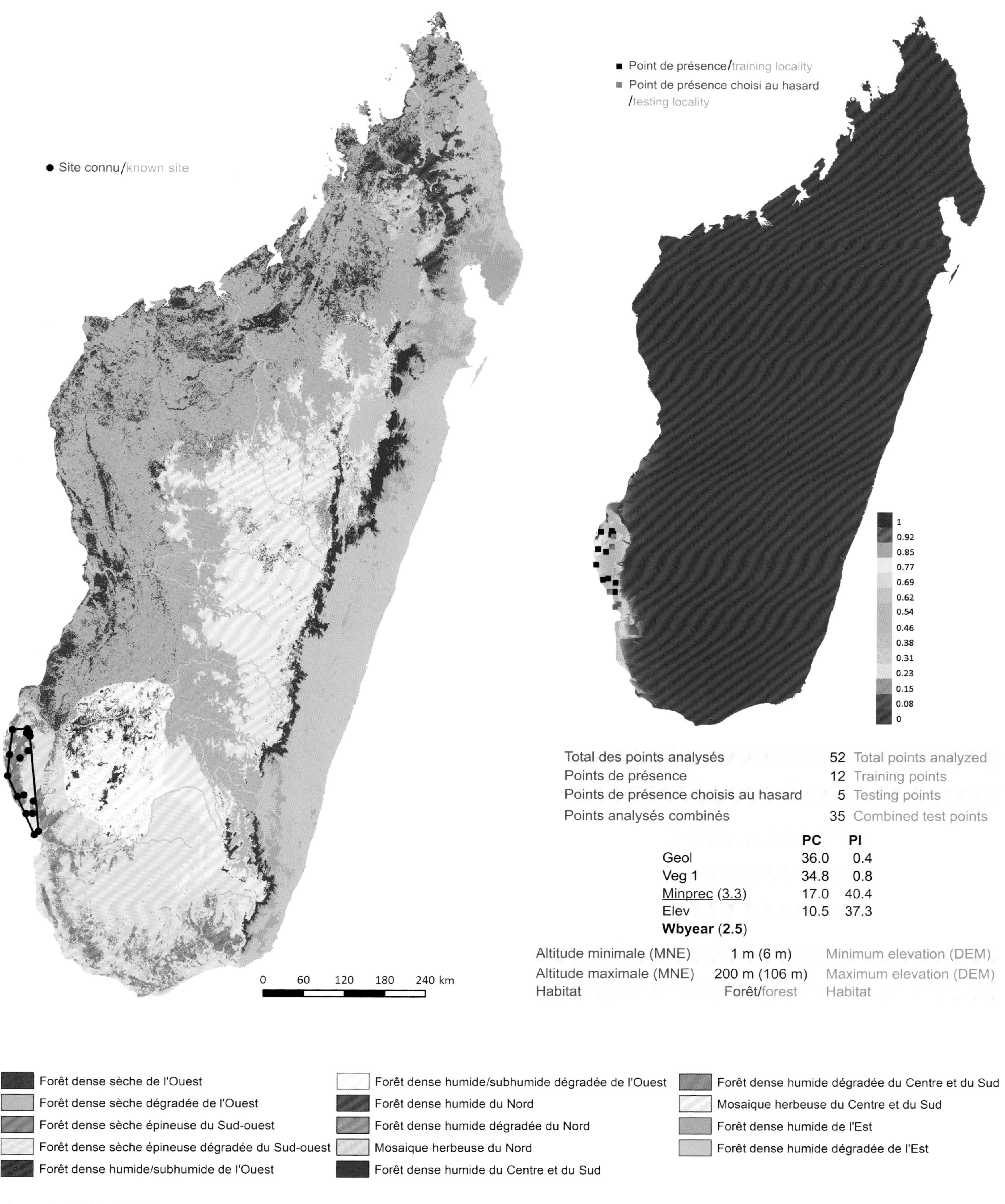

● Site connu/known site
0 60 120 180 240 km
■ Point de présence/training locality
■ Point de présence choisi au hasard /testing locality
1
0.92
0.85
0.77
0.69
0.62
0.54
0.46
0.38
0.31
0.23
0.15
0.08
0
Total des points analysés 52 Total points analyzed
Points de présence 12 Training points
Points de présence choisis au hasard 5 Testing points
Points analysés combinés 35 Combined test points
PC PI
Geol 36.0 0.4
Veg 1 34.8 0.8
Minprec (3.3) 17.0 40.4
Elev 10.5 37.3
Wbyear (2.5)
Altitude minimale (MNE) 1 m (6 m) Minimum elevation (DEM)
Altitude maximale (MNE) 200 m (106 m) Maximum elevation (DEM)
Habitat Forêt/forest Habitat
Forêt dense sèche de l'Ouest
Forêt dense sèche dégradée de l'Ouest
Forêt dense sèche épineuse du Sud-ouest
Forêt dense sèche épineuse dégradée du Sud-ouest
Forêt dense humide/subhumide de l'Ouest
Forêt dense humide/subhumide dégradée de l'Ouest
Forêt dense humide du Nord
Forêt dense humide dégradée du Nord
Mosaique herbeuse du Nord
Forêt dense humide du Centre et du Sud
Forêt dense humide dégradée du Centre et du Sud
Mosaique herbeuse du Centre et du Sud
Forêt dense humide de l'Est
Forêt dense humide dégradée de l'Est

Maxent : ASC = 0,995
Distribution & habitat : **Endémique**. Strictement forestière, mais également trouvée dans des habitats forestiers dégradés. Type d'habitat : sec épineux.
Autres commentaires : Espèce appartenant à une famille endémique.
Conservation : Zone d'Occurrence égale à 4179 km². Vulnérable avec des populations en déclin (19). Présence d'une pression de chasse dans les différentes parties de son aire de répartition.

Maxent: AUC = 0.995
Distribution & habitat: **Endemic**. Strictly forest-dwelling, but can be found in some degraded habitats. Habitat type: dry spiny.
Other comments: This species belongs to an endemic family.
Conservation: The calculated Extent of Occurrence is 4179 km². Vulnerable with decreasing population trend (19). Under hunting pressure across portions of its range.

Mentocrex beankaensis

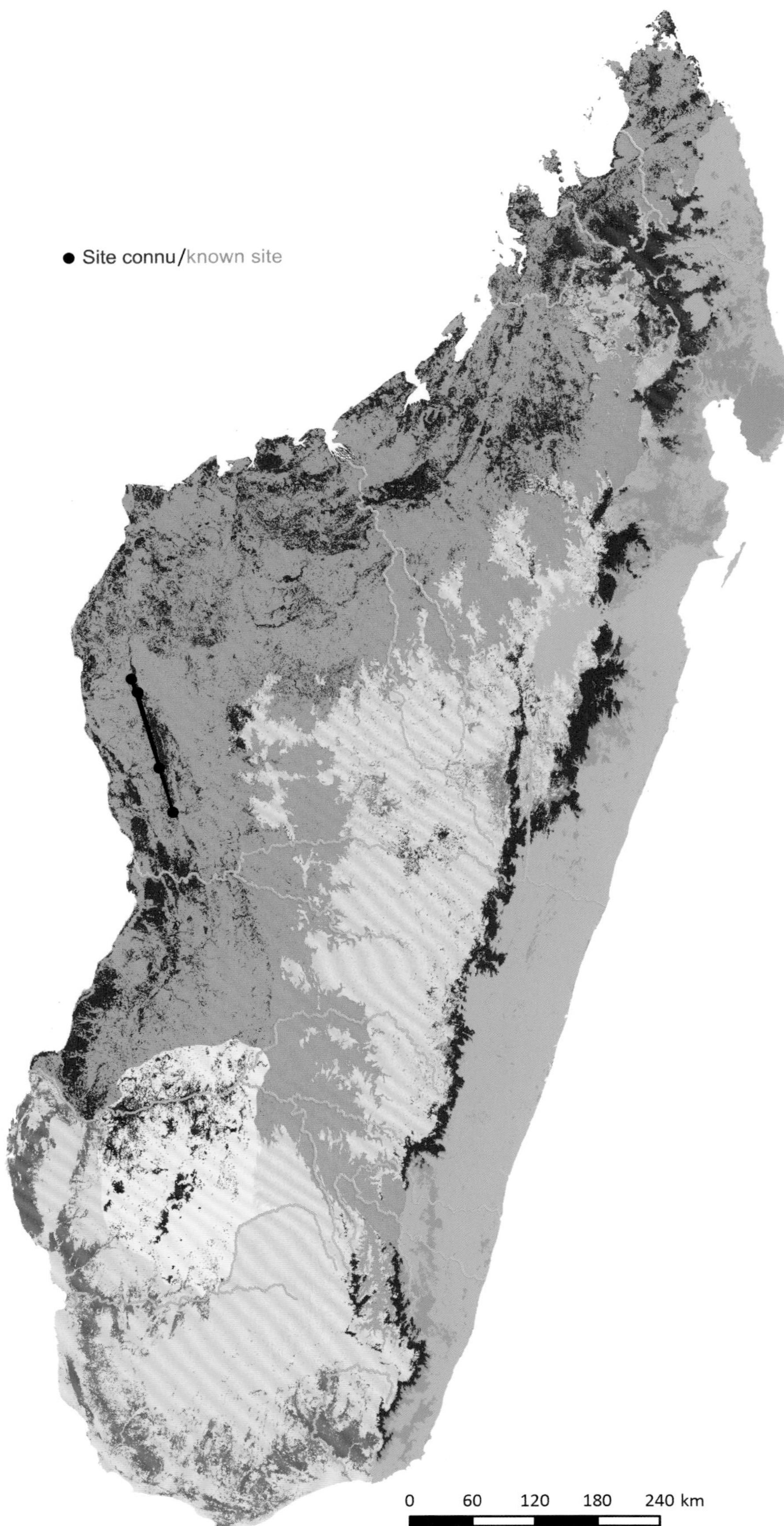

● Site connu/known site
0 60 120 180 240 km

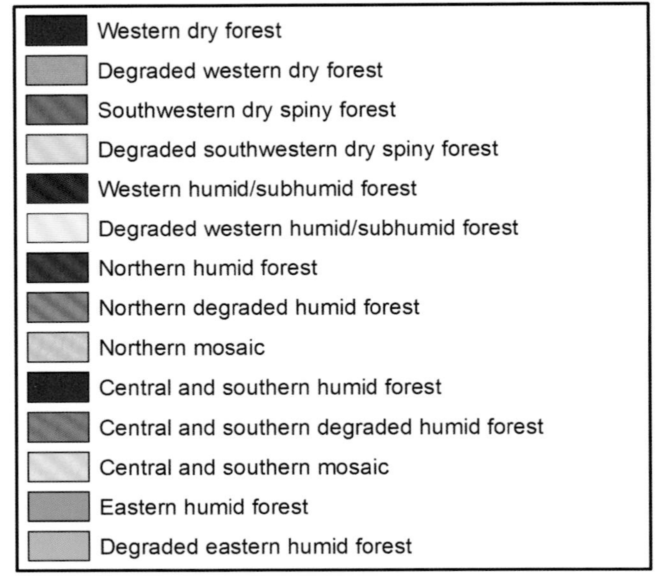

Western dry forest
Degraded western dry forest
Southwestern dry spiny forest
Degraded southwestern dry spiny forest
Western humid/subhumid forest
Degraded western humid/subhumid forest
Northern humid forest
Northern degraded humid forest
Northern mosaic
Central and southern humid forest
Central and southern degraded humid forest
Central and southern mosaic
Eastern humid forest
Degraded eastern humid forest

Altitude minimale	100 m	Minimum elevation
Altitude maximale	320 m	Maximum elevation
Habitat	Forêt/forest	Habitat

Distribution & habitat : Endémique. Strictement forestière, mais également trouvée dans des habitats forestiers dégradés. Type d'habitat : sec. Distribution très restreinte entre les Massifs de Bemaraha et de Beanka. Limite nord de l'aire de répartition encore inconnue.
Systématique : Taxon récemment décrit formant l'espèce sœur de *M. kioloides* (15). Auparavant placé dans le genre *Canirallus*, mais même en s'appuyant sur l'analyse morphologique, la séparation de ces deux genres n'est pas justifiée.
Autres commentaires : Tous les relevés proviennent de la forêt *tsingy* où cette espèce est relativement commune.
Conservation : Zone d'Occurrence égale à 144 km². Non évaluée par l'UICN.

Distribution & habitat: Endemic. Strictly forest-dwelling. Habitat type: dry. Very limited distribution from the Bemaraha to the Beanka Massifs. The northern limit of its distribution has yet to be established.
Systematics: This recently described taxon is the sister species to *M. kioloides* (15). Formerly placed in the genus *Canirallus*, although based on morphological analysis the separation of these two genera may not be warranted (27).
Other comments: All records are from *tsingy* forest, where it can be relatively common.
Conservation: The calculated Extent of Occurrence is 144 km². Its conservation status has yet to be treated by the IUCN.

Mentocrex kioloides

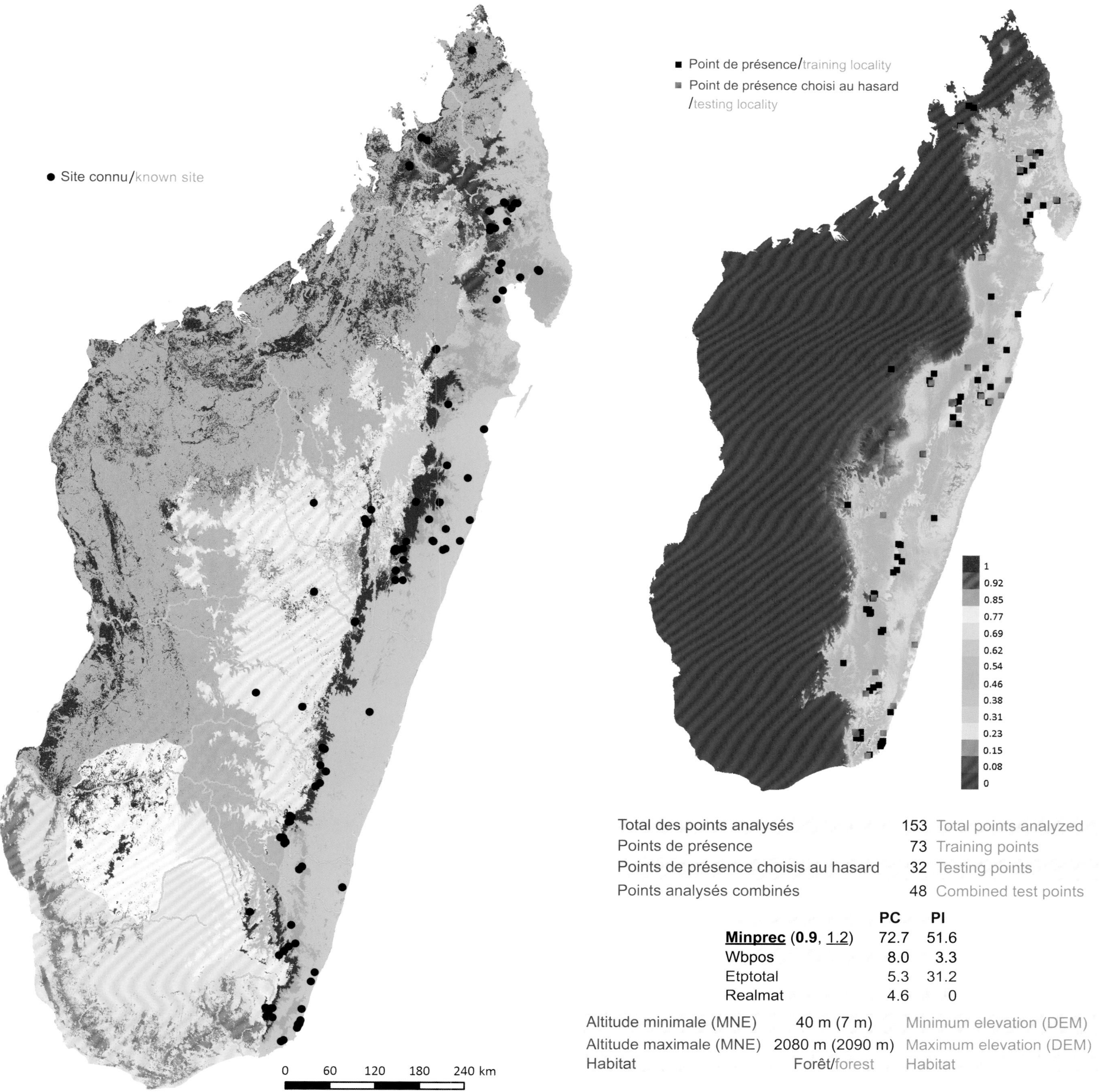
Site connu/known site
0 60 120 180 240 km
Point de présence/training locality
Point de présence choisi au hasard /testing locality
1
0.92
0.85
0.77
0.69
0.62
0.54
0.46
0.38
0.31
0.23
0.15
0.08
0

Total des points analysés	153	Total points analyzed
Points de présence	73	Training points
Points de présence choisis au hasard	32	Testing points
Points analysés combinés	48	Combined test points

	PC	PI
Minprec (**0.9**, 1.2)	72.7	51.6
Wbpos	8.0	3.3
Etptotal	5.3	31.2
Realmat	4.6	0

Altitude minimale (MNE)	40 m (7 m)	Minimum elevation (DEM)
Altitude maximale (MNE)	2080 m (2090 m)	Maximum elevation (DEM)
Habitat	Forêt/forest	Habitat

Maxent : ASC = 0,909
Distribution & habitat : **Endémique**. Strictement forestière, mais également trouvée dans des habitats forestiers légèrement dégradés. Types d'habitat : humide et sec.
Systématique : Les modèles de la divergence moléculaire entre les deux sous-espèces reconnues, *M. k. kioloides* des forêts humides et *M. k. berliozi* des forêts sèches caducifoliées de Nord-ouest, ont été examinés, et ces formes sont génétiquement différentes l'une de l'autre (15). La sous-espèce de la Montagne d'Ambre n'est pas déterminée. Cette espèce est le taxon sœur de *M. beankaensis*. Auparavant placée dans le genre *Canirallus*, mais même en s'appuyant sur l'analyse morphologique, la séparation de ces deux genres n'est pas justifiée.
Conservation : Préoccupation mineure avec des populations en déclin (19).

Maxent: AUC = 0.909
Distribution & habitat: **Endemic**. Strictly forest-dwelling, although it can be found in slightly degraded habitat. Habitat types: humid and dry.
Systematics: Patterns of molecular divergence between the two recognized subspecies, *M. k. kioloides* of humid forests and *M. k. berliozi* of northwestern dry deciduous forests, has been examined and these forms are genetically distinct from one another (15). The subspecies occurring at Montagne d'Ambre is undetermined. This species forms the sister taxon to *M. beankaensis* (15). Formerly placed in the genus *Canirallus*, although based on morphological analysis the separation of these two genera may not be warranted (27).
Conservation: Least Concerned with decreasing population trend (19).

Alectroenas madagascariensis

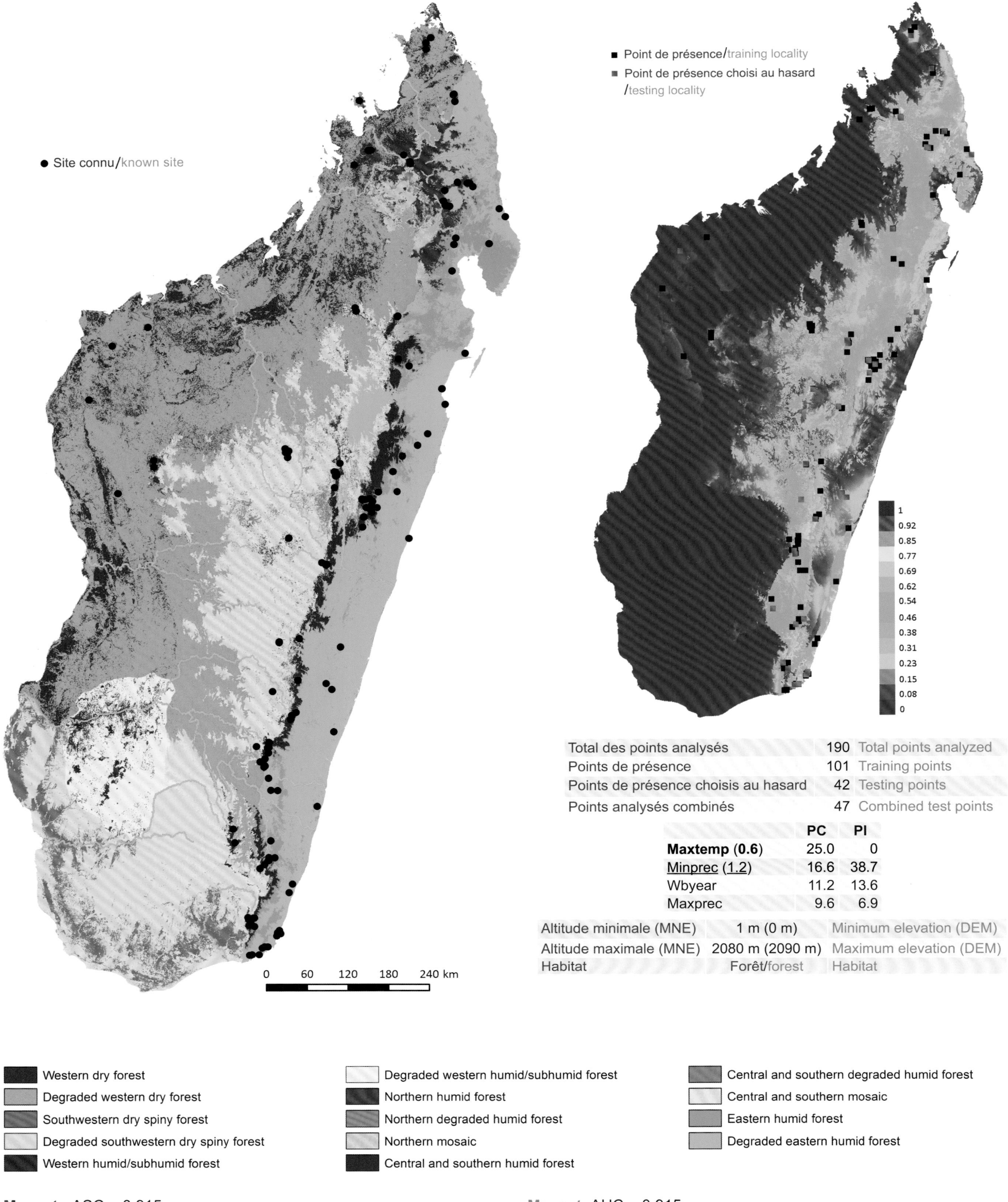

Site connu/known site
Point de présence/training locality
Point de présence choisi au hasard /testing locality
1
0.92
0.85
0.77
0.69
0.62
0.54
0.46
0.38
0.31
0.23
0.15
0.08
0
0 60 120 180 240 km
Western dry forest
Degraded western dry forest
Southwestern dry spiny forest
Degraded southwestern dry spiny forest
Western humid/subhumid forest
Degraded western humid/subhumid forest
Northern humid forest
Northern degraded humid forest
Northern mosaic
Central and southern humid forest
Central and southern degraded humid forest
Central and southern mosaic
Eastern humid forest
Degraded eastern humid forest

Total des points analysés	190	Total points analyzed
Points de présence	101	Training points
Points de présence choisis au hasard	42	Testing points
Points analysés combinés	47	Combined test points

	PC	PI
Maxtemp (0.6)	25.0	0
Minprec (1.2)	16.6	38.7
Wbyear	11.2	13.6
Maxprec	9.6	6.9

Altitude minimale (MNE)	1 m (0 m)	Minimum elevation (DEM)
Altitude maximale (MNE)	2080 m (2090 m)	Maximum elevation (DEM)
Habitat	Forêt/forest	Habitat

Maxent : ASC = 0,915
Distribution & habitat : **Endémique**. Largement forestière, mais également trouvée dans les formations boisées ouvertes, ainsi que dans l'écotone entre la forêt et la savane adjacente. Types d'habitat : humide et sec.
Conservation : Préoccupation mineure avec des populations en déclin (19). Présence d'une pression de chasse dans certaines parties de son aire de répartition.

Maxent: AUC = 0.915
Distribution & habitat: **Endemic**. Largely forest-dwelling, but also found in open wooded areas of degraded forest and at the forest-edge ecotone. Habitat types: humid and dry.
Conservation: Least Concerned with decreasing population trend (19). Under hunting pressure in certain areas of its range.

Streptopelia picturata

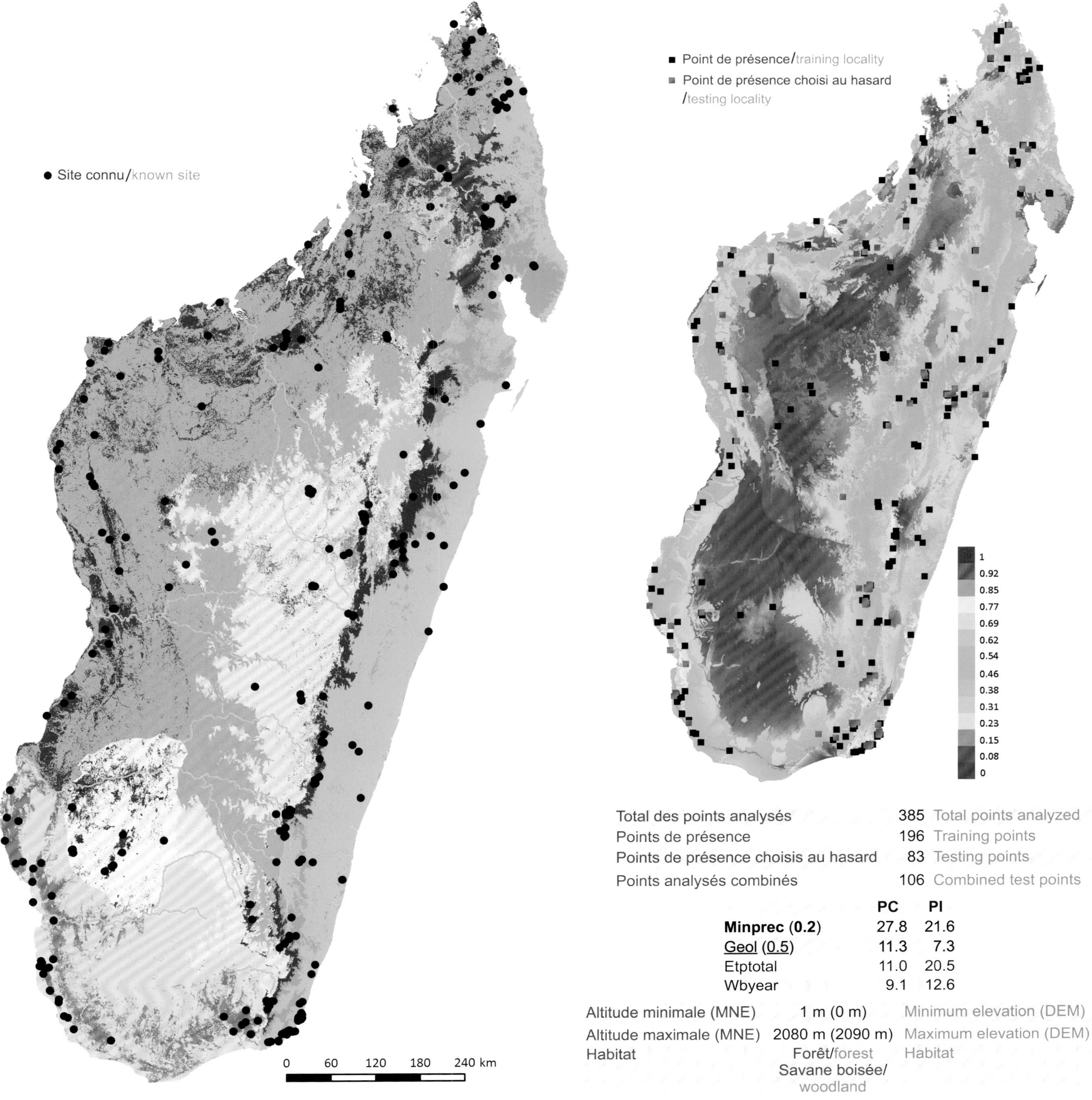

Site connu/known site
0 60 120 180 240 km
Point de présence/training locality
Point de présence choisi au hasard /testing locality
1
0.92
0.85
0.77
0.69
0.62
0.54
0.46
0.38
0.31
0.23
0.15
0.08
0

Total des points analysés	385	Total points analyzed
Points de présence	196	Training points
Points de présence choisis au hasard	83	Testing points
Points analysés combinés	106	Combined test points

	PC	PI
Minprec (0.2)	27.8	21.6
Geol (0.5)	11.3	7.3
Etptotal	11.0	20.5
Wbyear	9.1	12.6

Altitude minimale (MNE)	1 m (0 m)	Minimum elevation (DEM)
Altitude maximale (MNE)	2080 m (2090 m)	Maximum elevation (DEM)
Habitat	Forêt/forest Savane boisée/woodland	Habitat

Maxent : ASC = 0,819
Distribution & habitat : Endémique de la région malgache (Madagascar, Comores, Seychelles, introduite à Maurice et sur certaines îles aux Seychelles). Largement forestière, mais également trouvée dans les formations boisées ouvertes et l'écotone entre la lisière forestière et la savane adjacente, ainsi que dans les zones de plantation d'arbres exotiques (Madagascar). Types d'habitat : humide, sec, humide/subhumide et sec épineux. Absente dans certaines parties de Hautes Terres centrales, probablement liée au faible nombre d'observations.
Systématique : Quelquefois placée dans le genre *Nesoenas*.
Conservation : Préoccupation mineure avec des populations stables (19). Présence d'une pression de chasse dans certaines parties de son aire de répartition.

Maxent: AUC = 0.819
Distribution & habitat: Endemic to Malagasy region (Madagascar, Comoros, Seychelles and introduced to Mauritius and certain islands in the Seychelles). Largely forest-dwelling, but also found in open wooded areas of degraded forest and at the forest-edge ecotone, as well as areas of introduced vegetation, such as tree plantations (Madagascar). Habitat types: humid, dry, humid-subhumid, and dry spiny. Absence across portions of the Central Highlands probably associated with reduced number of observers.
Systematics: Sometimes placed in the genus *Nesoenas*.
Conservation: Least Concerned with stable population trend (19). Under hunting pressure in certain areas of its range.

Treron australis

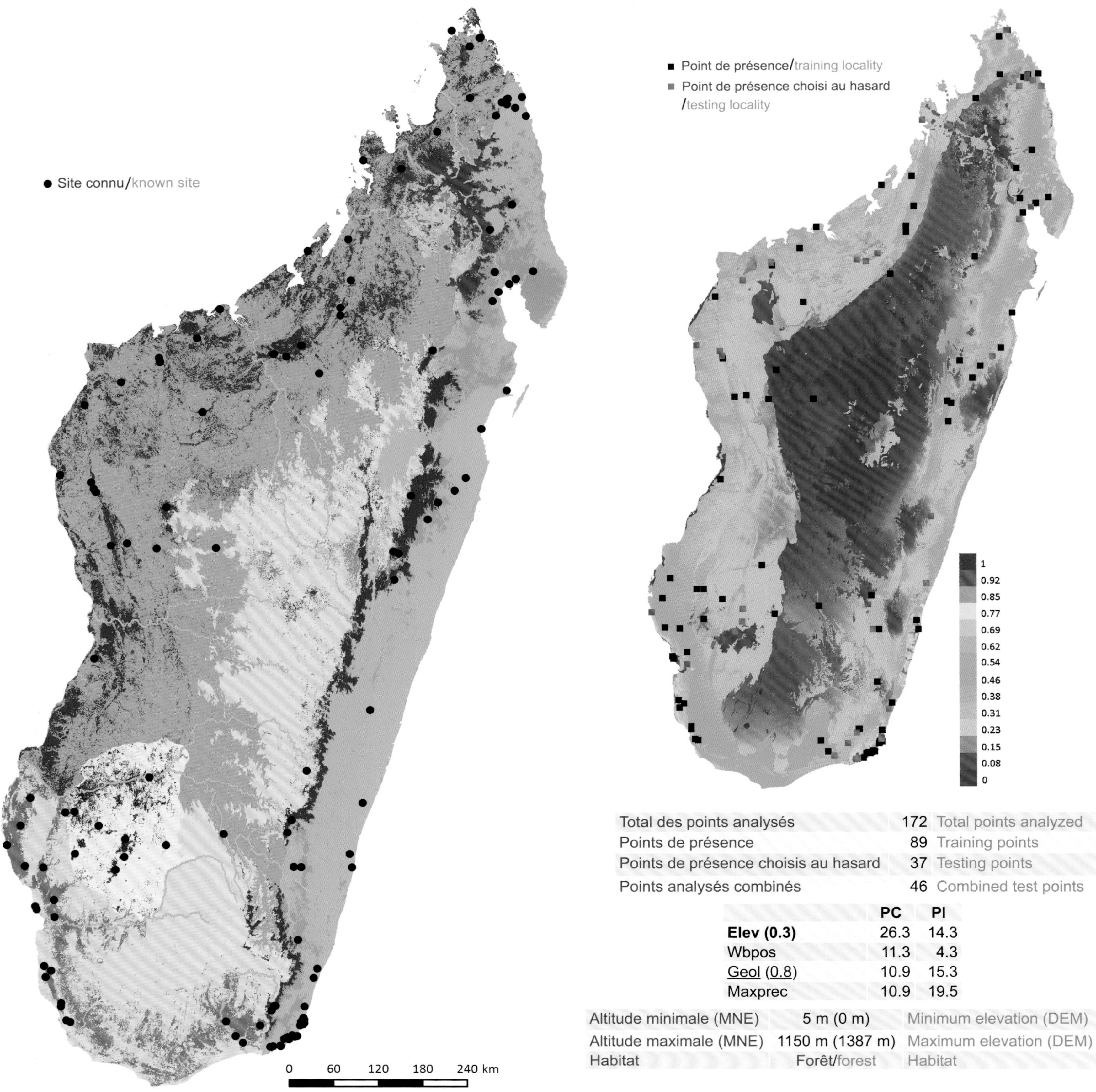
● Site connu/known site
0 60 120 180 240 km
■ Point de présence/training locality
■ Point de présence choisi au hasard
/testing locality
1
0.92
0.85
0.77
0.69
0.62
0.54
0.46
0.38
0.31
0.23
0.15
0.08
0

Total des points analysés	172	Total points analyzed
Points de présence	89	Training points
Points de présence choisis au hasard	37	Testing points
Points analysés combinés	46	Combined test points

	PC	PI
Elev (0.3)	26.3	14.3
Wbpos	11.3	4.3
Geol (0.8)	10.9	15.3
Maxprec	10.9	19.5

Altitude minimale (MNE)	5 m (0 m)	Minimum elevation (DEM)
Altitude maximale (MNE)	1150 m (1387 m)	Maximum elevation (DEM)
Habitat	Forêt/forest	Habitat

Maxent : ASC = 0,838
Distribution & habitat : **Endémique** de la région malgache (Madagascar et Comores). Largement forestière, mais également trouvée dans les forêts dégradées, les formations boisées ouvertes et l'écotone entre la lisière forestière et la savane adjacente, ainsi que dans les zones de plantation d'arbres exotiques (Madagascar). Types d'habitat : humide, sec, humide/subhumide et sec épineux.
Systématique : Deux formes distinctes sont reconnues basées sur les caractéristiques de leur plumage, *T. a. australis* dans une grande partie de son aire de distribution et *T. a. xenia* dans le Sud-ouest et le Sud. Une étude moléculaire serait nécessaire pour comprendre les niveaux de divergence entre ces deux formes.
Conservation : Préoccupation mineure avec des populations en déclin (19). Présence d'une pression de chasse dans les différentes parties de son aire de répartition.

Maxent: AUC = 0.838
Distribution & habitat: **Endemic** to Malagasy region (Madagascar, Comoros). Largely forest-dwelling, but also found in degraded forest, open wooded zones, and at the forest-edge ecotone, as well as areas of introduced vegetation, such as tree plantations (Madagascar). Habitat types: humid, dry, humid-subhumid, and dry spiny.
Systematics: Two distinct forms recognized based on plumage characteristics, *T. a. australis* across most of its range and *T. a. xenia* in the south and southwest. A molecular study would be useful to understand levels of divergence between these two forms.
Conservation: Least Concerned with decreasing population trend (19). Under hunting pressure in certain areas of its range.

Agapornis cana

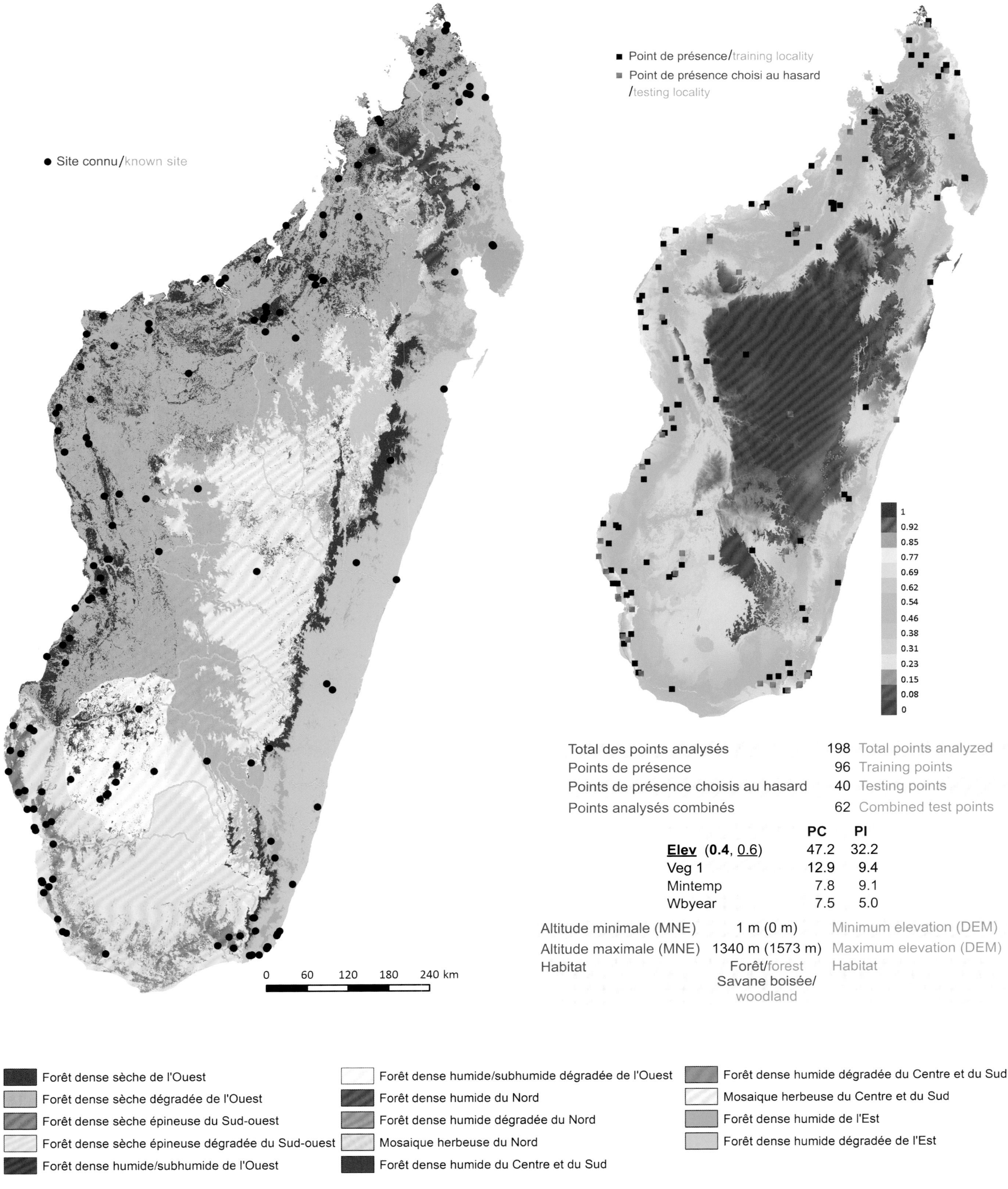
● Site connu/known site
0 60 120 180 240 km
■ Point de présence/training locality
■ Point de présence choisi au hasard /testing locality
1
0.92
0.85
0.77
0.69
0.62
0.54
0.46
0.38
0.31
0.23
0.15
0.08
0
Total des points analysés 198 Total points analyzed
Points de présence 96 Training points
Points de présence choisis au hasard 40 Testing points
Points analysés combinés 62 Combined test points
PC PI
Elev (0.4, 0.6) 47.2 32.2
Veg 1 12.9 9.4
Mintemp 7.8 9.1
Wbyear 7.5 5.0
Altitude minimale (MNE) 1 m (0 m) Minimum elevation (DEM)
Altitude maximale (MNE) 1340 m (1573 m) Maximum elevation (DEM)
Habitat Forêt/forest Savane boisée/ woodland Habitat
Forêt dense sèche de l'Ouest
Forêt dense sèche dégradée de l'Ouest
Forêt dense sèche épineuse du Sud-ouest
Forêt dense sèche épineuse dégradée du Sud-ouest
Forêt dense humide/subhumide de l'Ouest
Forêt dense humide/subhumide dégradée de l'Ouest
Forêt dense humide du Nord
Forêt dense humide dégradée du Nord
Mosaique herbeuse du Nord
Forêt dense humide du Centre et du Sud
Forêt dense humide dégradée du Centre et du Sud
Mosaique herbeuse du Centre et du Sud
Forêt dense humide de l'Est
Forêt dense humide dégradée de l'Est

Maxent : ASC = 0,837
Distribution & habitat : **Endémique** et introduite sur les autres îles de l'océan Indien occidental. Partiellement forestière, mais également trouvée dans les forêts dégradées et les formations boisées ouvertes, ainsi que dans les zones de plantation d'arbres exotiques (Madagascar). Types d'habitat : humide, sec, humide/subhumide et sec épineux.
Systématique : Une étude de la divergence moléculaire entre les deux sous-espèces reconnues, *A. c. cana* et *A. c. ablactanea* serait nécessaire pour comprendre les modèles de la variation géographique.
Conservation : Non évaluée par l'UICN (19). Espèce commercialisée.

Maxent: AUC = 0.837
Distribution & habitat: **Endemic** and introduced to other islands in the western Indian Ocean. Partially forest-dwelling, but also found in degraded forest, open wooded zones, as well as areas of introduced vegetation, such as tree plantations. Habitat types: humid, dry, humid-subhumid, and dry spiny.
Systematics: Patterns of molecular divergence between the two recognized subspecies, *A. c. cana* and *A. c. ablactanea*, need to be examined to understand patterns of geographical variation.
Conservation: The conservation status of this species has not been assessed by IUCN (19). It is exploited for the pet trade.

Coracopsis nigra

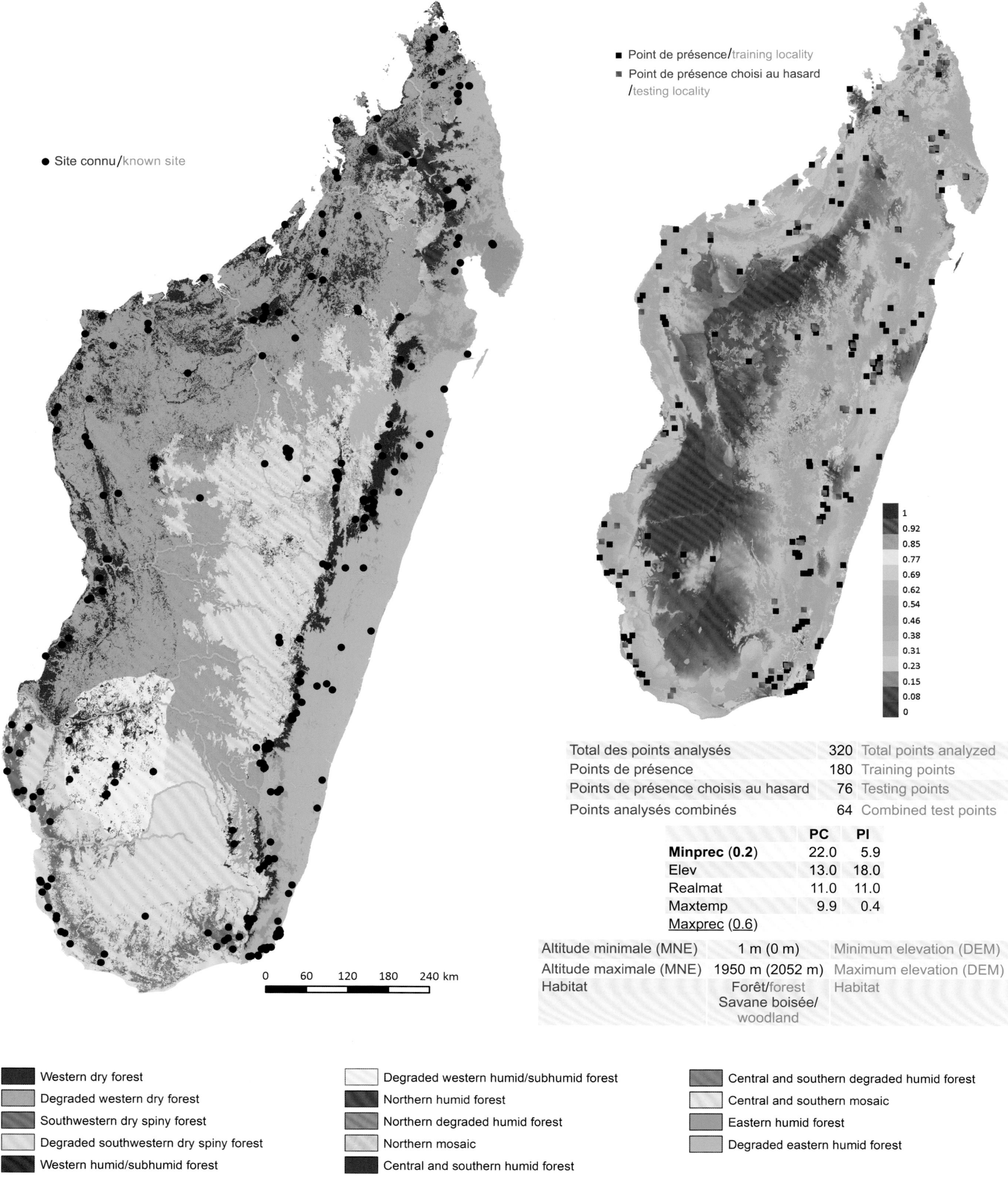

Site connu/known site
Point de présence/training locality
Point de présence choisi au hasard /testing locality
1
0.92
0.85
0.77
0.69
0.62
0.54
0.46
0.38
0.31
0.23
0.15
0.08
0
0 60 120 180 240 km
Western dry forest
Degraded western dry forest
Southwestern dry spiny forest
Degraded southwestern dry spiny forest
Western humid/subhumid forest
Degraded western humid/subhumid forest
Northern humid forest
Northern degraded humid forest
Northern mosaic
Central and southern humid forest
Central and southern degraded humid forest
Central and southern mosaic
Eastern humid forest
Degraded eastern humid forest

Total des points analysés	320	Total points analyzed
Points de présence	180	Training points
Points de présence choisis au hasard	76	Testing points
Points analysés combinés	64	Combined test points

	PC	PI
Minprec (0.2)	22.0	5.9
Elev	13.0	18.0
Realmat	11.0	11.0
Maxtemp	9.9	0.4
Maxprec (0.6)		

Altitude minimale (MNE)	1 m (0 m)	Minimum elevation (DEM)
Altitude maximale (MNE)	1950 m (2052 m)	Maximum elevation (DEM)
Habitat	Forêt/forest Savane boisée/ woodland	Habitat

Maxent : ASC = 0,832
Distribution & habitat : Endémique de la région malgache (Madagascar, Comores et Seychelles). Partiellement forestière, mais également trouvée dans les forêts dégradées et les formations boisées ouvertes, ainsi que dans les zones de plantation d'arbres exotiques (Madagascar). Types d'habitat : humide, sec, humide/subhumide et sec épineux.
Autres commentaires : Les oiseaux identifiés comme étant *Coracopsis* sp. ne figurent pas sur les cartes. Certains relevés sur le terrain pourraient représenter des individus de *C. vasa* mal identifiés.
Conservation : Préoccupation mineure avec des populations stables (19). Espèce commercialisée.

Maxent: AUC = 0.832
Distribution & habitat: Endemic to the Malagasy region (Madagascar, Comoros, Seychelles). Partially forest-dwelling, but also found in degraded forest, open wooded zones, as well as areas of introduced vegetation, such as tree plantations (Madagascar). Habitat types: humid, dry, humid-subhumid, and dry spiny.
Other comments: Observed birds identified as *Coracopsis* sp. not figured on map. Certain field records may represent misidentified individuals of *C. vasa*.
Conservation: Least Concerned with stable population trend (19). It is exploited for the pet trade.

Coracopsis vasa

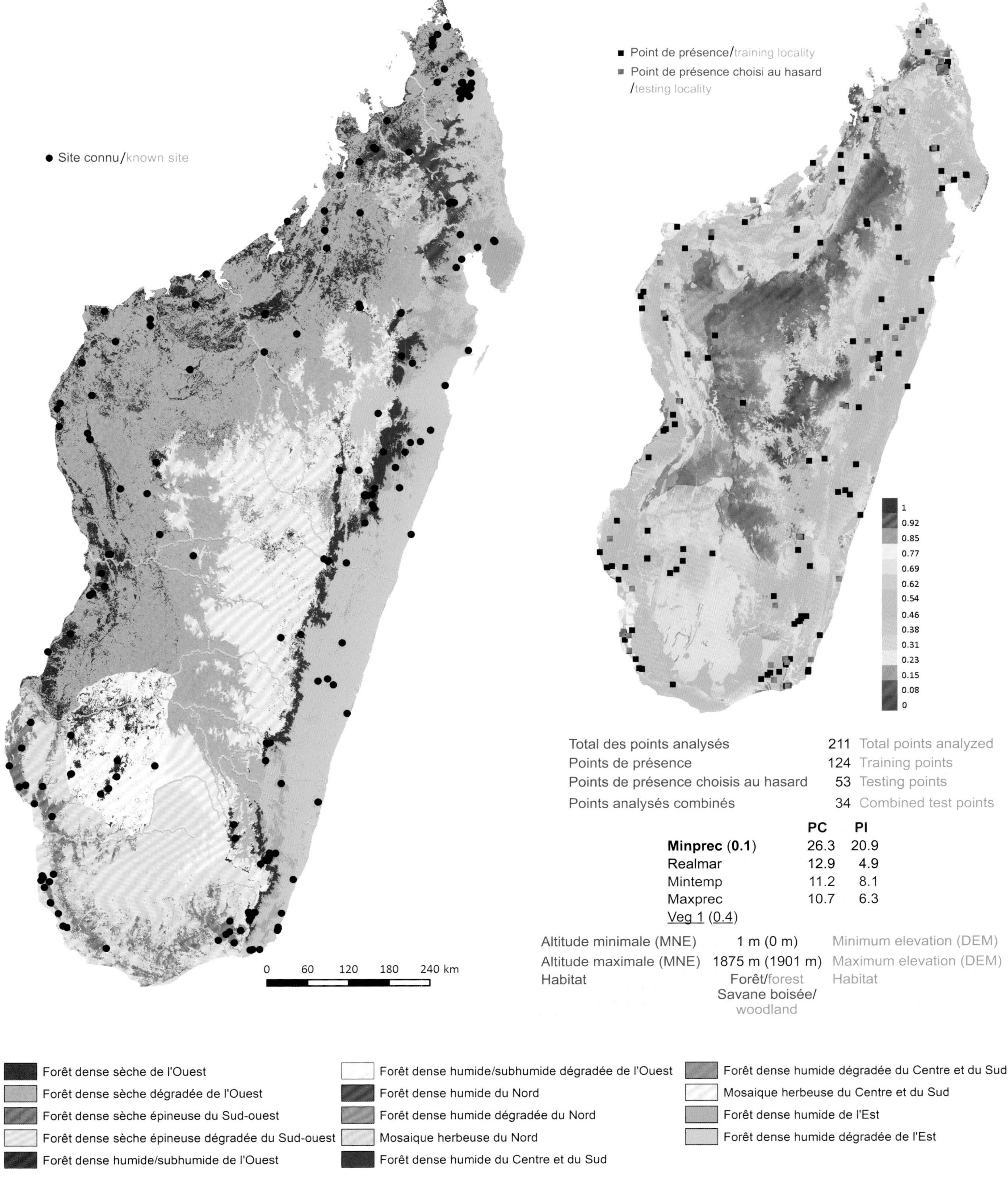

● Site connu/known site
0 60 120 180 240 km
■ Point de présence/training locality
■ Point de présence choisi au hasard /testing locality
1
0.92
0.85
0.77
0.69
0.62
0.54
0.46
0.38
0.31
0.23
0.15
0.08
0
Total des points analysés 211 Total points analyzed
Points de présence 124 Training points
Points de présence choisis au hasard 53 Testing points
Points analysés combinés 34 Combined test points
PC PI
Minprec (0.1) 26.3 20.9
Realmar 12.9 4.9
Mintemp 11.2 8.1
Maxprec 10.7 6.3
Veg 1 (0.4)
Altitude minimale (MNE) 1 m (0 m) Minimum elevation (DEM)
Altitude maximale (MNE) 1875 m (1901 m) Maximum elevation (DEM)
Habitat Forêt/forest Savane boisée/woodland Habitat
Forêt dense sèche de l'Ouest
Forêt dense sèche dégradée de l'Ouest
Forêt dense sèche épineuse du Sud-ouest
Forêt dense sèche épineuse dégradée du Sud-ouest
Forêt dense humide/subhumide de l'Ouest
Forêt dense humide/subhumide dégradée de l'Ouest
Forêt dense humide du Nord
Forêt dense humide dégradée du Nord
Mosaique herbeuse du Nord
Forêt dense humide du Centre et du Sud
Forêt dense humide dégradée du Centre et du Sud
Mosaique herbeuse du Centre et du Sud
Forêt dense humide de l'Est
Forêt dense humide dégradée de l'Est

Maxent : ASC = 0,814
Distribution & habitat : **Endémique** de la région malgache (Madagascar et Comores). Partiellement forestière, mais également trouvée dans les forêts dégradées et les formations boisées ouvertes, ainsi que dans les zones de plantation d'arbres exotiques (Madagascar). Types d'habitat : humide, sec, humide/subhumide et sec épineux.
Autres commentaires : Les oiseaux identifiés comme étant *Coracopsis* sp. ne figurent pas sur les cartes. Certains relevés sur le terrain pourraient représenter des individus de *C. nigra* mal identifiés.
Conservation : Préoccupation mineure avec des populations stables (19). Espèce commercialisée.

Maxent: AUC = 0.814
Distribution & habitat: **Endemic** to the Malagasy region (Madagascar, Comoros). Partially forest-dwelling, but also found in degraded forest, open wooded zones, as well as areas of introduced vegetation, such as tree plantations (Madagascar). Habitat types: humid, dry, humid-subhumid, and dry spiny.
Other comments: Observed birds identified as *Coracopsis* sp. not figured on map. Certain field records may represent misidentified individuals of *C. nigra*.
Conservation: Least Concerned with stable population trend (19). It is exploited for the pet trade.

Centropus toulou

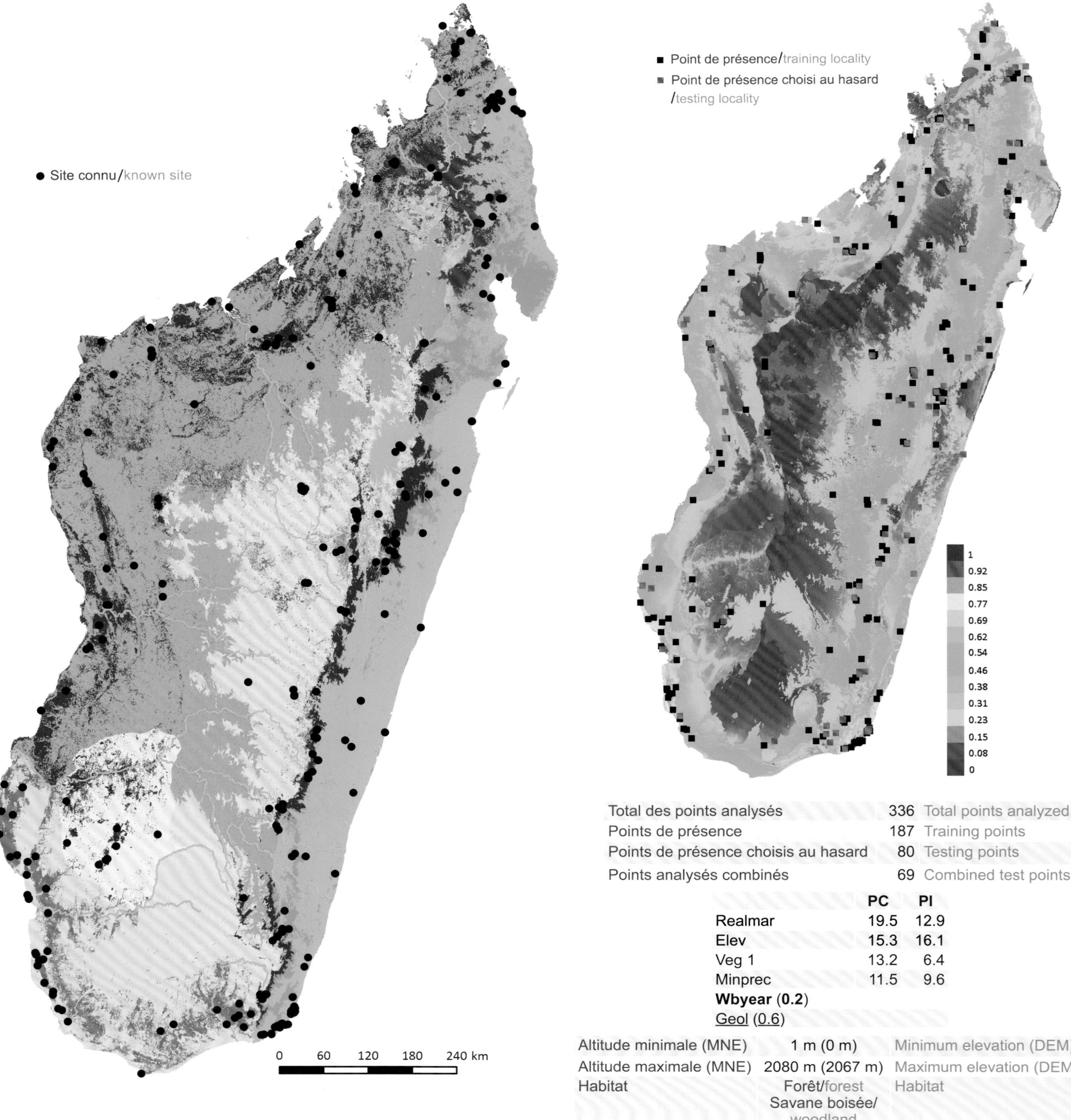
Site connu/known site
0 60 120 180 240 km
Point de présence/training locality
Point de présence choisi au hasard /testing locality
1
0.92
0.85
0.77
0.69
0.62
0.54
0.46
0.38
0.31
0.23
0.15
0.08
0

Total des points analysés	336	Total points analyzed
Points de présence	187	Training points
Points de présence choisi au hasard	80	Testing points
Points analysés combinés	69	Combined test points

	PC	PI
Realmar	19.5	12.9
Elev	15.3	16.1
Veg 1	13.2	6.4
Minprec	11.5	9.6
Wbyear (**0.2**)		
Geol (0.6)		

Altitude minimale (MNE)	1 m (0 m)	Minimum elevation (DEM)
Altitude maximale (MNE)	2080 m (2067 m)	Maximum elevation (DEM)
Habitat	Forêt/forest Savane boisée/ woodland	Habitat

Maxent : ASC = 0,835
Distribution & habitat : **Endémique** de la région malgache (Madagascar et Seychelles [Aldabra]). Partiellement forestière, mais également trouvée dans les forêts dégradées et les formations boisées ouvertes, ainsi que dans les zones de plantation d'arbres exotiques. Types d'habitat : humide, sec, humide/subhumide et sec épineux. Absente dans certaines parties de Hautes Terres centrales, probablement liée à la raréfaction des formations boisées et aussi au faible nombre d'observations.
Systématique : Une étude de la différenciation génétique entre les populations de *C. t. toulou* (Madagascar) et de *C. t. insularis* (Aldabra) devrait être effectuée.
Conservation : Préoccupation mineure avec des populations stables (19).

Maxent: AUC = 0.835
Distribution & habitat: Endemic to Malagasy region (Madagascar, Seychelles [Aldabra]). Partially forest-dwelling, but also found in open wooded areas and degraded forest, as well as areas of introduced vegetation, such as tree plantations. Habitat types: humid, dry, humid-subhumid, and dry spiny. Absence across portions of the Central Highlands probably associated with reduced number of observers.
Systematics: A study of genetic differences between Madagascar (*C. t. toulou*) and Aldabra (*C. t. insularis*) populations needs to be conducted.
Conservation: Least Concerned with stable population trend (19).

Coua caerulea

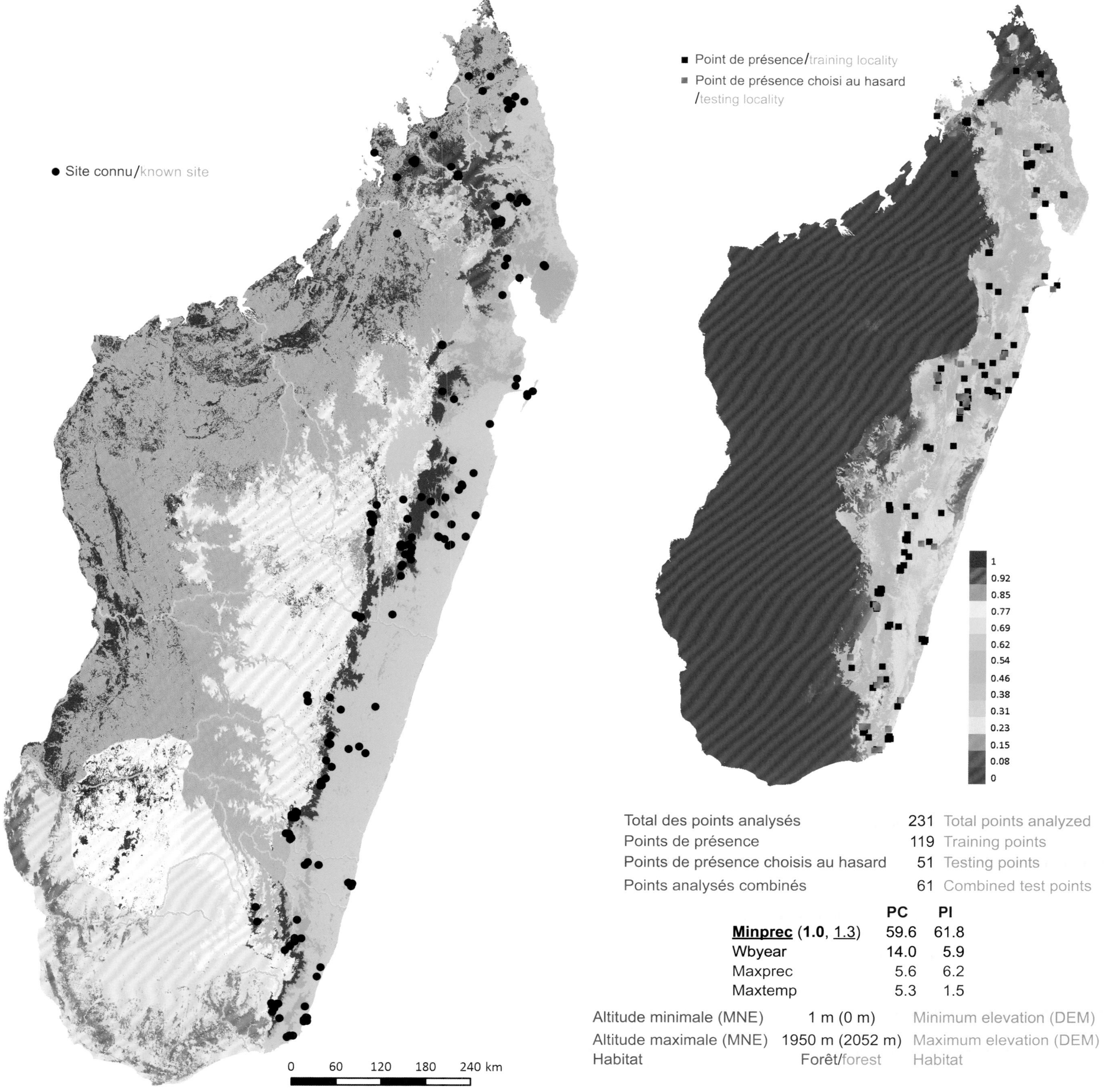

● Site connu/known site
0 60 120 180 240 km
■ Point de présence/training locality
■ Point de présence choisi au hasard /testing locality
1
0.92
0.85
0.77
0.69
0.62
0.54
0.46
0.38
0.31
0.23
0.15
0.08
0

Total des points analysés	231	Total points analyzed
Points de présence	119	Training points
Points de présence choisis au hasard	51	Testing points
Points analysés combinés	61	Combined test points

	PC	PI
Minprec (**1.0**, 1.3)	59.6	61.8
Wbyear	14.0	5.9
Maxprec	5.6	6.2
Maxtemp	5.3	1.5

Altitude minimale (MNE)	1 m (0 m)	Minimum elevation (DEM)
Altitude maximale (MNE)	1950 m (2052 m)	Maximum elevation (DEM)
Habitat	Forêt/forest	Habitat

Maxent : ASC = 0,929
Distribution & habitat : **Endémique**. Strictement forestière, mais également trouvée dans les formations boisées ouvertes et les forêts dégradées, ainsi que dans l'écotone entre la lisière forestière et la savane adjacente. Types d'habitat : humide et sec.
Systématique : Une étude phylogéographique englobant l'aire de répartition de cette espèce devrait être effectuée pour comprendre les différences génétiques potentielles entre les populations.
Autres commentaires : Espèce arboricole de la sous-famille endémique de Couinae, souvent sympatrique avec au moins un autre membre de ce genre, et qui est généralement terrestre.
Conservation : Préoccupation mineure avec des populations stables (19). Présence d'une pression de chasse dans certaines parties de son aire de répartition.

Maxent: AUC = 0.929
Distribution & habitat: **Endemic**. Strictly forest-dwelling, but also found in ecotonal areas towards the forest edge. Habitat types: humid and dry.
Systematics: A phylogeographic study across the range of this species needs to be conducted to understand potential genetic differences between populations.
Other comments: This arboreal species of the endemic subfamily Couinae is often sympatric with at least one other member of this genus, which tends to be terrestrial.
Conservation: Least Concerned with stable population trend (19). Under hunting pressure in certain areas of its range.

Coua coquereli

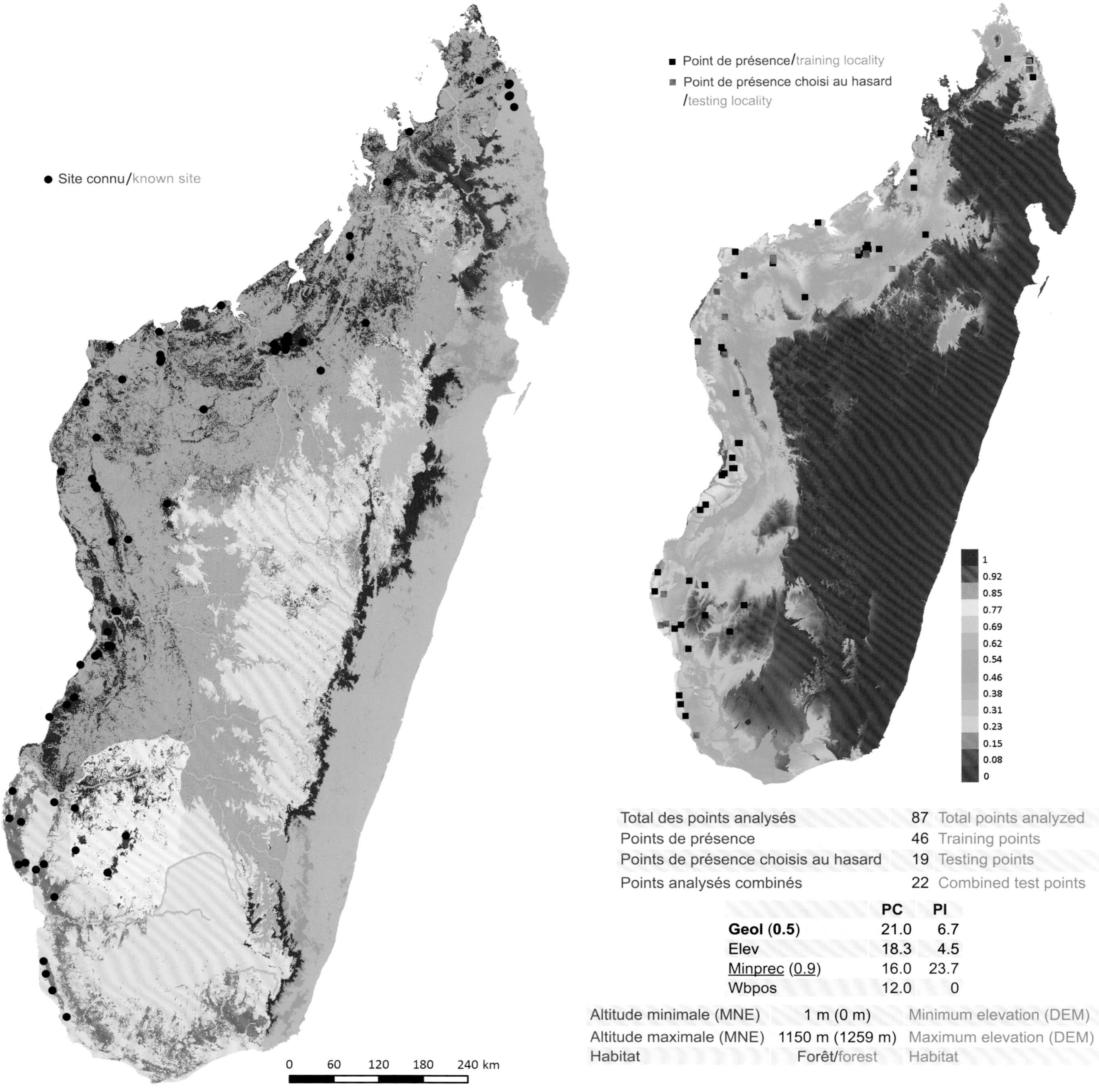

Site connu/known site
Point de présence/training locality
Point de présence choisi au hasard /testing locality
1
0.92
0.85
0.77
0.69
0.62
0.54
0.46
0.38
0.31
0.23
0.15
0.08
0
0 60 120 180 240 km

Total des points analysés	87	Total points analyzed
Points de présence	46	Training points
Points de présence choisis au hasard	19	Testing points
Points analysés combinés	22	Combined test points

	PC	PI
Geol (0.5)	21.0	6.7
Elev	18.3	4.5
Minprec (0.9)	16.0	23.7
Wbpos	12.0	0

Altitude minimale (MNE)	1 m (0 m)	Minimum elevation (DEM)
Altitude maximale (MNE)	1150 m (1259 m)	Maximum elevation (DEM)
Habitat	Forêt/forest	Habitat

Maxent : ASC = 0,899

Distribution & habitat : Endémique. Strictement forestière, mais supporte un certain niveau de perturbation. Types d'habitat : sec, humide/subhumide et sec épineux.

Systématique : Les relevés cartographiés du Nord, provenant surtout des régions d'Andavakoera et de Loky-Manambato, sont basés sur des observations et des photos. Les relations génétiques entre ces populations et celles de l'Ouest devraient être comparées.

Autres commentaires : L'habitat de ces sites du Nord est considéré comme étant transitionnel entre humide-sec. Espèce largement terrestre de la sous-famille endémique de Couinae, souvent sympatrique avec au moins un autre membre de ce genre.

Conservation : Préoccupation mineure avec des populations stables (19). Présence d'une pression de chasse dans certaines parties de son aire de répartition.

Maxent: AUC = 0.899

Distribution & habitat: Endemic. Strictly forest-dwelling, but tolerant of a certain level of disturbance. Habitat types: dry, humid-subhumid, and dry spiny.

Systematics: Mapped records from the far north, including Andavakoera and the Loky-Manambato region, are based on sight records and photographs. The genetic relationships of these populations need to be compared to those from the west.

Other comments: The habitat of the northern sites is best considered transitional humid-dry. This largely terrestrial species of the endemic subfamily Couinae is often sympatric with at least two other member of this genus.

Conservation: Least Concerned with stable population trend (19). Under hunting pressure in certain areas of its range.

Coua cristata

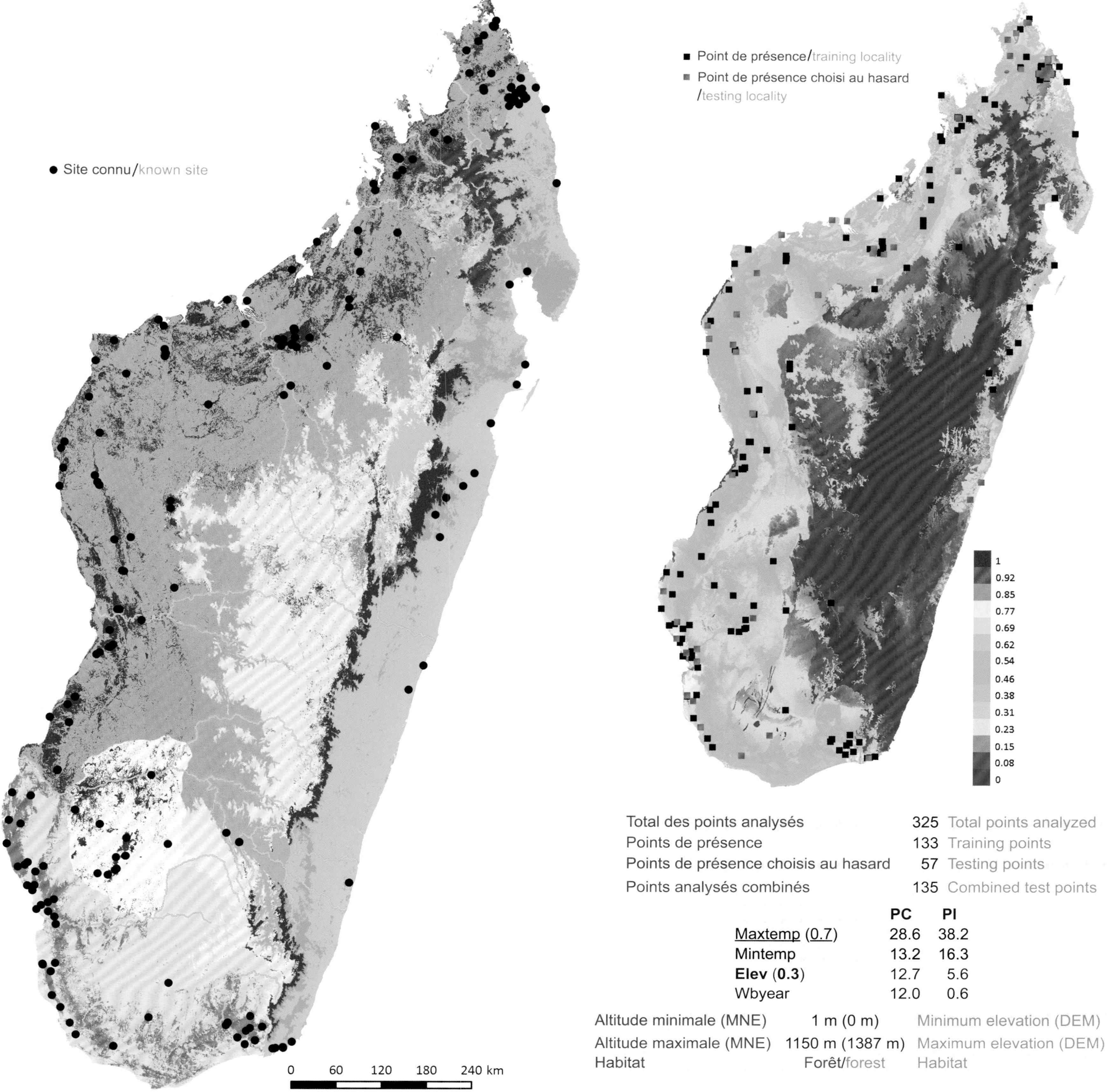

● Site connu/known site
■ Point de présence/training locality
■ Point de présence choisi au hasard /testing locality
0 60 120 180 240 km
1
0.92
0.85
0.77
0.69
0.62
0.54
0.46
0.38
0.31
0.23
0.15
0.08
0

Total des points analysés	325	Total points analyzed
Points de présence	133	Training points
Points de présence choisis au hasard	57	Testing points
Points analysés combinés	135	Combined test points

	PC	PI
Maxtemp (0.7)	28.6	38.2
Mintemp	13.2	16.3
Elev (**0.3**)	12.7	5.6
Wbyear	12.0	0.6

Altitude minimale (MNE)	1 m (0 m)	Minimum elevation (DEM)
Altitude maximale (MNE)	1150 m (1387 m)	Maximum elevation (DEM)
Habitat	Forêt/forest	Habitat

Maxent : ASC = 0,869
Distribution & habitat : Endémique. Espèce forestière, mais également trouvée dans les forêts dégradées et les formations boisées ouvertes, ainsi que dans les zones de plantation d'arbres exotiques. Types d'habitat : humide, sec, humide/subhumide et sec épineux.
Systématique : Quatre sous-espèces différentes sont actuellement reconnues sur la base des caractères morphologiques et du plumage. De vastes étendues géographiques existent entre les populations. Des études moléculaires seraient nécessaires pour comprendre les modèles de variation phénotypique associée à la géographie. La grande et divergente forme, *C. c. maxima*, uniquement connue à partir d'un spécimen type récolté aux environs de Tolagnaro, devrait être séquencée pour déterminer ses relations avec les autres membres du genre.
Autres commentaires : Espèce arboricole de la sous-famille endémique de Couinae, souvent en sympatrie avec au moins un autre membre de ce genre.
Conservation : Préoccupation mineure avec des populations stables (19). Présence d'une pression de chasse dans certaines parties de son aire de répartition.

Maxent: AUC = 0.869
Distribution & habitat: Endemic. Forest-dwelling, but also found in open wooded areas of degraded forest, as well as areas of introduced vegetation. Habitat types: humid, dry, humid-subhumid, and dry spiny.
Systematics: Four different subspecies are currently recognized based on plumage and morphological characters. Major geographical gaps occur between populations. Molecular studies are needed to understand patterns of phenotypic variation overlaid on geography. The large and divergent form *C. c. maxima*, only known from the type specimen taken close to Tolagnaro, needs to be sequence to determine its relationships to other members of the genus.
Other comments: This largely arboreal species of the endemic subfamily Couinae is often sympatric with at least two other member of this genus.
Conservation: Least Concerned with stable population trend (19). Under hunting pressure in certain areas of its range.

Coua cursor

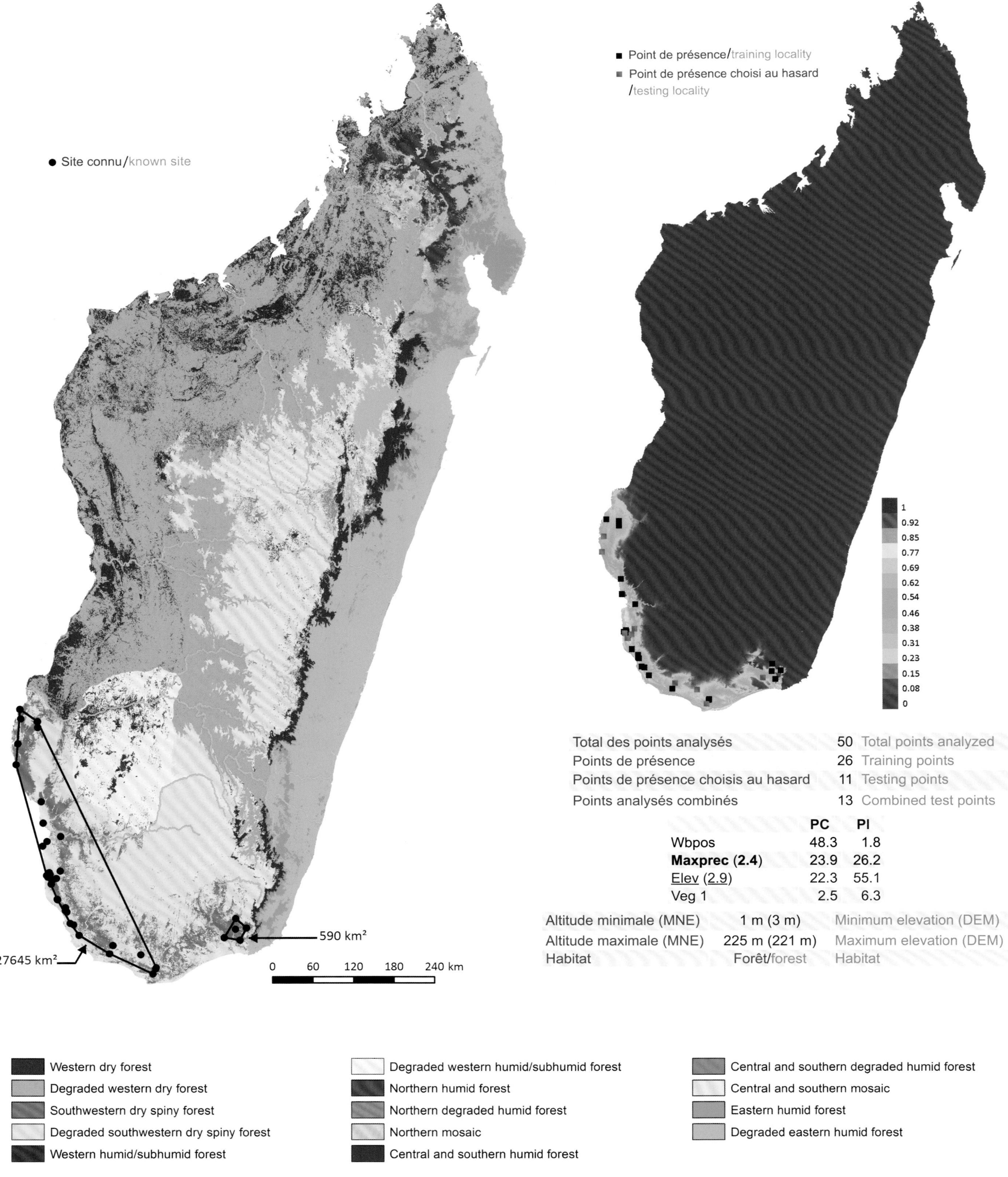
Site connu/known site
Point de présence/training locality
Point de présence choisi au hasard /testing locality
27645 km²
590 km²
0 60 120 180 240 km
1
0.92
0.85
0.77
0.69
0.62
0.54
0.46
0.38
0.31
0.23
0.15
0.08
0
Western dry forest
Degraded western dry forest
Southwestern dry spiny forest
Degraded southwestern dry spiny forest
Western humid/subhumid forest
Degraded western humid/subhumid forest
Northern humid forest
Northern degraded humid forest
Northern mosaic
Central and southern humid forest
Central and southern degraded humid forest
Central and southern mosaic
Eastern humid forest
Degraded eastern humid forest

Total des points analysés	50	Total points analyzed
Points de présence	26	Training points
Points de présence choisis au hasard	11	Testing points
Points analysés combinés	13	Combined test points

	PC	PI
Wbpos	48.3	1.8
Maxprec (2.4)	23.9	26.2
Elev (2.9)	22.3	55.1
Veg 1	2.5	6.3

Altitude minimale (MNE)	1 m (3 m)	Minimum elevation (DEM)
Altitude maximale (MNE)	225 m (221 m)	Maximum elevation (DEM)
Habitat	Forêt/forest	Habitat

Maxent : ASC = 0,989
Distribution & habitat : Endémique. Largement forestière, mais également trouvée dans les forêts dégradées et les formations boisées ouvertes. Type d'habitat : sec épineux.
Systématique : En s'appuyant sur les données de la distribution actuelle, il semble y avoir une discontinuité de la zone d'occurrence de cette espèce entre les parties Sud-ouest et Sud-est de l'île. Les niveaux potentiels de différenciation génétique devraient être étudiés.
Autres commentaires : Espèce largement terrestre de la sous-famille endémique de Couinae, souvent sympatrique avec au moins un autre membre de ce genre.
Conservation : Zone d'Occurrence égale à 28235 km². Préoccupation mineure avec des populations stables (19).

Maxent: AUC = 0.989
Distribution & habitat: Endemic. Largely forest-dwelling, but also found in open wooded areas of degraded forest. Habitat type: dry spiny.
Systematics: Based on current distributional data, there appears to be a gap in the occurrence of this species between the southwest and southeast portions of the island. Potential levels of differentiation need to be investigated with molecular tools.
Other comments: This largely terrestrial species of the endemic subfamily Couinae is often sympatric with at least two other member of this genus.
Conservation: The calculated Extent of Occurrence is in total 28235 km². Least Concerned with stable population trend (19).

Coua gigas

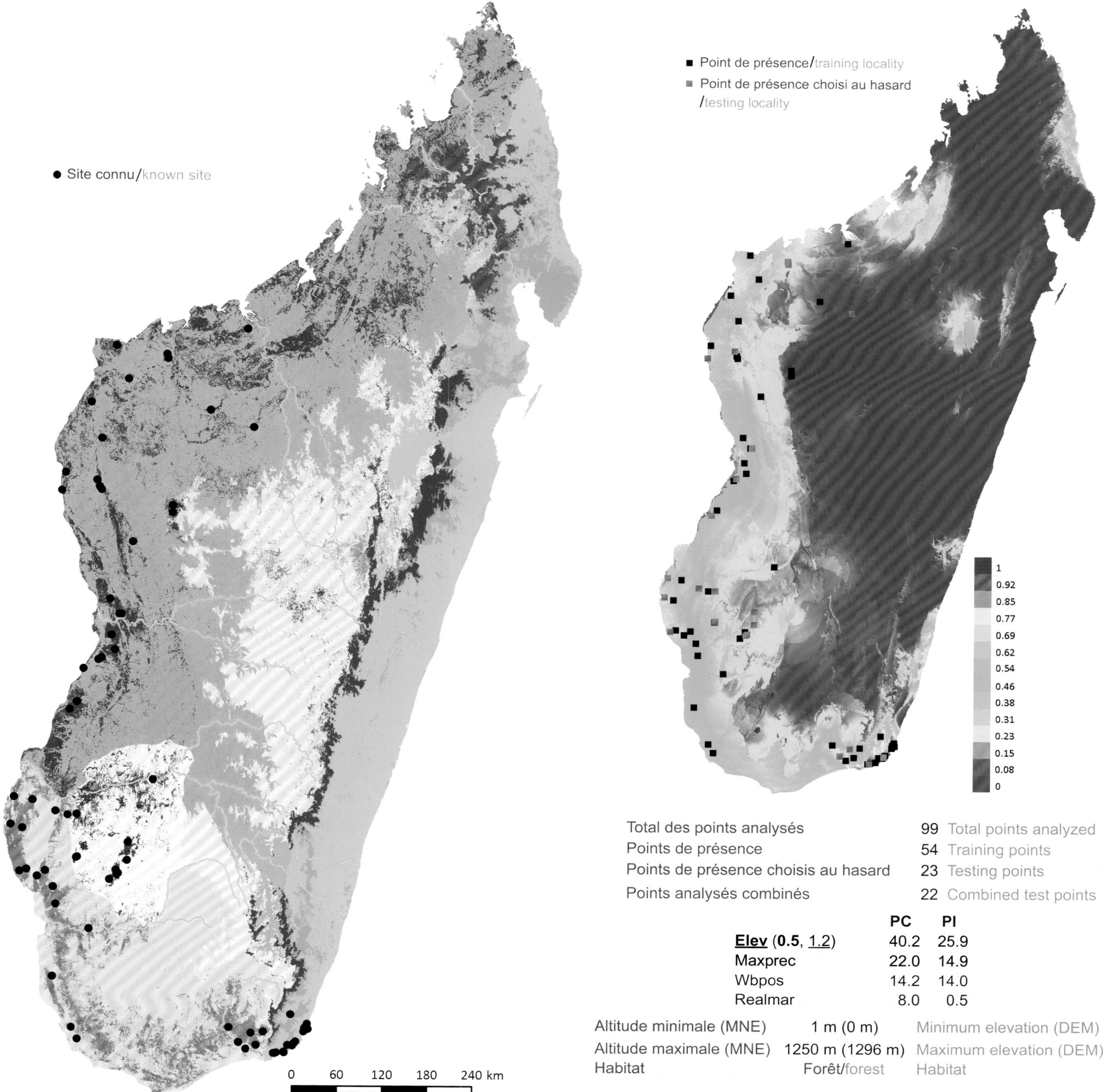
● Site connu/known site
0 60 120 180 240 km
■ Point de présence/training locality
■ Point de présence choisi au hasard /testing locality
1
0.92
0.85
0.77
0.69
0.62
0.54
0.46
0.38
0.31
0.23
0.15
0.08
0

Total des points analysés	99	Total points analyzed
Points de présence	54	Training points
Points de présence choisis au hasard	23	Testing points
Points analysés combinés	22	Combined test points

	PC	PI
Elev (**0.5**, 1.2)	40.2	25.9
Maxprec	22.0	14.9
Wbpos	14.2	14.0
Realmar	8.0	0.5

Altitude minimale (MNE)	1 m (0 m)	Minimum elevation (DEM)
Altitude maximale (MNE)	1250 m (1296 m)	Maximum elevation (DEM)
Habitat	Forêt/forest	Habitat

Maxent : ASC = 0,893

Distribution & habitat : **Endémique**. Largement forestière, mais également trouvée dans les formations boisées ouvertes et les forêts dégradées. Types d'habitat : sec, humide/subhumide et sec épineux. Au nord de Tolagnaro, elle se rencontre dans la forêt humide (littorale).

Altitude : Rapportée depuis le niveau de la mer jusqu'à 800 m d'altitude (24), mais récemment recensée sur la frange occidentale des Hautes Terres centrales.

Systématique : En s'appuyant sur les données de la distribution actuelle, il semble qu'il y ait une discontinuité de la zone d'occurrence de cette espèce entre la région du Sud-est et les autres sites occidentaux de son aire de répartition. Les niveaux potentiels de différenciation génétique devraient être étudiés.

Autres commentaires : Espèce terrestre de la sous-famille endémique de Couinae, souvent sympatrique avec au moins deux autres membres de ce genre.

Conservation : Préoccupation mineure avec des populations en déclin (19). Présence d'une pression de chasse dans certaines parties de son aire de répartition.

Maxent: AUC = 0.893

Distribution & habitat: **Endemic**. Largely forest-dwelling, but also found in open wooded areas of degraded forest. Habitat types: dry, humid-subhumid, and dry spiny. North of Tolagnaro it occurs in humid (littoral) forest.

Elevation: Cited as occurring from sea level-800 m (24). Recently documented at the western edge of the Central Highlands.

Systematics: Based on current distributional data, there appears to be a gap in the occurrence of this species between the southeast and other portions of its western range. Potential levels of differentiation need to be investigated with molecular tools.

Other comments: This terrestrial species of the endemic subfamily Couinae is often sympatric with at least two other member of this genus.

Conservation: Least Concerned with decreasing population trend (19). Under hunting pressure in certain areas of its range.

Coua reynaudii

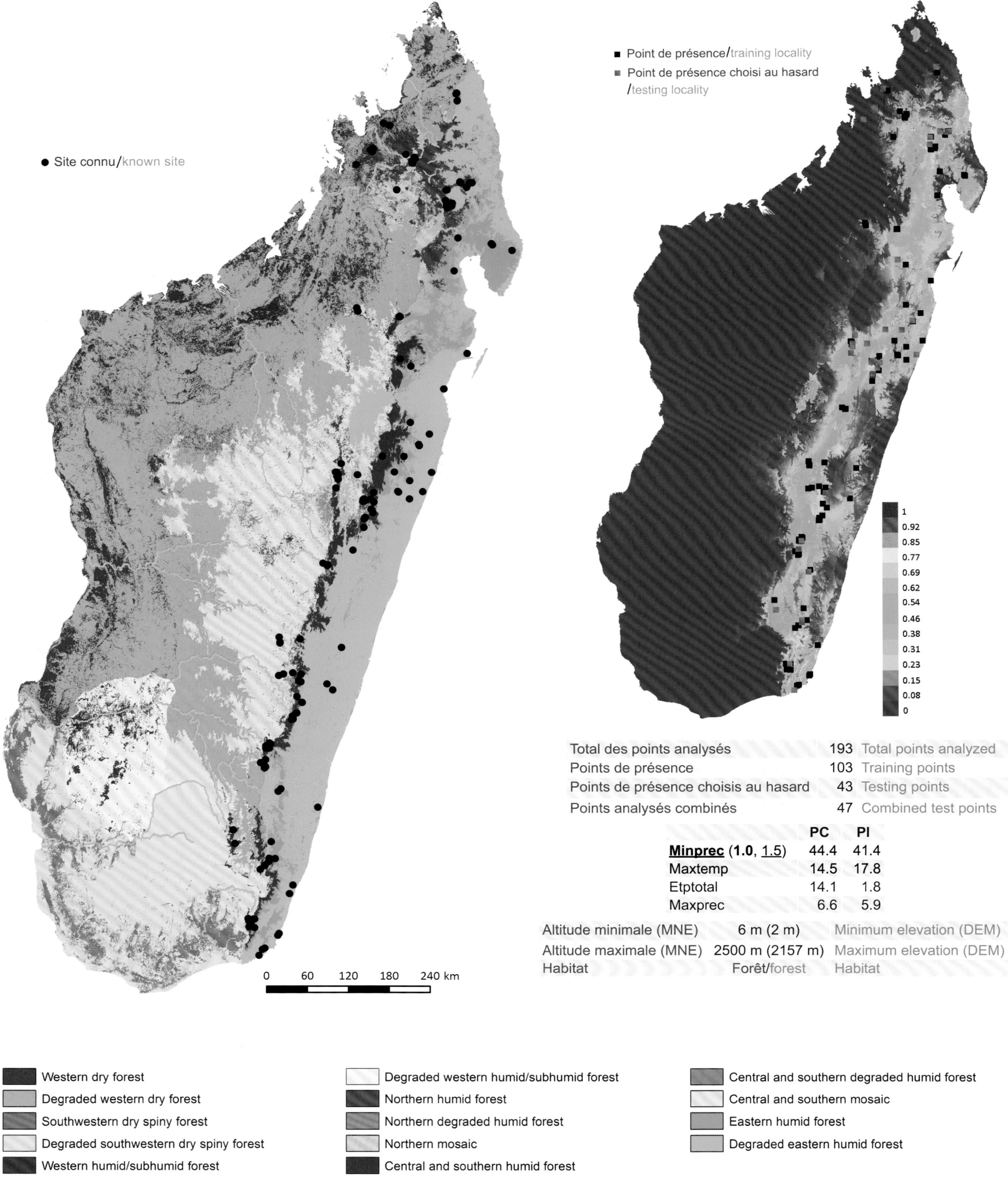
● Site connu/known site
■ Point de présence/training locality
■ Point de présence choisi au hasard /testing locality
1
0.92
0.85
0.77
0.69
0.62
0.54
0.46
0.38
0.31
0.23
0.15
0.08
0
0 60 120 180 240 km
Total des points analysés 193 Total points analyzed
Points de présence 103 Training points
Points de présence choisis au hasard 43 Testing points
Points analysés combinés 47 Combined test points
PC PI
Minprec (1.0, 1.5) 44.4 41.4
Maxtemp 14.5 17.8
Etptotal 14.1 1.8
Maxprec 6.6 5.9
Altitude minimale (MNE) 6 m (2 m) Minimum elevation (DEM)
Altitude maximale (MNE) 2500 m (2157 m) Maximum elevation (DEM)
Habitat Forêt/forest Habitat
Western dry forest
Degraded western dry forest
Southwestern dry spiny forest
Degraded southwestern dry spiny forest
Western humid/subhumid forest
Degraded western humid/subhumid forest
Northern humid forest
Northern degraded humid forest
Northern mosaic
Central and southern humid forest
Central and southern degraded humid forest
Central and southern mosaic
Eastern humid forest
Degraded eastern humid forest

Maxent : ASC = 0,945
Distribution & habitat : Endémique. Strictement forestière, mais supporte un certain niveau de perturbation. Type d'habitat : humide.
Autres commentaires : Espèce largement terrestre de la sous-famille endémique de Couinae, souvent sympatrique avec au moins un autre membre de ce genre.
Conservation : Préoccupation mineure avec des populations stables (19). Présence d'une pression de chasse dans certaines parties de son aire de répartition.

Maxent: AUC = 0.945
Distribution & habitat: Endemic. Strictly forest-dwelling, but tolerant of a certain level of disturbance. Habitat type: humid.
Other comments: This largely terrestrial species of the endemic subfamily Couinae is often sympatric with at least one other member of this genus.
Conservation: Least Concerned with stable population trend (19). Under hunting pressure in certain areas of its range.

Coua ruficeps

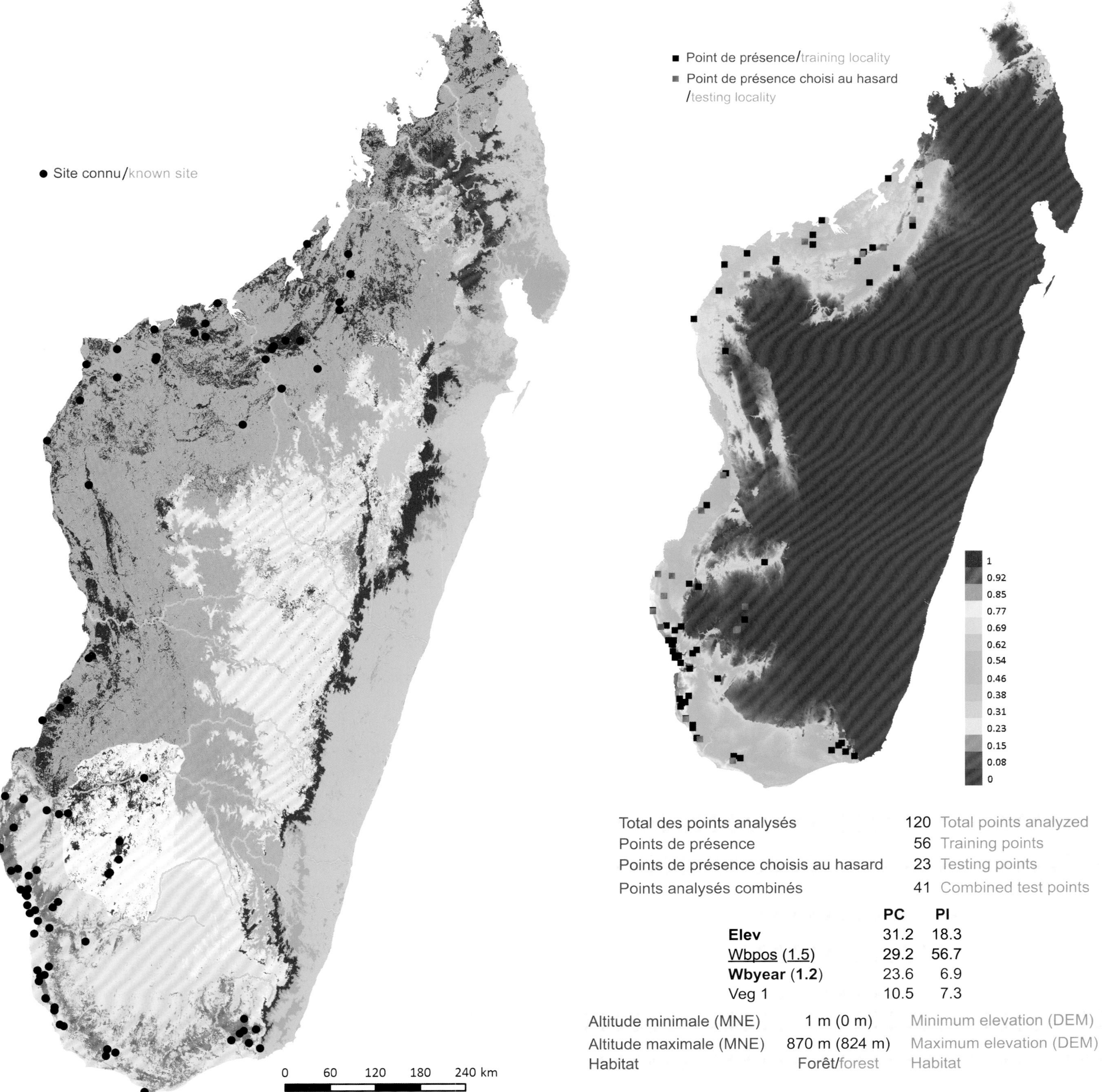

Site connu/known site
0 60 120 180 240 km
Point de présence/training locality
Point de présence choisi au hasard /testing locality
1
0.92
0.85
0.77
0.69
0.62
0.54
0.46
0.38
0.31
0.23
0.15
0.08
0

Total des points analysés	120	Total points analyzed
Points de présence	56	Training points
Points de présence choisis au hasard	23	Testing points
Points analysés combinés	41	Combined test points

	PC	PI
Elev	31.2	18.3
Wbpos (1.5)	29.2	56.7
Wbyear (1.2)	23.6	6.9
Veg 1	10.5	7.3

Altitude minimale (MNE)	1 m (0 m)	Minimum elevation (DEM)
Altitude maximale (MNE)	870 m (824 m)	Maximum elevation (DEM)
Habitat	Forêt/forest	Habitat

Maxent : ASC = 0,917
Distribution & habitat : **Endémique**. Strictement forestière, mais supporte un certain niveau de perturbation. Types d'habitat : sec, humide/subhumide et sec épineux.
Systématique : Deux différentes formes sont reconnues basées sur la coloration du plumage, *C. r. ruficeps* dans le Centre-ouest et *C. r. olivaceiceps* dans le Sud-ouest. Dans certaines localités, à l'intérieur d'une population, des oiseaux représentant les caractéristiques phénotypiques de ces deux sous-espèces vivent en sympatrie. Par conséquent, ils ont été séparés en deux espèces distinctes (39). Des données génétiques pour vérifier cette hypothèse seraient nécessaires afin de confirmer ou non leur reconnaissance. Une étude de la différentiation entre les populations du Sud-est et du Sud-ouest devrait être effectuée pour mesurer la divergence à travers cette distribution apparemment discontinue.
Autres commentaires : Espèce largement terrestre de la sous-famille endémique de Couinae, souvent sympatrique avec au moins deux autres membres de ce genre.
Conservation : Préoccupation mineure avec des populations stables (19). Présence d'une pression de chasse dans certaines parties de son aire de répartition.

Maxent: AUC = 0.917
Distribution & habitat: **Endemic**. Strictly forest-dwelling, but tolerant of a certain level of disturbance. Habitat types: dry, humid-subhumid, and dry spiny.
Systematics: Two different forms have been recognized based on differences in plumage coloration, *C. r. ruficeps* in the central west and *C. r. olivaceiceps* in the southwest. At certain localities, within a population birds representing the phenotypic characteristics of these two subspecies live in sympatry and, hence, they have been separated as distinct species (39). Genetic data testing this assumption is needed to accept the recognition of two species. Divergence between populations from the southeast and southwest needs to be examined to measure possible differences across this apparent distributional gap.
Other comments: This largely terrestrial species of the endemic subfamily Couinae is often sympatric with at least two other member of this genus.
Conservation: Least Concerned with stable population trend (19). Under hunting pressure in certain areas of its range.

Coua serriana

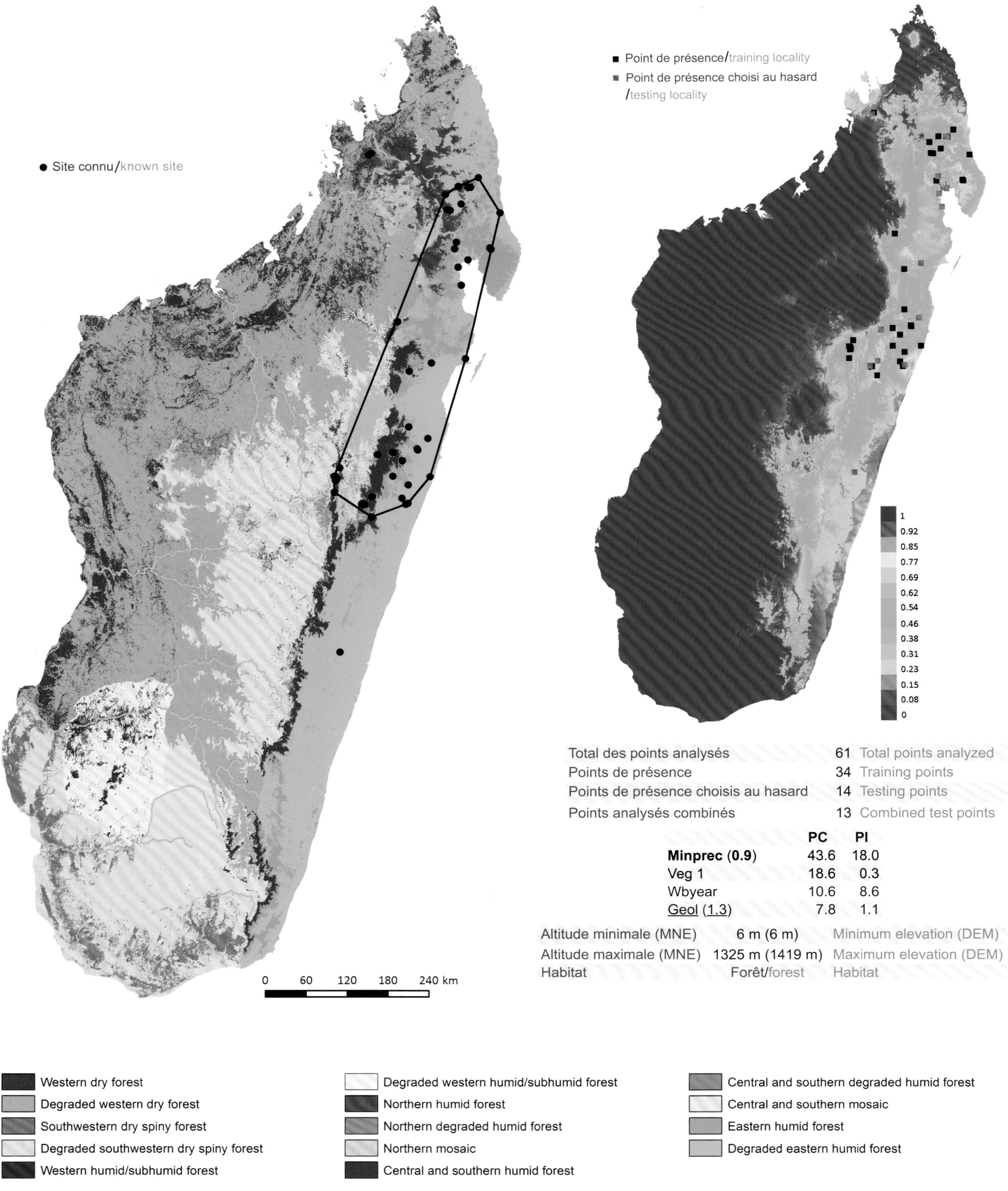

Site connu/known site
Point de présence/training locality
Point de présence choisi au hasard /testing locality
1
0.92
0.85
0.77
0.69
0.62
0.54
0.46
0.38
0.31
0.23
0.15
0.08
0
0 60 120 180 240 km
Western dry forest
Degraded western dry forest
Southwestern dry spiny forest
Degraded southwestern dry spiny forest
Western humid/subhumid forest
Degraded western humid/subhumid forest
Northern humid forest
Northern degraded humid forest
Northern mosaic
Central and southern humid forest
Central and southern degraded humid forest
Central and southern mosaic
Eastern humid forest
Degraded eastern humid forest

Total des points analysés	61	Total points analyzed
Points de présence	34	Training points
Points de présence choisis au hasard	14	Testing points
Points analysés combinés	13	Combined test points

	PC	PI
Minprec (0.9)	43.6	18.0
Veg 1	18.6	0.3
Wbyear	10.6	8.6
Geol (1.3)	7.8	1.1

Altitude minimale (MNE)	6 m (6 m)	Minimum elevation (DEM)
Altitude maximale (MNE)	1325 m (1419 m)	Maximum elevation (DEM)
Habitat	Forêt/forest	Habitat

Maxent : ASC = 0,949
Distribution & habitat : Endémique. Strictement forestière, mais supporte un certain niveau de perturbation. Type d'habitat : humide.
Autres commentaires : Espèce largement terrestre de la sous-famille endémique de Couinae, souvent sympatrique avec au moins un autre membre de ce genre.
Conservation : Zone d'Occurrence égale à 53042 km^2. Préoccupation mineure avec des populations stables (19). Présence d'une pression de chasse dans certaines parties de son aire de répartition.

Maxent: AUC = 0.949
Distribution & habitat: Endemic. Strictly forest-dwelling, but tolerant of a certain level of disturbance. Habitat type: humid.
Other comments: This largely terrestrial species of the endemic subfamily Couinae is often sympatric with at least one other member of this genus.
Conservation: The calculated Extent of Occurrence is 53042 km^2. Least Concerned with stable population trend (19). Under hunting pressure in certain areas of its range.

Coua verreauxi

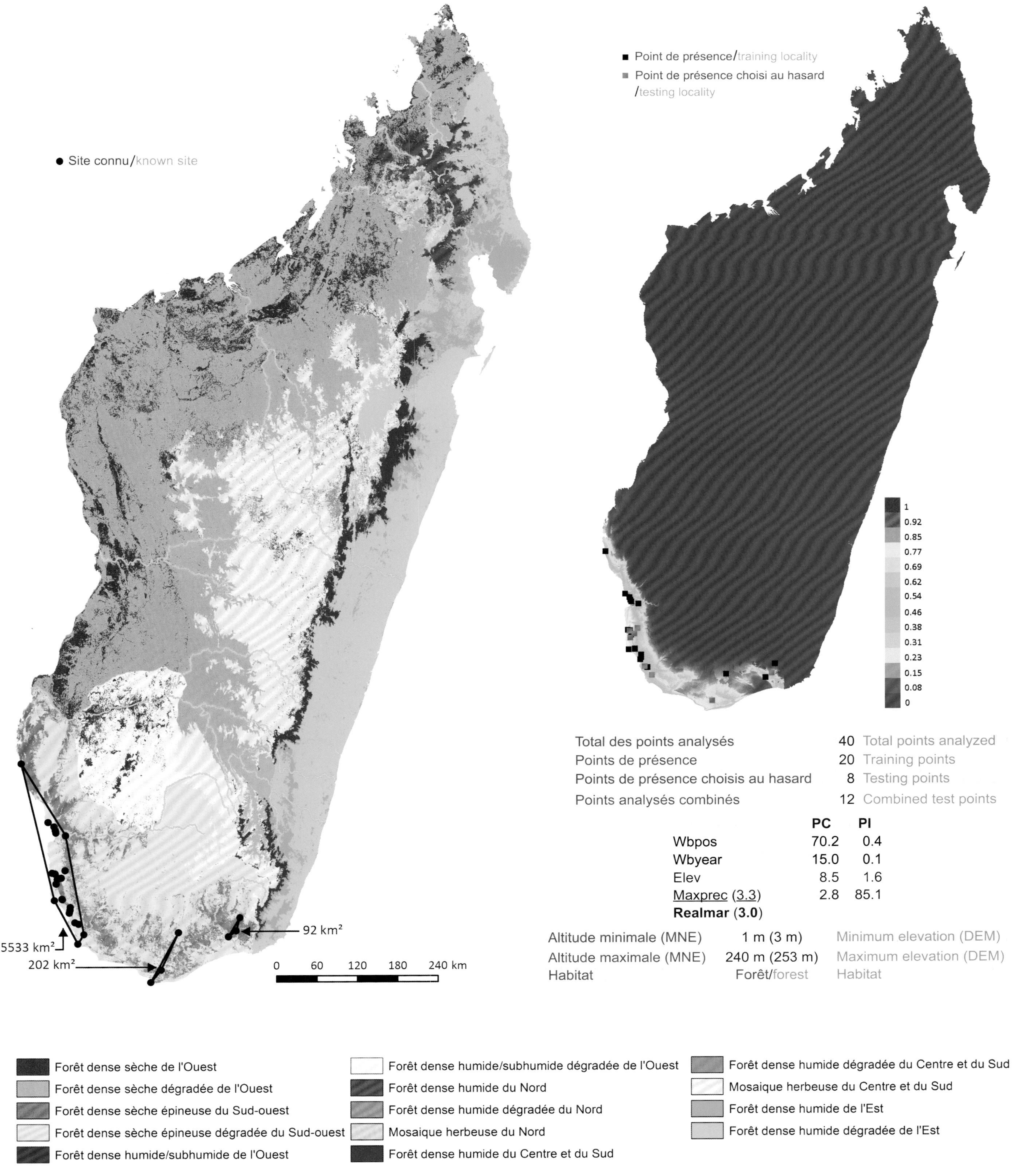
● Site connu/known site
5533 km²
202 km²
92 km²
0 60 120 180 240 km
■ Point de présence/training locality
■ Point de présence choisi au hasard /testing locality
1
0.92
0.85
0.77
0.69
0.62
0.54
0.46
0.38
0.31
0.23
0.15
0.08
0
Total des points analysés 40 Total points analyzed
Points de présence 20 Training points
Points de présence choisis au hasard 8 Testing points
Points analysés combinés 12 Combined test points
PC PI
Wbpos 70.2 0.4
Wbyear 15.0 0.1
Elev 8.5 1.6
Maxprec (3.3) 2.8 85.1
Realmar (3.0)
Altitude minimale (MNE) 1 m (3 m) Minimum elevation (DEM)
Altitude maximale (MNE) 240 m (253 m) Maximum elevation (DEM)
Habitat Forêt/forest Habitat
Forêt dense sèche de l'Ouest
Forêt dense sèche dégradée de l'Ouest
Forêt dense sèche épineuse du Sud-ouest
Forêt dense sèche épineuse dégradée du Sud-ouest
Forêt dense humide/subhumide de l'Ouest
Forêt dense humide/subhumide dégradée de l'Ouest
Forêt dense humide du Nord
Forêt dense humide dégradée du Nord
Mosaique herbeuse du Nord
Forêt dense humide du Centre et du Sud
Forêt dense humide dégradée du Centre et du Sud
Mosaique herbeuse du Centre et du Sud
Forêt dense humide de l'Est
Forêt dense humide dégradée de l'Est

Maxent : ASC = 0,990
Distribution & habitat : **Endémique**. Strictement forestière, mais supporte un certain niveau de perturbation. Type d'habitat : sec épineux.
Autres commentaires : Espèce largement arboricole de la sous-famille endémique de Couinae, souvent en sympatrie avec au moins deux autres membres de ce genre.
Conservation : Zone d'Occurrence égale à 5827 km² basée sur les trois différentes populations présumées. Quasi menacée avec des populations stables (19). Présence d'une pression de chasse dans certaines parties de son aire de répartition.

Maxent: AUC = 0.990
Distribution & habitat: **Endemic**. Strictly forest-dwelling, but tolerant of a certain level of disturbance. Habitat type: dry spiny.
Other comments: This largely arboreal species of the endemic subfamily Couinae is often sympatric with at least two other member of this genus.
Conservation: The calculated Extent of Occurrence is in total 5827 km² based on what appears to be three different populations. Near Threatened with stable population trend (19). Under hunting pressure in certain areas of its range.

Tyto soumagnei

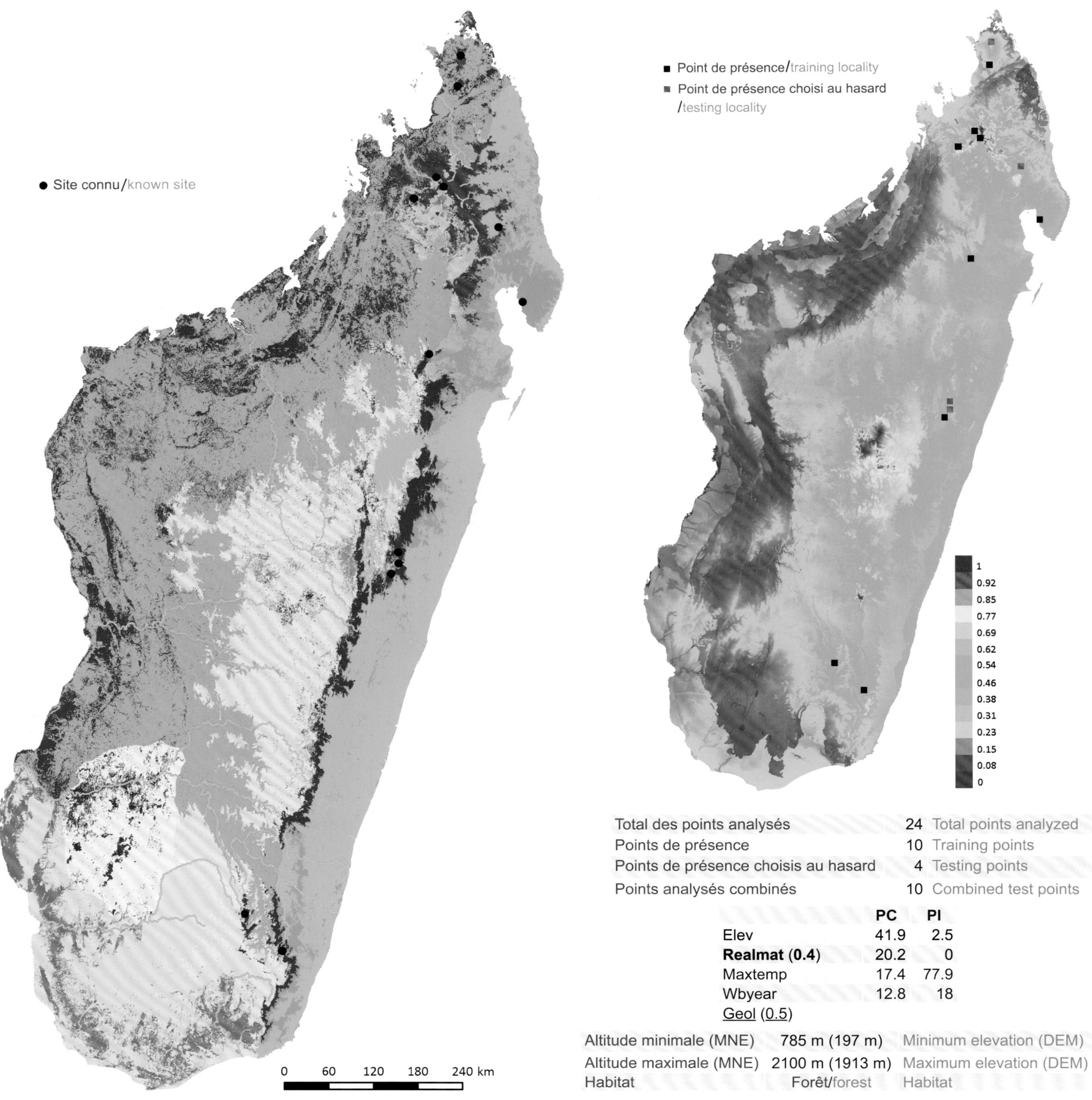
● Site connu/known site
0 60 120 180 240 km
■ Point de présence/training locality
■ Point de présence choisi au hasard /testing locality
1
0.92
0.85
0.77
0.69
0.62
0.54
0.46
0.38
0.31
0.23
0.15
0.08
0

Total des points analysés	24	Total points analyzed
Points de présence	10	Training points
Points de présence choisis au hasard	4	Testing points
Points analysés combinés	10	Combined test points

	PC	PI
Elev	41.9	2.5
Realmat (0.4)	20.2	0
Maxtemp	17.4	77.9
Wbyear	12.8	18
Geol (0.5)		

Altitude minimale (MNE)	785 m (197 m)	Minimum elevation (DEM)
Altitude maximale (MNE)	2100 m (1913 m)	Maximum elevation (DEM)
Habitat	Forêt/forest	Habitat

Maxent : ASC = 0,863
Distribution & habitat : **Endémique**. Largement forestière, mais également trouvée dans les formations boisées ouvertes et les forêts dégradées, ainsi que dans les zones de plantation d'arbres exotiques. Types d'habitat : humide et sec.
Altitude : Différence notable entre le niveau inférieur de la distribution altitudinale d'après la base de données et celui du modèle numérique d'élévation, probablement liée au relief souvent escarpé de son habitat. Présence à 20 m d'altitude également signalée (17).
Autres commentaires : Peu de relevés sur cette espèce solitaire. A partir des nouveaux travaux sur le terrain, les informations sur sa distribution et sa préférence d'habitat ont considérablement augmenté. Son aire de répartition se superpose souvent avec celle de *T. alba* (non cartographiée), particulièrement dans la lisière forestière ou à proximité des zones ouvertes.
Conservation : Vulnérable avec des populations en déclin (19).

Maxent: AUC = 0.863
Distribution & habitat: **Endemic**. Forest-dwelling, but also found in open wooded areas of degraded forest, as well as areas of introduced vegetation, such as tree plantations. Habitat types: humid and dry.
Elevation: The notable differences in the minimum altitudinal range of this species between the database information and that calculated with the digital elevation model is probably associated with the steep terrain of its habitat. There are reports of this species at 20 m (17).
Other comments: Few records of this reclusive species. With new fieldwork, information on its range and habitat preferences increases considerably. It often has a partially overlapping range with *T. alba* (not mapped), specifically at the forest edge or nearby open areas.
Conservation: Vulnerable with decreasing population trend (19).

Asio madagascariensis

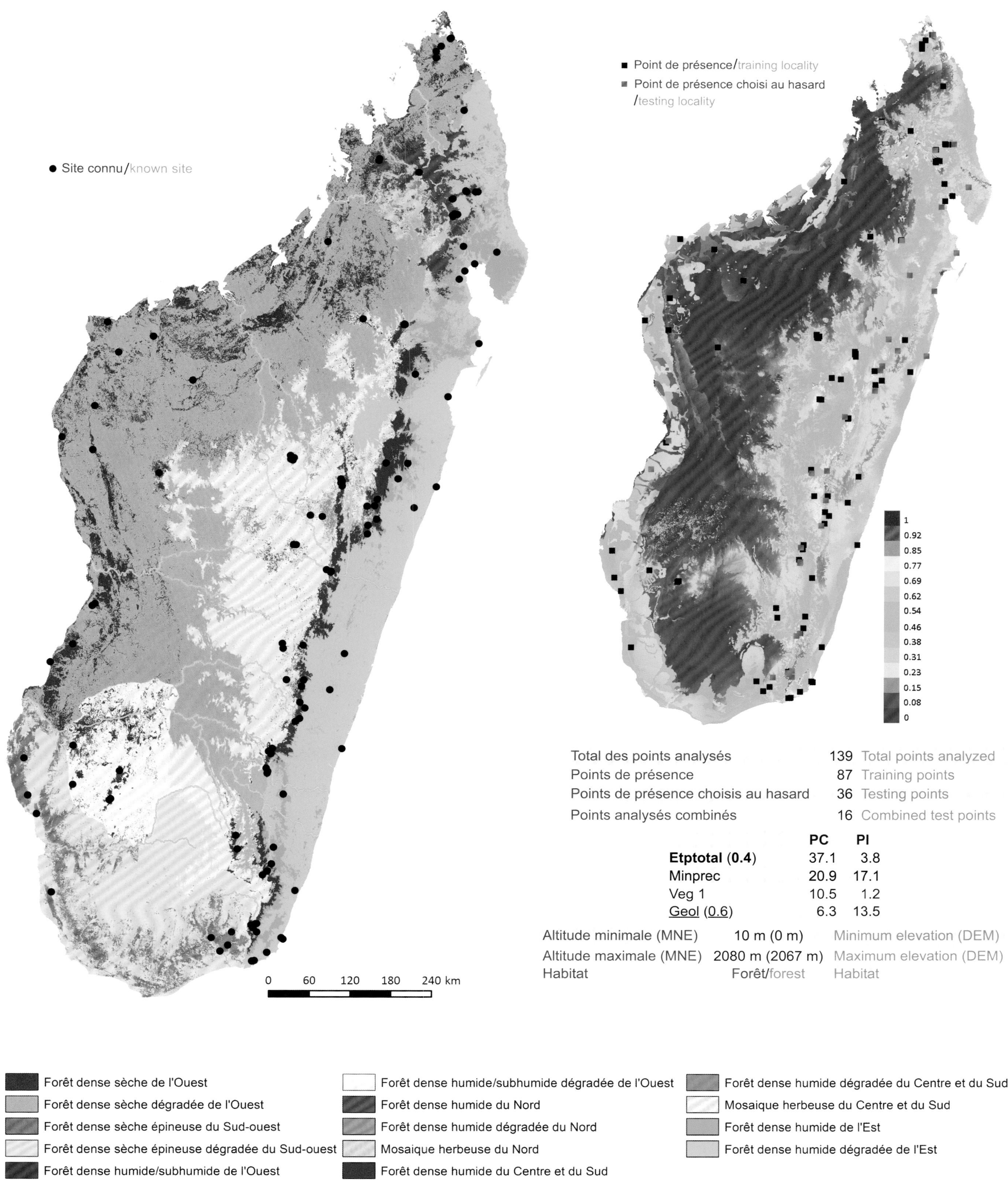

Site connu/known site
Point de présence/training locality
Point de présence choisi au hasard /testing locality
1
0.92
0.85
0.77
0.69
0.62
0.54
0.46
0.38
0.31
0.23
0.15
0.08
0
0 60 120 180 240 km
Forêt dense sèche de l'Ouest
Forêt dense sèche dégradée de l'Ouest
Forêt dense sèche épineuse du Sud-ouest
Forêt dense sèche épineuse dégradée du Sud-ouest
Forêt dense humide/subhumide de l'Ouest
Forêt dense humide/subhumide dégradée de l'Ouest
Forêt dense humide du Nord
Forêt dense humide dégradée du Nord
Mosaique herbeuse du Nord
Forêt dense humide du Centre et du Sud
Forêt dense humide dégradée du Centre et du Sud
Mosaique herbeuse du Centre et du Sud
Forêt dense humide de l'Est
Forêt dense humide dégradée de l'Est

Total des points analysés	139	Total points analyzed
Points de présence	87	Training points
Points de présence choisis au hasard	36	Testing points
Points analysés combinés	16	Combined test points

	PC	PI
Etptotal (**0.4**)	37.1	3.8
Minprec	20.9	17.1
Veg 1	10.5	1.2
Geol (0.6)	6.3	13.5

Altitude minimale (MNE)	10 m (0 m)	Minimum elevation (DEM)
Altitude maximale (MNE)	2080 m (2067 m)	Maximum elevation (DEM)
Habitat	Forêt/forest	Habitat

Maxent : ASC = 0,874
Distribution & habitat : **Endémique**. Largement forestière, mais également trouvée dans les formations boisées ouvertes et les forêts dégradées, ainsi que dans les zones de plantation d'arbres exotiques. Types d'habitat : humide, sec, humide/subhumide et sec épineux. Absente dans certaines parties de Hautes Terres centrales, probablement liée au faible nombre d'observations.
Conservation : Préoccupation mineure avec des populations stables (19).

Maxent: AUC = 0.874
Distribution & habitat: **Endemic**. Largely forest-dwelling, but also found in open wooded areas of degraded forest, as well as areas of introduced vegetation, such as tree plantations and urban areas. Habitat types: humid, dry, humid-subhumid, and dry spiny. Absence across portions of the Central Highlands probably associated with reduced number of observers.
Conservation: Least Concerned with stable population trend (19).

Ninox superciliaris

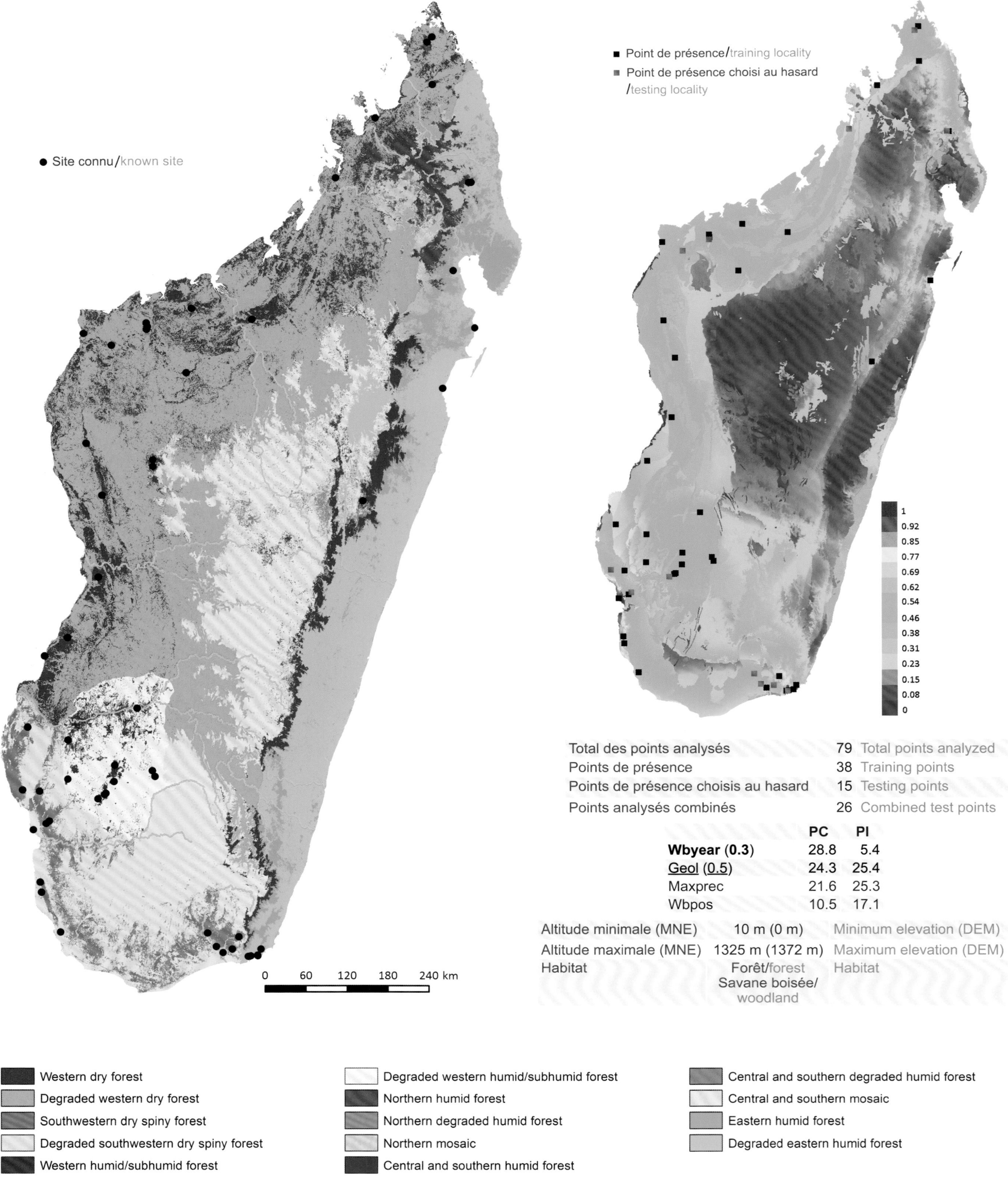
● Site connu/known site
■ Point de présence/training locality
■ Point de présence choisi au hasard /testing locality
0 60 120 180 240 km
1
0.92
0.85
0.77
0.69
0.62
0.54
0.46
0.38
0.31
0.23
0.15
0.08
0
Western dry forest
Degraded western dry forest
Southwestern dry spiny forest
Degraded southwestern dry spiny forest
Western humid/subhumid forest
Degraded western humid/subhumid forest
Northern humid forest
Northern degraded humid forest
Northern mosaic
Central and southern humid forest
Central and southern degraded humid forest
Central and southern mosaic
Eastern humid forest
Degraded eastern humid forest

Total des points analysés	79	Total points analyzed
Points de présence	38	Training points
Points de présence choisis au hasard	15	Testing points
Points analysés combinés	26	Combined test points

	PC	PI
Wbyear (0.3)	28.8	5.4
Geol (0.5)	24.3	25.4
Maxprec	21.6	25.3
Wbpos	10.5	17.1

Altitude minimale (MNE)	10 m (0 m)	Minimum elevation (DEM)
Altitude maximale (MNE)	1325 m (1372 m)	Maximum elevation (DEM)
Habitat	Forêt/forest Savane boisée/ woodland	Habitat

Maxent : ASC = 0,892
Distribution & habitat : Endémique. Largement forestière, mais également trouvée dans les formations boisées ouvertes, les forêts dégradées et les zones de plantation d'arbres exotiques, ainsi que dans les milieux urbains. Types d'habitat : humide, sec, humide/subhumide et sec épineux.
Altitude : Rapportée depuis le niveau de la mer jusqu'à 800 m d'altitude (24), mais récemment trouvée à des altitudes plus élevées.
Systématique : Des analyses génétiques récentes ont indiquées que cette espèce est mieux placée dans le genre *Athene* (49).
Conservation : Préoccupation mineure avec des populations en déclin (19).

Maxent: AUC = 0.892
Distribution & habitat: Endemic. Largely forest-dwelling, but also found in open wooded areas of degraded forest, as well as areas of introduced vegetation, such as tree plantations and urban areas. Habitat types: humid, dry, humid-subhumid, and dry spiny.
Elevation: Cited as occurring from sea level-800 m (24), but populations have recently been found in highlands areas.
Systematics: Recent genetic analyses indicate that this species is best placed in the genus *Athene* (49).
Conservation: Least Concerned with decreasing population trend (19).

Otus rutilus

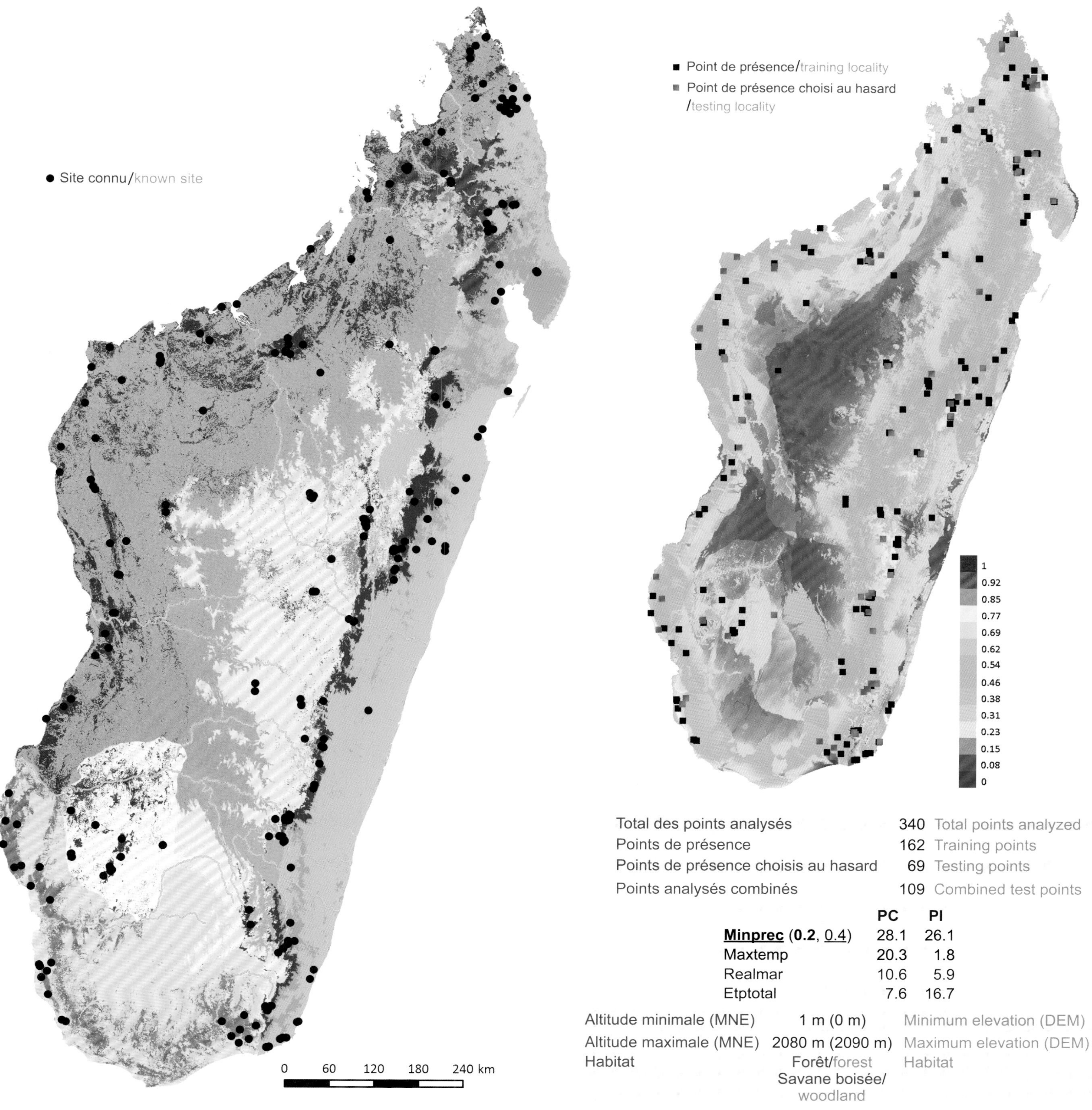
● Site connu/known site
■ Point de présence/training locality
■ Point de présence choisi au hasard /testing locality
0 60 120 180 240 km
1
0.92
0.85
0.77
0.69
0.62
0.54
0.46
0.38
0.31
0.23
0.15
0.08
0

Total des points analysés	340	Total points analyzed
Points de présence	162	Training points
Points de présence choisi au hasard	69	Testing points
Points analysés combinés	109	Combined test points

	PC	PI
Minprec (**0.2**, 0.4)	28.1	26.1
Maxtemp	20.3	1.8
Realmar	10.6	5.9
Etptotal	7.6	16.7

Altitude minimale (MNE)	1 m (0 m)	Minimum elevation (DEM)
Altitude maximale (MNE)	2080 m (2090 m)	Maximum elevation (DEM)
Habitat	Forêt/forest Savane boisée/ woodland	Habitat

Maxent : ASC = 0,809
Distribution & habitat : **Endémique**. Largement forestière, mais également trouvée dans les formations boisées ouvertes et les forêts dégradées, ainsi que dans les zones de plantation d'arbres exotiques et les milieux urbains. Types d'habitat : humide, sec, humide/ subhumide et sec épineux. Absente dans certaines parties de Hautes Terres centrales, probablement liée au faible nombre d'observations.
Systématique : La forme *O. madagascariensis* a été proposée comme étant les populations occidentales de cette espèce (35). Sur la base des analyses moléculaires ultérieures, toutes les populations malgaches échantillonnées appartiennent à une seule espèce, *O. rutilus* (9, 10).
Conservation : Préoccupation mineure avec des populations stables (19).

Maxent: AUC = 0.809
Distribution & habitat: **Endemic**. Largely forest-dwelling, but also found in degraded forest, open wooded areas, as well as areas of introduced vegetation, such as tree plantations and urban areas. Habitat types: humid, dry, humid-subhumid, and dry spiny. Absence across portions of the Central Highlands probably associated with reduced number of observers.
Systematics: Recently, the form *O. madagascariensis* was proposed for western populations of this species (35). Based on subsequent molecular analyses, all of the examined Malagasy populations belong to a single species, *O. rutilus* (9, 10).
Conservation: Least Concerned with stable population trend (19).

Caprimulgus enarratus

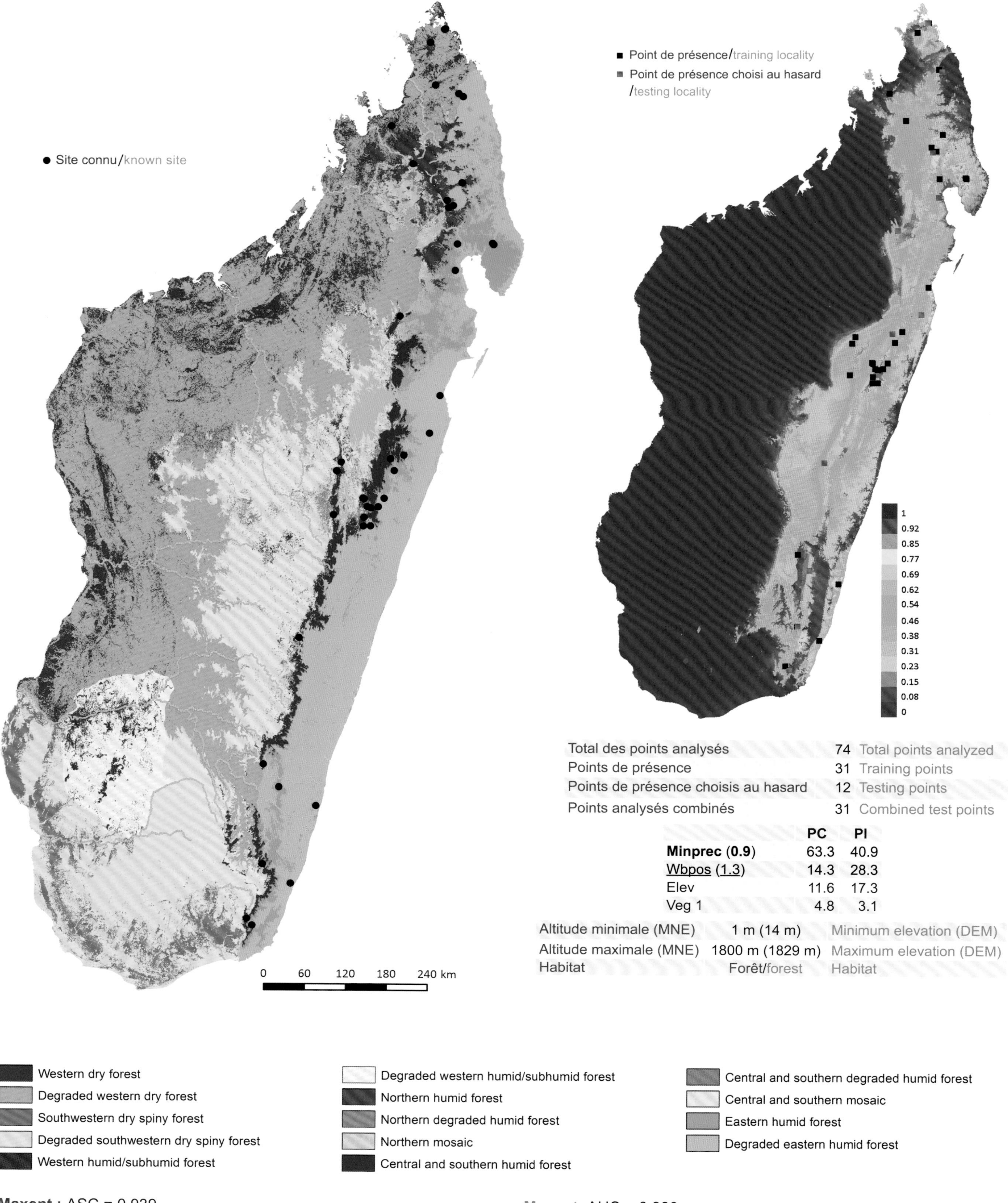

Site connu/known site
0 60 120 180 240 km
Point de présence/training locality
Point de présence choisi au hasard /testing locality
1
0.92
0.85
0.77
0.69
0.62
0.54
0.46
0.38
0.31
0.23
0.15
0.08
0
Total des points analysés 74 Total points analyzed
Points de présence 31 Training points
Points de présence choisis au hasard 12 Testing points
Points analysés combinés 31 Combined test points
PC PI
Minprec (0.9) 63.3 40.9
Wbpos (1.3) 14.3 28.3
Elev 11.6 17.3
Veg 1 4.8 3.1
Altitude minimale (MNE) 1 m (14 m) Minimum elevation (DEM)
Altitude maximale (MNE) 1800 m (1829 m) Maximum elevation (DEM)
Habitat Forêt/forest Habitat
Western dry forest
Degraded western dry forest
Southwestern dry spiny forest
Degraded southwestern dry spiny forest
Western humid/subhumid forest
Degraded western humid/subhumid forest
Northern humid forest
Northern degraded humid forest
Northern mosaic
Central and southern humid forest
Central and southern degraded humid forest
Central and southern mosaic
Eastern humid forest
Degraded eastern humid forest

Maxent : ASC = 0,939
Distribution & habitat : Endémique. Strictement forestière, en se basant sur les informations actuellement disponibles. Types d'habitat : humide et sec.
Systématique : Des études moléculaires récentes indiquent que cette espèce est le membre basal de la famille des Caprimulgidae. Il serait mieux de la placer dans un autre genre, *Gactornis* car elle n'est pas étroitement liée à la deuxième espèce existant sur l'île, *C. madagascariensis* (non cartographiée) (16).
Autres commentaires : Peu de relevés sur cette espèce solitaire.
Conservation : Préoccupation mineure avec des populations en déclin (19).

Maxent: AUC = 0.939
Distribution & habitat: Endemic. Based on current information, strictly forest-dwelling. Habitat types: humid and dry.
Systematics: Recent molecular studies indicate that this species is a basal living member of the family Caprimulgidae, best placed in a separate genus *Gactornis*, and not closely related to the second species occurring on the island, *C. madagascariensis* (not mapped) (16).
Other comments: Few records of this reclusive species.
Conservation: Least Concerned with decreasing population trend (19).

Zoonavena grandidieri

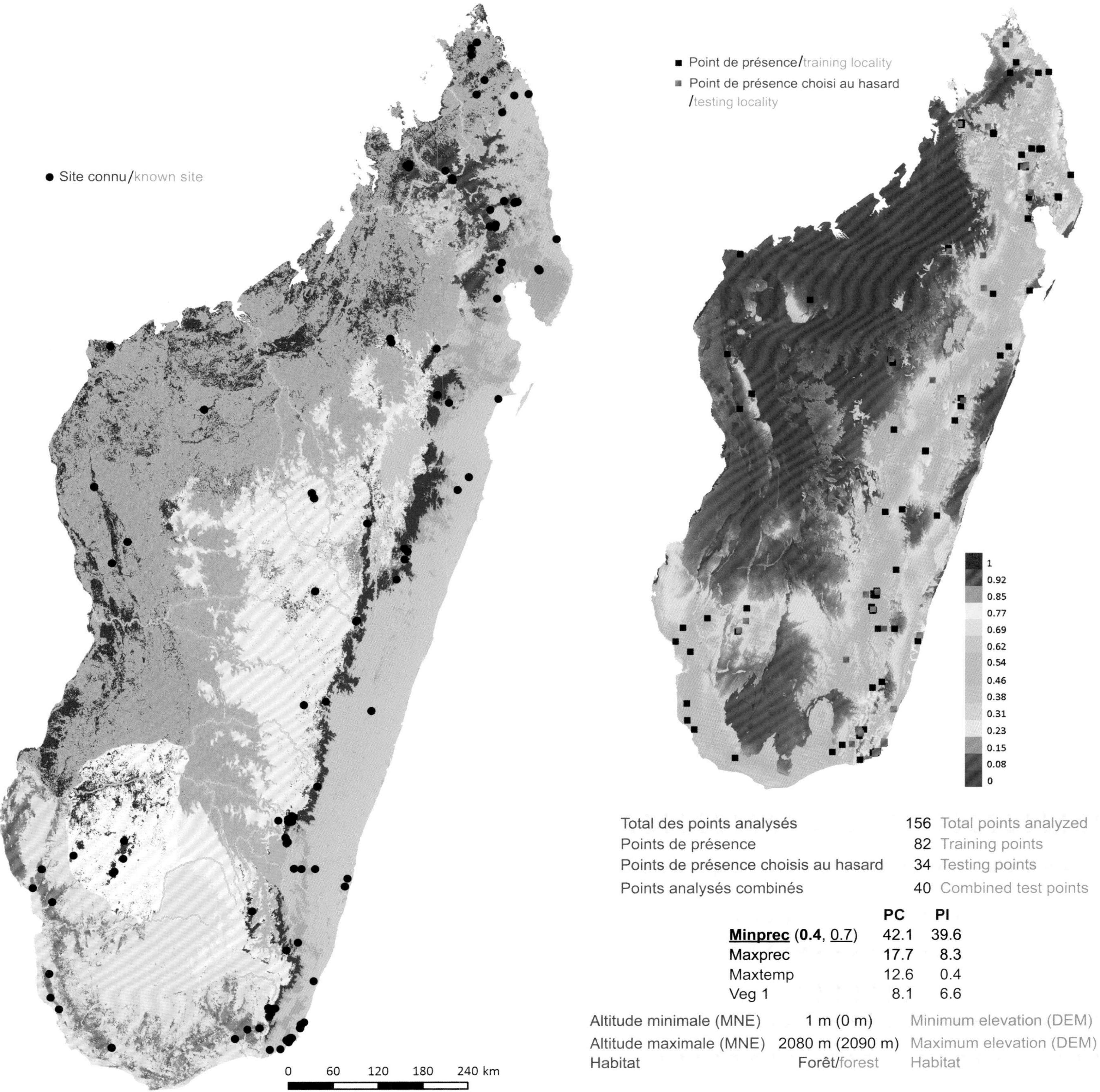
● Site connu/known site
0 60 120 180 240 km
■ Point de présence/training locality
■ Point de présence choisi au hasard /testing locality
1
0.92
0.85
0.77
0.69
0.62
0.54
0.46
0.38
0.31
0.23
0.15
0.08
0

Total des points analysés	156	Total points analyzed
Points de présence	82	Training points
Points de présence choisis au hasard	34	Testing points
Points analysés combinés	40	Combined test points

	PC	PI
Minprec (**0.4**, 0.7)	42.1	39.6
Maxprec	17.7	8.3
Maxtemp	12.6	0.4
Veg 1	8.1	6.6

Altitude minimale (MNE)	1 m (0 m)	Minimum elevation (DEM)
Altitude maximale (MNE)	2080 m (2090 m)	Maximum elevation (DEM)
Habitat	Forêt/forest	Habitat

Maxent : ASC = 0,854
Distribution & habitat : **Endémique** de la région malgache (Madagascar et Comores). Largement forestière, mais également trouvée dans les formations boisées ouvertes et les forêts dégradées, ainsi que dans les zones de plantation d'arbres exotiques (Madagascar). Types d'habitat : humide, sec, humide/subhumide et sec épineux.
Altitude : Rapportée depuis le niveau de la mer jusqu'à 1600 m d'altitude (24), mais récemment, des populations ont été trouvées à des altitudes plus élevées.
Systématique : Une étude phylogénétique comparant les populations orientales et occidentales malgaches de cette espèce serait nécessaire pour examiner les modèles de la variation génétique.
Autres commentaires : Peu de relevés sur cette espèce.
Conservation : Préoccupation mineure avec des populations stables (19).

Maxent: AUC = 0.854
Distribution & habitat: **Endemic** to Malagasy region (Madagascar, Comoros). Largely forest-dwelling, but also found in degraded forest, open wooded zones, and areas of introduced vegetation (Madagascar). Habitat types: humid, dry, humid-subhumid, and dry spiny.
Elevation: Cited as occurring from sea level-1600 m (24), but populations have recently been documented in highlands areas.
Systematics: A phylogeographic study comparing eastern and western Malagasy populations of this species is needed to examine patterns of genetic variation.
Other comments: Few records of this species.
Conservation: Least Concerned with stable population trend (19).

Corythornis madagascariensis

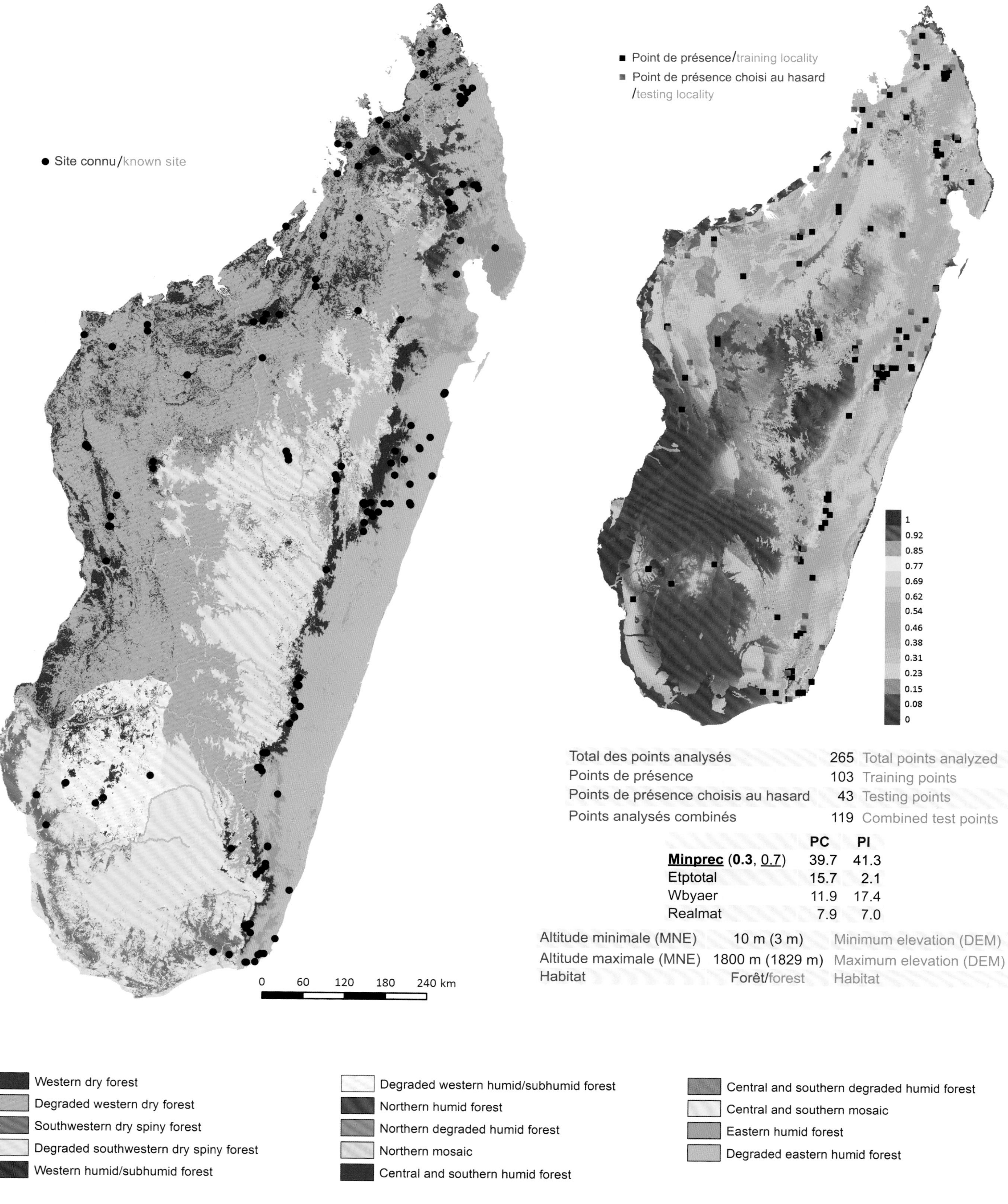

Site connu/known site
Point de présence/training locality
Point de présence choisi au hasard /testing locality
1
0.92
0.85
0.77
0.69
0.62
0.54
0.46
0.38
0.31
0.23
0.15
0.08
0
0 60 120 180 240 km
Western dry forest
Degraded western dry forest
Southwestern dry spiny forest
Degraded southwestern dry spiny forest
Western humid/subhumid forest
Degraded western humid/subhumid forest
Northern humid forest
Northern degraded humid forest
Northern mosaic
Central and southern humid forest
Central and southern degraded humid forest
Central and southern mosaic
Eastern humid forest
Degraded eastern humid forest

Total des points analysés	265	Total points analyzed
Points de présence	103	Training points
Points de présence choisis au hasard	43	Testing points
Points analysés combinés	119	Combined test points

	PC	PI
Minprec (**0.3**, 0.7)	39.7	41.3
Etptotal	15.7	2.1
Wbyaer	11.9	17.4
Realmat	7.9	7.0

Altitude minimale (MNE)	10 m (3 m)	Minimum elevation (DEM)
Altitude maximale (MNE)	1800 m (1829 m)	Maximum elevation (DEM)
Habitat	Forêt/forest	Habitat

Maxent : AUC = 0,856
Distribution & habitat : **Endémique** de la région malgache (Madagascar et Comores). Largement forestière, mais également trouvée dans les formations boisées ouvertes et les forêts plus dégradées, ainsi que dans les zones de plantation d'arbres exotiques (Madagascar). Types d'habitat : humide, sec, humide/subhumide et sec épineux.
Systématique : Récemment enlevée du genre *Ispidina* et transférée dans celui de *Corythornis* (29). Certains auteurs considèrent cette espèce comme étant un membre du genre *Ceyx*.
Conservation : Préoccupation mineure avec des populations en déclin (19).

Maxent: AUC = 0.856
Distribution & habitat: **Endemic** to Malagasy region (Madagascar, Comoros). Largely forest-dwelling, but also found in more degraded forest, open wooded zones, as well as areas of introduced vegetation, such as tree plantations (Madagascar). Habitat types: humid, dry, humid-subhumid, and dry spiny.
Systematics: Recently removed from the genus *Ispidina* and placed in *Corythornis* (29). Some authors consider this species a member of the genus *Ceyx*.
Conservation: Least Concerned with decreasing population trend (19).

Atelornis crossleyi

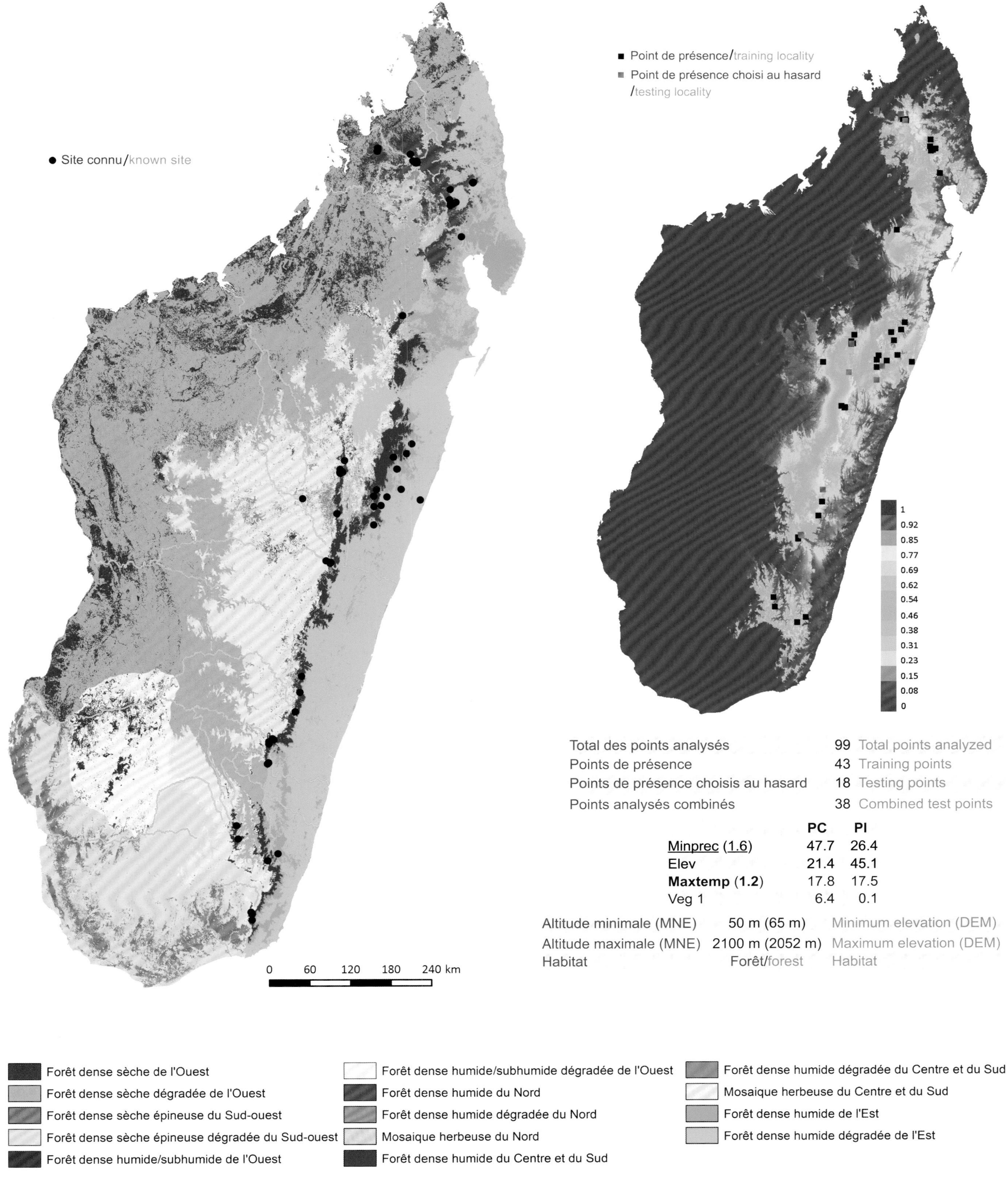
Site connu/known site
0 60 120 180 240 km
Point de présence/training locality
Point de présence choisi au hasard /testing locality
1
0.92
0.85
0.77
0.69
0.62
0.54
0.46
0.38
0.31
0.23
0.15
0.08
0
Total des points analysés 99 Total points analyzed
Points de présence 43 Training points
Points de présence choisis au hasard 18 Testing points
Points analysés combinés 38 Combined test points
PC PI
Minprec (1.6) 47.7 26.4
Elev 21.4 45.1
Maxtemp (1.2) 17.8 17.5
Veg 1 6.4 0.1
Altitude minimale (MNE) 50 m (65 m) Minimum elevation (DEM)
Altitude maximale (MNE) 2100 m (2052 m) Maximum elevation (DEM)
Habitat Forêt/forest Habitat
Forêt dense sèche de l'Ouest
Forêt dense sèche dégradée de l'Ouest
Forêt dense sèche épineuse du Sud-ouest
Forêt dense sèche épineuse dégradée du Sud-ouest
Forêt dense humide/subhumide de l'Ouest
Forêt dense humide/subhumide dégradée de l'Ouest
Forêt dense humide du Nord
Forêt dense humide dégradée du Nord
Mosaique herbeuse du Nord
Forêt dense humide du Centre et du Sud
Forêt dense humide dégradée du Centre et du Sud
Mosaique herbeuse du Centre et du Sud
Forêt dense humide de l'Est
Forêt dense humide dégradée de l'Est

Maxent : ASC = 0,941
Distribution & habitat : **Endémique**. Strictement forestière. Type d'habitat : humide.
Autres commentaires : Cette espèce appartient à une famille endémique. Elle se rencontre sur les mêmes massifs que son taxon sœur, *A. pittoides*. Mais les deux espèces sont généralement allopatriques le long du gradient altitudinal. Dans certains sites, comme à Marojejy, elles se rencontrent dans une même bande d'altitude (14).
Conservation : Quasi menacée avec des populations en déclin (19).

Maxent: AUC = 0.941
Distribution & habitat: **Endemic**. Strictly forest-dwelling. Habitat type: humid.
Other comments: This species belongs to an endemic family. Occurs on the same massifs as its sister species, *A. pittoides*, but the two are generally allopatric based on elevation. At certain sites, such as Marojejy, the two occur in the same elevational zone (14).
Conservation: Near Threatened with decreasing population trend (19).

Atelornis pittoides

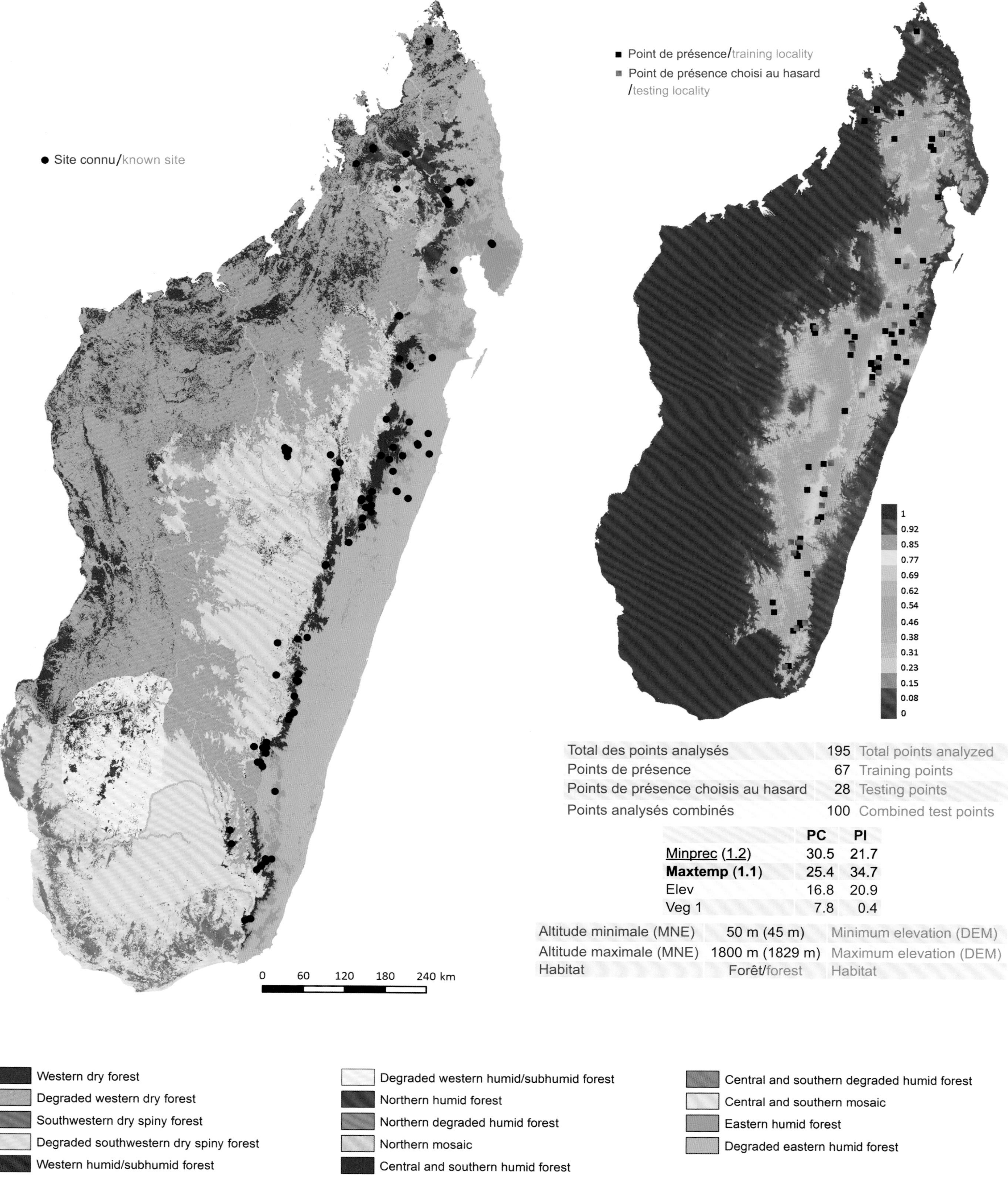
● Site connu/known site
■ Point de présence/training locality
■ Point de présence choisi au hasard /testing locality
1
0.92
0.85
0.77
0.69
0.62
0.54
0.46
0.38
0.31
0.23
0.15
0.08
0
0 60 120 180 240 km
Western dry forest
Degraded western dry forest
Southwestern dry spiny forest
Degraded southwestern dry spiny forest
Western humid/subhumid forest
Degraded western humid/subhumid forest
Northern humid forest
Northern degraded humid forest
Northern mosaic
Central and southern humid forest
Central and southern degraded humid forest
Central and southern mosaic
Eastern humid forest
Degraded eastern humid forest

Total des points analysés	195	Total points analyzed
Points de présence	67	Training points
Points de présence choisis au hasard	28	Testing points
Points analysés combinés	100	Combined test points

	PC	PI
Minprec (1.2)	30.5	21.7
Maxtemp (1.1)	25.4	34.7
Elev	16.8	20.9
Veg 1	7.8	0.4

Altitude minimale (MNE)	50 m (45 m)	Minimum elevation (DEM)
Altitude maximale (MNE)	1800 m (1829 m)	Maximum elevation (DEM)
Habitat	Forêt/forest	Habitat

Maxent : ASC = 0,916
Distribution & habitat : Endémique. Strictement forestière. Type d'habitat : humide.
Autres commentaires : Cette espèce appartient à une famille endémique, et est rencontrée sur les mêmes massifs que ceux de son taxon sœur, *A. crossleyi*. Mais les deux espèces sont généralement allopatriques le long du gradient altitudinal. Dans certains sites, comme à Marojejy, elles se rencontrent dans une même bande d'altitude (14).
Conservation : Préoccupation mineure avec des populations stables (19). Présence d'une pression de chasse dans certaines parties de son aire de répartition.

Maxent: AUC = 0.916
Distribution & habitat: Endemic. Strictly forest-dwelling, but occurs in slightly degraded areas. Habitat type: humid.
Other comments: This species belongs to an endemic family. Occurs on the same massifs as its sister species, *A. crossleyi*, but the two are generally allopatric based on elevation. At certain sites, such as Marojejy, the two occur in the same elevational zone (14).
Conservation: Least Concerned with stable population trend (19). Under hunting pressure in certain areas of its range.

Brachypteracias leptosomus

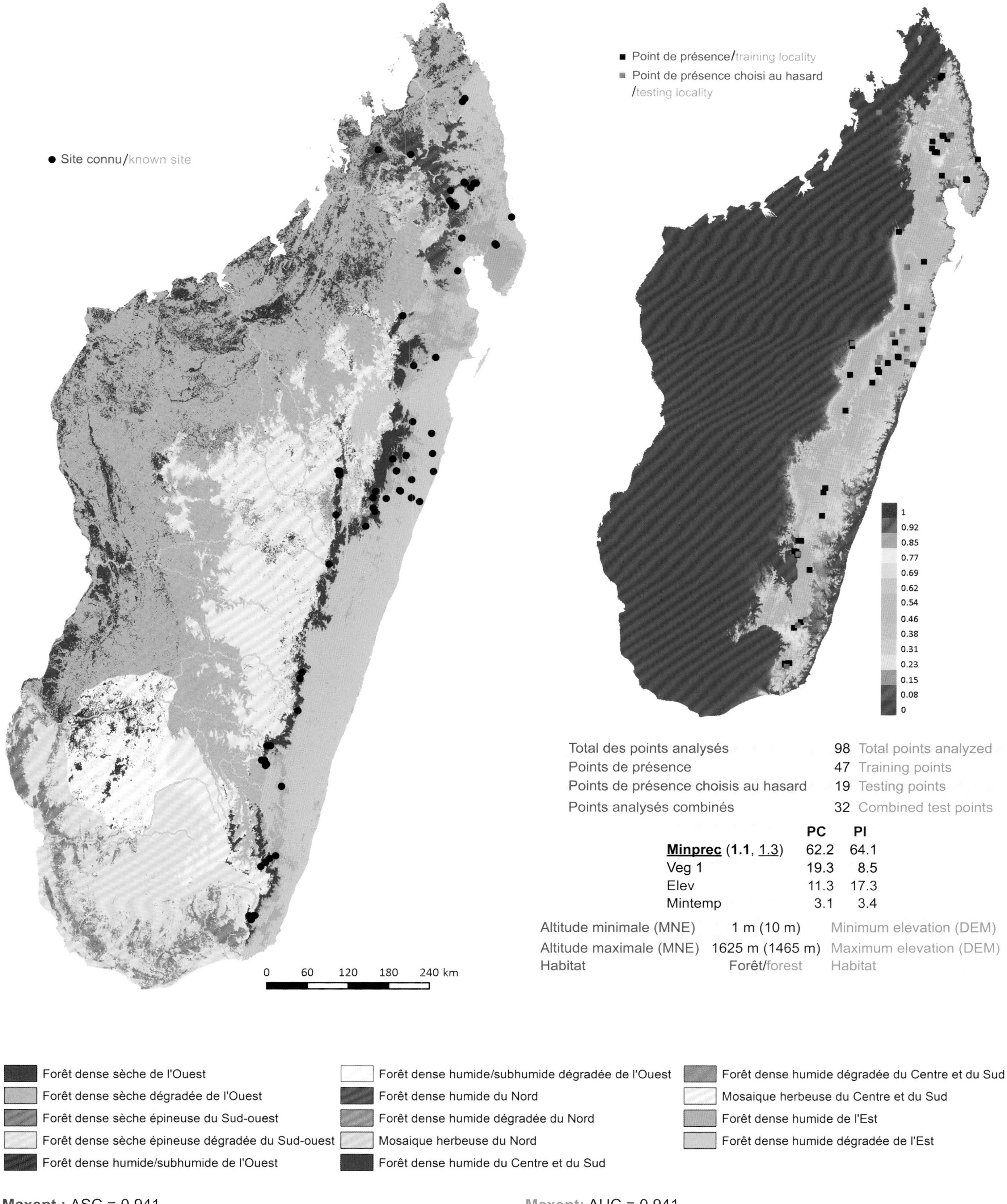

Site connu/known site
0 60 120 180 240 km
Point de présence/training locality
Point de présence choisi au hasard /testing locality
1
0.92
0.85
0.77
0.69
0.62
0.54
0.46
0.38
0.31
0.23
0.15
0.08
0
Total des points analysés 98 Total points analyzed
Points de présence 47 Training points
Points de présence choisis au hasard 19 Testing points
Points analysés combinés 32 Combined test points
PC PI
Minprec (1.1, 1.3) 62.2 64.1
Veg 1 19.3 8.5
Elev 11.3 17.3
Mintemp 3.1 3.4
Altitude minimale (MNE) 1 m (10 m) Minimum elevation (DEM)
Altitude maximale (MNE) 1625 m (1465 m) Maximum elevation (DEM)
Habitat Forêt/forest Habitat
Forêt dense sèche de l'Ouest
Forêt dense sèche dégradée de l'Ouest
Forêt dense sèche épineuse du Sud-ouest
Forêt dense sèche épineuse dégradée du Sud-ouest
Forêt dense humide/subhumide de l'Ouest
Forêt dense humide/subhumide dégradée de l'Ouest
Forêt dense humide du Nord
Forêt dense humide dégradée du Nord
Mosaique herbeuse du Nord
Forêt dense humide du Centre et du Sud
Forêt dense humide dégradée du Centre et du Sud
Mosaique herbeuse du Centre et du Sud
Forêt dense humide de l'Est
Forêt dense humide dégradée de l'Est

Maxent : ASC = 0,941
Distribution & habitat : Endémique. Strictement forestière. Type d'habitat : humide.
Altitude : Rapportée depuis le niveau de la mer jusqu'à 1200 m d'altitude (24), mais récemment, des populations ont été notées à des altitudes plus élevées.
Autres commentaires : Cette espèce appartient à une famille endémique.
Conservation : Vulnérable avec des populations en déclin (19). Présence d'une pression de chasse dans certaines parties de son aire de répartition.

Maxent: AUC = 0.941
Distribution & habitat: Endemic. Strictly forest-dwelling. Habitat type: humid.
Elevation: Cited as occurring from sea level-1200 m (24). Recently populations have been documented in more highland areas.
Other comments: This species belongs to an endemic family.
Conservation: Vulnerable with decreasing population trend (19). Under hunting pressure in certain areas of its range.

Geobiastes squamiger

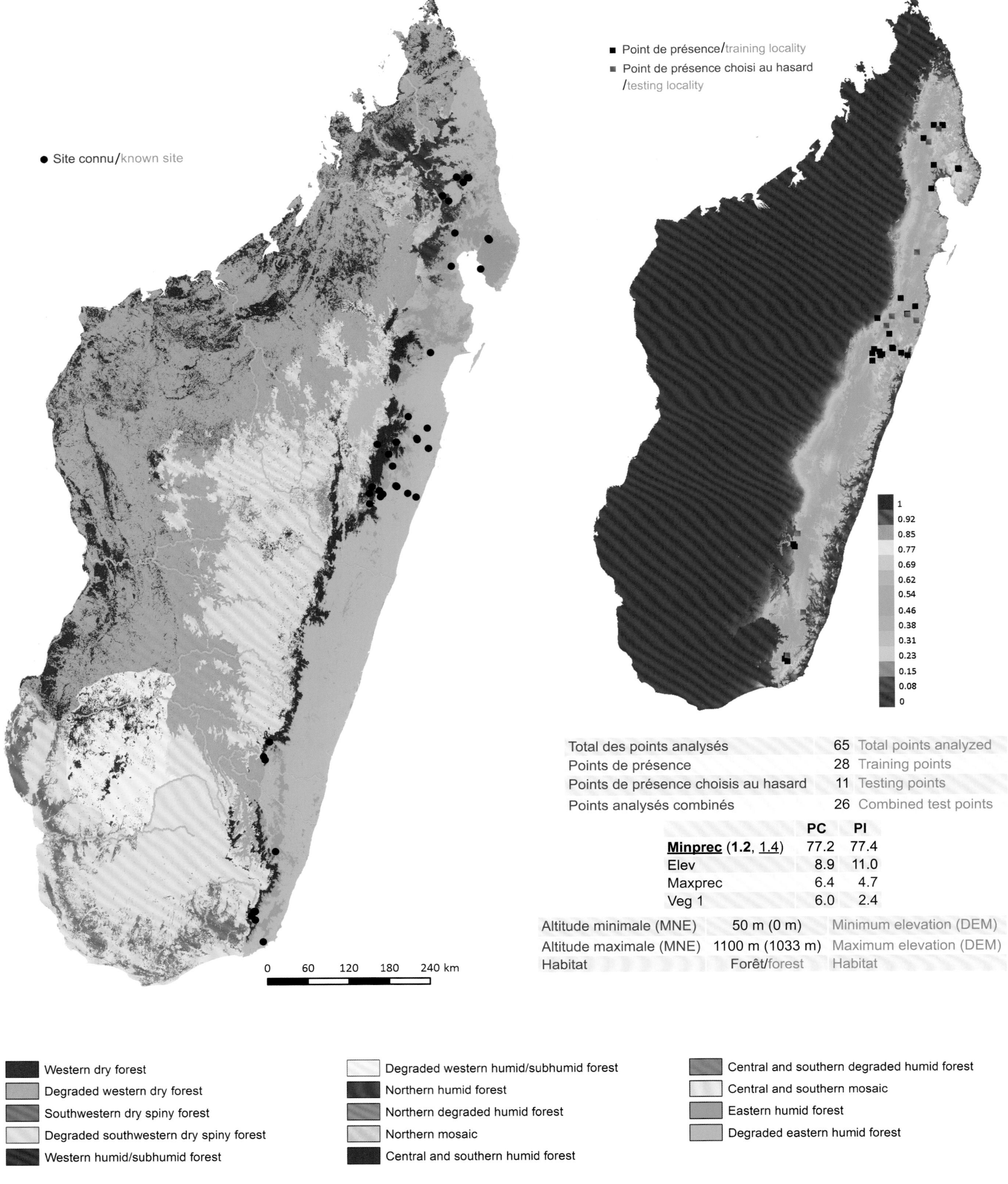
● Site connu/known site
■ Point de présence/training locality
■ Point de présence choisi au hasard /testing locality
1
0.92
0.85
0.77
0.69
0.62
0.54
0.46
0.38
0.31
0.23
0.15
0.08
0
0 60 120 180 240 km
Western dry forest
Degraded western dry forest
Southwestern dry spiny forest
Degraded southwestern dry spiny forest
Western humid/subhumid forest
Degraded western humid/subhumid forest
Northern humid forest
Northern degraded humid forest
Northern mosaic
Central and southern humid forest
Central and southern degraded humid forest
Central and southern mosaic
Eastern humid forest
Degraded eastern humid forest

Total des points analysés	65	Total points analyzed
Points de présence	28	Training points
Points de présence choisis au hasard	11	Testing points
Points analysés combinés	26	Combined test points

	PC	PI
Minprec (**1.2**, 1.4)	77.2	77.4
Elev	8.9	11.0
Maxprec	6.4	4.7
Veg 1	6.0	2.4

Altitude minimale (MNE)	50 m (0 m)	Minimum elevation (DEM)
Altitude maximale (MNE)	1100 m (1033 m)	Maximum elevation (DEM)
Habitat	Forêt/forest	Habitat

Maxent : ASC = 0,955
Distribution & habitat : **Endémique**. Strictement forestière. Type d'habitat : humide.
Systématique : Elle est classiquement considérée comme étant membre de *Brachypteracias* avec *B. leptosomus*. Mais des travaux moléculaires récents indiquent que ces deux espèces sont largement divergentes et il serait mieux de les placer dans deux genres différents. Dans certains cas, le nom de l'espèce est écrit *squamigerus* ou *squamigera*.
Autres commentaires : Peu de relevés sur cette espèce solitaire qui appartient à une famille endémique.
Conservation : Vulnérable avec des populations en déclin (19). Présence d'une pression de chasse dans certaines parties de son aire de répartition.

Maxent: AUC = 0.955
Distribution & habitat: **Endemic**. Strictly forest-dwelling. Habitat type: humid.
Systematics: Classically considered a member of the genus *Brachypteracias* with *B. leptosomus*, but recent molecular work indicates that these two species are notably divergent and best placed in different genera (22). In some cases, the species name is spelled *squamigerus* or *squamigera*.
Other comments: Few records of this reclusive species, which belongs to an endemic family.
Conservation: Vulnerable with decreasing population trend (19). Under hunting pressure in certain areas of its range.

Uratelornis chimaera

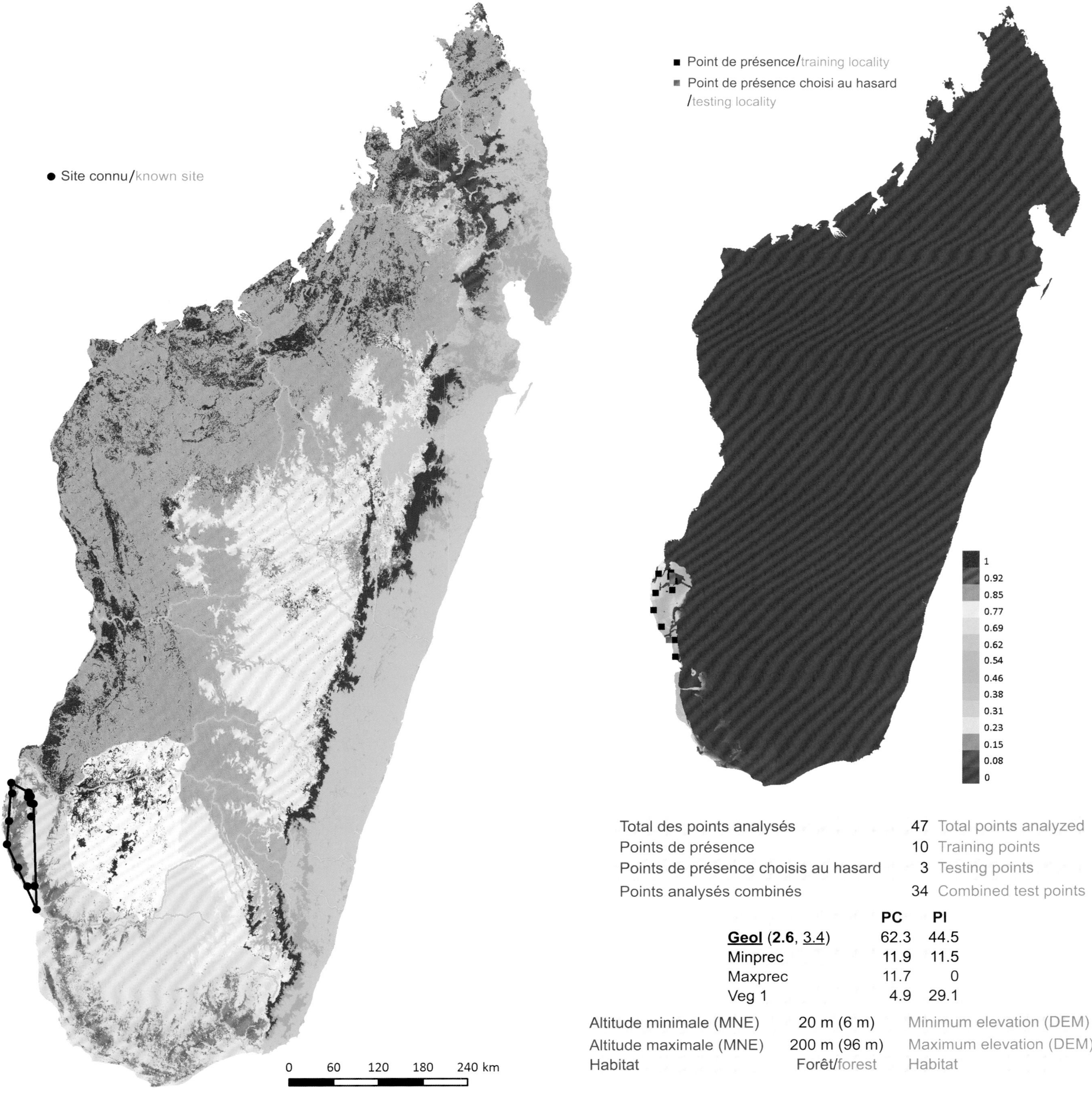
● Site connu/known site
0 60 120 180 240 km
■ Point de présence/training locality
■ Point de présence choisi au hasard /testing locality
1
0.92
0.85
0.77
0.69
0.62
0.54
0.46
0.38
0.31
0.23
0.15
0.08
0
Total des points analysés 47 Total points analyzed
Points de présence 10 Training points
Points de présence choisis au hasard 3 Testing points
Points analysés combinés 34 Combined test points
PC PI
Geol (2.6, 3.4) 62.3 44.5
Minprec 11.9 11.5
Maxprec 11.7 0
Veg 1 4.9 29.1
Altitude minimale (MNE) 20 m (6 m) Minimum elevation (DEM)
Altitude maximale (MNE) 200 m (96 m) Maximum elevation (DEM)
Habitat Forêt/forest Habitat

Maxent : ASC = 0,995
Distribution & habitat : Endémique. Strictement forestière, mais également trouvée dans des zones forestières légèrement dégradées. Type d'habitat : sec épineux.
Altitude : Différence notable entre le niveau inférieur de la distribution altitudinale d'après la base de données et celui du modèle numérique d'élévation, probablement en rapport avec certaines coordonnées géographiques imprécises des échantillons, et des localités entourées d'un terrain relativement accidenté.
Autres commentaires : Cette espèce appartient à une famille endémique.
Conservation : Zone d'Occurrence égale à 4159 km². Vulnérable avec des populations en déclin (19). Présence d'une pression de chasse dans certaines parties de son aire de répartition.

Maxent: AUC = 0.995
Distribution & habitat: **Endemic**. Strictly forest-dwelling, but occurs in slightly degraded areas. Habitat type: dry spiny.
Elevation: The notable differences in the minimum altitudinal range of this species between the database information and that calculated with the digital elevation model is probably associated with imprecise coordinates of a specimen and the locality surrounded by relatively step terrain.
Other comments: This species belongs to an endemic family.
Conservation: The calculated Extent of Occurrence is 4159 km². Vulnerable with decreasing population trend (19). Under hunting pressure in certain areas of its range.

Leptosomus discolor

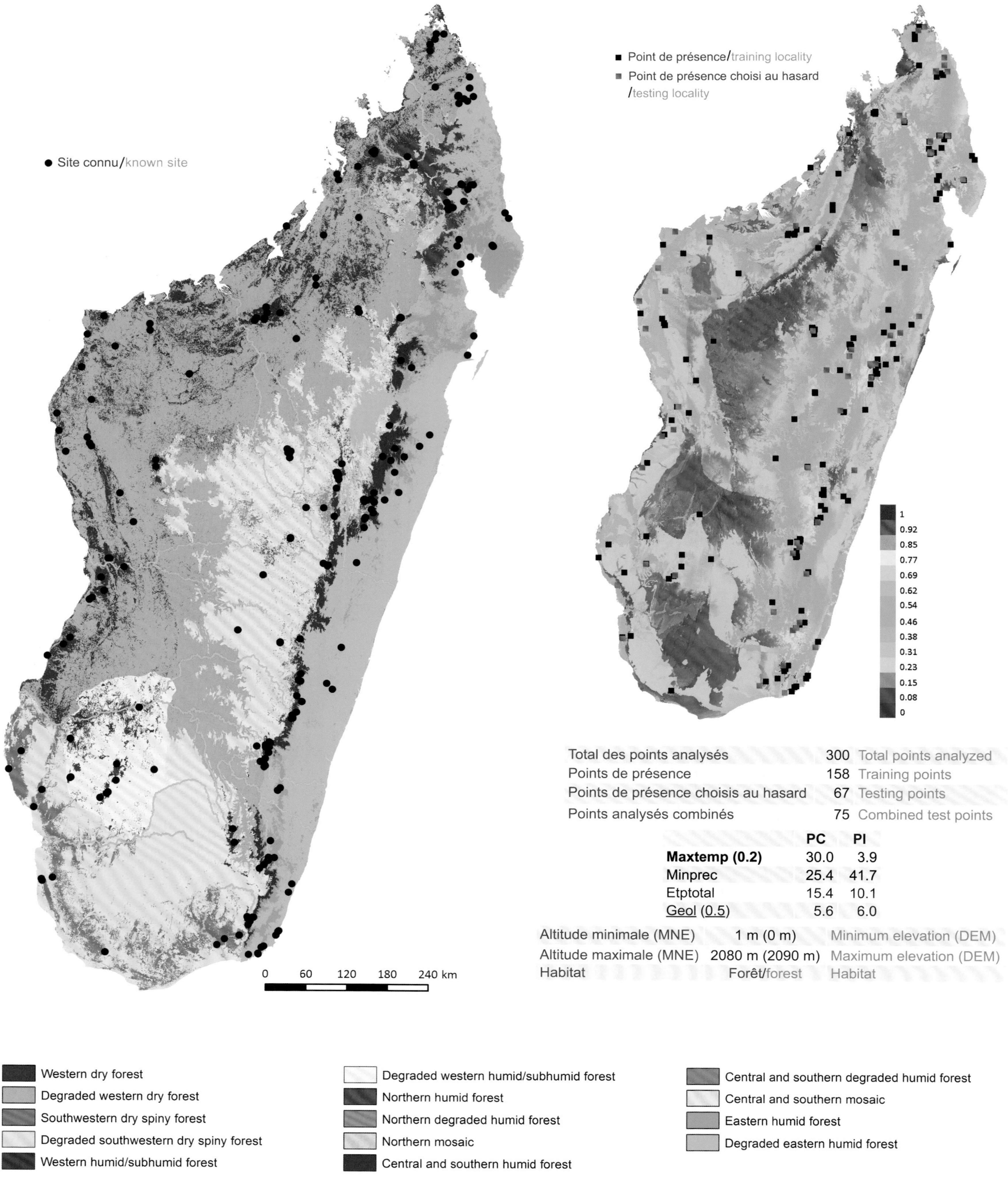

Site connu/known site
Point de présence/training locality
Point de présence choisi au hasard /testing locality
1
0.92
0.85
0.77
0.69
0.62
0.54
0.46
0.38
0.31
0.23
0.15
0.08
0
0 60 120 180 240 km
Western dry forest
Degraded western dry forest
Southwestern dry spiny forest
Degraded southwestern dry spiny forest
Western humid/subhumid forest
Degraded western humid/subhumid forest
Northern humid forest
Northern degraded humid forest
Northern mosaic
Central and southern humid forest
Central and southern degraded humid forest
Central and southern mosaic
Eastern humid forest
Degraded eastern humid forest

Total des points analysés	300	Total points analyzed
Points de présence	158	Training points
Points de présence choisis au hasard	67	Testing points
Points analysés combinés	75	Combined test points

	PC	PI
Maxtemp (0.2)	30.0	3.9
Minprec	25.4	41.7
Etptotal	15.4	10.1
Geol (0.5)	5.6	6.0

Altitude minimale (MNE)	1 m (0 m)	Minimum elevation (DEM)
Altitude maximale (MNE)	2080 m (2090 m)	Maximum elevation (DEM)
Habitat	Forêt/forest	Habitat

Maxent : ASC = 0,822
Distribution & habitat : Endémique. Largement forestière, mais également trouvée dans les forêts plus dégradées, les formations boisées ouvertes et les zones de plantation d'arbres exotiques. Types d'habitat : humide, sec, humide/subhumide et sec épineux.
Systématique : La population comorienne a été récemment séparée en une espèce à part entière (39) ; une étude génétique associée serait nécessaire.
Autres commentaires : Cette espèce appartient à une famille endémique de la région.
Conservation : Préoccupation mineure avec des populations en déclin (19).

Maxent: AUC = 0.822
Distribution & habitat: Endemic. Largely forest-dwelling, but also found in degraded forest, open wooded zones, and areas of introduced vegetation. Habitat types: humid, dry, humid-subhumid, and dry spiny.
Systematics: The Comoros population was recently separated as distinct species (39); an associated genetic study is needed.
Other comments: This species belongs to a family endemic to the Malagasy region.
Conservation: Least Concerned with decreasing population trend (19).

Upupa marginata

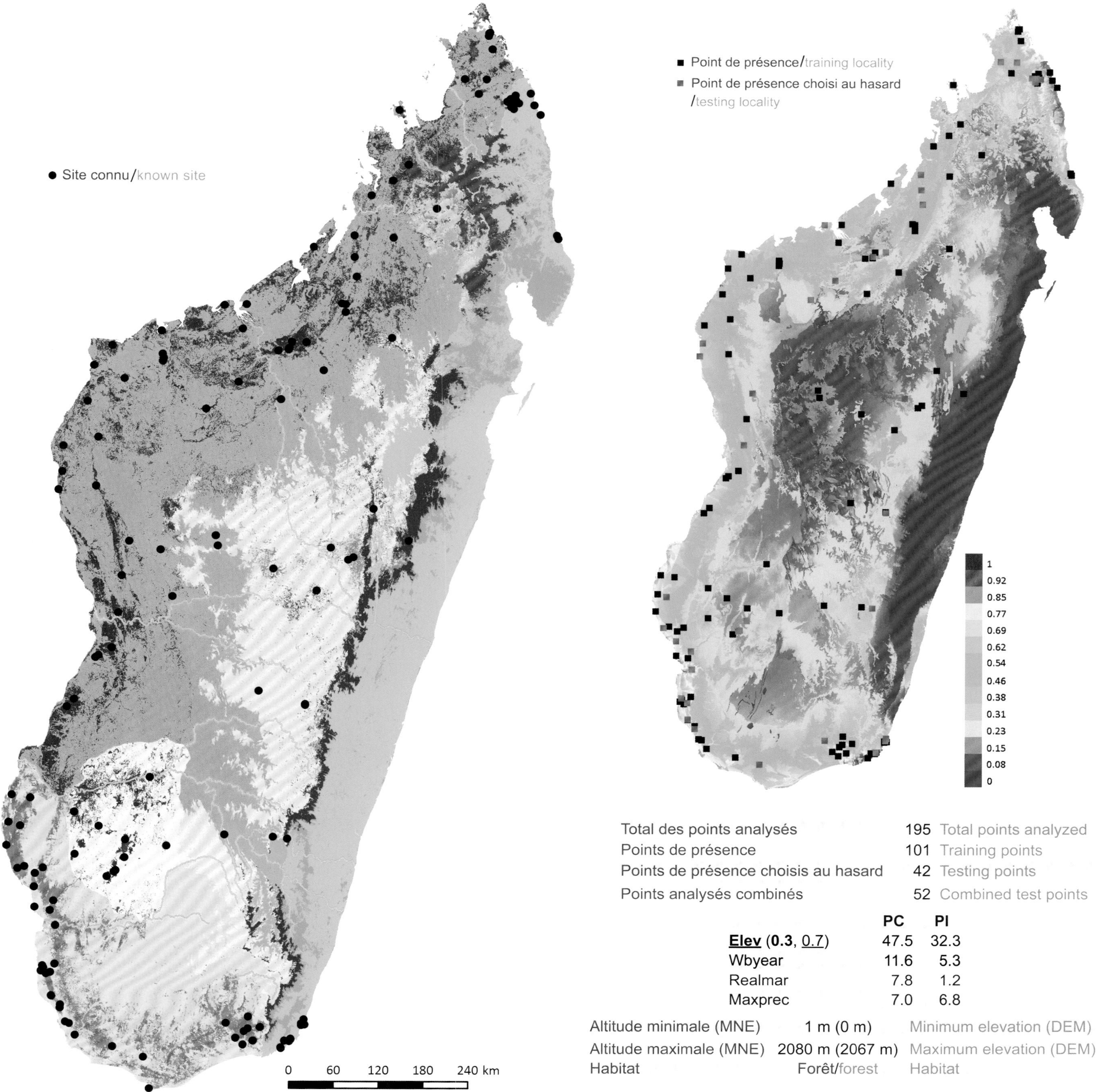

● Site connu/known site
■ Point de présence/training locality
■ Point de présence choisi au hasard /testing locality
1
0.92
0.85
0.77
0.69
0.62
0.54
0.46
0.38
0.31
0.23
0.15
0.08
0
0 60 120 180 240 km

Total des points analysés	195	Total points analyzed
Points de présence	101	Training points
Points de présence choisis au hasard	42	Testing points
Points analysés combinés	52	Combined test points

	PC	PI
Elev (**0.3**, 0.7)	47.5	32.3
Wbyear	11.6	5.3
Realmar	7.8	1.2
Maxprec	7.0	6.8

Altitude minimale (MNE)	1 m (0 m)	Minimum elevation (DEM)
Altitude maximale (MNE)	2080 m (2067 m)	Maximum elevation (DEM)
Habitat	Forêt/forest	Habitat

Maxent : ASC = 0,848
Distribution & habitat : **Endémique**. Partiellement forestière, mais également trouvée dans les forêts dégradées, les formations boisées ouvertes et les zones de plantation d'arbres exotiques, ainsi que dans les milieux urbains. Types d'habitat : humide, sec, humide/subhumide et sec épineux. Absente dans certaines parties de Hautes Terres centrales, probablement liée au faible nombre d'observations.
Altitude : Rapportée depuis le niveau de la mer jusqu'à 1500 m d'altitude (24), mais d'après des travaux sur le terrain récents, des populations ont été recensées à des altitudes plus élevées.
Systématique : Auparavant considérée comme une sous-espèce d'*U. epops*, mais sur la base des différences entre les vocalisations et les colorations du plumage de la population de Madagascar et celle se trouvant en dehors de la région malgache, elle a été ressuscitée en tant qu'espèce à part entière (39). Une étude génétique associée serait nécessaire.
Conservation : Préoccupation mineure avec des populations stables (19).

Maxent: AUC = 0.848
Distribution & habitat: **Endemic**. Partially forest-dwelling, but also found in degraded forest, open wooded zones, and areas of introduced vegetation, such as tree plantations and urban areas. Habitat types: humid, dry, humid-subhumid, and dry spiny. Absence across portions of the Central Highlands probably associated with reduced number of observers.
Elevation: Cited as occurring from sea level-1500 m (24), but recent fieldwork has documented populations in more highland areas.
Systematics: This species was previously considered a subspecies of *U. epops*. Based on differences in vocalizations and plumage patterns between extralimital and Malagasy populations, it has been elevated to a full species (39); an associated genetic study is needed.
Conservation: Least Concerned with stable population trend (19).

Neodrepanis coruscans

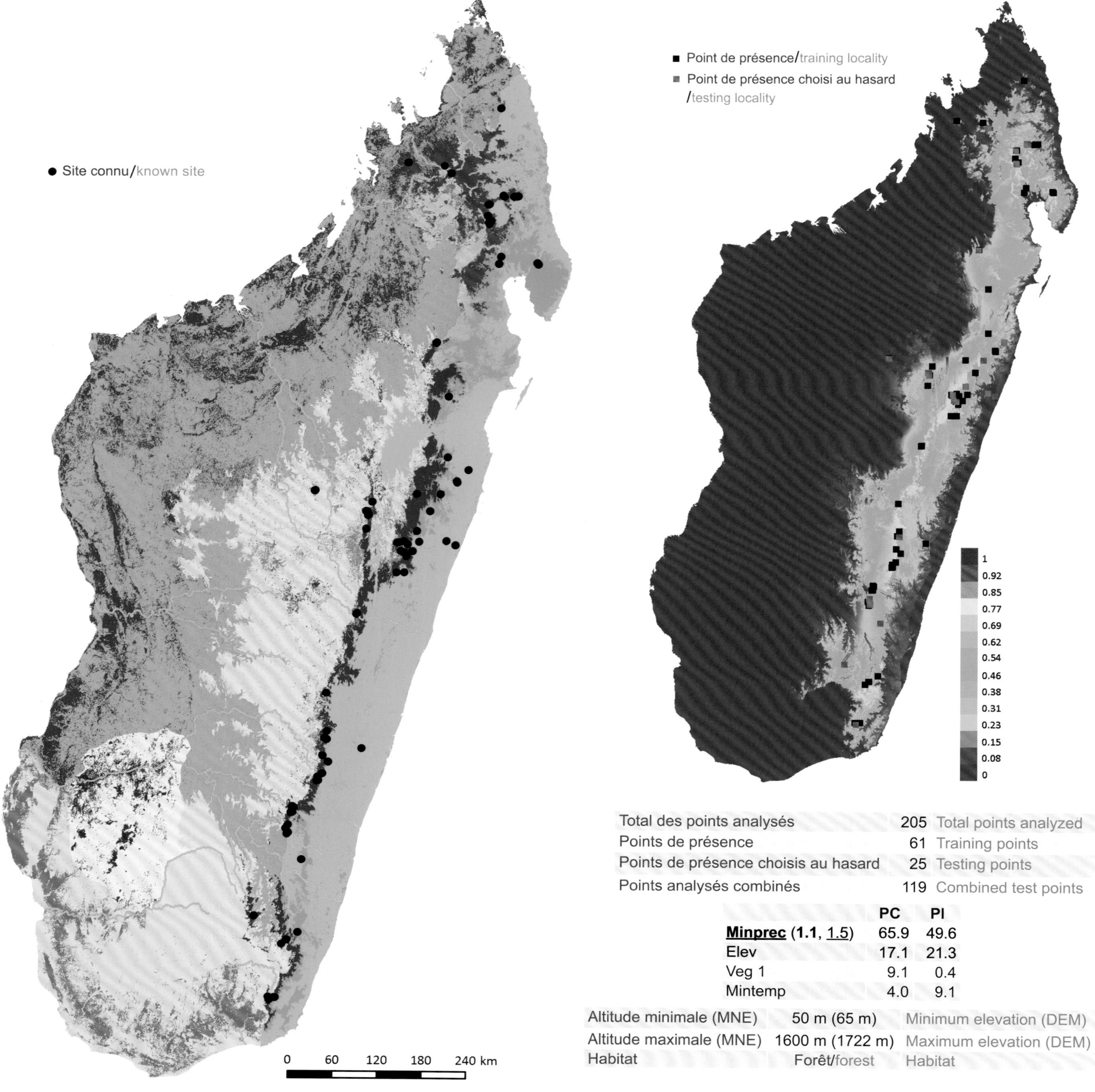

Site connu/known site
Point de présence/training locality
Point de présence choisi au hasard /testing locality
1
0.92
0.85
0.77
0.69
0.62
0.54
0.46
0.38
0.31
0.23
0.15
0.08
0
0 60 120 180 240 km

Total des points analysés	205	Total points analyzed
Points de présence	61	Training points
Points de présence choisis au hasard	25	Testing points
Points analysés combinés	119	Combined test points

	PC	PI
Minprec (**1.1**, 1.5)	65.9	49.6
Elev	17.1	21.3
Veg 1	9.1	0.4
Mintemp	4.0	9.1

Altitude minimale (MNE)	50 m (65 m)	Minimum elevation (DEM)
Altitude maximale (MNE)	1600 m (1722 m)	Maximum elevation (DEM)
Habitat	Forêt/forest	Habitat

Maxent : ASC = 0,934
Distribution & habitat : Endémique. Strictement forestière. Type d'habitat : humide.
Altitude : Rapportée depuis le niveau de la mer jusqu'à 1700 m d'altitude (24). Il est fort probable que les relevés dans les altitudes supérieures concernent plutôt *N. hypoxantha* mal identifié.
Autres commentaires : Cette espèce appartient à la sous-famille endémique des Philepittinae. Elle se rencontre sur les mêmes massifs que son taxon sœur, *N. hypoxantha*. Mais les deux espèces sont généralement allopatriques le long du gradient altitudinal. Dans certains sites, comme à Marojejy et Betaolana, elles fréquentent les mêmes altitudes (14, 32).
Conservation : Préoccupation mineure avec des populations stables (19).

Maxent: AUC = 0.934
Distribution & habitat: Endemic. Strictly forest-dwelling. Habitat type: humid.
Elevation: Cited to occur from sea level-1700 m (24), and it cannot be excluded that the higher elevational records are misidentified *N. hypoxantha*.
Other comments: This species belongs to the endemic subfamily Philepittinae. Occurs on the same massifs as its sister species *N. hypoxantha*, but generally allopatric along elevational gradients. At certain sites, such as Marojejy and Betaolana, the two species overlap in elevation (14, 32).
Conservation: Least Concerned with stable population trend (19).

Neodrepanis hypoxantha

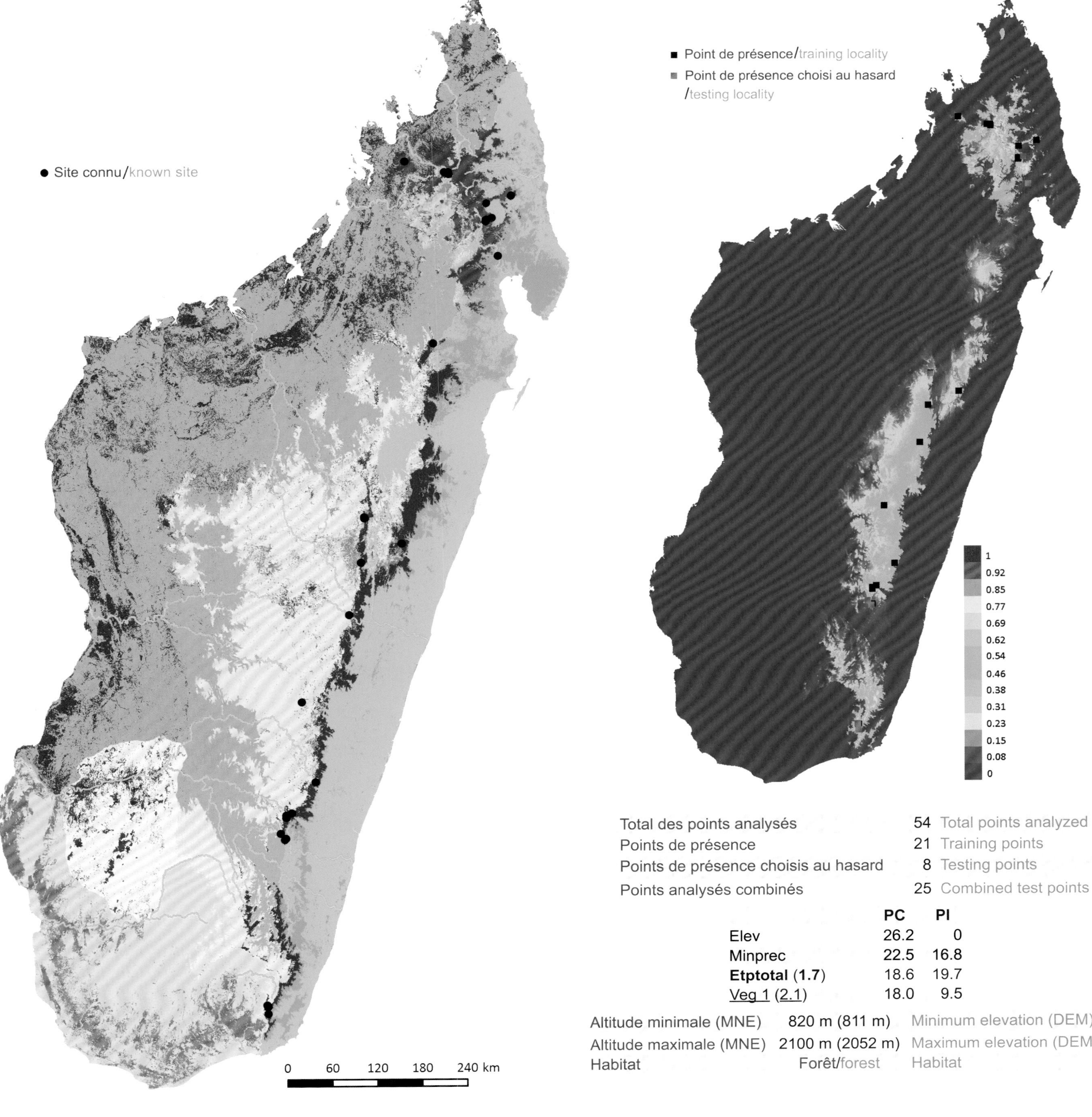
Site connu/known site
Point de présence/training locality
Point de présence choisi au hasard /testing locality
1
0.92
0.85
0.77
0.69
0.62
0.54
0.46
0.38
0.31
0.23
0.15
0.08
0
0 60 120 180 240 km

Total des points analysés	54	Total points analyzed
Points de présence	21	Training points
Points de présence choisis au hasard	8	Testing points
Points analysés combinés	25	Combined test points

	PC	PI
Elev	26.2	0
Minprec	22.5	16.8
Etptotal (1.7)	18.6	19.7
Veg 1 (2.1)	18.0	9.5

Altitude minimale (MNE)	820 m (811 m)	Minimum elevation (DEM)
Altitude maximale (MNE)	2100 m (2052 m)	Maximum elevation (DEM)
Habitat	Forêt/forest	Habitat

Maxent : ASC = 0,970
Distribution & habitat : **Endémique**. Strictement forestière. Type d'habitat : humide.
Altitude : Rapportée entre 1050-2000 m d'altitude (24), mais les données provenant des travaux récents indiquent qu'elle se trouve à des altitudes plus basses. Il n'est pas à écarter que les relevés dans les altitudes supérieures concernent plutôt *N. coruscans* mal identifié.
Autres commentaires : Peu de relevés sur cette espèce solitaire appartenant à la sous-famille endémique des Philepittinae. Elle se rencontre sur les mêmes massifs que son taxon sœur, *N. coruscans*. Mais les deux espèces sont généralement allopatriques le long du gradient altitudinal. Dans certains sites, comme à Marojejy et à Betaolana, elles fréquentent les mêmes altitudes (14, 32).
Conservation : Préoccupation mineure avec des populations en déclin (19).

Maxent: AUC = 0.970
Distribution & habitat: **Endemic**. Strictly forest-dwelling. Habitat type: humid.
Elevation: Cited to occur from 1050-2000 m (24), but recent fieldwork indicates that it occurs at slightly lower elevations. However, it cannot be excluded that the lower elevational records are misidentified *N. coruscans*.
Other comments: Few records of this reclusive taxon that belongs to the endemic subfamily Philepittinae. Occurs on the same massifs as its sister species *N. coruscans*, but generally allopatric along elevational gradients. At certain sites, such as Marojejy and Betaolana, the two species overlap in elevation (14, 32).
Conservation: Least Concerned with decreasing population trend (19).

Philepitta castanea

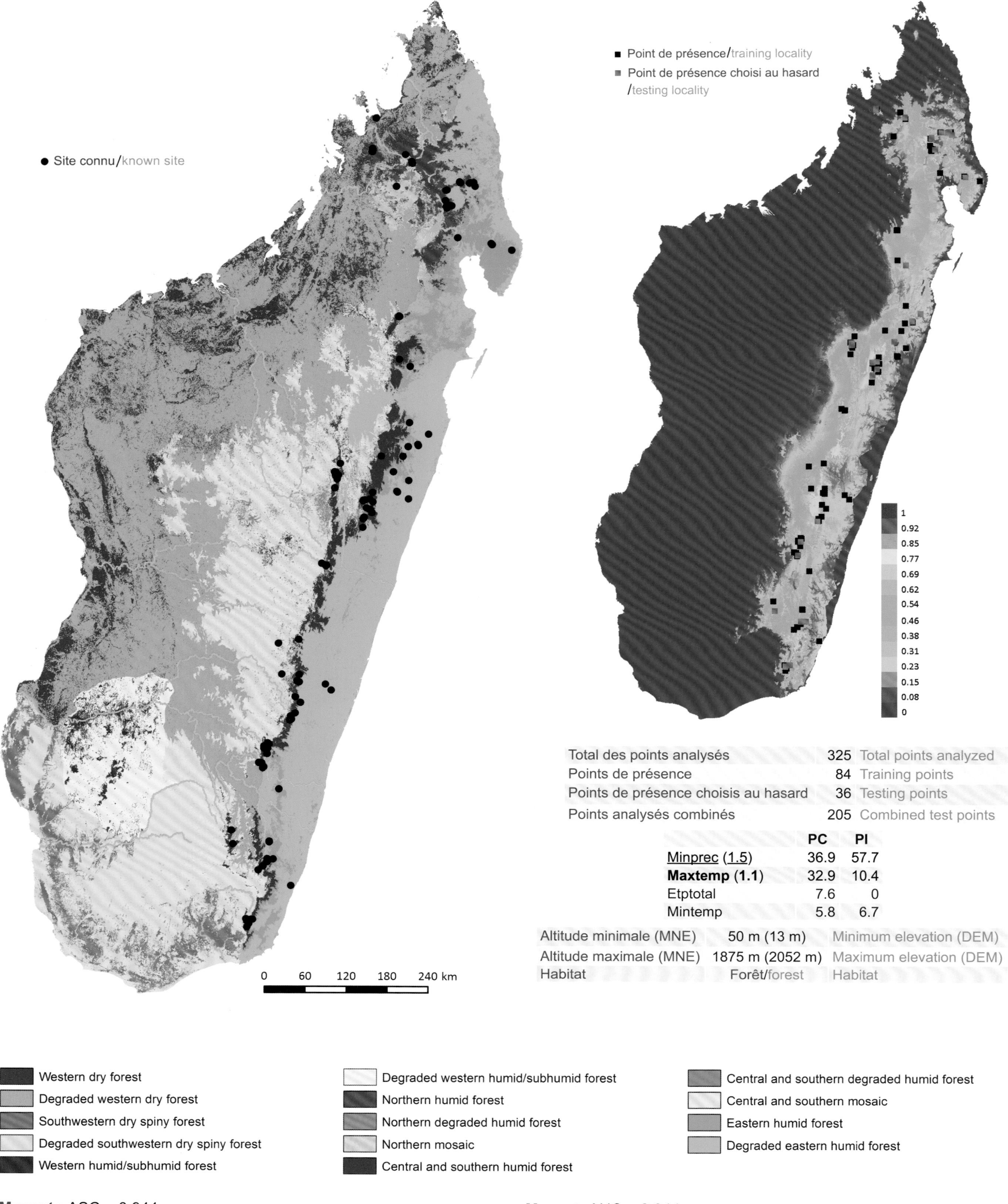
Site connu/known site
Point de présence/training locality
Point de présence choisi au hasard /testing locality
1
0.92
0.85
0.77
0.69
0.62
0.54
0.46
0.38
0.31
0.23
0.15
0.08
0
0 60 120 180 240 km
Western dry forest
Degraded western dry forest
Southwestern dry spiny forest
Degraded southwestern dry spiny forest
Western humid/subhumid forest
Degraded western humid/subhumid forest
Northern humid forest
Northern degraded humid forest
Northern mosaic
Central and southern humid forest
Central and southern degraded humid forest
Central and southern mosaic
Eastern humid forest
Degraded eastern humid forest

Total des points analysés	325	Total points analyzed
Points de présence	84	Training points
Points de présence choisis au hasard	36	Testing points
Points analysés combinés	205	Combined test points

	PC	PI
Minprec (1.5)	36.9	57.7
Maxtemp (1.1)	32.9	10.4
Etptotal	7.6	0
Mintemp	5.8	6.7

Altitude minimale (MNE)	50 m (13 m)	Minimum elevation (DEM)
Altitude maximale (MNE)	1875 m (2052 m)	Maximum elevation (DEM)
Habitat	Forêt/forest	Habitat

Maxent : ASC = 0,944
Distribution & habitat : Endémique. Strictement forestière. Type d'habitat : humide.
Autres commentaires : Cette espèce appartient à une sous-famille endémique des Philepittinae et forme l'espèce sœur allopatrique de *P. schlegeli*.
Conservation : Préoccupation mineure avec des populations stables (19).

Maxent: AUC = 0.944
Distribution & habitat: Endemic. Strictly forest-dwelling. Habitat type: humid.
Other comments: This species belongs to the endemic subfamily Philepittinae. Forms an allopatric sister species with *P. schlegeli*.
Conservation: Least Concerned with stable population trend (19).

Philepitta schlegeli

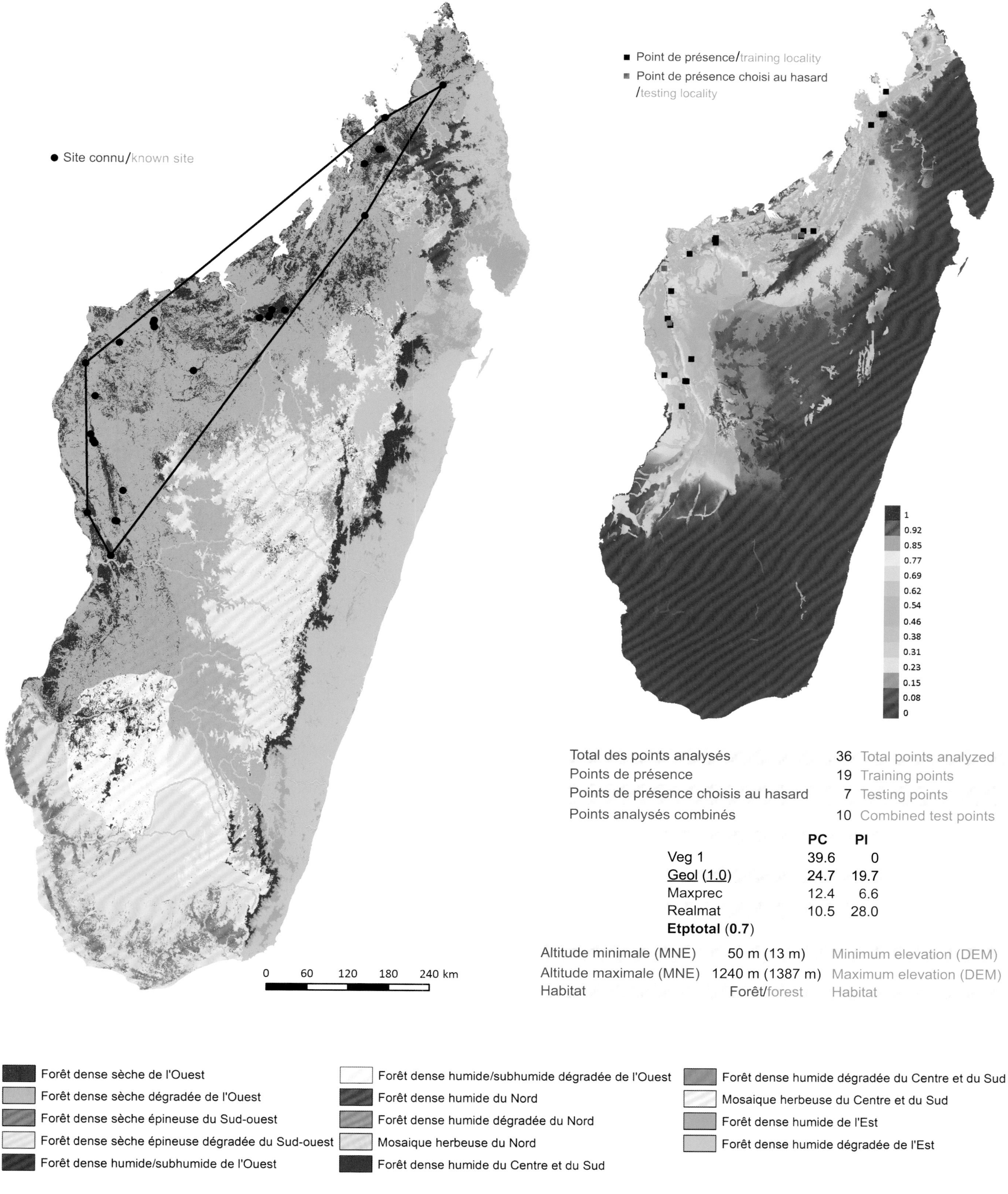
● Site connu/known site
0 60 120 180 240 km
■ Point de présence/training locality
■ Point de présence choisi au hasard /testing locality
1
0.92
0.85
0.77
0.69
0.62
0.54
0.46
0.38
0.31
0.23
0.15
0.08
0
Total des points analysés 36 Total points analyzed
Points de présence 19 Training points
Points de présence choisis au hasard 7 Testing points
Points analysés combinés 10 Combined test points
PC PI
Veg 1 39.6 0
Geol (1.0) 24.7 19.7
Maxprec 12.4 6.6
Realmat 10.5 28.0
Etptotal (0.7)
Altitude minimale (MNE) 50 m (13 m) Minimum elevation (DEM)
Altitude maximale (MNE) 1240 m (1387 m) Maximum elevation (DEM)
Habitat Forêt/forest Habitat
Forêt dense sèche de l'Ouest
Forêt dense sèche dégradée de l'Ouest
Forêt dense sèche épineuse du Sud-ouest
Forêt dense sèche épineuse dégradée du Sud-ouest
Forêt dense humide/subhumide de l'Ouest
Forêt dense humide/subhumide dégradée de l'Ouest
Forêt dense humide du Nord
Forêt dense humide dégradée du Nord
Mosaique herbeuse du Nord
Forêt dense humide du Centre et du Sud
Forêt dense humide dégradée du Centre et du Sud
Mosaique herbeuse du Centre et du Sud
Forêt dense humide de l'Est
Forêt dense humide dégradée de l'Est

Maxent : ASC = 0,942
Distribution & habitat : **Endémique**. Strictement forestière, mais supporte un certain niveau de perturbation. Type d'habitat : sec.
Altitude : Rapportée depuis le niveau de la mer jusqu'à 800 m d'altitude (24), mais des données provenant des travaux récents indiquent sa présence aux altitudes plus élevées.
Autres commentaires : Cette espèce appartient à la sous-famille endémique des Philepittinae et forme l'espèce sœur allopatrique de *P. castanea*. Le point le plus au nord cartographié est le Massif d'Andavakoera.
Conservation : Zone d'Occurrence égale à 92009 km². Quasi menacée avec des populations en déclin (19).

Maxent: AUC = 0.942
Distribution & habitat: **Endemic**. Strictly forest-dwelling, but tolerant of some habitat disturbance. Habitat type: dry.
Elevation: Cited to occur from sea level-800 m (24), and recent fieldwork has documented it at more upland sites.
Other comments: This species belongs to the endemic subfamily Philepittinae. Forms an allopatric sister species with *P. castanea*. The northern most mapped point is the Andavakoera Massif.
Conservation: The calculated Extent of Occurrence is 92009 km². Near Threatened with decreasing population trend (19).

Coracina cinerea

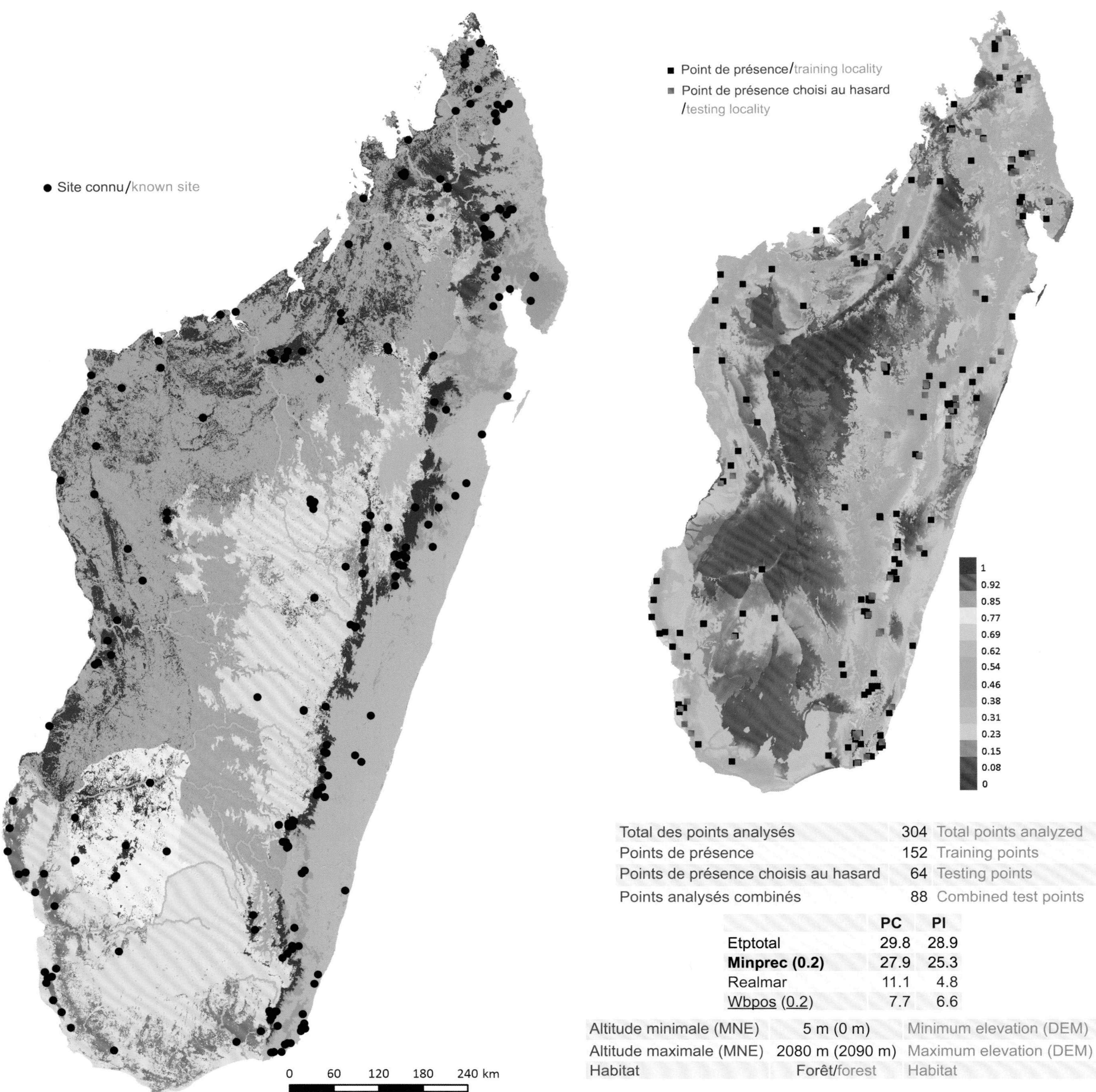
● Site connu/known site
0 60 120 180 240 km
■ Point de présence/training locality
■ Point de présence choisi au hasard /testing locality
1
0.92
0.85
0.77
0.69
0.62
0.54
0.46
0.38
0.31
0.23
0.15
0.08
0

Total des points analysés	304	Total points analyzed
Points de présence	152	Training points
Points de présence choisis au hasard	64	Testing points
Points analysés combinés	88	Combined test points

	PC	PI
Etptotal	29.8	28.9
Minprec (0.2)	27.9	25.3
Realmar	11.1	4.8
Wbpos (0.2)	7.7	6.6

Altitude minimale (MNE)	5 m (0 m)	Minimum elevation (DEM)
Altitude maximale (MNE)	2080 m (2090 m)	Maximum elevation (DEM)
Habitat	Forêt/forest	Habitat

Maxent : ASC = 0,832

Distribution & habitat : **Endémique** de la région malgache (Madagascar et Comores). Espèce forestière, mais également trouvée dans les forêts plus dégradées et les formations boisées ouvertes, ainsi que dans les zones de plantation d'arbres exotiques. Types d'habitat : humide, sec, humide/subhumide et sec épineux.

Systématique : Deux sous-espèces différentes sont reconnues, basées sur les caractéristiques de leur plumage, *C. c. cinerea* des forêts et *C. c. pallida* des forêts sèches. Une étude moléculaire serait nécessaire pour comprendre les niveaux de divergence entre les deux formes et les modèles phylogéographiques généraux.

Conservation : Préoccupation mineure avec des populations en déclin (19).

Maxent: AUC = 0.832

Distribution & habitat: **Endemic** to Malagasy region (Madagascar, Comoros). Forest-dwelling, but also found in degraded forest, open wooded zones, as well as areas of introduced vegetation (Madagascar). Habitat types: humid, dry, humid-subhumid, and dry spiny.

Systematics: Two distinct forms recognized based on plumage characteristics, *C. c. cinerea* in the humid forests and *C. c. pallida* in the dry forests. A molecular study is needed to understand levels of divergence between these two forms and general phylogeographic patterns.

Conservation: Least Concerned with decreasing population trend (19).

Hypsipetes madagascariensis

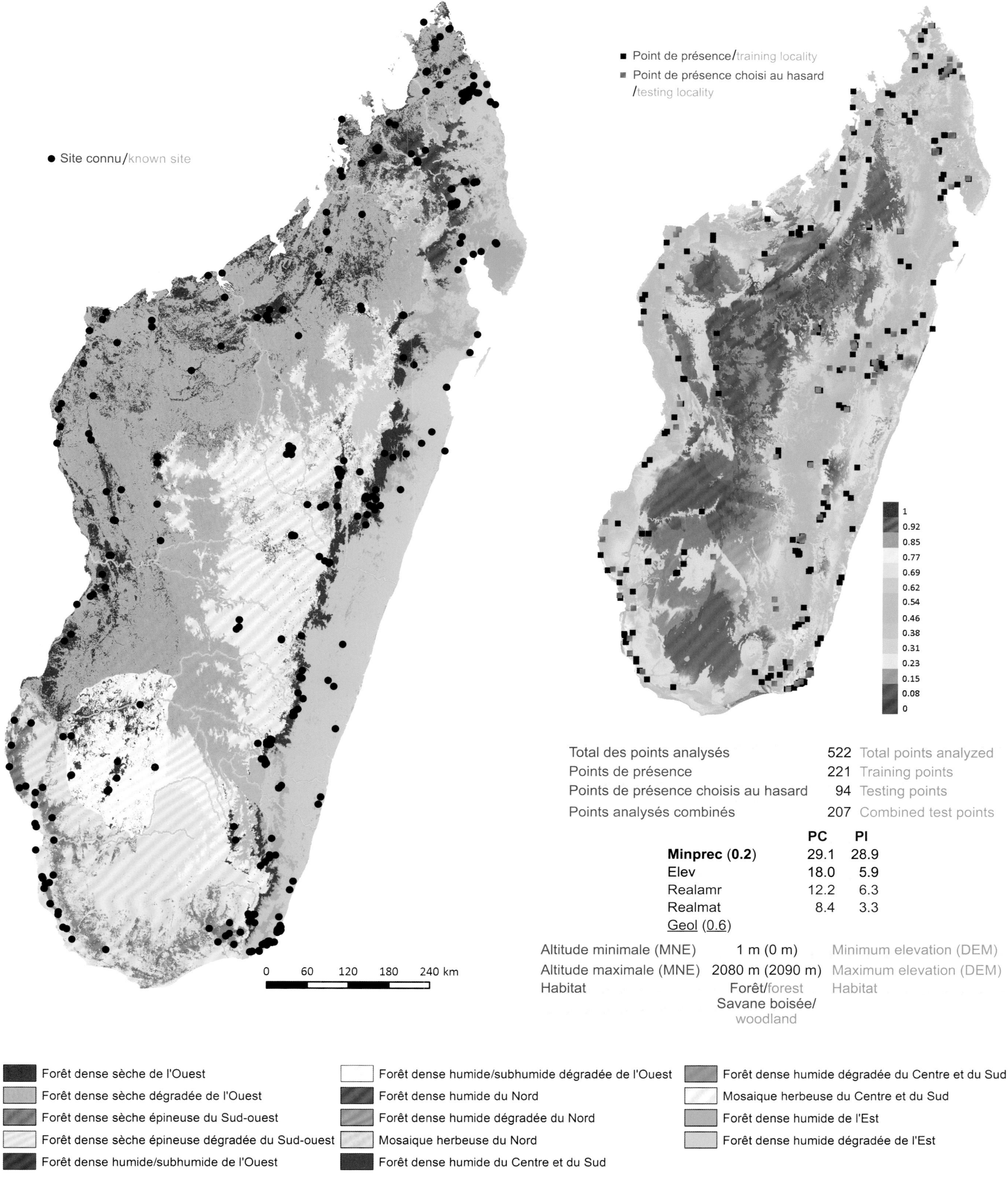
● Site connu/known site
0 60 120 180 240 km
■ Point de présence/training locality
■ Point de présence choisi au hasard /testing locality
1
0.92
0.85
0.77
0.69
0.62
0.54
0.46
0.38
0.31
0.23
0.15
0.08
0
Total des points analysés 522 Total points analyzed
Points de présence 221 Training points
Points de présence choisis au hasard 94 Testing points
Points analysés combinés 207 Combined test points
PC PI
Minprec (0.2) 29.1 28.9
Elev 18.0 5.9
Realamr 12.2 6.3
Realmat 8.4 3.3
Geol (0.6)
Altitude minimale (MNE) 1 m (0 m) Minimum elevation (DEM)
Altitude maximale (MNE) 2080 m (2090 m) Maximum elevation (DEM)
Habitat Forêt/forest Savane boisée/woodland Habitat
Forêt dense sèche de l'Ouest
Forêt dense sèche dégradée de l'Ouest
Forêt dense sèche épineuse du Sud-ouest
Forêt dense sèche épineuse dégradée du Sud-ouest
Forêt dense humide/subhumide de l'Ouest
Forêt dense humide/subhumide dégradée de l'Ouest
Forêt dense humide du Nord
Forêt dense humide dégradée du Nord
Mosaique herbeuse du Nord
Forêt dense humide du Centre et du Sud
Forêt dense humide dégradée du Centre et du Sud
Mosaique herbeuse du Centre et du Sud
Forêt dense humide de l'Est
Forêt dense humide dégradée de l'Est

Maxent : ASC = 0,818
Distribution & habitat : Non-endémique (région malgache et Asie). Partiellement forestière, mais trouvée plutôt dans les forêts plus dégradées, les formations boisées ouvertes et les zones de plantation d'arbres exotiques, ainsi que dans les zones urbaines. Types d'habitat : humide, sec, humide/subhumide et sec épineux. Absente dans certaines parties de Hautes Terres centrales, probablement liée au faible nombre d'observations.
Systématique : Sur la base d'une étude moléculaire, la population de Madagascar et celle de la zone de basse altitude de Comores présentent une faible variation génétique (44).
Conservation : Préoccupation mineure avec des populations stables (19).

Maxent: AUC = 0.818
Distribution & habitat: Non-endemic (Malagasy region, Asia). Partially forest-dwelling, but also found in degraded forest, open wooded zones, as well as areas of introduced vegetation, such as tree plantations, gardens, and urban areas (Madagascar). Habitat types: humid, dry, humid-subhumid, and dry spiny. Absence across portions of the Central Highlands probably associated with reduced number of observers.
Systematics: Based on a molecular study, populations of this species from Madagascar and the lowland Comoros show little genetic variation (44).
Conservation: Least Concerned with stable population trend (19).

Bernieria madagascariensis

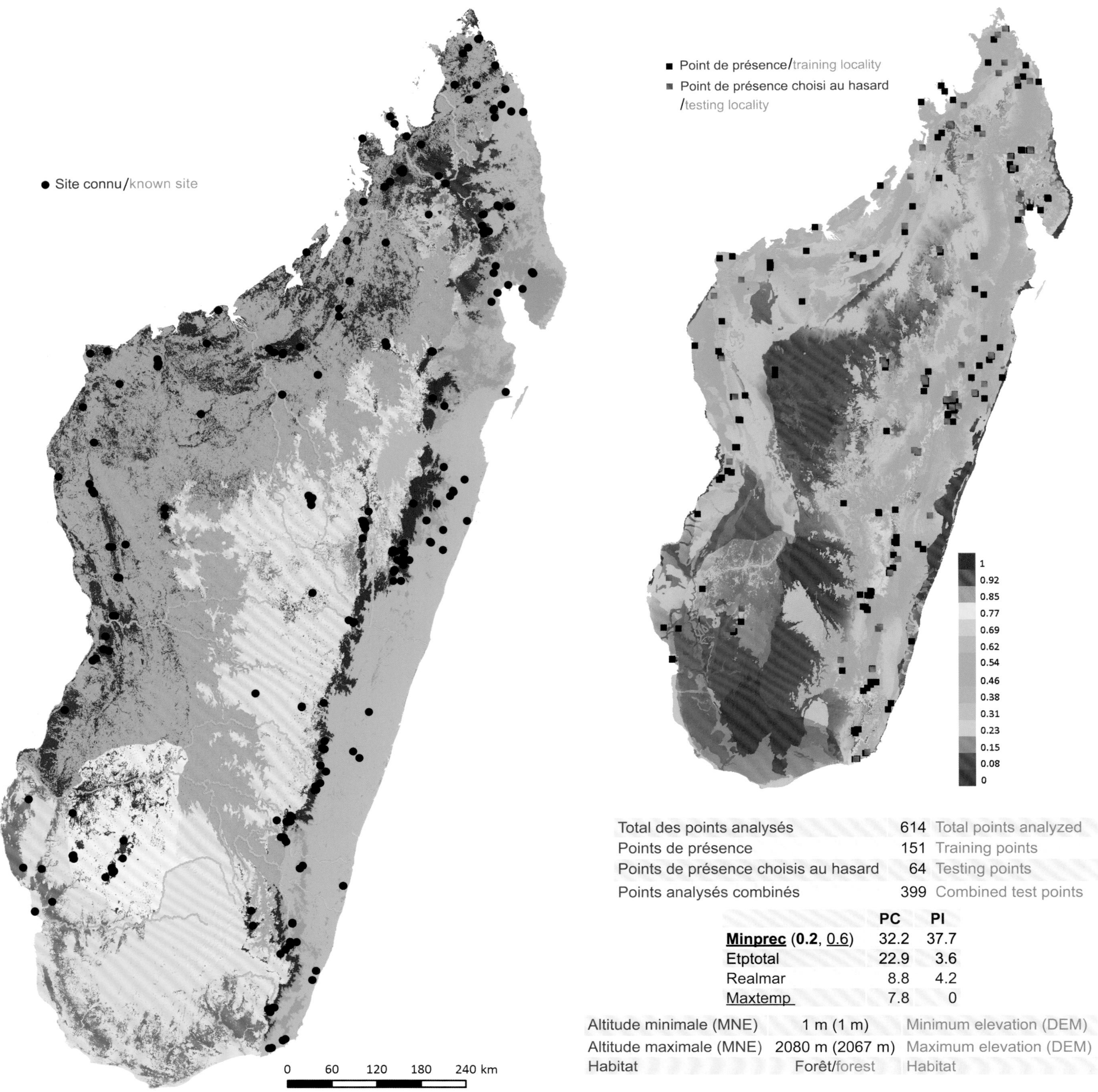
● Site connu/known site
■ Point de présence/training locality
■ Point de présence choisi au hasard /testing locality
0 60 120 180 240 km
1
0.92
0.85
0.77
0.69
0.62
0.54
0.46
0.38
0.31
0.23
0.15
0.08
0

Total des points analysés	614	Total points analyzed
Points de présence	151	Training points
Points de présence choisis au hasard	64	Testing points
Points analysés combinés	399	Combined test points

	PC	PI
Minprec (**0.2**, 0.6)	32.2	37.7
Etptotal	22.9	3.6
Realmar	8.8	4.2
Maxtemp	7.8	0

Altitude minimale (MNE)	1 m (1 m)	Minimum elevation (DEM)
Altitude maximale (MNE)	2080 m (2067 m)	Maximum elevation (DEM)
Habitat	Forêt/forest	Habitat

Maxent : ASC = 0,829
Distribution & habitat : Endémique. Strictement forestière, mais supporte un certain niveau de perturbation. Types d'habitat : humide, sec, humide/subhumide et sec épineux.
Systématique : Auparavant placée dans la famille des Pycnonotidae et le genre africain *Phyllastrephus*, mais sur la base des études moléculaires, elle appartient à la famille endémique des Bernieridae et est transférée dans le genre *Bernieria* (3, 4). Une étude génétique récente indique une faible divergence entre *B. m. madagascariensis* de la région orientale plus humide de l'île et de *B. m. inceleber* à plumage plus clair de la forêt sèche occidentale (2). Cependant, les animaux provenant de l'extrême Sud-est de Madagascar, principalement de la chaîne anosyenne et de la montagne de Vohimena sont visiblement différents des populations de la forêt humide du Nord.
Conservation : Préoccupation mineure avec des populations en déclin (19).

Maxent: AUC = 0.829
Distribution & habitat: Endemic. Strictly forest-dwelling, but tolerant of some habitat disturbance. Habitat types: humid, dry, humid-subhumid, and dry spiny.
Systematics: Formerly placed in the family Pycnonotidae and in the African genus *Phyllastrephus*, but based on molecular studies it belongs to the endemic family Bernieridae and has been transferred to *Bernieria* (3, 4). A recent molecular study has found little divergence between *B. m. madagascariensis* from the humid portions of the island and the paler plumaged *B. m. inceleber* from the dry west (2). In contrast, animals from extreme southeastern Madagascar, specifically the Anosyenne and Vohimena Mountains, are notably different from populations occurring in humid forests to the north.
Conservation: Least Concerned with decreasing population trend (19).

Crossleyia xanthophrys

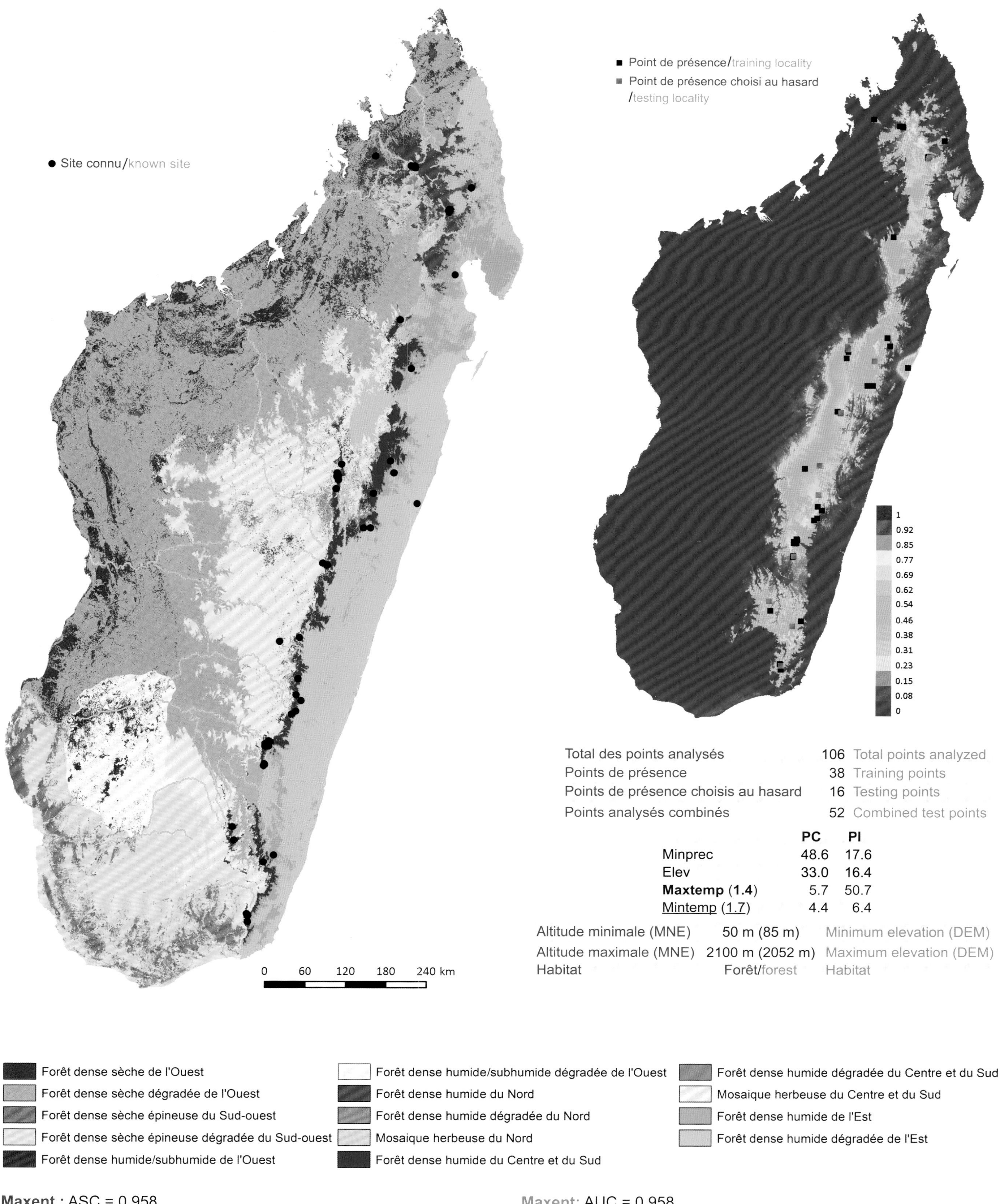
● Site connu/known site
0 60 120 180 240 km
■ Point de présence/training locality
■ Point de présence choisi au hasard /testing locality
1
0.92
0.85
0.77
0.69
0.62
0.54
0.46
0.38
0.31
0.23
0.15
0.08
0
Total des points analysés 106 Total points analyzed
Points de présence 38 Training points
Points de présence choisis au hasard 16 Testing points
Points analysés combinés 52 Combined test points
PC PI
Minprec 48.6 17.6
Elev 33.0 16.4
Maxtemp (1.4) 5.7 50.7
Mintemp (1.7) 4.4 6.4
Altitude minimale (MNE) 50 m (85 m) Minimum elevation (DEM)
Altitude maximale (MNE) 2100 m (2052 m) Maximum elevation (DEM)
Habitat Forêt/forest Habitat
Forêt dense sèche de l'Ouest
Forêt dense sèche dégradée de l'Ouest
Forêt dense sèche épineuse du Sud-ouest
Forêt dense sèche épineuse dégradée du Sud-ouest
Forêt dense humide/subhumide de l'Ouest
Forêt dense humide/subhumide dégradée de l'Ouest
Forêt dense humide du Nord
Forêt dense humide dégradée du Nord
Mosaique herbeuse du Nord
Forêt dense humide du Centre et du Sud
Forêt dense humide dégradée du Centre et du Sud
Mosaique herbeuse du Centre et du Sud
Forêt dense humide de l'Est
Forêt dense humide dégradée de l'Est

Maxent : ASC = 0,958
Distribution & habitat : **Endémique**. Strictement forestière. Type d'habitat : humide.
Systématique : Placée auparavant dans la famille des Timaliidae, mais sur la base des études moléculaires, elle appartient à la famille endémique des Bernieridae (3, 4).
Autres commentaires : Peu de relevés sur cette espèce solitaire.
Conservation : Quasi menacée avec des populations en déclin (19).

Maxent: AUC = 0.958
Distribution & habitat: **Endemic**. Strictly forest-dwelling. Habitat type: humid.
Systematics: Previously placed in the family Timaliidae, but based on molecular studies it belongs to the endemic family Bernieridae (3, 4).
Other comments: Few records of this reclusive species.
Conservation: Near Threatened with decreasing population trend (19).

Cryptosylvicola randrianasoloi

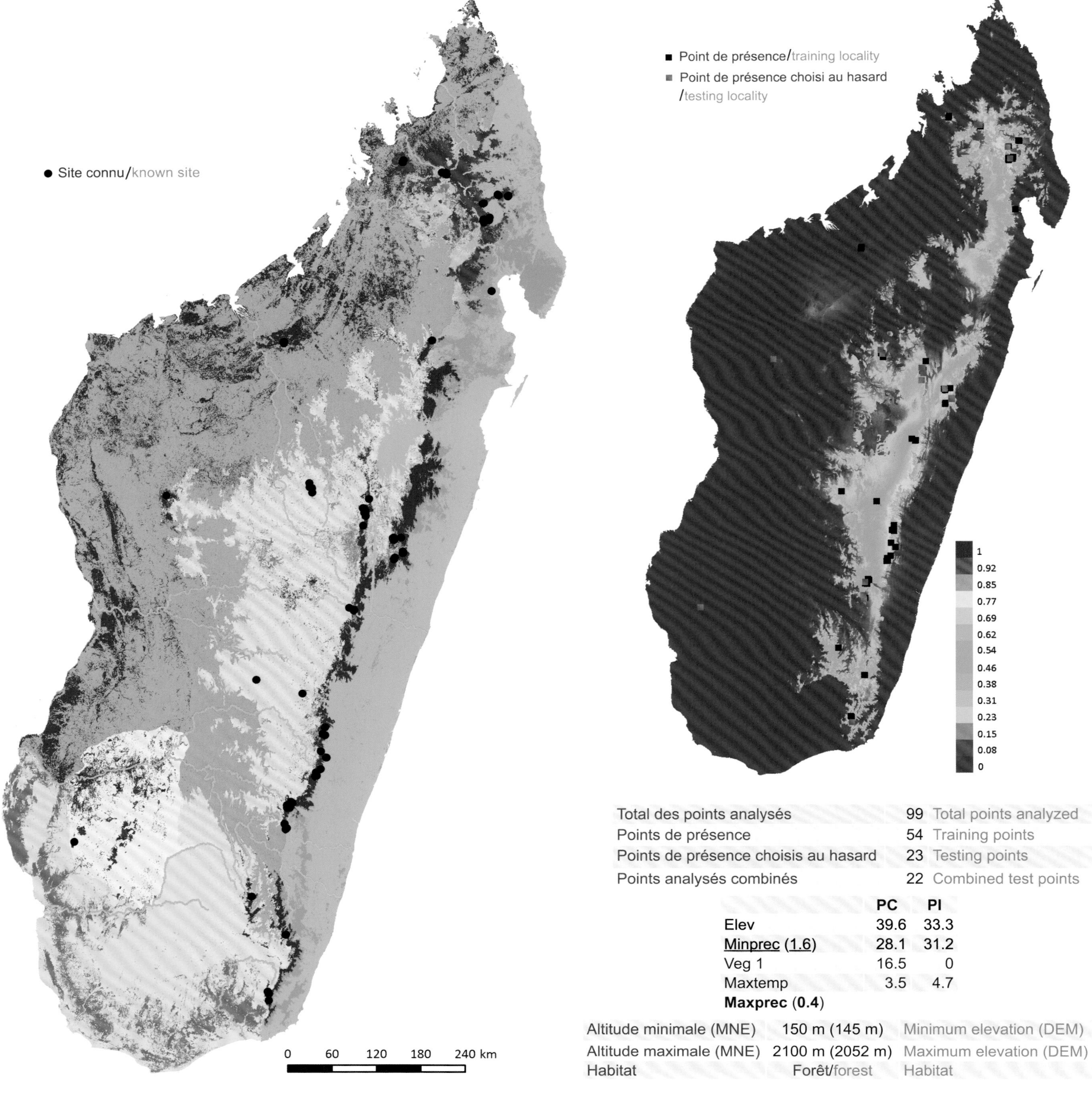

Site connu/known site
0 60 120 180 240 km
Point de présence/training locality
Point de présence choisi au hasard /testing locality
1
0.92
0.85
0.77
0.69
0.62
0.54
0.46
0.38
0.31
0.23
0.15
0.08
0

Total des points analysés	99	Total points analyzed
Points de présence	54	Training points
Points de présence choisis au hasard	23	Testing points
Points analysés combinés	22	Combined test points

	PC	PI
Elev	39.6	33.3
Minprec (1.6)	28.1	31.2
Veg 1	16.5	0
Maxtemp	3.5	4.7
Maxprec (0.4)		

Altitude minimale (MNE)	150 m (145 m)	Minimum elevation (DEM)
Altitude maximale (MNE)	2100 m (2052 m)	Maximum elevation (DEM)
Habitat	Forêt/forest	Habitat

Maxent : ASC = 0,950
Distribution & habitat : Endémique. Strictement forestière, mais également trouvée dans la lisière forestière. Type d'habitat : humide.
Altitude : Les relevés d'Ankarafantsika ont été recensés dans les altitudes plus basses (150-250 m) que dans les forêts humides (625-2000 m).
Systématique : Placée auparavant dans la famille des Sylviidae, mais sur la base des études moléculaires, elle appartient à la famille endémique des Bernieridae (3, 4).
Autres commentaires : Les relevés cartographiés provenant d'Analavelona dans le Sud-ouest, d'Ambohijanahary dans le Centre-ouest et d'Ankarafantsika dans le Nord-ouest central sont basés sur des observations. Des spécimens et des confirmations moléculaires seraient nécessaires pour l'identification définitive de ces populations.
Conservation : Préoccupation mineure avec des populations en déclin (19).

Maxent: AUC = 0.950
Distribution & habitat: Endemic. Strictly forest-dwelling, but can be found in ecotonal areas towards the edge. Habitat type: humid.
Elevation: Records from Ankarafantsika are from notably lower elevations (150-250 m) than those from humid forests (625-2000 m).
Systematics: Previously placed in the family Sylviidae, but based on molecular studies it belongs to the endemic family Bernieridae (3, 4).
Other comments: Mapped records from Analavelona in the southwest, Ambohijanahary in the central west, and Ankarafantsika in the central northwest are based on sight records, and further specimen and molecular confirmation is needed associated with the definitive species identification of these populations.
Conservation: Least Concerned with decreasing population trend (19).

Hartertula flavoviridis

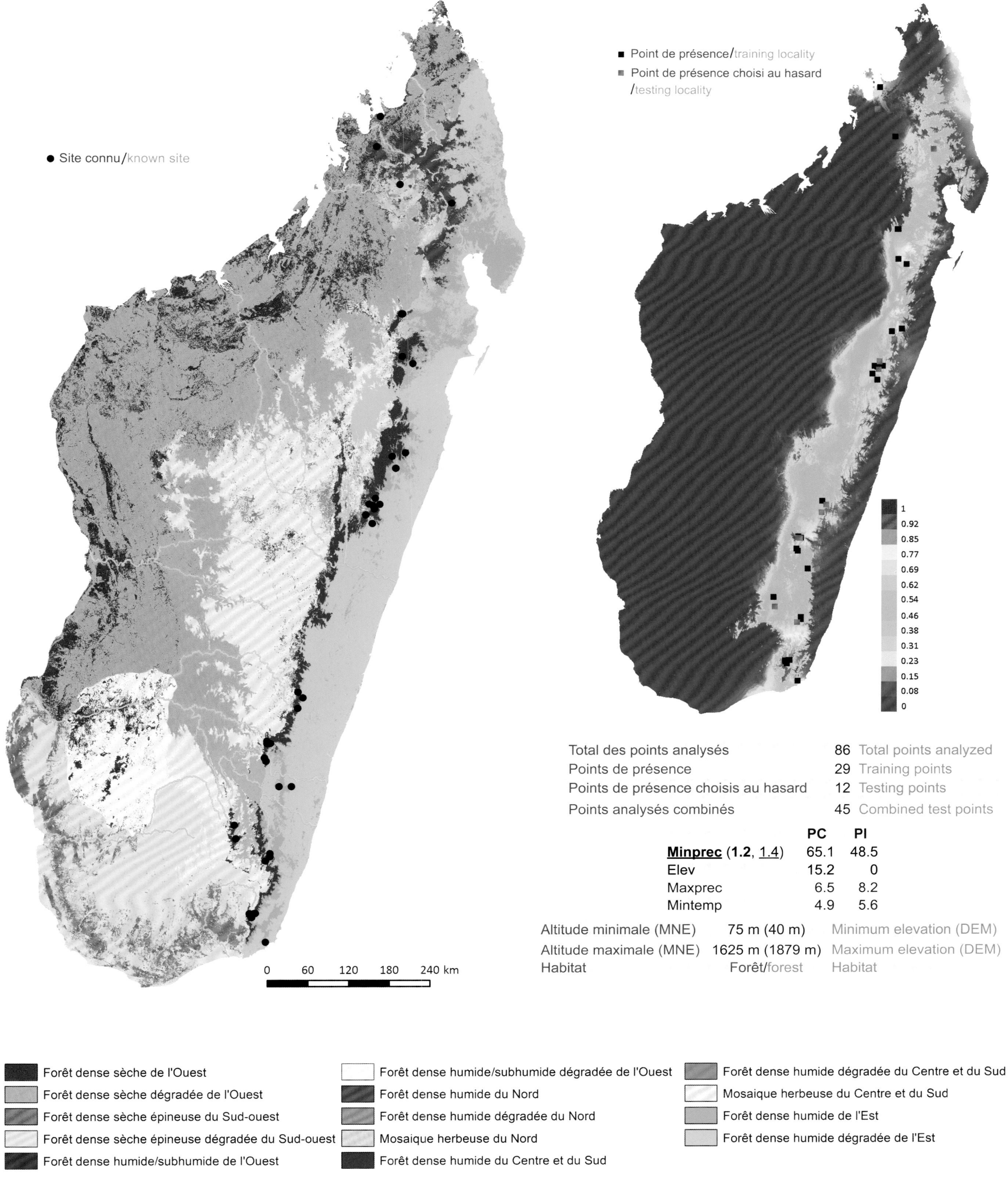

● Site connu/known site
0 60 120 180 240 km
■ Point de présence/training locality
■ Point de présence choisi au hasard /testing locality
1
0.92
0.85
0.77
0.69
0.62
0.54
0.46
0.38
0.31
0.23
0.15
0.08
0
Forêt dense sèche de l'Ouest
Forêt dense sèche dégradée de l'Ouest
Forêt dense sèche épineuse du Sud-ouest
Forêt dense sèche épineuse dégradée du Sud-ouest
Forêt dense humide/subhumide de l'Ouest
Forêt dense humide/subhumide dégradée de l'Ouest
Forêt dense humide du Nord
Forêt dense humide dégradée du Nord
Mosaique herbeuse du Nord
Forêt dense humide du Centre et du Sud
Forêt dense humide dégradée du Centre et du Sud
Mosaique herbeuse du Centre et du Sud
Forêt dense humide de l'Est
Forêt dense humide dégradée de l'Est

Total des points analysés	86	Total points analyzed
Points de présence	29	Training points
Points de présence choisis au hasard	12	Testing points
Points analysés combinés	45	Combined test points

	PC	PI
Minprec (**1.2**, 1.4)	65.1	48.5
Elev	15.2	0
Maxprec	6.5	8.2
Mintemp	4.9	5.6

Altitude minimale (MNE)	75 m (40 m)	Minimum elevation (DEM)
Altitude maximale (MNE)	1625 m (1879 m)	Maximum elevation (DEM)
Habitat	Forêt/forest	Habitat

Maxent : ASC = 0,951
Distribution & habitat : **Endémique**. Strictement forestière. Type d'habitat : humide.
Altitude : Généralement rapportée entre 500-2300 m d'altitude, mais des travaux sur le terrain récents ont indiqué sa présence à des altitudes plus basses.
Systématique : Auparavant placée dans la famille des Sylviidae ou Cisticolidae, mais sur la base des études moléculaires, elle appartient à la famille endémique des Bernieridae (3, 4). Autrefois mise dans le genre *Neomixis*.
Conservation : Quasi menacée avec des populations en déclin (19).

Maxent: AUC = 0.951
Distribution & habitat: **Endemic**. Strictly forest-dwelling. Habitat type: humid.
Elevation: Generally cited as occurring from 500-2300 m (24), but recent fieldwork has documented this species at lower elevations.
Systematics: Previously placed in the family Sylviidae or Cisticolidae, but based on molecular studies it belongs to the endemic family Bernieridae (3, 4). Formerly placed in the genus *Neomixis*.
Conservation: Near Threatened with decreasing population trend (19).

Oxylabes madagascariensis

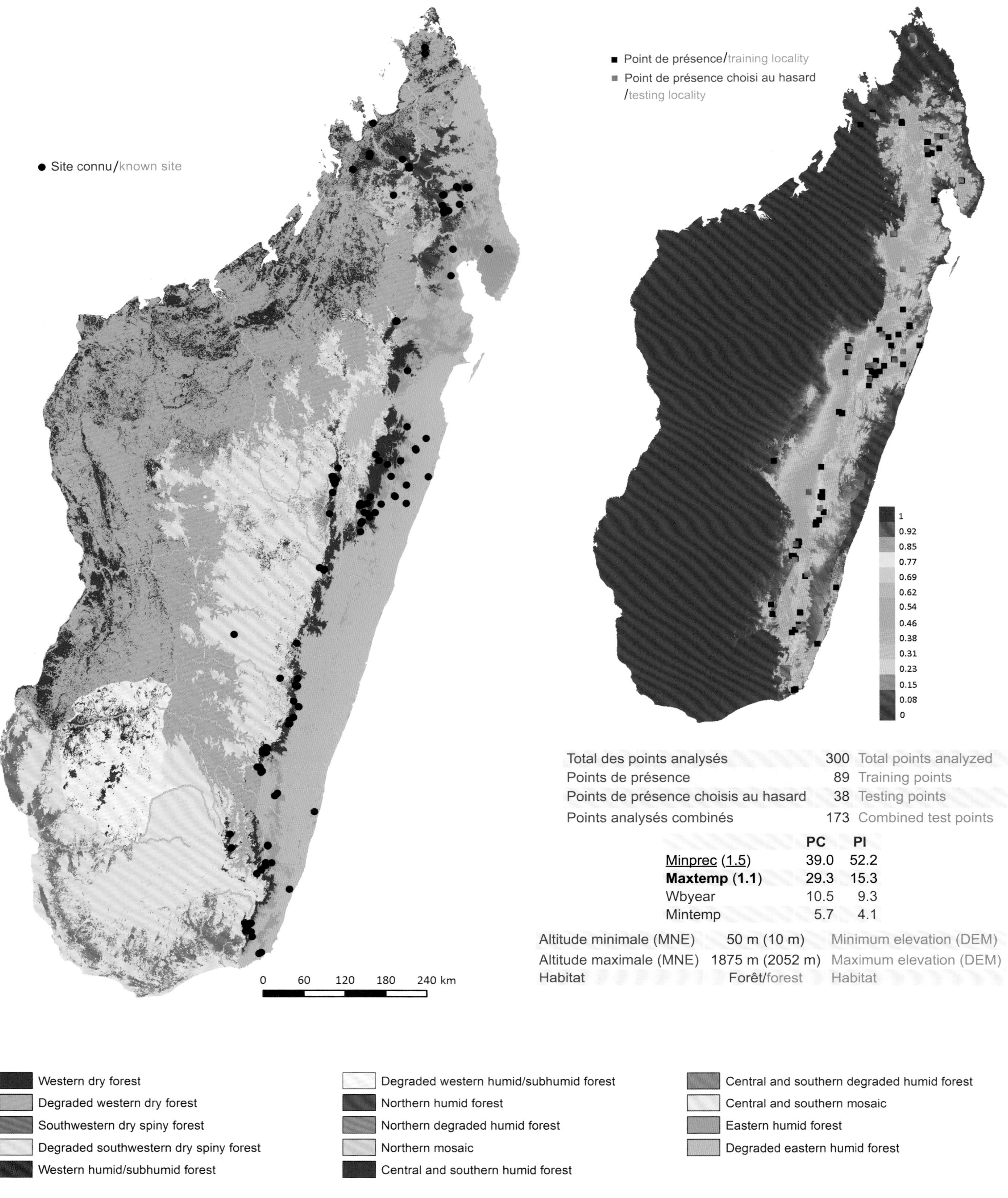
● Site connu/known site
0 60 120 180 240 km
■ Point de présence/training locality
■ Point de présence choisi au hasard /testing locality
1
0.92
0.85
0.77
0.69
0.62
0.54
0.46
0.38
0.31
0.23
0.15
0.08
0
Total des points analysés 300 Total points analyzed
Points de présence 89 Training points
Points de présence choisis au hasard 38 Testing points
Points analysés combinés 173 Combined test points
PC PI
Minprec (1.5) 39.0 52.2
Maxtemp (1.1) 29.3 15.3
Wbyear 10.5 9.3
Mintemp 5.7 4.1
Altitude minimale (MNE) 50 m (10 m) Minimum elevation (DEM)
Altitude maximale (MNE) 1875 m (2052 m) Maximum elevation (DEM)
Habitat Forêt/forest Habitat
Western dry forest
Degraded western dry forest
Southwestern dry spiny forest
Degraded southwestern dry spiny forest
Western humid/subhumid forest
Degraded western humid/subhumid forest
Northern humid forest
Northern degraded humid forest
Northern mosaic
Central and southern humid forest
Central and southern degraded humid forest
Central and southern mosaic
Eastern humid forest
Degraded eastern humid forest

Maxent : ASC = 0,942
Distribution & habitat : Endémique. Strictement forestière. Type d'habitat : humide.
Systématique : Auparavant placée dans la famille des Timaliidae, mais sur la base des études moléculaires, elle appartient à la famille endémique des Bernieridae (3, 4).
Autres commentaires : Le relevé isolé des Hautes Terres centrales est celui d'Itremo.
Conservation : Préoccupation mineure avec des populations en déclin (19).

Maxent: AUC = 0.942
Distribution & habitat: Endemic. Strictly forest-dwelling. Habitat type: humid.
Systematics: Previously placed in the family Timaliidae, but based on molecular studies it belongs to the endemic family Bernieridae (3, 4).
Other comments: The isolated Central Highland record is from Itremo.
Conservation: Least Concerned with decreasing population trend (19).

Randia pseudozosterops

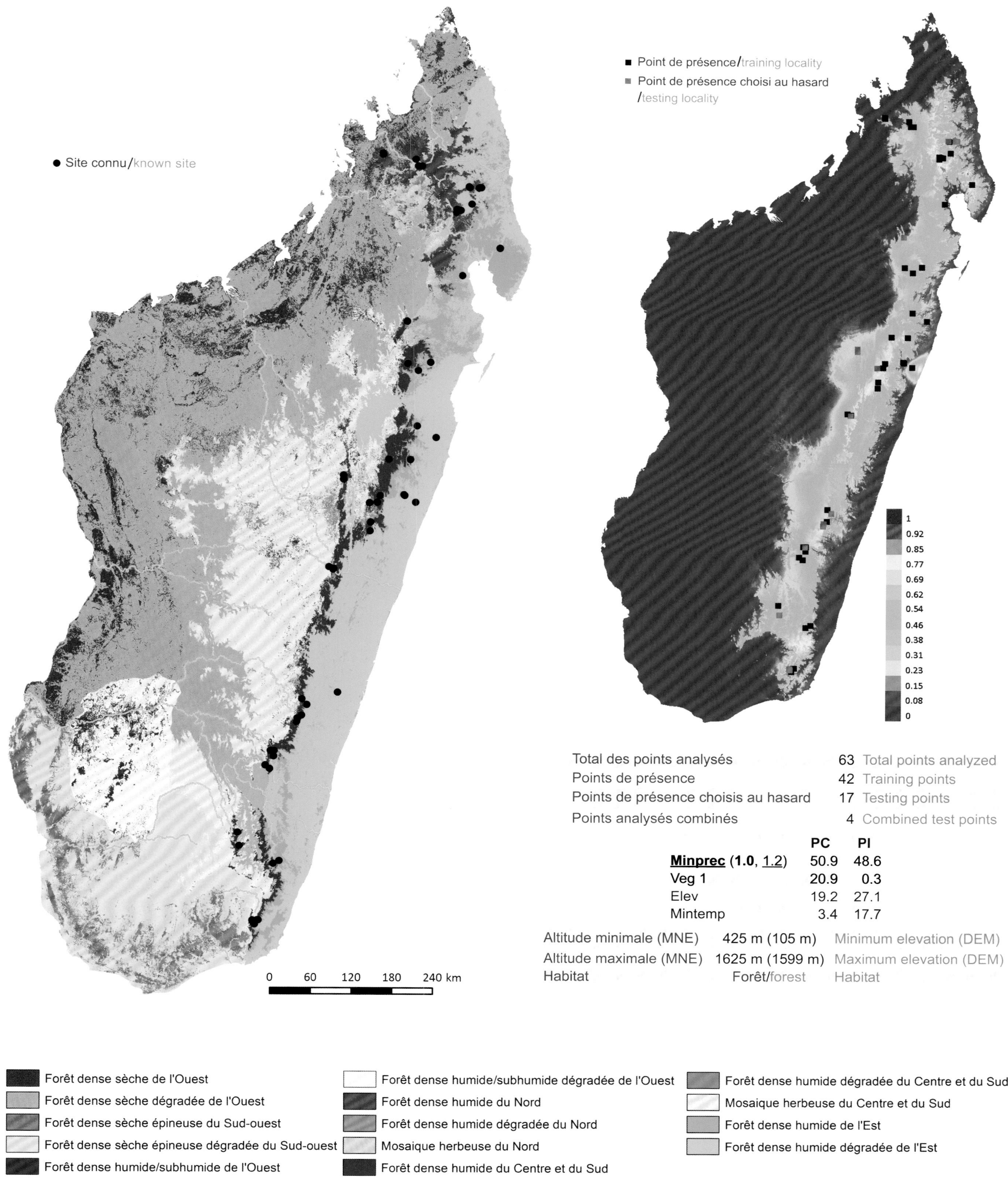

● Site connu/known site
0 60 120 180 240 km
■ Point de présence/training locality
■ Point de présence choisi au hasard /testing locality
1
0.92
0.85
0.77
0.69
0.62
0.54
0.46
0.38
0.31
0.23
0.15
0.08
0
Total des points analysés 63 Total points analyzed
Points de présence 42 Training points
Points de présence choisis au hasard 17 Testing points
Points analysés combinés 4 Combined test points
PC PI
Minprec (1.0, 1.2) 50.9 48.6
Veg 1 20.9 0.3
Elev 19.2 27.1
Mintemp 3.4 17.7
Altitude minimale (MNE) 425 m (105 m) Minimum elevation (DEM)
Altitude maximale (MNE) 1625 m (1599 m) Maximum elevation (DEM)
Habitat Forêt/forest Habitat
Forêt dense sèche de l'Ouest
Forêt dense sèche dégradée de l'Ouest
Forêt dense sèche épineuse du Sud-ouest
Forêt dense sèche épineuse dégradée du Sud-ouest
Forêt dense humide/subhumide de l'Ouest
Forêt dense humide/subhumide dégradée de l'Ouest
Forêt dense humide du Nord
Forêt dense humide dégradée du Nord
Mosaique herbeuse du Nord
Forêt dense humide du Centre et du Sud
Forêt dense humide dégradée du Centre et du Sud
Mosaique herbeuse du Centre et du Sud
Forêt dense humide de l'Est
Forêt dense humide dégradée de l'Est

Maxent : ASC = 0,938
Distribution & habitat : **Endémique**. Strictement forestière, mais également trouvée dans la lisière forestière. Type d'habitat : humide.
Altitude : Différence notable entre le niveau inférieur de la distribution altitudinale d'après la base de données et celui du modèle numérique d'élévation, probablement liée au relief souvent escarpé. Rapportée jusqu'à 20 m d'altitude (17).
Systématique : Auparavant placée dans la famille des Sylviidae, mais sur la base des études moléculaires, elle appartient à la famille endémique des Bernieridae (2).
Conservation : Préoccupation mineure avec des populations en déclin (19).

Maxent: AUC = 0.938
Distribution & habitat: **Endemic**. Strictly forest-dwelling, but can be found in ecotonal areas towards the forest edge. Habitat type: humid.
Elevation: The notable differences in the minimum altitudinal range of this species between the database information and that calculated with the digital elevation model is probably associated with its occurrence in steep terrain. It has been reported as low as 20 m (17).
Systematics: Previously placed in the family Sylviidae, but based on molecular studies it belongs to the endemic family Bernieridae (2).
Conservation: Least Concerned with decreasing population trend (19).

Thamnornis chloropetoides

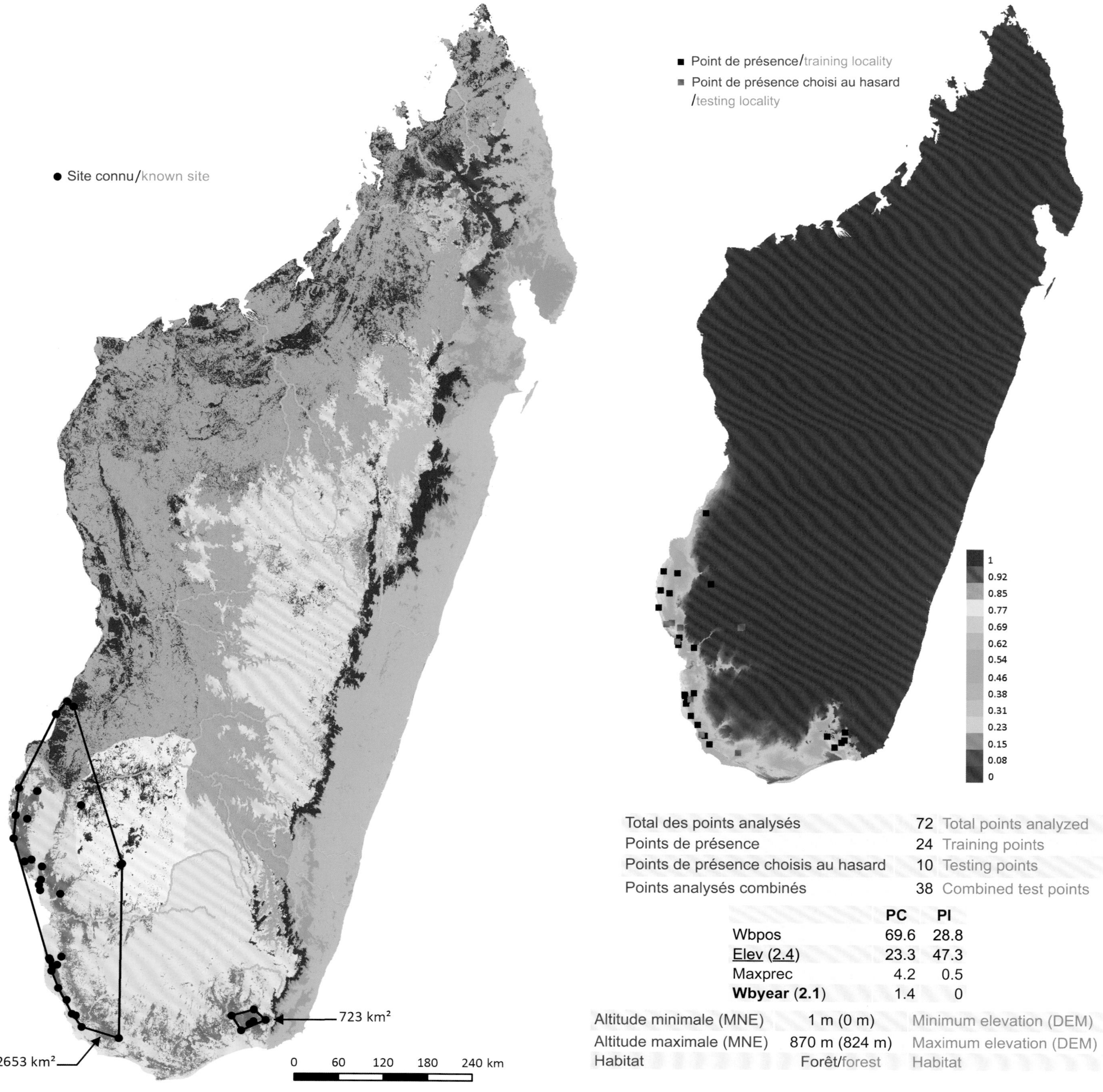

● Site connu/known site
723 km²
42653 km²
0 60 120 180 240 km
■ Point de présence/training locality
■ Point de présence choisi au hasard /testing locality
1
0.92
0.85
0.77
0.69
0.62
0.54
0.46
0.38
0.31
0.23
0.15
0.08
0

Total des points analysés	72	Total points analyzed
Points de présence	24	Training points
Points de présence choisis au hasard	10	Testing points
Points analysés combinés	38	Combined test points

	PC	PI
Wbpos	69.6	28.8
Elev (2.4)	23.3	47.3
Maxprec	4.2	0.5
Wbyear (2.1)	1.4	0

Altitude minimale (MNE)	1 m (0 m)	Minimum elevation (DEM)
Altitude maximale (MNE)	870 m (824 m)	Maximum elevation (DEM)
Habitat	Forêt/forest	Habitat

Maxent : ASC = 0,981
Distribution & habitat : Endémique. Strictement forestière, mais supporte également un certain niveau de perturbation. Types d'habitat : sec et sec épineux.
Altitude : Rapportée depuis le niveau de la mer jusqu'à 500 m d'altitude, et des travaux sur le terrain récents ont indiqué sa présence aux altitudes plus élevées.
Systématique : Auparavant placée dans la famille des Sylviidae, mais sur la base des études moléculaires, elle appartient à la famille endémique des Bernieridae (3, 4). Des auteurs ont mis cette espèce dans le genre *Bernieria*. Il semble exister deux populations distinctes : l'une dans le Sud-est et l'autre dans le Sud-ouest. Des études phylogéographiques seraient nécessaires pour définir leur niveau de divergence.
Conservation : Zone d'Occurrence pour les deux polygones combinés égale à 43376 km². Préoccupation mineure avec des populations en déclin (19).

Maxent: AUC = 0.981
Distribution & habitat: Endemic. Strictly forest-dwelling, but tolerant of a certain level of disturbance. Habitat types: dry spiny and dry.
Elevation: Cited to occur from sea level-500 m (24), and more recent fieldwork has documented it at higher elevations.
Systematics: Previously placed in the family Sylviidae, but based on molecular studies it belongs to the endemic family Bernieridae (3, 4). Some authors place this species in the genus *Bernieria*. There appears to be two disjunct populations, one in the southeast and the other in the southwest; phylogeographic studies are needed to establish levels of divergence.
Conservation: The calculated Extent of Occurrence of the two polygons is 43376 km². Least Concerned with decreasing population trend (19).

Xanthomixis apperti

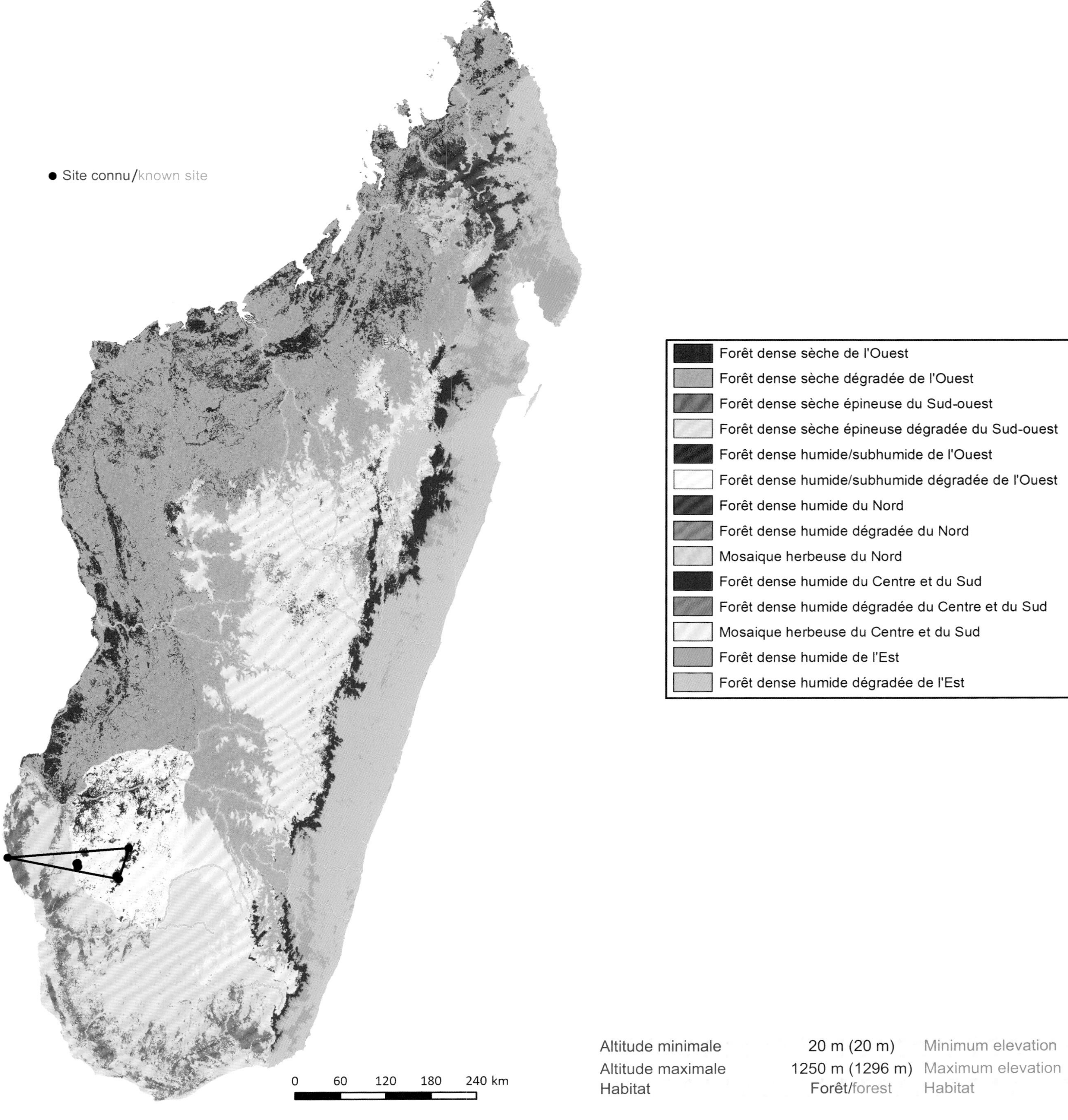
● Site connu/known site
Forêt dense sèche de l'Ouest
Forêt dense sèche dégradée de l'Ouest
Forêt dense sèche épineuse du Sud-ouest
Forêt dense sèche épineuse dégradée du Sud-ouest
Forêt dense humide/subhumide de l'Ouest
Forêt dense humide/subhumide dégradée de l'Ouest
Forêt dense humide du Nord
Forêt dense humide dégradée du Nord
Mosaique herbeuse du Nord
Forêt dense humide du Centre et du Sud
Forêt dense humide dégradée du Centre et du Sud
Mosaique herbeuse du Centre et du Sud
Forêt dense humide de l'Est
Forêt dense humide dégradée de l'Est
0 60 120 180 240 km

Altitude minimale	20 m (20 m)	Minimum elevation
Altitude maximale	1250 m (1296 m)	Maximum elevation
Habitat	Forêt/forest	Habitat

Distribution & habitat : Endémique. Strictement forestière, mais supporte également un certain niveau de perturbation. Types d'habitat : humide/subhumide et sec épineux.
Altitude : Auparavant rapportée aux environs de 900 m d'altitude (24), mais récemment notée dans une plus grande aire de répartition.
Systématique : Auparavant placée dans la famille des Pycnonotidae et le genre africain *Phyllastrephus*, mais sur la base des études moléculaires, elle appartient à la famille endémique des Bernieridae et est transférée dans le genre *Xanthomixis* (3, 4). Quelquefois mise dans le genre *Bernieria*. Après sa description dans la région de Zombitse-Vohibasia (5), d'autres localités ont été trouvées. Récemment observée dans le bush épineux côtier près de Salary (25), elle n'a pas été recensée au cours des travaux ultérieurs dans ce même site (34). Présence possible d'une migration régionale.
Autres commentaires : Peu de relevés sur cette espèce solitaire, qui est sympatrique avec *X. zosterops*.
Conservation : Zone d'Occupation totale égale à 3335 km² et à 1441 km² sans le site de Salary Nord. Vulnérable avec des populations stables (19).

Distribution & habitat: Endemic. Strictly forest-dwelling, but tolerant of a certain level of disturbance. Habitat types: humid-subhumid and dry spiny.
Elevation: Previously considered to occur at about 900 m (24), but recently documented over a greater range.
Systematics: Formerly placed in the family Pycnonotidae and in the African genus *Phyllastrephus*, but based on molecular studies it belongs to the endemic family Bernieridae and has been transferred to the genus *Xanthomixis* (3, 4). Sometimes placed in the genus *Bernieria*. After its description from the Zombitse-Vohibasia area (5), it has been found at other localities. This species was recently observed in the coastal spiny bush near Salary Nord (25) and subsequent fieldwork at the same site did not find it (34). Possible regional migratory movements.
Other comments: Few records of this reclusive species, which occurs in sympatry with *X. zosterops*.
Conservation: The calculated Extent of Occurrence is 3335 km², or excluding the Salary Nord site, 1441 km². Vulnerable with stable population trend (19).

Xanthomixis cinereiceps

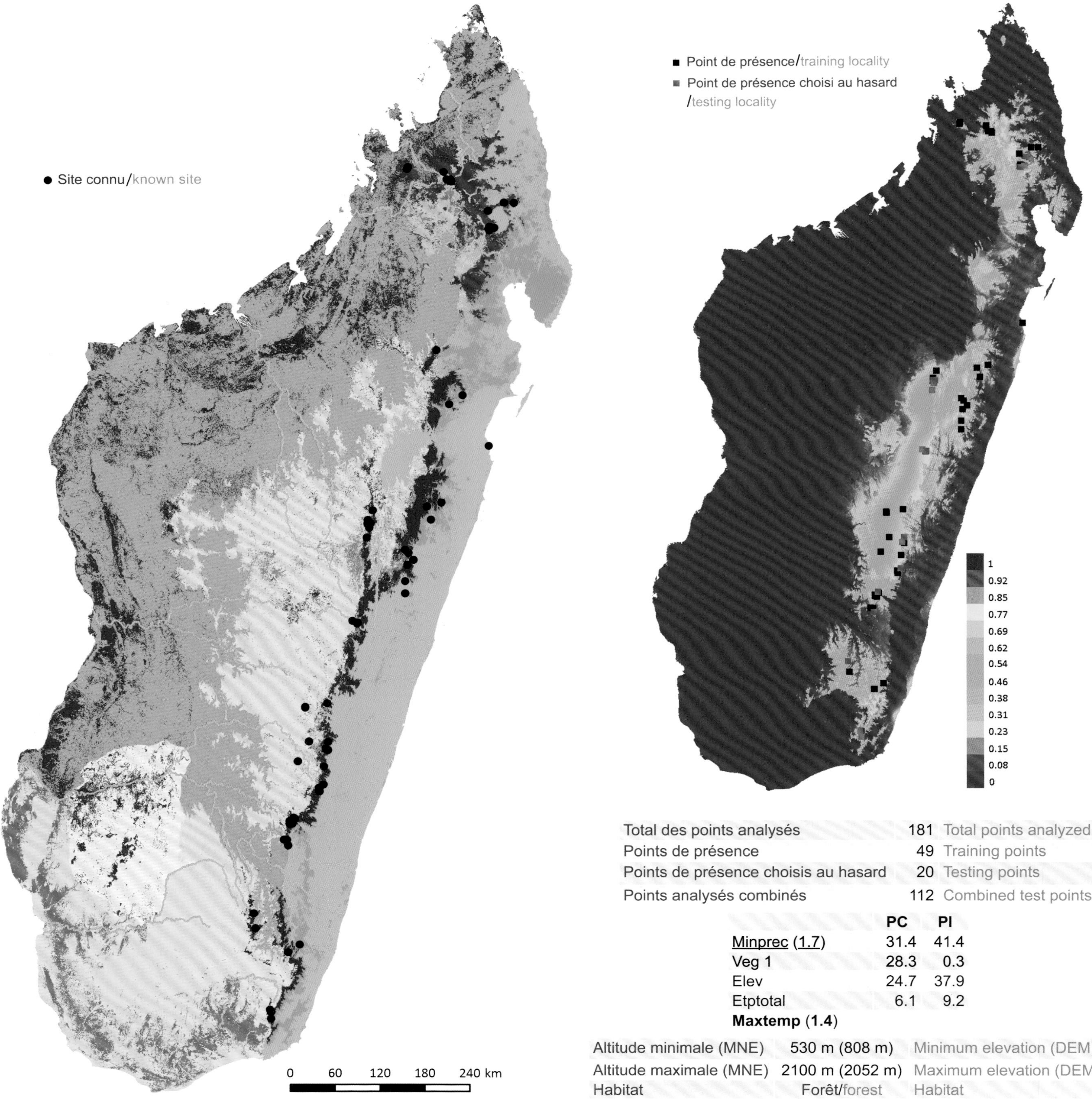

Site connu/known site
0 60 120 180 240 km
Point de présence/training locality
Point de présence choisi au hasard /testing locality
1
0.92
0.85
0.77
0.69
0.62
0.54
0.46
0.38
0.31
0.23
0.15
0.08
0

Total des points analysés	181	Total points analyzed
Points de présence	49	Training points
Points de présence choisis au hasard	20	Testing points
Points analysés combinés	112	Combined test points

	PC	PI
Minprec (1.7)	31.4	41.4
Veg 1	28.3	0.3
Elev	24.7	37.9
Etptotal	6.1	9.2
Maxtemp (1.4)		

Altitude minimale (MNE)	530 m (808 m)	Minimum elevation (DEM)
Altitude maximale (MNE)	2100 m (2052 m)	Maximum elevation (DEM)
Habitat	Forêt/forest	Habitat

Maxent : ASC = 0,956
Distribution & habitat : Endémique. Strictement forestière. Type d'habitat : humide.
Altitude : Auparavant rapportée entre 600-2000 m d'altitude (24), mais également recensée à des altitudes légèrement plus basses.
Systématique : Auparavant placée dans la famille des Pycnonotidae et le genre africain *Phyllastrephus*, mais sur la base des études moléculaires, elle appartient à la famille endémique des Bernieridae et est transférée dans le genre *Xanthomixis* (3, 4). Quelquefois mis dans le genre *Bernieria*.
Autres commentaires : Espèce largement forestière et allopatrique avec *X. tenebrosus*.
Conservation : Quasi menacée avec des populations en déclin (19).

Maxent: AUC = 0.956
Distribution & habitat: Endemic. Strictly forest-dwelling. Habitat type: humid.
Elevation: Previously considered to occur from 600-2000 (24), but has been documented at slightly lower elevations.
Systematics: Formerly placed in the family Pycnonotidae and in the African genus *Phyllastrephus*, but based on molecular studies it belongs to the endemic family Bernieridae and has been transferred to the genus *Xanthomixis* (3, 4). Sometimes placed in the genus *Bernieria*.
Other comments: This largely understory species is allopatric with *X. tenebrosus*.
Conservation: Near Threatened with decreasing population trend (19).

Xanthomixis tenebrosus

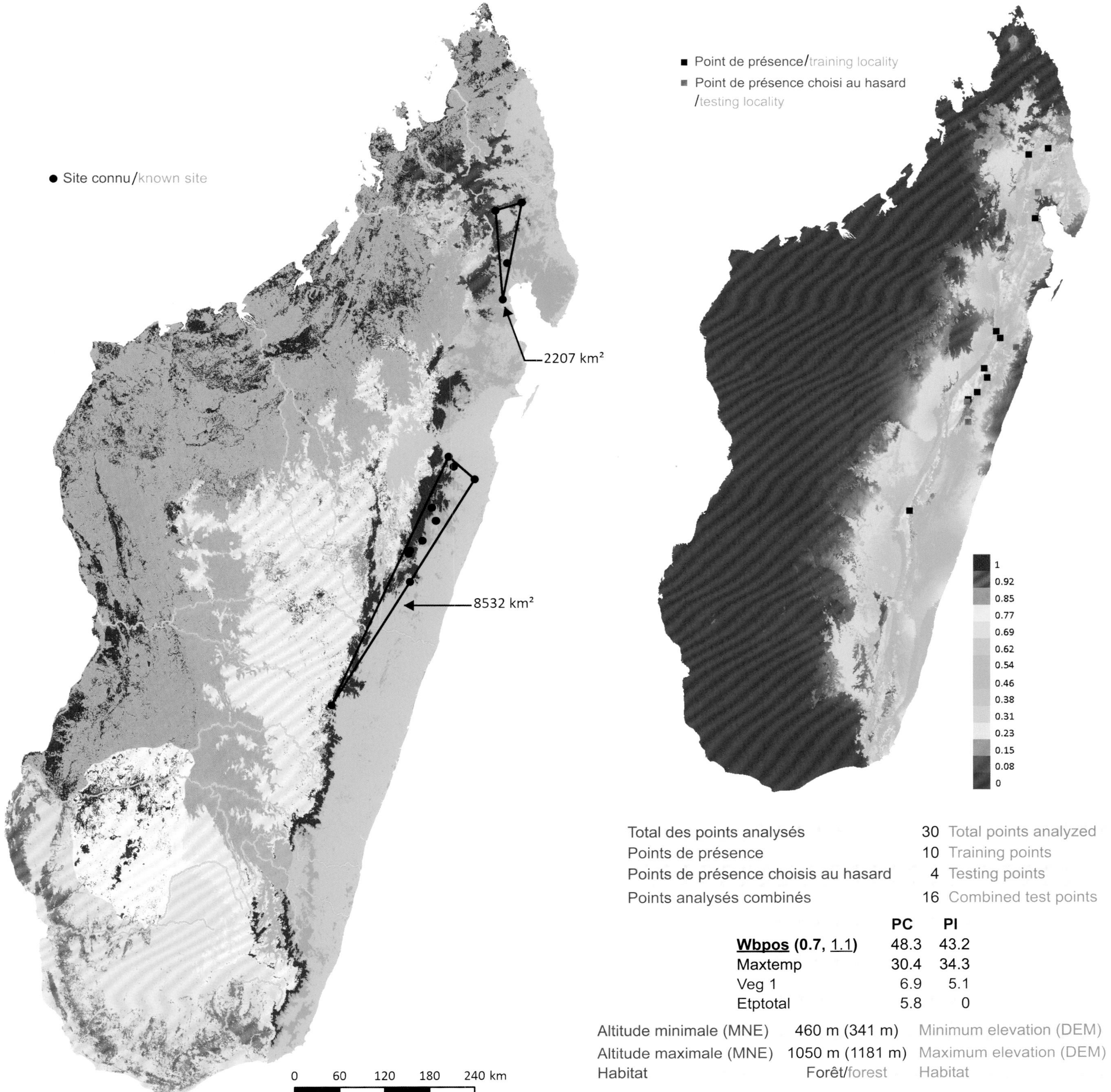

● Site connu/known site
2207 km²
8532 km²
0 60 120 180 240 km
■ Point de présence/training locality
■ Point de présence choisi au hasard /testing locality
1
0.92
0.85
0.77
0.69
0.62
0.54
0.46
0.38
0.31
0.23
0.15
0.08
0

Total des points analysés	30	Total points analyzed
Points de présence	10	Training points
Points de présence choisis au hasard	4	Testing points
Points analysés combinés	16	Combined test points

	PC	PI
Wbpos (0.7, 1.1)	48.3	43.2
Maxtemp	30.4	34.3
Veg 1	6.9	5.1
Etptotal	5.8	0

Altitude minimale (MNE)	460 m (341 m)	Minimum elevation (DEM)
Altitude maximale (MNE)	1050 m (1181 m)	Maximum elevation (DEM)
Habitat	Forêt/forest	Habitat

Maxent : ASC = 0,959
Distribution & habitat : **Endémique**. Strictement forestière. Type d'habitat : humide.
Systématique : Auparavant placée dans la famille des Pycnonotidae et le genre africain *Phyllastrephus*, mais sur la base des études moléculaires, elle appartient à la famille endémique des Bernieridae et est transférée dans le genre *Xanthomixis* (3, 4). Quelquefois mise dans le genre *Bernieria*.
Autres commentaires : Connue à partir d'un nombre de relevés limités, et souvent dans des localités largement séparées de la forêt humide orientale. Espèce de sous-bois souvent sympatrique avec au moins un autre membre du même genre, et allopatrique avec *X. cinereiceps*.
Conservation : Zone d'Occurrence pour les deux polygones combinés, égale à 10739 km². Vulnérable avec des populations en déclin (19).

Maxent: AUC = 0.959
Distribution & habitat: **Endemic**. Strictly forest-dwelling. Habitat type: humid.
Systematics: Formerly placed in the family Pycnonotidae and in the African genus *Phyllastrephus*, but based on molecular studies it belongs to the endemic family Bernieridae and has been transferred to the genus *Xanthomixis* (3, 4). Sometimes placed in the genus *Bernieria*.
Other comments: This species is known from a limited number of records and often at widely separate localities in the eastern humid forest. This largely understory species is often sympatric with at least one other member of this genus, and allopatric with *X. cinereiceps*.
Conservation: The calculated Extent of Occurrence of the two separate polygons is 10739 km². Vulnerable with decreasing population trend (19).

Xanthomixis zosterops

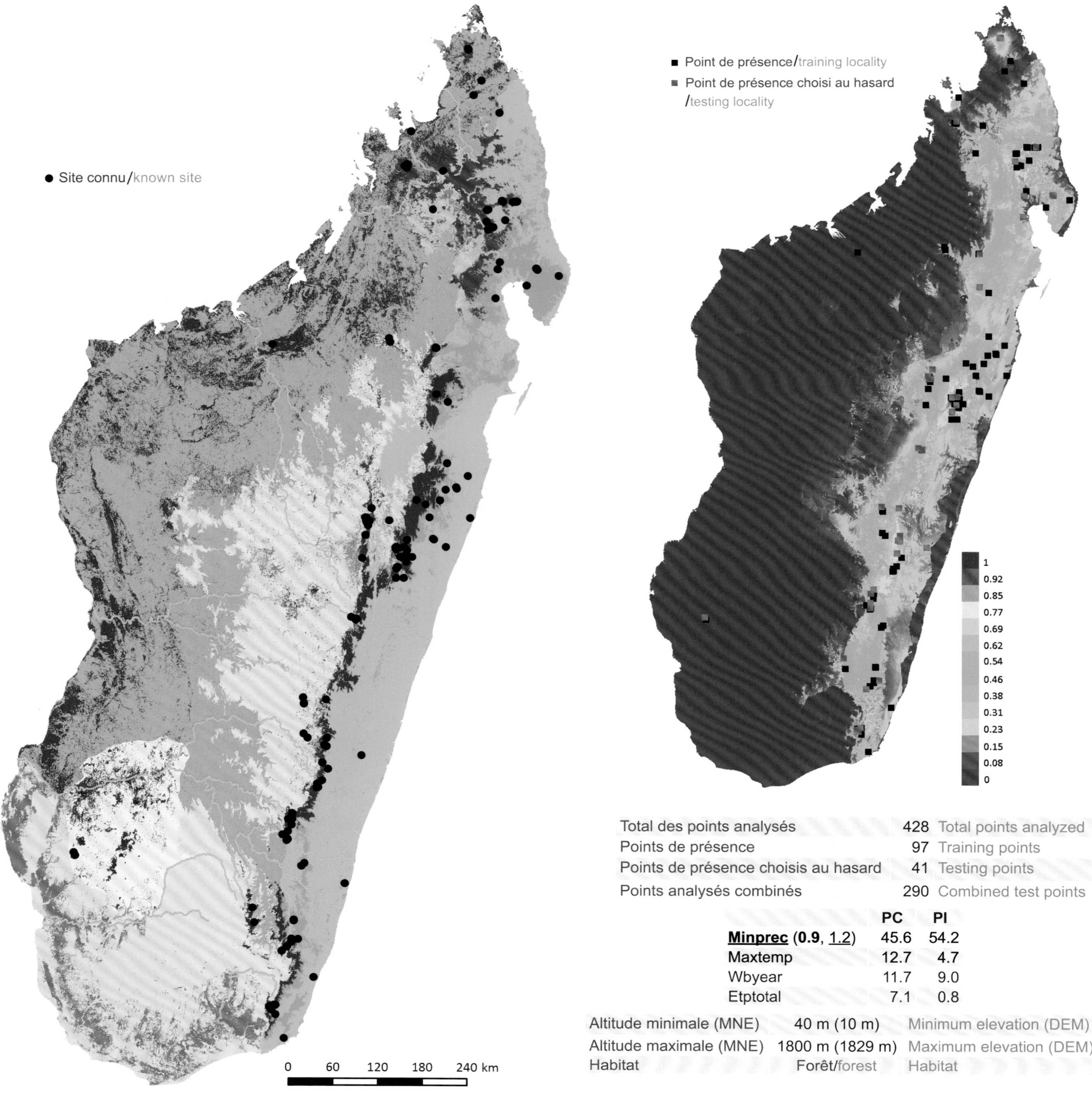

Site connu/known site
0 60 120 180 240 km
Point de présence/training locality
Point de présence choisi au hasard /testing locality
1
0.92
0.85
0.77
0.69
0.62
0.54
0.46
0.38
0.31
0.23
0.15
0.08
0

Total des points analysés	428	Total points analyzed
Points de présence	97	Training points
Points de présence choisis au hasard	41	Testing points
Points analysés combinés	290	Combined test points

	PC	PI
Minprec (**0.9**, 1.2)	45.6	54.2
Maxtemp	12.7	4.7
Wbyear	11.7	9.0
Etptotal	7.1	0.8

Altitude minimale (MNE)	40 m (10 m)	Minimum elevation (DEM)
Altitude maximale (MNE)	1800 m (1829 m)	Maximum elevation (DEM)
Habitat	Forêt/forest	Habitat

Maxent : ASC = 0,922
Distribution & habitat : Endémique. Strictement forestière, mais supporte également un certain niveau de perturbation. Types d'habitat : humide, sec et humide/subhumide.
Systématique : Auparavant placée dans la famille des Pycnonotidae et le genre africain *Phyllastrephus*, mais sur la base des études moléculaires, elle appartient à la famille endémique des Bernieridae et est transférée dans le genre *Xanthomixis* (3, 4). Quelquefois mise dans le genre *Bernieria*. Plusieurs sous-espèces sont reconnues en s'appuyant sur les caractéristiques du plumage. Une étude préliminaire de la phylogéographie a montré des modèles complexes de la variation génétique et une différenciation le long du gradient altitudinal (2).
Autres commentaires : Espèce de sous-bois souvent sympatrique avec au moins un autre membre du même genre.
Conservation : Préoccupation mineure avec des populations en déclin (19).

Maxent: AUC = 0.922
Distribution & habitat: Endemic. Strictly forest-dwelling, but tolerant of a certain level of disturbance. Habitat types: humid, dry, and humid-subhumid.
Systematics: Formerly placed in the family Pycnonotidae and in the African genus *Phyllastrephus*, but based on molecular studies it belongs to the endemic family Bernieridae and has been transferred to the genus *Xanthomixis* (3, 4). Sometimes placed in the genus *Bernieria*. A number of subspecies are currently recognized based on plumage characteristics. An initial phylogeographic study indicates complex patterns of genetic variation and differentiation along elevational gradients (2).
Other comments: This largely understory species is often sympatric with at least one other member of this genus.
Conservation: Least Concerned with decreasing population trend (19).

Copsychus albospecularis

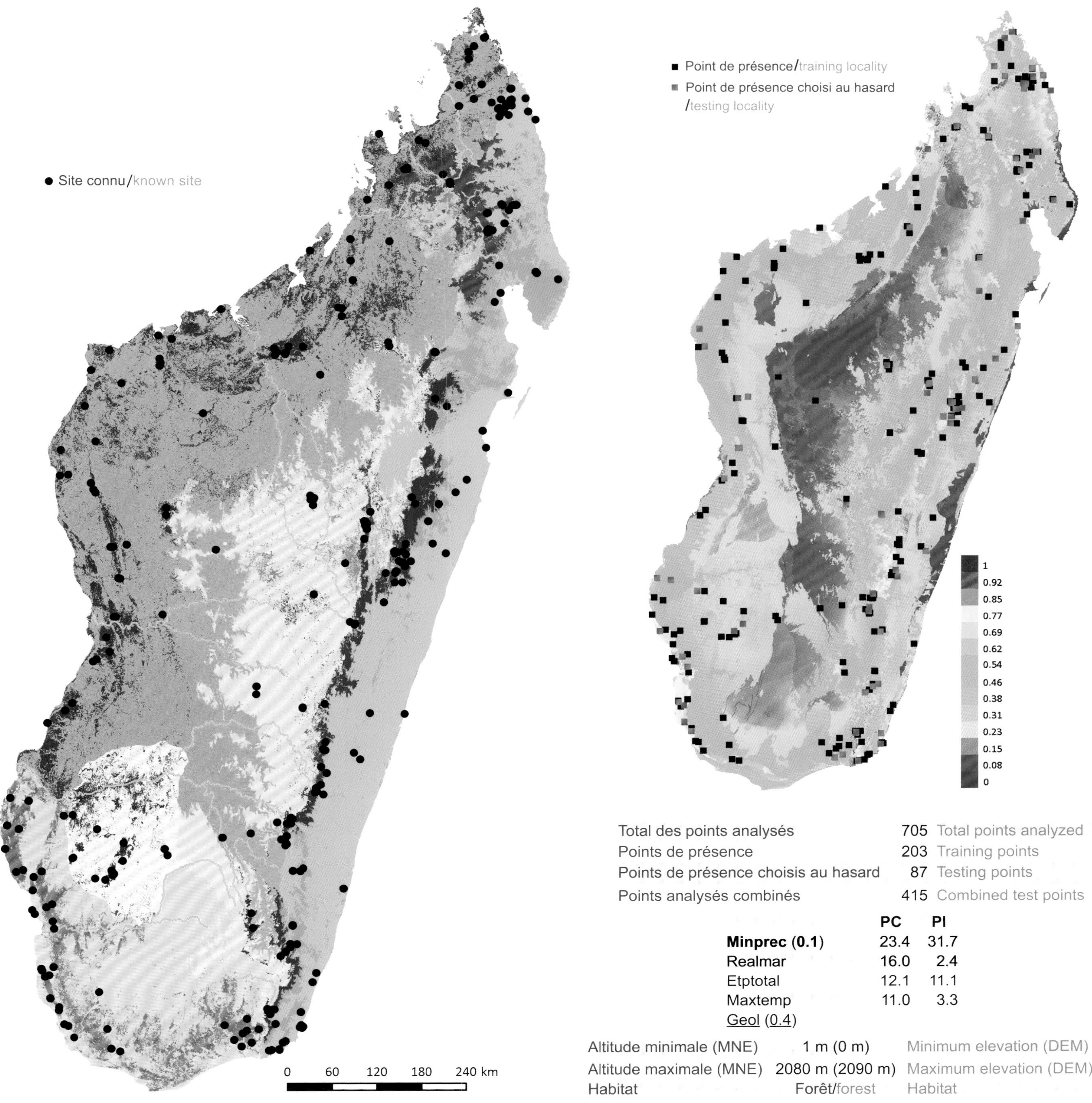
● Site connu/known site
0 60 120 180 240 km
■ Point de présence/training locality
■ Point de présence choisi au hasard /testing locality
1
0.92
0.85
0.77
0.69
0.62
0.54
0.46
0.38
0.31
0.23
0.15
0.08
0

Total des points analysés	705	Total points analyzed
Points de présence	203	Training points
Points de présence choisis au hasard	87	Testing points
Points analysés combinés	415	Combined test points

	PC	PI
Minprec (0.1)	23.4	31.7
Realmar	16.0	2.4
Etptotal	12.1	11.1
Maxtemp	11.0	3.3
Geol (0.4)		

Altitude minimale (MNE)	1 m (0 m)	Minimum elevation (DEM)
Altitude maximale (MNE)	2080 m (2090 m)	Maximum elevation (DEM)
Habitat	Forêt/forest	Habitat

Maxent : ASC = 0,801
Distribution & habitat : Endémique. Partiellement forestière, mais également trouvée dans les forêts dégradées, les formations boisées ouvertes et les zones de plantation d'arbres exotiques, ainsi que dans les milieux urbains. Types d'habitat : humide, sec, humide/subhumide et sec épineux. Absente dans certaines parties de Hautes Terres centrales, probablement liée au faible nombre d'observations.
Systématique : Un certain nombre de sous-espèces sont actuellement reconnues, basée sur les caractéristiques du plumage. Une étude phylogéographique serait nécessaire pour comprendre les modèles de variation génétique par rapport à celles de la variation phénotypique.
Conservation : Préoccupation mineure avec des populations en déclin (19).

Maxent: AUC = 0.801
Distribution & habitat: Endemic. Partially forest-dwelling, but also found in degraded forest, open wooded zones, as well as areas of introduced vegetation, such as tree plantations and urban sites. Habitat types: humid, dry, humid-subhumid, and dry spiny. Absence across portions of the Central Highlands probably associated with reduced number of observers.
Systematics: A number of subspecies are currently recognized based on plumage characteristics. A phylogeographic study is needed to understand patterns of genetic versus phenotypic variation.
Conservation: Least Concerned with decreasing population trend (19).

Monticola imerinus

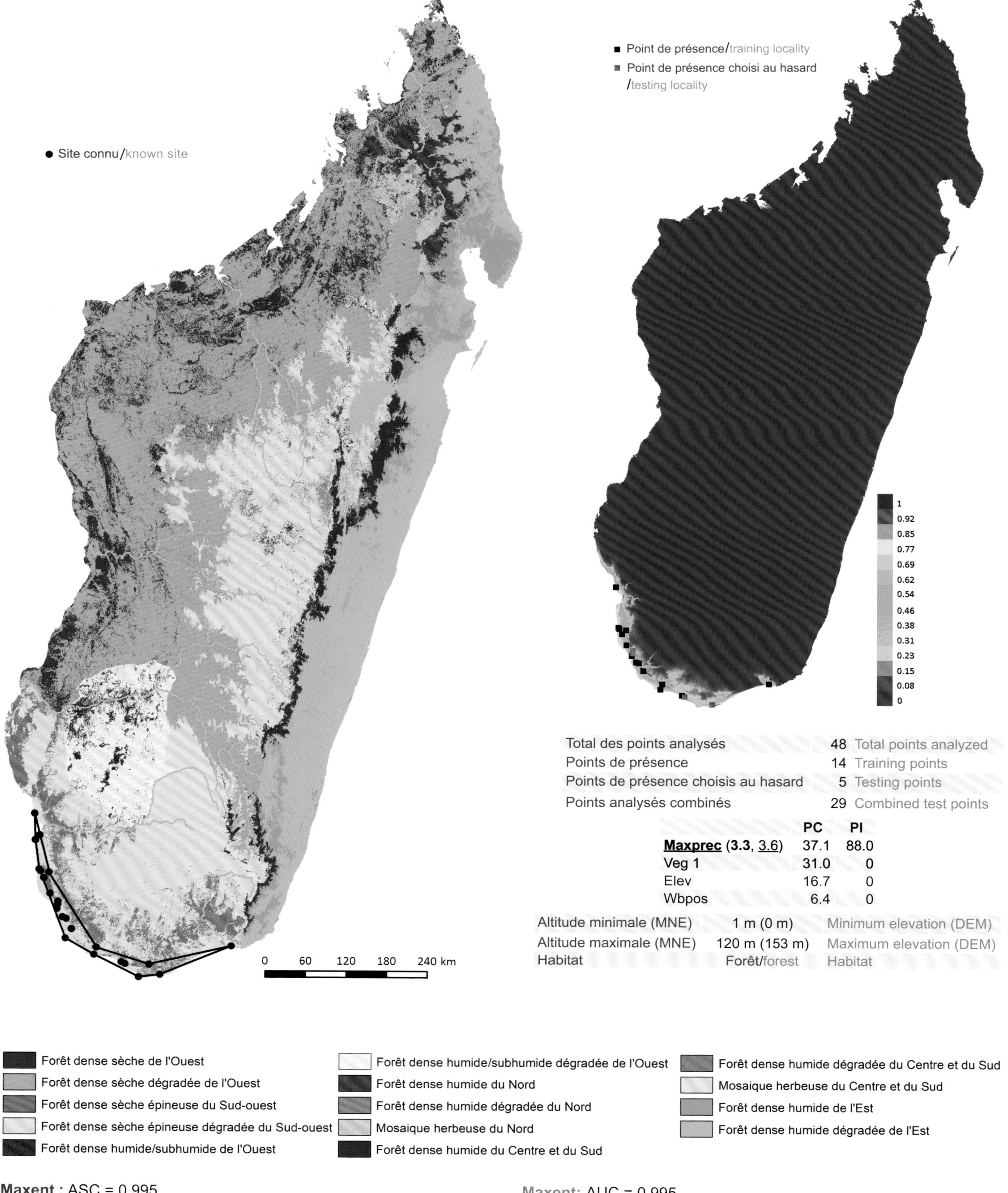

Site connu/known site
0 60 120 180 240 km
Point de présence/training locality
Point de présence choisi au hasard /testing locality
1
0.92
0.85
0.77
0.69
0.62
0.54
0.46
0.38
0.31
0.23
0.15
0.08
0
Total des points analysés 48 Total points analyzed
Points de présence 14 Training points
Points de présence choisis au hasard 5 Testing points
Points analysés combinés 29 Combined test points
PC PI
Maxprec (3.3, 3.6) 37.1 88.0
Veg 1 31.0 0
Elev 16.7 0
Wbpos 6.4 0
Altitude minimale (MNE) 1 m (0 m) Minimum elevation (DEM)
Altitude maximale (MNE) 120 m (153 m) Maximum elevation (DEM)
Habitat Forêt/forest Habitat
Forêt dense sèche de l'Ouest
Forêt dense sèche dégradée de l'Ouest
Forêt dense sèche épineuse du Sud-ouest
Forêt dense sèche épineuse dégradée du Sud-ouest
Forêt dense humide/subhumide de l'Ouest
Forêt dense humide/subhumide dégradée de l'Ouest
Forêt dense humide du Nord
Forêt dense humide dégradée du Nord
Mosaique herbeuse du Nord
Forêt dense humide du Centre et du Sud
Forêt dense humide dégradée du Centre et du Sud
Mosaique herbeuse du Centre et du Sud
Forêt dense humide de l'Est
Forêt dense humide dégradée de l'Est

Maxent : ASC = 0,995
Distribution & habitat : Endémique. Partiellement forestière, mais également trouvée dans des formations boisées ouvertes. Type d'habitat : sec épineux.
Systématique : Des analyses génétiques moléculaires ont montré que cette espèce est largement divergente de *M. sharpei*, qui est probablement son taxon sœur (7).
Autres commentaires : Auparavant placée dans le genre *Pseudocossyphus*, et sympatrique avec *M. sharpei* aux alentours d'Anakao.
Conservation : Zone d'Occurrence égale à 5963 km². Préoccupation mineure avec des populations stables (19).

Maxent: AUC = 0.995
Distribution & habitat: Endemic. Partially forest-dwelling, but also found in open wooded areas. Habitat type: dry spiny.
Systematics: Molecular genetic analyses have shown that this species is widely divergent from *M. sharpei*, which is probably its sister species (7).
Other comments: Previously placed in the genus *Pseudocossyphus*. *Monticola imerinus* and *M. sharpei* are sympatric near Anakao.
Conservation: The calculated Extent of Occurrence is 5963 km². Least Concerned with stable population trend (19).

Monticola sharpei

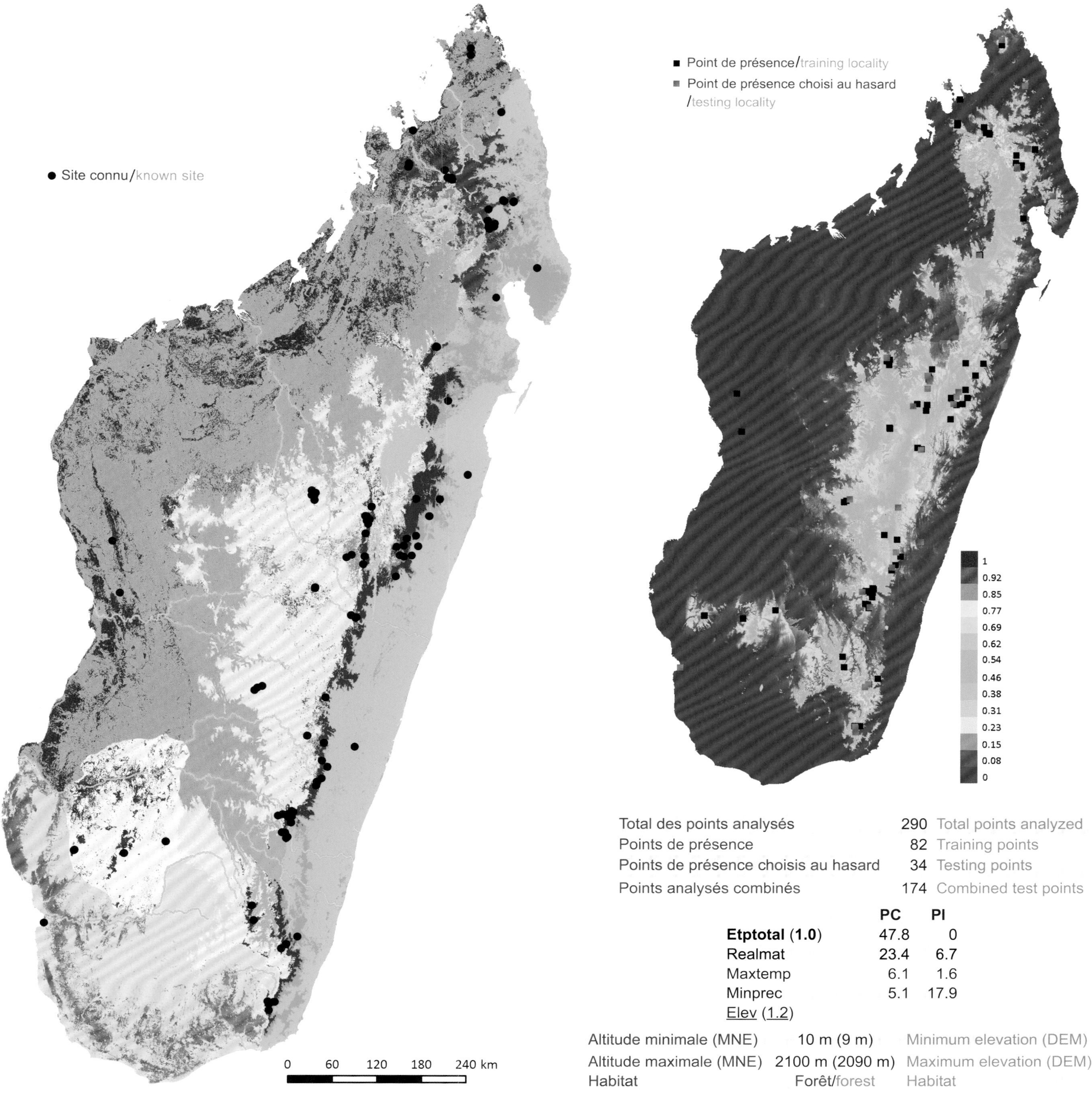

Site connu/known site
0 60 120 180 240 km
Point de présence/training locality
Point de présence choisi au hasard /testing locality
1
0.92
0.85
0.77
0.69
0.62
0.54
0.46
0.38
0.31
0.23
0.15
0.08
0

Total des points analysés	290	Total points analyzed
Points de présence	82	Training points
Points de présence choisis au hasard	34	Testing points
Points analysés combinés	174	Combined test points

	PC	PI
Etptotal (1.0)	47.8	0
Realmat	23.4	6.7
Maxtemp	6.1	1.6
Minprec	5.1	17.9
Elev (1.2)		

Altitude minimale (MNE)	10 m (9 m)	Minimum elevation (DEM)
Altitude maximale (MNE)	2100 m (2090 m)	Maximum elevation (DEM)
Habitat	Forêt/forest	Habitat

Maxent : ASC = 0,921
Distribution & habitat : Endémique. Strictement forestière dans une grande partie de son aire de répartition, mais également trouvée dans les formations boisées ouvertes et les zones avec des affleurements rocheux et peu de végétation. Types d'habitat : humide, sec, humide/subhumide et sec épineux.
Altitude : Rapportée entre 500-2200 m d'altitude (24). Cependant, basées sur la révision systématique récente de ce complexe d'espèces, les populations (voir ci-dessous) sont des synonymies de *M. sharpei* et elle a ainsi une large distribution altitudinale.
Systématique : Des analyses moléculaires récentes des populations du Massif d'Isalo (*M. bensoni*), de la Montagne d'Ambre (*M. erythronotus*) et des sites de la plaine occidentale (Bemaraha), ainsi que celles du Sud-ouest (Anakao) ont montré qu'elles sont mieux placées à l'intérieur de *M. sharpei* (7).
Autres commentaires : Auparavant placée dans le genre *Pseudocossyphus*, et sympatrique avec *M. imerinus* aux alentours d'Anakao.
Conservation : Préoccupation mineure avec des populations en déclin (19).

Maxent: AUC = 0.921
Distribution & habitat: Endemic. Forest-dwelling across a large portion of its range, but also found in open wooded areas and zones with exposed rock and little vegetation. Habitat types: humid, dry, humid-subhumid, and dry spiny.
Elevation: Cited as occurring from 500-2200 m (24). However, based on recent systematic revisions of this species complex, populations (see below) have been synonymized with *M. sharpei* and it has a broader elevational range.
Systematics: Recent molecular analyses of populations from the Isalo Massif (*M. bensoni*), as well as those on Montagne d'Ambre (*M. erythronotus*) and sites in the lowland west (Bemaraha) and southwest (Anakao) indicate that they are best included within *M. sharpei* (7).
Other comments: Previously placed in the genus *Pseudocossyphus*. *Monticola sharpei* and *M. imerinus* are sympatric near Anakao.
Conservation: Least Concerned with decreasing population trend (19).

Dromaeocercus brunneus

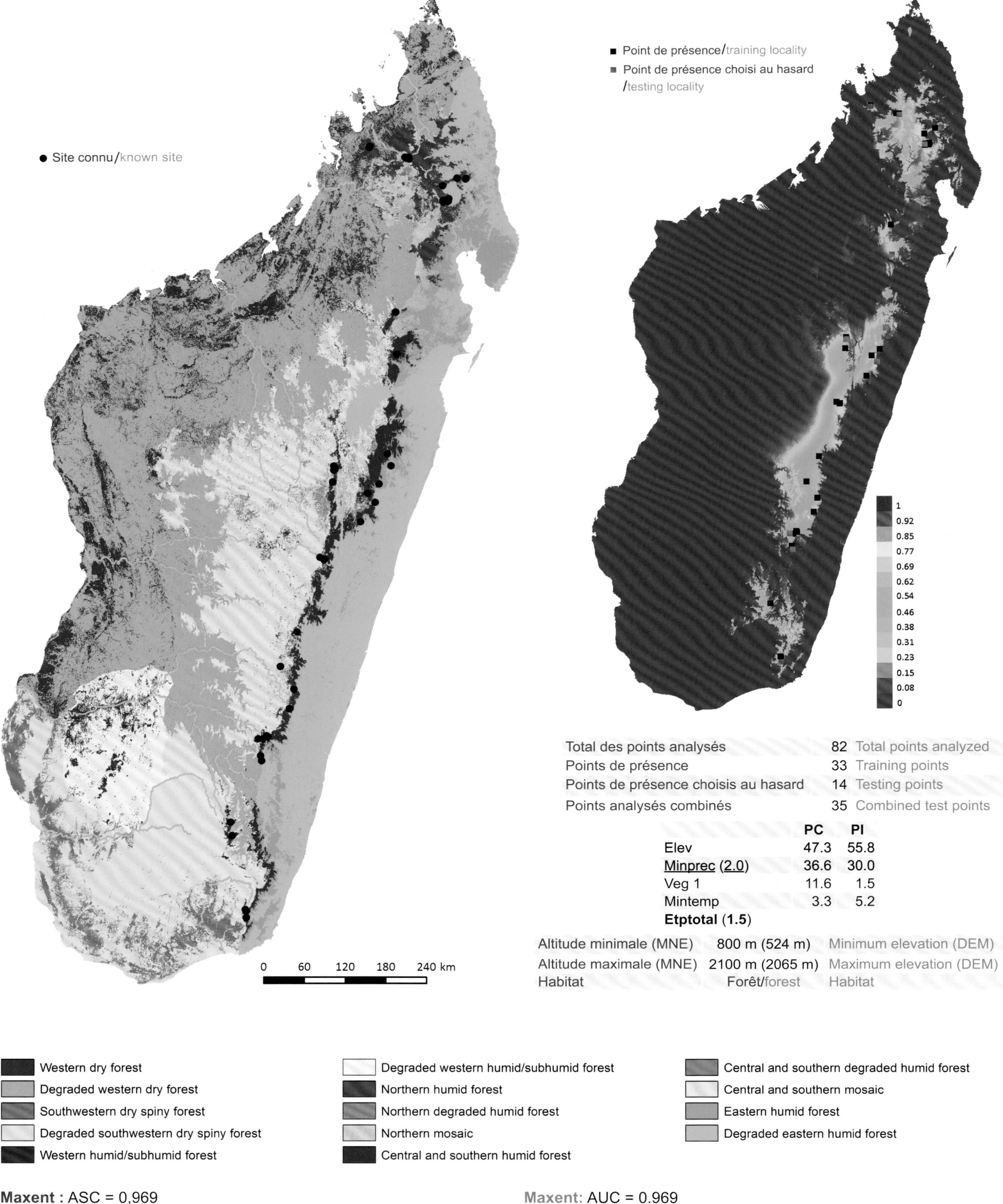

Site connu/known site
0 60 120 180 240 km
Point de présence/training locality
Point de présence choisi au hasard /testing locality
1
0.92
0.85
0.77
0.69
0.62
0.54
0.46
0.38
0.31
0.23
0.15
0.08
0
Western dry forest
Degraded western dry forest
Southwestern dry spiny forest
Degraded southwestern dry spiny forest
Western humid/subhumid forest
Degraded western humid/subhumid forest
Northern humid forest
Northern degraded humid forest
Northern mosaic
Central and southern humid forest
Central and southern degraded humid forest
Central and southern mosaic
Eastern humid forest
Degraded eastern humid forest

Total des points analysés	82	Total points analyzed
Points de présence	33	Training points
Points de présence choisis au hasard	14	Testing points
Points analysés combinés	35	Combined test points

	PC	PI
Elev	47.3	55.8
Minprec (2.0)	36.6	30.0
Veg 1	11.6	1.5
Mintemp	3.3	5.2
Etptotal (**1.5**)		

Altitude minimale (MNE)	800 m (524 m)	Minimum elevation (DEM)
Altitude maximale (MNE)	2100 m (2065 m)	Maximum elevation (DEM)
Habitat	Forêt/forest	Habitat

Maxent : ASC = 0,969
Distribution & habitat : **Endémique**. Strictement forestière. Type d'habitat : humide.
Altitude : Rapportée entre 500-1500 m d'altitude (24), mais des populations ont été recensées à des altitudes plus élevées.
Systématique : La famille et la relation générique de cette espèce devraient être examinées à partir des études génétiques moléculaires. Certains auteurs la place dans la famille des Locustellidae.
Autres commentaires : Peu de relevés sur cette espèce solitaire.
Conservation : Préoccupation avec des populations en déclin (19).

Maxent: AUC = 0.969
Distribution & habitat: **Endemic**. Strictly forest-dwelling. Habitat type: humid.
Elevation: Cited to occur from 500-1500 m (24), but populations have been documented in more highland areas.
Systematics: The family and generic relationships of this species need assessment with molecular genetic studies. Some authorities place this species in the family Locustellidae.
Other comments: Few records of this reclusive species.
Conservation: Least Concerned with decreasing population trend (19).

Dromaeocercus seebohmi

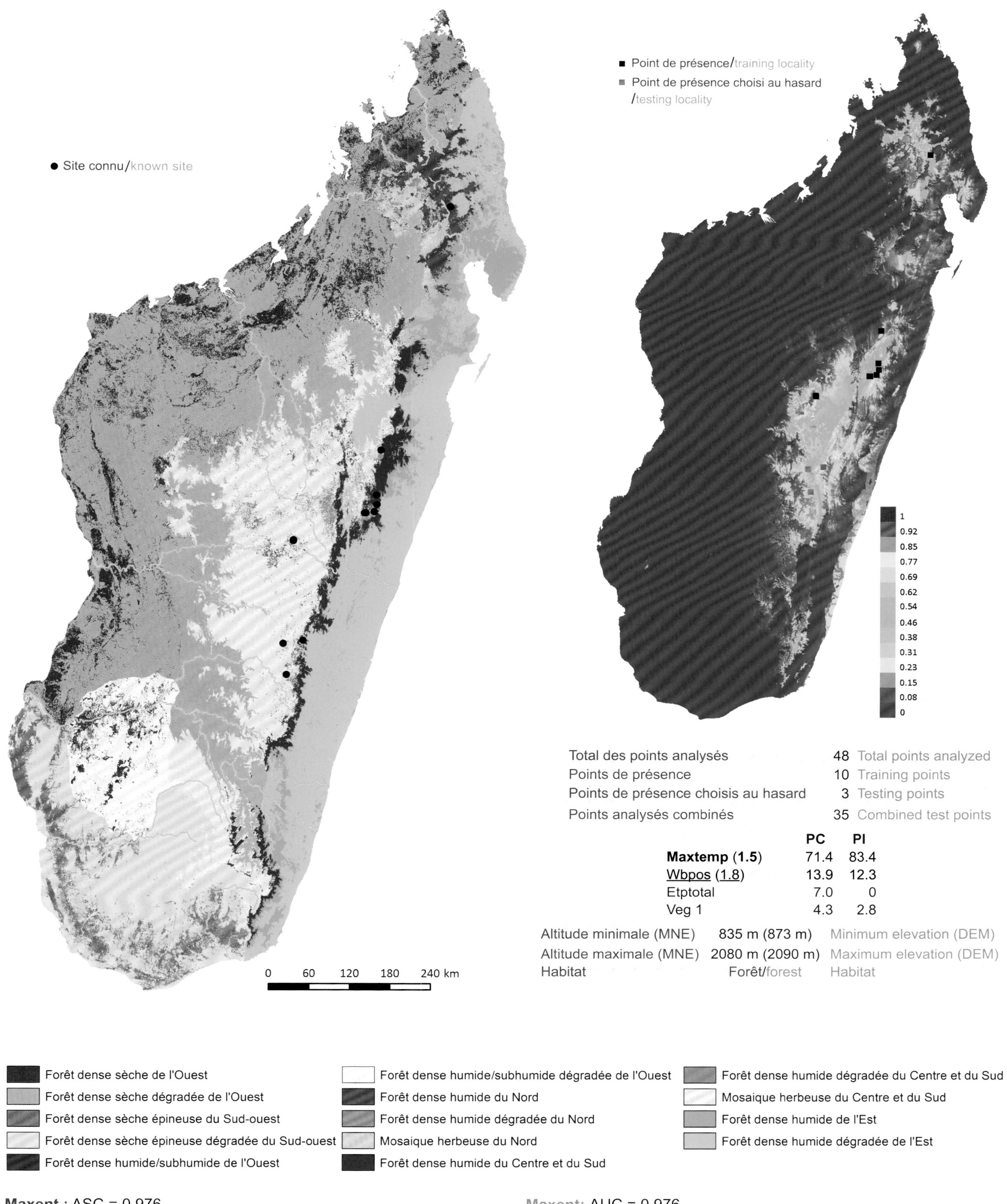
● Site connu/known site
■ Point de présence/training locality
■ Point de présence choisi au hasard /testing locality
0 60 120 180 240 km
1
0.92
0.85
0.77
0.69
0.62
0.54
0.46
0.38
0.31
0.23
0.15
0.08
0
Total des points analysés 48 Total points analyzed
Points de présence 10 Training points
Points de présence choisis au hasard 3 Testing points
Points analysés combinés 35 Combined test points
PC PI
Maxtemp (1.5) 71.4 83.4
Wbpos (1.8) 13.9 12.3
Etptotal 7.0 0
Veg 1 4.3 2.8
Altitude minimale (MNE) 835 m (873 m) Minimum elevation (DEM)
Altitude maximale (MNE) 2080 m (2090 m) Maximum elevation (DEM)
Habitat Forêt/forest Habitat
Forêt dense sèche de l'Ouest
Forêt dense sèche dégradée de l'Ouest
Forêt dense sèche épineuse du Sud-ouest
Forêt dense sèche épineuse dégradée du Sud-ouest
Forêt dense humide/subhumide de l'Ouest
Forêt dense humide/subhumide dégradée de l'Ouest
Forêt dense humide du Nord
Forêt dense humide dégradée du Nord
Mosaique herbeuse du Nord
Forêt dense humide du Centre et du Sud
Forêt dense humide dégradée du Centre et du Sud
Mosaique herbeuse du Centre et du Sud
Forêt dense humide de l'Est
Forêt dense humide dégradée de l'Est

Maxent : ASC = 0,976
Distribution & habitat : Endémique. Partiellement forestière, mais également trouvée dans les marais à la lisière de la forêt. Type d'habitat : humide.
Altitude : Rapportée entre 900-2600 m d'altitude (24), mais basée sur nos données, la limite supérieure semble être plus basse.
Systématique : La famille et la relation générique de cette espèce devraient être examinées à partir des études génétiques moléculaires. Certains auteurs la placent dans la famille des Locustellidae et le genre *Amphilais*.
Autres commentaires : Peu de relevés sur cette espèce.
Conservation : Préoccupation avec des populations stables (19).

Maxent: AUC = 0.976
Distribution & habitat: **Endemic**. Partially forest-dwelling, but also found in marsh habitat at the forest edge. Habitat type: humid.
Elevation: Cited to occur from 900-2600 m (24), but our data indicate that the upper limit may be lower.
Systematics: The family and generic relationships of this species need assessment with molecular genetic studies. Some authorities place this species in the family Locustellidae and in the genus *Amphilais*.
Other comments: Few records of this species.
Conservation: Least Concerned with stable population trend (19).

Neomixis striatigula

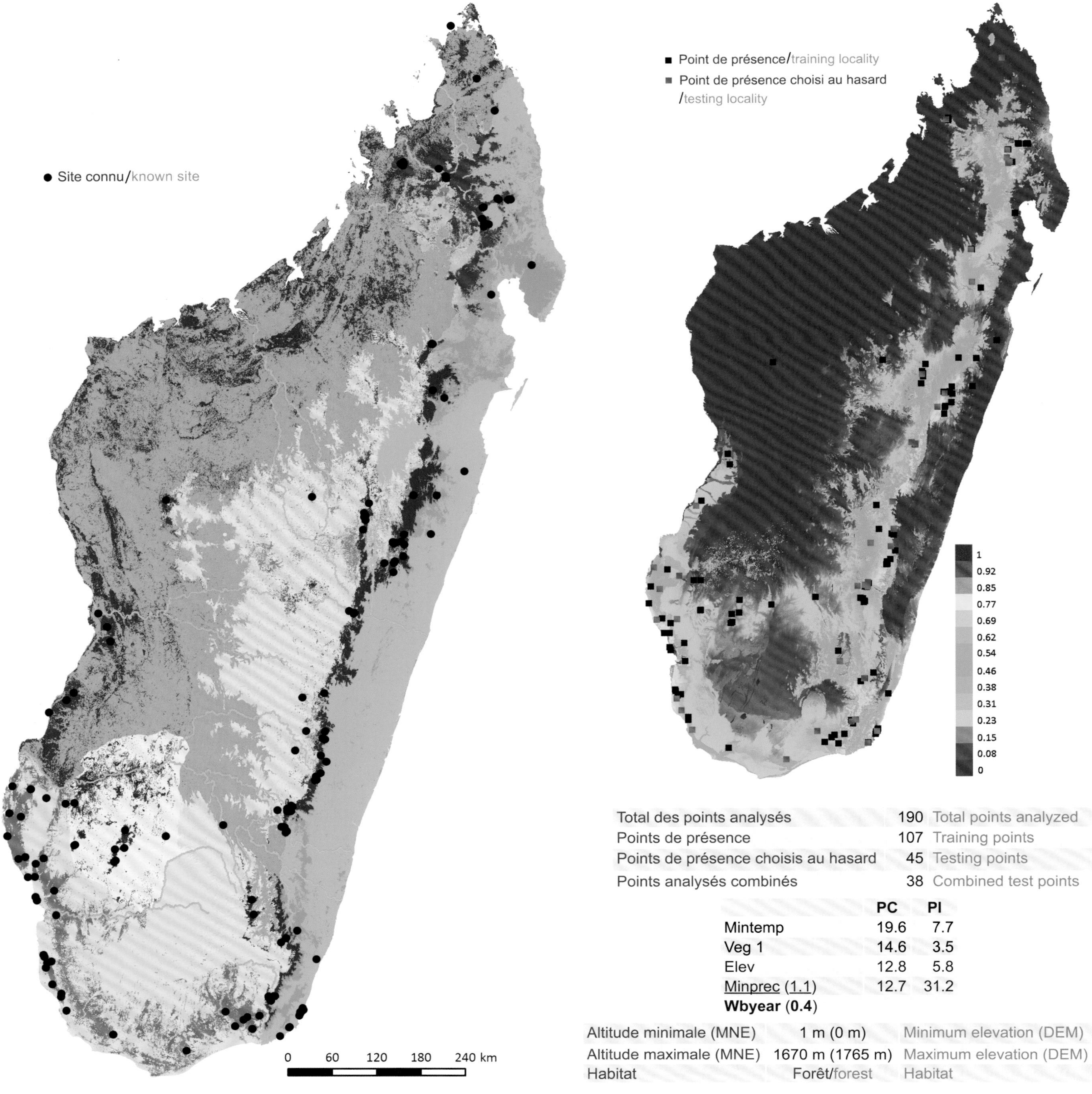
● Site connu/known site
■ Point de présence/training locality
■ Point de présence choisi au hasard /testing locality
1
0.92
0.85
0.77
0.69
0.62
0.54
0.46
0.38
0.31
0.23
0.15
0.08
0
0 60 120 180 240 km

Total des points analysés	190	Total points analyzed
Points de présence	107	Training points
Points de présence choisis au hasard	45	Testing points
Points analysés combinés	38	Combined test points

	PC	PI
Mintemp	19.6	7.7
Veg 1	14.6	3.5
Elev	12.8	5.8
Minprec (1.1)	12.7	31.2
Wbyear (**0.4**)		

Altitude minimale (MNE)	1 m (0 m)	Minimum elevation (DEM)
Altitude maximale (MNE)	1670 m (1765 m)	Maximum elevation (DEM)
Habitat	Forêt/forest	Habitat

Maxent : ASC = 0,905
Distribution & habitat : **Endémique**. Forestière, mais également trouvée dans les formations boisées ouvertes. Types d'habitat : humide, sec, humide/subhumide et sec épineux.
Altitude : Rapportée depuis le niveau de la mer jusqu'à 800 m d'altitude (24) et entre 300-1600 m (17). Cette dernière gamme étend considérablement sa distribution altitudinale.
Systématique : Ce genre a été considéré comme étant un membre de la famille des Timaliidae, mais sur la base des études moléculaires, il appartient à la famille des Sylviidae (3). Les modèles de la divergence génétique entre les trois sous-espèces actuellement reconnues devraient être examinés pour mieux comprendre les aspects relatifs à la variation géographique.
Autres commentaires : Le relevé dans la partie occidentale des Hautes Terres centrales était à Ambohijanahary. Espèce de canopée souvent sympatrique avec au moins un membre de ce genre.
Conservation : Préoccupation mineure avec des populations mal connues (19).

Maxent: AUC = 0.905
Distribution & habitat: **Endemic**. Forest-dwelling, but also found in open wooded areas. Habitat types: humid, dry, humid-subhumid, and dry spiny.
Elevation: Cited to occur from sea level-800 m (24) and from 300-1600 m (17). The former range notably broadens its elevational distribution.
Systematics: This genus has been considered a member of the family Timaliidae, but based on molecular studies it belongs to the family Sylviidae (3). Patterns of molecular divergence between the three currently recognized subspecies needs to be examined to better understand aspects of geographical variation.
Other comments: The western Central Highlands record is from Ambohijanahary. This largely canopy species is often sympatric with at least one other member of this genus.
Conservation: Least Concerned with unknown population trend (19).

Neomixis tenella

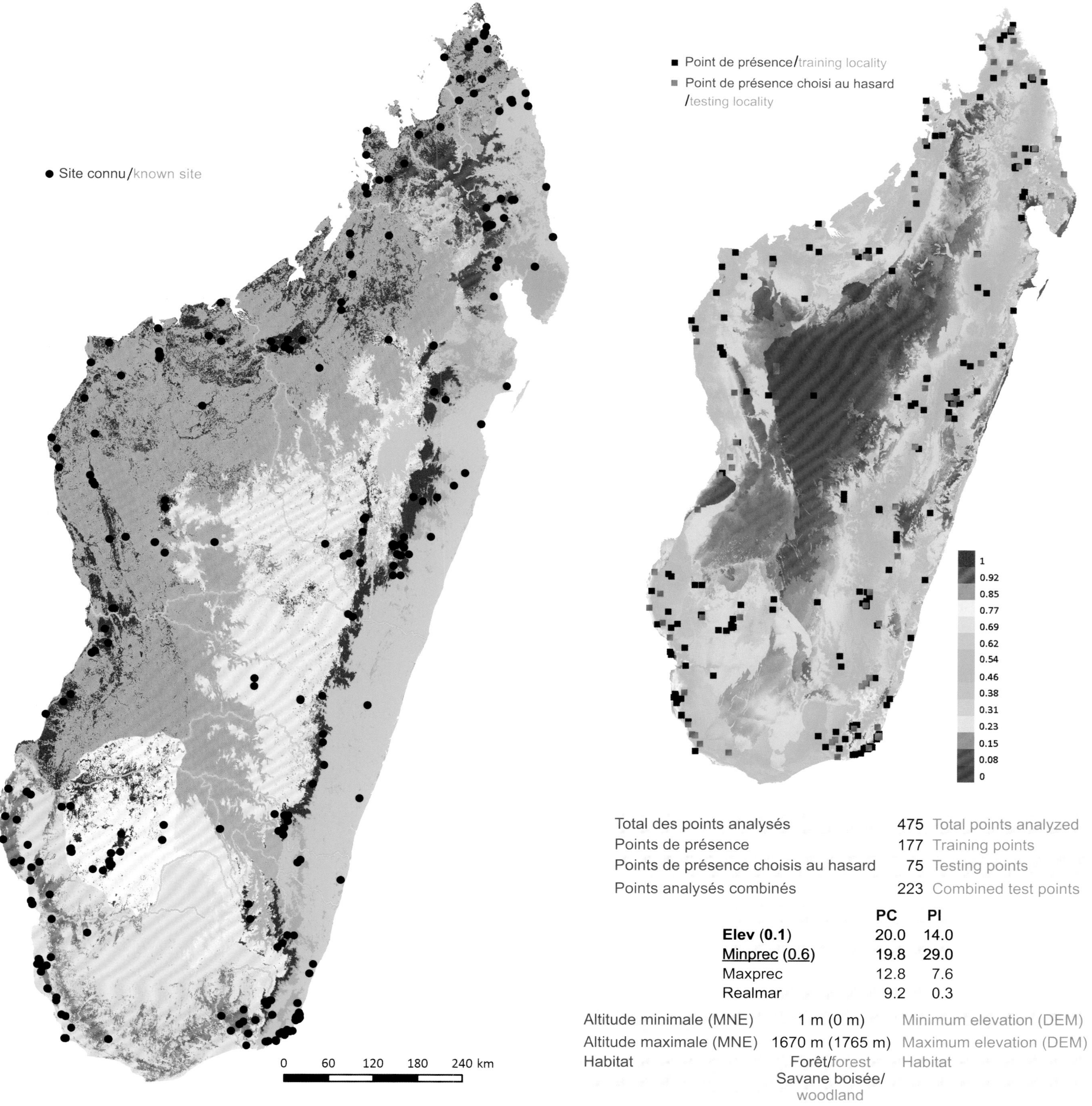

Site connu/known site
0 60 120 180 240 km
Point de présence/training locality
Point de présence choisi au hasard /testing locality
1
0.92
0.85
0.77
0.69
0.62
0.54
0.46
0.38
0.31
0.23
0.15
0.08
0

Total des points analysés	475	Total points analyzed
Points de présence	177	Training points
Points de présence choisis au hasard	75	Testing points
Points analysés combinés	223	Combined test points

	PC	PI
Elev (0.1)	20.0	14.0
Minprec (0.6)	19.8	29.0
Maxprec	12.8	7.6
Realmar	9.2	0.3

Altitude minimale (MNE)	1 m (0 m)	Minimum elevation (DEM)
Altitude maximale (MNE)	1670 m (1765 m)	Maximum elevation (DEM)
Habitat	Forêt/forest Savane boisée/woodland	Habitat

Maxent : ASC = 0,820
Distribution & habitat : **Endémique**. Partiellement forestière, mais également trouvée dans les forêts dégradées, les formations boisées ouvertes et les zones de plantation d'arbres exotiques, ainsi que dans les milieux urbains. Types d'habitat : humide, sec, humide/subhumide et sec épineux. Absente dans certaines parties de Hautes Terres centrales, probablement liée au faible nombre d'observations.
Systématique : Ce genre a été considéré comme étant un membre de la famille des Timaliidae, mais sur la base des études moléculaires, il appartient à la famille des Sylviidae (3). Les modèles de la divergence génétique entre les quatre sous-espèces actuellement reconnues devraient être examinés pour mieux comprendre les aspects relatifs à la variation géographique.
Autres commentaires : Espèce de canopée souvent sympatrique avec au moins un membre de ce genre.
Conservation : Préoccupation mineure avec des populations stables (19).

Maxent: AUC = 0.820
Distribution & habitat: **Endemic**. Partially forest-dwelling, but also found in open wooded zones of degraded forest, as well as areas of introduced vegetation, such as tree plantations and urban areas. Habitat types: humid, dry, humid-subhumid, and dry spiny. Absence across portions of the Central Highlands probably associated with reduced number of observers.
Systematics: This genus has been considered a member of the family Timaliidae, but based on molecular studies it belongs to the family Sylviidae (3). Patterns of molecular divergence between the four currently recognized subspecies needs to be examined to better understand aspects of geographical variation.
Other comments: This species is often sympatric with at least one other member of this genus.
Conservation: Least Concerned with stable population trend (19).

Neomixis viridis

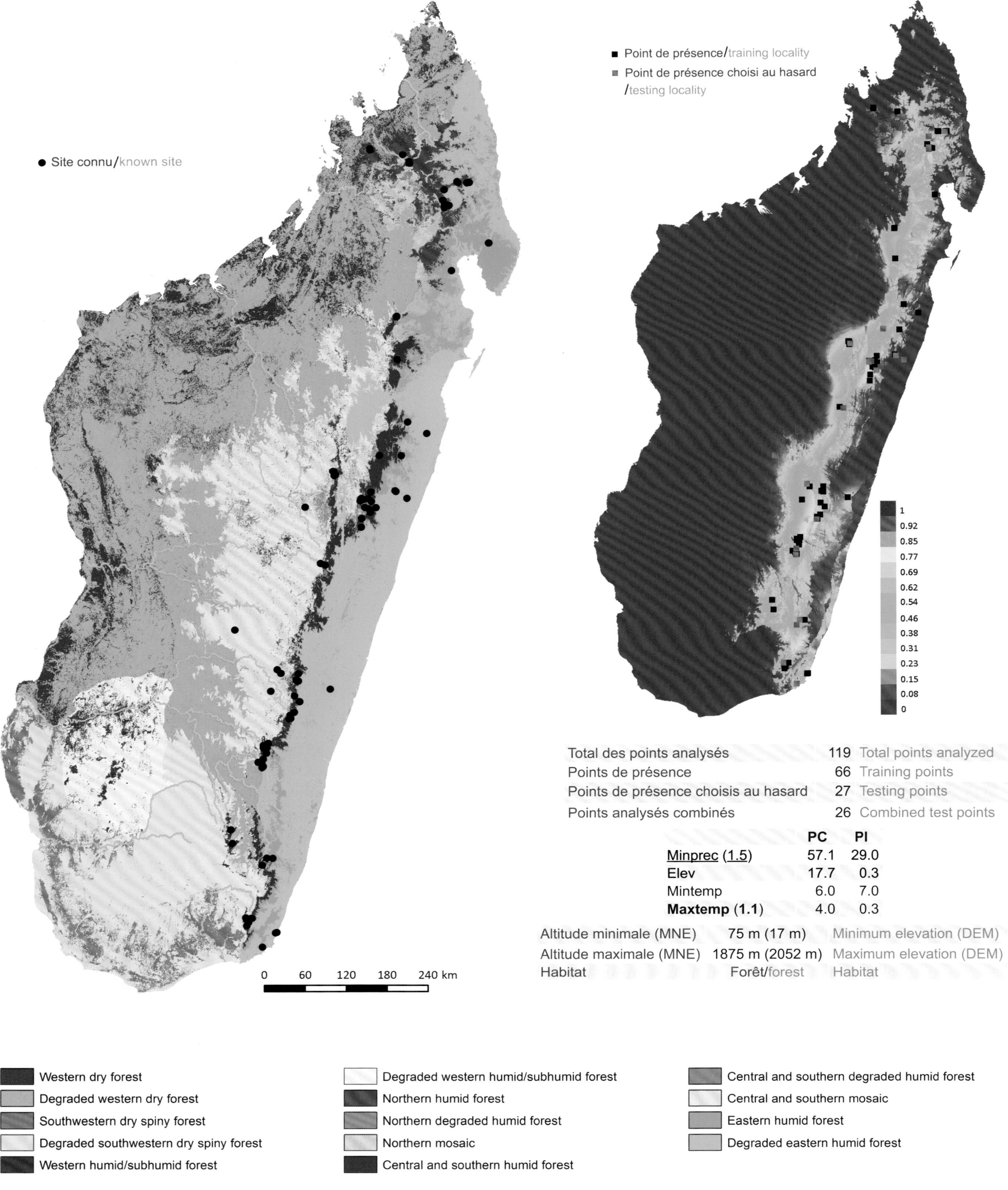

● Site connu/known site
0 60 120 180 240 km
■ Point de présence/training locality
■ Point de présence choisi au hasard /testing locality
1
0.92
0.85
0.77
0.69
0.62
0.54
0.46
0.38
0.31
0.23
0.15
0.08
0
Western dry forest
Degraded western dry forest
Southwestern dry spiny forest
Degraded southwestern dry spiny forest
Western humid/subhumid forest
Degraded western humid/subhumid forest
Northern humid forest
Northern degraded humid forest
Northern mosaic
Central and southern humid forest
Central and southern degraded humid forest
Central and southern mosaic
Eastern humid forest
Degraded eastern humid forest

Total des points analysés	119	Total points analyzed
Points de présence	66	Training points
Points de présence choisis au hasard	27	Testing points
Points analysés combinés	26	Combined test points

	PC	PI
Minprec (1.5)	57.1	29.0
Elev	17.7	0.3
Mintemp	6.0	7.0
Maxtemp (1.1)	4.0	0.3

Altitude minimale (MNE)	75 m (17 m)	Minimum elevation (DEM)
Altitude maximale (MNE)	1875 m (2052 m)	Maximum elevation (DEM)
Habitat	Forêt/forest	Habitat

Maxent : ASC = 0,949
Distribution & habitat : Endémique. Strictement forestière, mais également trouvée dans la lisière forestière. Type d'habitat : humide.
Systématique : Ce genre a été considéré comme étant un membre de la famille des Timaliidae, mais sur la base des études moléculaires, il appartient à la famille des Sylviidae (3). Les modèles de la divergence génétique entre les deux sous-espèces, *N. v. viridis* et *N. v. delacouri*, devraient être examinés pour mieux comprendre les aspects relatifs à la variation géographique.
Autres commentaires : Espèce de canopée souvent sympatrique avec au moins un membre de ce genre.
Conservation : Préoccupation mineure avec des populations en déclin (19).

Maxent: AUC = 0.949
Distribution & habitat: Endemic. Strictly forest-dwelling, but can be found in ecotonal areas towards the forest edge. Habitat type: humid.
Systematics: This genus has been considered a member of the family Timaliidae, but based on molecular studies it belongs to the family Sylviidae (3). Patterns of molecular divergence between the two currently recognized subspecies, *N. v. viridis* and *N. v. delacouri*, need to be examined to better understand aspects of geographical variation.
Other comments: This largely canopy species is often sympatric with at least one other member of this genus.
Conservation: Least Concerned with decreasing population trend (19).

Nesillas lantzii

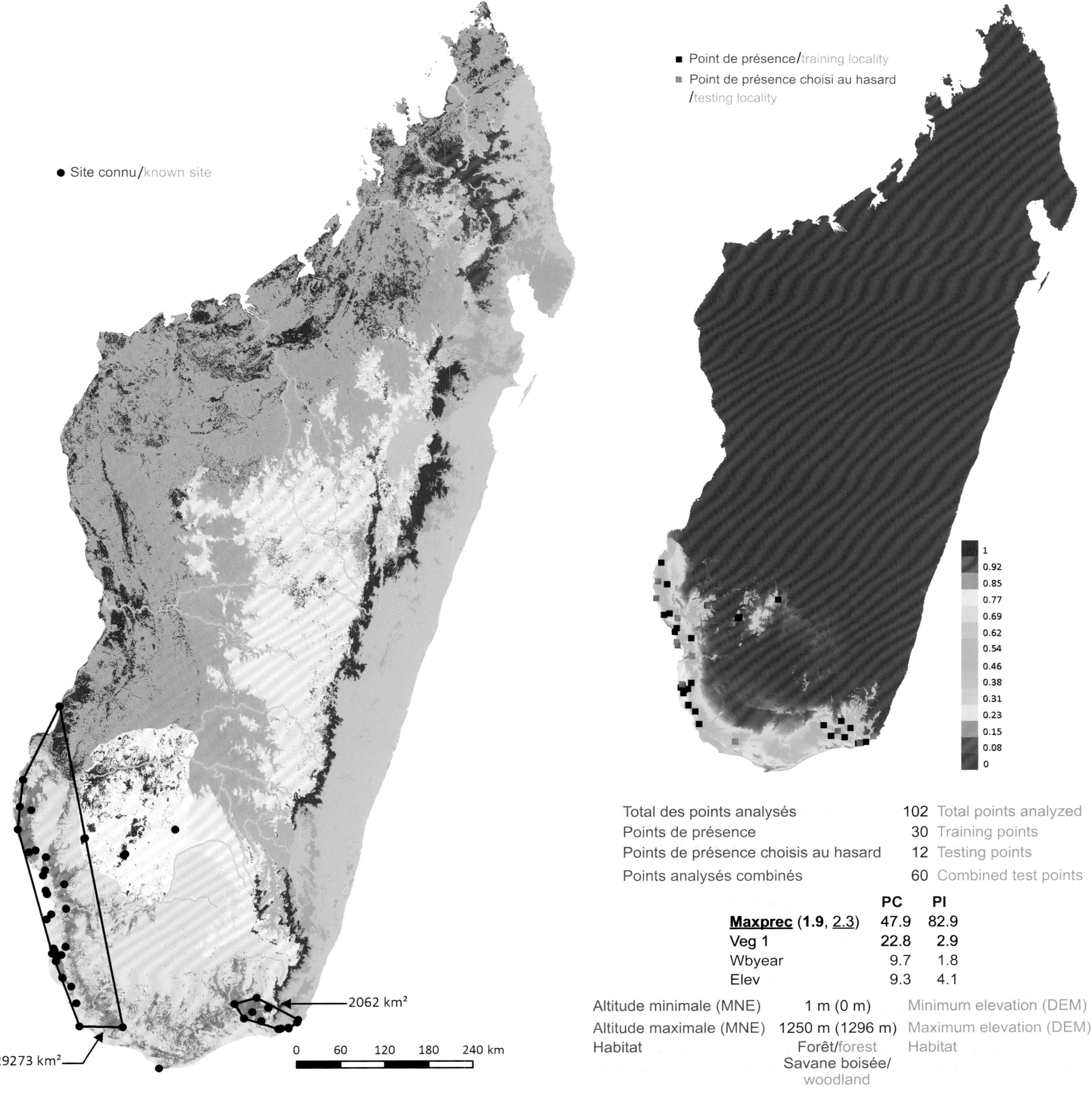
● Site connu/known site
2062 km²
29273 km²
0 60 120 180 240 km
■ Point de présence/training locality
■ Point de présence choisi au hasard /testing locality
1
0.92
0.85
0.77
0.69
0.62
0.54
0.46
0.38
0.31
0.23
0.15
0.08
0

Total des points analysés	102	Total points analyzed
Points de présence	30	Training points
Points de présence choisis au hasard	12	Testing points
Points analysés combinés	60	Combined test points

	PC	PI
Maxprec (**1.9**, 2.3)	47.9	82.9
Veg 1	22.8	2.9
Wbyear	9.7	1.8
Elev	9.3	4.1

Altitude minimale (MNE)	1 m (0 m)	Minimum elevation (DEM)
Altitude maximale (MNE)	1250 m (1296 m)	Maximum elevation (DEM)
Habitat	Forêt/forest Savane boisée/woodland	Habitat

Maxent : ASC = 0,983
Distribution & habitat : Endémique. Partiellement forestière, mais également trouvée dans les forêts dégradées, les formations boisées ouvertes et les zones de plantation d'arbres exotiques, ainsi que dans les milieux urbains. Types d'habitat : sec et sec épineux. Au nord de Tolagnaro, elle se trouve dans la forêt humide (littorale).
Systématique : Il semble y avoir deux populations isolées de *N. lantzii*, l'une dans le Sud-est et l'autre dans le Sud-ouest (38). Des études phylogéographiques seraient utiles pour comprendre leurs niveaux de divergence. Certains auteurs placent ce genre dans la famille des Acrocephalidae.
Autres commentaires : Les limites nord et est de la distribution de cette espèce ne sont pas bien connues. Le relevé plus au nord de la population du Sud-ouest est dans la région de Kirindy-Mite. Les deux membres connus de ce genre sont généralement allopatriques, sauf dans le Sud-est.
Conservation : Zone d'Occurrence pour les deux polygones combinés égale à 31335 km². Préoccupation mineure avec des populations stables (19).

Maxent: AUC = 0.983
Distribution & habitat: Endemic. Partially forest-dwelling, but also found in open wooded areas of degraded forest, as well as areas of introduced vegetation, such as tree plantations and urban areas. Habitat types: dry spiny and dry. North of Tolagnaro it occurs in humid forest (littorale).
Systematics: There appears to be two disjunct populations of *N. lantzii*, one in the southeast and the other in the southwest (38); phylogeographic studies would be worthwhile to establish levels of divergence. Some authorities place this genus in the family Acrocephalidae.
Other comments: The northern and eastern limits of this species are not well defined. The northern point of the southwestern population is in the Kirindy Mite area. The two recognized members of this genus are generally allopatric, except in the southeast.
Conservation: The calculated Extent of Occurrence of the two polygons combined is 31335 km². Least Concerned with stable population trend (19).

Nesillas typica

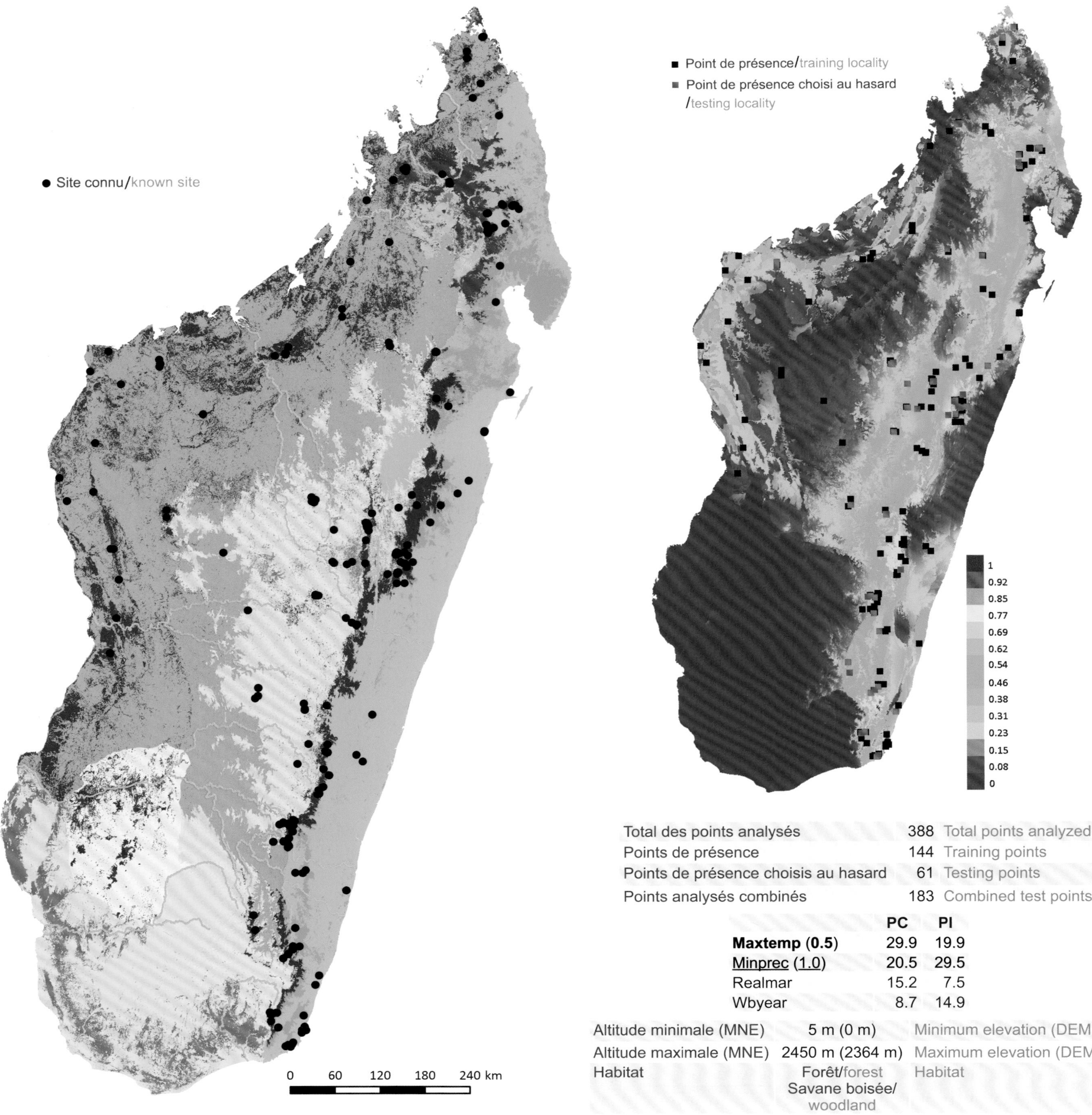
Site connu/known site
0 60 120 180 240 km
Point de présence/training locality
Point de présence choisi au hasard /testing locality
1
0.92
0.85
0.77
0.69
0.62
0.54
0.46
0.38
0.31
0.23
0.15
0.08
0

Total des points analysés	388	Total points analyzed
Points de présence	144	Training points
Points de présence choisis au hasard	61	Testing points
Points analysés combinés	183	Combined test points

	PC	PI
Maxtemp (0.5)	29.9	19.9
Minprec (1.0)	20.5	29.5
Realmar	15.2	7.5
Wbyear	8.7	14.9

Altitude minimale (MNE)	5 m (0 m)	Minimum elevation (DEM)
Altitude maximale (MNE)	2450 m (2364 m)	Maximum elevation (DEM)
Habitat	Forêt/forest Savane boisée/ woodland	Habitat

Maxent : ASC = 0,889

Distribution & habitat : Endémique. Partiellement forestière, mais également trouvée dans les forêts dégradées, les formations boisées ouvertes et les zones de plantation d'arbres exotiques, ainsi que dans les milieux urbains. Types d'habitat : humide et sec. Absente dans certaines parties de Hautes Terres centrales, probablement liée au faible nombre d'observations.

Systématique : Une étude moléculaire serait nécessaire pour définir les modèles de différentiation des représentants malgaches de ce genre, incluant les niveaux de divergence entre les quatre sous-espèces nommées de *N. typica*, et de comprendre la variation géographique, surtout entre la population du Nord et celle de l'Ouest. Certains auteurs placent ce genre dans la famille des Acrocephalidae.

Autre commentaires : Les deux membres reconnus de ce genre sont généralement allopatriques, sauf dans le Sud-est.

Conservation : Préoccupation mineure avec des populations stables (19).

Maxent: AUC = 0.889

Distribution & habitat: Endemic. Partially forest-dwelling, but also found in open wooded zones of degraded forest, as well as areas of introduced vegetation, such as tree plantations and urban areas. Habitat types: humid and dry. Absence across portions of the Central Highlands probably associated with reduced number of observers.

Systematics: Molecular research is needed to further define differentiation patterns of Malagasy members of this genus, including levels of divergence between the four named subspecies of *N. typica* and understand geographical variation, particularly between northern and central west populations. Some authorities place this genus in the family Acrocephalidae.

Other comments: The two recognized members of this genus are generally allopatric, except in the southeast.

Conservation: Least Concerned with stable population trend (19).

Artamella viridis

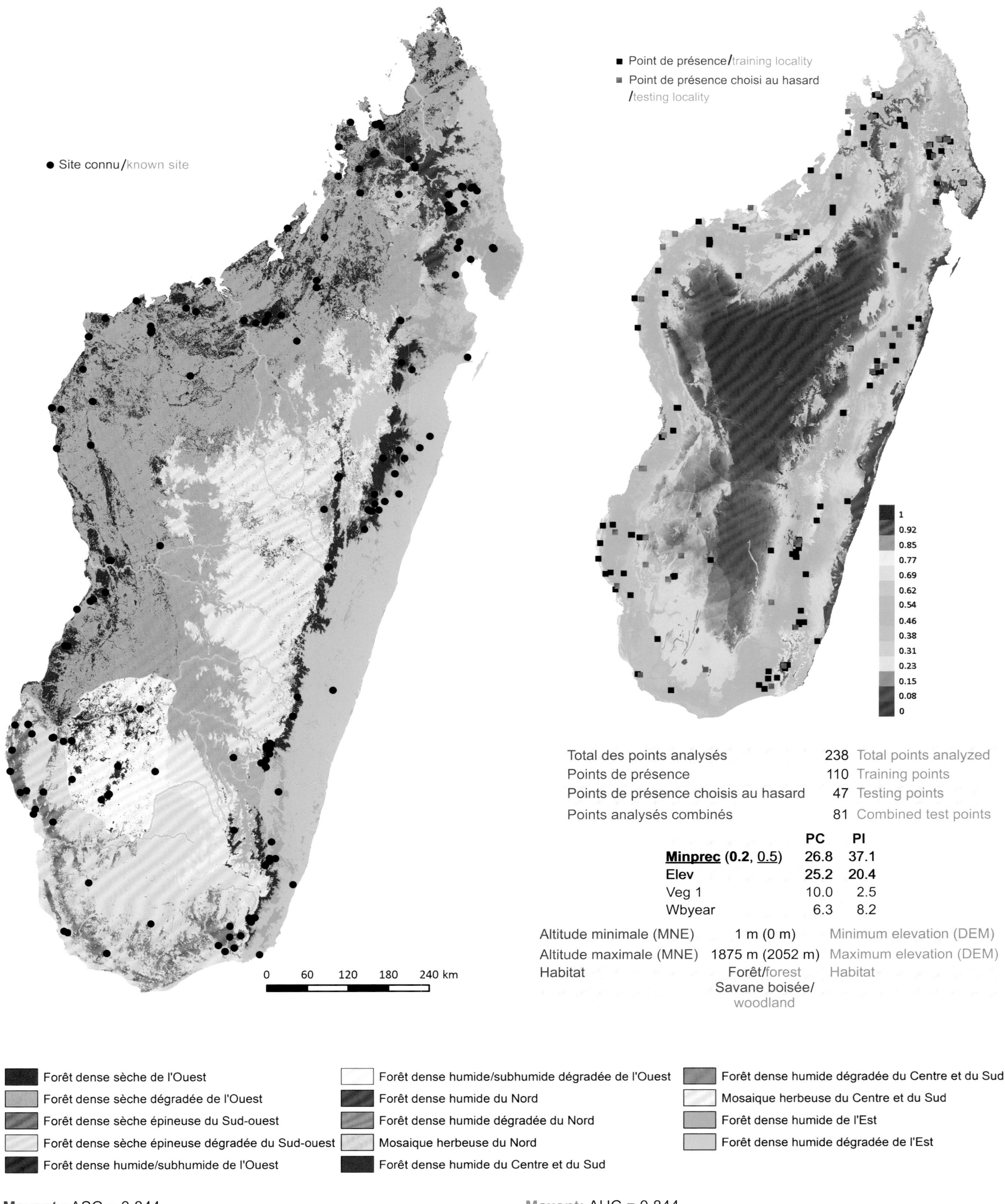

Site connu/known site
Point de présence/training locality
Point de présence choisi au hasard /testing locality
1
0.92
0.85
0.77
0.69
0.62
0.54
0.46
0.38
0.31
0.23
0.15
0.08
0
0 60 120 180 240 km

Total des points analysés	238	Total points analyzed
Points de présence	110	Training points
Points de présence choisis au hasard	47	Testing points
Points analysés combinés	81	Combined test points

	PC	PI
Minprec (**0.2**, 0.5)	**26.8**	**37.1**
Elev	**25.2**	**20.4**
Veg 1	10.0	2.5
Wbyear	6.3	8.2

Altitude minimale (MNE)	1 m (0 m)	Minimum elevation (DEM)
Altitude maximale (MNE)	1875 m (2052 m)	Maximum elevation (DEM)
Habitat	Forêt/forest Savane boisée/ woodland	Habitat

Forêt dense sèche de l'Ouest
Forêt dense sèche dégradée de l'Ouest
Forêt dense sèche épineuse du Sud-ouest
Forêt dense sèche épineuse dégradée du Sud-ouest
Forêt dense humide/subhumide de l'Ouest
Forêt dense humide/subhumide dégradée de l'Ouest
Forêt dense humide du Nord
Forêt dense humide dégradée du Nord
Mosaique herbeuse du Nord
Forêt dense humide du Centre et du Sud
Forêt dense humide dégradée du Centre et du Sud
Mosaique herbeuse du Centre et du Sud
Forêt dense humide de l'Est
Forêt dense humide dégradée de l'Est

Maxent : ASC = 0,844
Distribution & habitat : **Endémique**. Largement forestière, mais également trouvée dans les forêts dégradées et les formations boisées ouvertes. Types d'habitat : humide, sec, humide/subhumide et sec épineux.
Systématique : Classiquement considérée comme un membre du genre *Leptopterus* avec *L. chabert*, mais une étude moléculaire récente a montré que ces deux espèces ne sont pas étroitement apparentées au sein des Vangidae (21, 36).
Autres commentaires : Espèce appartenant à une famille endémique.
Conservation : Préoccupation mineure avec des populations mal connues (19).

Maxent: AUC = 0.844
Distribution & habitat: **Endemic**. Largely forest-dwelling, but also found in degraded forest and open wooded areas. Habitat types: humid, dry, humid-subhumid, and dry spiny.
Systematics: Classically considered a member of the genus *Leptopterus* with *L. chabert*, but recent molecular work indicates that these two species are not closely related within the Vangidae (21, 36).
Other comments: This species belongs to an endemic family.
Conservation: Least Concerned with unknown population trend (19).

Calicalicus madagascariensis

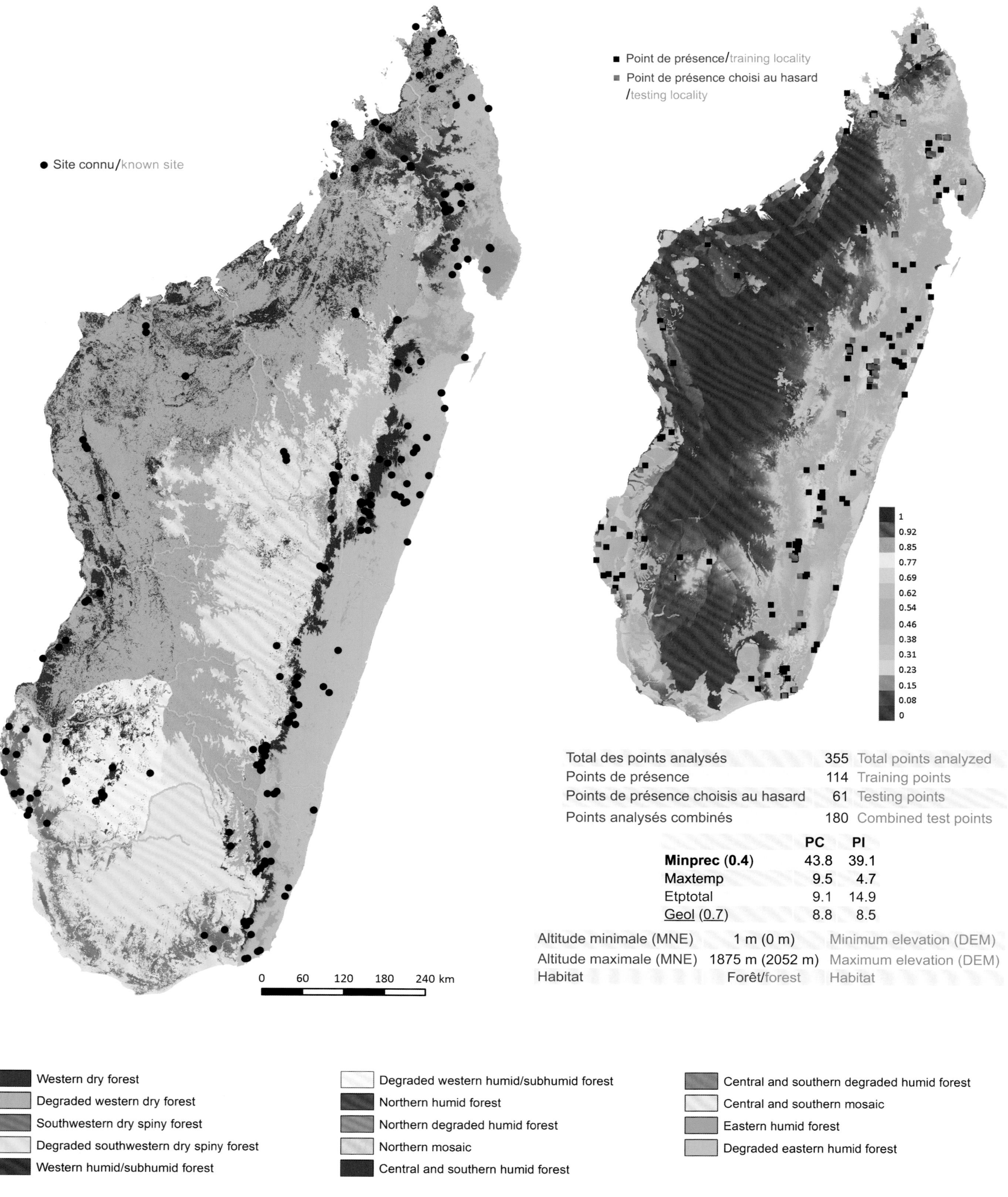

Site connu/known site
Point de présence/training locality
Point de présence choisi au hasard /testing locality
1
0.92
0.85
0.77
0.69
0.62
0.54
0.46
0.38
0.31
0.23
0.15
0.08
0
0 60 120 180 240 km
Western dry forest
Degraded western dry forest
Southwestern dry spiny forest
Degraded southwestern dry spiny forest
Western humid/subhumid forest
Degraded western humid/subhumid forest
Northern humid forest
Northern degraded humid forest
Northern mosaic
Central and southern humid forest
Central and southern degraded humid forest
Central and southern mosaic
Eastern humid forest
Degraded eastern humid forest

Total des points analysés	355	Total points analyzed
Points de présence	114	Training points
Points de présence choisis au hasard	61	Testing points
Points analysés combinés	180	Combined test points

	PC	PI
Minprec (0.4)	43.8	39.1
Maxtemp	9.5	4.7
Etptotal	9.1	14.9
Geol (0.7)	8.8	8.5

Altitude minimale (MNE)	1 m (0 m)	Minimum elevation (DEM)
Altitude maximale (MNE)	1875 m (2052 m)	Maximum elevation (DEM)
Habitat	Forêt/forest	Habitat

Maxent : ASC = 0,868
Distribution & habitat : Endémique. Largement forestière, mais également trouvée dans les forêts dégradées et les formations boisées ouvertes. Types d'habitat : humide, sec et humide/subhumide.
Systématique : Elle forme une espèce sœur allopatrique de *C. rufocarpalis* (21), et les aires de distribution de ces deux taxa semblent être séparées par le fleuve de la vallée d'Onilahy.
Autres commentaires : Espèce appartenant à une famille endémique.
Conservation : Préoccupation mineure avec des populations mal connues (19).

Maxent: AUC = 0.868
Distribution & habitat: **Endemic**. Largely forest-dwelling, but also found in degraded forest and open wooded areas. Habitat types: humid, dry, and humid-subhumid.
Systematics: Forms an allopatric sister species with *C. rufocarpalis* (21), and the ranges of these two taxa appear to be separated by the Onilahy River valley.
Other comments: This species belongs to an endemic family.
Conservation: Least Concerned with unknown population trend (19).

Calicalicus rufocarpalis

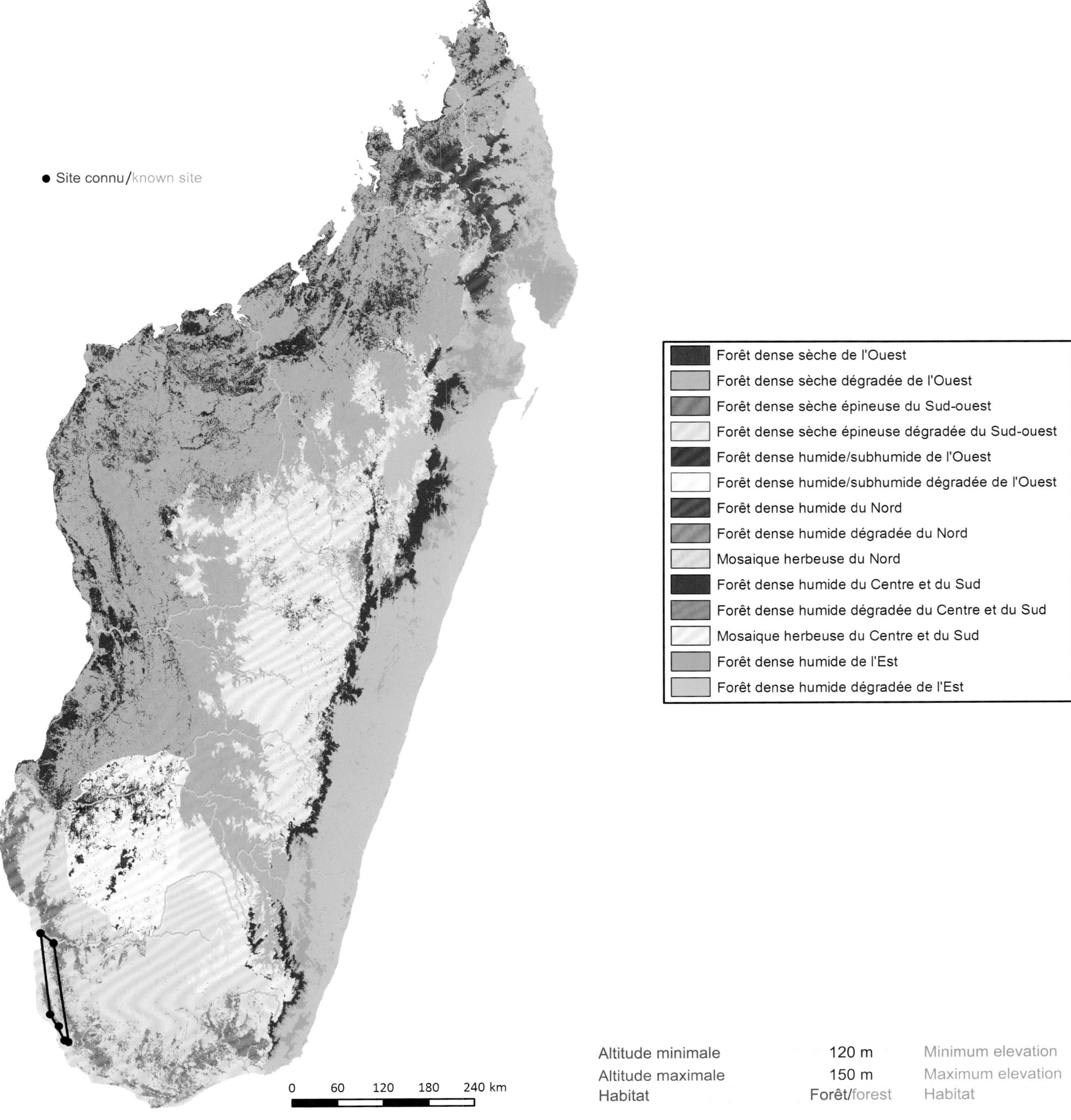
● Site connu/known site
Forêt dense sèche de l'Ouest
Forêt dense sèche dégradée de l'Ouest
Forêt dense sèche épineuse du Sud-ouest
Forêt dense sèche épineuse dégradée du Sud-ouest
Forêt dense humide/subhumide de l'Ouest
Forêt dense humide/subhumide dégradée de l'Ouest
Forêt dense humide du Nord
Forêt dense humide dégradée du Nord
Mosaique herbeuse du Nord
Forêt dense humide du Centre et du Sud
Forêt dense humide dégradée du Centre et du Sud
Mosaique herbeuse du Centre et du Sud
Forêt dense humide de l'Est
Forêt dense humide dégradée de l'Est
0 60 120 180 240 km

Altitude minimale	120 m	Minimum elevation
Altitude maximale	150 m	Maximum elevation
Habitat	Forêt/forest	Habitat

Distribution & habitat : Endémique. Largement forestière, mais également trouvée dans les forêts dégradées et les formations boisées ouvertes. Type d'habitat : sec épineux.
Systématique : Elle forme une espèce sœur allopatrique de *C. madagascariensis* (21), et les aires de distribution de ces deux taxa semblent être séparées par le fleuve de la vallée d'Onilahy.
Autres commentaires : Espèce appartenant à une famille endémique. La distribution de cette nouvelle espèce récemment décrite (13) est peu connue.
Conservation : Zone d'Occurrence égale à 2217 km². Vulnérable avec des populations stables (19).

Distribution & habitat: **Endemic**. Largely forest-dwelling, but also found in degraded forest and open wooded areas. Habitat types: dry spiny.
Systematics: Forms an allopatric sister species with *C. madagascariensis* (21), and the ranges of these two taxa appear to be separated by the Onilahy River valley.
Other comments: This species belongs to an endemic family. The distribution of this recently described taxon (13) is poorly known.
Conservation: The calculated Extent of Occurrence is 2217 km². Vulnerable with stable population trend (19).

Cyanolanius madagascarinus

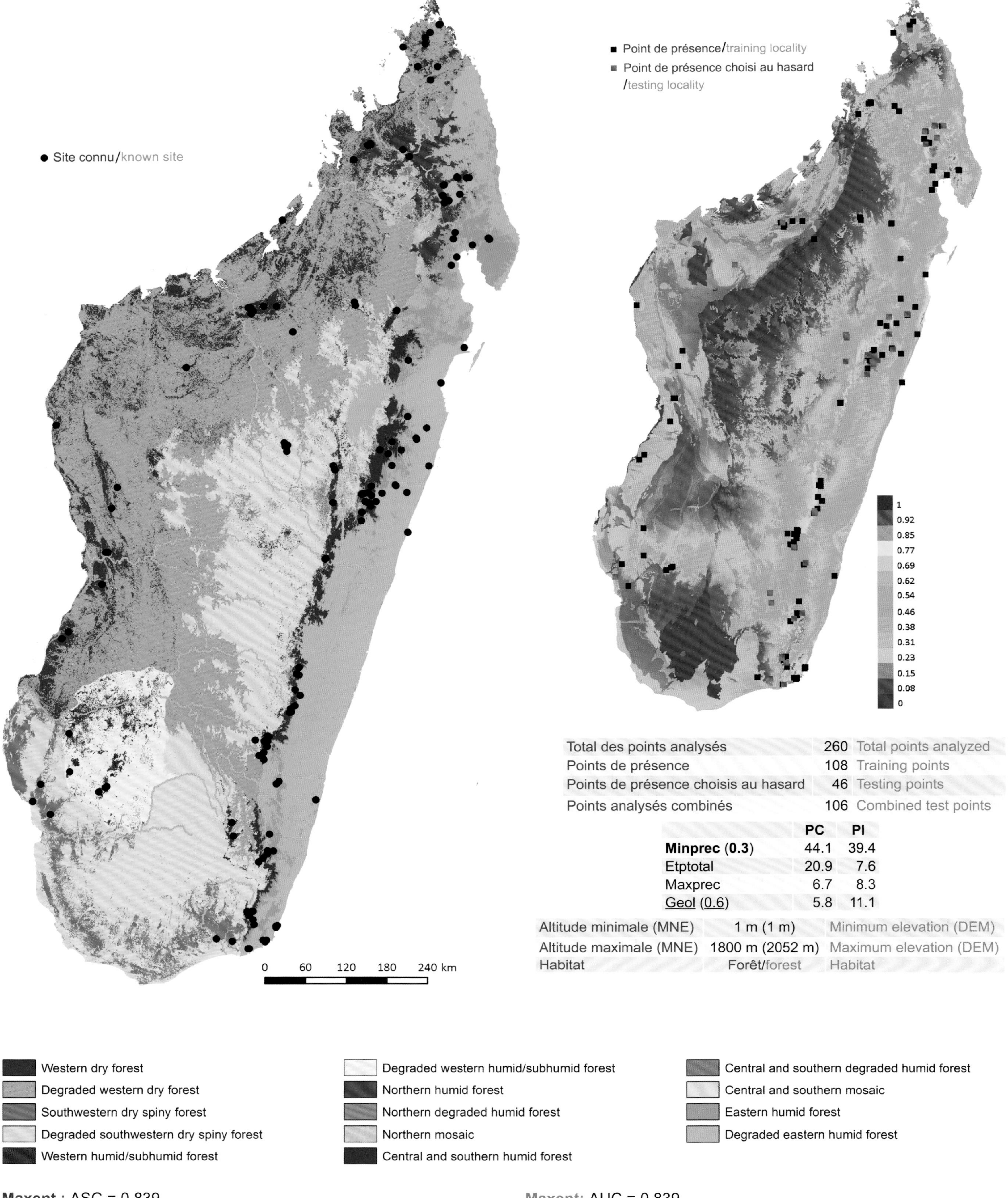

Site connu/known site
Point de présence/training locality
Point de présence choisi au hasard /testing locality
1
0.92
0.85
0.77
0.69
0.62
0.54
0.46
0.38
0.31
0.23
0.15
0.08
0
0 60 120 180 240 km
Western dry forest
Degraded western dry forest
Southwestern dry spiny forest
Degraded southwestern dry spiny forest
Western humid/subhumid forest
Degraded western humid/subhumid forest
Northern humid forest
Northern degraded humid forest
Northern mosaic
Central and southern humid forest
Central and southern degraded humid forest
Central and southern mosaic
Eastern humid forest
Degraded eastern humid forest

Total des points analysés	260	Total points analyzed
Points de présence	108	Training points
Points de présence choisis au hasard	46	Testing points
Points analysés combinés	106	Combined test points

	PC	PI
Minprec (**0.3**)	44.1	39.4
Etptotal	20.9	7.6
Maxprec	6.7	8.3
Geol (0.6)	5.8	11.1

Altitude minimale (MNE)	1 m (1 m)	Minimum elevation (DEM)
Altitude maximale (MNE)	1800 m (2052 m)	Maximum elevation (DEM)
Habitat	Forêt/forest	Habitat

Maxent : ASC = 0,839
Distribution & habitat : Endémique de la région malgache (Madagascar et Comores). Largement forestière, mais également trouvée dans les forêts dégradées et les formations boisées ouvertes (Madagascar). Types d'habitat : humide, sec, humide/subhumide et sec épineux.
Systématique : La relation entre la population de Madagascar, *C. m. madagascarinus*, et celle de Comores, *C. m. comorensis*, devrait être examinée avec des analyses moléculaires.
Autres commentaires : Espèce appartenant à une famille endémique.
Conservation : Préoccupation mineure avec des populations mal connues (19).

Maxent: AUC = 0.839
Distribution & habitat: Endemic to Malagasy region (Madagascar, Comoros). Largely forest-dwelling, but also found in degraded forest and open wooded areas (Madagascar). Habitat types: humid, dry, humid-subhumid, and dry spiny.
Systematics: The relationships between the Madagascar population, *C. m. madagascarinus*, and the Comoros population, *C. m. comorensis*, needs to be examined with molecular tools.
Other comments: This species belongs to an endemic family.
Conservation: Least Concerned with unknown population trend (19).

Euryceros prevostii

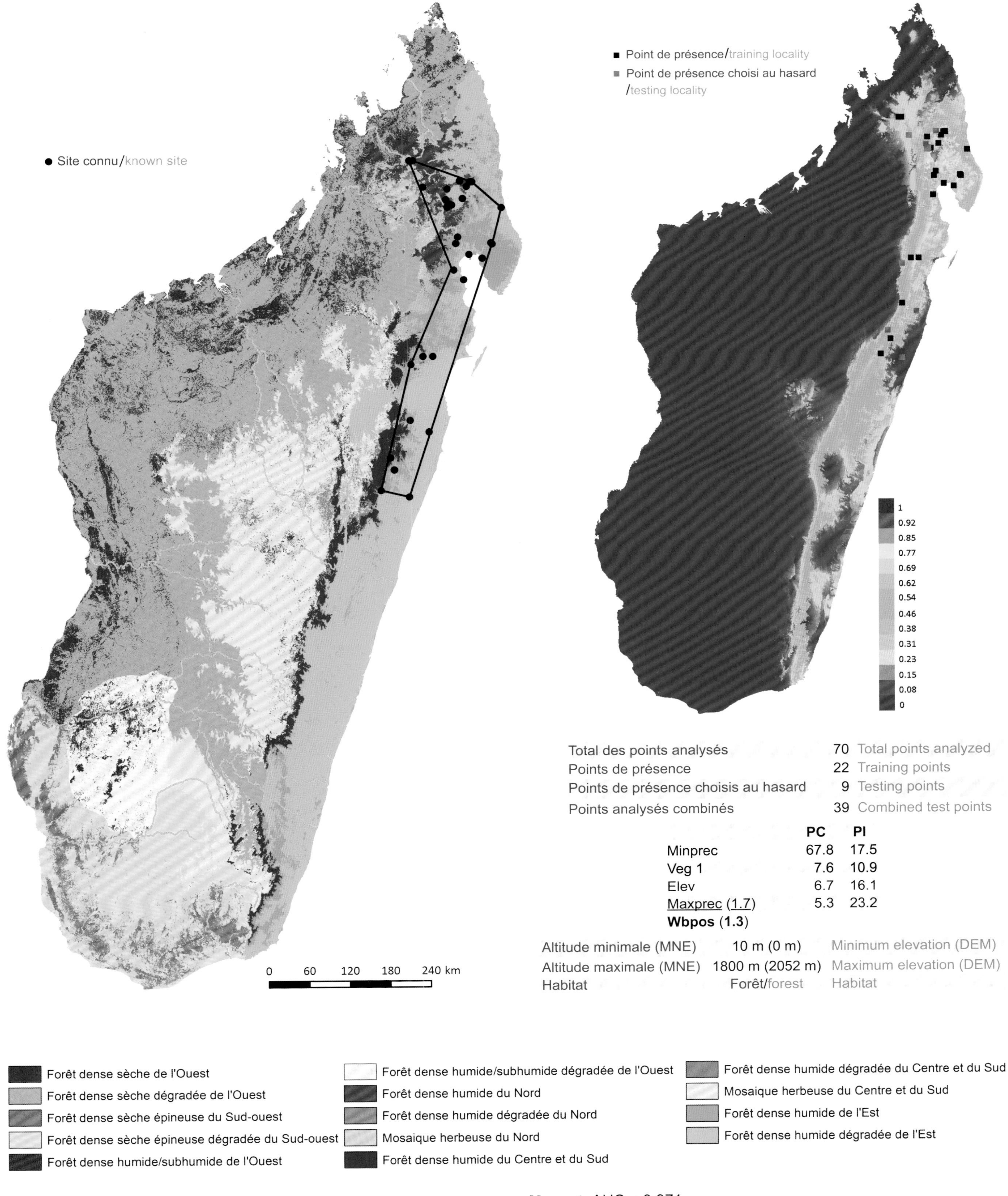
Site connu/known site
Point de présence/training locality
Point de présence choisi au hasard /testing locality
1
0.92
0.85
0.77
0.69
0.62
0.54
0.46
0.38
0.31
0.23
0.15
0.08
0
0 60 120 180 240 km

Total des points analysés	70	Total points analyzed
Points de présence	22	Training points
Points de présence choisis au hasard	9	Testing points
Points analysés combinés	39	Combined test points

	PC	PI
Minprec	67.8	17.5
Veg 1	7.6	10.9
Elev	6.7	16.1
Maxprec (1.7)	5.3	23.2
Wbpos (1.3)		

Altitude minimale (MNE)	10 m (0 m)	Minimum elevation (DEM)
Altitude maximale (MNE)	1800 m (2052 m)	Maximum elevation (DEM)
Habitat	Forêt/forest	Habitat

- Forêt dense sèche de l'Ouest
- Forêt dense sèche dégradée de l'Ouest
- Forêt dense sèche épineuse du Sud-ouest
- Forêt dense sèche épineuse dégradée du Sud-ouest
- Forêt dense humide/subhumide de l'Ouest
- Forêt dense humide/subhumide dégradée de l'Ouest
- Forêt dense humide du Nord
- Forêt dense humide dégradée du Nord
- Mosaique herbeuse du Nord
- Forêt dense humide du Centre et du Sud
- Forêt dense humide dégradée du Centre et du Sud
- Mosaique herbeuse du Centre et du Sud
- Forêt dense humide de l'Est
- Forêt dense humide dégradée de l'Est

Maxent : ASC = 0,971
Distribution & habitat : **Endémique**. Strictement forestière. Type d'habitat : humide.
Autres commentaires : Espèce appartenant à une famille endémique.
Conservation : Zone d'Occurrence égale à 29358 km². Vulnérable avec des populations en déclin (19).

Maxent: AUC = 0.971
Distribution & habitat: **Endemic**. Strictly forest-dwelling. Habitat type: humid.
Other comments: This species belongs to an endemic family.
Conservation: The calculated Extent of Occurrence is 29358 km². Vulnerable with decreasing population trend (19).

Falculea palliata

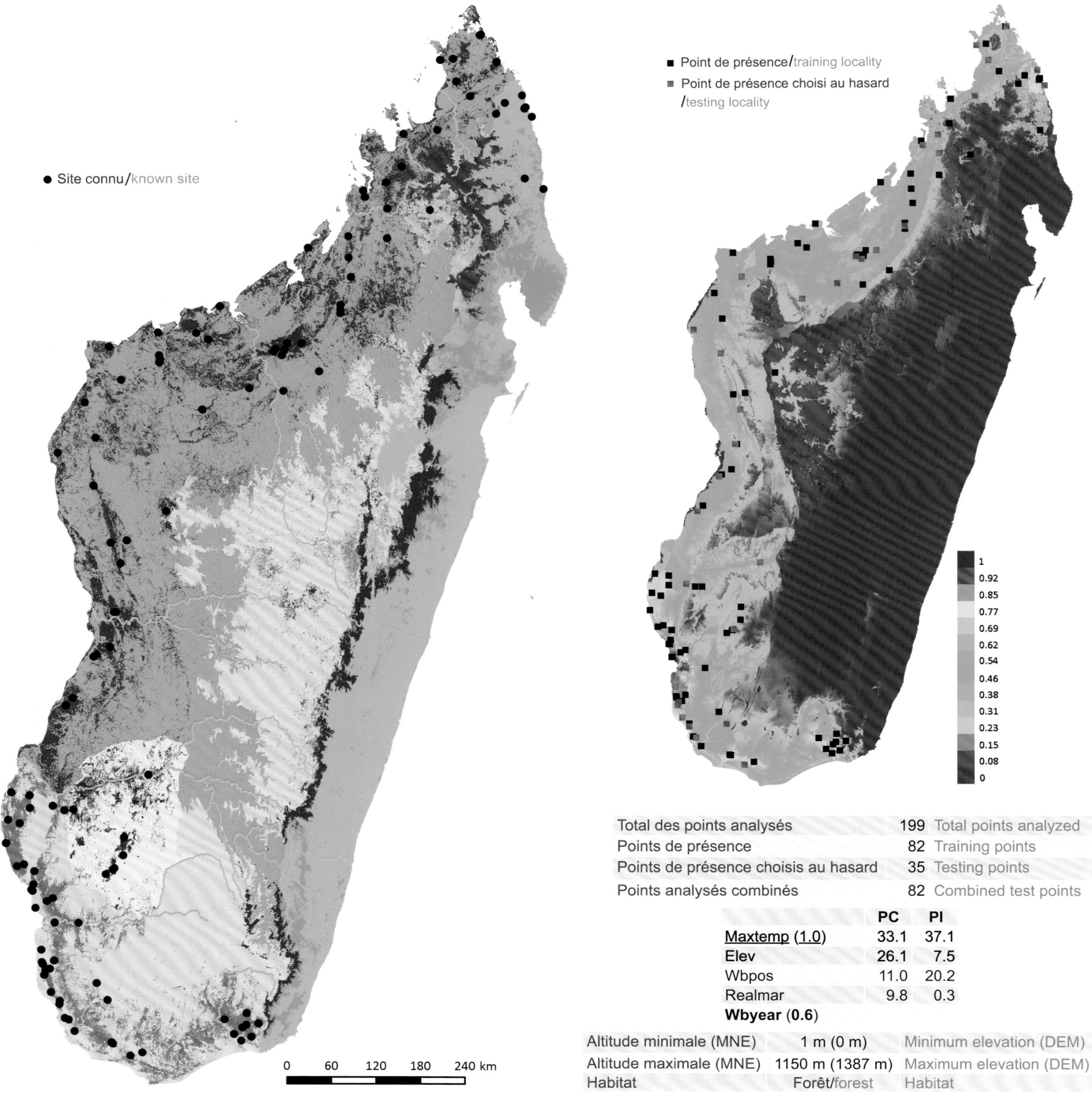
● Site connu/known site
0 60 120 180 240 km
■ Point de présence/training locality
■ Point de présence choisi au hasard /testing locality
1
0.92
0.85
0.77
0.69
0.62
0.54
0.46
0.38
0.31
0.23
0.15
0.08
0

Total des points analysés	199	Total points analyzed
Points de présence	82	Training points
Points de présence choisis au hasard	35	Testing points
Points analysés combinés	82	Combined test points

	PC	PI
Maxtemp (1.0)	33.1	37.1
Elev	26.1	7.5
Wbpos	11.0	20.2
Realmar	9.8	0.3
Wbyear (0.6)		

Altitude minimale (MNE)	1 m (0 m)	Minimum elevation (DEM)
Altitude maximale (MNE)	1150 m (1387 m)	Maximum elevation (DEM)
Habitat	Forêt/forest	Habitat

Maxent : ASC = 0,891
Distribution & habitat : Endémique. Largement forestière, mais également trouvée dans les forêts dégradées et les formations boisées ouvertes. Types d'habitat : sec, humide/subhumide et sec épineux. Connue dans les forêts de transition humides-sèches caducifoliées dans le Nord.
Altitude : Rapportée depuis le niveau de la mer jusqu'à 900 m d'altitude (24), mais des populations des zones à des altitudes plus élevées ont été trouvées.
Systématique : Etant donné la large répartition géographique et les divers types d'habitat de cette espèce, une étude phylogéographique serait nécessaire pour comprendre la relation génétique entre les populations.
Autres commentaires : Espèce appartenant à une famille endémique.
Conservation : Préoccupation mineure avec des populations mal connues (19).

Maxent: AUC = 0.891
Distribution & habitat: Endemic. Largely forest-dwelling, but also found in degraded forest and open wooded areas. Habitat types: dry, humid-subhumid, and dry spiny. In the north, known to occur in some transitional humid-western dry forests.
Elevation: Cited to occur from sea level-900 m (24), but more upland populations have been documented.
Systematics: Given the broad geographical range and habitats used by this species, a phylogeographical study is needed to understand the genetic relationships between populations.
Other comments: This species belongs to an endemic family.
Conservation: Least Concerned with unknown population trend (19).

Hypositta corallirostris

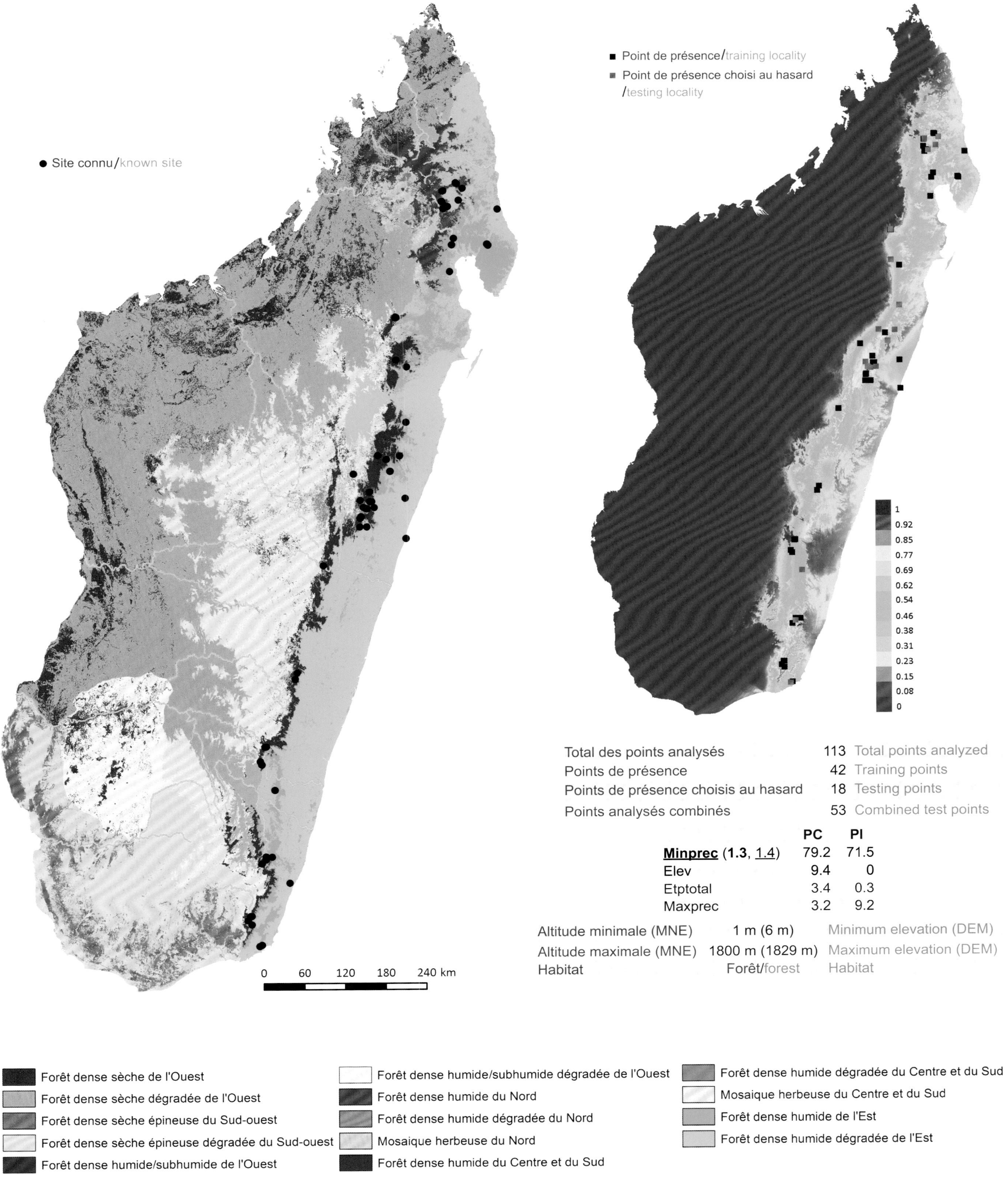
Site connu/known site
0 60 120 180 240 km
Point de présence/training locality
Point de présence choisi au hasard /testing locality
1
0.92
0.85
0.77
0.69
0.62
0.54
0.46
0.38
0.31
0.23
0.15
0.08
0
Total des points analysés 113 Total points analyzed
Points de présence 42 Training points
Points de présence choisis au hasard 18 Testing points
Points analysés combinés 53 Combined test points
PC PI
Minprec (1.3, 1.4) 79.2 71.5
Elev 9.4 0
Etptotal 3.4 0.3
Maxprec 3.2 9.2
Altitude minimale (MNE) 1 m (6 m) Minimum elevation (DEM)
Altitude maximale (MNE) 1800 m (1829 m) Maximum elevation (DEM)
Habitat Forêt/forest Habitat
Forêt dense sèche de l'Ouest
Forêt dense sèche dégradée de l'Ouest
Forêt dense sèche épineuse du Sud-ouest
Forêt dense sèche épineuse dégradée du Sud-ouest
Forêt dense humide/subhumide de l'Ouest
Forêt dense humide/subhumide dégradée de l'Ouest
Forêt dense humide du Nord
Forêt dense humide dégradée du Nord
Mosaique herbeuse du Nord
Forêt dense humide du Centre et du Sud
Forêt dense humide dégradée du Centre et du Sud
Mosaique herbeuse du Centre et du Sud
Forêt dense humide de l'Est
Forêt dense humide dégradée de l'Est

Maxent : ASC = 0,945
Distribution & habitat : Endémique. Strictement forestière. Type d'habitat : humide.
Systématique : Une espèce de ce genre, *H. perdita*, a été récemment nommée comme étant nouvelle pour la science (31) et qui, sur la base d'une analyse moléculaire est invalide et est plutôt un jeune d'*Oxylabes madagascariensis* mal identifié (8).
Autres commentaires : Espèce appartenant à une famille endémique.
Conservation : Préoccupation mineure avec des populations mal connues (19).

Maxent: AUC = 0.945
Distribution & habitat: **Endemic**. Strictly forest-dwelling. Habitat type: humid.
Systematics: A species of this genus, *H. perdita*, was recently named as new to science (31), which based on a molecular analysis is invalid and represents a misidentified young *Oxylabes madagascariensis* (8).
Other comments: This species belongs to an endemic family.
Conservation: Least Concerned with unknown population trend (19).

Leptopterus chabert

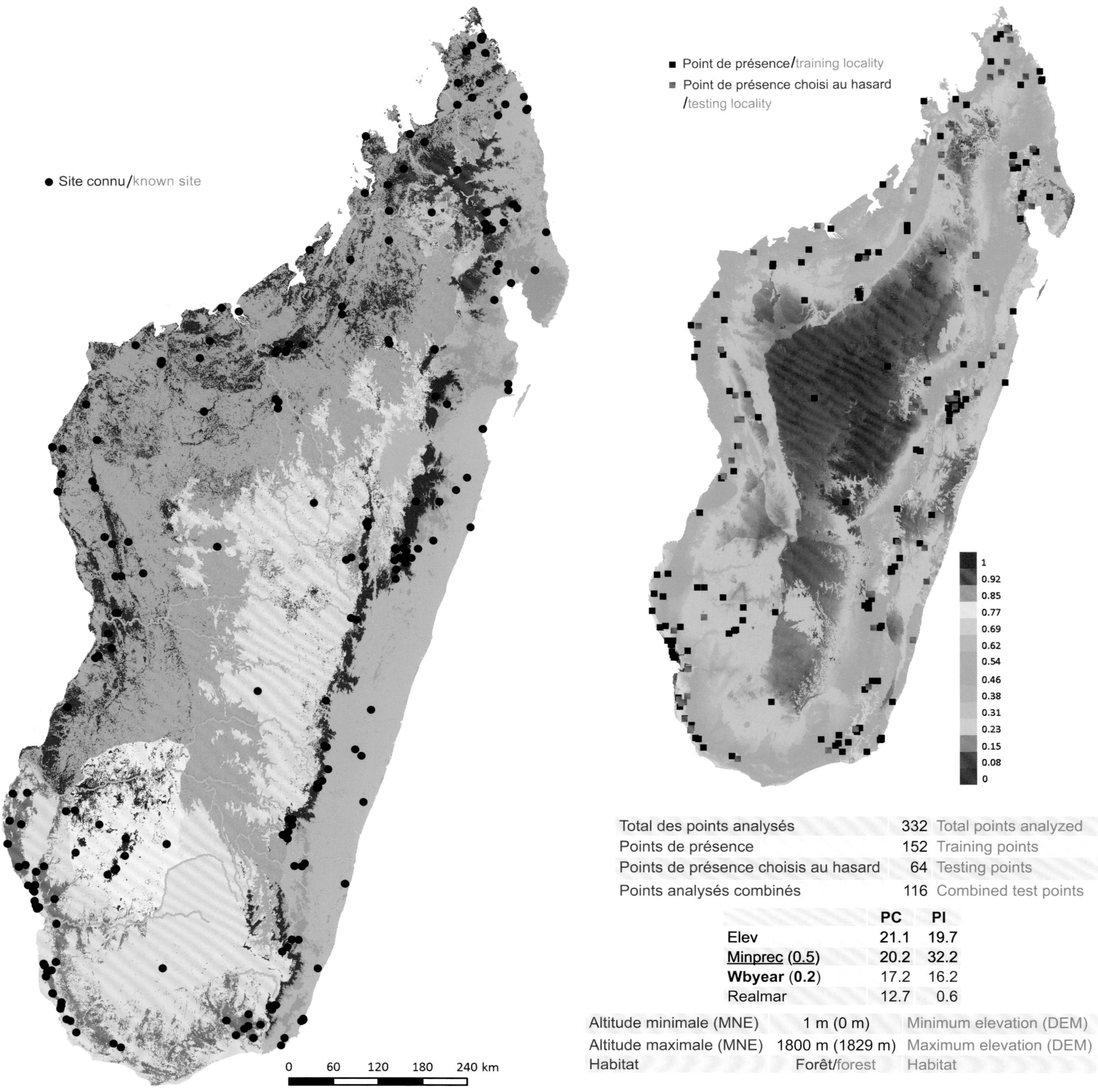

Site connu/known site
0 60 120 180 240 km
Point de présence/training locality
Point de présence choisi au hasard /testing locality
1
0.92
0.85
0.77
0.69
0.62
0.54
0.46
0.38
0.31
0.23
0.15
0.08
0

Total des points analysés	332	Total points analyzed
Points de présence	152	Training points
Points de présence choisis au hasard	64	Testing points
Points analysés combinés	116	Combined test points

	PC	PI
Elev	21.1	19.7
Minprec (0.5)	20.2	32.2
Wbyear (**0.2**)	17.2	16.2
Realmar	12.7	0.6

Altitude minimale (MNE)	1 m (0 m)	Minimum elevation (DEM)
Altitude maximale (MNE)	1800 m (1829 m)	Maximum elevation (DEM)
Habitat	Forêt/forest	Habitat

Maxent : ASC = 0,805
Distribution & habitat : Endémique. Partiellement forestière, mais également trouvée dans les forêts dégradées, les formations boisées ouvertes et les zones de plantation d'arbres exotiques, ainsi que dans les milieux urbains. Types d'habitat : humide, sec, humide/subhumide et sec épineux. Absente dans certaines parties de Hautes Terres centrales, probablement liée au faible nombre d'observations.
Systématique : Les modèles de divergence moléculaire entre les deux sous-espèces reconnues, *L. c. chabert* et *L. c. schistocercus*, devraient être examinés pour comprendre les patrons de variation géographique. Classiquement considérée comme étant congénérique avec *Artamella viridis*, et une analyse moléculaire récente indique qu'au sein de la famille des Vangidae, ces deux espèces ne sont pas étroitement apparentées (21, 36).
Conservation : Préoccupation mineure avec des populations mal connues (19).

Maxent: AUC = 0.805
Distribution & habitat: Endemic. Partially forest-dwelling, but also found in degraded forest, open wooded zones, as well as areas of introduced vegetation, such as tree plantations and urban areas. Habitat types: humid, dry, humid-subhumid, and dry spiny. Absence across portions of the Central Highlands probably associated with reduced number of observers.
Systematics: Patterns of molecular divergence between the two recognized subspecies, *L. c. chabert* and *L. c. schistocercus*, need to be examined to understand patterns of geographical variation. Classically considered congeneric with what is now *Artamella viridis*, and recent molecular work indicates that within the endemic family Vangidae these two species are not closely related (21, 36).
Conservation: Least Concerned with unknown population trend (19).

Mystacornis crossleyi

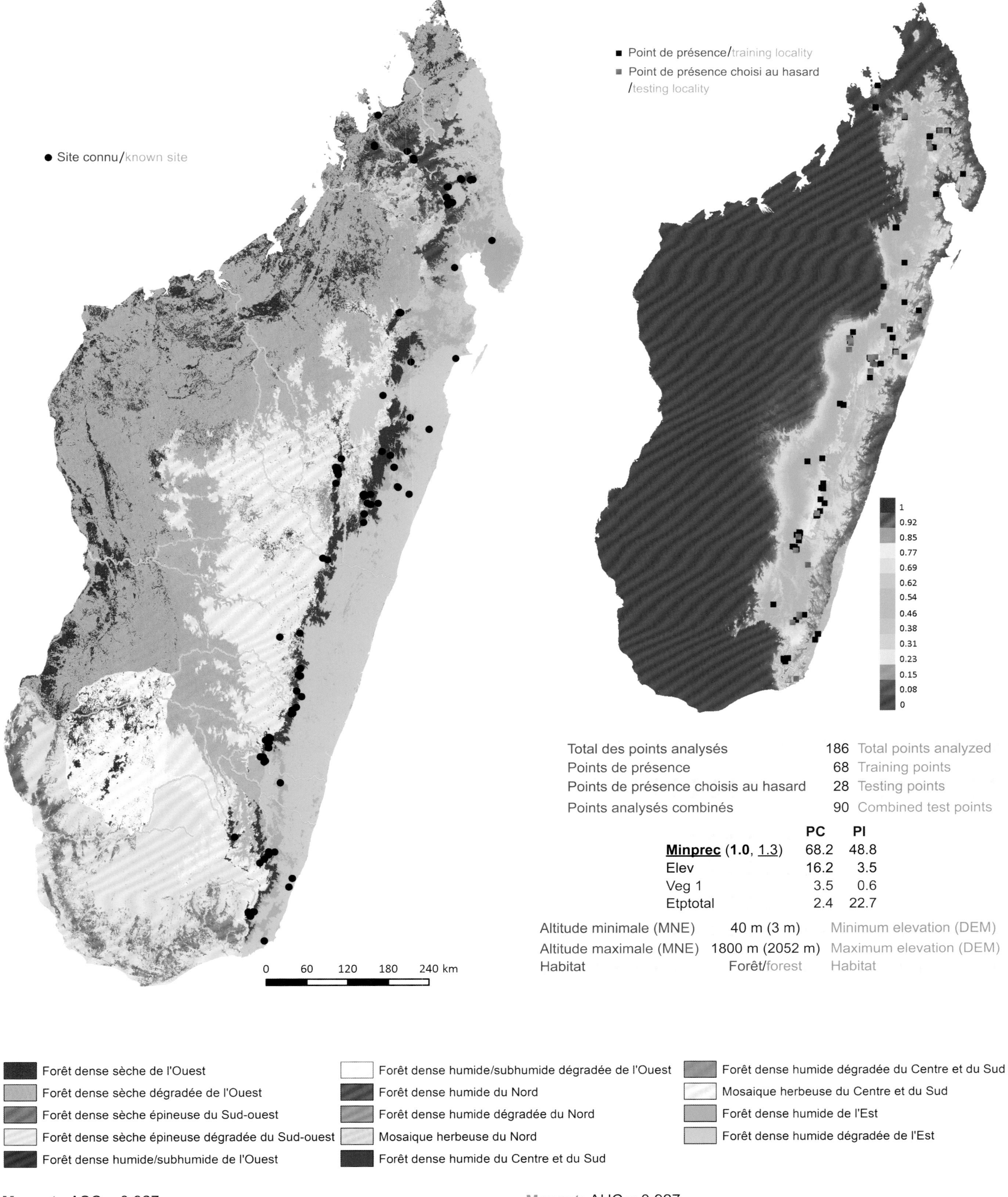

● Site connu/known site
0 60 120 180 240 km
■ Point de présence/training locality
■ Point de présence choisi au hasard /testing locality
1
0.92
0.85
0.77
0.69
0.62
0.54
0.46
0.38
0.31
0.23
0.15
0.08
0
Total des points analysés 186 Total points analyzed
Points de présence 68 Training points
Points de présence choisis au hasard 28 Testing points
Points analysés combinés 90 Combined test points
PC PI
Minprec (1.0, 1.3) 68.2 48.8
Elev 16.2 3.5
Veg 1 3.5 0.6
Etptotal 2.4 22.7
Altitude minimale (MNE) 40 m (3 m) Minimum elevation (DEM)
Altitude maximale (MNE) 1800 m (2052 m) Maximum elevation (DEM)
Habitat Forêt/forest Habitat
Forêt dense sèche de l'Ouest
Forêt dense sèche dégradée de l'Ouest
Forêt dense sèche épineuse du Sud-ouest
Forêt dense sèche épineuse dégradée du Sud-ouest
Forêt dense humide/subhumide de l'Ouest
Forêt dense humide/subhumide dégradée de l'Ouest
Forêt dense humide du Nord
Forêt dense humide dégradée du Nord
Mosaique herbeuse du Nord
Forêt dense humide du Centre et du Sud
Forêt dense humide dégradée du Centre et du Sud
Mosaique herbeuse du Centre et du Sud
Forêt dense humide de l'Est
Forêt dense humide dégradée de l'Est

Maxent : ASC = 0,927
Distribution & habitat : **Endémique**. Strictement forestière. Type d'habitat : humide.
Systématique : Auparavant placée dans la famille des Timaliidae, mais basée sur des études moléculaires, elle est actuellement un membre de la famille endémique des Vangidae (20).
Conservation : Préoccupation mineure avec des populations mal connues (19).

Maxent: AUC = 0.927
Distribution & habitat: **Endemic**. Strictly forest-dwelling. Habitat type: humid.
Systematics: Previously placed in the family Timaliidae, but based on molecular studies now a member of the endemic family Vangidae (20).
Conservation: Least Concerned with unknown population trend (19).

Newtonia amphichroa

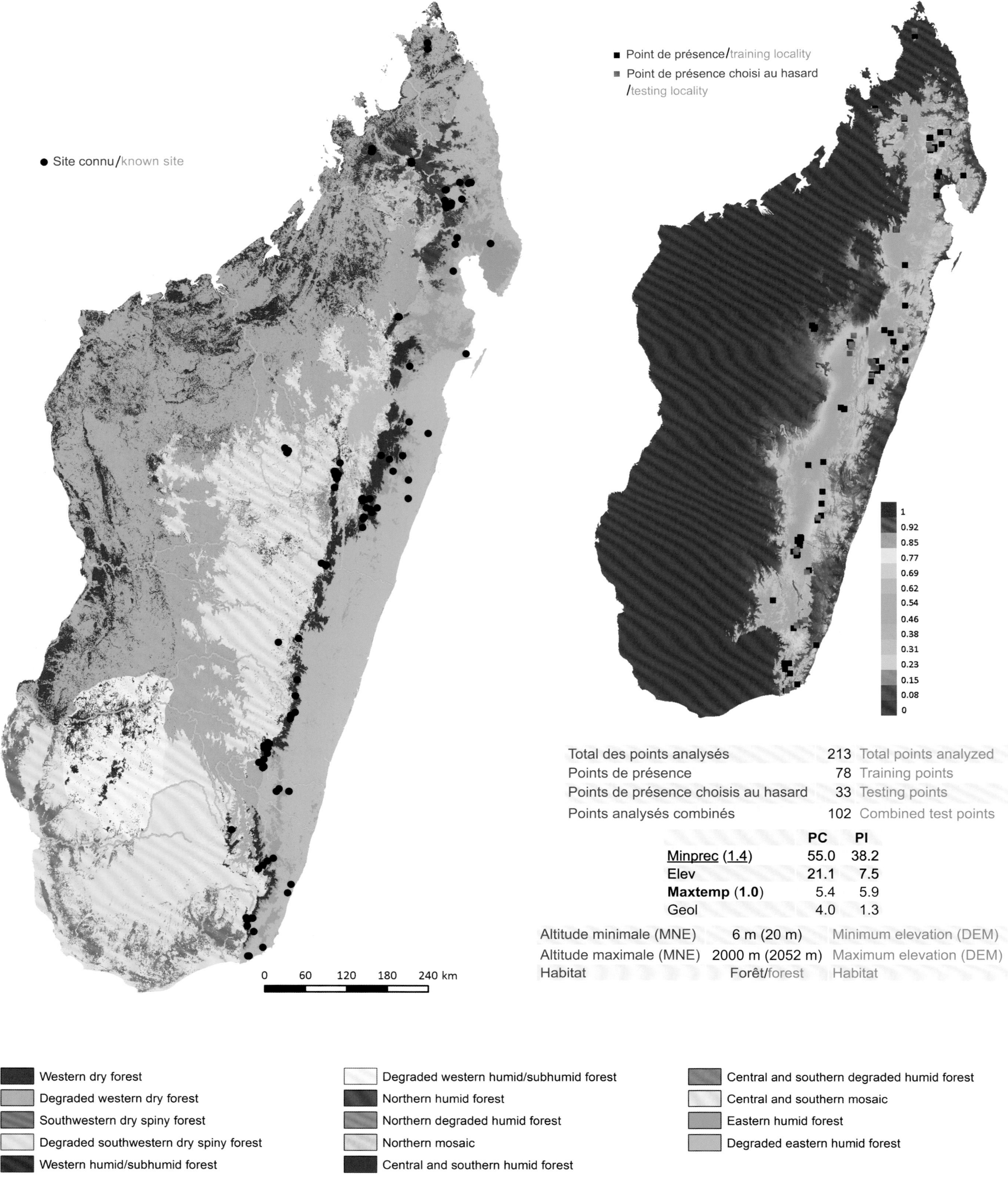
● Site connu/known site
0 60 120 180 240 km
■ Point de présence/training locality
■ Point de présence choisi au hasard /testing locality
1
0.92
0.85
0.77
0.69
0.62
0.54
0.46
0.38
0.31
0.23
0.15
0.08
0
Western dry forest
Degraded western dry forest
Southwestern dry spiny forest
Degraded southwestern dry spiny forest
Western humid/subhumid forest
Degraded western humid/subhumid forest
Northern humid forest
Northern degraded humid forest
Northern mosaic
Central and southern humid forest
Central and southern degraded humid forest
Central and southern mosaic
Eastern humid forest
Degraded eastern humid forest

Total des points analysés	213	Total points analyzed
Points de présence	78	Training points
Points de présence choisis au hasard	33	Testing points
Points analysés combinés	102	Combined test points

	PC	PI
Minprec (1.4)	55.0	38.2
Elev	21.1	7.5
Maxtemp (1.0)	5.4	5.9
Geol	4.0	1.3

Altitude minimale (MNE)	6 m (20 m)	Minimum elevation (DEM)
Altitude maximale (MNE)	2000 m (2052 m)	Maximum elevation (DEM)
Habitat	Forêt/forest	Habitat

Maxent : ASC = 0,930
Distribution & habitat : Endémique. Strictement forestière, mais supporte un certain niveau de perturbation. Type d'habitat : humide.
Systématique : Ce genre a été considéré comme étant un membre de la famille des Sylviidae, mais basé sur des études moléculaires, il appartient à la famille endémique des Vangidae (50).
Autres commentaires : Les relevés sur les massifs septentrionaux proviennent de la Montagne d'Ambre, de Manongarivo et de Tsaratanana. Espèce de sous-bois souvent en sympatrie avec *N. brunneicauda*.
Conservation : Préoccupation mineure avec des populations mal connues (19).

Maxent: AUC = 0.930
Distribution & habitat: Endemic. Strictly forest-dwelling, but tolerant of a certain level of disturbance. Habitat type: humid.
Systematics: This genus has been considered a member of the family Sylviidae, but based on molecular studies it belongs to the endemic family Vangidae (50).
Other comments: The records from northern mountains include Montagne d'Ambre, Manongarivo, and Tsaratanana. This largely understory species is often sympatric with *N. brunneicauda*.
Conservation: Least Concerned with unknown population trend (19).

Newtonia archboldi

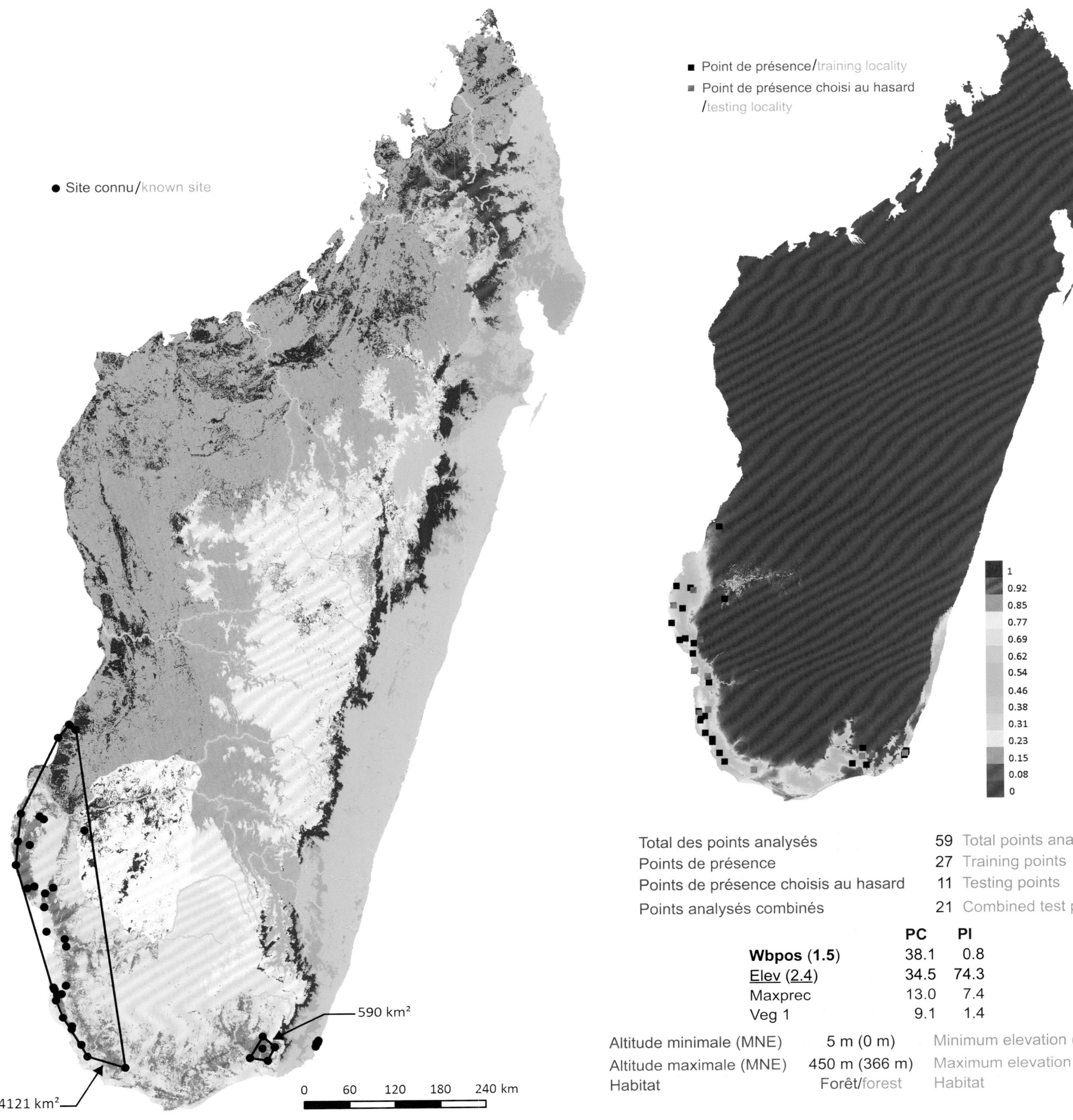

Site connu/known site
590 km²
34121 km²
0 60 120 180 240 km
Point de présence/training locality
Point de présence choisi au hasard /testing locality
1
0.92
0.85
0.77
0.69
0.62
0.54
0.46
0.38
0.31
0.23
0.15
0.08
0

Total des points analysés	59	Total points analyzed
Points de présence	27	Training points
Points de présence choisis au hasard	11	Testing points
Points analysés combinés	21	Combined test points

	PC	PI
Wbpos (1.5)	38.1	0.8
Elev (2.4)	34.5	74.3
Maxprec	13.0	7.4
Veg 1	9.1	1.4

Altitude minimale (MNE)	5 m (0 m)	Minimum elevation (DEM)
Altitude maximale (MNE)	450 m (366 m)	Maximum elevation (DEM)
Habitat	Forêt/forest	Habitat

Maxent : ASC = 0,986
Distribution & habitat : Endémique. Strictement forestière, mais supporte un certain niveau de perturbation. Type d'habitat : sec et sec épineux.
Altitude : Rapportée généralement depuis le niveau de la mer jusqu'à 100 m d'altitude (24), mais également trouvée à des altitudes plus élevées.
Systématique : Ce genre a été considéré comme un membre de la famille des Sylviidae, mais basé sur des études moléculaires, il appartient à la famille endémique des Vangidae (50). Il semble y avoir deux populations isolées, l'une dans le Sud-est et l'autre dans le Sud-ouest. Des études phylogéographiques seraient nécessaires pour définir les niveaux de divergence.
Autres commentaires : Espèce de sous-bois souvent en sympatrie avec *N. brunneicauda*.
Conservation : Zone d'Occurrence pour les deux polygones combinés égale à 34711 km². Une population isolée au nord de Tolagnaro n'a pas été prise en compte lors du calcul. Préoccupation mineure avec des populations mal connues (19).

Maxent: AUC = 0.986
Distribution & habitat: **Endemic**. Strictly forest-dwelling, but tolerant of a certain level of disturbance. Habitat types: dry spiny and dry.
Elevation: Generally cited from sea level-100 m (24), but has been found at higher elevations.
Systematics: This genus has been considered a member of the family Sylviidae, but based on molecular studies it belongs to the endemic family Vangidae (50). There appears to be two disjunct populations, one in the southeast and the other in the southwest; phylogeographic studies are needed to establish levels of divergence.
Other comments: This largely understory species is often sympatric with *N. brunneicauda*.
Conservation: The calculated Extent of Occurrence of the two polygons is 34711 km². A disjunct population north of Tolagnaro is not included in these calculations. Least Concerned with unknown population trend (19).

Newtonia brunneicauda

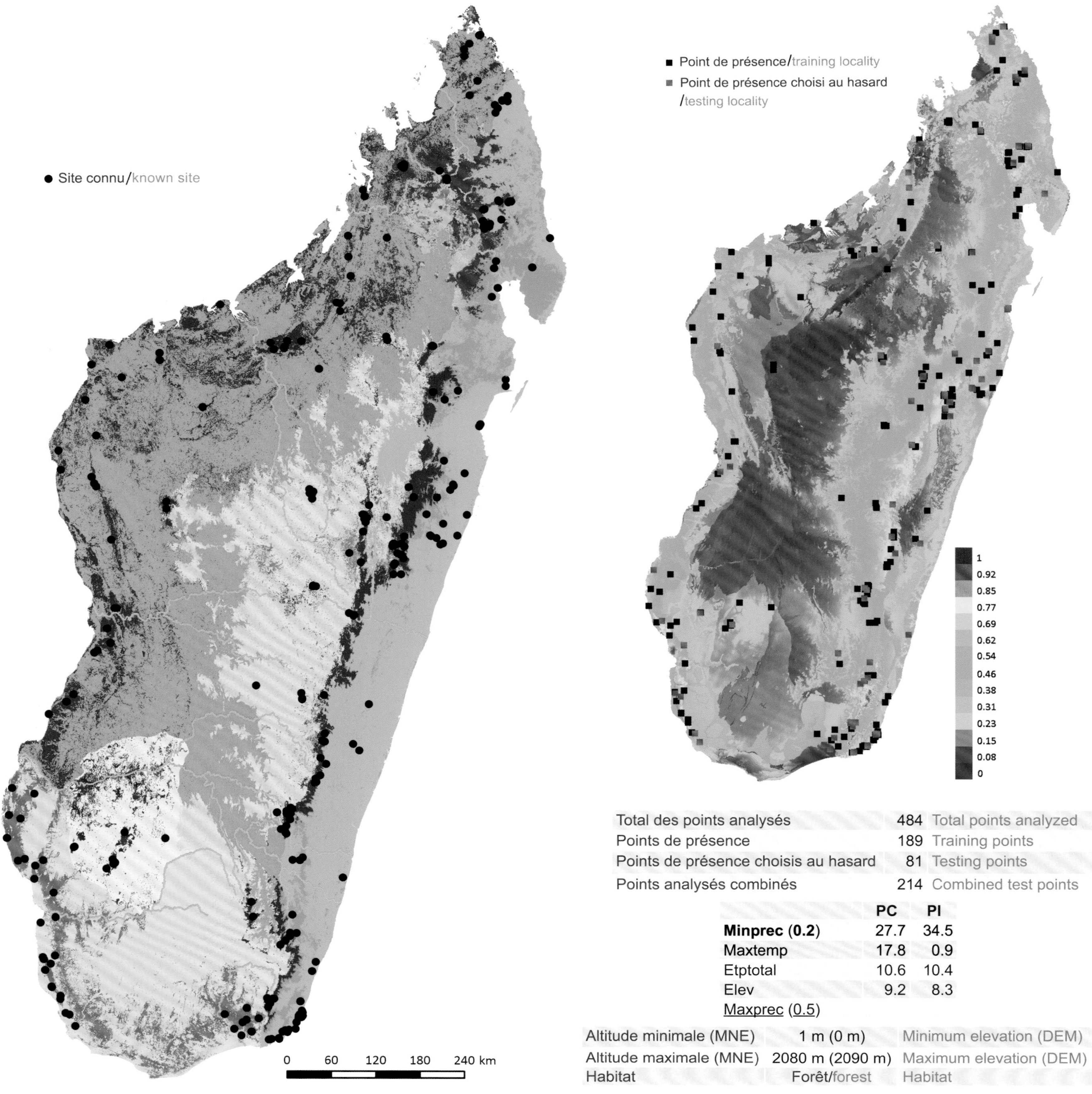

Site connu/known site
0 60 120 180 240 km
Point de présence/training locality
Point de présence choisi au hasard /testing locality
1
0.92
0.85
0.77
0.69
0.62
0.54
0.46
0.38
0.31
0.23
0.15
0.08
0

Total des points analysés	484	Total points analyzed
Points de présence	189	Training points
Points de présence choisis au hasard	81	Testing points
Points analysés combinés	214	Combined test points

	PC	PI
Minprec (0.2)	27.7	34.5
Maxtemp	17.8	0.9
Etptotal	10.6	10.4
Elev	9.2	8.3
Maxprec (0.5)		

Altitude minimale (MNE)	1 m (0 m)	Minimum elevation (DEM)
Altitude maximale (MNE)	2080 m (2090 m)	Maximum elevation (DEM)
Habitat	Forêt/forest	Habitat

Maxent : ASC = 0,831
Distribution & habitat : Endémique. Strictement forestière, mais supporte un certain niveau de perturbation. Types d'habitat : humide, sec, humide/subhumide et sec épineux.
Systématique : Ce genre a été considéré comme étant un membre de la famille des Sylviidae, mais basé sur des études moléculaires, il appartient à la famille endémique des Vangidae (50). Les modèles de divergence moléculaire entre les deux sous-espèces, *N. b. brunneicauda* et *N. b. monticola*, devraient être examinés afin de mieux comprendre les patrons de variation géographique.
Autres commentaires : Espèce de sous-bois souvent en sympatrie au moins avec un membre de ce genre.
Conservation : Préoccupation mineure avec des populations mal connues (19).

Maxent: AUC = 0.831
Distribution & habitat: Endemic. Strictly forest-dwelling, but tolerant of a certain level of disturbance. Habitat types: humid, dry, humid-subhumid, and dry spiny.
Systematics: This genus has been considered a member of the family Sylviidae, but based on molecular studies it belongs to the endemic family Vangidae (50). Patterns of molecular divergence between the two recognized subspecies, *N. b. brunneicauda* and *N. b. monticola*, need to be examined to better understand patterns of geographical variation.
Other comments: This largely understory species is often sympatric with at least one other member of this genus.
Conservation: Least Concerned with unknown population trend (19).

Newtonia fanovanae

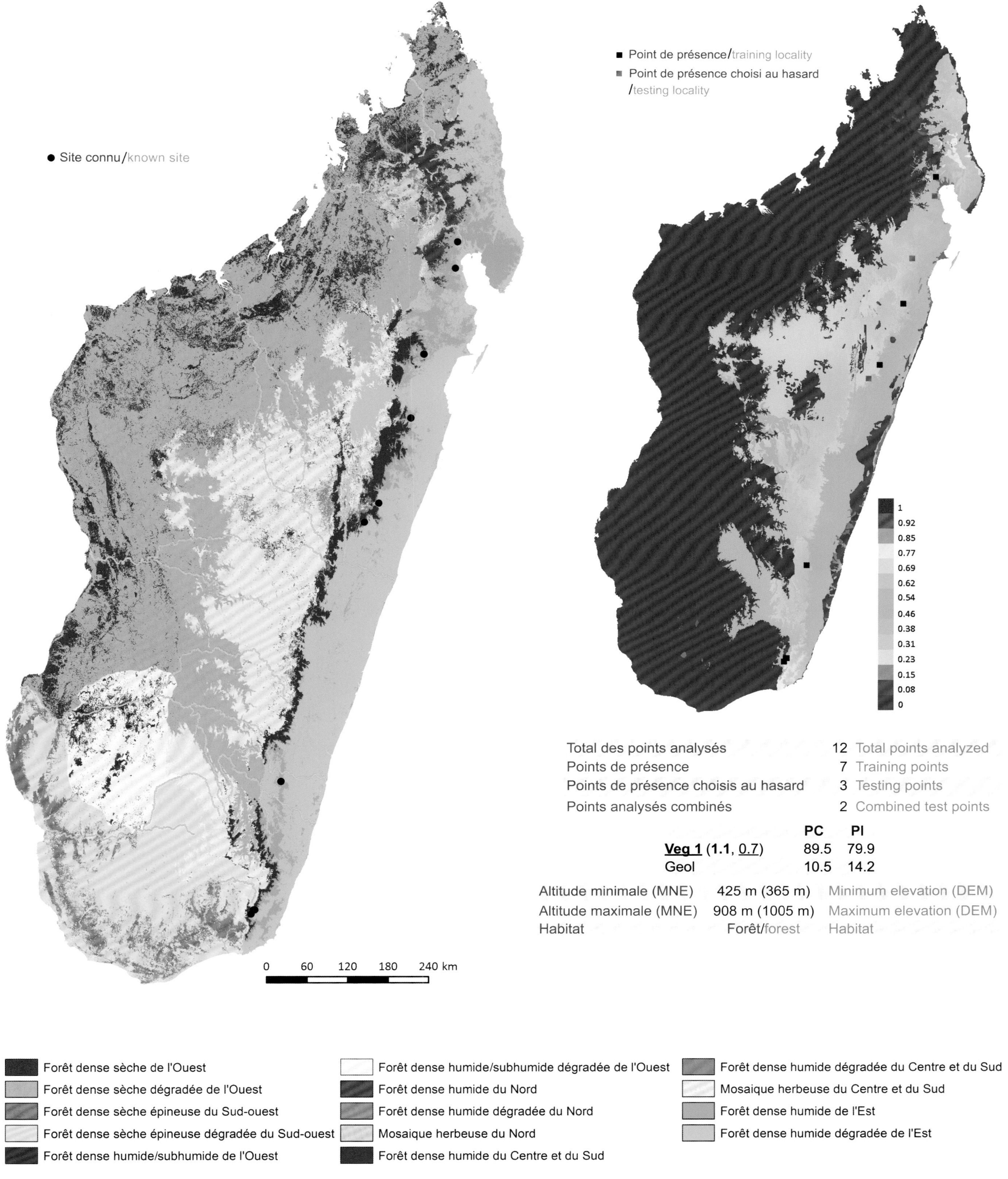
● Site connu/known site
■ Point de présence/training locality
■ Point de présence choisi au hasard /testing locality
1
0.92
0.85
0.77
0.69
0.62
0.54
0.46
0.38
0.31
0.23
0.15
0.08
0
0 60 120 180 240 km
Total des points analysés 12 Total points analyzed
Points de présence 7 Training points
Points de présence choisis au hasard 3 Testing points
Points analysés combinés 2 Combined test points
PC PI
Veg 1 (1.1, 0.7) 89.5 79.9
Geol 10.5 14.2
Altitude minimale (MNE) 425 m (365 m) Minimum elevation (DEM)
Altitude maximale (MNE) 908 m (1005 m) Maximum elevation (DEM)
Habitat Forêt/forest Habitat
Forêt dense sèche de l'Ouest
Forêt dense sèche dégradée de l'Ouest
Forêt dense sèche épineuse du Sud-ouest
Forêt dense sèche épineuse dégradée du Sud-ouest
Forêt dense humide/subhumide de l'Ouest
Forêt dense humide/subhumide dégradée de l'Ouest
Forêt dense humide du Nord
Forêt dense humide dégradée du Nord
Mosaique herbeuse du Nord
Forêt dense humide du Centre et du Sud
Forêt dense humide dégradée du Centre et du Sud
Mosaique herbeuse du Centre et du Sud
Forêt dense humide de l'Est
Forêt dense humide dégradée de l'Est

Maxent : ASC = 0,946
Distribution & habitat : Endémique. Strictement forestière. Type d'habitat : humide.
Systématique : Ce genre a été considéré comme étant un membre de la famille des Sylviidae, mais basé sur des études moléculaires, il appartient à la famille endémique des Vangidae (21).
Autres commentaires : Espèce mal connue ayant probablement une distribution dans les forêts de basse altitude restante de l'Est. Limite septentrionale inconnue. Espèce souvent en sympatrie avec *N. brunneicauda*.
Conservation : Vulnérable avec des populations en déclin (19).

Maxent: AUC = 0.946
Distribution & habitat: **Endemic**. Strictly forest-dwelling. Habitat type: humid.
Systematics: This genus has been considered a member of the family Sylviidae, but based on molecular studies it belongs to the endemic family Vangidae (21).
Other comments: This poorly known species presumably has a distribution across the remaining lowland forests of the east. Its northern limit is unclear. This species is often sympatric with *N. brunneicauda*.
Conservation: Vulnerable with decreasing population trend (19).

Oriolia bernieri

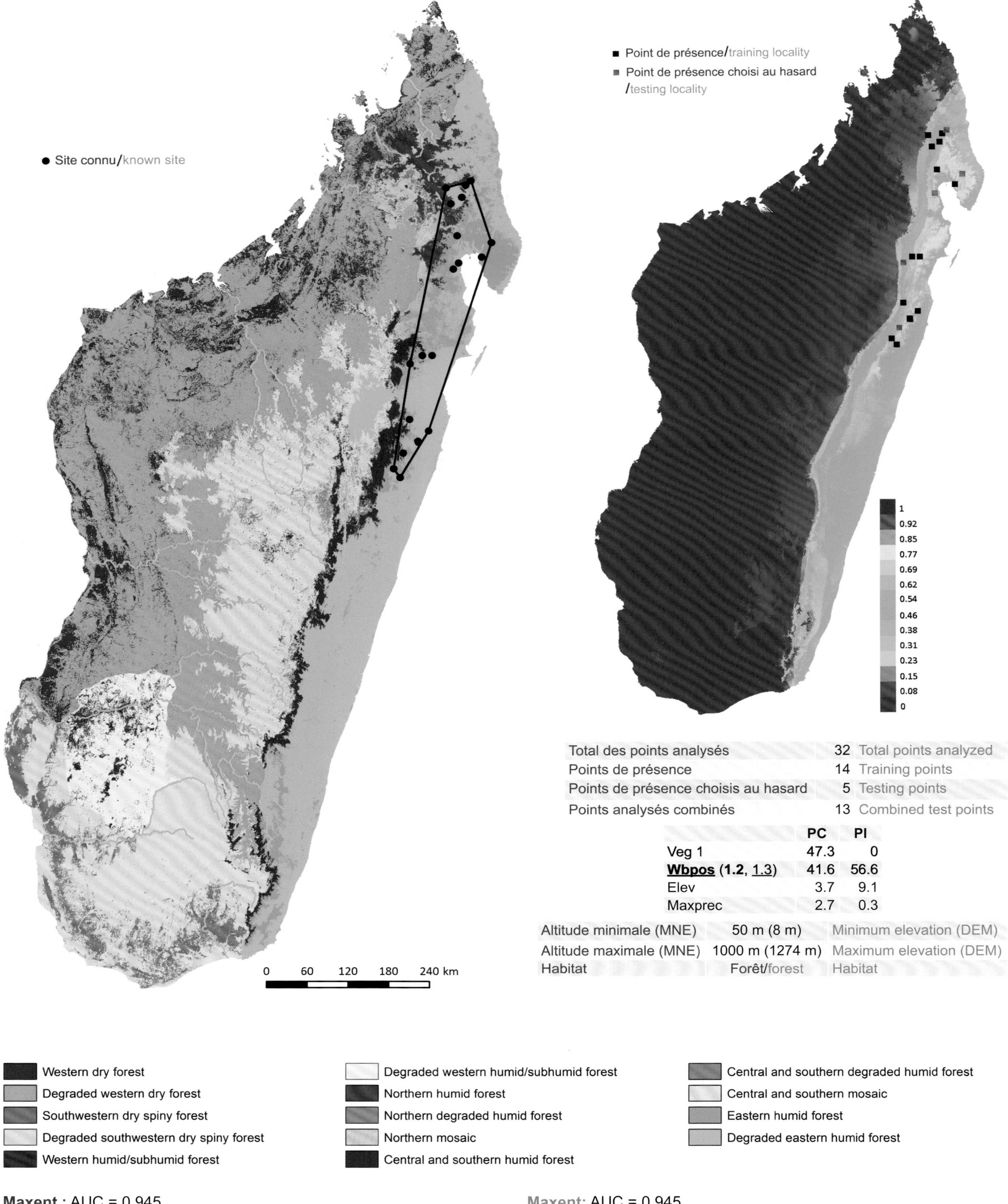
● Site connu/known site
■ Point de présence/training locality
■ Point de présence choisi au hasard /testing locality
1
0.92
0.85
0.77
0.69
0.62
0.54
0.46
0.38
0.31
0.23
0.15
0.08
0
0 60 120 180 240 km
Western dry forest
Degraded western dry forest
Southwestern dry spiny forest
Degraded southwestern dry spiny forest
Western humid/subhumid forest
Degraded western humid/subhumid forest
Northern humid forest
Northern degraded humid forest
Northern mosaic
Central and southern humid forest
Central and southern degraded humid forest
Central and southern mosaic
Eastern humid forest
Degraded eastern humid forest

Total des points analysés	32	Total points analyzed
Points de présence	14	Training points
Points de présence choisis au hasard	5	Testing points
Points analysés combinés	13	Combined test points

	PC	PI
Veg 1	47.3	0
Wbpos (**1.2**, 1.3)	41.6	56.6
Elev	3.7	9.1
Maxprec	2.7	0.3

Altitude minimale (MNE)	50 m (8 m)	Minimum elevation (DEM)
Altitude maximale (MNE)	1000 m (1274 m)	Maximum elevation (DEM)
Habitat	Forêt/forest	Habitat

Maxent : AUC = 0,945
Distribution & habitat : Endémique. Strictement forestière. Type d'habitat : humide.
Autres commentaires : Très peu de relevés sur ce membre de la famille endémique des Vangidae.
Conservation : Zone d'Occurrence égale à 23908 km². Vulnérable avec des populations en déclin (19).

Maxent: AUC = 0.945
Distribution & habitat: Endemic. Strictly forest-dwelling. Habitat type: humid.
Other comments: Notably few records of this member of the endemic family Vangidae.
Conservation: The calculated Extent of Occurrence is 23908 km². Vulnerable with decreasing population trend (19).

Pseudobias wardi

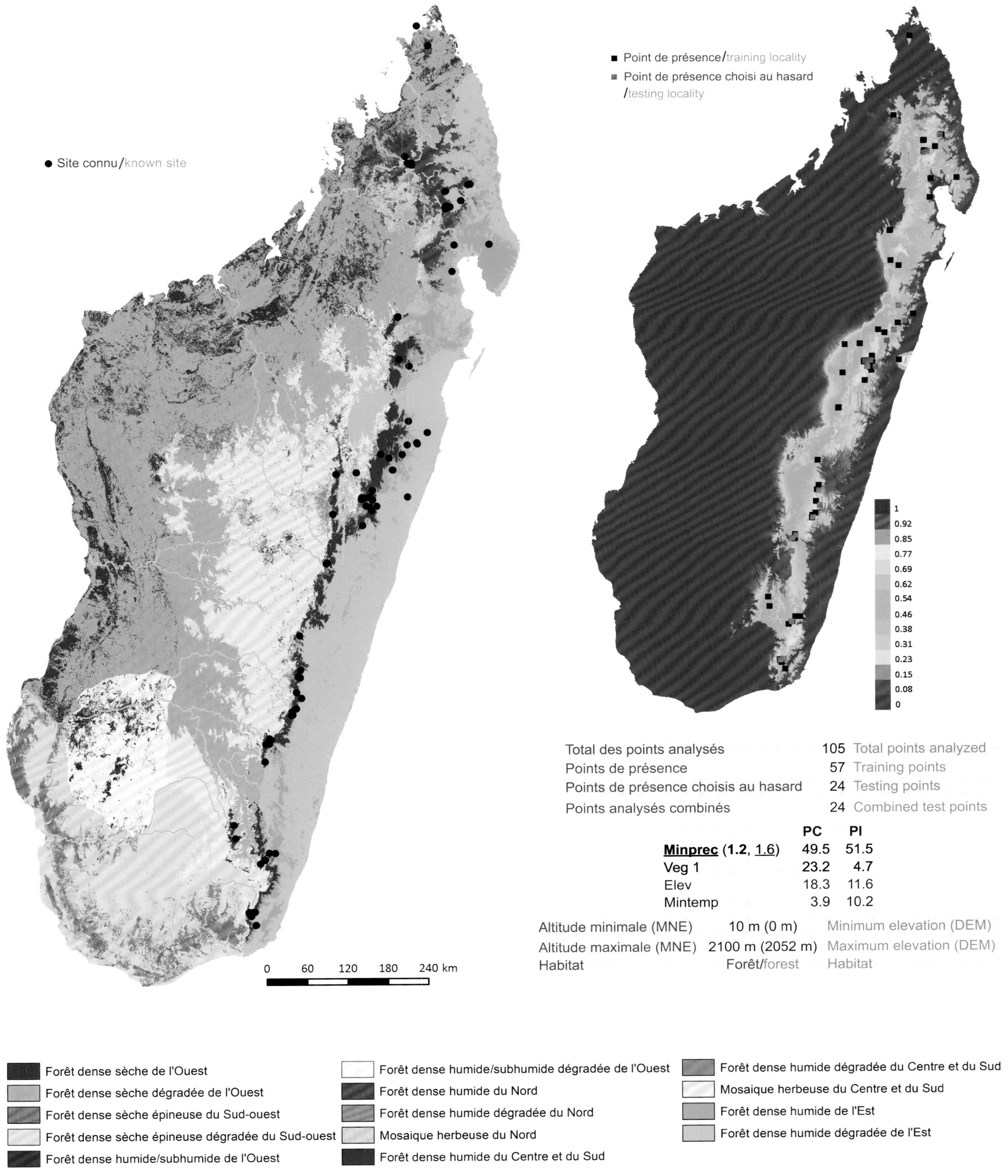
Site connu/known site
Point de présence/training locality
Point de présence choisi au hasard /testing locality
1
0.92
0.85
0.77
0.69
0.62
0.54
0.46
0.38
0.31
0.23
0.15
0.08
0
0 60 120 180 240 km

Total des points analysés	105	Total points analyzed
Points de présence	57	Training points
Points de présence choisis au hasard	24	Testing points
Points analysés combinés	24	Combined test points

	PC	PI
Minprec (1.2, 1.6)	49.5	51.5
Veg 1	23.2	4.7
Elev	18.3	11.6
Mintemp	3.9	10.2

Altitude minimale (MNE)	10 m (0 m)	Minimum elevation (DEM)
Altitude maximale (MNE)	2100 m (2052 m)	Maximum elevation (DEM)
Habitat	Forêt/forest	Habitat

- Forêt dense sèche de l'Ouest
- Forêt dense sèche dégradée de l'Ouest
- Forêt dense sèche épineuse du Sud-ouest
- Forêt dense sèche épineuse dégradée du Sud-ouest
- Forêt dense humide/subhumide de l'Ouest
- Forêt dense humide/subhumide dégradée de l'Ouest
- Forêt dense humide du Nord
- Forêt dense humide dégradée du Nord
- Mosaique herbeuse du Nord
- Forêt dense humide du Centre et du Sud
- Forêt dense humide dégradée du Centre et du Sud
- Mosaique herbeuse du Centre et du Sud
- Forêt dense humide de l'Est
- Forêt dense humide dégradée de l'Est

Maxent : AUC = 0,952
Distribution & habitat : **Endémique**. Strictement forestière, mais supporte un certain niveau de perturbation. Type d'habitat : humide, excluant le relevé à Nosy Hara.
Systématique : Auparavant placée dans la famille des Muscicapidae ou des Platysteiridae, mais elle est actuellement reconnue comme étant un membre de la famille des Vangidae, basée sur des études moléculaires (21, 36).
Autres commentaires : Deux relevés isolés dans le Nord provenant de la Montagne d'Ambre et de Nosy Hara. Probablement une espèce parfois migratrice.
Conservation : Préoccupation mineure avec des populations mal connues (19).

Maxent: AUC = 0.952
Distribution & habitat: **Endemic**. Strictly forest-dwelling, but tolerant of a certain level of disturbance. Habitat type: humid, excluding record from Nosy Hara.
Systematics: Previously placed in the family Muscicapidae or Platysteiridae, but based on molecular studies is now known to be a member of the endemic family Vangidae (21, 36).
Other comments: The two isolated records from the north are from Montagne d'Ambre and Nosy Hara; it cannot be excluded that this species is partially migratory.
Conservation: Least Concerned with unknown population trend (19).

Schetba rufa

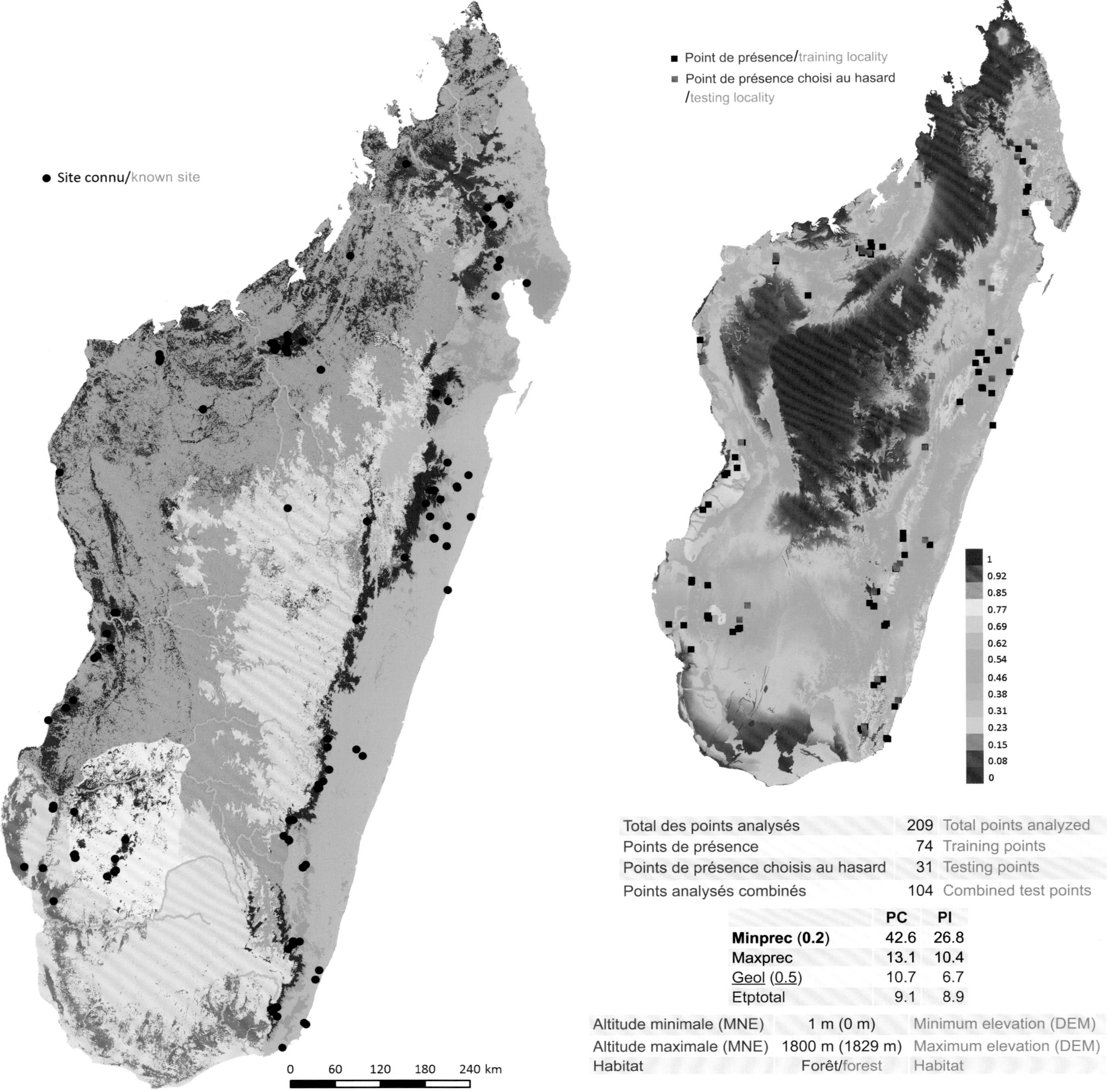

Site connu/known site
0 60 120 180 240 km
Point de présence/training locality
Point de présence choisi au hasard /testing locality
1
0.92
0.85
0.77
0.69
0.62
0.54
0.46
0.38
0.31
0.23
0.15
0.08
0

Total des points analysés	209	Total points analyzed
Points de présence	74	Training points
Points de présence choisis au hasard	31	Testing points
Points analysés combinés	104	Combined test points

	PC	PI
Minprec (0.2)	42.6	26.8
Maxprec	13.1	10.4
Geol (0.5)	10.7	6.7
Etptotal	9.1	8.9

Altitude minimale (MNE)	1 m (0 m)	Minimum elevation (DEM)
Altitude maximale (MNE)	1800 m (1829 m)	Maximum elevation (DEM)
Habitat	Forêt/forest	Habitat

Maxent : ASC = 0,864
Distribution & habitat : Endémique. Strictement forestière, mais supporte un certain niveau de perturbation. Types d'habitat : humide, sec, humide/subhumide et sec épineux.
Systématique : Les modèles de divergence moléculaire entre les deux sous-espèces, *S. r. rufa* de la forêt humide et de *S. r. occidentalis* de la forêt sèche occidentale seraient à examiner pour mieux comprendre leur variation phylogéographique.
Autres commentaire : Espèce appartenant à une famille endémique. Le relevé sur les Hautes Terres centrales a été obtenu à partir d'un spécimen récolté en 1906 à Ankazobe. C'est une zone sans couverture forestière et cette espèce n'est pas connue de la forêt avoisinante d'Ambohitantely (26).
Conservation : Préoccupation mineure avec des populations mal connues (19).

Maxent: AUC = 0.864
Distribution & habitat: Endemic. Strictly forest-dwelling, but tolerant of a certain level of disturbance. Habitat types: humid, dry, humid-subhumid, and dry spiny.
Systematics: Patterns of molecular divergence between the two recognized subspecies, *S. r. rufa* found in humid forest and *S. r. occidentalis* in western dry forest, need to be examined to better understand phylogeographic variation.
Other comments: This species belongs to an endemic family. The record from the central portion of the Central Highlands is a specimen collected in 1906 from Ankazobe. This is a zone that has no remaining forested areas and this species is unknown from the nearby Ambohitantely Forest (26).
Conservation: Least Concerned with unknown population trend (19).

Tylas eduardi

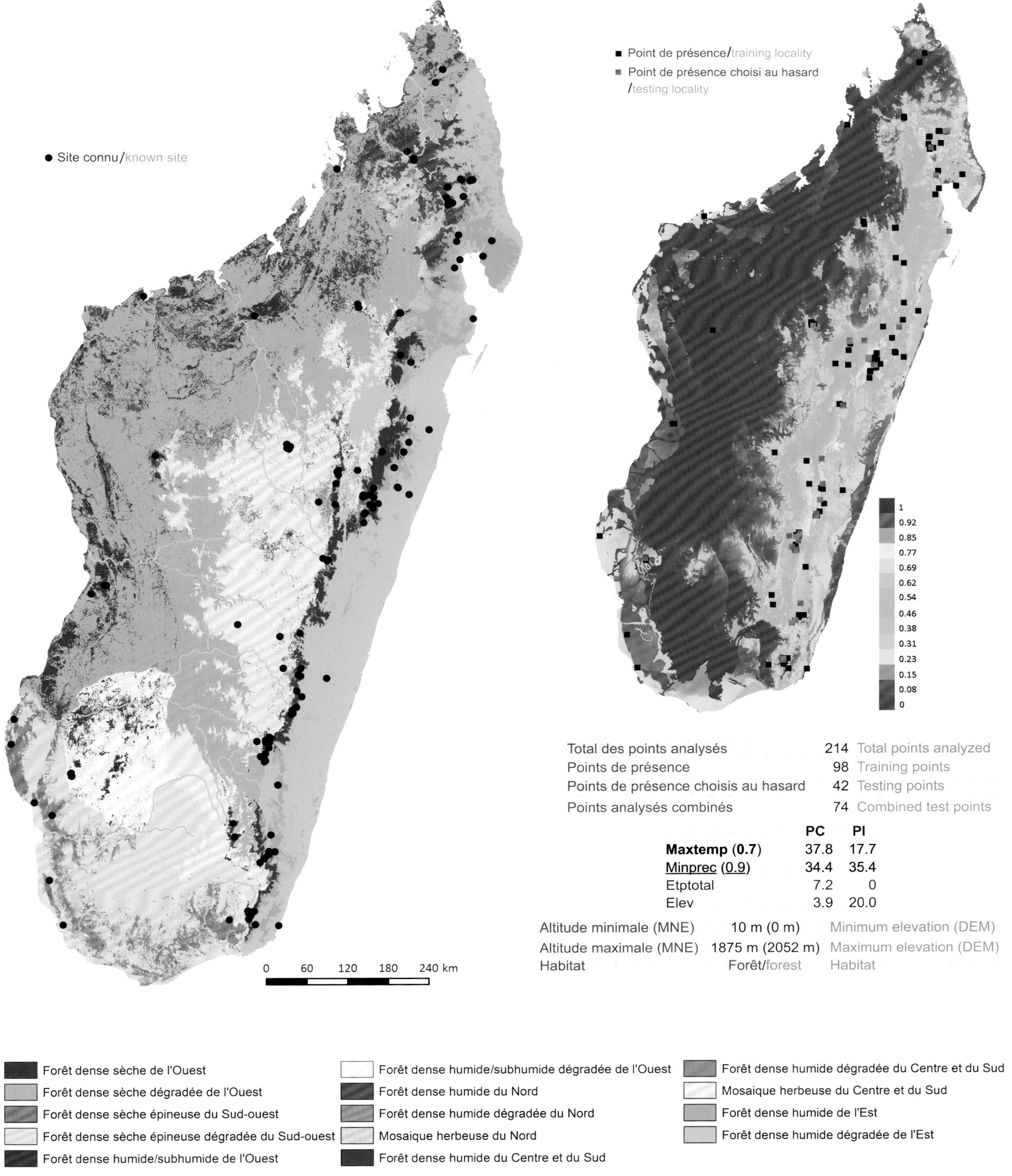

Site connu/known site
Point de présence/training locality
Point de présence choisi au hasard /testing locality
1
0.92
0.85
0.77
0.69
0.62
0.54
0.46
0.38
0.31
0.23
0.15
0.08
0
0 60 120 180 240 km
Total des points analysés 214 Total points analyzed
Points de présence 98 Training points
Points de présence choisis au hasard 42 Testing points
Points analysés combinés 74 Combined test points
PC PI
Maxtemp (0.7) 37.8 17.7
Minprec (0.9) 34.4 35.4
Etptotal 7.2 0
Elev 3.9 20.0
Altitude minimale (MNE) 10 m (0 m) Minimum elevation (DEM)
Altitude maximale (MNE) 1875 m (2052 m) Maximum elevation (DEM)
Habitat Forêt/forest Habitat
Forêt dense sèche de l'Ouest
Forêt dense sèche dégradée de l'Ouest
Forêt dense sèche épineuse du Sud-ouest
Forêt dense sèche épineuse dégradée du Sud-ouest
Forêt dense humide/subhumide de l'Ouest
Forêt dense humide/subhumide dégradée de l'Ouest
Forêt dense humide du Nord
Forêt dense humide dégradée du Nord
Mosaique herbeuse du Nord
Forêt dense humide du Centre et du Sud
Forêt dense humide dégradée du Centre et du Sud
Mosaique herbeuse du Centre et du Sud
Forêt dense humide de l'Est
Forêt dense humide dégradée de l'Est

Maxent : ASC = 0,889

Distribution & habitat : **Endémique**. Strictement forestière, mais supporte un certain niveau de perturbation. Types d'habitat : humide, sec, humide/subhumide et sec épineux.

Systématique : Auparavant placée dans différentes familles, mais elle est un membre de la famille endémique des Vangidae, basée sur des analyses moléculaires (21, 36). Deux différentes formes reconnues suivant les caractéristiques du plumage, *T. e. eduardi* dans la forêt humide de l'Est et *T. e. albigularis* dans la forêt sèche de l'Ouest. Une étude moléculaire serait nécessaire pour comprendre les niveaux de divergence entre ces deux formes.

Conservation : Préoccupation mineure avec des populations mal connues (19).

Maxent: AUC = 0.889

Distribution & habitat: **Endemic**. Strictly forest-dwelling, but tolerant of a certain level of disturbance. Habitat types: humid, dry, humid-subhumid, and dry spiny.

Systematics: This species has been previously placed in several different families, but based on molecular analyses it is a member of the endemic Vangidae (21, 36). Two distinct forms recognized based on plumage characteristics, *T. e. eduardi* in the eastern humid forests and *T. e. albigularis* in the western dry forests. A molecular study would be useful to understand levels of divergence between these two forms.

Conservation: Least Concerned with unknown population trend (19).

Vanga curvirostris

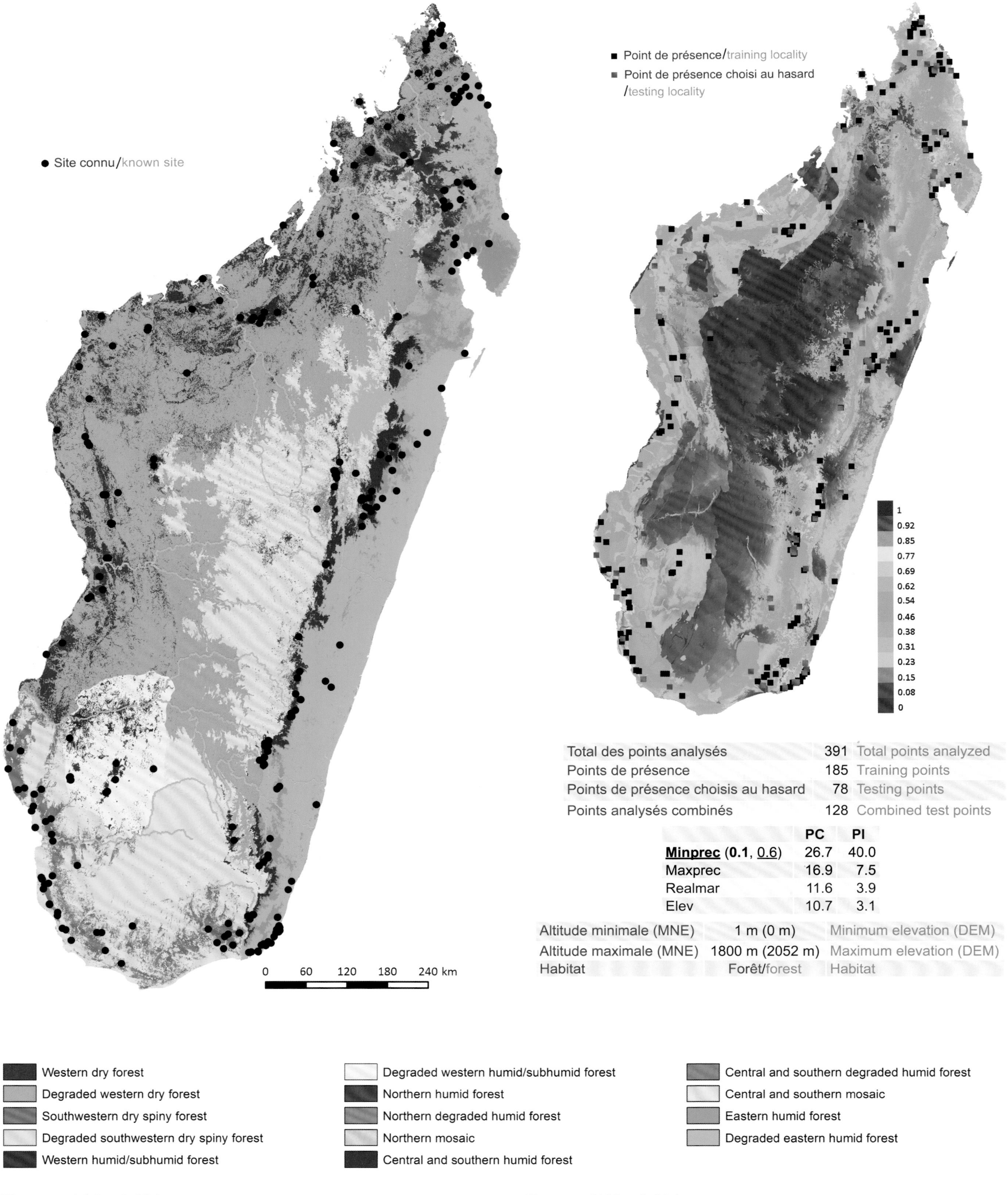

● Site connu/known site
■ Point de présence/training locality
■ Point de présence choisi au hasard /testing locality
1
0.92
0.85
0.77
0.69
0.62
0.54
0.46
0.38
0.31
0.23
0.15
0.08
0
0 60 120 180 240 km
Western dry forest
Degraded western dry forest
Southwestern dry spiny forest
Degraded southwestern dry spiny forest
Western humid/subhumid forest
Degraded western humid/subhumid forest
Northern humid forest
Northern degraded humid forest
Northern mosaic
Central and southern humid forest
Central and southern degraded humid forest
Central and southern mosaic
Eastern humid forest
Degraded eastern humid forest

Total des points analysés	391	Total points analyzed
Points de présence	185	Training points
Points de présence choisis au hasard	78	Testing points
Points analysés combinés	128	Combined test points

	PC	PI
Minprec (**0.1**, 0.6)	26.7	40.0
Maxprec	16.9	7.5
Realmar	11.6	3.9
Elev	10.7	3.1

Altitude minimale (MNE)	1 m (0 m)	Minimum elevation (DEM)
Altitude maximale (MNE)	1800 m (2052 m)	Maximum elevation (DEM)
Habitat	Forêt/forest	Habitat

Maxent : ASC = 0,854

Distribution & habitat : Endémique. Forestière, mais également trouvée dans les formations boisées ouvertes et les zones de plantation d'arbres exotiques. Types d'habitat : humide, sec, humide/subhumide et sec épineux.

Systématique : Deux différentes formes reconnues suivant les caractéristiques du plumage, *V. c. curvirostris* et *V. c. cetera*. Une étude phylogéographique serait nécessaire pour comprendre les niveaux de divergence entre ces deux formes qui appartiennent à une famille endémique.

Conservation : Préoccupation mineure avec des populations mal connues (19).

Maxent: AUC = 0.854

Distribution & habitat: Endemic. Forest-dwelling, but also found in open wooded zones of degraded forest, as well as areas of introduced vegetation. Habitat types: humid, dry, humid-subhumid, and dry spiny.

Systematics: Two subspecies recognized based on plumage characteristics, *V. c. curvirostris* and *V. c. cetera*. A phylogeographic study is needed to understand levels of divergence between these two forms belonging to an endemic family.

Conservation: Least Concerned with unknown population trend (19).

Xenopirostris damii

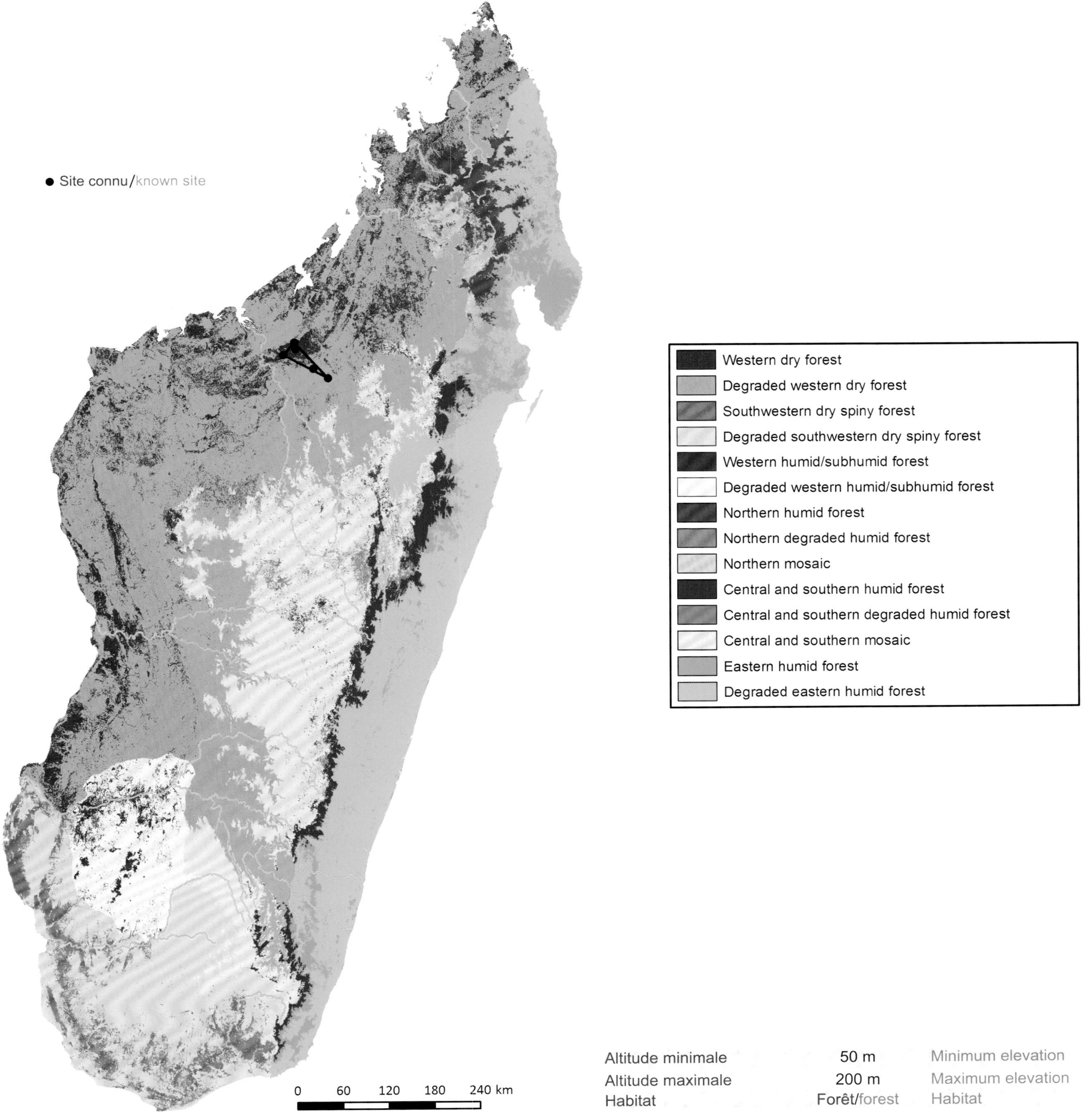
Site connu/known site
Western dry forest
Degraded western dry forest
Southwestern dry spiny forest
Degraded southwestern dry spiny forest
Western humid/subhumid forest
Degraded western humid/subhumid forest
Northern humid forest
Northern degraded humid forest
Northern mosaic
Central and southern humid forest
Central and southern degraded humid forest
Central and southern mosaic
Eastern humid forest
Degraded eastern humid forest
0 60 120 180 240 km

Altitude minimale	50 m	Minimum elevation
Altitude maximale	200 m	Maximum elevation
Habitat	Forêt/forest	Habitat

Distribution & habitat : Endémique. Strictement forestière, mais supporte un certain niveau de perturbation. Type d'habitat : sec.
Autres commentaires : Très peu de relevés sur ce membre d'une famille endémique. Les aires de distribution géographique des trois *Xenopirostris* spp. ne se chevauchent pas.
Conservation : Zone d'Occurrence égale à 711 km². En danger avec des populations en déclin (19).

Distribution & habitat: **Endemic**. Strictly forest-dwelling, but tolerant of a certain level of disturbance. Habitat type: dry.
Other comments: Notably few records of this member of the endemic family Vangidae. The three *Xenopirostris* spp. do not overlap in their geographical ranges.
Conservation: The calculated Extent of Occurrence is 711 km². Endangered with decreasing population trend (19).

Xenopirostris polleni

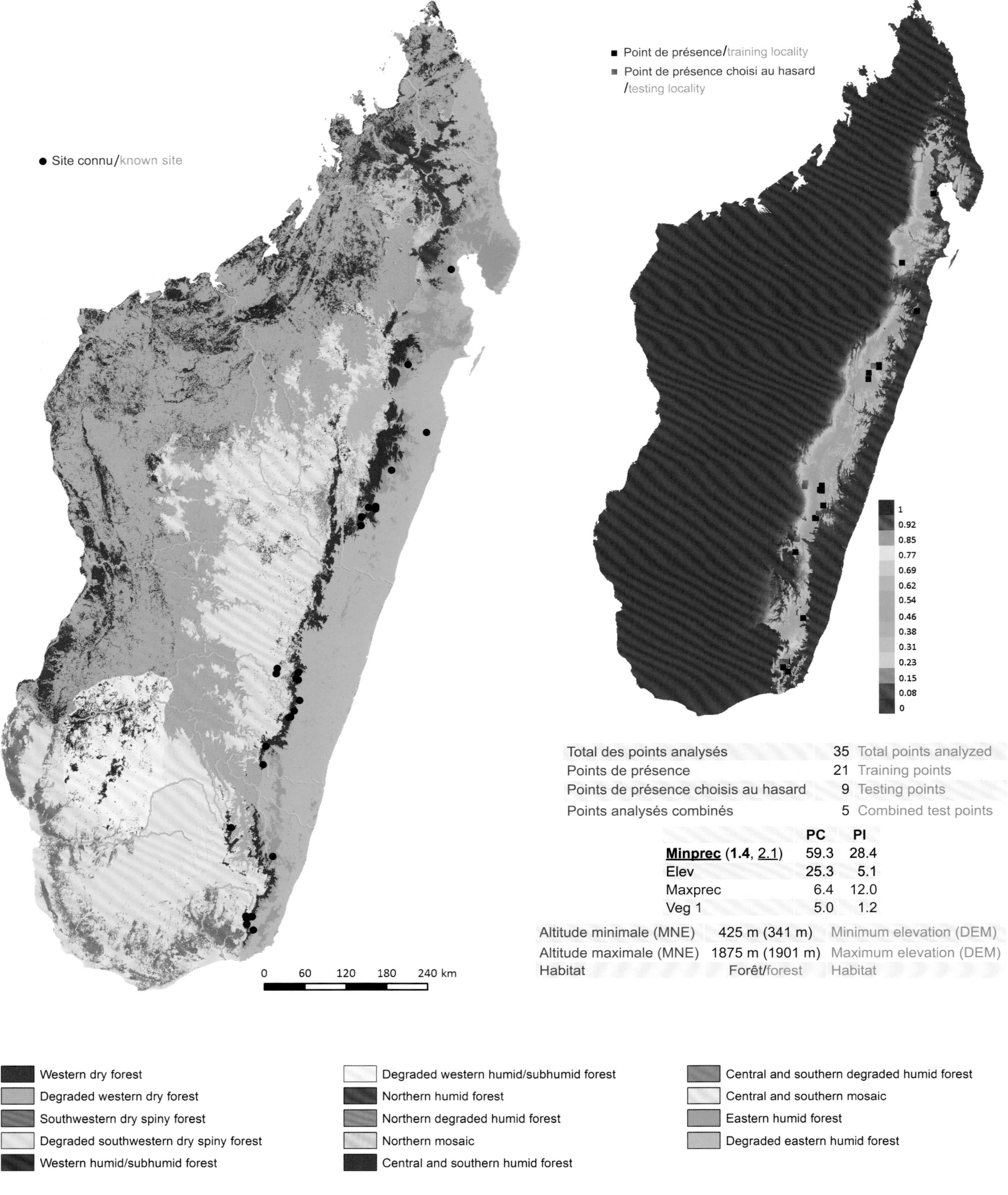

● Site connu/known site
■ Point de présence/training locality
■ Point de présence choisi au hasard /testing locality
1
0.92
0.85
0.77
0.69
0.62
0.54
0.46
0.38
0.31
0.23
0.15
0.08
0
0 60 120 180 240 km

Total des points analysés	35	Total points analyzed
Points de présence	21	Training points
Points de présence choisis au hasard	9	Testing points
Points analysés combinés	5	Combined test points

	PC	PI
Minprec (**1.4**, 2.1)	59.3	28.4
Elev	25.3	5.1
Maxprec	6.4	12.0
Veg 1	5.0	1.2

Altitude minimale (MNE)	425 m (341 m)	Minimum elevation (DEM)
Altitude maximale (MNE)	1875 m (1901 m)	Maximum elevation (DEM)
Habitat	Forêt/forest	Habitat

Western dry forest
Degraded western dry forest
Southwestern dry spiny forest
Degraded southwestern dry spiny forest
Western humid/subhumid forest
Degraded western humid/subhumid forest
Northern humid forest
Northern degraded humid forest
Northern mosaic
Central and southern humid forest
Central and southern degraded humid forest
Central and southern mosaic
Eastern humid forest
Degraded eastern humid forest

Maxent : ASC = 0,979
Distribution & habitat : **Endémique**. Strictement forestière, mais supporte un certain niveau de perturbation. Type d'habitat : humide.
Altitude : Signalée à 1960 m d'altitude (17).
Autres commentaires : Très peu de relevés sur ce membre d'une famille endémique. Les aires de distribution géographique des trois *Xenopirostris* spp. ne se chevauchent pas.
Conservation : Quasi menacée avec des populations mal connues (19).

Maxent: AUC = 0.979
Distribution & habitat: **Endemic**. Strictly forest-dwelling, but tolerant of a certain level of disturbance. Habitat type: humid.
Elevation: There is a report of this species at 1960 m (17).
Other comments: Notably few records of this member of an endemic family. The three *Xenopirostris* spp. do not overlap in their geographical ranges.
Conservation: Near Threatened with unknown population trend (19).

Xenopirostris xenopirostris

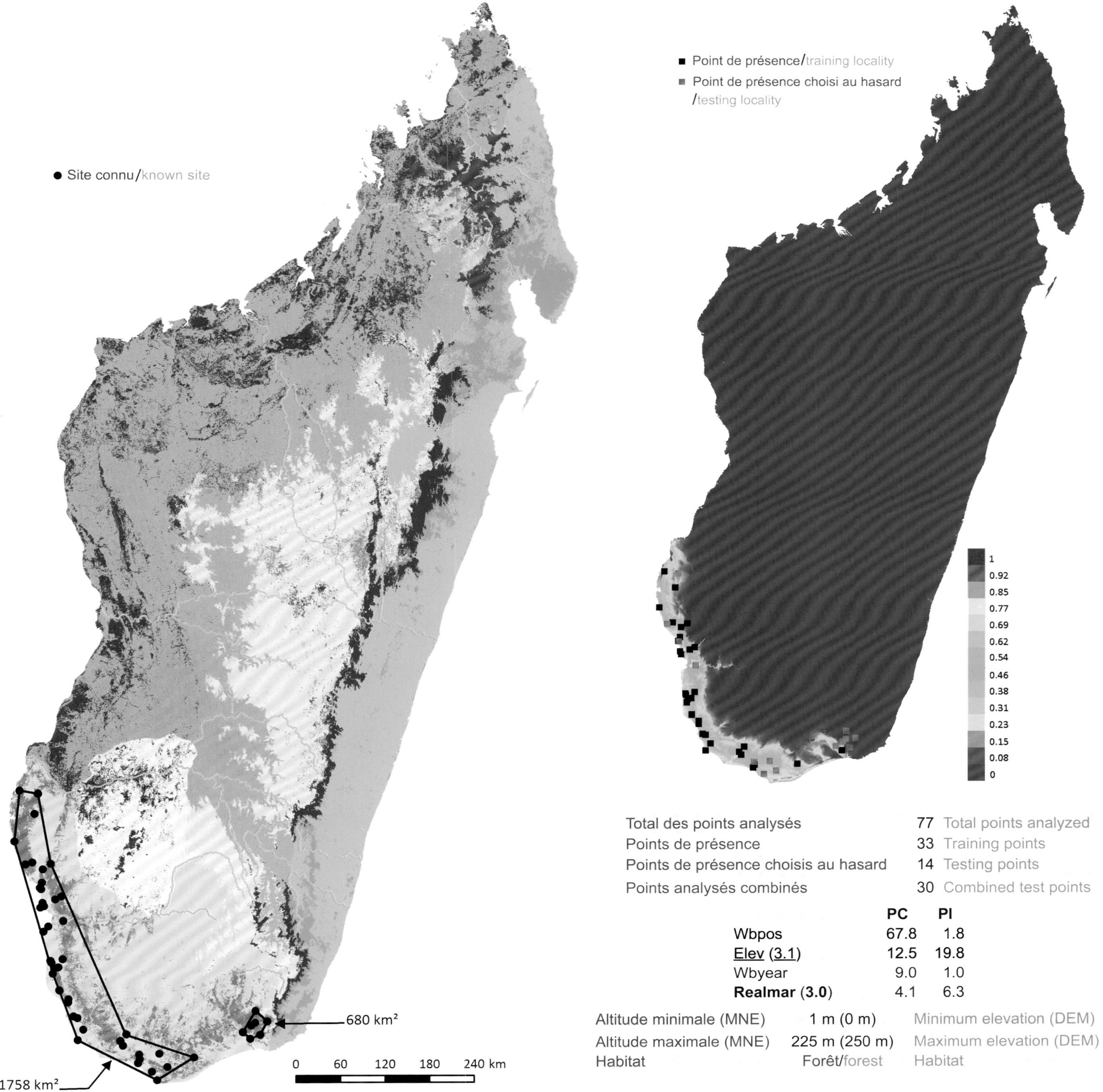
● Site connu/known site
680 km²
21758 km²
0 60 120 180 240 km
■ Point de présence/training locality
■ Point de présence choisi au hasard /testing locality
1
0.92
0.85
0.77
0.69
0.62
0.54
0.46
0.38
0.31
0.23
0.15
0.08
0

Total des points analysés	77	Total points analyzed
Points de présence	33	Training points
Points de présence choisis au hasard	14	Testing points
Points analysés combinés	30	Combined test points

	PC	PI
Wbpos	67.8	1.8
Elev (3.1)	12.5	19.8
Wbyear	9.0	1.0
Realmar (3.0)	4.1	6.3

Altitude minimale (MNE)	1 m (0 m)	Minimum elevation (DEM)
Altitude maximale (MNE)	225 m (250 m)	Maximum elevation (DEM)
Habitat	Forêt/forest	Habitat

Maxent : ASC = 0,987
Distribution & habitat : **Endémique**. Strictement forestière, mais supporte un certain niveau de perturbation. Type d'habitat : sec épineux.
Systématique : Il n'est pas certain que l'absence de *X. xenopirostris* dans l'extrême Sud soit artificielle en raison d'un manque d'observations, ou si elle est biologiquement significative. Une étude phylogéographique devrait être effectuée pour répondre à cette question.
Autres commentaires : Espèce appartenant à une famille endémique. Les aires de distribution géographique des trois *Xenopirostris* spp. ne se chevauchent pas.
Conservation : Zone d'Occurrence pour les deux polygones combinés égale à 22438 km². Préoccupation mineure avec des populations mal connues (19).

Maxent: AUC = 0.987
Distribution & habitat: **Endemic**. Strictly forest-dwelling, but tolerant of a certain level of disturbance. Habitat type: dry spiny.
Systematics: It is unclear if the zone in the extreme south without records of *X. xenopirostris* is artificial based on the lack of observers or biologically accurate; a phylogeographical study might provide insight into this question.
Other comments: This species belongs to an endemic family. The three *Xenopirostris* spp. do not overlap in their geographical ranges.
Conservation: The calculated Extent of Occurrence of the two separate polygons is 22438 km². Least Concerned with unknown population trend (19).

Terpsiphone mutata

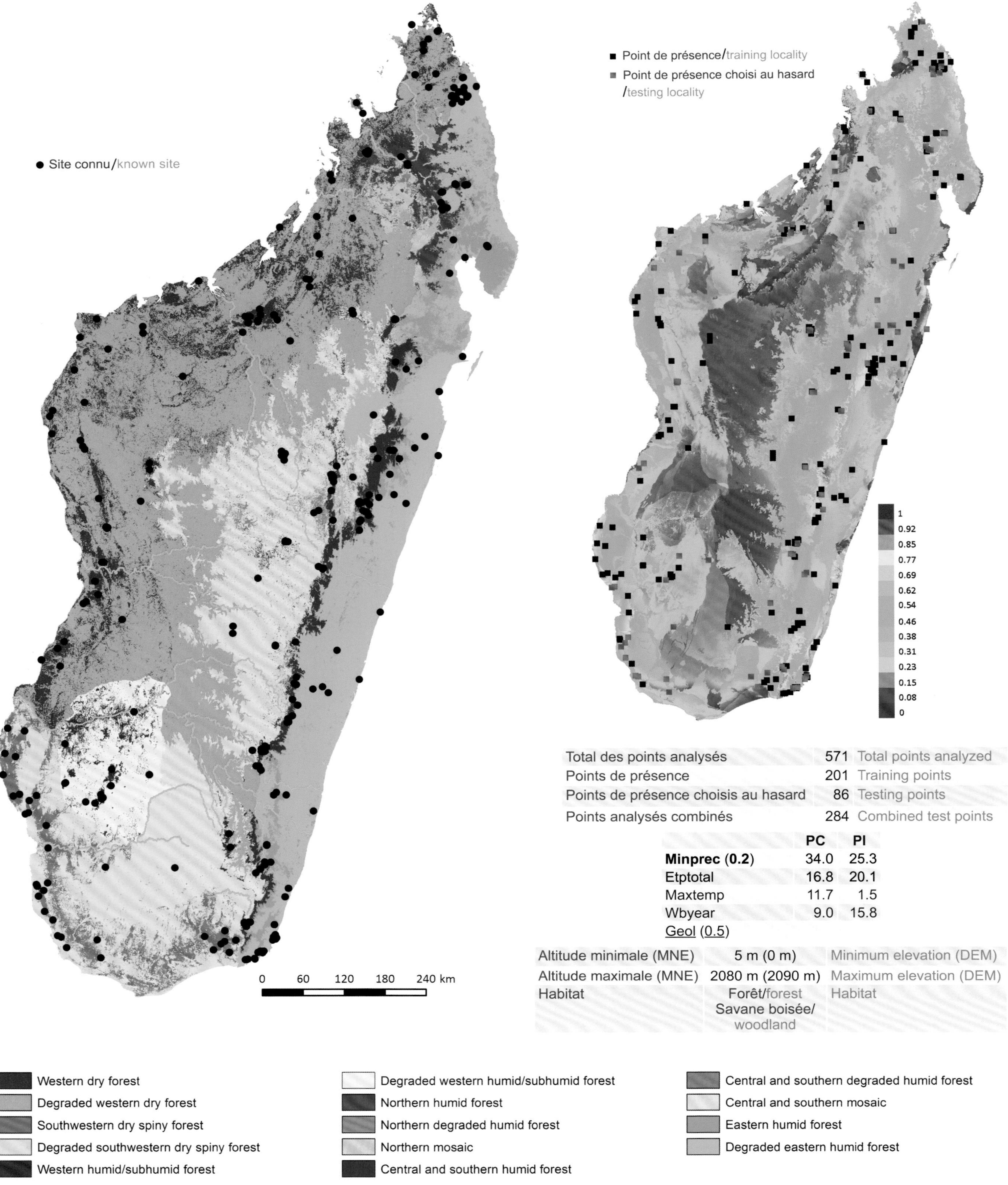
Site connu/known site
Point de présence/training locality
Point de présence choisi au hasard /testing locality
1
0.92
0.85
0.77
0.69
0.62
0.54
0.46
0.38
0.31
0.23
0.15
0.08
0
0 60 120 180 240 km
Western dry forest
Degraded western dry forest
Southwestern dry spiny forest
Degraded southwestern dry spiny forest
Western humid/subhumid forest
Degraded western humid/subhumid forest
Northern humid forest
Northern degraded humid forest
Northern mosaic
Central and southern humid forest
Central and southern degraded humid forest
Central and southern mosaic
Eastern humid forest
Degraded eastern humid forest

Total des points analysés	571	Total points analyzed
Points de présence	201	Training points
Points de présence choisis au hasard	86	Testing points
Points analysés combinés	284	Combined test points

	PC	PI
Minprec (0.2)	34.0	25.3
Etptotal	16.8	20.1
Maxtemp	11.7	1.5
Wbyear	9.0	15.8
Geol (0.5)		

Altitude minimale (MNE)	5 m (0 m)	Minimum elevation (DEM)
Altitude maximale (MNE)	2080 m (2090 m)	Maximum elevation (DEM)
Habitat	Forêt/forest Savane boisée/ woodland	Habitat

Maxent : ASC = 0,821
Distribution & habitat : **Endémique** de la région malgache (Madagascar et Comores). Partiellement forestière, mais également trouvée dans les forêts dégradées, les formations boisées ouvertes et les zones de plantation d'arbres exotiques, ainsi que dans les milieux urbains (Madagascar). Types d'habitat : humide, sec, humide/subhumide et sec épineux. Absente dans certaines parties de Hautes Terres centrales, probablement liée au faible nombre d'observations.
Systématique : Les modèles de divergence moléculaires entre les deux sous-espèces, *T. m. mutata* et *T. m. singetra*, seraient à examiner pour mieux comprendre les patrons de variation géographique.
Conservation : Préoccupation mineure avec des populations en déclin (19).

Maxent: AUC = 0.821
Distribution & habitat: Endemic to Malagasy region (Madagascar, Comoros). Partially forest-dwelling, but also found in degraded forest, open wooded zones, as well as areas of introduced vegetation, such as tree plantations and urban areas (Madagascar). Habitat types: humid, dry, humid-subhumid, and dry spiny. Absence across portions of the Central Highlands probably associated with reduced number of observers.
Systematics: Patterns of molecular divergence between the two named subspecies, *T. m. mutata* and *T. m. singetra*, need to be examined to better understand patterns of geographical variation.
Conservation: Least Concerned with decreasing population trend (19).

Nectarinia notata

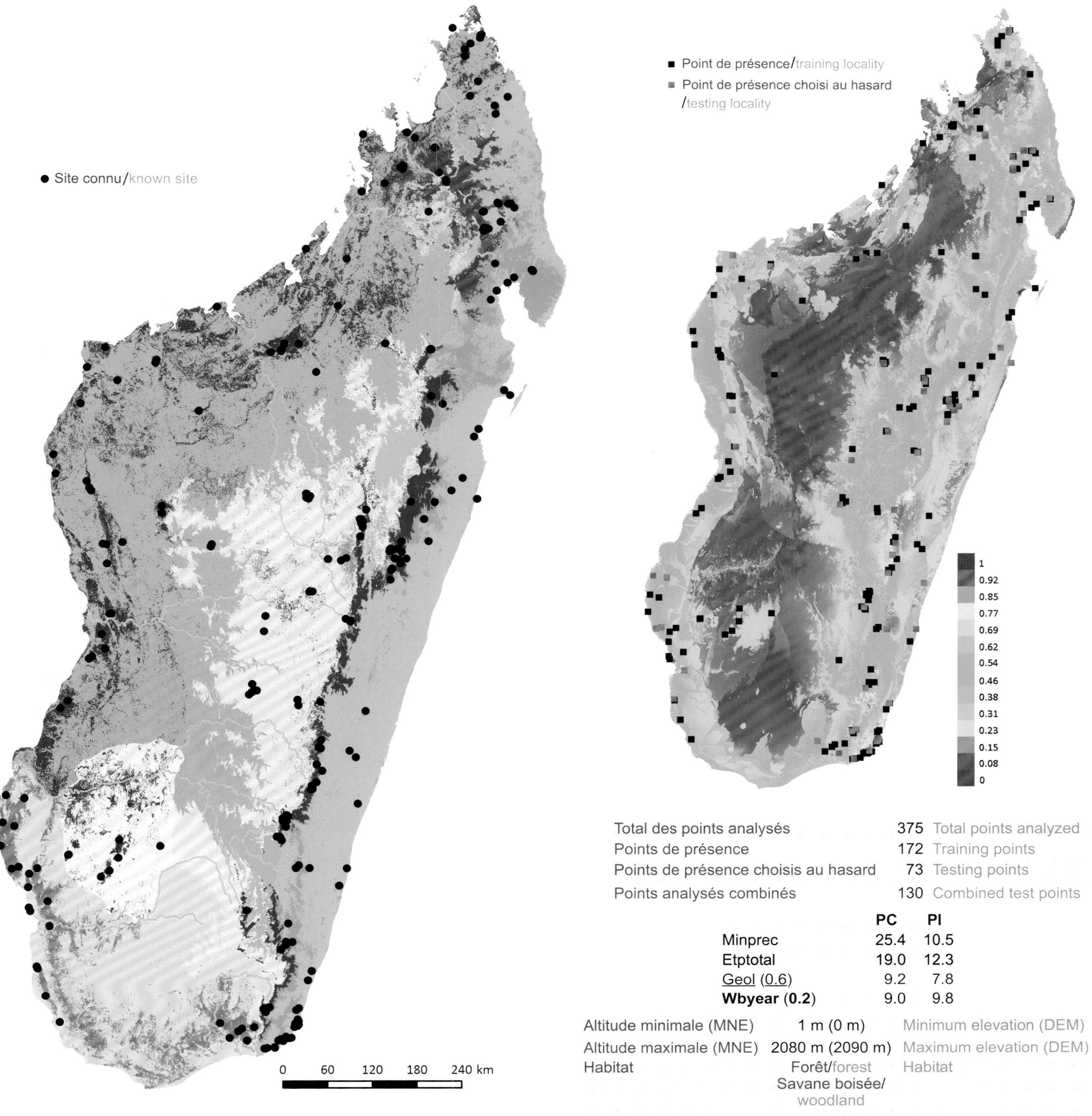
● Site connu/known site
0 60 120 180 240 km
■ Point de présence/training locality
■ Point de présence choisi au hasard /testing locality
1
0.92
0.85
0.77
0.69
0.62
0.54
0.46
0.38
0.31
0.23
0.15
0.08
0

Total des points analysés	375	Total points analyzed
Points de présence	172	Training points
Points de présence choisis au hasard	73	Testing points
Points analysés combinés	130	Combined test points

	PC	PI
Minprec	25.4	10.5
Etptotal	19.0	12.3
Geol (0.6)	9.2	7.8
Wbyear (0.2)	9.0	9.8

Altitude minimale (MNE)	1 m (0 m)	Minimum elevation (DEM)
Altitude maximale (MNE)	2080 m (2090 m)	Maximum elevation (DEM)
Habitat	Forêt/forest Savane boisée/woodland	Habitat

Maxent : ASC = 0,836
Distribution & habitat : **Endémique** de la région malgache (Madagascar et Comores). Partiellement forestière, mais également trouvée dans les forêts dégradées, les formations boisées ouvertes et les zones de plantation d'arbres exotiques, ainsi que dans les milieux urbains (Madagascar). Types d'habitat : humide, sec, humide/subhumide et sec épineux. Absente dans certaines parties de Hautes Terres centrales, probablement liée au faible nombre d'observations.
Systématique : Une étude préliminaire a montré l'absence d'une variation génétique notable entre les individus du Nord et ceux de la partie centrale de Madagascar (43).
Autres commentaires : Espèce largement sympatrique avec *N. souimanga*.
Conservation : Préoccupation mineure avec des populations stables.

Maxent: AUC = 0.836
Distribution & habitat: **Endemic** to Malagasy region (Madagascar, Comoros). Partially forest-dwelling, but also found in degraded forest, open wooded zones, as well as areas of introduced vegetation, such as tree plantations and urban areas (Madagascar). Habitat types: humid, dry, humid-subhumid, and dry spiny. Absence across portions of the Central Highlands probably associated with reduced number of observers.
Systematics: A preliminary study indicates no notable genetic variation between individuals from northern and central Madagascar (43).
Other comments: This species is broadly sympatric with *N. souimanga*.
Conservation: Least Concerned with stable population trend (19).

Nectarinia souimanga

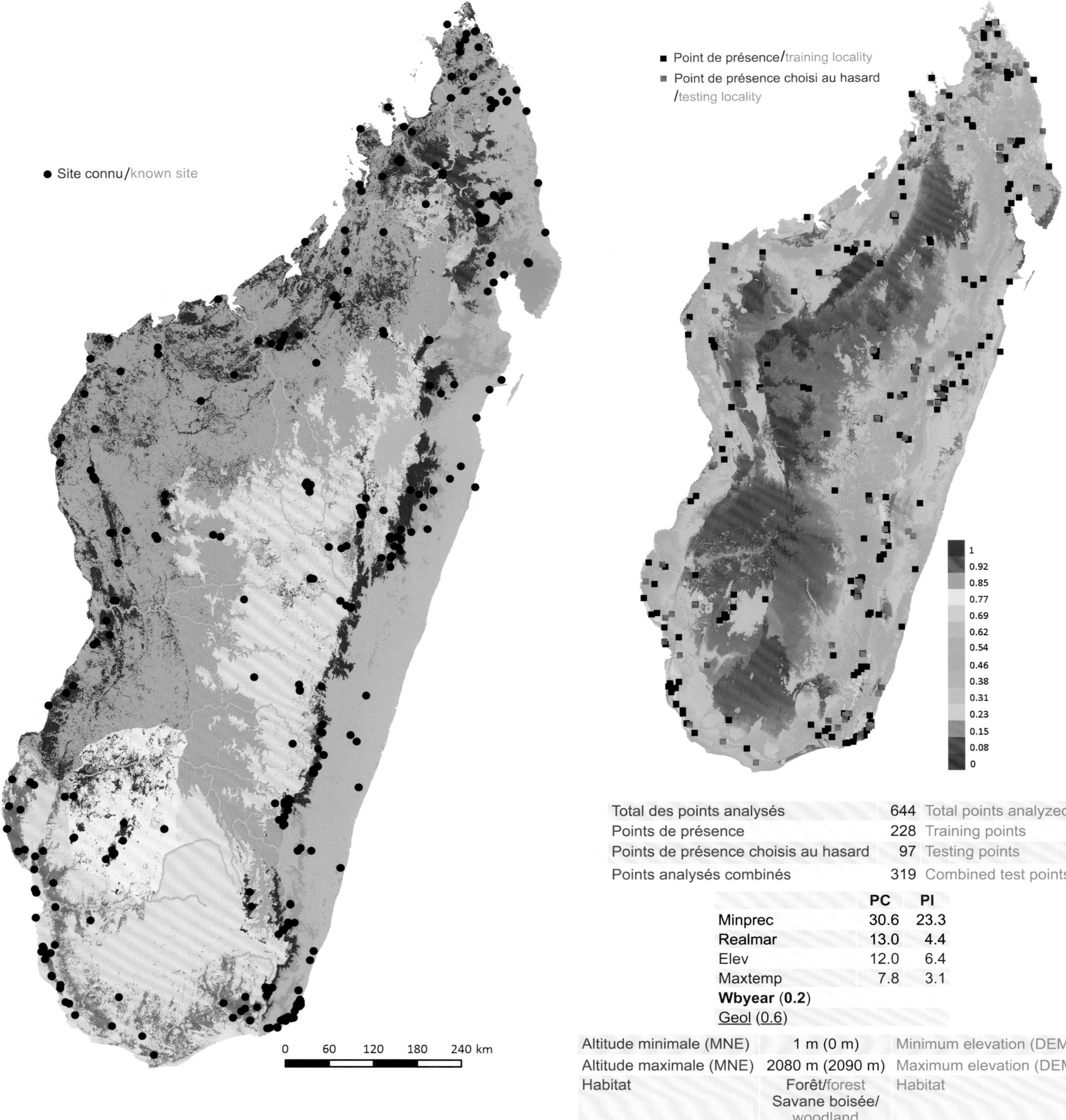

Site connu/known site
0 60 120 180 240 km
Point de présence/training locality
Point de présence choisi au hasard /testing locality
1
0.92
0.85
0.77
0.69
0.62
0.54
0.46
0.38
0.31
0.23
0.15
0.08
0

Total des points analysés	644	Total points analyzed
Points de présence	228	Training points
Points de présence choisis au hasard	97	Testing points
Points analysés combinés	319	Combined test points

	PC	PI
Minprec	30.6	23.3
Realmar	13.0	4.4
Elev	12.0	6.4
Maxtemp	7.8	3.1
Wbyear (**0.2**)		
Geol (0.6)		

Altitude minimale (MNE)	1 m (0 m)	Minimum elevation (DEM)
Altitude maximale (MNE)	2080 m (2090 m)	Maximum elevation (DEM)
Habitat	Forêt/forest Savane boisée/ woodland	Habitat

Maxent : ASC = 0,826
Distribution & habitat : Endémique de la région malgache (Madagascar, Comores et Seychelles). Partiellement forestière, mais également trouvée dans les forêts dégradées, les formations boisées ouvertes et les zones de plantation d'arbres exotiques, ainsi que dans les milieux urbains (Madagascar). Types d'habitat : humide, sec, humide/subhumide et sec épineux. Absente dans certaines parties de Hautes Terres centrales, probablement liée au faible nombre d'observations.
Altitude : Présence signalée à 2200 m d'altitude (17).
Systématique : Les modèles de divergence moléculaires entre les deux sous-espèces, *N. s. souimanga* qui est largement distribuée dans son aire de répartition à Madagascar et *N. s. apolis* du Sud-ouest, seraient à étudier pour comprendre les patrons de variation géographique. Une étude préliminaire a indiqué certaines différences entre les populations de l'île (43).
Autres commentaires : Espèce largement sympatrique avec *N. notata*. Dans certains cas, le nom de l'espèce est écrit *sovimanga*.
Conservation : Préoccupation mineure avec des populations stables (19).

Maxent: AUC = 0.826
Distribution & habitat: Endemic to Malagasy region (Madagascar, Comoros, Seychelles). Partially forest-dwelling, but also found in degraded forest, open wooded zones, as well as areas of introduced vegetation, such as tree plantations and urban areas (Madagascar). Habitat types: humid, dry, humid-subhumid, and dry spiny. Absence across portions of the Central Highlands probably associated with reduced number of observers.
Elevation: There are reports of this species at 2200 m (17).
Systematics: Patterns of molecular divergence between the two recognized subspecies, *N. s. souimanga* across much of this species' Madagascar range and *N. s. apolis* of the southwest, need to be examined to understand patterns of geographical variation. A preliminary study indicates some intra-island differences (43).
Other comments: This species is broadly sympatric with *N. notata*. In some cases, the species name is spelled *sovimanga*.
Conservation: Least Concerned with stable population trend (19).

Zosterops maderaspatana

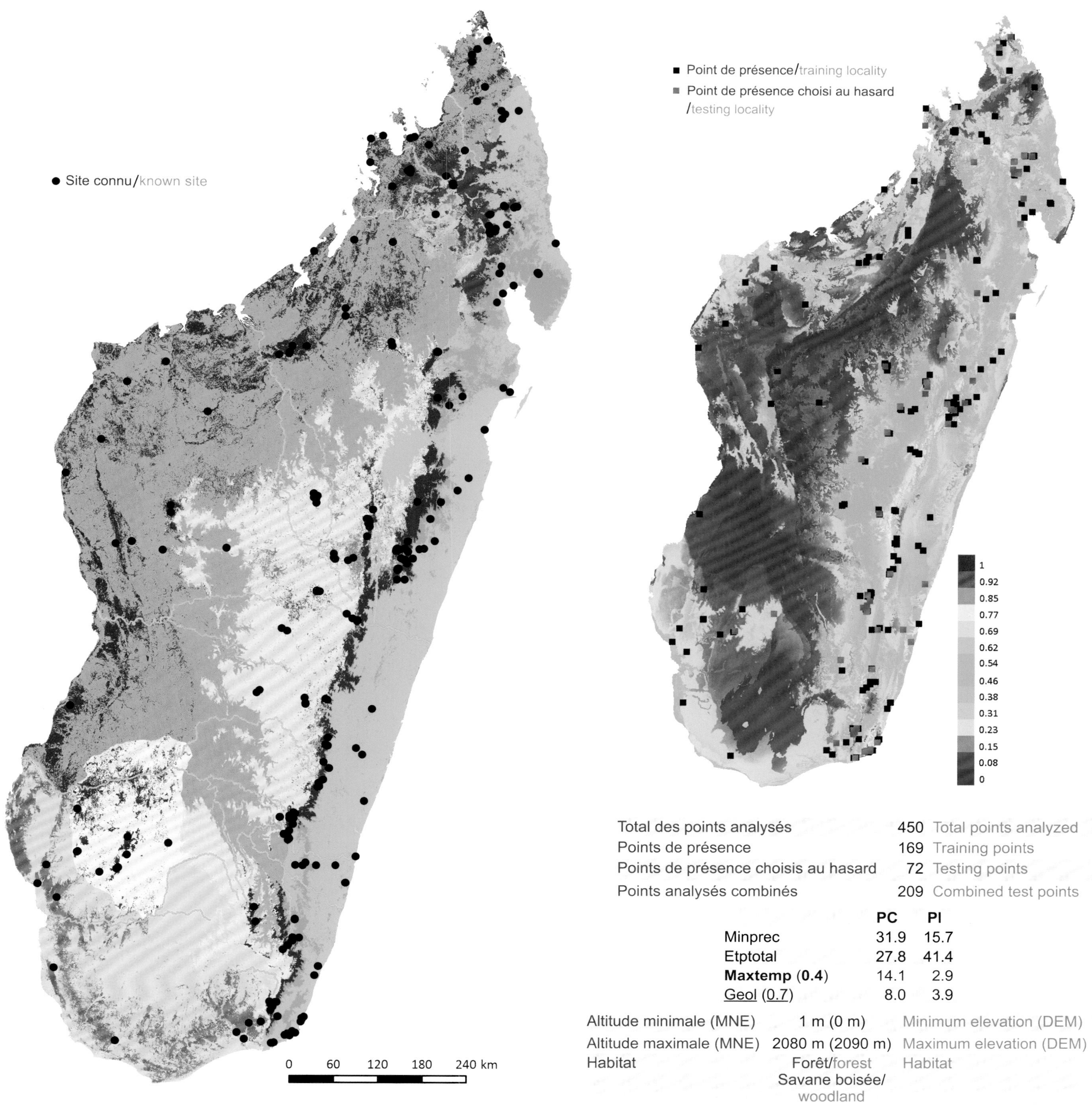

Site connu/known site
0 60 120 180 240 km
Point de présence/training locality
Point de présence choisi au hasard /testing locality
1
0.92
0.85
0.77
0.69
0.62
0.54
0.46
0.38
0.31
0.23
0.15
0.08
0
Total des points analysés 450 Total points analyzed
Points de présence 169 Training points
Points de présence choisis au hasard 72 Testing points
Points analysés combinés 209 Combined test points
PC PI
Minprec 31.9 15.7
Etptotal 27.8 41.4
Maxtemp (0.4) 14.1 2.9
Geol (0.7) 8.0 3.9
Altitude minimale (MNE) 1 m (0 m) Minimum elevation (DEM)
Altitude maximale (MNE) 2080 m (2090 m) Maximum elevation (DEM)
Habitat Forêt/forest Savane boisée/woodland Habitat

Maxent : ASC = 0,852
Distribution & habitat : Endémique de la région malgache (Madagascar, Comores et Seychelles). Partiellement forestière, mais également trouvée dans les forêts dégradées, les formations boisées ouvertes et les zones de plantation d'arbres exotiques, ainsi que dans les milieux urbains (Madagascar). Types d'habitat : humide, sec, humide/subhumide et sec épineux. Absente dans certaines parties de Hautes Terres centrales, probablement liée au faible nombre d'observations.
Systématique : Une étude moléculaire montre une faible variation génétique entre les populations de Madagascar (45), indiquant probablement une large dispersion à l'intérieur de l'île.
Autre commentaire : Dans certains cas, le nom de l'espèce est écrit *maderaspatanus*.
Conservation : Préoccupation mineure avec des populations en déclin (19).

Maxent: AUC = 0.852
Distribution & habitat: **Endemic** to Malagasy region (Madagascar, Comoros, Seychelles). Partially forest-dwelling, but also found in degraded forest, open wooded zones, as well as areas of introduced vegetation, such as tree plantations and urban areas (Madagascar). Habitat types: humid, dry, humid-subhumid, and dry spiny. Absence across portions of the Central Highlands probably associated with reduced number of observers.
Systematics: A molecular study indicates little genetic variation amongst Madagascar populations (45), which is probably indicative of considerable intra-island dispersal.
Other comments: In some cases, the species name is spelled *maderaspatanus*.
Conservation: Least Concerned with decreasing population trend (19).

Dicrurus forficatus

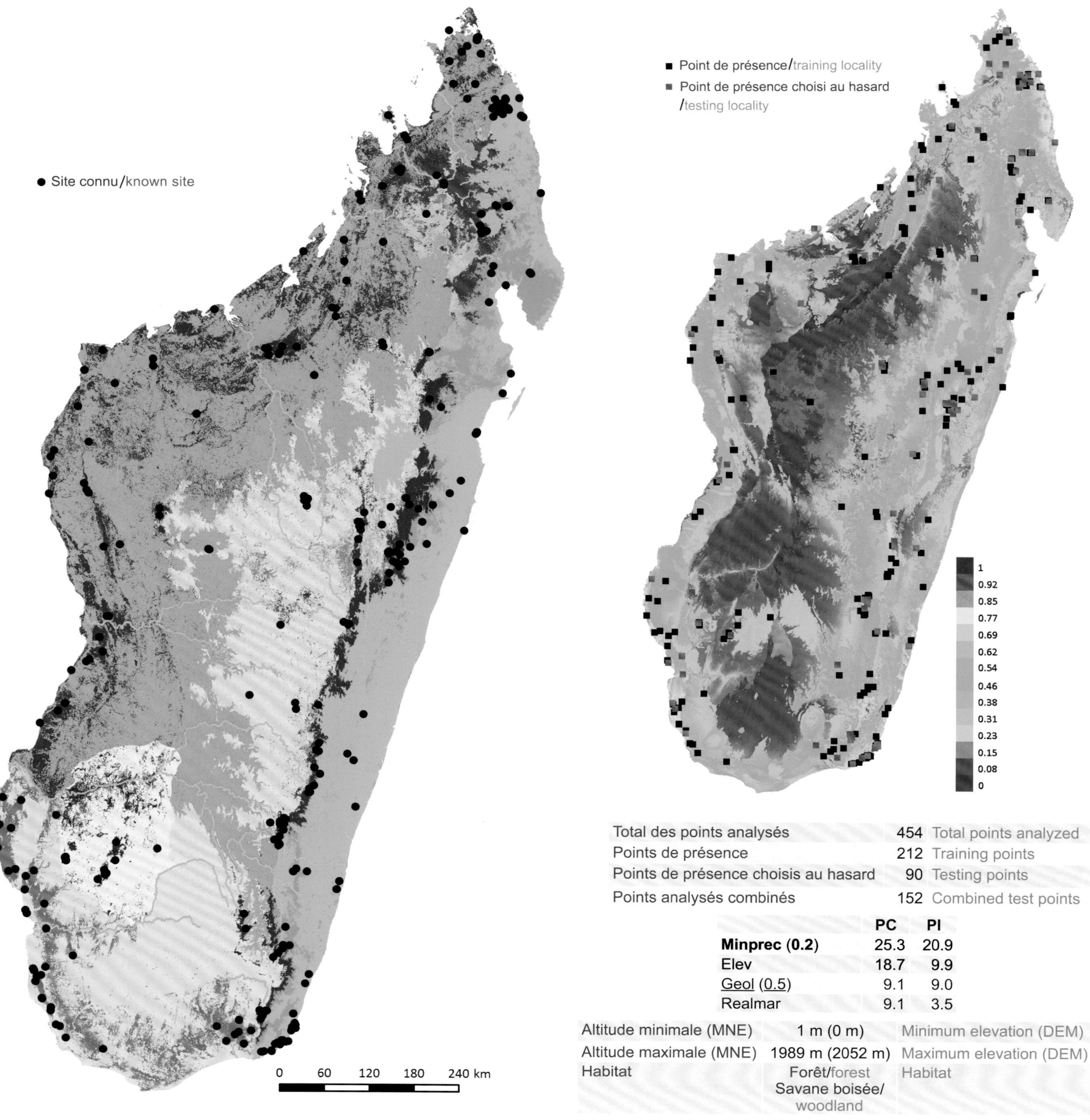
Site connu/known site
Point de présence/training locality
Point de présence choisi au hasard /testing locality
0 60 120 180 240 km
1
0.92
0.85
0.77
0.69
0.62
0.54
0.46
0.38
0.31
0.23
0.15
0.08
0

Total des points analysés	454	Total points analyzed
Points de présence	212	Training points
Points de présence choisis au hasard	90	Testing points
Points analysés combinés	152	Combined test points

	PC	PI
Minprec (0.2)	25.3	20.9
Elev	18.7	9.9
Geol (0.5)	9.1	9.0
Realmar	9.1	3.5

Altitude minimale (MNE)	1 m (0 m)	Minimum elevation (DEM)
Altitude maximale (MNE)	1989 m (2052 m)	Maximum elevation (DEM)
Habitat	Forêt/forest Savane boisée/ woodland	Habitat

Maxent : ASC = 0,825
Distribution & habitat : **Endémique** de la région malgache (Madagascar et Comores). Partiellement forestière, mais également trouvée dans les forêts dégradées, les formations boisées ouvertes et les zones de plantation d'arbres exotiques, ainsi que dans les milieux urbains (Madagascar). Types d'habitat : humide, sec, humide/ subhumide et sec épineux. Absente dans certaines parties de Hautes Terres centrales, probablement liée au faible nombre d'observations.
Systématique : Une étude phylogéographique révèle que cette espèce montre une faible variation génétique à travers son aire de répartition (45), indiquant probablement une large dispersion à l'intérieur de l'île (11).
Conservation : Préoccupation mineure avec des populations mal connues (19).

Maxent: AUC = 0.825
Distribution & habitat: **Endemic** to Malagasy region (Madagascar, Comoros). Partially forest-dwelling, but also found in degraded forest, open wooded zones, as well as areas of introduced vegetation, such as tree plantations and urban areas (Madagascar). Habitat types: humid, dry, humid-subhumid, and dry spiny. Absence across portions of the Central Highlands probably associated with a reduced number of observers.
Systematics: A recent phylogeographic study indicates that this species shows little genetic variation across its range, which is probably indicative of considerable intra-island dispersal (11).
Conservation: Least Concerned with unknown population trend (19).

Hartlaubius auratus

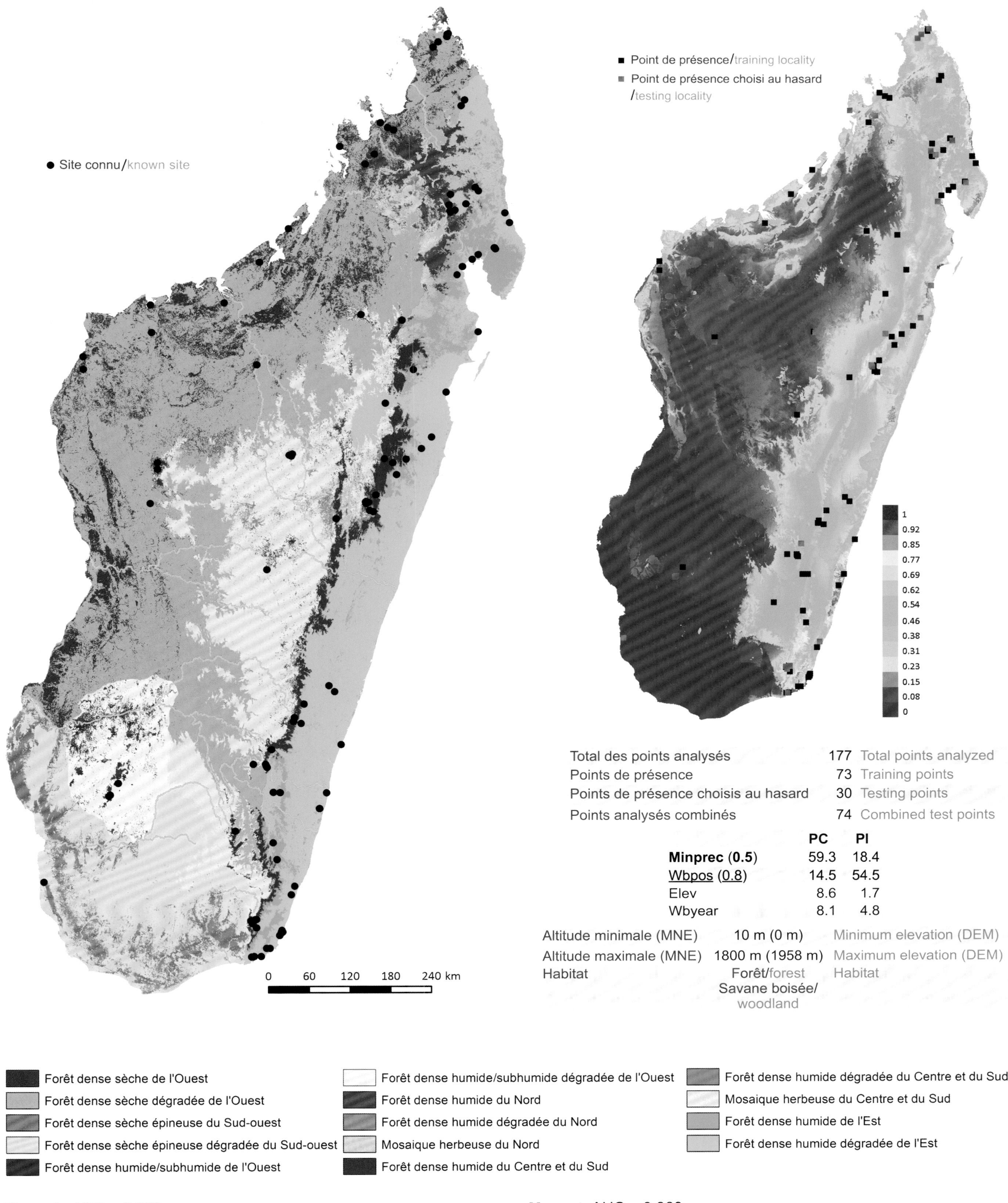
● Site connu/known site
0 60 120 180 240 km
■ Point de présence/training locality
■ Point de présence choisi au hasard /testing locality
1
0.92
0.85
0.77
0.69
0.62
0.54
0.46
0.38
0.31
0.23
0.15
0.08
0
Total des points analysés 177 Total points analyzed
Points de présence 73 Training points
Points de présence choisis au hasard 30 Testing points
Points analysés combinés 74 Combined test points
PC PI
Minprec (0.5) 59.3 18.4
Wbpos (0.8) 14.5 54.5
Elev 8.6 1.7
Wbyear 8.1 4.8
Altitude minimale (MNE) 10 m (0 m) Minimum elevation (DEM)
Altitude maximale (MNE) 1800 m (1958 m) Maximum elevation (DEM)
Habitat Forêt/forest Savane boisée/woodland Habitat
Forêt dense sèche de l'Ouest
Forêt dense sèche dégradée de l'Ouest
Forêt dense sèche épineuse du Sud-ouest
Forêt dense sèche épineuse dégradée du Sud-ouest
Forêt dense humide/subhumide de l'Ouest
Forêt dense humide/subhumide dégradée de l'Ouest
Forêt dense humide du Nord
Forêt dense humide dégradée du Nord
Mosaique herbeuse du Nord
Forêt dense humide du Centre et du Sud
Forêt dense humide dégradée du Centre et du Sud
Mosaique herbeuse du Centre et du Sud
Forêt dense humide de l'Est
Forêt dense humide dégradée de l'Est

Maxent : ASC = 0,860
Distribution & habitat : Endémique. Partiellement forestière, mais également trouvée dans les forêts dégradées et les formations boisées ouvertes. Types d'habitat : humide, sec, humide/subhumide et sec épineux.
Systématique : Espèce quelquefois placée dans le genre *Saroglossa*. Des données génétiques moléculaires indiquent que *Saroglossa* est paraphylétique et que cette espèce doit être retenue dans *Hartlaubius* (28).
Conservation : Préoccupation mineure avec des populations en déclin (19).

Maxent: AUC = 0.860
Distribution & habitat: Endemic. Partially forest-dwelling, but also found in degraded forest and open wooded. Habitat types: humid, dry, humid-subhumid, and dry spiny.
Systematics: Sometimes this species is placed in the genus *Saroglossa*. Molecular genetic data indicate that *Saroglossa* is paraphyletic and that this species should be retained in *Hartlaubius* (28).
Conservation: Least Concerned with decreasing population trend (19).

Foudia omissa

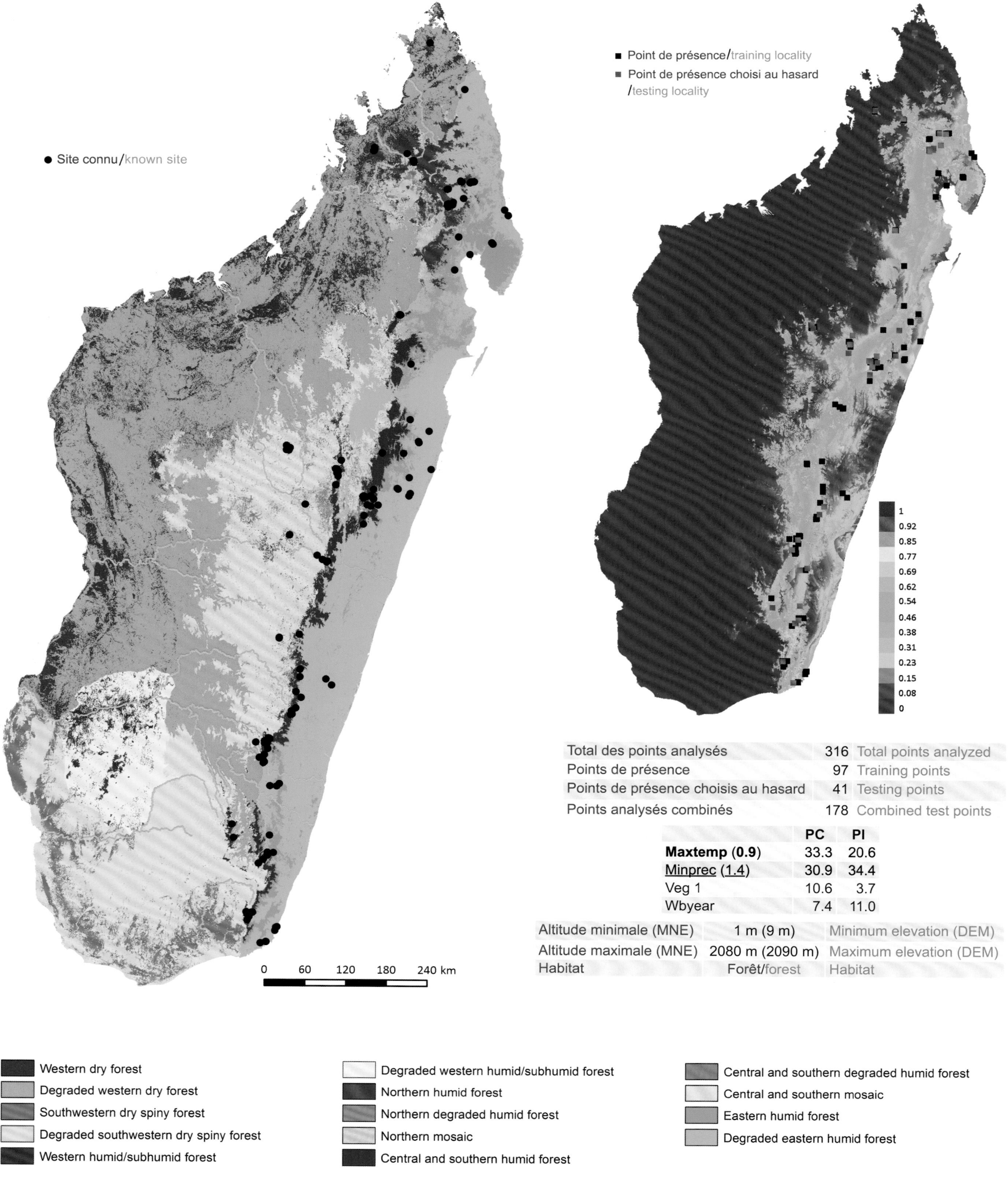
Site connu/known site
Point de présence/training locality
Point de présence choisi au hasard /testing locality
1
0.92
0.85
0.77
0.69
0.62
0.54
0.46
0.38
0.31
0.23
0.15
0.08
0
0 60 120 180 240 km
Western dry forest
Degraded western dry forest
Southwestern dry spiny forest
Degraded southwestern dry spiny forest
Western humid/subhumid forest
Degraded western humid/subhumid forest
Northern humid forest
Northern degraded humid forest
Northern mosaic
Central and southern humid forest
Central and southern degraded humid forest
Central and southern mosaic
Eastern humid forest
Degraded eastern humid forest

Total des points analysés	316	Total points analyzed
Points de présence	97	Training points
Points de présence choisis au hasard	41	Testing points
Points analysés combinés	178	Combined test points

	PC	PI
Maxtemp (0.9)	33.3	20.6
Minprec (1.4)	30.9	34.4
Veg 1	10.6	3.7
Wbyear	7.4	11.0

Altitude minimale (MNE)	1 m (9 m)	Minimum elevation (DEM)
Altitude maximale (MNE)	2080 m (2090 m)	Maximum elevation (DEM)
Habitat	Forêt/forest	Habitat

Maxent : ASC = 0,953
Distribution & habitat : Endémique. Largement forestière, mais également trouvée dans les formations boisées ouvertes. Type d'habitat : humide.
Systématique : Il a été auparavant rapporté que certains *Foudia* malgaches présentaient des caractères phénotypiques hybrides entre *F. omissa* et *F. madagascariensis* (1). Cette dernière a tendance à vivre à la lisière des forêts et dans les zones ouvertes. Ainsi, les deux taxa ont des aires de répartition légèrement chevauchantes. En s'appuyant sur les données génétiques, la présence d'une hybridation entre les deux espèces a été démontrée (46).
Conservation : Préoccupation mineure avec des populations en déclin (19).

Maxent: AUC = 0.953
Distribution & habitat: Endemic. Largely forest-dwelling, but also found in areas of degraded wooded habitat. Habitat type: humid.
Systematics: Previously reported that certain Malagasy *Foudia* show phenotypically hybrid characters between *F. omissa* and *F. madagascariensis* (1). The latter species tends to live at the forest edge and open areas. Hence, these two taxa only have slightly overlapping ranges. Based on genetic data, evidence of hybridization between these two species has now been demonstrated (46).
Conservation: Least Concerned with decreasing population trend (19).

Ploceus nelicourvi

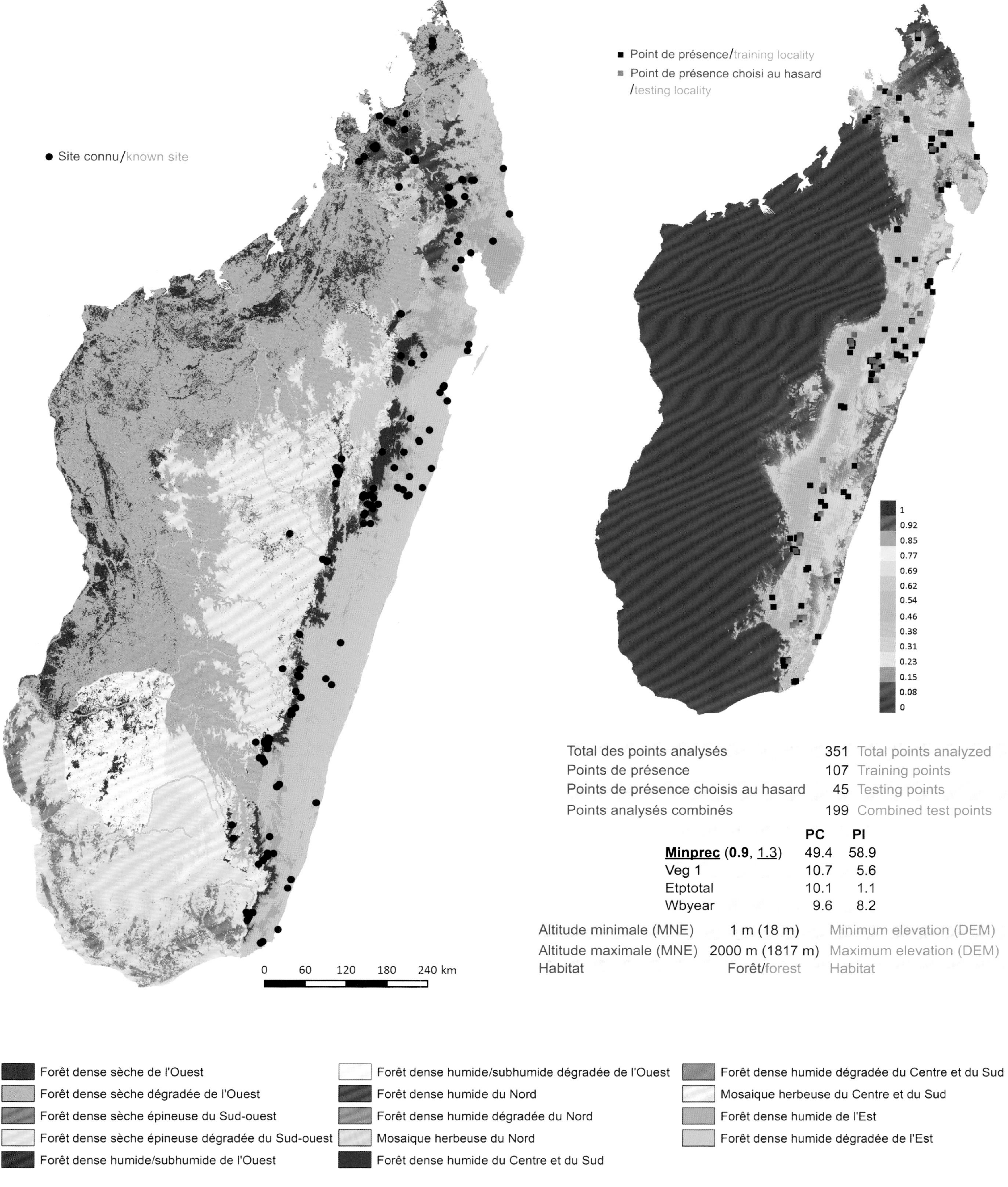

Site connu/known site
0 60 120 180 240 km
Point de présence/training locality
Point de présence choisi au hasard /testing locality
1
0.92
0.85
0.77
0.69
0.62
0.54
0.46
0.38
0.31
0.23
0.15
0.08
0
Total des points analysés 351 Total points analyzed
Points de présence 107 Training points
Points de présence choisis au hasard 45 Testing points
Points analysés combinés 199 Combined test points
PC PI
Minprec (0.9, 1.3) 49.4 58.9
Veg 1 10.7 5.6
Etptotal 10.1 1.1
Wbyear 9.6 8.2
Altitude minimale (MNE) 1 m (18 m) Minimum elevation (DEM)
Altitude maximale (MNE) 2000 m (1817 m) Maximum elevation (DEM)
Habitat Forêt/forest Habitat
Forêt dense sèche de l'Ouest
Forêt dense sèche dégradée de l'Ouest
Forêt dense sèche épineuse du Sud-ouest
Forêt dense sèche épineuse dégradée du Sud-ouest
Forêt dense humide/subhumide de l'Ouest
Forêt dense humide/subhumide dégradée de l'Ouest
Forêt dense humide du Nord
Forêt dense humide dégradée du Nord
Mosaique herbeuse du Nord
Forêt dense humide du Centre et du Sud
Forêt dense humide dégradée du Centre et du Sud
Mosaique herbeuse du Centre et du Sud
Forêt dense humide de l'Est
Forêt dense humide dégradée de l'Est

Maxent : ASC = 0,943
Distribution & habitat : Endémique. Largement forestière, mais également trouvée dans les forêts dégradées. Type d'habitat : humide.
Systématique : Sur la base des caractères morphologiques et comportementaux, les deux *Ploceus* spp. malgaches ne pourraient pas être des taxa sœurs (6).
Autres commentaires : Le site se trouvant un peu à l'intérieur des terres sur les Hautes Terres centrales est Ankaratra, à 2000 m d'altitude. Les aires de répartition des deux *Ploceus* spp. ne sont pas chevauchantes.
Conservation : Préoccupation mineure avec des populations stables (19).

Maxent: AUC = 0.943
Distribution & habitat: Endemic. Largely forest-dwelling, but also found in areas of degraded forest. Habitat type: humid.
Systematics: Based on morphological and behavioral characters, the two Malagasy *Ploceus* spp. may not be sister taxa (6).
Other comments: The slightly inland mapped site in the Central Highland is Ankaratra at 2000 m. The two *Ploceus* spp. do not overlap in their geographical ranges.
Conservation: Least Concerned with stable population trend (19).

Ploceus sakalava

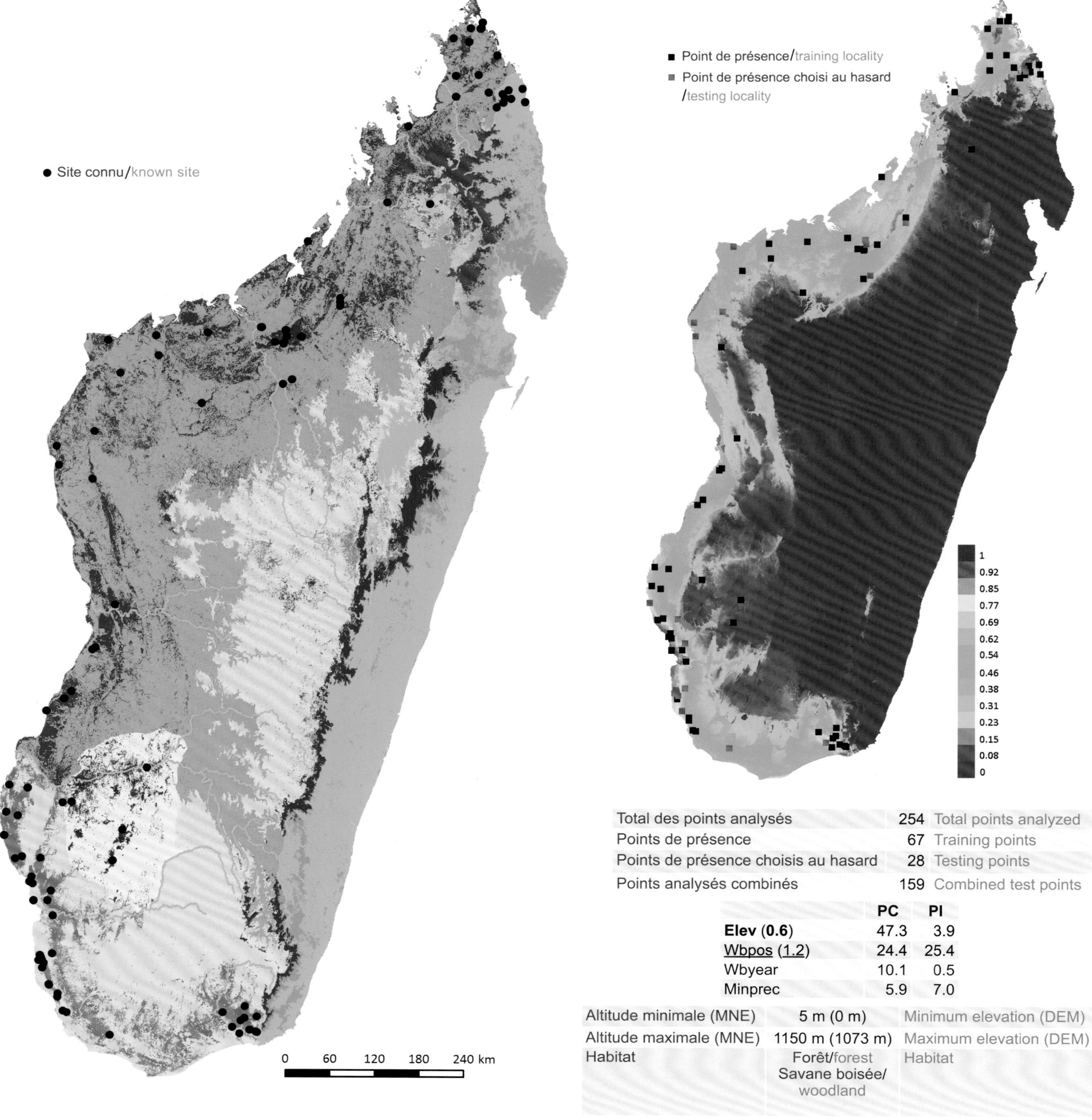

Site connu/known site
0 60 120 180 240 km
Point de présence/training locality
Point de présence choisi au hasard /testing locality
1
0.92
0.85
0.77
0.69
0.62
0.54
0.46
0.38
0.31
0.23
0.15
0.08
0

Total des points analysés	254	Total points analyzed
Points de présence	67	Training points
Points de présence choisis au hasard	28	Testing points
Points analysés combinés	159	Combined test points

	PC	PI
Elev (0.6)	47.3	3.9
<u>Wbpos</u> (<u>1.2</u>)	24.4	25.4
Wbyear	10.1	0.5
Minprec	5.9	7.0

Altitude minimale (MNE)	5 m (0 m)	Minimum elevation (DEM)
Altitude maximale (MNE)	1150 m (1073 m)	Maximum elevation (DEM)
Habitat	Forêt/forest Savane boisée/ woodland	Habitat

Maxent : ASC = 0,914
Distribution & habitat : Endémique. Partiellement forestière, mais également trouvée dans les forêts dégradées et les formations boisées ouvertes, ainsi que dans les zones de plantation d'arbres exotiques. Types d'habitat : sec, humide/subhumide et sec épineux. Dans le Nord, elle est connue dans la forêt de transition humide-sèche.
Altitude : Signalée depuis le niveau de la mer jusqu'à 700 m d'altitude (24), mais des populations ont été trouvées à des altitudes plus élevées.
Systématique : Les modèles de divergence moléculaire entre les deux sous-populations, *P. s. sakalava* du Nord et de l'Ouest, et *P. s. minor* de l'extrême Sud sont à examiner pour comprendre les patrons de variation géographiques. Sur la base des caractères morphologiques et comportementaux, les deux *Ploceus* spp. malgaches ne pourraient pas être des taxa sœurs (6).
Autres commentaires : Il est difficile de savoir si l'absence des relevés dans l'extrême Sud est artificielle ou non. Les aires de répartition des deux *Ploceus* spp. ne sont pas chevauchantes.
Conservation : Préoccupation mineure avec des populations stables (19).

Maxent: AUC = 0.914
Distribution & habitat: Endemic. Partially forest-dwelling, but also found in degraded forest, open wooded zones, as well as areas of introduced vegetation and urban areas. Habitat types: dry, humid-subhumid, and dry spiny. In the north, known to occur in some transitional humid-dry forests.
Elevation: Cited to occur from sea level-700 m (24), but more upland populations have been documented.
Systematics: Patterns of molecular divergence between the two recognized subspecies, *P. s. sakalava* from the north and west and *P. s. minor* from the extreme south, need to be examined to understand patterns of geographical variation. Based on morphological and behavioral characters, the two Malagasy *Ploceus* spp. may not be sister taxa (6).
Other comments: It is unclear if the lack of records from the extreme south is artificial or not. The two *Ploceus* spp. do not overlap in their geographical ranges.
Conservation: Least Concerned with stable population trend (19).

REFERENCES/REFERENCES

1. **Benson, C. W., Colebrook-Robjent, J. F. R. & Williams, A. 1977.** Contribution à l'ornithologie de Madagascar. *L'Oiseau et la Revue Française d'Ornithologie*, 47: 167-192.
2. **Block, N. L. 2012.** Cryptic diversity and phylogeography in the Bernieridae, an endemic Malagasy passerine radiation. The University of Chicago, Committee of Evolutionary Biology, Chicago.
3. **Cibois, A., Slikas, B., Schulenberg, T. S. & Pasquet, E. 2001.** An endemic radiation of Malagasy songbirds is revealed by mitochondrial DNA sequence data. *Evolution*, 55: 1198-1206.
4. **Cibois, A., Davis, N., Gregory, S. M. S. & Pasquet, E. 2010.** Bernieridae (Aves: Passeriformes): A family group name for the Malagasy sylvioid radiation. *Zootaxa*, 2554: 65-68.
5. **Colston, P. 1972.** A new bulbul from southwestern Madagascar. *Ibis*, 114: 89-92.
6. **Craig, A. J. F. K. 1999.** Weaving a story: The relationships of the endemic Ploceidae of Madagascar. In *Proceedings of the 22nd International Ornithological Congress, Durban*, eds. N. J. Adams & R. H. Slotow, pp. 3063-3070. BirdLife South Africa, Johannesburg.
7. **Cruaud, A., Raherilalao, M. J., Pasquet, E. & Goodman, S. M. 2011.** Phylogeography and systematics of the Malagasy rock-thrushes (Muscicapidae, *Monticola*). *Zoologica Scripta*, 40: 554-566.
8. **Fjeldså, J., Mayr, G., Jønsson, K. A. & Irestedt, M. 2013.** On the true identity of Bluntschli's Vanga *Hypositta perdita* Peters, 1996, a presumed extinct species of Vangidae. *Bulletin of the British Ornithologists'Club*, 133: 72-75.
9. **Fuchs, J., Pons, J.-M., Pasquet, E., Raherilalao M. J. & Goodman, S. M. 2007.** Geographical structure of the genetic variation in the Malagasy scops-owl (*Otus rutilus* s.l.) inferred from mitochondrial sequence data. *The Condor*, 109: 409-418.
10. **Fuchs, J., Pons, J.-M., Goodman, S. M., Bretagnolle, V., Melo, M., Bowie, R. C. K., Currie, D., Lessels, K., Safford, R., Virani, M. Cruaud, C. & Pasquet, E. 2008.** Tracing the colonisation history of the Indian Ocean Scops-owls (Strigiformes: *Otus*) with further insights into the spatio-temporal origin of the Malagasy avifauna. *BMC Evolutionary Biology*, 2008, 8: 197.
11. **Fuchs, J., Parra, J. L., Goodman, S. M., Raherilalao, M. J., VanDerWal, J. & R. C. K. Bowie. 2013.** Extending species distribution models to the past 120,000 years corroborates the lack of phylogeographic structure in the crested drongo (*Dicrurus forficatus*) from Madagascar. *Biological Journal of the Linnean Society*, 108: 658-676.
12. **Goodman, S. M., Langrand, O. & Whitney, B. M. 1996.** A new genus and species of passerine from the eastern rain forest of Madagascar. *Ibis*, 138: 153-159.
13. **Goodman, S. M., Hawkins, A. F. A. & Domergue, C. A. 1997.** A new species of vanga (Vangidae, *Calicalicus*) from southwestern Madagascar. *Bulletin of the British Ornithologists'Club*, 117: 4-10.
14. **Goodman, S. M., Hawkins, A. F. A. & Razafimahaimodison, J.-C. 2000.** Birds of the Parc National de Marojejy, Madagascar: With reference to elevational variation. In A floral and faunal inventory of the Parc National de Marojejy, Madagascar: With reference to elevation variation, ed. S. M. Goodman. *Fieldiana: Zoology*, new series, 97: 175-200.
15. **Goodman, S. M., Raherilalao, M. J. & Block, N. L. 2011.** Patterns of morphological and genetic variation in the *Mentocrex kioloides* complex (Aves: Gruiformes: Rallidae) from Madagascar, with the description of a new species. *Zootaxa*, 2776: 49-60.
16. **Han, K.-L., Robbins, M. B. & Braun, M. J. 2010.** A multi-gene estimate of phylogeny in the nightjars and nighthawks (Caprimulgidae). *Molecular Phylogenetics and Evolution*, 55: 443-453.
17. **Hawkins, A. F. A. 1999.** Altitudinal and latitudinal distribution of the eastern Malagasy forest bird communities. *Journal of Biogeography*, 26: 447-458.
18. **Hernandez, P. A., Graham, C. H., Master, L. L. & Albert, D. L. 2006.** The effect of sample size and species characteristics on performance of different species distribution modeling methods. *Ecography*, 29: 773-785.
19. **IUCN 2012.** *The IUCN red list of threatened species. Version 2012.2.* <http://www.iucnredlist.org>.
20. **Johansson, U. S., Bowie, R. C., Hackett, S. J. & Schulenberg, T. S. 2008.** The phylogenetic affinities of Crossley's babbler (*Mystacornis crossleyi*): Adding a new niche to the vanga radiation of Madagascar. *Biology Letters*, 23: 677-680.
21. **Jønsson, K. A., Fabre, P.-H., Fritz, S. A., Etienne, R. S., Ricklefs, R. E., Jørgensen, T. B., Fjeldså, J., Rahbek, C., Ericson, P. G .P., Woog, F., Pasquet, E. & Irestedt, M. 2012.** Ecological and evolutionary determinants for the adaptive radiation of the Madagascan vangas. *Proceedings of the National Academy of Sciences* USA, 109: 6620-6625.
22. **Kirchman, J. J., Hackett, S. J., Goodman S. M. & Bates, J. M. 2001.** Phylogeny and systematics of ground rollers (Brachypteraciidae) of Madagascar. *The Auk*, 118: 849-863.
23. **Langrand, O. 1990.** *Guide to the birds of Madagascar.* Yale University Press, New Haven.
24. **Langrand, O. 1995.** *Guide des oiseaux de Madagascar.* Delachaux et Niestlé, Lausanne.
25. **Langrand, O. & von Bechtolsheim, M. 2009.** New distributional record of Appert's tetraka (*Xanthomixis apperti*) from Salary Bay, Mikea Forest, Madagascar. *Malagasy Nature*, 2: 172-174.
26. **Langrand, O. & Wilmé, L. 1997.** Effects of forest fragmentation on extinction patterns of the endemic avifauna on the Central High Plateau of Madagascar. In *Natural change and human impact in Madagascar*, eds. S. M. Goodman & B. D. Patterson, pp. 280-305. Smithsonian Institution Press, Washington, D. C.
27. **Livezey, B. C. 1998.** A phylogenetic classification of the Gruiformes (Aves) based on morphological characters, with emphasis on the rails (Rallidae). *Philosophical Transactions, Royal Society, London* B, 353: 2077-2151.
28. **Lovette, I. J. & Rubenstein, D. R. 2007.** A comprehensive molecular phylogeny of the starlings (Aves: Sturnidae) and mockingbirds (Aves: Mimidae): Congruent mtDNA and nuclear trees for a cosmopolitan avian radiation. *Molecular Phylogenetics and Evolution*, 44: 1031-1056.
29. **Marks, B. D. & Willard, D. E. 2005.** Phylogenetic relationship of the Madagascar pygmy kingfisher (*Ispidina madagascariensis*). *The Auk*, 122: 1271-1280.
30. **Morris, P. & Hawkins, F. 1998.** *Birds of Madagascar: A photographic guide.* Yale University Press, New Haven.
31. **Peters, D. S. 1996.** *Hypositta perdita* n. sp., eine neue Vogelart aus Madagaskar (Aves: Passeriformes: Vangidae). *Senckenbergiana Biologica*, 76: 7-14.
32. **Raherilalao, M. J. & Goodman, S. M. 2003.** Diversité de la faune avienne des massifs d'Anjanaharibe-Sud, Marojejy et la forêt de Betaolana, et importance du couloir forestier dans la conservation des oiseaux forestiers. Dans Nouveaux résultats d'inventaires biologiques faisant référence à l'altitude dans la région des massifs montagneux de Marojejy et d'Anjanaharibe-Sud, eds. S. M. Goodman & L. Wilmé. *Recherches pour le Développement, Série Sciences Biologiques*, 19: 203-230.
33. **Raherilalao, M. J. & Goodman, S. M. 2011.** *Histoire naturelle des familles et sous-familles endémiques d'oiseaux de Madagascar.* Association Vahatra, Antananarivo.
34. **Raselimanana, A. P., Raherilalao, M. J., Soarimalala, V., Gardner, C. J., Jasper, L. D., Schoeman, M. C. & Goodman, S. M. 2012.** Un premier aperçu de la faune de vertébrés du bush épineux de Salary-Bekodoy, à l'ouest du Parc National de Mikea, Madagascar. *Malagasy Nature*, 6: 1-23.
35. **Rasmussen, P. C., Schulenberg, T. S., Hawkins, A. F. A. & Voninavoko, R. 2000.** Geographic variation in the Malagasy Scops-Owl (*Otus rutilus* auct.): The existence of an unrecognized species on Madagascar and the taxonomy of other Indian Ocean taxa. *Bulletin of the British Ornithologists' Club*, 120: 75–102.
36. **Reddy, S., Driskell, A., Rabosky, D. L., Hackett, S. J. & Schulenberg, T. S. 2012.** Diversification and the adaptive radiation of the vangas of Madagascar. *Proceedings of the Royal Society B: Biological Sciences*, 279: 2062-2071.
37. **Safford, R. J. & Hawkins, A. F. A. (eds.) 2013.** *The birds of Africa. Volume VIII: The Malagasy region.* Christopher Helm, London.
38. **Schulenberg, T. S., Goodman, S. M. & Razafimahaimodison, J.-C. 1993.** Generic variation in two subspecies of *Nesillas typica* (Sylviinae) in south-east Madagascar. In Proceedings of the 8th Pan-African ornithological congress, ed. R. T. Wilson. *Annales du Musée royal de l'Afrique central (Zoologie)*, 268: 173-177.
39. **Sinclair, I. & Langrand, O. 1998.** *Birds of the Indian Ocean islands.* Struik Publishers, Cape Town.

40. **Stockwell, D. R. B. & Peterson, A. T. 2002.** Effects of sample size on accuracy of species distribution models. *Ecological Modelling*, 148: 1-13.

41. **Thompson, P. M. & Evans, M. I. 1992.** The threatened birds of Ambatovaky Special Reserve, Madagascar. *Bird Conservation International*, 2: 221-237.

42. **UICN. 2012.** *Catégories et critères de la Liste rouge de l'UICN: Version 3.1*. Deuxième édition. IUCN, Gland.

43. **Warren, B. H., Bermingham, E., Bowie, R. C. K., Prys-Jones, R. P. & Thébaud, C. 2003.** Molecular phylogeography reveals island colonization history and diversification of western Indian Ocean sunbirds (*Nectarinia*: Nectariniidae). *Molecular Phylogenetics and Evolution*, 29: 67-85.

44. **Warren, B. H., Bermingham, E., Prys-Jones, R. P. & Thébaud, C. 2005.** Tracking island colonization history and phenotypic shifts in Indian Ocean bulbuls (*Hypsipetes*: Pycnonotidae). *Biological Journal of the Linnean Society*, 85: 271-287.

45. **Warren, B. H., Bermingham, E., Prys-Jones, R. P. & Thébaud, C. 2006.** Immigration, species radiation and extinction in a highly diverse songbird lineage: White-eyes on Indian Ocean islands. *Molecular Ecology,* 15: 3769-3786.

46. **Warren, B. H., Bermingham, E., Bourgeois, Y., Estep, L. K., Prys-Jones, R. P., Strasberg, D. & Thébaud C. 2012.** Hybridization and barriers to gene flow in an island bird radiation. *Evolution*, 66: 1490-1505.

47. **Wilmé, L. 1996.** Composition and characteristics of bird communities in Madagascar. Dans *Biogéographie de Madagascar*, ed. W. R. Lourenço, pp. 349-362. ORSTOM Editions, Paris.

48. **Wilmé, L. & Goodman, S. M. 2003.** Biogeography, guild, structure, and elevational variation of Madagascar forest birds. In *The natural history of Madagascar*, eds. S. M. Goodman & J. P. Benstead, pp. 1045-1058. The University of Chicago Press, Chicago.

49. **Wink, M., Sauer-Gürth, H. & Fuchs, M. 2004.** Phylogenetic relationships in owls based on nucleotide sequences of mitochondrial and nuclear marker genes. In *Raptors worldwide*, eds. R. D. Chancellor, R. D. & B.-U. Meyburg, pp. 517-526. WWGBP/MME, Berlin.

50. **Yamagishi, S., Honda, M., Eguchi, K. & Thorstrom, R. 2001.** Extreme endemic radiation of the Malagasy vangas (Aves: Passeriformes). *Journal of Molecular Evolution*, 53: 39-46.

CHAUVES-SOURIS OU ORDRE DES CHIROPTERA

Steven M. Goodman & Beza Ramasindrazana

La faune chiroptérologique de Madagascar n'est pas particulièrement riche pour une grande île tropicale (environ 595 000 km²), avec ses 44 espèces répertoriées dont 35 (soit 80 %) endémiques de l'île. Ce niveau d'endémisme s'étend même au rang taxinomique supérieur ; tel est le cas de la famille des Myzopodidae qui n'existe qu'à Madagascar. Ces dernières années, des efforts considérables ont été déployés pour comprendre la faune chiroptérologique malgache. A cet effet, de nombreuses études ont été réalisées, portant notamment sur leur biologie, leur écologie, leur vocalisation et leur taxinomie. Ainsi, de nouvelles espèces et dans certains cas, de nouveaux genres, ont été alors décrits. Ces derniers sont énumérés dans le présent chapitre avec les cartes et les analyses de modèles de distribution. Pour mieux apprécier les progrès sur la connaissance des chauves-souris de Madagascar, Peterson et ses collaborateurs (37) ont publié en 1995 une monographie sur la faune chiroptérologique malgache et ils ont rapporté la présence de 27 espèces dont 15 (soit 56 %) sont endémiques de la Grande Ile. Ainsi, pendant les deux dernières décennies, 17 espèces ont été rajoutées à la liste des chauves-souris de Madagascar (soit une augmentation de 63 %) et le taux d'endémisme est considérablement en hausse.

A l'échelle mondiale, la systématique des chauves-souris a connu une nette amélioration grâce à l'utilisation des techniques moléculaires qui ont eu des conséquences importantes sur notre compréhension de l'origine et de l'évolution de la faune malgache. Quelques exemples peuvent être avancés sans entrer dans les détails. La famille endémique des Myzopodidae apparaît comme étant un vestige du continent gondwanien et se retrouve à la base de la superfamille des Noctilionoidea dont les membres sont largement répartis dans le monde (50). De plus, le genre *Miniopterus* de l'ancien monde, auparavant inclus dans la famille des Vespertilionidae, est actuellement placé dans la famille des Miniopteridae d'après les nouvelles données moléculaires (34). En 1995, Peterson et ses collaborateurs (37) ont reconnu quatre espèces de *Miniopterus* à Madagascar dont une espèce est endémique de la Grande Ile, deux autres partagées avec l'archipel des Comores et une espèce est commune avec l'Afrique. Onze espèces sont actuellement répertoriées à Madagascar, parmi celles-ci neuf sont endémiques et deux partagées avec l'archipel des Comores.

Plusieurs aspects liés à l'histoire naturelle des chauves-souris ont des implications importantes sur la base de données que nous avons rassemblée pour élaborer ce chapitre de l'atlas. D'abord, les chauves-souris sont toutes nocturnes et volantes. De ce fait, les observer de près pendant la nuit pour plus d'une fraction de seconde n'est pas facile. En outre, de nombreuses espèces utilisent l'écholocation pour s'orienter pendant la nuit. Les cris sont généralement spécifiques et ils sont relativement faciles à enregistrer à l'aide d'un équipement spécial. De plus, dans de nombreuses régions du monde, des catalogues de vocalisation des chauves-souris ont été compilés, et les suivis nocturnes sans capture ont pu être entrepris à l'aide de détecteurs ultrasoniques. Pour Madagascar, un tel catalogue est encore en cours d'amélioration et des problèmes restent encore à résoudre. Par exemple, dans certains cas, les espèces sympatriques peuvent révéler des chevauchements dans leur fréquence d'émission ; tel est le cas du genre *Miniopterus* (38). A l'exception de grandes espèces frugivores de la famille des Pteropodidae, sans capture, il s'avère difficile d'identifier certains taxons et de connaître la totalité des espèces présentes. De plus, comme le montre le cas des membres du genre *Miniopterus*, de nombreuses espèces cryptiques ont été récemment décrites à l'aide de la biologie moléculaire et des caractères morphologiques subtiles. Par conséquent, des tissus et des spécimens de référence sont nécessaires pour identifier ces animaux. En tenant compte de ces aspects, la base de données utilisée dans le présent atlas provient exclusivement des spécimens récoltés, à l'exception de quelques taxa de chauves-souris frugivores (famille des Pteropodidae).

Comparé aux divers groupes de vertébrés terrestres traités dans cet atlas, celui des chauves-souris de Madagascar ne dépend pas de la forêt, et de nombreuses espèces vivent dans des endroits dénudés de forêt naturelle ou fortement dégradés. En revanche, un grand nombre d'espèces dépendent principalement des grottes, des surplombs rocheux et des façades verticales pour leur gîte diurne. Comme il n'y a pas encore de cartes de répartition précises et à jour

BATS OR THE ORDER CHIROPTERA

Steven M. Goodman & Beza Ramasindrazana

The bat fauna of Madagascar is not particularly rich for a tropical island of its size (nearly 595,000 km²), with 44 documented species. What is important is that of these taxa, 35 (80%) are unique to the island. This level of endemism extends to higher taxonomic levels, specifically the family Myzopodidae restricted to Madagascar. In the past decade, major advances have been made to understand aspects of the bat fauna. Numerous research projects have been conducted on topics ranging from biology, ecology, bioacoustics, and systematics. Many species and in a few cases genera new to science have been described, which are enumerated in the text associated with the species distributional maps and models presented below. Perhaps a good comparison, to put the level of advancement in context, is that Peterson and colleagues (37) in 1995 published a monograph on the state of knowledge of Malagasy bats and recognized 27 species on the island, of which 15 (56%) were endemic. Hence, during the past two decades, 17 species (a 63% of increase) have been added to the Madagascar list and the percentage of island endemics has risen considerably.

At a worldwide scale, numerous refinements to the systematics of bats, particularly based on molecular tools, have had important ramifications for our understanding of the origin and evolution of the Malagasy fauna. Without going into too much detail, a few examples can be presented. The endemic Malagasy family Myzopodidae appears to be a Gondwana relict and the basal member of the superfamily Noctilionoidea, which is broadly distributed across portions of the world (50). Another example is the Old World genus *Miniopterus*, previously considered part of the family Vespertilionidae, but based on new molecular data, members of this genus have now been transferred to the family Miniopteridae (34). In 1995, Peterson and his collaborators (37) recognized four species of *Miniopterus* on Madagascar with one endemic to the island, two shared with the Comoros, and another one in common with Africa. Eleven species are now recognized from Madagascar, nine of which are endemic and two shared with the Comoros.

There are several aspects associated with the life history of bats that have important implications for the database we have assembled to construct this portion of the atlas. First, all are nocturnal and fly. Hence, to observe them close-up at night for more than a split second is not easy. Most bats use echolocation calls to navigate at night. In many cases, these calls are species specific, and relatively easy to record with special equipment. In many areas of the world, call libraries exist for the majority of locally occurring species and nocturnal surveys, without capture, can be conducted with the use of bat detectors. For Madagascar, this type of dictionary is still in the process of refinement and certain problems remain to be resolved. For example, in some cases, sympatric species can show some overlap in the frequencies they echolocate, such as the genus *Miniopterus* (38). With the exclusion of the large fruits bats of the family Pteropodidae, without capture it is difficult to identify certain species and document the locally occurring taxa. Further, as demonstrated by Malagasy members of the genus *Miniopterus*, numerous cryptic species have been described in recent years based on molecular and subtle morphological characters; hence, tissues and specimens are therefore needed to identify such animals. With all of these points in mind, the database used in the atlas is exclusively based on specimen records, with the exception of a few taxa, most notably pteropodid fruit bats.

As compared to most other groups of land vertebrates treated in this atlas, Malagasy bats are not overwhelmingly forest-dependent and many species occur in zones completely lacking native forest cover or at least with heavily degraded habitat. In contrast, a significant percentage of the local fauna depend largely or completely on caves, rock overhangs, and vertical rock surfaces for day roost sites. As accurate and up-to-date maps of the distribution of most species are not available in the literature, including the recent guide to the island's bat fauna (7), we reproduce herein maps of the vast majority of species currently known from Madagascar, except for some species noted below. We present maps for 40 species. The general taxonomic scheme used herein largely follows a recent systematic review of the bats of the world (48), as well as recent scientific articles.

pour la plupart des espèces dans la littérature, même dans le guide récemment sorti sur les chauves-souris de l'Ile (7), nous reproduisons ici les cartes de distribution de la majorité des espèces actuellement connues à Madagascar, à l'exception de quelques taxons cités ci-dessous. Nous présentons des cartes pour 40 espèces en utilisant la taxinomie proposée dans la récente révision de la systématique des chauves-souris du monde (48) et des articles scientifiques récents.

Espèces non incluses dans l'atlas

Nous avons intégré dans cet atlas la grande majorité des espèces de chauves-souris connues à Madagascar. Quelques taxons ont été exclus pour les raisons citées ci-dessous :

1. *Nycteris madagascariensis* (famille des Nycteridae) – Espèce endémique connue uniquement d'après deux spécimens collectés en juin 1910 dans la "vallée du Rodo" [=Irodo] par Guillaume Grandidier (7).
2. *Hypsugo anchietae* (famille des Vespertilionidae) – Selon la taxinomie actuelle, cette espèce est présente en Afrique sub-saharienne et à Madagascar. Elle est connue uniquement de deux endroits, la forêt de Kirindy-CNFEREF au nord de Morondava et la région des Sept Lacs, le long du fleuve Onilahy (1).
3. *Pipistrellus hesperidus* (famille des Vespertilionidae) – Selon la taxinomie actuelle, cette espèce est partagée avec l'Afrique sub-saharienne et Madagascar. Elle est actuellement connue uniquement dans le Parc National de Kirindy-Mite (1).
4. *Scotophilus borbonicus* (famille des Vespertilionidae) – Cette espèce a été initialement décrite à l'île de La Réunion. Mais compte tenu du mauvais état de l'holotype, le seul représentant de ce taxon, il est difficile de l'identifier. Un ou deux spécimens collectés à Madagascar pourraient appartenir à cette espèce (11).

Cartes de distribution

Les cartes ont été établies à partir d'une base de données provenant exclusivement des spécimens muséologiques. Les différents sites représentés dans la base de données sont présentés sur la Figure 1. Le fond de carte utilisée pour produire les cartes de distribution est celui de la couverture végétale actuelle (Veg 2). Dans quelques cas, en particulier, pour les taxons n'ayant pas assez de données et pour lesquels les analyses de Maxent n'ont pas été faites, la carte de distribution pourra rassembler jusqu'à trois espèces.

Un tableau généré à partir de la base de données combinée est présenté pour chaque espèce. Il comprend les altitudes minimale et maximale de son aire de répartition, ainsi qu'un modèle numérique d'élévation (MNE). Ce dernier est abordé dans la partie introduction (voir p. 21). En outre, une brève liste des habitats utilisés par le taxon en question est présentée dans le texte, et associée à chaque espèce dans la rubrique « Distribution & habitat » (voir ci-dessous).

Modélisation par Maximum d'Entropie (Maxent) – cartes et analyses

La technique utilisée pour effectuer ces analyses est développée dans l'introduction (voir p. 28), mais quelques points méritent d'être mentionnés ici. Les analyses de Maxent n'ont pas été entreprises pour les espèces dont le nombre de relevés d'occurrence est inférieur à 10 (26, 49). Pour chaque espèce cartographiée, les données utilisées comme « points de présence » et « points de présence choisis au hasard » sont différenciées.

Pour les espèces incluses dans ce type d'analyse, deux tableaux différents avec les informations associées sont présentés en dessous de la carte de modèle de distribution. Le premier tableau montre le nombre de points analysés, avec une référence particulière sur les points de présence, les points de présence choisis au hasard et les points analysés combinés. Le deuxième tableau est relatif aux 12 variables environnementales expliquant davantage la répartition de chaque espèce. Dans le Tableau 1, nous présentons la définition de chaque variable et les acronymes utilisés dans le texte. Les analyses de Maxent ont été effectuées de deux manières différentes :

1) Analyses univariées – La variable environnementale ayant le gain le plus élevé est présentée en caractères **gras** et celle qui, lorsqu'elle est omise, diminue le gain est en caractères <u>soulignés</u>. Lorsque la (les) variable (s) n'est (sont) pas de l'une ni de l'autre de celles indiquées dans les analyses multivariées (voir ci-dessous), le nom de la variable apparaît sur une autre ligne (voir par exemple, *Rousettus madagascariensis*, p. 175). Dans le cas où ces variables

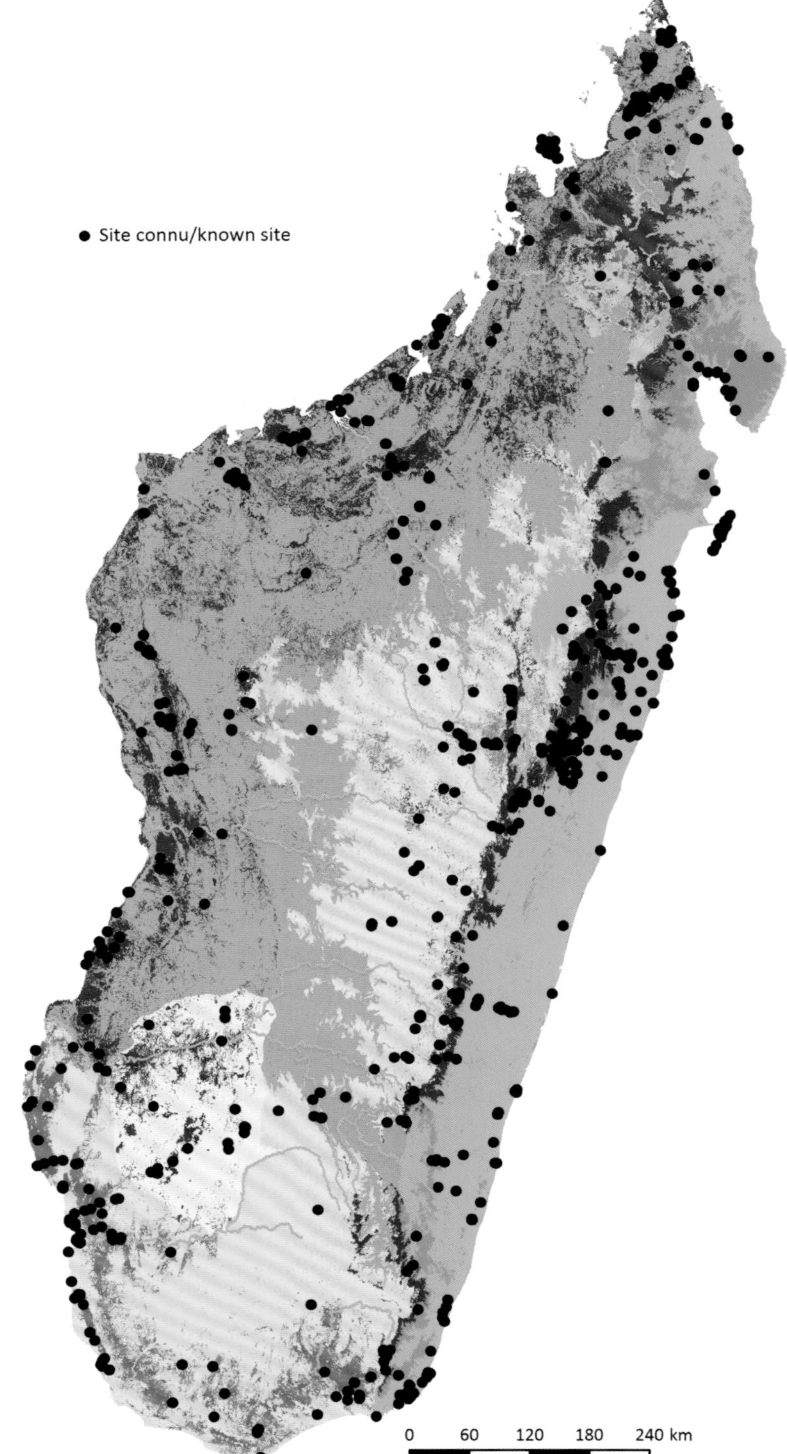
● Site connu/known site
0 60 120 180 240 km

Figure 1. Les différents sites représentés dans la base de données utilisée pour générer les cartes de répartition et pour les analyses de Maxent (pour les espèces ayant plus de 10 relevés d'occurrence)./The different sites represented in the database used to formulate the distributional maps and the Maxent analyses (for species with more than 10 occurrence records).

Species not included in atlas

We have included in this atlas the vast majority of bat species known from Madagascar. A few taxa have been excluded for the following reasons:

1. *Nycteris madagascariensis* (family Nycteridae) – Endemic species only known from two specimens collected in June 1910 in "vallée du Rodo" [=Irodo] by Guillaume Grandidier (7).
2. *Hypsugo anchietae* (family Vespertilionidae) – Based on current taxonomy, this species is shared between sub-Saharan Africa and Madagascar. It is currently only known from two localities on the island, Kirindy-CNFEREF Forest north of Morondava and Sept Lacs along the Onilahy River (1).
3. *Pipistrellus hesperidus* (family Vespertilionidae) – Based on current taxonomy, this species is shared between sub-Saharan Africa and Madagascar. It is currently only known from the Kirindy-Mite National Park (1).
4. *Scotophilus borbonicus* (family Vespertilionidae) – It was originally named from La Réunion, but given the poor condition of the holotype, the only specimen known of this taxon, it is not possible to properly diagnose this species. One or two specimens collected on Madagascar might be referable to this taxon (11).

Distributional maps

The maps are derived from a database that is almost exclusively based on museum specimens. The different sites represented in the

sont les mêmes que celles figurant dans les analyses multivariées, le même système de textes en **gras** et <u>soulignés</u> est adopté et les résultats des analyses sont mis entre parenthèses (voir par exemple, *Eidolon dupreanum*, p. 173).

2) Analyses multivariées – Quatre variables, sur les 12 utilisées dans les analyses (Tableau 1), sont répertoriées et expliquent plus précisément la répartition de l'espèce en question. Elles sont données par ordre d'importance, avec les valeurs de leur pourcentage de contribution (PC) et l'importance de la permutation (PI). Pour les espèces forestières, la carte de la végétation originale (Veg 1) a été utilisée comme étant une des couches environnementales, et pour les espèces qui ne dépendent pas de la forêt, la carte de végétation actuelle (Veg 2) a été utilisée.

Texte associé à chaque espèce cartographiée

De nombreux ouvrages sur les chauves-souris de Madagascar sont déjà disponibles, notamment celui qui résume la connaissance des chauves-souris dans les années 90 (37), ainsi que le récent guide sur la faune de chauves-souris, avec des mises à jour d'après les articles scientifiques (7). Au lieu de reprendre ici des informations détaillées, nous présentons les points importants pour l'interprétation des cartes de répartition et des modèles de Maxent. Le texte qui accompagne chaque espèce cartographiée est divisé en plusieurs sections et les détails pour chaque sous-titre sont présentés ci-dessous. Dans certains cas, lorsqu'une information supplémentaire n'est pas nécessaire ou n'est pas disponible pour un sous-titre donné, ce dernier est exclu du texte.

Maxent : La valeur calculée de « l'aire sous la courbe » (ASC) générée par le modèle de Maxent est donnée ici.

Distribution & habitat : Le statut de l'espèce est d'abord mentionné (**en gras**) si celle-ci est endémique ou non et si possible ; il en sera aussi de même pour la limite de sa distribution en dehors de la Grande Ile. La région malgache regroupe Madagascar et les îles voisines : l'archipel des Comores (Grande Comore [Ngazidja], Anjouan [Ndzwani], Mohéli [Mwali] et Mayotte [Maore]), ainsi que les îles des Mascareignes (Maurice et La Réunion). Nous produisons par la suite les types d'habitat, en général, de chaque espèce, notamment si elle utilise les grottes, les surplombs rocheux ou les constructions humaines (synanthropiques) ainsi que les types d'habitat spécifiques : humide, humide/subhumide, sec et sec épineux selon la carte moderne de la végétation de l'île (voir p. 26 pour de plus amples informations).

Altitude : Cette information est mentionnée uniquement lorsque les données publiées sur l'espèce sont différentes de celles présentées dans le tableau associé.

Systématique : Au cours des dernières années, de nombreux changements dans la taxinomie des chauves-souris malgaches ont été constatés et de nouvelles espèces ont éte décrites. Des analyses moléculaires ont été entreprises sur les chauves-souris de la région occidentale de l'océan Indien, y compris Madagascar, et ces informations ont donné des aperçus sur le modèle de distribution géographique associé à l'habitat, l'altitude et aux aspects des analyses de Maxent présentés. Les relations nouvellement proposées au-dessus du genre n'ont pas été approfondies. Dans une famille, les différentes formes sont présentées par ordre alphabétique par genre et par espèce.

Autres commentaires : Il couvre les points divers qui méritent d'être abordés, telles que les différences entre les nomenclatures employées par les auteurs et l'apparition allopatrique-sympatrique des taxons sœurs.

Conservation : Les catégories du statut de conservation de chaque espèce prise en compte suivant la « liste rouge » de l'UICN sont présentées ici. Ces catégories sont définies dans l'introduction (p. 15). Les taxons qui composent la faune chiroptérologique malgache n'ont pas forcément des informations équivalentes sur leur répartition, la densité de leur population et ce qui les menace. Il en résulte que les évaluations de leur statut de conservation ne sont pas nécessairement comparables. Cependant, comme peu d'espèces de chauves-souris dépendent de la forêt, la dégradation des habitats forestiers à grande échelle a probablement moins d'impact sur ces animaux comparés aux autres groupes de vertébrés terrestres malgaches. Dans tous les cas, ces différentes catégories de la liste rouge constituent une référence pour comprendre certains aspects, mais elles ne devraient pas être interprétées comme étant des mesures définitives du niveau

database are shown in Figure 1. The base map used to produce the individual distributional maps is that of current vegetational cover (Veg 2). In a few cases, specifically for taxa that are represented by few records and for which Maxent analyses are not presented, the distributional ranges of up to three species are presented on the same map.

A table is presented for each species using the combined database which includes their minimum and maximum elevational ranges, as well as these parameters based on a digital elevation model (DEM); this latter aspect is discussed in the introductory section (see p. 21). Further, a brief list is presented of the habitats used by the taxon in question, which is elaborated upon in the text associated with each species under the heading Distribution & habitat (see below).

Maximum Entropy Modeling (Maxent) – maps and analysis

The manner these analyses were conducted is presented in the introductory section (see p. 26), but a few points are worthwhile to mention here. We have not conducted Maxent analyses for species represented by less than 10 occurrence records (26, 49). On each distributional map, points used as training localities and testing localities are differentiated.

For species included in this type of analysis, two different tables of associated information are presented below the mapped model. The first table includes a listing of the number of points analyzed, with special reference to training points, testing points, and combined test points. The second table is associated with the 12 environmental variables best explaining the distribution of each species. In Table 1, we present the definition of each variable and the acronyms used in the associated text. The Maxent analyses were conducted in two different manners:

1) Single variable comparisons – The environmental variable with the highest gain is presented in **bold** script and the environmental variable when omitted that most pronouncedly decreases the gain in <u>underline</u> script. When the variable or variables is (are) not one of those listed for the multivariate analyses (see below), the variable name appears on a separate line (see for example, *Rousettus madagascariensis*, p. 175). In cases when these variables are the same as those listed for the multivariate comparisons, the same system of bold and underlined text is used and the single variable comparison figures are presented in parentheses (see for example, *Eidolon dupreanum*, p. 173).
2) Multivariable comparisons – The four variables of the 12 used in the analysis (Table 1) that best explain the distribution of the species in question are listed in table format. These are given in the order of importance, with the values of the percent contribution (PC) and permutation importance (PI) presented. For forest-dwelling species, the original vegetation map (Veg 1) was used as one of the environmental overlays and for non-forest-dependent species, the current vegetation map (Veg 2) was used.

Associated text for each mapped species

A considerable literature exists on Malagasy bats, which includes a summary of knowledge into the 1990s (37) and a recent guide on the island's fauna with updates on recent scientific papers (7). Rather than repeating numerous aspects herein from this body of information, we present details that are important to the interpretation of the distributional maps and Maxent models. The text accompanying each mapped species is divided into several sections and details on each header are presented below. In cases, when no additional information is needed or available for a given header, it is excluded from the text.

Maxent: Here we present the calculated value of the "area under the curve" (AUC), generated by the Maxent model.

Distribution & habitat: Information is first presented (in **bold**) if the species in question is endemic or non-endemic to Madagascar and, when appropriate, its extralimital distribution. The Malagasy region refers to Madagascar and neighboring islands, including the Comoros archipelago (Grande Comore [Ngazidja], Anjouan [Ndzwani], Mohéli [Mwali], and Mayotte [Maore]) and the Mascarene archipelago (Mauritius and La Réunion). We subsequently elaborate on aspects of the generalized habitats used by each species, including if they are known to make their day roosts in caves, including rock overhangs, or human constructions (synanthropic). We then enumerate the specific habitat types based on the modern vegetational map of the island,

de menace. La chasse des chauves-souris pour la consommation en tant que gibier est un problème croissant, aussi bien pour les espèces frugivores de grande taille (28, 29) que pour les espèces insectivores de moins de 10 g (3, 5, 6). Cet aspect est considéré comme étant la menace la plus importante.

Tableau 1. Liste des différentes variables environnementales utilisées dans les analyses de Maxent ainsi que les différents acronymes/List of different environmental variables used in the Maxent analyses, as well as different acronyms.

Variables environnementales/environmental variables

Etptotal : Evapotranspiration totale annuelle (mm)/annual evapotranspiration total (mm)
Maxprec : Précipitation maximale du mois le plus humide (mm)/maximum precipitation of the wettest month (mm)
Minprec : Précipitation minimale du mois le plus sec (mm)/minimum precipitation of the driest month (mm)
Maxtemp : Température maximale du mois le plus chaud (°C)/maximum temperature of the warmest month (°C)
Mintemp : Température minimale du mois le plus froid (°C)/minimum temperature of the coldest month (°C)
Realmar : Précipitation moyenne annuelle (mm)/mean annual precipitation (mm)
Realmat : Température moyenne annuelle (°C)/mean annual temperature (°C)
Wbpos : Nombre de mois avec un bilan hydrique positif/number of months with a positive water balance
Wbyear : Bilan hydrique annuel (mm)/water balance for the year (mm)
Elev : Altitude (m)/elevation (m)
Geol : Géologie/geology
Veg 1 : Végétation originelle/original vegetation
Veg 2 : Végétation actuelle/current vegetation

Abréviations/acronyms

ASC/AUC : Aire sous la courbe/area under the curve
MNE/DEM : Modèle numérique d'élévation/digital elevation model
PI/PI : Importance de la permutation/permutation importance
PC/PC : Pourcentage de contribution/percent contribution
ZO/EOO : Zone d'occurrence/extent of occurrence

which include humid, humid-subhumid, dry, and dry spiny (see p. 26 for further information on these aspects).

Elevation: Here we only present information when published data on the species is different from that given in the associated table.

Systematics: In recent years, there have been numerous changes in the taxonomy of Malagasy bats, with a considerable number of species described as new to science. Molecular studies have been conducted on the western Indian Ocean bat fauna, including Madagascar, and this information provides insight into patterns of geographical distribution related to habitat, elevation, and aspects of the Maxent analyses presented herein. We do not review newly proposed relationships above the genus level. Within a family, the different forms are listed alphabetically by genus and then species.

Other comments: This covers miscellaneous points, when relevant, such as nomenclatural differences between authors and allopatric-sympatric occurrence of sister taxa.

Conservation: We present IUCN "red-list" categories of the conservation status of each treated species. These categories are defined in the introductory section (p. 15). The taxa making up the island's bat fauna do not necessarily have equivalent information on their distribution, population densities, and threats; this results in not necessarily comparable conservation status assessments. However, few bat species are forest-dependent and the large-scale degradation of forested habitats probably has less impact on these animals as compared to most other Malagasy land vertebrates. In any case, these different red-list categories provide a benchmark to understand certain aspects, but should not be construed as definitive measures of the level of threat. The capture of bats for consumption as bush meat is an increasing problem, both for fruit-consuming species of considerable body size (28, 29), as well as those consuming insects weighing less than 10 g (3, 5, 6). This aspect is mentioned in the most important cases.

Eidolon dupreanum

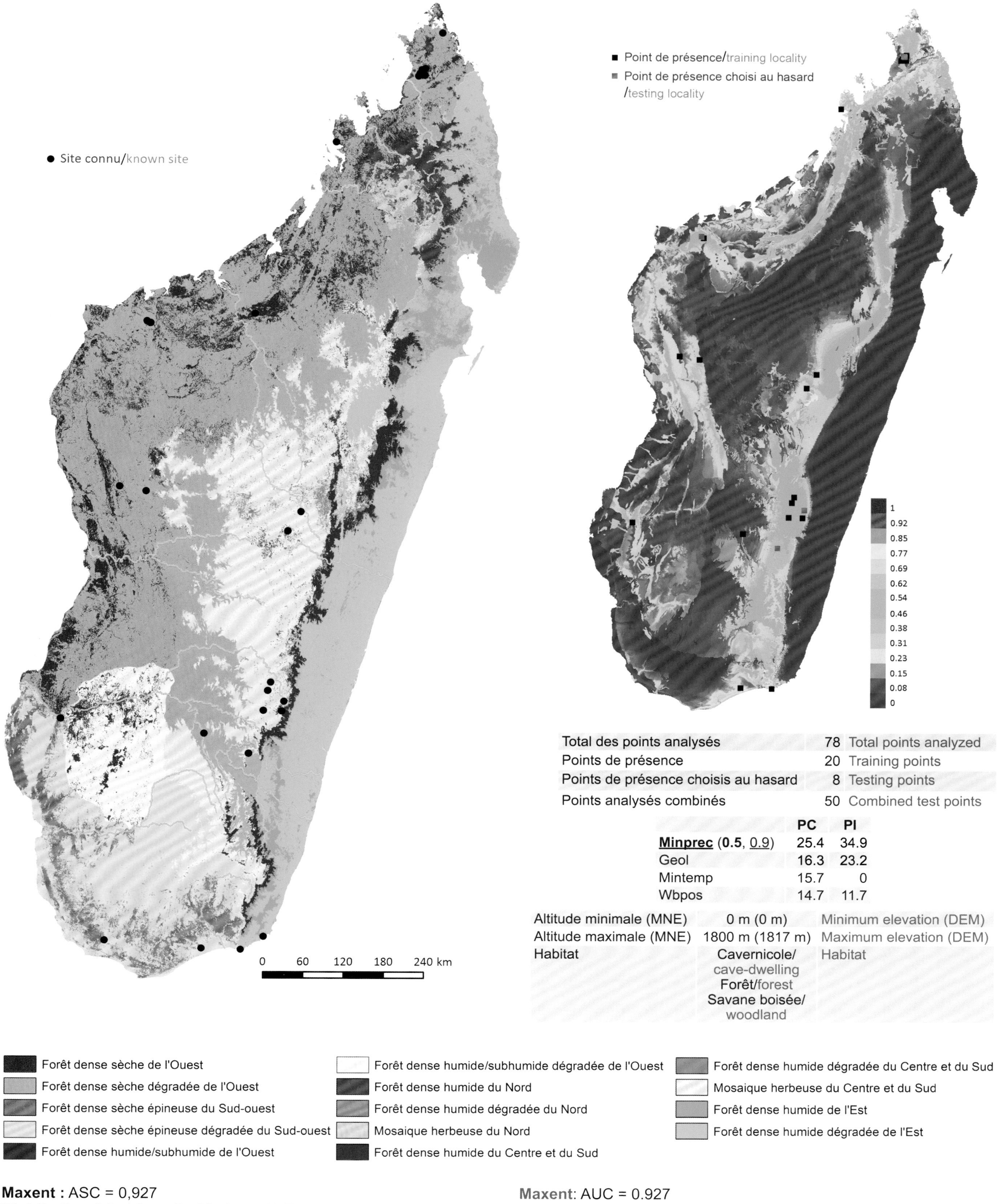
● Site connu/known site
0 60 120 180 240 km
■ Point de présence/training locality
■ Point de présence choisi au hasard /testing locality
1
0.92
0.85
0.77
0.69
0.62
0.54
0.46
0.38
0.31
0.23
0.15
0.08
0
Forêt dense sèche de l'Ouest
Forêt dense sèche dégradée de l'Ouest
Forêt dense sèche épineuse du Sud-ouest
Forêt dense sèche épineuse dégradée du Sud-ouest
Forêt dense humide/subhumide de l'Ouest
Forêt dense humide/subhumide dégradée de l'Ouest
Forêt dense humide du Nord
Forêt dense humide dégradée du Nord
Mosaique herbeuse du Nord
Forêt dense humide du Centre et du Sud
Forêt dense humide dégradée du Centre et du Sud
Mosaique herbeuse du Centre et du Sud
Forêt dense humide de l'Est
Forêt dense humide dégradée de l'Est

Total des points analysés	78	Total points analyzed
Points de présence	20	Training points
Points de présence choisis au hasard	8	Testing points
Points analysés combinés	50	Combined test points

	PC	PI
Minprec (**0.5**, 0.9)	25.4	34.9
Geol	16.3	23.2
Mintemp	15.7	0
Wbpos	14.7	11.7

Altitude minimale (MNE)	0 m (0 m)	Minimum elevation (DEM)
Altitude maximale (MNE)	1800 m (1817 m)	Maximum elevation (DEM)
Habitat	Cavernicole/ cave-dwelling Forêt/forest Savane boisée/ woodland	Habitat

Maxent : ASC = 0,927
Distribution & habitat : Endémique. Utilise les grottes ou les arbres (palmiers) comme gîte diurne. Pas strictement forestière, exploite les zones boisées ouvertes, les zones d'agriculture et les habitats dégradés. Types d'habitat : humide, sec, humide/subhumide et sec épineux.
Systématique : Auparavant considérée comme une sous-espèce de *E. helvum* d'Afrique, mais récemment élevée au rang d'espèce (37).
Conservation : Vulnérable avec des populations en déclin (27). Menacée par la chasse dans certaines zones d'occurrence.

Maxent: AUC = 0.927
Distribution & habitat: Endemic. Day roosts in caves and palm trees. Not strictly forest-dwelling, utilizes open woodland, agricultural areas, and degraded habitats. Habitat types: humid, dry, humid-subhumid, and dry spiny.
Systematics: Previously considered a subspecies of African *E. helvum*, but recently elevated to full species (37).
Conservation: Vulnerable with decreasing population trend (27). Under hunting pressure in certain areas of its range.

Pteropus rufus

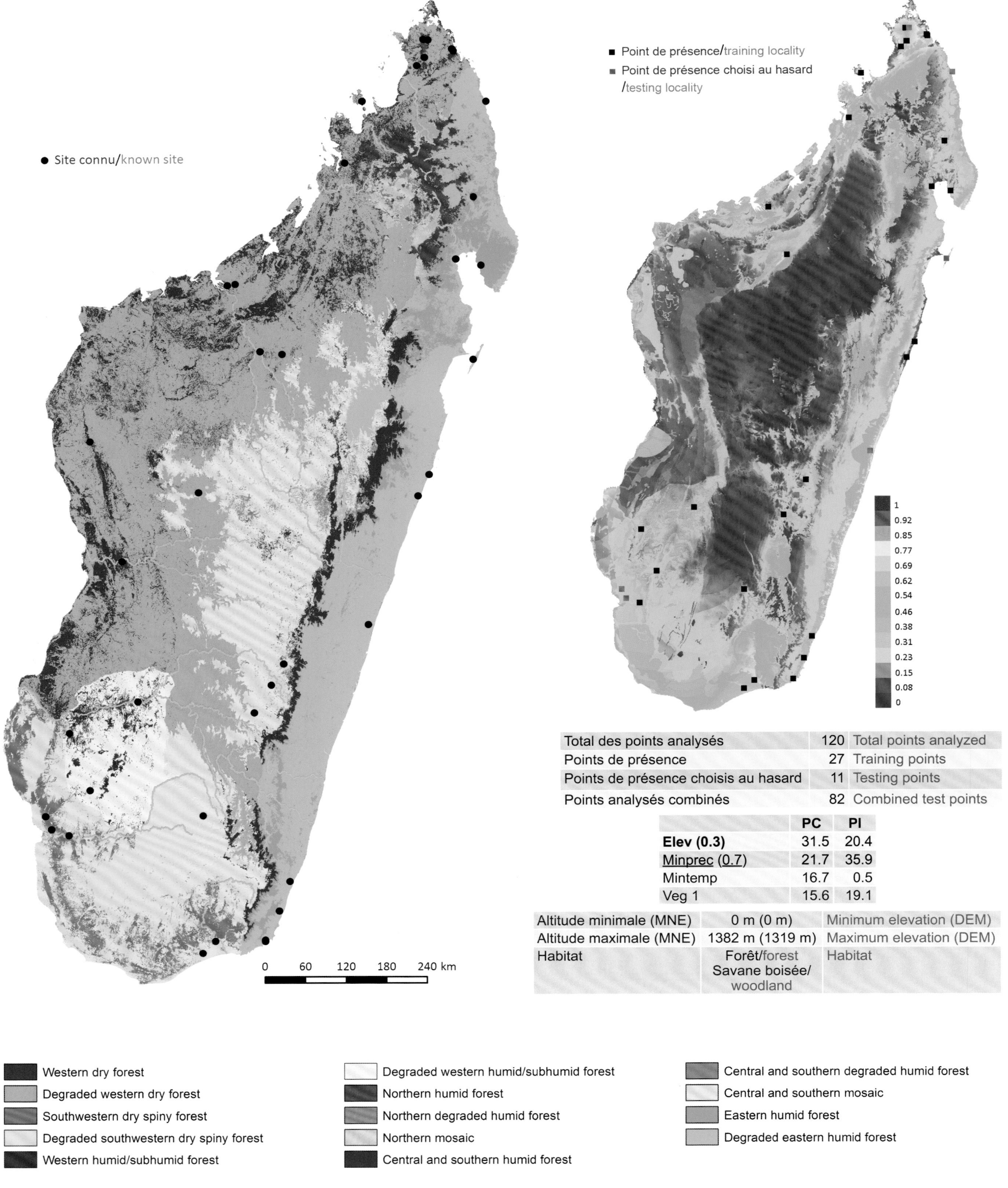

Site connu/known site
Point de présence/training locality
Point de présence choisi au hasard /testing locality
0 60 120 180 240 km
1
0.92
0.85
0.77
0.69
0.62
0.54
0.46
0.38
0.31
0.23
0.15
0.08
0
Western dry forest
Degraded western dry forest
Southwestern dry spiny forest
Degraded southwestern dry spiny forest
Western humid/subhumid forest
Degraded western humid/subhumid forest
Northern humid forest
Northern degraded humid forest
Northern mosaic
Central and southern humid forest
Central and southern degraded humid forest
Central and southern mosaic
Eastern humid forest
Degraded eastern humid forest

Total des points analysés	120	Total points analyzed
Points de présence	27	Training points
Points de présence choisis au hasard	11	Testing points
Points analysés combinés	82	Combined test points

	PC	PI
Elev (0.3)	31.5	20.4
Minprec (0.7)	21.7	35.9
Mintemp	16.7	0.5
Veg 1	15.6	19.1

Altitude minimale (MNE)	0 m (0 m)	Minimum elevation (DEM)
Altitude maximale (MNE)	1382 m (1319 m)	Maximum elevation (DEM)
Habitat	Forêt/forest Savane boisée/ woodland	Habitat

Maxent : ASC = 0,869
Distribution & habitat : Endémique. Se perche sur les arbres autochtones et introduites. Pas strictement forestière, utilise les zones boisées ouvertes, les zones d'agriculture et les habitats dégradés. Types d'habitat : humide, sec, humide/subhumide et sec épineux.
Systématique : Selon les travaux moléculaires récents, cette espèce ne montre aucune différence génétique avec les autres populations de *Pteropus* de la région malgache (4, 36) bien que des traits phénotypiques permettent de distinguer des morphes différents.
Conservation : Vulnérable avec des populations en déclin (27). Menacée par la chasse dans certaines zones d'occurrence.

Maxent: AUC = 0.869
Distribution & habitat: Endemic. Day roosts in native and introduced trees. Not strictly forest-dwelling, utilizes open woodland, agricultural areas, and degraded habitats. Habitat types: humid, dry, humid-subhumid, and dry spiny.
Systematics: Based on recent molecular work, this species is not genetically differentiated from other *Pteropus* occurring in the Malagasy region (4, 36); although based on phenotypic characters the different forms are diagnosable.
Conservation: Vulnerable with decreasing population trend (27). Under hunting pressure throughout most areas of its range.

Rousettus madagascariensis

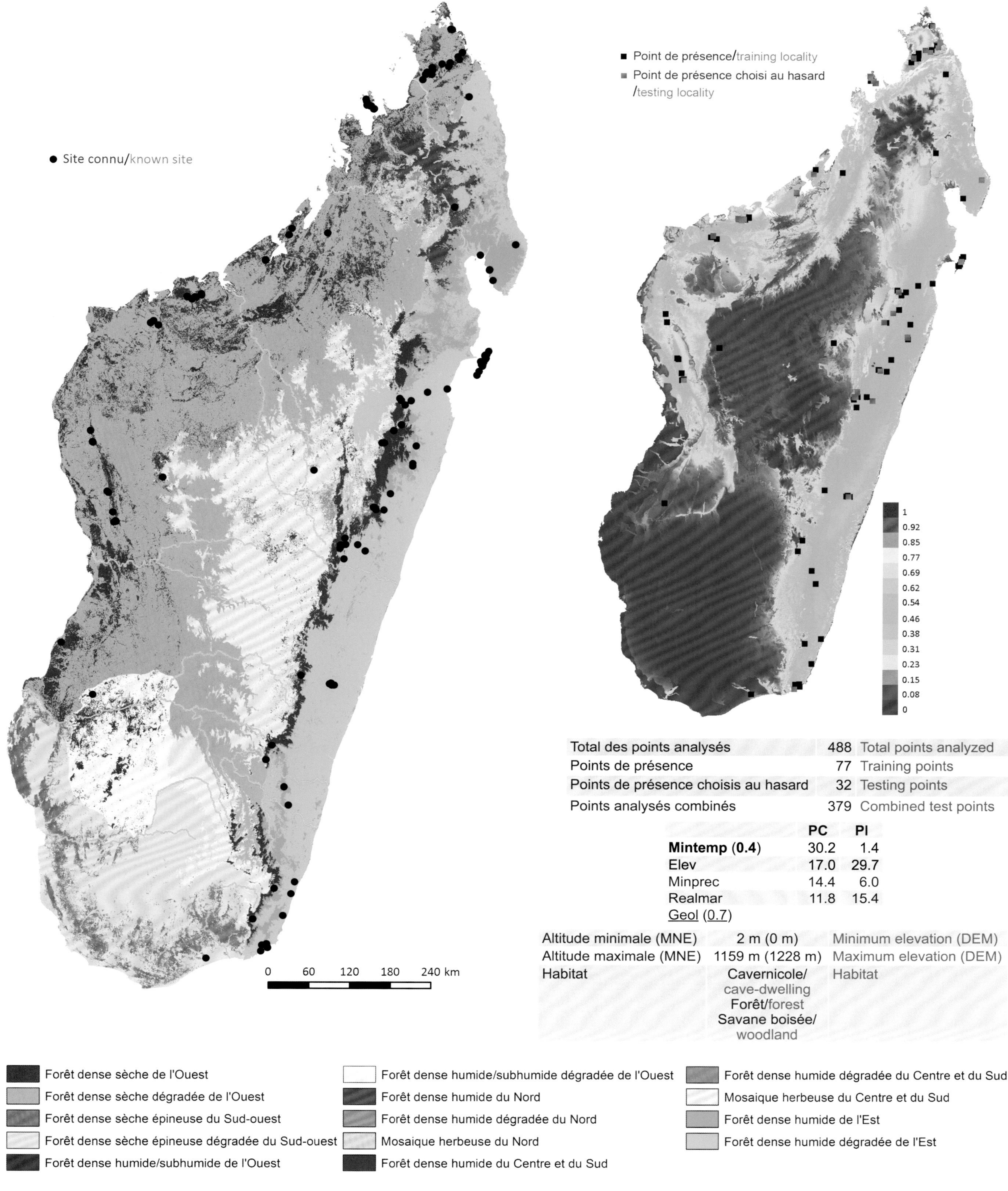

Site connu/known site
Point de présence/training locality
Point de présence choisi au hasard /testing locality
1
0.92
0.85
0.77
0.69
0.62
0.54
0.46
0.38
0.31
0.23
0.15
0.08
0
0 60 120 180 240 km
Forêt dense sèche de l'Ouest
Forêt dense sèche dégradée de l'Ouest
Forêt dense sèche épineuse du Sud-ouest
Forêt dense sèche épineuse dégradée du Sud-ouest
Forêt dense humide/subhumide de l'Ouest
Forêt dense humide/subhumide dégradée de l'Ouest
Forêt dense humide du Nord
Forêt dense humide dégradée du Nord
Mosaique herbeuse du Nord
Forêt dense humide du Centre et du Sud
Forêt dense humide dégradée du Centre et du Sud
Mosaique herbeuse du Centre et du Sud
Forêt dense humide de l'Est
Forêt dense humide dégradée de l'Est

Total des points analysés	488	Total points analyzed
Points de présence	77	Training points
Points de présence choisis au hasard	32	Testing points
Points analysés combinés	379	Combined test points

	PC	PI
Mintemp (0.4)	30.2	1.4
Elev	17.0	29.7
Minprec	14.4	6.0
Realmar	11.8	15.4
Geol (0.7)		

Altitude minimale (MNE)	2 m (0 m)	Minimum elevation (DEM)
Altitude maximale (MNE)	1159 m (1228 m)	Maximum elevation (DEM)
Habitat	Cavernicole/ cave-dwelling Forêt/forest Savane boisée/ woodland	Habitat

Maxent : ASC = 0,878
Distribution & habitat : Endémique. Gîte dans les grottes et les surplombs rocheux. Pas strictement forestière, exploite les zones boisées ouvertes, les zones d'agriculture et les habitats dégradés. Types d'habitat : humide, sec, humide/subhumide et sec épineux.
Systématique : Les récents travaux ont montré que cette espèce est morphologiquement et génétiquement distincte de *R. obliviosus* aux Comores (21).
Conservation : Quasi menacée avec des populations en déclin (27). Menacée par la chasse dans certaines zones d'occurrence.

Maxent: AUC = 0.878
Distribution & habitat: **Endemic**. Day roosts in caves and rock overhangs. Not strictly forest-dwelling, utilizes open woodland, agricultural areas, and degraded habitats. Habitat types: humid, dry, humid-subhumid, and dry spiny.
Systematics: Recent work has shown that this species is morphologically and genetically distinct from *R. obliviosus* of the Comoros (21).
Conservation: Near Threatened with decreasing population trend (27). Under hunting pressure in certain areas of its range.

Hipposideros commersoni

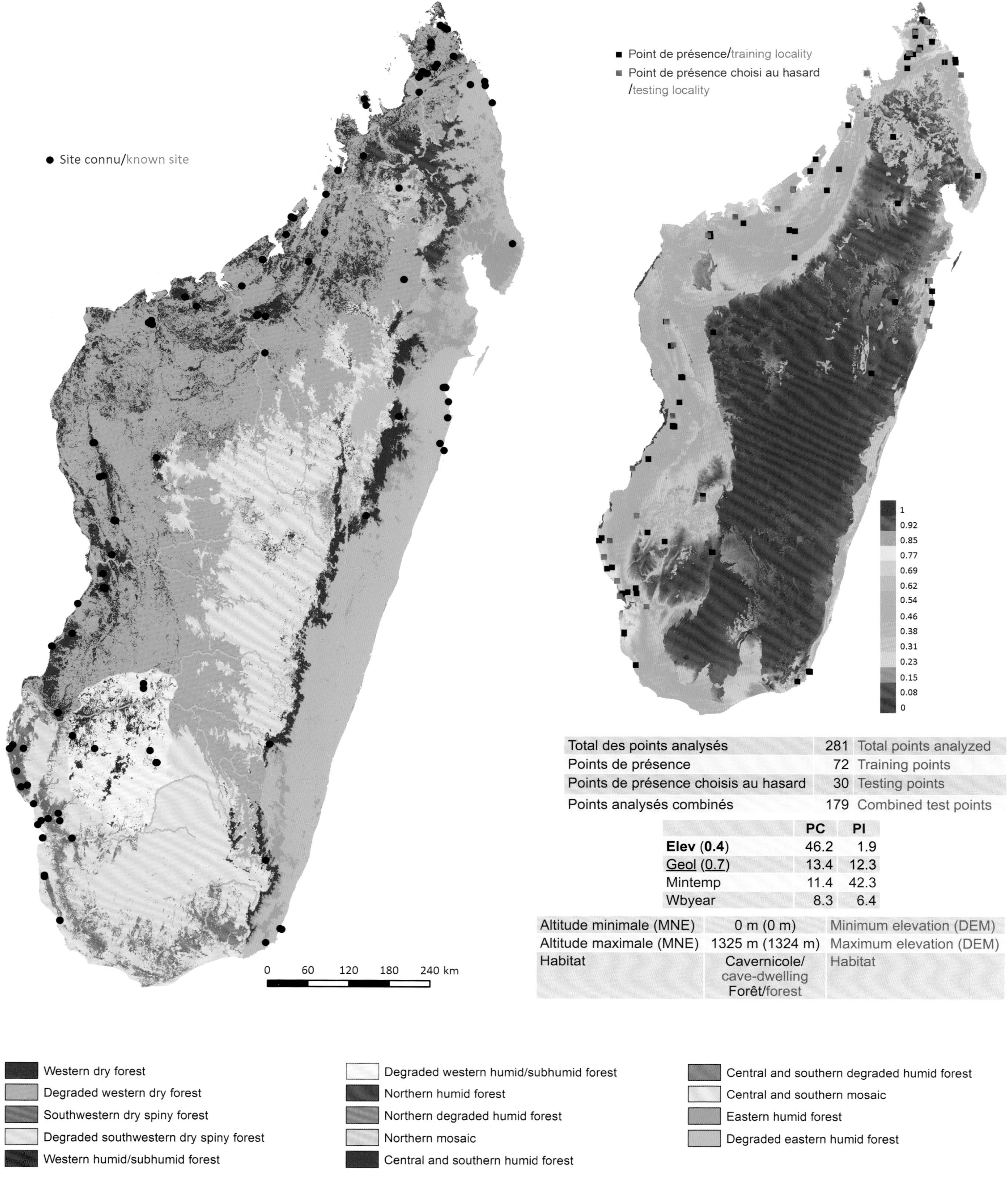
Site connu/known site
Point de présence/training locality
Point de présence choisi au hasard /testing locality
1
0.92
0.85
0.77
0.69
0.62
0.54
0.46
0.38
0.31
0.23
0.15
0.08
0
0 60 120 180 240 km
Western dry forest
Degraded western dry forest
Southwestern dry spiny forest
Degraded southwestern dry spiny forest
Western humid/subhumid forest
Degraded western humid/subhumid forest
Northern humid forest
Northern degraded humid forest
Northern mosaic
Central and southern humid forest
Central and southern degraded humid forest
Central and southern mosaic
Eastern humid forest
Degraded eastern humid forest

Total des points analysés	281	Total points analyzed
Points de présence	72	Training points
Points de présence choisis au hasard	30	Testing points
Points analysés combinés	179	Combined test points

	PC	PI
Elev (0.4)	46.2	1.9
Geol (0.7)	13.4	12.3
Mintemp	11.4	42.3
Wbyear	8.3	6.4

Altitude minimale (MNE)	0 m (0 m)	Minimum elevation (DEM)
Altitude maximale (MNE)	1325 m (1324 m)	Maximum elevation (DEM)
Habitat	Cavernicole/ cave-dwelling Forêt/forest	Habitat

Maxent : ASC = 0,873

Distribution & habitat : Endémique. Gîte dans les grottes ou se perche sur une branche pendant le jour. Pas strictement forestière, fréquente les zones boisées ouvertes et les habitats dégradés. Types d'habitat : humide, sec, humide/subhumide et sec épineux.

Systématique : L'holotype de cette espèce vient de Madagascar. Sur la base des anciennes classifications, cette espèce a été également répertoriée sur le continent africain, mais ces différentes formes ne sont plus placées sous *H. commersoni*, considérée comme endémique de Madagascar (48).

Conservation : Quasi menacée avec des populations mal connues (27). Menacée par la chasse dans certaines zones d'occurrence.

Maxent: AUC = 0.873

Distribution & habitat: Endemic. Day roosts in caves and vegetation. Not strictly forest-dwelling, utilizes open woodland and degraded habitats. Habitat types: humid, dry, humid-subhumid, and dry spiny.

Systematics: Nominate form described from Madagascar. Based on older classifications, this species also occurred on the African mainland, but these different forms are no longer placed under *H. commersoni*, which is considered endemic to Madagascar (48).

Conservation: Near Threatened with unknown population trend (27). Under hunting pressure in certain areas of its range.

Triaenops auritus

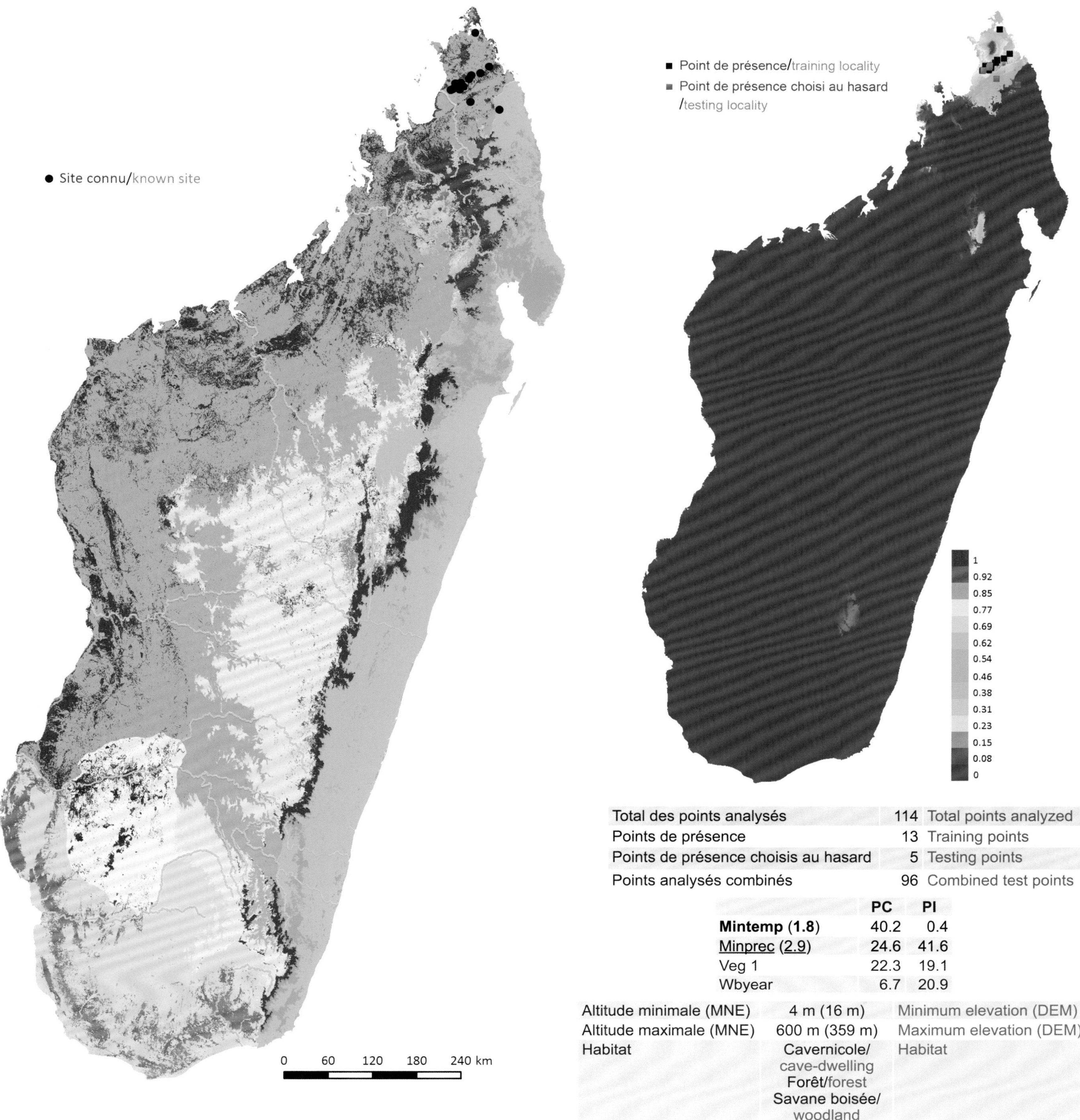
● Site connu/known site
0 60 120 180 240 km
■ Point de présence/training locality
■ Point de présence choisi au hasard /testing locality
1
0.92
0.85
0.77
0.69
0.62
0.54
0.46
0.38
0.31
0.23
0.15
0.08
0

Total des points analysés	114	Total points analyzed
Points de présence	13	Training points
Points de présence choisis au hasard	5	Testing points
Points analysés combinés	96	Combined test points

	PC	PI
Mintemp (**1.8**)	40.2	0.4
Minprec (2.9)	24.6	41.6
Veg 1	22.3	19.1
Wbyear	6.7	20.9

Altitude minimale (MNE)	4 m (16 m)	Minimum elevation (DEM)
Altitude maximale (MNE)	600 m (359 m)	Maximum elevation (DEM)
Habitat	Cavernicole/ cave-dwelling Forêt/forest Savane boisée/ woodland	Habitat

Maxent : ASC = 0,992
Distribution & habitat : Endémique. Gîte dans les grottes pendant le jour. Pas strictement forestière, exploite les zones boisées ouvertes et les habitats dégradés. Type d'habitat : sec. Dans le nord de l'île, cette espèce fréquente également les zones de transition entre les habitats humides-secs.
Altitude : Présence signalée entre 50-200 m (7), mais récemment recensées à des altitudes plus élevées.
Systématique : Probablement mieux placée dans le genre *Paratriaenops* (2). Des travaux morphologiques et génétiques récents montrent une différence importante entre *T. auritus* et *T. furculus* (39, 45, 46).
Autres commentaires : Forme un taxon allopatrique sœur avec *T. furculus*.
Conservation : Vulnérable avec des populations mal connues (27).

Maxent: AUC = 0.992
Distribution & habitat: Endemic. Day roosts in caves. Not strictly forest-dwelling, utilizes open woodland and degraded habitats. Habitat type: dry. In the north, known to occur in transitional humid-dry habitat.
Elevation: Cited to occur from 50-200 m (7), but recently documented at higher elevations.
Systematics: Perhaps best placed in the genus *Paratriaenops* (2). Recent genetic and morphological research indicates that *T. auritus* is distinct from *T. furculus* (39, 45, 46).
Other comments: Forms an allopatric sister species with *T. furculus*.
Conservation: Vulnerable with unknown population trend (27).

Triaenops furculus

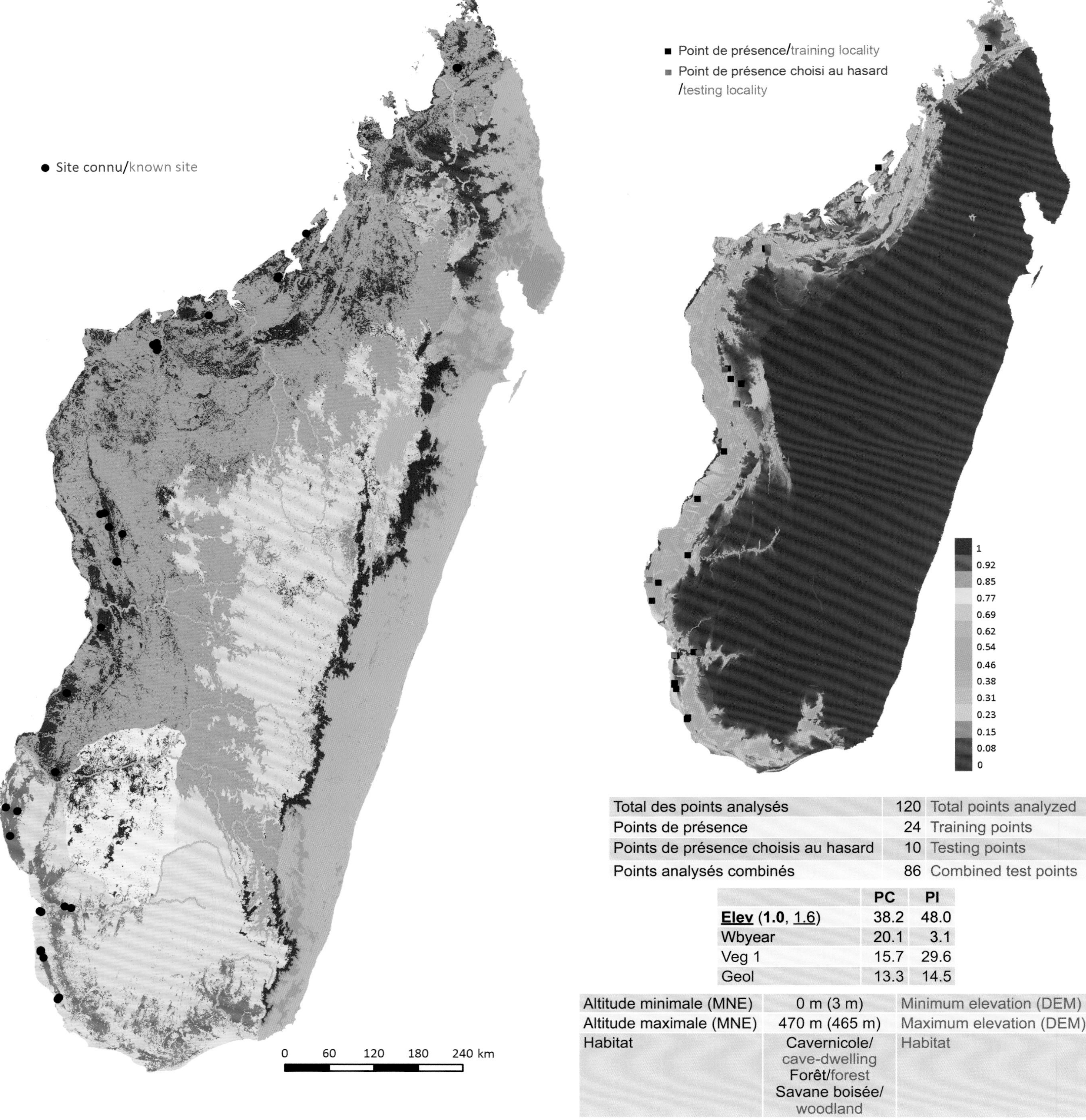

Site connu/known site
0 60 120 180 240 km
Point de présence/training locality
Point de présence choisi au hasard /testing locality
1
0.92
0.85
0.77
0.69
0.62
0.54
0.46
0.38
0.31
0.23
0.15
0.08
0

Total des points analysés	120	Total points analyzed
Points de présence	24	Training points
Points de présence choisis au hasard	10	Testing points
Points analysés combinés	86	Combined test points

	PC	PI
Elev (**1.0**, 1.6)	38.2	48.0
Wbyear	20.1	3.1
Veg 1	15.7	29.6
Geol	13.3	14.5

Altitude minimale (MNE)	0 m (3 m)	Minimum elevation (DEM)
Altitude maximale (MNE)	470 m (465 m)	Maximum elevation (DEM)
Habitat	Cavernicole/ cave-dwelling Forêt/forest Savane boisée/ woodland	Habitat

Maxent : ASC = 0,965
Distribution & habitat : Endémique. Gîte dans les grottes pendant le jour. Pas strictement forestière, exploite les zones boisées ouvertes et les habitats dégradés. Types d'habitat : sec et sec épineux.
Altitude : Présente du niveau de la mer à 140 m (7), mais récemment recensée à des altitudes plus élevées.
Systématique : Probablement mieux placée dans le genre *Paratriaenops* (2). Des travaux morphologiques et génétiques récents montrent une différence importante entre *T. auritus* et *T. furculus* (39, 45, 46).
Autres commentaires : Forme une espèce sœur allopatrique avec *T. auritus*.
Conservation : Préoccupation mineure avec des populations mal connues (27).

Maxent: AUC = 0.965
Distribution & habitat: Endemic. Day roosts in caves. Not strictly forest-dwelling, utilizes open woodland and degraded habitats. Habitat types: dry and dry spiny.
Elevation: Cited to occur from sea level-140 m (7), but recently documented at higher elevations.
Systematics: Perhaps best placed in the genus *Paratriaenops* (2). Recent genetic and morphological research indicates that *T. furculus* is distinct from *T. auritus* (39, 45, 46).
Other comments: Forms an allopatric sister species with *T. auritus*.
Conservation: Least Concerned with unknown population trend (27).

Triaenops menamena

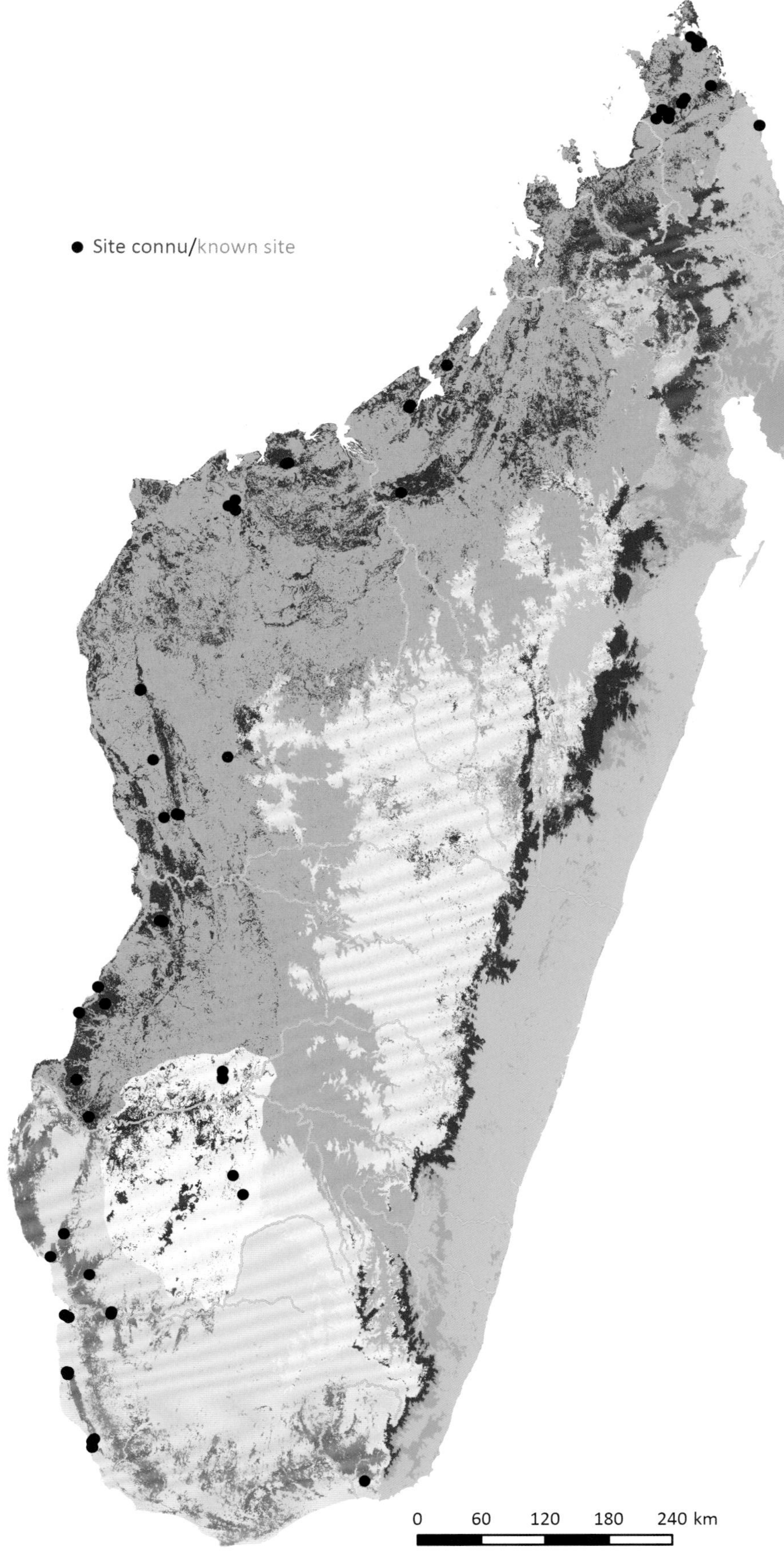

Site connu/known site
0 60 120 180 240 km

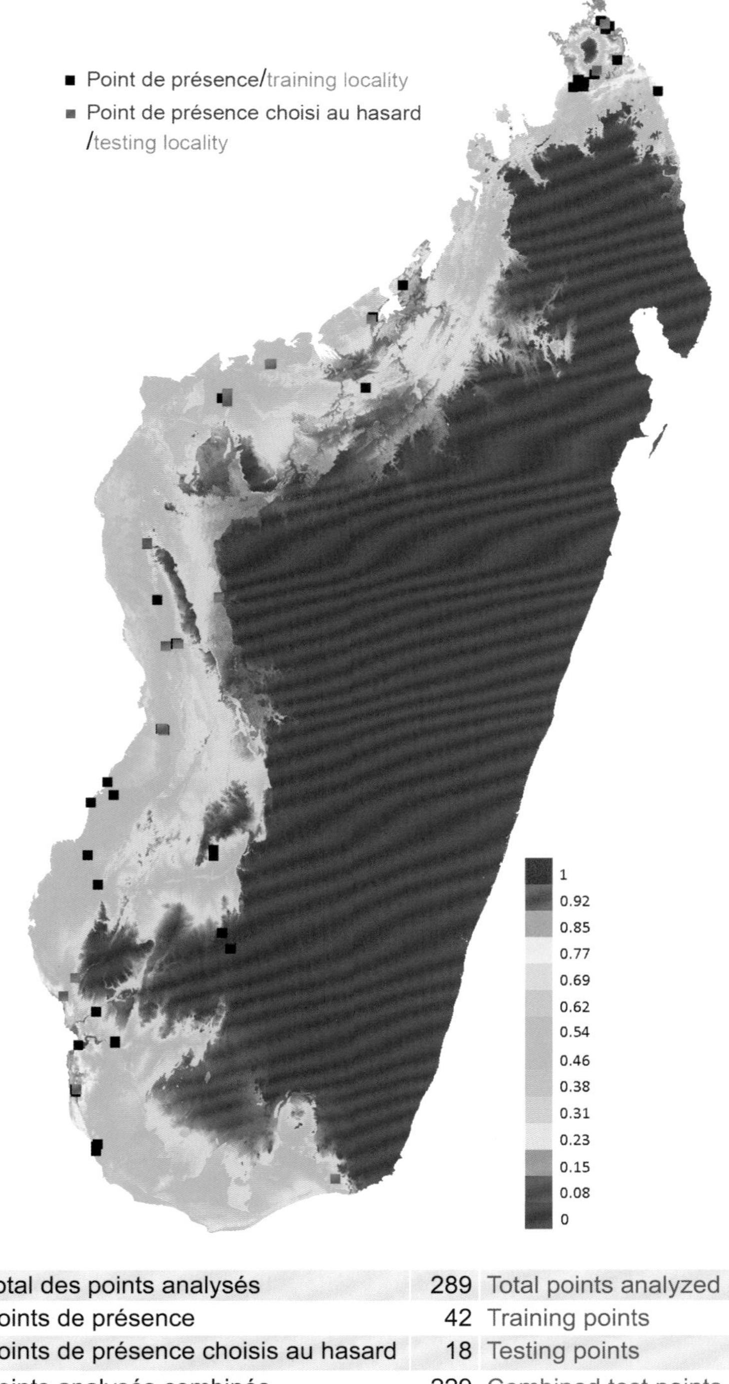

Point de présence/training locality
Point de présence choisi au hasard /testing locality
1
0.92
0.85
0.77
0.69
0.62
0.54
0.46
0.38
0.31
0.23
0.15
0.08
0

Total des points analysés	289	Total points analyzed
Points de présence	42	Training points
Points de présence choisis au hasard	18	Testing points
Points analysés combinés	229	Combined test points

	PC	PI
Elev (0.7)	44.0	0.7
Veg 1	18.6	0
Mintemp	9.7	4.7
Geol	5.6	5.6
Wbyear (1.2)		

Altitude minimale (MNE)	0 m (0 m)	Minimum elevation (DEM)
Altitude maximale (MNE)	1000 m (709 m)	Maximum elevation (DEM)
Habitat	Cavernicole/ cave-dwelling Forêt/forest Savane boisée/ woodland	Habitat

Maxent : ASC = 0,912

Distribution & habitat : Endémique. Gîte dans les grottes pendant le jour. Pas strictement forestière, exploite les zones boisées ouvertes et les habitats dégradés. Types d'habitat : sec, humide/subhumide et sec épineux. Dans le nord de l'île, cette espèce a été également recensée dans les zones de transition entre les habitats humides-secs. Elle a aussi été recensée dans la forêt humide mais ces observations ne figurent pas dans notre base de données.

Altitude : Recensée à des altitudes pouvant aller jusqu'à 1450 m (7).

Systématique : Auparavant connue sous *T. rufus*, mais comme l'holotype est d'origine africaine, l'espèce malgache a été renommée *T. menamena* (10).

Autres commentaires : Largement sympatrique avec *T. furculus* dans la plupart des zones d'occurrence et avec *T. auritus* dans le Nord.

Conservation : Préoccupation mineure avec des populations mal connues (27).

Maxent: AUC = 0.912

Distribution & habitat: Endemic. Day roosts in caves. Not strictly forest-dwelling, utilizes open woodland and degraded habitats. Habitat types: dry, humid-subhumid, and dry spiny. In the north, known to occur in transitional humid-dry habitats. There are observational records from humid forest habitats not figured in database.

Elevation: Observed at elevations up to 1450 m (7).

Systematics: Previously known as *T. rufus*, but given the African origin of the holotype, the Malagasy species was renamed as *T. menamena* (10).

Other comments: Broadly sympatric with *T. furculus* across much of its range and *T. auritus* in the north.

Conservation: Least Concerned with unknown population trend (27).

Coleura kibomalandy

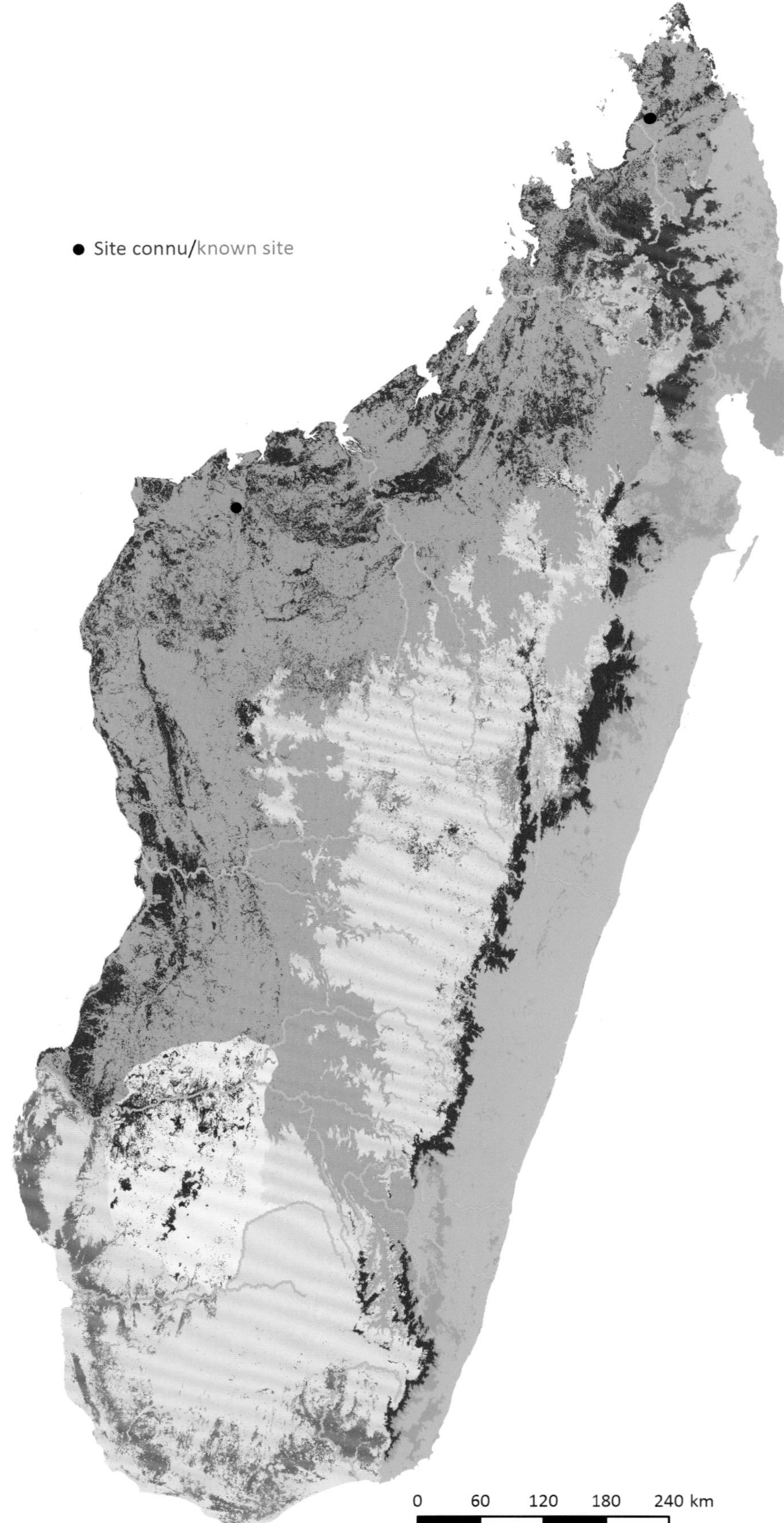

● Site connu/known site
0 60 120 180 240 km

Forêt dense sèche de l'Ouest
Forêt dense sèche dégradée de l'Ouest
Forêt dense sèche épineuse du Sud-ouest
Forêt dense sèche épineuse dégradée du Sud-ouest
Forêt dense humide/subhumide de l'Ouest
Forêt dense humide/subhumide dégradée de l'Ouest
Forêt dense humide du Nord
Forêt dense humide dégradée du Nord
Mosaique herbeuse du Nord
Forêt dense humide du Centre et du Sud
Forêt dense humide dégradée du Centre et du Sud
Mosaique herbeuse du Centre et du Sud
Forêt dense humide de l'Est
Forêt dense humide dégradée de l'Est

Altitude minimale	20 m	Minimum elevation
Altitude maximale	115 m	Maximum elevation
Habitat	Cavernicole/ cave-dwelling Savane boisée/ woodland	Habitat

Distribution & habitat : Endémique. Gîte dans les grottes pendant le jour. Pas strictement forestière, exploite les zones boisées ouvertes et les habitats dégradés. Type d'habitat : sec.
Systématique : Considérée comme étant un conspécifique de *C. afra* d'Afrique, mais les travaux morphologiques et génétiques ont montré que les spécimens de Madagascar représentent une espèce distincte et récemment décrite comme étant une nouvelle espèce (24).
Conservation : Non évaluée par l'UICN (27).

Distribution & habitat: Endemic. Day roosts in caves. Not strictly forest-dwelling, utilizes open woodland and degraded habitats. Habitat type: dry.
Systematics: Madagascar animals were considered conspecific with *C. afra* of Africa, but morphological and genetic work found it to be a distinct species, which was recently named (24).
Conservation: Conservation status of this species has not been assessed by IUCN (27).

Paremballonura atrata

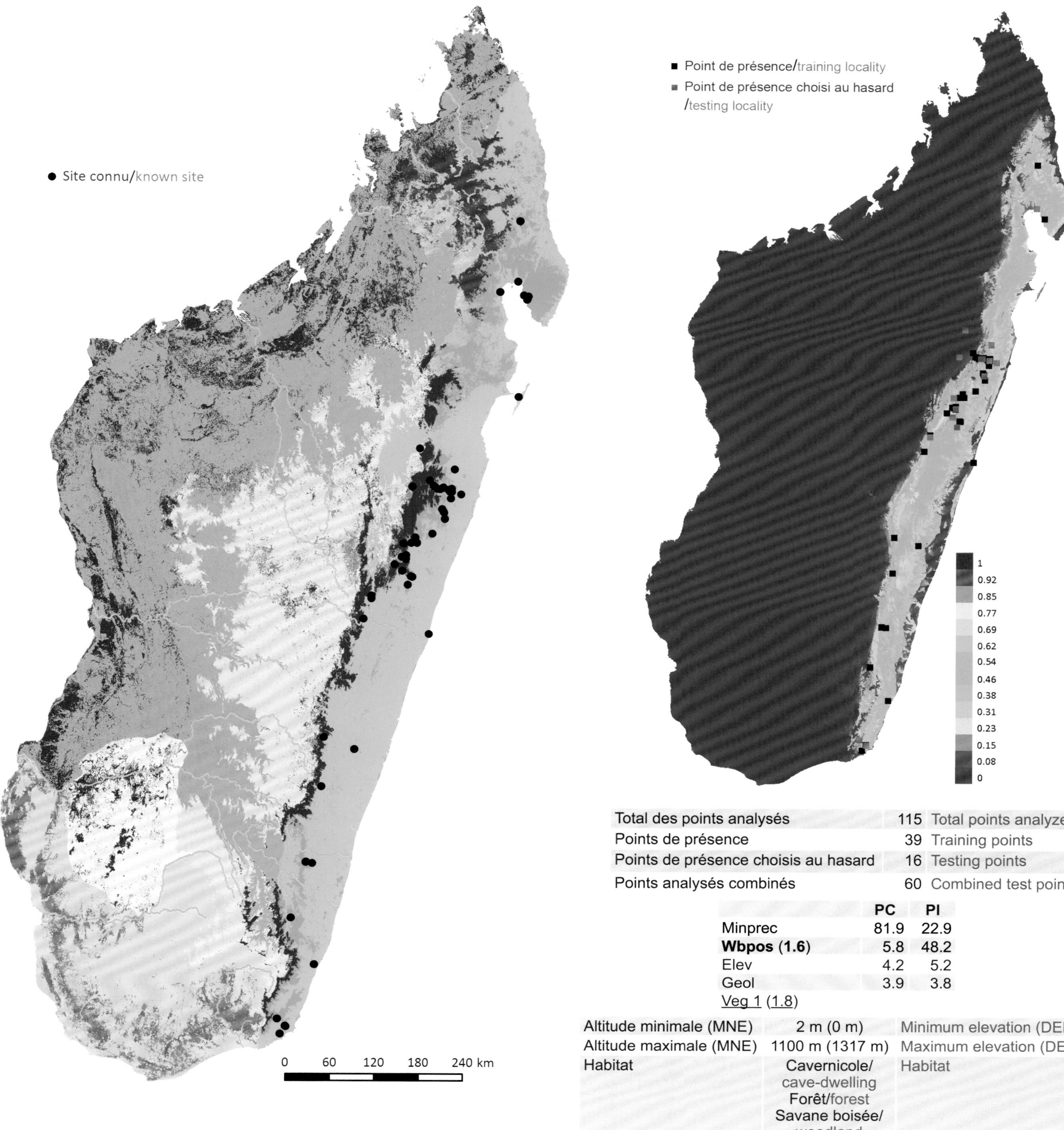
● Site connu/known site
0 60 120 180 240 km
■ Point de présence/training locality
■ Point de présence choisi au hasard /testing locality
1
0.92
0.85
0.77
0.69
0.62
0.54
0.46
0.38
0.31
0.23
0.15
0.08
0

Total des points analysés	115	Total points analyzed
Points de présence	39	Training points
Points de présence choisis au hasard	16	Testing points
Points analysés combinés	60	Combined test points

	PC	PI
Minprec	81.9	22.9
Wbpos (1.6)	5.8	48.2
Elev	4.2	5.2
Geol	3.9	3.8
Veg 1 (1.8)		

Altitude minimale (MNE)	2 m (0 m)	Minimum elevation (DEM)
Altitude maximale (MNE)	1100 m (1317 m)	Maximum elevation (DEM)
Habitat	Cavernicole/ cave-dwelling Forêt/forest Savane boisée/ woodland	Habitat

Maxent : ASC = 0,957
Distribution & habitat : Endémique. Gîte dans les grottes et les surplombs rocheux pendant le jour. Pas strictement forestière, exploite les zones boisées ouvertes et les habitats dégradés. Type d'habitat : humide.
Altitude : Recensée du niveau de la mer à 975 m (7), mais récemment trouvée à des altitudes légèrement plus élevées.
Systématique : D'après les analyses moléculaires (44), cette espèce a été transférée du genre *Emballonura* au genre *Paremballonura* (24).
Autres commentaires : Forme une espèce sœur allopatrique avec *P. tiavato*.
Conservation : Préoccupation mineure avec des populations mal connues (27).

Maxent: AUC = 0.957
Distribution & habitat: **Endemic**. Day roosts in caves and rock overhangs. Not strictly forest-dwelling, utilizes open woodland and degraded habitats. Habitat type: humid.
Elevation: Cited to occur from sea level-975 m (7), but recently documented at slightly higher elevations.
Systematics: Based on a molecular analysis (44), transferred from the genus *Emballonura* to *Paremballonura* (24).
Other comments: Forms an allopatric sister species with *P. tiavato*.
Conservation: Least Concerned with unknown population trend (27).

Paremballonura tiavato

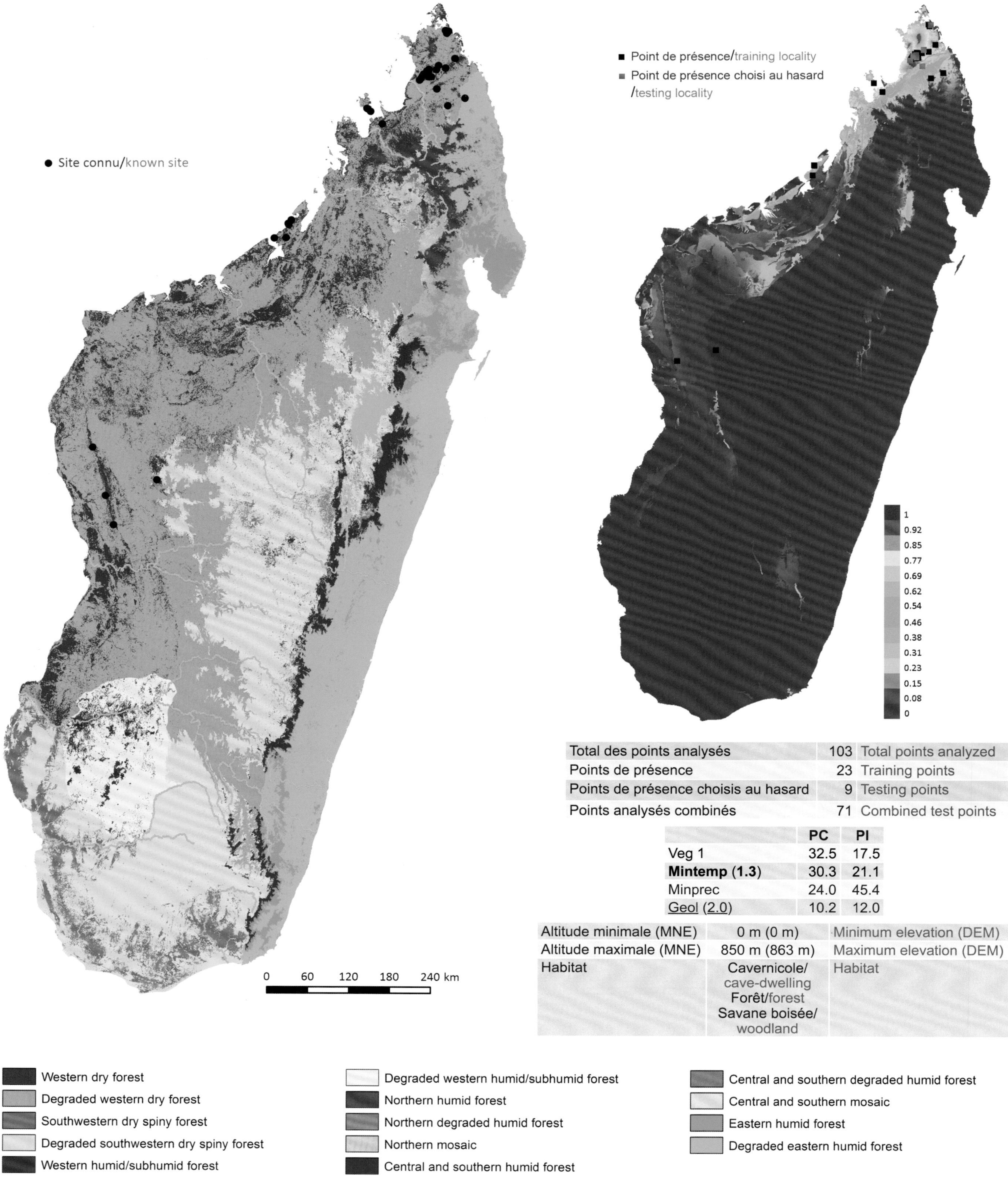

Site connu/known site
Point de présence/training locality
Point de présence choisi au hasard /testing locality
1
0.92
0.85
0.77
0.69
0.62
0.54
0.46
0.38
0.31
0.23
0.15
0.08
0
0 60 120 180 240 km
Western dry forest
Degraded western dry forest
Southwestern dry spiny forest
Degraded southwestern dry spiny forest
Western humid/subhumid forest
Degraded western humid/subhumid forest
Northern humid forest
Northern degraded humid forest
Northern mosaic
Central and southern humid forest
Central and southern degraded humid forest
Central and southern mosaic
Eastern humid forest
Degraded eastern humid forest

Total des points analysés	103	Total points analyzed
Points de présence	23	Training points
Points de présence choisis au hasard	9	Testing points
Points analysés combinés	71	Combined test points

	PC	PI
Veg 1	32.5	17.5
Mintemp (1.3)	30.3	21.1
Minprec	24.0	45.4
Geol (2.0)	10.2	12.0

Altitude minimale (MNE)	0 m (0 m)	Minimum elevation (DEM)
Altitude maximale (MNE)	850 m (863 m)	Maximum elevation (DEM)
Habitat	Cavernicole/ cave-dwelling Forêt/forest Savane boisée/ woodland	Habitat

Maxent : ASC = 0,962

Distribution & habitat : Endémique. Gîte dans les grottes et les surplombs rocheux pendant le jour. Pas strictement forestière, exploite les zones boisées ouvertes et les habitats dégradés. Type d'habitat : sec. Dans le Nord de l'île, cette espèce a été aussi rencontrée dans les zones de transition entre les habitats humides-secs.

Systématique : D'après les analyses moléculaires (44), cette espèce récemment nommée (13) a été transférée du genre *Emballonura* au genre *Paremballonura* (24).

Autres commentaires : Forme une espèce sœur allopatrique avec *P. atrata*.

Conservation : Préoccupation mineure avec des populations mal connues (27).

Maxent: AUC = 0.962

Distribution & habitat: Endemic. Day roosts in caves or rock overhangs. Not strictly forest-dwelling, utilizes open woodland and degraded habitats. Habitat type: dry. In the north, known to occur in transitional humid-dry habitats.

Systematics: Based on a molecular analysis (44), this recently named species (13) was transferred from the genus *Emballonura* to *Paremballonura* (24).

Other comments: Forms an allopatric sister species with *P. atrata*.

Conservation: Least Concerned with unknown population trend (27).

Taphozous mauritianus

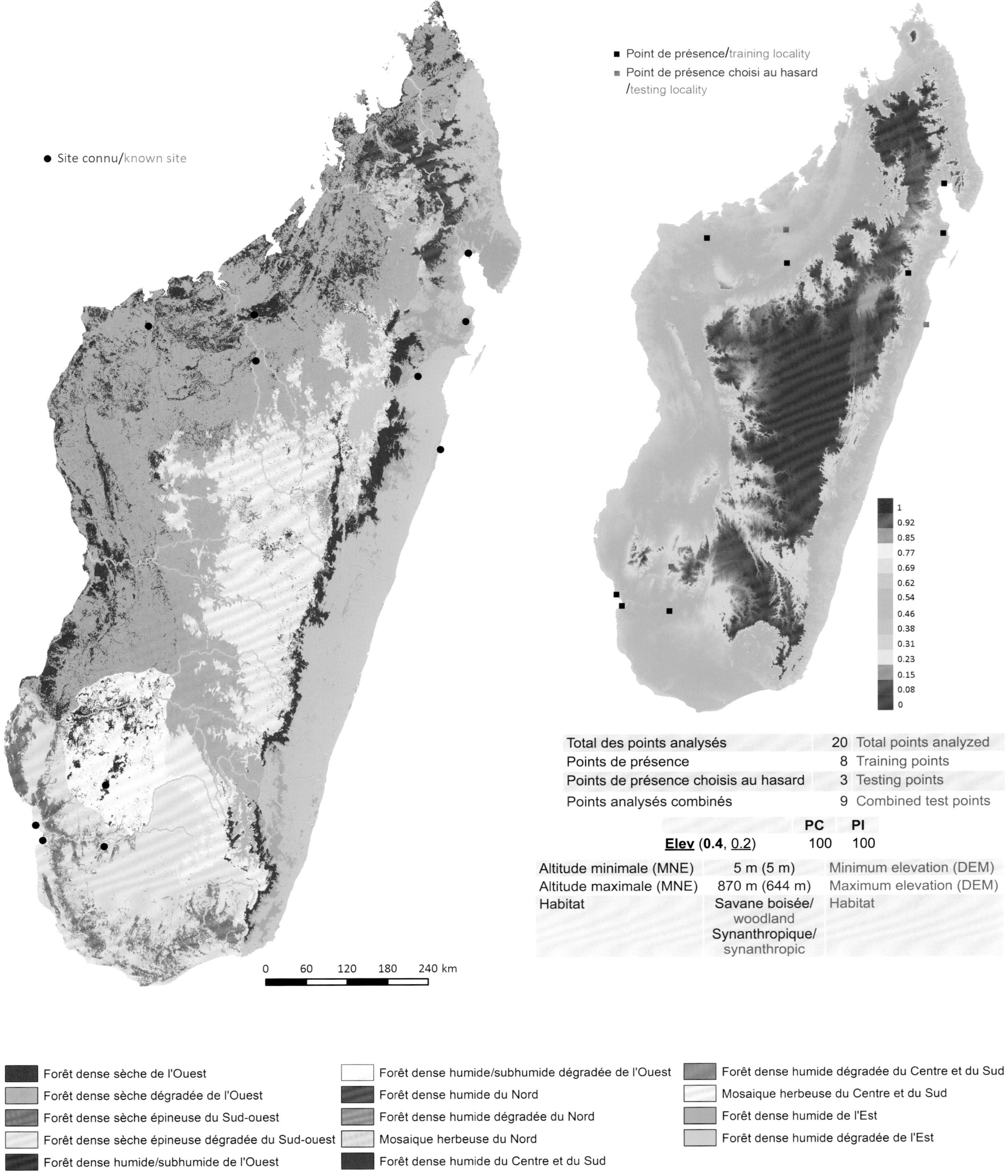

Site connu/known site
Point de présence/training locality
Point de présence choisi au hasard /testing locality
1
0.92
0.85
0.77
0.69
0.62
0.54
0.46
0.38
0.31
0.23
0.15
0.08
0
0 60 120 180 240 km
Forêt dense sèche de l'Ouest
Forêt dense sèche dégradée de l'Ouest
Forêt dense sèche épineuse du Sud-ouest
Forêt dense sèche épineuse dégradée du Sud-ouest
Forêt dense humide/subhumide de l'Ouest
Forêt dense humide/subhumide dégradée de l'Ouest
Forêt dense humide du Nord
Forêt dense humide dégradée du Nord
Mosaique herbeuse du Nord
Forêt dense humide du Centre et du Sud
Forêt dense humide dégradée du Centre et du Sud
Mosaique herbeuse du Centre et du Sud
Forêt dense humide de l'Est
Forêt dense humide dégradée de l'Est

Total des points analysés	20	Total points analyzed
Points de présence	8	Training points
Points de présence choisis au hasard	3	Testing points
Points analysés combinés	9	Combined test points

	PC	PI
Elev (**0.4**, 0.2)	100	100

Altitude minimale (MNE)	5 m (5 m)	Minimum elevation (DEM)
Altitude maximale (MNE)	870 m (644 m)	Maximum elevation (DEM)
Habitat	Savane boisée/ woodland Synanthropique/ synanthropic	Habitat

Maxent : ASC = 0,802
Distribution & habitat : Non endémique et connue dans la région malgache (Comores, Mascareignes et Seychelles) et une partie de l'Afrique sub-saharienne. Se perche sur des surfaces verticales (rochers, murs et tronc d'arbres). Pas strictement forestière, exploite les zones boisées ouvertes et les habitats dégradés. Types d'habitat : humide, sec, humide/subhumide et sec épineux (à Madagascar).
Systématique : L'holotype de cette espèce vient de l'île Maurice. Etant donné l'étendue de sa répartition géographique, une étude moléculaire est nécessaire pour comprendre la phylogéographie de cette espèce, qui forme probablement un complexe paraphylétique.
Conservation : Préoccupation mineure avec des populations mal connues (27).

Maxent: AUC = 0.802
Distribution & habitat: Non-endemic and known from the Malagasy region (Comoros, Mascarenes, Seychelles) and portions of sub-Saharan Africa. Day roosts on vertical surfaces (rocks, walls, and trees). Not strictly forest-dwelling, utilizes open woodland and degraded habitats. Habitat types: humid, dry, humid-subhumid, and dry spiny (Madagascar).
Systematics: Holotype of this species is from Mauritius. Given its broad geographical range, a molecular study is needed to understand phylogeographic patterns and resolve the systematics of this possible paraphyletic complex.
Conservation: Least Concerned with unknown population trend (27).

Myzopoda aurita

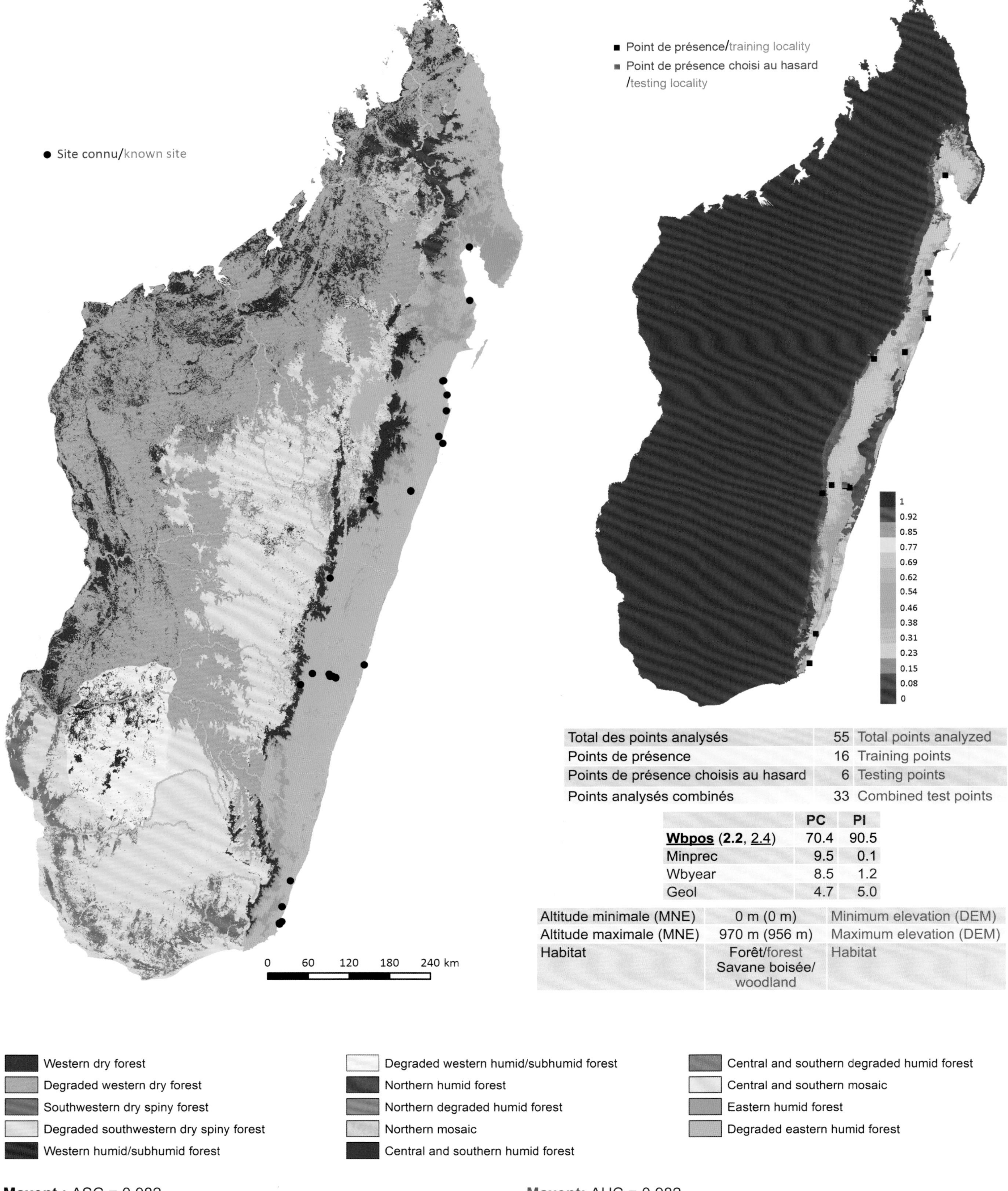

Site connu/known site
0 60 120 180 240 km
Point de présence/training locality
Point de présence choisi au hasard /testing locality
1
0.92
0.85
0.77
0.69
0.62
0.54
0.46
0.38
0.31
0.23
0.15
0.08
0
Western dry forest
Degraded western dry forest
Southwestern dry spiny forest
Degraded southwestern dry spiny forest
Western humid/subhumid forest
Degraded western humid/subhumid forest
Northern humid forest
Northern degraded humid forest
Northern mosaic
Central and southern humid forest
Central and southern degraded humid forest
Central and southern mosaic
Eastern humid forest
Degraded eastern humid forest

Total des points analysés	55	Total points analyzed
Points de présence	16	Training points
Points de présence choisis au hasard	6	Testing points
Points analysés combinés	33	Combined test points

	PC	PI
Wbpos (**2.2**, 2.4)	70.4	90.5
Minprec	9.5	0.1
Wbyear	8.5	1.2
Geol	4.7	5.0

Altitude minimale (MNE)	0 m (0 m)	Minimum elevation (DEM)
Altitude maximale (MNE)	970 m (956 m)	Maximum elevation (DEM)
Habitat	Forêt/forest Savane boisée/ woodland	Habitat

Maxent : ASC = 0,982
Distribution & habitat : Endémique. Utilise la végétation (feuilles) comme gîte diurne. Pas strictement forestière, exploite les zones boisées ouvertes, les zones marécageuses et les habitats dégradés. Type d'habitat : humide.
Systématique : La famille des Myzopodidae est endémique de Madagascar. Une étude moléculaire récente a confirmé que *M. aurita* et *M. schliemanni* représentent deux espèces distinctes (47).
Autres commentaires : Forme une espèce sœur allopatrique avec *M. schliemanni*.
Conservation : Préoccupation mineure avec des populations mal connues (27).

Maxent: AUC = 0.982
Distribution & habitat: Endemic. Day roosts in vegetation. Not strictly forest-dwelling, utilizes open woodland, marshes, and degraded habitats. Habitat type: humid.
Systematics: Family Myzopodidae is endemic to Madagascar. A recent molecular study supported the recognition of *M. aurita* and *M. schliemanni* as two distinct species (47).
Other comments: Forms an allopatric sister species with *M. schliemanni*.
Conservation: Least Concerned with unknown population trend (27).

Myzopoda schliemanni

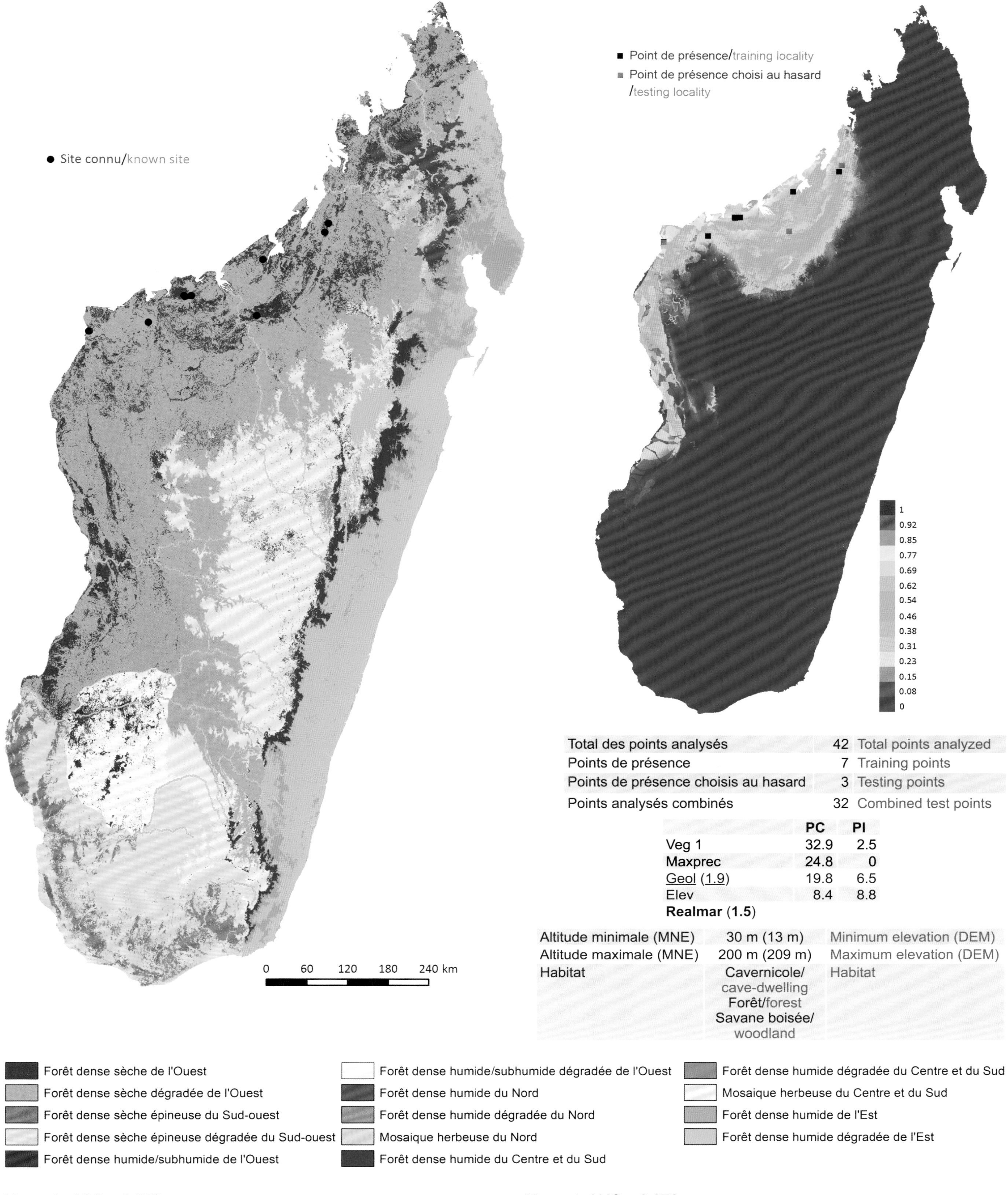

Site connu/known site
0 60 120 180 240 km
Point de présence/training locality
Point de présence choisi au hasard /testing locality
1
0.92
0.85
0.77
0.69
0.62
0.54
0.46
0.38
0.31
0.23
0.15
0.08
0
Forêt dense sèche de l'Ouest
Forêt dense sèche dégradée de l'Ouest
Forêt dense sèche épineuse du Sud-ouest
Forêt dense sèche épineuse dégradée du Sud-ouest
Forêt dense humide/subhumide de l'Ouest
Forêt dense humide/subhumide dégradée de l'Ouest
Forêt dense humide du Nord
Forêt dense humide dégradée du Nord
Mosaique herbeuse du Nord
Forêt dense humide du Centre et du Sud
Forêt dense humide dégradée du Centre et du Sud
Mosaique herbeuse du Centre et du Sud
Forêt dense humide de l'Est
Forêt dense humide dégradée de l'Est

Total des points analysés	42	Total points analyzed
Points de présence	7	Training points
Points de présence choisis au hasard	3	Testing points
Points analysés combinés	32	Combined test points

	PC	PI
Veg 1	32.9	2.5
Maxprec	24.8	0
Geol (1.9)	19.8	6.5
Elev	8.4	8.8
Realmar (1.5)		

Altitude minimale (MNE)	30 m (13 m)	Minimum elevation (DEM)
Altitude maximale (MNE)	200 m (209 m)	Maximum elevation (DEM)
Habitat	Cavernicole/ cave-dwelling Forêt/forest Savane boisée/ woodland	Habitat

Maxent : ASC = 0,973
Distribution & habitat : Endémique. Utilise la végétation (feuilles) comme gîte diurne. Pas strictement forestière, exploite les zones boisées ouvertes, les zones marécageuses et les habitats dégradés. Type d'habitat : sec. Cette espèce a été recensée une fois dans une grotte (30), mais ceci n'est pas typique du genre.
Systématique : La famille des Myzopodidae est endémique de Madagascar. Une étude moléculaire récente a confirmé que *M. aurita* et *M. schliemanni* représentent deux espèces distinctes (47).
Autres commentaires : Cette espèce nouvellement décrite (14) forme un taxon sœur allopatrique avec *M. aurita*.
Conservation : Préoccupation mineure avec des populations mal connues (27).

Maxent: AUC = 0.973
Distribution & habitat: Endemic. Day roosts in vegetation. Not strictly forest-dwelling, utilizes open woodland, marshes, and degraded habitats. Habitat type: dry. There is a single observation of cave roosting (30), not typical of this genus.
Systematics: Family Myzopodidae is endemic to Madagascar. A recent molecular study supported the recognition of *M. aurita* and *M. schliemanni* as two distinct species (47).
Other comments: This recently described taxon (14) forms an allopatric sister species with *M. aurita*.
Conservation: Least Concerned with unknown population trend (27).

Chaerephon atsinanana

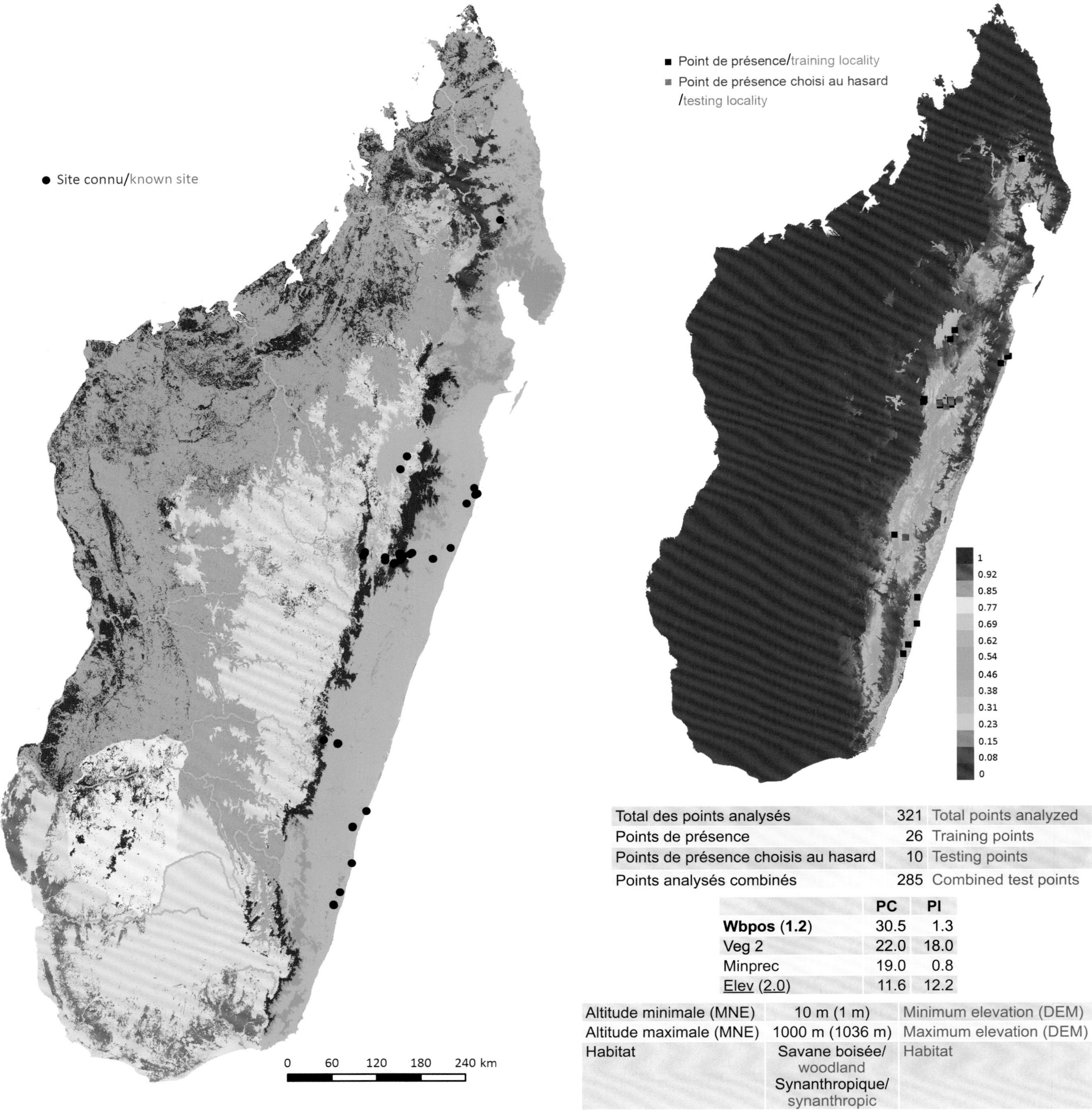

Site connu/known site
0 60 120 180 240 km
Point de présence/training locality
Point de présence choisi au hasard /testing locality
1
0.92
0.85
0.77
0.69
0.62
0.54
0.46
0.38
0.31
0.23
0.15
0.08
0

Total des points analysés	321	Total points analyzed
Points de présence	26	Training points
Points de présence choisis au hasard	10	Testing points
Points analysés combinés	285	Combined test points

	PC	PI
Wbpos (1.2)	30.5	1.3
Veg 2	22.0	18.0
Minprec	19.0	0.8
Elev (2.0)	11.6	12.2

Altitude minimale (MNE)	10 m (1 m)	Minimum elevation (DEM)
Altitude maximale (MNE)	1000 m (1036 m)	Maximum elevation (DEM)
Habitat	Savane boisée/ woodland Synanthropique/ synanthropic	Habitat

Maxent : ASC = 0,977
Distribution & habitat : Endémique. Gîte dans les constructions humaines et probablement dans les crevasses ou dans les cavités des troncs d'arbres. Pas strictement forestière, exploite les zones boisées ouvertes et les habitats dégradés. Type d'habitat : humide.
Systématique : Récemment nommée, cette espèce a été auparavant connue comme étant *C. pumilus* (20), qui est quelquefois placée dans le genre *Tadarida*. Forme un complexe d'espèces avec *C. leucogaster*, *C. pusillus* et *C. pumilus* du Moyen Orient, des îles à l'ouest de l'océan Indien et d'Afrique (35). Une étude récente montre une structure phylogéographique considérable et un échange limité entre les populations de *C. atsinanana* (32).
Autres commentaires : Largement allopatrique avec *C. leucogaster*.
Conservation : Non évaluée par l'UICN (27).

Maxent: AUC = 0.977
Distribution & habitat: Endemic. Day roosts in synanthropic settings, and presumably rock crevices and tree holes. Not strictly forest-dwelling, utilizes open woodland and degraded habitats. Habitat type: humid.
Systematics: Recently named species, previously considered to be *C. pumilus* (20), which is sometimes placed in the genus *Tadarida*. Forms a species complex with *C. leucogaster*, *C. pusillus*, and *C. pumilus* from the Middle East, other western Indian Ocean islands, and Africa (35). A recent phylogeographic study of *C. atsinanana* indicates considerable structure and presumably reduced dispersal exchanges between populations (32).
Other comments: Largely allopatric with *C. leucogaster*.
Conservation: Conservation status of this species has not been assessed by IUCN (27).

Chaerephon jobimena

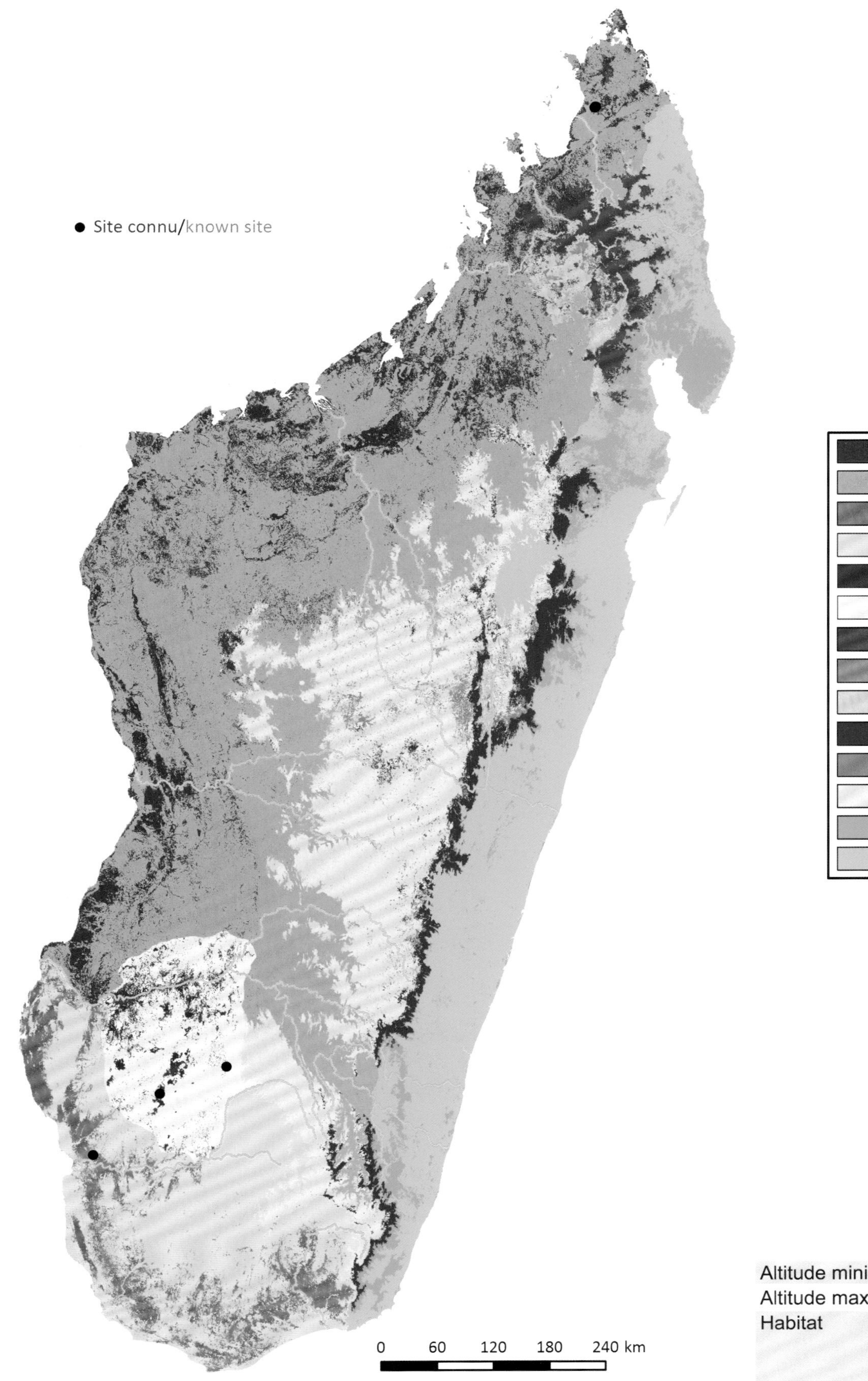

Site connu/known site
Western dry forest
Degraded western dry forest
Southwestern dry spiny forest
Degraded southwestern dry spiny forest
Western humid/subhumid forest
Degraded western humid/subhumid forest
Northern humid forest
Northern degraded humid forest
Northern mosaic
Central and southern humid forest
Central and southern degraded humid forest
Central and southern mosaic
Eastern humid forest
Degraded eastern humid forest
0 60 120 180 240 km

Altitude minimale	25 m	Minimum elevation
Altitude maximale	870 m	Maximum elevation
Habitat	Cavernicole/ cave-dwelling Forêt/forest Savane boisée/ woodland	Habitat

Distribution & habitat : Endémique. Gîte pendant le jour dans les grottes et les surplombs rocheux. Pas strictement forestière, exploite les zones boisées ouvertes et les habitats dégradés. Types d'habitat : sec, humide/subhumide et sec épineux.
Systématique : Le genre *Chaerephon* est paraphylétique et cette espèce récemment décrite (8) devrait être placée dans un autre genre (31). Quelquefois considérée comme membre du genre *Tadarida*.
Autres commentaires : Allopatrique avec *C. atsinanana* le long de son aire de distribution et probablement sympatrique dans certaines localités avec *C. leucogaster*.
Conservation : Préoccupation mineure avec des populations mal connues (27).

Distribution & habitat: Endemic. Day roosts in caves and rock overhangs. Not strictly forest-dwelling, utilizes open woodland and degraded habitats. Habitat types: dry, humid-subhumid, and dry spiny.
Systematics: The genus *Chaerephon* is paraphyletic and this recently named species (8) may be best placed in another genus (31). Sometimes considered a member of the genus *Tadarida*.
Other comments: Across portions of its range allopatric with *C. atsinanana* and perhaps sympatric in some areas with *C. leucogaster*.
Conservation: Least Concerned with unknown population trend (27).

Chaerephon leucogaster

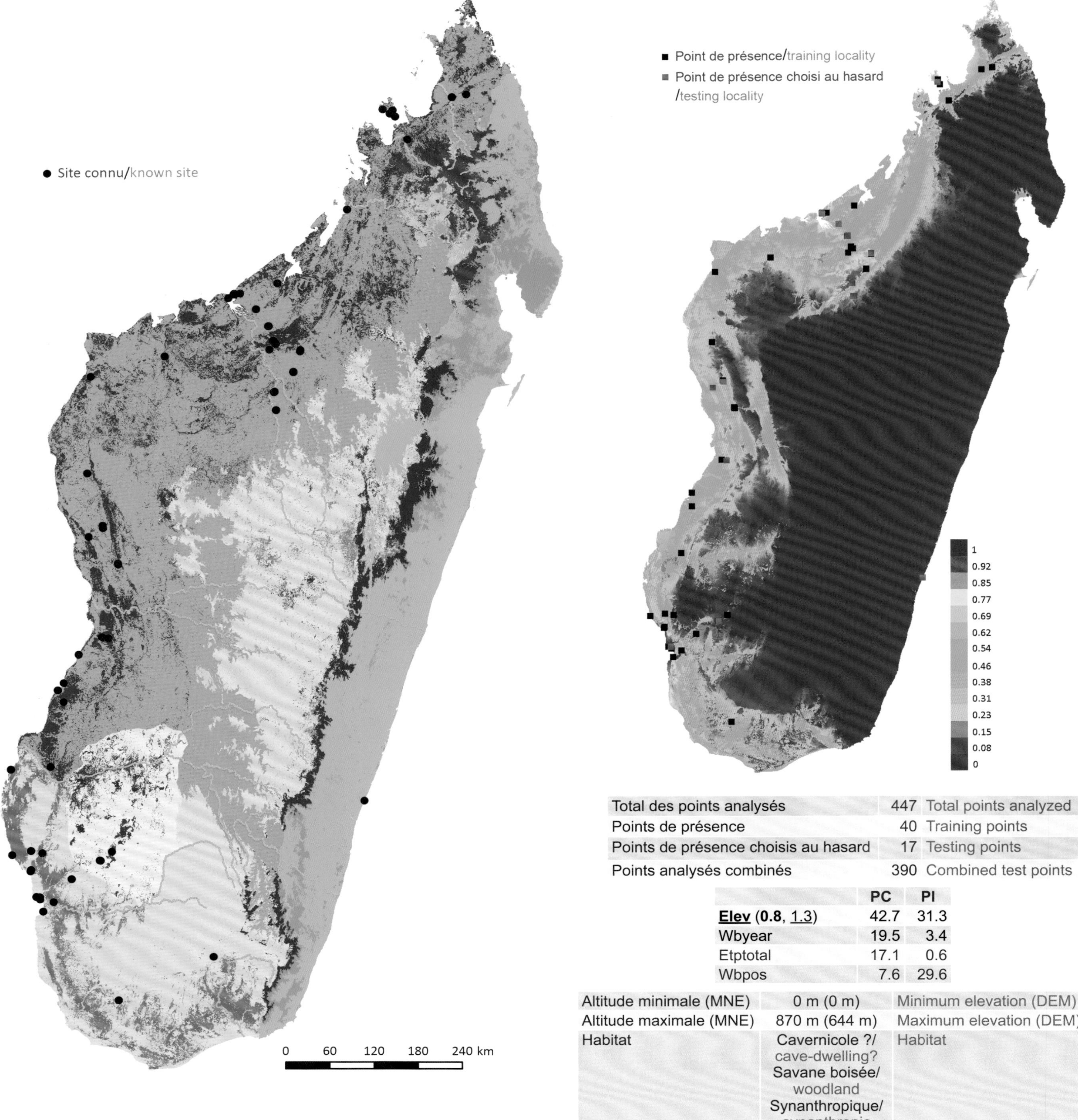
Site connu/known site
0 60 120 180 240 km
Point de présence/training locality
Point de présence choisi au hasard /testing locality
1
0.92
0.85
0.77
0.69
0.62
0.54
0.46
0.38
0.31
0.23
0.15
0.08
0

Total des points analysés	447	Total points analyzed
Points de présence	40	Training points
Points de présence choisis au hasard	17	Testing points
Points analysés combinés	390	Combined test points

	PC	PI
Elev (**0.8**, 1.3)	42.7	31.3
Wbyear	19.5	3.4
Etptotal	17.1	0.6
Wbpos	7.6	29.6

Altitude minimale (MNE)	0 m (0 m)	Minimum elevation (DEM)
Altitude maximale (MNE)	870 m (644 m)	Maximum elevation (DEM)
Habitat	Cavernicole ?/ cave-dwelling? Savane boisée/ woodland Synanthropique/ synanthropic	Habitat

Maxent : ASC = 0,915

Distribution & habitat : Non endémique et selon la taxinomie actuelle, ce taxon est connu dans la région malgache (Madagascar et Comores) et une partie de l'Afrique sub-saharienne (43). Gîte pendant le jour dans des constructions humaines et probablement dans les crevasses et les cavités des troncs d'arbres. Pas strictement forestière, exploite les zones boisées ouvertes et les habitats dégradés. Types d'habitat : sec, humide/subhumide et sec épineux (à Madagascar). Une observation dans la forêt humide.

Systématique : Forme un complexe d'espèces avec *C. atsinanana*, *C. pusillus* et *C. pumilus* du Moyen orient, des autres îles de l'océan Indien occidental et d'Afrique (35).

Autres commentaires : Quasiment allopatrique avec *C. atsinanana*. Quelquefois incluse dans le genre *Tadarida*.

Conservation : Non évaluée par l'UICN (27) étant donné qu'elle est considérée comme synonyme de « *Tadarida pumila* ».

Maxent: AUC = 0.915

Distribution & habitat: Non-endemic and based on current taxonomy known from the Malagasy region (Madagascar, Comoros) and portions of sub-Saharan Africa (43). Day roosts in synanthropic settings, and presumably rock crevices and tree holes. Not strictly forest-dwelling, utilizes open woodland and degraded habitats. Habitat types: dry, humid-subhumid, and dry spiny (Madagascar). One record from humid forest habitat.

Systematics: Forms a species complex with *C. atsinanana*, *C. pusillus*, and *C. pumilus* from the Middle East, other western Indian Ocean islands, and Africa (35).

Other comments: Almost exclusively allopatric with *C. atsinanana*. Sometimes placed in the genus *Tadarida*.

Conservation: Not treated by IUCN (27) as considered a synonym of "*Tadarida pumila*."

Mops leucostigma

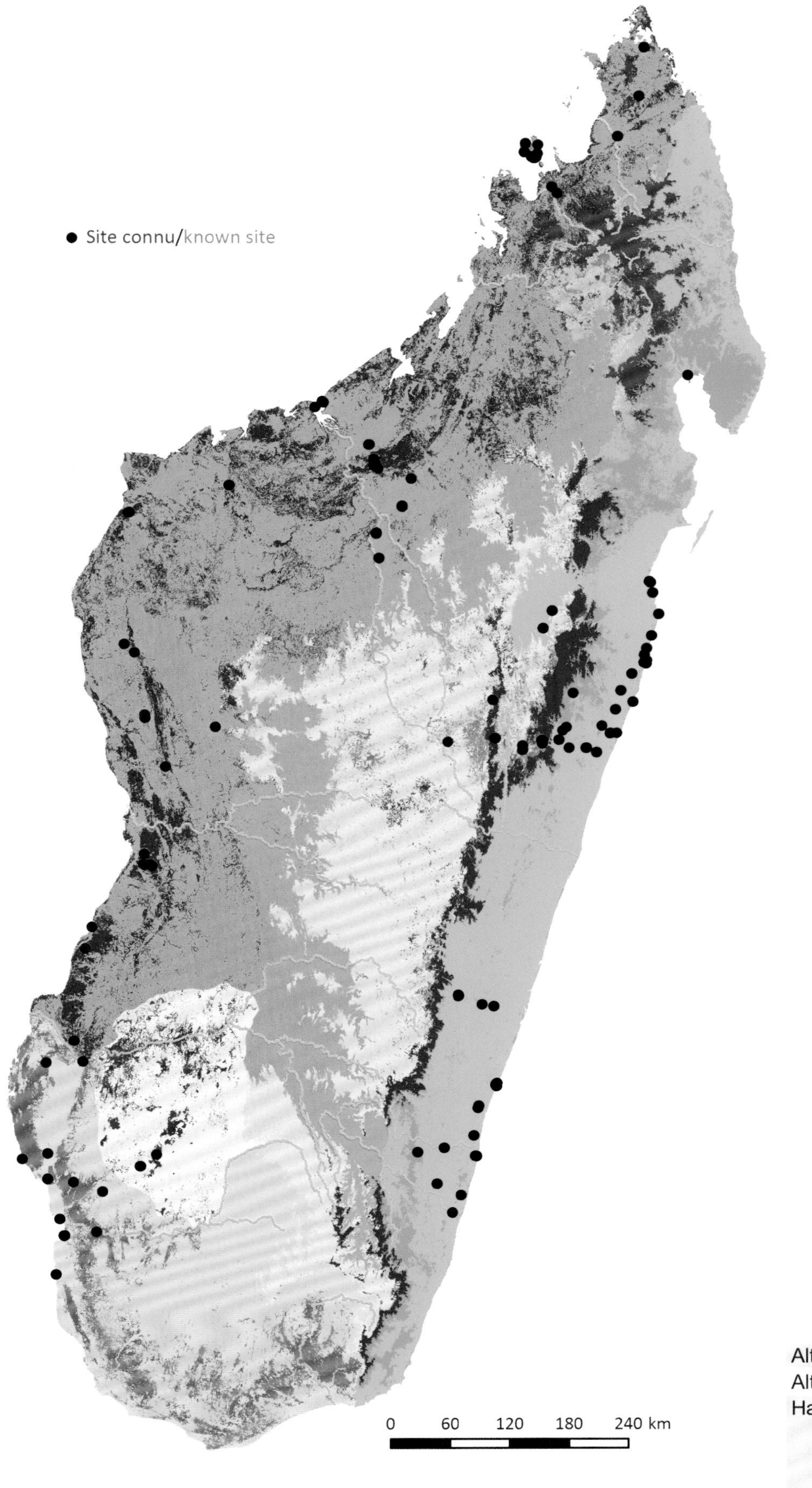

● Site connu/known site
0 60 120 180 240 km

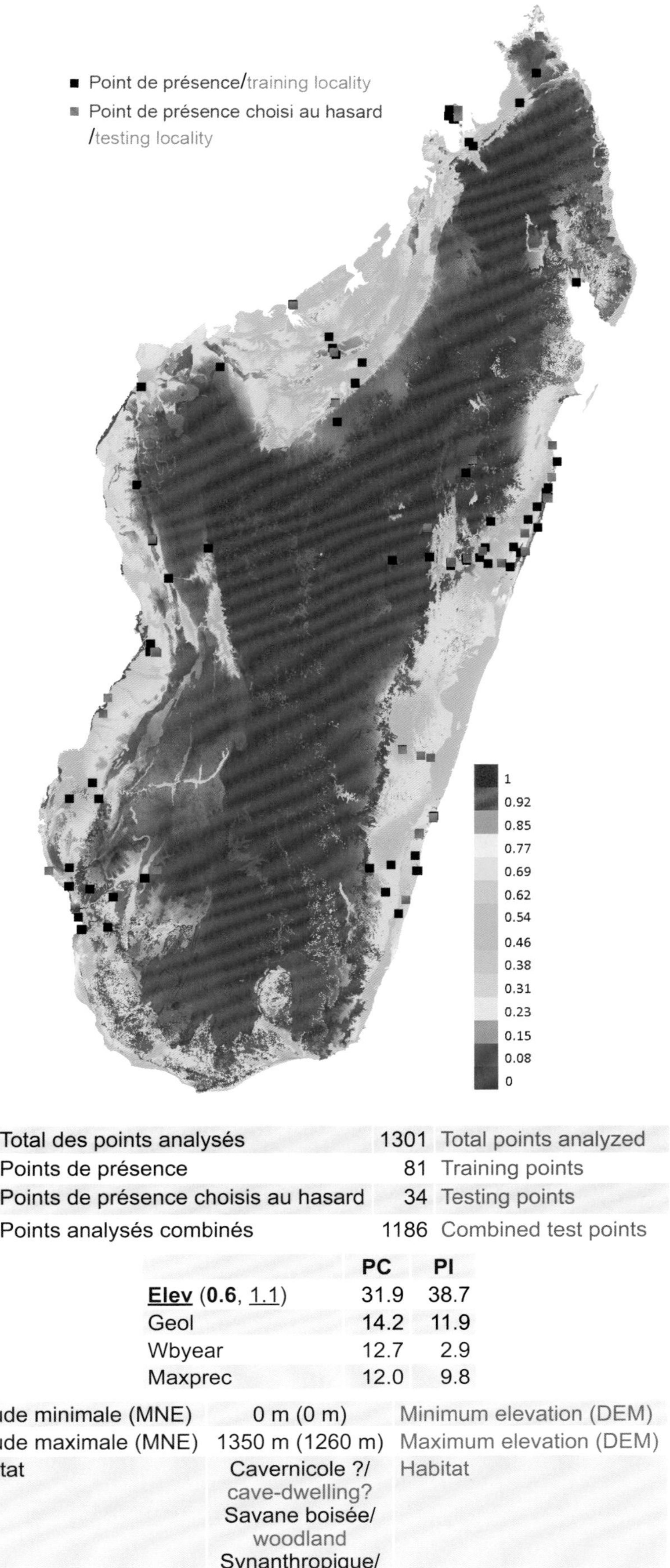

■ Point de présence/training locality
■ Point de présence choisi au hasard /testing locality
1
0.92
0.85
0.77
0.69
0.62
0.54
0.46
0.38
0.31
0.23
0.15
0.08
0

Total des points analysés	1301	Total points analyzed
Points de présence	81	Training points
Points de présence choisis au hasard	34	Testing points
Points analysés combinés	1186	Combined test points

	PC	PI
Elev (**0.6**, 1.1)	31.9	38.7
Geol	14.2	11.9
Wbyear	12.7	2.9
Maxprec	12.0	9.8

Altitude minimale (MNE)	0 m (0 m)	Minimum elevation (DEM)
Altitude maximale (MNE)	1350 m (1260 m)	Maximum elevation (DEM)
Habitat	Cavernicole ?/ cave-dwelling? Savane boisée/ woodland Synanthropique/ synanthropic	Habitat

Maxent : ASC = 0,873
Distribution & habitat : Endémique de la région malgache (Madagascar et Comores) (41). Gîte pendant le jour dans des constructions humaines et probablement dans les crevasses et les cavités des troncs d'arbres. Pas strictement forestière, exploite les zones boisées ouvertes et les habitats dégradés. Types d'habitat : humide, sec, humide/subhumide et sec épineux (à Madagascar).
Altitude : Présente du niveau de la mer à 1200 m (7), mais récemment inventoriée dans des zones de plus hautes altitudes.
Systématique : Forme une espèce sœur avec *M. condylura* d'Afrique (31).
Autres commentaires : Partiellement sympatrique avec *M. midas*.
Conservation : Préoccupation mineure avec des populations mal connues (27).

Maxent: AUC = 0.873
Distribution & habitat: Endemic to Malagasy region (Madagascar, Comoros) (41). Day roosts in synanthropic settings and presumably rock crevices and tree holes. Not strictly forest-dwelling, utilizes open woodland and degraded habitats. Habitat types: humid, dry, humid-subhumid, and dry spiny (Madagascar).
Elevation: Cited to occur from sea level-1200 m (7), but recently documented at higher elevations.
Systematics: Forms a sister species with African *M. condylura* (31).
Other comments: Partially sympatric with *M. midas*.
Conservation: Least Concerned with unknown population trend (27).

Mops midas

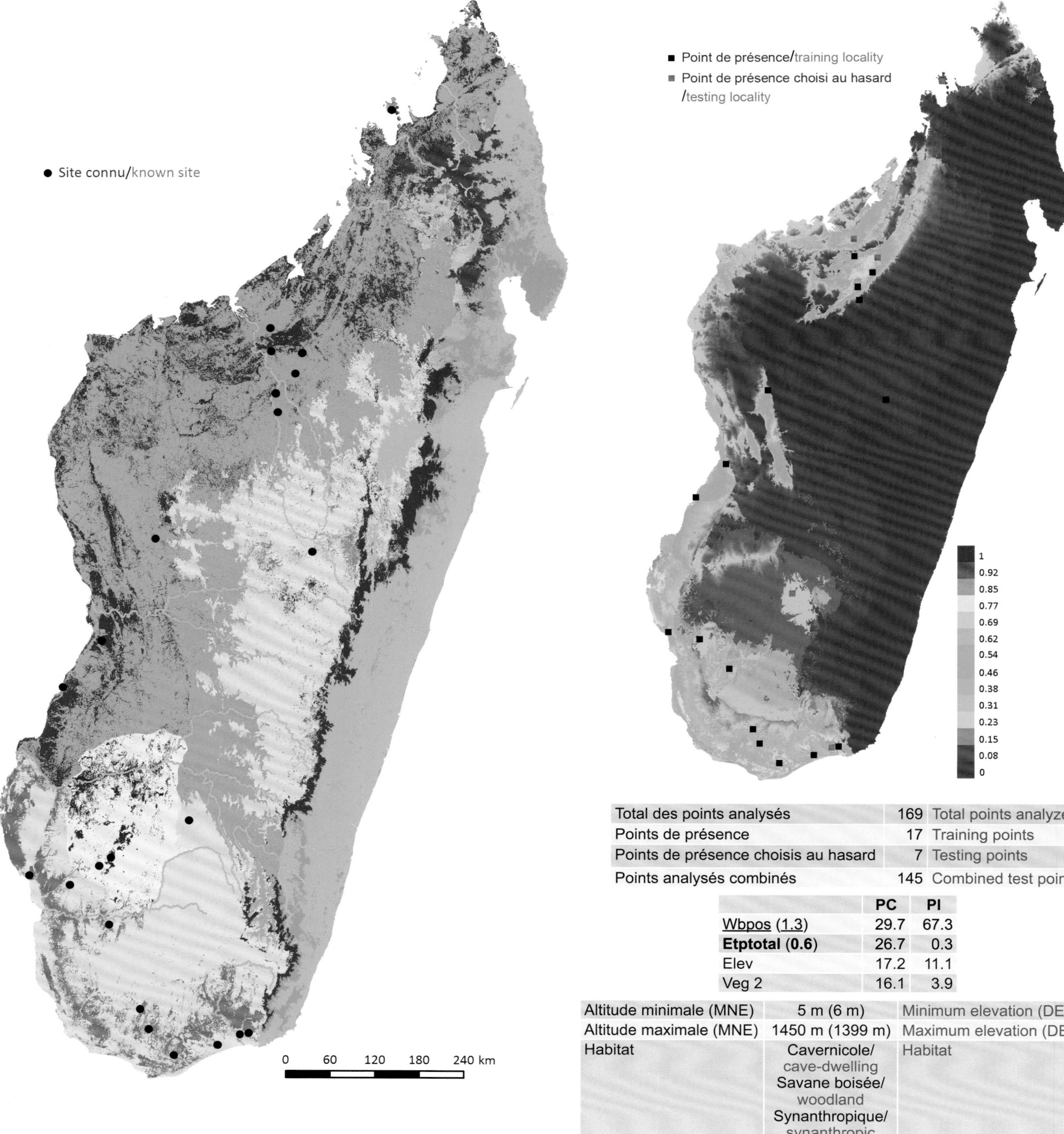

Site connu/known site
0 60 120 180 240 km
Point de présence/training locality
Point de présence choisi au hasard /testing locality
1
0.92
0.85
0.77
0.69
0.62
0.54
0.46
0.38
0.31
0.23
0.15
0.08
0

Total des points analysés	169	Total points analyzed
Points de présence	17	Training points
Points de présence choisis au hasard	7	Testing points
Points analysés combinés	145	Combined test points

	PC	PI
Wbpos (1.3)	29.7	67.3
Etptotal (0.6)	26.7	0.3
Elev	17.2	11.1
Veg 2	16.1	3.9

Altitude minimale (MNE)	5 m (6 m)	Minimum elevation (DEM)
Altitude maximale (MNE)	1450 m (1399 m)	Maximum elevation (DEM)
Habitat	Cavernicole/ cave-dwelling Savane boisée/ woodland Synanthropique/ synanthropic	Habitat

Maxent : ASC = 0,911
Distribution & habitat : Non endémique et selon la taxinomie actuelle ce taxon est connu à Madagascar et dans certaines localités de l'Afrique sub-saharienne (40). Gîte pendant le jour dans les constructions humaines et probablement dans les crevasses et les cavités des troncs d'arbres. Pas strictement forestière, exploite les zones boisées ouvertes et les habitats dégradés. Types d'habitat : sec, humide/subhumide et sec épineux (à Madagascar).
Systématique : Les études moléculaires montrent peu de différences génétiques entre les populations d'Afrique du Sud et de Madagascar (40).
Autres commentaires : Partiellement sympatrique avec *M. leucostigma*.
Conservation : Préoccupation mineure avec des populations mal connues (27).

Maxent: AUC = 0.911
Distribution & habitat: Non-endemic and based on current taxonomy known from Madagascar and portions of sub-Saharan Africa (40). Day roosts in synanthropic settings, rock crevices, and tree holes. Not strictly forest-dwelling, utilizes open woodland and degraded habitats. Habitat types: dry, humid-subhumid, and dry spiny (Madagascar).
Systematics: A molecular study showed little genetic differentiation between South Africa and Madagascar populations of this species (40).
Other comments: Partially sympatric with *M. leucostigma*.
Conservation: Least Concerned with decreasing population trend (27).

Mormopterus jugularis

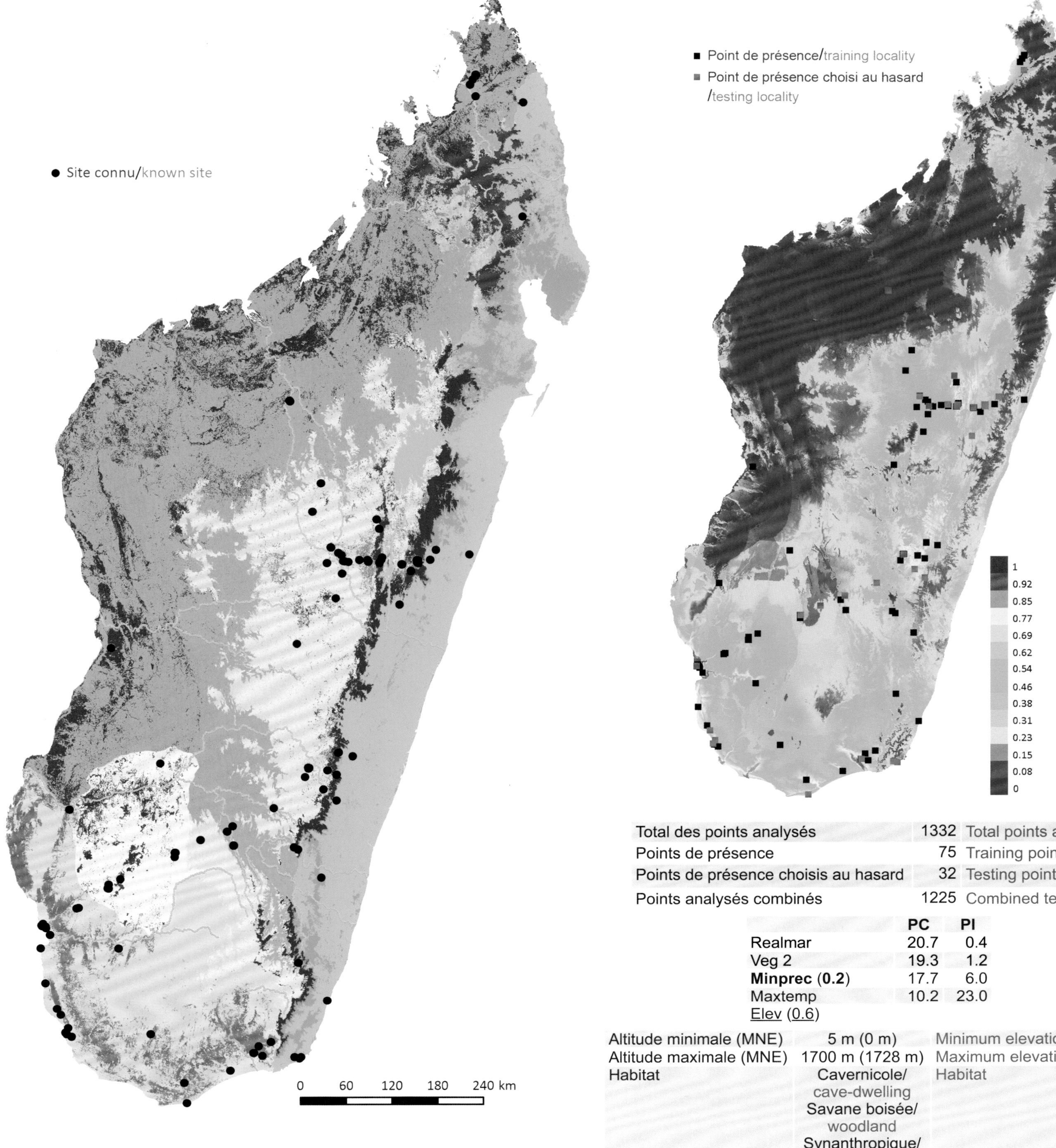
Site connu/known site
0 60 120 180 240 km
Point de présence/training locality
Point de présence choisi au hasard /testing locality
1
0.92
0.85
0.77
0.69
0.62
0.54
0.46
0.38
0.31
0.23
0.15
0.08
0

Total des points analysés	1332	Total points analyzed
Points de présence	75	Training points
Points de présence choisis au hasard	32	Testing points
Points analysés combinés	1225	Combined test points

	PC	PI
Realmar	20.7	0.4
Veg 2	19.3	1.2
Minprec (0.2)	17.7	6.0
Maxtemp	10.2	23.0
<u>Elev</u> (<u>0.6</u>)		

Altitude minimale (MNE)	5 m (0 m)	Minimum elevation (DEM)
Altitude maximale (MNE)	1700 m (1728 m)	Maximum elevation (DEM)
Habitat	Cavernicole/ cave-dwelling Savane boisée/ woodland Synanthropique/ synanthropic	Habitat

Maxent : ASC = 0,869
Distribution & habitat : Endémique. Gîte pendant le jour dans les constructions humaines, les grottes, les crevasses et les cavités des troncs d'arbres. Pas strictement forestière, exploite les zones boisées ouvertes et les habitats dégradés. Types d'habitat : humide, sec, humide/subhumide et sec épineux.
Systématique : Forme un complexe d'espèces avec *M. acetabulosus* de l'île Maurice et *M. francoismoutoui* de La Réunion (17). *Mormopterus jugularis* ne présente pas de structure phylogéographique le long de son aire de distribution, lui conférant une plus forte capacité de dispersion (42).
Autres commentaires : Les observations antérieures de *M. acetabulosus* à Madagascar sont erronées.
Conservation : Préoccupation mineure avec des populations mal connues (27).

Maxent: AUC = 0.869
Distribution & habitat: Endemic. Day roosts in synanthropic settings, caves, rock crevices, and tree holes. Not strictly forest-dwelling, utilizes open woodland and degraded habitats. Habitat types: humid, dry, humid-subhumid, and dry spiny.
Systematics: Forms a species complex with *M. acetabulosus* on Mauritius and *M. francoismoutoui* on La Réunion (17). *Mormopterus jugularis* shows no clear phylogeographic structure across its range and probably disperses widely (42).
Other comments: Previously cited records of *M. acetabulosus* on Madagascar are in error.
Conservation: Least Concerned with unknown population trend (27).

Otomops madagascariensis

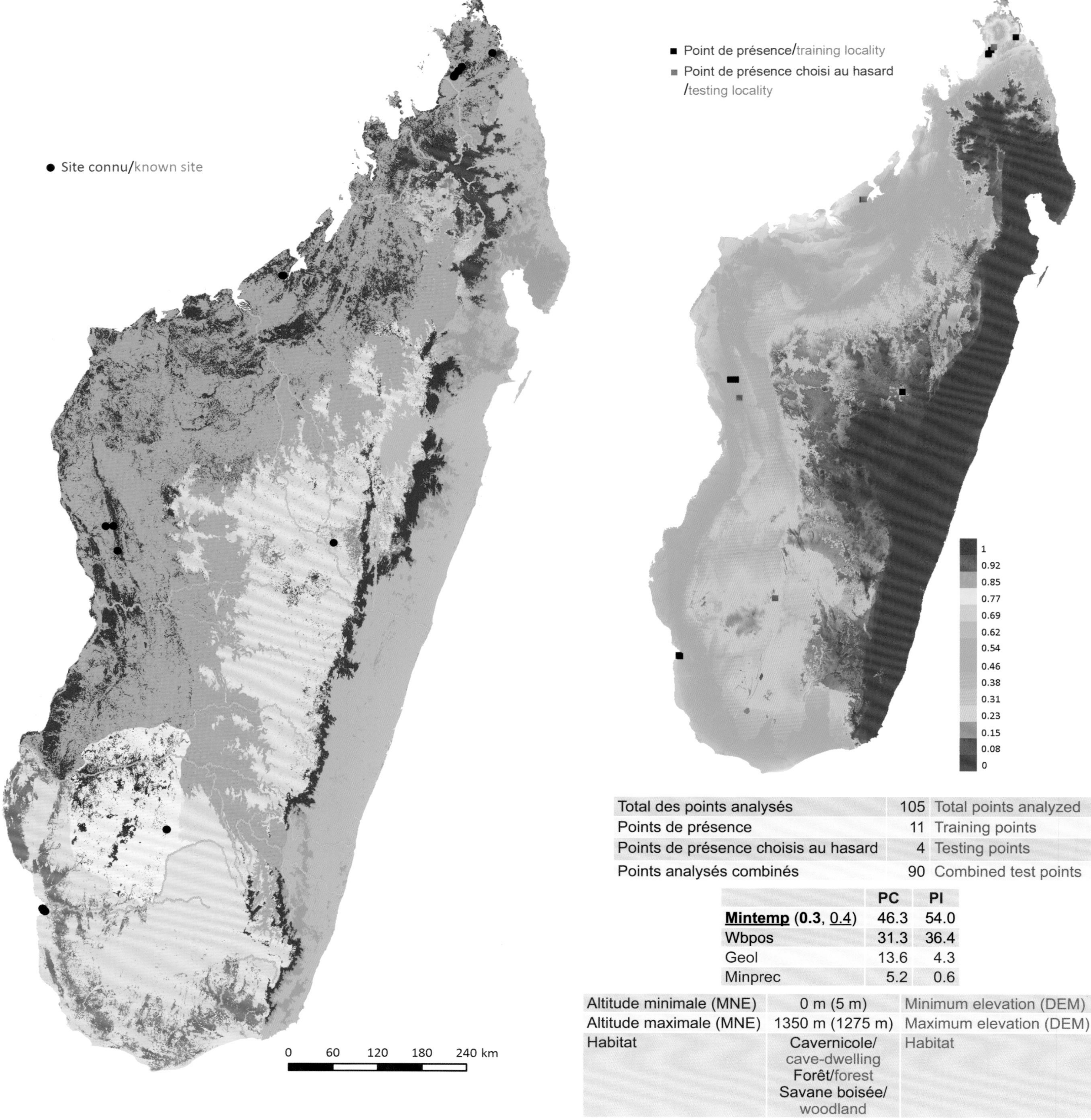

Site connu/known site
0 60 120 180 240 km
Point de présence/training locality
Point de présence choisi au hasard /testing locality
1
0.92
0.85
0.77
0.69
0.62
0.54
0.46
0.38
0.31
0.23
0.15
0.08
0

Total des points analysés	105	Total points analyzed
Points de présence	11	Training points
Points de présence choisis au hasard	4	Testing points
Points analysés combinés	90	Combined test points

	PC	PI
Mintemp (0.3, 0.4)	46.3	54.0
Wbpos	31.3	36.4
Geol	13.6	4.3
Minprec	5.2	0.6

Altitude minimale (MNE)	0 m (5 m)	Minimum elevation (DEM)
Altitude maximale (MNE)	1350 m (1275 m)	Maximum elevation (DEM)
Habitat	Cavernicole/ cave-dwelling Forêt/forest Savane boisée/ woodland	Habitat

Maxent : ASC = 0,868
Distribution & habitat : Endémique. Gîte dans les grottes, les surplombs rocheux et probablement dans les constructions humaines pendant le jour. Pas strictement forestière, exploite les zones boisées ouvertes et les habitats dégradés. Types d'habitat : humide, sec, humide/subhumide et sec épineux.
Systématique : Forme une espèce sœur avec *O. martiensseni* d'Afrique (31).
Autres commentaires : Cette espèce a probablement une répartition géographique beaucoup plus large. Un cas apparent de gîte dans une construction humaine à Antananarivo alors que cette espèce occupe communément les falaises autour de la ville.
Conservation : Préoccupation mineure avec des populations inconnues (27).

Maxent: AUC = 0.868
Distribution & habitat: Endemic. Day roosts in caves, rock overhangs, and perhaps in synanthropic settings. Not strictly forest-dwelling, utilizes open woodland and degraded habitats. Habitat types: humid, dry, humid-subhumid, and dry spiny.
Systematics: Forms a sister species with African *O. martiensseni* (31).
Other comments: This species probably has a much broader distribution than current information indicates. One case of apparent synanthropic roosting in Antananarivo, where it may be common on cliffs around the city.
Conservation: Least Concerned with unknown population trend (27).

Tadarida fulminans

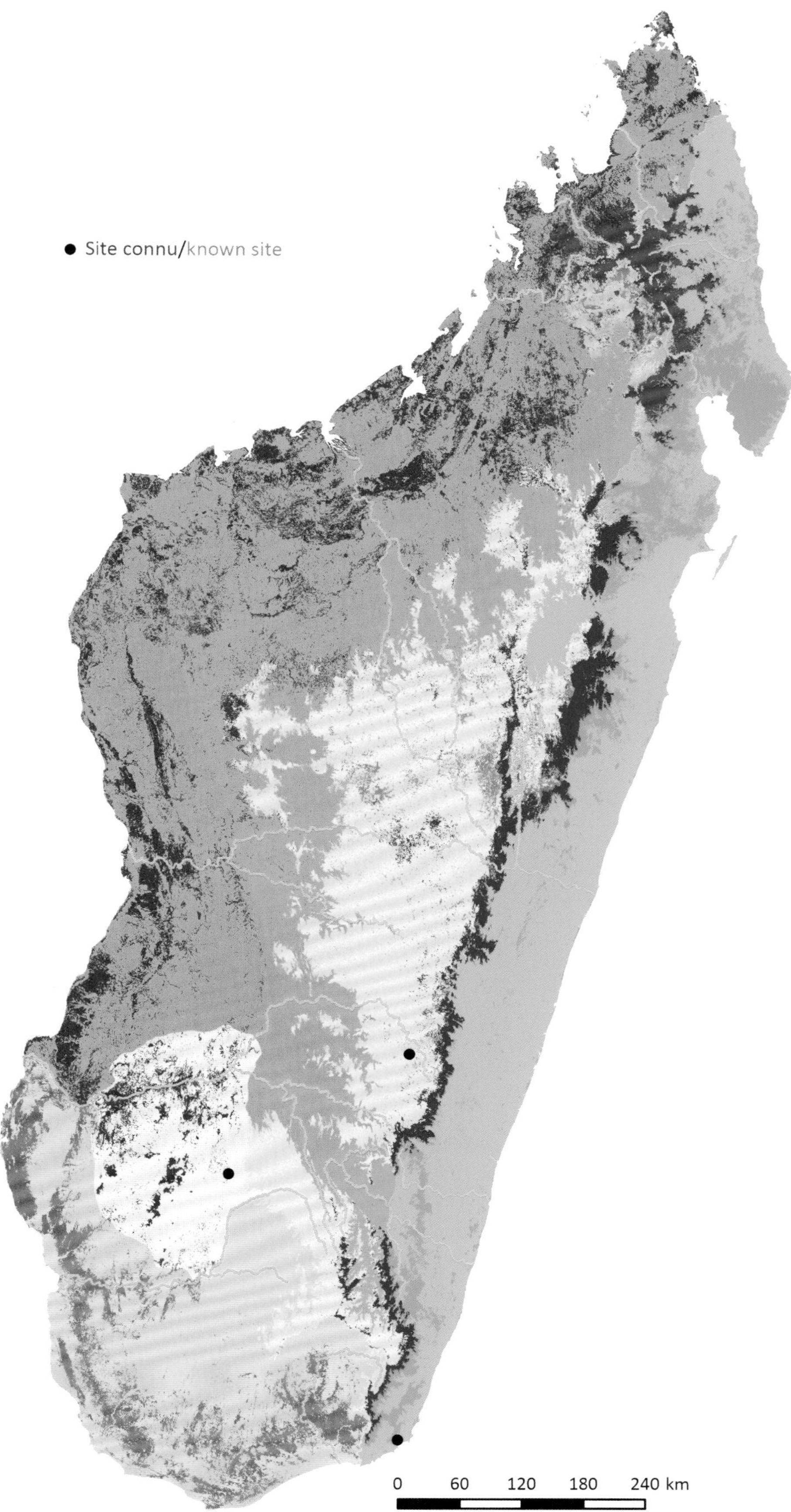

● Site connu/known site
0 60 120 180 240 km

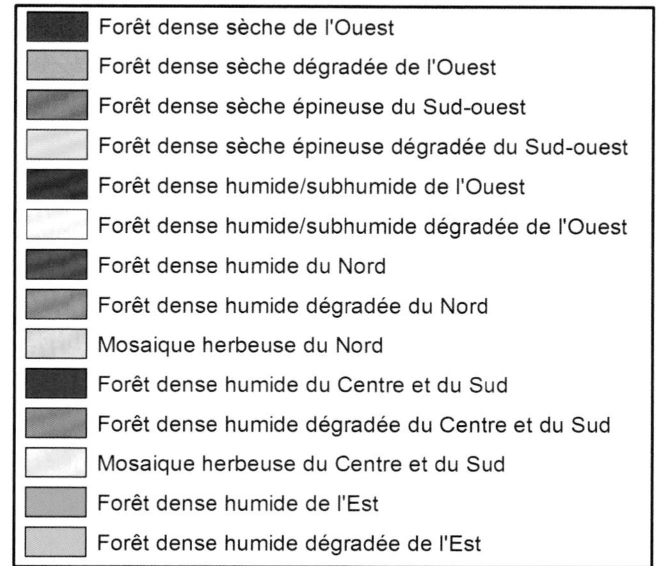

Forêt dense sèche de l'Ouest
Forêt dense sèche dégradée de l'Ouest
Forêt dense sèche épineuse du Sud-ouest
Forêt dense sèche épineuse dégradée du Sud-ouest
Forêt dense humide/subhumide de l'Ouest
Forêt dense humide/subhumide dégradée de l'Ouest
Forêt dense humide du Nord
Forêt dense humide dégradée du Nord
Mosaique herbeuse du Nord
Forêt dense humide du Centre et du Sud
Forêt dense humide dégradée du Centre et du Sud
Mosaique herbeuse du Centre et du Sud
Forêt dense humide de l'Est
Forêt dense humide dégradée de l'Est

Altitude minimale	10 m	Minimum elevation
Altitude maximale	1382 m	Maximum elevation
Habitat	Cavernicole/ cave-dwelling Savane boisée/ woodland	Habitat

Distribution & habitat : Non endémique et selon la taxinomie actuelle, ce taxon est connu à Madagascar et dans certaines localités de l'Afrique sub-saharienne. Gîte pendant le jour au niveau des surfaces verticales des roches. Pas strictement forestière, exploite les zones boisées ouvertes et les habitats dégradés. Types d'habitat : humide et humide/subhumide (à Madagascar).

Systématique : Des études moléculaires sont nécessaires pour déterminer la divergence génétique entre les populations de cette espèce à Madagascar et en Afrique.

Autres commentaires : Cette espèce a probablement une répartition géographique beaucoup plus large par rapport aux informations disponibles.

Conservation : Préoccupation mineure avec des populations stables (27), mais ce statut concerne surtout les populations africaines.

Distribution & habitat: **Non-endemic** and based on current taxonomy known from Madagascar and portions of sub-Saharan Africa. Day roosts in caves and on vertical rock surfaces. Not strictly forest-dwelling, utilizes open woodland and degraded habitats. Habitat types: humid and humid-subhumid (Madagascar).

Systematics: A molecular study is needed to assess genetic divergence between Malagasy and African populations currently assigned to this species.

Other comments: Probably much more commonly distributed than current information indicates.

Conservation: Least Concerned with stable population trend (27), but this status principally concerns African populations.

Myotis goudoti

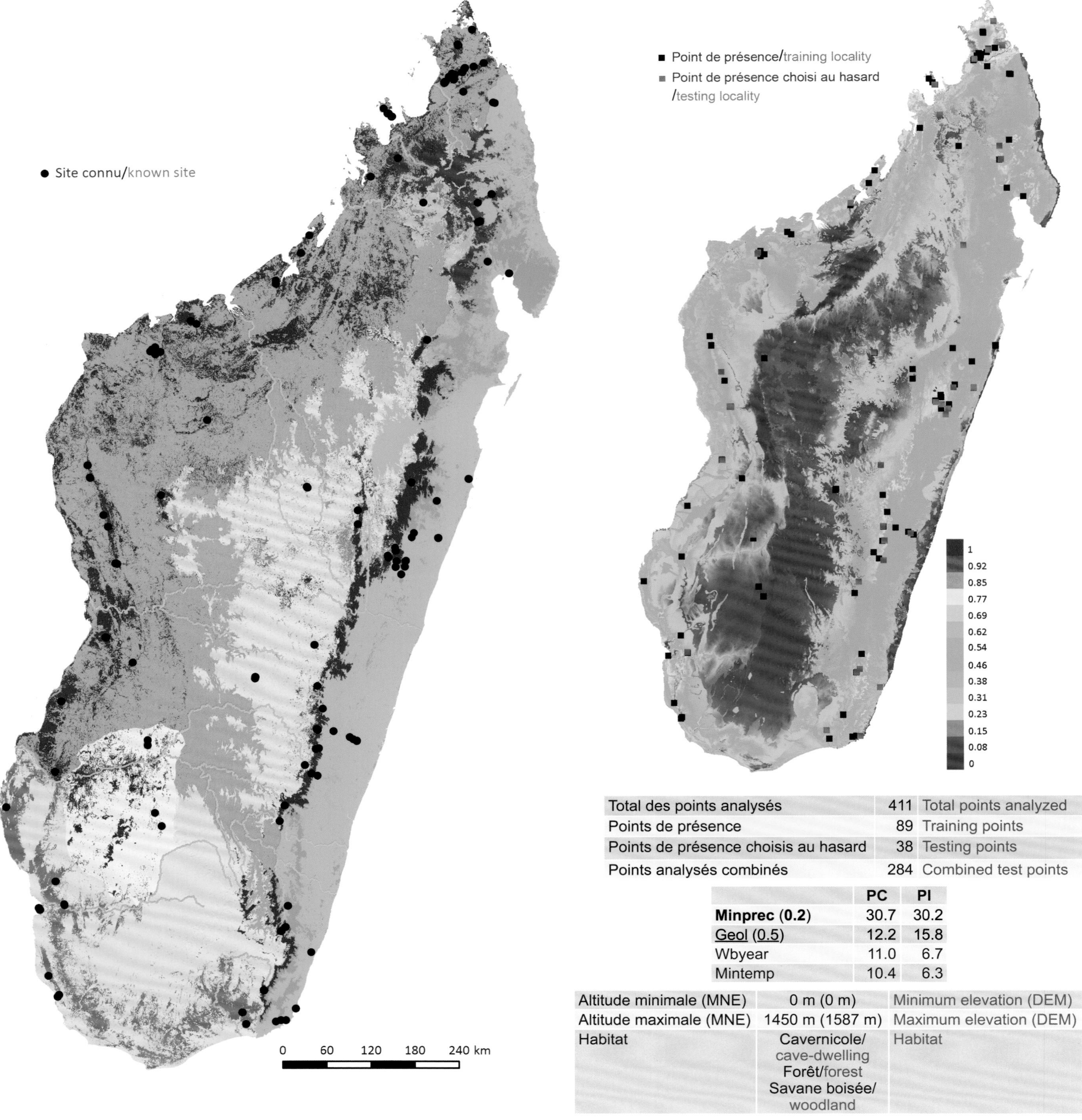

Site connu/known site
Point de présence/training locality
Point de présence choisi au hasard /testing locality
1
0.92
0.85
0.77
0.69
0.62
0.54
0.46
0.38
0.31
0.23
0.15
0.08
0
0 60 120 180 240 km

Total des points analysés	411	Total points analyzed
Points de présence	89	Training points
Points de présence choisis au hasard	38	Testing points
Points analysés combinés	284	Combined test points

	PC	PI
Minprec (0.2)	30.7	30.2
Geol (0.5)	12.2	15.8
Wbyear	11.0	6.7
Mintemp	10.4	6.3

Altitude minimale (MNE)	0 m (0 m)	Minimum elevation (DEM)
Altitude maximale (MNE)	1450 m (1587 m)	Maximum elevation (DEM)
Habitat	Cavernicole/ cave-dwelling Forêt/forest Savane boisée/ woodland	Habitat

Maxent : ASC = 0,852
Distribution & habitat : Endémique. Gîte dans les grottes et probablement dans les crevasses et les cavités des troncs d'arbres pendant le jour. Pas strictement forestière, exploite les zones boisées ouvertes et les habitats dégradés. Types d'habitat : humide, sec, humide/subhumide et sec épineux.
Systématique : Auparavant reconnue comme étant composée de deux sous-espèces, *M. g. goudoti* à Madagascar et *M. g. anjouanensis* à Anjouan (aux Comores) ; les études moléculaires récentes ont montré que les deux morphes devraient être considérés comme deux espèces distinctes (53). *Myotis goudoti* présente une faible structure phylogéographique le long de son aire de distribution et une plus grande capacité de dispersion (53).
Conservation : Préoccupation mineure avec des populations mal connues (27).

Maxent: AUC = 0.852
Distribution & habitat: Endemic. Day roosts in caves and presumably rock crevices and tree holes. Not strictly forest-dwelling, utilizes open woodland and degraded habitats. Habitat types: humid, dry, humid-subhumid, and dry spiny.
Systematics: Previously considered to comprise two subspecies, *M. g. goudoti* on Madagascar and *M. g. anjouanensis* on Anjouan (Comoros); recent molecular work indicates that the two forms should be considered separate species (53). *Myotis goudoti* shows little phylogeographic structure across its range on Madagascar and probably disperses widely (53).
Conservation: Least Concerned with unknown population trend (27).

Neoromicia malagasyensis & *N. robertsi*

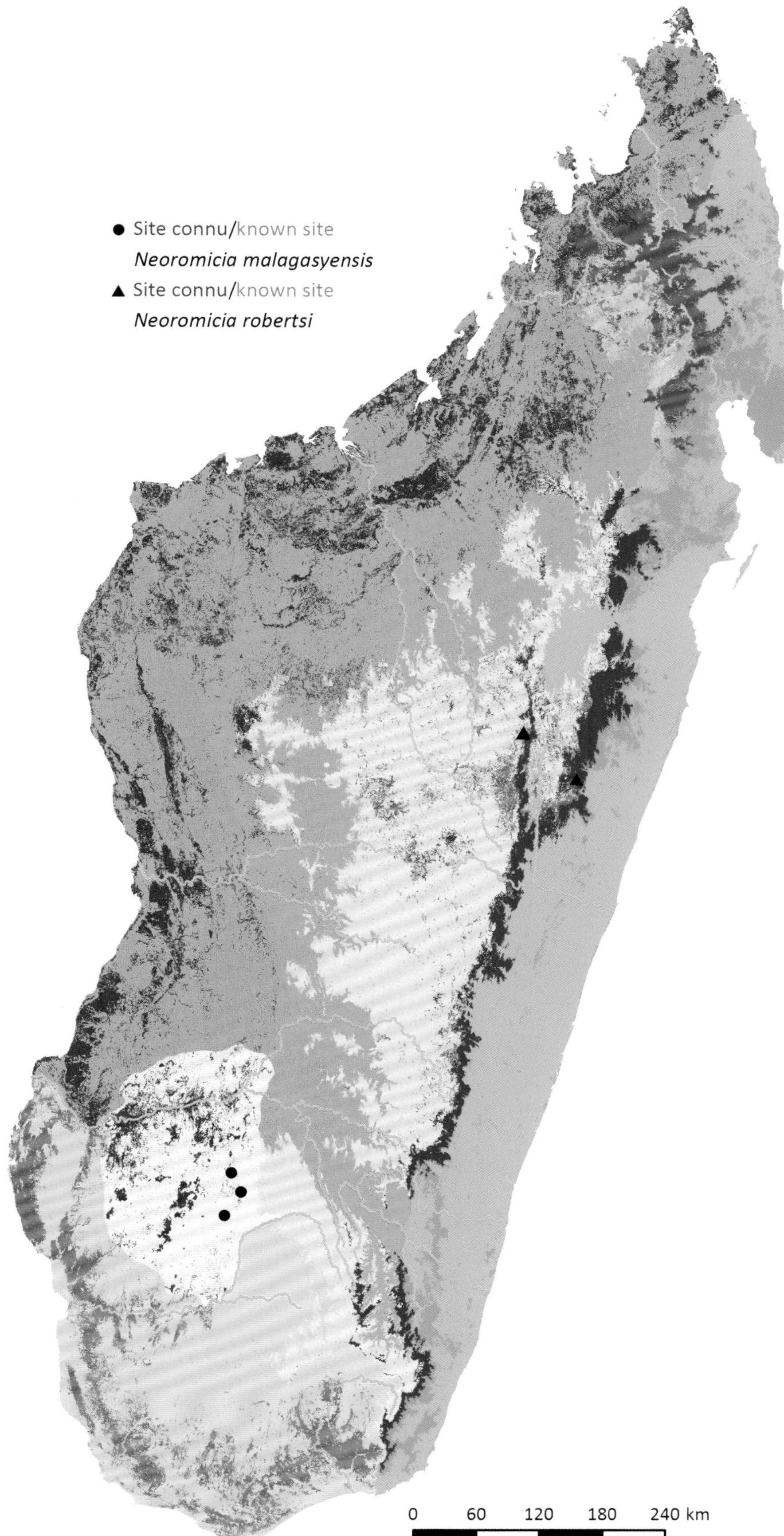

● Site connu/known site
Neoromicia malagasyensis
▲ Site connu/known site
Neoromicia robertsi
0 60 120 180 240 km
Western dry forest
Degraded western dry forest
Southwestern dry spiny forest
Degraded southwestern dry spiny forest
Western humid/subhumid forest
Degraded western humid/subhumid forest
Northern humid forest
Northern degraded humid forest
Northern mosaic
Central and southern humid forest
Central and southern degraded humid forest
Central and southern mosaic
Eastern humid forest
Degraded eastern humid forest

Neoromicia malagasyensis

Altitude minimale	550 m	Minimum elevation
Altitude maximale	700 m	Maximum elevation
Habitat	Savane boisée/ woodland	Habitat

Neoromicia robertsi

Altitude minimale	900 m	Minimum elevation
Altitude maximale	1300 m	Maximum elevation
Habitat	Forêt/forest Savane boisée/ woodland	Habitat

Neoromicia malagasyensis

Distribution & habitat : Endémique. Gîte probablement dans les cavités des troncs d'arbres et les crevasses. Pas strictement forestière. Type d'habitat : humide/subhumide.

Systématique : Initialement prise comme une sous-espèce de *N. somalicus* d'Afrique (37), les recherches morphologiques et moléculaires montrent que ces deux taxons forment deux espèces distinctes (1, 25). Forme une espèce sœur allopatrique avec *N. robertsi*.

Autres commentaires : Quelques auteurs mettent *N. malagasyensis* dans le genre *Pipistrellus*. Cette espèce vit en allopatrie avec les deux autres membres du genre *Neoromicia* à Madagascar.

Conservation : En danger avec des populations mal connues (27).

Neoromicia robertsi

Distribution & habitat : Endémique. Utilise la végétation comme gîte pendant le jour. Pas strictement forestière. Type d'habitat : humide.

Systématique : Ce taxon forme une espèce sœur vivant en allopatrie avec *N. malagasyensis* (25).

Autres commentaires : Quelquefois en sympatrie avec *N. matroka*.

Conservation : Non évaluée par l'UICN (27).

Neoromicia malagasyensis

Distribution & habitat: Endemic. Day roosts presumably in tree holes and rock crevices. Not strictly forest-dwelling. Habitat type: humid-subhumid.

Systematics: Originally named as subspecies of *N. somalicus* (37), recent morphological and genetic research indicates that it is a distinct species (1, 25). Forms a sister species with allopatric *N. robertsi*.

Other comments: Some authors place *N. malagasyensis* in the genus *Pipistrellus*. It is allopatric with two other members of the genus *Neoromicia* currently recognized from Madagascar.

Conservation: Endangered with unknown population trend (27).

Neoromicia robertsi

Distribution & habitat: Endemic. Day roosts presumably in vegetation. Not strictly forest-dwelling. Habitat type: humid.

Systematics: This recently described taxon forms a sister species with allopatric *N. malagasyensis* (25).

Other comments: Partially sympatric with *N. matroka*.

Conservation: Conservation status of this species has not been assessed by IUCN (27).

Neoromicia matroka

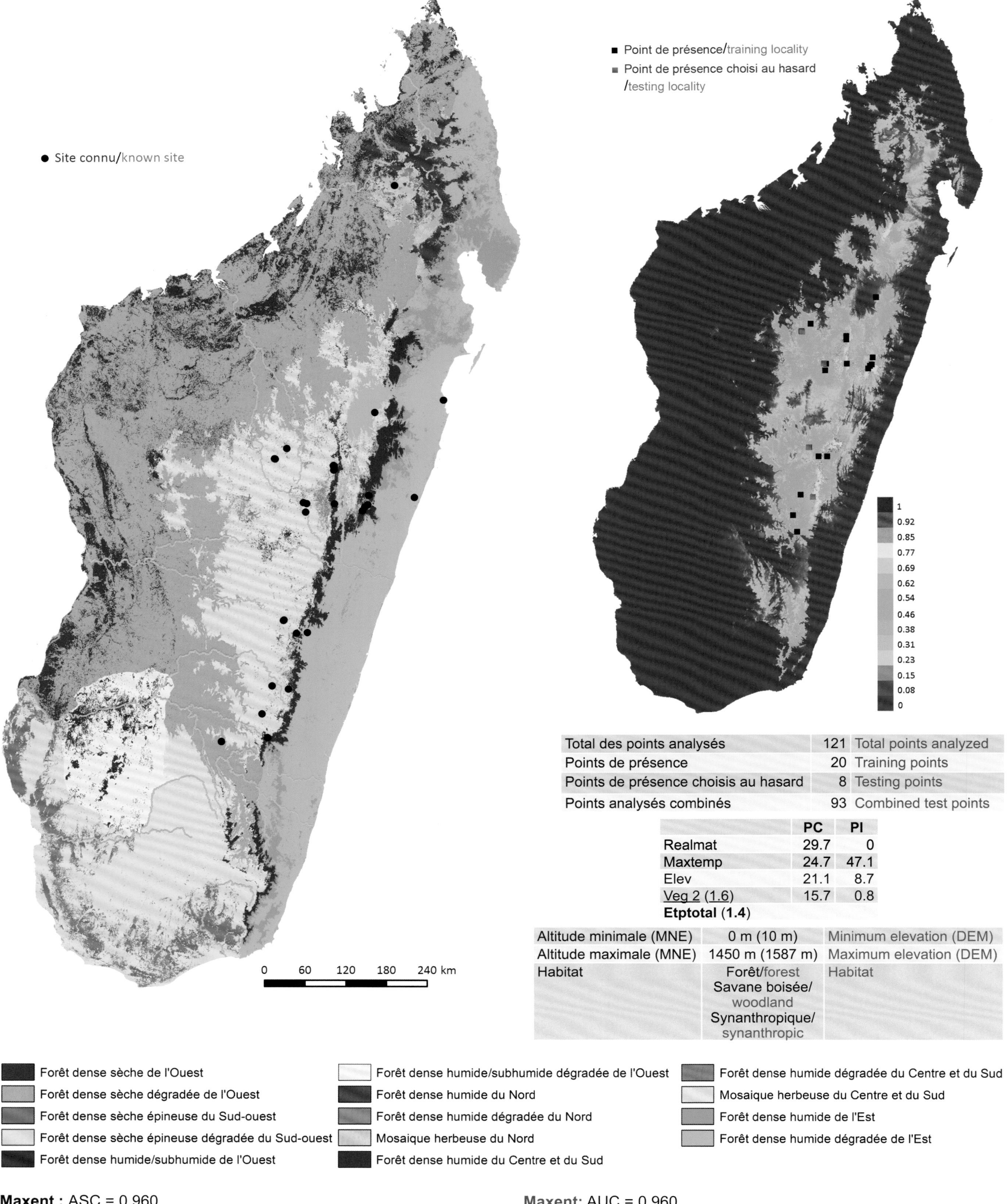

Site connu/known site
0 60 120 180 240 km
Point de présence/training locality
Point de présence choisi au hasard /testing locality
1
0.92
0.85
0.77
0.69
0.62
0.54
0.46
0.38
0.31
0.23
0.15
0.08
0
Forêt dense sèche de l'Ouest
Forêt dense sèche dégradée de l'Ouest
Forêt dense sèche épineuse du Sud-ouest
Forêt dense sèche épineuse dégradée du Sud-ouest
Forêt dense humide/subhumide de l'Ouest
Forêt dense humide/subhumide dégradée de l'Ouest
Forêt dense humide du Nord
Forêt dense humide dégradée du Nord
Mosaique herbeuse du Nord
Forêt dense humide du Centre et du Sud
Forêt dense humide dégradée du Centre et du Sud
Mosaique herbeuse du Centre et du Sud
Forêt dense humide de l'Est
Forêt dense humide dégradée de l'Est

Total des points analysés	121	Total points analyzed
Points de présence	20	Training points
Points de présence choisis au hasard	8	Testing points
Points analysés combinés	93	Combined test points

	PC	PI
Realmat	29.7	0
Maxtemp	24.7	47.1
Elev	21.1	8.7
Veg 2 (1.6)	15.7	0.8
Etptotal (**1.4**)		

Altitude minimale (MNE)	0 m (10 m)	Minimum elevation (DEM)
Altitude maximale (MNE)	1450 m (1587 m)	Maximum elevation (DEM)
Habitat	Forêt/forest Savane boisée/ woodland Synanthropique/ synanthropic	Habitat

Maxent : ASC = 0,960
Distribution & habitat : Endémique. Utilise probablement la végétation comme gîte diurne. Pas strictement forestière, exploite les zones boisées ouvertes et les habitats dégradés. Types d'habitat : humide et sec.
Systématique : Forme une espèce sœur avec *N. capensis* d'Afrique (25). Quelques auteurs mettent cette espèce dans le genre *Pipistrellus*.
Autres commentaires : Cette espèce a probablement une répartition géographique beaucoup plus large par rapport aux informations disponibles. Vit quelquefois en sympatrie avec *N. robertsi* (25).
Conservation : Préoccupation mineure avec des populations mal connues (27).

Maxent: AUC = 0.960
Distribution & habitat: Endemic. Day roosts presumably in vegetation. Not strictly forest-dwelling, utilizes open woodland and degraded habitats. Habitat types: humid and dry.
Systematics: Forms a sister species with African *N. capensis* (25). Some authors place this species in the genus *Pipistrellus*.
Other comments: This species is probably much more commonly distributed than current information indicates. Partially sympatric with *N. robertsi* (25).
Conservation: Least Concerned with unknown population trend (27).

Pipistrellus raceyi

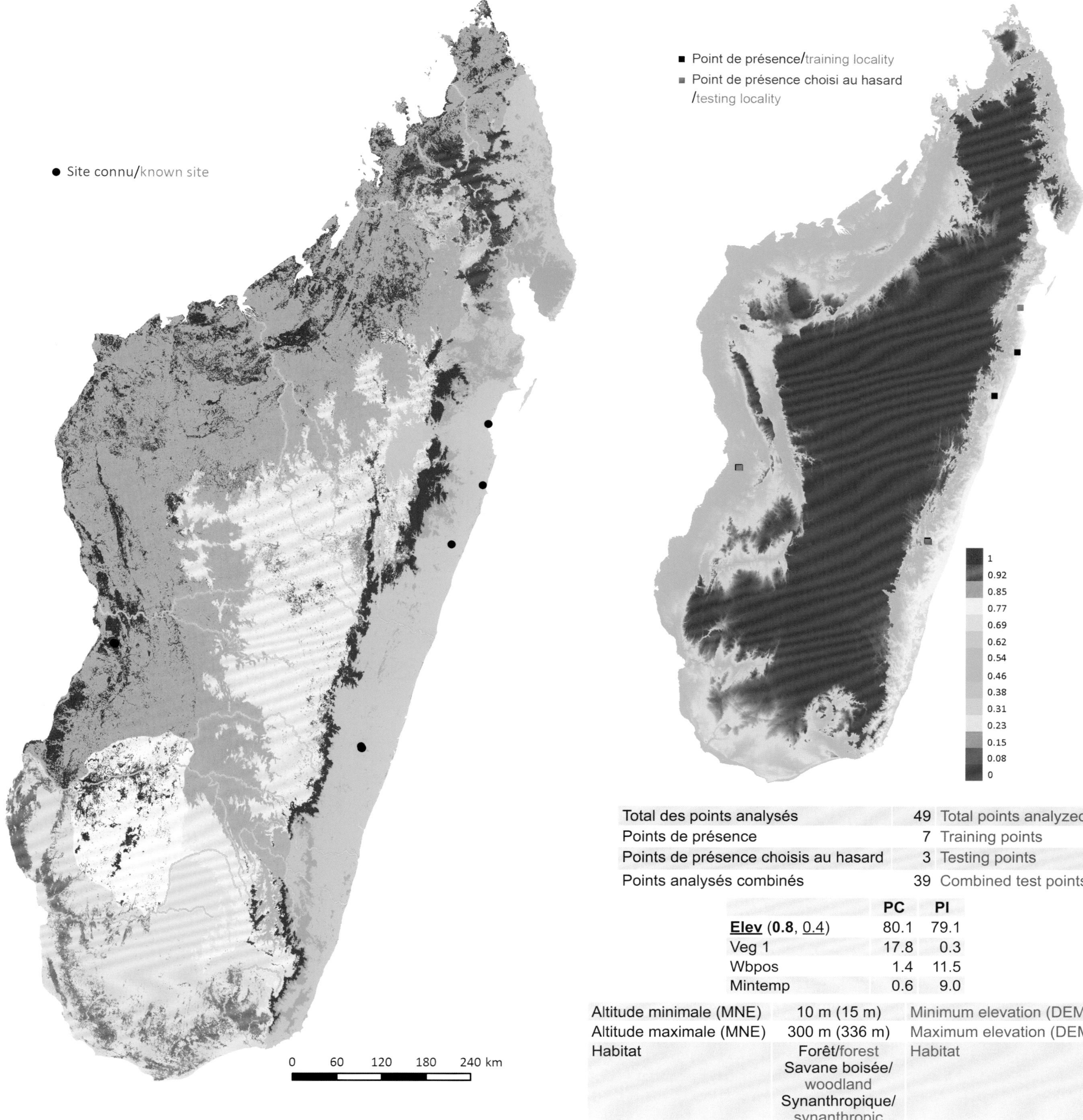
Site connu/known site
0 60 120 180 240 km
Point de présence/training locality
Point de présence choisi au hasard /testing locality
1
0.92
0.85
0.77
0.69
0.62
0.54
0.46
0.38
0.31
0.23
0.15
0.08
0

Total des points analysés	49	Total points analyzed
Points de présence	7	Training points
Points de présence choisis au hasard	3	Testing points
Points analysés combinés	39	Combined test points

	PC	PI
Elev (**0.8**, 0.4)	80.1	79.1
Veg 1	17.8	0.3
Wbpos	1.4	11.5
Mintemp	0.6	9.0

Altitude minimale (MNE)	10 m (15 m)	Minimum elevation (DEM)
Altitude maximale (MNE)	300 m (336 m)	Maximum elevation (DEM)
Habitat	Forêt/forest Savane boisée/ woodland Synanthropique/ synanthropic	Habitat

Maxent : ASC = 0,929
Distribution & habitat : Endémique. Gîte probablement dans les constructions humaines et dans les crevasses ou les cavités des troncs d'arbres. Pas strictement forestière, exploite les zones boisées ouvertes et les habitats dégradés. Types d'habitat : humide et sec.
Altitude : Présente du niveau de la mer à 100 m (7), mais récemment répertoriée à des altitudes légèrement plus élevées.
Systématique : Cette espèce récemment décrite montre des caractères anatomiques qui se rapprochent des membres asiatiques du genre (1) ; mais une analyse moléculaire devrait être faite pour mieux élucider cet aspect. Dans le Moyen ouest (central), cette espèce vit en sympatrie avec *P. hesperidus* (pas cartographiée).
Autres commentaires : L'holotype a été récolté dans une construction humaine (1) ; ce qui est apparemment rare pour cette espèce.
Conservation : Données insuffisantes avec des populations mal connues (27).

Maxent: AUC = 0.929
Distribution & habitat: Endemic. Day roosts in synanthropic settings and presumably rock crevices and tree holes. Not strictly forest-dwelling, utilizes open woodland and degraded habitats. Habitat types: humid and dry.
Elevation: Cited to occur from near sea level-100 m (7), but recently documented at slightly higher elevations.
Systematics: This recently named species shows some anatomical characters closest to Asiatic members of this genus (1); this needs molecular confirmation. In the central west, this species occurs in close sympatry with *P. hesperidus* (not mapped).
Other comments: Holotype collected in a synanthropic setting (1), apparently rare for this species.
Conservation: Data Deficient with unknown population trend (27).

Scotophilus marovaza & S. tandrefana

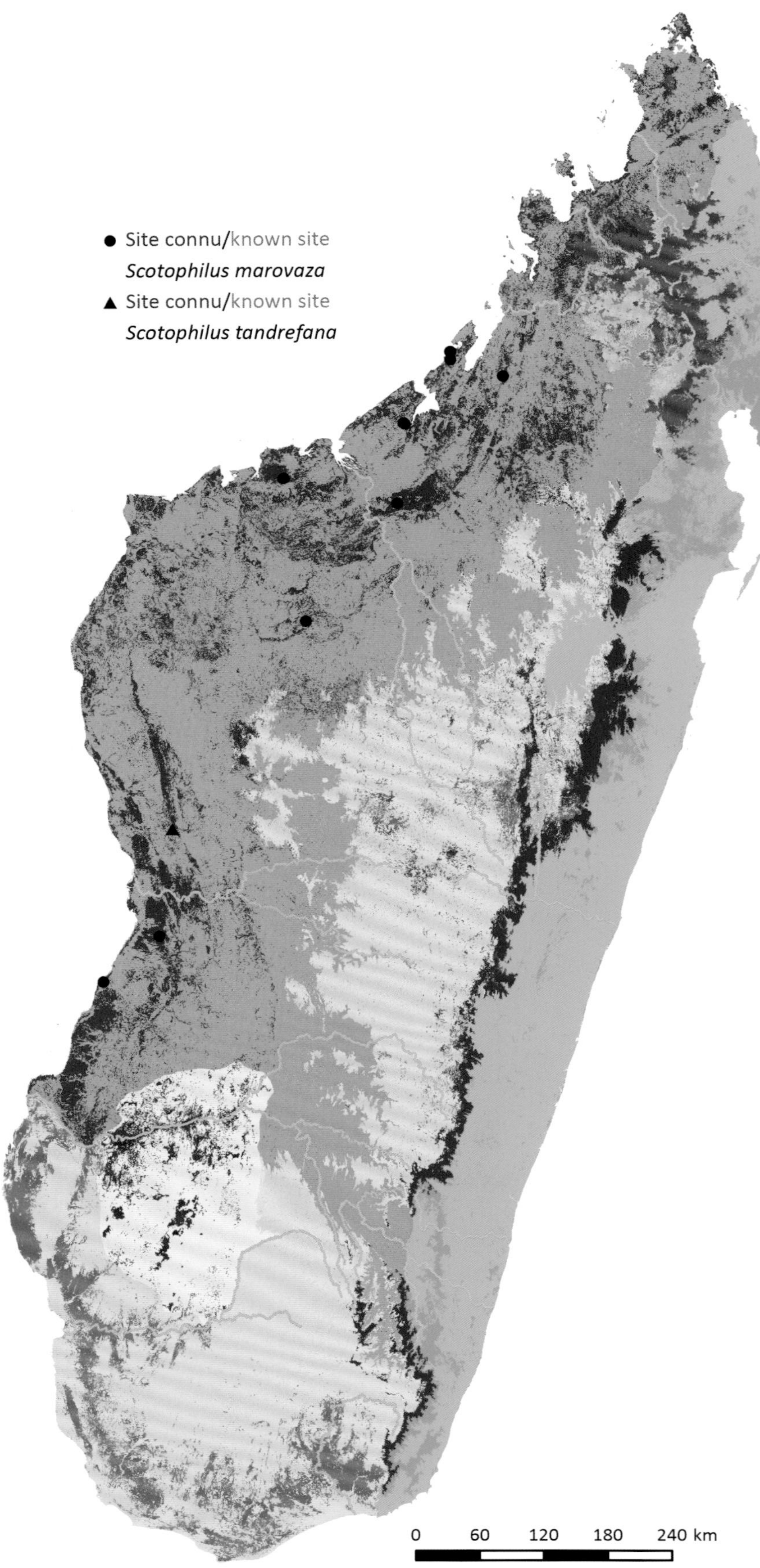

● Site connu/known site
Scotophilus marovaza
▲ Site connu/known site
Scotophilus tandrefana
0 60 120 180 240 km
Western dry forest
Degraded western dry forest
Southwestern dry spiny forest
Degraded southwestern dry spiny forest
Western humid/subhumid forest
Degraded western humid/subhumid forest
Northern humid forest
Northern degraded humid forest
Northern mosaic
Central and southern humid forest
Central and southern degraded humid forest
Central and southern mosaic
Eastern humid forest
Degraded eastern humid forest

Scotophilus marovaza

Altitude minimale	5 m	Minimum elevation
Altitude maximale	280 m	Maximum elevation
Habitat	Savane boisée/ woodland Synanthropique/ synanthropic	Habitat

Scotophilus tandrefana

Altitude minimale	50 m	Minimum elevation
Altitude maximale	50 m	Maximum elevation
Habitat	Forêt/forest Savane boisée/ woodland	Habitat

Scotophilus marovaza

Distribution & habitat : Endémique. Gîte dans les constructions humaines et probablement dans les cavités des troncs d'arbres. Pas strictement forestière. Type d'habitat : sec.

Systématique : Récemment décrite comme étant une nouvelle espèce (12).

Autres commentaires : Quelquefois en sympatrie avec *S. robustus* et probablement avec *S. tandrefana* le long de son aire de distribution.

Conservation : Préoccupation mineure avec des populations mal connues (27).

Scotophilus tandrefana

Distribution & habitat : Endémique. Gîte probablement dans les cavités des troncs d'arbres. Pas strictement forestière. Type d'habitat : sec.

Systématique : Une analyse moléculaire montre qu'il y a peu de différence génétique entre *S. marovaza* et *S. tandrefana* (51).

Autres commentaires : Cette espèce vit probablement en sympatrie avec *S. robustus* et *S. marovaza*.

Conservation : Données insuffisantes avec des populations mal connues (27).

Scotophilus marovaza

Distribution & habitat: Endemic. Day roosts in synanthropic settings and presumably rock crevices and tree holes. Not strictly forest-dwelling. Habitat type: dry.

Systematics: Recently described as new to science (12).

Other comments: Partially sympatric across its range with *S. robustus* and potentially with *S. tandrefana*.

Conservation: Least Concerned with unknown population trend (27).

Scotophilus tandrefana

Distribution & habitat: Endemic. Day roosts presumably in tree holes. Not strictly forest-dwelling, utilizes open woodland and degraded habitats. Habitat type: dry.

Systematics: A molecular analysis showed little genetic differentiation between *S. marovaza* and *S. tandrefana* (51).

Other comments: This species is perhaps sympatric with *S. robustus* and *S. marovaza*.

Conservation: Data Deficient with unknown population trend (27).

Scotophilus robustus

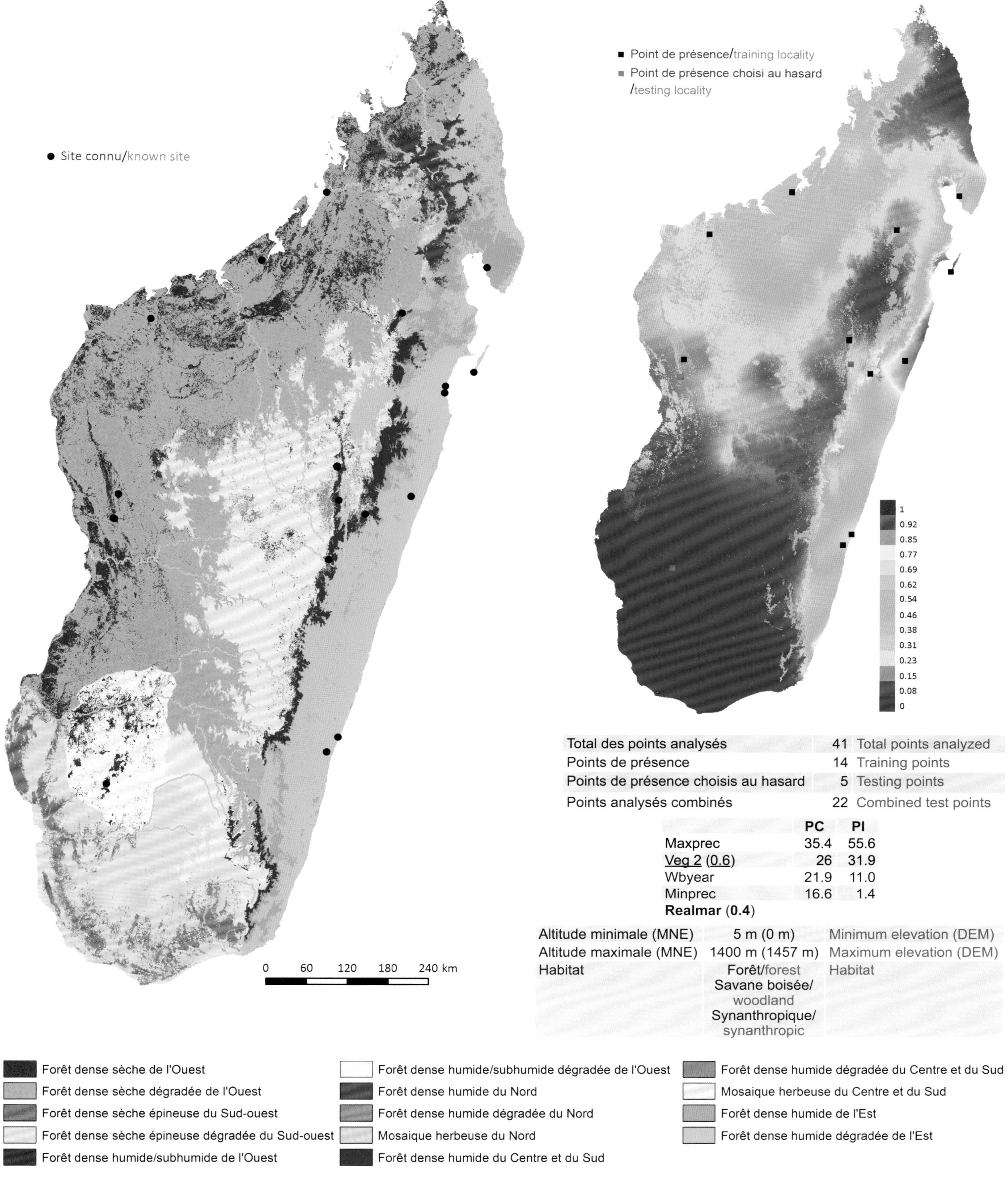

Site connu/known site
Point de présence/training locality
Point de présence choisi au hasard /testing locality
0 60 120 180 240 km
1
0.92
0.85
0.77
0.69
0.62
0.54
0.46
0.38
0.31
0.23
0.15
0.08
0
Forêt dense sèche de l'Ouest
Forêt dense sèche dégradée de l'Ouest
Forêt dense sèche épineuse du Sud-ouest
Forêt dense sèche épineuse dégradée du Sud-ouest
Forêt dense humide/subhumide de l'Ouest
Forêt dense humide/subhumide dégradée de l'Ouest
Forêt dense humide du Nord
Forêt dense humide dégradée du Nord
Mosaique herbeuse du Nord
Forêt dense humide du Centre et du Sud
Forêt dense humide dégradée du Centre et du Sud
Mosaique herbeuse du Centre et du Sud
Forêt dense humide de l'Est
Forêt dense humide dégradée de l'Est

Total des points analysés	41	Total points analyzed
Points de présence	14	Training points
Points de présence choisis au hasard	5	Testing points
Points analysés combinés	22	Combined test points

	PC	PI
Maxprec	35.4	55.6
Veg 2 (0.6)	26	31.9
Wbyear	21.9	11.0
Minprec	16.6	1.4
Realmar (0.4)		

Altitude minimale (MNE)	5 m (0 m)	Minimum elevation (DEM)
Altitude maximale (MNE)	1400 m (1457 m)	Maximum elevation (DEM)
Habitat	Forêt/forest Savane boisée/ woodland Synanthropique/ synanthropic	Habitat

Maxent : ASC = 0,884

Distribution & habitat : Endémique. Gîte dans les constructions humaines et probablement dans les crevasses et les cavités des troncs d'arbres. Pas strictement forestière, exploite les zones boisées ouvertes et les habitats dégradés. Types d'habitat : humide, sec et humide/subhumide.

Systématique : Forme une espèce sœur avec *S. viridis* d'Afrique (51).

Autres commentaires : Quelquefois en sympatrie avec *S. marovaza* et probablement avec *S. tandrefana* le long de son aire de distribution.

Conservation : Préoccupation mineure avec des populations mal connues (27). Menacée par la chasse dans certaines zones d'occurrence.

Maxent: AUC = 0.884

Distribution & habitat: Endemic. Day roosts in synanthropic settings and presumably rock crevices and tree holes. Not strictly forest-dwelling, utilizes open woodland and degraded habitats. Habitat types: humid, dry, and humid-subhumid.

Systematics: Forms a sister species with *S. viridis* from Africa (51).

Other comments: Partially sympatric across its range with *S. marovaza* and potentially with *S. tandrefana*.

Conservation: Least Concerned with unknown population trend (27). Under hunting pressure in certain areas of its range.

Miniopterus aelleni

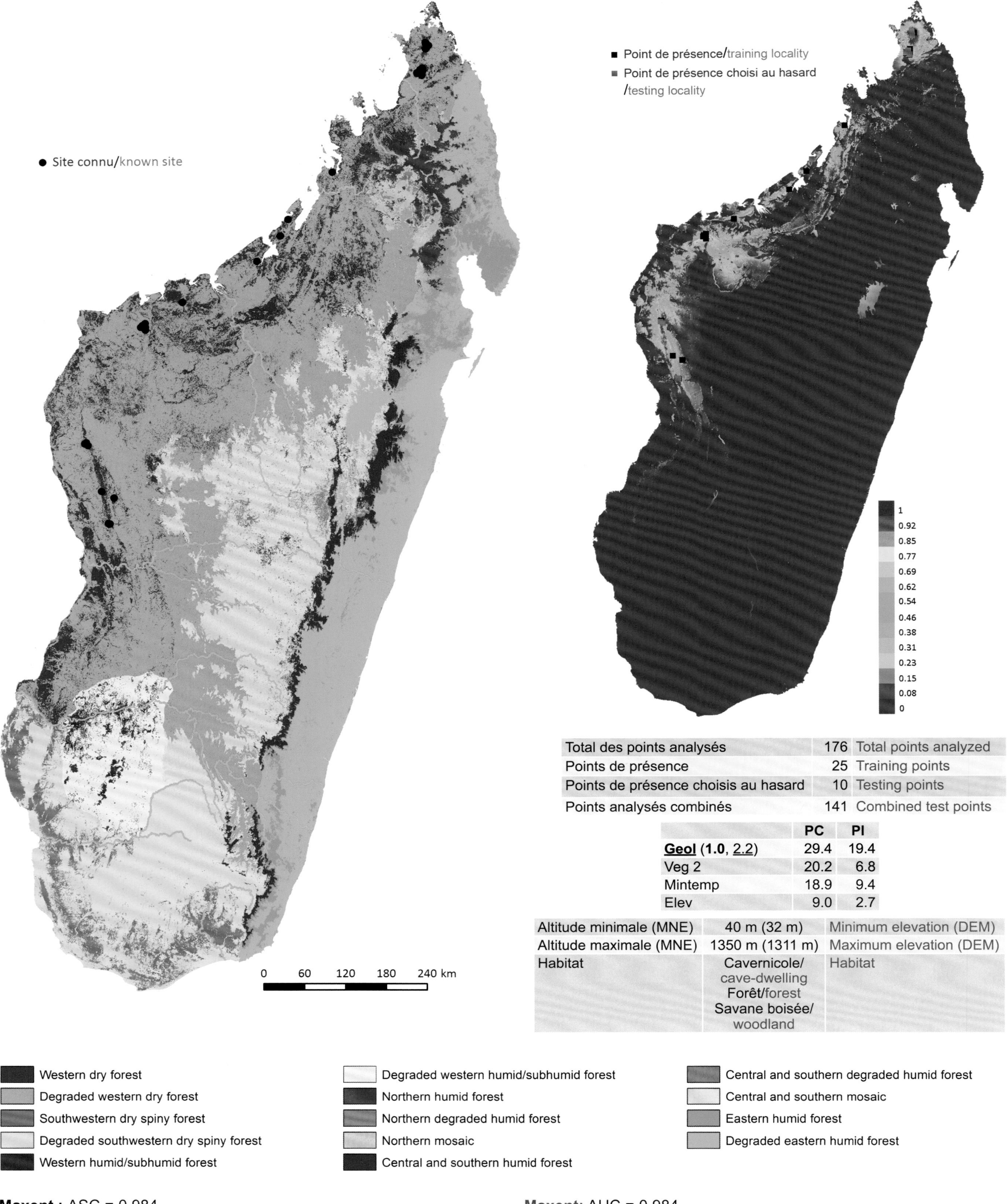

Site connu/known site
Point de présence/training locality
Point de présence choisi au hasard /testing locality
1
0.92
0.85
0.77
0.69
0.62
0.54
0.46
0.38
0.31
0.23
0.15
0.08
0
0 60 120 180 240 km
Western dry forest
Degraded western dry forest
Southwestern dry spiny forest
Degraded southwestern dry spiny forest
Western humid/subhumid forest
Degraded western humid/subhumid forest
Northern humid forest
Northern degraded humid forest
Northern mosaic
Central and southern humid forest
Central and southern degraded humid forest
Central and southern mosaic
Eastern humid forest
Degraded eastern humid forest

Total des points analysés	176	Total points analyzed
Points de présence	25	Training points
Points de présence choisis au hasard	10	Testing points
Points analysés combinés	141	Combined test points

	PC	PI
<u>Geol</u> (**1.0**, <u>2.2</u>)	29.4	19.4
Veg 2	20.2	6.8
Mintemp	18.9	9.4
Elev	9.0	2.7

Altitude minimale (MNE)	40 m (32 m)	Minimum elevation (DEM)
Altitude maximale (MNE)	1350 m (1311 m)	Maximum elevation (DEM)
Habitat	Cavernicole/ cave-dwelling Forêt/forest Savane boisée/ woodland	Habitat

Maxent : ASC = 0,984

Distribution & habitat : Endémique de la région malgache (Madagascar et Comores). Gîte dans les grottes pendant le jour. Pas strictement forestière, exploite les zones boisées ouvertes et les habitats dégradés. Type d'habitat : sec (à Madagascar).

Systématique : Les populations de cette espèce récemment décrite (19) de la partie Nord de Madagascar et d'Anjouan (aux Comores) montrent peu de divergence génétique (52, 54). Cette espèce a été auparavant reconnue sous *M. manavi* (18).

Autres commentaires : Vit en sympatrie avec au moins trois autres membres du genre.

Conservation : Données insuffisantes avec des populations mal connues (27).

Maxent: AUC = 0.984

Distribution & habitat: Endemic to Malagasy region (Madagascar, Comoros). Day roosts in caves. Not strictly forest-dwelling, utilizes open woodland and degraded habitats. Habitat type: dry (Madagascar).

Systematics: Populations of this recently named species (19) from northern Madagascar and Anjouan (Comoros) show no pronounced genetic divergence (52, 54). It was previously considered as *M. manavi* (18).

Other comments: Occurs in sympatry with at least three other members of this genus.

Conservation: Data Deficient with unknown population trend (27).

Miniopterus brachytragos & *M. griffithsi*

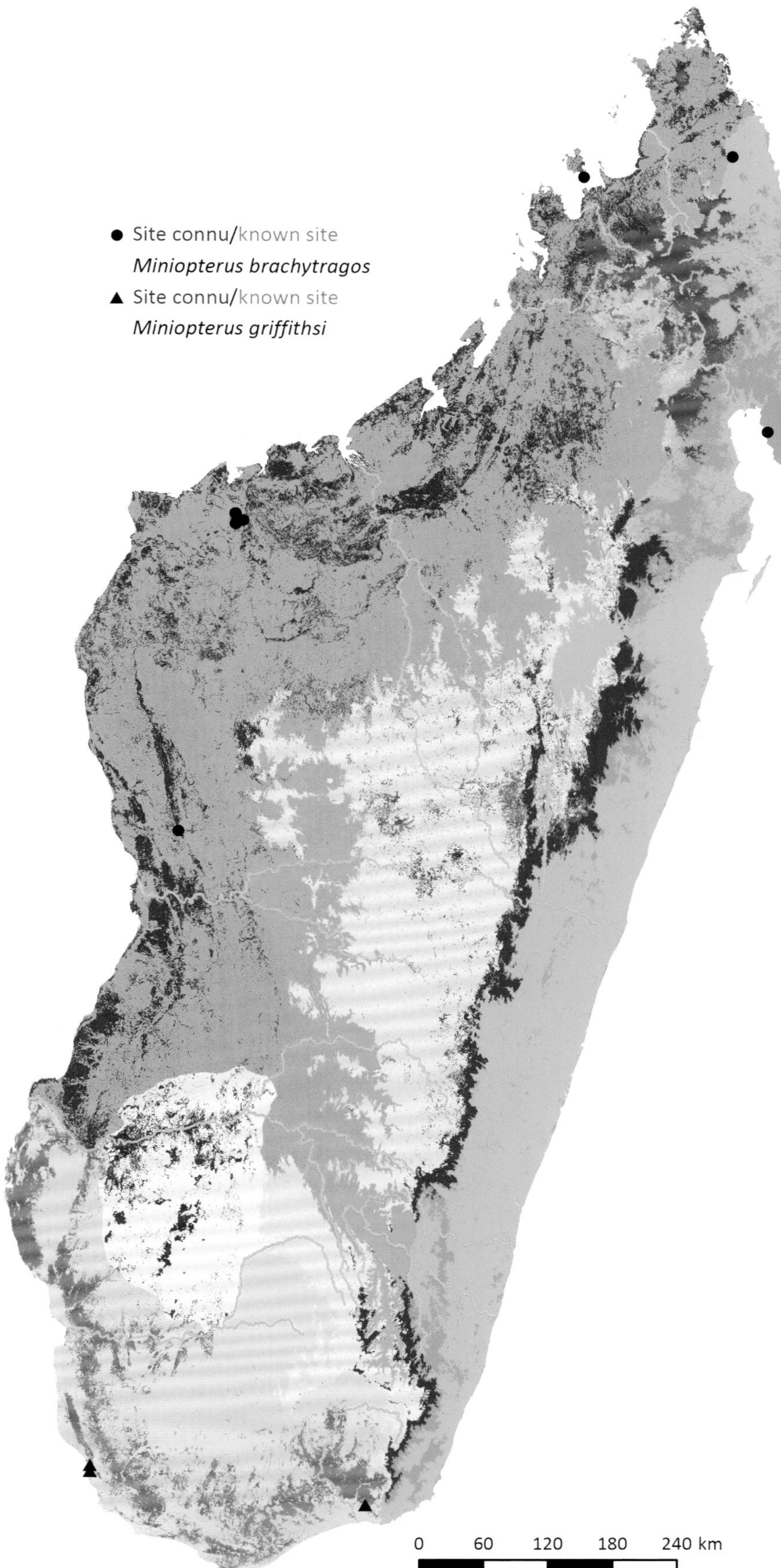
● Site connu/known site
Miniopterus brachytragos
▲ Site connu/known site
Miniopterus griffithsi
0 60 120 180 240 km

Forêt dense sèche de l'Ouest
Forêt dense sèche dégradée de l'Ouest
Forêt dense sèche épineuse du Sud-ouest
Forêt dense sèche épineuse dégradée du Sud-ouest
Forêt dense humide/subhumide de l'Ouest
Forêt dense humide/subhumide dégradée de l'Ouest
Forêt dense humide du Nord
Forêt dense humide dégradée du Nord
Mosaique herbeuse du Nord
Forêt dense humide du Centre et du Sud
Forêt dense humide dégradée du Centre et du Sud
Mosaique herbeuse du Centre et du Sud
Forêt dense humide de l'Est
Forêt dense humide dégradée de l'Est

Miniopterus brachytragos

Altitude minimale	5 m	Minimum elevation
Altitude maximale	600 m	Maximum elevation
Habitat	Cavernicole ?/ cave-dwelling? Forêt/forest Savane boisée/ woodland	Habitat

Miniopterus griffithsi

Altitude minimale	15 m	Minimum elevation
Altitude maximale	110 m	Maximum elevation
Habitat	Cavernicole/ cave-dwelling Forêt/forest Savane boisée/ woodland	Habitat

Miniopterus brachytragos

Distribution & habitat : Endémique. Gîte probablement dans les grottes. Pas strictement forestière. Types d'habitat : humide et sec.

Systématique : Cette espèce nouvellement décrite a été auparavant reconnue sous *M. manavi* (18).

Autres commentaires : Cette espèce a probablement une distribution plus large et vit en sympatrie avec au moins trois autres membres du genre.

Conservation : Non évaluée par l'UICN (27).

Miniopterus griffithsi

Distribution & habitat : Endémique. Gîte dans les grottes pendant le jour. Pas strictement forestière. Type d'habitat : sec épineux.

Systématique : Une étude récente a montré que les individus de l'extrême Sud-ouest et du Sud auparavant inclus dans *M. gleni* dénotent une divergence génétique importante et ont été par la suite décrits comme étant une nouvelle espèce pour la science, *M. griffithsi* (22).

Autres commentaires : Vit souvent en sympatrie avec au moins trois autres membres du genre.

Conservation : Non évaluée par l'UICN (27).

Miniopterus brachytragos

Distribution & habitat: Endemic. Day roosts presumably in caves. Not strictly forest-dwelling. Habitat types: humid and dry.

Systematics: This recently described species was previously considered as *M. manavi* (18).

Other comments: Presumably has a broader distribution than currently understood. Occurs in sympatry with at least three other members of this genus.

Conservation: Conservation status of this species has not been assessed by IUCN (27).

Miniopterus griffithsi

Distribution & habitat: Endemic. Day roosts in caves. Not strictly forest-dwelling. Habitat type: dry spiny.

Systematics: A study found that animals previously assigned to *M. gleni* from the extreme southwest and south were divergent and described as *M. griffithsi* (22).

Other comments: Often occurs in sympatry with at least one other member of this genus.

Conservation: Conservation status has not been assessed by IUCN (27).

Miniopterus egeri

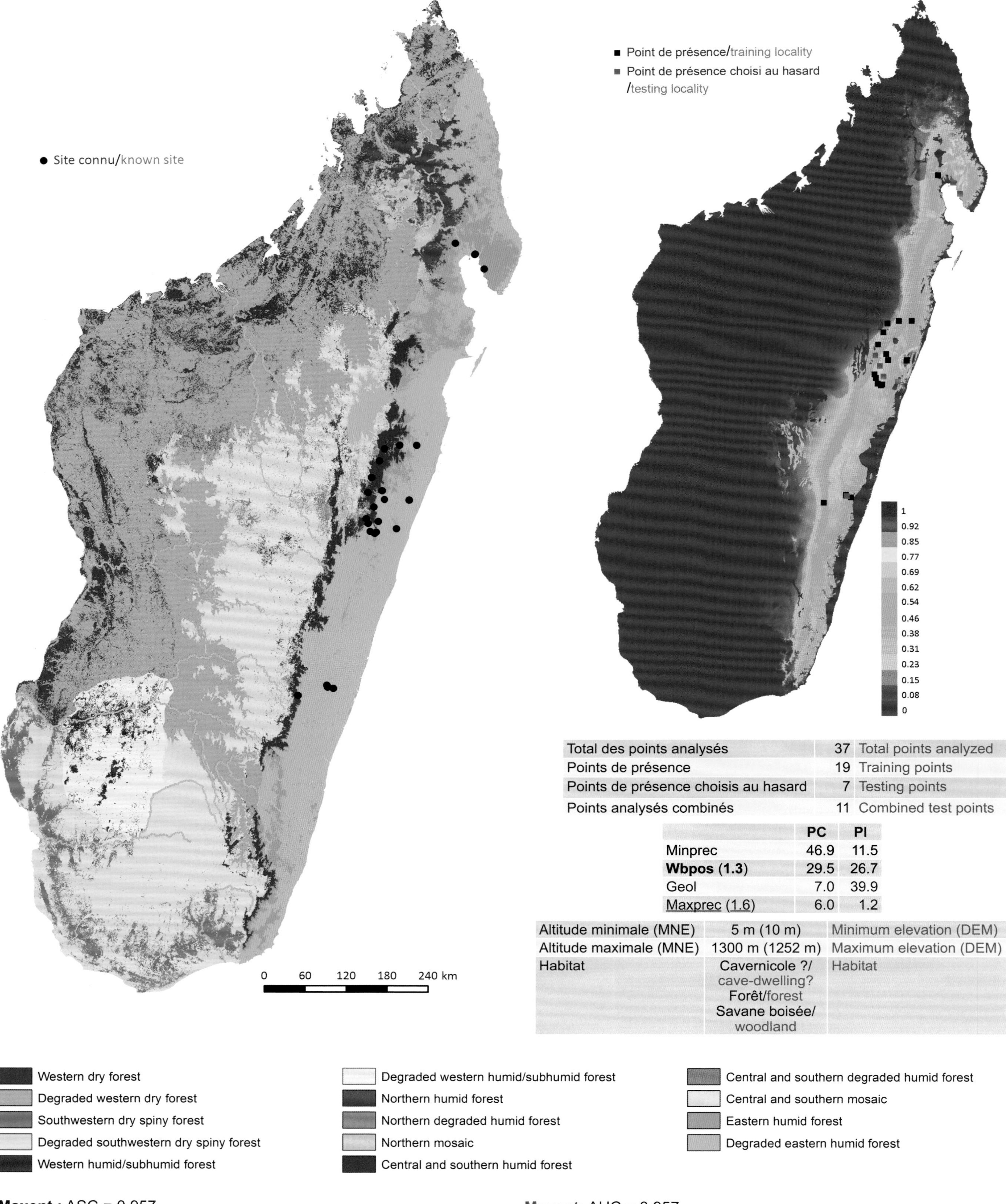

Site connu/known site
0 60 120 180 240 km
Point de présence/training locality
Point de présence choisi au hasard /testing locality
1
0.92
0.85
0.77
0.69
0.62
0.54
0.46
0.38
0.31
0.23
0.15
0.08
0
Western dry forest
Degraded western dry forest
Southwestern dry spiny forest
Degraded southwestern dry spiny forest
Western humid/subhumid forest
Degraded western humid/subhumid forest
Northern humid forest
Northern degraded humid forest
Northern mosaic
Central and southern humid forest
Central and southern degraded humid forest
Central and southern mosaic
Eastern humid forest
Degraded eastern humid forest

Total des points analysés	37	Total points analyzed
Points de présence	19	Training points
Points de présence choisis au hasard	7	Testing points
Points analysés combinés	11	Combined test points

	PC	PI
Minprec	46.9	11.5
Wbpos (1.3)	29.5	26.7
Geol	7.0	39.9
Maxprec (1.6)	6.0	1.2

Altitude minimale (MNE)	5 m (10 m)	Minimum elevation (DEM)
Altitude maximale (MNE)	1300 m (1252 m)	Maximum elevation (DEM)
Habitat	Cavernicole ?/ cave-dwelling? Forêt/forest Savane boisée/ woodland	Habitat

Maxent : ASC = 0,957
Distribution & habitat : Endémique. Gîte probablement dans les grottes, les surplombs rocheux et la végétation. Pas strictement forestière, exploite les zones ouvertes boisées et les habitats dégradés. Type d'habitat : humide.
Altitude : Auparavant connue du niveau de la mer jusqu'à 550 m (23) ; de nouveaux spécimens ont montré que cette espèce est présente au dessus de 1000 m.
Systématique : Cette espèce récemment décrite forme un complexe d'espèces avec *M. manavi* et *M. petersoni* (23).
Autres commentaires : Peut éventuellement vivre en sympatrie avec d'autres membres du genre.
Conservation : Non évaluée par l'UICN (27).

Maxent: AUC = 0.957
Distribution & habitat: Endemic. Day roost sites presumably in caves, rock overhangs, and vegetation. Not strictly forest-dwelling, utilizes open woodland and degraded habitats. Habitat type: humid.
Elevation: Previously thought to occur between near sea level-550 m (23); new material has become available and it lives above 1000 m.
Systematics: This recently described species forms a species complex with *M. manavi* and *M. petersoni* (23).
Other comments: May occur in sympatry with other members of this genus.
Conservation: Conservation status of this species has not been assessed by IUCN (27).

Miniopterus gleni

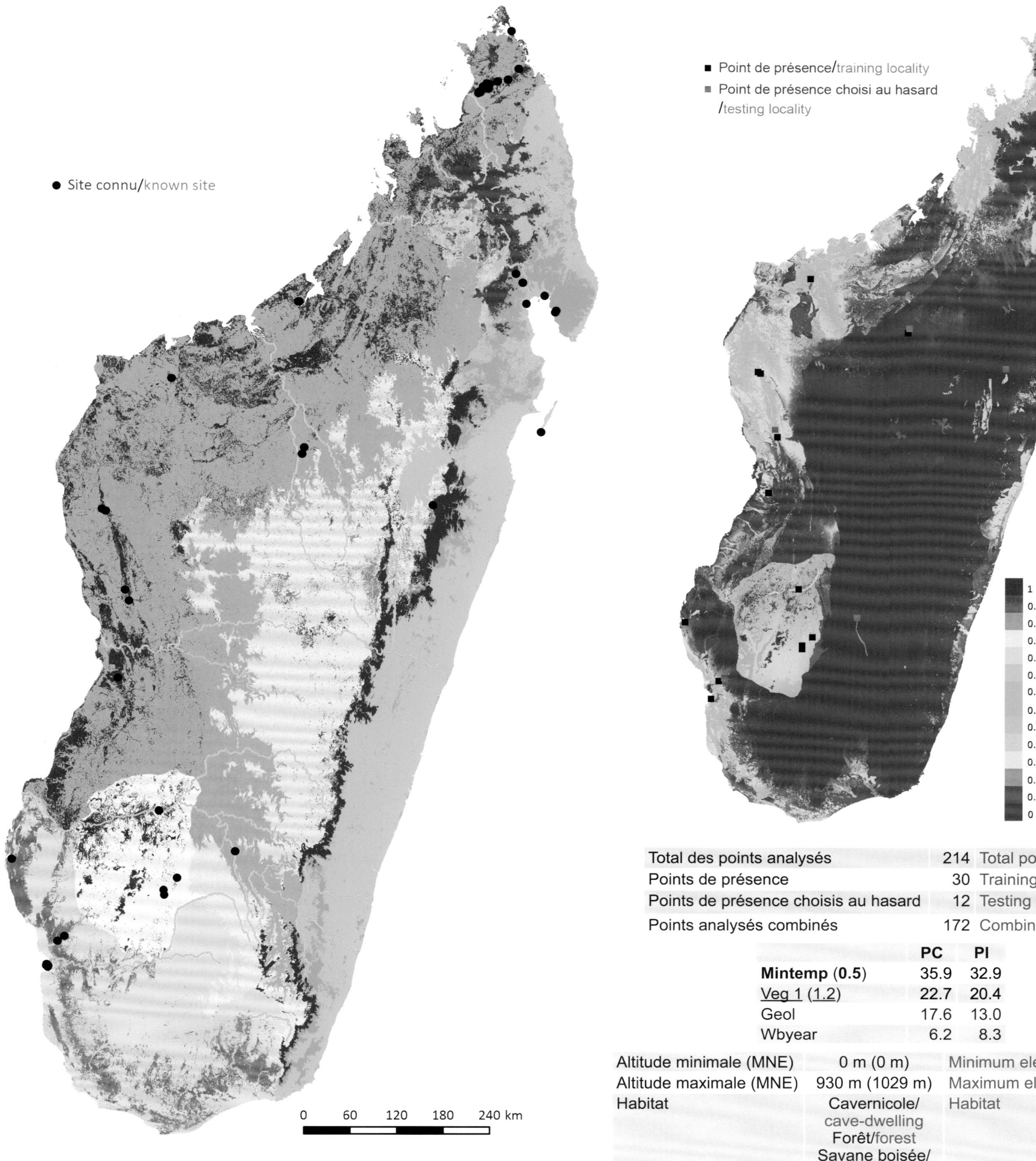
Site connu/known site
Point de présence/training locality
Point de présence choisi au hasard /testing locality
1
0.92
0.85
0.77
0.69
0.62
0.54
0.46
0.38
0.31
0.23
0.15
0.08
0
0 60 120 180 240 km

Total des points analysés	214	Total points analyzed
Points de présence	30	Training points
Points de présence choisis au hasard	12	Testing points
Points analysés combinés	172	Combined test points

	PC	PI
Mintemp (0.5)	35.9	32.9
Veg 1 (1.2)	22.7	20.4
Geol	17.6	13.0
Wbyear	6.2	8.3

Altitude minimale (MNE)	0 m (0 m)	Minimum elevation (DEM)
Altitude maximale (MNE)	930 m (1029 m)	Maximum elevation (DEM)
Habitat	Cavernicole/ cave-dwelling Forêt/forest Savane boisée/ woodland	Habitat

Maxent : ASC = 0,919

Distribution & habitat : Endémique. Gîte dans les grottes et les surplombs rocheux pendant le jour. Pas strictement forestière, exploite les zones ouvertes boisées et les habitats dégradés. Types d'habitat : humide, sec, humide/subhumide et sec épineux.

Altitude : Connue dans des localités à plus de 1200 m (7).

Systématique : Des études morphologiques et moléculaires récentes ont montré que les individus de l'extrême Sud-ouest et du Sud auparavant inclus dans ce taxon montrent une divergence génétique importante et ont été par la suite décrits comme étant une nouvelle espèce pour la science, *M. griffithsi* (22).

Autres commentaires : Vit souvent en sympatrie avec au moins trois autres membres du genre *Miniopterus*. Forme une espèce sœur allopatrique avec *M. griffithsi*.

Conservation : Préoccupation mineure avec des populations mal connues (27).

Maxent: AUC = 0.919

Distribution & habitat: Endemic. Day roosts in caves and perhaps rock overhangs. Not strictly forest-dwelling, utilizes open woodland and degraded habitats. Habitat types: humid, dry, humid-subhumid, and dry spiny.

Elevation: Reported to occur up to 1200 m (7).

Systematics: A recent molecular and morphological study found that animals from the extreme southwest and south previously assigned to this taxon were divergent and described as new to science, *M. griffithsi* (22).

Other comments: Often occurs in sympatry with at least three other members of this genus. Forms an allopatric sister species with *M. griffithsi*.

Conservation: Least Concerned with unknown population trend (27).

Miniopterus griveaudi

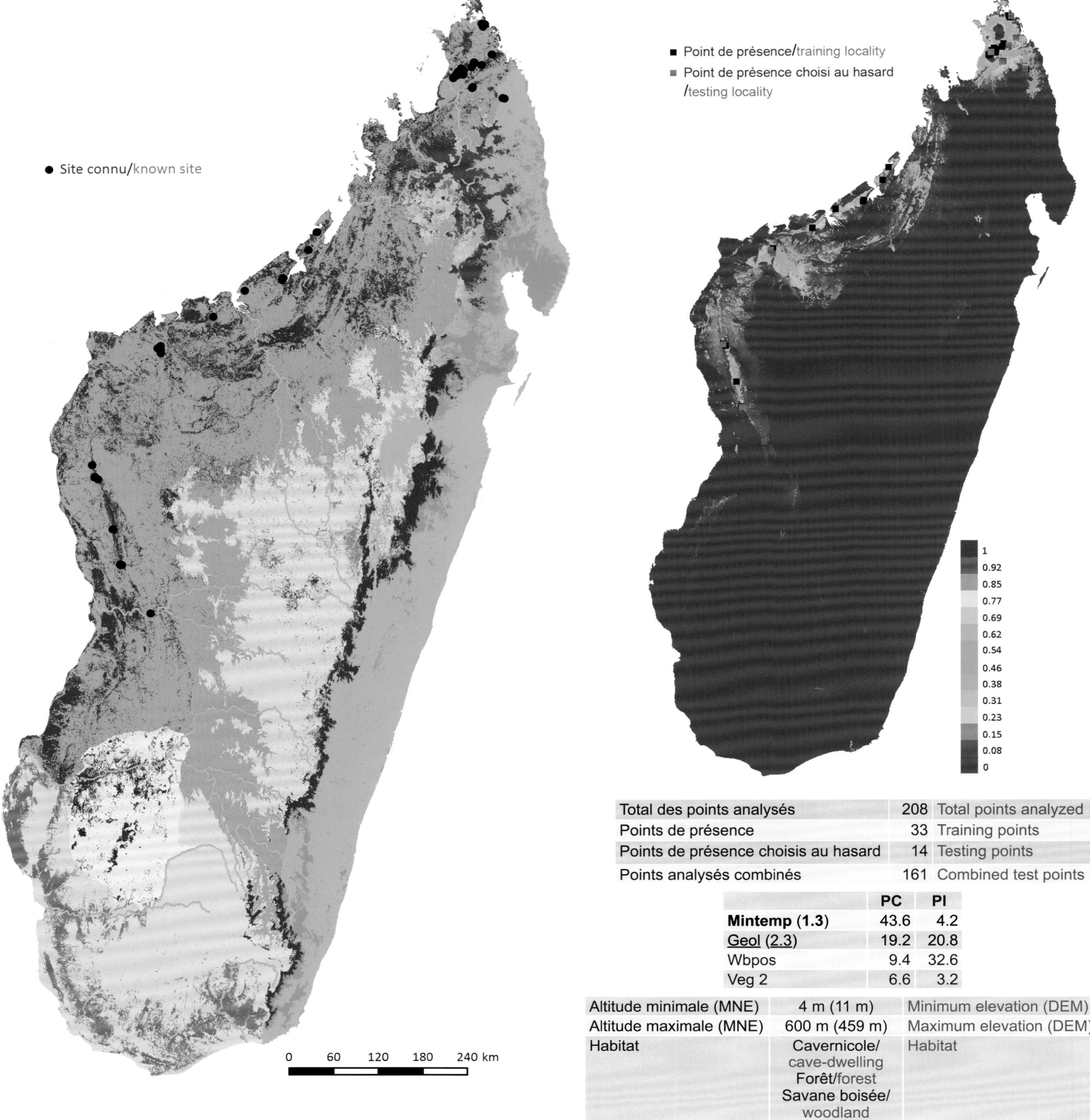
Site connu/known site
0 60 120 180 240 km
Point de présence/training locality
Point de présence choisi au hasard /testing locality
1
0.92
0.85
0.77
0.69
0.62
0.54
0.46
0.38
0.31
0.23
0.15
0.08
0

Total des points analysés	208	Total points analyzed
Points de présence	33	Training points
Points de présence choisis au hasard	14	Testing points
Points analysés combinés	161	Combined test points

	PC	PI
Mintemp (1.3)	43.6	4.2
Geol (2.3)	19.2	20.8
Wbpos	9.4	32.6
Veg 2	6.6	3.2

Altitude minimale (MNE)	4 m (11 m)	Minimum elevation (DEM)
Altitude maximale (MNE)	600 m (459 m)	Maximum elevation (DEM)
Habitat	Cavernicole/ cave-dwelling Forêt/forest Savane boisée/ woodland	Habitat

Maxent : ASC = 0,988
Distribution & habitat : Endémique de la région malgache (Madagascar et Comores). Gîte dans les grottes pendant le jour. Pas strictement forestière, exploite les zones ouvertes boisées et les habitats dégradés. Type d'habitat : sec (à Madagascar). Dans le nord, cette espèce peut vivre dans les zones de transition entre les habitats humides-secs.
Systématique : Les populations de cette espèce (19) provenant de la partie nord de Madagascar et de Comores (Grande Comore et Anjouan) montrent peu de divergence génétique (52, 54). Cette espèce a été auparavant connue sous *M. manavi* (18).
Autres commentaires : Vit souvent en sympatrie avec au moins trois autres membres du genre *Miniopterus*.
Conservation : Données insuffisantes avec des populations mal connues (27).

Maxent: AUC = 0.988
Distribution & habitat: Endemic to Malagasy region (Madagascar, Comoros). Day roosts in caves. Not strictly forest-dwelling, utilizes open woodland and degraded habitats. Habitat type: dry (Madagascar). In the north, known to occur in transitional humid-dry habitats.
Systematics: Populations of this recently resurrected species (19) from northern Madagascar and the Comoros (Grande Comore, Anjouan) show no pronounced genetic divergence (52, 54). It was previously considered as *M. manavi* (18).
Other comments: Often occurs in sympatry with at least three other members of this genus.
Conservation: Data Deficient with unknown population trend (27).

Miniopterus mahafaliensis

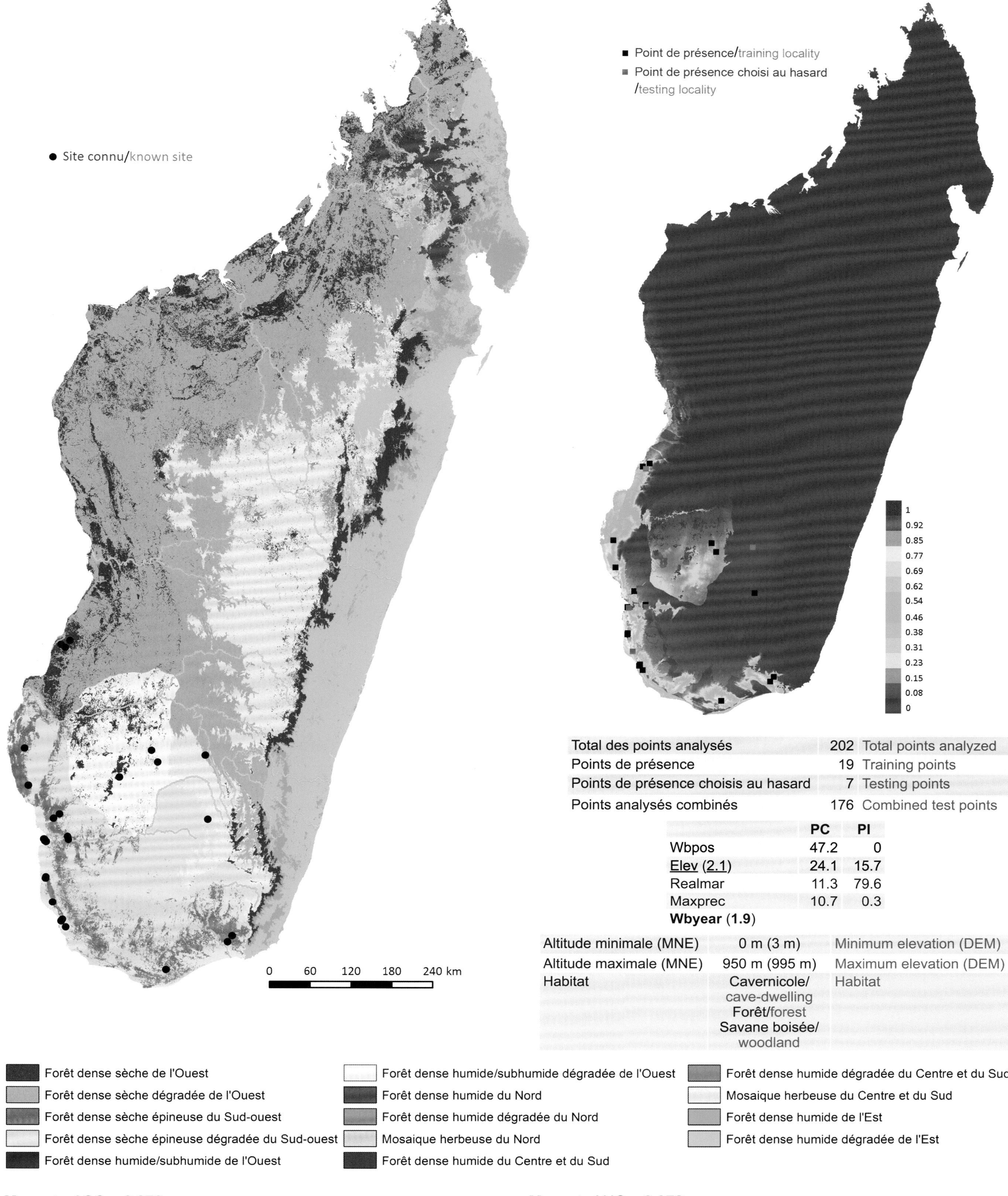

Site connu/known site
Point de présence/training locality
Point de présence choisi au hasard /testing locality
1
0.92
0.85
0.77
0.69
0.62
0.54
0.46
0.38
0.31
0.23
0.15
0.08
0
0 60 120 180 240 km
Forêt dense sèche de l'Ouest
Forêt dense sèche dégradée de l'Ouest
Forêt dense sèche épineuse du Sud-ouest
Forêt dense sèche épineuse dégradée du Sud-ouest
Forêt dense humide/subhumide de l'Ouest
Forêt dense humide/subhumide dégradée de l'Ouest
Forêt dense humide du Nord
Forêt dense humide dégradée du Nord
Mosaique herbeuse du Nord
Forêt dense humide du Centre et du Sud
Forêt dense humide dégradée du Centre et du Sud
Mosaique herbeuse du Centre et du Sud
Forêt dense humide de l'Est
Forêt dense humide dégradée de l'Est

Total des points analysés	202	Total points analyzed
Points de présence	19	Training points
Points de présence choisis au hasard	7	Testing points
Points analysés combinés	176	Combined test points

	PC	PI
Wbpos	47.2	0
Elev (2.1)	24.1	15.7
Realmar	11.3	79.6
Maxprec	10.7	0.3
Wbyear (1.9)		

Altitude minimale (MNE)	0 m (3 m)	Minimum elevation (DEM)
Altitude maximale (MNE)	950 m (995 m)	Maximum elevation (DEM)
Habitat	Cavernicole/ cave-dwelling Forêt/forest Savane boisée/ woodland	Habitat

Maxent : ASC = 0,972

Distribution & habitat : Endémique. Gîte dans les grottes pendant le jour. Pas strictement forestière, exploite les zones ouvertes boisées et les habitats dégradés. Types d'habitat : humide/subhumide et sec épineux. Dans la partie Sud-est, cette espèce est connue dans des zones de transition entre les habitats humides-secs.

Systématique : Cette espèce récemment décrite a été auparavant reconnue sous *M. manavi* (18).

Autres commentaires : Vit souvent en sympatrie avec au moins un autre membre du genre *Miniopterus*.

Conservation : Non évaluée par l'UICN (27).

Maxent: AUC = 0.972

Distribution & habitat: **Endemic**. Day roosts in caves. Not strictly forest-dwelling, utilizes open woodland and degraded habitats. Habitat types: humid-subhumid and dry spiny. In the southeast, known to occur in transitional humid-dry forests.

Systematics: This recently described species was previously considered as *M. manavi* (18).

Other comments: Often occurs in sympatry with one other member of this genus.

Conservation: The conservation status of this species has not been assessed by IUCN (27).

Miniopterus majori

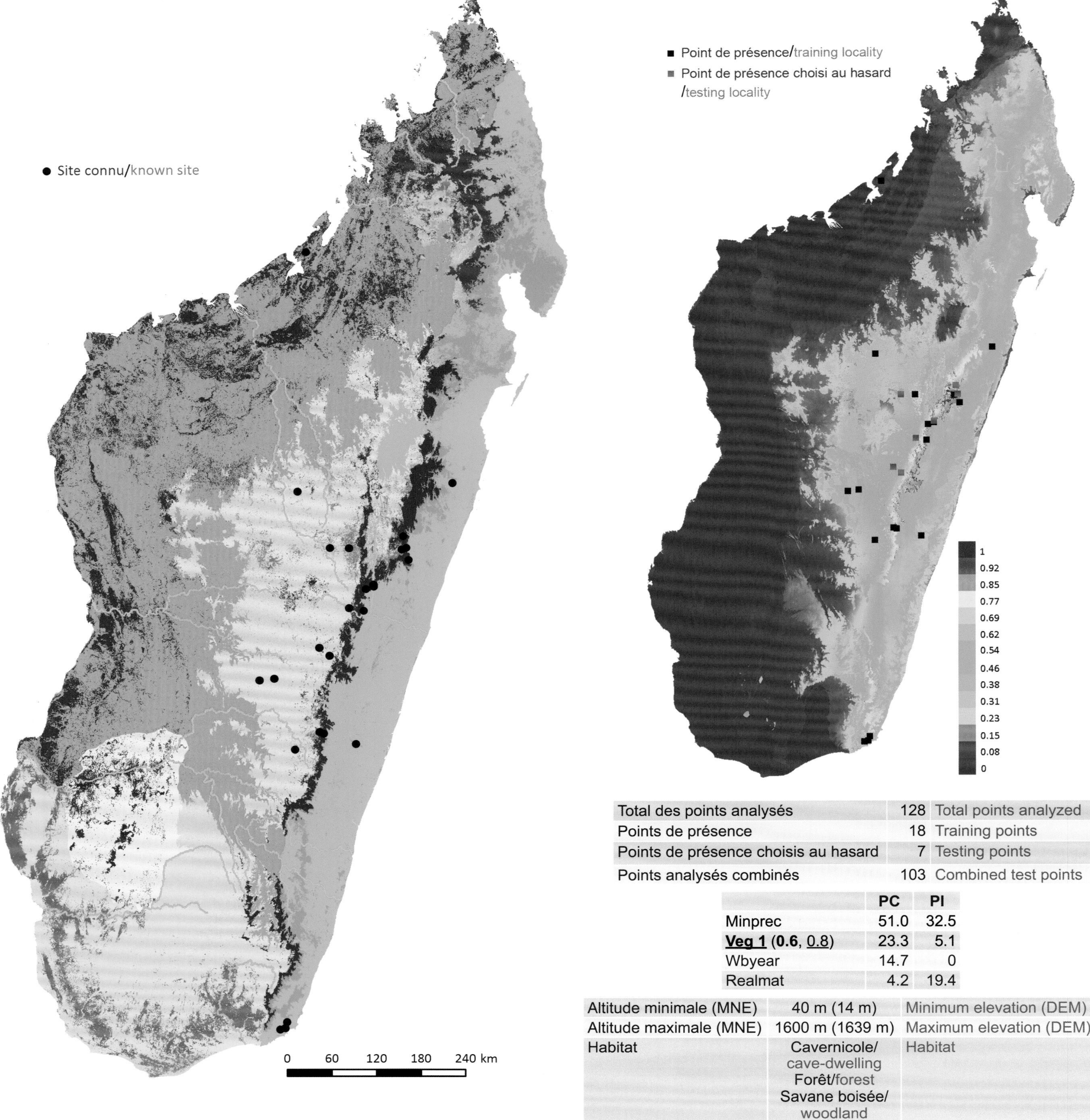
● Site connu/known site
0 60 120 180 240 km
■ Point de présence/training locality
■ Point de présence choisi au hasard /testing locality
1
0.92
0.85
0.77
0.69
0.62
0.54
0.46
0.38
0.31
0.23
0.15
0.08
0

Total des points analysés	128	Total points analyzed
Points de présence	18	Training points
Points de présence choisis au hasard	7	Testing points
Points analysés combinés	103	Combined test points

	PC	PI
Minprec	51.0	32.5
Veg 1 (**0.6**, 0.8)	23.3	5.1
Wbyear	14.7	0
Realmat	4.2	19.4

Altitude minimale (MNE)	40 m (14 m)	Minimum elevation (DEM)
Altitude maximale (MNE)	1600 m (1639 m)	Maximum elevation (DEM)
Habitat	Cavernicole/ cave-dwelling Forêt/forest Savane boisée/ woodland	Habitat

Maxent : ASC = 0,888
Distribution & habitat : Endémique. Présence auparavant signalée à Grande Comore, mais ces observations sont actuellement remises en question (9). Gîte dans les grottes et probablement sous les surplombs rocheux pendant le jour (à Madagascar). Pas strictement forestière, exploite les zones ouvertes boisées et les habitats dégradés. Type d'habitat : humide.
Altitude : Espèce généralement recensée à des altitudes plus élevées (600-1600 m), mais quelquefois rencontrée dans des zones plus basses (33).
Autres commentaires : Vit souvent en sympatrie avec au moins trois autres membres du genre.
Conservation : Préoccupation mineure avec des populations mal connues (27).

Maxent: AUC = 0.888
Distribution & habitat: Endemic. Previously reported from Grande Comore, but these records called into question (9). Day roosts in caves and perhaps rock overhangs. Not strictly forest-dwelling, utilizes open woodland and degraded habitats. Habitat type: humid.
Elevation: A species largely of higher elevations (600-1600 m), but there are a few records from lower elevations (33).
Other comments: Often occurs in sympatry with at least three other members of this genus.
Conservation: Least Concerned with unknown population trend (27).

Miniopterus manavi, M. petersoni & M. sororculus

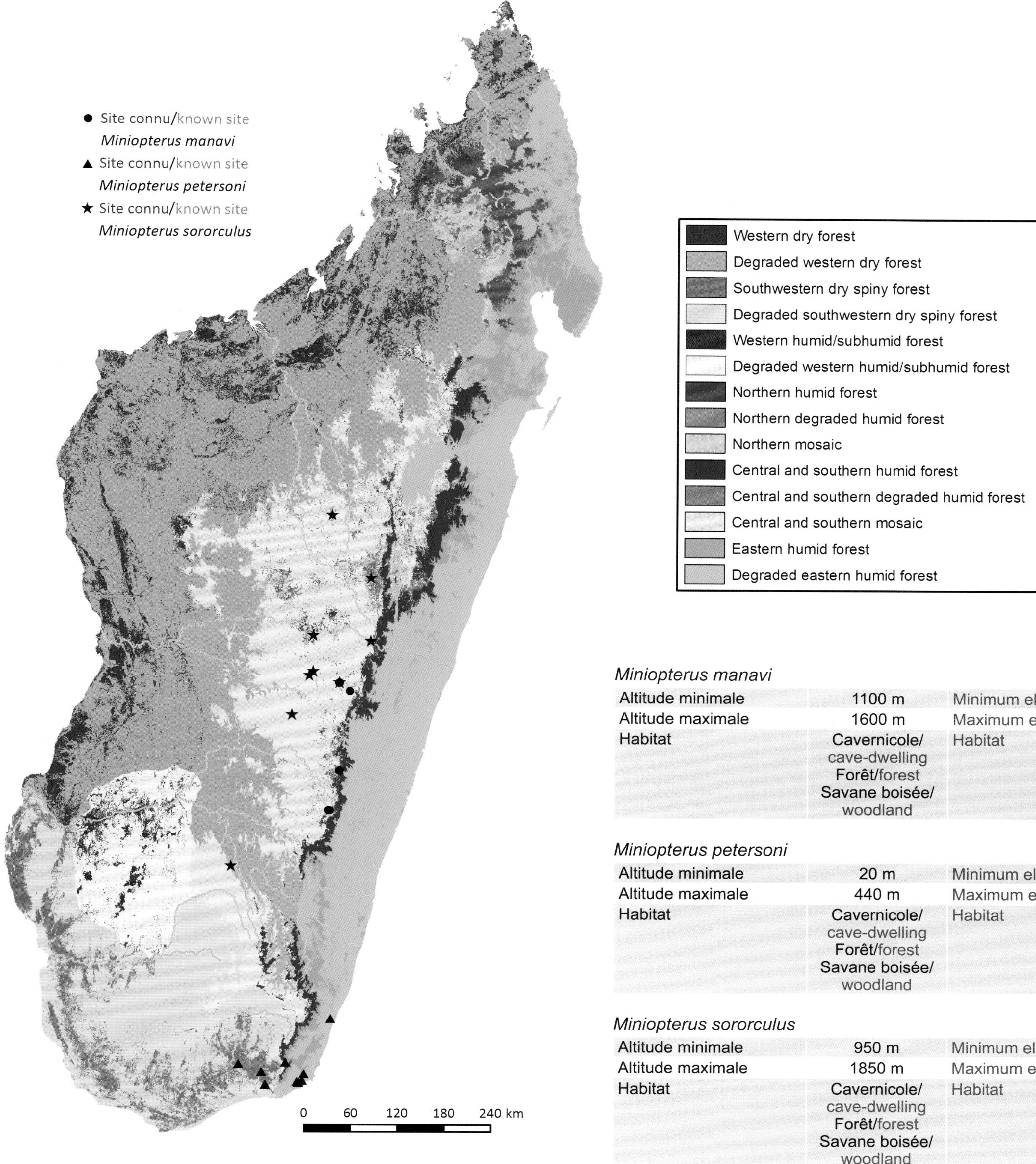

● Site connu/known site
Miniopterus manavi
▲ Site connu/known site
Miniopterus petersoni
★ Site connu/known site
Miniopterus sororculus
Western dry forest
Degraded western dry forest
Southwestern dry spiny forest
Degraded southwestern dry spiny forest
Western humid/subhumid forest
Degraded western humid/subhumid forest
Northern humid forest
Northern degraded humid forest
Northern mosaic
Central and southern humid forest
Central and southern degraded humid forest
Central and southern mosaic
Eastern humid forest
Degraded eastern humid forest
0 60 120 180 240 km

Miniopterus manavi

Altitude minimale	1100 m	Minimum elevation
Altitude maximale	1600 m	Maximum elevation
Habitat	Cavernicole/ cave-dwelling Forêt/forest Savane boisée/ woodland	Habitat

Miniopterus petersoni

Altitude minimale	20 m	Minimum elevation
Altitude maximale	440 m	Maximum elevation
Habitat	Cavernicole/ cave-dwelling Forêt/forest Savane boisée/ woodland	Habitat

Miniopterus sororculus

Altitude minimale	950 m	Minimum elevation
Altitude maximale	1850 m	Maximum elevation
Habitat	Cavernicole/ cave-dwelling Forêt/forest Savane boisée/ woodland	Habitat

Miniopterus manavi

Distribution & habitat : Endémique. Gîte généralement dans les grottes et les surplombs rocheux. Pas strictement forestière, exploite les zones ouvertes boisées et les habitats dégradés. Type d'habitat : humide.

Systématique : Cette espèce, *M. petersoni* et *M. egeri* forment un complexe d'espèces (23).

Autres commentaires : Espèce peu connue. Vit souvent en sympatrie avec au moins trois autres membres du genre.

Conservation : Préoccupation mineure avec des populations mal connues (27).

Miniopterus petersoni

Distribution & habitat : Endémique. Gîte généralement dans les grottes et les surplombs rocheux. Pas strictement forestière, exploite les zones ouvertes boisées et les habitats dégradés. Types d'habitat : humide et sec épineux.

Miniopterus manavi

Distribution & habitat: Endemic. Day roosts in caves and perhaps rock overhangs. Not strictly forest-dwelling, utilizes open woodland and degraded habitats. Habitat type: humid.

Systematics: This species, *M. petersoni*, and *M. egeri* form a species complex (23).

Other comments: A poorly known species. Often occurs in sympatry with at least three other members of this genus.

Conservation: Least Concerned with unknown population trend (27).

Miniopterus petersoni

Distribution & habitat: Endemic. Day roosts in caves and perhaps rock overhangs. Not strictly forest-dwelling, utilizes open woodland and degraded habitats. Habitat types: humid and dry spiny.

Systematics: This recently described species, *M. egeri*, and *M. manavi* form a species complex (16, 23).

Systématique : Cette espèce récemment décrite, *M. egeri* et *M. manavi* forment un complexe d'espèces (16, 23).
Autres commentaires : Vit souvent en sympatrie avec au moins deux autres membres du genre.
Conservation : Données insuffisantes avec des populations mal connues (27).

Miniopterus sororculus
Distribution & habitat : Endémique. Gîte généralement dans les grottes et les surplombs rocheux. Pas strictement forestière, exploite les zones ouvertes boisées et les habitats dégradés. Types d'habitat : humide et sec.
Altitude : Présente dans des endroits supérieurs à 2200 m (7).
Systématique : Cette espèce a été considérée conspécifique avec *M. fraterculus* d'Afrique. Cependant, les études morphologiques et moléculaires ont abouti à la description des individus de Madagascar comme étant une nouvelle espèce (15).
Autres commentaires : Vit souvent en sympatrie avec au moins trois autres membres du genre.
Conservation : Préoccupation mineure avec des populations mal connues (27).

Other comments: Often occurs in sympatry with at least two other members of this genus.
Conservation: Data Deficient with unknown population trend (27).

Miniopterus sororculus
Distribution & habitat: Endemic. Day roosts in caves and perhaps rock overhangs. Not strictly forest-dwelling, utilizes open woodland and degraded habitats. Habitat types: humid and dry.
Elevation: Reported to occur up to 2200 m (7).
Systematics: It was previously considered conspecific with African *M. fraterculus*; based on molecular and morphological characters the Madagascar population was described as new to science (15).
Other comments: Often occurs in sympatry with at least three other members of this genus.
Conservation: Least Concerned with unknown population trend (27).

REFERENCES/REFERENCES

1. **Bates, P. J. J., Ratrimomanarivo, F., Harrison, D. L. & Goodman, S. M. 2006**. A review of pipistrelles and serotines (Chiroptera: Vespertilionidae) from Madagascar, including the description of a new species of *Pipistrellus*. *Acta Chiropterologica*, 8: 299-324.
2. **Benda, P. & Vallo, P. 2009.** Taxonomic revision of the genus *Triaenops* (Chiroptera: Hipposideridae) with description of a new species from southern Arabia and definitions of a new genus and tribe. *Folia Zoologica*, 58:1-45.
3. **Cardiff, S. G., Ratrimomanarivo, F. H., Rembert, G. & Goodman, S. M. 2009.** Hunting, disturbance and roost persistence of bats in caves in Ankarana, Madagascar. *African Journal of Ecology*, 47: 640-649.
4. **Chan, L. M., Goodman, S. M., Nowak, M., Weisrock, D. W. & Yoder, A. D. 2011.** Increased population sampling confirms low genetic divergence among *Pteropus* (Chiroptera: Pteropodidae) fruit bats of Madagascar and other western Indian Ocean islands [Internet]. *PLoS Currents: Tree of Life*, doi: 10.1371/currents. RRN1226.
5. **Golden, C. D. 2009.** Bushmeat hunting and use in the Makira Forest, north-eastern Madagascar: A conservation and livelihoods issue. *Oryx,* 43: 386-392.
6. **Goodman, S. M. 2006.** Hunting of Microchiroptera in south-western Madagascar. *Oryx*, 40: 225-228.
7. **Goodman, S. M. 2011.** *Les chauves-souris de Madagascar*. Association Vahatra, Antananarivo.
8. **Goodman, S. M. & Cardiff, S. G. 2004.** A new species of *Chaerephon* (Molossidae) from Madagascar with notes on other members of the family. *Acta Chiropterologica*, 6: 227-248.
9. **Goodman, S. M. & Maminirina, C. P. 2007.** Specimen records referred to *Miniopterus majori* Thomas, 1906 (Chiroptera) from the Comoros Islands. *Mammalia*, 71: 151-156.
10. **Goodman, S. M. & Ranivo, J. 2009.** The geographical origin of the type specimens of *Triaenops humbloti* and *T. rufus* (Chiroptera: Hipposideridae) reputed to be from Madagascar and the description of a replacement species name. *Mammalia*, 73: 47-55.
11. **Goodman, S. M., Jenkins, R. K. B. & Ratrimomanarivo, F. H. 2005.** A review of the genus *Scotophilus* (Chiroptera: Vespertilionidae) on Madagascar, with the description of a new species. *Zoosystema*, 27: 867-882.
12. **Goodman, S. M., Ratrimomanarivo, F. H. & Randrianandrianina, F. H. 2006.** A new species of *Scotophilus* (Chiroptera: Vespertilionidae) from western Madagascar. *Acta Chiropterologica*, 8: 21-37.
13. **Goodman, S. M., Cardiff, S. G., Ranivo, J., Russell, A. L. & Yoder, A. D. 2006.** A new species of *Emballonura* (Chiroptera: Emballonuridae) from the dry regions of Madagascar. *American Museum Novitates*, 3538: 1-24.
14. **Goodman, S. M., Kofoky, A. & Rakotondraparany, F. 2007.** The description of a new species of *Myzopoda* (Myzopodidae: Chiroptera) from western Madagascar. *Mammalian Biology*, 72: 65-81.
15. **Goodman, S. M., Ryan, K. E., Maminirina, C. P., Fahr, J., Christidis, L. & Appleton, B. 2007.** The specific status of populations on Madagascar referred to *Miniopterus fraterculus* (Chiroptera: Vespertilionidae). *Journal of Mammalogy*, 88: 1216-1229.
16. **Goodman, S. M., Bradman, H. M., Maminirina, C. P., Ryan, K. E., Christidis, L. & Appleton, B. 2008**. A new species of *Miniopterus* (Chiroptera: Vespertilionidae) from lowland southeastern Madagascar. *Mammalian Biology*, 73: 199-213.
17. **Goodman, S. M., Jansen Van Vuuren, B., Ratrimomanarivo, F., Probst, J.-M. & Bowie, R. C. K. 2008.** Specific status of populations in the Mascarene Islands referred to *Mormopterus acetabulosus* (Chiroptera: Molossidae), with description of a new species. *Journal of Mammalogy*, 89: 1316-1327.
18. **Goodman, S. M., Maminirina, C. P., Bradman, H. M., Christidis, L. & Appleton, B. 2009.** The use of molecular phylogenetic and morphological tools to identify cryptic and paraphyletic species: Examples from the diminutive long-fingered bats (*Miniopterus*: Miniopteridae: Chiroptera) on Madagascar. *American Museum Novitates*, 3669: 1-33.
19. **Goodman, S. M., Maminirina, C. P., Weyeneth, N., Bradman, H. M., Christidis, L., Ruedi, M. & Appleton, B. 2009.** The use of molecular and morphological characters to resolve the taxonomic identity of cryptic species: The case of *Miniopterus manavi* (Chiroptera: Miniopteridae). *Zoologica Scripta*, 38: 339-363.
20. **Goodman, S. M., Buccas, W., Naidoo, T., Ratrimomanarivo, F., Taylor, P. J. & Lamb, J. 2010.** Patterns of morphological and genetic variation in western Indian Ocean members of the *Chaerephon* '*pumilus*' complex (Chiroptera: Molossidae), with the description of a new species from Madagascar. *Zootaxa*, 2551: 1-36.
21. **Goodman, S. M., Chan, L. M., Nowak, M. D. & Yoder, A. D. 2010.** Phylogeny and biogeography of western Indian Ocean *Rousettus* (Chiroptera: Pteropodidae). *Journal of Mammalogy*, 91: 593-606.
22. **Goodman, S. M., Maminirina, C. P., Bradman, H. M., Christidis, L. & Appleton, B. 2010.** Patterns of morphological and genetic variation in the endemic Malagasy bat *Miniopterus gleni* (Chiroptera: Miniopteridae), with the description of a new species, *M. griffithsi*. *Journal of Zoological Systematics and Evolutionary Research*, 48: 75-86.
23. **Goodman, S. M., Ramasindrazana, B., Maminirina, C. P., Schoeman, M. C. & Appleton, B. 2011.** Morphological, bioacoustical, and genetic variation in *Miniopterus* bats from eastern Madagascar, with the description of a new species. *Zootaxa*, 2880: 1-19.
24. **Goodman, S. M., Puechmaille, S. J., Friedli-Weyeneth, N., Gerlach, J., Ruedi, M., Schoeman, M. C., Stanley, W. T. & Teeling, E. C. 2012.** Phylogeny of the Emballonurini (Emballonuridae) with descriptions of a new genus and species from Madagascar. *Journal of Mammalogy*, 93: 1440-1455.
25. **Goodman, S. M., Taylor, P. J., Ratrimomanarivo, F. & Hoofer, S. 2012.** The genus *Neoromicia* (Family Vespertilionidae) in

Madagascar, with the description of a new species. *Zootaxa*, 3250: 1-25.

26. **Hernandez, P. A., Graham, C. H., Master, L. L. & Albert, D. L. 2006.** The effect of sample size and species characteristics on performance of different species distribution modeling methods. *Ecography*, 29: 773-785.

27. **IUCN. 2012.** *The IUCN red list of threatened species. Version 2012.2.* <http://www.iucnredlist.org>.

28. **Jenkins, R. K. B. & Racey, P. A. 2008.** Bats as bushmeat in Madagascar. *Madagascar Conservation & Development*, 3: 22-30.

29. **Jenkins, R. K. B., Andriafidison, D., Razafimanahaka, H. J., Rabearivelo, A., Razafindrakoto, N., Andrianandrasana, R. H., Razafimahatratra, E. & Racey, P. A. 2007.** Not rare, but threatened: The endemic Madagascar Flying Fox *Pteropus rufus* in a fragmented landscape. *Oryx*, 41: 263-271.

30. **Kofoky, A., Andriafidison, D., Razafimanahaka, H. T., Rampilimanana, R. L. & Jenkins, R. K. B. 2006.** The first observation of *Myzopoda* sp. (Myzopodidae) roosting in western Madagascar. *African Bat Conservation News*, 9: 5-6.

31. **Lamb, J. M., Ralph, T. M. C., Naidoo, T., Taylor, P. J., Ratrimomanarivo, F., Stanley, W. T. & Goodman, S. M. 2011.** Toward a molecular phylogeny for the Molossidae (Chiroptera) of Afro-Malagasy region. *Acta Chiropterologica*, 13: 1-16.

32. **Lamb, J. M., Naidoo, T., Taylor, P. J., Napier, M., Ratrimomanarivo, F. & Goodman, S. M. 2012.** Genetically and geographically isolated lineages of a tropical bat (Chiroptera, Molossidae) show demographic stability over the late Pleistocene. *Biological Journal of the Linnean Society*, 106: 18-40.

33. **Maminirina, C. P., Appleton, B., Bradman, H. M., Christidis, L. & Goodman, S. M. 2009.** Variation géographique et moléculaire chez *Miniopterus majori* (Chiroptera : Miniopteridae) de Madagascar. *Malagasy Nature*, 2: 127-143.

34. **Miller-Butterworth, C. M., Murphy, W. J., O'Brien, S. J., Jacobs, D. S., Springer, M. S. & Teeling, E. C. 2007.** A family matter: Conclusive resolution of the taxonomic position of the long-fingered bats, *Miniopterus. Molecular Biology and Evolution*, 24: 1553-1561.

35. **Naidoo, T., Goodman, S. M., Schoeman, M. C., Taylor, P. J. & Lamb, J. submitted.** The *Chaerephon pumilus* species complex (Chiroptera: Molossidae) from south eastern Africa and the western Indian Ocean islands is not a classical ring species. *Acta Chiropterologica*.

36. **O'Brien, J., Mariani, C., Olson, L., Russell, A. L., Say, L., Yoder, A. D. & Hayden, T. J. 2009.** Multiple colonisations of the western Indian Ocean by *Pteropus* fruit bats (Megachiroptera: Pteropodidae): The furthest islands were colonised first. *Molecular Phylogenetics and Evolution*, 51: 294-303.

37. **Peterson, R. L., Eger, J. L. & Mitchell, L. 1995.** *Chiroptères*. Vol. 84 de *Faune de Madagascar*. Muséum national d'Histoire naturelle, Paris.

38. **Ramasindrazana, B., Goodman, S. M., Schoeman, M. C. & Appleton, B. 2011.** Identification of cryptic species of *Miniopterus* bats (Chiroptera: Miniopteridae) from Madagascar and the Comoros using bioacoustics overlaid on molecular genetic and morphological characters. *Biological Journal of the Linnean Society*, 104: 284-302.

39. **Ranivo, J. & Goodman, S. M. 2006.** Révision taxinomique des *Triaenops* malgaches (Mammalia, Chiroptera, Hipposideridae). *Zoosystema*, 28: 963-985.

40. **Ratrimomanarivo, F. H., Vivian, J., Goodman, S. M. & Lamb, J. 2007.** Morphological and molecular assessment of the specific status of *Mops midas* (Chiroptera: Molossidae) from Madagascar and Africa. *African Zoology*, 42: 237-253.

41. **Ratrimomanarivo, F. H., Goodman, S. M., Hoosen, N., Taylor, P. J. & Lamb, J. 2008.** Morphological and molecular variation in *Mops leucostigma* (Chiroptera: Molossidae) of Madagascar and the Comoros: Phylogeny, phylogeography, and geographic variation. *Mitteilungen aus dem Hamburgischen Zoologischen Museum*, 105: 57-101.

42. **Ratrimomanarivo, F. H., Goodman, S. M., Taylor, P. J., Melson, B. & Lamb, J. 2009.** Morphological and genetic variation in *Mormopterus jugularis* (Chiroptera: Molossidae) in different bioclimatic regions of Madagascar with natural history notes. *Mammalia*, 73: 110-129.

43. **Ratrimomanarivo, F. H., Goodman, S. M., Stanley, W. T., Naidoo, T., Taylor, P. J. & Lamb, J. 2009.** Geographic and phylogeographic variation in *Chaerephon leucogaster* (Chiroptera: Molossidae) of Madagascar and the western Indian Ocean islands of Mayotte and Pemba. *Acta Chiropterologica*, 11: 25-52.

44. **Ruedi, M., Friedli-Weyeneth, N., Teeling, E. C., Puechmaille, S. J. & Goodman, S. M. 2012.** Biogeography of Old World emballonurine bats (Chiroptera: Emballonuridae) inferred with mitochondrial and nuclear DNA. *Molecular Phylogeny and Evolution*, 64: 204-211.

45. **Russell, A. L., Ranivo, J., Palkovacs, E. P., Goodman, S. M. & Yoder, A. D. 2007.** Working at the interface of phylogenetics and population genetics: A biogeographic analysis of *Triaenops* spp. (Chiroptera: Hipposideridae). *Molecular Ecology*, 16: 839-851.

46. **Russell, A. L., Goodman, S. M. & Cox, M. P. 2008.** Coalescent analyses support multiple mainland-to-island dispersals in the evolution of Malagasy *Triaenops* bats (Chiroptera: Hipposideridae). *Journal of Biogeography*, 35: 995-1003.

47. **Russell, A. L., Goodman, S. M., Fiorentino, I. & Yoder, A. D. 2008.** Population genetic analysis of *Myzopoda* (Chiroptera: Myzopodidae) in Madagascar. *Journal of Mammalogy*, 89: 209-221.

48. **Simmons, N. B. 2005.** Order Chiroptera. In *Mammal species of the world: A taxonomic and geographic reference, 3rd edition*, eds. D. E. Wilson & D. M. Reeder, pp. 312-521. Johns Hopkins University Press, Baltimore.

49. **Stockwell, D. R. B. & Peterson, A. T. 2002.** Effects of sample size on accuracy of species distribution models. *Ecological Modelling*, 148: 1-13.

50. **Teeling, E. C., Springer, M. S., Madsen, O., Bates, P., O'Brien, S. J. & Murphy, M. J. 2005.** A molecular phylogeny for bats illuminates biogeography and the fossil record. *Science*, 307: 580-584.

51. **Trujillo, R. G., Patton, J. C., Schlitter, D. A. & Bickham, J. W. 2009.** Molecular phylogenetics of the bat genus *Scotophilus* (Chiroptera: Vespertilionidae): Perspectives from paternally and maternally inherited genomes. *Journal of Mammalogy*, 90: 548-560.

52. **Weyeneth, N., Goodman, S. M., Stanley, W. T. & Ruedi, M. 2008.** The biogeography of *Miniopterus* bats (Chiroptera: Miniopteridae) from the Comoro Archipelago inferred from mitochondrial DNA. *Molecular Ecology*, 17: 5205-5219.

53. **Weyeneth, N., Goodman, S. M. & Ruedi, M. 2010.** Does the diversification models of Madagascar's biota explain the population structure of the endemic bat *Myotis goudoti* (Chiroptera: Vespertilionidae)? *Journal of Biogeography*, 38: 44-54.

54. **Weyeneth, N., Goodman, S. M., Appleton, B., Wood, R. & Ruedi, M. 2011.** Wings or winds: Inferring bat migration in a stepping-stone archipelago. *Journal of Evolutionary Biology*, 24: 1298-1306.

PETITS MAMMIFERES OU TENRECS (TENRECIDAE) ET RONGEURS (NESOMYIDAE)

Steven M. Goodman, Voahangy Soarimalala, Martin Raheriarisena & Daniel Rakotondravony

La faune de petits mammifères indigènes de Madagascar est actuellement composée de 59 espèces. Ceci n'est pas particulièrement riche pour une île tropicale de sa taille (près de 600 000 km²) où 100 % des micro-mammifères sont endémiques. Les groupes traités dans cette section incluent les tenrecs de la famille des Tenrecidae et les rongeurs de la famille des Nesomyidae, en particulier la sous-famille des Nesomyinae. Nous ne discuterons pas ici du grand nombre de primates connus sur l'île ni des quelques espèces de petits mammifères introduites qui comprennent les rongeurs de la famille des Muridae des genres *Rattus* et *Mus*, et les musaraignes de la famille des Soricidae du genre *Suncus*. *Suncus madagascariensis* a été longtemps considérée comme une espèce endémique de Madagascar mais actuellement elle est reconnue comme étant une espèce introduite se rapportant à l'espèce à large distribution de l'Ancien Monde, *S. etruscus* (40).

Les tenrecs sont remarquablement divers allant des formes rappelant des hérissons, des loutres aquatiques aux taupes qui représentent l'une des radiations adaptatives les plus spectaculaires connues parmi les mammifères vivants. Bien que les opinions des taxonomistes de mammifères varient de l'une à l'autre, nous traitons la famille des Tenrecidae comme étant endémique de l'île (cf. 34, 37). Les Tenrecidae sont composés de trois sous-familles : Tenrecinae -- relativement de grande taille, partie dorsale recouverte de piquants et facilement identifiables à courte distance ; Geogalinae -- monospécifique, ayant une forme rappelant la musaraigne et reconnaissable dans la main ; et Oryzorictinae -- un groupe relativement diversifié avec des formes rappelant des musaraignes et qui sont souvent difficiles à identifier au niveau de l'espèce. Dans le cas de Nesomyinae, les genres et les espèces qui composent cette sous-famille montrent également des variations considérables au niveau de la taille, des caractères extérieurs et de leur mode de vie. Certains nesomyines sont difficiles à distinguer les uns des autres, en particulier les membres du genre *Eliurus*.

Les dernières décennies ont été marquées par une augmentation considérable des informations disponibles sur les petits mammifères endémiques malgaches, grâce aux inventaires sur terrain associés aux études systématiques de spécimens collectés, ainsi qu'aux diverses études écologiques. L'utilisation des outils de génétique moléculaire a été particulièrement utile pour résoudre les différents aspects, allant de la systématique de niveau supérieur aux limites de l'espèce et à l'identification des espèces cryptiques de tenrecs et des rongeurs nesomyines. Beaucoup de nouvelles espèces et, dans quelques cas, de nouveaux genres pour la science ont été décrits, et qui sont énumérés dans la section associée aux cartes et aux modèles de répartition des espèces ci-dessous. Comme mesure de ces progrès, on peut citer l'augmentation du nombre d'espèces acceptées au cours des deux dernières décennies. En 1993, 21 espèces de tenrecs et 14 espèces de rongeurs nesomyines ont été reconnues (24, 35). Dans cet atlas, la diversité est respectivement de 32 et 27 espèces. Ainsi, au cours des deux dernières décennies, une augmentation de 35 % du nombre d'espèces reconnues a été observée chez les tenrecs et près de 50 % chez les rongeurs nesomyines. La taxonomie de ces deux groupes de petits mammifères peut être complexe et nous suivons les publications récentes (1, 36), ainsi que des articles scientifiques les plus à jour pour la systématique présentée ici.

Pour élaborer ce chapitre de l'atlas, nous avons considéré des aspects liés à l'histoire naturelle de tenrecs et de rongeurs nesomyines qui ont des implications importantes sur la base de données. Tout d'abord, la grande majorité de ces animaux sont nocturnes, notablement solitaires, généralement de petite taille et difficiles à observer. Ensuite, l'identification de la plupart de ces espèces de familles des Oryzorictinae et des Nesomyinae est basée partiellement sur les caractères externes, mais aussi largement sur la structure du crâne et la morphologie dentaire. De nouvelles espèces sont nommées d'une manière plus ou moins régulière et plusieurs taxa restent à décrire. Ainsi, en l'absence de spécimens, il est difficile d'identifier de manière définitive jusqu'au niveau de l'espèce un nombre considérable d'animaux capturés. En outre, comme on a trouvé chez le genre *Microgale* et chez un grand nombre d'*Eliurus*, de nombreuses espèces cryptiques ont été décrites au cours des

SMALL MAMMALS OR TENRECS (TENRECIDAE) AND RODENTS (NESOMYIDAE)

Steven M. Goodman, Voahangy Soarimalala, Martin Raheriarisena & Daniel Rakotondravony

The native small mammal fauna of Madagascar is currently composed of 59 species. While this is not particularly rich for a tropical island of its size (nearly 600,000 km²), 100% of the locally occurring native small mammals are endemic. The groups that are treated in this section include the tenrecs of the Family Tenrecidae and rodents of the family Nesomyidae, specifically of the subfamily Nesomyinae. We do not discuss herein the wide assortment of primates (lemurs) known from the island or the few species of introduced small mammals; the latter group includes Muridae rodents of the genera *Rattus* and *Mus* and Soricidae shrews of the genus *Suncus*. *Suncus madagascariensis*, thought for a long time to be a Malagasy endemic, is now known to have been introduced and referable to the widespread Old World species *S. etruscus* (40).

The tenrecs are a remarkable assortment, varying from hedgehog-like, river-otter-like to shrew-like animals and representing one of the more spectacular adaptive radiations known amongst living mammals. Although the opinions of mammal taxonomists vary, we treat the family Tenrecidae as endemic to the island (cf. 34, 37). The Tenrecidae is composed of three subfamilies: Tenrecinae – relatively large-bodied, spiny, and easily identifiable at close range; Geogalinae – monospecific, shrew-like animals, and diagnostic in the hand; and Oryzorictinae – a relatively diverse group of shrew-like animals and often difficult to determine to species level. In the case of the Nesomyinae, the genera and species making up this subfamily also demonstrate considerable variation in size, external characters, and the way they live. Certain nesomyines are difficult to distinguish from one another, particularly members of the genus *Eliurus*.

The past two decades has seen a considerable increase in available information on endemic Malagasy small mammals, largely based on field inventories and associated systematic research of collected specimens, as well as a variety of ecological studies. The use of molecular genetics has been particularly useful to resolve different aspects of tenrecs and nesomyine rodents, ranging from the higher-level systematics to species limits and recognition of cryptic species. Many new species and in a few cases new genera to science have been described, which are enumerated in the section below associated with the distributional maps. As a measure of this progress, one can cite the increase in the number of accepted species over the past two decades. In 1993, 21 species of tenrecs and 14 species of nesomyine rodents were recognized (24, 35). As treated in this atlas, current measures of diversity are 32 and 27 species, respectively. Hence, during the past two decades, for tenrecs there has been a 35% increase in the number of recognized species and for nesomyine rodents a nearly 50% increase. The taxonomy of these two groups of small mammals can be complex and for the systematics presented here, we follow up-to-date reviews (1, 36), as well as recent scientific articles.

There are aspects associated with the life history of tenrecs and nesomyine rodents that have important implications for the database we have assembled to construct this portion of the atlas. First off, the vast majority of these animals are nocturnal, notably reclusive, generally of small size, and difficult to observe. Species identification of most members of the families Oryzorictinae and Nesomyinae is based in part on external characters, but largely aspects of skull and dental morphology. New species are being named in a more-or-less regular manner and several taxa remain to be described. Hence, without specimens it is difficult to identify definitely to species level certain captured animals in the land. Further, as demonstrated by the genera *Microgale* and to a lesser extent *Eliurus*, numerous cryptic species have been described in recent years based on molecular genetics and morphological characters; hence, tissues and specimens in such cases are simply necessary to identify these animals in the hand. With all of these points in mind, the database used in the atlas is exclusively based on specimen records, with the exception of members the Tenrecinae.

Tenrecs and nesomyine rodents are largely forest-dependent or in a few cases occur in natural non-forested habitats. A handful of species can be found in degraded and urban areas; most notable in this regard are the spiny tenrecs of the subfamily Tenrecinae. As accurate and up-to-date distributional maps of most of the island's small mammal

dernières années sur la base de la génétique moléculaire et de caractères morphologiques ; par conséquent dans de tels cas, les tissus et les échantillons sont vraiment nécessaires pour identifier ces animaux. En tenant compte de toutes ces observations, la base de données utilisée dans cet atlas s'appuie exclusivement sur les spécimens collectés, à l'exception des membres de Tenrecinae.

Les tenrecs et les rongeurs nesomyines sont largement dépendants de la forêt ; dans quelques cas ils se trouvent dans des savanes boisées. Un nombre réduit d'espèces pourrait se rencontrer dans les zones dégradées et urbaines et les plus remarquables à cet égard sont les tenrecs recouverts de piquants de la sous-famille des Tenrecinae. Comme les cartes de distributions précises et à jour pour la plupart des espèces de petits mammifères de l'île n'ont pas été présentées dans la littérature, y compris le récent guide publié (48), nous présentons ici les cartes pour 58 espèces actuellement connues de Madagascar, à l'exception des cas mentionnés ci-dessous.

Espèce non incluse dans l'atlas

Nous avons considéré dans cet atlas tous l'ensemble de la faune des petits mammifères indigènes et endémiques de Madagascar, à l'exception de l'espèce ci-dessous :

Eliurus ellermani (sous-famille des Nesomyinae) - La validité de cette espèce décrite se basant sur un holotype venant de péninsule de Masoala (2) a été remise en question (4). Elle n'est pas cartographiée ici et quelques spécimens précédemment attribués à cette espèce sont intégrés dans l'analyse d'*E. tanala*.

Cartes de distribution

Comme mentionnées ci-dessus, les cartes ont été établies à partir d'une base de données provenant exclusivement des spécimens muséologiques. Les différents sites qui y figurent sont représentés sur la Figure 1. Le fond de carte utilisé est celui de la couverture végétale actuelle (Veg 2). Dans quelques cas, spécifiquement pour les taxa n'ayant seulement que quelques données et les analyses de Maxent n'ayant pas été effectuées, deux espèces sont illustrées sur la même carte.

Un tableau généré à partir de la base de données combinées et associées à la distribution cartographique de chaque taxon est présenté pour chaque espèce. Il comprend les altitudes minimale et maximale de son aire de répartition, ainsi qu'un modèle numérique d'élévation (MNE). Ce dernier aspect est abordé dans la partie introduction (voir p. 21). En outre, une brève liste des habitats utilisés par le taxon en question est présentée dans le texte, et associée à chaque espèce dans la rubrique « Distribution & habitat » (voir ci-dessous).

Modélisation par Maximum d'Entropie – cartes et analyses

La technique utilisée pour effectuer ces analyses est développée dans l'introduction (voir p. 28), mais quelques remarques méritent d'être mentionnées ici. Les analyses de Maxent n'ont pas été présentées pour les espèces dont le nombre de relevés d'occurrence est inférieur à 10 (23, 51). Pour chaque espèce cartographiée, les données utilisées comme « points de présence » et « points de présence choisis au hasard » sont différenciés.

Pour les espèces incluses dans ce type d'analyse, deux tableaux différents avec les informations associées sont présentés en dessous de la carte de modèle de distribution. Le premier tableau montre le nombre de points analysés, avec une référence particulière sur des points de présence, les points de présence choisis au hasard et les points analysés combinés. Le deuxième tableau est relatif aux 12 variables environnementales qui expliquent davantage la répartition de chaque espèce. Dans le Tableau 1, nous présentons la définition de chaque variable et les acronymes utilisés dans le texte. Les analyses ont été effectuées avec Maxent de deux manières différentes :

1) Analyses univariées – La variable environnementale ayant le gain le plus élevé est présenté en caractères **gras** et celle qui, lorsqu'elle est omise, diminue beaucoup le gain est en caractères soulignés. Lorsque la ou les variable (s) n'est (sont) pas l'une de celles indiquées dans les analyses multivariées (voir ci-dessous), le nom de la variable apparaît sur une autre ligne (voir, par exemple, *Microgale cowani*, p. 223). Dans les cas où ces variables sont les mêmes que celles figurant dans les analyses multivariées, le même système des textes en **gras** et soulignés est adopté et les

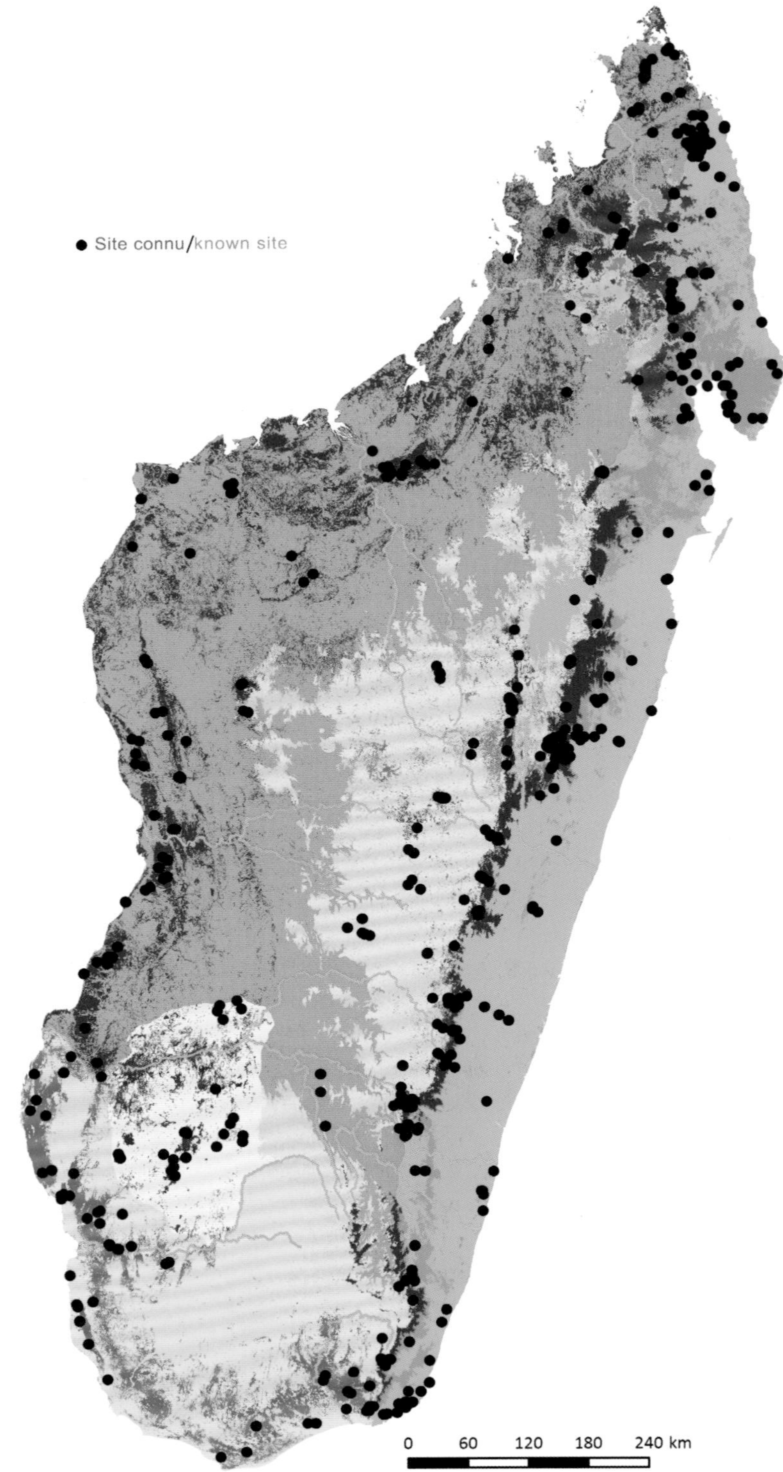
● Site connu/known site
0 60 120 180 240 km

Figure 1. Représentation des différents sites de la base de données utilisée pour générer les cartes de répartition et pour faire les analyses de Maxent (pour les espèces avec plus de 10 relevés)./The different sites represented in the database used to formulate the distributional maps and the Maxent analyses (for species with more than 10 occurrence records).

species have not been presented in the literature, including a recent guide (48), we reproduce herein maps for 58 species currently known from Madagascar, except as noted below.

Species not included in atlas

We have included in this atlas Madagascar's entire native and endemic small mammal fauna with one exception:

Eliurus ellermani (subfamily Nesomyinae) – The validity of this species described based on a holotype from the Masoala Peninsula (2) has been called into question (4). It is not mapped herein and the few specimens previously assigned to this species are integrated into the analysis of *E. tanala*.

Distributional maps

As noted above, the maps are derived from a database that is almost exclusively based on museum specimens. The different sites within the database are represented in Figure 1. The base map used to produce the distributional maps is that of current vegetational cover (Veg 2). In a few cases, specifically for taxa with few records and for which Maxent analyses are not presented, two species are illustrated on the same map.

A table is presented for each species using the combined database and associated with the mapped distribution of each taxon, which includes their minimum and maximum elevational ranges, as well as these parameters based on a digital elevation model (DEM); this latter

résultats des analyses sont mis entre parenthèses après les noms de variables (voir, par exemple, *Echinops telfairi*, p. 215).

2) Analyses multivariées – Les quatre variables sur les 12 utilisées dans les analyses (Tableau 1) qui expliquent la répartition de l'espèce en question, sont répertoriées. Elles sont données suivant l'ordre d'importance, avec les valeurs de pourcentages de leur contribution (PC) et de celles de l'importance de la permutation (PI). Pour les espèces forestières, la carte de la végétation originale (Veg 1) a été utilisée comme étant une des couches environnementales, et pour les espèces qui ne dépendent pas de la forêt, y compris certains membres de la sous-famille des Tenrecinae, la carte de végétation actuelle (Veg 2) a été utilisée.

Texte associé pour chaque espèce cartographiée

De nombreuses littératures sur les petits mammifères de Madagascar existent et les lecteurs sont invités à se référer aux deux livres sur la faune de l'île (9, 48). Ces travaux comprennent un résumé d'articles scientifiques récemment publiés. Au lieu de reprendre ici de nombreux aspects de ces informations massives, les points importants pour l'interprétation des cartes de répartition et de modèles de Maxent sont présentés dans un style télescopique. Le texte qui accompagne la carte de chaque espèce est divisé en plusieurs sections et les détails sur chaque sous-titre sont présentés ci-dessous. Dans certains cas, lorsqu'aucune information supplémentaire n'est pas nécessaire ou n'est pas disponible pour un sous-titre donné, il est exclu du texte.

Maxent : La valeur calculée de « l'aire sous la courbe » (ASC), générée par le modèle de Maxent est donnée ici.

Distribution & habitat : Toutes les espèces de tenrecs et de rongeurs nesomyines traitées dans ce chapitre sont endémiques à Madagascar. La région malgache se réfère à Madagascar et aux îles voisines, y compris l'archipel des Comores et les îles de Mascareignes (Maurice et La Réunion). Ensuite, les détails sur les aspects de l'environnement général que l'espèce utilise, ainsi que sur les types d'habitat précis basé sur la carte de la végétation simplifiée (voir p. 26 pour de plus amples informations) sont fournis. Les types d'habitat sont : humide, sec, humide/subhumide et sec épineux. Bien que nous ayons tenté de l'approfondir davantage, la base de données ne devrait pas encore être considérée comme étant complète, et des écarts artificiels existent dans les distributions cartographiées pour certains taxa.

Altitude : Les informations sont présentées lorsque les données publiées sur l'espèce sont différentes de celles figurant dans le tableau associé.

Systématique : Les aspects pertinents sur la taxonomie et sur la systématique de l'espèce concernée sont passés en revue dans cette section. Au cours des dernières années, il y a eu des changements considérables dans la taxonomie des petits mammifères malgaches et de nombreuses nouvelles espèces pour la science ont été décrites. Des études génétiques moléculaires ont été menées sur la faune de l'île et cette information a donné un aperçu des modèles de spéciation, de répartition géographique associée à l'habitat, à l'altitude et aux aspects des analyses de Maxent. Actuellement, des informations détaillées sur la phylogénie n'ont pas été publiées pour les espèces diversifiées des genres *Microgale* et *Eliurus*. Pour ces deux groupes, nous avons été obligés de nous référer à des études préliminaires pour les tenrecs (37) et les rongeurs nesomyines (26, 27, 28). Les relations nouvellement proposées au-dessus du niveau genre n'ont pas été approfondies. Dans une famille ou sous-famille, les différentes formes sont arrangées alphabétiquement par genre et par espèce.

Autres commentaires : Cette section couvre divers points qui méritent d'être abordés, telle que l'apparition allopatrique-sympatrique des taxa sœurs, sans mentionner les détails sommaires sur toutes les espèces sympatriques des genres *Eliurus* et *Microgale*.

Conservation : Les catégories du statut de conservation suivant la « liste rouge » de l'UICN des espèces prises en compte sont présentées ici. Ces catégories sont définies dans l'introduction (p. 15). Les taxa qui composent la faune des petits mammifères n'ont pas nécessairement des informations équivalentes sur leur répartition, la densité de population et les menaces. Il en résulte que les évaluations de leur statut de conservation ne sont pas nécessairement comparables. Compte tenu des déclins dans le passé récent et actuel des habitats forestiers naturels de Madagascar, tous les organismes vivants dans les écosystèmes forestiers sont en péril, certains davantage plus que d'autres. Dans tous les cas, ces différentes catégories de aspect is discussed in the introductory section (see p. 21). Further, a brief list is given of the habitats used by the taxon in question, which is elaborated upon in the text under the heading Distribution & habitat (see below).

Maximum Entropy Modeling (Maxent) – maps and analysis

The manner these analyses were conducted is presented in the introductory section (see p. 26), but a few points are worthwhile to mentioned here. We have not conducted Maxent analyses for species represented by less than 10 occurrence records (23, 51). For each distributional map, points used as training localities and testing localities are differentiated.

For species that Maxent analyses were conducted, two different tables of associated information are presented. The first table includes a listing of points used in the analysis, with special reference to the number of training points, testing points, and combined test points. The second table is associated with the 12 environmental variables best explaining the distribution of each species. In Table 1, we present the definition of each variable and the acronyms used in the associated text. The Maxent analyses were conducted in two different manners:

1) Single variable comparisons – The environmental variable with the highest gain is presented in **bold** script and the environmental variable when omitted that most pronouncedly decreases the gain is presented in underline script. When the variable or variables is (are) not one of those listed for the multivariate analyses (see below), the variable name appears on a separate line (see for example, *Microgale cowani*, p. 223). In cases when these variables are the same as those listed for the multivariate comparisons, the same system of **bold** and underlined text is used and the figures for the single variable comparison are presented in parentheses after the variable name (see for example, *Echinops telfairi*, p. 215).
2) Multivariable comparisons – The four of the 12 variables used in the analysis (Table 1) that best explain the distribution of the species in question are listed in table format. These are given in the order of importance, with the values of the percent contribution (PC) and permutation importance (PI) also being presented. For forest-dwelling species the original vegetation map (Veg 1) was used as one of the environmental overlays and for non-forest-dependent species, which included certain members of the subfamily Tenrecinae, the current vegetation map (Veg 2) was used.

Associated text for each mapped species

An important literature exists on Madagascar small mammals and readers are referred to two books reviewing the island's fauna (9, 48). These works include a summary of recent published scientific papers. Rather then repeating numerous aspects herein from this body of information, we present details in a telescopic style that are important to the interpretation of the distributional maps and Maxent models. The text accompanying each mapped species is divided into several sections and details on each header are presented below. In cases, when no information is needed or available for a given header, it is excluded from the text.

Maxent: Here we present the calculated value of the "area under the curve" (AUC), which was generated by the Maxent model.

Distribution & habitat: All of the species treated in this section on tenrecs and nesomyine rodents are endemic to Madagascar. The Malagasy region refers to Madagascar and neighboring islands, including the archipelagos of the Comoros and the Mascarenes (Mauritius and La Réunion). We elaborate on aspects of the generalized environment the species uses and then numerate the precise habitat types based on our simplified vegetation map (see p. 22 for further information on this point), which include humid, dry, humid-subhumid, and dry spiny. While we have strived to be thorough, our database should not be considered complete, and artificial gaps exist in the mapped distributions for certain taxa.

Elevation: Here we only present information when published data on the species is different from that given in the associated table.

Systematics: Here we review relevant aspects of the taxonomy and systematics of the species concerned. In recent years, there have been considerable changes in the taxonomy of Malagasy small mammals, with numerous new species to science described. Molecular genetic studies have been conducted on the island's fauna and this information provides insight into patterns of speciation,

la liste rouge constituent une référence pour comprendre certains aspects, mais elles ne devraient pas être considérées comme étant des mesures définitives du niveau de menace. La chasse de certains membres de la sous-famille des Tenrecinae pour la consommation de la viande de brousse est relativement répandue à Madagascar (8, 10, 17). Cet aspect de l'exploitation est mentionné dans les cas les plus importants.

Pour les espèces endémiques à répartitions géographiques limitées, dans de nombreux cas, leurs « Zones d'Occurrence » telles que définies par l'UICN (52) ont été calculées. Les distributions cartographiées de certaines espèces ne sont pas nécessairement continues et pour ce qui est de celles avec des populations apparemment disjointes, des polygones distincts ont été délimités. Par conséquent, dans de tels cas, les estimations de la superficie occupée par un taxon donné sont certainement conservatrices.

Tableau 1. Liste des différentes variables environnementales utilisées dans les analyses de Maxent, ainsi que les différents acronymes./List of different environmental variables used in the Maxent analyses, as well as different acronyms.

Variables environnementales/environmental variables

Etptotal : Evapotranspiration totale annuelle (mm)/annual evapotranspiration total (mm)
Maxprec : Précipitation maximale du mois le plus humide (mm)/maximum precipitation of the wettest month (mm)
Minprec : Précipitation minimale du mois le plus sec (mm)/minimum precipitation of the driest month (mm)
Maxtemp : Température maximale du mois le plus chaud (°C)/maximum temperature of the warmest month (°C)
Mintemp : Température minimale du mois le plus froid (°C)/minimum temperature of the coldest month (°C)
Realmar : Précipitation moyenne annuelle (mm)/mean annual precipitation (mm)
Realmat : Température moyenne annuelle (°C)/mean annual temperature (°C)
Wbpos : Nombre de mois avec un bilan hydrique positif/numbers of months with a positive water balance
Wbyear : Bilan hydrique annuel (mm)/water balance for the year (mm)
Elev : Altitude (m)/elevation (m)
Geol : Géologie/geology
Veg 1 : Végétation originelle/original vegetation
Veg 2 : Végétation actuelle/current vegetation

Abréviations/acronyms

ASC/AUC : Aire sous la courbe/area under the curve
MNE/DEM : Modèle numérique d'élévation/digital elevation model
PI/PI : Importance de la permutation/permutation importance
PC/PC : Pourcentage de contribution/percent contribution

geographical distribution related to habitat, elevation, and aspects of the Maxent analyses presented herein. To date, detailed phylogenies have not been published for the species-rich genera *Microgale* and *Eliurus*; for these two groups we have been obliged to rely on the more preliminary studies of tenrecs (38) and nesomyine rodents (26, 27, 28). We do not review newly proposed relationships above the genus level. Within a family or subfamily, the different forms are listed presented alphabetically by genus and then species.

Other comments: This covers miscellaneous points, when relevant, such as allopatric-sympatric occurrence of sister taxa. However, we do not present summaries for all of the sympatric members of the genera *Eliurus* and *Microgale*.

Conservation: We present IUCN "red-list" categories of the conservation status of each treated species. These categories are defined in the introductory section (p. 15). The taxa making up the island's small mammal fauna do not necessarily have equivalent information on their distribution, population densities, and threats. This results in not necessarily comparable conservation status assessments. Given the recent and on going decline of native forest habitats on Madagascar, all organisms living in forest ecosystems are in peril, some distinctly more so than others. In any case, these different red-list categories provide a benchmark to understand certain aspects, but should not be construed as definitive measures of the threat level. The capture of certain members of the subfamily Tenrecinae for consumption as bush meat is relatively widespread on Madagascar (8, 10, 17). This aspect of exploitation is mentioned in the most important cases.

For endemic species with limited geographical ranges, we calculate in numerous cases their Extent of Occurrence (EOO), as defined by the IUCN (52). The mapped geographical ranges for certain species are not necessarily continuous and for those with seemingly disjunct populations, polygons have been delineated encompassing only portions of their known distribution. Hence, in such cases, our estimates of the surface area occupied by a given taxon are certainly conservative.

Echinops telfairi

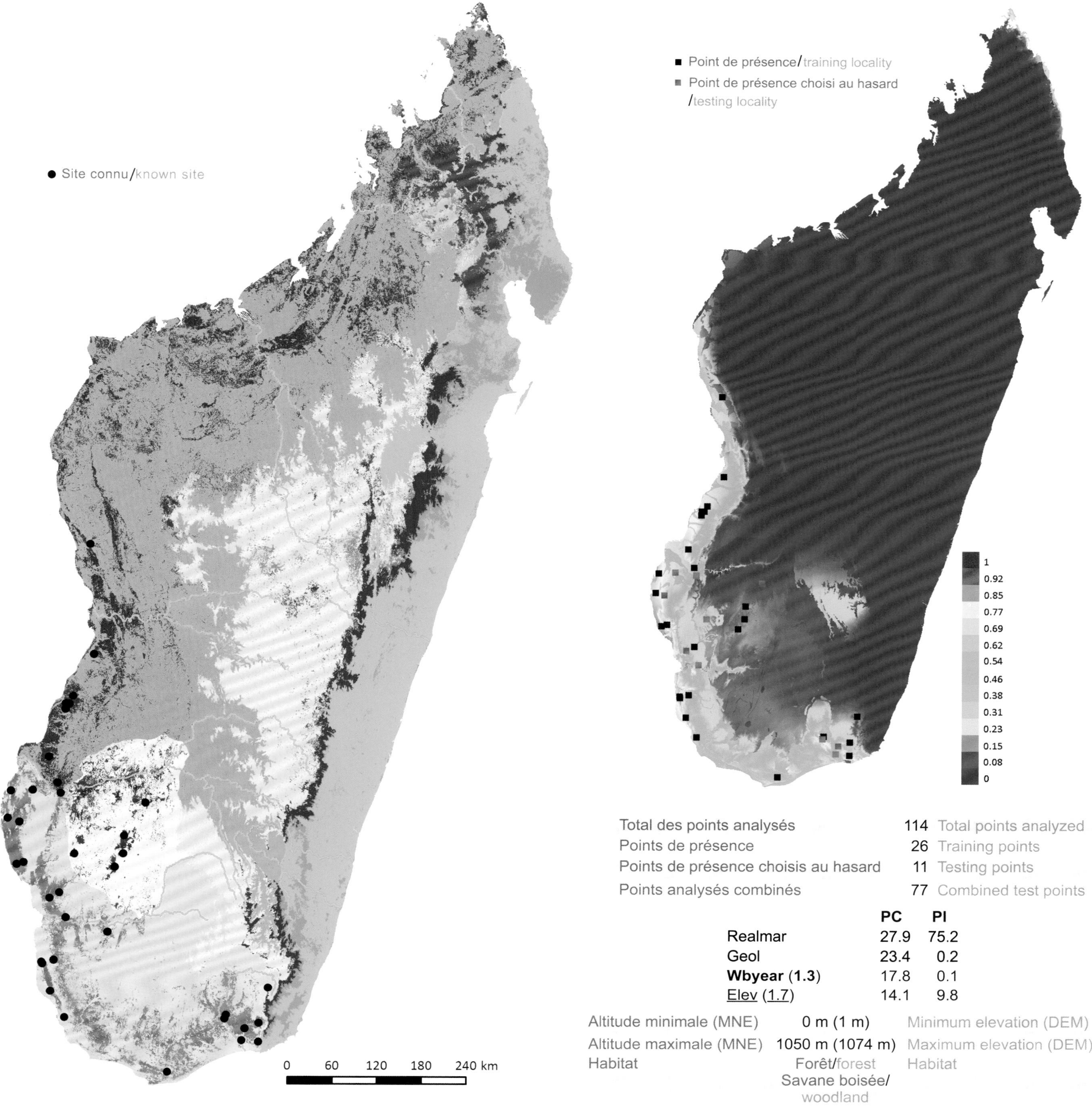
● Site connu/known site
0 60 120 180 240 km
■ Point de présence/training locality
■ Point de présence choisi au hasard /testing locality
1
0.92
0.85
0.77
0.69
0.62
0.54
0.46
0.38
0.31
0.23
0.15
0.08
0
Total des points analysés 114 Total points analyzed
Points de présence 26 Training points
Points de présence choisis au hasard 11 Testing points
Points analysés combinés 77 Combined test points
PC PI
Realmar 27.9 75.2
Geol 23.4 0.2
Wbyear (1.3) 17.8 0.1
Elev (1.7) 14.1 9.8
Altitude minimale (MNE) 0 m (1 m) Minimum elevation (DEM)
Altitude maximale (MNE) 1050 m (1074 m) Maximum elevation (DEM)
Habitat Forêt/forest Savane boisée/woodland Habitat

Maxent : ASC = 0,960
Distribution & habitat : **Endémique**. Largement forestière mais utilise les zones boisées ouvertes et les forêts dégradées. Types d'habitat : sec, humide/subhumide et sec épineux.
Altitude : Rapportée près du niveau de la mer jusqu'à 1300 m (48).
Systématique : Genre sœur du *Setifer* (37). Une étude phylogéographique de cette espèce largement répandue est nécessaire pour comprendre les relations entre les populations.
Autres commentaires : La limite nord de sa distribution est à proximité de Morafenobe et celle de l'Est est au pied de la chaîne Anosyenne. Parfois sympatrique avec *S. setosus* et *T. ecaudatus* qui lui sont morphologiquement semblables.
Conservation : Préoccupation mineure avec des populations stables (25). Présence d'une pression de chasse dans certaines zones de son aire de répartition.

Maxent: AUC = 0.960
Distribution & habitat: **Endemic**. Largely forest-dwelling, but utilizes open woodland and degraded habitats. Habitat types: dry, humid-subhumid, and dry spiny.
Elevation: Cited to occur from near sea level-1300 m (48).
Systematics: Sister genus to *Setifer* (37). A phylogeographic study of this widespread species is needed to understand relationships between populations.
Other comments: Northern limit in vicinity of Morafenobe and eastern at the foothills of the Anosyenne Mountains. Partially sympatric with the morphologically similar *S. setosus*, as well as *T. ecaudatus*.
Conservation: Least Concerned with stable population trend (25). Under hunting pressure in certain areas of its range.

Hemicentetes nigriceps

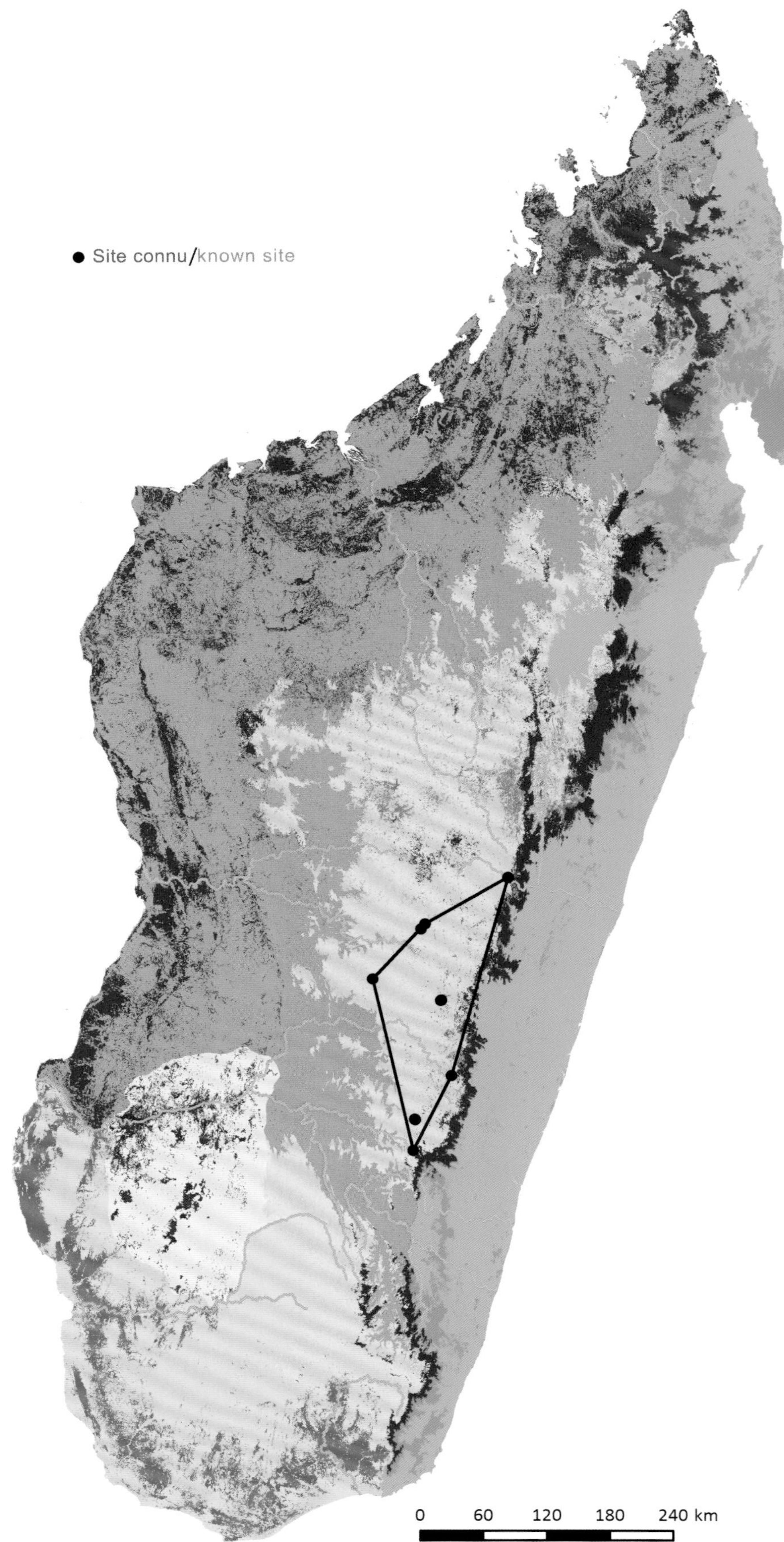

● Site connu/known site
0 60 120 180 240 km

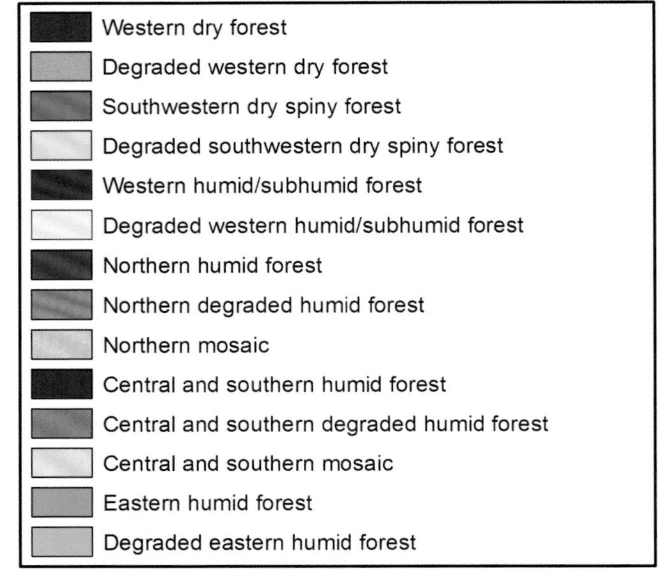

Western dry forest
Degraded western dry forest
Southwestern dry spiny forest
Degraded southwestern dry spiny forest
Western humid/subhumid forest
Degraded western humid/subhumid forest
Northern humid forest
Northern degraded humid forest
Northern mosaic
Central and southern humid forest
Central and southern degraded humid forest
Central and southern mosaic
Eastern humid forest
Degraded eastern humid forest

Altitude minimale (MNE)	1100 m	Minimum elevation (DEM)
Altitude maximale (MNE)	1720 m	Maximum elevation (DEM)
Habitat	Forêt/forest Savane boisée/ woodland	Habitat

Distribution & habitat : Endémique. Pas strictement forestière, utilise l'habitat éricoïde des hautes montagnes, les zones boisées ouvertes, les forêts dégradées et les zones agricoles et urbaines. Type d'habitat : humide. Espèce propre des Hautes Terres centrales.
Altitude : Rapportée entre 1200-2050 m (48).
Systématique : Espèce sœur de *H. semispinosus*.
Autres commentaires : Connue être parfois en sympatrie avec *H. semispinosus* (15).
Conservation : Zone d'Occurrence égale à 15232 km². Préoccupation mineure avec des populations mal connues (25). Présence d'une pression de chasse dans certaines zones de son aire de répartition.

Distribution & habitat: Endemic. Not strictly forest-dwelling, utilizes high mountain ericoid habitat, open woodland, degraded habitats, and agricultural and urban areas. Habitat type: humid. A species restricted to the Central Highlands.
Elevation: Cited to occur from 1200-2050 m (48).
Systematics: Forms sister species with *H. semispinosus*.
Other comments: Known to occur in partial sympatry with *H. semispinosus* (15).
Conservation: The calculated Extent of Occurrence is 15232 km². Least Concerned with unknown population trend (25). Under some hunting pressure in certain areas of its range.

Hemicentetes semispinosus

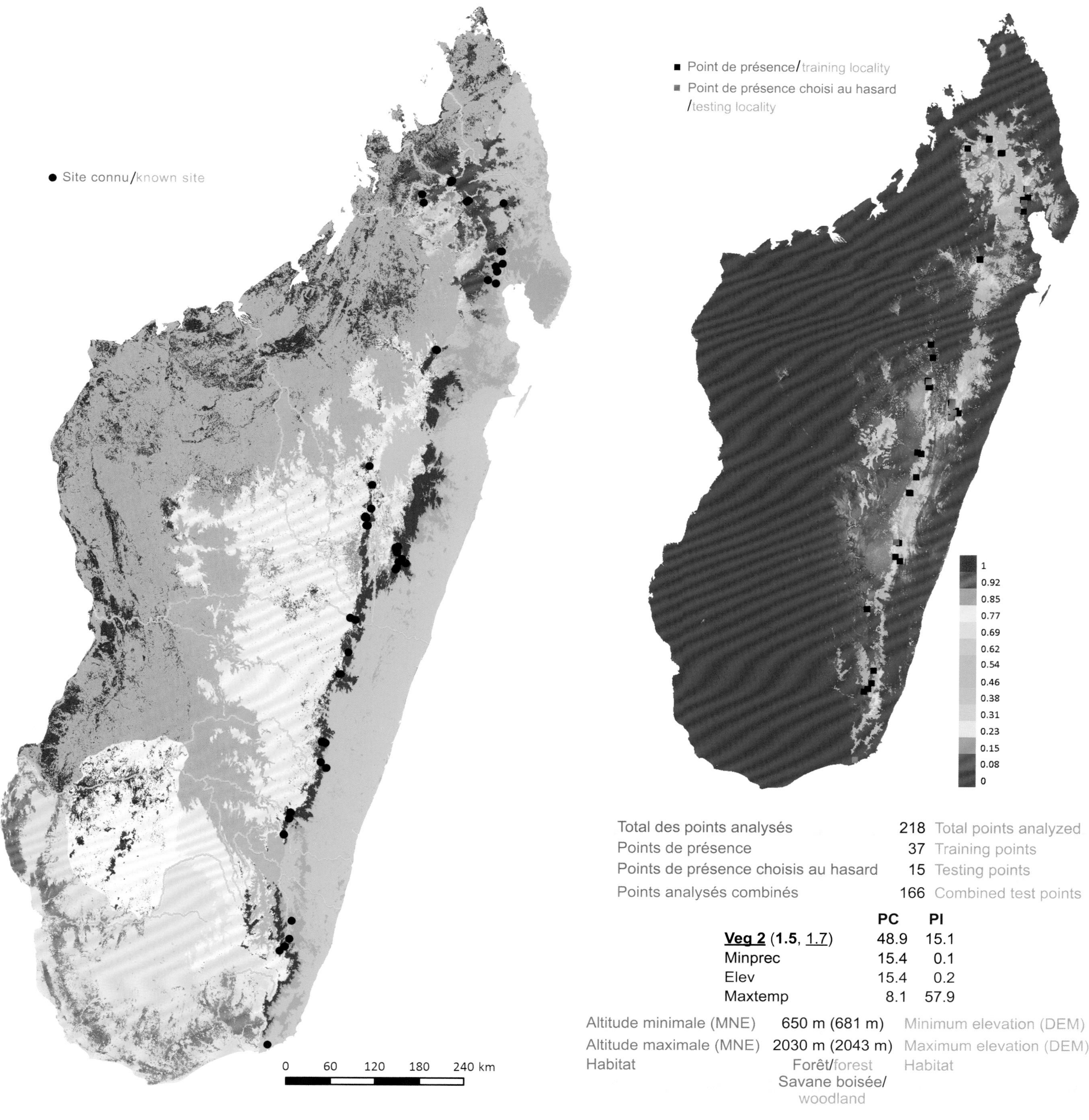
● Site connu/known site
0 60 120 180 240 km
■ Point de présence/training locality
■ Point de présence choisi au hasard /testing locality
1
0.92
0.85
0.77
0.69
0.62
0.54
0.46
0.38
0.31
0.23
0.15
0.08
0
Total des points analysés 218 Total points analyzed
Points de présence 37 Training points
Points de présence choisis au hasard 15 Testing points
Points analysés combinés 166 Combined test points
PC PI
Veg 2 (1.5, 1.7) 48.9 15.1
Minprec 15.4 0.1
Elev 15.4 0.2
Maxtemp 8.1 57.9
Altitude minimale (MNE) 650 m (681 m) Minimum elevation (DEM)
Altitude maximale (MNE) 2030 m (2043 m) Maximum elevation (DEM)
Habitat Forêt/forest Savane boisée/woodland Habitat

Maxent : ASC = 0,938
Distribution & habitat : **Endémique**. Pas strictement forestière, utilise les zones boisées ouvertes, les forêts dégradées et les zones agricoles et urbaines. Type d'habitat : humide.
Altitude : Connue à partir du niveau de la mer jusqu'à 2050 m (48).
Systématique : Constitue une espèce sœur de *H. nigriceps*. Une étude phylogéographique de cette espèce largement répandue est nécessaire pour comprendre les relations génétiques entre les populations.
Autres commentaires : Sur les Hautes Terres centrales, elle est souvent sympatrique avec *H. nigriceps* qui lui est morphologiquement similaire (15).
Conservation : Préoccupation mineure avec des populations mal connues (25). Présence d'une pression de chasse dans certaines zones de son aire de répartition.

Maxent: AUC = 0.938
Distribution & habitat: **Endemic**. Not strictly forest-dwelling, utilizes open woodland, degraded habitats, agricultural areas, and urban areas. Habitat type: humid.
Elevation: Cited to occur from near sea level-2050 m (48).
Systematics: Forms sister species with *H. nigriceps*. A phylogeographic study of this widespread species is needed to understand the genetic relationships between populations.
Other comments: In the Central Highlands, it can be sympatric with the morphologically similar *H. nigriceps* (15).
Conservation: Least Concerned with unknown population trend (25). Under some hunting pressure in certain areas of its range.

Setifer setosus

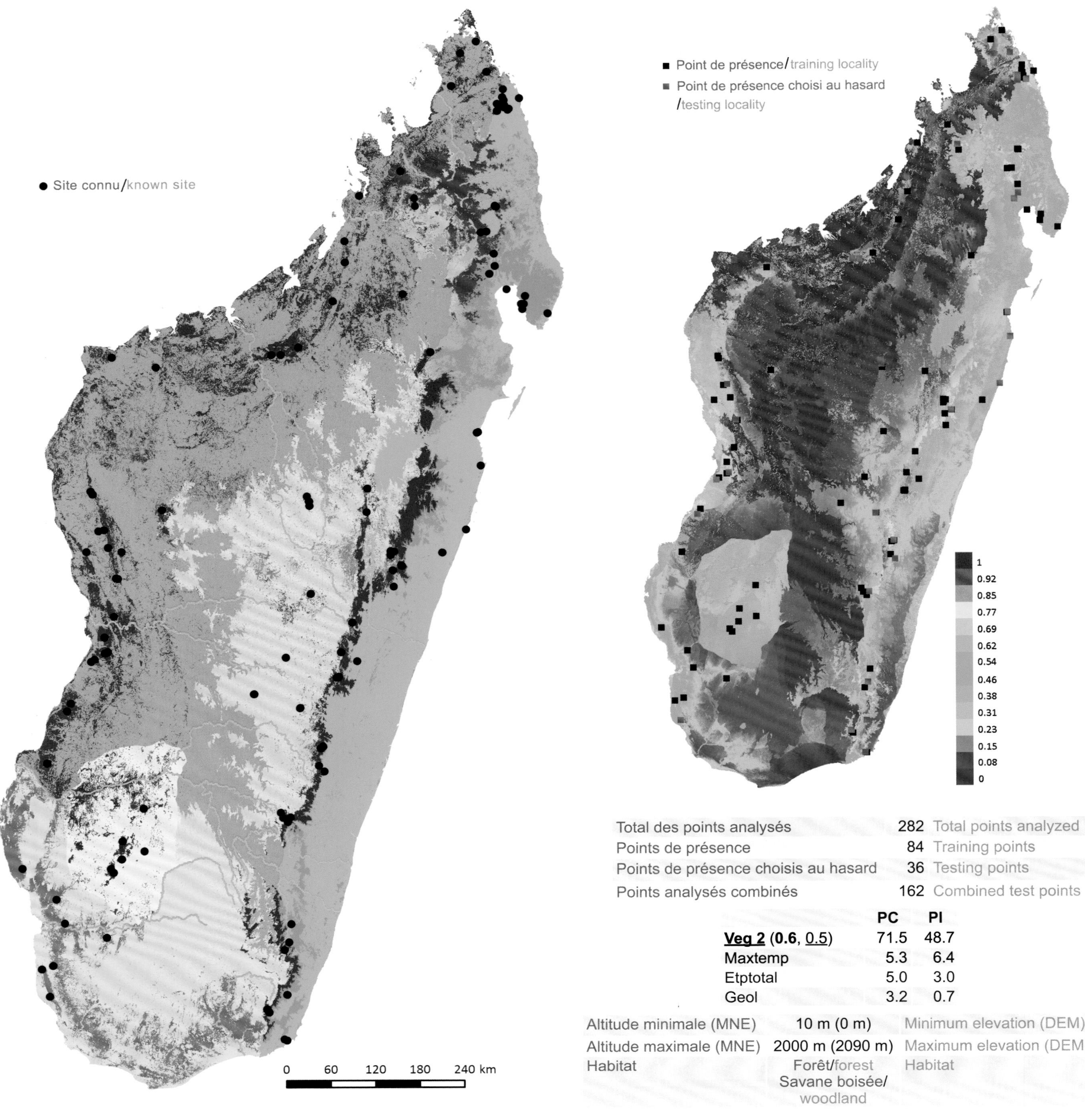

Site connu/known site
0 60 120 180 240 km
Point de présence/training locality
Point de présence choisi au hasard /testing locality
1
0.92
0.85
0.77
0.69
0.62
0.54
0.46
0.38
0.31
0.23
0.15
0.08
0

Total des points analysés	282	Total points analyzed
Points de présence	84	Training points
Points de présence choisis au hasard	36	Testing points
Points analysés combinés	162	Combined test points

	PC	PI
Veg 2 (**0.6**, 0.5)	71.5	48.7
Maxtemp	5.3	6.4
Etptotal	5.0	3.0
Geol	3.2	0.7

Altitude minimale (MNE)	10 m (0 m)	Minimum elevation (DEM)
Altitude maximale (MNE)	2000 m (2090 m)	Maximum elevation (DEM)
Habitat	Forêt/forest Savane boisée/ woodland	Habitat

Maxent : ASC = 0,882
Distribution & habitat : **Endémique**. Pas strictement forestière, utilise les zones boisées ouvertes, les forêts dégradées et les zones agricoles et urbaines. Types d'habitat : humide, sec, humide/subhumide et sec épineux. Présente dans des forêts de transition de différentes parties de son aire de répartition.
Systématique : Groupe sœur du genre *Echinops* (37). Une étude phylogéographique de cette espèce largement répandue est nécessaire pour comprendre les relations génétiques entre les populations.
Autres commentaires : Parfois sympatrique avec *E. telfairi* qui lui est morphologiquement similaire et fréquemment sympatrique avec *T. ecaudatus*.
Conservation : Préoccupation mineure avec des populations stables (25). Présence d'une pression de chasse dans certaines zones de son aire de répartition.

Maxent: AUC = 0.882
Distribution & habitat: **Endemic**. Not strictly forest-dwelling, utilizes open woodland, degraded habitats, agricultural zones, and urban areas. Habitat types: humid, dry, humid-subhumid, and dry spiny. In different portions of its range occurs in transitional habitats.
Systematics: Sister genus to *Echinops* (37). A phylogeographic study of this widespread species is needed to understand the genetic relationships between populations.
Other comments: Partially sympatric with the morphologically similar *E. telfairi* and broadly sympatric with *T. ecaudatus*.
Conservation: Least Concerned with stable population trend (25). Under hunting pressure in certain areas of its range.

Tenrec ecaudatus

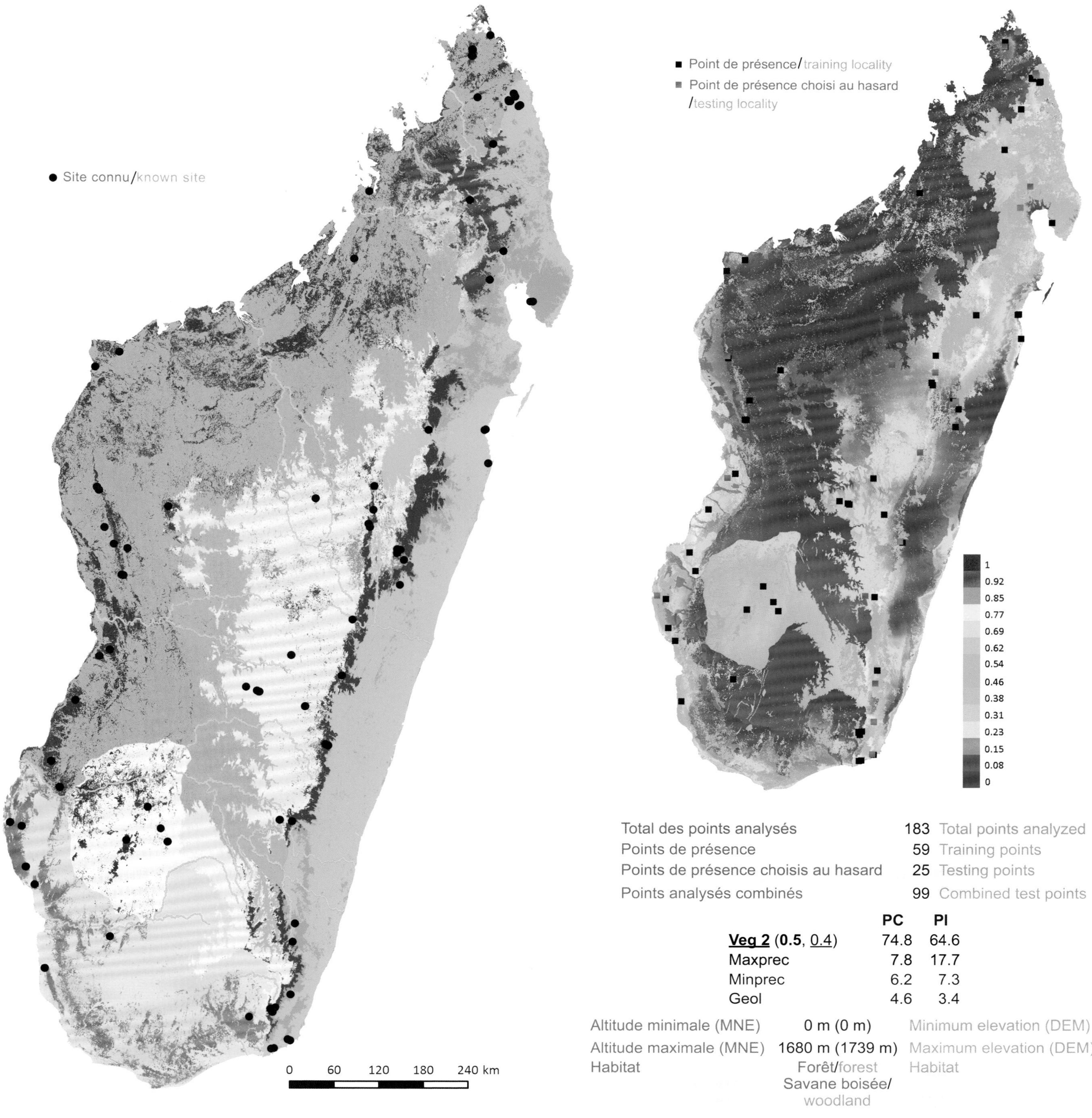
Site connu/known site
Point de présence/training locality
Point de présence choisi au hasard /testing locality
0 60 120 180 240 km
1
0.92
0.85
0.77
0.69
0.62
0.54
0.46
0.38
0.31
0.23
0.15
0.08
0
Total des points analysés 183 Total points analyzed
Points de présence 59 Training points
Points de présence choisi au hasard 25 Testing points
Points analysés combinés 99 Combined test points
PC PI
Veg 2 (0.5, 0.4) 74.8 64.6
Maxprec 7.8 17.7
Minprec 6.2 7.3
Geol 4.6 3.4
Altitude minimale (MNE) 0 m (0 m) Minimum elevation (DEM)
Altitude maximale (MNE) 1680 m (1739 m) Maximum elevation (DEM)
Habitat Forêt/forest Savane boisée/woodland Habitat

Maxent : ASC = 0,854
Distribution & habitat : **Endémique**. Pas strictement forestière, utilise les zones boisées ouvertes, les forêts dégradées et les zones agricoles et urbaines. Types d'habitat : humide, sec, humide/subhumide et sec épineux. Présente dans des forêts de transition dans différentes zones de sa répartition. Introduite sur d'autres îles de la région malgache.
Systématique : Une étude phylogéographique de cette espèce largement répandue est nécessaire pour comprendre les relations génétiques entre les populations.
Autres commentaires : Fréquemment sympatrique avec *S. setosus* et localement sympatrique avec *E. telfairi*.
Conservation : Préoccupation mineure avec des populations stables (25). Présence d'une pression de chasse considérable dans certaines zones de son aire de répartition (8). Dans certains endroits, les effectifs ont été considérablement réduits au cours de la dernière décennie, et ceci pourrait être dû à la pression de chasse.

Maxent: AUC = 0.854
Distribution & habitat: **Endemic**. Not strictly forest-dwelling, utilizes open woodland, agricultural zones, degraded habitats, and urban areas. Habitat types: humid, dry, humid-subhumid, and dry spiny. In different portions of its range occurs in transitional habitats. Introduced to other islands in the Malagasy region.
Systematics: A phylogeographic study of this widespread species is needed to understand the genetic relationships between populations.
Other comments: Broadly sympatric with *S. setosus* and locally sympatric with *E. telfairi*.
Conservation: Least Concerned with stable population trend (25). Under considerable hunting pressure in some areas of its range (8). At certain localities, numbers have drastically been reduced in the past decade, perhaps a function of hunting.

Geogale aurita

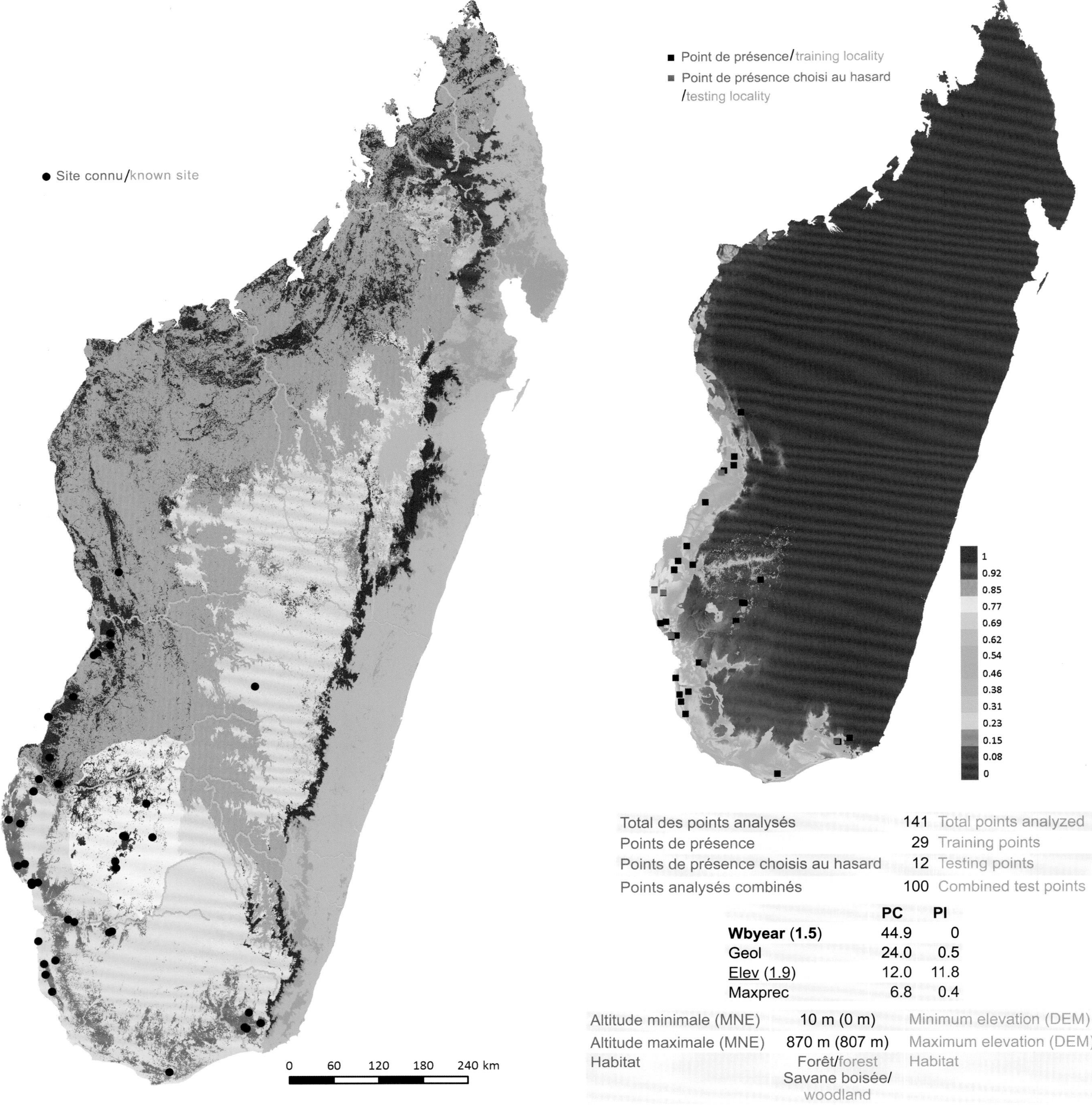
● Site connu/known site
0 60 120 180 240 km
■ Point de présence/training locality
■ Point de présence choisi au hasard /testing locality
1
0.92
0.85
0.77
0.69
0.62
0.54
0.46
0.38
0.31
0.23
0.15
0.08
0

Total des points analysés	141	Total points analyzed
Points de présence	29	Training points
Points de présence choisis au hasard	12	Testing points
Points analysés combinés	100	Combined test points

	PC	PI
Wbyear (1.5)	44.9	0
Geol	24.0	0.5
Elev (1.9)	12.0	11.8
Maxprec	6.8	0.4

Altitude minimale (MNE)	10 m (0 m)	Minimum elevation (DEM)
Altitude maximale (MNE)	870 m (807 m)	Maximum elevation (DEM)
Habitat	Forêt/forest Savane boisée/ woodland	Habitat

Maxent : ASC = 0,961 (en excluant le relevé à Itremo).
Distribution & habitat : **Endémique**. Largement forestière mais utilise les zones boisées ouvertes et les forêts dégradées. Types d'habitat : humide (si le relevé à Itremo est accepté, voir ci-dessous), sec, humide/subhumide et sec épineux.
Altitude : Le spécimen d'Itremo déduit qu'elle se trouve à 1445 m (cartographié ici) et si cette présence est validée dans le futur, elle étendrait considérablement la zone de répartition et la gamme d'altitudes supérieure. Des spécimens ont été collectés à proximité de Fénérive-Est (non cartographiés et non inclus dans l'analyse).
Systématique : Ce genre monotypique est placé dans une sous-famille séparée. Le spécimen relevé à proximité de Fénérive-Est a été nommé comme étant une autre sous espèce, *G. a. orientalis*, mais cela nécessite une confirmation supplémentaire.
Autres commentaires : Le relevé à Ankarafantsika est une erreur d'identification (43). La limite nord est l'extrémité sud de Bemaraha jusqu'au nord de fleuve Tsiribihina, la limite est est au pied de la chaîne Anosyenne.
Conservation : Préoccupation mineure avec des populations mal connues (25).

Maxent: AUC = 0.961 (not including Itremo record).
Distribution & habitat: **Endemic**. Largely forest-dwelling, but utilizes open woodland and degraded habitats. Habitat types: humid (if record from Itremo accepted, see below), dry, humid-subhumid, and dry spiny.
Elevation: Specimen from Itremo inferred to have been collected at 1445 m (mapped here) and, if this record is validated in the future, it would considerably increase the distribution and upper elevational range of this taxon. There is also a specimen from near Fénérive-Est (not mapped or included in analysis).
Systematics: This monotypic genus is placed in a separate subfamily. Specimen from near Fénérive-Est was named as separate subspecies, *G. a. orientalis*, but this needs further substantiation.
Other comments: Previous records from Ankarafantsika in error (43). Northern limit is the southern end of Bemaraha, to the north of the Tsiribihina River, and eastern at the foothills of the Anosyenne Mountains.
Conservation: Least Concerned with unknown population trend (25).

Limnogale mergulus

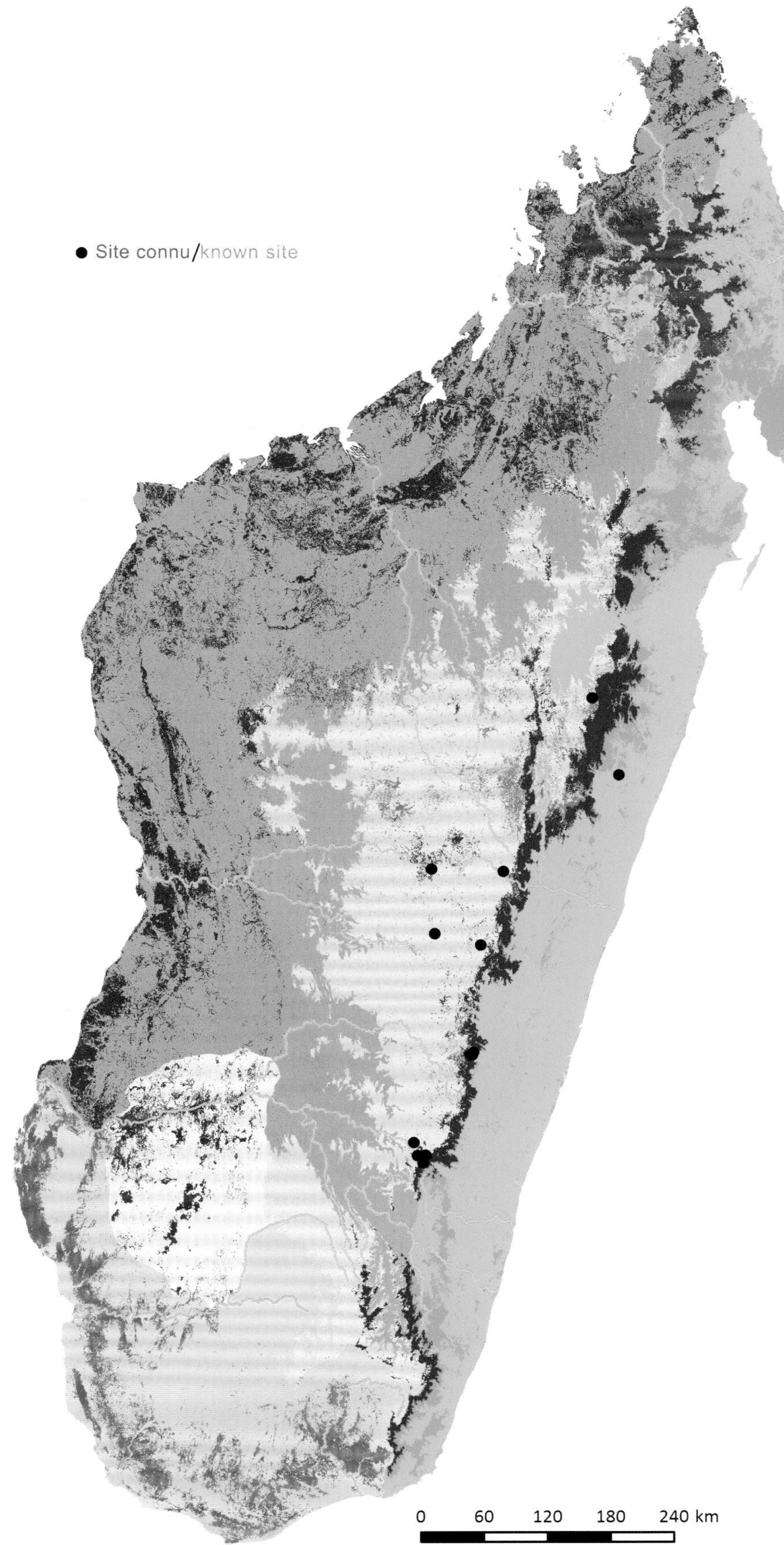
● Site connu/known site
0 60 120 180 240 km

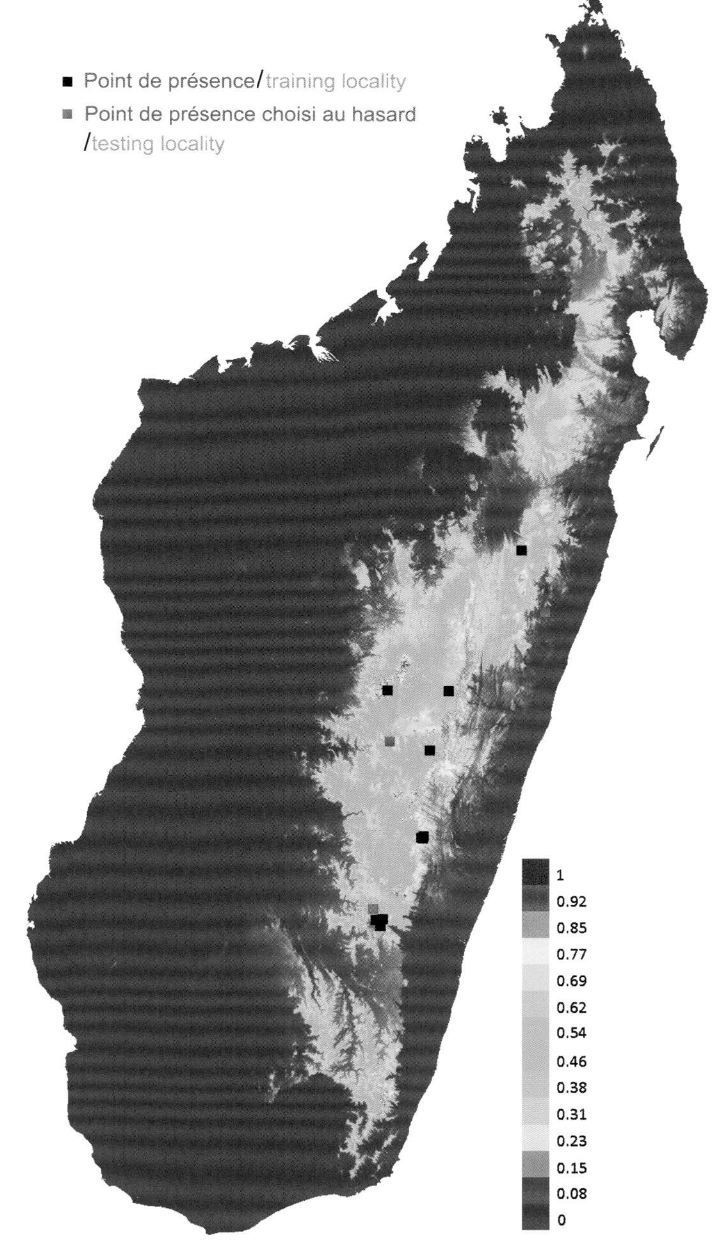
■ Point de présence/training locality
■ Point de présence choisi au hasard /testing locality
1
0.92
0.85
0.77
0.69
0.62
0.54
0.46
0.38
0.31
0.23
0.15
0.08
0

Total des points analysés	13	Total points analyzed
Points de présence	10	Training points
Points de présence choisis au hasard	3	Testing points
Points analysés combinés	0	Combined test points

	PC	PI
Maxtemp (**1.5**, 1.5)	54.1	98.5
Veg 1	23.6	1.5
Realmat	16.0	0
Etptotal	6.3	0

Altitude minimale (MNE)	720 m (211 m)	Minimum elevation (DEM)
Altitude maximale (MNE)	1600 m (1854 m)	Maximum elevation (DEM)
Habitat	Forêt/forest	Habitat

Maxent : ASC = 0,950
Distribution & habitat : **Endémique**. Largement aquatique et forestière mais utilise également les habitats dégradés, y compris les systèmes de rivières bordées par de plantations d'arbres exotiques. Type d'habitat : humide.
Altitude : Rapportée à partir de 450 jusqu'à 2000 m (48).
Systématique : Semble être imbriquée dans le genre *Microgale* (34, 37) et sa considération en tant que genre distinct pourrait être non justifié.
Autres commentaires : Connue dans plusieurs sites des Hautes Terres centrales. Peu de relevés sur la présence de cette espèce solitaire et présumée avoir une distribution plus large que celle cartographiée ici.
Conservation : Vulnérable avec des populations mal connues (25). Fréquemment capturée dans des nasses à poissons et anguilles dans la région de Ranomafana (Ifanadiana).

Maxent: AUC = 0.950
Distribution & habitat: **Endemic**. Largely aquatic and forest-dwelling, but utilizes degraded habitats, including river systems bordered by non-native tree plantations. Habitat type: humid.
Elevation: Cited to occur from 450-2000 m (48).
Systematics: Appears to be nested within *Microgale* (34, 37) and the recognition of a separate genus may be unwarranted.
Other comments: Known from several sites in the Central Highlands. Reclusive species that is poorly documented and is presumed to have a wider distribution than mapped here.
Conservation: Vulnerable with unknown population trend (25). Taken with some frequency in fish and eel traps in Ranomafana (Ifanadiana) region.

Microgale brevicaudata

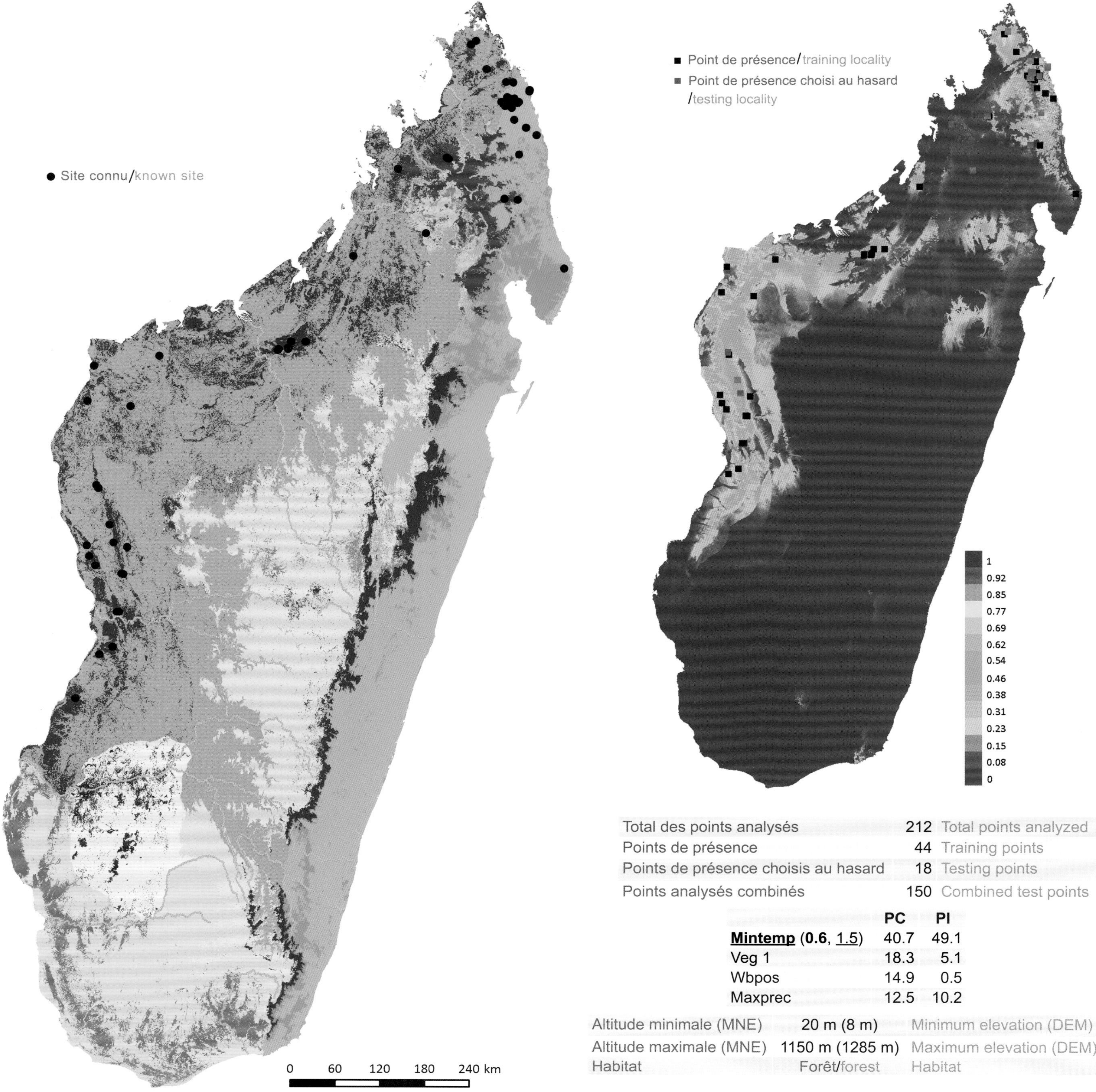
Site connu/known site
0 60 120 180 240 km
Point de présence/training locality
Point de présence choisi au hasard /testing locality
1
0.92
0.85
0.77
0.69
0.62
0.54
0.46
0.38
0.31
0.23
0.15
0.08
0

Total des points analysés	212	Total points analyzed
Points de présence	44	Training points
Points de présence choisis au hasard	18	Testing points
Points analysés combinés	150	Combined test points

	PC	PI
Mintemp (**0.6**, 1.5)	40.7	49.1
Veg 1	18.3	5.1
Wbpos	14.9	0.5
Maxprec	12.5	10.2

Altitude minimale (MNE)	20 m (8 m)	Minimum elevation (DEM)
Altitude maximale (MNE)	1150 m (1285 m)	Maximum elevation (DEM)
Habitat	Forêt/forest	Habitat

Maxent : ASC = 0,962
Distribution & habitat : **Endémique**. Strictement forestière. Types d'habitat : humide et sec. Au Nord, connue dans quelques forêts de transition humides-sèches.
Altitude : Dans des habitats humides, à partir de 50 jusqu'à 1150 m et dans les habitats secs, à partir de 20 jusqu'à 900 m.
Systématique : L'étude phylogéographique révèle des différences génétiques importantes entre cette espèce et d'autres populations qui ont été par la suite dénommées *M. grandidieri* (39). Au sein de *M. brevicaudata*, il y a une divergence considérable entre la population du Nord, incluant l'holotype de *M. brevicaudata*, et une autre population dans le Centre-ouest, y compris l'holotype de *Paramicrogale occidentalis*, actuellement considéré comme un synonyme de *M. brevicaudata*.
Autres commentaires : Espèce sœur de *M. grandidieri* et les deux espèces se trouvent en sympatrie dans quelques localités (22), bien que dans une grande partie du Centre-ouest, elles soient allopatriques.
Conservation : Préoccupation mineure avec des populations en déclin (25).

Maxent: AUC = 0.962
Distribution & habitat: **Endemic**. Strictly forest-dwelling. Habitat types: humid and dry. In the north, known to occur in some transitional humid-dry forests.
Elevation: In humid habitats from 50-1150 m and in dry habitats from 20-900 m.
Systematics: A phylogeographic study found considerable genetic differences between this species and other populations that were subsequently named *M. grandidieri* (39). Within *M. brevicaudata*, there was considerable divergence between the population in the north, which includes the holotype of *M. brevicaudata*, and another from the central west, which includes the holotype of *Paramicrogale occidentalis*, currently considered a synonym of *M. brevicaudata*.
Other comments: Forms sister species with *M. grandidieri* and the two occur in sympatry at some localities (22), although throughout much of the central west they are allopatric.
Conservation: Least Concerned with decreasing population trend (25).

Microgale cowani

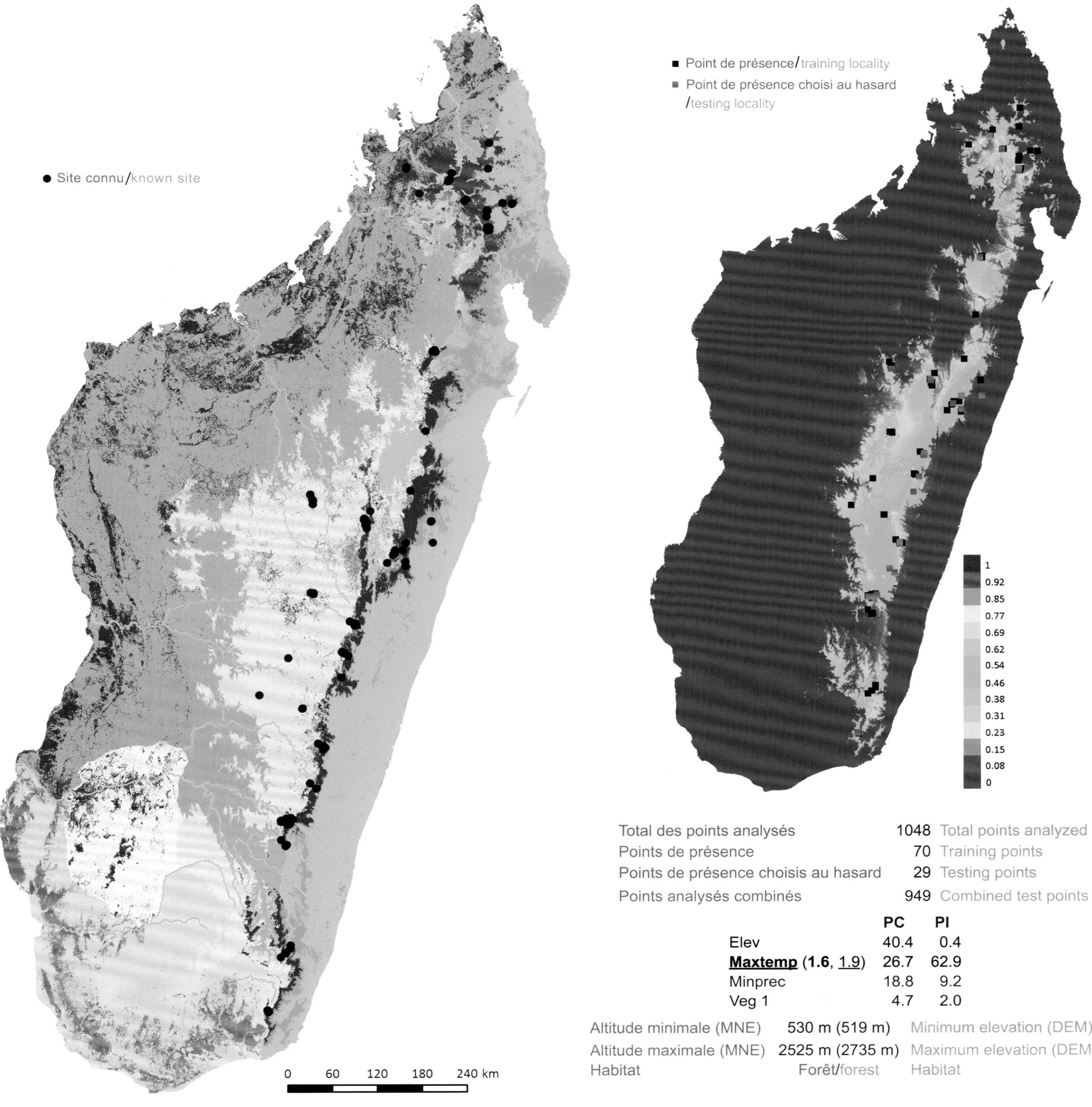
Site connu/known site
Point de présence/training locality
Point de présence choisi au hasard /testing locality
1
0.92
0.85
0.77
0.69
0.62
0.54
0.46
0.38
0.31
0.23
0.15
0.08
0
0 60 120 180 240 km

Total des points analysés	1048	Total points analyzed
Points de présence	70	Training points
Points de présence choisis au hasard	29	Testing points
Points analysés combinés	949	Combined test points

	PC	PI
Elev	40.4	0.4
Maxtemp (**1.6**, 1.9)	26.7	62.9
Minprec	18.8	9.2
Veg 1	4.7	2.0

Altitude minimale (MNE)	530 m (519 m)	Minimum elevation (DEM)
Altitude maximale (MNE)	2525 m (2735 m)	Maximum elevation (DEM)
Habitat	Forêt/forest	Habitat

Maxent : ASC = 0,944
Distribution & habitat : **Endémique**. Strictement forestière, mais supporte également un certain niveau de perturbation, relevée dans la lisière forestière et dans les rizières. Types d'habitat : humide et forêt de transition humide-sèche.
Systématique : Une étude phylogéographique de cette espèce largement répandue est nécessaire pour comprendre les relations génétiques entre les populations. Dans sa configuration actuelle, elle est probablement paraphylétique.
Autres commentaires : Principalement commune dans certaines localités. Au pied de la montagne de Tsaratanana et dans la région à proximité d'Ambatovy, il est sympatrique avec son espèce sœur apparente, *M. jobihely* (20). Connue dans de nombreuses localités de Hautes Terres centrales.
Conservation : Préoccupation mineure avec des populations en déclin (25).

Maxent: AUC = 0.944
Distribution & habitat: **Endemic**. Strictly forest-dwelling, but tolerant of a certain level of disturbance, occurring at the forest edge ecotone and in rice fields. Habitat types: humid and transitional humid-dry.
Systematics: A phylogeographic study is needed of this widespread species to understand the genetic relationships between populations. As currently configured, this species is probably paraphyletic.
Other comments: Notably common at certain localities. On the foothills of Tsaratanana and the region near Ambatovy, it occurs in sympatry with the apparent sister species *M. jobihely* (20). Known from numerous localities in the Central Highlands.
Conservation: Least Concerned with decreasing population trend (25).

Microgale dobsoni

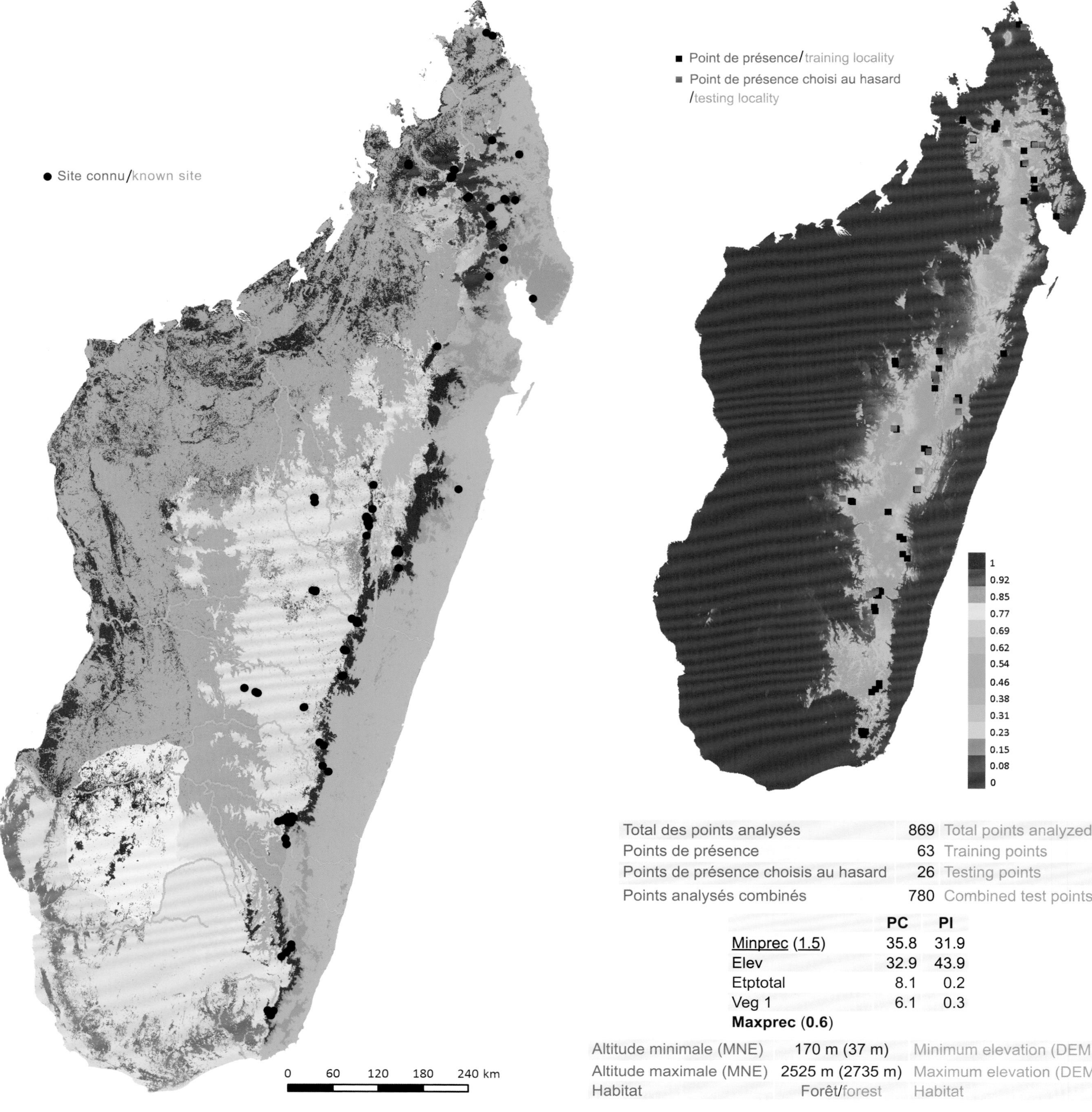
Site connu/known site
0 60 120 180 240 km
Point de présence/training locality
Point de présence choisi au hasard /testing locality
1
0.92
0.85
0.77
0.69
0.62
0.54
0.46
0.38
0.31
0.23
0.15
0.08
0

Total des points analysés	869	Total points analyzed
Points de présence	63	Training points
Points de présence choisis au hasard	26	Testing points
Points analysés combinés	780	Combined test points

	PC	PI
Minprec (1.5)	35.8	31.9
Elev	32.9	43.9
Etptotal	8.1	0.2
Veg 1	6.1	0.3
Maxprec (0.6)		

Altitude minimale (MNE)	170 m (37 m)	Minimum elevation (DEM)
Altitude maximale (MNE)	2525 m (2735 m)	Maximum elevation (DEM)
Habitat	Forêt/forest	Habitat

Maxent : ASC = 0,935
Distribution & habitat : **Endémique**. Strictement forestière, mais supporte également un certain niveau de perturbation, relevée dans l'écotone entre la forêt et la savane adjacente. Types d'habitat : humide et forêt de transition humide-sèche.
Altitude : Rapportée près du niveau de la mer jusqu'à 2500 m (48).
Systématique : Une étude phylogéographique de cette espèce largement répandue est nécessaire pour comprendre les relations génétiques entre les populations. Espèce sœur de *M. talazaci* (37).
Autres commentaires : Notamment commune dans certaines localités. Fréquemment sympatrique avec *M. talazaci* qui lui est morphologiquement semblable. Connue dans plusieurs localités sur les Hautes Terres centrales.
Conservation : Préoccupation mineure avec des populations en déclin (25).

Maxent: AUC = 0.935
Distribution & habitat: **Endemic**. Strictly forest-dwelling, but tolerant of a certain level of disturbance and occurs at the forest edge ecotone. Habitat types: humid and transitional humid-dry.
Elevation: Cited to occur from near sea level-2500 m (48).
Systematics: A phylogeographic study is needed of this widespread species to understand the genetic relationships between populations. Forms a sister species with *M. talazaci* (37).
Other comments: Notably common at certain localities. Broadly sympatric with the morphologically similar *M. talazaci*. Known from numerous localities in the Central Highlands.
Conservation: Least Concerned with decreasing population trend (25).

Microgale drouhardi

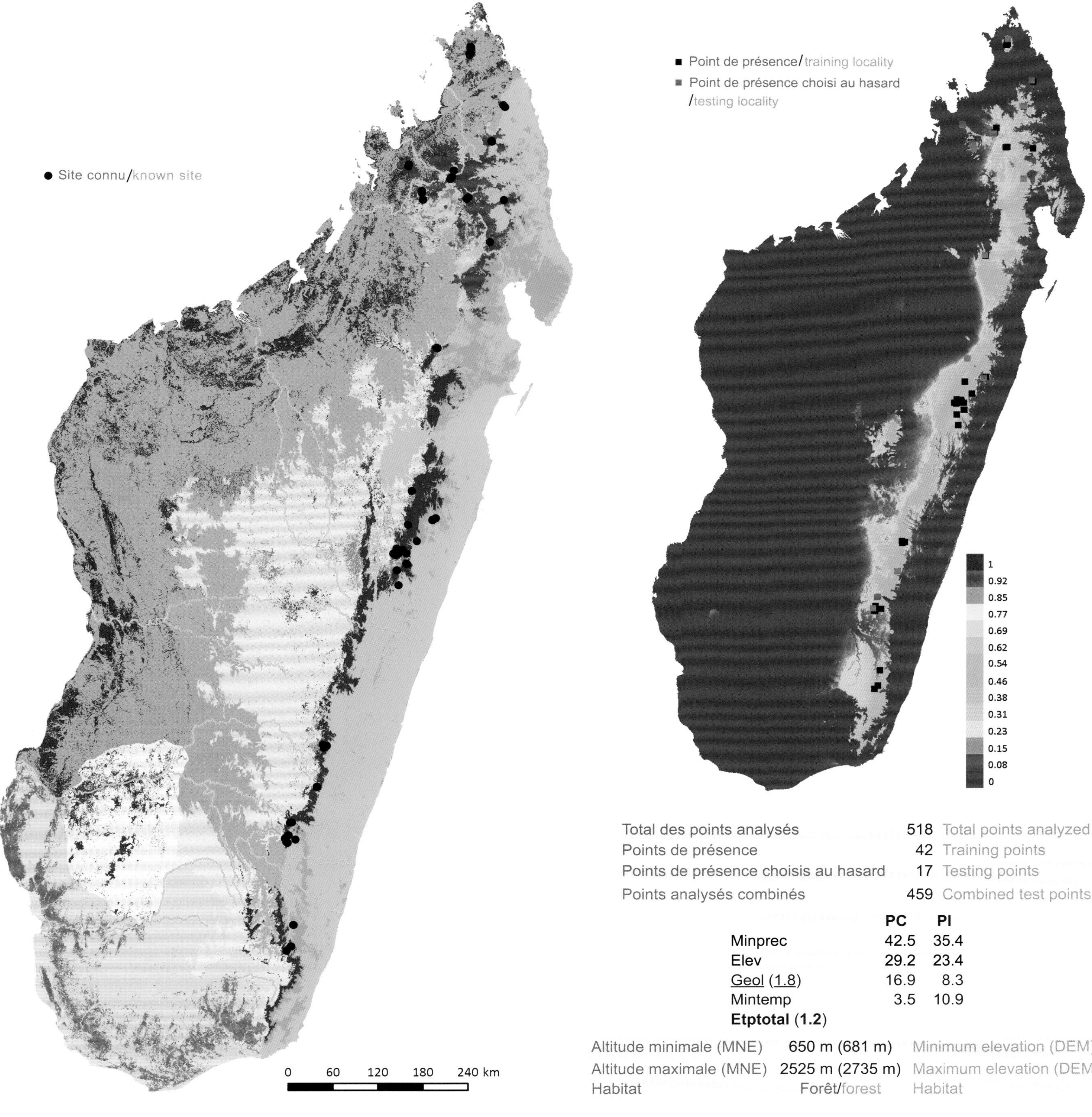

Site connu/known site
0 60 120 180 240 km
Point de présence/training locality
Point de présence choisi au hasard /testing locality
1
0.92
0.85
0.77
0.69
0.62
0.54
0.46
0.38
0.31
0.23
0.15
0.08
0
Total des points analysés 518 Total points analyzed
Points de présence 42 Training points
Points de présence choisis au hasard 17 Testing points
Points analysés combinés 459 Combined test points
PC PI
Minprec 42.5 35.4
Elev 29.2 23.4
Geol (1.8) 16.9 8.3
Mintemp 3.5 10.9
Etptotal (1.2)
Altitude minimale (MNE) 650 m (681 m) Minimum elevation (DEM)
Altitude maximale (MNE) 2525 m (2735 m) Maximum elevation (DEM)
Habitat Forêt/forest Habitat

Maxent : ASC = 0,951
Distribution & habitat : **Endémique**. Strictement forestière. Type d'habitat : humide. Au Nord, connue dans des forêts de transition humides-sèches.
Altitude : Rapportée entre 530-2500 m (48).
Systématique : Une étude phylogéographique de cette espèce largement répandue est nécessaire pour comprendre les relations génétiques entre les populations. Constitue une apparente espèce sœur de *M. monticola* (37).
Autres commentaires : Dans certains endroits de la forêt humide, elle est notamment commune et dans d'autres aux altitudes similaires, elle est complètement absente. Cette espèce et *M. monticola* sont largement allopatriques, mais lorsqu'elles se trouvent sur le même massif forestier, elles se rencontrent dans des gammes d'altitudes différentes.
Conservation : Préoccupation mineure avec des populations en déclin (25).

Maxent: AUC = 0.951
Distribution & habitat: **Endemic**. Strictly forest-dwelling. Habitat type: humid. In the north, known to occur in transitional humid-dry habitat.
Elevation: Cited to occur from 530-2500 m (48).
Systematics: A phylogeographic study is needed of this widespread species to understand the genetic relationships between populations. Forms an apparent sister species with *M. monticola* (37).
Other comments: At certain humid forest localities it is notably common and at others at the same elevation completely absent. This species and *M. monticola* are largely allopatric, but when occurring on the same massif have different elevational distributions.
Conservation: Least Concerned with decreasing population trend (25).

Microgale dryas

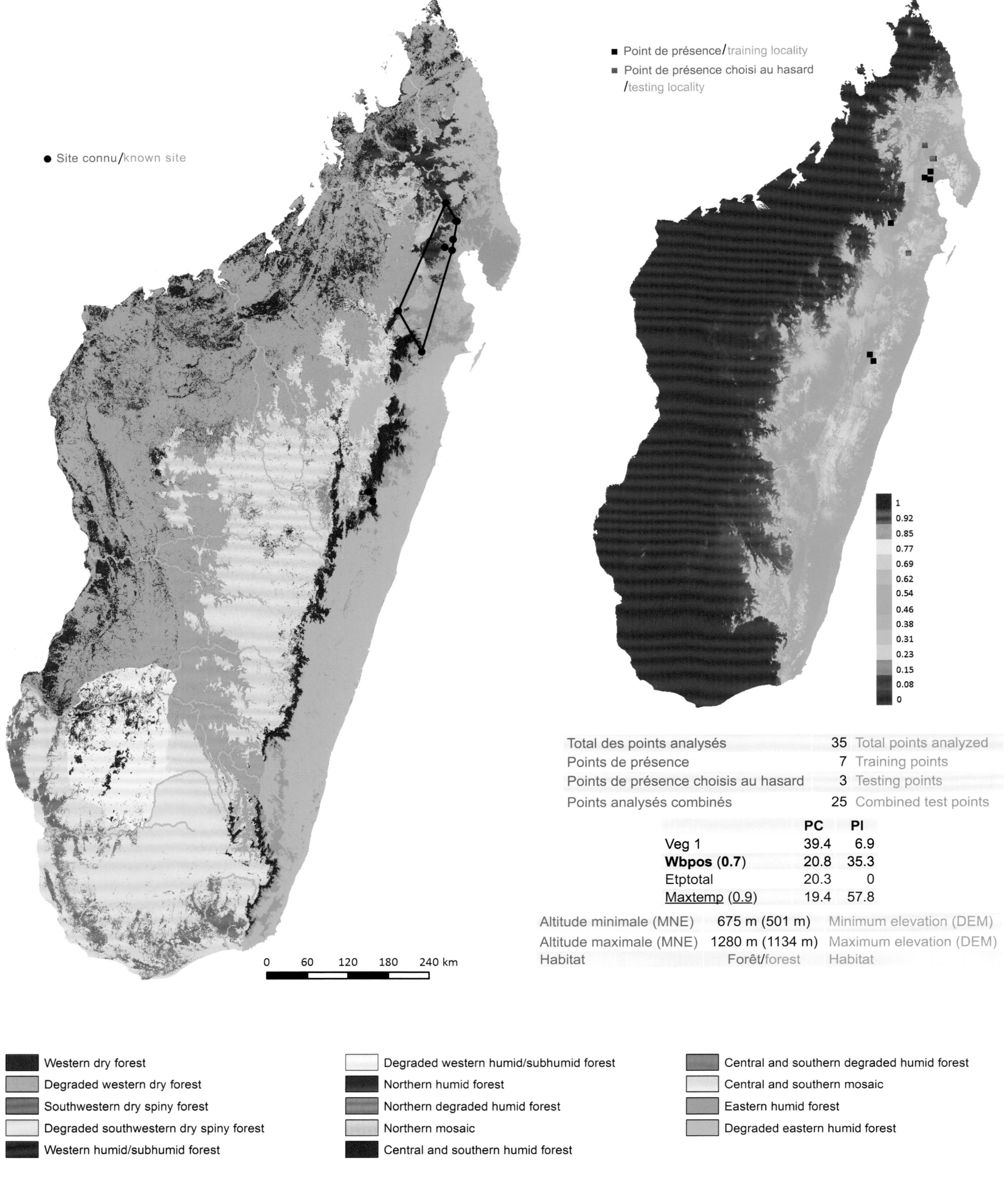

Site connu/known site
Point de présence/training locality
Point de présence choisi au hasard /testing locality
1
0.92
0.85
0.77
0.69
0.62
0.54
0.46
0.38
0.31
0.23
0.15
0.08
0
0 60 120 180 240 km
Western dry forest
Degraded western dry forest
Southwestern dry spiny forest
Degraded southwestern dry spiny forest
Western humid/subhumid forest
Degraded western humid/subhumid forest
Northern humid forest
Northern degraded humid forest
Northern mosaic
Central and southern humid forest
Central and southern degraded humid forest
Central and southern mosaic
Eastern humid forest
Degraded eastern humid forest

Total des points analysés	35	Total points analyzed
Points de présence	7	Training points
Points de présence choisis au hasard	3	Testing points
Points analysés combinés	25	Combined test points

	PC	PI
Veg 1	39.4	6.9
Wbpos (0.7)	20.8	35.3
Etptotal	20.3	0
Maxtemp (0.9)	19.4	57.8

Altitude minimale (MNE)	675 m (501 m)	Minimum elevation (DEM)
Altitude maximale (MNE)	1280 m (1134 m)	Maximum elevation (DEM)
Habitat	Forêt/forest	Habitat

Maxent : ASC = 0,922
Distribution & habitat : **Endémique**. Strictement forestière. Type d'habitat : humide.
Altitude : Rapportée entre 540-1260 m (48).
Systématique : Non incluse dans les études phylogénétiques antérieures et ses relations avec le genre *Microgale* restent inconnues.
Autres commentaires : Cette espèce récemment décrite (30) est mal connue. Partiellement sympatrique avec *M. gracilis* qui lui est morphologiquement similaire.
Conservation : Zone d'Occurrence cartographiée égale à 7911 km². Vulnérable avec des populations en déclin (25).

Maxent : AUC = 0,922
Distribution & habitat: **Endemic**. Strictly forest-dwelling. Habitat type: humid.
Elevation: Cited to occur from 540-1260 m (48).
Systematics: Not previously included in phylogenetic studies and its relationships with the genus *Microgale* remain unknown.
Other comments: This recently described species (30) is poorly known. Partially sympatric with the morphologically similar *M. gracilis*.
Conservation: The calculated mapped Extent of Occurrence is 7911 km². Vulnerable with decreasing population trend (25).

Microgale fotsifotsy

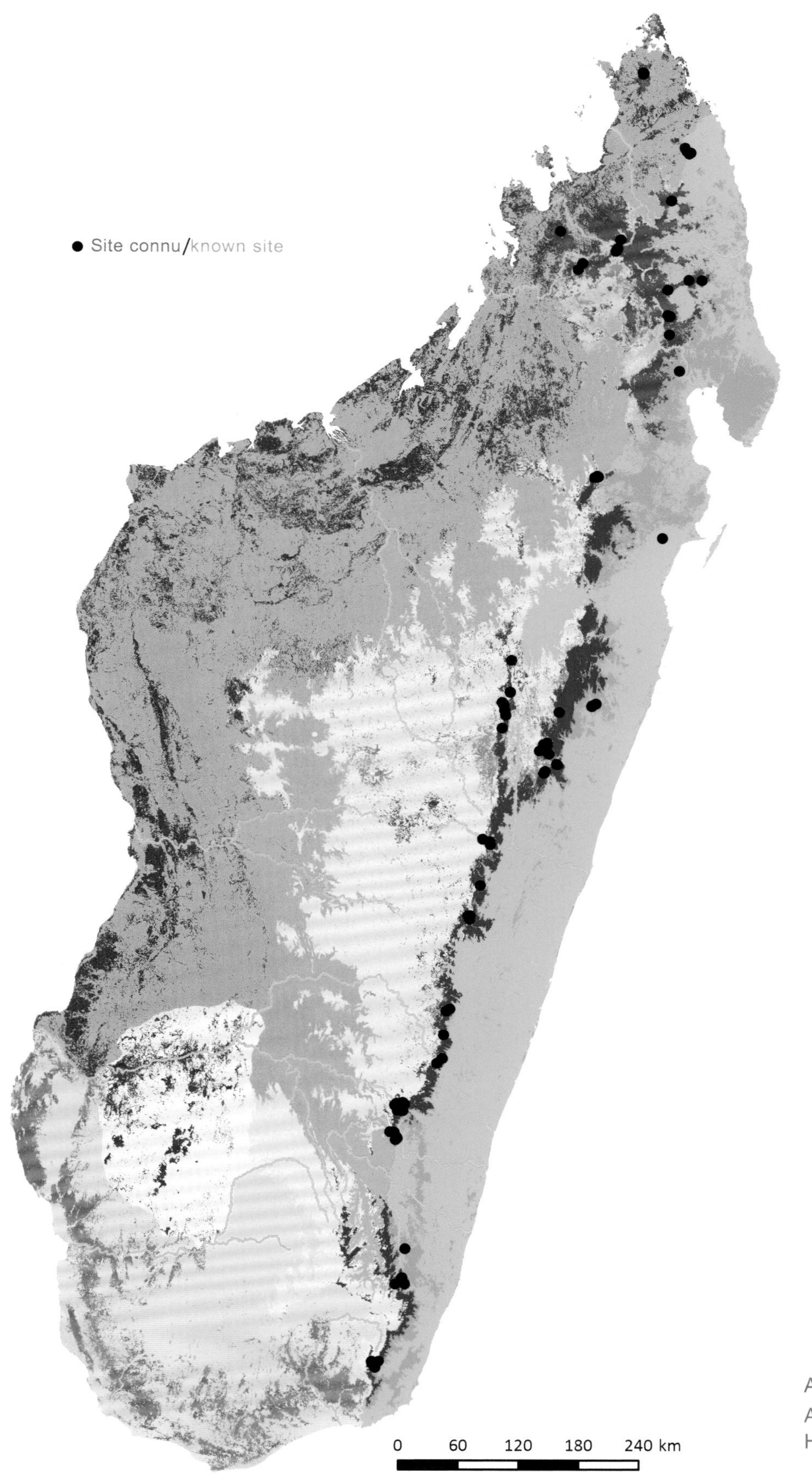
● Site connu/known site
0 60 120 180 240 km

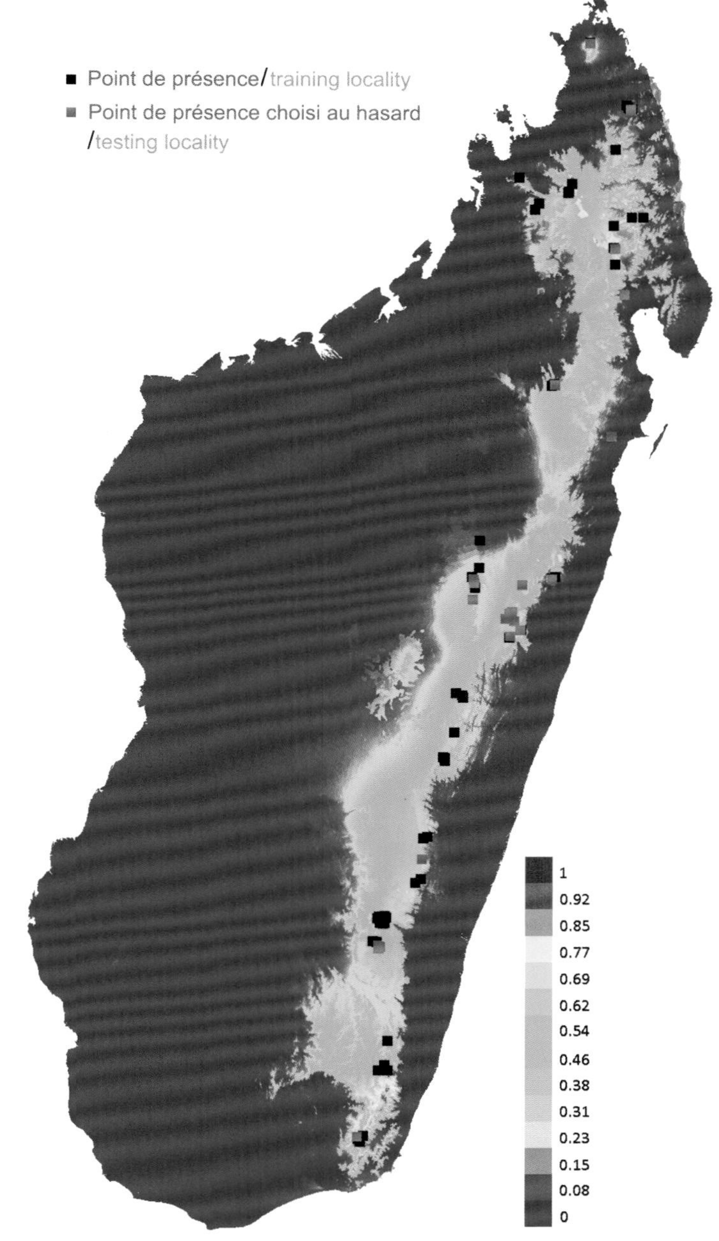
■ Point de présence/training locality
■ Point de présence choisi au hasard /testing locality
1
0.92
0.85
0.77
0.69
0.62
0.54
0.46
0.38
0.31
0.23
0.15
0.08
0

Total des points analysés	208	Total points analyzed
Points de présence	60	Training points
Points de présence choisis au hasard	25	Testing points
Points analysés combinés	123	Combined test points

	PC	PI
Minprec (**1.2**, 1.5)	47.9	42.5
Elev	35.8	24.7
Maxprec	3.0	1.4
Veg 1	2.7	0.6

Altitude minimale (MNE)	380 m (282 m)	Minimum elevation (DEM)
Altitude maximale (MNE)	1990 m (2727 m)	Maximum elevation (DEM)
Habitat	Forêt/forest	Habitat

Maxent : ASC = 0,946
Distribution & habitat : **Endémique**. Strictement forestière. Type d'habitat : humide. Au Nord, connue dans quelques forêts de transition humides-sèches.
Altitude : Rapportée entre 600-2500 m (48), mais récemment relevée à des altitudes plus basses.
Systématique : Une étude phylogéographique de cette espèce largement répandue est nécessaire pour comprendre les relations entre les populations. Constitue une espèce sœur de *M. soricoides* (37).
Autres commentaires : Souvent sympatrique avec *M. soricoides*, mais les deux espèces ont des tailles du corps et des mœurs nettement différenciées.
Conservation : Préoccupation mineure avec des populations en déclin (25).

Maxent: AUC = 0.946
Distribution & habitat: **Endemic**. Strictly forest-dwelling. Habitat type: humid. In the north, known to occur in some transitional humid-dry forests.
Elevation: Cited to occur from 600-2500 m (48), but recently documented at lower elevations.
Systematics: A phylogeographic study of this widespread species is needed to understand relationships between populations. Forms a sister species with *M. soricoides* (37).
Other comments: Often sympatric with *M. soricoides*, but the two species have distinctly different body size and life history traits.
Conservation: Least Concerned with decreasing population trend (25).

Microgale gracilis

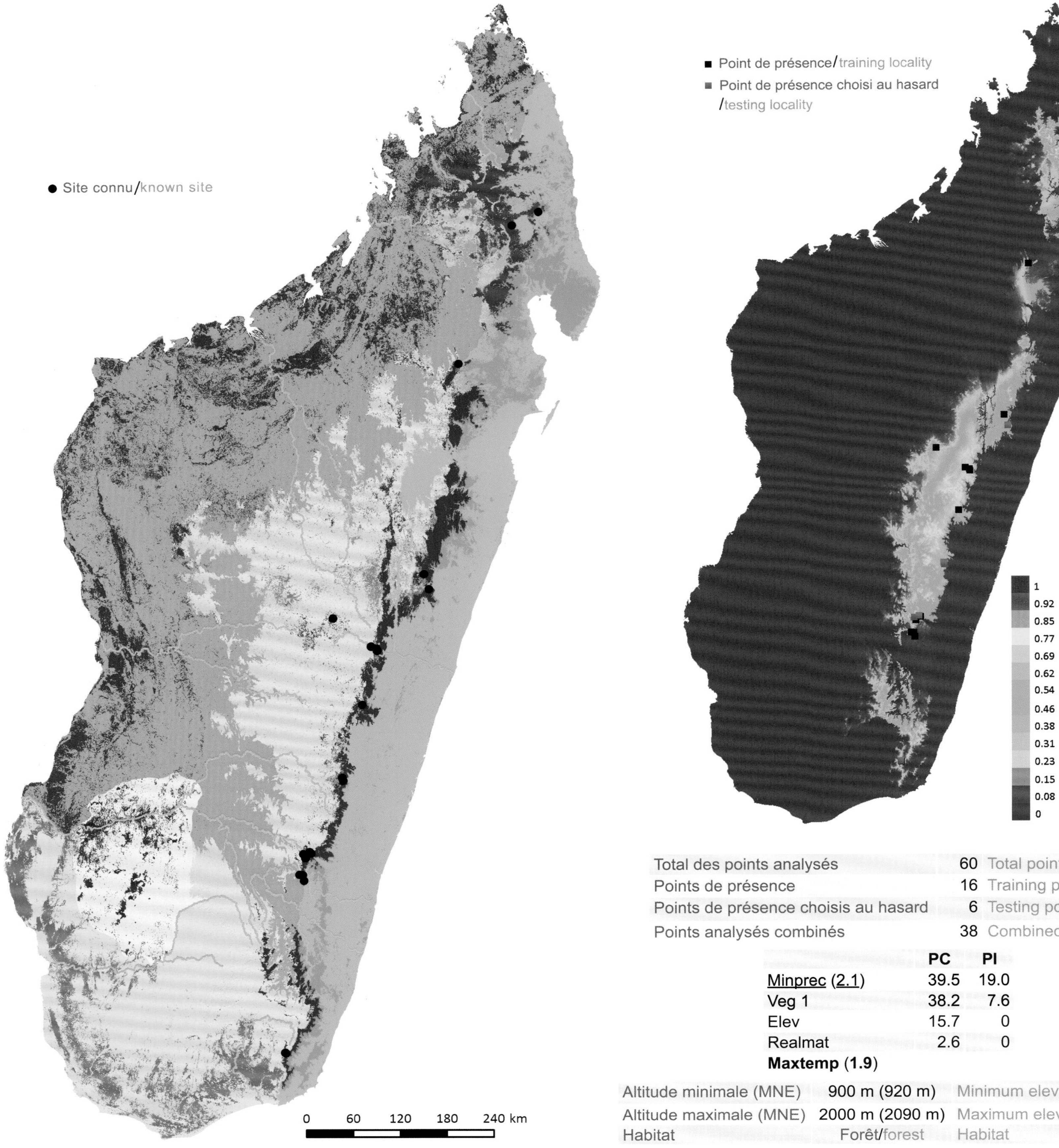
● Site connu/known site
0 60 120 180 240 km
■ Point de présence/training locality
■ Point de présence choisi au hasard /testing locality
1
0.92
0.85
0.77
0.69
0.62
0.54
0.46
0.38
0.31
0.23
0.15
0.08
0

Total des points analysés	60	Total points analyzed
Points de présence	16	Training points
Points de présence choisis au hasard	6	Testing points
Points analysés combinés	38	Combined test points

	PC	PI
Minprec (2.1)	39.5	19.0
Veg 1	38.2	7.6
Elev	15.7	0
Realmat	2.6	0
Maxtemp (1.9)		

Altitude minimale (MNE)	900 m (920 m)	Minimum elevation (DEM)
Altitude maximale (MNE)	2000 m (2090 m)	Maximum elevation (DEM)
Habitat	Forêt/forest	Habitat

Maxent : ASC = 0,974
Distribution & habitat : **Endémique**. Strictement forestière, mais supporte également un certain niveau de perturbation. Type d'habitat : humide.
Systématique : Une étude phylogéographique de cette espèce largement répandue est nécessaire pour comprendre les relations entre les populations. Apparemment très proche de *M. gymnorhyncha* (37).
Autres commentaires : Cette espèce est mal connue, mais elle a une large distribution. Le site cartographié sur les Hautes Terres centrales est Ankaratra à 2000 m. Dans certains sites, elle est sympatrique avec *M. gymnorhyncha* et *M. dryas* qui lui sont morphologiquement similaires.
Conservation : Préoccupation mineure avec des populations en déclin (25).

Maxent: AUC = 0.974
Distribution & habitat: **Endemic**. Strictly forest-dwelling, but tolerant of a certain level of disturbance. Habitat type: humid.
Systematics: A phylogeographic study of this widespread species is needed to understand relationships between populations. Apparently closely related to *M. gymnorhyncha* (37).
Other comments: This species is poorly known, but has a broad distribution. The mapped Central Highland site is Ankaratra at 2000 m. At certain sites, sympatric with the morphologically similar *M. gymnorhyncha* and *M. dryas*.
Conservation: Least Concerned with decreasing population trend (25).

Microgale grandidieri

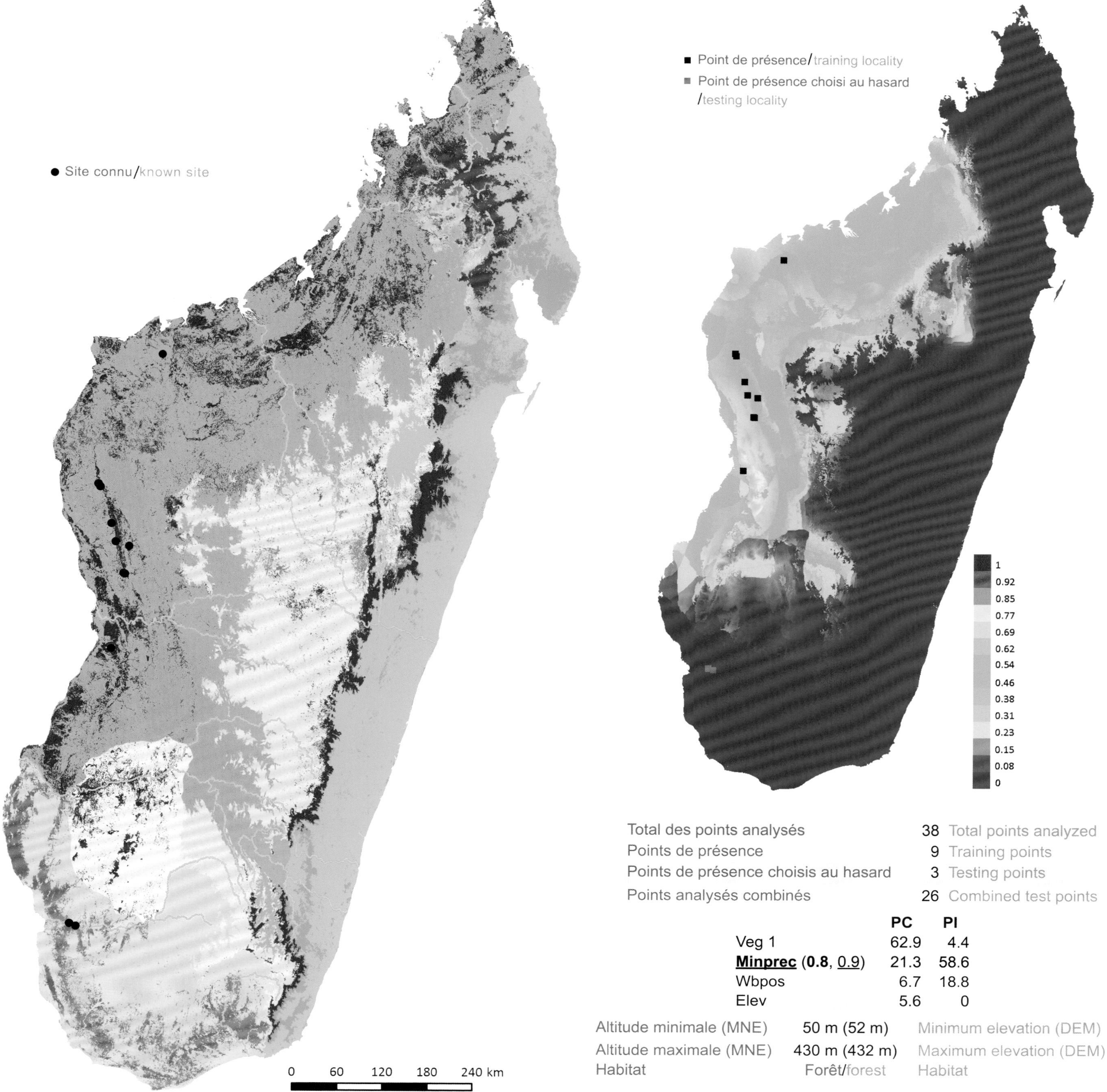
● Site connu/known site
0 60 120 180 240 km
■ Point de présence/training locality
■ Point de présence choisi au hasard /testing locality
1
0.92
0.85
0.77
0.69
0.62
0.54
0.46
0.38
0.31
0.23
0.15
0.08
0
Total des points analysés 38 Total points analyzed
Points de présence 9 Training points
Points de présence choisis au hasard 3 Testing points
Points analysés combinés 26 Combined test points
PC PI
Veg 1 62.9 4.4
Minprec (0.8, 0.9) 21.3 58.6
Wbpos 6.7 18.8
Elev 5.6 0
Altitude minimale (MNE) 50 m (52 m) Minimum elevation (DEM)
Altitude maximale (MNE) 430 m (432 m) Maximum elevation (DEM)
Habitat Forêt/forest Habitat

Maxent : ASC = 0,873
Distribution & habitat : **Endémique**. Strictement forestière. Types d'habitat : sec et sec épineux.
Systématique : Une étude phylogéographique a montré un niveau de divergence élevé entre cette espèce récemment décrite et *M. brevicaudata* (39). Au sein des populations de *M. grandidieri*, il y a aussi une divergence considérable entre la population du Centre-ouest et celle du Sud-ouest d'où provient l'holotype.
Autres commentaires : Constitue une espèce sœur de *M. brevicaudata* et les deux espèces se rencontrent en sympatrie stricte dans quelques localités (22), bien qu'elles soient allopatriques dans une grande partie du Centre-ouest (Namoroka à Kirindy-CNFEREF).
Conservation : Non évaluée par l'UICN (25).

Maxent: AUC = 0.873
Distribution & habitat: **Endemic**. Strictly forest-dwelling. Habitat types: dry and dry spiny.
Systematics: A phylogeographic study found an important level of divergence between this recently described species and *M. brevicaudata* (39). Within *M. grandidieri* there was also considerable divergence between the population in the central west and another from the southwest, which includes the holotype.
Other comments: Forms sister species with *M. brevicaudata* and the two occur in strict sympatry at some localities (22), although throughout much of the central west (Namoroka to Kirindy-CNFEREF) they are allopatric.
Conservation: Conservation status of this species has not been assessed by IUCN (25).

Microgale gymnorhyncha

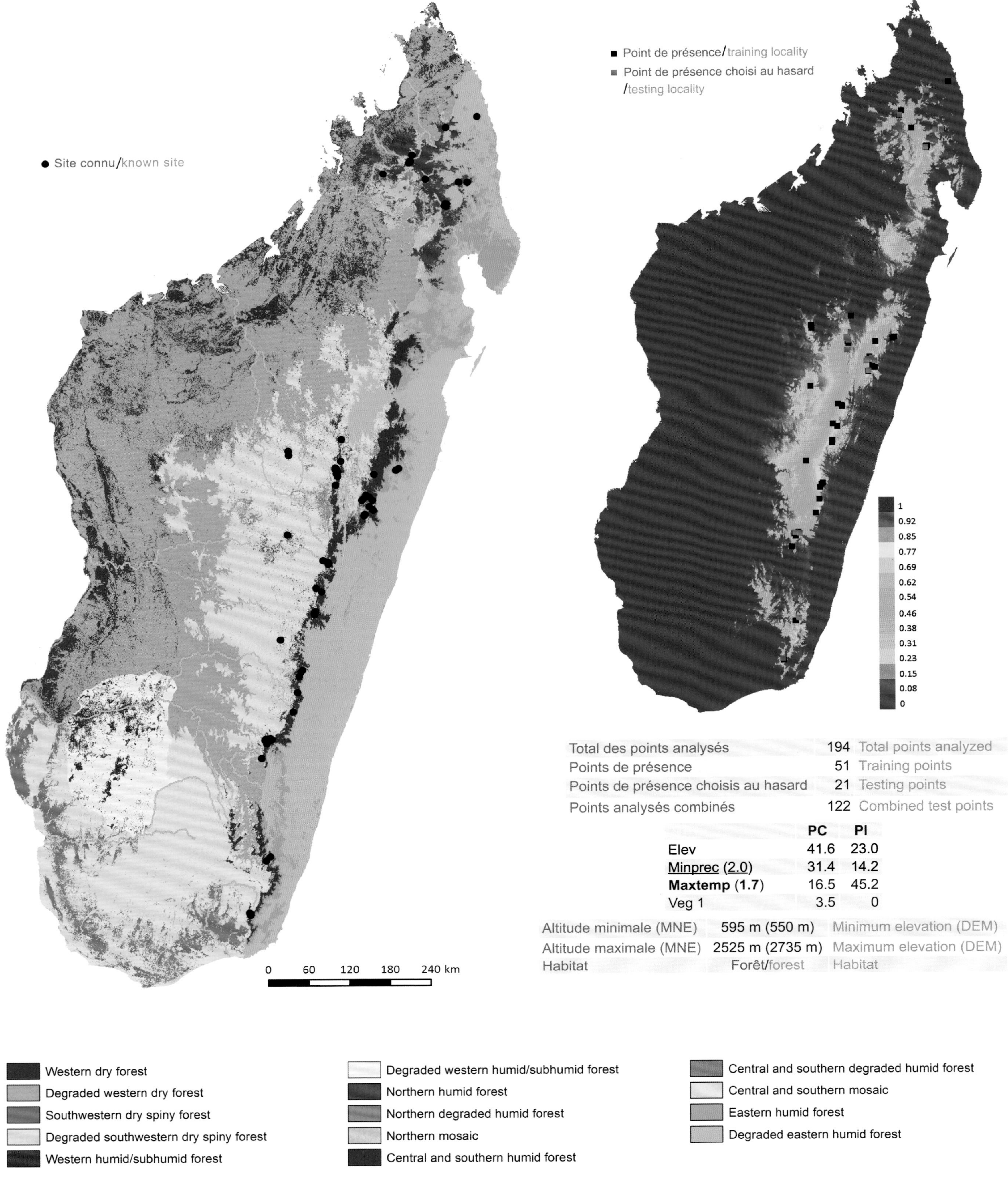
Site connu/known site
Point de présence/training locality
Point de présence choisi au hasard /testing locality
1
0.92
0.85
0.77
0.69
0.62
0.54
0.46
0.38
0.31
0.23
0.15
0.08
0
0 60 120 180 240 km
Western dry forest
Degraded western dry forest
Southwestern dry spiny forest
Degraded southwestern dry spiny forest
Western humid/subhumid forest
Degraded western humid/subhumid forest
Northern humid forest
Northern degraded humid forest
Northern mosaic
Central and southern humid forest
Central and southern degraded humid forest
Central and southern mosaic
Eastern humid forest
Degraded eastern humid forest

Total des points analysés	194	Total points analyzed
Points de présence	51	Training points
Points de présence choisis au hasard	21	Testing points
Points analysés combinés	122	Combined test points

	PC	PI
Elev	41.6	23.0
Minprec (2.0)	31.4	14.2
Maxtemp (1.7)	16.5	45.2
Veg 1	3.5	0

Altitude minimale (MNE)	595 m (550 m)	Minimum elevation (DEM)
Altitude maximale (MNE)	2525 m (2735 m)	Maximum elevation (DEM)
Habitat	Forêt/forest	Habitat

Maxent : ASC = 0,961
Distribution & habitat : Endémique. Strictement forestière. Type d'habitat : humide.
Systématique : Une étude phylogéographique de cette espèce largement répandue est nécessaire pour comprendre les relations génétiques entre les populations. Apparemment très proche de *M. gracilis* (37).
Autres commentaires : Cette espèce récemment décrite (33) est mal connue. Les sites cartographiés sur les Hautes Terres centrales du nord au sud comprennent Ambohitantely, Ankaratra et Ankazomivady.
Conservation : Préoccupation mineure avec des populations en déclin (25).

Maxent: AUC = 0.961
Distribution & habitat: Endemic. Strictly forest-dwelling. Habitat type: humid.
Systematics: A phylogeographic study of this widespread species is needed to understand the genetic relationships between different populations. Apparently closely related to *M. gracilis* (37).
Other comments: This recently described species (33) is poorly known. The mapped Central Highland sites from north to south include Ambohitantely, Ankaratra, and Ankazomivady.
Conservation: Least Concerned with decreasing population trend (25).

Microgale jenkinsae & *M. jobihely*

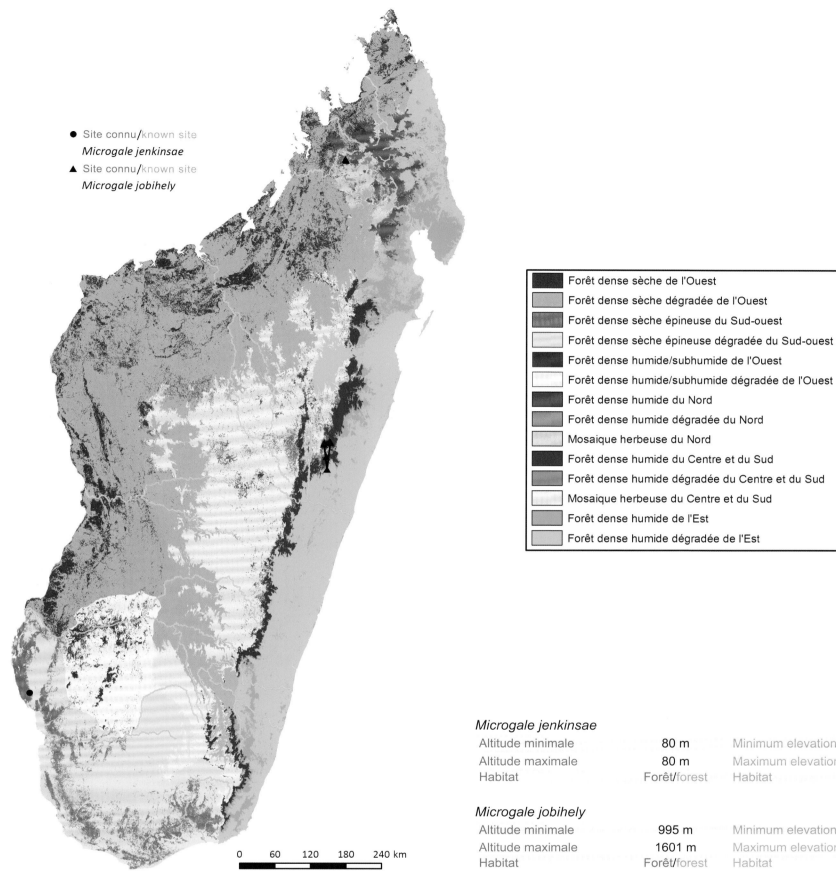

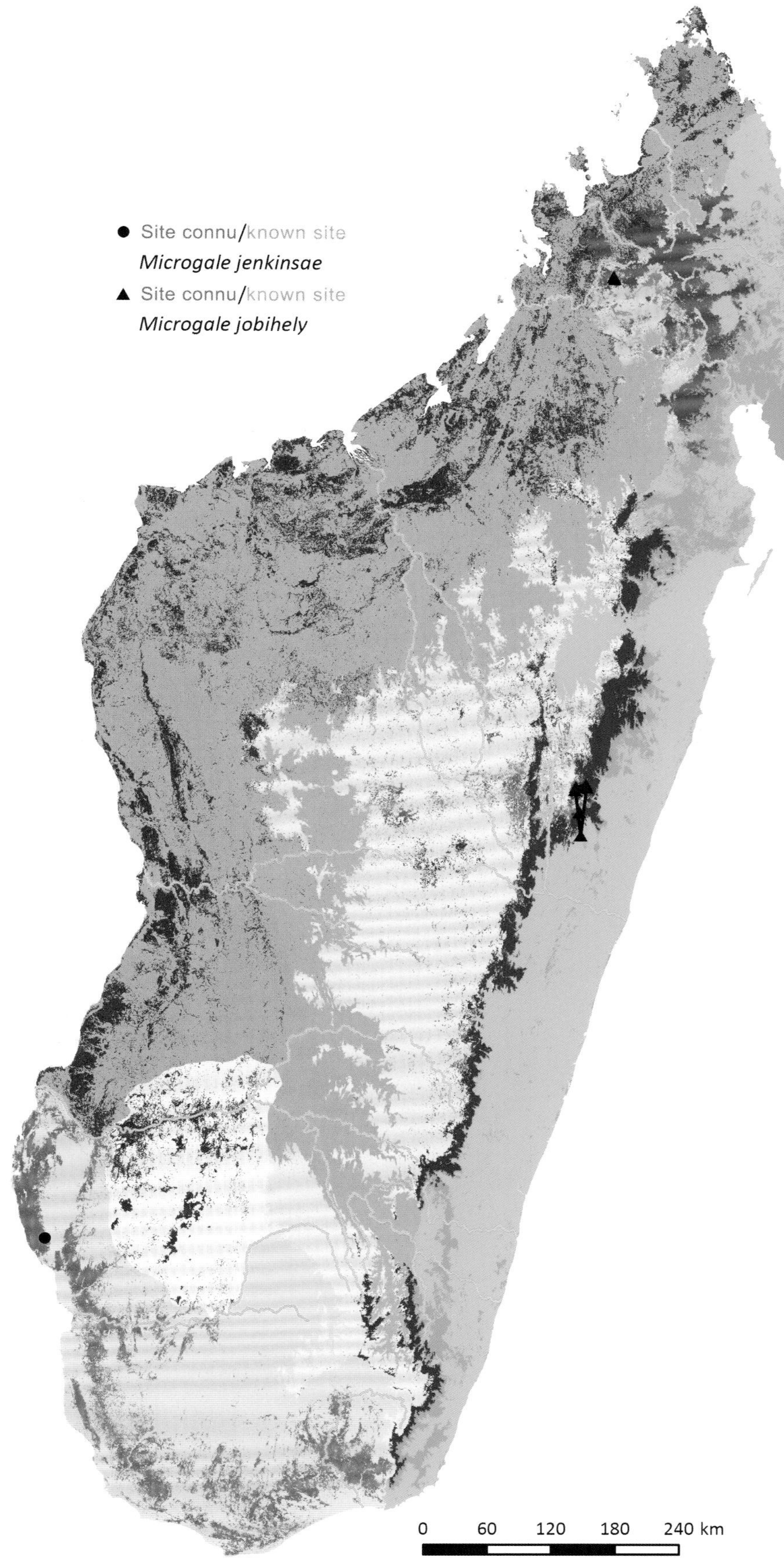
● Site connu/known site
Microgale jenkinsae
▲ Site connu/known site
Microgale jobihely
0 60 120 180 240 km

Forêt dense sèche de l'Ouest
Forêt dense sèche dégradée de l'Ouest
Forêt dense sèche épineuse du Sud-ouest
Forêt dense sèche épineuse dégradée du Sud-ouest
Forêt dense humide/subhumide de l'Ouest
Forêt dense humide/subhumide dégradée de l'Ouest
Forêt dense humide du Nord
Forêt dense humide dégradée du Nord
Mosaique herbeuse du Nord
Forêt dense humide du Centre et du Sud
Forêt dense humide dégradée du Centre et du Sud
Mosaique herbeuse du Centre et du Sud
Forêt dense humide de l'Est
Forêt dense humide dégradée de l'Est

Microgale jenkinsae

Altitude minimale	80 m	Minimum elevation
Altitude maximale	80 m	Maximum elevation
Habitat	Forêt/forest	Habitat

Microgale jobihely

Altitude minimale	995 m	Minimum elevation
Altitude maximale	1601 m	Maximum elevation
Habitat	Forêt/forest	Habitat

Microgale jenkinsae

Distribution & habitat : **Endémique**. Strictement forestière. Type d'habitat : sec épineux.

Systématique : Les relations de cette espèce récemment décrite (13) doivent être examinées avec des outils moléculaires.

Autres commentaires : Cette espèce n'est connue que dans la forêt de Mikea.

Conservation : En danger avec des populations en déclin (25).

Microgale jobihely

Distribution & habitat : **Endémique**. Strictement forestière. Type d'habitat : humide.

Systématique : Espèce sœur apparente du complexe de *M. cowani* (20). Une étude génétique est nécessaire pour examiner la divergence entre les populations disjointes.

Autres commentaires : Deux populations largement séparées de cette espèce récemment décrite sont connues (20, 49) dans ces localités en sympatrie avec *M. cowani*.

Conservation : Zone d'Occurrence de la partie Centre-est égale à 274 km². En danger avec des populations mal connues (25).

Microgale jenkinsae

Distribution & habitat: **Endemic**. Strictly forest-dwelling. Habitat type: dry spiny.

Systematics: The relationships of this recently described species (13) need to be examined with molecular tools.

Other comments: This species is only documented in the Mikea Forest.

Conservation: Endangered with decreasing population trend (25).

Microgale jobihely

Distribution & habitat: **Endemic**. Strictly forest-dwelling. Habitat type: humid.

Systematics: Apparent sister species to the *M. cowani* complex (20). A genetic study is needed to examine divergence between widely separate populations.

Other comments: Two broadly disjunct populations are known of this recently described species (20, 49); at these localities sympatric with *M. cowani*.

Conservation: The calculated Extent of Occurrence of the central east is 274 km². Endangered with unknown population trend (25).

Microgale longicaudata

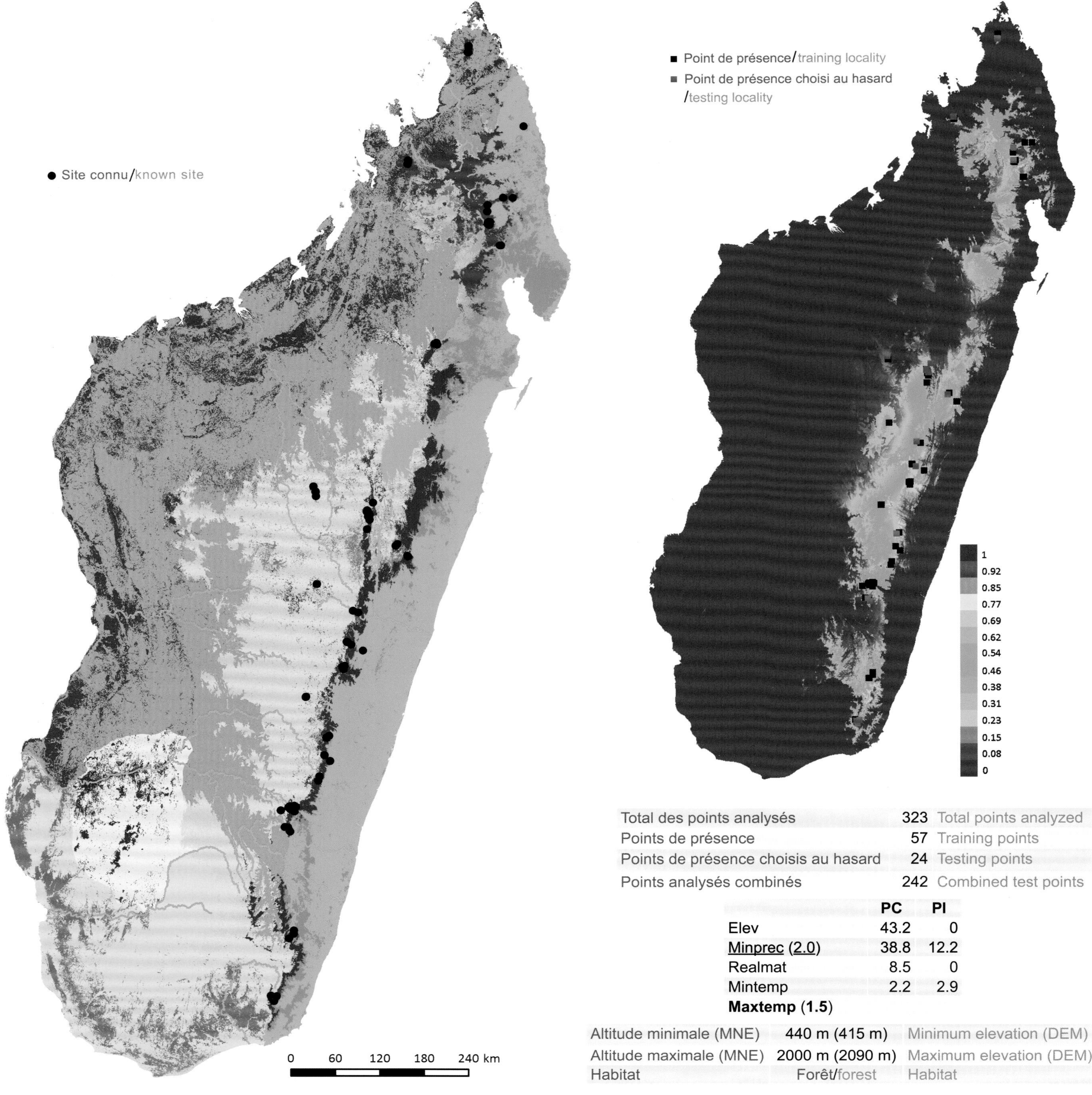

Site connu/known site
0 60 120 180 240 km
Point de présence/training locality
Point de présence choisi au hasard /testing locality
1
0.92
0.85
0.77
0.69
0.62
0.54
0.46
0.38
0.31
0.23
0.15
0.08
0

Total des points analysés	323	Total points analyzed
Points de présence	57	Training points
Points de présence choisi au hasard	24	Testing points
Points analysés combinés	242	Combined test points

	PC	PI
Elev	43.2	0
Minprec (2.0)	38.8	12.2
Realmat	8.5	0
Mintemp	2.2	2.9
Maxtemp (1.5)		

Altitude minimale (MNE)	440 m (415 m)	Minimum elevation (DEM)
Altitude maximale (MNE)	2000 m (2090 m)	Maximum elevation (DEM)
Habitat	Forêt/forest	Habitat

Maxent : ASC = 0,962
Distribution & habitat : Endémique. Strictement forestière, mais supporte également un certain niveau de perturbation. Type d'habitat : humide.
Altitude : Rapportée entre 530-2500 m (48).
Systématique : Le complexe est composé d'au moins trois espèces, *M. longicaudata*, *M. majori* et *M. prolixacaudata* (38).
Autres commentaires : Notablement commune dans certaines localités. Observée en sympatrie avec *M. majori* et *M. prolixacaudata* dans quelques localités (38), mais dans certains cas, elles sont dans des gammes d'altitude séparées. Les sites cartographiés sur les Hautes Terres centrales comprennent Ambohitantely, Ankaratra et Ankazomivady.
Conservation : Préoccupation mineure avec des populations en déclin (25).

Maxent: AUC = 0.962
Distribution & habitat: Endemic. Strictly forest-dwelling, but tolerant of a certain level of disturbance. Habitat type: humid.
Elevation: Cited to occur from 530-2500 m (48).
Systematics: This complex is composed of at least three species – *M. longicaudata*, *M. majori*, and *M. prolixacaudata* (38).
Other comments: Notably common at certain localities. Occurs at some sites in sympatry with *M. majori* and *M. prolixacaudata* (38), although in some cases with possible elevation separation. The mapped Central Highland sites include Ambohitantely, Ankaratra, and Ankazomivady.
Conservation: Least Concerned with decreasing population trend (25).

Microgale majori

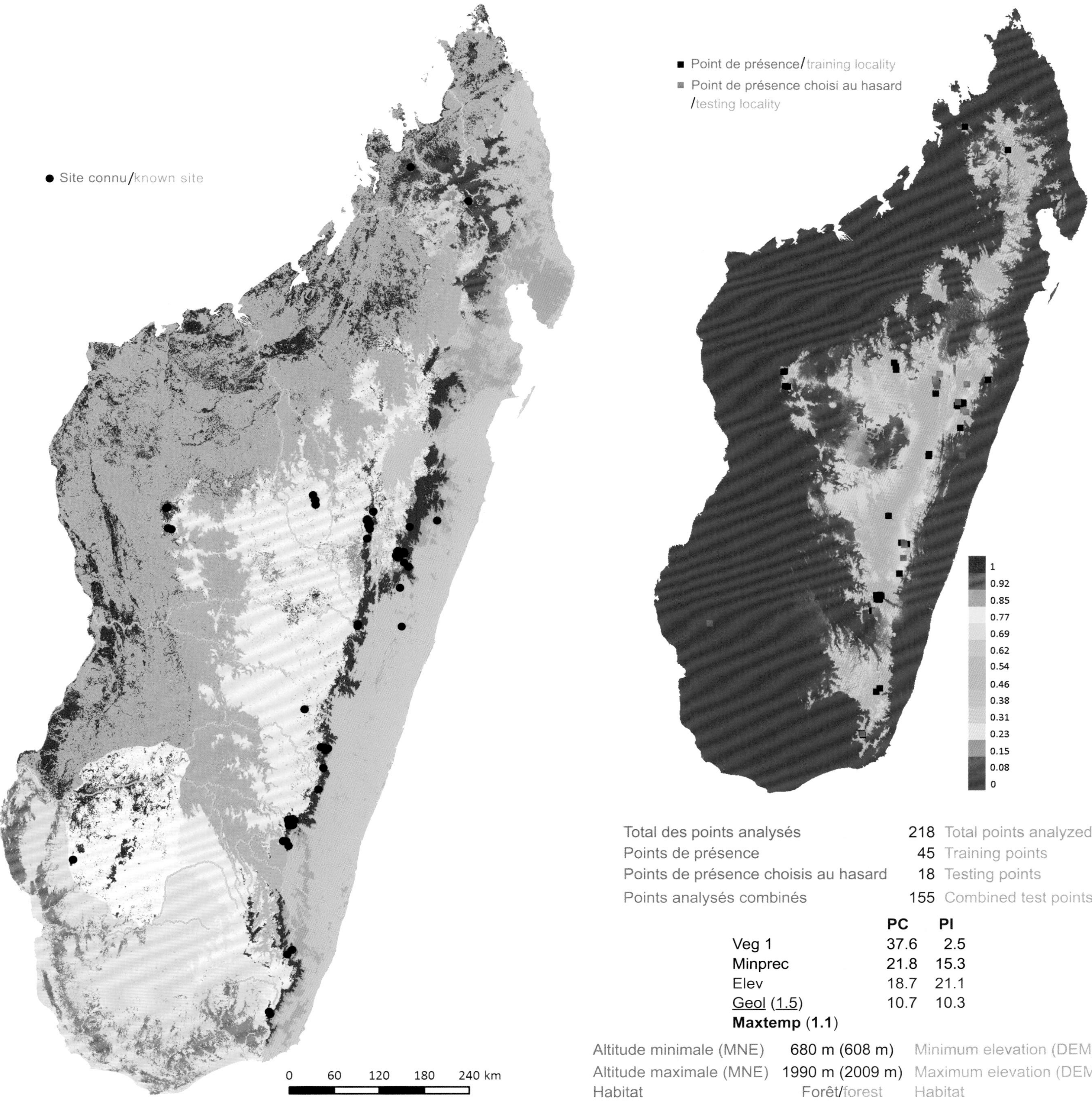

● Site connu/known site
0 60 120 180 240 km
■ Point de présence/training locality
■ Point de présence choisi au hasard /testing locality
1
0.92
0.85
0.77
0.69
0.62
0.54
0.46
0.38
0.31
0.23
0.15
0.08
0
Total des points analysés 218 Total points analyzed
Points de présence 45 Training points
Points de présence choisis au hasard 18 Testing points
Points analysés combinés 155 Combined test points
PC PI
Veg 1 37.6 2.5
Minprec 21.8 15.3
Elev 18.7 21.1
Geol (1.5) 10.7 10.3
Maxtemp (1.1)
Altitude minimale (MNE) 680 m (608 m) Minimum elevation (DEM)
Altitude maximale (MNE) 1990 m (2009 m) Maximum elevation (DEM)
Habitat Forêt/forest Habitat

Maxent : ASC = 0,934
Distribution & habitat : **Endémique**. Strictement forestière, mais supporte également un certain niveau de perturbation. Types d'habitat : humide et humide/subhumide.
Altitude : Présence signalée entre 800-2500 m (48).
Systématique : Le complexe est composé d'au moins trois espèces : *M. longicaudata*, *M. majori* et *M. prolixacaudata* (38). Certaines populations des Hautes Terres centrales (Ankaratra et Ambohijanahary) apparaissent génétiquement distinctes de *M. majori* typique et forment un clade sœur.
Autres commentaires : Notablement commune dans certaines localités. Observée dans quelques localités et en sympatrie avec *M. longicaudata* et *M. prolixacaudata* (38), mais dans certains cas, avec des gammes d'altitude séparées. Les sites cartographiés sur les Hautes Terres centrales du nord au sud comprennent Ambohijanahary, Ambohitantely et Ankazomivady.
Conservation : Préoccupation mineure avec des populations en déclin (25).

Maxent: AUC = 0.934
Distribution & habitat: **Endemic**. Strictly forest-dwelling, but tolerant of a certain level of disturbance. Habitat types: humid and humid-subhumid.
Elevation: Cited to occur from 800-2500 m (48).
Systematics: This complex is composed of at least three species – *M. longicaudata*, *M. majori*, and *M. prolixacaudata* (38). Certain populations from the Central Highlands (Ankaratra and Ambohijanahary) appear genetically distinct from typical *M. majori* and form a sister clade.
Other comments: Notably common at certain localities. Occurs at some sites in sympatry with *M. longicaudata* and *M. prolixacaudata* (38), although in some cases with possible elevation separation. The mapped Central Highland sites include Ambohijanahary, Ambohitantely, and Ankazomivady.
Conservation: Least Concerned with decreasing population trend (25).

Microgale monticola & *M. nasoloi*

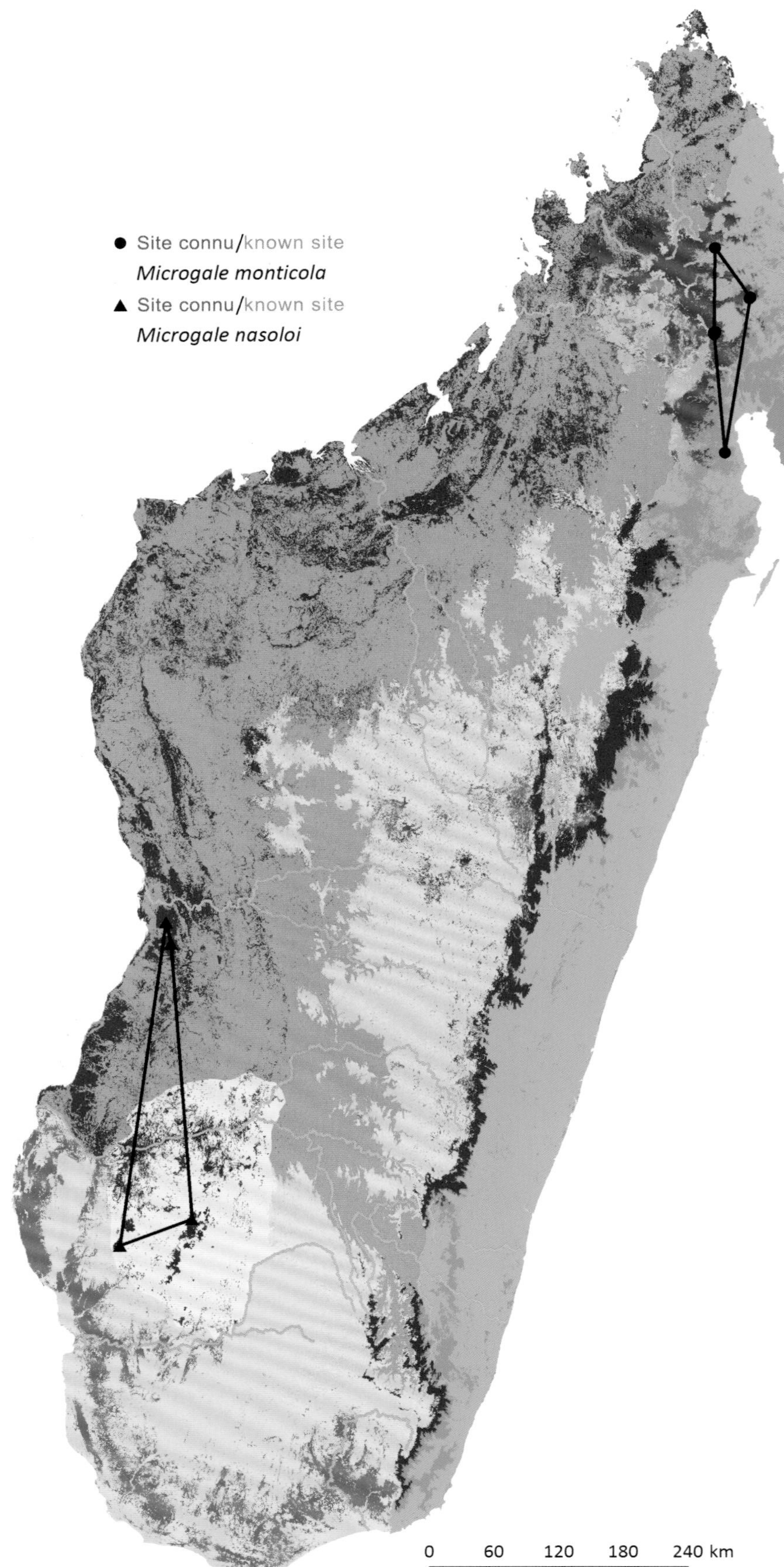
● Site connu/known site
Microgale monticola
▲ Site connu/known site
Microgale nasoloi
0 60 120 180 240 km

■	Western dry forest
■	Degraded western dry forest
■	Southwestern dry spiny forest
■	Degraded southwestern dry spiny forest
■	Western humid/subhumid forest
■	Degraded western humid/subhumid forest
■	Northern humid forest
■	Northern degraded humid forest
■	Northern mosaic
■	Central and southern humid forest
■	Central and southern degraded humid forest
■	Central and southern mosaic
■	Eastern humid forest
■	Degraded eastern humid forest

Microgale monticola

Altitude minimale	1225 m	Minimum elevation
Altitude maximale	1950 m	Maximum elevation
Habitat	Forêt/forest	Habitat

Microgale nasoloi

Altitude minimale	80 m	Minimum elevation
Altitude maximale	1050 m	Maximum elevation
Habitat	Forêt/forest	Habitat

Microgale monticola

Distribution & habitat : Endémique. Strictement forestière. Type d'habitat : humide.

Altitude : Rapportée entre 1500-1950 m (48), mais récemment relevée à des altitudes plus basses.

Conservation : Zone d'Occurrence égale à 3496 km². Vulnérable avec des populations stables (25).

Microgale nasoloi

Distribution & habitat : Endémique. Strictement forestière. Types d'habitat : sec et humide/subhumide.

Altitude : Rapportée entre 80-1300 m (48), mais la limite supérieure est une erreur et celle-ci devrait être à 1050 m.

Systématique : Des études génétiques sont nécessaires pour examiner les relations intragénériques de cette espèce et la divergence entre les populations isolées.

Autres commentaires : Cette espèce récemment décrite (32) est connue seulement dans trois endroits (47).

Conservation : Zone d'Occurrence égale à 10183 km². Vulnérable avec des populations en déclin (25).

Microgale monticola

Distribution & habitat: Endemic. Strictly forest-dwelling. Habitat type: humid.

Elevation: Cited to occur from 1500-1950 m (48), but recently documented at lower elevations.

Conservation: The calculated Extent of Occurrence is 3496 km². Vulnerable with stable population trend (25).

Microgale nasoloi

Distribution & habitat: Endemic. Strictly forest-dwelling. Habitat types: dry and humid-subhumid.

Elevation: Cited to occur from 80-1300 m (48), but the upper elevational limit is in error and should be 1050 m.

Systematics: Genetic studies are needed to examine the intrageneric relationships of this species and divergence between disjunct populations.

Other comments: This recently described species (32) is only known from three sites (47).

Conservation: The calculated Extent of Occurrence is 10183 km². Vulnerable with decreasing population trend (25).

Microgale parvula

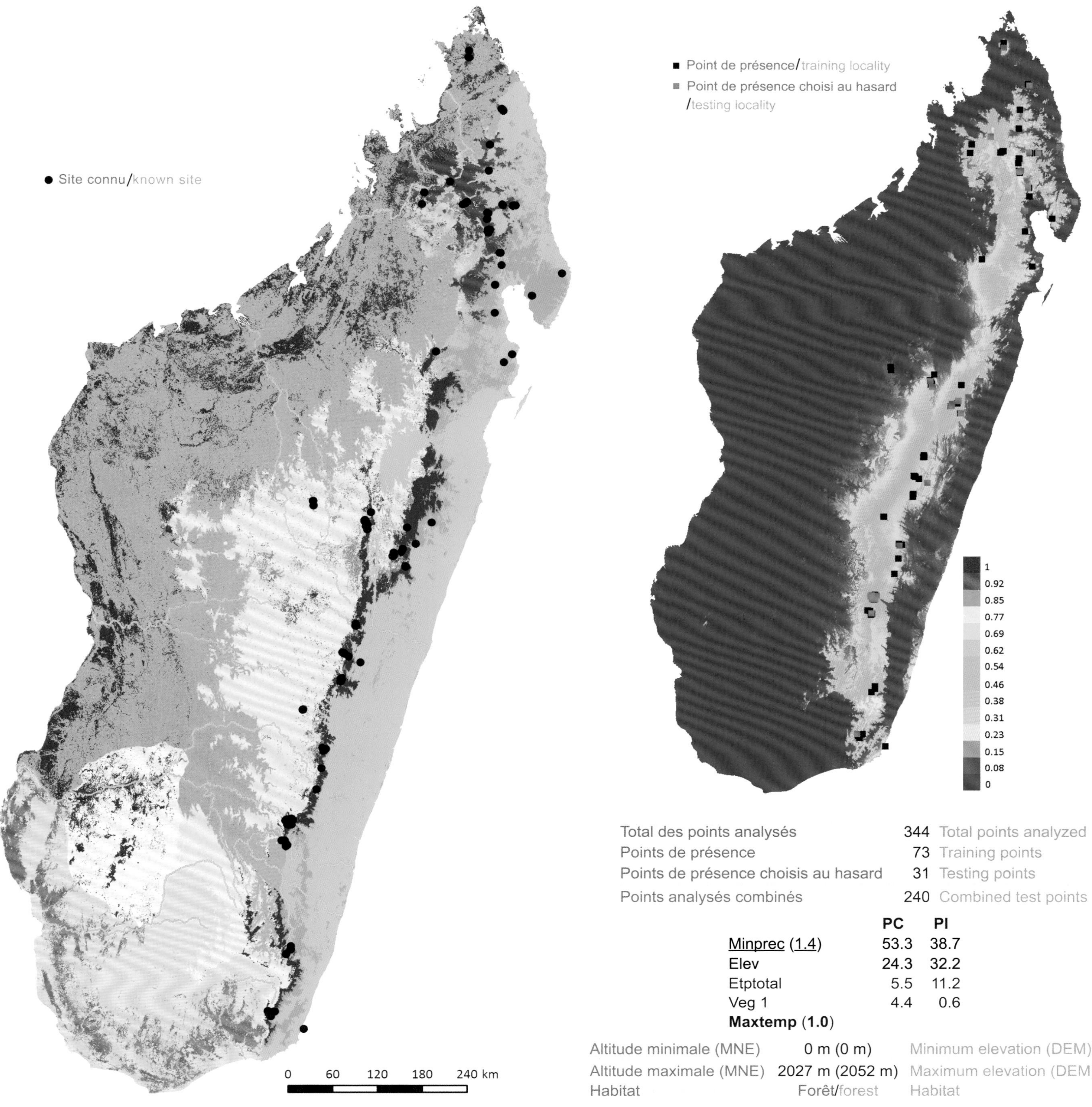
Site connu/known site
0 60 120 180 240 km
Point de présence/training locality
Point de présence choisi au hasard /testing locality
1
0.92
0.85
0.77
0.69
0.62
0.54
0.46
0.38
0.31
0.23
0.15
0.08
0

Total des points analysés	344	Total points analyzed
Points de présence	73	Training points
Points de présence choisis au hasard	31	Testing points
Points analysés combinés	240	Combined test points

	PC	PI
Minprec (1.4)	53.3	38.7
Elev	24.3	32.2
Etptotal	5.5	11.2
Veg 1	4.4	0.6
Maxtemp (1.0)		

Altitude minimale (MNE)	0 m (0 m)	Minimum elevation (DEM)
Altitude maximale (MNE)	2027 m (2052 m)	Maximum elevation (DEM)
Habitat	Forêt/forest	Habitat

Maxent : ASC = 0,933
Distribution & habitat : **Endémique**. Strictement forestière mais supporte également un certain niveau de perturbation. Type d'habitat : humide. Au Nord, connue dans une forêt de transition humide-sèche.
Altitude : Rapportée entre 450-2050 m (48), mais relevée à des altitudes plus basses.
Systématique : Les relations phylogénétiques de cette espèce ne sont pas encore résolues (37). Une étude phylogéographique de cette espèce largement répandue est nécessaire pour comprendre les relations génétiques entre les populations.
Autres commentaires : Notablement commune dans certaines localités. Les sites cartographiés sur les Hautes Terres centrales comprennent Ambohitantely et Ankazomivady où elle est sympatrique avec *M. pusilla* qui lui est morphologiquement semblable.
Conservation : Préoccupation mineure avec des populations en déclin (25).

Maxent: AUC = 0.933
Distribution & habitat: **Endemic**. Strictly forest-dwelling, but tolerant of a certain level of disturbance. Habitat type: humid. In the north, known to occur in transitional humid-dry habitat.
Elevation: Cited to occur from 450-2050 m (48), but documented at lower elevations.
Systematics: Phylogenetic relationships of this species are not resolved (37). A phylogeographic study of this widespread taxon is needed to understand the genetic relationships between populations.
Other comments: Notably common at certain localities. The mapped Central Highland sites include Ambohitantely and Ankazomivady, where it occurs in sympatry with the morphologically similar *M. pusilla*.
Conservation: Least Concerned with decreasing population trend (25).

Microgale principula

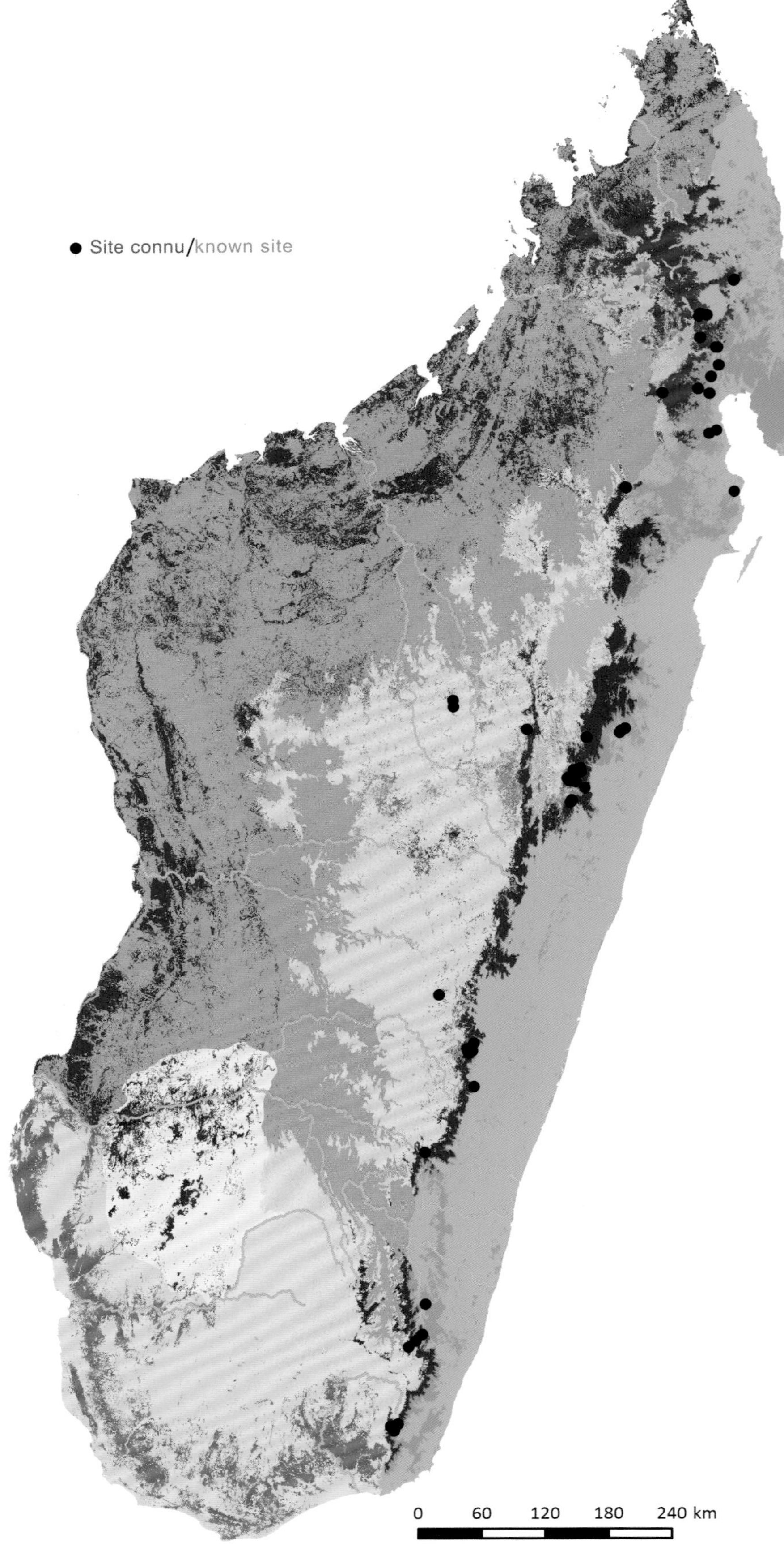
Site connu/known site
0 60 120 180 240 km

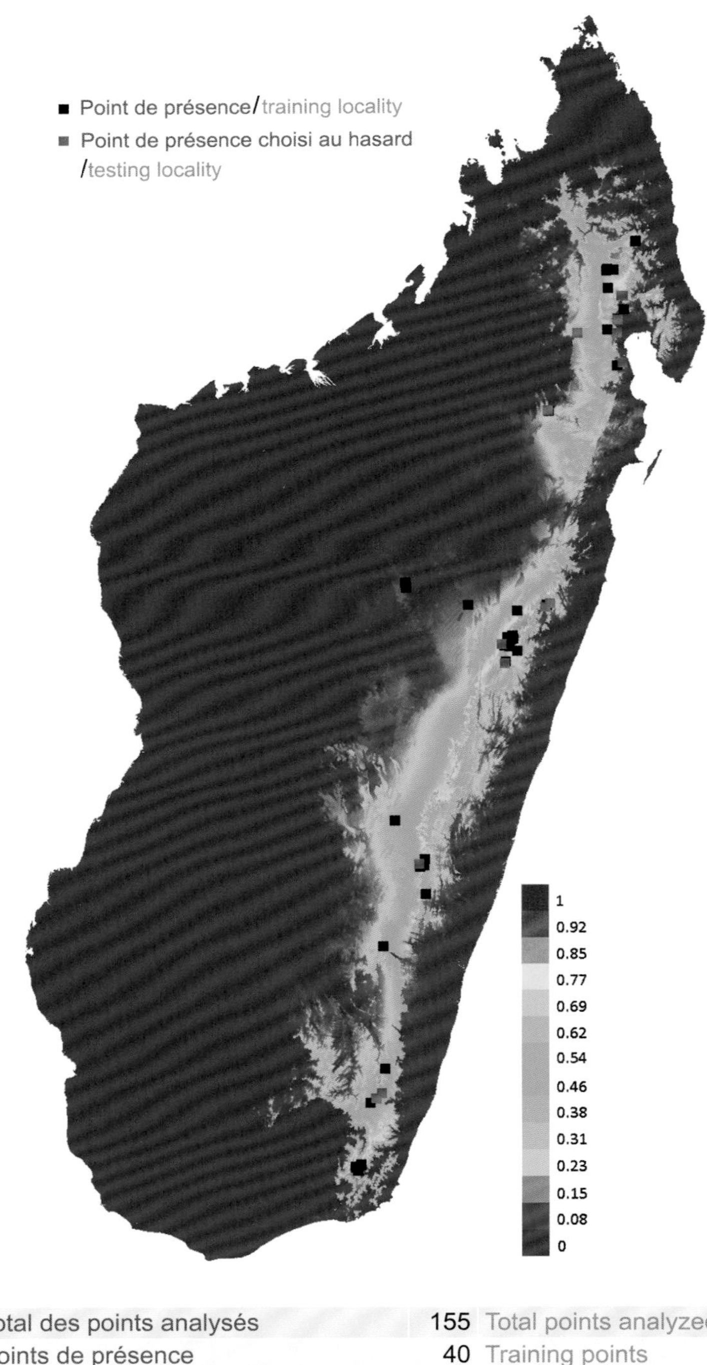
Point de présence/training locality
Point de présence choisi au hasard /testing locality
1
0.92
0.85
0.77
0.69
0.62
0.54
0.46
0.38
0.31
0.23
0.15
0.08
0

Total des points analysés	155	Total points analyzed
Points de présence	40	Training points
Points de présence choisis au hasard	16	Testing points
Points analysés combinés	99	Combined test points

	PC	PI
Minprec (**1.4**, 1.8)	57.9	35.4
Elev	34.7	18.1
Maxtemp	3.6	37.8
Maxprec	1.2	4.4

Altitude minimale (MNE)	250 m (395 m)	Minimum elevation (DEM)
Altitude maximale (MNE)	1875 m (1943 m)	Maximum elevation (DEM)
Habitat	Forêt/forest	Habitat

Maxent : ASC = 0,959
Distribution & habitat : **Endémique**. Strictement forestière. Type d'habitat : humide.
Altitude : Rapportée entre 500-1875 m (48), mais relevée à des altitudes plus basses.
Systématique : Constitue un clade sœur des différents membres du groupe *M. longicaudata* (38).
Autres commentaires : En sympatrie avec les trois espèces du groupe de *longicaudata* dans quelques endroits (38). Par exemple, dans les sites cartographiés sur les Hautes Terres centrales à Ambohitantely et à Ankazomivady, elle se trouve en sympatrie avec *M. longicaudata* et *M. majori*.
Conservation : Préoccupation mineure avec des populations en déclin (25).

Maxent: AUC = 0.959
Distribution & habitat: **Endemic**. Strictly forest-dwelling. Habitat type: humid.
Elevation: Cited to occur from 500-1875 m (48), but documented at lower elevations.
Systematics: Forms the sister clade to the different members of the *M. longicaudata* group (38).
Other comments: Occurs at some sites in sympatry with the three species making up the *longicaudata* group (38). For example, at the mapped Central Highland sites of Ambohitantely and Ankazomivady, it is sympatric with *M. longicaudata* and *M. majori*.
Conservation: Least Concerned with decreasing population trend (25).

Microgale prolixacaudata

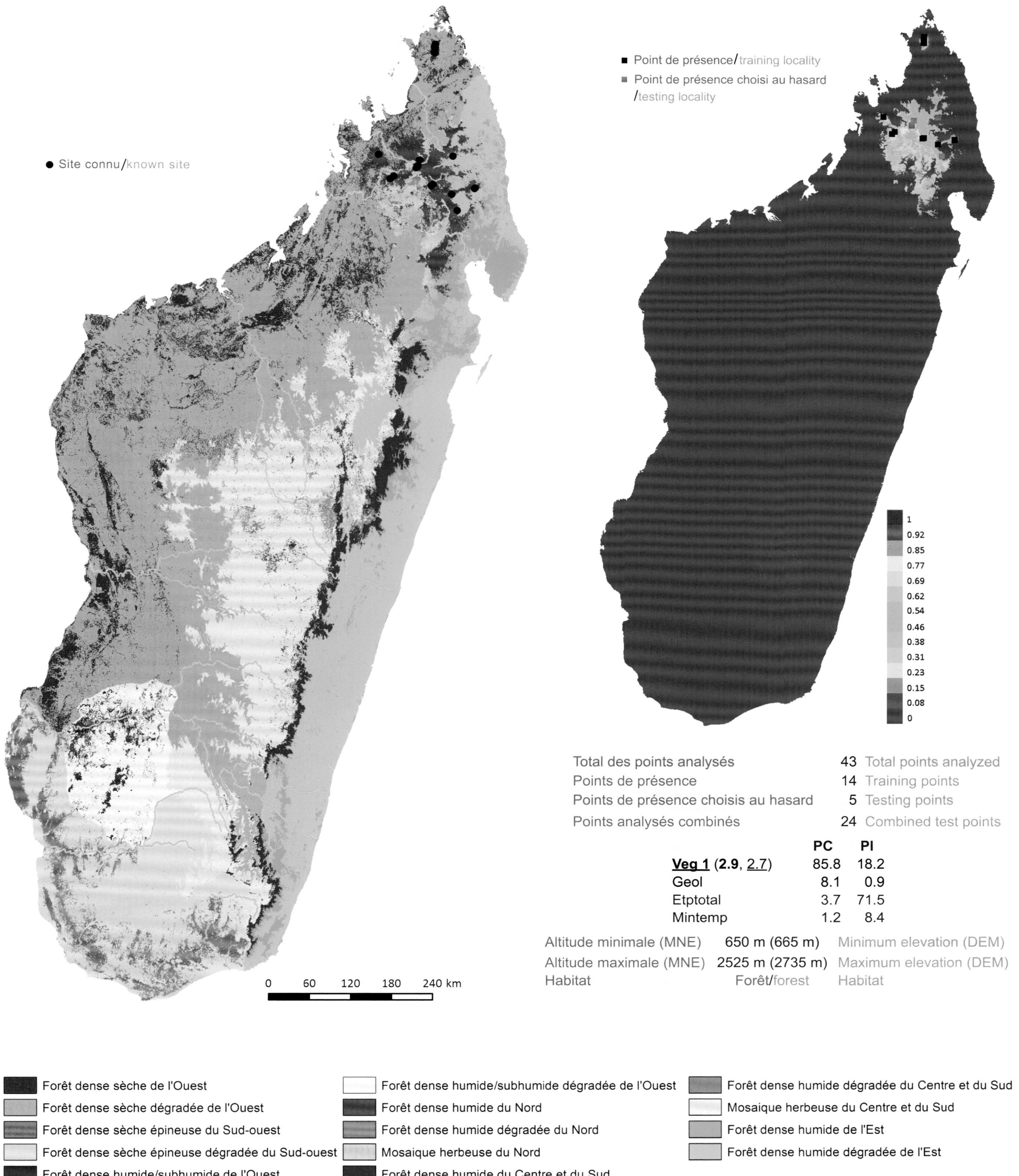
● Site connu/known site
0 60 120 180 240 km
■ Point de présence/training locality
■ Point de présence choisi au hasard /testing locality
1
0.92
0.85
0.77
0.69
0.62
0.54
0.46
0.38
0.31
0.23
0.15
0.08
0
Total des points analysés 43 Total points analyzed
Points de présence 14 Training points
Points de présence choisis au hasard 5 Testing points
Points analysés combinés 24 Combined test points
PC PI
Veg 1 (2.9, 2.7) 85.8 18.2
Geol 8.1 0.9
Etptotal 3.7 71.5
Mintemp 1.2 8.4
Altitude minimale (MNE) 650 m (665 m) Minimum elevation (DEM)
Altitude maximale (MNE) 2525 m (2735 m) Maximum elevation (DEM)
Habitat Forêt/forest Habitat
Forêt dense sèche de l'Ouest
Forêt dense sèche dégradée de l'Ouest
Forêt dense sèche épineuse du Sud-ouest
Forêt dense sèche épineuse dégradée du Sud-ouest
Forêt dense humide/subhumide de l'Ouest
Forêt dense humide/subhumide dégradée de l'Ouest
Forêt dense humide du Nord
Forêt dense humide dégradée du Nord
Mosaique herbeuse du Nord
Forêt dense humide du Centre et du Sud
Forêt dense humide dégradée du Centre et du Sud
Mosaique herbeuse du Centre et du Sud
Forêt dense humide de l'Est
Forêt dense humide dégradée de l'Est

Maxent : ASC = 0,994
Distribution & habitat : **Endémique**. Strictement forestière mais supporte également un certain niveau de perturbation. Type d'habitat : humide.
Altitude : Rapportée entre 650-1350 m (48), mais récemment relevée à des altitudes plus élevées.
Systématique : Le clade du groupe de *longicaudata* dans le Nord (38) est mieux attribué à *M. prolixacaudata* (48).
Autres commentaires : Notablement commune dans certaines localités. En sympatrie avec *M. longicaudata* et *M. majori* dans quelques localités (38), mais dans certains cas, probablement dans des gammes d'altitudes séparées.
Conservation : Non évaluée par l'UICN (25).

Maxent: AUC = 0.994
Distribution & habitat: **Endemic**. Strictly forest-dwelling, but tolerant of a certain level of disturbance. Habitat type: humid.
Elevation: Cited to occur from 650-1350 m (48), but recently documented at higher elevations.
Systematics: The northern clade of the *longicaudata* group (38) is best allocated to *M. prolixacaudata* (48).
Other comments: Notably common at certain localities. Occurs at some sites in sympatry with *M. longicaudata* and *M. majori* (38), although in some cases with possible elevation separation.
Conservation: The conservation status of this species has not been assessed by IUCN (25).

Microgale pusilla

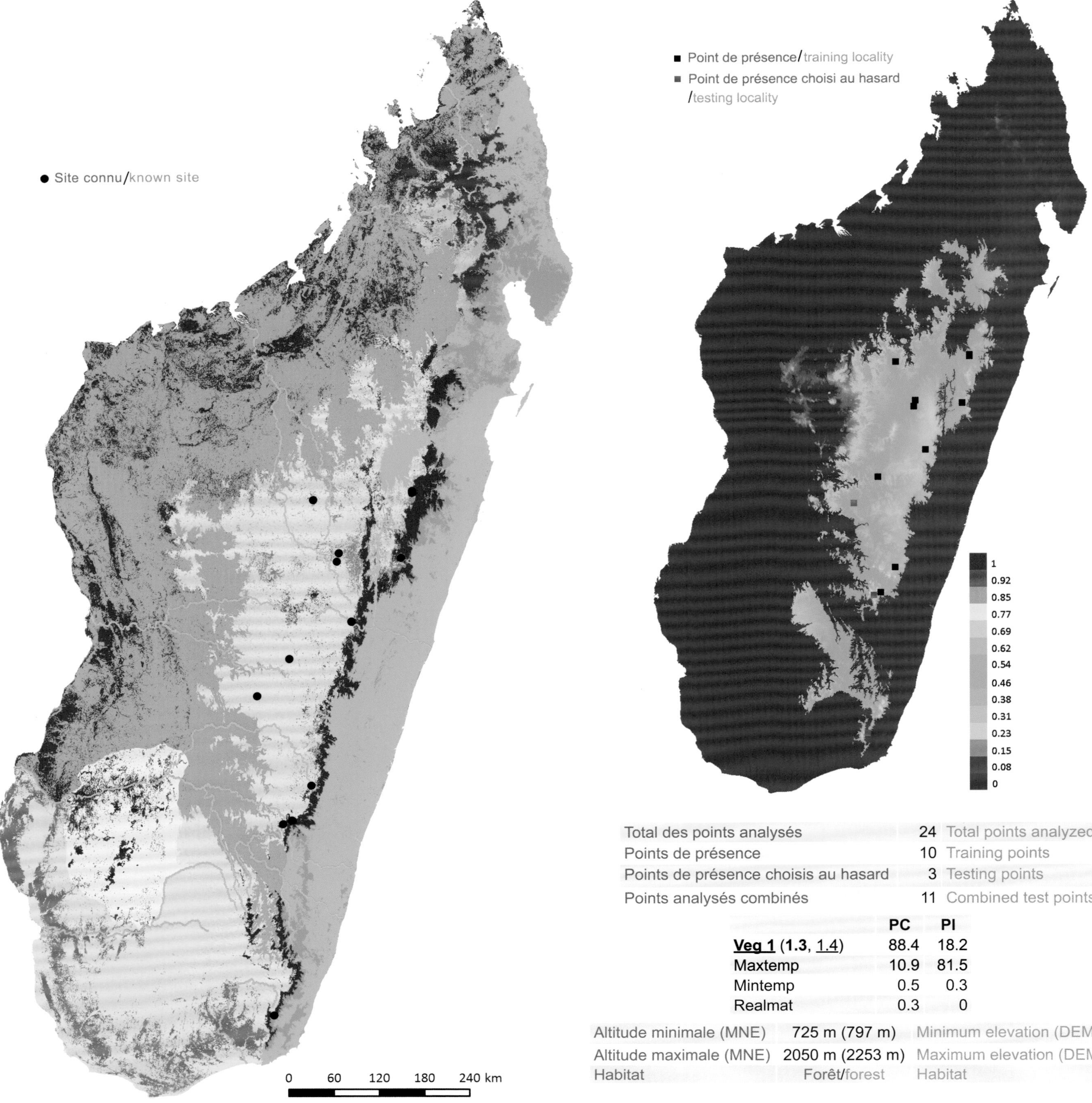
Site connu/known site
0 60 120 180 240 km
Point de présence/training locality
Point de présence choisi au hasard /testing locality
1
0.92
0.85
0.77
0.69
0.62
0.54
0.46
0.38
0.31
0.23
0.15
0.08
0

Total des points analysés	24	Total points analyzed
Points de présence	10	Training points
Points de présence choisis au hasard	3	Testing points
Points analysés combinés	11	Combined test points

	PC	PI
Veg 1 (1.3, 1.4)	88.4	18.2
Maxtemp	10.9	81.5
Mintemp	0.5	0.3
Realmat	0.3	0

Altitude minimale (MNE)	725 m (797 m)	Minimum elevation (DEM)
Altitude maximale (MNE)	2050 m (2253 m)	Maximum elevation (DEM)
Habitat	Forêt/forest	Habitat

Maxent : ASC = 0,936
Distribution & habitat : **Endémique**. Forestière, mais supporte également un certain niveau de perturbation. Elle se trouve également dans des savanes humides et des zones marécageuses. Type d'habitat : humide.
Altitude : Rapportée entre 530-1670 m (48), mais récemment relevée à des altitudes plus élevées.
Systématique : Taxon sœur apparente du groupe de *M. longicaudata* (37).
Autres commentaires : Distribution généralement limitée dans les Hautes Terres centrales où elle est en sympatrie avec *M. parvula* qui lui est morphologiquement semblable. Trouvée récemment dans la région du Sud-est.
Conservation : Préoccupation mineure avec des populations stables (25).

Maxent: AUC = 0.936
Distribution & habitat: **Endemic**. Forest-dwelling, but tolerant of a certain level of disturbance. Also occurs in wet grassland-marsh habitats. Habitat type: humid.
Elevation: Cited to occur from 530-1670 m (48), but recently documented at higher elevations.
Systematics: Apparent sister taxon to the *M. longicaudata* group (37).
Other comments: Generally restricted to the Central Highlands, where it can occur in sympatry with the morphologically similar *M. parvula*. Recently found in the southeast.
Conservation: Least Concerned with stable population trend (25).

Microgale soricoides

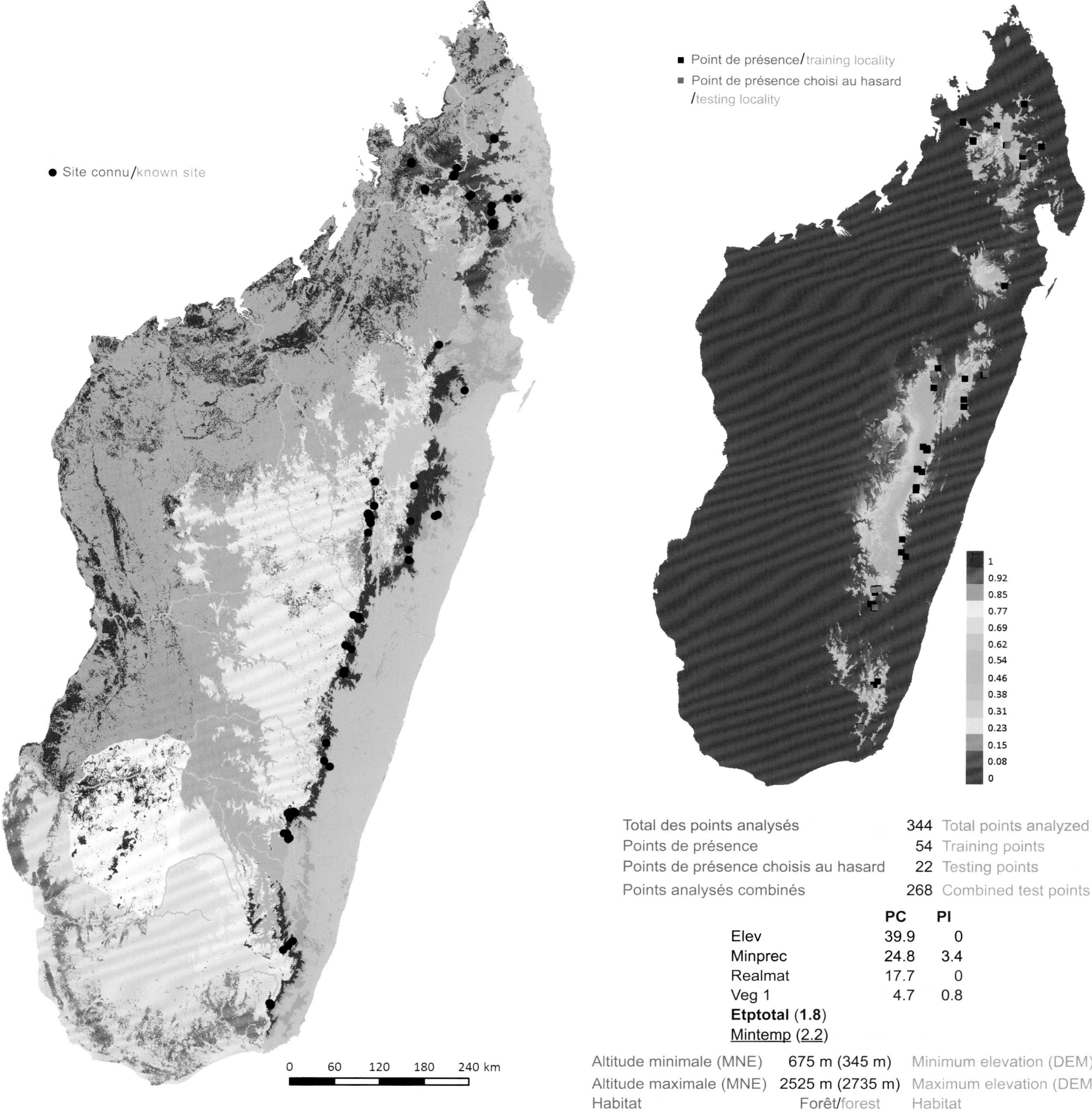
● Site connu/known site
■ Point de présence/training locality
■ Point de présence choisi au hasard /testing locality
1
0.92
0.85
0.77
0.69
0.62
0.54
0.46
0.38
0.31
0.23
0.15
0.08
0
0 60 120 180 240 km

Total des points analysés	344	Total points analyzed
Points de présence	54	Training points
Points de présence choisis au hasard	22	Testing points
Points analysés combinés	268	Combined test points

	PC	PI
Elev	39.9	0
Minprec	24.8	3.4
Realmat	17.7	0
Veg 1	4.7	0.8
Etptotal (**1.8**)		
Mintemp (2.2)		

Altitude minimale (MNE)	675 m (345 m)	Minimum elevation (DEM)
Altitude maximale (MNE)	2525 m (2735 m)	Maximum elevation (DEM)
Habitat	Forêt/forest	Habitat

Maxent : ASC = 0,973

Distribution & habitat : **Endémique**. Strictement forestière, mais supporte également un certain niveau de perturbation. Type d'habitat : humide. Dans le Sud-est, elle est connue dans les forêts de transition humides-sèches épineuses.

Systématique : Une étude phylogéographique de cette espèce récemment décrite (31) et bien répandue est nécessaire pour comprendre les relations génétiques entre les populations. Constitue une espèce sœur de *M. fotsifotsy* (37).

Autres commentaires : Souvent sympatrique avec *M. fotsifotsy*, mais les deux espèces ont des tailles du corps et des mœurs nettement différentes.

Conservation : Préoccupation mineure avec des populations en déclin (25).

Maxent: AUC = 0.973

Distribution & habitat: **Endemic**. Strictly forest-dwelling, but tolerant of a certain level of disturbance. Habitat type: humid. In the southeast known to occur in transitional humid-spiny dry habitat.

Systematics: A phylogeographic study of this widespread recently described species (31) is needed to understand the genetic relationships between populations. Forms a sister species with *M. fotsifotsy* (37).

Other comments: Often sympatric with *M. fotsifotsy*, but the two species have distinctly different body size and life history traits.

Conservation: Least Concerned with decreasing population trend (25).

Microgale taiva

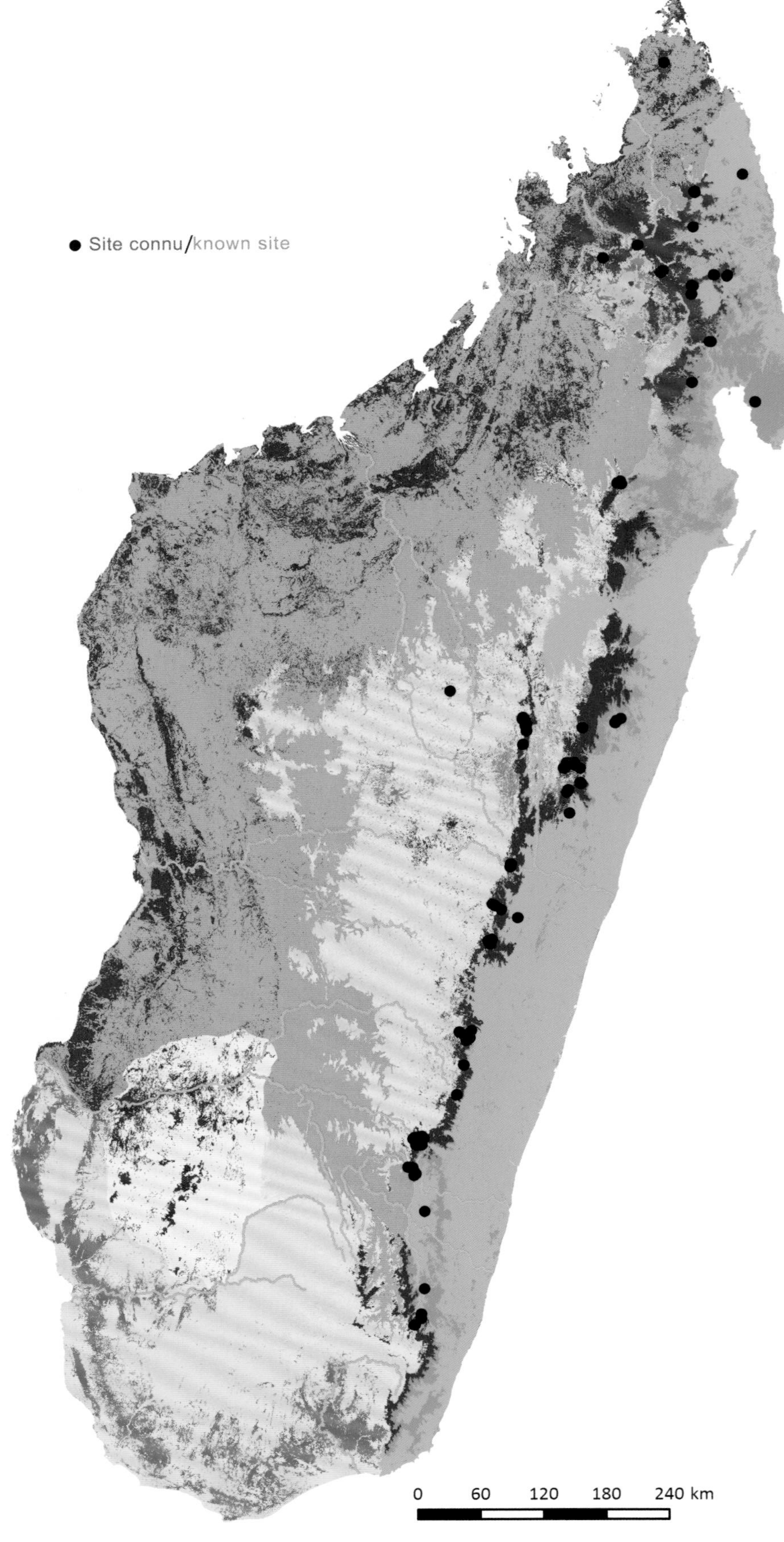

● Site connu/known site
0 60 120 180 240 km

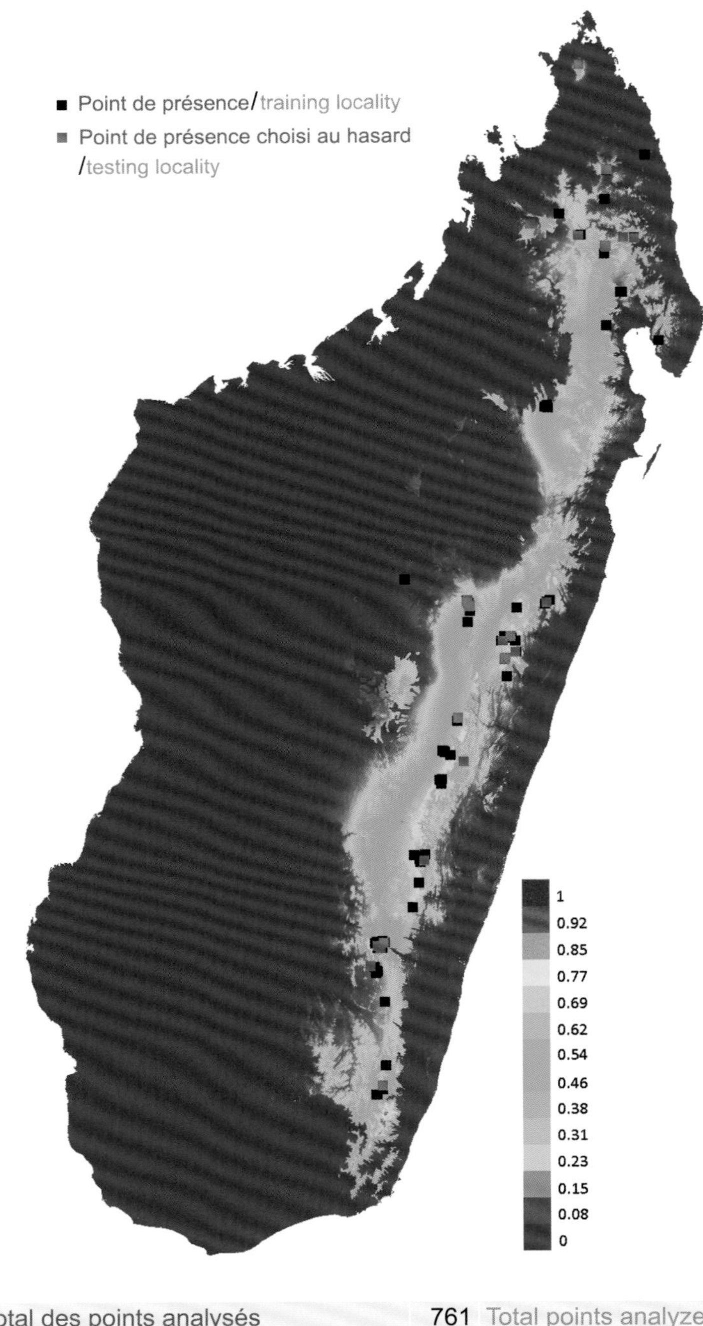

■ Point de présence/training locality
■ Point de présence choisi au hasard /testing locality
1
0.92
0.85
0.77
0.69
0.62
0.54
0.46
0.38
0.31
0.23
0.15
0.08
0

Total des points analysés	761	Total points analyzed
Points de présence	63	Training points
Points de présence choisis au hasard	26	Testing points
Points analysés combinés	672	Combined test points

	PC	PI
Minprec (1.7)	53.0	21.0
Elev	31.1	13.5
Veg 1	5.2	0
Geol	5.2	3.5
Maxtemp (1.3)		

Altitude minimale (MNE)	430 m (409 m)	Minimum elevation (DEM)
Altitude maximale (MNE)	1990 m (2009 m)	Maximum elevation (DEM)
Habitat	Forêt/forest	Habitat

Maxent : ASC = 0,948
Distribution & habitat : **Endémique**. Strictement forestière. Type d'habitat : humide.
Altitude : Rapportée entre 530-2500 m (48), mais récemment relevée à des altitudes plus basse.
Systématique : Une étude phylogéographique de cette espèce largement répandue est nécessaire pour comprendre les relations génétiques entre les populations.
Autres commentaires : Dans certaines localités de la forêt humide, cette espèce est particulièrement commune et dans d'autres endroits aux altitudes similaires, elle est complètement absente. Le site cartographié sur les Hautes Terres centrales est Ambohitantely.
Conservation : Préoccupation mineure avec des populations en déclin (25).

Maxent: AUC = 0.948
Distribution & habitat: **Endemic**. Strictly forest-dwelling. Habitat type: humid.
Elevation: Cited to occur from 530-2500 m (48), but recently documented at lower elevations.
Systematics: A phylogeographic study of this widespread species is needed to understand the genetic relationships between populations.
Other comments: At certain localities in the humid forest it is notably common and at others at the same elevation completely absent. The mapped Central Highland site is Ambohitantely.
Conservation: Least Concerned with decreasing population trend (25).

Microgale talazaci

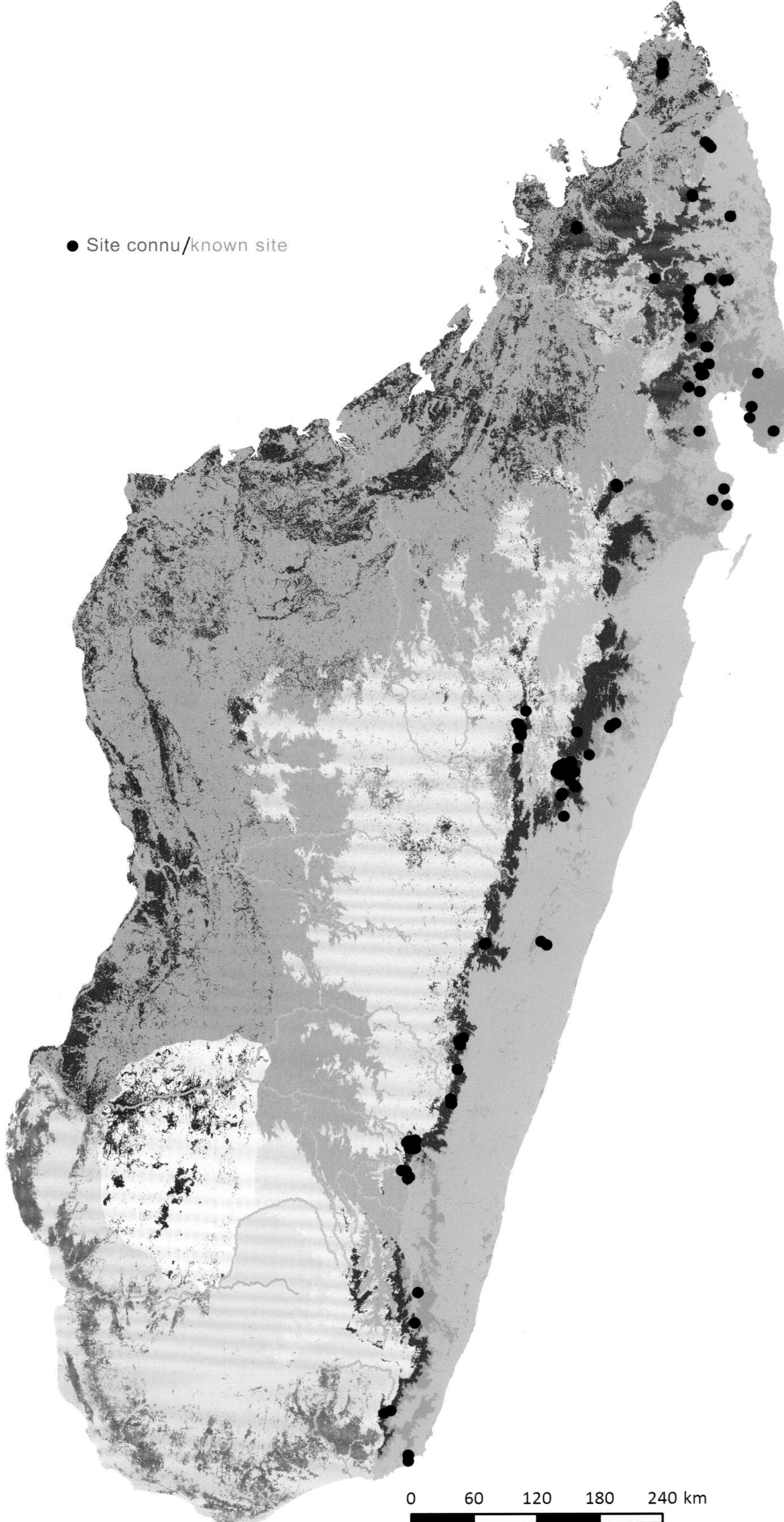

Site connu/known site
0 60 120 180 240 km

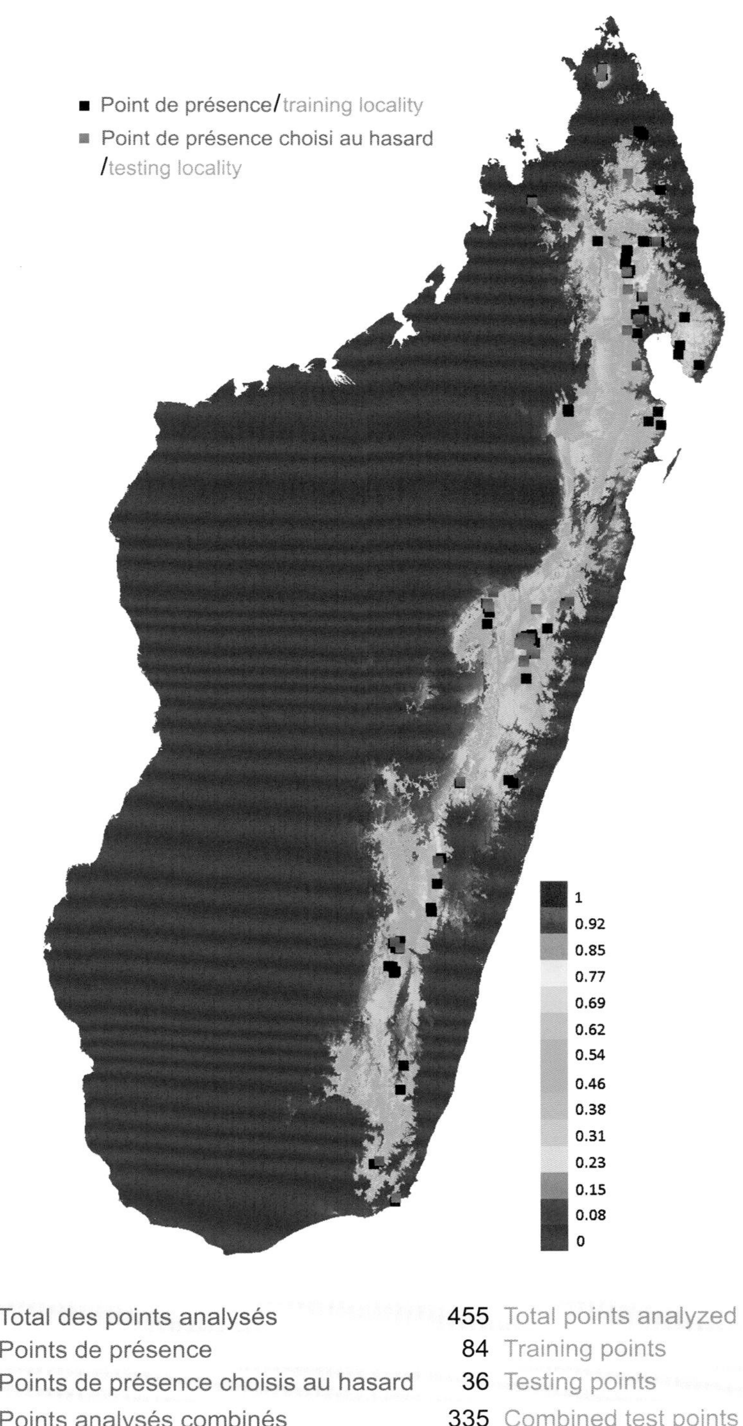

Point de présence/training locality
Point de présence choisi au hasard /testing locality
1
0.92
0.85
0.77
0.69
0.62
0.54
0.46
0.38
0.31
0.23
0.15
0.08
0

Total des points analysés	455	Total points analyzed
Points de présence	84	Training points
Points de présence choisis au hasard	36	Testing points
Points analysés combinés	335	Combined test points

	PC	PI
Minprec (**1.1**, 1.7)	41.9	54.9
Etptotal	19.3	8.3
Maxtemp	16.2	0.6
Mintemp	6.6	6.8

Altitude minimale (MNE)	50 m (40 m)	Minimum elevation (DEM)
Altitude maximale (MNE)	1990 m (2009 m)	Maximum elevation (DEM)
Habitat	Forêt/forest	Habitat

Maxent : ASC = 0,966
Distribution & habitat : **Endémique**. Strictement forestière, mais supporte également un certain niveau de perturbation. Type d'habitat : humide, mais connue dans les forêts de transition humides-sèches.
Altitude : Présence signalée près du niveau de la mer jusqu'à 1990 m (48).
Systématique : Une étude phylogéographique de cette espèce largement répandue est nécessaire pour comprendre les relations génétiques entre les populations. Constitue une espèce sœur de *M. dobsoni* (37).
Autres commentaires : Largement sympatrique avec *M. dobsoni* qui lui est morphologiquement semblable.
Conservation : Préoccupation mineure avec des populations en déclin (25).

Maxent: AUC = 0.966
Distribution & habitat: **Endemic**. Strictly forest-dwelling, but tolerant of a certain level of disturbance. Habitat type: humid, but known to occur in transitional humid-dry habitat.
Elevation: Cited to occur from near sea level-1990 m (48).
Systematics: A phylogeographic study of this widespread species is needed to understand the genetic relationships between populations. Forms a sister species with *M. dobsoni* (37).
Other comments: Broadly sympatric with the morphologically similar *M. dobsoni*.
Conservation: Least Concerned with decreasing population trend (25).

Microgale thomasi

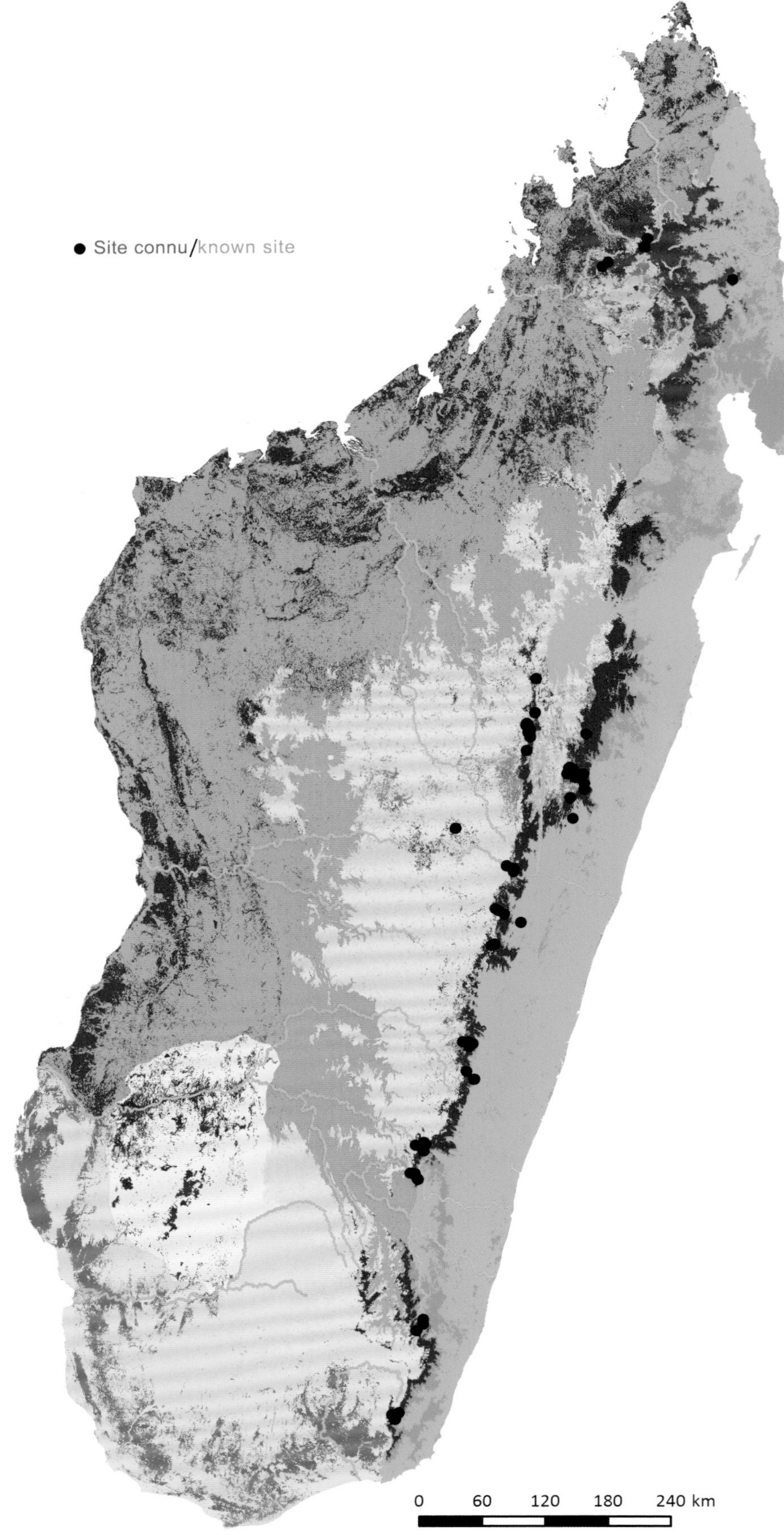
● Site connu/known site
0 60 120 180 240 km

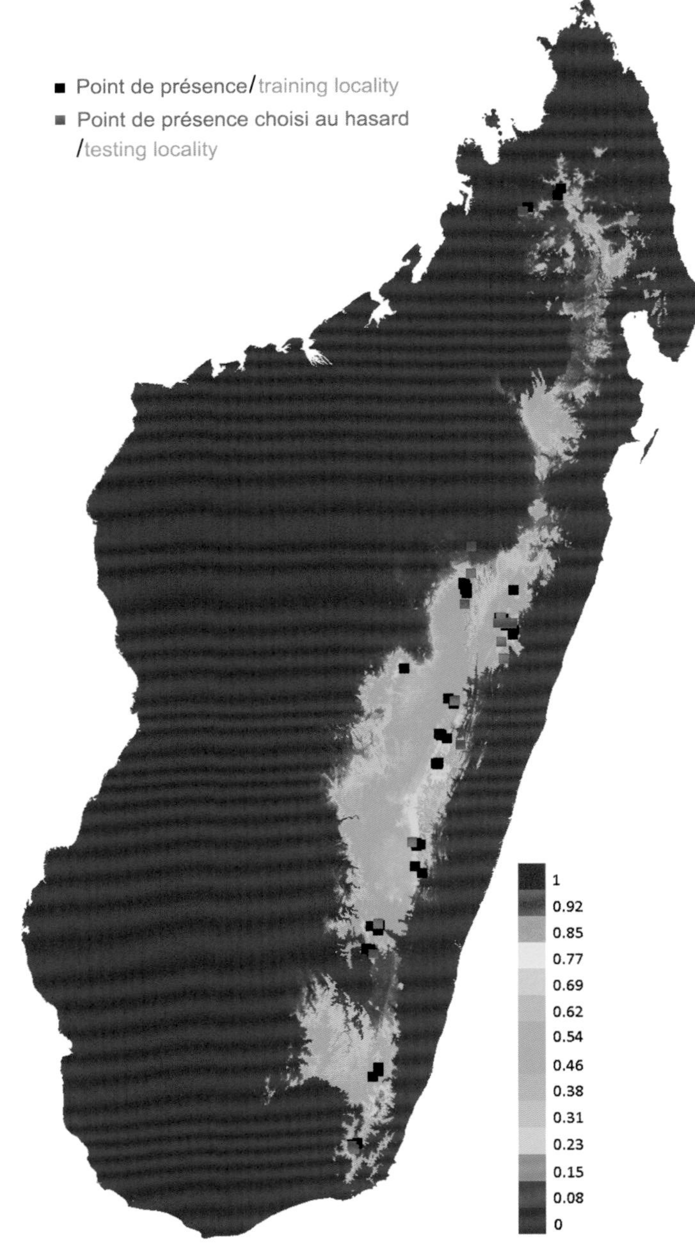
■ Point de présence/training locality
■ Point de présence choisi au hasard /testing locality
1
0.92
0.85
0.77
0.69
0.62
0.54
0.46
0.38
0.31
0.23
0.15
0.08
0

Total des points analysés	307	Total points analyzed
Points de présence	47	Training points
Points de présence choisis au hasard	19	Testing points
Points analysés combinés	241	Combined test points

	PC	PI
Minprec (2.0)	30.4	29.6
Elev	26.9	0.9
Veg 1	20.2	1.5
Realmat	9.2	0
Maxtemp (1.7)		

Altitude minimale (MNE)	440 m (416 m)	Minimum elevation (DEM)
Altitude maximale (MNE)	2503 m (2494 m)	Maximum elevation (DEM)
Habitat	Forêt/forest	Habitat

Maxent : ASC = 0,969
Distribution & habitat : **Endémique**. Strictement forestière. Type d'habitat : humide.
Altitude : Rapportée entre 800-2000 m (48), mais récemment relevée à des altitudes plus basses et plus élevées.
Systématique : Une étude phylogéographique de cette espèce largement répandue est nécessaire pour comprendre les relations génétiques entre les populations, particulièrement celles des localités isolées du Nord.
Autres commentaires : Notablement commune dans certaines localités. Une zone d'une étendue de centaines de kilomètres sépare les populations connues au Nord et au Centre. Le site cartographié sur les Hautes Terres centrales est Ankaratra.
Conservation : Préoccupation mineure avec des populations en déclin (25).

Maxent: AUC = 0.969
Distribution & habitat: **Endemic**. Strictly forest-dwelling. Habitat type: humid.
Elevation: Cited to occur from 800-2000 m (48), but recently documented at lower and higher elevations.
Systematics: A phylogeographic study of this widespread species is needed to understand the genetic relationships between populations, particularly those from the disjunct northern localities.
Other comments: Notably common at certain localities. An area of several hundred kilometers separates the known northern and central populations. The mapped Central Highland site is Ankaratra.
Conservation: Least Concerned with decreasing population trend (25).

Oryzorictes hova

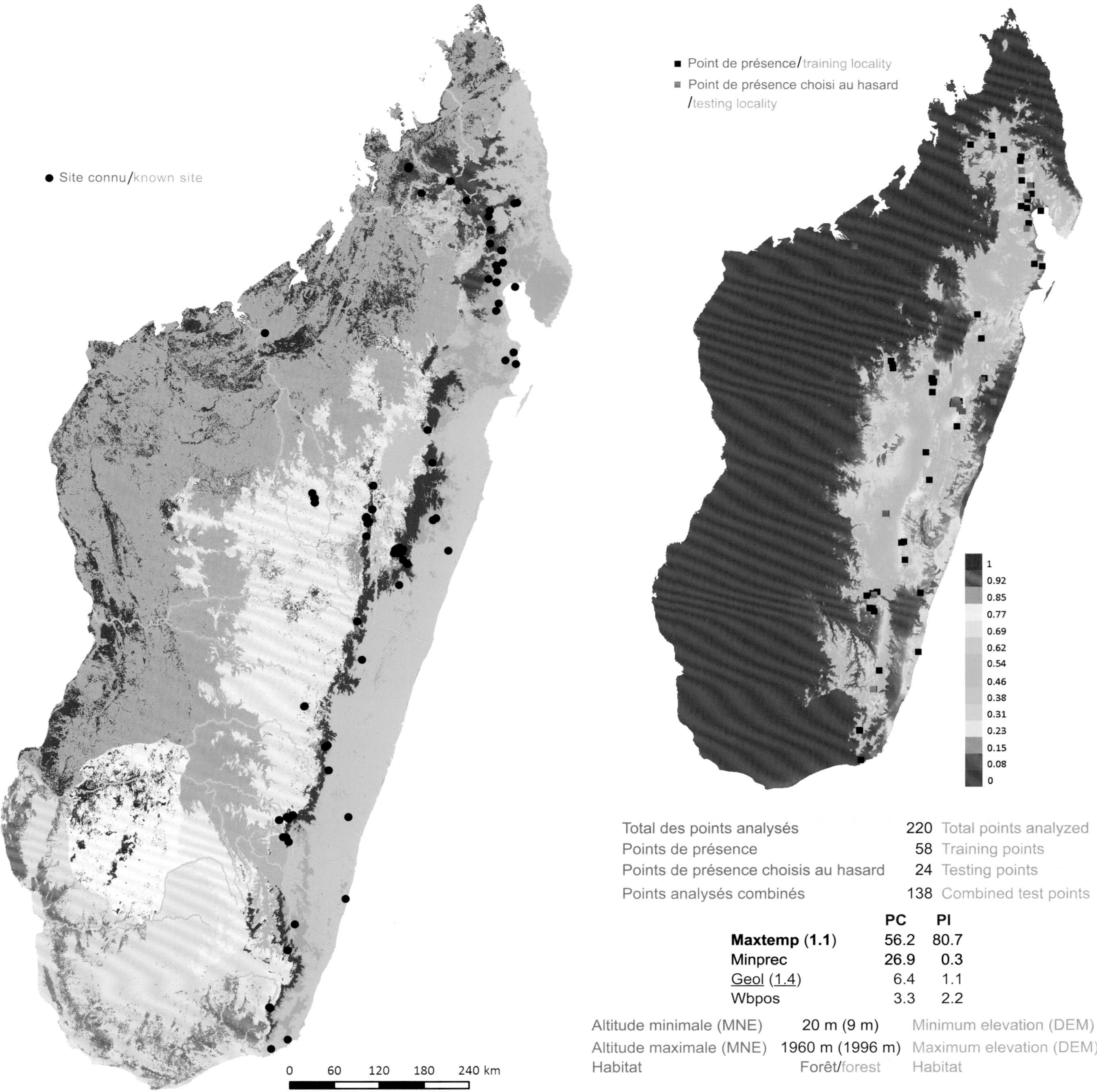

Site connu/known site
0 60 120 180 240 km
Point de présence/training locality
Point de présence choisi au hasard /testing locality
1
0.92
0.85
0.77
0.69
0.62
0.54
0.46
0.38
0.31
0.23
0.15
0.08
0

Total des points analysés	220	Total points analyzed
Points de présence	58	Training points
Points de présence choisis au hasard	24	Testing points
Points analysés combinés	138	Combined test points

	PC	PI
Maxtemp (1.1)	56.2	80.7
Minprec	26.9	0.3
Geol (1.4)	6.4	1.1
Wbpos	3.3	2.2

Altitude minimale (MNE)	20 m (9 m)	Minimum elevation (DEM)
Altitude maximale (MNE)	1960 m (1996 m)	Maximum elevation (DEM)
Habitat	Forêt/forest	Habitat

Maxent : ASC = 0,923
Distribution & habitat : **Endémique**. Largement forestière, mais supporte également un certain niveau de perturbation. Présente aussi bien dans les marécages que dans les rizières en jachère. Type d'habitat : humide. Connue dans quelques forêts de transition humides-sèches épineuses dans le Sud-est et de transition humides-sèches dans le Nord-ouest (région de Marovoay).
Systématique : Constitue une espèce sœur d'*O. tetradactylus*. Une étude phylogéographique de cette espèce largement répandue est nécessaire pour comprendre les relations génétiques entre les populations.
Autres commentaires : Notablement commune dans certaines localités. Parapatrique avec *O. tetradactylus* au-dessus de la limite de forêt du Massif d'Andringitra.
Conservation : Préoccupation mineure avec des populations en déclin (25).

Maxent: AUC = 0.923
Distribution & habitat: **Endemic**. Largely forest-dwelling, but tolerant of a certain level of disturbance. Also occurs in marsh habitats, as well as fallow rice fields. Habitat type: humid. Known to occur in some transitional humid-dry spiny habitats in the southeast and humid-dry habitats in the northwest (Marovoay area).
Systematics: Forms sister species to *O. tetradactylus*. A phylogeographic study is needed of this widespread species to understand the genetic relationships between populations.
Other comments: Notably common at certain localities. Known to occur in parapatry with *O. tetradactylus* above forest-line on the Andringitra Massif.
Conservation: Least Concerned with decreasing population trend (25).

Oryzorictes tetradactylus

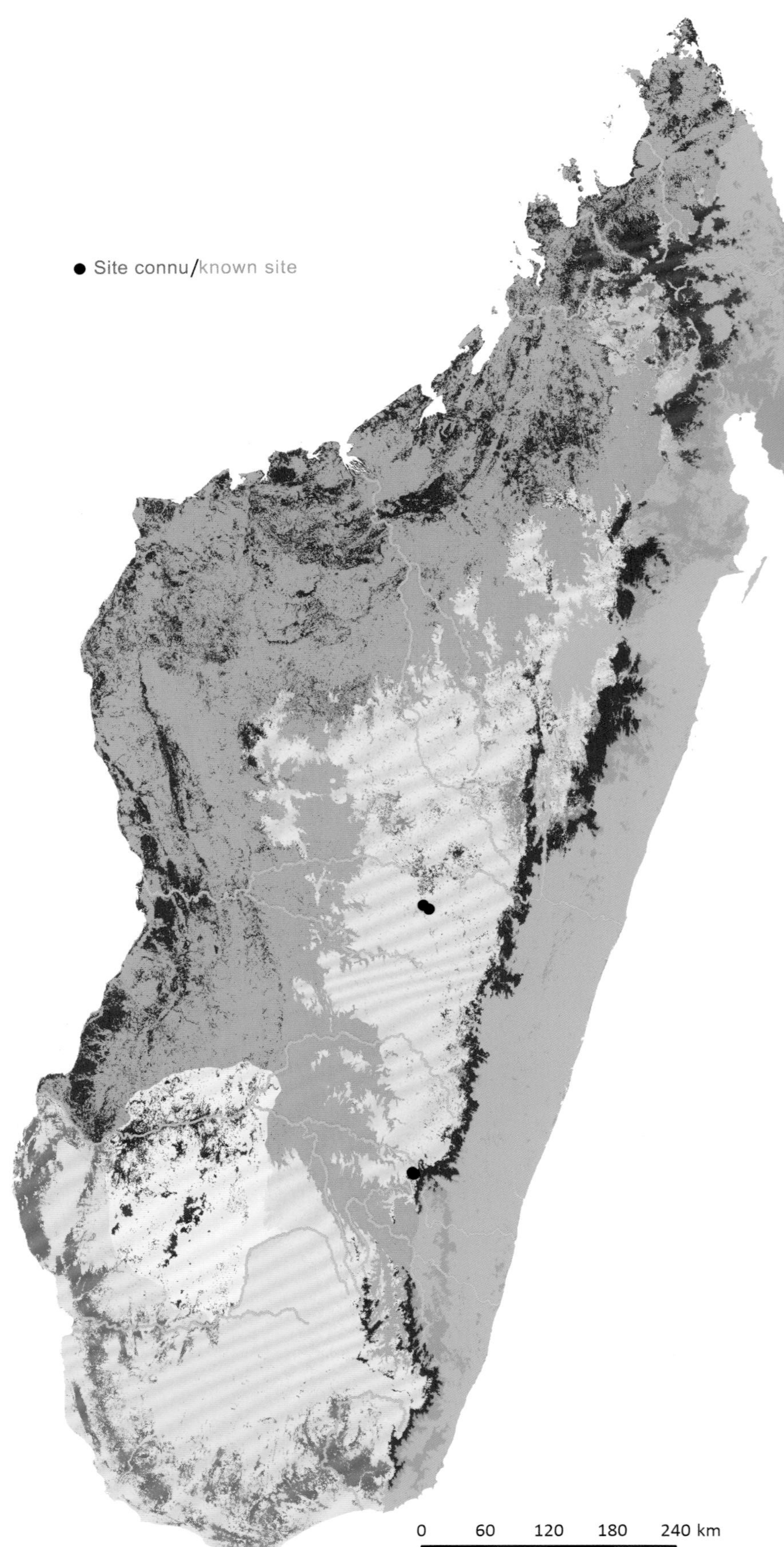
● Site connu/known site
0 60 120 180 240 km

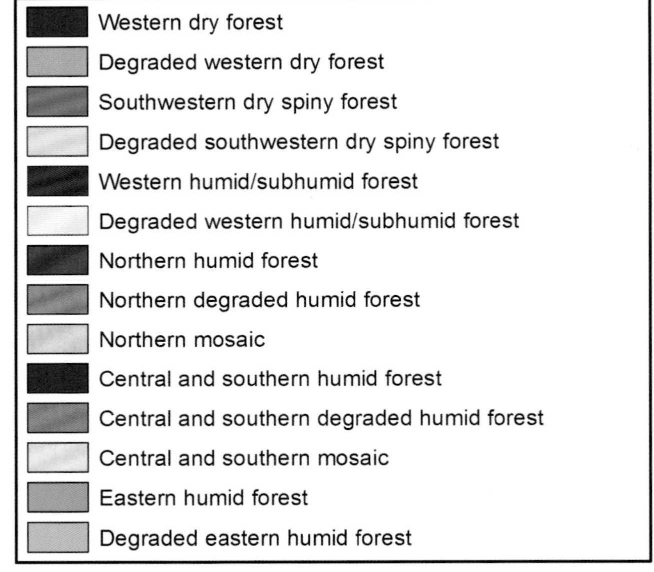
Western dry forest
Degraded western dry forest
Southwestern dry spiny forest
Degraded southwestern dry spiny forest
Western humid/subhumid forest
Degraded western humid/subhumid forest
Northern humid forest
Northern degraded humid forest
Northern mosaic
Central and southern humid forest
Central and southern degraded humid forest
Central and southern mosaic
Eastern humid forest
Degraded eastern humid forest

Altitude minimale	1500 m	Minimum elevation
Altitude maximale	2450 m	Maximum elevation
Habitat	Forêt/forest	Habitat

Distribution & habitat : Endémique. Largement forestière mais se trouve également dans les marécages des Hautes Terres centrales. Type d'habitat : humide.
Altitude : Rapportée entre 2050-2450 m (48).
Systématique : Constitue une espèce sœur d'*O. hova*.
Autres commentaires : Parapatrique avec *O. hova* au-dessus de la limite de forêt du Massif d'Andringitra. Espèce mal connue et considérée d'avoir une distribution plus large que celle présentée ici. Les vieux spécimens dans des localités imprécises près de Vinanitelo et Ikongo ne sont pas cartographiés.
Conservation : Données insuffisantes avec des populations mal connues (25).

Distribution & habitat: Endemic. Largely forest-dwelling, but also occurs in highland marsh habitats. Habitat type: humid.
Elevation: Cited to occur from 2050-2450 m (48).
Systematics: Forms sister species to *O. hova*.
Other comments: Known to occur in parapatry with *O. hova* above forest-line on the Andringitra Massif. Poorly known and presumed to have a wider distribution than presented here. Older specimens from imprecise localities near Vinanitelo and Ikongo not mapped.
Conservation: Data Deficient with unknown population trend (25).

Brachytarsomys albicauda

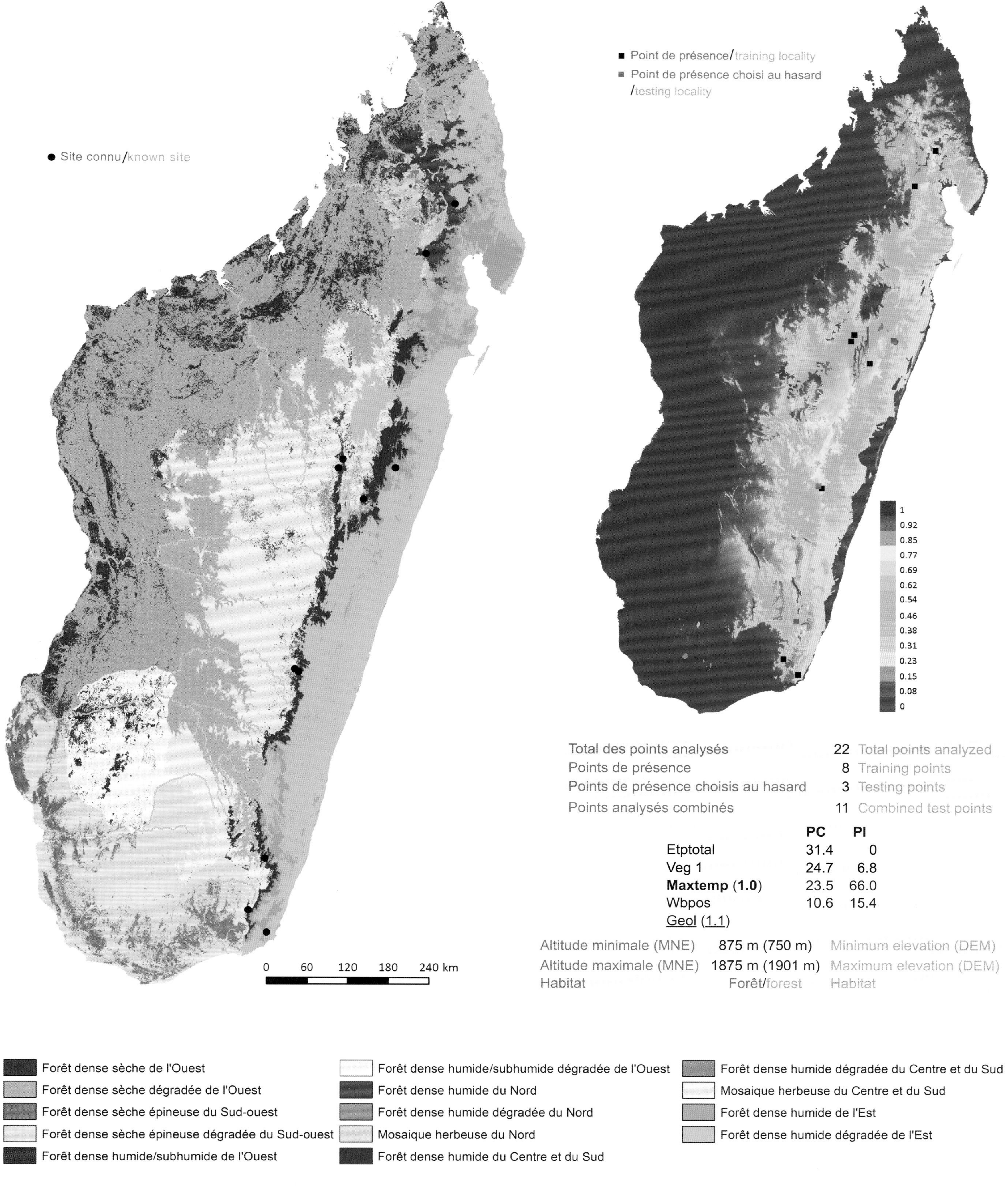
● Site connu/known site
0 60 120 180 240 km
■ Point de présence/training locality
■ Point de présence choisi au hasard /testing locality
1
0.92
0.85
0.77
0.69
0.62
0.54
0.46
0.38
0.31
0.23
0.15
0.08
0
Total des points analysés 22 Total points analyzed
Points de présence 8 Training points
Points de présence choisis au hasard 3 Testing points
Points analysés combinés 11 Combined test points
PC PI
Etptotal 31.4 0
Veg 1 24.7 6.8
Maxtemp (1.0) 23.5 66.0
Wbpos 10.6 15.4
Geol (1.1)
Altitude minimale (MNE) 875 m (750 m) Minimum elevation (DEM)
Altitude maximale (MNE) 1875 m (1901 m) Maximum elevation (DEM)
Habitat Forêt/forest Habitat
Forêt dense sèche de l'Ouest
Forêt dense sèche dégradée de l'Ouest
Forêt dense sèche épineuse du Sud-ouest
Forêt dense sèche épineuse dégradée du Sud-ouest
Forêt dense humide/subhumide de l'Ouest
Forêt dense humide/subhumide dégradée de l'Ouest
Forêt dense humide du Nord
Forêt dense humide dégradée du Nord
Mosaique herbeuse du Nord
Forêt dense humide du Centre et du Sud
Forêt dense humide dégradée du Centre et du Sud
Mosaique herbeuse du Centre et du Sud
Forêt dense humide de l'Est
Forêt dense humide dégradée de l'Est

Maxent : ASC = 0,947
Distribution & habitat : **Endémique**. Strictement forestière. Type d'habitat : humide.
Altitude : Rapportée entre 450-1875 m (48).
Systématique : Les relations phylogénétiques entre ce taxon et sa présumée espèce sœur, *B. villosa*, semblent être associées à un complexe formé par les genres *Gymnuromys* et *Voalavo*/*Eliurus* (27).
Autres commentaires : Largement répandue mais mal connue. Généralement allopatrique avec *B. villosa*, mais lorsque ces espèces sont sur le même massif, il semble y avoir une ségrégation altitudinale (16).
Conservation : Préoccupation mineure avec des populations mal connues (25).

Maxent: AUC = 0.947
Distribution & habitat: **Endemic**. Strictly forest-dwelling. Habitat type: humid.
Elevation: Cited to occur from 450-1875 m (48).
Systematics: The phylogenetic relationships between this taxon and its presumed sister species, *B. villosa*, appear to be associated with a complex formed by the genera *Gymnuromys* and *Voalavo*/*Eliurus* (27).
Other comments: Widespread, but poorly known species. Generally allopatric with *B. villosa* and when on the same massif there appears to be elevation segregation (16).
Conservation: Least Concerned with unknown population trend (25).

Brachytarsomys villosa

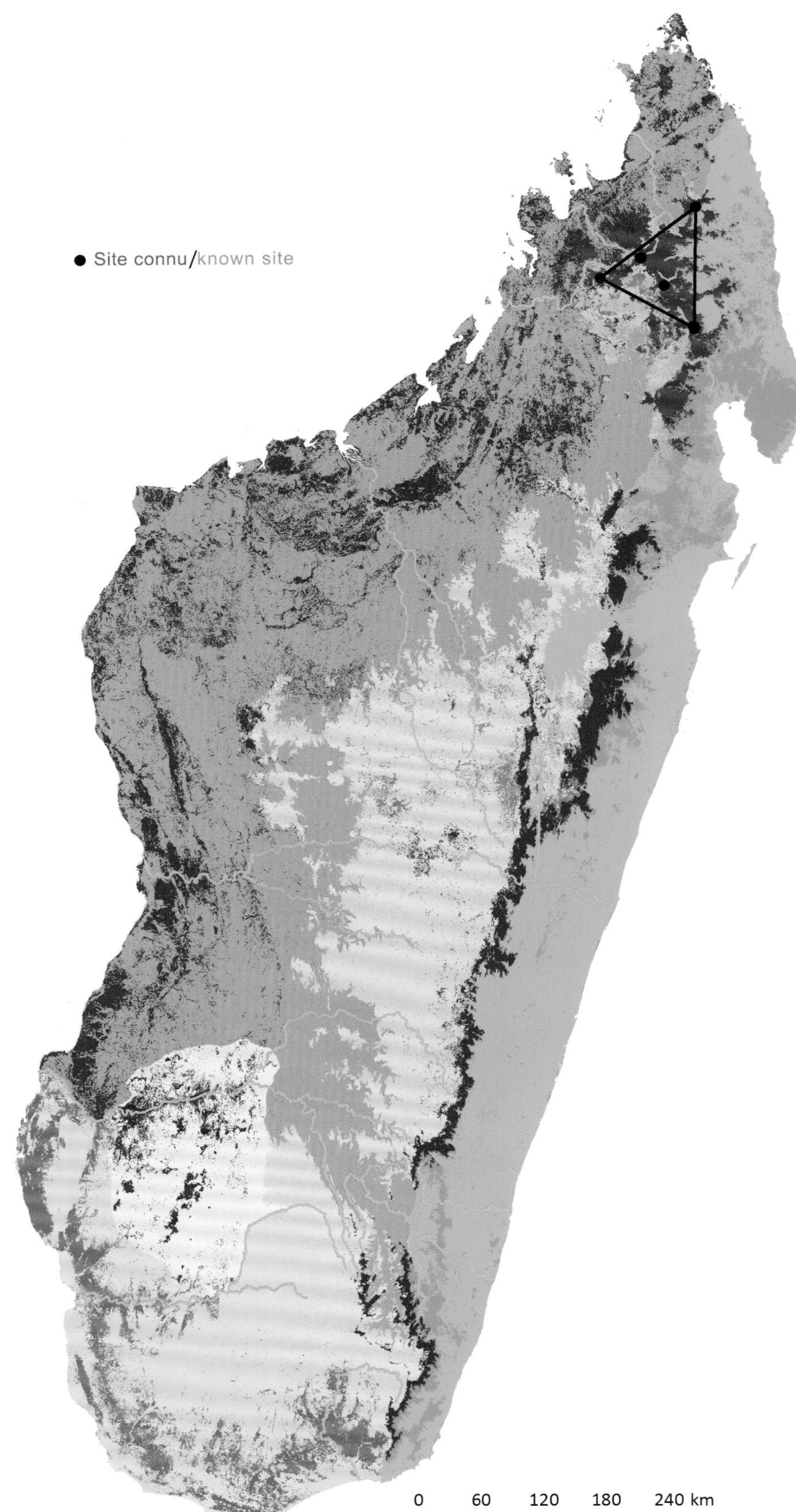
● Site connu/known site
0 60 120 180 240 km

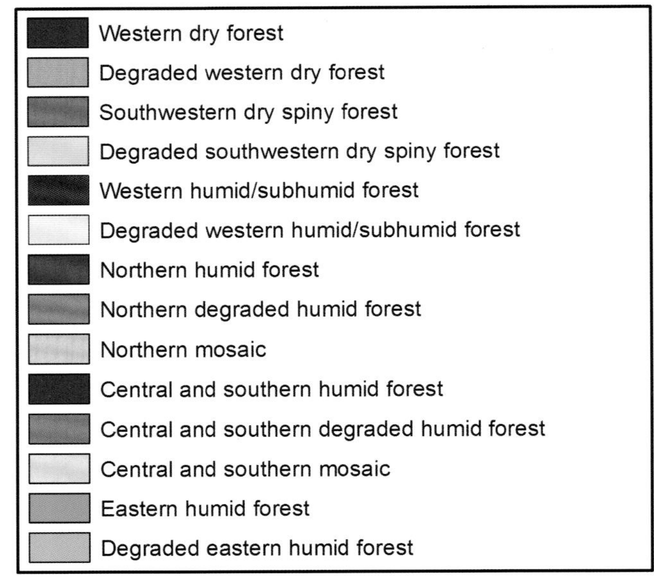
Western dry forest
Degraded western dry forest
Southwestern dry spiny forest
Degraded southwestern dry spiny forest
Western humid/subhumid forest
Degraded western humid/subhumid forest
Northern humid forest
Northern degraded humid forest
Northern mosaic
Central and southern humid forest
Central and southern degraded humid forest
Central and southern mosaic
Eastern humid forest
Degraded eastern humid forest

Altitude minimale	1200 m	Minimum elevation
Altitude maximale	2027 m	Maximum elevation
Habitat	Forêt/forest	Habitat

Distribution & habitat : Endémique. Strictement forestière. Type d'habitat : humide.
Systématique : Les relations phylogénétiques entre ce taxon et sa présumée espèce sœur, *B. albicauda*, semblent être associées à un complexe formé par les genres *Gymnuromys* et *Voalavo*/*Eliurus* (27).
Autres commentaires : Généralement allopatrique avec *B. albicauda*, mais lorsque ces espèces sont sur le même massif, il semble y avoir une ségrégation altitudinale (16).
Conservation : Zone d'Occurrence égale à 5514 km². En danger avec des populations mal connues (25).

Distribution & habitat: Endemic. Strictly forest-dwelling. Habitat type: humid.
Systematics: The phylogenetic relationships between this taxon and its presumed sister species, *B. albicauda*, appear to be associated with a complex formed by the genera *Gymnuromys* and *Voalavo*/*Eliurus* (27).
Other comments: Generally allopatric with *B. albicauda* and when on the same massif there appears to be elevation segregation (16).
Conservation: The calculated Extent of Occurrence is 5514 km². Endangered with unknown population trend (25).

Brachyuromys betsileoensis

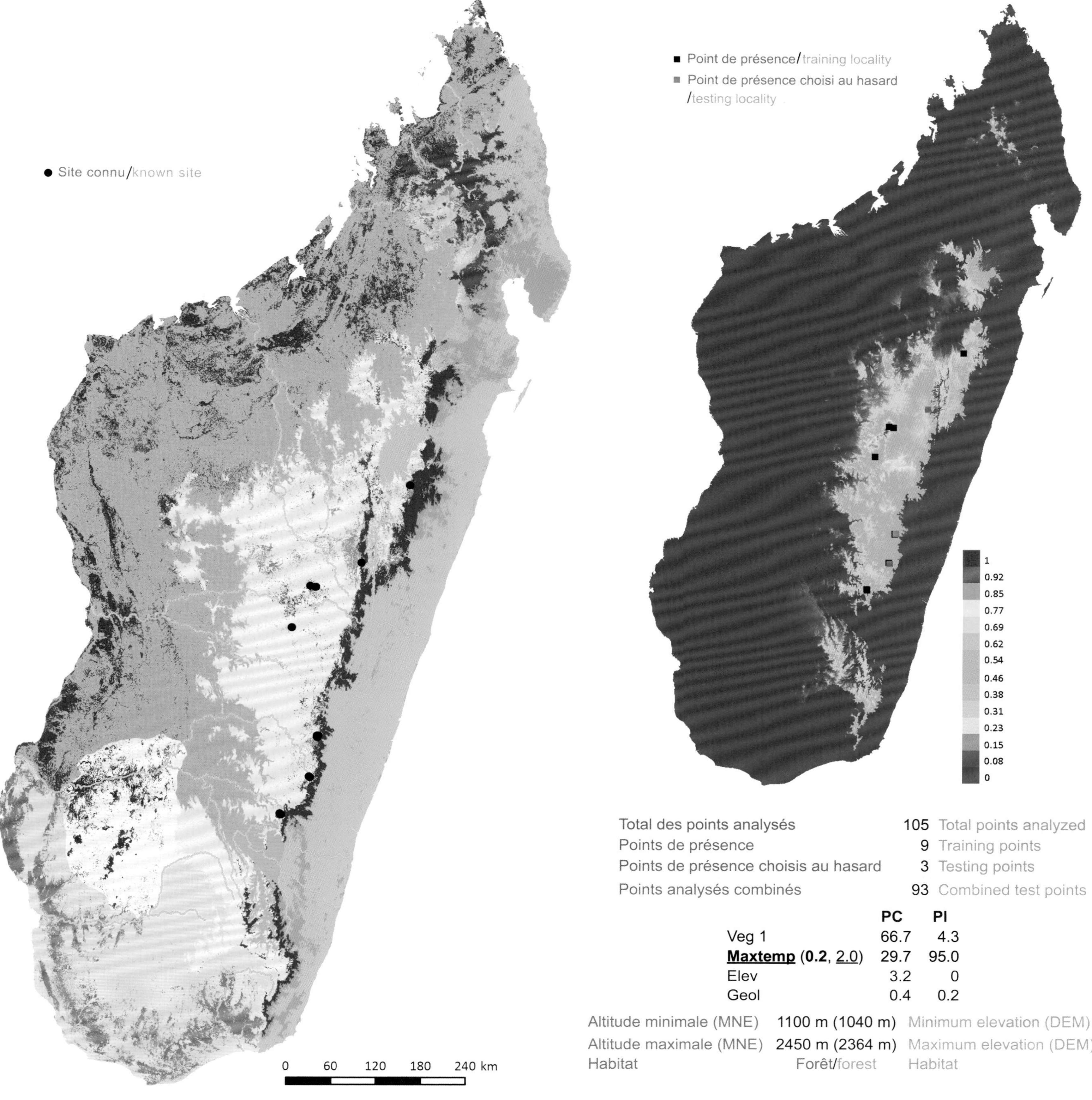

● Site connu/known site
0 60 120 180 240 km
■ Point de présence/training locality
■ Point de présence choisi au hasard /testing locality
1
0.92
0.85
0.77
0.69
0.62
0.54
0.46
0.38
0.31
0.23
0.15
0.08
0
Total des points analysés 105 Total points analyzed
Points de présence 9 Training points
Points de présence choisis au hasard 3 Testing points
Points analysés combinés 93 Combined test points
PC PI
Veg 1 66.7 4.3
Maxtemp (0.2, 2.0) 29.7 95.0
Elev 3.2 0
Geol 0.4 0.2
Altitude minimale (MNE) 1100 m (1040 m) Minimum elevation (DEM)
Altitude maximale (MNE) 2450 m (2364 m) Maximum elevation (DEM)
Habitat Forêt/forest Habitat

Maxent : ASC = 0,968
Distribution & habitat : Endémique. Pas strictement forestière, utilise l'habitat éricoïdes des hautes montagnes, les marais et les zones agricoles et dégradées. Type d'habitat : humide.
Systématique : Le genre est sœur de *Nesomys* (27) et ce taxon est l'espèce sœur de *B. ramirohitra* (28).
Autres commentaires : Présence limitée sur les Hautes Terres centrales où elle est largement répandue mais mal connue. Allopatrique avec *B. ramirohitra*. Sur le Massif d'Andringitra, où les deux espèces sont présentes, il y a une ségrégation altitudinale. Sa présence dans le Nord à Anjanaharibe-Sud (48) est incorrecte et confondue avec celle de *B. ramirohitra*. Les autres sites cartographiés sur les Hautes Terres centrales sont Ankaratra et Antsirabe.
Conservation : Préoccupation mineure avec des populations mal connues (25).

Maxent: AUC = 0.968
Distribution & habitat: Endemic. Not strictly forest-dwelling, utilizes high mountain ericoid habitat, marshes, agricultural areas, and degraded zones. Habitat type: humid.
Systematics: This genus is sister to *Nesomys* (27) and this species is sister to *B. ramirohitra* (28).
Other comments: Restricted to the Central Highlands where it is widespread, but poorly known. Allopatric with *B. ramirohitra*. On the Andringitra Massif, where the two species occur, there is elevation segregation. Its reported presence in the north at Anjanaharibe-Sud (48) is incorrect and was confused with *B. ramirohitra*. The other mapped Central Highland sites are Ankaratra and Antsirabe.
Conservation: Least Concerned with unknown population trend (25).

Brachyuromys ramirohitra

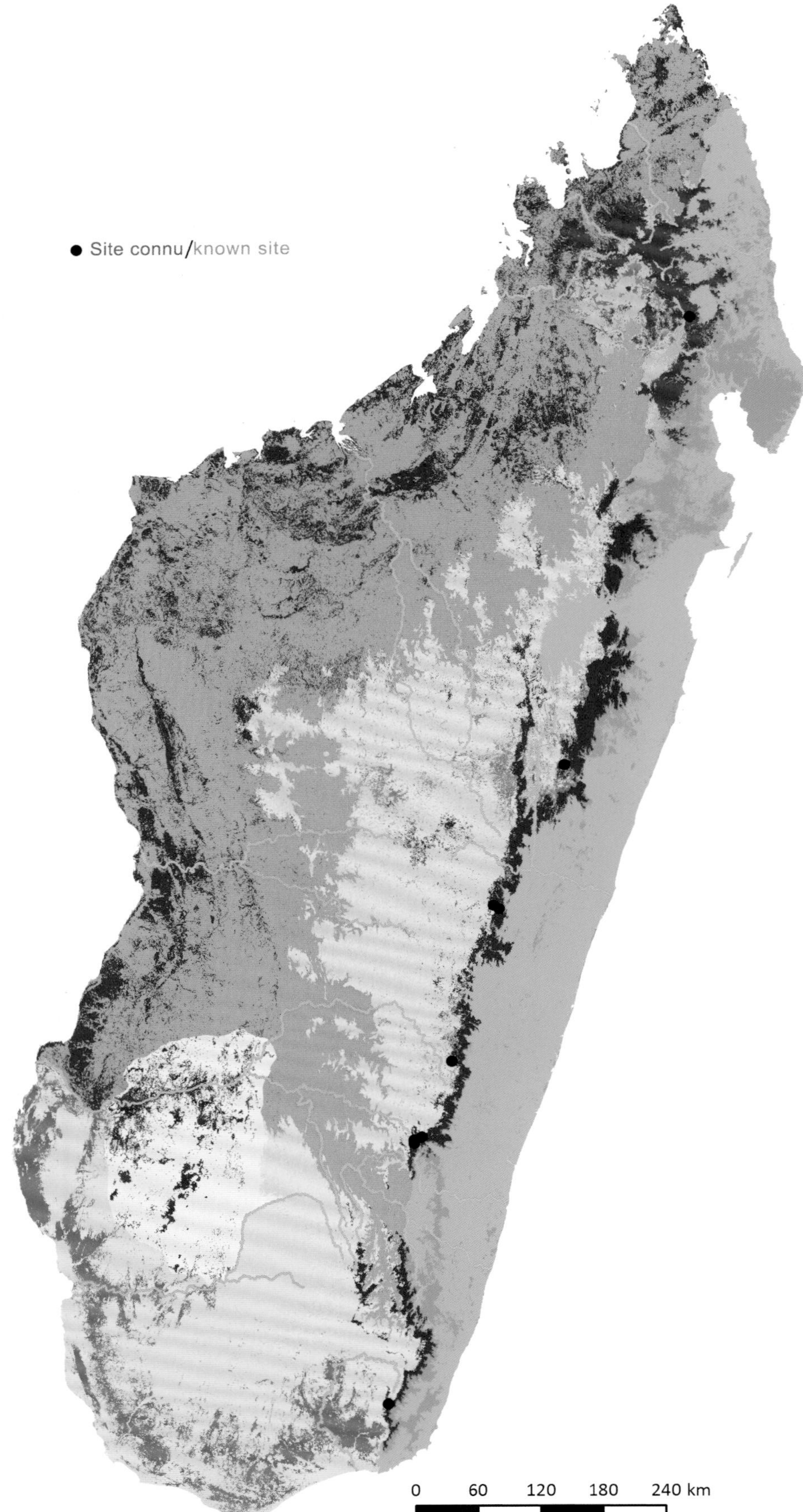
Site connu/known site
0 60 120 180 240 km

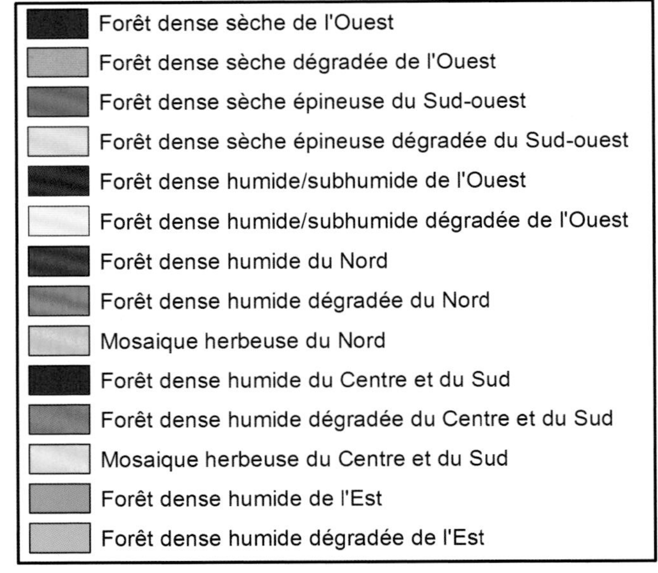
Forêt dense sèche de l'Ouest
Forêt dense sèche dégradée de l'Ouest
Forêt dense sèche épineuse du Sud-ouest
Forêt dense sèche épineuse dégradée du Sud-ouest
Forêt dense humide/subhumide de l'Ouest
Forêt dense humide/subhumide dégradée de l'Ouest
Forêt dense humide du Nord
Forêt dense humide dégradée du Nord
Mosaique herbeuse du Nord
Forêt dense humide du Centre et du Sud
Forêt dense humide dégradée du Centre et du Sud
Mosaique herbeuse du Centre et du Sud
Forêt dense humide de l'Est
Forêt dense humide dégradée de l'Est

Altitude minimale	1454 m	Minimum elevation
Altitude maximale	1625 m	Maximum elevation
Habitat	Forêt/forest	Habitat

Distribution & habitat : Endémique. Largement forestière, mais supporte également un certain niveau de perturbation. Type d'habitat : humide.
Altitude : Rapportée entre 900-2000 m (48).
Systématique : Le genre est sœur de *Nesomys* (27) et ce taxon est l'espèce sœur de *B. betsileoensis* (28). Une étude phylogéographique est nécessaire pour comprendre les relations génétiques entre les populations.
Autres commentaires : Espèce mal connue. Dans la plupart des cas, elle est allopatrique avec *B. betsileoensis*. Sur le Massif d'Andringitra, où les deux espèces sont présentes, il y a une ségrégation altitudinale.
Conservation : Préoccupation mineure avec des populations mal connues (25).

Distribution & habitat: Endemic. Largely forest-dwelling, but tolerant of a certain level of disturbance. Habitat type: humid.
Elevation: Cited to occur from 900-2000 m (48).
Systematics: This genus is sister to *Nesomys* (27) and this species is sister to *B. betsileoensis* (28). A phylogeographic study is needed to understand the genetic relationships between populations.
Other comments: Poorly known species. In most cases, allopatric with *B. betsileoensis*. On the Andringitra Massif, where the two species occur, there is elevation segregation.
Conservation: Least Concerned with unknown population trend (25).

Eliurus antsingy

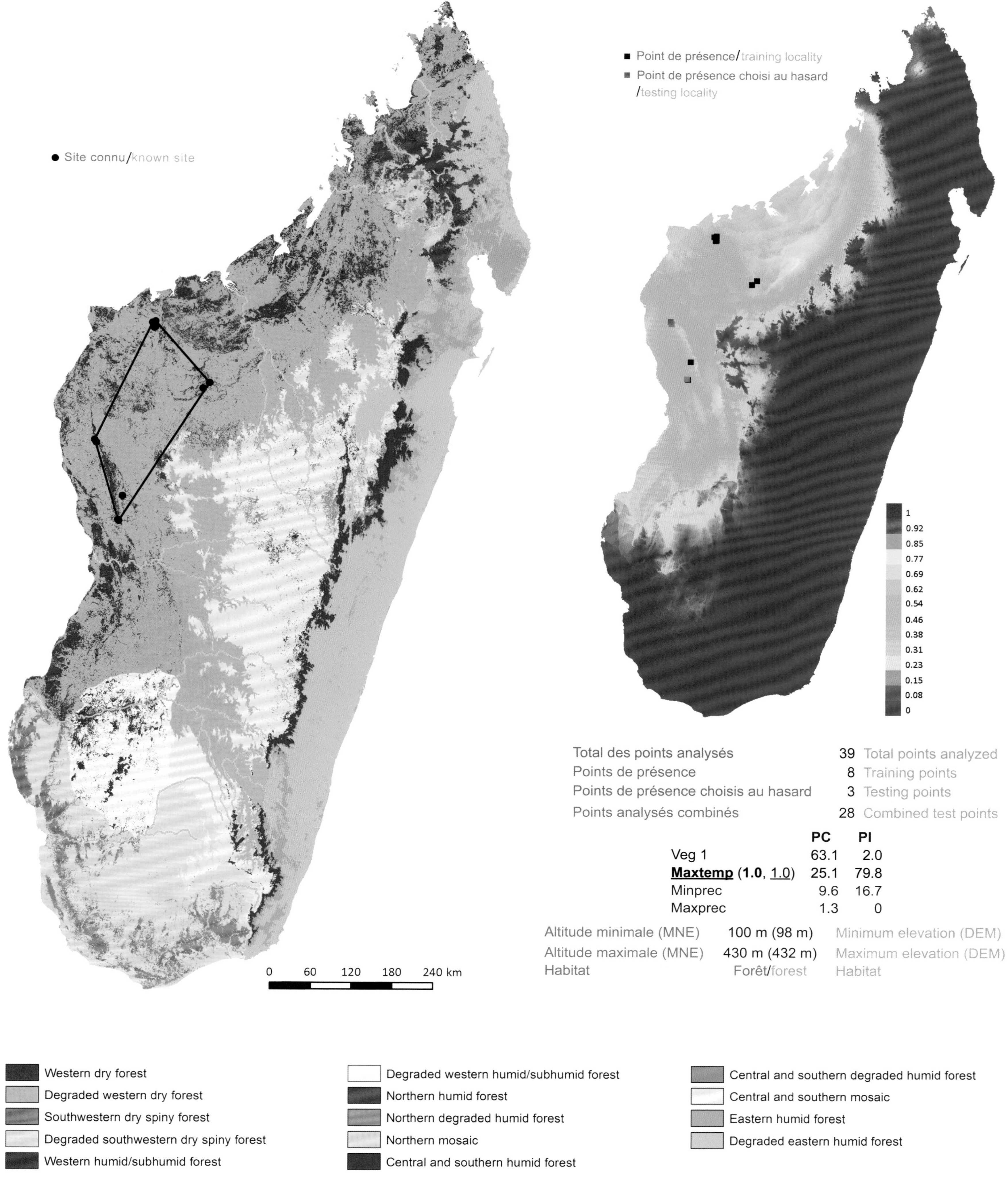
Site connu/known site
0 60 120 180 240 km
Point de présence/training locality
Point de présence choisi au hasard /testing locality
1
0.92
0.85
0.77
0.69
0.62
0.54
0.46
0.38
0.31
0.23
0.15
0.08
0
Western dry forest
Degraded western dry forest
Southwestern dry spiny forest
Degraded southwestern dry spiny forest
Western humid/subhumid forest
Degraded western humid/subhumid forest
Northern humid forest
Northern degraded humid forest
Northern mosaic
Central and southern humid forest
Central and southern degraded humid forest
Central and southern mosaic
Eastern humid forest
Degraded eastern humid forest

Total des points analysés	39	Total points analyzed
Points de présence	8	Training points
Points de présence choisis au hasard	3	Testing points
Points analysés combinés	28	Combined test points

	PC	PI
Veg 1	63.1	2.0
Maxtemp (**1.0**, 1.0)	25.1	79.8
Minprec	9.6	16.7
Maxprec	1.3	0

Altitude minimale (MNE)	100 m (98 m)	Minimum elevation (DEM)
Altitude maximale (MNE)	430 m (432 m)	Maximum elevation (DEM)
Habitat	Forêt/forest	Habitat

Maxent : ASC = 0,879
Distribution & habitat : **Endémique**. Strictement forestière, mais supporte également un certain niveau de perturbation. Type d'habitat : sec.
Systématique : Ce taxon récemment décrit (7) est allopatrique avec son espèce sœur, *E. carletoni* d'Ankarana et de Loky-Manambato (21). Le modèle de divergence génétique au sein d'*E. antsingy* doit être examiné en détail.
Autres commentaires : Connue principalement dans les forêts sur calcaire ou *tsingy* de l'Ouest central et dans une autre formation de la région de Kasijy.
Conservation : Zone d'Occurrence égale à 23695 km². Données insuffisantes avec des populations mal connues (25).

Maxent: AUC = 0.879
Distribution & habitat: **Endemic**. Strictly forest-dwelling, but tolerant of a certain level of disturbance. Habitat type: dry.
Systematics: This recently described taxon (7) is an allopatric sister species to *E. carletoni* from Ankarana and Loky-Manambato (21). Patterns of genetic divergence within *E. antsingy* need to be examined in detail.
Other comments: Known mostly from limestone *tsingy* forests of the central west and other formations in the Kasijy region.
Conservation: The calculated Extent of Occurrence is 23695 km². Data Deficient with unknown population trend (25).

Eliurus carletoni

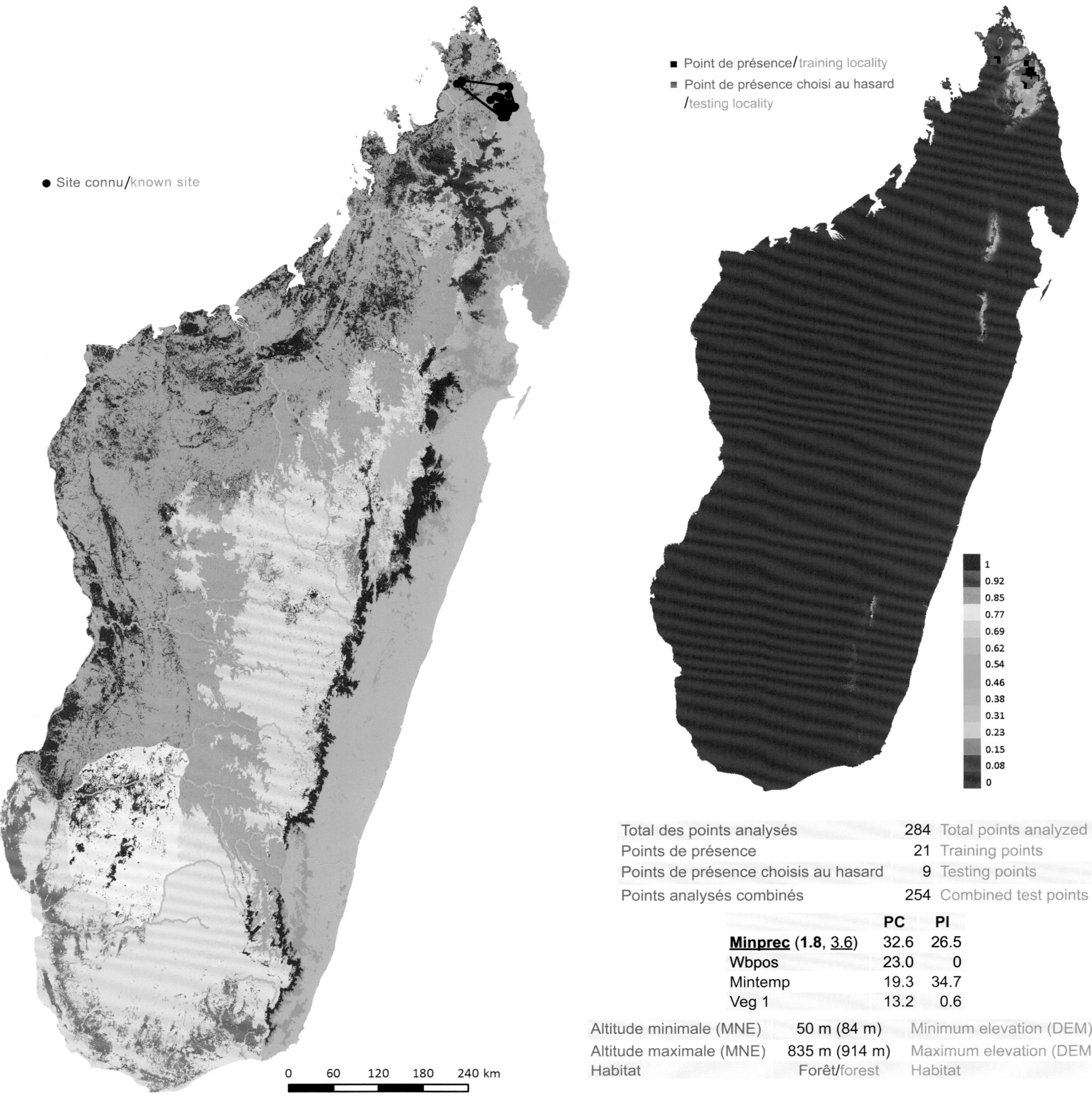

● Site connu/known site
0 60 120 180 240 km
■ Point de présence/training locality
■ Point de présence choisi au hasard /testing locality
1
0.92
0.85
0.77
0.69
0.62
0.54
0.46
0.38
0.31
0.23
0.15
0.08
0

Total des points analysés	284	Total points analyzed
Points de présence	21	Training points
Points de présence choisis au hasard	9	Testing points
Points analysés combinés	254	Combined test points

	PC	PI
Minprec (**1.8**, 3.6)	32.6	26.5
Wbpos	23.0	0
Mintemp	19.3	34.7
Veg 1	13.2	0.6

Altitude minimale (MNE)	50 m (84 m)	Minimum elevation (DEM)
Altitude maximale (MNE)	835 m (914 m)	Maximum elevation (DEM)
Habitat	Forêt/forest	Habitat

Maxent : ASC = 0,997
Distribution & habitat : **Endémique**. Strictement forestière, mais supporte également un certain niveau de perturbation. Type d'habitat : sec. Connue dans quelques forêts de transition humides-sèches.
Altitude : Rapportée entre 50-600 m (48), mais relevée également à des altitudes plus élevées.
Systématique : Ce taxon récemment décrit est allopatrique avec son espèce sœur, *E. antsingy* de Bemaraha et de Namoroka (21). Un grand échantillonnage prélevé sur toute l'aire de distribution connue de cette espèce montre peu de variation génétique (41).
Autres commentaires : Notablement commune dans quelques sites, particulièrement dans la région de Loky-Manambato, non associée à la forêt calcaire ou *tsingy*.
Conservation : Zone d'Occurrence égale à 2002 km². Non évaluée par l'UICN (25).

Maxent: AUC = 0.997
Distribution & habitat: **Endemic**. Strictly forest-dwelling, but tolerant of a certain level of disturbance. Habitat type: dry. Known to occur in some transitional humid-dry forests.
Elevation: Cited to occur from 50-600 m (48), but documented at higher elevations.
Systematics: This recently described taxon is an allopatric sister species to *E. antsingy* from Bemaraha and Namoroka (21). Within a large sample across the range of this species, little genetic variation (41).
Other comments: Notably common at some sites, particularly in the Loky-Manambato area and not associated with limestone *tsingy* forest.
Conservation: The calculated Extent of Occurrence is 2002 km². Conservation status of this species has not been assessed by IUCN (25).

Eliurus danieli

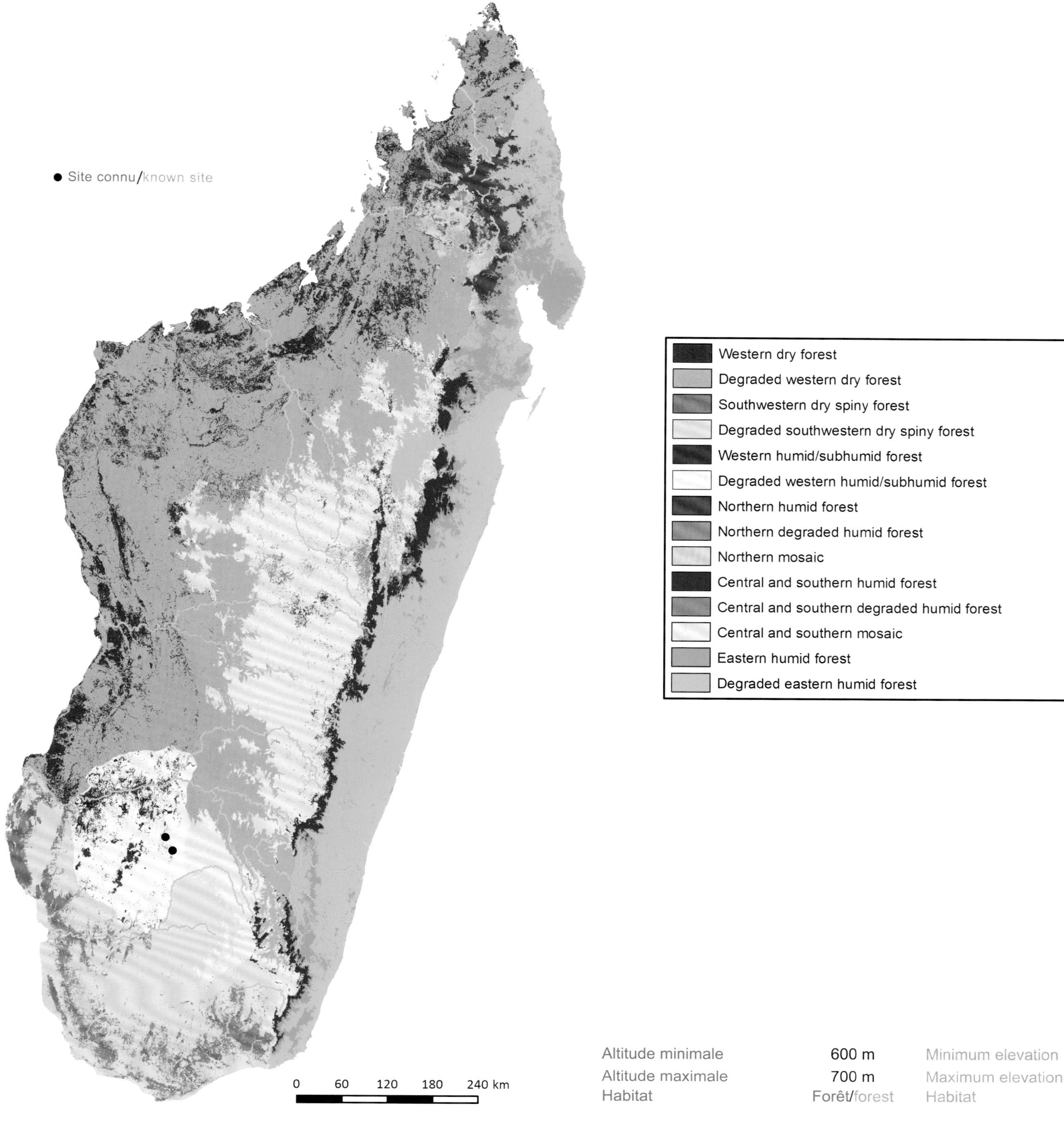
● Site connu/known site
Western dry forest
Degraded western dry forest
Southwestern dry spiny forest
Degraded southwestern dry spiny forest
Western humid/subhumid forest
Degraded western humid/subhumid forest
Northern humid forest
Northern degraded humid forest
Northern mosaic
Central and southern humid forest
Central and southern degraded humid forest
Central and southern mosaic
Eastern humid forest
Degraded eastern humid forest
0 60 120 180 240 km

Altitude minimale	600 m	Minimum elevation
Altitude maximale	700 m	Maximum elevation
Habitat	Forêt/forest	Habitat

Distribution & habitat : **Endémique**. Strictement forestière. Type d'habitat : humide/subhumide.
Systématique : Ce taxon récemment décrit (6) est l'espèce sœur d'*E. majori* (21).
Autres commentaires : Espèce mal connue avec une distribution très localisée sur le Massif de l'Isalo. Distribution allopatrique avec *E. majori*.
Conservation : Données insuffisantes avec des populations mal connues (25).

Distribution & habitat: **Endemic**. Strictly forest-dwelling. Habitat type: humid-subhumid.
Systematics: This recently described taxon (6) is the sister species to *E. majori* (21).
Other comments: Poorly known species with a highly localized distribution in the Isalo Massif. Allopatric distribution with *E. majori*.
Conservation: Data Deficient with unknown population trend (25).

Eliurus grandidieri

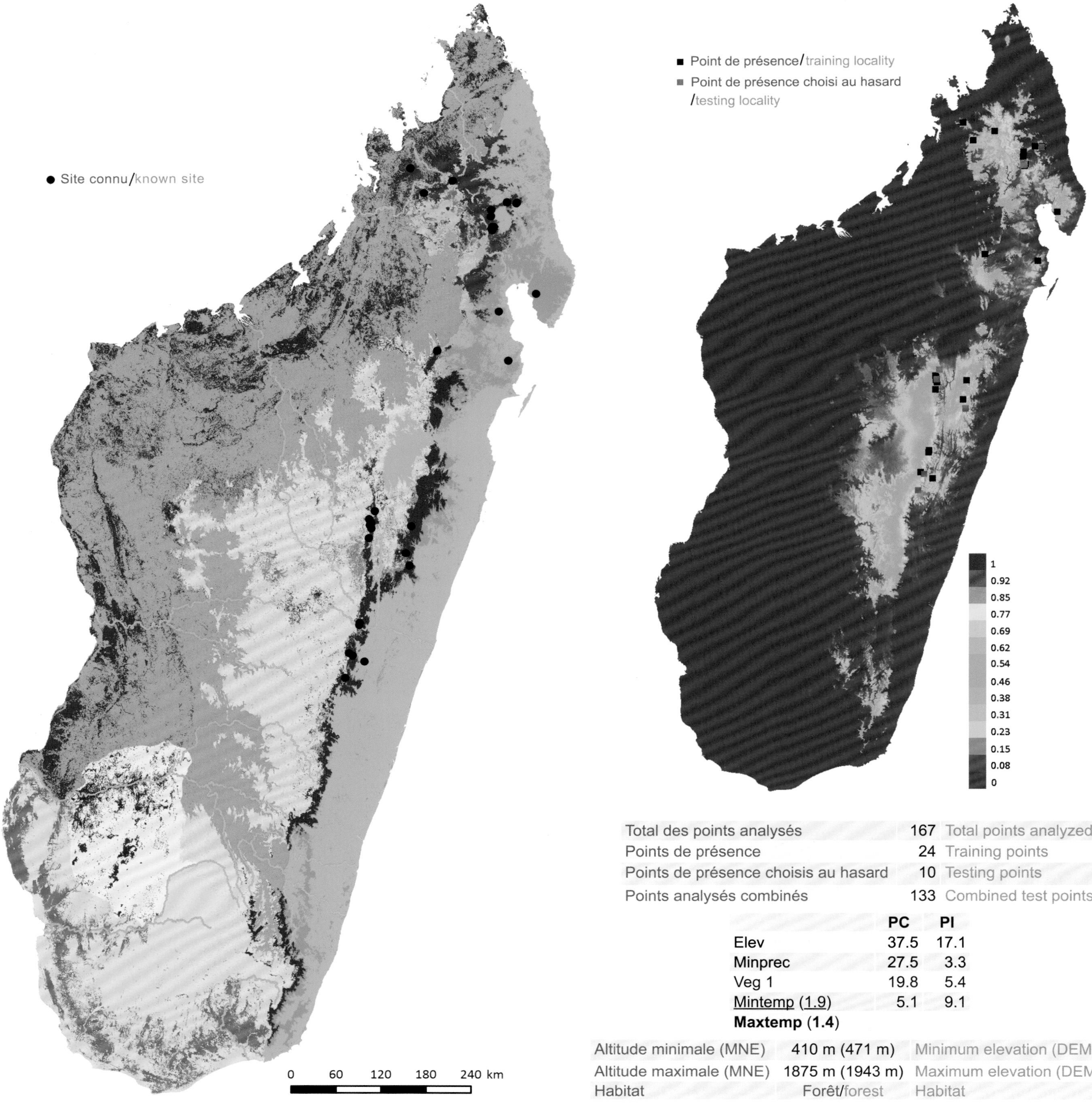
Site connu/known site
0 60 120 180 240 km
Point de présence/training locality
Point de présence choisi au hasard /testing locality
1
0.92
0.85
0.77
0.69
0.62
0.54
0.46
0.38
0.31
0.23
0.15
0.08
0

Total des points analysés	167	Total points analyzed
Points de présence	24	Training points
Points de présence choisis au hasard	10	Testing points
Points analysés combinés	133	Combined test points

	PC	PI
Elev	37.5	17.1
Minprec	27.5	3.3
Veg 1	19.8	5.4
Mintemp (1.9)	5.1	9.1
Maxtemp (1.4)		

Altitude minimale (MNE)	410 m (471 m)	Minimum elevation (DEM)
Altitude maximale (MNE)	1875 m (1943 m)	Maximum elevation (DEM)
Habitat	Forêt/forest	Habitat

Maxent : ASC = 0,971
Distribution & habitat : **Endémique**. Strictement forestière. Type d'habitat : humide.
Altitude : Rapportée entre 900-2050 m (48), mais récemment relevée à des altitudes plus basses.
Systématique : La position phylogénétique de cette espèce n'est pas encore résolue. Elle occupe apparemment une position basale par rapport à la radiation d'*Eliurus* et forme le groupe sœur du genre *Voalavo* (27).
Autres commentaires : Notablement commune dans certaines localités à partir de Fandriana-Marolambo jusqu'aux montagnes du Nord.
Conservation : Préoccupation mineure avec des populations mal connues (25).

Maxent: AUC = 0.971
Distribution & habitat: **Endemic**. Strictly forest-dwelling. Habitat type: humid.
Elevation: Cited to occur from 900-2050 m (48), but recently documented at lower elevations.
Systematics: The phylogenetic position of this species is unresolved. Apparently basal to the *Eliurus* radiation and forms a sister group to the genus *Voalavo* (27).
Other comments: Notably common at certain localities from Fandriana-Marolambo to the mountains of the north.
Conservation: Least Concerned with unknown population trend (25).

Eliurus majori

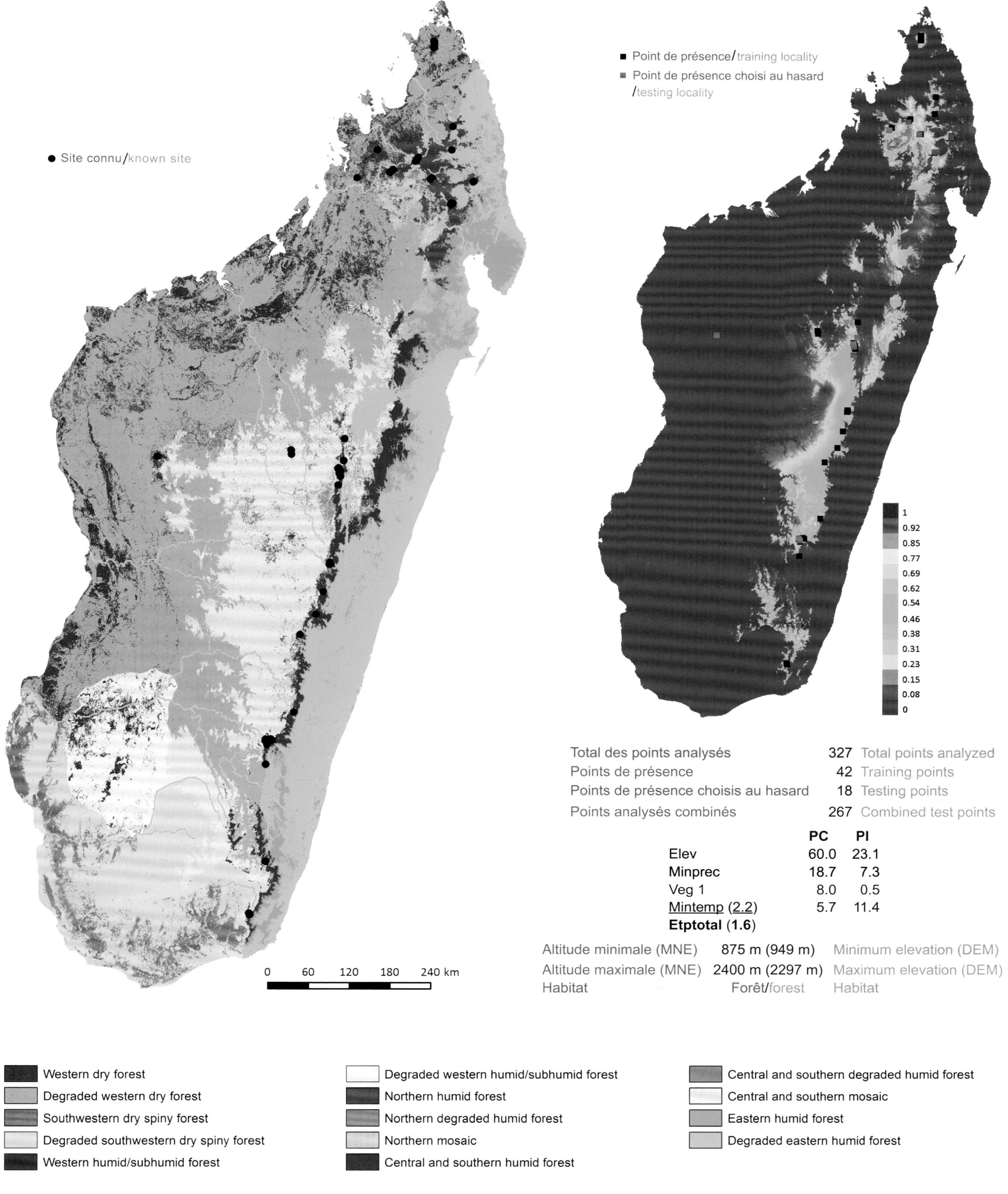

Site connu/known site
0 60 120 180 240 km
Point de présence/training locality
Point de présence choisi au hasard /testing locality
1
0.92
0.85
0.77
0.69
0.62
0.54
0.46
0.38
0.31
0.23
0.15
0.08
0
Total des points analysés 327 Total points analyzed
Points de présence 42 Training points
Points de présence choisis au hasard 18 Testing points
Points analysés combinés 267 Combined test points
PC PI
Elev 60.0 23.1
Minprec 18.7 7.3
Veg 1 8.0 0.5
Mintemp (2.2) 5.7 11.4
Etptotal (1.6)
Altitude minimale (MNE) 875 m (949 m) Minimum elevation (DEM)
Altitude maximale (MNE) 2400 m (2297 m) Maximum elevation (DEM)
Habitat Forêt/forest Habitat
Western dry forest
Degraded western dry forest
Southwestern dry spiny forest
Degraded southwestern dry spiny forest
Western humid/subhumid forest
Degraded western humid/subhumid forest
Northern humid forest
Northern degraded humid forest
Northern mosaic
Central and southern humid forest
Central and southern degraded humid forest
Central and southern mosaic
Eastern humid forest
Degraded eastern humid forest

Maxent : ASC = 0,978
Distribution & habitat : **Endémique**. Strictement forestière. Type d'habitat : humide. Dans le Centre-ouest, elle est connue dans les forêts de transition humides-sèches.
Systématique : Distribution généralement limitée dans les forêts de montagne de l'Est. Les relations phylogéographiques entre les populations sur les Hautes Terres centrales (Ambohitantely et Ambohijanahary) et la Montagne d'Ambre doivent être étudiées. Espèce sœur d'*E. danieli* (21).
Autres commentaires : Distribution allopatrique avec *E. danieli*.
Conservation : Préoccupation mineure avec des populations mal connues (25).

Maxent: AUC = 0.978
Distribution & habitat: **Endemic**. Strictly forest-dwelling. Habitat type: humid. In the central west, known from transitional humid-dry forests.
Systematics: Generally restricted to eastern montane forests. The phylogeographic relationships between populations in the Central Highland (Ambohitantely and Ambohijanahary) and Montagne d'Ambre need to be investigated. Sister species to *E. danieli* (21).
Other comments: Allopatric distribution with *E. danieli*.
Conservation: Least Concerned with unknown population trend (25).

Eliurus minor

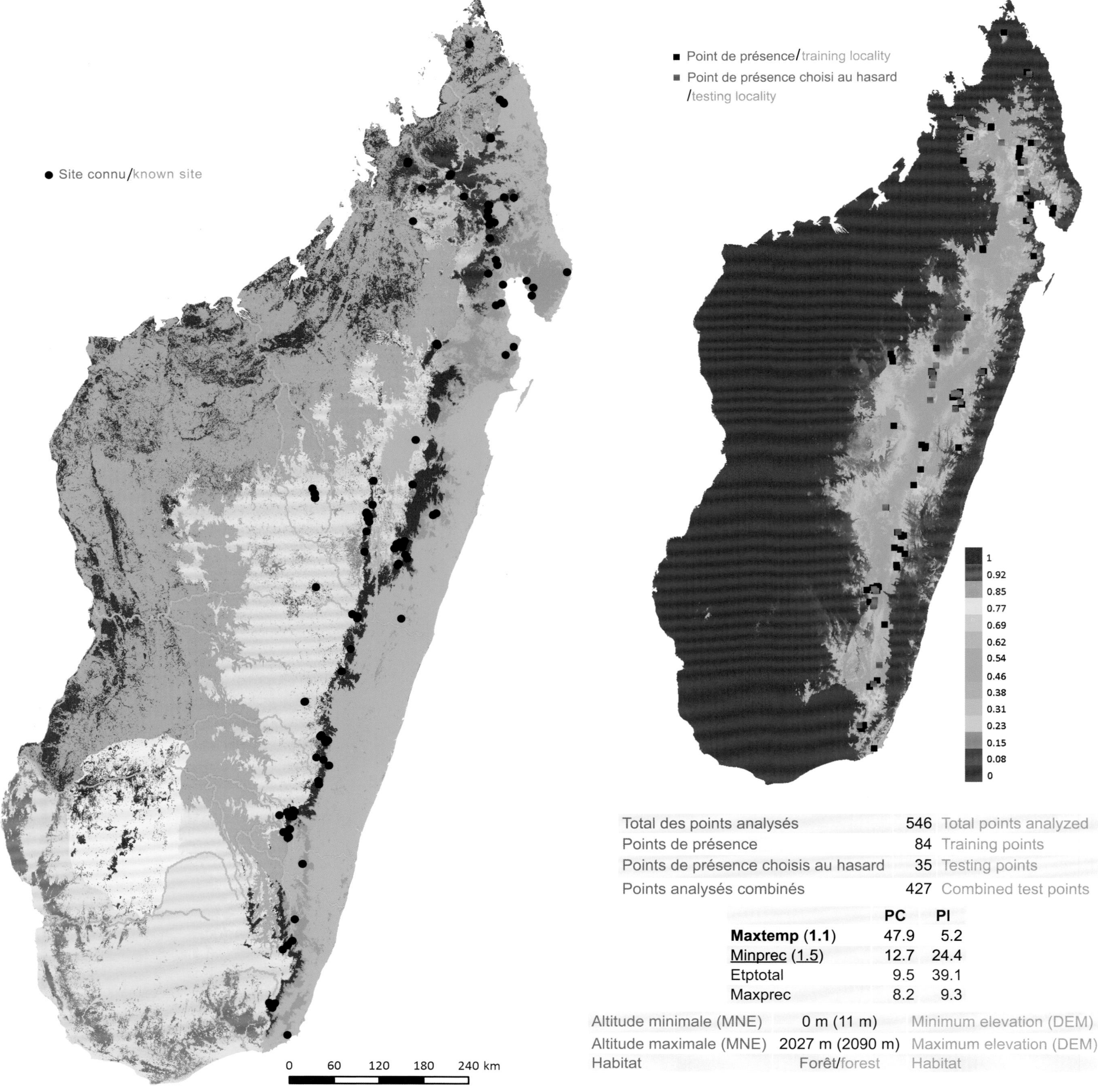

Site connu/known site
0 60 120 180 240 km
Point de présence/training locality
Point de présence choisi au hasard /testing locality
1
0.92
0.85
0.77
0.69
0.62
0.54
0.46
0.38
0.31
0.23
0.15
0.08
0

Total des points analysés	546	Total points analyzed
Points de présence	84	Training points
Points de présence choisis au hasard	35	Testing points
Points analysés combinés	427	Combined test points

	PC	PI
Maxtemp (1.1)	47.9	5.2
<u>Minprec</u> (<u>1.5</u>)	12.7	24.4
Etptotal	9.5	39.1
Maxprec	8.2	9.3

Altitude minimale (MNE)	0 m (11 m)	Minimum elevation (DEM)
Altitude maximale (MNE)	2027 m (2090 m)	Maximum elevation (DEM)
Habitat	Forêt/forest	Habitat

Maxent : ASC = 0,939
Distribution & habitat : **Endémique**. Strictement forestière, mais supporte également un certain niveau de perturbation. Type d'habitat : humide. Au Nord, elle est connue dans quelques forêts de transition humides-sèches.
Systématique : Espèce sœur d'*E. myoxinus* (28). Une étude phylogéographique de cette espèce largement répandue est nécessaire pour comprendre les relations génétiques entre les populations. Dans sa configuration actuelle, elle est probablement paraphylétique.
Autres commentaires : Notablement commune dans certaines localités. Basée sur la distribution actuelle de cette espèce, elle se trouve en sympatrie avec *E. myoxinus* dans quelques localités dans le Nord. La présence à Ankarafantsika est une erreur d'identification (43). Les sites cartographiés dans les Hautes Terres centrales incluent Ambohitantely, Ankaratra et Ankazomivady.
Conservation : Préoccupation mineure avec des populations mal connues (25).

Maxent: AUC = 0.939
Distribution & habitat: **Endemic**. Strictly forest-dwelling, but tolerant of a certain level of disturbance. Habitat type: humid. In the north, known to occur in some transitional humid-dry forests.
Systematics: Sister species to *E. myoxinus* (28). A phylogeographic study of this widespread species is needed to understand the genetic relationships between populations. As currently configured, it is probably paraphyletic.
Other comments: Notably common at certain localities. Based on current species distribution, occurs in sympatry with *E. myoxinus* at a few localities in the north. Previous reports from Ankarafantsika in error (43). The mapped Central Highland sites include Ambohitantely, Ankaratra, and Ankazomivady.
Conservation: Least Concerned with unknown population trend (25).

Eliurus myoxinus

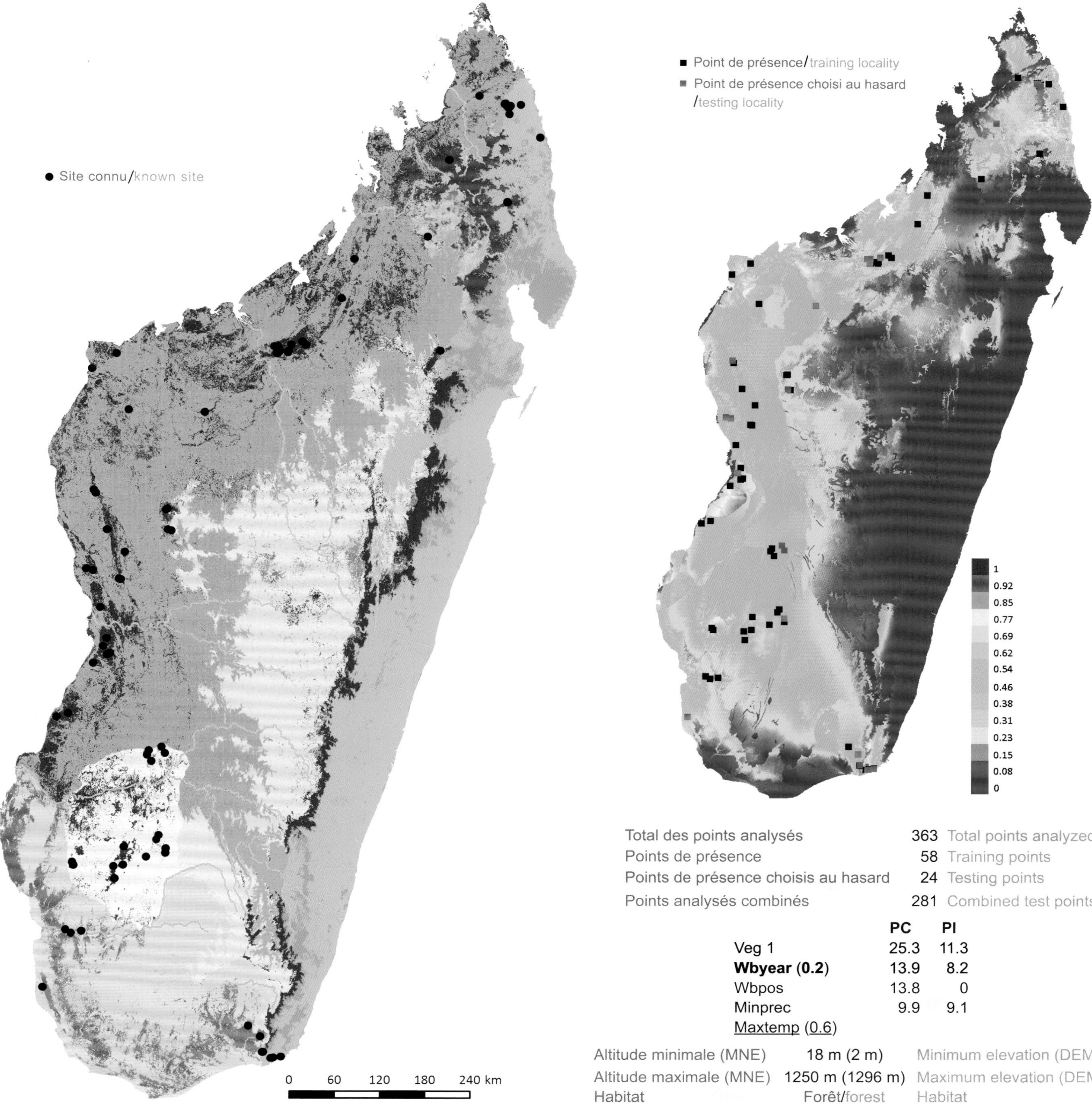

Site connu/known site
0 60 120 180 240 km
Point de présence/training locality
Point de présence choisi au hasard /testing locality
1
0.92
0.85
0.77
0.69
0.62
0.54
0.46
0.38
0.31
0.23
0.15
0.08
0

Total des points analysés	363	Total points analyzed
Points de présence	58	Training points
Points de présence choisis au hasard	24	Testing points
Points analysés combinés	281	Combined test points

	PC	PI
Veg 1	25.3	11.3
Wbyear (0.2)	13.9	8.2
Wbpos	13.8	0
Minprec	9.9	9.1
Maxtemp (0.6)		

Altitude minimale (MNE)	18 m (2 m)	Minimum elevation (DEM)
Altitude maximale (MNE)	1250 m (1296 m)	Maximum elevation (DEM)
Habitat	Forêt/forest	Habitat

Maxent : ASC = 0,891
Distribution & habitat : **Endémique**. Strictement forestière. Types d'habitat : humide (à basse altitude au nord), sec, humide/subhumide et sec épineux.
Altitude : Rapportée entre 700-1240 m (48), mais récemment relevée à des altitudes plus basses.
Systématique : Espèce sœur d'*E. minor* (28). Une récente étude phylogéographique a montré qu'*E. myoxinus* est paraphylétique (46). Une investigation plus détaillée sur la systématique de cette espèce est nécessaire pour diagnostiquer les différents taxa qui composent actuellement ce complexe.
Autres commentaires : Notablement commune dans certaines localités. Basée sur la distribution actuelle, elle se trouve en sympatrie avec *E. minor* dans quelques sites au nord.
Conservation : Préoccupation mineure avec des populations mal connues (25).

Maxent: AUC = 0.891
Distribution & habitat: **Endemic**. Strictly forest-dwelling. Habitat types: humid (low elevation in north), dry, humid-subhumid, and dry spiny.
Elevation: Cited to occur from 700-1240 m (48), but recently documented at lower elevations.
Systematics: Sister species to *E. minor* (28). A recent phylogeographic study found *E. myoxinus* to be paraphyletic (46). A detailed systematic investigation is needed to diagnose the different taxa currently making up this complex.
Other comments: Notably common at certain localities. Based on current species delimitations, known to occur in sympatry with *E. minor* at a few sites in the north.
Conservation: Least Concerned with unknown population trend (25).

Eliurus penicillatus & *E. petteri*

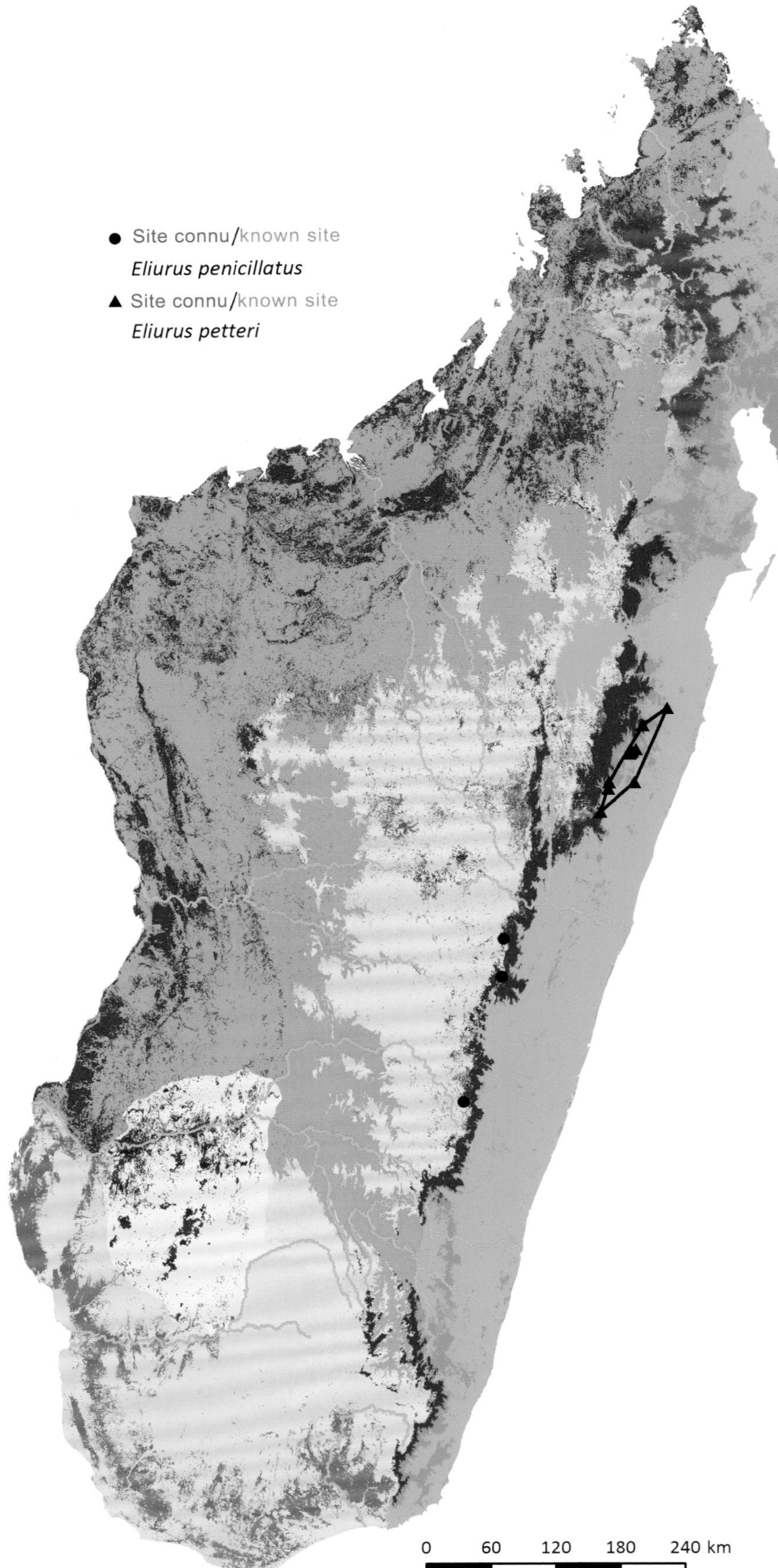
● Site connu/known site
Eliurus penicillatus
▲ Site connu/known site
Eliurus petteri
0 60 120 180 240 km

Forêt dense sèche de l'Ouest
Forêt dense sèche dégradée de l'Ouest
Forêt dense sèche épineuse du Sud-ouest
Forêt dense sèche épineuse dégradée du Sud-ouest
Forêt dense humide/subhumide de l'Ouest
Forêt dense humide/subhumide dégradée de l'Ouest
Forêt dense humide du Nord
Forêt dense humide dégradée du Nord
Mosaique herbeuse du Nord
Forêt dense humide du Centre et du Sud
Forêt dense humide dégradée du Centre et du Sud
Mosaique herbeuse du Centre et du Sud
Forêt dense humide de l'Est
Forêt dense humide dégradée de l'Est

Eliurus penicillatus

Altitude minimale	1100 m	Minimum elevation
Altitude maximale	1670 m	Maximum elevation
Habitat	Forêt/forest	Habitat

Eliurus petteri

Altitude minimale	430 m	Minimum elevation
Altitude maximale	1200 m	Maximum elevation
Habitat	Forêt/forest	Habitat

Eliurus penicillatus

Distribution & habitat : Endémique. Strictement forestière. Type d'habitat : humide.

Systématique : Morphologie presque identique à celle d'*E. majori*, à l'exception des caractéristiques du pelage et du crâne (5). La validité de cette espèce nécessite une étude moléculaire.

Autres commentaires : Espèce mal connue avec une distribution apparemment très localisée.

Conservation : En danger avec des populations mal connues (25).

Eliurus petteri

Distribution & habitat : Endémique. Strictement forestière. Type d'habitat : humide.

Altitude : Rapportée entre 400-1000 m (48), mais récemment relevée à des altitudes plus élevées.

Systématique : Les relations phylogénétiques de cette espèce n'ont pas encore été établies.

Autres commentaires : Espèce mal connue et très localisée.

Conservation : Zone d'Occurrence égale à 1532 km². Vulnérable avec des populations mal connues (25).

Eliurus penicillatus

Distribution & habitat: Endemic. Strictly forest-dwelling. Habitat type: humid.

Systematics: Almost identical to *E. majori* with the exception some external pelage and cranial characters (5). The validity of this species needs to be examined with molecular tools.

Other comments: Poorly known taxon with apparently localized distribution.

Conservation: Endangered with unknown population trend (25).

Eliurus petteri

Distribution & habitat: Endemic. Strictly forest-dwelling. Habitat type: humid.

Elevation: Cited to occur from 400-1000 m (48), but recently documented at higher elevations.

Systematics: The phylogenetic relationships of this species have yet to be established.

Other comments: Poorly known taxon with localized distribution.

Conservation: The calculated Extent of Occurrence is 1532 km². Vulnerable with unknown population trend (25).

Eliurus tanala

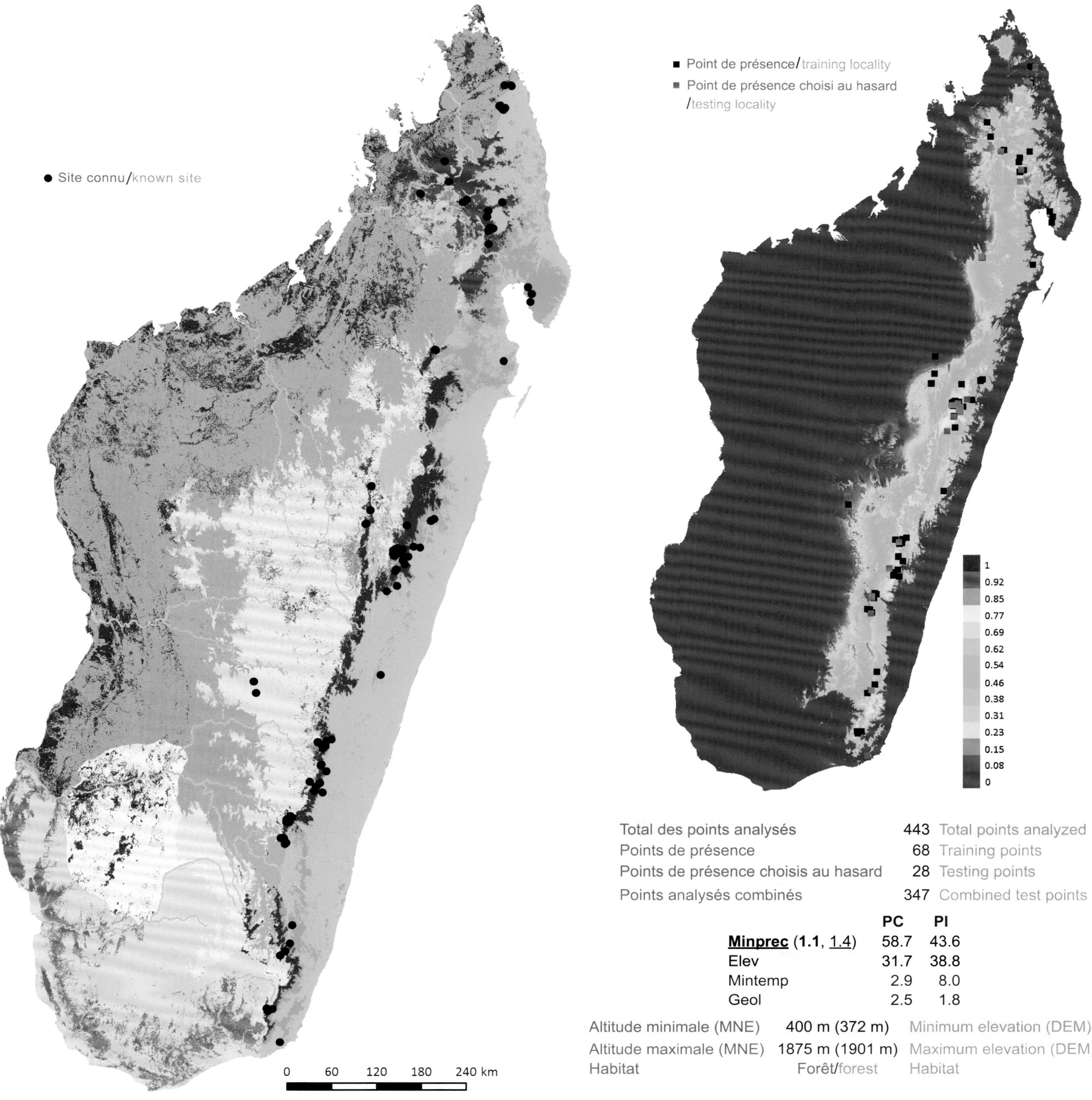
● Site connu/known site
■ Point de présence/training locality
■ Point de présence choisi au hasard /testing locality
1
0.92
0.85
0.77
0.69
0.62
0.54
0.46
0.38
0.31
0.23
0.15
0.08
0
Total des points analysés 443 Total points analyzed
Points de présence 68 Training points
Points de présence choisis au hasard 28 Testing points
Points analysés combinés 347 Combined test points
PC PI
Minprec (1.1, 1.4) 58.7 43.6
Elev 31.7 38.8
Mintemp 2.9 8.0
Geol 2.5 1.8
Altitude minimale (MNE) 400 m (372 m) Minimum elevation (DEM)
Altitude maximale (MNE) 1875 m (1901 m) Maximum elevation (DEM)
Habitat Forêt/forest Habitat
0 60 120 180 240 km

Maxent : ASC = 0,939
Distribution & habitat : **Endémique**. Strictement forestière, mais supporte également un certain niveau de perturbation. Type d'habitat : humide. Au Nord, elle est connue dans les forêts de transition humides-sèches.
Systématique : Espèce sœur d'*E. webbi* (28). Une étude phylogéographique de cette espèce largement répandue est nécessaire pour comprendre les relations génétiques entre les populations. Dans sa configuration actuelle, elle est probablement paraphylétique et présente une divergence génétique entre les populations du Nord et du Sud (42). Des spécimens précédemment attribués à *E. ellermani*, incluant l'holotype, sont cartographiés ici.
Autres commentaires : Notablement commune dans certaines localités. Les sites cartographiés sur les Hautes Terres centrales sont le Massif d'Itremo.
Conservation : Préoccupation mineure avec des populations mal connues (25).

Maxent: AUC = 0.939
Distribution & habitat: **Endemic**. Strictly forest-dwelling, but tolerant of a certain level of disturbance. Habitat type: humid. In the north, known to occur in transitional humid-dry habitat.
Systematics: Sister species to *E. webbi* (28). A phylogeographic study of this widespread species is needed to investigate genetic relationships between populations. As currently configured, this species is probably paraphyletic and with considerable genetic divergence between northern and southern populations (42). Mapped here are specimens previously assigned to *E. ellermani*, including the holotype.
Other comments: Notably common at certain localities. The mapped Central Highland sites are on the Itremo Massif.
Conservation: Least Concerned with unknown population trend (25).

Eliurus webbi

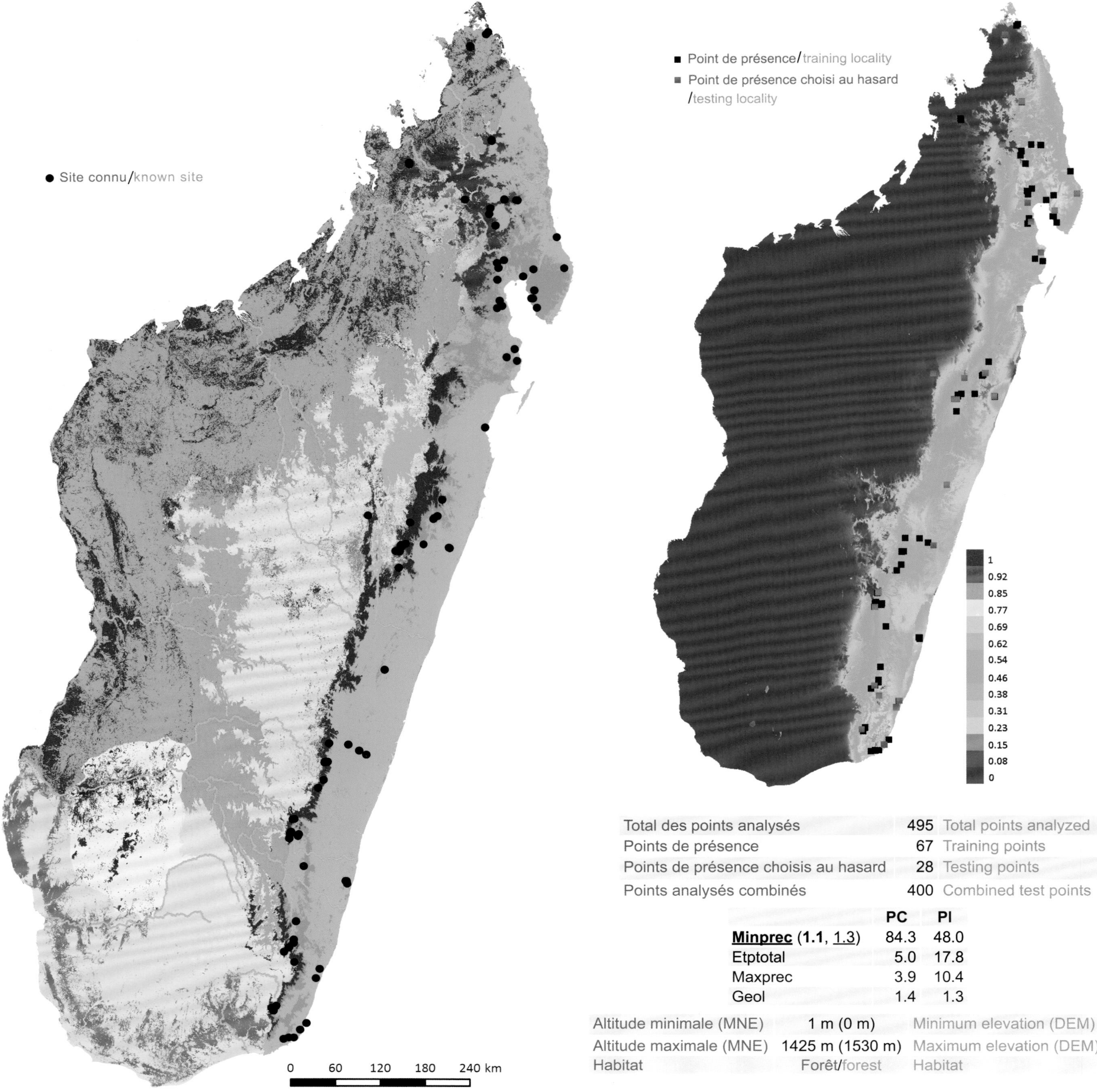
Site connu/known site
0 60 120 180 240 km
Point de présence/training locality
Point de présence choisi au hasard /testing locality
1
0.92
0.85
0.77
0.69
0.62
0.54
0.46
0.38
0.31
0.23
0.15
0.08
0

Total des points analysés	495	Total points analyzed
Points de présence	67	Training points
Points de présence choisis au hasard	28	Testing points
Points analysés combinés	400	Combined test points

	PC	PI
Minprec (**1.1**, 1.3)	84.3	48.0
Etptotal	5.0	17.8
Maxprec	3.9	10.4
Geol	1.4	1.3

Altitude minimale (MNE)	1 m (0 m)	Minimum elevation (DEM)
Altitude maximale (MNE)	1425 m (1530 m)	Maximum elevation (DEM)
Habitat	Forêt/forest	Habitat

Maxent : ASC = 0,934
Distribution & habitat : **Endémique**. Strictement forestière, mais supporte également un certain niveau de perturbation et pourrait se trouver dans des plantations d'arbres non indigènes à proximité de la forêt naturelle (44). Type d'habitat : humide. Au Nord, connue dans quelques forêts de transition humides-sèches.
Altitude : Rapportée à partir de niveau de la mer jusqu'à 1300 m (48), mais récemment relevée à des altitudes plus élevées.
Systématique : Espèce sœur du complexe d'*E. tanala* (28). Une étude phylogéographique de cette espèce largement répandue est nécessaire pour comprendre les relations génétiques entre les populations, y comprises celles de Montagne d'Ambre, de Montagne de Français et de Manongarivo. Dans sa configuration actuelle, elle est probablement paraphylétique.
Autres commentaires : Notablement commune dans certains endroits.
Conservation : Préoccupation mineure avec des populations mal connues (25).

Maxent: AUC = 0.934
Distribution & habitat: **Endemic**. Strictly forest-dwelling, but tolerant of a certain level of disturbance and occurs in non-native tree plantations in close proximity to natural forest (44). Habitat type: humid. In the north, known from transitional humid-dry forests.
Elevation: Cited to occur from sea level-1300 m (48), but recently documented at higher elevations.
Systematics: Sister species to *E. tanala* complex (28). A phylogeographic study of this widespread species is needed to investigate genetic relationships between populations, including those at Montagne d'Ambre, Montagne de Français, and Manongarivo. As currently configured, this species is probably paraphyletic.
Other comments: Notably common at certain localities.
Conservation: Least Concerned with unknown population trend (25).

Gymnuromys roberti

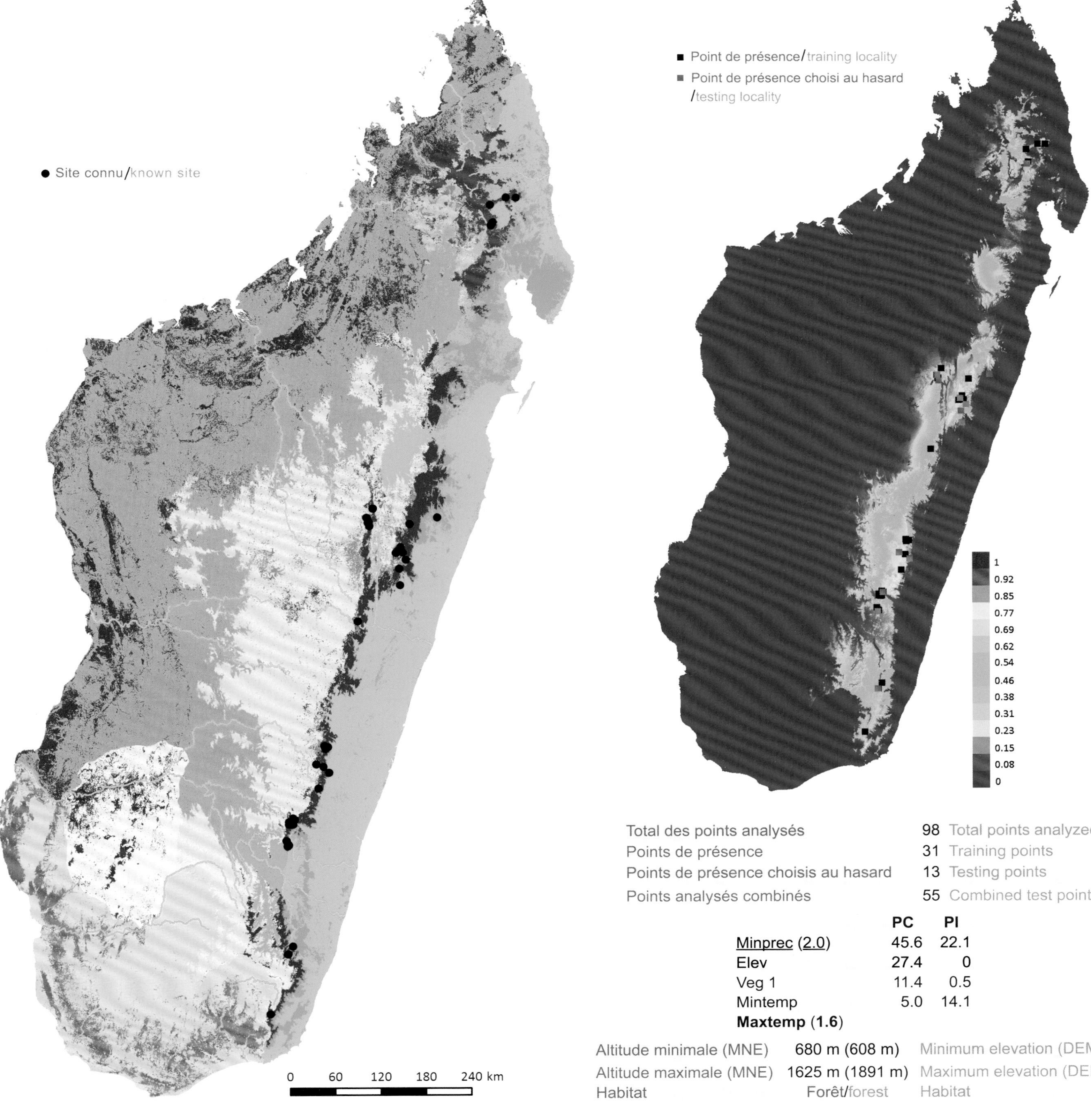
● Site connu/known site
0 60 120 180 240 km
■ Point de présence/training locality
■ Point de présence choisi au hasard /testing locality
1
0.92
0.85
0.77
0.69
0.62
0.54
0.46
0.38
0.31
0.23
0.15
0.08
0
Total des points analysés 98 Total points analyzed
Points de présence 31 Training points
Points de présence choisis au hasard 13 Testing points
Points analysés combinés 55 Combined test points
PC PI
Minprec (2.0) 45.6 22.1
Elev 27.4 0
Veg 1 11.4 0.5
Mintemp 5.0 14.1
Maxtemp (1.6)
Altitude minimale (MNE) 680 m (608 m) Minimum elevation (DEM)
Altitude maximale (MNE) 1625 m (1891 m) Maximum elevation (DEM)
Habitat Forêt/forest Habitat

Maxent : ASC = 0,969
Distribution & habitat : **Endémique**. Strictement forestière, mais supporte également un certain niveau de perturbation. Type d'habitat : humide.
Altitude : Rapportée à partir de 500 jusqu'à 1625 m (48).
Systématique : La position phylogénétique de ce genre, basée sur les données moléculaires, n'est pas résolue, mais cette espèce semble être étroitement liée aux membres africains de la famille des Nesomyidae. Une étude phylogéographique de cette espèce largement répandue est nécessaire pour comprendre les relations entre les populations, y comprises celles qui sont dans les parties Nord, Centre et Sud de son aire de répartition.
Conservation : Préoccupation mineure avec des populations mal connues (25).

Maxent: AUC = 0.969
Distribution & habitat: **Endemic**. Strictly forest-dwelling, but tolerant of a certain level of disturbance. Habitat type: humid.
Elevation: Cited to occur from 500-1625 m (48).
Systematics: The phylogenetic position of this genus is unresolved based on molecular data, but it appears closely related to African members of the family Nesomyidae. A phylogeographic study is needed of this widespread species to understand relationships between populations, including those in the northern, central, and southern portions of its range.
Conservation: Least Concerned with unknown population trend (25).

Hypogeomys antimena

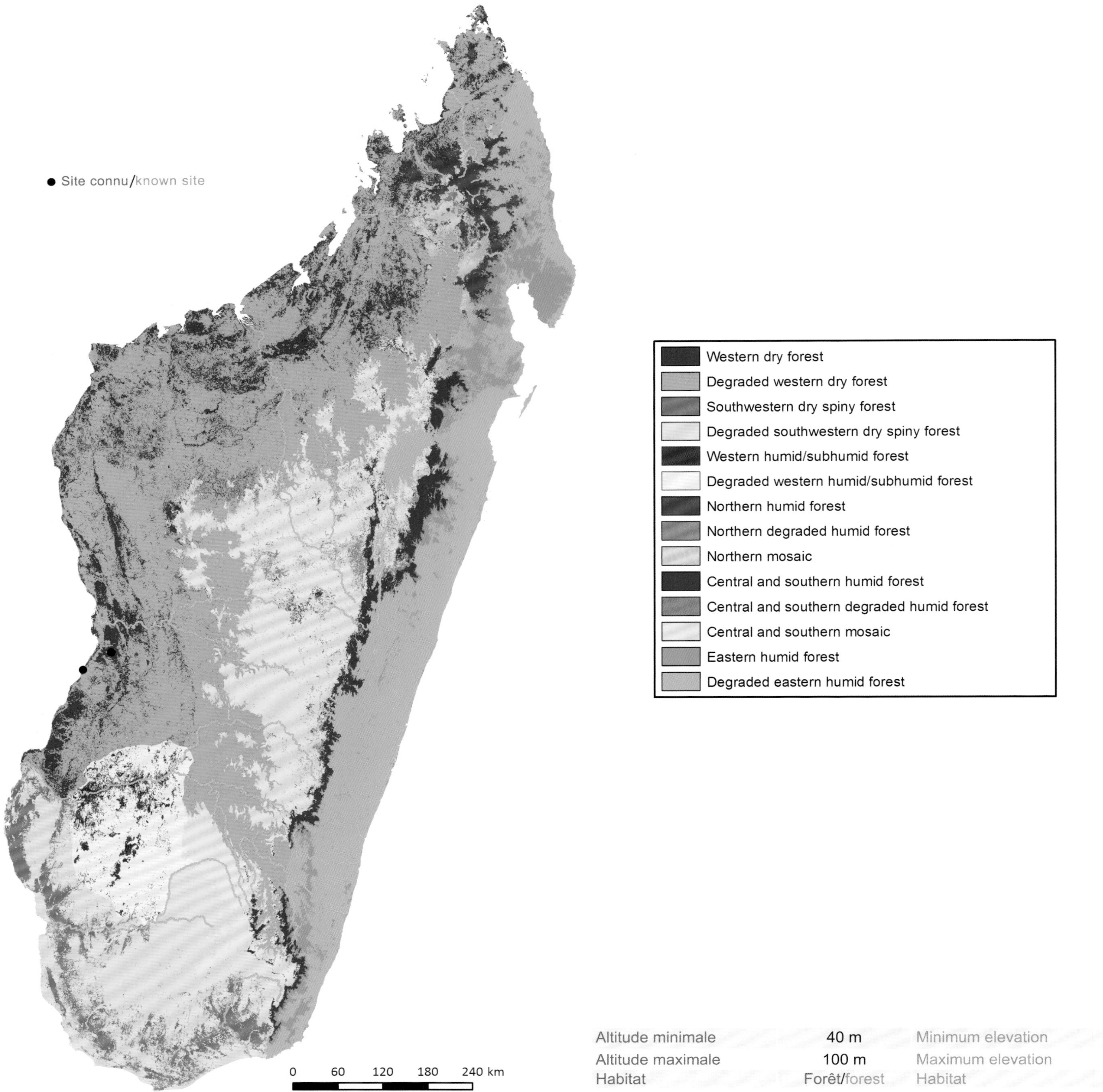

● Site connu/known site
Western dry forest
Degraded western dry forest
Southwestern dry spiny forest
Degraded southwestern dry spiny forest
Western humid/subhumid forest
Degraded western humid/subhumid forest
Northern humid forest
Northern degraded humid forest
Northern mosaic
Central and southern humid forest
Central and southern degraded humid forest
Central and southern mosaic
Eastern humid forest
Degraded eastern humid forest
0 60 120 180 240 km

Altitude minimale	40 m	Minimum elevation
Altitude maximale	100 m	Maximum elevation
Habitat	Forêt/forest	Habitat

Distribution & habitat : Endémique. Strictement forestière. Type d'habitat : sec. Toutes les informations récentes viennent des zones forestières entre Kirindy-CNFEREF et au sud du fleuve Tsiribihina.
Systématique : Constitue le groupe sœur du clade composé de *Nesomys* et de *Brachyuromys* (27), mais des travaux supplémentaires sont nécessaires pour résoudre leur relation.
Autres commentaires : La répartition géographique de cette espèce dans les parties Sud et Sud-ouest de l'île a été considérablement réduite au cours des derniers millénaires (12) et dans la région de Menabe central au cours de la dernière décennie (50). Les observations visuelles ne sont pas cartographiées ici.
Conservation : Au début de 21ème siècle, cette espèce avait une Zone d'Occurrence d'environ 200 km² (50). En danger avec des populations en déclin (25).

Distribution & habitat: Endemic. Strictly forest-dwelling. Habitat type: dry. All recent records from the forested zone between Kirindy-CNFEREF and south of the Tsiribihina River.
Systematics: Forms the sister group to a clade composed of *Nesomys* and *Brachyuromys* (27), but further work is needed to resolve its relationships.
Other comments: The geographical range of this species has contracted considerably over the past millennia in the southern and southwestern portion of the island (12) and over the past decades in the central Menabe region (50). Sight records are not mapped.
Conservation: At the start of the 21st-century, it had an Extent of Occurrence of about 200 km² (50). Endangered with decreasing population trend (25).

Macrotarsomys bastardi

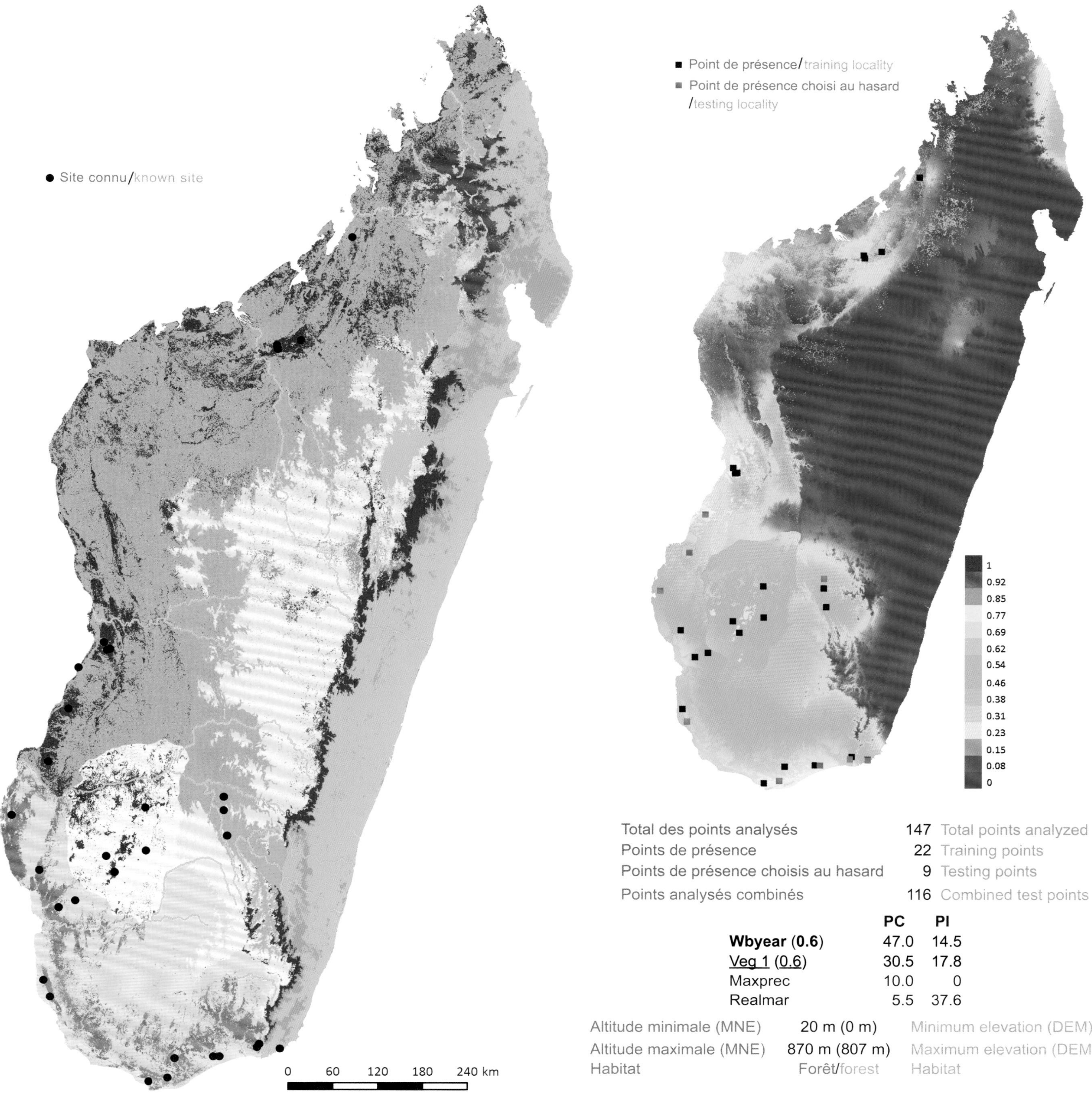
Site connu/known site
0 60 120 180 240 km
Point de présence/training locality
Point de présence choisi au hasard /testing locality
1
0.92
0.85
0.77
0.69
0.62
0.54
0.46
0.38
0.31
0.23
0.15
0.08
0

Total des points analysés	147	Total points analyzed
Points de présence	22	Training points
Points de présence choisis au hasard	9	Testing points
Points analysés combinés	116	Combined test points

	PC	PI
Wbyear (0.6)	47.0	14.5
Veg 1 (0.6)	30.5	17.8
Maxprec	10.0	0
Realmar	5.5	37.6

Altitude minimale (MNE)	20 m (0 m)	Minimum elevation (DEM)
Altitude maximale (MNE)	870 m (807 m)	Maximum elevation (DEM)
Habitat	Forêt/forest	Habitat

Maxent : ASC = 0,910
Distribution & habitat : **Endémique**. Strictement forestière, mais supporte également un certain niveau de perturbation. Types d'habitat : sec, humide/subhumide et sec épineux. Dans la région de Sud-est, elle se trouve dans les forêts de transition humides-sèches épineuses.
Altitude : Rapportée à proximité de niveau de la mer jusqu'à 975 m (48).
Systématique : Constitue le genre sœur de *Monticolomys* (27). Les relations intragénériques ne sont pas résolues. Une étude phylogéographique indique qu'il y a une divergence considérable entre les populations occidentale et méridionale (29) ; des échantillons dans les localités entre ces deux zones sont nécessaires pour résoudre les relations existantes et le statut des sous-espèces.
Autres commentaires : Sympatrique avec *M. ingens* à travers une partie de son aire de distribution dans le Nord-ouest et peut être avec *M. petteri* dans le Sud-ouest.
Conservation : Préoccupation mineure avec des populations stables (25).

Maxent: AUC = 0.910
Distribution & habitat: **Endemic**. Strictly forest-dwelling, but tolerant of a certain level of disturbance. Habitat types: dry, humid-subhumid, and dry spiny. In the southeast, known to occur in transitional humid-spiny dry habitat.
Elevation: Cited to occur from near sea level-975 m (48).
Systematics: Forms sister genus to *Monticolomys* (27). Intrageneric relationships yet to be resolved. A phylogeographic study indicated considerable divergence between northern and southern populations (29); samples are needed from intermediate localities to resolve these relations and the status of named subspecies.
Other comments: Sympatric across a portion of its range with *M. ingens* in the northwest and perhaps with *M. petteri* in the southwest.
Conservation: Least Concerned with stable population trend (25).

Macrotarsomys ingens & *M. petteri*

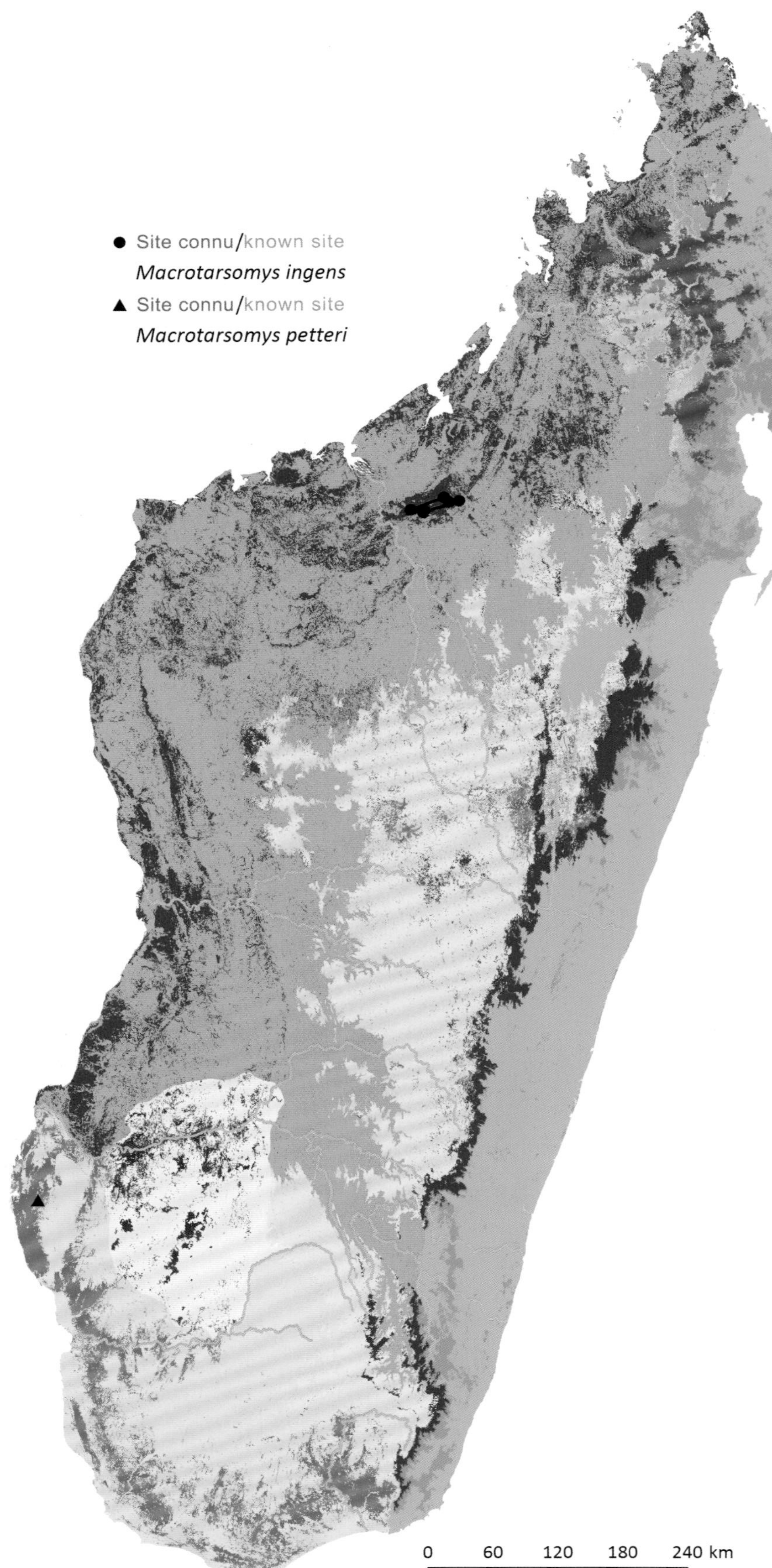
● Site connu/known site
Macrotarsomys ingens
▲ Site connu/known site
Macrotarsomys petteri
0 60 120 180 240 km

- Forêt dense sèche de l'Ouest
- Forêt dense sèche dégradée de l'Ouest
- Forêt dense sèche épineuse du Sud-ouest
- Forêt dense sèche épineuse dégradée du Sud-ouest
- Forêt dense humide/subhumide de l'Ouest
- Forêt dense humide/subhumide dégradée de l'Ouest
- Forêt dense humide du Nord
- Forêt dense humide dégradée du Nord
- Mosaique herbeuse du Nord
- Forêt dense humide du Centre et du Sud
- Forêt dense humide dégradée du Centre et du Sud
- Mosaique herbeuse du Centre et du Sud
- Forêt dense humide de l'Est
- Forêt dense humide dégradée de l'Est

Macrotarsomys ingens

Altitude minimale	148 m	Minimum elevation
Altitude maximale	250 m	Maximum elevation
Habitat	Forêt/forest	Habitat

Macrotarsomys petteri

Altitude minimale	80 m	Minimum elevation
Altitude maximale	80 m	Maximum elevation
Habitat	Forêt/forest	Habitat

Macrotarsomys ingens
Distribution & habitat : Endémique. Strictement forestière. Type d'habitat : sec.
Systématique : Constitue un genre sœur de *Monticolomys* (27). Les relations intragénériques ne sont pas encore résolues.
Altitude : Rapportée entre 100-400 m (48).
Autres commentaires : Distribution allopatrique avec *M. petteri* et son aire de répartition se superpose avec celle de *M. bastardi* dans le Nord-ouest. Limitée dans la forêt d'Ankarafantsika.
Conservation : Zone d'Occurrence égale à 248 km². En danger avec des populations en déclin (25).

Macrotarsomys petteri
Distribution & habitat : Endémique. Strictement forestière. Type d'habitat : sec épineux.
Systématique : Les relations phylogénétiques de cette espèce récemment décrite (14) doivent être établies.
Autres commentaires : Son aire de répartition dans le Sud s'est réduite considérablement au cours des derniers millénaires (19).
Conservation : Données insuffisantes avec des populations mal connues (25).

Macrotarsomys ingens
Distribution & habitat: Endemic. Strictly forest-dwelling. Habitat type: dry.
Elevation: Cited to occur from 100-400 m (48).
Systematics: Forms sister genus to *Monticolomys* (27). Intrageneric relationships yet to be resolved.
Other comments: Allopatric distribution with *M. petteri* and its range overlaps with *M. bastardi* in the northwest. Restricted to the Ankarafantsika forest.
Conservation: The calculated Extent of Occurrence is 248 km². Endangered with decreasing population trend (25).

Macrotarsomys petteri
Distribution & habitat: Endemic. Strictly forest-dwelling. Habitat type: dry spiny.
Systematics: The phylogenetic relationships of this recently described species (14) need to be established.
Other comments: Its geographical range has contracted considerably over the past millennia in the south (19).
Conservation: Data Deficient with unknown population trend (25).

Monticolomys koopmani

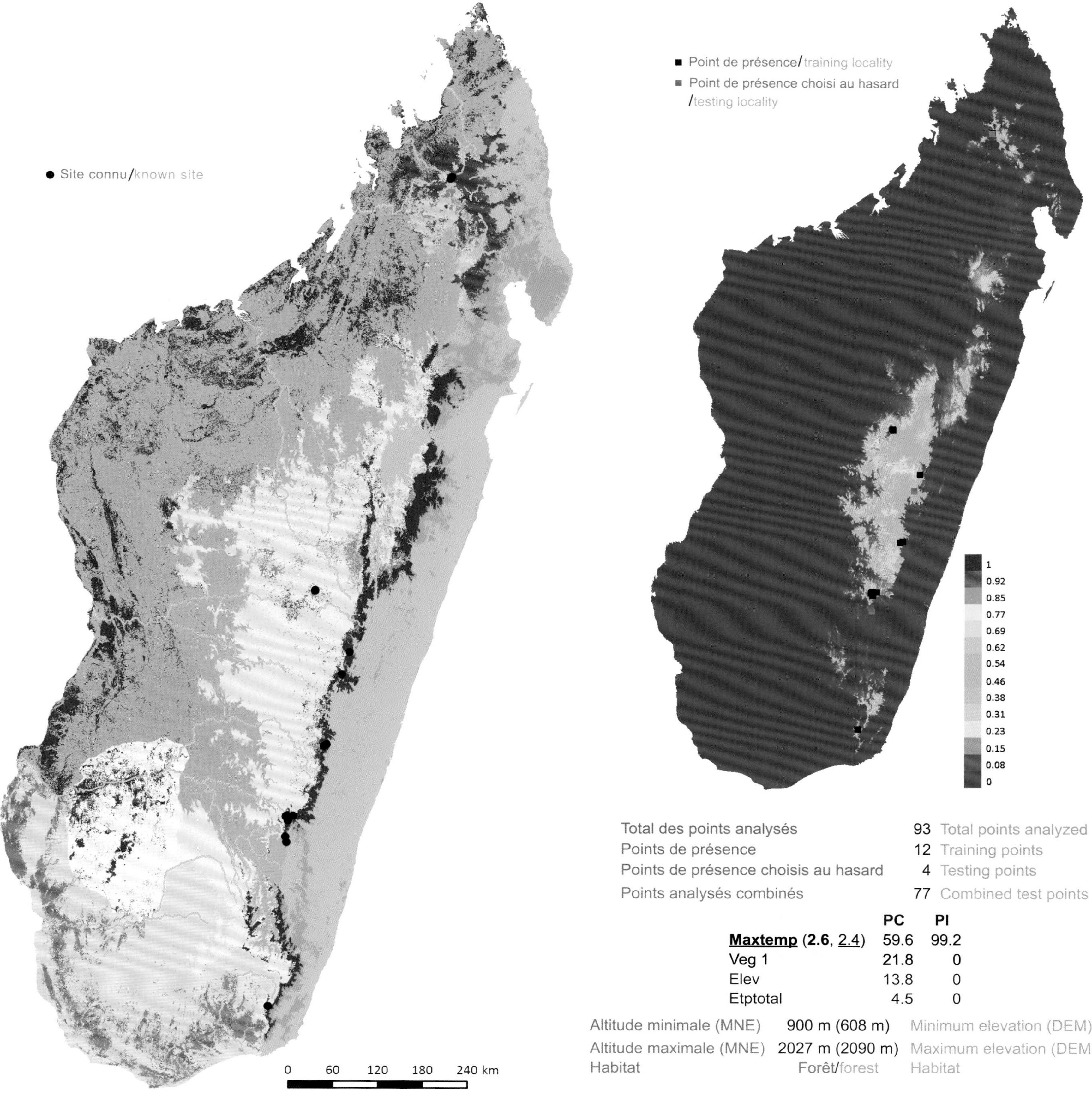

● Site connu/known site
0 60 120 180 240 km
■ Point de présence/training locality
■ Point de présence choisi au hasard /testing locality
1
0.92
0.85
0.77
0.69
0.62
0.54
0.46
0.38
0.31
0.23
0.15
0.08
0
Total des points analysés 93 Total points analyzed
Points de présence 12 Training points
Points de présence choisis au hasard 4 Testing points
Points analysés combinés 77 Combined test points
PC PI
Maxtemp (2.6, 2.4) 59.6 99.2
Veg 1 21.8 0
Elev 13.8 0
Etptotal 4.5 0
Altitude minimale (MNE) 900 m (608 m) Minimum elevation (DEM)
Altitude maximale (MNE) 2027 m (2090 m) Maximum elevation (DEM)
Habitat Forêt/forest Habitat

Maxent : ASC = 0,976
Distribution & habitat : **Endémique**. Strictement forestière. Type d'habitat : humide.
Systématique : Ce genre et cette espèce récemment décrits (3) constituent un genre sœur de *Macrotarsomys* (27). Une étude phylogéographique de cette espèce est nécessaire pour comprendre les relations entre les populations, y compris celles de l'extrême Nord à Tsaratanana et les autres populations dans son aire de distribution.
Autres commentaires : Espèce mal connue avec une large distribution géographique. Le site cartographié dans les Hautes Terres centrales est Ankaratra.
Conservation : Préoccupation mineure avec des populations mal connues (25).

Maxent: AUC = 0.976
Distribution & habitat: **Endemic**. Strictly forest-dwelling. Habitat type: humid.
Systematics: This recently described genus and species (3), forms the sister genus to *Macrotarsomys* (27). A phylogeographic study is needed of this species to understand relationships between populations, including those in the far north at Tsaratanana and other portions of its range.
Other comments: Poorly known species with broad geographical range. The mapped site in the Central Highlands is Ankaratra.
Conservation: Least Concerned with unknown population trend (25).

Nesomys audeberti

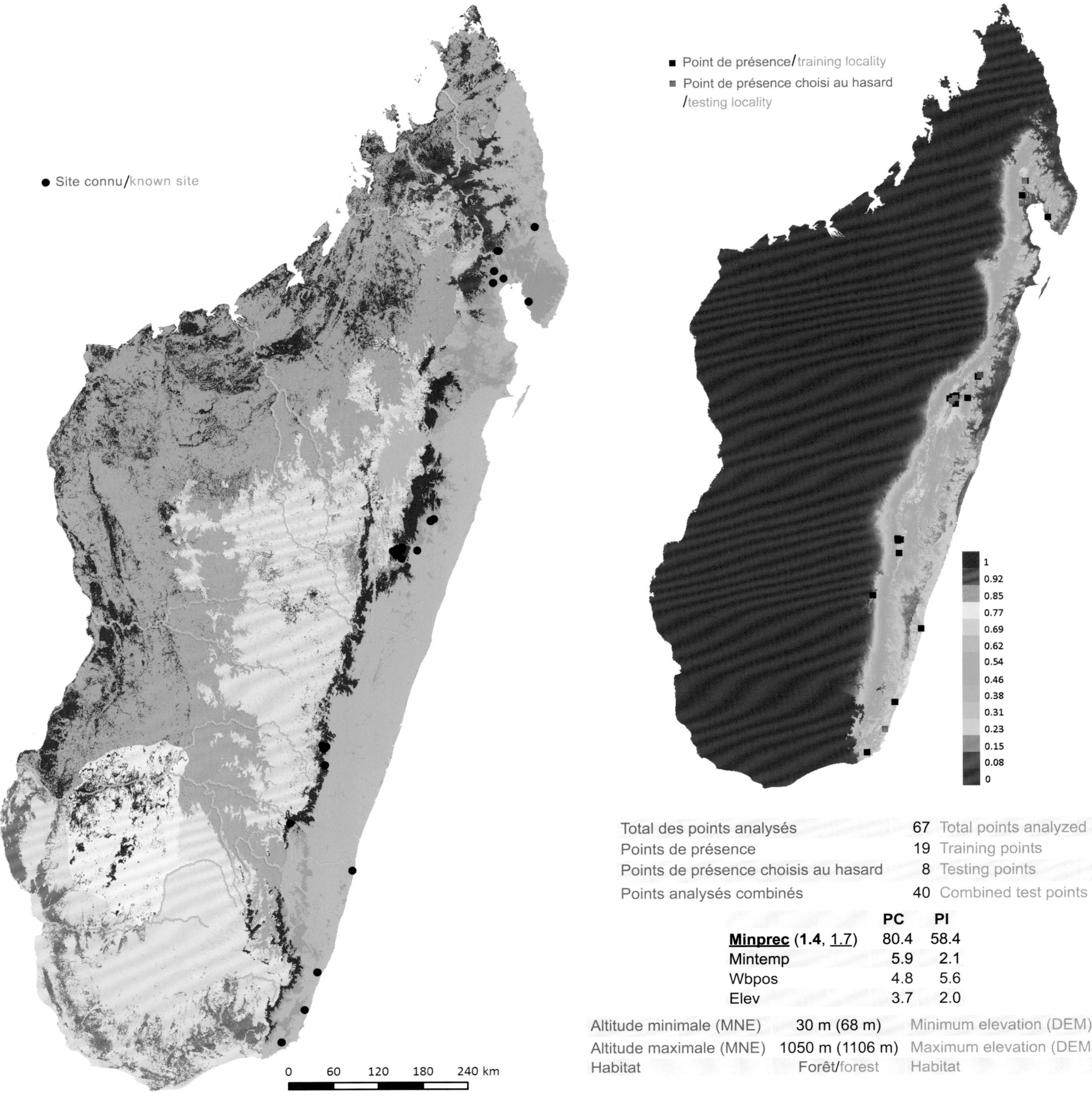

Site connu/known site
0 60 120 180 240 km
Point de présence/training locality
Point de présence choisi au hasard /testing locality
1
0.92
0.85
0.77
0.69
0.62
0.54
0.46
0.38
0.31
0.23
0.15
0.08
0

Total des points analysés	67	Total points analyzed
Points de présence	19	Training points
Points de présence choisis au hasard	8	Testing points
Points analysés combinés	40	Combined test points

	PC	PI
Minprec (**1.4**, 1.7)	80.4	58.4
Mintemp	5.9	2.1
Wbpos	4.8	5.6
Elev	3.7	2.0

Altitude minimale (MNE)	30 m (68 m)	Minimum elevation (DEM)
Altitude maximale (MNE)	1050 m (1106 m)	Maximum elevation (DEM)
Habitat	Forêt/forest	Habitat

Maxent : ASC = 0,969
Distribution & habitat : **Endémique**. Strictement forestière, mais supporte également un certain niveau de perturbation. Type d'habitat : humide (généralement en basse altitude).
Systématique : Constitue un genre sœur de *Brachyuromys* (27). Les relations intragénériques au sein de *Nesomys* nécessitent des études détaillées avec des outils moléculaires. En outre, une étude phylogéographique de cette espèce largement répandue est nécessaire pour comprendre les relations entre les populations.
Autres commentaires : Distribution allopatrique avec *N. lambertoni*. Parfois sympatrique avec *N. rufus* dans certains endroits (Ranomafana-Ifanadiana, Ambatovy) et le chevauchement est généralement dans la zone de répartition de *N. audeberti* en altitude supérieure (45).
Conservation : Préoccupation mineure avec des populations en déclin (25).

Maxent: AUC = 0.969
Distribution & habitat: **Endemic**. Strictly forest-dwelling, but tolerant of a certain level of disturbance. Habitat type: humid (generally lowland).
Systematics: Forms the sister genus to *Brachyuromys* (27). Intrageneric relationships within *Nesomys* needs more detailed study with molecular tools. Further, a phylogeographic study of this widespread species is required to understand relationships between populations.
Other comments: Allopatric with *N. lambertoni*. Partially sympatric with *N. rufus* across portions of its range (Ranomafana – Ifanadiana, Ambatovy) and the overlap is generally in the higher elevational range of *N. audeberti* (45).
Conservation: Least Concerned with decreasing population trend (25).

Nesomys lambertoni

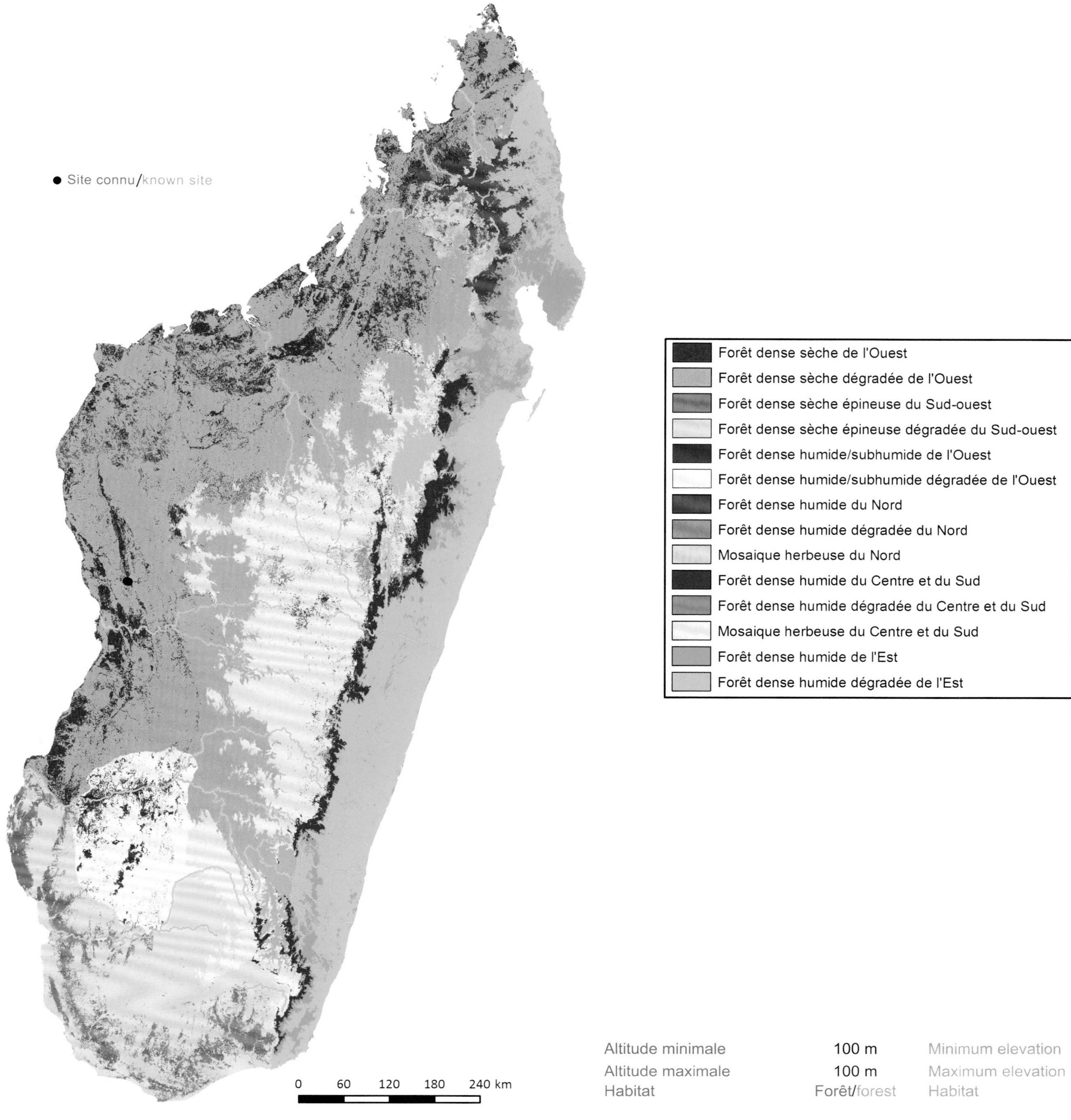
Site connu/known site
Forêt dense sèche de l'Ouest
Forêt dense sèche dégradée de l'Ouest
Forêt dense sèche épineuse du Sud-ouest
Forêt dense sèche épineuse dégradée du Sud-ouest
Forêt dense humide/subhumide de l'Ouest
Forêt dense humide/subhumide dégradée de l'Ouest
Forêt dense humide du Nord
Forêt dense humide dégradée du Nord
Mosaique herbeuse du Nord
Forêt dense humide du Centre et du Sud
Forêt dense humide dégradée du Centre et du Sud
Mosaique herbeuse du Centre et du Sud
Forêt dense humide de l'Est
Forêt dense humide dégradée de l'Est
0 60 120 180 240 km

Altitude minimale	100 m	Minimum elevation
Altitude maximale	100 m	Maximum elevation
Habitat	Forêt/forest	Habitat

Distribution & habitat : **Endémique**. Strictement forestière. Type d'habitat : sec.
Systématique : Les relations intragénériques au sein de *Nesomys* n'ont pas encore été étudiées avec des outils moléculaires.
Autres commentaires : Distribution allopatrique avec *N. rufus* et *N. audeberti*. Connue seulement dans des forêts sur calcaire ou *tsingy* de Bemaraha jusqu'au nord du fleuve Manambolo.
Conservation : En danger avec des populations mal connues (25).

Distribution & habitat: **Endemic**. Strictly forest-dwelling. Habitat type: dry.
Systematics: Intrageneric relationships within *Nesomys* needs to be studied with molecular tools.
Other comments: Allopatric distribution with respect to *N. rufus* and *N. audeberti*. Only known from Bemaraha limestone *tsingy* forests to the north of Manambolo River.
Conservation: Endangered with unknown population trend (25).

Nesomys rufus

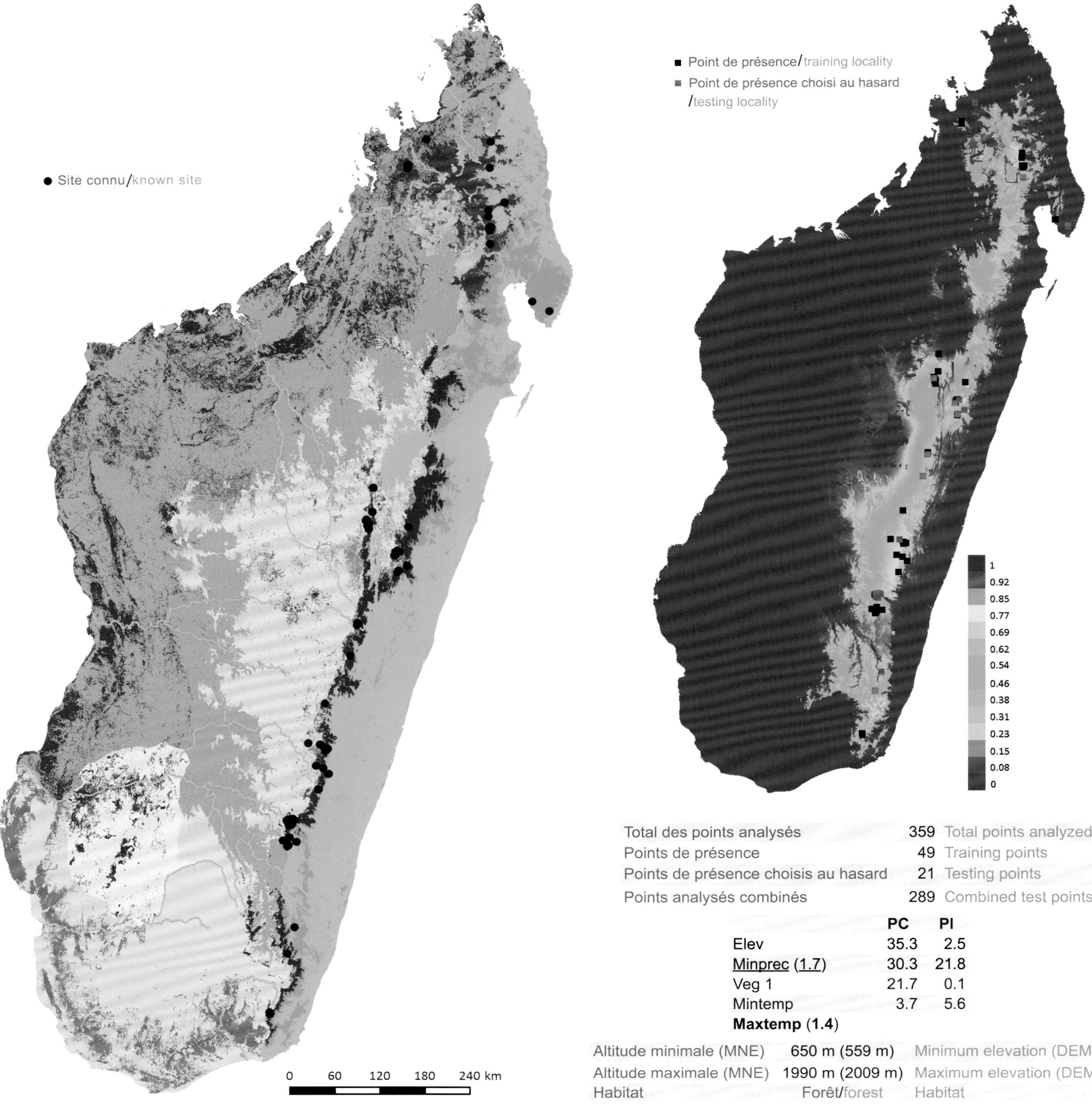

● Site connu/known site
0 60 120 180 240 km
■ Point de présence/training locality
■ Point de présence choisi au hasard /testing locality
1
0.92
0.85
0.77
0.69
0.62
0.54
0.46
0.38
0.31
0.23
0.15
0.08
0
Total des points analysés 359 Total points analyzed
Points de présence 49 Training points
Points de présence choisis au hasard 21 Testing points
Points analysés combinés 289 Combined test points
PC PI
Elev 35.3 2.5
Minprec (1.7) 30.3 21.8
Veg 1 21.7 0.1
Mintemp 3.7 5.6
Maxtemp (1.4)
Altitude minimale (MNE) 650 m (559 m) Minimum elevation (DEM)
Altitude maximale (MNE) 1990 m (2009 m) Maximum elevation (DEM)
Habitat Forêt/forest Habitat

Maxent : ASC = 0,951
Distribution & habitat : **Endémique**. Strictement forestière, mais supporte également un certain niveau de perturbation. Type d'habitat : humide.
Altitude : Rapportée entre 700-2300 m (48).
Systématique : Une étude phylogéographique de cette espèce largement répandue est nécessaire pour comprendre les relations entre les populations.
Autres commentaires : Allopatrique avec *N. lambertoni*. Parfois sympatrique avec *N. audeberti* dans certains endroits (Ranomafana-Ifanadiana, Ambatovy) et le chevauchement est généralement dans la zone de répartition de *N. rufus* en basse altitude (45).
Conservation : Préoccupation mineure avec des populations mal connues (25).

Maxent: AUC = 0.951
Distribution & habitat: **Endemic**. Strictly forest-dwelling, but tolerant of a certain level of disturbance. Habitat type: humid.
Elevation: Cited to occur from 700-2300 m (48).
Systematics: A phylogeographic study of this widespread species is needed to understand the relationships between populations.
Other comments: Allopatric with *N. lambertoni*. Partially sympatric with *N. audeberti* across portions of its range (Ranomafana – Ifanadiana, Ambatovy) and the overlap is generally in the lower elevational range of *N. rufus* (45).
Conservation: Least Concerned with unknown population trend (25).

Voalavo antsahabensis & *V. gymnocaudus*

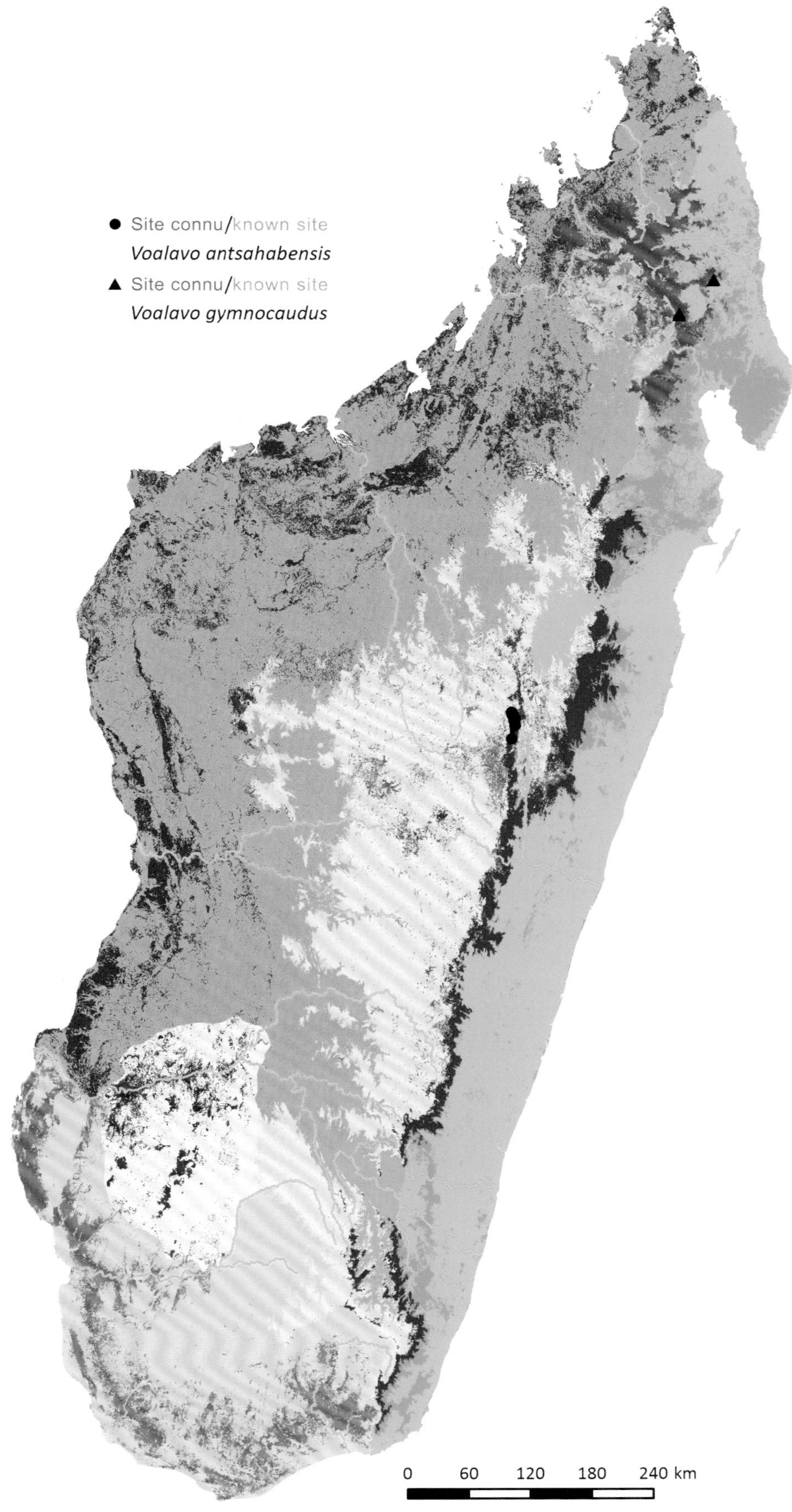
● Site connu/known site
Voalavo antsahabensis
▲ Site connu/known site
Voalavo gymnocaudus
0 60 120 180 240 km

Forêt dense sèche de l'Ouest
Forêt dense sèche dégradée de l'Ouest
Forêt dense sèche épineuse du Sud-ouest
Forêt dense sèche épineuse dégradée du Sud-ouest
Forêt dense humide/subhumide de l'Ouest
Forêt dense humide/subhumide dégradée de l'Ouest
Forêt dense humide du Nord
Forêt dense humide dégradée du Nord
Mosaique herbeuse du Nord
Forêt dense humide du Centre et du Sud
Forêt dense humide dégradée du Centre et du Sud
Mosaique herbeuse du Centre et du Sud
Forêt dense humide de l'Est
Forêt dense humide dégradée de l'Est

Voalavo antsahabensis		
Altitude minimale	1250 m	Minimum elevation
Altitude maximale	1425 m	Maximum elevation
Habitat	Forêt/forest	Habitat

Voalavo gymnocaudus		
Altitude minimale	1225 m	Minimum elevation
Altitude maximale	1950 m	Maximum elevation
Habitat	Forêt/forest	Habitat

Voalavo antsahabensis

Distribution & habitat : Endémique. Strictement forestière. Type d'habitat : humide.

Altitude : Rapportée entre 1250-1320 m (48), mais récemment relevée à des altitudes plus élevées.

Systématique : Ce genre nouvellement décrit (4) est, soit un groupe ancestral ou mieux, placé au sein du genre *Eliurus* (27). Les relations intragénériques à partir des outils moléculaires n'ont pas encore été explorées. Connue seulement dans la région d'Anjozorobe (18).

Autres commentaires : Allopatrique avec son espèce sœur *V. gymnocaudus*.

Conservation : Zone d'Occurrence égale à 60 km². En danger avec des populations mal connues (25).

Voalavo gymnocaudus

Distribution & habitat : **Endémique**. Strictement forestière. Type d'habitat : humide.

Systématique : Connue seulement sur les Massifs d'Anjanaharibe-Sud et Marojejy (4).

Conservation : Préoccupation mineure avec des populations stables (25).

Voalavo antsahabensis

Distribution & habitat: Endemic. Strictly forest-dwelling. Habitat type: humid.

Elevation: Cited to occur from 1250-1320 m (48), but recently documented at higher elevations.

Systematics: This newly named genus (4) is either basal to or perhaps best placed in the genus *Eliurus* (27). Intrageneric relationships unstudied with molecular tools. Known only from the Anjozorobe region (18).

Other comments: Allopatric with sister species *V. gymnocaudus*.

Conservation: The calculated Extent of Occurrence is 60 km². Endangered with unknown population trend (25).

Voalavo gymnocaudus

Distribution & habitat: Endemic. Strictly forest-dwelling. Habitat type: humid.

Systematics: Known only from the Anjanaharibe-Sud and Marojejy Massifs (4).

Conservation: Least Concerned with stable population trend (25).

REFERENCES/REFERENCES

1. **Bronner, G. N. & Jenkins, P. D. 2005.** Order Afrosoricida. In *Mammal species of the World: A taxonomic and geographic reference*, 3rd edition, eds. D. E. Wilson & D. M. Reeder, pp. 71-81. Johns Hopkins University Press, Baltimore.
2. **Carleton, M. D. 1994.** Systematic studies of Madagascar's endemic rodents (Muroidea: Nesomyinae): Revision of the genus *Eliurus*. *American Museum Novitates*, 3087: 1-55.
3. **Carleton, M. D. & Goodman, S. M. 1996.** Systematic studies of Madagascar's endemic rodents (Muroidea: Nesomyinae): A new genus and species from the Central Highlands. In A floral and faunal inventory of the eastern slopes of the Réserve Naturelle Intégrale d'Andringitra, Madagascar: With reference to elevational variation, ed. S. M. Goodman. *Fieldiana: Zoology*, new series, 85: 231-256.
4. **Carleton, M. D. & Goodman, S. M. 1998.** New taxa of nesomyine rodents (Muroidea: Muridae) from Madagascar's northern highlands, with taxonomic comments on previously described forms. In A floral and faunal inventory of the Réserve Spéciale d'Anjanaharibe-Sud, Madagascar: With reference to elevational variation, ed. S. M. Goodman. *Fieldiana: Zoology*, new series, 90: 163-200.
5. **Carleton, M. D. & Goodman, S. M. 2000.** Rodents of the Parc National de Marojejy, Madagascar. In A floral and faunal inventory of the Parc National de Marojejy, Madagascar: With reference to elevational variation, ed. S. M. Goodman. *Fieldiana: Zoology*, new series, 97: 231-263.
6. **Carleton, M. D. & Goodman, S. M. 2007.** A new species of the *Eliurus majori* complex (Rodentia: Muroidea: Nesomyidae) from south-central Madagascar, with remarks on emergent species groupings in the genus *Eliurus*. *American Museum Novitates*, 3547: 1-21.
7. **Carleton, M. D., Goodman, S. M. & Rakotondravony, D. 2001.** A new species of tufted-tailed rat, genus *Eliurus* (Muridae: Nesomyinae), from western Madagascar, with notes on the distribution of *E. myoxinus*. *Proceedings of the Biological Society of Washington*, 114: 972-987.
8. **Ganzhorn, J. U., Ganzhorn, A. W., Abraham, J. P., Andriamanarivo & Ramananjatovo, A. 1990.** The impact of selective logging on forest structure and tenrec populations in western Madagascar. *Oecologia*, 84: 126-133.
9. **Garbutt, N. 2007.** *Mammals of Madagascar: A complete guide*. A&C Black, London.
10. **Golden, C. D. 2009.** Bushmeat hunting and use in the Makira Forest, north-eastern Madagascar: A conservation and livelihoods issue. *Oryx*, 43: 386-392.
11. **Goodman, S. M. & Jenkins P. D. 1998.** The insectivores of the Réserve Spéciale d'Anjanaharibe-Sud, Madagascar. In A floral and faunal inventory of the Réserve Spéciale d'Anjanaharibe-Sud, Madagascar, with reference to elevational variation. *Fieldiana: Zoology*, new series, 90: 139-161.
12. **Goodman, S. M. & Rakotondravony, D. 1996.** The Holocene distribution of *Hypogeomys* (Rodentia: Muridae: Nesomyinae) on Madagascar. Dans *Biogéographie de Madagascar*, ed. W. R. Lourenço, pp. 283-293. ORSTOM, Paris.
13. **Goodman, S. M. & Soarimalala, V. 2004.** A new species of *Microgale* (Lipotyphla: Tenrecidae: Oryzorictinae) from the Forêt des Mikea of southwestern Madagascar. *Proceedings of the Biological Society of Washington*, 117: 251-265.
14. **Goodman, S. M. & Soarimalala, V. 2005.** A new species of *Macrotarsomys* (Rodentia: Muridae: Nesomyinae) from the Forêt des Mikea of southwestern Madagascar. *Proceedings of the Biological Society of Washington*, 118: 450-464.
15. **Goodman, S. M., Rakotondravony, D., Soarimalala, V., Duchemin, J. B. & Duplantier, J.-M. 2000.** Syntopic occurrence of *Hemicentetes semispinosus* and *H. nigriceps* (Lipotyphla: Tenrecidae) on the Central Highlands of Madagascar. *Mammalia*, 64: 113-136.
16. **Goodman, S. M., Soarimalala, V. & Rakotondravony, D. 2001.** The rediscovery of *Brachytarsomys villosa* F. Petter, 1962 (Rodentia, Nesomyinae) in the northern highlands of Madagascar. *Mammalia*, 65: 83-86.
17. **Goodman, S. M., Soarimalala, V. & Ganzhorn, J. U. 2004.** La chasse aux animaux sauvages dans la forêt de Mikea. Dans Inventaire floristique et faunistique de la forêt de Mikea : Paysage écologique et diversité biologique d'une préoccupation majeure pour la conservation, eds. A. P. Raselimanana & S. M. Goodman. *Recherches pour le Développement, Série Sciences Biologiques*, 21: 96-100.
18. **Goodman, S. M., Rakotondravony, D., Randriamanantsoa, H. N. & Rakotomalala-Razanahoera, M. 2005.** A new species of rodent from the montane forest of central eastern Madagascar (Muridae: Nesomyinae: *Voalavo*). *Proceedings of the Biological Society of Washington*, 118: 863-873.
19. **Goodman, S. M., Vasey, N. & Burney, D. A. 2006.** The subfossil occurrence and paleoecological implications of *Macrotarsomys petteri* (Rodentia: Nesomyidae) in extreme southeastern Madagascar. *Comptes rendus Palevol*, 5: 953-962.
20. **Goodman, S. M., Raxworthy, C. J., Maminirina, C. P. & Olson, L. E. 2006.** A new species of shrew tenrec (*Microgale jobihely*) from northern Madagascar. *Journal of Zoology*, 270: 384-398.
21. **Goodman, S. M., Raheriarisena, M. & Jansa, S. A. 2009.** A new species of *Eliurus* Milne Edwards, 1885 (Rodentia: Nesomyinae) from the Réserve Spéciale d'Ankarana, northern Madagascar. *Bonner Zoologisches Beiträge*, 56: 133-159.
22. **Goodman, S. M., Zafindranoro, H. H. & Soarimalala, V. 2011.** A case of the sympatric occurrence of *Microgale brevicaudata* and *M. grandidieri* (Afrosoricida, Tenrecidae) in the Beanka Forest, Maintirano. *Malagasy Nature*, 5: 104-108.
23. **Hernandez, P. A., Graham, C. H., Master, L. L. & Albert, D. L. 2006.** The effect of sample size and species characteristics on performance of different species distribution modeling methods. *Ecography*, 29: 773-785.
24. **Hutterer, R. 1993.** Order Insectivora. In *Mammal species of the World: A taxonomic and geographic reference*, eds. D. E. Wilson & D. M. Reeder, pp. 69-130. Smithsonian Institution Press, Washington, D.C.
25. **IUCN 2012.** *The IUCN red list of threatened species*. Version 2012.2. <http://www.iucnredlist.org>.
26. **Jansa, S. A. & Carleton, M. D. 2003.** Systematics and phylogenetics of Madagascar's native rodents. In *The natural history of Madagascar*, eds. S. M. Goodman & J. P. Benstead, pp. 1257-1265. The University of Chicago Press, Chicago.
27. **Jansa, S. A. & Weksler, M. 2004.** Phylogeny of muroid rodents: Relationships within and among major lineages as revealed by nuclear IRBP gene sequences. *Molecular Phylogenetics and Evolution*, 31: 256-276.
28. **Jansa, S. A., Goodman, S. M. & Tucker, P. K. 1999.** Molecular phylogeny and biogeography of the native rodents of Madagascar (Muridae: Nesomyinae): A test of the single-origin hypothesis. *Cladistics*, 15: 253-270.
29. **Jansa, S. A., Soarimalala, V., Goodman, S. M. & Barker, K. 2008.** Morphometric variation and phylogeographic structure in *Macrotarsomys bastardi* (Rodentia: Nesomyidae), an endemic Malagasy dry forest rodent. *Journal of Mammalogy*, 89: 316-324.
30. **Jenkins, P. D. 1992.** Description of a new species of *Microgale* (Insectivora: Tenrecidae) from eastern Madagascar. *Bulletin of the Natural History Museum*, London (Zoology), 58: 53-59.
31. **Jenkins, P. D. 1993.** A new species of *Microgale* (Insectivora: Tenrecidae) from eastern Madagascar with an unusual dentition. *American Museum Novitates*, 3067:1–11.
32. **Jenkins, P. D. & Goodman, S. M. 1999.** A new species of *Microgale* (Lipotyphla, Tenrecidae) from isolated forest in southwestern Madagascar. *Bulletin of the Natural History Museum*, London (Zoology) 65: 155-164.
33. **Jenkins, P. D., Goodman, S. M. & Raxworthy, C. J. 1996.** The shrew tenrecs (*Microgale*) (Insectivora: Tenrecidae) of the Réserve Naturelle Intégrale d'Andringitra, Madagascar. In A floral and faunal inventory of the eastern slopes of the Réserve Naturelle Intégrale d'Andringitra, Madagascar: With reference to elevational variation, ed. S. M. Goodman. *Fieldiana: Zoology*, new series, 85: 191-217.
34. **Kuntner, M., May-Collado, L. J. & Agnarsson, I. 2011.** Phylogeny and conservation priorities of afrotherian mammals (Afrotheria, Mammalia). *Zoologica Scripta*, 40: 1-12.
35. **Musser, G. G. & Carleton, M. D. 1993.** Family Muridae. In *Mammal species of the World*, eds. D. E. Wilson & D. M. Reeder, pp. 501-753. Smithsonian Institution Press, Washington, D. C.
36. **Musser, G. G. & Carleton, M. D. 2005.** Superfamily Muroidea. In *Mammal species of the World: A taxonomic and geographic reference*, 3rd edition, eds. D. E. Wilson & D. M. Reeder, pp. 894-1531. Johns Hopkins University Press, Baltimore.

37. **Olson, L. E. & Goodman, S. M. 2003.** Phylogeny and biogeography of tenrecs. In *The natural history of Madagascar*, eds. S. M. Goodman & J. P. Benstead, pp. 1235-1242. The University of Chicago Press, Chicago.

38. **Olson, L., Goodman, S. M. & Yoder, A. D. 2004.** Reciprocal illumination of cryptic species: Morphological and molecular support for several undescribed species of shrew tenrecs (Mammalia: Tenrecidae; *Microgale*). *Biological Journal of the Linnean Society*, 83: 1-22.

39. **Olson, L. E., Rakotomalala, Z., Hildebrandt, K. B. P., Lanier, H. C., Raxworthy, C. J. & Goodman, S. M. 2009.** Phylogeography of *Microgale brevicaudata* (Tenrecidae) and description of a new species from western Madagascar. *Journal of Mammalogy*, 90: 1095-1110.

40. **Omar, H., Adamson, E. A. S., Bhassu, S., Goodman, S. M., Soarimalala, V., Hashim, R. & Ruedi, M. 2011.** Phylogenetic relationships of Malayan and Malagasy pygmy shrews of the genus *Suncus* (Soricomorpha: Soricidae) inferred from mitochondrial cytochrome *b* gene sequences. *The Raffles Bulletin of Zoology* 59: 237-243.

41. **Rakotoarisoa, J.-E., Goodman, S. M. & Raheriarisena, M. 2013.** A phylogeographic study of the endemic rodent *Eliurus carletoni* (Rodentia: Nesomyinae) in an ecological transition zone of northern Madagascar. *Journal of Heredity*, 104: 23-35.

42. **Rakotoarisoa, J.-E., Raheriarisena, M. & Goodman, S. M. 2013.** Late Quaternary climatic vegetational shifts in an ecological transition zone of northern Madagascar: Insights from genetic analyses of two endemic rodent species. *Journal of Evolutionary Biology*, 26: 1019-1034.

43. **Rakotondravony, D., Randrianjafy, V. & Goodman, S. M. 2002.** Evaluation rapide de la diversité biologique des micromammifères de la Réserve Naturelle Intégrale d'Ankarafantsika. Dans Une évaluation biologique de la Réserve Naturelle Intégrale d'Ankarafantsika, Madagascar, eds. L. E. Alonso, T. S. Schulenberg, S. Radilofe & O. Missa. *Bulletin RAP d'Evaluation Rapide*, 23: 83-87.

44. **Ramanamanjato, J.-B. & Ganzhorn, J. U. 2001.** Effects of forest fragmentation, introduced *Rattus rattus* and the role of exotic tree plantations and secondary vegetation for the conservation of an endemic rodent and a small lemur in littoral forests of southeastern Madagascar. *Animal Conservation*, 4: 175-183.

45. **Ryan, J. M., Creighton, G. K. & Emmons, L. H. 1993.** Activity patterns of two species of *Nesomys* (Muridae: Nesomyinae) in a Madagascar rain forest. *Journal of Tropical Ecology*, 9: 101-107.

46. **Shi, J. J., Chan, L. M., Rakotomalala, Z., Heilman, A. M., Goodman, S. M. & Yoder, A. D. 2013.** Latitude drives diversification in Madagascar's endemic dry forest rodent, *Eliurus myoxinus* (sub-family Nesomyinae). *Biological Journal of the Linnean Society*. DOI: 10.1111/bij.12143.

47. **Soarimalala, V. & Goodman, S. M. 2008.** New distributional records of the recently described and endangered shrew tenrec *Microgale nasoloi* (Tenrecidae: Afrosoricida) from central western Madagascar. *Mammalian Biology*, 73: 468-471.

48. **Soarimalala, V. & Goodman, S. M. 2011.** *Les petits mammifères de Madagascar*. Association Vahatra, Antananarivo.

49. **Soarimalala, V., Raheriarisena, M. & Goodman, S. M. 2010.** New distributional records from central-eastern Madagascar and patterns of morphological variation in the endangered shrew tenrec *Microgale jobihely* (Afrosoricida: Tenrecidae). *Mammalia*, 74: 187-198.

50. **Sommer, S., Toto Volahy, A. & Seal, U. S. 2002.** A population and habitat viability assessment for the highly endangered giant jumping rat (*Hypogeomys antimena*), the largest extant endemic rodent of Madagascar. *Animal Conservation*, 5: 263-273.

51. **Stockwell, D. R. B. & Peterson, A. T. 2002.** Effects of sample size on accuracy of species distribution models. *Ecological Modelling*, 148: 1-13.

52. **UICN. 2012.** *Catégories et critères de la Liste rouge de l'UICN: Version 3.1*. Deuxième édition. Gland, Suisse and Cambridge, Royaume-Uni.

Steven M. Goodman

La faune indigène des carnivorans de Madagascar n'est pas particulièrement riche pour une région tropicale de sa taille (près de 595 000 km²), avec 11 espèces. Cependant, les espèces appartiennent toutes à la famille des Eupleridae qui est unique à l'île (endémique), et elle constitue une radiation adaptative plutôt extraordinaire. Par rapport à d'autres groupes de vertébrés présentés dans cet atlas, comme les oiseaux, les carnivorans malgaches sont mal connus, au moins pour ce qui relève de leurs activités nocturnes. Quelques espèces ont été décrites comme nouvelles pour la science au cours des dernières décennies ; elles comprennent *Galidictis grandidieri* (27) et *Salanoia durrelli* (6). Dans d'autres cas, certaines formes géographiques ou sous-espèces ont été élevées au niveau d'espèce sur la base des informations morphologiques et génétiques moléculaires : *Eupleres* (*goudotii*) *major* et *Mungotictis* (*decemlineata*) *lineata* (13, 15).

La dernière décennie a été marquée par une amélioration importante de la systématique des carnivorans endémiques malgaches basée sur des études de terrain, mais les plus importantes sont constituées par les analyses génétiques, qui ont apporté une nouvelle lumière sur leur origine et sur leur évolution. Les formes endémiques qui composent la faune malgache, dont la famille des Eupleridae à laquelle nous nous référons ici, ont été auparavant placées dans deux familles distinctes, les Herpestidae et les Viverridae (28) ; ceci indiquerait des multiples événements de colonisation de ces animaux à Madagascar. En outre, le genre *Cryptoprocta* a été considéré au cours des différents moments de son histoire taxonomique variée comme étant lié à la famille des Felidae ou chat (26). Sur la base des études moléculaires, les carnivorans malgaches indigènes sont maintenant réunis dans une seule famille, les Eupleridae, indiquant qu'un seul ancêtre était arrivé sur l'île et a ensuite subi le processus de spéciation (29). Les différents euplerids montrent une similitude morphologique considérable avec d'autres carnivorans de l'Ancien Monde, comme les genets, les mangoustes et les chats. Cette convergence notable contribue à expliquer les classifications anciennes erronées (8) ; ensuite, elle souligne l'importance de la génétique moléculaire dans la résolution de l'histoire évolutive des euplerids.

Parmi les 11 espèces d'Eupleridae reconnues ici, toutes sont largement ou exclusivement sylvicoles ; la principale exception est *Salanoia durrelli*, qui vit dans les marais du lac Alaotra. Les autres espèces qui ne sont pas strictement forestières comprennent *Cryptoprocta ferox*, qui traverse facilement les zones non boisées, et *Eupleres goudotii*, qui peut également être trouvée dans les marais. Nous présentons ici des cartes pour les 11 espèces de euplerids, mais nous excluons les carnivorans introduits, notamment *Canis lupus* ou chiens (famille des Canidae), *Felis sylvestris* ou chat (famille des Felidae) et *Viverricula indica* ou civette indienne (famille des Viverridae).

Cartes de distribution

Les cartes de distribution sont générées à partir d'une base de données constituées, principalement des spécimens muséologiques et secondairement des observations sur le terrain et des informations bibliographiques. Les différents sites de la base de données sur les euplerids sont représentés sur la Figure 1. Le fond de carte utilisé est celui de la couverture végétale actuelle (Veg 2). Dans quelques cas, pour les taxons n'ayant seulement que quelques données, les analyses de Maxent n'ont pas été effectuées.

Un tableau généré à partir de la base de données combinées et associées à la distribution cartographique de chaque taxon est présenté pour chaque espèce. Il comprend les altitudes minimale et maximale de son aire de répartition, ainsi qu'un modèle d'élévation numérique (DEM). Ce dernier aspect est abordé dans la partie introduction (voir p. 21). En outre, une brève liste des habitats utilisés par le taxon en question est donnée et développée dans le texte associé à chaque espèce dans la rubrique Distribution & habitat (voir ci-dessous).

Modélisation par Maximum d'Entropie – cartes et analyses

La manière dont ces analyses ont été effectuées est développée dans l'introduction (voir page xx), mais quelques remarques méritent d'être relevées ici. Les analyses de Maxent n'ont pas été présentées pour les espèces dont le nombre de relevés d'occurrence est inférieur à 10 (17, 25). Pour chaque espèce cartographiée, les données utilisées

Steven M. Goodman

The native carnivoran fauna of Madagascar is not particularly rich for a tropical region of its size (nearly 595,000 km²), with 11 species. However, all of these taxa belong to the family Eupleridae, which is unique to the island (endemic), and form a rather extraordinary adaptive radiation. As compared to some other vertebrate groups presented in this atlas, such as birds, most Malagasy carnivorans are poorly known, at least in part associated with their nocturnal activities. A few species have been described as new to science over the past few decades, which include *Galidictis grandidieri* (27) and *Salanoia durrelli* (6). In other cases, certain geographic forms or subspecies have been raised to full species based on morphological and molecular genetic information: *Eupleres* (*goudotii*) *major* and *Mungotictis* (*decemlineata*) *lineata* (13, 15).

The past decade has seen important refinements to the systematics of endemic Malagasy carnivorans based on field studies, but most importantly genetic analyses, which has brought new insights into their origin and evolution. The endemic forms making up the Malagasy fauna, which we refer to the family Eupleridae herein, were previously placed in two separate families, Herpestidae and Viverridae (28), which would indicate multiple colonizations by these animals of Madagascar. Further, the genus *Cryptoprocta* was been considered at different points in its varied taxonomic history related to the cat family Felidae (26). On the basis of molecular studies, the native Malagasy Carnivora are now assembled in a single family, the Eupleridae, indicating that a single ancestor arrived on the island and subsequently underwent the process of speciation (29). The different euplerids show considerable morphological similarity with other Carnivora of the Old World, such as genets, mongooses, and cats. This notable convergence helps to explain earlier incorrect classifications (8) and, in turn, underlines the importance of molecular genetics in resolving the evolutionary history of the euplerids.

Of the 11 Eupleridae species recognized herein, all are largely or exclusively forest-dwelling; the principal exception is *Salanoia durrelli*, which inhabits the marshes of Lake Alaotra. Other departures from the strict forest-dwelling life-style include *Cryptoprocta ferox*, which readily crosses non-forested zones, and *Eupleres goudotii*, which can be also found in marshlands. Here we present maps for all 11 species of euplerids, but exclude introduced Carnivora including *Canis lupus* or dogs (family Canidae), *Felis sylvestris* or cats (family Felidae), and *Viverricula indica* or Indian civet (family Viverridae).

Distributional maps

The distributional maps are derived from a database that includes principally museum specimens and secondarily field observations and information from the published literature. The different sites represented in the database for euplerids are illustrated in Figure 1. The base map used to produce the different distributional maps is that of current vegetational cover (Veg 2). In a few cases, for taxa represented by few records, Maxent analyses are not presented.

A table is included for each species using the combined database and associated with the mapped distribution of each taxon, which includes their minimum and maximum elevational ranges, as well as a digital elevation model (DEM); this latter aspect is discussed in the introductory section (see p. 21). Further, a brief list is given of the habitats used by the taxon in question, which is elaborated upon in the text associated with each species under the heading Distribution & habitat (see below).

Maximum Entropy Modeling (Maxent) – maps and analysis

The manner these analyses were conducted is presented in the introductory section (see p. 26), but a few points are worthwhile to mention here. We have not conducted Maxent analyses for species represented by less than 10 occurrence records (17, 25). For each mapped species, we have differentiated points used as training localities and testing localities.

For species included in this type of analysis, two different tables of associated information are presented below the mapped model. The first table includes a listing of the number of points analyzed, with special reference to training points, testing points, and combined test points. The second table is associated with the 12 environmental variables that best explain the distribution of each species. As all of

comme étant des « points de présence » et des « points de présence choisis au hasard » sont différenciés.

Pour les espèces incluses dans ce type d'analyse, deux différents tableaux d'informations associées sont présentés en dessous de la carte de modèle de distribution. Le premier comprend une liste du nombre de points analysés, avec une référence particulière sur des points de présence, des points de présence choisis au hasard et des points analysés combinés. Le deuxième est relatif aux 12 variables environnementales qui expliquent davantage la répartition de chaque espèce. Comme tous les Eupleridae sont des espèces forestières, la carte de la végétation originale (Veg 1) a été utilisée comme l'une des couches de données sur l'environnement (voir p. 26 pour plus d'informations). La seule exception est *Salanoia durrelli*, qui peut être trouvée dans les zones marécageuses ; la carte de la végétation actuelle (Veg 2) a été utilisée pour cette espèce. Dans le Tableau 1, nous présentons la définition de chaque variable et les acronymes utilisés dans le texte. Les analyses ont été effectuées avec Maxent de deux manières différentes :

1) Analyses univariées - La variable environnementale ayant le gain le plus élevé est présenté en caractères **gras** et celle qui, lorsqu'elle est omise, diminue beaucoup le gain est en caractères soulignés. Lorsque la variable ou les variable (s) n'est (sont) pas l'une de celles indiquées dans les analyses multivariées (voir ci-dessous), le nom de la variable apparaît sur une autre ligne (voir, par exemple, *Galidictis grandidieri*, p. 280). Dans les cas où ces variables sont les mêmes que celles figurant dans les analyses multivariées, le même système des textes en **gras** et soulignés est adopté et les résultats des analyses sont mis entre parenthèses (voir, par exemple, *Cryptoprocta ferox*, p. 274).
2) Analyses multivariées - Les quatre variables sur les 12 utilisées dans les analyses (Tableau 1) qui expliquent le plus la répartition de l'espèce en question sont répertoriées. Elles sont données suivant l'ordre d'importance, avec les valeurs de pourcentage de leur contribution (PC) et celles de l'importance de la permutation (PI). Pour les espèces forestières, la carte de la végétation originale (Veg 1) a été utilisée comme étant une des couches environnementales, et pour les espèces qui ne dépendent pas de la forêt, la carte de végétation actuelle (Veg 2) a été utilisée.

Texte associé pour chaque espèce cartographiée

Une littérature importantes existe sur les carnivorans malgaches et les lecteurs sont invités à se référer aux nombreuses synthèses sur cette faune (1, 11, 12). Au lieu de reprendre ici les nombreux aspects de ces informations, les points importants pour l'interprétation des cartes de répartition et de modèles de Maxent sont présentés dans un style télescopique. Le texte qui accompagne la carte de chaque espèce est divisé en plusieurs sections et les détails sur chaque sous-titre sont présentés ci-dessous. Dans certains cas, lorsqu'aucune information supplémentaire n'est pas nécessaire ou n'est pas disponible pour un sous-titre donné, il est exclu du texte.

Maxent : La valeur calculée de « l'aire sous la courbe » (ASC), qui a été générée par le modèle de Maxent est donnée ici.

Distribution & habitat : L'information sur le statut de l'espèce en question est d'abord présentée (**en gras**). Comme tous les Eupleridae sont endémiques à Madagascar, aucun détail n'est présenté sur leur distribution en dehors de Madagascar. Ensuite, les aspects de l'environnement général que l'espèce utilise, ainsi que les types d'habitat précis basé sur la carte de la végétation (voir p. 26 pour plus de informations) sont fournis. Les types d'habitat comprennent les forêts : humide, sèche, humide/subhumide et sèche épineuse. Bien que nous ayons tenté de l'approfondir davantage, la base de données ne devrait pas encore être considérée comme étant complète, et des écarts artificiels existent dans les distributions cartographiées pour certains taxons.

Altitude : Les informations sont présentées lorsque les données publiées sur l'espèce sont différentes de celles qui figurent dans le tableau associé.

Systématique : Les aspects pertinents sur la taxonomie et la systématique de l'espèce concernée sont passés en revue dans cette section. Dans certains cas, les sous-espèces d'un taxon donné ont été ressuscitées au rang des espèces et les références de celles-ci sont également fournies. Au cours des dernières années, des études moléculaires ont été réalisées sur certaines espèces des Eupleridae. Cette information a donné un aperçu des modèles de répartition

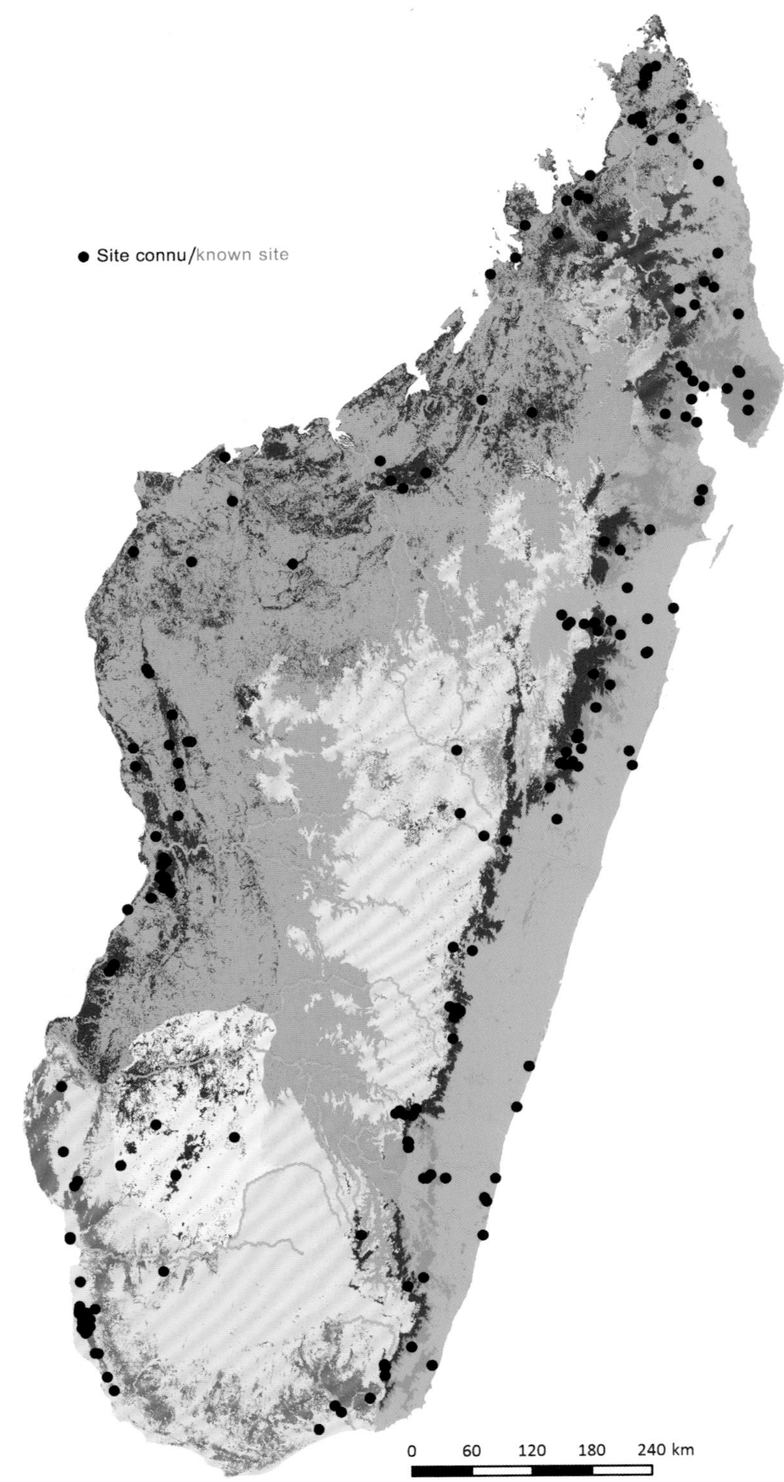
Site connu/known site
0 60 120 180 240 km

Figure 1. Représentation des différents sites de la base de données utilisée pour générer les cartes de répartition et faire les analyses de Maxent./Representation of the different sites represented in the database used to formulate the distributional maps and the Maxent analyses.

the Eupleridae are classified as forest-dwelling, the original vegetation map (Veg 1) was used as one of the environmental overlays (see p. 22 for further information). The only exception is *Salanoia durrelli*, which is marsh-dwelling and the current vegetation map (Veg 2) was employed. In Table 1, we present the definition of each environmental variable and the acronyms used in the associated table. The Maxent analyses were conducted in two different manners:

1) Single variable comparisons – The environmental variable with the highest gain is presented in **bold** script and the environmental variable when omitted that decreases the gain to the greatest degree in underline script. When this or these variable(s) is (are) not one of those listed for the multivariate analyses (see below), the variable name appears on a separate line (see for example, *Galidictis grandidieri*, p. 280). In cases when these variables are the same as those listed for the multivariate comparisons, the same system of bold and underlined text is used and the single variable comparison figures are presented in parentheses (see for example, *Cryptoprocta ferox*, p. 274).
2) Multivariable comparisons – The four variables of the 12 used in the analysis (Table 1) that best explain the distribution of the species in question are listed. These are given in the order of importance, with the values of the percent contribution (PC) and permutation importance (PI) presented. For forest-dwelling species, the original vegetation map (Veg 1) was used as one of the environmental

géographique associée à l'habitat, à l'altitude et aux aspects des analyses de Maxent. Les relations nouvellement proposées au-dessus du niveau genre n'ont pas été approfondies. Pour chacune des deux sous-familles d'Eupleridae, les différentes formes sont présentées par ordre alphabétique, par genre et par espèce.

Autres commentaires : Cette section couvre divers points qui méritent d'être abordés, tels que les différences entre les nomenclatures employées par les auteurs, l'apparition allopatrique-sympatrique des taxa sœurs, l'état des connaissances sur l'espèce en question, et les problèmes potentiels sur certaines identifications sur le terrain.

Conservation : Les catégories du statut de conservation suivant la « liste rouge » de l'UICN des espèces prises en compte sont présentées ici. Ces catégories sont définies dans l'introduction (p. 15). Les taxa qui composent les Eupleridae n'ont pas nécessairement des informations équivalentes sur leur répartition, la densité de population et les menaces. Il en résulte que les évaluations de leur statut de conservation ne soient pas nécessairement comparables. Compte tenu des déclins dans le passé récent et actuel des habitats forestiers naturels de Madagascar, tous les organismes vivant dans les écosystèmes forestiers sont en péril, certains davantage plus que d'autres. Dans tous les cas, ces différentes catégories de la liste rouge constituent une référence pour comprendre certains aspects, mais elles ne devraient pas être considérées comme étant des mesures définitives du niveau de menace.

Pour quelques espèces endémiques à répartitions géographiques limitées, leurs « Zones d'Occurrence », telles que définies par l'UICN (18) ont été calculées. Lorsque les polygones passent au-dessus de la mer, ces zones ne sont pas incluses dans ces estimations.

Tableau 1. Liste des différentes variables environnementales utilisées dans les analyses de Maxent, ainsi que les différents acronymes/List of different environmental variables used in the Maxent analyses, as well as different acronyms.

Variables environnementales/environmental variables
Etptotal : Evapotranspiration totale annuelle (mm)/annual evapotranspiration total (mm)
Maxprec : Précipitation maximale du mois le plus humide (mm)/maximum precipitation of the wettest month (mm)
Minprec : Précipitation minimale du mois le plus sec (mm)/minimum precipitation of the driest month (mm)
Maxtemp : Température maximale du mois le plus chaud (°C)/maximum temperature of the warmest month (°C)
Mintemp : Température minimale du mois le plus froid (°C)/minimum temperature of the coldest month (°C)
Realmar : Précipitation moyenne annuelle (mm)/mean annual precipitation (mm)
Realmat : Température moyenne annuelle (°C)/mean annual temperature (°C)
Wbpos : Nombre de mois avec un bilan hydrique positif/numbers of months with a positive water balance
Wbyear : Bilan hydrique annuel (mm)/water balance for the year (mm)
Elev : Altitude (m)/elevation (m)
Geol : Géologie/geology
Veg 1 : Végétation originelle/original vegetation
Veg 2 : Végétation actuelle/current vegetation

Abréviations/acronyms
ASC/AUC : Aire sous la courbe/area under the curve
MNE/DEM : Modèle numérique d'élévation/digital elevation model
PI/PI : Importance de la permutation/permutation importance
PC/PC : Pourcentage de contribution/percent contribution

overlays and non-forest-dependent species the current vegetation map (Veg 2) was used.

Associated text for each mapped species

A notable literature exists on Malagasy Carnivora and readers are referred to several syntheses on this fauna (1, 11, 12). Rather than repeating numerous aspects herein from this body of information, we present details in a telescopic style that are important for the interpretation of the distributional maps and Maxent models. The text accompanying each mapped species is divided into several sections and details on each header are presented below. In cases, when no additional information is needed or available for a given header, it is excluded from the text.

Maxent: Here we present the calculated value of the "area under the curve" (AUC), which was generated by the Maxent model.

Distribution & habitat: Information is first presented (in **bold**) on the status of the species in question. As all Eupleridae are endemic to Madagascar, no details are presented on their distribution outside Madagascar. We subsequently elaborate on aspects of the generalized environment the species uses, and then numerate the precise habitat types based on our vegetation map (see p. 22 for further information), which include humid, dry, humid-subhumid, and dry spiny. While we have strived to be thorough, our database should not be considered complete, and artificial gaps exist in the mapped distributions of certain taxa.

Elevation: Here we only present information when published data on the species is different from that given in the associated table.

Systematics: Here we review relevant aspects of the taxonomy and systematics of the species concerned. In some cases, subspecies of a given taxon have been named and reference to these is presented here. In recent years, molecular studies have been conducted on some species of Eupleridae carnivorans and this information provides insight into patterns of geographical distribution related to habitat, elevation, and aspects of the Maxent analyses presented herein. We do not review newly proposed relationships above the genus level. For each of the two subfamilies of the Eupleridae, the different forms are listed alphabetically by genus and then by species.

Other comments: This covers miscellaneous points, when relevant, such as nomenclatural differences between authors, allopatric-sympatric occurrence of sister taxa, and state of knowledge of the species in question.

Conservation: We present IUCN "red-list" categories of the conservation status of treated species. These categories are defined in the introductory section (p. 15). The taxa making up the Eupleridae do not necessarily have equivalent information on their distribution, population densities, and threats. This results in not necessarily comparable conservation status assessments. Given the recent and on going decline of native forest habitats on Madagascar, all organisms living in forest ecosystems are in peril, some distinctly more so than others. In any case, these different red-list categories provide a benchmark to understand certain aspects, but should not be construed as definitive measures of the level of threat.

For a few species with limited geographical ranges, we calculate their Extent of Occurrence, as defined by the IUCN (18). When polygons pass over the sea, these areas are not included in the estimates.

Cryptoprocta ferox

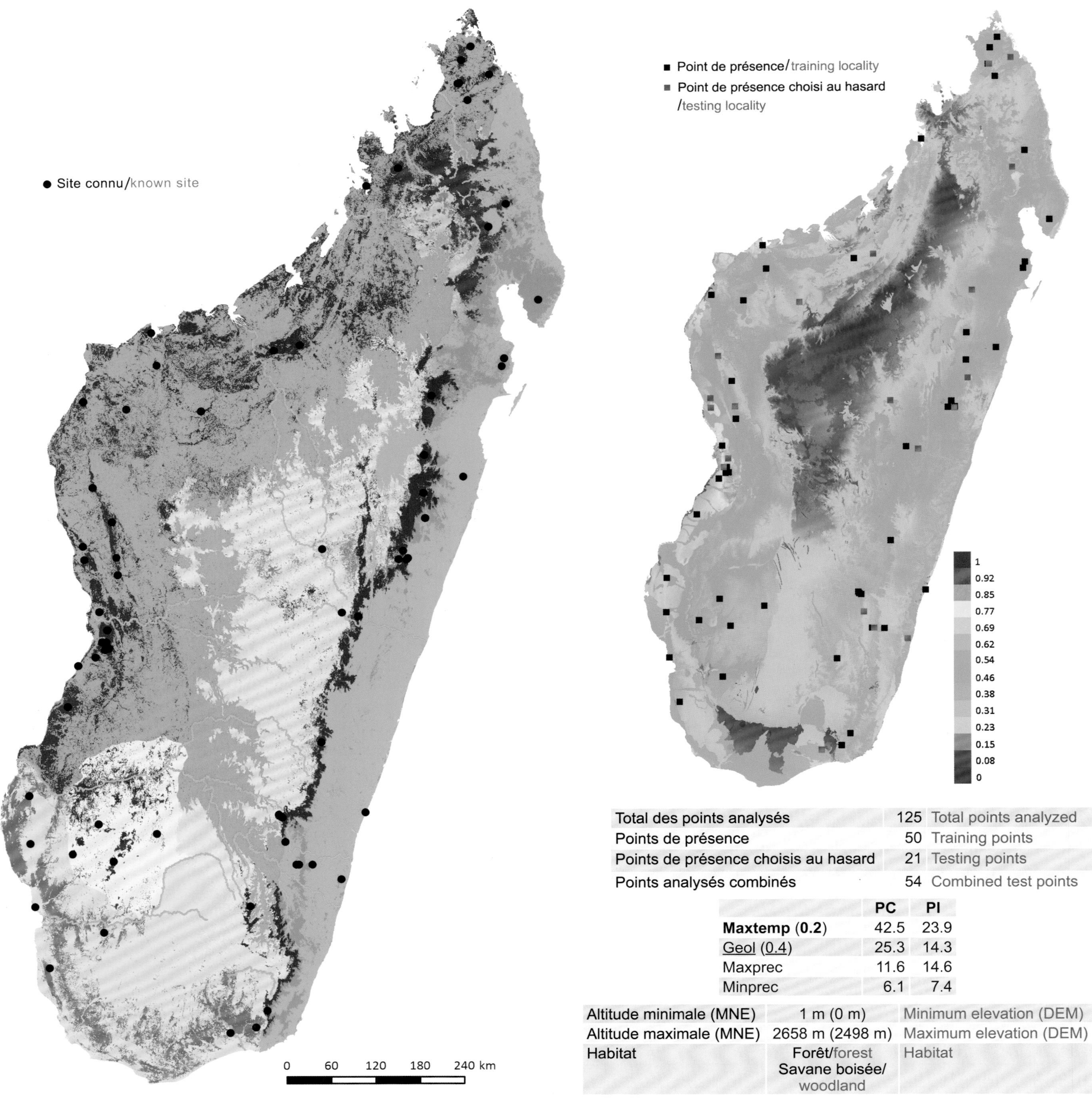

● Site connu/known site
0 60 120 180 240 km
■ Point de présence/training locality
■ Point de présence choisi au hasard /testing locality
1
0.92
0.85
0.77
0.69
0.62
0.54
0.46
0.38
0.31
0.23
0.15
0.08
0

Total des points analysés	125	Total points analyzed
Points de présence	50	Training points
Points de présence choisis au hasard	21	Testing points
Points analysés combinés	54	Combined test points

	PC	PI
Maxtemp (**0.2**)	42.5	23.9
Geol (0.4)	25.3	14.3
Maxprec	11.6	14.6
Minprec	6.1	7.4

Altitude minimale (MNE)	1 m (0 m)	Minimum elevation (DEM)
Altitude maximale (MNE)	2658 m (2498 m)	Maximum elevation (DEM)
Habitat	Forêt/forest Savane boisée/ woodland	Habitat

Maxent : ASC = 0,790

Distribution & habitat : Endémique. Largement forestière, mais traverse les habitats savanicoles boisés et dégradés. Types d'habitat : humide, sec, humide/subhumide et sec épineux.

Systématique : Les informations actuelles indiquent qu'une seule espèce de *Cryptoprocta* existe à Madagascar. Cette information doit encore être évaluée par une étude phylogéographique détaillée.

Autres commentaires : Le domaine vital de cette espèce peut atteindre environ 9000 ha ; elle est capable de parcourir plusieurs dizaines de kilomètres dans un laps de temps court et entre les parcelles forestières relativement éloignées (20, 21).

Conservation : Vulnérable avec des populations en déclin (18). Sous une pression de chasse ou persécutée à cause de son habitude d'attaquer les animaux domestiques dans certaines parties de son aire de répartition (7, 10, 12, 14).

Maxent: AUC = 0.790

Distribution & habitat: Endemic. Largely forest-dwelling, but crosses open woodland and degraded habitats. Habitat types: humid, dry, humid-subhumid, and dry spiny.

Systematics: Current information indicates that a single species of *Cryptoprocta* occurs on Madagascar. This needs to be further evaluated with a detail phylogeographic study.

Other comments: The home range of this species can reach nearly 9000 ha, it is able to travel tens of kilometers in a short period, and move between relatively distant forest parcels (20, 21).

Conservation: Vulnerable with decreasing population trend (18). In certain areas of its range, under hunting pressure or persecuted because of its habit of taking domestic animals (7, 10, 12, 14).

Eupleres goudotii

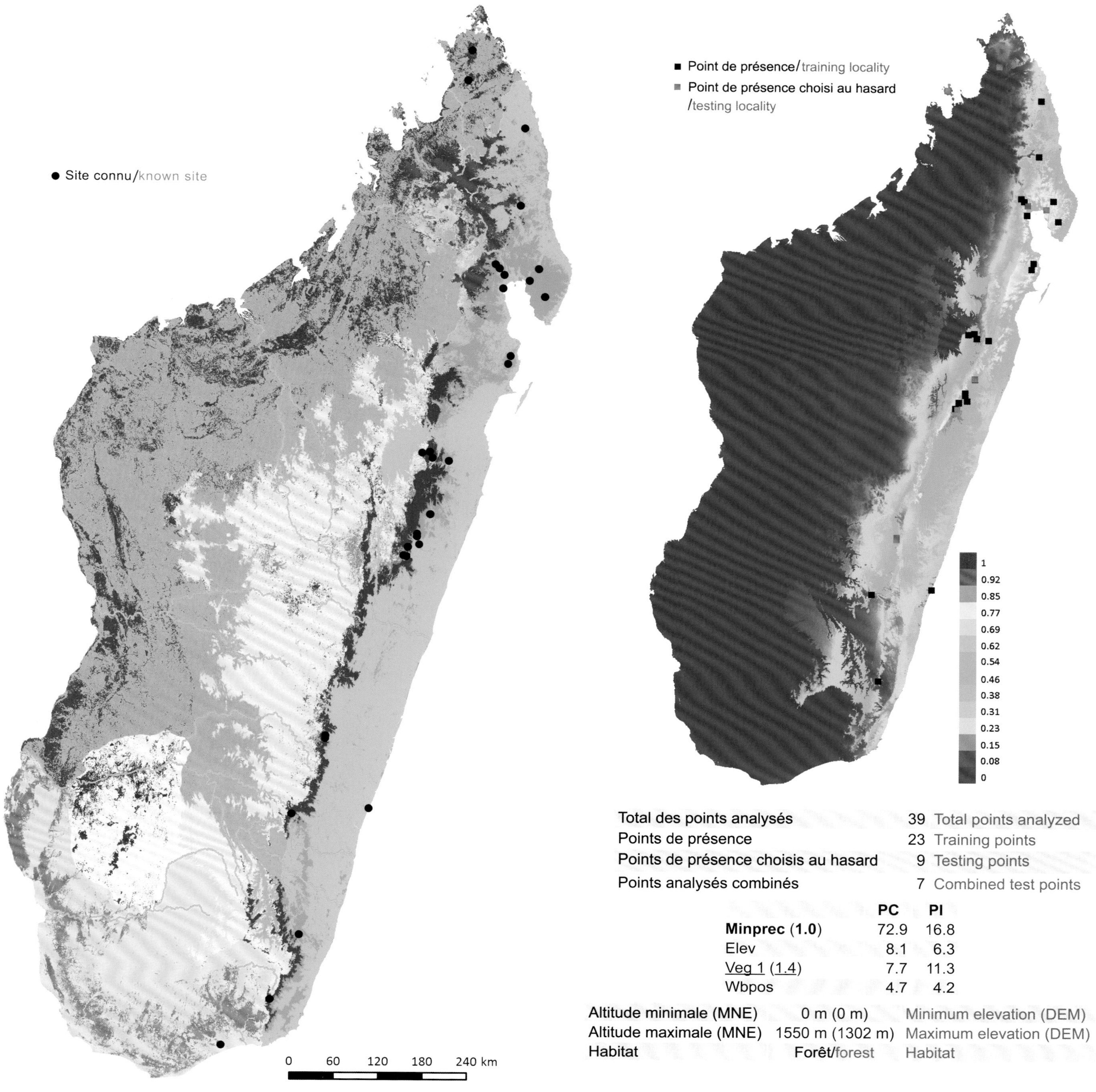

Site connu/known site
Point de présence/training locality
Point de présence choisi au hasard /testing locality
0 60 120 180 240 km
1
0.92
0.85
0.77
0.69
0.62
0.54
0.46
0.38
0.31
0.23
0.15
0.08
0
Total des points analysés 39 Total points analyzed
Points de présence 23 Training points
Points de présence choisis au hasard 9 Testing points
Points analysés combinés 7 Combined test points
PC PI
Minprec (1.0) 72.9 16.8
Elev 8.1 6.3
Veg 1 (1.4) 7.7 11.3
Wbpos 4.7 4.2
Altitude minimale (MNE) 0 m (0 m) Minimum elevation (DEM)
Altitude maximale (MNE) 1550 m (1302 m) Maximum elevation (DEM)
Habitat Forêt/forest Habitat

Maxent : ASC = 0,944

Distribution & habitat : Endémique. Largement forestière, mais se rencontre aussi dans des zones ouvertes avec des sols humides ou marécageux. Types d'habitat : humide et sec.

Systématique : Auparavant considérée comme étant composée de deux sous-espèces, *E. g. goudotii* et *E. g. major*, mais d'après les caractères morphologiques, ces deux populations ont été séparées en deux espèces (13) ; cette information doit être vérifiée avec des données moléculaires.

Autres commentaires : Largement allopatrique avec son espèce sœur *E. major*, avec une possible exception sur la Montagne d'Ambre, où les deux formes sont séparées en fonction de l'altitude (13). Un spécimen récolté dans le bassin du Mandrare (4) est cartographié ici, mais il n'est pas inclus dans l'analyse Maxent. Certaines observations ont signalé que cette espèce a été confondue avec *E. major*.

Conservation : Quasi menacée avec des populations en déclin (18). Sous une pression de chasse ou peut-être en compétition avec les carnivorans introduits dans certaines parties de son aire de répartition (9, 10).

Maxent: AUC = 0.944

Distribution & habitat: **Endemic**. Largely forest-dwelling, but often also in open areas with wet ground or marshland. Habitat types: humid and dry.

Systematics: Previously considered to be composed of two subspecies, *E. g. goudotii* and *E. g. major*, but based on morphological grounds these have been separated into two species (13); this needs to be verified based on molecular data.

Other comments: Largely allopatric with its sister taxa *E. major*, with the possible exception on Montagne d'Ambre, where the two forms might be segregated based on elevation (13). A specimen collected in the Mandrare Basin (4) is mapped here, but not included in the Maxent analysis. Certain observations reported as this species might have been confused for *E. major*.

Conservation: Near Threatened with decreasing population trend (18). In certain areas of its range, under hunting pressure or thought to be impacted by introduced carnivorans (9, 10).

Eupleres major

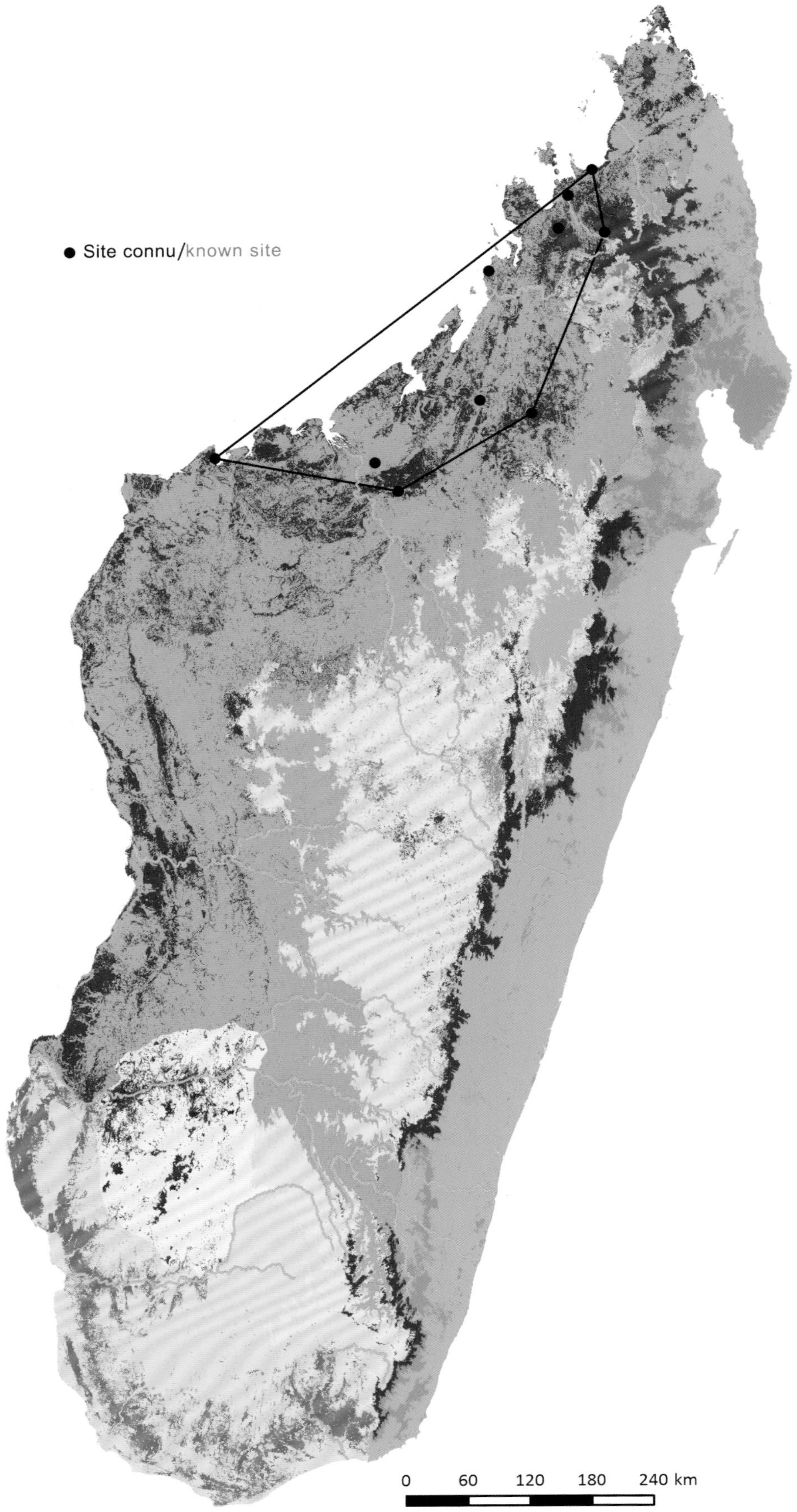

● Site connu/known site

0 60 120 180 240 km

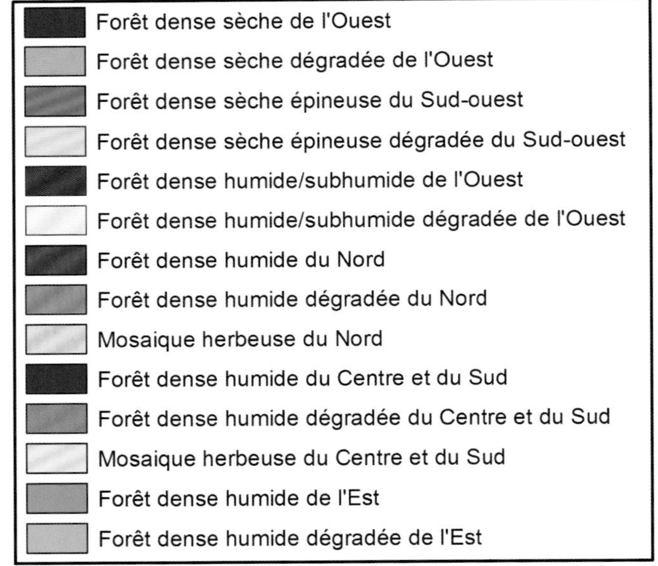
Forêt dense sèche de l'Ouest
Forêt dense sèche dégradée de l'Ouest
Forêt dense sèche épineuse du Sud-ouest
Forêt dense sèche épineuse dégradée du Sud-ouest
Forêt dense humide/subhumide de l'Ouest
Forêt dense humide/subhumide dégradée de l'Ouest
Forêt dense humide du Nord
Forêt dense humide dégradée du Nord
Mosaique herbeuse du Nord
Forêt dense humide du Centre et du Sud
Forêt dense humide dégradée du Centre et du Sud
Mosaique herbeuse du Centre et du Sud
Forêt dense humide de l'Est
Forêt dense humide dégradée de l'Est

Altitude minimale	0 m	Minimum elevation
Altitude maximale	1500 m	Maximum elevation
Habitat	Forêt/forest	Habitat

Distribution & habitat : Endémique. Largement forestière, mais trouvée aussi dans des zones ouvertes avec des sols humides ou marécageux. Type d'habitat : sec. Dans le Nord-ouest, elle est connue dans les forêts de transition humide-sèche.
Systématique : Auparavant considérée comme étant composée de deux sous-espèces, *E. g. goudotii* et *E. g. major*, mais d'après les caractères morphologiques, ces deux populations ont été séparées en deux espèces (13) ; cette information doit être vérifiée avec des données moléculaires.
Autres commentaires : Largement allopatrique avec son espèce sœur *E. goudotii*, avec une possible exception sur la Montagne d'Ambre, où les deux formes sont séparées en fonction de l'altitude (13). Bien que cette espèce ait une large répartition géographique, elle est mal connue. Certaines observations ont signalé que *E. major* a été confondue avec *E. goudotii*.
Conservation : Zone d'Occurrence égale à 37790 km², qui est supérieure aux estimations précédentes (5). Non évaluée par l'UICN (18). Sous une pression de chasse ou peut-être en compétition avec les carnivorans introduits dans certaines parties de son aire de répartition (1).

Distribution & habitat: **Endemic**. Largely forest-dwelling, but also in open areas with wet ground or marshland. Habitat type: dry. In the northwest, it is known to occur in transitional humid-dry forests.
Systematics: *Eupleres goudotii* was previously considered to be composed of two subspecies, *E. g. goudotii* and *E. g. major*, but based on morphological grounds these have been separated into two species (13); this needs to be verified based on molecular data.
Other comments: Largely allopatric with its sister taxa *E. goudotii*, with the possible exception being on Montagne d'Ambre, where the two forms might be segregated based on elevation (13). Even though this species has a broad geographical range, it is poorly known. Certain observations reported as *E. major* might have been confused for *E. goudotii*.
Conservation: The calculated Extent of Occurrence is 37790 km², which is notable greater than previous estimates (5). The conservation status of this species has not been assessed by IUCN (18). In certain areas of its range, under hunting pressure or thought to be impacted by introduced carnivorans (1).

Fossa fossana

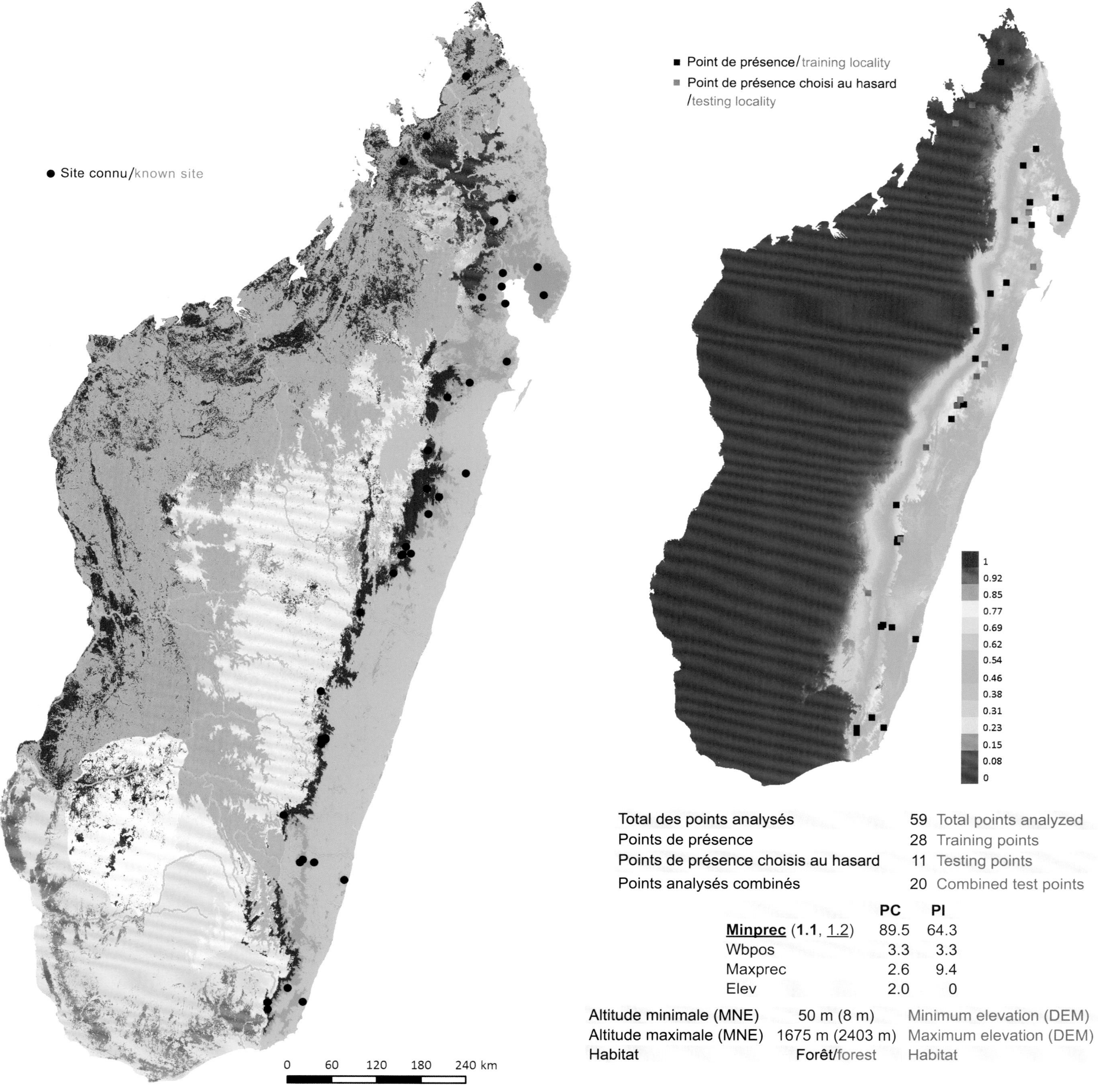

Site connu/known site
0 60 120 180 240 km
Point de présence/training locality
Point de présence choisi au hasard /testing locality
1
0.92
0.85
0.77
0.69
0.62
0.54
0.46
0.38
0.31
0.23
0.15
0.08
0
Total des points analysés 59 Total points analyzed
Points de présence 28 Training points
Points de présence choisis au hasard 11 Testing points
Points analysés combinés 20 Combined test points
PC PI
Minprec (1.1, 1.2) 89.5 64.3
Wbpos 3.3 3.3
Maxprec 2.6 9.4
Elev 2.0 0
Altitude minimale (MNE) 50 m (8 m) Minimum elevation (DEM)
Altitude maximale (MNE) 1675 m (2403 m) Maximum elevation (DEM)
Habitat Forêt/forest Habitat

Maxent : ASC = 0,928
Distribution & habitat : Endémique. Espèce forestière, trouvée dans les zones ouvertes avec des sols humides, des cours d'eau ou des zones légèrement marécageuses. Types d'habitat : humide et sec. Au nord de Tolagnaro, elle se rencontre dans la forêt humide (littorale).
Altitude : Différence notable entre les niveaux altitudinaux de la distribution d'après la base de données et ceux du modèle numérique d'élévation, probablement liée au relief souvent escarpé.
Systématique : Il existe des variations considérables de la coloration du pelage à travers son aire de distribution et une étude phylogéographique détaillée est nécessaire pour comprendre les aspects de la structure génétique.
Autres commentaires : Bien que cette espèce ait une large répartition géographique, elle est mal connue.
Conservation : Quasi menacée avec des populations en déclin (18). Sous une pression de chasse dans certaines parties de son aire de répartition (10, 12).

Maxent: AUC = 0.928
Distribution & habitat: **Endemic**. Forest-dwelling, including open areas with wet ground, streams or slightly marshy. Habitat types: humid and dry. North of Tolagnaro it occurs in humid (littoral) forest.
Elevation: The notable difference in the altitudinal range of this species between the database information and that calculated with the digital elevation model is probably associated with the steep terrain where it can be found.
Systematics: There is considerable variation across the range of this species in pelage coloration and a detailed phylogeographic study is needed to understand aspects of its genetic structure.
Other comments: Even though this species has a broad geographical range, it is poorly known.
Conservation: Near Threatened with decreasing population trend (18). Under hunting pressure in certain areas of its range (10, 12).

Galidia elegans

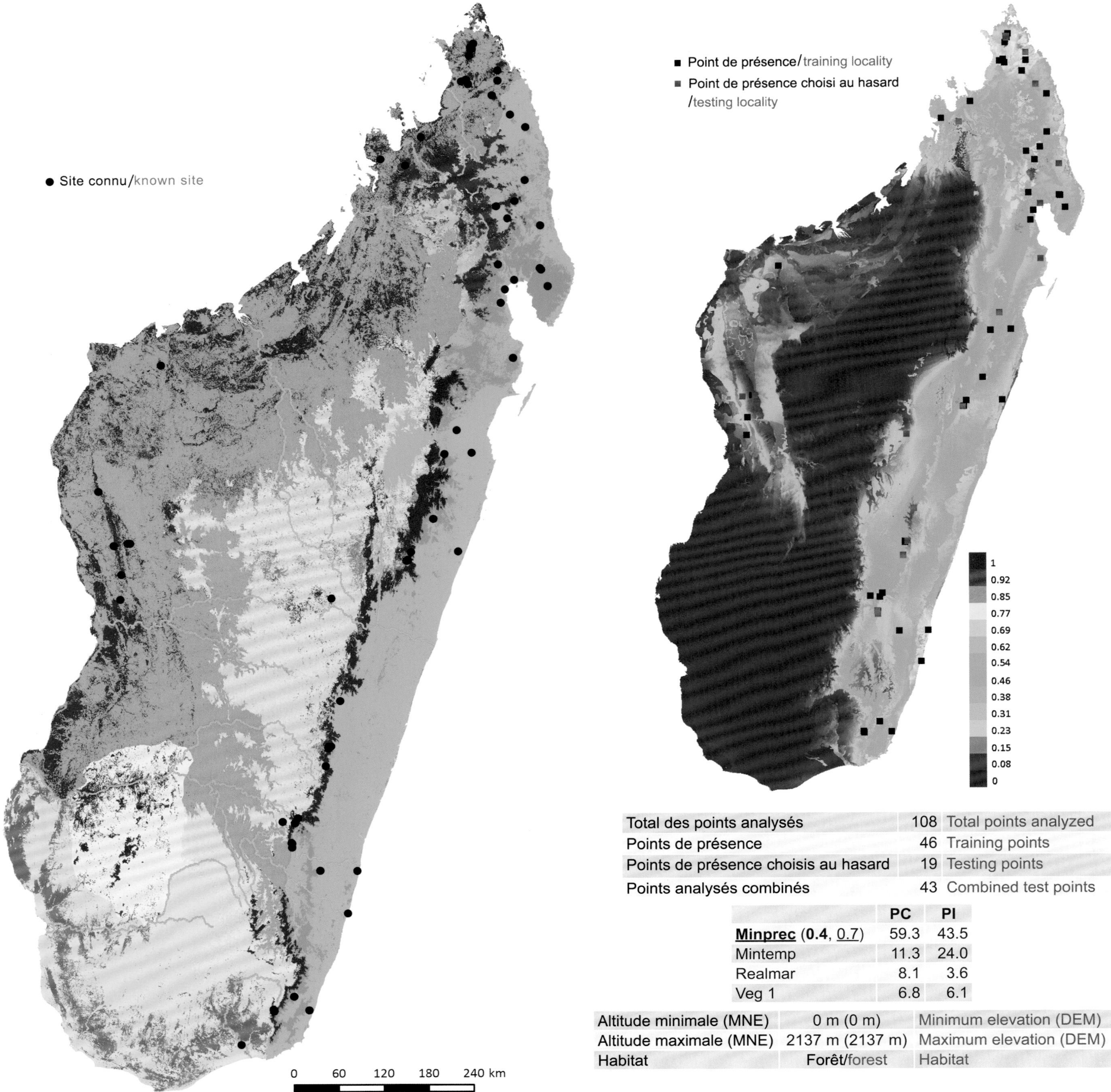

Site connu/known site
Point de présence/training locality
Point de présence choisi au hasard /testing locality
1
0.92
0.85
0.77
0.69
0.62
0.54
0.46
0.38
0.31
0.23
0.15
0.08
0
0 60 120 180 240 km

Total des points analysés	108	Total points analyzed
Points de présence	46	Training points
Points de présence choisis au hasard	19	Testing points
Points analysés combinés	43	Combined test points

	PC	PI
Minprec (**0.4**, 0.7)	59.3	43.5
Mintemp	11.3	24.0
Realmar	8.1	3.6
Veg 1	6.8	6.1

Altitude minimale (MNE)	0 m (0 m)	Minimum elevation (DEM)
Altitude maximale (MNE)	2137 m (2137 m)	Maximum elevation (DEM)
Habitat	Forêt/forest	Habitat

Maxent : ASC = 0,892
Distribution & habitat : Endémique. Espèce forestière, mais peut être trouvée à la lisière de la forêt. Types d'habitat : humide et sec. Récemment relevée dans le Bassin du Mandrare dans une forêt galerie entourée d'un bush épineux (24). Au nord de Tolagnaro, elle se rencontre dans la forêt humide (littorale).
Systématique : Elle comprend trois sous-espèces : *G. e. elegans* de l'Est, *G. e. dambrensis* de la Montagne d'Ambre et d'Ankarana et *G. e. occidentalis* du Centre-ouest et du Nord-ouest. Une étude phylogéographique indique une certaine divergence entre les sous-espèces, avec *G. e. occidentalis* étant notablement différente (2) et justifiant qu'elle soit peut-être reconnue comme étant une espèce distincte.
Autres commentaires : Dans certains sites, elle est sympatrique avec *Salanoia concolor*. Une observation dans le bassin du Mandrare (24) est cartographiée ici, mais elle n'a pas été incluse dans l'analyse de Maxent.
Conservation : Préoccupation mineure avec des populations mal connues (18). Sous une pression de chasse, collectée pour des aspects magico-médicinaux ou en compétition avec les carnivorans introduits dans certaines parties de son aire de répartition (9, 10, 12).

Maxent: AUC = 0.892
Distribution & habitat: **Endemic**. Forest-dwelling, but can be found at the forest edge. Habitat types: humid and dry. Recently documented in the Mandrare Basin in gallery forest surrounded by dry spiny bush (24). North of Tolagnaro it occurs in humid (littoral) forest.
Systematics: Includes three subspecies: *G. e. elegans* of the east, *G. e. dambrensis* of Montagne d'Ambre and Ankarana, and *G. e. occidentalis* of the central west and northwest. A recent phylogeographic study indicates some divergence between subspecies, with *G. e. occidentalis* being distinct (2) and perhaps warranting recognition as a separate species.
Other comments: At certain sites, this species occurs in sympatry with *Salanoia concolor*. An observation in the Mandrare Basin (24) is mapped here but not used in the Maxent analysis.
Conservation: Least Concerned with unknown population trend (IUCN 2013). In certain areas of its range, under hunting pressure, collected for magical-medicinal aspects or impacted by introduced carnivorans (9, 10, 12).

Galidictis fasciata

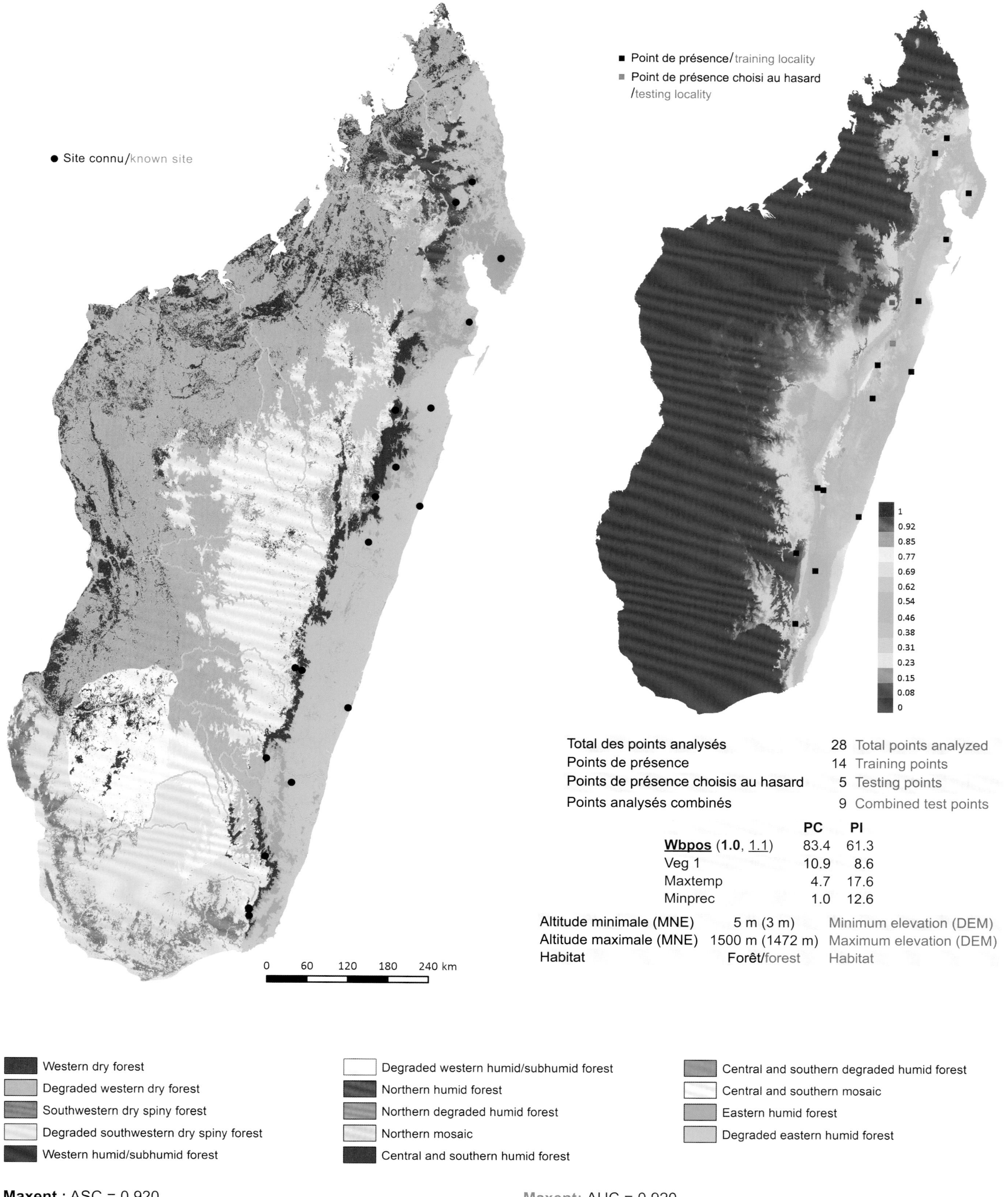

Site connu/known site
0 60 120 180 240 km
Point de présence/training locality
Point de présence choisi au hasard /testing locality
1
0.92
0.85
0.77
0.69
0.62
0.54
0.46
0.38
0.31
0.23
0.15
0.08
0
Total des points analysés 28 Total points analyzed
Points de présence 14 Training points
Points de présence choisis au hasard 5 Testing points
Points analysés combinés 9 Combined test points
PC PI
Wbpos (1.0, 1.1) 83.4 61.3
Veg 1 10.9 8.6
Maxtemp 4.7 17.6
Minprec 1.0 12.6
Altitude minimale (MNE) 5 m (3 m) Minimum elevation (DEM)
Altitude maximale (MNE) 1500 m (1472 m) Maximum elevation (DEM)
Habitat Forêt/forest Habitat
Western dry forest
Degraded western dry forest
Southwestern dry spiny forest
Degraded southwestern dry spiny forest
Western humid/subhumid forest
Degraded western humid/subhumid forest
Northern humid forest
Northern degraded humid forest
Northern mosaic
Central and southern humid forest
Central and southern degraded humid forest
Central and southern mosaic
Eastern humid forest
Degraded eastern humid forest

Maxent : ASC = 0,920
Distribution & habitat : Endémique. Espèce forestière. Type d'habitat : humide.
Systématique : Divisée en deux sous-espèces : *G. f. fasciata* de la partie méridionale du Centre-est au Sud de la région de Tolagnaro et *G. f. striata* de la partie septentrionale du Centre-est au Nord, peut-être jusqu'au Makira (12). Une étude phylogéographique détaillée est nécessaire pour comprendre la structure génétique et les modèles de variation.
Autres commentaires : Bien que cette espèce ait une large répartition, elle reste mal connue.
Conservation : Quasi menacée avec des populations en déclin (18).

Maxent: AUC = 0.920
Distribution & habitat: **Endemic**. Forest-dwelling. Habitat type: humid.
Systematics: Divided into two subspecies: *G. f. fasciata* of the central-east south to the Tolagnaro region and *G. f. striata* of the central-east north to perhaps the Makira region (12). A detailed phylogeographic study is needed to understand its genetic structure and patterns of variation.
Other comments: Even though this species has a broad distribution, it remains poorly known.
Conservation: Near Threatened with decreasing population trend (18).

Galidictis grandidieri

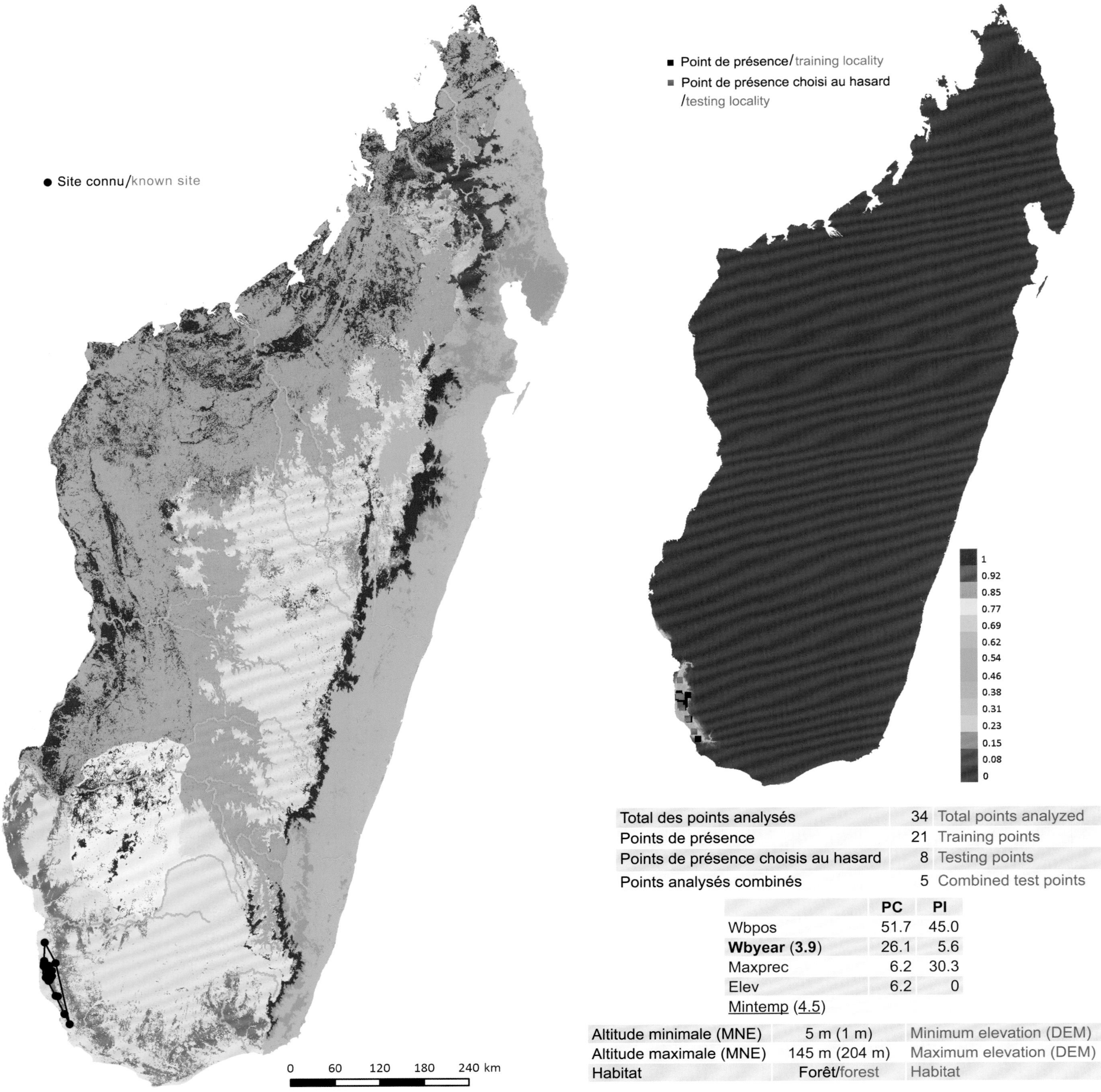

● Site connu/known site
■ Point de présence/training locality
■ Point de présence choisi au hasard /testing locality
1
0.92
0.85
0.77
0.69
0.62
0.54
0.46
0.38
0.31
0.23
0.15
0.08
0
0 60 120 180 240 km

Total des points analysés	34	Total points analyzed
Points de présence	21	Training points
Points de présence choisis au hasard	8	Testing points
Points analysés combinés	5	Combined test points

	PC	PI
Wbpos	51.7	45.0
Wbyear (3.9)	26.1	5.6
Maxprec	6.2	30.3
Elev	6.2	0
Mintemp (4.5)		

Altitude minimale (MNE)	5 m (1 m)	Minimum elevation (DEM)
Altitude maximale (MNE)	145 m (204 m)	Maximum elevation (DEM)
Habitat	Forêt/forest	Habitat

Maxent : ASC = 0,998
Distribution & habitat : Endémique. Largement forestière, mais trouvée aussi dans des habitats dégradés et des zones ouvertes. Type d'habitat : sec épineux.
Systématique : Cette espèce a été décrite comme étant nouvelle pour la science en 1986, basée sur deux spécimens datant d'avant 1930 (27), dont l'un a été collecté près du lac Tsimanampetsotsa.
Autres commentaires : Cette espèce a été « redécouverte » près du lac Tsimanampetsotsa peu de temps après sa description. Elle a une distribution largement limitée dans la partie ouest du Plateau Mahafaly (22, 23).
Conservation : Zone d'Occurrence égale à 1141 km². En danger avec des populations en déclin (18). Les estimations récentes de la population sont comprises entre 3100 et 5000 individus (23).

Maxent: AUC = 0.998
Distribution & habitat: **Endemic**. Largely forest-dwelling, but also occurs in degraded habitats and open areas. Habitat type: dry spiny.
Systematics: This species was described as new to science in 1986, based on two museum specimens dating from before 1930 (27), one of which was collected near Lake Tsimanampetsotsa.
Other comments: This species was "rediscovered" soon after its description near Lake Tsimanampetsotsa. It has a distribution largely restricted to the western portions of the Mahafaly Plateau (22, 23).
Conservation: The calculated Extent of Occurrence is 1141 km². Endangered with decreasing population trend (18). Recent population estimates indicate between 3100 and 5000 individuals (23).

Mungotictis decemlineata

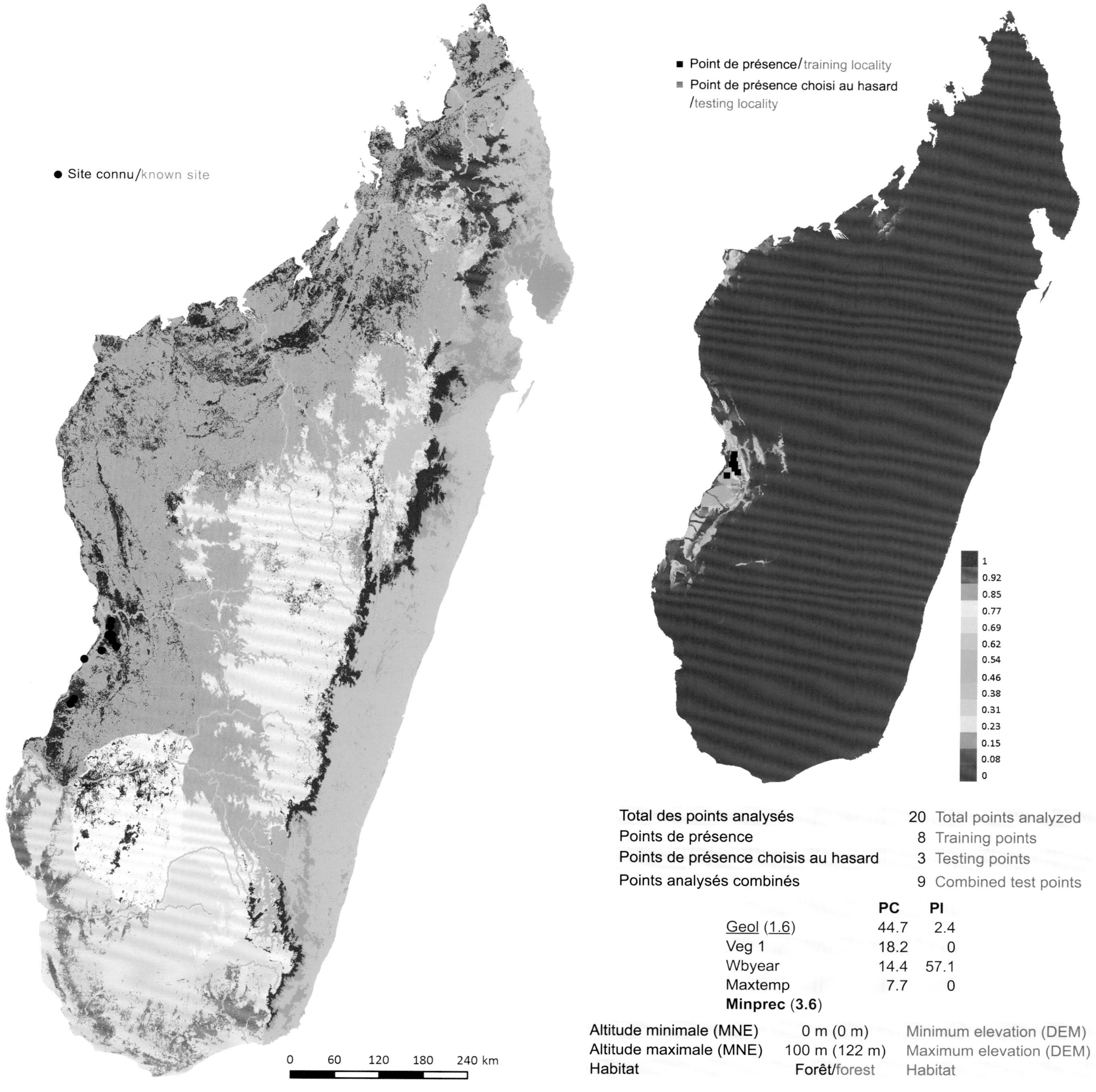

Site connu/known site
Point de présence/training locality
Point de présence choisi au hasard /testing locality
1
0.92
0.85
0.77
0.69
0.62
0.54
0.46
0.38
0.31
0.23
0.15
0.08
0
0 60 120 180 240 km
Total des points analysés 20 Total points analyzed
Points de présence 8 Training points
Points de présence choisis au hasard 3 Testing points
Points analysés combinés 9 Combined test points
PC PI
Geol (1.6) 44.7 2.4
Veg 1 18.2 0
Wbyear 14.4 57.1
Maxtemp 7.7 0
Minprec (3.6)
Altitude minimale (MNE) 0 m (0 m) Minimum elevation (DEM)
Altitude maximale (MNE) 100 m (122 m) Maximum elevation (DEM)
Habitat Forêt/forest Habitat

Maxent : ASC = 0,998
Distribution & habitat : Endémique. Espèce forestière. Type d'habitat : sec. Inconnue au nord du fleuve Tsiribihina ou au sud du fleuve Mangoky.
Systématique : Généralement divisée en deux sous-espèces : *M. d. decemlineata* de la région de Menabe central et méridional et *M. d. lineata* de la région au nord de Toliara. Les recherches récentes sur la morphologie et sur la génétique moléculaire indiquent que ces deux formes doivent être considérées comme étant des espèces distinctes.
Autres commentaires : Cette espèce montre la structure phylogéographique distincte de la région de Menabe et, étant donné qu'elle ne traverse pas les zones non boisées, ces modèles sont probablement des vestiges d'une époque où l'habitat n'était pas encore fragmenté (19). *Mungotictis decemlineata* et *M. lineata* sont allopatriques, avec leurs distributions séparées de 218 km l'une de l'autre.
Conservation : Vulnérable avec des populations mal connues (18). Sous une pression de chasse dans certaines parties de son aire de répartition (14).

Maxent: AUC = 0.998
Distribution & habitat: **Endemic**. Forest-dwelling. Habitat type: dry. Not found north of the Tsiribihina River or south of the Mangoky River.
Systematics: Generally divided into two subspecies: *M. d. decemlineata* of the central and southern Menabe region and *M. d. lineata* in the region to the north of Toliara. Recent morphological and molecular genetic research indicates that these two forms should be considered separate species.
Other comments: This species shows distinct phylogeographic structure in the Menabe Region and, given that it does not cross non-forested zones, these patterns are probably relicts from a period when the habitat was not yet fragmented (19). *Mungotictis decemlineata* and *M. lineata* are allopatric, with their distributions separated by 218 km.
Conservation: Vulnerable with unknown population trend (18). Across certain portions of this species range, under hunting pressure (14).

Mungotictis lineata

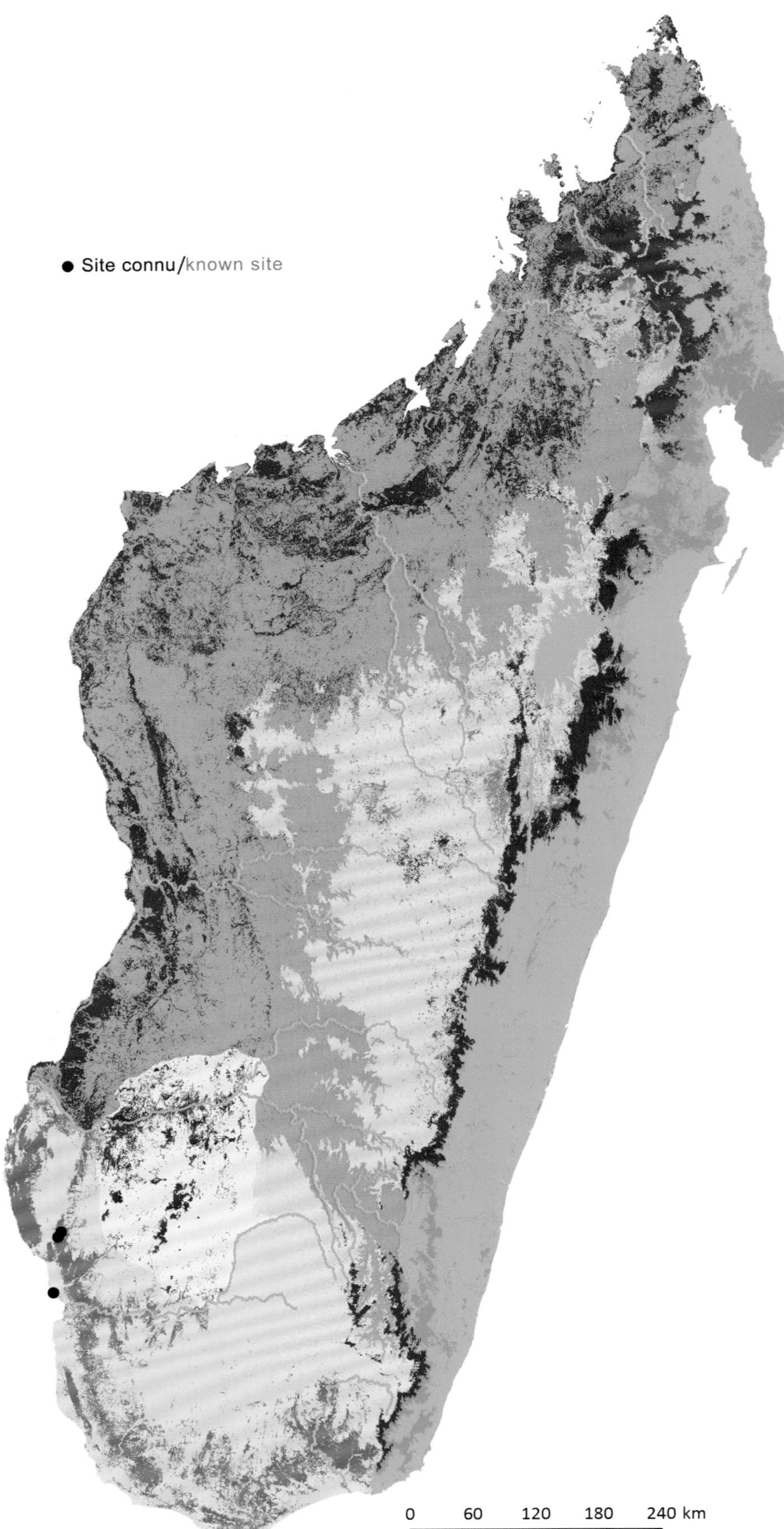
● Site connu/known site
0 60 120 180 240 km

- Forêt dense sèche de l'Ouest
- Forêt dense sèche dégradée de l'Ouest
- Forêt dense sèche épineuse du Sud-ouest
- Forêt dense sèche épineuse dégradée du Sud-ouest
- Forêt dense humide/subhumide de l'Ouest
- Forêt dense humide/subhumide dégradée de l'Ouest
- Forêt dense humide du Nord
- Forêt dense humide dégradée du Nord
- Mosaique herbeuse du Nord
- Forêt dense humide du Centre et du Sud
- Forêt dense humide dégradée du Centre et du Sud
- Mosaique herbeuse du Centre et du Sud
- Forêt dense humide de l'Est
- Forêt dense humide dégradée de l'Est

Altitude minimale	282 m	Minimum elevation
Altitude maximale	400 m	Maximum elevation
Habitat	Forêt/forest	Habitat

Distribution & habitat : Endémique. Espèce forestière. Type d'habitat : sec épineux. Tous les relevés récents proviennent de la forêt galerie et des habitats de transition entre sec-sec épineux.
Systématique : Ce taxon mal connu a été décrit à partir d'un spécimen acheté dans les environs de la baie de Toliara (16) ; ce relevé est cartographié à proximité de la côte et proche de Toliara. Cette forme a été considérée comme étant un synonyme ou comme une sous-espèce de *M. decemlineata*. D'autres spécimens ont été collectés dans la partie sud de la forêt de Mikea (15), en particulier à proximité du fleuve Manombo, qui sont morphologiquement et génétiquement distincts de *M. decemlineata*.
Autres commentaires : *Mungotictis lineata* et *M. decemlineata* sont allopatriques, avec leurs distributions séparées de 218 km l'une de l'autre.
Conservation : Non évaluée par l'UICN (18). Sous une pression de chasse dans la vallée du fleuve Manombo.

Distribution & habitat: **Endemic**. Forest-dwelling. Habitat type: dry spiny. All recent records from sites within gallery forest composed of transitional dry-dry spiny habitats.
Systematics: This poorly known taxon was named based on a specimen purchased in the vicinity of Toliara Bay (16). This record is mapped close to the coast and near Toliara. This form has been considered a synonym or subspecies of *M. decemlineata*. Additional specimens have been collected in the southern portion of the Mikea Forest (15), specifically in close proximity to the Manombo River, which are morphologically and genetically distinct from *M. decemlineata*.
Other comments: *Mungotictis lineata* and *M. decemlineata* are allopatric and separated by a distance of approximately 218 km.
Conservation: The conservation status of this species has not been assessed by IUCN (18). Under hunting pressure in the Manombo River valley.

Salanoia concolor

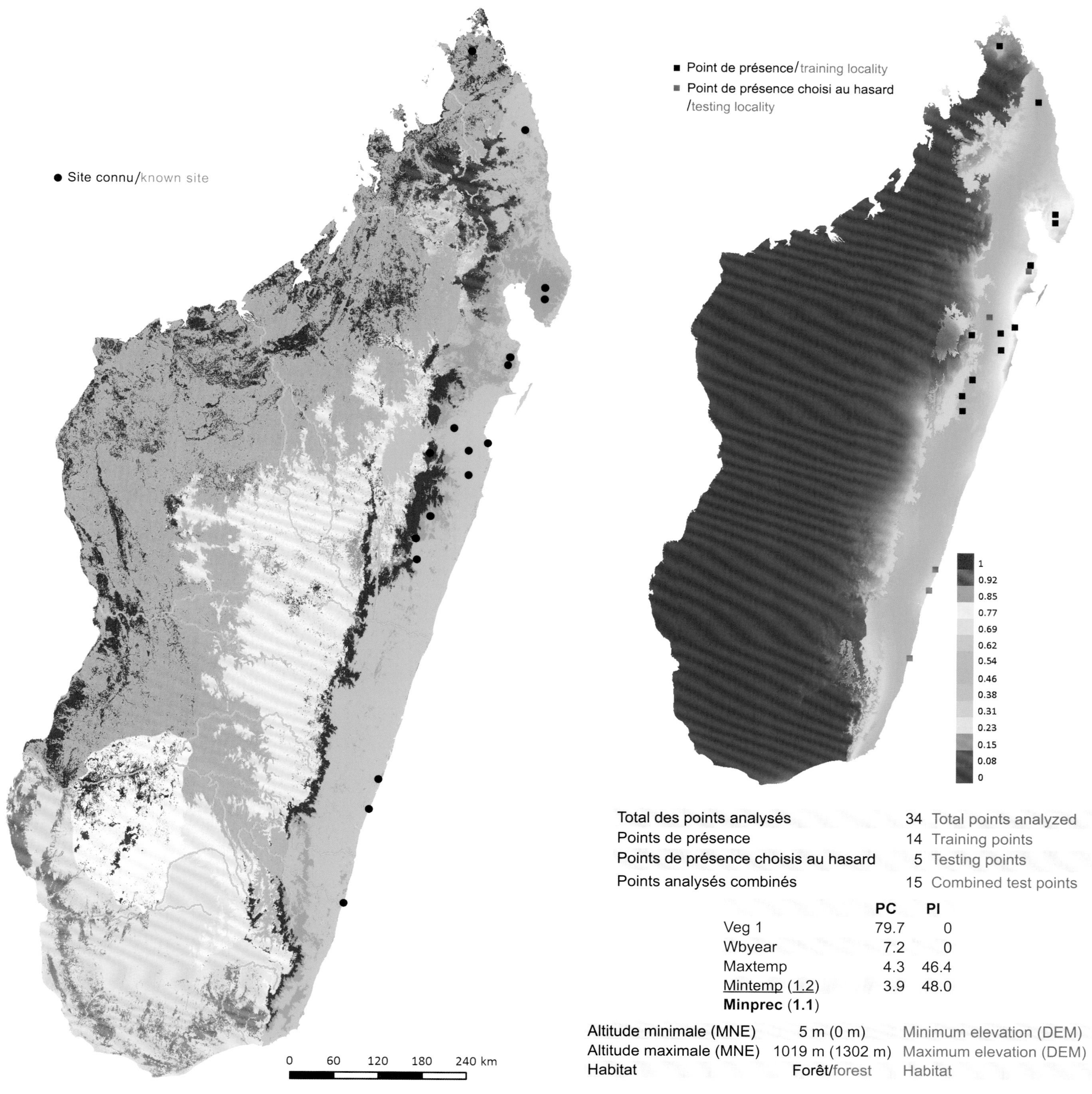

Site connu/known site
0 60 120 180 240 km
Point de présence/training locality
Point de présence choisi au hasard /testing locality
1
0.92
0.85
0.77
0.69
0.62
0.54
0.46
0.38
0.31
0.23
0.15
0.08
0
Total des points analysés 34 Total points analyzed
Points de présence 14 Training points
Points de présence choisis au hasard 5 Testing points
Points analysés combinés 15 Combined test points
PC PI
Veg 1 79.7 0
Wbyear 7.2 0
Maxtemp 4.3 46.4
Mintemp (1.2) 3.9 48.0
Minprec (1.1)
Altitude minimale (MNE) 5 m (0 m) Minimum elevation (DEM)
Altitude maximale (MNE) 1019 m (1302 m) Maximum elevation (DEM)
Habitat Forêt/forest Habitat

Maxent : ASC = 0,939

Distribution & habitat : Endémique. Espèce forestière. Type d'habitat : humide.

Systématique : La différenciation basée sur les caractères morphologiques de *S. durrelli* récemment décrite à partir de *S. concolor* (6), doit être examinée à l'aide d'outils moléculaires.

Autres commentaires : A l'est du lac Alaotra, cette espèce forestière se trouve dans une zone géographique proche de celle de son espèce sœur, *S. durrelli*, qui vit dans les milieux marécageux. Il est présumé qu'avant la dégradation historique de la « Forêt Sihanaka », un habitat approprié pour *S. concolor* aurait existé à proximité du bassin du lac. Dans certains sites, cette espèce vit en sympatrie avec *Galidia elegans* ; ces deux taxons principalement diurnes ont des régimes différents (3). Bien que cette espèce ait une large répartition géographique, elle est mal connue.

Conservation : Vulnérable avec des populations mal connues (18).

Maxent: AUC = 0.939

Distribution & habitat: Endemic. Forest-dwelling. Habitat type: humid.

Systematics: The proposed distinction based on morphological characters of the recently described *S. durrelli* from *S. concolor* (6), needs to be examined using molecular tools.

Other comments: To the east of Lake Alaotra, it is presumed that this forest-dwelling species occurred in close geographical proximity to its marsh-dwelling sister species, *S. durrelli*. Before historical degradation of the regional "Sihanaka Forest", appropriate habitat for *S. concolor* would have been in close proximity to the lake basin. At certain sites, this species occurs in sympatry with *Galidia elegans*; these two largely diurnal taxa have different diets (3). Even though this species has a broad geographical range, it is poorly known.

Conservation: Vulnerable with unknown population trend (18).

Salanoia durrelli

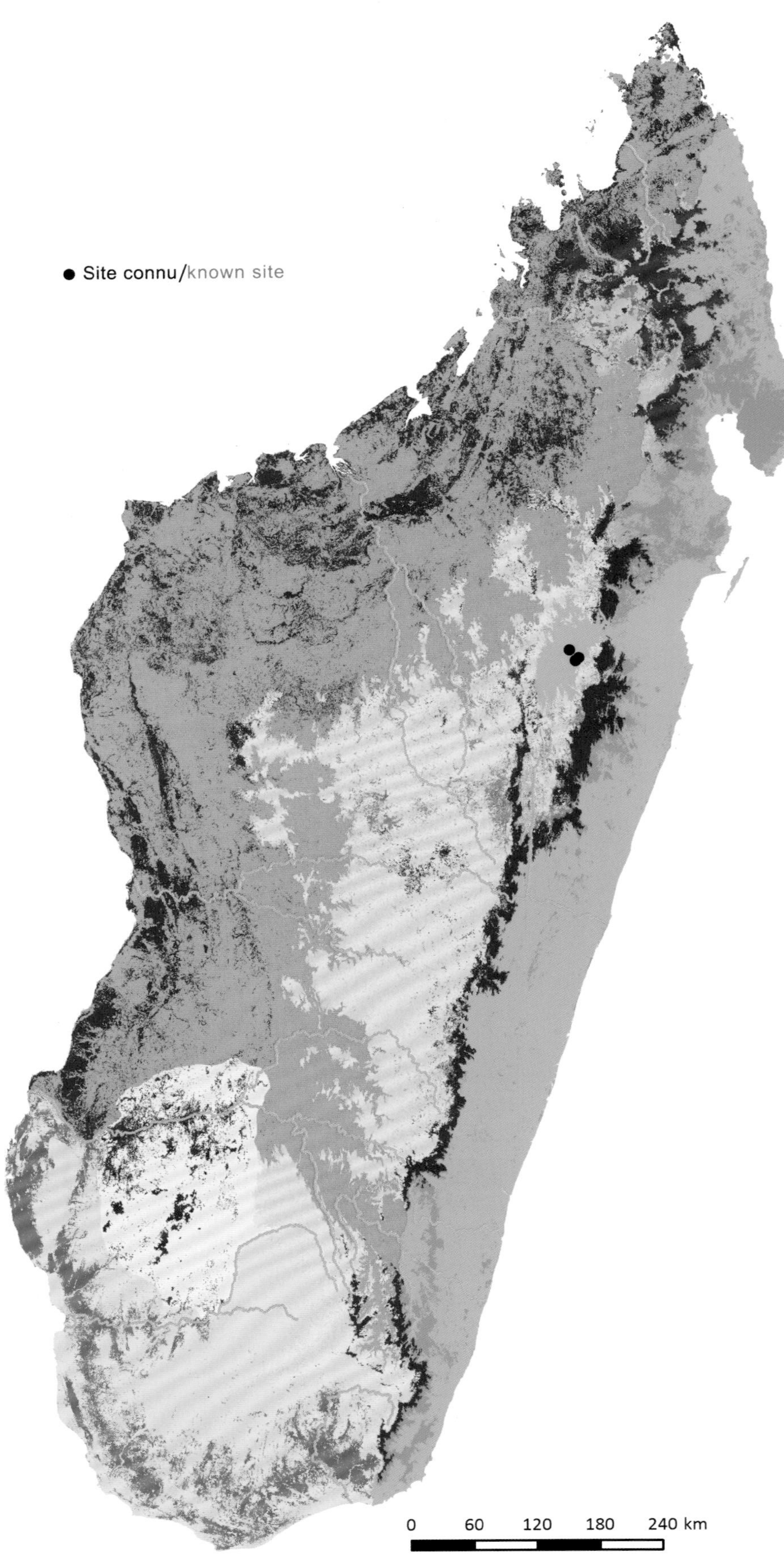

Site connu/known site
0 60 120 180 240 km

- Western dry forest
- Degraded western dry forest
- Southwestern dry spiny forest
- Degraded southwestern dry spiny forest
- Western humid/subhumid forest
- Degraded western humid/subhumid forest
- Northern humid forest
- Northern degraded humid forest
- Northern mosaic
- Central and southern humid forest
- Central and southern degraded humid forest
- Central and southern mosaic
- Eastern humid forest
- Degraded eastern humid forest

Altitude minimale	750 m	Minimum elevation
Altitude maximale	790 m	Maximum elevation
Habitat	Forêt/forest	Habitat

Distribution & habitat : Endémique. Espèce de zone marécageuse. Type d'habitat : humide.
Systématique : La différenciation basée sur les caractères morphologiques de *S. durrelli* récemment décrits à partir de *S. concolor* (6), doit être examinée à l'aide d'outils moléculaires.
Autres commentaires : Cette espèce vit dans les marais du lac Alaotra et se trouve dans une zone géographique proche de celle de son espèce sœur forestière, *S. concolor*.
Conservation : Non évaluée par l'UICN (18).

Distribution & habitat: Endemic. Marsh-dwelling. Habitat type: humid.
Systematics: The proposed distinction based on morphological characters of the recently described *S. durrelli* from *S. concolor* (6) needs to be examined using molecular tools.
Other comments: This species lives in the marshes of Lake Alaotra and occurs in close geographical range to its forest-dwelling sister species, *S. concolor*.
Conservation: The conservation status of this species has not been assessed by IUCN (18).

REFERENCES/REFERENCES

1. **Albignac, R. 1973.** *Mammifères Carnivores. Faune de Madagascar* 36. ORSTOM/CNRS, Paris.
2. **Bennett, C. E., Pastorini, J., Dollar, L. & Hahn, W. J. 2009.** Phylogeography of the Malagasy ring-tailed mongoose, *Galidia elegans*, from mtDNA sequence analysis. *Mitochondrial DNA*, 20: 7-14.
3. **Britt, A. & Virkaitis, V. 2003.** Brown-tailed Mongoose *Salanoia concolor* in the Betampona Reserve, eastern Madagascar: Photographs and an ecological comparison with Ring-tailed Mongoose *Galidia elegans*. *Small Carnivore Conservation*, 28: 1-3.
4. **Decary, R. 1950.** *La faune malgache, son rôle dans les croyances et les usages indigènes*. Payot, Paris.
5. **Dollar, L. 2000.** Assessing IUCN classifications of poorly-known species: Madagascar's carnivores as a case study. *Small Carnivore Conservation*, 22: 17-20.
6. **Durbin, J., Funk, S. M., Hawkins, F., Hills, D. M., Jenkins, P. D., Moncrieff, C. B. & Ralainasolo, F. B. 2010.** Investigations into the status of a new taxon of *Salanoia* (Mammalia: Carnivora: Eupleridae) from the marshes of Lac Alaotra, Madagascar. *Systematics and Biodiversity*, 8: 341-355.
7. **Garcia, G. G. & Goodman, S. M. 2003.** Hunting of protected animals in the Parc National d'Ankarafantsika, north-western Madagascar. *Oryx*, 37: 115-118.
8. **Gaubert, P., Wozencraft, W. C., Cordeiro-Estrela, P. & Veron, G. 2005.** Mosaics of convergences and noise in morphological phylogenies: What's in a viverrid-like carnivoran? *Systematic Biology*, 54: 865-894.
9. **Gerber, B. D., Karpanty, S. M. & Randrianantenaina, J. 2012.** Activity patterns of carnivores in the rain forests of Madagascar: Implications for species coexistence. *Journal of Mammalogy*, 93: 667-676.
10. **Golden, C. D. 2009.** Bushmeat hunting and use in the Makira Forest, north-eastern Madagascar: A conservation and livelihoods issue. *Oryx*, 43: 386-392.
11. **Goodman, S. M. 2009.** Family Eupleridae (Madagascar Carnivores). In *Handbook of mammals of the world*, Volume 1: Carnivores, eds. D. E. Wilson & R. A. Mittermeier, pp. 330-351. Lynx Edicions, Barcelona.
12. **Goodman, S. M. 2012.** *Les Carnivora de Madagascar*. Association Vahatra, Antananarivo.
13. **Goodman, S. M. & Helgen, K. 2010.** Species limits and distribution of the Malagasy carnivoran genus *Eupleres* (Family Eupleridae). *Mammalia*, 74: 177-185.
14. **Goodman, S. M. & Raselimanana, A. 2003.** Hunting of wild animals by Sakalava of the Menabe region: A field report from Kirindy-Mite. *Lemur News*, 8: 4-5.
15. **Goodman, S. M., Thomas, H. & Kidney, D. 2005.** The rediscovery of *Mungotictis decemlineata lineata* Pocock, 1915 (Carnivora: Eupleridae) in southwestern Madagascar: Insights into its taxonomic status and distribution. *Small Carnivore Conservation*, 33: 1-5.
16. **Hawkins, A. F. A., Hawkins, C. E. & Jenkins, P. D. 2000.** *Mungotictis decemlineata lineata* (Carnivora: Herpestidae), a mysterious Malagasy mongoose. *Journal of Natural History*, 34: 305-310.
17. **Hernandez, P. A., Graham, C. H., Master, L. L. & Albert, D. L. 2006.** The effect of sample size and species characteristics on performance of different species distribution modeling methods. *Ecography*, 29: 773-785.
18. **IUCN. 2013.** *IUCN Red List of Threatened Species*. Version 2013.1. <www.iucnredlist.org>. Downloaded on 6 September 2013.
19. **Jansen van Vuuren, B., Woolaver, L. & Goodman, S. M. 2011.** Genetic population structure in the boky-boky (Carnivora: Eupleridae), a conservation flagship species in the dry deciduous forests of central western Madagascar. *Animal Conservation*, 15: 164-173.
20. **Lührs, M.-L. 2012.** Social organisation and mating system of the fosa (*Cryptoprocta ferox*). Ph.D. thesis, Georg□August□ Universität, Göttingen.
21. **Lührs, M.-L. & Kappeler, P. M. 2013.** Simultaneous GPS tracking reveals male associations in a solitary carnivore. *Behavioral Ecology and Sociobiology*, DOI 10.1007/s00265-013-1581-y.
22. **Mahazotahy, S., Goodman, S. M. & Andriamanalina, A. 2006.** Notes on the distribution and habitat preferences of *Galidictis grandidieri* Wozencraft, 1986 (Carnivora: Eupleridae), a poorly known endemic species of south-western Madagascar. *Mammalia*, 70: 328-330.
23. **Marquard, M. J. H., Jeglinski, J. W. E., Razafimahatrata, E., Ratovonamana, Y. & Ganzhorn, J. U. 2011.** Distribution, population size and morphometrics of the giant-striped mongoose *Galidictis grandidieri* Wozencraft 1986 in the sub-arid zone of south-western Madagascar. *Mammalia*, 75: 353-361.
24. **Schnoell, A. V. 2012.** Sighting of a ring-tailed vontsira (*Galidia elegans*) in the gallery forest of Berenty Private Reserve, southeastern Madagascar. *Malagasy Nature*, 6: 125-126.
25. **Stockwell, D. R. B. & Peterson, A. T. 2002.** Effects of sample size on accuracy of species distribution models. *Ecological Modelling*, 148: 1-13.
26. **Veron, G. 1995.** La position systématique de *Cryptoprocta ferox* (Carnivora). Analyse cladistique des caractères morphologiques de carnivores Aeuroidea et fossiles. *Mammalia*, 59: 552-582.
27. **Wozencraft, W. C. 1986.** A new species of striped mongoose from Madagascar. *Journal of Mammalogy*, 67: 561-571.
28. **Wozencraft, W. C. 1993.** Order Carnivora. In *Mammal species of the World: A taxonomic and geographic reference*, 2nd edition, D. E. Wilson & D. M. Reeder, pp. 279-348. Smithsonian Institution Press, Washington, D.C.
29. **Yoder, A. D., Burns, M. M., Zehr, S., Delefosse, T., Veron, G., Goodman, S. M. & Flynn, J. J. 2003.** Single origin of Malagasy Carnivora from an African ancestor. *Nature*, 421: 734-737.

INDEX

Noms scientifiques des animaux présentés dans le texte. Les numéros de page en **gras** sont ceux des cartes respectives d'espèces./Scientific names of animals presented in the text. Page numbers in **bold** are those for the map of respective species.